高等学校建筑环境与能源应用工程专业系列教材

# 锅炉及锅炉房设备

## Boiler and Boiler Plant Equipment

### （第六版）

吴味隆　编著

中国建筑工业出版社

**图书在版编目（CIP）数据**

锅炉及锅炉房设备 ＝ Boiler and Boiler Plant
Equipment / 吴味隆编著. -- 6 版. -- 北京：中国建筑
工业出版社，2025.5. --（高等学校建筑环境与能源应
用工程专业系列教材）. -- ISBN 978-7-112-31034-0

Ⅰ. TK22

中国国家版本馆 CIP 数据核字第 2025YG6438 号

责任编辑：张文胜
责任校对：姜小莲

高等学校建筑环境与能源应用工程专业系列教材
**锅炉及锅炉房设备**
Boiler and Boiler Plant Equipment
（第六版）
吴味隆　编著
\*
中国建筑工业出版社出版、发行（北京海淀三里河路 9 号）
各地新华书店、建筑书店经销
霸州市顺浩图文科技发展有限公司制版
北京云浩印刷有限责任公司印刷
\*
开本：787 毫米×1092 毫米　1/16　印张：32¾　字数：797 千字
2025 年 5 月第六版　　2025 年 5 月第一次印刷
定价：**85.00** 元（附网络资源）
ISBN 978-7-112-31034-0
（44556）

# 第 六 版 前 言

现在面世的是本书第六版。如果追根溯源，称之为第十一版也可以。它原版书名叫《锅炉设备》，1961 年由工业出版社出版，是笔者所在同济大学热工教研室同年出版的全国暖通专业使用的五本教材❶之一，编写及编选者是肖友瑟、奚士光及梅飞鸣和蒋汉文教授。该书于 1966 年改版了一次，书名改为《锅炉及锅炉房设备》，笔者参与编写、统稿，并将书中插图全部重新设计绘制，由"苏联式"彻底更改为"中国式"，其中一幅"锅炉及锅炉房设备简图"（图 1-8）近乎成了"经典"，被后续国内出版的同类图书广为引用。本书于 1978 年又进行了一次全面修订。时隔不久，教育部要求同济大学、湖南大学和重庆建筑工程学院（现重庆大学）三校在原有教材的基础上共同编写，于是新的一版于 1979 年底由中国建筑工业出版社出版发行。十分荣幸，该书 1986 年的第二版于 1987 年获城乡建设环境保护部优秀教材二等奖。

时至 1990 年，"供热、供燃气、通风与空调工程专业指导委员会"决议今后专业教材采用评选方法产生，本书❷申请并通过评选，于 1992 年被确定为"供热、供燃气通风与空调工程"专业《锅炉及锅炉房设备》课程的推荐教材，笔者主编的《锅炉习题实验及课程设计》为辅助教材配合使用。本书于 1994 年正式出版，经多次修订至今，已印刷了 52 次，总计发行近 30 万册，较好地满足了设置有该专业院校的教学所需，也受到其他相关专业的师生和工程技术人员的普遍欢迎。

锅炉是重要的能源转换设备，对社会经济持续发展起着至关重要的作用。但是，我国各类锅炉目前年消耗能源高达约 20 亿吨标准煤，碳排放量约占全国碳排放总量的 40%，是我国能耗量最大，碳、硫和氮的氧化物排放量最多的耗能增污设备之一。因此，作为未来的能源科技工作者，本专业学生将面临能源发展的诸多新问题，肩负着高效节能和绿色低碳两副重担。这就要求同学们认真学习，通过技术、治理和市场来适应能源发展的新形势，发现新规律，采取新路径和新方法加以应对和化解，为实现碳达峰碳中和目标贡献力量。这也正是本版修订工作遵循的思路和内容增删、变动的依据。

本书第五版出版已有十年，期间锅炉行业发生了巨大的变化。因此，本次修订虽然保留原有框架体系和注重理论与生产实际紧密结合及寓理深刻而讲解通俗、透彻的特色，但其内容却不单是更加充实，而是有大量的更新替代。一是扩大了锅炉容量，由原来 20t/h（最大 65t/h）的供热锅炉，扩大到上百吨/小时或更大，靠向电站锅炉。二是体现能源结构改革，由以燃煤锅炉为主变为以燃气锅炉为主体，取代淘汰 35t/h 以下的燃煤锅炉，而且着力推行燃气锅炉冷凝化。三是实施节能降碳减污，突出清洁、可再生绿色能源利用，重写并扩充了生物质、余热、太阳能、电能以及真空、冷凝等特种锅炉这一节内容；增加了高效清洁燃烧设备——循环流化床锅炉的内容。四是紧密联系生产实际，在及时反映我国锅炉行业新技术、新工艺和新装备的同时，注重吸收国外锅炉行业的先进经验和最新科技成果。五是与时俱进地更新和贯彻锅炉相关的法律法规和国家标准。此外，与以往几版

---

❶ 同济大学热工教研室 1961 年出版的五本书是《热工学》《传热学》《工程热力学》《泵与风机及制冷机》和《锅炉设备》。

❷ 由同济大学奚士光、吴味隆、蒋君衍编写的《锅炉及锅炉房设备》，即本书第一版前言中所述版本。

不同，因篇幅所限，本版图书的第八章和附录一仅给出了简要介绍，详细内容请有需要的读者在出版社网站上本书的配套资源中查阅。

本书第三版至第六版修订工作主要由同济大学吴味隆教授完成，参与修订工作的还有日本东北工业大学许雷教授和肖永伟高级工程师。此处还需特别加以说明的是，本书"复习思考题和习题"和附录二"锅炉课程设计指导书"均移植于笔者主编的《锅炉习题实验及课程设计》（第二版），这两部分内容分别由同济大学邵锡奎教授和西安建筑科技大学傅裕仁教授编写。

本次修订承蒙河南省土木建筑学会原理事长王新泉教授主审，他凭借自己长期从事锅炉课程教学实践经验提供了许多宝贵的建设性意见，对提高教材质量大有裨益，笔者深表谢意。

在本书编写和多次修订过程中，承蒙中国电器工业协会工业锅炉分会名誉理事长、上海工业锅炉研究所原所长程其耀教授级高级工程师和上海机电设计研究院李玲珍教授级高级工程师给予大力支持和帮助。本次修订承蒙浙江力聚热能装备股份有限公司董事长兼总经理何俊南先生、青岛东能锅炉有限公司董事长张存才先生和成都新曾理水处理工程有限公司总经理曾金杰先生提供诸多珍贵的技术资料和建议，中国中元国际工程有限公司李海欣和江绍辉两位教授级高级工程师提供了一个大型超低氮微压相变热水锅炉房工艺设计工程实例，在此向他们致以诚挚的谢忱。对本书参考文献的作者和曾采用过本书并提出宝贵意见、建议的师生以及所有关心、帮助过本书编写和修订的同志，在此一并表示衷心的感谢。

本书内容涉及的相关专业较多，囿于作者学术水平所限，一定存在有错误和疏漏之处，敬请读者批评指正。

吴味隆

2024 年 9 月 25 日　于上海

# 第 一 版 前 言

根据高等学校供热通风空调及燃气工程学科专业指导委员会（简称专业指导委员会）关于今后推荐出版的专业教材采用评选方法产生的决议，同济大学于 1990 年 12 月正式提出编写"锅炉及锅炉房设备"课程教材的申请，翌年送交了参评的教材初稿。经审查评选，本书稿在 1992 年 10 月召开的专业指导委员会第四次会议上被确定为该课程的推荐教材，并委托该会委员、青岛建筑工程学院解鲁生教授担任主审。依照评审意见，笔者多次逐章进行了认真修改，本书于 1994 年初完稿、审定。

"锅炉及锅炉房设备"是供热通风空调及燃气工程专业的主要专业课之一。本书系根据专业所制订的该课程教学大纲编写而成，其内容力图符合教学基本要求。

本书较为系统地阐述了锅炉工作过程的基本理论和锅炉设计的计算基础及基本方法。在取材上，尽量注意结合我国锅炉工业的实际，同时充分反映国内外先进的科技成果。在编排上，本书基本保持由同济大学、湖南大学和重庆建筑工程学院合编的原试用教材《锅炉及锅炉房设备》的结构和风格。但就其内容而言，本书在试用教材 15 年的教学实践基础上，作了许多重大修改和更新。譬如，锅炉系列、燃料品种代号、锅炉强度计算、锅炉大气污染物排放、水质指标的单位及标准等均改用了国家新标准或规定；锅炉热力计算则采用我国编制的《层状燃烧及沸腾燃烧工业锅炉热力计算方法》；在锅炉型谱中，新增了角管锅炉、循环流化床锅炉等最新炉型；在锅炉房工艺布置和设计方面，则以最新发布的《锅炉房设计规范》为依据。

全书共分十二章，由同济大学奚士光教授（第一、三、七、十章）、吴味隆教授（第二、四、五、六章）和蒋君衍副教授（第八、九、十一、十二章）编写，奚士光教授负责主编。

本书承蒙主审解鲁生教授仔细审阅，并结合长期积累的教学经验提出了许多宝贵意见，在此谨致诚挚的谢意。

在本书的编写过程中，还得到哈尔滨建筑大学、重庆建筑大学、上海工业锅炉研究所、上海机电设计院等单位和有关同志的大力支持和帮助，提供了宝贵的资料，在此一并致以衷心的感谢。

作者主观上虽力图使本教材更加符合教学规律，以便更好地适应教学和工程实际参考的需要，但限于水平，书中尚存在许多漏误之处，恳望广大读者批评指正。

# 目　　录

# 基 本 符 号

## 一、主 体 符 号

$A$——燃料含灰量，%；原水碱度，mmol/L

$A_c$——残留碱度，mmol/L

$A_g$——锅水允许碱度，mmol/L

$A_{gs}$——给水碱度，mmol/L

$a$——灰量占燃料总灰量的份额

$a_h$——火焰黑度

$a_l$——炉膛的系统黑度

$a_y$——烟气黑度

$a_{Na}$——流经钠离子交换器的水量份额

$B$——燃料消耗量，kg/h；还原耗盐量，kg/次

$B'$——燃料消耗量，kg/s

$B_j$——计算燃料消耗量，kg/h

$B_j'$——计算燃料消耗量，kg/s

$Bo$——炉内传热相似准则或玻耳兹曼准则

$b$——还原时食盐耗量，g/mol；刮板宽度，m；当地平均大气压力，Pa

$b_0$——海平面大气压，Pa

$b_{pj}$——烟气的平均压力，Pa

$C$——燃料中碳的质量分数❶，%

$c$——比热容，kJ/(m³·℃)；修正、校正系数

$D$——锅炉蒸发量，t/h

$D_{ps}$——排污水量，t/h

$D_q$——排污扩容器的二次蒸汽量，kg

$D_z$——总软化水量，m³/h

$d$——湿空气的含湿量，g/kg干空气；直径，m

$d_{dl}$——当量直径，m

$d_h$——火焰中灰粒平均直径，$\mu$m

$E_g$——交换剂的工作能力，mol/m³

$E_t$——$t$温度下的恩氏黏度，°E

$F$——面积、截面积，m²

---

❶ 按照锅炉行业相关标准及习惯用法，该值代入公式计算时，将"%"看作单位，直接代入"%"前的数值进行计算。

$F_b$——炉膛壁面积，$m^2$

$F_{bz}$——炉膛总壁面面积，$m^2$

$F_l$——炉膛周界（包覆）面积，$m^2$

$f$——流通截面积，$m^2$

$G$——加热水量，kg/h；循环水量，kg/h；补给水量，t/h

$G_1$——生石灰消耗量，g/t

$G_2$——配制盐液用水量，t；纯碱消耗量，g/t

$G_f$——反洗用水量，t

$G_z$——正洗用水量，t

$G_{wh}$——雾化重油耗汽量，kg/kg

$G_y$——烟气质量，kg/kg

$g_R$——交换剂质量，t

$H$——受热面积，$m^2$；燃料中氢的质量分数[1]，％；高度，m；原水总硬度，mmol/L；风压，Pa

$H_f$——有效辐射受热面积，$m^2$

$H_{FT}$——生水中非碳酸盐硬度，mmol/L

$H_{Mg}$——生水中镁盐硬度，mmol/L

$H_T$——生水中碳酸盐硬度，mmol/L

$h$——焓，kJ/kg；高度，m

$h_d$——动压头，Pa

$h_{zs}$——自生风，Pa

$H_k^0$——理论空气量的焓，kJ/kg

$H_y^0$，$H_y$——理论、实际烟气量的焓，kJ/kg

$H_{py}$——排烟的焓，kJ/kg

$\Delta H_k$——过量空气量的焓，kJ/kg

$\Delta H$——阻力、压降，Pa

$\Delta H_{sl}^y$——烟道总阻力，Pa

$\Delta h$——流动阻力，Pa

$\Delta h_{hx}$——横向冲刷阻力，Pa

$\Delta h_{mc}$——沿程摩擦阻力，Pa

$\Delta h_{mc}^i$——摩擦阻力，Pa/m

$\Delta h_{jb}$——局部阻力，Pa

$\Delta h_{sd}$——速度损失，Pa

$\Delta h_{sl}$——介质流动阻力，Pa

$K$——传热系数，kW/($m^2$·℃)；循环倍率；换算系数；凝聚剂加药量，mmol/L；容积富裕系数

---

[1] 按照锅炉行业相关标准及习惯用法，该值代入公式计算时，将"％"看作单位，直接代入"％"前的数值进行计算。

$k_h$——灰粒的减弱系数，1/(m·MPa)

$k_g$——固体颗粒减弱系数，1/(m·MPa)

$k_q$——三原子气体的减弱系数，1/(m·MPa)

$k_\Delta$——管壁粗糙度影响系数

$L$——距离，m

$l$——长度，m

$M$——燃料中水分的质量分数❶，%；煤的储备天数，d

$N$——功率，kW；燃料中氮的质量分数❶，%

$N_2$——烟气中氮气的体积分数，%

$n$——管子数，根

$O$——燃料中氧的质量分数❶，%

$P$——锅炉压力，MPa

$P_l$——按碱度计算的排污率，%

$P_g$，$P_j$——锅炉、集箱中的静压，Pa

pH——水的酸碱性指标

$Pr$——普朗特数

$P_2$——按含盐量计算的排污率，%

$\Delta P$——水力流动阻力，Pa

$Q$——热水锅炉供热量，MW；流量，$m^3$/h；发热量，kJ/kg

$Q_1$，$q_1$——锅炉有效利用热，kJ/kg，%❶

$Q_2$，$q_2$——锅炉排烟热损失，kJ/kg，%❶

$Q_3$，$q_3$——气体不完全燃烧热损失，kJ/kg，%❶

$Q_4$，$q_4$——固体不完全燃烧热损失，kJ/kg，%❶

$Q_5$，$q_5$——散热损失，kJ/kg，%❶

$Q_6$，$q_6$——灰渣带走的物理热损失，kJ/kg，%❶

$Q_{cr}$——受热面的传热量，kJ/kg

$Q_f$——受热面从炉膛辐射或前烟气空间辐射所得的热量，kJ/kg

$Q_{gl}$——锅炉每小时有效吸热量，kW

$Q_k$——燃烧所需空气带进炉内的热量，kJ/kg

$Q_l$——燃料在炉内有效放热量，kJ/kg

$Q_{lq}$——烟道冷却散热损失，kW

$Q_r$——1kg 燃料送入炉膛热量，kJ/kg

$Q_{rp}$——从热平衡方程求得烟气放热量，kJ/kg

$q_R$——炉排可见热强度，$kW/m^2$

$q_V$——炉膛容积可见热强度，$kW/m^3$

---

❶ 按照锅炉行业相关标准及习惯用法，该值代入公式计算时，将"%"看作单位，直接代入"%"前的数值进行计算。

$q_f$——辐射受热面平均热流密度，kW/m²

$q_{yd}$——烟道单位面积的散热损失，kW/m²

$R$——炉排有效面积，m²；曲率半径，mm

$Re$——雷诺数

$R_s$——蒸发面负荷，m³/(m²·h)

$R_V$——锅筒汽空间体积负荷，m³/(m³·h)

$r$——气体的体积分数，%

$S$——燃料中硫的质量分数，%；管距，m；有效压头，Pa；含盐量，mg/L；真空度，Pa；壁厚，mm

$S_g$——锅水的含盐量，mg/L

$S_{gs}$——给水的含盐量，mg/L

$S_{yd}$——水循环的运动压头，Pa

$T$——时间，h、min；绝对温度，K

$T_b$——水冷壁管外积灰层温度，K

$T_{ll}$——理论燃烧温度，K

$T_h$——火焰平均温度，K

$T_m$——炉膛温度最高值，K

$t$——时间，h、min；温度，℃

$t_b$——壁温，℃

$t_{gq}$——过热蒸汽温度，℃

$t_{hb}$——对流受热面管壁灰污层外表面温度，℃

$t_{lk}$——冷空气温度，℃

$\Delta t$——传热平均温差，℃

$U$——湿周周长，m

$V$——锅筒汽空间容积，m³；反洗强度，kg/(m²·s)；燃料中挥发分的质量分数❶，%

$V_{gy}$——干烟气量，m³/kg

$V_k^0$，$V_k$——理论、实际空气量，m³/kg

$V_l$——炉膛容积，m³

$V_R$——交换剂装载量，m³

$V_y^0$，$V_y$——理论、实际烟气量，m³/kg

$\Delta V_k$——过量空气量，m³/kg

$v$——比容，m³/kg

$w$——流速、速度，m/s

$w_0$——水循环流速，m/s

$x$——有效角系数；介质混合程度系数；蒸汽干度

---

❶ 按照锅炉行业相关标准及习惯用法，该值代入公式计算时，将"%"看作单位，直接代入"%"前的数值进行计算。

$Z$——高度，m

$Z_2$——沿气流方向的管子排数

$\alpha$——过量空气系数；放热系数，$kW/(m^2 \cdot ℃)$，$W/(m^2 \cdot ℃)$；还原盐液浓度，%

$\alpha_d$——对流放热系数，$kW/(m^2 \cdot ℃)$

$\alpha_f$——辐射放热系数，$kW/(m^2 \cdot ℃)$

$\alpha_{fh}$——飞灰灰分比

$\alpha_{hz}$——灰渣灰分比

$\alpha_{lm}$——漏煤灰分比

$\Delta\alpha$——漏风系数

$\beta$——燃料特性系数

$\beta_1$，$\beta_2$——流量、压头储备系数

$\beta_3$——电动机备用系数

$\delta$——有效辐射层厚度，m

$\varepsilon$——灰污系数，$m^2 \cdot ℃/kW$

$\zeta$——沾污系数；阻力系数

$\zeta_i$——每一排管子的阻力系数

$\zeta_{jk}$——突扩原始局部阻力系数

$\zeta_{zw}$——弯头原始局部阻力系数

$\eta$——机械传动效率，%；除尘效率，%；排污管热损失系数；修正系数

$\eta_{gl}$——锅炉的热效率，%❶

$\vartheta$——烟气温度，℃

$\vartheta_{py}$——排烟温度，℃

$\vartheta_{ll}$——理论燃烧温度，℃

$\lambda$——导热系数，$kW/(m \cdot ℃)$；沿程摩擦阻力系数

$\mu_h$——火焰中灰粒的无量纲浓度，$kg/kg$

$\nu$——运动黏度，$m^2/s$

$\xi$——利用系数

$\rho$——燃烧面与炉壁面积之比；密度，$kg/m^3$

$\rho_k$——空气的密度，$kg/m^3$

$\rho_y$——烟气的密度，$kg/m^3$

$\sigma_o$——绝对黑体辐射常数，$kW/(m^2 \cdot K^4)$

$\tau_{20}$——黏度计常数或水值

$\varphi$——保热系数，减弱系数；充满系数；体积分数，%

$\varphi_{ks}$——扩散系数

$\psi$——有效系数

---

❶ 按照锅炉行业相关标准及习惯用法，该值代入公式计算时，将"%"看作单位，直接代入"%"前的数值进行计算。

χ——炉膛水冷程度

## 二、上、下角码

| | |
|---|---|
| ar——收到基 | xj——下降管 |
| ad——空气干燥基 | y——烟气 |
| b——壁，饱和 | yf——引风 |
| bcq——侧墙壁面 | pj——平均 |
| bdq——炉底壁面 | ps——排污水 |
| bqq——前墙壁面 | py——排烟，尾部 |
| bz——标准、炉壁 | q——蒸汽 |
| c(cl)——错列 | r——燃料 |
| ch——烟窗 | rk——热空气 |
| d——对流，干燥基，电动机 | gk——干空气 |
| daf——干燥无灰基 | gq——过热蒸汽 |
| dl——当量 | gr——过热器 |
| dt——弹筒 | gs——给水、管束 |
| e——额定 | gy——干烟气 |
| f——辐射，风干，风机 | hb——灰污层 |
| fh——飞灰 | hx——横向 |
| fz——防渣管 | hy——火焰 |
| g——锅炉、锅水 | hz——灰渣 |
| gr——高位 | i——单排 |
| hz——灰渣 | j——计算 |
| l——炉膛 | jb——局部 |
| le——肋 | jk——突扩 |
| lk——冷空气 | k——空气 |
| lm——漏煤 | kf——沸腾汽化点 |
| lq——冷却 | ks——扩散 |
| max——最大值 | ky——空气预热器 |
| mc——摩擦 | rs——热水 |
| min——最小值 | s——水、散热 |
| n——内 | sh——上升管 |
| nl——逆流 | w——外 |
| net——低位 | wh——雾化 |
| o——理论 | yz——烟囱 |
| sl——顺流 | zs——自生、折算 |
| sm——省煤器 | zx——纵向 |

# 第一章 锅炉及锅炉房的基本知识

## 第一节 概 述

锅炉是一种将燃料的化学能转换为热能的设备，广泛应用于能源、化工、供暖及生活等多个领域。在现代能源工业中，锅炉作为关键设备，对于能源的有效转换与利用发挥着至关重要的作用，并已成为发展国民经济的重要产业之一。

锅炉，是由热源、热网和热用户组成的供热系统的供热之源，其任务是安全可靠、经济有效地把燃料由化学能转换为热能，进而将热能传递给水，以生产热水或蒸汽。蒸汽不仅用作将热能转换机械能的工质产生动力，用于发电等；也用作载热体，为石油化工、纺织印染、造纸和医药等工业部门和供暖通风空调及卫生消毒等生活领域提供热能。通常，把用于动力、发电方面的锅炉，称为电站锅炉；把用于工业、供暖空调和生活方面的锅炉，称为供热锅炉，也称工业锅炉。

从总体上讲，火力发电是世界和我国电能生产的主要形式[1]。火力发电厂的三大主机——锅炉、汽轮机和发电机中，锅炉是最基本的能量转换设备。为了提高汽轮发电机组的效率，电站锅炉生产的蒸汽，其压力和温度都很高，且日趋向大容量、高运行参数方向发展，蒸汽参数已提高到超临界乃至超超临界。例如，与 1000MW 汽轮机组匹配的国产超超临界锅炉，每小时生产的蒸汽量就有 3033t，蒸汽压力为 26.25MPa，过热蒸汽温度达 605℃，而与本专业密切相关的供热锅炉，除工业生产在工艺上有特殊要求外，所生产的蒸汽或热水均无需过高的压力和温度。而且，无论是工业用户还是供暖通风空调和生活等方面的用户，对蒸汽一般都是利用蒸汽凝结时放出的汽化潜热，因此大多数供热锅炉生产的是饱和蒸汽。

随着我国经济的迅速发展，锅炉已成为社会经济持续发展的重要热工设备。从量大面广的角度来看，除了电力行业，各行各业中运行的都是中小型的供热锅炉。据统计，仅 2023 年全国供热锅炉的产量就达 40 万蒸吨。由于我国"富煤、少油、有气"的能源结构特征，当前运行着的锅炉燃料是以煤为主，热效率普遍较低（比发达国家低 10%～15%），节能潜力很大。而且，它们每年排放大量的烟尘和 $SO_2$、$NO_x$ 和 CO 等有害气体，严重污染了大气，破坏了生态环境。因此，我们当前面临的是节约能源和保护环境两大课题。

能源是国家的重要战略物资，是一个国家经济增长和社会发展的重要物质基础，关系着经济社会的可持续发展。截至 2020 年，国内生产总值比 2000 年翻两番的目标已经达到，但能源消费总量增速未减，大气污染依然严重。这就需要我们依靠科技进步，提高环

---

[1] 2023 年版《世界能源统计年鉴》数据：全球发电结构中火力发电占比为 62.19%，中国的占比为 71.13%。

1

保意识，积极推进清洁、绿色低碳和高效节能的新型锅炉产品的设计制造；严格实施运行锅炉节能降碳减污技术规范，且要加强监察和管理，即双管齐下，对锅炉产、用两方面进行规范和严格要求。

结合我国燃煤供热锅炉数量大、容量小、能耗高和污染严重的现实情况，我国近年出台了一系列政策和法规❶，《"十四五"现代能源体系规划》要求："推广热电联产改造和工业余热余压综合利用，逐步淘汰供热管网覆盖范围内的燃煤小锅炉和散煤，鼓励机构、居民使用非燃煤高效供热产品，力争到2025年大气污染治理重点区域散煤基本清零，基本淘汰35t/h以下的燃煤锅炉，推进65t/h及以上的燃煤锅炉实施超低排放改造"。同时，要加快建设清洁低碳、安全高效的能源体系，提高非石化能源占一次能源消费的比例；"推动锅炉设备'能源品种多元化、燃煤锅炉大型化、燃气锅炉冷凝化、小型锅炉电气化、电站锅炉高参数化'转型升级，持续提升锅炉绿色低碳高质量发展水平"❷。这里需要特别提出的是：基于环境保护的压力和作为大国的担当，2020年我国向世界作出庄严承诺：二氧化碳排放力争于2030年前达到峰值，努力争取2060年实现碳中和。为此，我们务必坚持节约资源和保护环境的基本国策，切实贯彻《中华人民共和国节约能源法》和《中华人民共和国环境保护法》，落实法律规定的各项指标和要求。鼓励锅炉制造企业优化锅炉设计，应用新材料、新技术、新工艺，通过优化参数和燃料结构、采用新型热力循环等方式，从源头提高锅炉绿色低碳水平，构建新的发展格局，坚定不移地走生态优化、节约集约、绿色低碳的高质量发展道路。

未来锅炉行业应主动适应国家高效节能、绿色低碳和可持续的能源发展战略以及人们不断增长的个性化用热需求的变化。随着我国能源结构改革，"煤改气""煤改电"和"新能源"开发利用等的大力推行，燃气锅炉、电热锅炉的快速增长，为锅炉自动化奠定了物质基础；燃煤锅炉的大型化也为先进控制技术应用和优化提供了条件。

为了有效改善我国空气质量，提高能效，将诸如生物质能、水能、风能、太阳能等可再生能源和传统能源相结合的多能互补模式成为未来发展的必然趋势。随着信息化、智能化和物联网等技术的应用，供热锅炉正迈向自动化和智能化发展的新阶段。

作为本专业的学生，通过本课程的学习，将来面对量大面广的供热锅炉，积极推广和采用新能源和清洁能源、清洁燃烧技术和燃烧污染控制技术，创造性地变终端（烟气）治理为源头（燃料）治理，提高锅炉效率节约能源，改善大气质量保护环境，是我们义不容辞承担的责任。

## 第二节　锅炉的基本构造

锅炉是一个能量转换设备，由锅炉本体、辅助受热面和安全附件组成。锅炉本体是锅炉的核心：一个"锅"加一个"炉"。炉（炉子）组织燃料燃烧，将燃料的化学能转换为热能，是锅炉的燃烧设备。锅（汽锅）由众多受热面组成，它吸收燃烧产物——高温烟气

---

❶ 详见国家发展改革委等部门2017年印发的《北方地区冬季清洁取暖规划（2017—2021年）》、国务院2018年印发的《打赢蓝天保卫战三年行动计划》和生态环境部办公厅2019年印发的《2019年全国大气污染防治工作要点》。

❷ 引自国家发展改革委、市场监管总局、工业和信息化部、生态环境部、国家能源局2023年印发的《锅炉绿色低碳高质量发展行动方案》。

的热量把汽锅内的低温水加热成热水或进而汽化产生蒸汽。可以说，汽锅就是一个热水加热器或蒸汽发生器。

辅助受热面是锅炉的辅助加热装置，包括为进一步提高蒸汽温度的蒸汽过热器，利用排烟来预热锅炉给水的省煤器和为改善燃烧而设置的空气预热器。

为保证锅炉正常运行和安全，蒸汽锅炉还必须装有安全阀、压力表、水位表、温度计、排污及放水装置以及安全保护装置（诸如高低水位警报及低水位联锁保护、蒸汽超压报警与超压联锁保护等），它们统称为锅炉安全附件。

图 1-1 所示为一台燃煤的双锅筒横置式蒸汽锅炉结构简图。

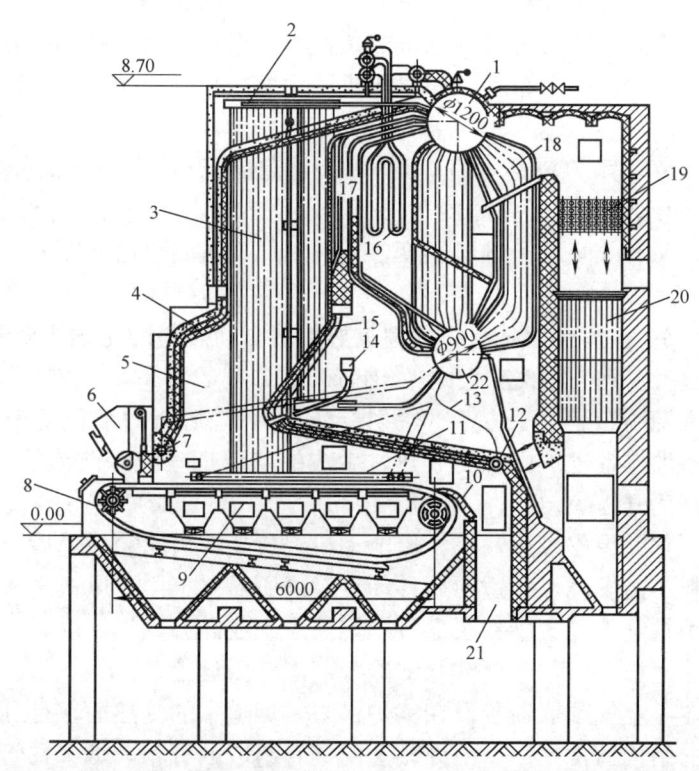

1—上锅筒；2—侧水冷壁上集箱；3—侧墙水冷壁；4—前墙水冷壁；5—炉膛；6—炉前加煤斗；
7—前水冷壁下集箱；8—链条炉排；9—风仓；10—除渣板（老鹰铁）；11—侧水冷壁下集箱；
12—后水冷壁下集箱；13—下降管；14—二次风管；15—后墙水冷壁；16—蒸汽过热器；
17—烟窗及防渣管；18—对流管束；19—省煤器　20—空气预热器；21—灰渣斗；22—下锅筒。

图 1-1　燃煤的双锅筒横置式蒸汽锅炉结构简图

1. 汽水系统

汽水系统是锅炉的一个主要系统，就是所说的"锅"。它由锅筒、下降管、水冷壁、蒸汽过热器和省煤器等组成，其任务是吸收燃料燃烧放出的热量，将水加热成热水或蒸汽，或进而加热成具有一定压力和温度的过热蒸汽。

（1）锅筒　也叫汽包，是存放工质和产生饱和蒸汽的容器。图 1-1 所示的锅炉有上、下两个锅筒，分别安置在锅炉顶部和下部，与下降管和前墙、后墙水冷壁（蒸发受热面）组成一个整体，接收来自省煤器的给水和水冷壁出口的汽水混合物。上锅筒的下部是锅水；上部是蒸汽，其功能是把水冷壁中产生的饱和蒸汽通过蒸汽引出管送往蒸汽过热器。

（2）下降管　下锅筒出来的水经下降管进入下集箱，再分配到前、后、左、右水冷壁受热、汽化。

（3）水冷壁　它是现代锅炉的主要蒸发受热面，布置在炉膛的四壁，由众多竖直平行的管子组成，吸收辐射热，保护炉墙。经下集箱进入水冷壁的水，在这里吸收炉膛里燃料燃烧放出的高温辐射热变成汽水混合物，再回到上锅筒。经汽水分离器分离的饱和蒸汽，由导出管送往蒸汽过热器。

（4）蒸汽过热器　它是饱和蒸汽的加热器，将饱和蒸汽加热成具有热用户所需温度的过热蒸汽。对于电站锅炉，还装置有蒸汽再热器，将在汽轮机中已做过部分功的蒸汽引回锅炉再次加热，提高蒸汽温度后重新送回汽轮机继续做功，以提高发电机组工作的安全可靠性和经济性。

（5）省煤器　安装在锅炉尾部垂直烟道中的省煤器，通常由钢管制作或由带有鳍片（即肋片）的铸铁管簇组装而成。省煤器是一个给水预热器，锅炉给水流经省煤器被加热，既提高了给水温度，又有效降低了排烟温度，节约燃料，其名也由此而来。

2. 燃烧系统

燃烧系统即谓"炉"，其作用是组织燃料良好燃烧，让燃料的化学能充分转换为热能。它由炉膛（燃烧室）、链条炉排和空气预热器组成。

（1）炉膛　炉膛四周布满了水冷壁（辐射受热面），炉膛出口装设防渣管；燃料由炉前煤斗下落，经链条炉排带进炉内燃烧放热，生成的高温烟气流经防渣管、蒸汽过热器、省煤器和空气预热器离开锅炉。

（2）链条炉排　它就像皮带运输机，借电动机经过变速齿轮箱减速后由链轮带动，将燃料带入炉内，燃料一边燃烧，一边向后移动。燃烧所需空气由送风机送入炉排下腹中的风仓后，向上穿过炉排缝隙到达燃料层进行燃烧反应生成高温烟气。燃料最后燃尽形成灰渣，在炉排末端被除渣板（俗称老鹰铁）铲除于灰渣斗后运走。

（3）空气预热器　空气预热器装设在锅炉最末端烟道中的受热面，是利用排烟余热加热空气的装置。它的结构通常是一个由许多竖向钢管组成的管箱，烟气在管内自上而下流动，燃烧所需的空气则在管外横向冲刷被加热，从而改善炉内燃料的燃烧条件。

## 第三节　锅炉的工作过程

由图 1-1 所示的燃煤锅炉可以看出，锅炉的工作可概括为三个过程：燃料燃烧过程、烟气向水（工质）的传热过程和水的受热、汽化过程。

### 一、燃料燃烧过程

锅炉的高大炉膛，四周布置水冷壁。燃料由链条炉排带入，风机提供燃烧所需的空气；燃烧反应形成火焰和高温烟气，与水冷壁进行以辐射为主的热交换。继而，高温烟气经过炉膛上方出口处的防渣管进入水平烟道，与蒸汽过热器等尾部受热面换热。上述过程称为燃烧过程。燃烧过程进行得完善与否，是锅炉正常工作的根本条件。要保证良好的燃烧必须要有高温环境，以及必需的空气量和空气与燃料良好的接触混合。当然，为了燃烧的持续进行，还需要连续不断地供应燃料、空气和及时排出烟气和灰渣。为此，就要配备送、引风机和燃料供应系统，以及除尘、除灰设备。

## 二、烟气向水（工质）的传热过程

由于燃料的燃烧，炉内温度很高。高温烟气与水冷壁进行强烈的辐射换热，将热量传递给管内的工质。烟气出烟窗（炉膛出口）并掠过防渣管后，冲刷蒸汽过热器——一组垂直的蛇形受热面，使来自锅炉的饱和蒸汽在其中受热（对流换热）而得以过热。沿途降低了温度的烟气最后进入尾部烟道，与省煤器和空气预热器内的工质进行热交换后，以较低的温度排出锅炉。为满足高效节能、绿色低碳要求，在锅炉排烟末端装设冷凝热回收装置（冷凝器），排烟温度可降至80℃以下，从而提高锅炉热效率，节约燃料。

## 三、水的受热和汽化过程

这是蒸汽的生产过程，主要包括水循环和汽水分离过程。经过水处理的锅炉给水由给水泵升压，先流经省煤器而得到预热，然后进入汽锅。

锅炉工作时，汽锅中的工质是处于饱和状态的汽水混合物，其密度相对置于炉墙外下降管中的锅水较小，二者的密度差形成了锅水沿下降管向下和水冷壁中汽水混合物向上的自然循环流动。借助锅筒内装设的汽水分离设备，以及在锅筒自身空间中的重力分离作用，使汽水混合物分离；蒸汽在锅筒顶部引出后进入蒸汽过热器，分离下来的水仍回落到锅筒的下半部水空间。汽锅的水循环保证了与高温烟气相接触的金属受热面得以冷却而不会被烧坏，是锅炉能长期安全可靠运行的必要条件；汽水混合物的分离装置则是保证蒸汽品质和避免蒸汽过热器结垢的必有设备。

## 四、电站煤粉锅炉的工作流程

链条炉是供热锅炉配置最多的一种燃烧设备，燃煤在炉排上呈层状燃烧。煤粉炉则是我国燃煤电站锅炉中最主要的一种炉型，燃煤入炉前先磨制成粉状，煤粉由燃烧器喷入炉膛呈悬浮状燃烧。图1-2为电站煤粉锅炉的工作流程简图。

输煤皮带将经过初步破碎、除铁的原煤送至原煤斗，由给煤机送入磨煤机磨制成煤粉。燃烧所需的空气由一次风风机送往空气预热器预热，一部分进入磨煤机，用以加热、干燥并携带煤粉，作为一次风经由燃烧器喷入炉膛燃烧；另一部分由二次风风机送至空气预热器预热，然后经喷口进入炉膛补充氧气助燃。燃料在炉膛里燃烧放热，燃烧生成的高温烟气则依次流经水平和竖直烟道中的蒸汽过热器、省煤器、空气预热器、脱硝装置、除尘器和脱硫装置，最后由引风机送入烟囱排于大气。燃料燃烧生成的灰渣在炉膛下方由排渣装置排出，大量的细微烟尘则由烟气带出炉膛流经除尘器除去。上述工作流程即为煤粉锅炉的燃料燃烧过程。

在燃料燃烧的同时，给水由给水泵送往省煤器预热后进汽包。汽包中锅水沿下降管向下经锅水循环泵、下联箱分配至各水冷壁，它吸收炉内火焰和高温烟气的辐射热形成汽水混合物上升进入汽包。装置在汽包中的汽水分离器将分离出来的饱和蒸汽送往蒸汽过热器继续加热成过热蒸汽。过热蒸汽由主汽阀经管道进入汽轮机高压缸做功，做了部分功的蒸汽从高压缸中出来后送回锅炉的蒸汽再热器再次加热，以提高蒸汽温度，然后进入汽轮机的中、低压缸继续做功生产电能。这部分工作为煤粉锅炉的汽水加热过程。

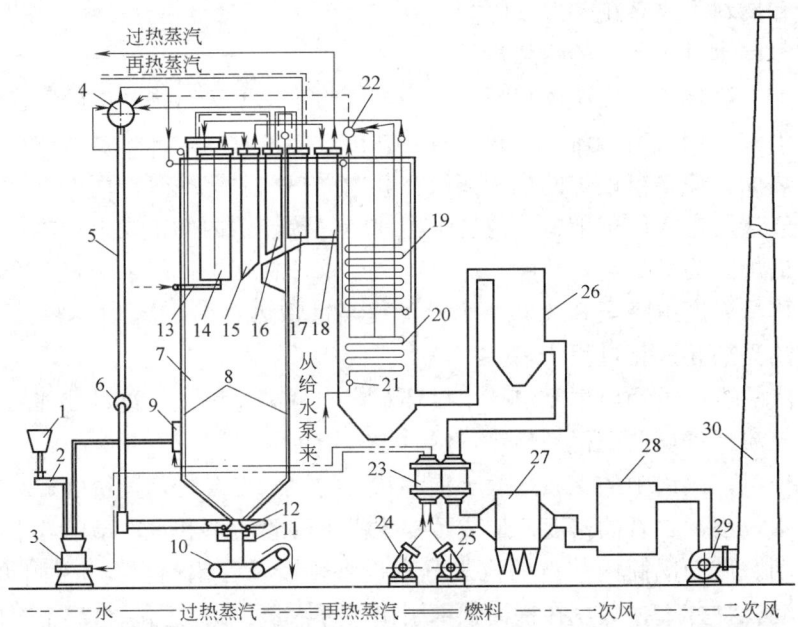

1—原煤斗；2—给煤机；3—磨煤机；4—汽包；5—下降管；6—锅水循环泵；7—炉膛；8—水冷壁；
9—燃烧器；10—排渣装置；11—水封装置；12—下联箱；13—壁式再热器；14—分隔屏过热器；
15—后屏过热器；16—中温再热器；17—高温再热器；18—高温过热器；19—低温过热器；
20—省煤器；21—省煤器进口联箱；22—省煤器出口联箱；23—空气预热器；24—一次风风机；
25—二次风风机；26—脱硝装置；27—除尘器 28—脱硫装置 29—引风机；30—烟囱。

图 1-2　电站煤粉锅炉的工作流程简图

　　同时进行的燃料燃烧和汽水加热过程，完成了电站锅炉由燃料的化学能到电能的能量转换。图 1-3 为电站锅炉汽水系统和燃烧（煤、风、烟）系统的构成，图 1-4 为某火力发电厂鸟瞰图。

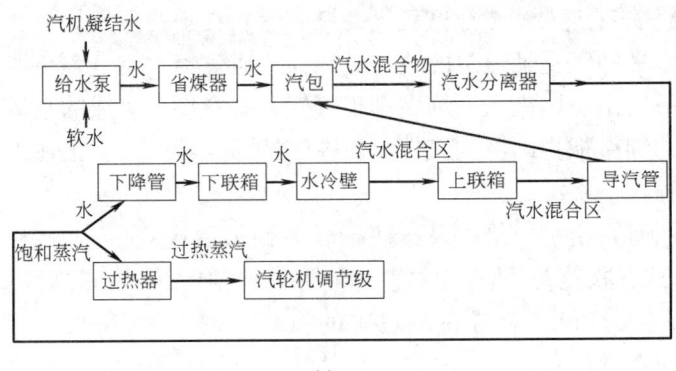

(a)

图 1-3　电站锅炉汽水系统和燃烧（煤、风、烟）系统构成（一）

(a) 汽水系统

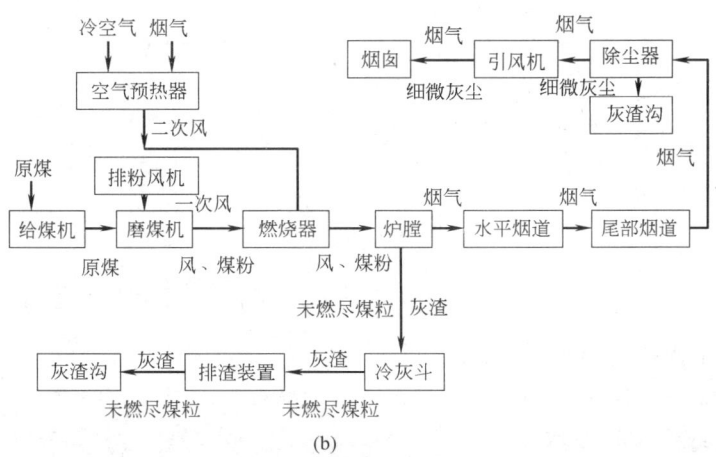

(b)

图 1-3　电站锅炉汽水系统和燃烧（煤、风、烟）系统构成（二）

(b) 燃烧（煤、风、烟）系统

图 1-4　某火力发电厂鸟瞰图

## 第四节　锅炉的主要特性指标

为区别各类锅炉构造、燃用燃料、燃烧方式、容量大小、参数高低、汽水流动方式以及运行经济性等特点，常用下列特性指标来说明。

**一、蒸发量、热功率**

蒸发量是指蒸汽锅炉每小时所生产的额定蒸汽量，用以表征锅炉容量大小❶。蒸发量

---

❶　锅炉额定蒸发量（t/h）和额定热功率（MW）统称为额定出力，它是指锅炉在额定参数（压力、温度）、额定给水温度和使用设计燃料时，并保证一定效率下的最大连续蒸发量（热功率）。

常用符号 $D$ 表示，单位为 t/h。

也可用额定热功率来表征供热锅炉容量的大小，常以符号 $Q$ 表示，单位是 MW[❶]。

热功率与蒸发量之间的关系，可由下式表示：

$$Q=0.278D(h_q-h_{gs})\times 10^{-3} \quad \text{MW} \tag{1-1}$$

式中 $D$——锅炉的蒸发量，t/h；

$h_q$，$h_{gs}$——分别为蒸汽和给水的焓，kJ/kg。

对于热水锅炉，有：

$$Q=0.278D(h_q-h_{gs})\times 10^{-3} \quad \text{MW}$$

$$Q=0.278G(h''_{rs}-h'_{rs})\times 10^{-3} \quad \text{MW} \tag{1-2}$$

式中 $G$——热水锅炉的出水量，t/h；

$h'_{rs}$，$h''_{rs}$——锅炉进、出热水的焓，kJ/kg。

## 二、蒸汽（或热水）参数

锅炉的蒸汽参数是指锅炉出口处的蒸汽压力（表压力）和蒸汽温度，蒸汽压力用符号 $P$ 表示，单位为 MPa；蒸汽温度常用符号 $t$ 表示，单位为℃和 K。对于生产饱和蒸汽的锅炉，一般只需标注其压力，蒸汽状态就确定了；对于生产过热蒸汽或热水的锅炉，则必须同时标明其压力和温度。

锅炉设计时规定的压力和温度，称为锅炉的额定压力和额定温度。

## 三、受热面蒸发率、受热面发热率

锅炉受热面是指汽锅和附加受热面等与烟气接触的金属表面，即烟气与水（或蒸汽）进行热交换的表面。受热面的大小，工程上一般以烟气放热的一侧为基准来计算，用符号 $H$ 表示，单位为 m²。

1m² 受热面每小时所产生的蒸汽量，称为锅炉受热面的蒸发率，用符号 $D/H$ 表示，单位为 t/(m²·h)。

对于热水锅炉，通常采用受热面发热率这个指标来表征。它指的是 1m² 热水锅炉受热面每小时所产生的热功率（或热量），用符号 $Q/H$ 表示，单位为 MW/m²。

受热面蒸发率或发热率高，则表示传热好，锅炉所耗金属量小，锅炉结构也紧凑。这一指标常用来表示锅炉的工作强度，但还不能真实反映锅炉运行的经济性；如果锅炉排出的烟气温度很高，虽然 $D/H$ 大，但未必经济。

## 四、锅炉的热效率

锅炉的热效率是表征锅炉运行的经济性指标，是指锅炉每小时有效用于生产热水或蒸汽的热量占输入锅炉的全部热量的百分数，常用符号 $\eta_{gl}$ 表示，即

$$\eta_{gl}=\frac{\text{锅炉有效利用热量}}{\text{输入锅炉总热量}} \quad \%$$

锅炉热效率高，说明这台锅炉在燃用相同的燃料时，能生产更多参数相同的热水或蒸汽，节约燃料。目前我国生产的燃煤供热锅炉，热效率一般为 $60\%\sim85\%$，燃油、燃气

---

❶ 原用工程单位 kcal/h 计算，有 10 万 kcal/h、60 万 kcal/h、120 万 kcal/h、200 万 kcal/h、360 万 kcal/h、600 万 kcal/h、1200 万 kcal/h 等不同容量的热水锅炉。

锅炉，热效率为 85%～92%；对于商用锅炉❶和冷凝锅炉，热效率可高达 100% 以上。现代电站锅炉热效率为 90%～92%，超临界压力锅炉已达 93%～95%。

有关锅炉热效率的计算、影响因素分析以及提高锅炉热效率的途径与措施，将在第四章中专门阐述。

### 五、金属耗率、耗电率及煤耗率

锅炉不仅要求热效率高，而且要求金属材料耗量低，运行时耗电量少。但是，这三方面常是相互制约的。因此，衡量锅炉总的经济性应从这三方面综合考虑，切忌片面性。金属耗率，就是相应于锅炉单位蒸发量所耗用的金属材料的重量，单位为 t/t。耗电率则为产生 1t 蒸汽耗用电的度数，单位为 kWh/t；计算耗电率时，除了锅炉本体配套的辅机耗电量外，还涉及破碎机、筛煤机等辅助设备的耗电量。

锅炉的经济指标，从可持续性发展的角度考虑，资源的节约应放在重要位置，特别是燃料的节约。对于生产电能的电厂，最注重的是能耗指标——煤耗率，它是指发出单位电能（kWh）所消耗标准煤的质量（kg 或 g），如浙江华能玉环电厂 2 台超超临界锅炉（1000MW）的煤耗率平均为 283.55g/kWh。

为了便于比较使用不同煤种时的锅炉经济性，其发热量统统折算为"标准煤"计算。1kg 标准煤的发热量定义为 29310kJ/kg，即工程单位的 7000kcal/kg。电厂火力发电机组的煤耗率，都是折算为标准煤来计算和表述的。

### 六、安全技术指标

锅炉运行的安全性是无法进行测量的。对于电站锅炉，通常用以下三个间接指标来评判：

1. 连续运行小时数

连续运行小时数是指两次停炉（检修）之间的运行小时数。我国中、大型电站锅炉连续运行小时数一般在 5000h 以上。

2. 事故率

事故率指发生事故而引起锅炉停止运行的小时数占总运行小时数和事故停运小时数之和的百分数，即

$$事故率 = \frac{事故停运小时数}{总运行小时数 + 事故停运小时数} \times 100\%$$

3. 可用率

可用率是运行总小时数和备用小时数之和占统计期间总小时数的百分数，即

$$可用率 = \frac{运行总小时数 + 备用小时数}{统计期间总小时数} \times 100\%$$

锅炉的事故率和可用率，我国火力发电厂通常以一年为一个统计周期计算。连续运行小时数越多，可用率越高，表明该锅炉工作越安全可靠。

目前，我国运行比较好的中、大型电站锅炉，事故率约为 1%，可用率在 90% 以上。

---

❶ 在欧美国家，明确定义商用锅炉为直接产生生活热水或热煤水的锅炉，与一般锅炉相比，它必须直接使用市政管网的冷水，不进行额外水处理，以保证设备长期正常使用；直接使用城市煤气或低压管网的各种煤气，保证其标称能力；全自动无人操作系统，发生故障需人工干预时自动停机等候，以确保锅炉安全运行。

# 第五节　锅炉的分类与型号

## 一、锅炉分类

锅炉的分类方法很多，通常可以按锅炉用途、容量、参数、燃烧方式和循环方式等进行分类。

### 1. 按用途分类

锅炉按用途可分为电站锅炉和供热锅炉（也称工业锅炉）两大类。前者用于生产电能；后者用于工业生产工艺、供暖通风空调等建筑供热和生活用热，是本书所要讲述的主要对象。

### 2. 按容量分类

锅炉容量用蒸发量 $D$（t/h）来表示。按蒸发量大小，锅炉有小型、中型和大型，但它们之间没有固定的分界。对于电站锅炉，一般认为 $D<400$t/h 的是小型锅炉，$400$t/h$\leqslant D \leqslant 670$t/h 的为中型锅炉，$D>670$t/h 的为大型锅炉。电站锅炉的容量日趋增大是总的发展趋势，在电网覆盖的范围内新建的凝汽式发电厂中，已不再允许采用单机容量小于 300MW 的机组。相比于电站锅炉，供热锅炉的容量就很小，其蒸发量一般为 $0.1\sim65$t/h（表 1-4）。

### 3. 按蒸汽参数分类

蒸汽参数包括压力和温度。我国现行锅炉级别按照蒸汽参数分为 A 级、B 级、C 级和 D 级四种。

A 级锅炉是指 $P$❶（表压，下同）$\geqslant3.8$MPa 的锅炉，包括：

（1）超临界锅炉，$P\geqslant22.1$MPa；

（2）亚临界锅炉，$16.7$MPa$\leqslant P<22.1$MPa；

（3）超高压锅炉，$13.7$MPa$\leqslant P<16.7$MPa；

（4）高压锅炉，$9.8$MPa$\leqslant P<13.7$MPa；

（5）次高压锅炉，$5.3$MPa$\leqslant P<9.8$MPa；

（6）中压锅炉，$3.8$MPa$\leqslant P<5.3$MPa。

B 级锅炉：

（1）蒸汽锅炉，$0.8$MPa$<P<3.8$MPa；

（2）热水锅炉，$P\leqslant3.8$MPa，且 $t\geqslant120$℃（$t$ 为额定出水温度，下同）；

（3）气相有机热载体锅炉，$Q>0.7$MW（$Q$ 为额定热功率，下同）；液相有机热载体锅炉，$Q>4.2$MW。

C 级锅炉：

（1）蒸汽锅炉，$P\leqslant0.8$MPa，且 $V>50$L（$V$ 为设计正常水位水容积，下同）；

（2）热水锅炉，$0.4$MPa$<P<3.8$MPa，且 $t<120$℃；$P\leqslant0.4$MPa，且 $95$℃$<t\leqslant120$℃；

---

❶　$P$ 是指锅炉额定工作压力，对蒸汽锅炉代表额定蒸汽压力，对热水锅炉代表额定出水压力，对有机载热体锅炉代表额定出口压力。

（3）气相有机热载体锅炉，$Q \leqslant 0.7$MW；液相有机热载体锅炉，$Q \leqslant 0.4$MW。

D级锅炉：

（1）蒸汽锅炉，$P \leqslant 0.8$MPa，且 $V \leqslant 50$L；

（2）热水锅炉，$P \leqslant 0.4$MPa，且 $t \leqslant 95$℃。

4. 按燃烧方式分类

根据燃料在锅炉中的燃烧方式不同，锅炉分为层燃炉、室燃炉、流化床炉和旋风炉等，如图1-5所示。

层燃炉具有炉排，煤或其他固体燃料在炉排上呈层状燃烧。此类锅炉容量小、参数低，它是供热锅炉的主要形式。

室燃炉没有炉排，燃料随空气流进入炉子在炉膛空间中呈悬浮状燃烧。燃烧煤粉的煤粉锅炉、燃油锅炉和燃气锅炉都属于这类锅炉，它是目前电站锅炉的主要形式。

流化床炉的底部有一多孔的布风板，燃烧所需的空气自下而上以高速穿经孔眼，均匀进入布风板上的床料层。床料层中的物料为炽热火红的固体颗粒和少量煤粒，当高速空气穿过时使床料上下翻边，呈"沸腾"状燃烧。所以，流化床炉又称沸腾炉。

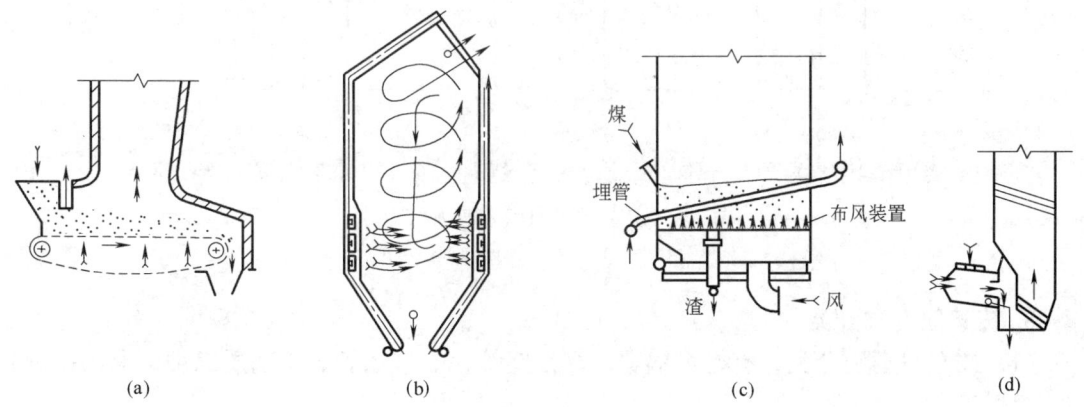

图1-5 锅炉燃烧方式
（a）层燃炉；（b）室燃炉；（c）流化床炉；（d）旋风炉

旋风炉是一个以圆柱形旋风筒作为燃烧室的炉子，有卧式和立式两种布置形式。煤粉由圆筒的一端轴向或切向进入，随燃烧所需空气气流在筒体内高速旋转，较细的煤粉在旋风筒内呈悬浮燃烧，而较粗的煤粒则贴在筒体壁上燃烧。燃烧产物由圆筒体的另一端排入锅炉的燃尽室，使未燃尽的燃料继续燃烧，最后灰渣处于熔化状态形成液体排渣。旋风炉的燃烧室很小，炉内温度很高，因此燃烧速度较快，可燃用较粗的煤粉或煤屑。

5. 按水的循环方式分类

按工质在蒸发受热面中流动的主要动力来源不同，一般可将锅炉分为自然循环锅炉、强制循环锅炉和直流锅炉。

自然循环锅炉工质流动方式如图1-6（a）所示。蒸发设备由不受热的下降管、受热的蒸发管、联箱和汽包组成。它们连接成一个闭合的蒸发系统。给水经给水泵送入省煤器，受热后进入蒸发系统。当水在蒸发管中受热时，部分水变成蒸汽，故蒸发管内的工质为汽水混合物，而不受热的下降管内的工质为单相的水。由于水的密度大于汽水混合物的密度，故在联箱的两侧有不平衡的压力差，可以推动工质在蒸发系统中循环流动。水在下降管中向下流动，汽水混合物在蒸发管中向上流动进入汽包。水和蒸汽在汽包内被分离，蒸汽由汽包上部引出，经过蒸汽过热器过热而分离出来的水与进入汽包的给水混合，流入下降管，往复循环。这种循环流动的动力是由于下降管与蒸发管内工质的密度差产生的，故称为自然循环。

强制循环锅炉是大型锅炉发展的主要形式，从结构形式上看其与自然循环锅炉十分相似，二者共同的特点是都有汽包，主要区别在于强制循环锅炉在下降汇总管上增设了循环泵［图1-6（b）］，以增强工质循环流动的推动力。

直流锅炉也是强制循环锅炉，只是它没有汽包，省煤器、蒸发受热面和蒸汽过热器之间没有固定的分界点［图1-6（c）］，工质一次性顺序流过这些受热面后全部转变为蒸汽。工质在蒸发受热面内流动的阻力是由给水泵提供的压头来克服的。

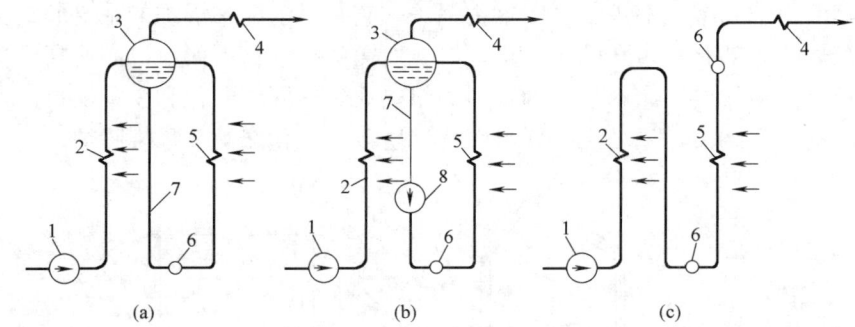

1—给水泵；2—省煤器；3—汽包；4—过热器；5—蒸发管；6—联箱；7—下降管；8—循环泵。

图1-6　蒸发受热面内工质流动方式

(a) 自然循环；(b) 强制循环；(c) 直流

6. 按其他方式分类

（1）按燃料类别分类，有燃煤锅炉、燃油锅炉、燃气锅炉、生物质锅炉、电热锅炉和核能锅炉等。

（2）按结构形式分类，有锅壳锅炉、烟管锅炉、水管锅炉和烟水管组合锅炉。

（3）按装配方式分类，有快装锅炉、组装锅炉和散装锅炉。小型锅炉都可快装，电站锅炉一般为组装或散装。

（4）按排渣方式分类，有固体排渣和液体排渣两种。我国电站锅炉燃用煤粉的，绝大多数为固体排渣。

**二、锅炉型号**

对于额定工作压力大于0.4MPa，但小于3.8MPa，且额定蒸发量不小于0.1t/h的以水为介质的固定钢制蒸汽锅炉和额定出水压力大于0.1MPa的固定钢制热水锅炉，其型号由三部分组成，各部分之间用短横线相连，如图1-7所示。

型号的第一部分表示锅炉本体形式、燃烧设备形式或燃烧方式和锅炉容量，共分三段，第一段用两个大写汉语拼音字母代表锅炉本体形式，其含义见表1-1；第二段用一个大写汉语拼音字母代表燃烧设备形式或燃烧方式，其含义见表1-2；第三段用阿拉伯数字表示蒸汽锅炉额定蒸发量（单位为t/h）或热水锅炉额定热功率（单位为MW）。各段连续书写。

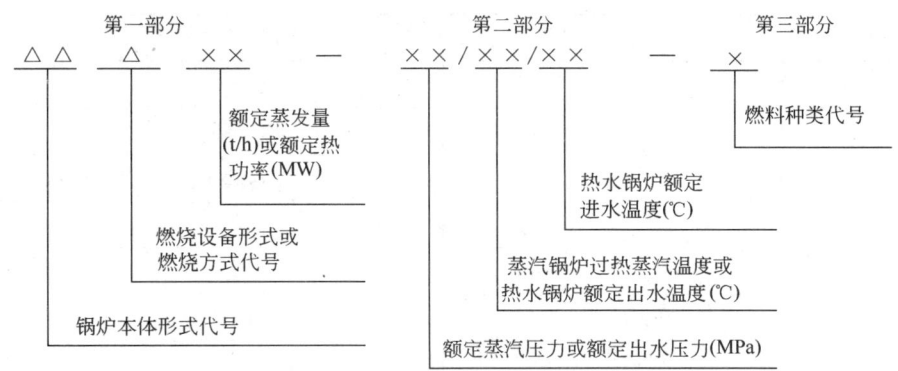

图 1-7　工业锅炉产品型号组成示意图

**锅炉本体形式代号含义**　　　　　　　　　　　　　　　　　　　　表 1-1

| 锅炉类别 | 锅炉本体形式 | 代　号 | 锅炉类别 | 锅炉本体形式 | 代　号 |
|---|---|---|---|---|---|
| 锅壳锅炉 | 立式水管 | LS | 水管锅炉 | 单锅筒立式 | DL |
| | 立式火管 | LH | | 单锅筒纵置式 | DZ |
| | 立式无管 | LW | | 单锅筒横置式 | DH |
| | 卧式外燃 | WW | | 双锅筒纵置式 | SZ |
| | 卧式内燃 | WN | | 双锅筒横置式 | SH |
| | | | | 强制循环式 | QX |

注：烟水管组合锅炉，以锅炉主要受热面形式采用锅壳锅炉或水管锅炉本体形式代号，但在锅炉名称中应写明"水火管"字样。

**燃烧设备形式或燃烧方式代号含义**　　　　　　　　　　　　　　　表 1-2

| 燃　烧　设　备 | 代　号 | 燃　烧　设　备 | 代　号 |
|---|---|---|---|
| 固定炉排 | G | 下饲炉排 | A |
| 固定双层炉排 | C | 抛煤机 | P |
| 链条炉排 | L | 鼓泡流化床燃烧 | F |
| 往复炉排 | W | 循环流化床燃烧、旋风粉 | X |
| 倒转链条炉排抛煤机 | D | 室燃炉 | S |

　　型号的第二部分表示介质参数。蒸汽锅炉分两段，中间以斜线相连，第一段用阿拉伯数字表示额定蒸汽压力（单位为 MPa）；第二段用阿拉伯数字表示过热蒸汽温度（单位为℃），蒸汽温度为饱和温度时，型号的第二部分无斜线和第二段。热水锅炉分三段，中间也以斜线相连，第一段用阿拉伯数字表示额定出水压力（单位为 MPa）；第二段和第三段分别用阿拉伯数字表示额定出水温度和额定进水温度（单位为℃）。

　　型号的第三部分表示燃料种类。用大写汉语拼音字母代表燃料种类，同时用罗马数字代表同一燃料的不同类别，其含义见表 1-3。如果同时使用几种燃料，主要燃料放在前面，中间以顿号隔开。

燃料种类代号含义                                                          表 1-3

| 燃 料 种 类 | 代 号 | 燃 料 种 类 | 代 号 |
|---|---|---|---|
| Ⅱ类无烟煤 | WⅡ | 型煤 | X |
| Ⅲ类无烟煤 | WⅢ | 水煤浆 | J |
| Ⅰ类烟煤 | AⅠ | 木柴 | M |
| Ⅱ类烟煤 | AⅡ | 稻壳 | D |
| Ⅲ类烟煤 | AⅢ | 甘蔗渣 | G |
| 褐煤 | H | 油 | Y |
| 贫煤 | P | 气 | Q |

对于电加热锅炉，其产品型号与前述锅炉型号编制方法相仿，由两部分组成。第一部分表示锅炉本体形式、电加热锅炉代号（DR）和锅炉容量。第二部分表示锅炉的介质参数。

对于汽水两用工业锅炉，以锅炉主要功能来编制产品型号，但在锅炉名称上应写明"汽水两用"字样。

如型号为 SHL35-1.25/350-WⅡ 的锅炉，表示双锅筒横置式链条炉排蒸汽锅炉，额定蒸发量为 35t/h，额定工作压力为 1.25MPa（表压），出口过热蒸汽温度为 350℃，燃用Ⅱ类无烟煤。

又如型号为 QXW14-1.25/95/70-AⅡ 的锅炉，表示强制循环往复炉排热水锅炉，额定热功率为 14MW，额定出水压力为 1.25MPa，额定出水温度为 95℃，额定进水温度为 70℃，燃用Ⅱ类烟煤。

再如型号为 SZS65-2.5/400-Y、Q 的锅炉，表示双锅筒纵置式室燃蒸汽锅炉，额定蒸发量为 65t/h，额定蒸汽压力为 2.5MPa，过热蒸汽温度为 400℃，燃油、燃气两用，以燃油为主。

对于电站锅炉，型号也由三部分组成。第一部分为制造工厂代号，由若干字母表示汉语拼音缩写，如 SG 表示上海锅炉厂，HG 表示哈尔滨锅炉厂等。第二部分为锅炉基本参数，前面的数字为锅炉额定蒸发量（单位为 t/h），斜线后面的数字为额定蒸汽出口压力（单位为 MPa）。第三部分是设计燃用燃料代号和锅炉变型设计序号。

例如，型号为 HG-2950/27.56-YM1 的锅炉，表示哈尔滨锅炉厂制造，额定蒸发量为 2950t/h，额定蒸汽压力为 27.56MPa，可燃用油或煤，变型设计序号为 1（即原型设计）。

**三、锅炉参数系列**

供热锅炉的容量、参数，既要满足生产工艺、供暖空调和生活等用热需要，又要便于锅炉房工艺设计、锅炉配套辅助设备的供应以及锅炉自身的标准化和系列化。表 1-4 为我国工业蒸汽锅炉额定参数系列❶，适用以水为介质的，额定压力大于 0.4MPa 但小于 3.8MPa 的工业用、生活用固定式蒸汽锅炉。

---

❶ 详见现行国家标准《工业蒸汽锅炉参数系列》GB/T 1921。

14

| 额定蒸发量 (t/h) | 额定蒸汽压力(表压)(MPa) | | | | | | | | | | | |
|---|---|---|---|---|---|---|---|---|---|---|---|---|
| | 0.1 | 0.4 | 0.7 | 1.0 | 1.25 | | | 1.6 | | 2.5 | | |
| | 额定蒸汽温度(℃) | | | | | | | | | | | |
| | 饱和 | 饱和 | 饱和 | 饱和 | 饱和 | 250 | 350 | 饱和 | 350 | 饱和 | 350 | 400 |
| 0.1 | △ | △ | | | | | | | | | | |
| 0.2 | △ | △ | △ | | | | | | | | | |
| 0.3 | △ | △ | △ | | | | | | | | | |
| 0.5 | △ | △ | △ | △ | | | | | | | | |
| 0.7 | | △ | △ | △ | | | | | | | | |
| 1 | | △ | △ | | | | | | | | | |
| 1.5 | | | △ | △ | | | | | | | | |
| 2 | | | △ | △ | △ | | | △ | | | | |
| 3 | | | △ | △ | | | | △ | | | | |
| 4 | | | △ | △ | | | | △ | | △ | | |
| 6 | | | | △ | △ | △ | △ | △ | | △ | | |
| 8 | | | | △ | △ | △ | △ | △ | | △ | | |
| 10 | | | | △ | △ | △ | △ | △ | △ | △ | △ | △ |
| 12 | | | | | △ | △ | △ | △ | △ | △ | △ | △ |
| 15 | | | | | △ | △ | △ | △ | △ | △ | △ | △ |
| 20 | | | | | △ | △ | △ | △ | △ | △ | △ | △ |
| 25 | | | | | △ | △ | △ | △ | △ | △ | △ | △ |
| 35 | | | | | | △ | △ | △ | △ | △ | △ | △ |
| 65 | | | | | | | | | | | △ | △ |

注：工业蒸汽锅炉的额定参数应选用表中所列参数，其中标有符号"△"所对应的参数宜优先选用。锅炉设计时的给水温度有 20℃、60℃ 和 104℃ 三档，可结合用户的具体情况确定。

表 1-5 所示为我国热水锅炉额定参数系列[1]。它适用于额定出水压力大于 0.1MPa 的工业生活用的固定式热水锅炉，符号"△"所对应的参数宜优先选用。

| 额定热功率 (MW) | 额定出水压力(表压)(MPa) | | | | | | | | | | | |
|---|---|---|---|---|---|---|---|---|---|---|---|---|
| | 0.4 | 0.7 | 1.0 | 1.25 | 0.7 | 1.0 | 1.25 | 1.0 | 1.25 | 1.25 | 1.6 | 2.5 |
| | 额定出水温度/进水温度(℃) | | | | | | | | | | | |
| | 95/70 | | | | 115/70 | | | 130/70 | | 150/90 | | 180/110 |
| 0.05 | △ | | | | | | | | | | | |
| 0.1 | △ | | | | | | | | | | | |
| 0.2 | △ | | | | | | | | | | | |
| 0.35 | △ | △ | | | | | | | | | | |

---

[1]　详见《热水锅炉参数系列》GB/T 3166。

| 额定热功率(MW) | 额定出水压力(表压)(MPa) | | | | | | | | | | | |
| --- | --- | --- | --- | --- | --- | --- | --- | --- | --- | --- | --- | --- |
| | 0.4 | 0.7 | 1.0 | 1.25 | 0.7 | 1.0 | 1.25 | 1.0 | 1.25 | 1.25 | 1.6 | 2.5 |
| | 额定出水温度/进水温度(℃) | | | | | | | | | | | |
| | 95/70 | | | | 115/70 | | | 130/70 | | 150/90 | | 180/110 |
| 0.5 | △ | △ | | | | | | | | | | |
| 0.7 | △ | △ | △ | △ | △ | | | | | | | |
| 1.05 | △ | △ | △ | △ | △ | | | | | | | |
| 1.4 | △ | △ | △ | △ | △ | | | | | | | |
| 2.1 | △ | △ | △ | △ | △ | | | | | | | |
| 2.8 | △ | △ | △ | △ | △ | △ | △ | △ | △ | △ | | |
| 4.2 | | | △ | △ | △ | △ | △ | △ | △ | △ | | |
| 5.6 | | | △ | △ | △ | △ | △ | △ | △ | △ | | |
| 7.0 | | | △ | △ | △ | △ | △ | △ | △ | △ | | |
| 8.4 | | | | | | △ | △ | △ | △ | | | |
| 10.5 | | | | | | △ | △ | △ | △ | △ | | |
| 14.0 | | | △ | | | △ | △ | △ | △ | △ | △ | |
| 17.5 | | | | | | △ | △ | △ | △ | △ | △ | |
| 29.0 | | | | | | △ | △ | △ | △ | △ | △ | △ |
| 46.0 | | | | | | △ | △ | △ | △ | △ | △ | △ |
| 58.0 | | | | | △ | △ | △ | △ | △ | △ | △ | △ |
| 116.0 | | | | | | | | | △ | | | △ |
| 174.0 | | | | | | | | | | | △ | △ |

## 第六节　锅炉房设备的组成

如前所述，锅炉房是供热之源。它在工作时，源源不断地产生蒸汽（或热水），以满足用户的需要；工作后的冷凝水（或称回水）又被送回锅炉房，与经水处理的补给水一起，再进入锅炉继续受热、汽化。为此，锅炉房中除锅炉本体以外，还必须装置水泵、风机、水处理以及为降低烟气对大气环境的污染而设置的除尘、脱硫和脱氮设备等辅助设备，以保证锅炉房的生产过程能连续不断地正常运行，且安全可靠、经济有效供热。

锅炉本体及其辅助设备总称为锅炉房设备。图1-8为装置有一台双锅筒横置式链条炉排炉的锅炉及锅炉房设备简图。

在本章第一节中已经介绍了锅炉的基本构造。锅炉本体包括汽锅、炉子、蒸汽过热器、省煤器和空气预热器。

汽锅其实就是一个蒸汽发生器，炉子是燃料的燃烧设备；蒸汽过热器是饱和蒸汽的再加热装置；省煤器吸收尾部烟气的热量加热给水，以降低排烟温度、节约燃料，实质上是一个锅炉给水预热器；空气预热器加热燃烧所需空气，以改善炉内燃料着火和燃烧环境，也有效降低排烟温度，提高锅炉热效率。

锅炉房的辅助设备是为保证锅炉正常、安全和经济运行而设置的，主要包括给水设备、通风设备、燃料供应设备、排渣除灰和烟气净化设备、汽水管道及附件以及监测仪表和自动控制设备等。

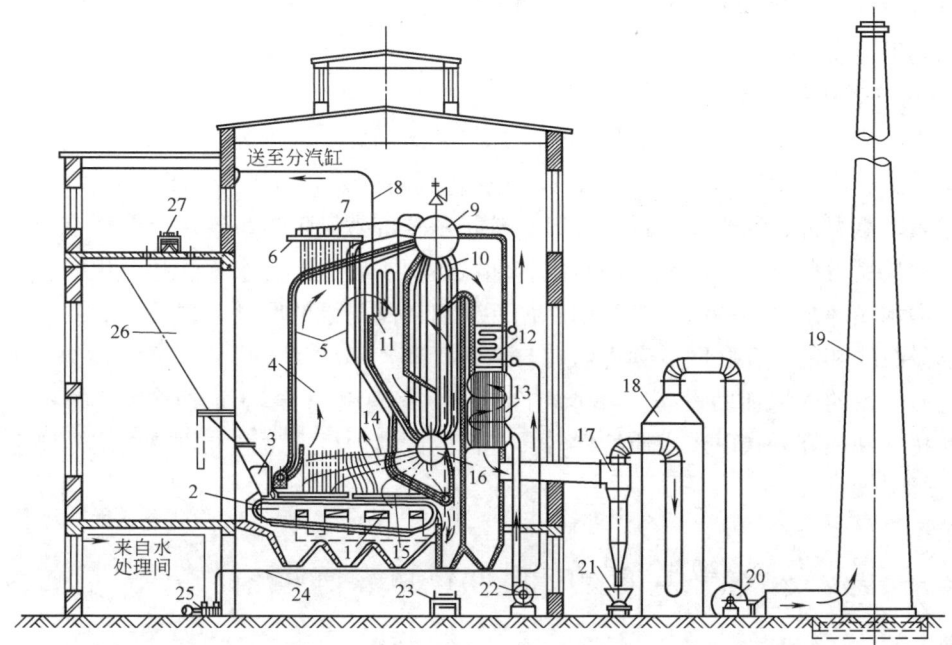

1—风室；2—链条炉排；3—煤斗；4—炉膛；5—水冷壁管；6—侧水壁上集箱；7—汽水引出管；8—主蒸汽管；
9—上锅筒；10—对流管束；11—蒸汽过热器；12—省煤器；13—空气预热器；14—下降管；15—侧水冷壁下集箱；
16—下锅筒；17—除尘器；18—脱硫脱氮装置；19—烟囱；20—引风机；21—灰车；
22—送风机；23—灰渣输送机；24—给水管；25—给水泵；26—储煤斗；27—带式输煤机。

图 1-8　锅炉及锅炉房设备简图

1. 给水设备

给水设备由水处理设备、给水箱和给水泵等组成。水处理设备是为了除去水中杂质（如氧、钙镁离子等），避免汽锅内壁结垢和腐蚀，为保证锅炉给水品质而设置的。经过处理的锅炉给水，由给水泵提升压力后流经省煤器送入上锅筒。

2. 通风设备

通风设备包括送风机、引风机和烟囱，其作用是送入燃料燃烧所需的空气和从锅炉引出燃烧产物——烟气，保证燃烧正常进行，并使烟气以必需的流速冲刷受热面，强化传热，然后由具有一定高度的烟囱将烟气排于大气，以减少烟尘污染。

3. 燃料供应设备

燃料供应设备是为保证锅炉连续正常运行所需燃料的供应而设置的（包括燃料的储存、输运和加工等设备）。对于燃煤锅炉房，有煤场、原煤仓、破碎机、磨煤机、提升机、带式输煤机等；对于燃油锅炉房，有储油罐、日用油箱、输油管道、油泵、油加热器及过滤器等；对于燃气锅炉房，则有增压设备（鼓风机）、调压装置、燃气过滤器、排水器和流量计等。

**4.排渣除灰及烟气净化设备**

排渣除灰设备的作用是将锅炉燃料的燃烧产物——渣与灰连续不断地除去并运送至灰渣场,它包括除渣机、灰渣输送机、灰车和灰渣斗等。

烟气净化设备包括装设在锅炉尾部烟道中的除尘器和脱硫脱氮装置,用以除去锅炉烟气中夹带的烟尘灰粒和 $SO_2$、$NO_x$ 等有害物质,是减少烟尘污染和改善大气环境质量不可缺少的辅助设备。

**5.监测仪表和自动控制设备**

除了水位表、压力表和安全阀等锅炉本体上装有的安全附件外,为监督、调节和控制锅炉设备安全、经济地正常运行,常装设一系列监测仪表和自动控制设备,如蒸汽流量计、水量表、烟温计、风压计、排烟二氧化碳指示仪等常用仪表,给水自动调节装置、燃料燃烧自动控制设备以及蒸汽锅炉超压报警和联锁保护装置、热水锅炉超温报警和联锁保护装置、锅水循环泵进出差压保护和锅水循环泵出口阀与泵的联锁装置等,有的锅炉房还可实现场景在线和基于互联网的远程监控与运行管理。

以上所介绍的锅炉辅助设备,并非每个锅炉房都配备齐全,而是随锅炉的容量、形式、燃料特性和燃烧方式以及水质特性等多方面的因素,根据生产和供热的实际要求和客观条件进行配置。

## 第七节　大型电站锅炉简介

进入 21 世纪后,我国为缓解日益严重的能源紧缺,大力发展城市集中供热事业,2022 年集中供热面积已增至 137.80 亿 $m^2$(图 1-9、图 1-10)。"零碳"新型电力系统多元能源供应体系的全面构建(图 1-11),则是实现"双碳"目标的有力举措。热电联产(图 1-12)和集中供热乃是实现建筑用能系统零碳运行的战略性技术途径之一。大型电站锅炉是热电联产和集中供热的核心设备,因此,学习和了解大型电站锅炉的基本结构与技术性能是十分必要的。

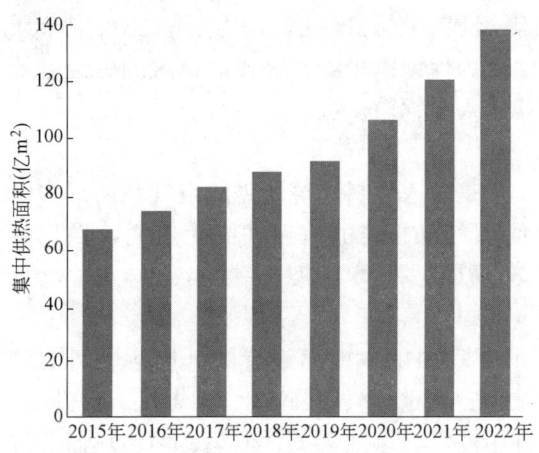

图 1-9　2015—2022 年我国城市集中供热面积

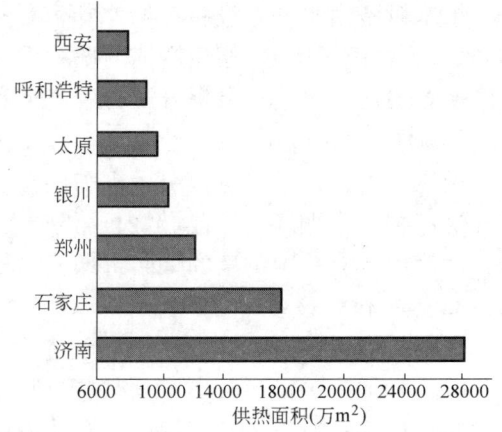

图 1-10　2022 年部分城市建成与在建长途输热工程(供热面积)

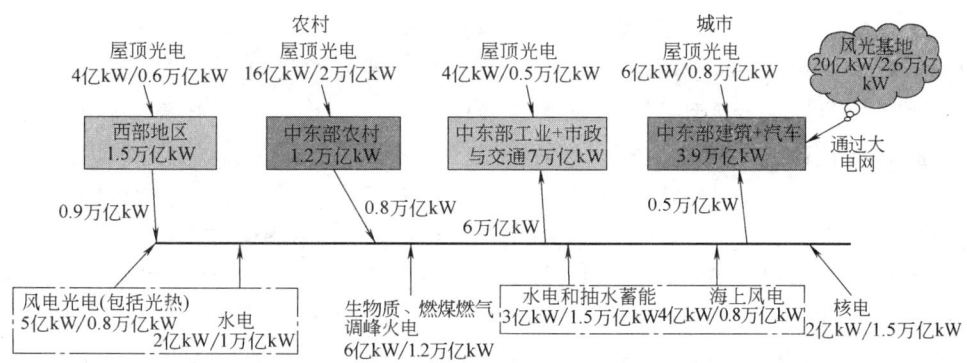

图 1-11　未来"零碳"新型电力系统多元能源供应体系示意图

注：斜杠左侧为 2022 年的数据，右侧为将来"零碳"时的期望值。

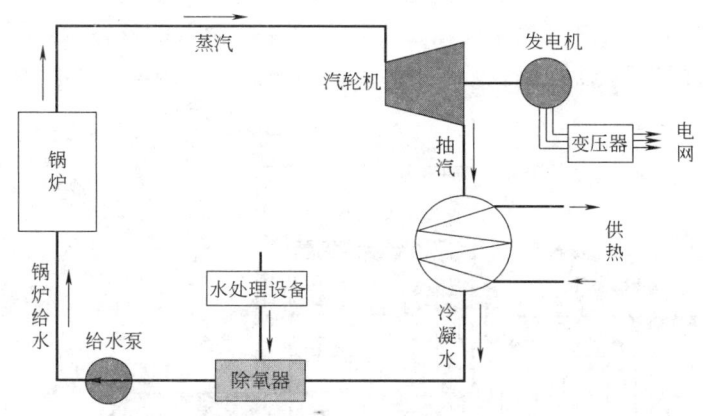

图 1-12　热电联产系统关键设备组成示意图

在全球电力生产结构中，目前火力发电占比为 62.19%，是发电的主要方式。在我国，火力发电也是目前发电的主要方式，占我国发电总量的 71.13%。

随着科学技术进步和材料学科的发展，扩大锅炉单机容量可使火力发电能力迅速提高，以适应生产发展的需要，同时还可以使基建投资下降，节省设备、运行费用和减轻环境污染，这已为世界各国的共识，是一个总趋势。例如美国，20 世纪 70～80 年代电站锅炉单机最大容量迅速由 670t/h 增大到 4900t/h 左右（匹配 1300MW 汽轮发电机组）；当时苏联 500MW 和 800MW 机组的占比逐年增加，最大的机组为 1200MW。2000 年后，我国引进国外先进技术，自主生产了 1000MW 机组匹配的超超临界锅炉；目前运行的煤粉锅炉则以 300MW、600MW 为主。

目前世界各国大容量锅炉采用的蒸汽压力，主要可分为超高压（14～16MPa）、亚临界压力（17～21MPa）和超临界压力（23～26MPa）三个级别。受制造材料（奥氏体钢）价格的制约，蒸汽温度大多为用 540℃ 和 568℃。

**一、300MW 循环流化床锅炉**

图 1-13 所示为与 300MW 汽轮发电机组相匹配的亚临界压力循环流化床锅炉，采用单汽包自然循环，露天布置，锅炉底部采用裤衩腿形结构。炉膛宽为 14.70m、深为 15.05m，高为 35.50m，炉底被分成两条腿，每条腿均有其独立的布风装置。布风板面积为 14.70m×3.5m，燃用褐煤。该锅炉采用 4 个旋风分离器，下接锥形阀和 4 个流化床换

热器；流化床换热器中布置中温过热器、低温过热器和高温再热器。尾部烟道依次布置高温过热器、低温再热器和省煤器。采用引进技术制造的容克式四分仓空气预热器。

入炉煤采用两级破碎系统制备，布置 6 台给煤机，由回料阀 8 点及两侧墙 4 点给煤，最终与炉膛直接相连的给煤点为 6 个。采用回料阀 8 点供给石灰石，最终与炉膛直接相连的给石灰石点为 4 个，石灰石粉由电厂附近的石灰石矿供应。合理选择和控制一、二次风比及总过量空气系数，使 $NO_x$、$SO_2$ 排放量最少并有高的燃烧效率。

点火方式为风道燃烧器和床上启动油枪相结合方式，布置 2 台风道燃烧器，输入热负荷为 16MW；8 只床上启动燃烧器，热功率为 11%BMCR❶。

该锅炉设置 4 个高温旋风分离器，每侧布置 2 个，直径为 8.25m，下接锥形阀和 4 个流化床换热器，内衬耐火材料，底部支撑。单台流化床换热器的设计灰物料率为 $600\sim800t/h$，通过锥形阀控制回灰量。炉膛温度由 2 个布置有中温过热器的外置换热器（每个腿一个）来调节控制，再热蒸汽温度由 2 个带有高温再热器的外置换热器控制。过热蒸汽温度调节由三级喷水减温器控制。

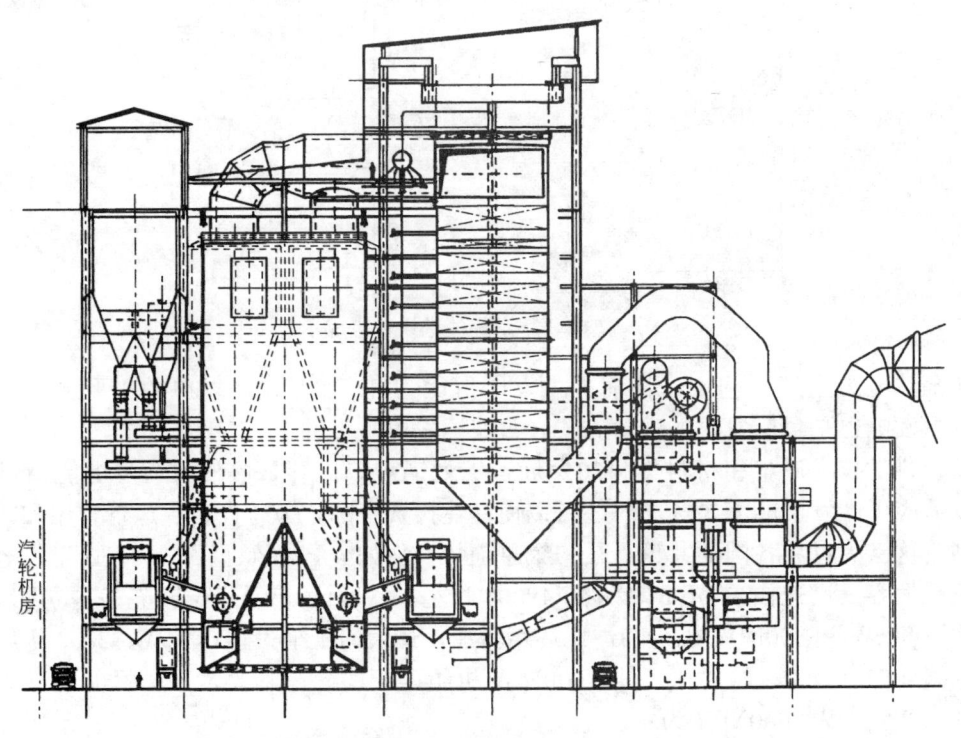

图 1-13  与 300MW 汽轮发电机组相匹配的亚临界压力循环流化床锅炉

一次风通过布置在两个裤衩腿上的布风板上钟罩式风帽射入炉膛，主要起流化床料的作用。二次风通过布风板上方两排多个风口进入炉膛，以保证颗粒被足够地搅动并与燃烧所需空气充分混合。一、二次风的比值对 $NO_x$ 排放有重要影响，必须特别注意一、二次风的比值的选取。整个锅炉机组可以提供 100%负荷所需要的风量，它通过挡板来控制两个裤衩腿的风量平衡。

---

❶ BMCR 指锅炉最大连续蒸发量（Boiler Maximum Continuous Rating）。

## 二、Ⅱ型 600MW 超临界压力锅炉

HBC-600MW 超临界压力锅炉整体布置如图 1-14 所示，为单炉膛Ⅱ形布置。炉膛宽度为 22.1873m、深度为 15.7473m、高为 63.95m，炉膛容积热负荷为 84kW/m³，炉膛

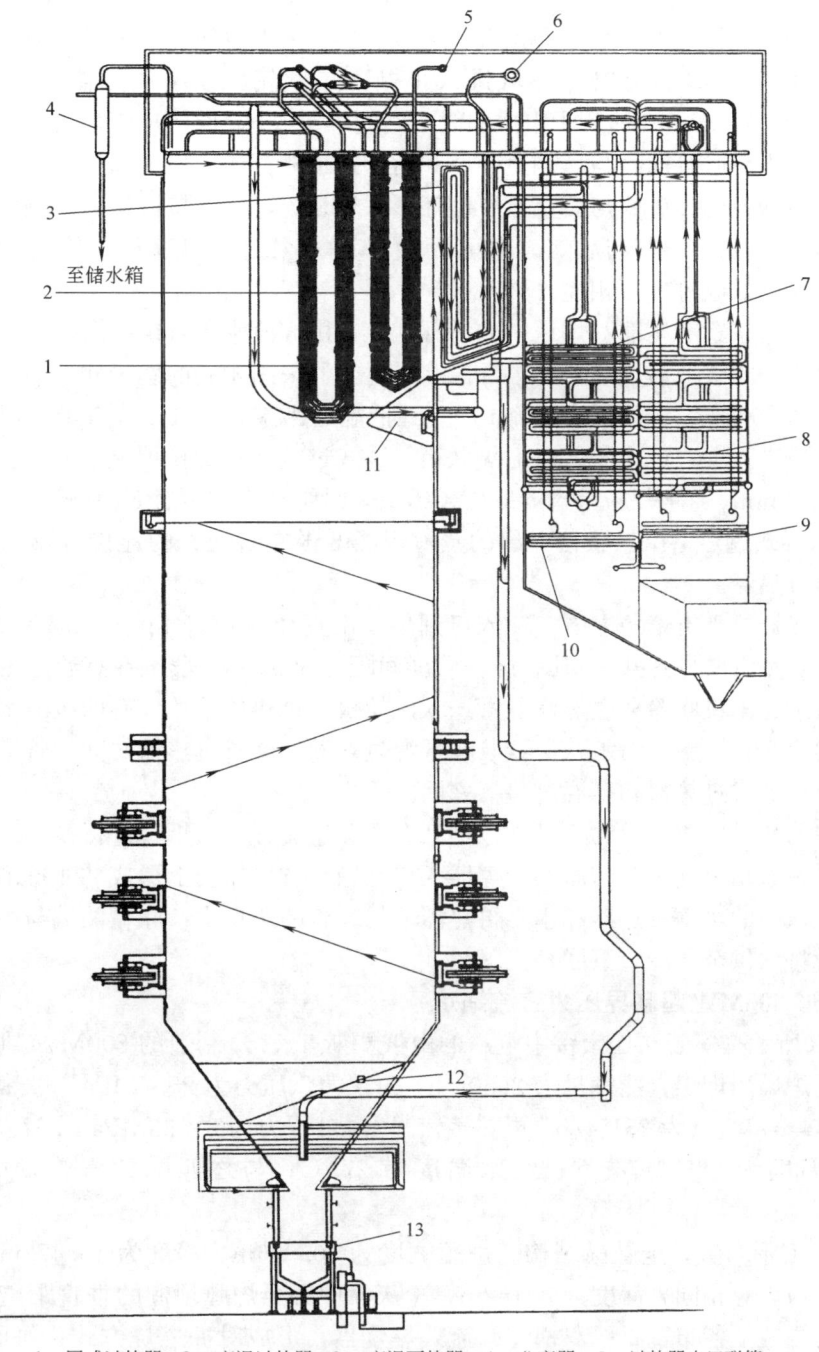

1—屏式过热器；2—高温过热器；3—高温再热器；4—分离器；5—过热器出口联箱；
6—再热器出口联箱；7—低温再热器；8—低温过热器；9、10—省煤器；
11—折焰角；12—人孔门；13—冷渣池。

图 1-14　HBC-600MW 超临界压力锅炉整体布置图

断面热负荷为 4.5MW/m²。锅炉燃烧器采用前后墙布置，对冲燃烧。前后墙各布置 3 层燃烧器，每层各有 5 只低 $NO_x$ 旋流燃烧器，共 30 只。在最上层煤粉燃烧器的上方前后墙和侧墙各布置一层燃尽风，前后墙各 5 只风口，两侧墙各 3 只风口。制粉系统为中速 MPS 磨直吹系统，磨煤机有 6 台，其中一台备用。

过热蒸汽系统按蒸汽流程分为顶棚包墙过热器、低温过热器、屏式过热器和高温过热器。经 4 只启动分离器引出的蒸汽进入顶棚入口联箱，顶棚过热器由 192 根直径为 63.5mm、壁厚为 8.8mm 的管子组成。管子之间焊接 6mm 厚的扁钢，另一端接至顶棚出口联箱。顶棚出口联箱同时与后烟道前墙和后烟道顶棚相连，后烟道顶棚转弯下降形成后烟道后墙，后烟道前、后墙与后烟道下部环形联箱相连，并连接后烟道两侧包墙。两侧包墙出口联箱的 24 根引出管与后烟道中间隔墙入口联箱相连，隔墙向下引至隔墙出口联箱，隔墙出口联箱与低温过热器相连。

低温过热器布置于尾部双烟道中的后部烟道，由 3 段水平管组（沿炉宽布置）和 1 段立式管组组成。立式低温过热器与第 3 段水平过热器采用相同的管子和节距，并引至出口联箱（直径为 50.8mm、壁厚为 7.2mm）。经低温过热器加热后，蒸汽经 2 根连接管和一级喷水减温器进入屏式过热器入口汇集联箱。屏式过热器布置在炉膛上方，从入口到出口由直径为 44.5mm、壁厚为 7.9mm 的管子组成，沿炉宽方向共有 30 片管屏，管屏间距为 690mm。从屏式过热器出口联箱引出的蒸汽，经 2 根左右交叉的连接管及二级喷水减温器进入高温过热器。

高温过热器位于折焰角上方，从入口到出口由直径为 44.5mm、壁厚为 7.9mm 的管子组成，沿炉宽方向排列共 30 片管屏，管屏间距为 690mm。蒸汽在高温过热器中加热到额定参数后，经出口联箱和主蒸汽导管送入汽轮机。过热器系统设有两级喷水减温器，每级减温器均为 2 只。一级喷水减温器装在低温过热器和屏式过热器之间的管道上；二级喷水减温器装在屏式过热器和高温过热器之间的管道上。

省煤器均装设在双烟道的下部，以顺列布置和逆流方式与烟气进行换热。给水经省煤器的入口汇集联箱分别供至前后的省煤器入口联箱。省煤器向上形成共 4 排吊挂管，用于吊挂尾部烟道中的水平过热器和水平再热器。吊挂管的 4 个出口联箱两端与 1 根下降管相连，下降管将水供至水冷壁下联箱。

### 三、T 形 800MW 超临界压力直流锅炉

图 1-15 所示是安装在辽宁绥中电厂的由俄罗斯 TK3 厂制造的 800MW 超临界压力直流锅炉。锅炉燃用烟煤；蒸发量为 2650t/h，过热蒸汽压力为 25.0MPa，过热蒸汽温度为 545℃；再热蒸汽流量为 2515t/h，再热蒸汽进/出口压力为 3.863MPa/3.62MPa，再热蒸汽进/出口温度为 283℃/545℃；给水温度为 277℃；与之匹配的汽轮发电机组功率为 800MW。

锅炉为 T 形布置，全悬吊结构。炉膛宽度为 30.986m、深度为 15.472m，两侧对流竖井的宽度与炉膛相同，深度为 8.152m，冷灰斗中心至炉膛顶棚的垂直距离为 62.45m。在炉膛的两侧墙上各布置 4 层双蜗壳旋流式燃烧器，形成对冲燃烧方式；每层有 12 个燃烧器，相邻两层燃烧器中心线距离为 4.3m。

炉膛内水冷壁分为下辐射区和上辐射区。为使水冷壁能自由膨胀，并形成气密式结构，上、下辐射区的水冷壁中间留出 200～300mm 的膨胀间隙，从而使上辐射区水冷壁

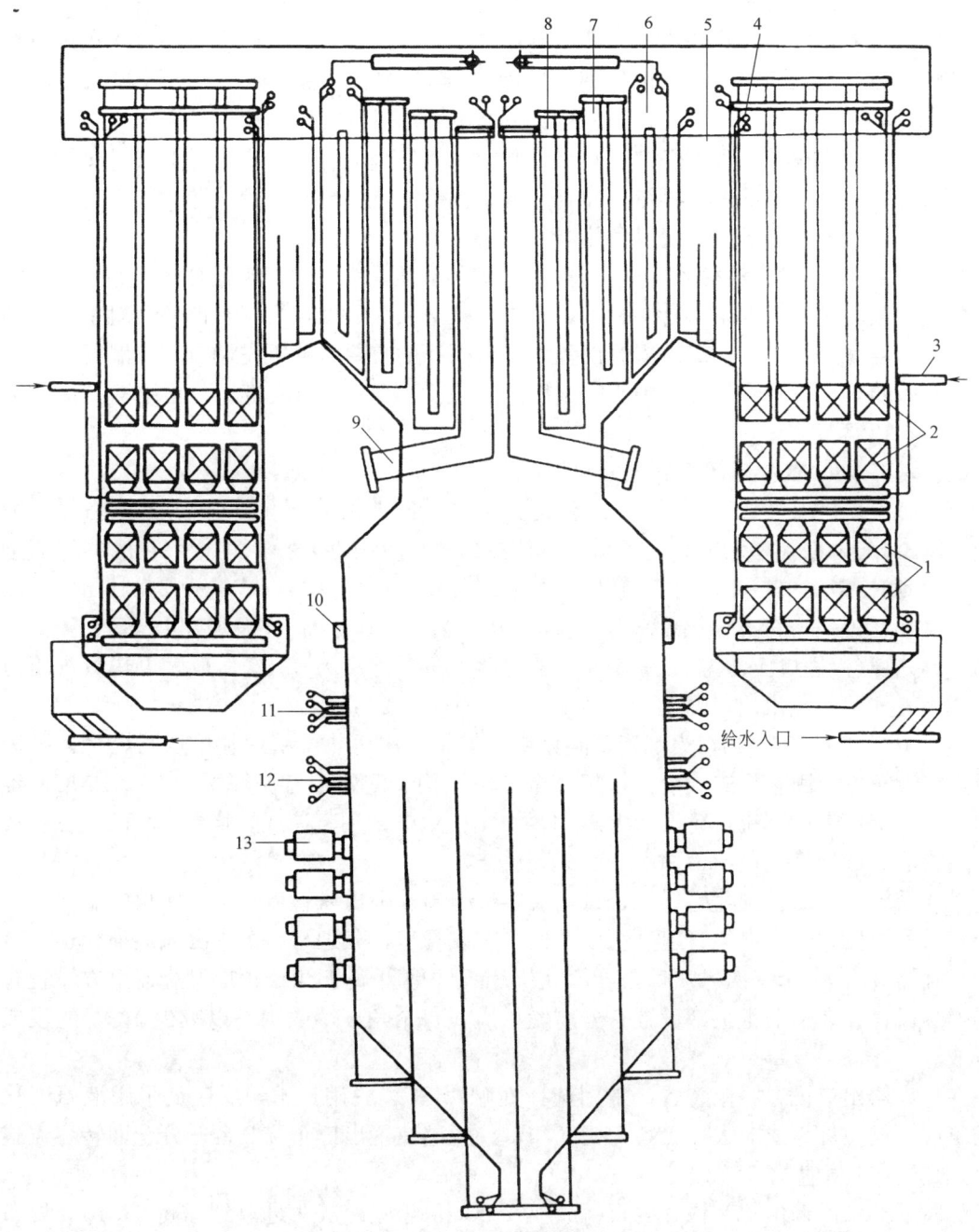

1—省煤器；2—冷段再热器；3—冷段再热器入口；4—防渣管；5— 热段再热器；6—对流过热器；
7、8—屏式过热器；9—腮管；10—终测点烟气再循环喷嘴；11—上辐射区联箱；12—下辐射区联箱；13—燃烧器。

图 1-15　T 形 800MW 超临界压力直流锅炉整体布置图

可以自由向下膨胀，下辐射区水冷壁自由向上膨胀。

　　锅炉汽水系统分为两个独立的流程，每个下辐射区依次通过两个垂直上升管屏，两壁管屏之间用不受热的下降管相连接。上辐射区的水冷壁也是两个垂直上升管屏，位于炉膛出口部位的腮管是由水冷壁管拉大节距而形成的。工质离开上辐射区后，经过汽-汽热交换器和各种包覆管进入汽水分离器，再流过过热器系统。过热蒸汽温度先用煤水比进行粗调，再用三级喷水减温作细调；再热蒸汽温度的调节由汽-汽热交换器和事故喷水减温器来实现。

在左、右对称布置的水平烟道和对流竖井中，烟气分成两路依次流过屏式过热器、对流过热器、垂直再热器、水平再热器和省煤器。锅炉配置 3 台空气预热器，其中有 1 台是一次风预热器，另外 2 台是二次风预热器。

锅炉设置了 2 台烟气再循环风机。再循环烟气温度为 390℃，再循环烟气量为 18%，其中燃烧器区域送入 12%，其余 6% 在炉膛出口处送入。显然，烟气再循环会对主蒸汽和再热蒸汽的温度产生影响，但该锅炉设置烟气再循环的首要目的不是调节蒸汽温度，而是控制受热面的热负荷和降低燃烧中心的温度，以减少 $NO_x$ 的生成量、防止结渣和保护屏式过热器不超温。

### 四、塔形 1000MW 超超临界压力锅炉

由上海锅炉厂引进 Alstom-Power 公司技术设计制造的塔形 1000MW 超超临界压力锅炉（图 1-16），已在浙江宁海电厂和上海外高桥电厂（三期）投入运行。它的蒸汽流量（100%BMCR）为 2955t/h，最大蒸汽压力为 29.7MPa；再热蒸汽流量为 2443t/h，再热蒸汽出口压力为 5.86MPa；锅炉出口蒸汽压力为 27.46MPa，锅炉出口蒸汽温度为 605℃；再热蒸汽进口压力为 6.06MPa，再热蒸汽进口温度为 374℃，最大再热蒸汽压力为 7.0MPa，再热蒸汽出口温度为 603℃；给水温度为 298℃。

该锅炉高度为 126.3m，为螺旋管圈直流锅炉，一次再热，单炉膛单切圆燃烧，平衡通风，露天布置，固态排渣，全钢构架，全悬吊结构。配置带有循环泵的 30%BMCR 容量的启动系统，最低直流负荷设计为 30%BMCR。锅炉采用直流式燃烧器 LNTFS 燃烧技术，不投油的最低稳燃负荷为 30%BMCR。

燃烧系统配备 6 台中速磨煤机，每台磨煤机引出 4 根煤粉管道到炉膛四角，燃烧器前安装煤粉分配器，每根煤粉管道分配成 2 根一次风管道，分别与 2 个一次风喷嘴相连。直流式燃烧器设有 48 个一次风喷嘴，分 12 层布置于炉膛下部四角。顶层燃烧器上方设置有紧凑燃尽风；在燃烧器组上部设置有分离燃尽风，每个角 6 个喷嘴，以减少 $NO_x$ 的生成与排放。

在省煤器出口设置脱硝装置，采用选择性触媒 SCR 脱硝技术，反应剂采用液氨气化后的氨气，反应后生成对大气无害的氮气和水。脱硝装置出口布置 2 台三分仓回转容克式空气预热器，转子直径为 16.421m。

炉膛下部水冷壁由 772 根螺旋管组成膜式壁，从炉膛冷灰斗进口到标高 68.18m 处布置螺旋水冷壁，螺旋管圈倾角为 26.21°，管圈管子直径为 38.1mm、壁厚为 7.33mm、节距为 53mm。螺旋水冷壁在 100%BMCR 时的质量流速为 2292kg/(m² · s)，在 30%BMCR 时的质量流速为 709kg/(m² · s)。

螺旋水冷壁上方布置垂直管屏水冷壁。螺旋水冷壁与垂直水冷壁采用中间混合联箱连接过渡。垂直水冷壁分为两部分，下部垂直管屏由 1544 根管子组成膜式壁，管子直径为 38.1mm、壁厚为 7.33mm、节距为 60mm，质量流速为 1115～376kg/(m² · s)。在标高 88.88m 处的垂直管采用二并一结构，管子数量变为 772 根，管子规格变为直径为

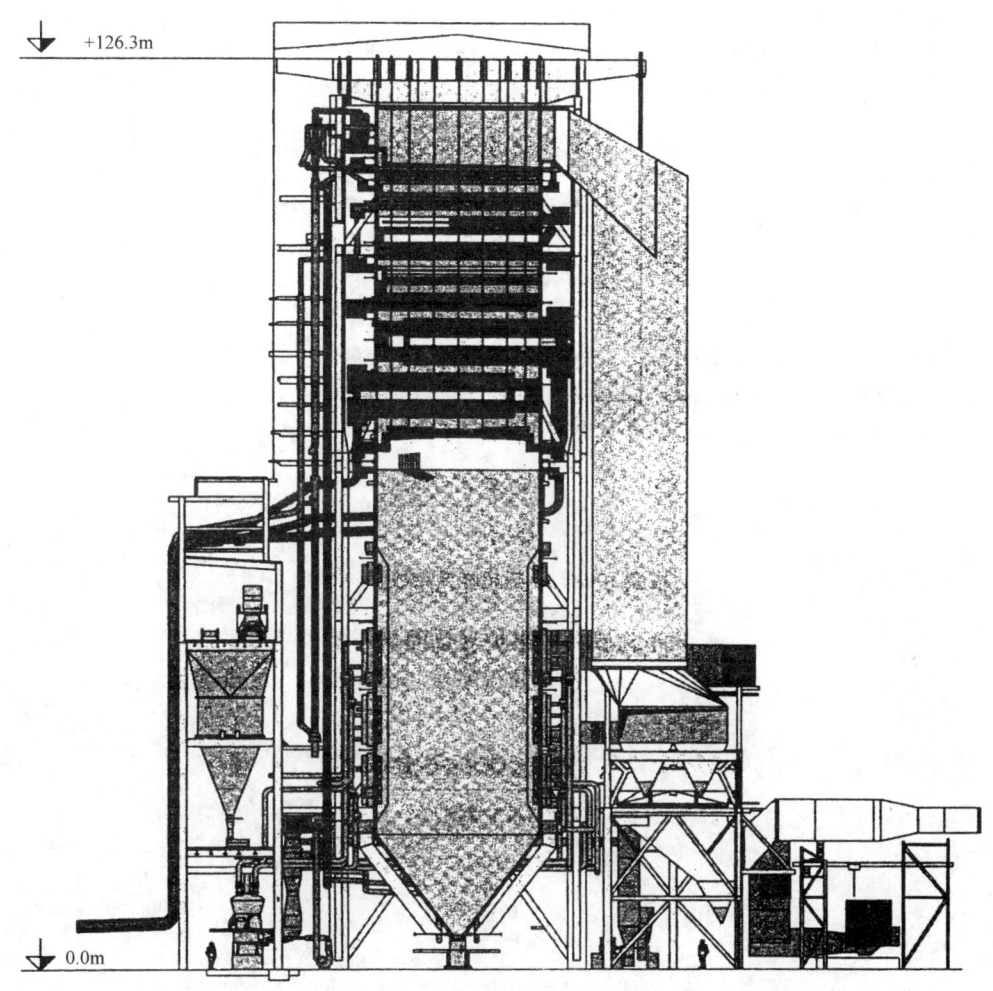

图 1-16  塔形 1000MW 超超临界压力锅炉纵剖面图

44.5mm、壁厚为 7.33mm、节距为 120mm、质量流速为 1499~464kg/(m² · s)。

设计炉膛容积热负荷为 65.93kW/m³；炉膛截面热负荷为 4471MW/m²；燃烧器区壁面热负荷为 1.072MW/m²。

炉膛上部依次布置有一级过热器、三级过热器、二级再热器、二级过热器、一级再热器和省煤器。蒸汽过热器为三级布置，在每两级过热器之间设置喷水减温器，主蒸汽温度主要靠煤水比和减温水控制。再热器为两级布置，再热蒸汽温度主要采用燃烧器摆角调节，在再热器入口和两级再热器之间布置有危急减温装置。

## 复习思考题❶

1. 锅炉的任务是什么？它在发展国民经济中的重要性如何？

2. 锅炉与锅炉（房）设备有何区别？它们各自起着什么作用，又是怎样进行工作的？

❶  本书各章后的复习思考题和习题均引自《锅炉习题实验及课程设计（第二版）》，中国建筑工业出版社，1990。由同济大学邵锡奎教授执笔。

3. 锅炉是怎样工作的？大致可归纳为几个工作过程？

4. 锅炉上装置有哪些必不可少的安全附件？它们的作用是什么？

5. 为什么表示蒸汽锅炉容量大小的指标——额定蒸发量，要用在额定参数下长时期连续安全可靠运行的蒸发量来表示？能不能用短时间达到的最大蒸发量来作为它的额定蒸发量？能不能用在非额定参数下达到的最大蒸发量来作为它的额定蒸发量？

6. 锅炉的热效率、煤汽比、煤水比、金属耗率、耗电率中，哪几个指标用以衡量锅炉的总的经济性？为什么？

7. 锅炉的连续运行小时数、事故率和可用率的含义是什么？

8. 试述锅炉分类方法。

9. 工业锅炉和电站锅炉的型号是怎样表示的？各组字码代表的含义是什么？

10. 电站锅炉的汽水系统由哪些部分组成？各组成部分有什么作用？

11. 电站锅炉的燃烧（煤、风、烟）系统由哪些部分组成？各组成部分有什么作用？

# 第二章　锅炉的燃料成分与特性

燃料是指在燃烧过程中能够释放出热量的可燃物质。它是锅炉的"粮食",是生产蒸汽或热水的能量来源。燃料按其在自然界中存在的状态,可分为固体燃料、液体燃料和气体燃料三类。固体燃料有煤、焦炭、油页岩、秸秆、木屑及垃圾等;液体燃料有汽油、柴油、重油和渣油等;气体燃料有天然气、液化石油气、干馏煤气、气化煤气和城市煤气等。

我国是以煤为主要能源的国家之一,目前锅炉燃料还是以煤为主❶。因煤的热效率低和污染环境,与"高效节能、绿色低碳"等政策矛盾突出,这就要求在选择燃料时应优先考虑清洁、可再生和高效的燃料。对于燃煤锅炉,则必须采用清洁燃烧技术,提升锅炉燃烧效率,减少污染物排放,以节约能源和提高环保水平,实现能源生产消费方式的绿色低碳发展。

不同的燃料因其性质各异,需采用不同的燃烧方式和燃烧设备。燃料的种类和特性与锅炉形式、运行操作以及锅炉工作的安全性和经济性有着密切的关系。因此,了解锅炉燃料的分类、组成、特性以及分析这些特性在燃烧过程中所起的作用是很重要的。

## 第一节　燃料的化学成分

无论是固体、液体还是气体燃料,都是由可燃质(高分子有机化合物和惰性质)和多种矿物质混合而成。燃料的化学成分及含量,通常是通过元素分析法测定求得❷,其主要组成元素有碳、氢、氧、氮和硫五种,此外还包含有一定数量的灰分和水分。燃料的上述组成成分,称为元素分析成分。

对于固体燃料,其组成成分还可以通过工业分析法测定。工业分析测定的成分有水分、挥发分、固定碳和灰分。气体燃料不做元素分析,它的成分通常是指它所含有的各种气体,如氢气、甲烷、一氧化碳、二氧化碳等。

### 一、燃料的元素分析成分

1. 碳　碳是燃料的主要可燃元素。完全燃烧时,碳可释放出 32866kJ/kg 的热量,是决定煤的发热量的主要元素。煤中碳的质量分数越大,其发热量越高。但纯碳不易着火,碳的质量分数大的煤,无论着火和燃烧均较困难。煤中的碳不是以单质形状存在的,而是与氢、硫、氧、氮等结合成挥发性高分子有机化合物,其余部分则呈单质状态,称固定碳。煤中碳的质量分数随煤化程度的增高而增加,变动范围在可燃成分总量的 50%~

---

❶　我国工业锅炉量大面广,为耗能大户,每年耗用原煤量约占原煤年总产量的 1/3。根据国家统计局数据,2022 年全国能源消耗量为 54.1 亿吨标准煤,其中煤的消耗量占比为 56.2%。

❷　详见《煤中碳和氢的测定方法》GB/T 476—2008。

95%之间。与固体燃料相比，液体燃料中含碳量的变化范围小些，碳是构成各种烃和非烃化合物的元素。在气体燃料中，碳则是构成各种烷烃和烯烃的主要元素之一。

2. 氢 氢是燃料的另一重要可燃元素。氢的发热量很高，完全燃烧时能释放出120370kJ/kg的热量，且十分容易燃烧，是燃料中最有利的元素。煤中的含氢量不多，只占可燃成分的 3%～6%，煤化程度越高，含氢量越小。液体燃料的含氢量较高，占10%～14%。含氢量高的燃料，虽则发热量大，又易于燃烧，但在燃烧过程中容易析出炭黑而冒黑烟，造成大气污染。对于气体燃料，氢是构成各种烷烃和烯烃的主要元素，其中以焦炉煤气中的含氢量最高，可达 50%～60%；天然气中含氢量极少。

3. 氧及氮 氧及氮是燃料中的不可燃成分，只是习惯上仍将它们包含在可燃成分之内。由于它们的存在，使燃料中可燃成分相对减少，发热量降低。煤中含氧量变化很大，随煤化程度的加深而减少，如泥煤的含氧量最高可达可燃成分的 40%左右，而无烟煤的含氧量仅 1%～2%。煤中含氮量很少，一般占可燃成分的 0.3%～2.5%。液体燃料中的氧和氮更少一些，含氧量为 0.1%～1.0%，含氮量通常在 0.2%以下。气体燃料中的含氮量视燃料气种的类别不同差别很大，通常天然气中含氮量较少，高炉煤气中最多，高的可达 55%左右。

4. 硫 硫是燃料中的有害元素。它虽可燃烧，但发热量不大，仅为 9050kJ/kg。硫的燃烧产物是二氧化硫和三氧化硫，与烟气中水蒸气相遇会生成亚硫酸和硫酸，对锅炉尾部受热面产生严重腐蚀；如果将其排入大气，则会污染环境。

煤中的硫可分为有机硫和无机硫两类，无机硫又分硫铁矿硫和硫酸盐硫两种。其中，有机硫和硫铁矿硫能参与燃烧，合称可燃硫；硫酸盐硫则不能参与燃烧而转化为灰分。我国煤的硫酸盐硫含量很少，一般所说的全硫量即为可燃硫量。煤中含硫量的变动范围很大，为可燃成分的 0.1%～8.0%。液体燃料中硫多以元素硫、硫化氢等形式存在，其含硫量可从 0.5%以下直至 3.0%左右。气体燃料的含硫量很小，且主要包含在硫化氢中。

5. 灰分 灰分是夹杂在燃料中的不可燃的矿物质，是燃料的主要杂质。煤中的灰分含量随煤的形成和开采等条件的不同而异，少的在 10%上下，多的可达 50%以上。煤中灰分多，可燃成分相对减少，着火和燃烧都会发生困难；而且，受热面也容易积灰，如提高烟速则加剧受热面的磨损。若灰的熔点较低，炉排和炉内受热面上还可能引起结渣，破坏锅炉正常的燃烧和恶化传热。此外，大量飞灰随烟气排入大气，还污染周围环境。所以，灰分是一种有害成分。液体燃料中灰分很少，一般不超过 0.1%；气体燃料中灰分则更少。

6. 水分 水分也是燃料中的主要杂质。固体燃料的水分由外在水分（$M_f$）和内在水分（$M_{inh}$）❶组成。前者是机械附着在燃料颗粒表面及大毛细孔中的水分；后者是吸附和凝聚在颗粒内部的毛细孔中的水分，又称固有水分。外在水分和内在水分的总和称为固体燃料的全水分。不同煤中的水分差别甚大，低者仅为 2%～5%，高者可达 50%～60%，一般来说它随煤的煤化程度的增高而减少。由于水分的存在，不仅使煤的发热量降低，而且水分汽化需吸收部分热量而导致炉膛温度下降，影响煤的着火和燃烧。燃用高水分煤时，烟气体积增大，锅炉排烟热损失增加，同时还可能加剧尾部受热面的低温腐蚀和

---

❶ 详见《煤中全水分的测定方法》GB/T 211—2017。

堵灰。

液体燃料的含水量随产地和炼制条件的不同而异。通常锅炉用燃料油的含水量为 $1\%\sim3\%$。一般来说，燃料油中的水分是有害的，它会引起管道或设备的腐蚀，增加排烟热损失和输送能耗，不均匀的含水量还会导致炉内火焰脉动，甚至熄火。因此，燃料油需进行脱水处理。但是，如经专门处理，将适量的乳状水均匀地混合在油里，则不仅不会破坏火焰的稳定性，还能提高燃烧效率。气体燃料中一般只含有微量的水蒸气，如高炉煤气经洗涤后也仅含有 $0.1\sim1.0g/m^3$ 的水分。

**二、燃料成分分析数据的基准与换算**

对于既定的燃料，其碳、氢、氧、氮和硫的绝对量是不变的，但燃料的水分和灰分会因开采、运输和储存等条件的不同，从而使燃料各组成成分的质量分数也随之变化。因此，提供或应用燃料成分分析数据时，必须标明其分析基准。只有分析基准相同的分析数据，才能确切地说明燃料的特性，评价和比较燃料的优劣。

分析基准，即计算基数。燃料的元素分析成分和工业分析成分，通常采用以下四种分析基准计算得出。

1. 收到基（ar，旧标准称应用基）

以收到状态的煤为分析基准，即对进厂原煤或炉前应用燃料取样，以它的质量作为 $100\%$ 计算其各组成成分的质量分数。这种分析数据，称为收到基成分，用下角"ar"表示，其组成成分可写为：

$$C_{ar}+H_{ar}+O_{ar}+N_{ar}+S_{ar}+A_{ar}+M_{ar}=100\% \tag{2-1}$$

燃料的收到基成分是锅炉燃用燃料的实际应用成分，用于锅炉的燃烧、传热、通风和热工试验的计算。

2. 空气干燥基（ad，旧标准称分析基）

以与空气达到平衡状态的煤为分析基准，即以在实验室条件（温度为 $20℃\pm1℃$，相对湿度为 $65\%\pm1\%$）下进行自然干燥（除去外在水分）后的燃料的基准。它分析所得的组成成分的质量分数，以下角"ad"表示，有：

$$C_{ad}+H_{ad}+S_{ad}+O_{ad}+N_{ad}+A_{ad}+M_{ar}=100\% \tag{2-2}$$

为了避免水分在分析过程中变动，在实验室中进行燃料成分分析时采用空气干燥基成分，其他各"基"成分也均据此导出。

3. 干燥基（d）

干燥基以假想无水状态的煤为基准，即以除去全部水分的干燥燃料作为分析基准，据此分析所得的组成成分的质量分数，称为干燥基成分，用下角"d"表示，其组成成分可写为：

$$C_d+H_d+S_d+O_d+N_d+A_d=100\% \tag{2-3}$$

燃料水分变化时，干燥基成分不受影响；对固体燃料来说，为真实反映煤的含灰量，通常采用干燥基灰分 $A_d$ 来表示。

4. 干燥无灰基（daf，旧标准称可燃基）

干燥无灰基是以除去全部水分和灰分的燃料作为分析基准，分析所得的各组成成分的质量分数，称为干燥无灰基成分。用下角"daf"表示，燃料的干燥无灰基成分的组成为：

$$C_{\text{daf}} + H_{\text{daf}} + S_{\text{daf}} + O_{\text{daf}} + N_{\text{daf}} = 100\% \qquad (2\text{-}4)$$

不难看出，燃料的干燥无灰基成分不再受水分和灰分变化的影响，是一种稳定的组成成分，常用于判断煤的燃烧特性和作为煤的分类的依据。煤矿提供的煤质成分，通常也是干燥无灰基成分。

气体燃料的组成成分用各组成气体的体积分数来表示。通常以干燥基作为分析基准，而水分则以标准状态下 $1\text{m}^3$ 干燥气体燃料携带的水蒸气（$\text{g/m}^3$）来表示。

上述分析基准之间的关系如图 2-1 所示，它们之间通过换算系数可以相互转换，其换算系数则是由质量守恒定律得到的。

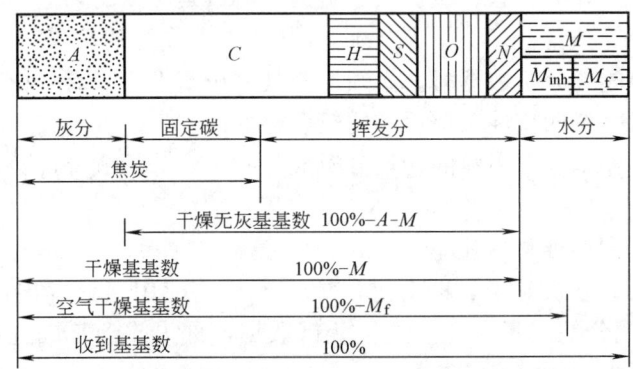

图 2-1　燃料的各分析基准（基数）之间的关系

例如，已知干燥无灰基碳的质量分数 $C_{\text{daf}}$，求收到基碳的质量分数 $C_{\text{ar}}$。

$C_{\text{daf}}$ 是 $C_{\text{ar}}$、$H_{\text{ar}}$、$S_{\text{ar}}$、$O_{\text{ar}}$ 和 $N_{\text{ar}}$ 五种成分作为计算基数的百分数，即：

$$C_{\text{daf}} = \frac{C_{\text{ar}}}{C_{\text{ar}} + H_{\text{ar}} + S_{\text{ar}} + O_{\text{ar}} + N_{\text{ar}}} = \frac{C_{\text{ar}}}{100 - A_{\text{ar}} - M_{\text{ar}}} \quad \%$$

$$C_{\text{ar}} = C_{\text{daf}} \times \frac{100 - A_{\text{ar}} - M_{\text{ar}}}{100} \quad \%$$

其中，$\dfrac{100 - A_{\text{ar}} - M_{\text{ar}}}{100}$ 是从干燥无灰基换算到收到基的换算系数，干燥无灰基的其他组成成分都可采用同样方法换算到相应的收到基成分。

再如，已知空气干燥基含碳量 $C_{\text{ad}}$，求收到基含碳量 $C_{\text{ar}}$。

因干燥基含碳量 $C_{\text{d}}$ 是 $C_{\text{ar}}$、$H_{\text{ar}}$、$S_{\text{ar}}$、$O_{\text{ar}}$、$N_{\text{ar}}$ 和 $A_{\text{ar}}$ 六种成分作为计算基数的百分数，也是 $C_{\text{ad}}$、$H_{\text{ad}}$、$S_{\text{ad}}$、$Q_{\text{ad}}$、$N_{\text{ad}}$ 和 $A_{\text{ad}}$ 六种成分作为计算基数的百分数，即：

$$C_{\text{d}} = \frac{C_{\text{ar}}}{C_{\text{ar}} + H_{\text{ar}} + S_{\text{ar}} + O_{\text{ar}} + N_{\text{ar}} + A_{\text{ar}}} = \frac{C_{\text{ar}}}{100 - M_{\text{ar}}} \quad \%$$

$$C_{\text{d}} = \frac{C_{\text{ad}}}{C_{\text{ad}} + H_{\text{ad}} + S_{\text{ad}} + O_{\text{ad}} + N_{\text{ad}} + A_{\text{ad}}} = \frac{C_{\text{ad}}}{100 - M_{\text{ad}}} \quad \%$$

如此，即可写出空气干燥基成分与收到基成分之间的关系式：

$$C_{\text{ar}} = C_{\text{ad}} \times \frac{100 - M_{\text{ar}}}{100 - M_{\text{ad}}} \quad \%$$

空气干燥基的其他成分都可用相同的方法换算为相应的收到基成分，它们的换算系数都是 $\dfrac{100-M_{ar}}{100-M_{ad}}$。

同一种燃料，各基准之间可以进行换算，换算系数可用类似的方法求出。表 2-1 列出了不同基准的换算系数 $K$，其换算公式为：

$$x = K x_0 \tag{2-5}$$

**不同基准的换算系数 $K$**　　　　　　　　　　　　　　　　表 2-1

| $x_0$ | $x$ | | | |
|---|---|---|---|---|
| | 收到基 | 空气干燥基 | 干燥基 | 干燥无灰基 |
| 收到基 | 1 | $\dfrac{100-M_{ar}}{100-M_{ad}}$ | $\dfrac{100}{100-M_{ar}}$ | $\dfrac{100}{100-M_{ar}-A_{ar}}$ |
| 空气干燥基 | $\dfrac{100-M_{ar}}{100-M_{ad}}$ | 1 | $\dfrac{100}{100-M_{ad}}$ | $\dfrac{100}{100-M_{ad}-A_{ad}}$ |
| 干燥基 | $\dfrac{100-M_{ar}}{100}$ | $\dfrac{100-A_{ad}}{100}$ | 1 | $\dfrac{100}{100-A_d}$ |
| 干燥无灰基 | $\dfrac{100-M_{ar}-A_{ar}}{100}$ | $\dfrac{100-M_{ad}-A_{ad}}{100}$ | $\dfrac{100-A_{ad}}{100}$ | 1 |

如前所述，锅炉炉前应用燃料在实验室条件下风干后剩留于燃料中的水分，称为空气干燥基水分 $M_{ad}$。在风干过程中外逸的那部分水分，则为收到基风干水分 $M_{ar}^f$，即外在水分。这两部分水分之和，即为燃料的全水分。但需强调的是，在相加时必须要将空气干燥基水分换算成收到基，即必须换算成相同的基准后才可相加。

$$M_{ar} = M_{ar}^f + M_{ad} \frac{100 + M_{ar}^f}{100} \tag{2-6}$$

**【例题 2-1】**　已知山西阳泉无烟煤的干燥无灰基成分 $C_{daf}=90.49\%$、$H_{daf}=3.72\%$、$S_{daf}=0.48\%$、$O_{daf}=3.86\%$、$N_{daf}=1.45\%$，干燥基灰分 $A_d=20.93\%$，收到基水分 $M_{ar}=8.18\%$，求该煤的收到基成分。

**【解】**　从表 2-1 中查出由干燥基换算到收到基的换算系数：

$$K_d = \frac{100-M_{ar}}{100} = \frac{100-8.18}{100} = 0.9182$$

则煤的收到基灰分：

$$A_{ar} = K_d A_d = 0.9182 \times 20.93\% = 19.22\%$$

再从表 2-1 中查出由干燥无灰基换算到收到基的系数为：

$$K_{daf} = \frac{100-(M_{ar}+A_{ar})}{100} = \frac{100-(8.18+19.22)}{100} = 0.726$$

如此，煤的收到基成分为：

$$C_{ar} = K_{daf} C_{daf} = 0.726 \times 90.49\% = 65.70\%$$
$$H_{ar} = K_{daf} H_{daf} = 0.726 \times 3.72\% = 2.70\%$$
$$O_{ar} = K_{daf} O_{daf} = 0.726 \times 3.86\% = 2.80\%$$
$$S_{ar} = K_{daf} S_{daf} = 0.726 \times 0.48\% = 0.35\%$$

$$N_{ar}=K_{daf}N_{daf}=0.726\times1.45\%=1.05\%$$

验算：$C_{ar}+H_{ar}+O_{ar}+S_{ar}+N_{ar}+M_{ar}+A_{ar}$
$$=65.70\%+2.70\%+2.80\%+0.35\%+1.05\%+8.18\%+19.22\%=100\%$$

## 第二节　煤的燃烧特性

煤的燃烧特性主要指煤的发热量、挥发分、焦结性、灰熔点，以及可磨性和磨损性，它们是选择锅炉燃烧设备、制定运行操作制度和进行节能改造等工作的重要依据，因此必须对其进行较为深入的研究和分析。

### 一、发热量

固体燃料和液体燃料的发热量（也称热值），是指单位质量的燃料在完全燃烧时所放出的热量，单位为 kJ/kg[❶]。

根据燃烧产物中水的物态不同，发热量有高位发热量 $Q_{gr}$ 和低位发热量 $Q_{net}$ 两种。高位发热量是指 1kg 燃料完全燃烧后所产生的热量，它包括燃料燃烧时所生成的水蒸气的汽化潜热，即所有水蒸气全部凝结为水释放的热量。这是尾部烟道装设烟气冷凝换热器的冷凝式锅炉里发生的情况，热效率可达 100% 以上。实际上，通常的锅炉燃料在炉中燃烧生成的烟气，到离开锅炉时其排烟温度还有 110~170℃，烟气中的水蒸气仍处于蒸汽状态，水蒸气在常压下不会凝结，汽化潜热未被利用。在高位发热量中扣除全部水蒸气的汽化潜热后的发热量，称为低位发热量。低位发热量接近锅炉运行的实际情况，所以在锅炉设计、热工试验等计算中均以此作为计算依据。

由氢的燃烧反应方程式可知，1kg 氢燃烧后将生成 9kg 水蒸气，加上燃料含有的水分 $M_{ar}$，所以 1kg 收到基燃料燃烧生成的水蒸气量为 $\left(\dfrac{9H_{ar}}{100}+\dfrac{M_{ar}}{100}\right)$ kg，如近似取水的汽化潜热为 2512kJ/kg，则燃料的收到基高位发热量 $Q_{gr,ar}$ 与低位发热量 $Q_{net,ar}$ 之间的关系就可用下式表达：

$$Q_{gr,ar}=Q_{net,ar}+2512\left(\frac{9H_{ar}}{100}+\frac{M_{ar}}{100}\right)=Q_{net,ar}+226H_{ar}+25M_{ar}\quad\text{kJ/kg}\tag{2-7}$$

同样，空气干燥基、干燥基和干燥无灰基高位发热量和低位发热量之间也有如下关系：

$$Q_{gr,ad}=Q_{net,ad}+226H_{ad}+25M_{ad}\quad\text{kJ/kg}\tag{2-8}$$

$$Q_{gr,d}=Q_{net,d}+226H_d\quad\text{kJ/kg}\tag{2-9}$$

$$Q_{gr,daf}=Q_{net,daf}+226H_{daf}\quad\text{kJ/kg}\tag{2-10}$$

对于高位发热量来说，水分只是占据了质量的一定份额而使发热量降低；对于低位发热量，水分不仅占据了质量的一定份额，而且还要吸收汽化潜热。因此，在各种基的高位发热量之间可以用表 2-1 的换算系数进行换算；对于低位发热量则不然，必须考虑烟气中全部水蒸气的汽化潜热。表 2-2 是各种基的低位发热量之间的换算关系。

例如，要求将煤的空气干燥基低位发热量 $Q_{net,ad}$ 换算成收到基低位发热量 $Q_{net,ar}$，

---

[❶]　气体燃料发热量的单位为 kJ/m³。本书中的气体体积指的都是标准状态（273.15K、101325Pa）下的体积，每立方米燃气体积以 Nm³ 表示。

则应先写出空气干燥基高位发热量 $Q_{gr,ad}$ 与收到基高位发热量 $Q_{gr,ar}$ 之间的关系式：

$$Q_{gr,ar}=Q_{gr,ad}\frac{100-M_{ar}}{100-M_{ad}}$$

再将式（2-7）和式（2-8）代入上式，则可得：

$$Q_{net,ar}+226H_{ar}+25M_{ar}=(Q_{net,ad}+226H_{ad}+25M_{ad})\frac{100-M_{ar}}{100-M_{ad}}$$

然后，经移项整理即可得出收到基低位发热量，即：

$$Q_{net,ar}=(Q_{net,ad}+25M_{ad})\frac{100-M_{ar}}{100-M_{ad}}-25M_{ar}$$

事实上，表 2-2 中所列的各种基的低位发热量之间的换算关系，也正是这样推演出来的。

各种基的低位发热量之间的换算关系　　　　　　　　　　　表 2-2

| 已知的基 | 欲求的基 | | | |
|---|---|---|---|---|
| | 收到基 | 空气干燥基 | 干燥基 | 干燥无灰基 |
| 收到基 | — | $Q_{net,ad}=(Q_{net,ar}+25H_{ar})\times$ $\frac{100-M_{ad}}{100-M_{ar}}-25M_{ad}$ | $Q_{net,d}=(Q_{net,ar}+25M_{ar})\times$ $\frac{100}{100-M_{ar}}$ | $Q_{net,daf}=(Q_{net,ar}+25M_{ar})$ $\times\frac{100}{100-M_{ar}-A_{ar}}$ |
| 空气干燥基 | $Q_{net,ar}=(Q_{net,ad}+25M_{ad})\times$ $\frac{100-M_{ar}}{100-M_{ad}}-25M_{ar}$ | — | $Q_{net,d}=(Q_{net,ad}+25M_{ad})\times$ $\frac{100}{100-M_{ad}}$ | $Q_{net,daf}=(Q_{net,ad}+25M_{ad})\times$ $\frac{100}{100-M_{ad}-A_{ad}}$ |
| 干燥基 | $Q_{net,ar}=Q_{net,d}\times$ $\frac{100-M_{ar}}{100}-25M_{ar}$ | $Q_{net,ad}=Q_{net,d}\times$ $\frac{100-M_{ad}}{100}-25M_{ad}$ | — | $Q_{net,daf}=Q_{net,d}\times$ $\frac{100}{100-A_{d}}$ |
| 干燥无灰基 | $Q_{net,ar}=Q_{net,daf}\times$ $\frac{100-M_{ar}-A_{ar}}{100}$ $-25M_{ar}$ | $Q_{net,ad}=Q_{net,daf}\times$ $\frac{100-M_{ad}-A_{ad}}{100}$ $-25M_{ad}$ | $Q_{net,d}=Q_{net,daf}\times$ $\frac{100-A_{d}}{100}$ | — |

燃料发热量的大小取决于燃料中的可燃成分及其数量。由于燃料并不是各种成分的简单混合物，而是有着极其复杂的化合关系，因而燃料的发热量并不等于所含各可燃元素的发热量的算术和，无法用理论公式来准确计算，只能借助于实测，或借助某些经验公式来推算出它的近似值。

固体和液体燃料的发热量通常用图 2-2 所示的氧弹测热器直接测定[1]。氧弹测热器有恒温式及绝热式两种。其测定原理是将已知质量的空气干燥煤样放在充有压力为 2.8～3.0MPa 的氧气的弹筒中完全燃烧，燃烧放出的热量被沉浸在水中的弹筒和它周围的水吸收。待测量系统热平衡后，测出温度升高值，并考虑筒体和水的热容量以及周围环境温度

---

[1]　详见《煤的发热量测定方法》GB/T 213—2008。

等影响，即可计算出所测煤样的弹筒发热量 $Q_{b,ad}$。弹筒发热量中不仅包含水蒸气的冷凝放热，还包含硫和氮在高压氧气中形成的硫酸和硝酸凝结时放出的生成热和溶解热。所以，煤的空气干燥基高位发热量 $Q_{gr,ad}$ 与弹筒发热量 $Q_{b,ad}$ 之间有如下关系：

$$Q_{gr,ad} = Q_{b,ad} - 94.1 S_{b,ad} - \alpha Q_{b,ad} \quad \text{kJ/kg}$$

$$(2-11)$$

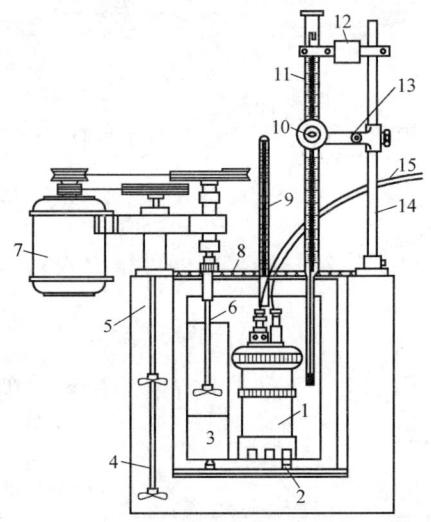

1—氧弹；2—绝缘支柱；3—内筒；4—外筒搅拌器；5—外筒；6—内筒搅拌器；7—电动机；8—盖子；9—普通温度计；10—放大镜；11—贝克曼温度计；12—振动器；13—记时指示灯；14—导杆；15—电源线。

图 2-2 氧弹测热器

式中 $S_{b,ad}$——由弹筒洗液测得的煤的含硫量，%；当含全硫量＜4.00%时，或发热量＞14.60MJ/kg时，用全硫代替 $S_{b,ad}$；

94.1——空气干燥煤样中每1.00%硫的校正值，J；

$\alpha$——硝酸生成热校正系数；当 $Q_b \leqslant$ 16.70MJ/kg 时，$\alpha = 0.0010$；当 16.70MJ/kg＜$Q_b \leqslant$ 25.10MJ/kg 时，$\alpha = 0.0012$；当 $Q_b >$ 25.10MJ/kg 时，$\alpha = 0.0016$。

若有煤的元素分析资料，收到基低位发热量也可用门捷列夫经验公式计算：

$$Q_{net,ar} = 339C_{ar} + 1030H_{ar} - 109(O_{ar} - S_{ar}) - 25M_{ar} \quad \text{kJ/kg} \quad (2-12)$$

门捷列夫经验公式认为碳的发热量为33900kJ/kg，氢的低位发热量为103000kJ/kg；同时还假定煤中的氧全部与硫结合，而硫的发热量为10900kJ/kg。式（2-12）计算所得收到基低位发热量与实测值的误差：当 $A_d \leqslant 25\%$ 时，不超过 $\pm 600$kJ/kg；当 $A_d > 25\%$ 时，不超过 $\pm 800$kJ/kg，否则应检查发热量的测定或元素分析是否有问题。

根据煤的元素分析结果计算其收到基低位发热量的经验公式，还有我国煤炭科学研究院提出的下列公式：

$$Q_{net,ar} = k_1 C_{ar} + k_2 H_{ar} + k_3 S_{ar} - k_4 O_{ar}$$

$$- k_5 \frac{100 - M_{ar} - A_{ar}}{100} \left( \frac{100}{100 - M_{ar}} A_{ar} - 10 \right) - 25 M_{ar} \quad \text{kJ/kg}$$

$$(2-13)$$

式中 $k_1$、$k_2$、$k_3$、$k_4$、$k_5$——系数，按表2-3取值。

系数 $k_1$、$k_2$、$k_3$、$k_4$ 及 $k_5$                                                                                                    表 2-3

| 煤种 | $k_1$ | $k_2$ | $k_3$ | $k_4$ | $k_5$ |
|---|---|---|---|---|---|
| 煤矸石、石煤 | 335（327①） | 1072（1030②） | 63 | 63 | 21 |
| 褐煤 | 335 | 1051 | 92 | 109 | 22 |
| 无烟煤、贫煤 | 335 | 1114 | 92 | 92 | 33.5 |
| 烟煤 | 335 | 1072 | 92 | 105 | 29 |

① 对 $r_C > 95\%$ 或 $r_H \leqslant 1.5\%$ 的煤，取327；其他煤，取335；

② 对 $r_C < 77\%$ 的煤，取1030；其他取1072。

**【例题 2-2】** 已知山西阳泉无烟煤的干燥无灰基低位发热量 $Q_{\mathrm{net,daf}}=34202\mathrm{kJ/kg}$，元素分析见【例题 2-1】，求该煤的收到基低位发热量 $Q_{\mathrm{net,ar}}$，并用门捷列夫公式和我国煤炭科学研究院经验公式进行校核。

**【解】** 从表 2-2 中查出由干燥无灰基低位发热量换算为收到基低位发热量的公式为：

$$Q_{\mathrm{net,ar}}=Q_{\mathrm{net,daf}}\frac{100-M_{\mathrm{ar}}-A_{\mathrm{ar}}}{100}-25M_{\mathrm{ar}}$$

由【例题 2-1】查知 $M_{\mathrm{ar}}=8.18\%$，$A_{\mathrm{ar}}=19.22\%$，则

$$Q_{\mathrm{net,ar}}=34202\times\frac{100-8.18-19.22}{100}-25\times8.18=24626\quad\mathrm{kJ/kg}$$

用门捷列夫经验公式校核：

查知：$C_{\mathrm{ar}}=65.70\%$，$H_{\mathrm{ar}}=2.70\%$，$O_{\mathrm{ar}}=2.80\%$，$S_{\mathrm{ar}}=0.35\%$，代入上式即得

$$Q_{\mathrm{net,ar}}=339\times65.70+1030\times2.70-109\times(2.80-0.35)-25\times8.18=24582\quad\mathrm{kJ/kg}$$

实测值与经验公式计算结果之间的误差为 $24626\mathrm{kJ/kg}-24582\mathrm{kJ/kg}=44\mathrm{kJ/kg}<600\mathrm{kJ/kg}$（$A_{\mathrm{d}}=20.93\%$）。

我国煤炭科学研究院经验公式为：

$$Q_{\mathrm{net,ar}}=k_1 C_{\mathrm{ar}}+k_2 H_{\mathrm{ar}}+k_3 S_{\mathrm{ar}}-k_4 O_{\mathrm{ar}}-$$

$$k_5\frac{100-M_{\mathrm{ar}}-A_{\mathrm{ar}}}{100}\left(\frac{100}{100-M_{\mathrm{ar}}}A_{\mathrm{ar}}-10\right)-25M_{\mathrm{ar}}$$

由表 2-3 查得 $k_1=335$，$k_2=1114$，$k_3=92$，$k_4=92$，$k_5=33.5$，则有：

$$Q_{\mathrm{net,ar}}=335\times65.70+1114\times2.70+92\times0.35-92\times2.80-33.5\times$$

$$\frac{100-8.18-19.22}{100}\left(\frac{100}{100-8.18}\times19.22-10\right)-25\times8.18=24322\quad\mathrm{kJ/kg}$$

实测值与我国煤炭科学研究院经验公式计算结果之间的误差为 $24626\mathrm{kJ/kg}-24322\mathrm{kJ/kg}=304\mathrm{kJ/kg}$。

由于不同煤种的煤的发热量是不相同的，且相差很大，如有的煤发热量可高达 $29300\sim33500\mathrm{kJ/kg}$，有的仅为 $8400\mathrm{kJ/kg}$ 左右。同一锅炉在相同工况下，燃用发热量高的煤时，煤的消耗量就少；反之，煤的消耗量就多。也就是说，当锅炉燃用的煤种不同时，就难以根据它的耗煤量多少来判别其运行的经济性。为此，需引入"标准煤"的概念。这是一种假想的煤，定义标准煤的收到基低位发热量是 $29308\mathrm{kJ/kg}$（$7000\mathrm{kcal/kg}$）。这样，不同情况下锅炉的燃煤实际消耗量即可通过下式换算成标准煤的消耗量 $B_{\mathrm{b}}$：

$$B_{\mathrm{b}}=\frac{BQ_{\mathrm{net,ar}}}{29308}\quad\mathrm{kg/h} \tag{2-14}$$

式中　$B$——锅炉用煤的实际消耗量，$\mathrm{kg/h}$；

　　　$Q_{\mathrm{net,ar}}$——锅炉用煤的收到基低位发热量，$\mathrm{kJ/kg}$。

因此，可根据标准煤的消耗量 $B_{\mathrm{b}}$ 进行比较或制定生产和用煤计划等。

如前所述，水分、灰分和硫分是燃料中的主要杂质，对锅炉工作有着直接的影响。但仅看它们的质量分数尚不足以判别它们对锅炉带来的不利程度，同时也是为了更好地鉴别燃料的性质，引入折算成分的概念。规定将相对于每 $4186.8\mathrm{kJ/kg}$（$1000\mathrm{kcal/kg}$）收到基低位发热量的燃料所含有的收到基水分、灰分和硫分，分别称为折算水分、折算灰分和

折算硫分，其计算公式为：

折算水分

$$M_{\mathrm{zs,ar}} = \frac{M_{\mathrm{ar}}}{\dfrac{Q_{\mathrm{net,ar}}}{4186.8}} = \frac{4186.8 M_{\mathrm{ar}}}{Q_{\mathrm{net,ar}}} \qquad (2\text{-}15)$$

折算灰分

$$A_{\mathrm{zs,ar}} = \frac{A_{\mathrm{ar}}}{\dfrac{Q_{\mathrm{net,ar}}}{4186.8}} = \frac{4186.8 A_{\mathrm{ar}}}{Q_{\mathrm{net,ar}}} \qquad (2\text{-}16)$$

折算硫分

$$S_{\mathrm{zs,ar}} = \frac{S_{\mathrm{ar}}}{\dfrac{Q_{\mathrm{net,ar}}}{4186.8}} = \frac{4186.8 S_{\mathrm{ar}}}{Q_{\mathrm{net,ar}}} \qquad (2\text{-}17)$$

如果燃料中收到基折算水分 $M_{\mathrm{zs,ar}} > 8\%$、收到基折算灰分 $A_{\mathrm{zs,ar}} > 4\%$、收到基折算硫分 $S_{\mathrm{zs,ar}} > 0.2$，则分别称为高水分、高灰分和高硫分燃料。

### 二、挥发分[1]

失去水分的干燥煤样置于隔绝空气的环境中加热至一定温度时，煤中的有机质分解而析出的气态物质称为挥发物，其质量分数即为挥发分。可见，挥发物不是以现成状态存在于燃料中的，而是在燃料加热中形成的。挥发物主要由各种碳氢化合物、氢、一氧化碳、硫化氢等可燃气体和少量的氧、二氧化碳及氮等不可燃气体组成。

煤中的挥发分多少，大致代表着煤的煤化程度。一般说来，煤的挥发分随煤化程度的加深而减少，如年轻的褐煤挥发分 $V_{\mathrm{daf}}$ 很大，可达 $40\%$ 以上，而成煤年代最长的无烟煤，挥发分 $V_{\mathrm{daf}}$ 则低至 $10\%$ 以下。

不同煤种的挥发分析出温度是不相同的，也与煤的煤化程度有关。煤化程度越浅，挥发分开始析出的温度越低。褐煤、烟煤、贫煤和无烟煤的挥发分析出温度依次为 $130\sim170\,^{\circ}\mathrm{C}$，$170\sim320\,^{\circ}\mathrm{C}$，$370\sim390\,^{\circ}\mathrm{C}$ 和 $380\sim400\,^{\circ}\mathrm{C}$。

不同煤种的挥发分，其燃烧时放出的热量相差很大，高者可达 $71000\mathrm{kJ/kg}$，低者仅有 $17000\mathrm{kJ/kg}$。一般来说，含氧量高、煤化程度低的煤，其挥发分发热量较低。

煤中的挥发分对燃烧过程的发生和发展有较大影响。煤在炉中受热干燥后，挥发分首先析出，当达到一定浓度和温度时遇着空气迅即着火燃烧。因此，挥发分对燃烧过程的初始阶段具有特殊的意义。挥发分多的煤，不但着火迅速，燃烧稳定，而且易于燃烧完全。

另外，挥发物是气态可燃物质，它的燃烧主要在炉膛空间进行。对于高挥发分的煤，需要有较大的炉膛空间以保证挥发分的完全燃烧；对于低挥发分的煤，燃烧过程几乎集中在炉排上，炉层温度很高。由上可见，煤中的挥发分对锅炉工作有着很大的影响，锅炉的炉膛结构和锅炉的运行方法等都与煤中的挥发分多少有关。所以，挥发分是煤的一个重要燃烧特性，也是我国（以及美国、俄罗斯、英国、法国等）作为煤的分类的重要依据之一。

### 三、焦结性

煤在隔绝空气加热时，水分蒸发、挥发分析出后的固体残余物是焦炭，它由固定碳和灰

---

[1] 详见《煤的工业分析方法》GB/T 212—2008。

分组成。煤种不同，其焦炭的物理性质、外观等也不相同，有的松散呈粉末状，有的则结成不同硬度的焦块。煤的这种不同焦结性状，称为煤的焦结性，分为粉状、粘结、弱粘结、不熔融粘结、不膨胀熔融粘结、微膨胀熔融粘结、膨胀熔融粘结和强膨胀熔融粘结八类。

焦结性是煤的又一重要燃烧特性，它对煤在炉内的燃烧过程和燃烧效率有着很大影响。譬如，在层燃炉的炉排上燃用焦结性很弱的煤，因焦呈粉末状，极易被穿过炉层的气流携带，使燃烧不完全，还可能从炉排通风孔隙中漏落，造成漏落损失。如果燃用焦结性很强的煤，焦呈块状，焦炭内的质点难以与空气接触，使燃烧困难；同时，炉层也会因焦结而粘连成片失去多孔性，既增大阻力，又使燃烧恶化。所以，层燃炉一般不宜燃用不粘结或强粘结的煤。

### 四、灰熔点

当焦炭中的可燃物——固定碳燃烧殆尽，残留下来的便是煤的灰分。灰分的熔融性，习惯上称作煤的灰熔点。

由于灰分不是单一的物质，其成分变动较大，严格地说灰分没有一定的熔点，而只有熔化温度范围。灰熔点的高低主要与灰的成分和周围介质的性质有关，在还原或半还原性介质下，灰的熔点要比在氧化性介质下低。

煤的灰熔点是用四个特征温度表示的，它们分别为变形温度、软化温度、半球温度和流动温度，其值通常用试验方法——角锥法测得。如图 2-3 所示，把煤灰制成底边为 7mm、高为 20mm 的三角灰锥，然后将角锥放在锥托平盘上送进高温电炉（最高允许温度为 1500℃）中加热，以规定的速度升温，保持半还原性气氛（$O_2$ 的占比小于 2%，还原性气体 $CO$、$H_2$、$CH_4$ 占 10%～70%），升温时不断观察灰锥形态的变化。当灰锥尖端开始变圆或弯曲时的温度，称为变形温度 $t_1$；当灰锥弯曲至锥尖触及托板或灰锥变成球形时的温度称为灰的软化温度 $t_2$；当灰锥变形至近似呈半球体，即高度约等于底长的一半时的温度，称为半球温度 $t_3$；当灰锥熔化展开成高度在 1.5mm 以下的薄层时的温度，称为流动温度 $t_4$。

灰的性质主要指它的熔融性和烧结性。熔融性影响炉内的运行工况，烧结性则影响对流受热面，特别是蒸汽过热器的积灰特性。灰熔点对锅炉工作有较大的影响。灰熔点低，容易引起受热面结渣。熔化的灰渣会把未燃尽的焦炭裹住而妨碍继续燃烧，甚至会堵塞炉排的通风孔隙而使燃烧恶化。工业上一般以煤灰的软化温度 $t_2$ 作为衡量其熔融性的主要指标。对固态排渣煤粉炉，为避免炉膛出口结渣，出口烟温要比软化温度 $t_2$ 低 100℃。通常将软化温度 $t_2$ 高于 1425℃ 的灰称为难熔性灰，在 1200～1425℃ 之间的灰称为可熔性灰，低于 1200℃ 的灰称为易熔性灰。

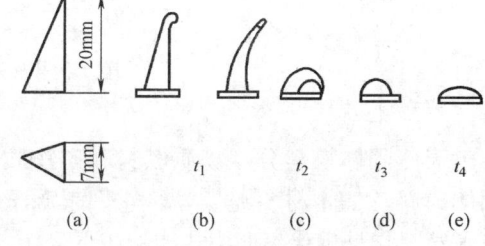

图 2-3　灰渣熔融特征示意图
(a) 原始角锥；(b) 变形温度 $t_1$；(c) 软化温度 $t_2$；(d) 半球温度 $t_3$；(e) 流动温度 $t_4$

### 五、可磨性与磨损性

1. 煤的可磨性

煤的可磨性是煤被破碎成煤粉易难程度的特性。它用煤的可磨性系数 $K_{km}$ 表示：在风干状态下，将等量的标准煤样和被测试煤由相同的初始粒度磨制成同一规格的细煤粉时，所消耗的能量之比：

$$K_{km} = \frac{E_b}{E_s}$$

式中　$E_b$——磨制标准煤样（一种难磨的无烟煤）消耗的能量；

　　　$E_s$——磨制被测试煤消耗的能量。

显然，可磨性系数 $K_{km}$ 越大，表示该煤越容易磨制成粉，所消耗的能量越小；反之，$K_{km}$ 越小，表示该煤越难于磨制成粉，所消耗的能量也就越大。

由于标准煤难磨，所以可磨性系数一般大于 1；$K_{km}$ 一般用于球磨机性能的计算。

我国电站锅炉用煤的可磨性系数 $K_{km}$ 在 0.18～2.0 之间；通常 $K_{km} < 1.2$ 的煤属难磨煤，$K_{km} > 1.5$ 的煤为易磨煤。

2. 煤的磨损性

煤在磨制过程中，其中所含的诸如石英、黄铁矿等矿物质成分会使磨煤机碾磨部件遭受磨损，磨损的轻重程度称为煤的磨损性，磨损指数 $K_e$ 表示。它关系着磨煤机研磨部件的磨损率和磨煤机形式的选择。

煤的磨损指数是在高速喷射煤粉流对金属（纯铁）试片磨损测试仪中，测试煤样在一定的时间内对金属的磨损量，与相同条件下每分钟使金属磨损 10mg 的标准煤样的磨损量相比而得。

很明显，煤的磨损指数 $K_e$ 越大，表明煤对金属碾磨部件的磨损越厉害，即该煤的磨损性越强；反之，$K_e$ 越小，该煤的磨损性越弱。

煤的磨损指数 $K_e$ 是选择磨煤机的一个重要指标，它与磨损性的关系见表 2-4。

煤的磨损指数与磨损性的关系　　　　　　　　　　　　　　　表 2-4

| 磨损指数 $K_e$ | <2.0 | 2.0～3.5 | 3.5～5.0 | >5.0 |
|---|---|---|---|---|
| 磨损性 | 不强 | 较强 | 很强 | 极强 |

# 第三节　固体燃料

天然固体燃料分生物质燃料和矿物质燃料两类。生物质燃料是由生物质组成或萃取的固体燃料，如木材、泥煤等，它们来源于有机物质，具有可再生性。矿物质燃料通常指的是煤炭，它是现代工业中热能的主要来源。目前，我国锅炉燃用的燃料以煤为主，煤的类别和性质直接关系到燃烧方式和燃烧设备的选择以及锅炉本体的设计。为了鉴别和合理利用煤炭资源，对煤炭的分类和各种煤的外表特征、组成成分及物理化学性质应有所了解。

**一、煤的分类**

煤是由远古植物残骸没入水中，又被地层覆盖，经地质化学作用而形成的有机生物岩，是一种有机化合物和无机化合物的复杂混合物。随着煤的形成年代的增长，煤的煤化程度逐年加深，所含水分和挥发物随之减少，而含碳量相应增大。由于煤的用途甚广，其分类方法也很多。为了便于判断煤的类别对锅炉工作的影响，比较简单而科学的方法是按干燥无灰基挥发分多少，即接近于按煤的煤化程度对煤进行分类，分为褐煤、烟煤、贫煤和无烟煤四类。

1. 褐煤

褐煤因外观呈棕褐色而得名。由于它的煤化程度较低，干燥无灰基挥发分 $V_{daf}$ 可高达 37%～50%，且挥发分开始析出温度低，容易着火。但它的吸水能力较强，含水量通常可达 20% 或更高。褐煤的内部杂质（$O_{ar}$）和外部杂质（$M_{ar}$、$A_{ar}$）都多，含碳量 $C_{ar}$ 为 40%～50%，它的发热量不高，一般在 1150～2100kJ/kg 范围内。

褐煤质地松脆、易风化、易自燃，难储存，也不宜远运，属于地方性低质煤。我国褐煤产量不多，主要产于东北、西南等地，如元宝山、舒兰和杨宗海等煤矿。

2. 烟煤

烟煤的含碳量高，挥发分也多，$V_{daf}$ 为 20%～40%，易于着火和燃烧，而且灰分和水分一般较少，其发热量较高。对于部分高灰分、高水分的烟煤，发热量则很低，通常将 $Q_{dw}^{y} \leqslant 15500kJ/kg$ 的称为劣质烟煤，其着火、燃烧都较困难。

烟煤呈黑色，质地松软，具有一定光泽，燃烧时多烟。它是自然界中分布最广和品种最多的煤种。我国煤炭按煤的干燥无灰基挥发分 $V_{daf}$ 和焦结性（用胶质层最大厚度表示）将煤划分为 10 大类，除无烟煤和褐煤外的 8 个品种统称为烟煤。其中优质烟煤焦结性强，是焦化工业的主要原料，多用于冶金；对于含较多灰分、较多水分的烟煤以及在烟煤精选过程中得到的洗中煤和煤泥等是劣质烟煤，常用作锅炉燃料。我国烟煤藏量丰富，产地遍布全国，开滦、抚顺、大同、淮南平朔、阜新和义马等许多煤矿都盛产优质烟煤。

3. 贫煤

在锅炉行业中，将烟煤的 8 个品种中的贫煤和挥发分相近于贫煤的瘦煤归为一类，合称贫煤。贫煤的煤化程度低于无烟煤，其挥发分 $V_{daf}$ 超过 10%～20%。与烟煤相比，贫煤较难着火和燃烧，燃烧时火焰短，烧结性差，发热量介于无烟煤和一般烟煤之间。

4. 无烟煤

无烟煤俗称白煤，是煤化程度最高的煤种。它的挥发分很少，$V_{daf} \leqslant 10\%$；含碳量高，最高的干燥无灰基含碳量可达 95%～98%，所以着火相当困难，且不容易燃尽烧透。无烟煤燃烧时无烟，只有很短的青蓝色火焰，其焦渣呈粉末状，无粘结性。因含碳量高，内部杂质和外部杂质又少，发热量一般都比较高，收到基低位发热量大多为 20930～25120kJ/kg；但由于含氢量较少，其发热量比部分优质烟煤要低。

无烟煤呈灰黑色，具有金属光泽，质地坚硬，不易碾磨。它储存时稳定，不会自燃。我国无烟煤储量仅次于烟煤，主要产地在华北、西北和中南地区，如京西、阳泉、晋城、焦作和金竹山等地出产的都是无烟煤。

除了以上主要煤种外，我国用作锅炉燃料的还有油页岩、泥煤、煤矸石和石煤等。油页岩的全称为油母页岩，是一种年轻的高腐泥质煤，外观大多呈片状，含有一定的油分，可燃质大部分是挥发分，干燥无灰基挥发分可达 70%～80%，容易燃烧，但灰分很高，达 60% 甚至 70% 以上。收到基低位发热量一般仅 4200～8400kJ/kg。泥煤也叫泥炭，是一种棕褐色的不均匀可燃物质，含水量极高，一般可达 85%～95%。泥煤埋藏浅，易开采，经自然风干后可作锅炉燃料，但发热量低，收到基低位发热量大多为 8370～10470kJ/kg。煤矸石是夹于煤层中可燃物含量很低的石子煤，质坚似石。石煤是一种炭页岩，因形如顽石而得名，多产于湖南、浙江等地。煤矸石和石煤的灰分均在 50% 以上，发热量很低，收到基低位发热量一般为 4000～11300kJ/kg，通常采用沸腾燃烧方式加以利用。

我国煤炭资源丰富，燃料特性差异很大。供热锅炉燃料需求量大，分布面广，必须因地制宜，就地取材，充分利用各地的燃料资源。根据我国工业锅炉用煤情况，上海工业锅炉研究所提出了我国工业锅炉行业煤的分类（表 2-5）和设计用代表性煤种（表 2-6），在设计和改造锅炉时，可按表中所列煤种进行计算。

我国工业锅炉行业煤的分类　　　　　　　　　　表 2-5

| 类别 | | 无灰基挥发分 $V_{daf}$（%） | 收到基低位发热量 $Q_{net,ar}$（MJ/kg） |
|---|---|---|---|
| 石煤、煤矸石 | Ⅰ类 | | ≤5.4 |
| | Ⅱ类 | | >5.4～8.4 |
| | Ⅲ类 | | >8.4～11.5 |
| 褐煤 | | >37 | ≥11.5 |
| 无烟煤 | Ⅰ类 | 6.5～10 | <21 |
| | Ⅱ类 | <6.5 | ≥21 |
| | Ⅲ类 | 6.5～10 | ≥21 |
| 贫煤 | | >10～20 | ≥17.7 |
| 烟煤 | Ⅰ类 | >20 | >14.4～17.7 |
| | Ⅱ类 | >20 | >17.7～21 |
| | Ⅲ类 | >20 | >21 |

我国工业锅炉设计用代表性煤种　　　　　　　　　　表 2-6

| 类别 | | 产 地 | 煤的成分组成 | | | | | | | | $Q_{net,ar}$（MJ/kg） |
|---|---|---|---|---|---|---|---|---|---|---|---|
| | | | $V_{daf}$（%） | $C_{ar}$（%） | $H_{ar}$（%） | $O_{ar}$（%） | $N_{ar}$（%） | $S_{ar}$（%） | $A_{ar}$（%） | $M_{ar}$（%） | |
| 石煤、煤矸石 | Ⅰ类 | 湖南株洲（煤矸石） | 45.03 | 14.80 | 1.19 | 5.30 | 0.29 | 1.50 | 67.10 | 9.82 | 5.03 |
| | Ⅱ类 | 安徽北（煤矸石） | 14.74 | 19.49 | 1.42 | 8.34 | 0.37 | 0.69 | 65.79 | 3.90 | 6.95 |
| | Ⅲ类 | 浙江安仁（石煤） | 8.05 | 28.04 | 0.62 | 2.73 | 2.87 | 3.57 | 58.04 | 4.13 | 9.31 |
| 褐煤 | | 黑龙江扎赉诺尔 | 43.75 | 34.65 | 2.34 | 10.48 | 0.57 | 0.31 | 17.02 | 34.63 | 12.28 |
| | | 广西右江 | 49.50 | 34.98 | 2.87 | 8.79 | 0.91 | 1.06 | 31.19 | 20.20 | 11.64 |
| | | 龙口 | 49.53 | 36.50 | 3.03 | 10.40 | 0.95 | 0.69 | 28.40 | 20.03 | 13.44 |
| 无烟煤 | Ⅰ类 | 京西安家滩 | 6.18 | 54.70 | 0.78 | 2.23 | 0.28 | 0.89 | 33.12 | 8.00 | 18.18 |
| | | 四川芙蓉 | 9.94 | 51.53 | 1.98 | 2.71 | 0.60 | 3.14 | 32.74 | 7.30 | 19.53 |
| | Ⅱ类 | 福建天湖山 | 2.84 | 74.15 | 1.19 | 0.59 | 0.14 | 0.15 | 13.98 | 9.80 | 25.43 |
| | | 峰峰 | 4.07 | 75.60 | 1.00 | 1.54 | 0.73 | 0.26 | 17.19 | 3.60 | 26.01 |
| | Ⅲ类 | 山西阳泉 | 7.85 | 65.65 | 2.64 | 3.19 | 0.99 | 0.51 | 19.02 | 8.00 | 24.42 |
| | | 焦作 | 8.48 | 64.95 | 2.20 | 2.75 | 0.96 | 0.29 | 20.65 | 8.20 | 24.15 |
| 贫煤 | | 山东淄博 | 14.64 | 57.93 | 2.69 | 2.11 | 1.14 | 2.58 | 27.75 | 5.80 | 22.10 |
| | | 西峪 | 16.14 | 63.57 | 3.00 | 1.79 | 0.96 | 1.54 | 23.24 | 5.90 | 23.81 |
| | | 林东 | 14.75 | 65.62 | 3.32 | 1.92 | 0.71 | 3.89 | 19.64 | 4.90 | 25.37 |

| 类别 | | 产 地 | 煤的成分组成 | | | | | | | | $Q_{net,ar}$ (MJ/kg) |
|---|---|---|---|---|---|---|---|---|---|---|---|
| | | | $V_{daf}$ (%) | $C_{ar}$ (%) | $H_{ar}$ (%) | $O_{ar}$ (%) | $N_{ar}$ (%) | $S_{ar}$ (%) | $A_{ar}$ (%) | $M_{ar}$ (%) | |
| 烟煤 | Ⅰ类 | 吉林通化 | 21.91 | 38.46 | 2.16 | 4.65 | 0.52 | 0.61 | 43.10 | 10.50 | 15.53 |
| | | 南票 | 39.11 | 44.90 | 3.03 | 8.23 | 0.94 | 0.88 | 29.03 | 12.99 | 16.86 |
| | | 开滦 | 30.67 | 43.23 | 2.81 | 5.11 | 0.72 | 0.94 | 39.13 | 8.06 | 16.23 |
| | Ⅱ类 | 安徽淮北 | 26.47 | 48.51 | 2.74 | 4.21 | 0.84 | 0.32 | 32.78 | 10.60 | 18.09 |
| | | 新汶 | 42.84 | 47.53 | 3.21 | 6.57 | 0.87 | 3.00 | 31.32 | 7.60 | 18.85 |
| | | 霍山 | 35.80 | 56.20 | 3.59 | 4.55 | 1.51 | 0.37 | 26.88 | 6.90 | 20.90 |
| | Ⅲ类 | 辽宁抚顺 | 46.04 | 55.82 | 4.95 | 8.77 | 1.04 | 0.51 | 16.71 | 12.20 | 22.38 |
| | | 肥城 | 38.60 | 58.30 | 3.88 | 6.53 | 1.07 | 1.40 | 19.92 | 8.90 | 23.32 |
| | | 水城 | 30.04 | 56.45 | 3.59 | 4.72 | 1.01 | 1.80 | 25.83 | 6.60 | 23.35 |

为了更好地反映煤的燃烧特性，我国还分别根据煤的挥发分、发热量、灰分和水分等指标对电站煤粉锅炉用煤进行分级，如表 2-7 所示。

电站锅炉用煤分类等级标准　　　　　　　　表 2-7

| | 符号 | $V_{daf}$(%) | $Q_{net,ar}$ (MJ/kg) | | 符号 | $Q_{net,ar}$(MJ/kg) |
|---|---|---|---|---|---|---|
| 按挥发分分类等级（发热量为辅助指标） | $V_1$ | 6.5～10.00 | >21.00 | 按发热量分类等级 | $Q_1$ | >24.00 |
| | $V_2$ | 10.01～20.00 | 18.51～21.00 | | $Q_2$ | 21.01～24.00 |
| | $V_3$ | 20.01～28.00 | 16.01～18.50 | | $Q_3$ | 17.01～21.00 |
| | $V_4$ | 28.01～37.00 | 15.51～16.00 | | $Q_4$ | 15.51～17.00 |
| | $V_5$ | >37.00 | 12.00～15.50 | | $Q_5$ | ≤12.00 |
| | 符号 | $M_{ar}$(%) | $V_{daf}$ (MJ/kg) | | 符号 | $A_d$(%) |
| 按水分分类等级（挥发分为辅助指标） | $M_1$ | ≤8.00 | ≤37.00 | 按灰分分类等级 | $A_1$ | ≤20.00 |
| | $M_2$ | 8.10～12.00 | ≤37.00 | | $A_2$ | 21.01～30.00 |
| | $M_3$ | 12.10～20.00 | >37.00 | | $A_3$ | 30.01～40.00 |
| | $M_4$ | >20.00 | | | | |
| | 符号 | $S_d$(%) | | | 符号 | ST(℃) |
| 按硫分分类等级 | $S_1$ | ≤0.50 | | 按灰熔融性分类等级 | $ST_1$ | 1150.00～1250.00 |
| | $S_2$ | 0.51～1.00 | | | $ST_2$ | 1260.00～1350.00 |
| | $S_3$ | 1.01～2.01 | | | $ST_3$ | 1360.00～1450.00 |
| | $S_4$ | 2.01～3.00 | | | $ST_4$ | >1450.00 |

## 二、其他固体燃料

锅炉燃用的固体燃料，通常指的就是煤。其实，油页岩和诸如秸秆、木屑、甘蔗渣及谷糠等生物质燃料以及生活垃圾也属于锅炉燃用的固体燃料。

## 1. 油页岩

油页岩，又名油母页岩，是一种高矿物质的腐泥煤，为低热值固态化石燃料。它在世界上曾一度作为主要能源之一，是一种潜在的、储量巨大的能源。世界上油页岩资源主要分布在美国、俄罗斯、中国和爱沙尼亚等国家。

油页岩主要由油母、水分和矿物质组成。油母干煤基含量在 $10\%\sim50\%$，是复杂的高分子有机化合物，其元素组成主要是碳、氢以及少量的氧、氮和硫，其氢碳原子比为 $1.25\sim1.75$，含水量为 $4\%\sim25\%$，与矿物质颗粒间的微孔结构有关。矿物质，它主要由石英、高岭土、黏土、碳酸盐岩和硫铁矿等构成，其含量通常大于有机质成分。评价油页岩最重要的指标是含油率和发热量，一般工业利用要求含油率大于 $4\%$。

据 21 世纪初资料，全球探明的油页岩储量有 4080 亿 t，美国位居第一，有 3036 亿 t；我国储量也十分丰富，位居世界第七，约有 27 亿 t。

目前，世界上有近 70%的油页岩用作锅炉燃料用以供热和发电，约有 25%经干馏发生炉提炼页岩油，少部分用于建筑和农业。利用油页岩在锅炉里燃烧放热生产热水或蒸汽，使其能源利用率大幅提高，特别是有了循环流化床燃烧技术之后，应用更加广泛。油页岩因资源丰富和开发利用的可行性，被世界列为 21 世纪十分重要的接替或补充能源。

## 2. 生物质燃料

生物质燃料是一种由植物、动物等生物质为原料制成的可再生能源，可以替代由石油制取的汽油和柴油或直接用作锅炉燃料。相较于化石燃料，其特点为：一是可再生；二是清洁；三是资源丰富；四是有替代优势，减少温室气体排放。

生物质燃料的具体来源包括植物、动物和微生物，如农林废弃物（秸秆、锯末、甘蔗渣和稻糠等）、家畜粪便以及城乡有机废物等。它的利用途径主要有直接供锅炉燃烧、热化学转换和生物化学转换三种。

生物质通过粉碎、混合、挤压和烘干工艺等制成各种成型（如块状、颗粒状等）燃料供锅炉燃用。这种利用方式，今后在相当长的时间内将是我国的主要利用形式。

生物质的热化学转换是在一定的温度和条件下使生物质气化、热解和催化液化以生产气态燃料、液态燃料和化学物质。生物质热化学转换包括生物质-沼气转换和生物质-乙醇转换等多种。

当前，生物质是仅次于煤炭、石油和天然气而居于世界能源消费总量第四位的能源。因其资源种类多、分布广，更重要的是在利用过程中对环境污染小，又不会增加自然界中碳的循环总量，越来越被人们关注。它对未来的能源优化利用、环境保护和促进经济持续发展具有重要意义。

## 3. 生活垃圾

生活垃圾是三大固体废弃物之一，它来源广泛，包括城市生活垃圾（厨余残渣、丢弃的纸品、包装材料等）、工业和农业废弃物等。这些废弃物经过分类、破碎和压缩等工序处理后，可以转化为燃料，供发电、供热锅炉燃用。

随着城市化进程的加速和人们消费水平的提高，生活垃圾的处理成为一个重要的问题。填埋和焚烧的传统处理方式，不仅占用大量土地，还会产生二次污染。通过使用生活垃圾燃料，既变废为宝（燃烧产生热能），降低对传统能源的依赖，更有意义的是可以实现垃圾的减量化、资源化和无害化，有效减少了它对环境的污染。

# 第四节　液 体 燃 料

液体燃料是石油制品，即石油经过诸如蒸馏、裂化等一系列加工处理后的产品，如汽油、煤油、柴油和重油等，它们统称为燃料油。

## 一、燃料油及其分类

### 1. 燃料油的来源

石油的组成很复杂，主要是各种烃类的混合物，我国的石油组分以烷烃为主。在烃类中，其相对分子质量越小，沸点越低；反之，沸点越高。石油的炼制就是利用石油中不同成分具有不同沸点的原理，进行加热蒸馏，将石油分成不同沸点范围（即馏程）的蒸馏产物。每个馏程内的产物称为馏分，它们依然是多种烃类的混合物。表 2-8 所示为石油炼制中各馏分的名称和温度范围。

石油炼制中各馏分的名称和温度范围　　　　　　　　　　表 2-8

| 馏分 | 轻馏分 | | 中馏分 | | | | |
|---|---|---|---|---|---|---|---|
| | 石油气 | 汽油 | 煤油 | 柴油 | 重瓦斯油 | 润滑油 | 渣油 |
| 温度范围(℃) | ≤35 | >35～190 | 190～260 | 260～320 | 320～360 | 360～530 (500) | >530 (500) |

石油蒸馏是石油炼制的基本方法，分常压蒸馏和减压蒸馏两种。常压蒸馏是利用加热装置和分馏塔等设备在大气压力下进行，不同沸点的蒸馏产物从分馏塔的不同层次（高度）分离出来。从塔顶分离出来的是沸点最低的汽油，向下依次是煤油、柴油等，从塔底流出的是重质油——重油，称为常压重油。减压蒸馏在真空条件下炼制，沸点随压力的降低而降低，让其低温沸腾气化，制成重柴油和润滑油等，此时分馏完成后的残渣——重油，称为减压重油。

上述常压蒸馏和减压蒸馏属于石油炼制的初加工，所得制品仅占总量的 25%～35%。为提高汽油、煤油和柴油等轻质油的产量，常压重油和减压重油可以进行深加工——裂化，即将其加热到较高的温度，让其中分子量大、沸点高的烃类断裂成分子量小、沸点低的烃类——轻质油和气体产物。此过程完成后的高沸点重质残留物称为裂化渣油。

### 2. 燃料油的分类

燃料油作为石油炼制工艺过程中的一种产品，产品质量控制有着较强的特殊性，最终燃料油的形成受原油品种、加工工艺、加工深度等众多因素的制约。根据出厂时是否形成产品，燃料油可以分为商品燃料油和自用燃料油。根据加工工艺不同，燃料油又可分为常压燃料油、减压燃料油、裂化燃料油和混合燃料油等。混合燃料油一般指的是减压燃料油和裂化燃料油的混合物。根据用途，燃料油则可分为船用内燃机燃料油和炉用燃料油。前者由直接蒸馏重油和一定比例的柴油混合而成，用于大型低速（转速小于 150r/min）柴油机；后者又称为重油，主要是减压渣油或裂化渣油，或二者的混合物，或调入适量裂化轻油制成的重质石油燃料油。

由于重油的含氢量高，杂质含量也少，很容易着火和燃烧，并且几乎不存在炉内结渣及受热面磨损的情况；而且，重油加热到一定温度就会流动，方便运送和控制，所以常供工业炉窑和锅炉使用。

**二、燃料油的物理特性**

作为锅炉燃料，燃料油和石油及其制品都有一些共同的特性，如热物性、流动性、着火及爆炸特性等。这些特性直接影响它的输运、储存和燃烧使用的安全。

1. 密度

燃料油的密度与温度有关，通常以相对值表示。以 20℃时燃料油的密度与 4℃时的纯水密度的比值为基准密度，用符号 $\rho_4^{20}$ 表示。当燃料油的温度不等于 20℃时，其密度随温度 $t$ 的变化可用下式换算：

$$\rho_4^t = \rho_4^{20} - \alpha(t-20) \quad kg/m^3 \tag{2-18}$$

式中　$\alpha$——燃料油的温度修正系数，1/℃。

一般来说，燃料油的密度越小，其含氢量越多，含碳量越少，相应的发热量则越高。对于柴油，$\rho_4^{20}$ 在 0.831~0.862 之间；对于重油，$\rho_4^{20}$ 在 0.94~0.98。

2. 黏度

黏度是一个表征流体流动性能的特性指标。它的大小表示燃料油的易流动性、易泵送性和易雾化性的好坏。黏度大，流动性能差，在管内输运时阻力就大，燃料油的装卸和雾化都会发生困难。因此，作为燃料油，对其黏度应有一定要求。

黏度的测定方法和表示方法很多。在英国常用雷氏黏度，美国惯用赛氏黏度，欧洲和我国电站锅炉通常使用恩氏黏度。但各国正在逐步、更广泛地采用运动黏度，油品的运动黏度是动力黏度与密度的比值，其测定的准确度高于前述诸法，而且样品量少，测定迅速。

我国较常用的是 40℃运动黏度（馏分型燃料油）和 100℃运动黏度（残渣型燃料油）。我国过去的燃料油行业标准采用恩氏黏度（80℃、100℃）作为油品质量控制指标，用80℃恩氏黏度划分油品牌号。

恩氏黏度是一种条件黏度。它是以 200mL 试验燃料油在温度为 $t$ 时，从恩氏黏度计标准容器中流出的时间 $\tau_t$ 与 200mL 温度为 20℃的蒸馏水从同一黏度计标准容器中流出时间 $\tau_{20}$ 之比值，常用符号 $E_t$ 表示，即

$$E_t = \frac{\tau_t}{\tau_{20}} \quad °E \tag{2-19}$$

式中　$\tau_{20}$——黏度计常数或 $K$ 值，s，$\tau_{20}=51s\pm1s$。

恩氏黏度与运动黏度之间的换算，可以采用下列经验公式：

$$\nu_t = \left(7.31E_t - \frac{6.31}{E_t}\right) \times 10^{-4} \quad m^2/s \tag{2-20}$$

式中　$\nu_t$——燃料油的运动黏度，$m^2/s$。

燃料油的黏度与它的成分、温度和压力有关。燃料油的相对分子质量越小，沸点越低，黏度相应就越小。燃料油加热温度越高，其黏度越小。所以，燃料油在运输、装卸和燃用时都需要预热。通常，要求油喷嘴前的油温应在 100℃以上，恩氏黏度不大于 4°E。

3. 凝固点

凝固点是指燃料油由液态变为固态时的温度。燃料油是一种复杂的混合物，它从液态

变为固态的过程是逐渐进行的，不像纯净的单一物质那样具有一定的凝固点。当温度逐渐降低时，它并不立即凝固，而是变得越来越稠，直到完全丧失流动性为止。测定凝固点的标准方法是：将某一温度的试样油放在一定的试管中冷却，并将它倾斜45°，如试管中的油面经过5~10s保持不变，这时的油温即为油的凝固点。

燃料油中，汽油的凝固点最低，低于−80℃；柴油的凝固点相对较高，为−30~−50℃。我国柴油是根据凝固点进行分类的，其凝固点均不高于各自的牌号数；重油的凝固点最高，一般为15~36℃或更高。

燃料油的凝固点高低与所含的石蜡量有关，含石蜡量大的油凝固点高。凝固点高低关系着燃油在低温下的流动性能，在低温下输送凝固点高的油时，油管内会析出粒状固体物，引起阻塞，必须采取加热或防冻措施。

4. 比热容

比热容是燃料油的热物理性能，指的是1kg燃料油温度升高1℃所需要的热量，常用符号为$c_t$，单位为kJ/(kg·℃)。燃料油的比热容与温度有关，随温度的升高而有所增高，通常可以按下列经验公式计算：

$$c_t = 1.73 + 0.002t \quad \text{kJ/(kg·℃)} \tag{2-21}$$

式中　$t$——燃料油温度，℃。

在20~100℃的温度范围内，重油的平均比热容可近似为1.8~2.1kJ/(kg·℃)，黏度大的重油取高值。

5. 闪点和燃点

燃料油在温度升高时，油面蒸发的油气会增多，当油气达到一定的质量浓度时，如有火源会发生短暂的闪光（一闪即灭），这时的油温称为闪点。要使油持续燃烧，必须使油温继续升高，当油面上的油气遇明火时能着火持续燃烧（持续时间不少于5s），这时的油温称为油的燃点。显然，燃点高于闪点，重油的闪点为80~130℃，燃点比闪点高10~30℃；原油的闪点不高，仅40℃左右。

闪点是燃料油在使用、储运中防止发生火灾的一个重要指标，因此燃料油的预热温度必须低于闪点。敞口容器中的油温至少应比闪点低10℃；封闭的压力容器和管道内因没有自由液面，油温可不受此限。

6. 爆炸极限

当空气中含有的燃料油蒸气达到一定的浓度，并遇上明火时就会发生爆炸。引发爆炸时空气中含有燃料油蒸气的体积分数或质量浓度，称为爆炸极限，以%或$g/m^3$表示。在空气中所含可能引起爆炸的最小和最大的油品蒸气体积分数或质量浓度，称为该油品的爆炸上限和爆炸下限。爆炸上、下限油气混合物的体积分数或质量浓度之间的区域，即为该油品的爆炸范围。显而易见，只要设法让油品蒸气和空气混合物的体积分数或质量浓度处在爆炸范围以外，就不会发生爆炸。

一般来说，轻质燃料油的爆炸范围较小，重质燃料油的爆炸范围较大，即其爆炸危险性大。汽油、煤油、重油和原油的爆炸范围分别为1.4%~8%、1.4%~7.5%、1.2%~6%和1.7%~11.3%。

在锅炉运行时，无论是燃油锅炉还是燃用煤粉的锅炉，在储运和使用过程中都要特别注意和重视燃料的爆炸特性，采取积极有效的防范措施，以避免事故的发生。

### 三、锅炉常用燃料油

目前，我国锅炉常用的燃料油分柴油和重油两大类。柴油一般用于中、小型供热锅炉和生活锅炉，以及大型锅炉的点火和稳定燃烧；重油则大多用于电站锅炉。

1. 柴油

柴油是一种密度较小的燃料油，它黏度小，流动性好，雾化不用预热，可用直接点火方式启动锅炉。柴油的含硫量不大，对环境污染也小，但它容易挥发，发生火灾的可能性和危险性大。

根据馏分的组成和用途不同，柴油分为轻柴油和重柴油两种。

轻柴油由各种直馏柴油馏分、催化柴油馏分和混合热裂化柴油馏分等调制而成，按其质量分优等品、一等品和合格品三个等级，每个等级则又按其凝固点分为 10、0、−10、−20、−35 和−50 六个牌号。轻柴油的主要性质指标列示于表 2-9。

轻柴油的主要性质指标　　　　　　　　　　　　表 2-9

| 项　　　目 | | 优等品 | 一等品 | 合格品 |
|---|---|---|---|---|
| 色度（号） | 不大于 | 3.5 | 3.5 | — |
| 硫含量（质量分数）（%） | 不大于 | 0.2 | 0.5 | 1.0 |
| 水分（质量分数）（%） | 不大于 | 痕迹 | 痕迹 | 痕迹 |
| 灰分（质量分数）（%） | 不大于 | 0.01 | 0.01 | 0.02 |
| 机械杂质（质量分数）（%） | | 无 | 无 | 无 |
| 运动黏度*（20℃）（mm²/s） | | 1.8～8.0 | 1.8～8.0 | 1.8～8.0 |
| 闪点**（℃） | 不低于 | 65～45 | 65～45 | 65～45 |

\* 牌号为 10、0、−10 的轻柴油为 3.0～8.0mm²/s；牌号为−20 的轻柴油为 2.5～8.0mm²/s；牌号为−35、−50 的轻柴油为 1.8～7.0mm²/s。

\*\* 牌号为 10、0、−10 的轻柴油为 65℃；牌号为−20 的轻柴油为 60℃；牌号为−35、−50 的轻柴油为 45℃。

由于轻柴油温度在降至接近凝固点时会开始析出石蜡结晶，所以它的输运和使用温度必须高于凝固点 3～5℃，以避免油管堵塞而造成供油量的减少和中断供油。

重柴油的调制方法与轻柴油相同，它按凝固点分 10、20 和 30 三个牌号，其凝固点相应不高于 10℃、20℃ 和 30℃，其主要性能指标列示于表 2-10。

重柴油的主要性质指标　　　　　　　　　　　　表 2-10

| 项目 | | 质量指标 | | | 试验方法 |
|---|---|---|---|---|---|
| | | 10 号 | 20 号 | 30 号 | |
| 运动黏度（50℃）（mm²/s） | 不大于 | 13.5 | 20.5 | 36.2 | 《石油产品运动粘度测定法和动力粘度计算法》GB/T 265 |
| 残炭（质量分数）（%） | 不大于 | 0.5 | 0.5 | 1.5 | 《石油产品残炭测定法（康氏法）》GB 268 |
| 灰分（质量分数）（%） | 不大于 | 0.04 | 0.06 | 0.08 | 《石油产品灰分测定法》GB 508 |
| 硫（质量分数）（%） | 不大于 | 0.5 | 0.5 | 1.5 | 《深色石油产品硫含量测定法（管式炉法）》GB/T 387 |
| 机械杂质（质量分数）（%） | 不大于 | 0.1 | 0.1 | 0.5 | 《石油和石油产品及添加剂机械杂质测定法》GB/T 511 |

| 项目 | | 质量指标 | | | 试验方法 |
|---|---|---|---|---|---|
| | | 10 号 | 20 号 | 30 号 | |
| 水分(质量分数)(%) 不大于 | | 0.5 | 1.0 | 1.5 | 《石油产品水含量的测定　蒸馏法》GB/T 260 |
| 闪点(闭口)(℃) 不低于 | | 65 | 65 | 65 | 《闪点的测定　宾斯基-马丁闭口杯法》GB/T 261 |
| 倾点(℃) 不高于 | | 13 | 23 | 33 | 《石油产品闪点和燃点的测定　克利夫兰开口杯法》GB/T 3536 |
| 水溶性酸或碱 | | 无 | 无 | — | 《石油产品水溶性酸及碱测定法》GB 259 |

注：1. 由硫含量（质量分数）0.5%以上的原油炼制的重柴油，出厂时硫的质量分数许可不大于 2.0%，残炭的质量分数许可不大于 3.0%。

　　2. 海运和河运时水分（质量分数）许可不大于 2.0%，但须从总量中扣除水分全部质量。

目前，小型锅炉燃用柴油的较多，通常用的是 0 号轻柴油，锅炉设计用代表性 0 号轻柴油的性质指标如表 2-9 所示。

2. 重油

重油是石油炼制加工工艺中提取轻质馏分——汽油、煤油和柴油后的重质馏分和残渣的总称，是燃料油中密度最大的一种油品。

重油的成分与煤一样，也是由碳、氢、氧、氮、硫和灰分、水分组成。但它的主要成分是碳和氢，其质量分数大（$C_{daf}=81\%\sim87\%$，$H_{daf}=11\%\sim14\%$），而灰分、水分的质量分数很小，其发热量高而稳定，对环境污染小，属于一种清洁型燃料。

重油用作锅炉燃料，含氢量多，发热量高，极易着火与燃烧，而且可以方便地实现管道输送，便于运行调节，储存和管理都较简便。由于重油的含灰量少，与燃煤锅炉相比，锅炉受热面很少积灰和腐蚀。但是，由于重油中含氢量高，燃烧后会生成大量水蒸气，容易在尾部受热面的低温部位凝结，这样使重油中所含硫分要比煤中含等量硫分对锅炉受热面的低温腐蚀更为有害。此外，在储存和燃用重油时，还必须重视防火、防爆，避免意外事故。

锅炉燃用的重油，一般由常压重油、减压重油和裂化重油等按一定比例调和制成。重油的特性与原油产地、调和原料的调和比有关。不同油库送来的同一牌号的重油或同一炼油厂不同时间送来的同一种重油，其特性有时会有较大差异，应予以注意。

重油按其在 50℃时恩氏黏度 $E_{50}$ 分为 20、60、100 和 200 四个牌号，牌号数即为恩氏黏度值。重油的牌号数也相应等于该种油品在 80℃时的运动黏度值，如 100 号重油在 80℃时的运动黏度和在 50℃时的恩氏黏度相等，均为 100。

各种牌号的重油性质指标列示于表 2-11。

3. 渣油

渣油是蒸馏塔底的残留物，也称直馏油，它不经处理直接作为燃料。广义地说它是重油的一个油品，主要成分为高分子烃类和胶状物质。原油经蒸馏后，所含的硫分集中在渣油中，渣油的含硫量相对较高。渣油的黏度和流动性能主要取决于原油自身的特性及其含蜡量。

重油性质指标 表 2-11

| 项目 | | 重油牌号 | | | | 试验方法 |
|---|---|---|---|---|---|---|
| | | 20 号 | 60 号 | 100 号 | 200 号 | |
| 黏度($°E_{80}$) | 不大于 | 5.0 | 11 | 15.5 | 5.5～9.9 ($°E_{100}$) | 《石油产品恩氏粘度测定法》GB 266 |
| 凝固点(℃) | 不高于 | 15 | 20 | 25 | 36 | 《石油产品闪点与燃点测定法(开口杯法)》GB 267 |
| 闪点(开式)(℃) | 不低于 | 80 | 100 | 120 | 130 | 《石油产品凝点测定法》GB/T 510 |
| 灰分(质量分数)(%) | 不大于 | 0.3 | 0.3 | 0.3 | 0.3 | 《石油产品灰分测定法》GB 508 |
| 水分(质量分数)(%) | 不大于 | 1.0 | 1.5 | 2.0 | 2.0 | 《石油产品水含量的测定 蒸馏法》GB/T 260 |
| 硫(质量分数)(%) | 不大于 | 1.0 | 1.5 | 2.0 | 3.0 | 《深色石油产品硫含量测定法(管式炉法)》GB/T 387 |
| 机械杂质(质量分数)(%) | 不大于 | 1.5 | 2.0 | 2.5 | 2.5 | 《石油和石油产品及添加剂机械杂质测定法》GB/T 511 |

除了用作燃料,渣油也用作再加工(如裂化)的原料油。表 2-12 列示了某炼油厂取样化验的代表性渣油的质量指标。

代表性渣油的质量指标 表 2-12

| 名 称 | | 直馏渣油 | 减压渣油 | 裂化渣油 | 混合渣油 |
|---|---|---|---|---|---|
| 相对密度 | | 0.9309 | 0.9284 | 0.9821 | 0.9302 |
| 恩氏黏度 | 不大于 | 16.41 | 16.75 | 2.33 | 12.04 |
| 灰分(质量分数)(%) | 不大于 | 0.066 | 0.04 | — | 0.026 |
| 水分(质量分数)(%) | 不大于 | — | — | — | 无 |
| 硫(质量分数)(%) | 不大于 | 0.3 | 0.16 | 0.77 | 0.152 |
| 机械杂质(质量分数)(%) | 不大于 | 0.0067 | — | — | 0.072 |
| 凝点(℃) | 不高于 | 34 | 27 | 26 | 30 |
| 闪点(℃) | 不低于 | 331 | 333 | 181 | 278 |
| 收到基低位发热量(kJ/kg) | | — | 38600 | — | 41860 |

表 2-13 为我国目前拟订的锅炉设计用代表性燃油品种的油质资料。

**四、燃料油的选用**

轻柴油一般用作小型锅炉的燃料,也常供大型燃煤、燃油锅炉的点火之用。重柴油通常仅用作锅炉燃料。

我国设计用代表性燃油品种的油质资料　　　　　　　　　　　表 2-13

| 名称 | $C_{ar}$ (%) | $H_{ar}$ (%) | $S_{ar}$ (%) | $O_{ar}$ (%) | $N_{ar}$ (%) | $A_{ar}$ (%) | $M_{ar}$ (%) | $Q_{net,ar}$ (kJ/kg) | 密度 (g/cm³) |
|---|---|---|---|---|---|---|---|---|---|
| 0 号轻柴油 | 85.55 | 13.49 | 0.25 | 0.66 | 0.04 | 0.01 | 0 | 42915 | |
| 100 号重油 | 82.5 | 12.5 | 1.5 | 1.91 | 0.49 | 0.05 | 1.05 | 40612 | 0.92～1.01 |
| 200 号重油 | 83.976 | 12.23 | 1 | 0.568 | 0.2 | 0.026 | 2 | 41868 | 0.92～1.01 |
| 渣油 | 86.17 | 12.35 | 0.26 | 0.31 | 0.48 | 0.03 | 0.4 | 41797 | |

对于重油的选用，20 号重油常用在耗油量在 30kg/h 以下具有较小喷嘴的燃油锅炉上；60 号重油用在具有中等喷嘴的锅炉或船用锅炉和工业炉窑；100 号重油则用于具有大型喷嘴的锅炉或设有预热设备的锅炉；200 号重油通常用在与炼油厂有直接管道输油的具有大型喷嘴的燃油锅炉。渣油大多也是用于大型喷嘴的锅炉。

随着中、小型燃油锅炉的数量日益增多，为了适应各种形式燃烧器的用油，我国制定了行业标准《导轨油》SH/T 0361，将燃料油分为 1 号、2 号、4 号轻、4 号、5 号轻、5 号、6 号和 7 号共 8 个牌号，规定在不同操作条件和不同形式燃烧器中使用的技术条件，为燃料油用户提供了选用的技术依据。表 2-14 所示为 8 个牌号燃料油的质量指标。

1 号和 2 号燃料油是轻质馏分燃料油，适用于小型燃烧器和家庭使用。特别是 1 号燃料油的倾点非常低，流动性能好，适合环境温度较低的场合，可用于气化型燃烧器。4 号轻和 4 号燃料油是重质馏分燃料油，或是轻质馏分油与渣油的混合物，适用于该黏度范围内的工业燃烧器。5 号轻、5 号、6 号和 7 号燃料油为残渣燃料油，其黏度和馏程依次递增，它们适用于装有预热设备的工业燃烧器，以保证装卸方便和雾化良好。

燃料油的质量指标　　　　　　　　　　　　　　　　表 2-14

| 项目 | | 燃料油牌号 | | | | | | | | 试验方法 |
|---|---|---|---|---|---|---|---|---|---|---|
| | | 1 号 | 2 号 | 4 号轻 | 4 号 | 5 号轻 | 5 号 | 6 号 | 7 号 | |
| 闪点(闭口)(℃) 不低于 | | 38 | 38 | 38 | 55 | 55 | 55 | 60 | — | 《闪点的测定　宾斯基-马丁闭口杯法》GB/T 261 |
| 闪点(开口)(℃) 不低于 | | — | — | — | — | — | — | — | 130 | 《石油产品闪点和燃点的测定　克利夫兰开口杯法》GB/T 3536 |
| 水和沉淀物含量(体积分数)(%) 不大于 | | 0.05 | 0.05 | 0.50 | 0.50 | 1.00 | 1.00 | 2.00 | 3.00 | 《原油中水和沉淀物的测定　离心法》GB/T 6533 |
| 馏程 (℃) | 10% 回收温度 不高于 | 215 | — | — | — | — | — | — | — | 《石油产品常压蒸馏特性测定法》GB/T 6536 |
| | 90% 回收温度 不低于 | — | 282 | — | — | — | — | — | — | |
| | 90% 回收温度 不高于 | 288 | 388 | — | — | — | — | — | — | |

| 项目 | | | 燃料油牌号 | | | | | | | | 试验方法 |
|---|---|---|---|---|---|---|---|---|---|---|---|
| | | | 1号 | 2号 | 4号轻 | 4号 | 5号轻 | 5号 | 6号 | 7号 | |
| 运动黏度(mm²/s) | 40℃ | 不小于 | 1.3 | 1.9 | 1.9 | 5.5 | — | — | — | — | 《石油产品运动粘度测定法和动力粘度计算法》GB/T 265 或《深色石油产品运动粘度测定法(逆流法)和动力粘度计算法》GB/T 11137 |
| | | 不大于 | 2.1 | 3.4 | 5.5 | 24.0 | — | — | — | — | |
| | 100℃ | 不小于 | — | — | — | — | 5.0 | 9.0 | 15.0 | — | |
| | | 不大于 | — | — | — | — | 8.9 | 14.9 | 50.0 | 185 | |
| 10%蒸余物残炭(质量分数) | | 不大于 | 0.15 | 0.35 | — | — | — | — | — | — | 《石油产品残炭测定法(兰氏法)》SH/T 0160 |
| 灰分(质量分数)(%) | | 不大于 | — | — | 0.05 | 0.10 | 0.15 | 0.15 | — | — | 《石油产品灰分测定法》GB 508 |
| 硫(质量分数)(%) | | 不大于 | 0.50 | 0.50 | — | — | — | — | — | — | 《石油产品硫含量测定法(燃灯法)》GB/T 380 或《石油产品硫含量测定法(氧弹法)》GB/T 388 |
| 铜片腐蚀(50℃,3h)(级) | | 不大于 | 3 | 3 | — | — | — | — | — | — | 《石油产品铜片腐蚀试验法》GB/T 5096 |
| 密度(20℃)(kg/m³) | | 不小于 | — | — | 872 | | | | | | 《原油和液体石油产品密度实验室测定法(密度计法)》GB/T 1884 及《石油计量表》GB/T 1885 |
| | | 不大于 | 846 | 872 | — | — | — | — | — | — | |

## 第五节　气体燃料

气体燃料是由多种可燃和不可燃的单一气体成分组成的混合气体。其中,可燃成分有碳氢化合物、氢气和一氧化碳等,不可燃成分有氧气、氮气和二氧化碳等,并含有水蒸气、焦油和灰尘等杂质。气体燃料的组成一般是按体积分数计算的,所有计算都是对$1m^3$干气体而言,杂质的质量浓度的单位用$g/m^3_{干气体}$表示。

**一、气体燃料的分类**

气体燃料通常按获得的方式分类,有天然气体燃料和人工气体燃料两大类。

1. 天然气体燃料

天然气体燃料是一种由自然界中直接开采和收集的、不需加工即可燃用的气体燃料，有气田气、油田气和煤田气三种。

（1）气田气　是纯气田开采出的可燃气，通常称为天然气。天然气的主要组成成分是甲烷，体积分数为 65%～99%，有较高的发热量，标准状态下的低位发热量为 36000～42000kJ/m³；另外还有少量的乙烷、丙烷、丁烷和非烃等气体。其中所含的硫化氢（$H_2S$）具有毒性，且有强腐蚀性；所含的水分在一定的压力和温度下能和烃生成水化物，在寒冷季节或温度低于空气露点温度时，水会结冰而使气体输运受阻。因此，当天然气含硫化氢和水多时，应进行脱硫、脱水等相应的技术处理。

（2）油田气　也称油田伴生气。它与原油共存，是在石油开采过程中因压力降低而析出的气体燃料。它的组成成分是甲烷和其他一些烃类，甲烷的体积分数为 80%左右；标准状态下的低位发热量为 39000～44000kJ/m³，高于气田气。

（3）煤田气　俗称矿井瓦斯，也称矿井气，是煤矿在采煤过程中从煤层或岩层中释放出来的一种气体燃料。它的主要可燃成分也是甲烷，是三种天然气体燃料中体积分数波动最大的，最高可达 80%，最低仅有百分之几，其余是氢、氧和二氧化碳等；其热值为 13000～19000kJ/m³。值得特别提及的是煤田气不仅对人有窒息作用，更严重的是存在极大的爆炸危险性。所以，煤矿在采掘过程中必须要有完善、可靠的通风措施，必要时采取抽吸法，强制将矿井里的煤田气抽排到地面，以确保生产和人身安全。

2. 人工气体燃料

人工气体燃料是以煤、石油或各种有机物为原料，经过各种加工而得到的气体燃料。锅炉使用的主要有气化炉煤气、发生炉煤气、焦炉煤气、高炉煤气、油制气、液化石油气和沼气等。

（1）气化炉煤气　是指煤、焦炭与气化剂（如空气、水蒸气和氧气）等作用而生成的煤气。

（2）发生炉煤气　以煤或焦炭为原料，由空气或空气和水蒸气为气化剂而制成。因其可燃成分一氧化碳、氢和少量甲烷（体积分数仅约 40%），大部分为氮气和二氧化碳，故其热值很低，标准状态下低位发热量才 5000～5900kJ/m³。水煤气以水蒸气为气化剂，主要可燃成分是一氧化碳和氢气，体积分数在 80%以上，二氧化碳和氮气占 10%左右，其热值较高，约为发生炉煤气的 2 倍。加压气化煤气也叫高压气化煤气，是以氧气和水蒸气为气化剂，加压（2～3MPa）完成气化反应而得的气体燃料，它的主要可燃成分也是一氧化碳和氢气，另外还含有体积分数为 9%～17%的甲烷。因加压气化提高了煤气质量，其热值可达 16000kJ/m³（标准状态下）。

（3）焦炉煤气　是煤在炼焦过程中的副产品，含有大量的氢和甲烷，它们的体积分数分别可达 46%～61%和 21%～30%；也含有少量的氮、二氧化碳和焦油雾等其他杂质。这种煤气的发热量较高，标准状态下的低位发热量为 15000～17200kJ/Nm³，是一种优质燃料。由于焦炉煤气中可以提取较多的诸如苯、氨和焦油等化工原料，因此在其燃用前应尽可能预先加以回收，使之物尽其用。

（4）高炉煤气　是炼铁高炉的副产品，产量很大。它的主要可燃成分是一氧化碳和氢气，前者的体积分数为 20%～30%，后者约为 5%～15%。高炉煤气中含有较多的惰性气体，二氧化碳和氮气的体积分数可高达 $55\%\sim70\%$，所以它的发热量很低，一般仅为 $3200\sim4000kJ/m^3$。高炉煤气中带有大量的灰分，其质量浓度可达 $60\sim80g/m^3$，而水蒸气则通常是饱和的，所以它是一种低级燃料。通常，高炉煤气在使用前应进行净化处理，有时与重油或煤粉掺和作为工业炉窑和锅炉的燃料。同时，高炉炼铁过程中焦炭的热量约有 60% 转移至高炉煤气中，充分将这部分显热加以利用也可以有效降低钢铁企业的能耗。

(5) 油制气　是以石油及其加工制品（如石脑油、柴油、重油）作原料，经加热裂解等制气工艺获得的燃料气，分蓄热裂解气、蓄热催化裂解气、自热裂解气和加压裂解气。蓄热裂解气的主要可燃成分是甲烷、乙烯和氢气，其总量的体积分数在 70% 以上，其余为一氧化碳和丙烯、乙烷等，标准状态下的低位发热量为 $35900\sim39700kJ/m^3$，可用作城市天然气供应的调峰气源。蓄热催化裂解气中的可燃成分主要是氢、一氧化碳和甲烷，是以原油作裂解原料生成的催化裂解气，其中氢的体积分数高达 60% 或更多。蓄热催化裂解气因制气工艺温度不同，热值变化范围较大，在 $18800\sim27200kJ/m^3$ 之间，高热值气可用作增富气源供贫煤气或多气源混合气的掺和使用。

(6) 液化石油气　是在气田、油田的开采中或从石油炼制过程中获得的气体燃料，其可燃成分主要是丙烷、丁烷、丙烯和丁烯。它的临界压力和温度较低，采用增压和降温，可方便地让其液化。通常在常温下对其混合燃气加压至 0.8MPa 以上，即可得到液化石油气。液态的液化石油气体积缩小了约 270 倍，标准状态下的密度为 $2.0kg/m^3$，低位发热量为 $90000\sim120000kJ/m^3$。在输送、储存和使用过程中，液化石油气因其爆炸下限低（仅 2%），如有泄漏极易形成爆炸性气体，一旦遇上明火会引起火灾和爆炸事故，因此必须随时随地加以防范，避免造成不应有的损失。

(7) 沼气　为生物质能源，是生物质气化产物。以植物秸秆枝叶、动物残骸、人畜粪便、城市有机垃圾和工业有机废水为原料，在厌氧环境中经发酵、分解得到。其主要可燃成分是甲烷，体积分数为 $55\%\sim70\%$，还有少量一氧化碳和硫化氢等，标准状态下低位发热量约为 $23000kJ/m^3$。由于我国生物质资源丰富，沼气生产可以与养殖、种植业和城市有机固、液废弃物处理相结合，有利于形成生态的良性循环和保护环境。所以，沼气是一种有广阔应用前景的优质气体燃料。

此外，人工气体燃料还包括地下气化煤气，它是由地面把含有工业氧的空气送入地下煤层，使煤在火巷中氧化而生成的煤气。对于技术、经济上不便开采的薄煤层，都可以通过地下气化的方法将资源加以开发和利用。

表 2-15 所示为以上几种燃气的成分及特性。

**二、气体燃料的发热量**

$1m^3$ 气体燃料完全燃烧时所散发的热量称为气体燃料的发热量，单位为 $kJ/m^3$❶。对于液化石油气，发热量单位也可用 kJ/kg 表示。

与固体、液体燃料一样，气体燃料的发热量也有高位发热量和低位发热量之分。前者大于后者，其差值为燃烧产物中水蒸气的汽化潜热。

---

❶　气体燃料发热量的单位为 $kJ/Nm^3$，气体体积计量与温度、压力有关，本书中的气体体积指的都是标准状态（273.15K，0.101325MPa）下的体积。

**常用性燃气的成分及特性**

表 2-15

| 序号 | 燃气种类 | 成分体积分数(%) $H_2$ | $CO$ | $CH_4$ | $C_3H_6$ | $C_4H_{10}$ | $N_2$ | $O_2$ | $CO_2$ | $H_2S$ | 摩尔质量 $M$ (kg/kmol) | 气体常数 $R$ [J/(kg·K)] | 标准状态下密度 $\rho^0$ (kg/m³) | 相对密度 $d$ (空气≈1) | 标准状态下定压比热容 $c_p$ [kJ/(kg·K)] | 绝热指数 $k$ |
|---|---|---|---|---|---|---|---|---|---|---|---|---|---|---|---|---|
| 1 | 天然气① | — | — | 98.0 | 0.3 | 0.3 | 1.0 | — | — | — | 16.654 | 499.5 | 0.7435 | 0.5750 | 1.557 | 1.3082 |
| 2 | 油田伴生气 | — | [$C_2H_6$] 7.4 | 80.1 | 3.8 [$C_mH_n$ 0.4] | 2.3 [$C_mH_n$ 2.4] | 0.6 | — | 3.4 | — | 21.730 | 382.6 | 0.9709 | 0.7503 | 1.739 | 1.2870 |
| 3 | 矿井气 | — | — | 52.4 | — | — | 36.0 | 7.0 | 4.6 | — | 22.780 | 365.2 | 1.0170 | 0.7860 | 1.443 | 1.3510 |
| 4 | 焦炉煤气 | 59.2 | 8.6 | 23.4 | 2.0 | — | 3.6 | 1.2 | 2.0 | — | 10.496 | 792.5 | 0.4686 | 0.3624 | 1.388 | 1.3750 |
| 5 | 混合煤气 | 48.0 | 20.0 | 13.0 | 1.7 | — | 12.0 | 0.8 | 4.5 | — | 14.997 | 554.4 | 0.6700 | 0.5178 | 1.367 | 1.3840 |
| 6 | 高炉煤气 | 1.8 | 23.5 | 0.3 | — | — | 56.9 | — | 17.5 | — | 30.464 | 269.9 | 1.3551 | 1.0480 | 1.356 | 1.3870 |
| 7 | 高压气化气 | 59.3 | 24.8 | 14.0 | 0.2 | — | 0.8 | — | — | 0.9 | 11.124 | 747.8 | 0.4966 | 0.3840 | 1.340 | 1.3900 |
| 8 | 液化石油气 | — | [$C_4H_8$] 54.0 | 1.5 | 10.0 | 26.2 | — | — | — | — | 56.610 | 147.0 | 2.5270 | 1.9550 | 3.513 | 1.1500 |

| 序号 | 燃气种类 | 标准状态下高位收到基发热量 (kJ/m³) | 标准状态下低位收到基发热量 (kJ/m³) | 实用华白数 $W_s$ | 动力黏度 $\mu$ (×10⁶ Pa·s) | 运动黏度 $\nu$ (×10⁶ m²/s) | 爆炸极限上限/下限 (%) | 标准状态下理论空气量 $V_k^0$ (m³/m³) | 理论烟气量 $V_y^0$ (湿/干) (m³/m³) | 干烟气最大 $CO_2$ 体积分数 (%) | 理论燃烧温度 $t_R^0$ (℃) | 火焰传播速度 $U_F$ (m/s) |
|---|---|---|---|---|---|---|---|---|---|---|---|---|
| 1 | 天然气① | 40337 | 36533 | 42218 | 10.33 | 13.92 | 15.0/5.0 | 9.64 | 10.64/8.65 | 11.80 | 1970 | 0.380 |
| 2 | 油田伴生气 | 47999 | 43572 | 44308 | 9.32 | 9.62 | 14.2/4.4 | 11.40 | 12.53/10.30 | 12.70 | 1973 | 0.374 |
| 3 | 矿井气 | 20829 | 18614 | 18768 | 13.56 | 13.39 | 19.84/7.37 | 4.66 | 5.66/4.61 | 12.35 | 1996 | 0.247 |
| 4 | 焦炉煤气 | 19788 | 17589 | 25665 | 11.60 | 24.76 | 35.6/4.5 | 4.21 | 4.88/3.76 | 10.60 | 1998 | 0.841 |
| 5 | 混合煤气 | 15387 | 13836 | 16929 | 12.15 | 18.29 | 42.6/6.1 | 3.18 | 3.85/3.06 | 13.90 | 1986 | 0.842 |
| 6 | 高炉煤气 | 3311 | 3265 | 2805 | 15.79 | 11.68 | 76.4/46.6 | 0.63 | 1.50/1.48 | 28.80 | 1580 | — |
| 7 | 高压气化气 | 16381 | 14797 | 21017 | 13.34 | 26.93 | 46.6/5.4 | 3.36 | 3.87/3.00 | 13.20 | 2000 | 0.940 |
| 8 | 液化石油气 | 123477 | 114875 | 72314 | 7.03 | 2.78 | 9.7/1.7 | 28.28 | 30.67/26.58 | 14.60 | 2050 | 0.435 |

① 仅指气田气。

单一可燃气体的高位发热量和低位发热量，可依据该可燃气体的燃烧反应热效应计算，可在表 2-16 中查得。

例如，根据表 2-16 中甲烷的燃烧反应式，可计算出 $1m^3$ 甲烷的高位发热量 $Q_{gr}$ 和低位发热量 $Q_{net}$：

$$Q_{gr} = \frac{890943}{23.5901} = 37768 \quad kJ/m^3$$

$$Q_{net} = \frac{802932}{23.5901} = 34037 \quad kJ/m^3$$

式中　23.5901——甲烷在标准状态下的摩尔容积，$m^3/kmol$。

再如，根据表 2-16 中乙烯的燃烧反应式，也可得出 $1kg$ 乙烯的高、低位发热量：

$$Q_{gr} = \frac{1411931}{28.0540} = 50329 \quad kJ/m^3$$

$$Q_{net} = \frac{1321354}{28.0540} = 47100 \quad kJ/m^3$$

式中　28.0540——乙烯的分子量，$kg/kmol$。

一些常用气体的物理化学特性（0.101325MPa）

表 2-16

| 序号 | 气体 | 分子式 | 分子量 | 容积[①] $(m^3/kmol)$ 15℃ | 气体常数 $R[J/(kg \cdot K)]$ | 密度 $\rho(kg/m^3)$ | | 相对密度 $s$（空气=1） | 绝热指数 $\kappa$ |
|---|---|---|---|---|---|---|---|---|---|
| | | | | | | 0℃ | 15℃ | | |
| 1 | 氢 | $H_2$ | 2.0160 | 23.6586 | 4125 | 0.0899 | 0.0852 | 0.0695 | 1.407 |
| 2 | 一氧化碳 | CO | 28.0104 | 23.6284 | 297 | 1.2506 | 1.1855 | 0.9671 | 1.403 |
| 3 | 甲烷 | $CH_4$ | 16.0430 | 23.5901 | 518 | 0.7174 | 0.6801 | 0.5548 | 1.309 |
| 4 | 乙炔 | $C_2H_2$ | 26.0380 | — | 319 | 1.1709 | 1.1099 | 0.9057 | 1.269 |
| 5 | 乙烯 | $C_2H_4$ | 28.0540 | 23.4789 | 296 | 1.2605 | 1.1949 | 0.9748 | 1.258 |
| 6 | 乙烷 | $C_2H_6$ | 30.0700 | 23.4056 | 276 | 1.3553 | 1.2847 | 1.048 | 1.198 |
| 7 | 丙烯 | $C_3H_6$ | 42.0810 | 23.1976 | 197 | 1.9136 | 1.8140 | 1.479 | 1.170 |
| 8 | 丙烷 | $C_3H_8$ | 44.0970 | 23.1408 | 188 | 2.0102 | 1.9055 | 1.554 | 1.161 |
| 9 | 丁烯 | $C_4H_8$ | 56.1080 | 22.7932 | 148 | 2.5968 | 2.4616 | 2.008 | 1.146 |
| 10 | 正丁烷 | $n\text{-}C_4H_{10}$ | 58.1240 | 22.6845 | 143 | 2.7030 | 2.5623 | 2.090 | 1.144 |
| 11 | 异丁烷 | $i\text{-}C_4H_{10}$ | 58.1240 | 22.7837 | 143 | 2.6912 | 2.5511 | 2.081 | 1.144 |
| 12 | 戊烯 | $C_5H_{10}$ | 70.1350 | 22.3829 | 118 | 3.3055 | 3.1334 | 2.556 | — |
| 13 | 正戊烷 | $C_5H_{12}$ | 72.1510 | 22.0382 | 115 | 3.4537 | 3.2739 | 2.671 | 1.121 |
| 14 | 苯 | $C_6H_6$ | 78.1140 | 21.4790 | 106 | 3.8365 | 3.6369 | 2.967 | 1.120 |
| 15 | 硫化氢 | $H_2S$ | 34.0760 | 23.3982 | 244 | 1.5363 | 1.4563 | 1.188 | 1.320 |
| 16 | 二氧化碳 | $CO_2$ | 44.0098 | 23.4825 | 188 | 1.9771 | 1.8742 | 1.5289 | 1.304 |
| 17 | 二氧化硫 | $SO_2$ | 64.0590 | 23.0838 | 129 | 2.9275 | 2.7752 | 2.2640 | 1.272 |
| 18 | 氧 | $O_2$ | 31.9988 | 23.6220 | 259 | 1.4291 | 1.3547 | 1.1052 | 1.400 |
| 19 | 氮 | $N_2$ | 28.0134 | 23.6338 | 296 | 1.2504 | 1.1853 | 0.9670 | 1.402 |
| 20 | 空气 | | 28.9660 | 23.6304 | 287 | 1.2931 | 1.2258 | 1.0000 | 1.401 |
| 21 | 水蒸气 | $H_2O$ | 18.0154 | 22.8168 | 461 | 0.833 | 0.790 | 0.6440 | 1.335 |

| 序号 | 临界压力 $P_c$ (MPa) | 临界温度 $T_c$(K) | 临界压缩因子 $Z$ | 导热系数 $\lambda$ [W/(m·K)] | 向空气的扩散系数 $D(\times 10^4$ m²/s) | 运动黏度 $\nu$ $(\times 10^6$ m²/s) | 动力黏度 $\mu(\times 10^6$ kg·s/m²) | 常数 $C$ | 最低着火温度 (℃) |
|---|---|---|---|---|---|---|---|---|---|
| 1 | 1.297 | 33.3 | 0.304 | 0.2163 | 0.611 | 93.00 | 0.852 | 90 | 400 |
| 2 | 3.496 | 133 | 0.294 | 0.02300 | 0.175 | 13.30 | 1.690 | 104 | 605 |
| 3 | 4.641 | 190.7 | 0.290 | 0.03024 | 0.196 | 14.50 | 1.060 | 190 | 540 |
| 4 | | 283.1 | | 0.01872 | — | 8.05 | 0.960 | 198 | 335 |
| 5 | 5.117 | 283.1 | 0.270 | 0.0164 | — | 7.46 | 0.950 | 257 | 425 |
| 6 | 4.884 | 305.4 | 0.285 | 0.01861 | 0.108 | 6.41 | 0.877 | 287 | 515 |
| 7 | 4.600 | 365.1 | 0.274 | | | 3.99 | 0.780 | 322 | 460 |
| 8 | 4.256 | 369.9 | 0.277 | 0.01512 | 0.088 | 3.81 | 0.765 | 324 | 450 |
| 9 | — | | | | | 2.81 | 0.747 | — | 385 |
| 10 | 3.800 | 425.2 | 0.274 | 0.01349 | 0.075 | 2.53 | 0.697 | 349 | 365 |
| 11 | 3.648 | 408.1 | 0.283 | | — | — | | | 460 |
| 12 | | | | | | 1.99 | 0.669 | — | 290 |
| 13 | 3.374 | 469.5 | 0.269 | | — | 1.85 | 0.648 | — | 260 |
| 14 | — | — | — | 0.0077992 | | 1.82 | 0.712 | 380 | 560 |
| 15 | — | | | 0.01314 | | 7.63 | 1.190 | 331 | 270 |
| 16 | 7.387 | 304.2 | 0.274 | 0.01372 | 0.138 | 7.09 | 1.430 | 266 | — |
| 17 | | | | | | 4.14 | 1.230 | 416 | |
| 18 | 5.076 | 154.8 | 0.292 | 0.025 | 0.178 | 13.60 | 1.980 | 131 | |
| 19 | 3.394 | 126.2 | 0.297 | 0.02489 | — | 13.30 | 1.700 | 112 | |
| 20 | 3.766 | 132.5 | | 0.02489 | — | 13.40 | 1.750 | 116 | |
| 21 | 22.12 | 647 | 0.230 | 0.01617 | 0.220 | 10.12 | 0.860 | 673 | |

| 序号 | 燃烧反应式 | 热效应(kJ/mol) | | 发热量(kJ/m³) | | | | 理论空气需要量及耗氧量 (Nm³/Nm³ 干燃气) | |
|---|---|---|---|---|---|---|---|---|---|
| | | | | 0℃ | | 15℃ | | | |
| | | 高位 | 低位 | 高位 | 低位 | 高位 | 低位 | 理论空气需要量 | 耗氧量 |
| 1 | $H_2 + 0.5O_2 = H_2O$ | 286013 | 242064 | 12753 | 10794 | 12089 | 10232 | 2.38 | 0.5 |
| 2 | $CO + 0.5O_2 = CO_2$ | 283208 | 283208 | 12644 | 12644 | 11986 | 11986 | 2.38 | 0.5 |
| 3 | $CH_4 + 2O_2 = CO_2 + 2H_2O$ | 890943 | 802932 | 39842 | 35906 | 37768 | 34037 | 9.52 | 2.0 |
| 4 | $C_2H_2 + 2.5O_2 = 2CO_2 + H_2O$ | — | — | 58502 | 56488 | 55457 | 53547 | 11.90 | 2.5 |
| 5 | $C_2H_4 + 3O_2 = 2CO_2 + 2H_2O$ | 1411931 | 1321354 | 63438 | 59482 | 60136 | 56386 | 14.28 | 3.0 |
| 6 | $C_2H_6 + 3.5O_2 = 2CO_2 + 3H_2O$ | 1560898 | 1428792 | 70351 | 64397 | 66689 | 61045 | 16.66 | 3.5 |
| 7 | $C_3H_6 + 4.5O_2 = 3CO_2 + 3H_2O$ | 2059830 | 1927808 | 93671 | 87667 | 88819 | 83103 | 21.42 | 4.5 |
| 8 | $C_3H_8 + 5O_2 = 3CO_2 + 4H_2O$ | 2221487 | 2045424 | 101270 | 93244 | 95998 | 88390 | 23.80 | 5.0 |
| 9 | $C_4H_8 + 6O_2 = 4CO_2 + 4H_2O$ | 2719134 | 2543004 | 125847 | 117695 | 119296 | 111568 | 28.56 | 6.0 |
| 10 | $C_4H_{10} + 6.5O_2 = 4CO_2 + 5H_2O$ | 2879057 | 2658894 | 133885 | 123649 | 126915 | 117212 | 30.94 | 6.5 |
| 11 | $C_4H_{10} + 6.5O_2 = 4CO_2 + 5H_2O$ | 2873535 | 2653439 | 133048 | 122857 | 126122 | 116462 | 30.94 | 6.5 |
| 12 | $C_5H_{10} + 7.5O_2 = 5CO_2 + 5H_2O$ | 3378099 | 3157969 | 159211 | 148837 | 150923 | 141089 | 35.70 | 7.5 |
| 13 | $C_5H_{12} + 8O_2 = 5CO_2 + 6H_2O$ | 3538453 | 3274308 | 169377 | 156733 | 160560 | 148574 | 38.08 | 8.0 |
| 14 | $C_6H_6 + 7.5O_2 = 6CO_2 + 3H_2O$ | 3303750 | 3171614 | 162259 | 155770 | 153812 | 147661 | 35.70 | 7.5 |
| 15 | $H_2S + 1.5O_2 = SO_2 + H_2O$ | 562572 | 518644 | 25364 | 23383 | 24044 | 22166 | 7.14 | 1.5 |
| 16 | | — | — | — | — | — | — | | |
| 17 | | — | — | — | — | — | — | | |
| 18 | | — | — | — | — | — | — | | |
| 19 | | — | — | — | — | — | — | | |
| 20 | | — | — | — | — | — | — | | |
| 21 | | — | — | — | — | — | — | | |

| 序号 | 理论烟气量(Nm³/Nm³ 干燃气) | | | | 常压、20℃下爆炸极限(%) | | 燃烧温度 (℃) |
|---|---|---|---|---|---|---|---|
| | $CO_2$ | $H_2O$ | $N_2$ | $V_f^0$ | 下 | 上 | |
| 1 | | 1.0 | 1.88 | 2.88 | 4.0 | 75.9 | 2210 |
| 2 | 1.0 | — | 1.88 | 2.88 | 12.5 | 74.2 | 2370 |
| 3 | 1.0 | 2.0 | 7.52 | 10.52 | 5.0 | 15.0 | 2043 |
| 4 | 2.0 | 1.0 | 9.40 | 12.40 | 2.5 | 80.0 | 2620 |
| 5 | 2.0 | 2.0 | 11.28 | 15.28 | 2.7 | 34.0 | 2343 |
| 6 | 2.0 | 3.0 | 13.16 | 18.16 | 2.9 | 13.0 | 2115 |
| 7 | 3.0 | 3.0 | 16.92 | 22.92 | 2.0 | 11.7 | 2224 |
| 8 | 3.0 | 4.0 | 18.80 | 25.80 | 2.1 | 9.5 | 2155 |
| 9 | 4.0 | 4.0 | 22.56 | 30.56 | 1.6 | 10.0 | — |
| 10 | 4.0 | 5.0 | 24.44 | 33.44 | 1.5 | 8.5 | 2130 |
| 11 | 4.0 | 5.0 | 24.44 | 33.44 | 1.8 | 8.5 | 2118 |
| 12 | 5.0 | 5.0 | 28.20 | 38.20 | 1.4 | 8.7 | — |
| 13 | 5.0 | 6.0 | 30.08 | 41.08 | 1.4 | 8.3 | — |
| 14 | 6.0 | 3.0 | 28.20 | 37.20 | 1.2 | 8.0 | 2258 |
| 15 | 1.0 | 1.0 | 5.64 | 7.64 | 1.3 | 45.5 | 1900 |
| 16 | — | — | — | — | — | — | — |
| 17 | — | — | — | — | — | — | — |
| 18 | — | — | — | — | — | — | — |
| 19 | — | — | — | — | — | — | — |
| 20 | — | — | — | — | — | — | — |
| 21 | — | — | — | — | — | — | — |

① 为实际容积，理想容积均为 23.6444m³/kmol。

实际燃用的气体燃料是含有多种气体组分的混合气体，它的发热量与其组成成分有关，可以直接由热量计（测热器）测得，或由该气体燃料中各单一气体的发热量根据混合法则按下式计算：

$$Q = Q_1 r_1 + Q_2 r_2 + \cdots\cdots + Q_n r_n \qquad (2\text{-}22)$$

式中          $Q$——混合可燃气体的高位或低位发热量，$kJ/m^3$；

$Q_1$，$Q_2$，$\cdots Q_n$——燃气中各可燃成分的高位或低位发热量，$kJ/m^3$，可由表 2-16 查得；

$r_1$，$r_2$，$\cdots r_n$——燃气中各可燃成分的体积分数，%。

在缺少或没有实测数据的情况下，$1m^3$ 干气体燃料在标准状态下的发热量可按下式计算：

$$Q_{net,ar} = 0.01 \left[ Q_{H_2S} r_{H_2S} + Q_{CO} r_{CO} + Q_{H_2} r_{H_2} + \sum Q_{C_m H_n} r_{C_m H_n} \right] \quad kJ/m^3 \quad (2\text{-}23)$$

式中   $Q_{H_2S}$，$Q_{CO}$，$Q_{H_2}$，$Q_{C_m H_n}$——分别为硫化氢、一氧化碳、氢和碳氢化合物等气体的发热量，$kJ/m^3$，可由表 2-15 查取；

$r_{H_2S}$，$r_{CO}$，$r_{H_2}$，$r_{C_m H_n}$——分别为硫化氢、一氧化碳、氢、碳氢化合物等气体的体积分数，%，由燃料分析得出。

气体燃料中通常含有水蒸气，计算时可以 $1m^3$ 湿燃气为基准，或以 $1m^3$ 干燃气带有 $d$ kg 水蒸气（所谓干燃气）为基准。以后一种基准计算的优点是燃气的体积不随含湿量的变化而变化。

气体燃料的高、低位发热量之间和干、湿燃气发热量之间可以进行换算。

标准状态下干燃气（干燥基）高、低位发热量之间可按下式进行换算：

$$Q_{gr,d}=Q_{net,d}+18.58\left(r_{H_2}+\sum\frac{n}{2}r_{C_mH_n}+r_{H_2S}\right)\quad kJ/m^3 \tag{2-24}$$

式中　$Q_{gr,d}$，$Q_{net,d}$——干燃气的高、低位发热量，$kJ/m^3$；

$r_{H_2}$，$r_{C_mH_n}$，$r_{H_2S}$——氢、碳氢化合物和硫化氢在干燃气中的体积分数，%。

湿燃气（收到基）的高位发热量和低位发热量之间可按下式换算：

$$Q_{gr,ar}=Q_{net,ar}+\left[18.58\left(r_{H_2}+\sum\frac{n}{2}r_{C_mH_n}+r_{H_2S}\right)+2353d_g\right]\frac{0.79}{0.79+d_g}\quad kJ/m^3$$
$$\tag{2-25}$$

式中　$Q_{gr,ar}$，$Q_{net,ar}$——湿燃气的高、低位发热量，$kJ/m^3$；

$d_g$——燃气的含湿量，$kg/m^3$。

在标准状态下，干燃气的低位发热量与湿燃气的低位发热量之间可按下式换算：

$$Q_{net,ar}=Q_{net,d}\times\frac{0.79}{0.79+d_g}\quad kJ/m^3 \tag{2-26}$$

或

$$Q_{net,ar}=Q_{net,d}\left(1-\frac{\varphi P_b}{P}\right)\quad kJ/m^3 \tag{2-27}$$

干燃气的高位发热量与湿燃气的高位发热量之间可按下式换算：

$$Q_{gr,ar}=(Q_{gr,d}+2353d_g)\frac{0.79}{0.79+d_g}\quad kJ/m^3 \tag{2-28}$$

或

$$Q_{gr,ar}=Q_{gr,d}\left(1-\frac{\varphi P_b}{P}\right)+1858\frac{\varphi P_b}{P}\quad kJ/m^3 \tag{2-29}$$

式中　$\varphi$——湿燃气的相对湿度，%；

$P_b$——与燃气相同温度下水蒸气的饱和分压力，Pa；

$P$——燃气的绝对压力，Pa。

### 三、气体燃料的特点

与固体燃料和液体燃料相比，气体燃料有其明显的优越性和特点。

**1. 基本无公害，有利于保护环境**

气体燃料是一种基本无公害的清洁优质燃料。它的有害成分（硫分和灰分）的量远比煤和燃料油要少，没有燃煤烟尘排放对大气的污染，更因没有待处理的大量灰渣而无须堆场占用大片土地，且不会造成对环境、土壤以及水体的污染。随着燃气脱硫技术的进步，净化后的燃气几乎不含硫分和硫化物，燃烧后的烟气中 $SO_x$ 可以达到忽略不计的程度。因其调节性能好，通过燃烧技术容易实现对高温产生的 $NO_x$ 的抑制，烟气中形成的 $NO_x$ 也要比燃煤燃油少。

**2. 输运方便，使用性能优良**

与燃煤相比，气体燃料采用管道输送，消除了输送、储存过程中产生的有害气体、粉尘和噪声。与燃油相比，气体燃料在燃烧过程中更容易与空气充分混合，可以使用较少的空气就保证燃烧的稳定，从而大大减少排烟热损失，提高了锅炉热效率。由于气体燃料与空气混合及时、充分，比燃煤和燃油更易燃尽，在相同的条件下，可以采用较小的燃烧空间——炉膛体积，即可以提高炉膛热负荷，使锅炉体积缩小。同时，因它几乎不含灰分，允许采用较高的烟气流速，既无磨损又强化了对流受热面的传热，降低了锅炉的金属耗量。此外，它的流动及输送性能好，使用中可以进行预热，以提高炉膛的燃烧温度，这有助于气体燃料的及时着火和稳定燃烧，也强化了炉膛辐射受热面的传热。

3. 易于燃烧调节

气体燃料燃烧时，只要选择合适的燃烧器，即可方便地在较宽的范围内调节燃烧，使其处于最佳的燃烧状态。而且，它还具有跟踪并迅速适应和满足锅炉负荷变化的特性，从而降低燃气耗量，使锅炉效率得以提高。

气体燃料的热值也易于调节，根据用户对热值的要求，可以方便地将两种不同的气体燃料掺和使用。例如，在城市燃气输配系统中，规范要求燃气在标准状态下的低位发热量不应低于 $14700kJ/m^3$，并控制华白数❶不大于5%，为保持燃气燃烧稳定，通常采用油制气作为增富气源按需要比例掺入煤制气中使用。再如，对于高热值的液化石油气，只要避开爆炸范围，可以掺和空气加以稀释，简便地调整热值，以满足用户需要。

气体燃料的主要缺点是其中一些组分具有一定的毒性，对人畜均有伤害作用。一旦泄漏（特别是一氧化碳体积分数大的燃气），严重时可使人头痛、眩晕，甚至死亡。另外，如果泄漏量在空气中达到一定程度（进入爆炸范围），还会引起爆炸。因此，气体燃料在使用安全方面有着较高要求，必须采取相应的防范措施，避免发生事故。

**四、锅炉常用的气体燃料**

锅炉常用的代表性气体燃料以及它的组成成分和特性列于表2-16，供参考使用。

需要指出的是，我国气体燃料资源分布广，各气源产的天然气或油田伴生气的组分和特性不尽相同。人工气体燃料会因制气原料、制气工艺以及使用配比的不同，即便同一类别的人工气体燃料，其组分和特性也会存在差异。所以，不管是天然气还是人工气体燃料，在使用（设计、燃用）时均应对表2-16中所列数据按实际进行核对和分析。在设计锅炉、选用燃烧设备和燃气锅炉时，应尽可能收集有关气源的详细资料，并结合实际情况取舍和修正。

**复习思考题**

1. 为什么燃料成分要用收到基、空气干燥基、干燥基及干燥无灰基这四种基来表示？一般各用在什么场合？

2. 什么是煤的元素分析和工业分析？各分析成分在燃烧过程中所起的作用如何？

3. 什么是挥发分？煤中挥发分对锅炉工作有何影响？

4. 煤中灰分含量对锅炉工作有何影响？

5. 固定碳、焦炭和煤的含碳量是不是一回事？为什么？

6. 什么是煤的焦渣特性？共分几类？它对锅炉工作有何影响？

7. 什么是灰的熔融性？灰的熔融性有何实用意义？

8. 为什么要测定灰熔点？决定和影响灰熔点的因素有哪些？灰熔点的高低对锅炉运行将产生什么影响？

---

❶ 华白数又称热负荷指数，是在两种燃气互换时衡量燃气燃烧器热负荷大小的特性指标，可参见燃气工程的有关文献。

9. 外在水分、内在水分、风干水分、空气干燥基水分、全水分有什么差别？它们之间有什么关系？风干水分是否就是外在水分？空气干燥基水分是否相当于内在水分？全水分怎样求定？

10. 为什么各种基的煤的挥发分及高位发热量之间的换算可用本书表 2-1 中的换算系数？而各种基的低位发热量之间的换算则不能用表 2-1 中的换算系数？

11. 锅炉用煤分哪几类？分类的依据是什么？各有什么特性？

12. 液体燃料的物理性质及燃烧性质是由哪些参数或概念来表示的？

13. 供热锅炉常用的液体燃料有哪些？重油在使用中应注意哪些问题？

14. 常用气体燃料有哪几种？各有什么特性？

15. 煤的发热量怎样测定？氧弹热量计是根据什么原理把发热量测出来的？

16. 为什么同一种基的燃料的弹筒发热量最大，其次是高位发热量，再次才是低位发热量？为什么在锅炉热力计算中只能用低位发热量作为计算的依据？

## 习　　题

1. 已知煤的空气干燥基成分：$C_{ad}=60.5\%$，$H_{ad}=4.2\%$，$S_{ad}=0.8\%$，$A_{ad}=25.5\%$，$M_{ad}=2.1\%$ 和风干水分 $M_{ar}^f=3.5\%$，试计算上述各种成分的收到基含量。

（$C_{ar}=58.38\%$，$H_{ar}=4.05\%$，$S_{ar}=0.77\%$，$A_{ar}=24.61\%$，$M_{ar}=5.53\%$）

2. 已知煤的空气干燥基成分：$C_{ad}=68.6\%$，$H_{ad}=3.66\%$，$S_{ad}=4.84\%$，$O_{ad}=3.22\%$，$N_{ad}=0.83\%$，$A_{ad}=17.35\%$，$M_{ad}=1.5\%$，$V_{ad}=8.75\%$，空气干燥基发热量 $Q_{net,ad}=27528kJ/kg$ 和收到基水分 $M_{ar}=2.67\%$，煤的焦渣特性为 3 类。求煤的收到基其他成分、干燥无灰基挥发物及收到基低位发热量，并用门捷列夫经验公式进行校核。

（$C_{ar}=67.79\%$，$H_{ar}=3.62\%$，$S_{ar}=4.78\%$，$O_{ar}=3.18\%$，$N_{ar}=0.82\%$，$A_{ar}=17.14\%$，$V_{daf}=10.78\%$，$Q_{net,ar}=27172kJ/kg$；按门捷列夫经验公式 $Q_{net,ar}=26825kJ/kg$）

3. 下雨前煤的收到基成分为：$C_{ar1}=34.2\%$，$H_{ar1}=3.4\%$，$S_{ar1}=0.5\%$，$O_{ar1}=5.7\%$，$N_{ar1}=0.8\%$，$A_{ar1}=46.8\%$，$M_{ar1}=8.6\%$，$Q_{net,ar1}=14151kJ/kg$。

下雨后煤的收到基水分变为 $M_{ar2}=14.3\%$，求雨后收到基其他成分的含量及收到基低位发热量，并用门捷列夫经验公式进行校核。

（$C_{ar2}=34.07\%$，$H_{ar2}=3.19\%$，$S_{ar2}=0.47\%$，$O_{ar2}=5.34\%$，$N_{ar2}=0.75\%$，$A_{ar2}=43.88\%$，$Q_{net,ar2}=13113kJ/kg$；按门捷列夫经验公式 $Q_{net,ar2}=13297kJ/kg$）

4. 某工厂储存有收到基水分 $M_{ar1}=11.34\%$ 及收到基低位发热量 $Q_{net,ar1}=20097kJ/kg$ 的煤 100t，由于存放时间较长，收到基水分减少到 $M_{ar2}=7.18\%$，问 100t 这种煤的质量变为多少？煤的收到基低位发热量将变为多少？

（煤的质量变为 95.52t，$Q_{net,ar2}=21157kJ/kg$）

5. 已知煤的成分：$C_{daf}=85.00\%$，$H_{daf}=4.64\%$，$S_{daf}=3.93\%$，$O_{daf}=5.11\%$，$N_{daf}=1.32\%$，$A_d=30.05\%$，$M_{ar}=10.33\%$，求煤的收到基成分，并用门捷列夫经验公式计算煤的收到基低位发热量。

（$C_{ar}=53.31\%$，$H_{ar}=2.91\%$，$S_{ar}=2.46\%$，$O_{ar}=3.21\%$，$N_{ar}=0.83\%$，$A_{ar}=26.95\%$，$Q_{net,ar}=20730kJ/kg$）

6. 用氧弹测热计测得某烟煤的弹筒发热量为 26578kJ/kg，并已知 $M_{ar}=5.3\%$，$H_{ar}=2.6\%$，$M_{ar}^f=3.5\%$，$S_{ad}=1.8\%$，试求其收到基低位发热量。

（$Q_{net,ar}=24724kJ/kg$）。

# 第三章　燃料的燃烧计算

燃料的燃烧是燃料中的可燃元素和氧气在高温条件下进行的剧烈氧化反应过程，同时放出大量的热量；燃烧后生成烟气和灰。显而易见，为使燃烧进行得充分完全，除需要保证一个高温环境外，还必须提供燃烧所需的充足氧气（由空气中获取），并使之与燃料充分混合、接触，同时还必须将燃烧产物——烟气和灰及时排走。

燃烧计算包括燃料燃烧所需提供的空气量、燃烧生成的烟气量和空气及烟气的焓的计算，是锅炉热力计算的一部分。燃烧计算的结果，为锅炉的热平衡计算、传热计算和通风设备选择计算提供可靠的依据。

## 第一节　空气量的计算

### 一、固体和液体燃料的燃烧理论空气量

固体和液体燃料的可燃元素为碳、氢和硫，它们完全燃烧时所需的空气量可以根据完全燃烧化学反应方程式来计算。

空气和烟气所含有的各种组成气体，包括水蒸气在内均认为是理想气体，在标准状态下 1mol 气体体积等于 22.4m$^3$；同时还假定空气只是氧和氮的混合气体，其体积比为 21：79。

1kg 收到基燃料完全燃烧，而又无过剩氧存在时所需的空气量，称为理论空气量，常用符号 $V_k^0$ 表示，单位为 m$^3$/kg。

碳完全燃烧反应方程式为：

$$C+O_2=CO_2$$

1kg 碳完全燃烧时需要 1.866m$^3$ 氧气，并产生 1.866m$^3$ 二氧化碳。

硫的完全燃烧反应方程式为：

$$S+O_2=SO_2$$

1kg 硫完全燃烧时需要 0.7m$^3$ 氧气，并产生 0.7m$^3$ 二氧化硫。

氢的完全燃烧反应方程式为：

$$2H_2+O_2=2H_2O$$

1kg 氢完全燃烧时需要 5.55m$^3$ 氧气，并产生 11.1m$^3$ 水蒸气。

1kg 收到基燃料中的可燃元素分别为碳 $\frac{C_{ar}}{100}$kg、硫 $\frac{S_{ar}}{100}$kg、氢 $\frac{H_{ar}}{100}$kg，而 1kg 燃料中已含有氧 $\frac{O_{ar}}{100}$kg，相当于 $\frac{22.4}{32} \times \frac{O_{ar}}{100} = 0.7 \frac{O_{ar}}{100}$m$^3$/kg。这样 1kg 收到基燃料完全燃烧所需的理论氧气量为：

$$V_{O_2}^k = 1.866 \frac{C_{ar}}{100} + 0.7 \frac{S_{ar}}{100} + 5.55 \frac{H_{ar}}{100} - 0.7 \frac{O_{ar}}{100} \quad m^3/kg$$

已知空气中氧的体积分数为 21%，所以 1kg 燃料完全燃烧所需的理论空气量为：

$$V_k^0 = \frac{1}{0.21} \left( 1.866 \frac{C_{ar}}{100} + 0.7 \frac{S_{ar}}{100} + 5.55 \frac{H_{ar}}{100} - 0.7 \frac{O_{ar}}{100} \right) \tag{3-1}$$

$$= 0.0889(C_{ar} + 0.375 S_{ar}) + 0.265 H_{ar} - 0.0333 O_{ar} \quad m^3/kg$$

已知燃料的收到基低位发热量时，燃烧所需理论空气量也可由下列的经验公式计算：

对于贫煤及无烟煤

$$V_k^0 = \frac{0.239 Q_{nat,ar} + 600}{990} \quad m^3/kg \tag{3-2}$$

对于烟煤

$$V_k^0 = 0.251 \frac{Q_{nat,ar}}{990} + 0.278 \quad m^3/kg \tag{3-3}$$

对于劣质煤（$Q_{net,ar} < 12560kJ/kg$）

$$V_k^0 = \frac{0.239 Q_{net,ar} + 450}{990} \quad m^3/kg \tag{3-4}$$

对于液体燃料

$$V_k^0 = 0.203 \frac{Q_{net,ar}}{1100} + 2.0 \quad m^3/kg \tag{3-5}$$

## 二、气体燃料的燃烧理论空气量

标准状态下 $1m^3$ 气体燃料完全燃烧且无过剩氧时所需的空气量，称为气体燃料燃烧所需理论空气量。当已知气体燃料中各单一可燃气体的体积分数时，按燃烧反应式经整理后即可由下式计算其燃烧所需理论空气量 $V_k^0$：

$$V_k^0 = \frac{1}{21} \left[ 0.5 r_{H_2} + 0.5 r_{CO} + \sum \left( m + \frac{n}{4} \right) r_{C_m H_n} + 1.5 r_{H_2S} - r_{O_2} \right] \quad m^3/m^3 \tag{3-6}$$

式中，$r_{H_2}$、$r_{CO}$、$r_{C_m H_n}$、$r_{H_2S}$ 和 $r_{O_2}$ 分别为气体燃料中氢、一氧化碳、碳氢化合物、硫化氢和氧的体积分数，%。

当已知气体燃料的发热量时，其理论空气量可按下列公式近似计算：

当 $Q_{net,ar} \leq 10500kJ/m^3$ 时，$V_k^0 = 0.209 \frac{Q_{net,ar}}{1000} \quad kJ/m^3 \tag{3-7}$

当 $Q_{net,ar} > 10500kJ/m^3$ 时，$V_k^0 = 0.26 \frac{Q_{net,ar}}{1000} - 0.25 \quad kJ/m^3 \tag{3-8}$

对于烷烃类气体燃料（天然气、油田伴生气、液化石油气），可由下式计算：

$$V_k^0 = 0.268 \frac{Q_{net,ar}}{1000} \quad kJ/m^3 \tag{3-9}$$

或

$$V_k^0 = 0.24 \frac{Q_{gr,ar}}{1000} \quad kJ/m^3 \tag{3-10}$$

### 三、燃烧所需实际空气量计算

在锅炉运行时，由于锅炉的燃烧设备不尽完善和燃烧技术条件等的限制，送入的空气不可能做到与燃料理想地混合，为了使燃料在炉内尽可能燃烧完全，实际送入炉内的空气量大于理论空气量。实际供给的空气量 $V_k$ 比理论空气量 $V_k^0$ 多出的这部分空气，称为过量空气；二者之比 $\alpha$ 则称为过量空气系数，即

$$\alpha = \frac{V_k}{V_k^0} \tag{3-11}$$

燃烧 1kg（或 $1m^3$）燃料所需的实际空气量可由下式计算：

$$V_k = \alpha V_k^0 \tag{3-12}$$

炉中的过量空气系数 $\alpha$ 是指炉膛出口处的 $\alpha_1''$，它的最佳值与燃料种类、燃烧方式以及燃烧设备结构的完善程度有关。供热锅炉常用的层燃炉，$\alpha_1''$ 一般在 1.3～1.6 之间；燃油、燃气锅炉的 $\alpha_1''$ 一般控制在 1.05～1.20。这里需要注意的是，锅炉各受热面的烟道中还存在漏风现象，也就是说各段烟道出口处的过量空气系数是沿烟气流程递增的。

最后需要指出的是，上述空气量的计算，全按不含水蒸气的干空气计算。

## 第二节　烟气量的计算

### 一、固体和液体燃料燃烧生成的烟气量

1. 理论烟气量计算

燃料燃烧后生成烟气，如供给燃料以理论空气量 $V_k^0$，燃料又达到完全燃烧，烟气中只含有二氧化碳、二氧化硫、水蒸气及氮四种气体，这时烟气所具有的体积称为理论烟气量，用符号 $V_y^0$ 表示，单位为 $m^3/kg$。

理论烟气量可根据前述燃料中可燃元素的完全燃烧反应方程式进行计算。

（1）二氧化碳体积 $V_{CO_2}$

1kg 碳完全燃烧产生 $1.866m^3 CO_2$，1kg 燃料中含碳量为 $\frac{C_{ar}}{100}kg$，燃烧后产生的二氧化碳体积为：

$$V_{CO_2} = 1.866 \frac{C_{ar}}{100} = 0.01866 C_{ar} \quad m^3/kg \tag{3-13}$$

（2）二氧化硫体积 $V_{SO_2}$

1kg 硫完全燃烧产生 $0.7m^3 SO_2$，1kg 燃料中含硫量为 $\frac{S_{ar}}{100}kg$，燃烧后产生的二氧化硫体积为：

$$V_{SO_2} = 0.7 \frac{S_{ar}}{100} = 0.007 S_{ar} \quad m^3/kg \tag{3-14}$$

二氧化碳和二氧化硫这两种气体也称三原子气体，其体积的总和通常用符号 $V_{RO_2}$ 表示，即

$$V_{RO_2} = V_{CO_2} + V_{SO_2} = 0.01866(C_{ar} + 0.375 S_{ar}) \quad m^3/kg \tag{3-15}$$

（3）理论水蒸气体积 $V_{H_2O}^0$

理论水蒸气有以下四个来源。

1）燃料中氢完全燃烧生成的水蒸气　1kg 氢完全燃烧产生 11.1m³ 水蒸气，1kg 燃料的含氢量为 $\dfrac{H_{ar}}{100}$kg，燃烧后产生的水蒸气体积为 $0.111H_{ar}$ m³/kg。

2）燃料中水分形成的水蒸气　1kg 燃料中含水量为 $\dfrac{M_{ar}}{100}$kg，形成的水蒸气体积为 $\dfrac{22.4}{18} \times \dfrac{M_{ar}}{100} = 0.0124M_{ar}$（m³/kg）。

3）理论空气量 $V_k^0$ 带入的水蒸气　前已提及，空气并非完全干燥，通常计算中取空气含湿量 $d$ 为 10g/kg干空气，即 1kg 干空气带有 10g 水蒸气。已知干空气的密度为 1.293kg/m³，水蒸气的比容 $v$ 为 1.24m³/kg，如此 1kg 燃料所需理论空气量带入的水蒸气体积为：

$$\frac{1.293V_k^0 dv}{1000} = \frac{1.293 \times 10 \times 1.24V_k^0}{1000} = 0.0161V_k^0 \quad \text{m}^3/\text{kg}$$

4）燃用重油且用蒸汽雾化时带入炉内的水蒸气　雾化 1kg 重油消耗的蒸汽量为 $G_{wh}$kg，这部分水蒸气体积为 $1.24G_{wh}$ m³/kg。

如用蒸汽二次风时，其带入的水蒸气量的计算也相同。

理论水蒸气体积为上述四部分体积之和，即

$$V_{H_2O}^0 = 0.111H_{ar} + 0.0124M_{ar} + 0.0161V_k^0 + 1.24G_{wh} \quad \text{m}^3/\text{kg} \tag{3-16}$$

（4）理论氮气体积 $V_{N_2}^0$

烟气中氮气来源有以下两个。

1）理论空气量 $V_k^0$ 中含有的氮　空气中氮的体积分数为 79%，1kg 燃料所需理论空气量带入的氮气体积为 $0.79V_k^0$ m³/kg。

2）燃料本身所含的氮　1kg 燃料含氮 $\dfrac{N_{ar}}{100}$kg，燃料本身所含氮的体积为 $\dfrac{22.4}{28} \times \dfrac{N_{ar}}{100} = 0.008N_{ar}$ m³/kg。

理论氮气体积为上述两部分之和，即

$$V_{N_2}^0 = 0.79V_k^0 + 0.008N_{ar} \quad \text{m}^3/\text{kg} \tag{3-17}$$

将上述三原子气体体积 $V_{RO_2}$、理论氮气体积 $V_{N_2}^0$ 和理论水蒸气体积 $V_{H_2O}^0$ 相加，便得到理论烟气量 $V_y^0$，即

$$V_y^0 = V_{RO_2} + V_{N_2}^0 + V_{H_2O}^0 = V_{gy}^0 + V_{H_2O}^0 \quad \text{m}^3/\text{kg} \tag{3-18}$$

式中，$V_{gy}^0 = V_{RO_2} + V_{N_2}^0$，称为理论干烟气体积。

当已知燃料的收到基低位发热量 $Q_{net,ar}$ 时，燃料理论烟气量也可由下列经验公式计算：

对于无烟煤、贫煤及烟煤

$$V_y^0 = 0.248\frac{Q_{net,ar}}{1000} + 0.77 \quad \text{m}^3/\text{kg} \tag{3-19}$$

对于劣质煤，当 $Q_{dw}^y < 12560$kJ/kg 时

$$V_y^0 = 0.248 \frac{Q_{\text{net,ar}}}{1000} + 0.54 \quad \text{m}^3/\text{kg} \tag{3-20}$$

对于液体燃料

$$V_y^0 = 0.265 \frac{Q_{\text{net,ar}}}{1000} \quad \text{m}^3/\text{kg} \tag{3-21}$$

2. 实际烟气量计算

实际的燃烧过程是在有过量空气的条件下进行的。因此，烟气中除了含有三原子气体、氮气以及水蒸气外，还有过量氧气，并且烟气中氮气和水蒸气的含量也随之有所增加。

（1）过量空气的体积

$$V_k - V_k^0 = (\alpha - 1)V_k^0 \quad \text{m}^3/\text{kg}$$

1）过量空气中氧气的体积

$$V_{O_2} - V_{O_2}^0 = 0.21(\alpha - 1)V_k^0 \quad \text{m}^3/\text{kg} \tag{3-22}$$

2）过量空气中氮气的体积

$$V_{N_2} - V_{N_2}^0 = 0.79(\alpha - 1)V_k^0 \quad \text{m}^3/\text{kg} \tag{3-23}$$

3）过量空气中水蒸气的体积

$$V_{H_2O} - V_{H_2O}^0 = 0.0161(\alpha - 1)V_k^0 \quad \text{m}^3/\text{kg}$$

烟气中水蒸气的实际体积

$$V_{H_2O} = V_{H_2O}^0 + 0.0161(\alpha - 1)V_k^0 \quad \text{m}^3/\text{kg} \tag{3-24}$$

（2）实际烟气的体积

实际烟气量为理论烟气量和过量空气（包括氧、氮和相应的水蒸气）之和，即

$$V_y = V_y^0 + 0.21(\alpha-1)V_k^0 + 0.79(\alpha-1)V_k^0 + 0.0161(\alpha-1)V_k^0 \tag{3-25a}$$
$$= V_y^0 + 1.0161(\alpha-1)V_k^0 \quad \text{m}^3/\text{kg}$$

将式（3-18）代入上式，可得

$$V_y = V_{RO_2}^0 + V_{N_2}^0 + V_{H_2O}^0 + 1.0161(\alpha-1)V_k^0 \quad \text{m}^3/\text{kg} \tag{3-25b}$$

将式（3-18）、式（3-22）、式（3-23）及式（3-24）代入式（3-25a），可得

$$V_y = V_{RO_2} + V_{N_2} + V_{O_2} + V_{H_2O} \quad \text{m}^3/\text{kg} \tag{3-25c}$$

不计入烟气中水蒸气时，即得实际干烟气体积：

$$V_{gy} = V_{RO_2} + V_{N_2} + V_{O_2} = V_{RO_2} + V_{N_2}^0 + (\alpha-1)V_k^0 \quad \text{m}^3/\text{kg} \tag{3-26}$$

总的烟气体积组成可用图解表示如下：

$$V_{gy} \begin{cases} V_{RO_2} = 0.01866 C_{ar} + 0.007 S_{ar} \\ V_{N_2} \begin{cases} V_{N_2}^0 = 0.008 N_{ar} + 0.79 V_k^0 \\ 0.79(\alpha-1)V_k^0 \end{cases} \left.\begin{matrix} \\ \\ \end{matrix}\right\} V_{gy}^0 \\ V_{O_2} = V_{O_2}^0 + 0.21(\alpha-1)V_k^0 \end{cases} \Big\} (\alpha-1)V_k^0$$

$$V_{H_2O} \begin{cases} 0.0161(\alpha-1)V_k^0 \quad \cdots\cdots \rightarrow \\ V_{H_2O}^0 = 0.0124 M_{ar} + 0.111 H_{ar} \\ \quad + 0.0161 V_k^0 + 1.24 G_{wh} \cdots\cdots \end{cases}$$

**二、气体燃料燃烧生成的烟气量**

1. 理论烟气量计算

（1）三原子气体体积

二氧化碳和二氧化硫的体积，按完全燃烧反应式经整理可由下式计算：

$$V_{RO_2} = V_{CO_2} + V_{SO_2} = 0.01(r_{CO_2} + r_{CO} + \sum m r_{C_m H_n} + r_{H_2 S}) \quad m^3/m^3 \qquad (3-27)$$

式中　　$V_{RO_2}$——标准状态下干烟气中三原子气体体积，$m^3/m^3$；

$V_{CO_2}$、$V_{SO_2}$——标准状态下烟气中二氧化碳和二氧化硫的体积，$m^3/m^3$。

（2）水蒸气体积

水蒸气的体积可按下式计算：

$$V_{H_2 O} = 0.01[r_{H_2} + r_{H_2 S} + \sum \frac{n}{2} r_{C_m H_n} + 120(d_r + V_k^0 d_k)] \quad m^3/m^3 \qquad (3-28)$$

式中　$V_{H_2 O}$——理论烟气中水蒸气体积，$m^3/m^3$；

$d_r$、$d_k$——标准状态下燃气和空气中的含湿量，$kg/m^3$。

（3）氮气的体积

标准状态下理论烟气中氮气体积 $V_{N_2}^0$ 可由下式计算：

$$V_{N_2}^0 = 0.79 V_k^0 + 0.008 r_{N_2} \quad m^3/m^3 \qquad (3-29)$$

如此，理论烟气量即可由下式计算：

$$V_y^0 = V_{RO_2} + V_{H_2 O} + V_{N_2}^0 \quad m^3/m^3 \qquad (3-30)$$

与燃用固体和液体燃料一样，气体燃料燃烧产生的烟气量也可根据已知的收到基低位发热量 $Q_{net,ar}$ 由下列公式近似得出：

对于烷烃类气体燃料

$$V_y^0 = 0.239 \frac{Q_{net,ar}}{1000} + k \quad m^3/m^3 \qquad (3-31)$$

式中　$k$——系数，天然气为 2，油田伴生气为 2.2，液化石油气为 4.5。

对于焦炉煤气

$$V_y^0 = 0.272 \frac{Q_{net,ar}}{1000} + 0.25 \quad m^3/m^3 \qquad (3-32)$$

对于标准状态下 $Q_{net,ar} < 12600 kJ/m^3$ 的气体燃料

$$V_y^0 = 0.173 \frac{Q_{net,ar}}{1000} + 1.0 \quad m^3/m^3 \qquad (3-33)$$

2. 实际烟气量计算

实际烟气量即为 $\alpha > 1$ 时的烟气量。

（1）三原子气体的体积

二氧化碳和二氧化硫的体积，仍按式（3-27）计算。

（2）水蒸气的体积

水蒸气的实际体积 $V_{H_2 O}$，按下式计算：

$$V_{H_2 O} = 0.01[r_{H_2} + r_{H_2 S} + \sum \frac{n}{2} r_{C_m H_n} + 120(d_r + \alpha V_k^0 d_k)] \quad m^3/m^3 \qquad (3-34)$$

（3）氮气的体积

氮气的实际体积 $V_{N_2}$，可由下式计算：

$$V_{N_2} = 0.79\alpha V_k^0 - 0.01 r_{N_2} \quad m^3/m^3 \tag{3-35}$$

（4）过量氧的体积

由于 $\alpha > 1$，由空气带入烟气中一部分过量氧，其体积 $V_{O_2}$ 可由下式计算：

$$V_{O_2} = 0.21(\alpha - 1)V_k^0 \quad m^3/m^3 \tag{3-36}$$

这样，气体燃料燃烧后产生的实际烟气量 $V_y$ 为上述各项之和：

$$V_y = V_{RO_2} + V_{H_2O} + V_{N_2} + V_{O_2} \quad m^3/m^3 \tag{3-37}$$

### 三、烟气和空气的焓

烟气和空气的焓分别表示 1kg 固体、液体燃料或标准状态下 $1m^3$ 气体燃料燃烧生成的烟气和所需的理论空气量，在等压下从 0℃加热到 $\vartheta$℃所需的热量，用符号 $H_y$ 和 $H_k^0$ 表示，单位为 kJ/kg 或 $kJ/m^3$。

1. 理论空气的焓

理论空气的焓的计算式为：

$$H_k^0 = V_k^0 (c\vartheta)_k \quad kJ/kg \tag{3-38}$$

式中　$(c\vartheta)_k$——$1m^3$ 干空气连同其带入的水蒸气在温度为 $\vartheta$℃时的焓，简称为 $1m^3$ 干空气的湿空气焓，$kJ/m^3$。

2. 理论烟气的焓

烟气是含有多种气体成分的混合气体，所以烟气的焓是烟气各组成成分的焓的总和。当烟气温度为 $\vartheta_y$℃时，理论烟气的焓可由下式求得：

$$\begin{aligned} H_y^0 &= (V_{RO_2} c_{RO_2} + V_{N_2}^0 c_{N_2} + V_{H_2O}^0 c_{H_2O})\vartheta_y \\ &= V_{RO_2}(c\vartheta)_{RO_2} + V_{N_2}^0 (c\vartheta)_{N_2} + V_{H_2O}^0 (c\vartheta)_{H_2O} \quad kJ/kg \end{aligned} \tag{3-39}$$

式中　$(c\vartheta)_{RO_2}$，$(c\vartheta)_{N_2}$，$(c\vartheta)_{H_2O}$——分别为 $1m^3$ 的三原子气体、氮气和水蒸气在温度为 $\vartheta$℃时的焓，$kJ/m^3$，其值可由表 3-1 查得。考虑到烟气中二氧化硫的量不多，且它的比热容大致与二氧化碳相同，故通常取 $c_{RO_2} = c_{CO_2}$。

当 $\alpha > 1$ 时，烟气中除包括上述理论烟气外，还有过量空气，这部分过量空气的焓为：

$$\Delta H_k = (\alpha - 1)H_k^0 \quad kJ/kg$$

当 $\alpha > 1$ 时，1kg 燃料所产生的烟气的焓为：

$$H_y = H_y^0 + \Delta H_k = H_y^0 + (\alpha - 1)H_k^0 \quad kJ/kg \tag{3-40}$$

若用经验公式近似求得烟气体积时，烟气的焓可由下式求得：

$$H_y = V_y c_y \vartheta_y \quad kJ/kg \tag{3-41}$$

式中　$c_y$——烟气的平均体积定压比热容，$kJ/(m^3 \cdot ℃)$，可按下式计算：

$$c_y = 1.352 + 75.4 \times 10^{-3} \quad kJ/(m^3 \cdot ℃) \tag{3-42}$$

**1m³ 气体、空气及 1kg 灰的焓**　　　　　　　　　　　　表 3-1

| $\vartheta$ (℃) | $(c\vartheta)_{CO_2}$ (kJ/m³) | $(c\vartheta)_{N_2}$ (kJ/m³) | $(c\vartheta)_{O_2}$ (kJ/m³) | $(c\vartheta)_{H_2O}$ (kJ/m³) | $(c\vartheta)_k$ (kJ/m³) | $(c\vartheta)_{hz}(c\vartheta)_{fh}$ (kJ/m³) |
|---|---|---|---|---|---|---|
| 100 | 170 | 130 | 132 | 151 | 132 | 81 |
| 200 | 357 | 260 | 267 | 304 | 266 | 169 |
| 300 | 559 | 392 | 407 | 463 | 403 | 264 |
| 400 | 772 | 527 | 551 | 626 | 542 | 360 |
| 500 | 994 | 664 | 699 | 795 | 684 | 458 |
| 600 | 1225 | 804 | 850 | 969 | 830 | 560 |
| 700 | 1462 | 948 | 1004 | 1149 | 978 | 662 |
| 800 | 1705 | 1094 | 1160 | 1334 | 1129 | 767 |
| 900 | 1952 | 1242 | 1318 | 1526 | 1282 | 875 |
| 1000 | 2204 | 1392 | 1478 | 1723 | 1437 | 984 |
| 1100 | 2458 | 1544 | 1638 | 1925 | 1595 | 1097 |
| 1200 | 2717 | 1697 | 1801 | 2132 | 1753 | 1206 |
| 1300 | 2977 | 1853 | 1964 | 2344 | 1914 | 1361 |
| 1400 | 3239 | 2009 | 2128 | 2559 | 2076 | 1583 |
| 1500 | 3503 | 2166 | 2294 | 2779 | 2239 | 1758 |
| 1600 | 3769 | 2325 | 2460 | 3002 | 2403 | 1876 |
| 1700 | 4036 | 2484 | 2629 | 3229 | 2567 | 2064 |
| 1800 | 4305 | 2644 | 2797 | 3458 | 2731 | 2186 |
| 1900 | 4574 | 2804 | 2967 | 3690 | 2899 | 2386 |
| 2000 | 4844 | 2965 | 3138 | 3926 | 3066 | 2512 |
| 2100 | 5115 | 3127 | 3309 | 4163 | 3234 | |
| 2200 | 5387 | 3289 | 3483 | 4402 | 3402 | |

**【例题 3-1】** SHL10-13/350 型锅炉，当燃用山西阳泉无烟煤时，试计算 1kg 燃料燃烧所需理论空气量和理论烟气量，并作出锅炉（图 1-1）各受热面烟道中烟气特性表及烟气温焓表。

燃料特性列于下表：

| 应用基成分(%) | $C_{ar}$ | $H_{ar}$ | $O_{ar}$ | $S_{ar}$ | $N_{ar}$ | $m_{ar}$ | $A_{ar}$ |
|---|---|---|---|---|---|---|---|
| | 65.70 | 2.70 | 2.80 | 0.35 | 1.05 | 8.18 | 19.22 |
| 挥发物 $V_{daf}$(%) | 9.69 | 低位发热量 $Q_{net,ar}$(kJ/kg) | | | | | 24626 |

烟道中各处过量空气系数及各受热面的漏风系数列于下表：

| 锅炉受热面 | 过量空气系数 | | 漏风系数 $\Delta a$ | 锅炉受热面 | 过量空气系数 | | 漏风系数 $\Delta a$ |
|---|---|---|---|---|---|---|---|
| | 入口 $a'$ | 出口 $a''$ | | | 入口 $a'$ | 出口 $a''$ | |
| 炉膛 | | 1.6 | 0.1 | 锅炉管束 | 1.65 | 1.75 | 0.1 |
| 防渣管 | 1.6 | 1.6 | 0 | 省煤器 | 1.75 | 1.85 | 0.1 |
| 蒸汽过热器 | 1.6 | 1.65 | 0.05 | 空气预热器 | 1.85 | 1.9 | 0.05 |

**【解】**

### 1. 理论空气量及理论烟气量的计算

| 名 称 | 符 号 | 单 位 | 计 算 公 式 | 结 果 |
|---|---|---|---|---|
| 理论空气量 | $V_k^0$ | m³/kg | $0.0889(C_{ar}+0.375S_{ar})+0.265H_{ar}-0.0333O_{ar}=0.0889\times(65.70+0.375\times0.35)$ $+0.265\times2.70-0.0333\times2.80$ | 6.475 |
| RO₂体积 | $V_{RO_2}$ | m³/kg | $0.01866(C_{ar}+0.375S_{ar})=0.01866(65.70+0.375\times0.35)$ | 1.228 |
| N₂理论体积 | $V_{N_2}^0$ | m³/kg | $0.79V_k^0+0.008N_{ar}=0.79\times6.475+0.008\times1.05$ | 5.123 |
| H₂O理论体积 | $V_{H_2O}^0$ | m³/kg | $0.111H_{ar}+0.0124M_{ar}+0.0161V_k^0=0.111\times2.70+0.0124\times8.18+0.0161\times6.475$ | 0.505 |

### 2. 各受热面烟道中烟气特性表

| 名 称 | 符号 | 单位 | 计 算 公 式 | 炉膛与防渣管 | 蒸汽过热器 | 锅炉管束 | 省煤器 | 空气预热器 |
|---|---|---|---|---|---|---|---|---|
| 平均过量空气系数 | $\alpha_{pj}$ | | $\frac{1}{2}(\alpha'+\alpha'')$ | 1.6 | 1.625 | 1.7 | 1.8 | 1.875 |
| 实际水蒸气体积 | $V_{H_2O}$ | m³/kg | $V_{H_2O}^0+0.0161(\alpha-1)V_k^0$ | 0.567 | 0.570 | 0.578 | 0.588 | 0.596 |
| 烟气总体积 | $V_y$ | m³/kg | $V_{RO_2}+V_{N_2}^0+V_{H_2O}+(\alpha-1)V_k^0$ | 10.804 | 10.968 | 11.462 | 12.12 | 12.613 |
| RO₂体积分数 | $r_{RO_2}$ | | $\dfrac{V_{RO_2}}{V_y}$ | 0.113 | 0.111 | 0.107 | 0.101 | 0.097 |
| H₂O体积分数 | $r_{H_2O}$ | | $\dfrac{V_{H_2O}}{V_y}$ | 0.052 | 0.052 | 0.050 | 0.048 | 0.047 |
| 三原子气体体积分数 | $r_q$ | | $r_{RO_2}+r_{H_2O}$ | 0.166 | 0.164 | 0.157 | 0.149 | 0.144 |

## 3. 烟气的温焓表

$$H_y = H_y^0 + (\alpha-1)H_k^0 \quad (\text{kJ/kg})$$

$V_{RO_2}^0 = 1.228\ \text{m}^3/\text{kg} \qquad V_{N_2}^0 = 5.123\ \text{m}^3/\text{kg} \qquad V_{H_2O}^0 = 0.505\ \text{m}^3/\text{kg} \qquad V_k^0 = 6.475\ (\text{m}^3/\text{kg})$

| 烟气温度 $\vartheta$ (℃) | $(c\vartheta)_{CO_2}$ (kJ/m³) | $(c\vartheta)_{CO_2}\cdot V_{RO_2}$ (kJ/kg) | $(c\vartheta)_{N_2}$ (kJ/m³) | $(c\vartheta)_{N_2}\cdot V_{N_2}^0$ (kJ/kg) | $(c\vartheta)_{H_2O}$ (kJ/m³) | $(c\vartheta)_{H_2O}\cdot V_{H_2O}^0$ (kJ/kg) | $H_y^0$ $\sum(3+5+7)$ (kJ/kg) | $(c\vartheta)_k$ (kJ/m³) | $H_k^0=(c\vartheta)_k V_k^0$ (kJ/kg) | $\alpha=1.6$ $H$ | $\alpha=1.6$ $\Delta H$ | $\alpha=1.65$ $H$ | $\alpha=1.65$ $\Delta H$ | $\alpha=1.75$ $H$ | $\alpha=1.75$ $\Delta H$ | $\alpha=1.85$ $H$ | $\alpha=1.85$ $\Delta H$ | $\alpha=1.9$ $H$ | $\alpha=1.9$ $\Delta H$ |
|---|---|---|---|---|---|---|---|---|---|---|---|---|---|---|---|---|---|---|---|
| 1 | 2 | 3 | 4 | 5 | 6 | 7 | 8 | 9 | 10 | 11 | 12 | 13 | 14 | 15 | 16 | 17 | 18 | 19 | 20 |
| 100 | 170 | 209 | 130 | 666 | 151 | 76 | 951 | 132 | 855 | | | | | | | | | 1721 | 1753 |
| 200 | 357 | 438 | 260 | 1332 | 304 | 154 | 1924 | 266 | 1722 | | | | | | | 3388 | 1758 | 3474 | 1802 |
| 300 | 559 | 686 | 392 | 2008 | 463 | 234 | 2928 | 403 | 2609 | | | | | 4885 | 1711 | 5146 | 1801 | 5276 | |
| 400 | 772 | 948 | 527 | 2700 | 626 | 316 | 3964 | 542 | 3509 | | | | | 6596 | 1750 | 6947 | 1842 | | |
| 500 | 994 | 1221 | 664 | 3402 | 795 | 401 | 5024 | 684 | 4429 | | | | | 8346 | 1797 | 8789 | | | |
| 600 | 1225 | 1504 | 804 | 4119 | 969 | 489 | 6112 | 880 | 5374 | | | | | 10143 | 1839 | | | | |
| 700 | 1462 | 1795 | 948 | 4857 | 1149 | 580 | 7232 | 978 | 6333 | | | 11348 | 1777 | 11982 | 1874 | | | | |
| 800 | 1705 | 2094 | 1094 | 5605 | 1334 | 674 | 8373 | 1129 | 7310 | 12759 | 1753 | 13125 | 1802 | 13856 | | | | | |
| 900 | 1952 | 2397 | 1242 | 6363 | 1526 | 771 | 9531 | 1282 | 8301 | 14512 | 1779 | 14927 | 1829 | | | | | | |
| 1000 | 2204 | 2707 | 1392 | 7131 | 1723 | 810 | 10708 | 1437 | 9305 | 16291 | 1806 | 16756 | 1857 | | | | | | |
| 1100 | 2458 | 3018 | 1544 | 7910 | 1925 | 972 | 11900 | 1595 | 10328 | 18097 | 1821 | 18613 | | | | | | | |
| 1200 | 2717 | 3336 | 1697 | 8694 | 2132 | 1077 | 13107 | 1753 | 11351 | 19918 | 1851 | | | | | | | | |
| 1300 | 2977 | 3656 | 1853 | 9493 | 2344 | 1184 | 14333 | 1914 | 12393 | 21769 | 1857 | | | | | | | | |
| 1400 | 3239 | 3977 | 2009 | 10292 | 2559 | 1292 | 15561 | 2076 | 13442 | 23626 | 1874 | | | | | | | | |
| 1500 | 3503 | 4302 | 2166 | 11096 | 2779 | 1403 | 16801 | 2239 | 14498 | 25500 | 1890 | | | | | | | | |
| 1600 | 3769 | 4628 | 2325 | 11911 | 3002 | 1516 | 18055 | 2403 | 15559 | 27390 | 1896 | | | | | | | | |
| 1700 | 4036 | 4956 | 2484 | 12726 | 3229 | 1631 | 19313 | 2567 | 16621 | 29286 | 1902 | | | | | | | | |
| 1800 | 4305 | 5287 | 2644 | 13545 | 3458 | 1746 | 20578 | 2731 | 17683 | 31188 | | | | | | | | | |

| $\vartheta$ (°C) | $V_{RO_2}=$ (m³/kg) | | $V_{N_2}^0=$ (m³/kg) | | $V_{H_2O}^0=$ (m³/kg) | | $A_0=$ $a_{fh}=$ (%) | | $H_y^0$ (kJ/kg) | $V_k^0=$ (m³/kg) | $H_k^0=(c\vartheta)_k V_k^0$ (kJ/kg) | $H_y=H_y^0+(\alpha-1)H_k^0$ (kJ/kg) | | | | | | | |
| | | | | | | | | | | | | $\alpha=$ | | $\alpha=$ | | $\alpha=$ | | $\alpha=$ | |
| | $(c\vartheta)_{CO_2}$ | $(c\vartheta)_{CO_2}\cdot V_{RO_2}$ | $(c\vartheta)_{N_2}$ | $(c\vartheta)_{N_2}\cdot V_{N_2}^0$ | $(c\vartheta)_{H_2O}$ | $(c\vartheta)_{H_2O}\cdot V_{H_2O}^0$ | $(c\vartheta)_{fh}$ | $\dfrac{A^y}{100}\cdot d_{fh}\cdot (c\vartheta)_{fh}$ | $\sum(3+5+7+9)$ | $(c\vartheta)_k$ | | $H$ | $\Delta H$ | $H$ | $\Delta H$ | $H$ | $\Delta H$ | $H$ | $\Delta H$ |
| 1 | 2 | 3 | 4 | 5 | 6 | 7 | 8 | 9① | 10 | 11 | 12 | 13 | 14 | 15 | 16 | 17 | 18 | 19 | 20 |
| 100 | 170 | | 130 | | 151 | | 81 | | | 132 | | | | | | | | | |
| 200 | 357 | | 260 | | 304 | | 169 | | | 266 | | | | | | | | | |
| 300 | 559 | | 392 | | 463 | | 264 | | | 403 | | | | | | | | | |
| 400 | 772 | | 527 | | 626 | | 360 | | | 542 | | | | | | | | | |
| 500 | 994 | | 664 | | 795 | | 458 | | | 684 | | | | | | | | | |
| 600 | 1225 | | 804 | | 969 | | 560 | | | 830 | | | | | | | | | |
| 700 | 1462 | | 948 | | 1149 | | 662 | | | 978 | | | | | | | | | |
| 800 | 1705 | | 1094 | | 1334 | | 767 | | | 1129 | | | | | | | | | |
| 900 | 1952 | | 1242 | | 1526 | | 875 | | | 1282 | | | | | | | | | |
| 1000 | 2204 | | 1392 | | 1723 | | 984 | | | 1437 | | | | | | | | | |
| 1100 | 2458 | | 1544 | | 1925 | | 1097 | | | 1595 | | | | | | | | | |
| 1200 | 2717 | | 1697 | | 2132 | | 1206 | | | 1753 | | | | | | | | | |
| 1300 | 2977 | | 1853 | | 2344 | | 1361 | | | 1914 | | | | | | | | | |
| 1400 | 3239 | | 2009 | | 2559 | | 1583 | | | 2076 | | | | | | | | | |
| 1500 | 3503 | | 2166 | | 2779 | | 1758 | | | 2239 | | | | | | | | | |
| 1600 | 3769 | | 2325 | | 3002 | | 1876 | | | 2403 | | | | | | | | | |
| 1700 | 4036 | | 2484 | | 3229 | | 2064 | | | 2567 | | | | | | | | | |
| 1800 | 4305 | | 2644 | | 3458 | | 2186 | | | 2731 | | | | | | | | | |
| 1900 | 4574 | | 2804 | | 3690 | | 2386 | | | 2899 | | | | | | | | | |
| 2000 | 4844 | | 2965 | | 3926 | | 2512 | | | 3066 | | | | | | | | | |

① 当锅炉的飞灰量 $a_{fh}A_{zs,ar} \leqslant 6$ 时，第 9 项灰的飞灰的焓可以略去不计，否则烟气焓 $H_y^0$ 中必须加上飞灰的焓。

由上文可知，在计算烟气量和烟气的焓时，都必须先知道该烟道的过量空气系数。现代锅炉通常都采取平衡通风，炉膛以及其后的烟道都处于负压状态，通过炉墙或多或少要漏入一部分冷空气，也就是说过量空气系数将随烟气的流动逐渐增大。空气漏入量的多少通常用漏风系数 $\Delta a$ 表示，它与锅炉结构、炉墙气密性等因素有关。设计时，按长期运行试验结果的推荐值选取。对于供热锅炉，其炉膛、蒸汽过热器、对流管束、省煤器、空气预热器以及每 10m 长的水平砖砌烟道的漏风系数 $\Delta a$ 在 0.05～0.10 之间。

由于烟道各部分的过量空气系数 $a$ 不同，烟气量、烟气的平均特性及烟气的焓也各不相同，需要分别进行计算。对于具体的受热面来说，在计算烟气量及烟气平均特性时，采用该受热面中的平均过量空气系数；计算烟气的焓时，则采用该受热面出口的过量空气系数。为了方便计算，通常是大致估计出该受热面烟道中烟气所处的温度范围，以 100℃ 的间隔计算出若干烟焓，然后编制成例题 3-1 所示的烟气的温焓表。如此，在进行锅炉热力计算时就可方便地根据烟气温度和过量空气系数求出对应烟气的焓，或已知烟气的焓和过量空气系数求出烟气温度。

## 第三节　锅炉烟气分析及其结果的应用

在锅炉实际运行中，由于各种原因，燃料是不可能达到完全燃烧的，即烟气中将含有一氧化碳和氢、碳氢化合物等可燃气体。而且，锅炉的燃烧工况和各受热面烟道的漏风情况也会与设计工况有所不同，为了验证和判断锅炉实际的运行工况，需要对正在运行的锅炉进行烟气成分分析，并通过计算求出烟气量和过量空气系数，从而判断燃烧工况的好坏和漏风情况，以便进行燃烧调整和采取相应的改进措施，提高锅炉运行的经济性。

### 一、烟气分析

正在运行的锅炉产生的烟气中，氢和碳氢化合物的量甚微，通常略而不计。这样，实际烟气量 $V_y$ 可由下式计算：

$$V_y = V_{RO_2} + V_{N_2} + V_{O_2} + V_{H_2O} + V_{CO} \quad m^3/kg \qquad (3-43)$$

其中，$V_{RO_2}$，$V_{N_2}$，$V_{O_2}$，$V_{H_2O}$ 和 $V_{CO}$ 分别为实际烟气中的三原子气体、氮气、氧气、水蒸气和一氧化碳的体积。这些烟气成分可以通过烟气成分分析获得。

用于烟气成分分析的仪器种类很多。目前在锅炉房现场使用的仍是奥氏烟气分析仪，根据国家标准❶规定，它用于测定烟气中的 $RO_2$ 和 $O_2$（CO 可采用比色、比长检测管及烟气全分析仪等测定）。当用气体燃料时，烟气成分则采用气体分析仪测定。随着测试技术的进步和发展，色谱层析仪、红外烟气分析仪等先进的仪器也已得到普遍应用。

奥氏烟气分析仪是利用化学吸收法、按体积测定气体成分的一种仪器。它的分析原理是利用具有选择性吸收气体特性的化学溶液，在同温同压下分别吸收烟气中的相关气体成分，从而根据吸收前、后体积的变化求出各组成气体的体积分数。

奥氏烟气分析仪如图 3-1 所示，它主要由量筒、两个吸收剂瓶和一个水准瓶组成，两个吸收剂瓶借带有启闭旋塞的梳形管与量筒上端相通，量筒下端用橡皮软管接通水准瓶。用于吸收三原子气体 $CO_2$，$SO_2$ 和 $O_2$ 的选择性化学溶液分别是氢氧化钾溶液和焦性没食

---

❶ 详见《工业锅炉热工性能试验规程》GB/T 10180—2017。

子酸的碱溶液。它们被依次装于吸收剂瓶 1 和 2 中。测定时，先从需要进行分析测定的受热面烟道中用量筒精确地吸取烟气试样 100mL，然后打开吸收剂瓶 1 上方的旋塞，让烟气多次进入这个吸收剂瓶。待烟气中的二氧化碳和二氧化硫完全被氢氧化钾溶液吸收，利用量筒上刻度即可测知烟气减少的体积，即为烟气中含有的三原子气体 $RO_2$ 的体积。烟气中的氧气由装在吸收剂瓶 2 中的焦性没食子酸的碱溶液吸收。经过这两个吸收剂瓶吸收后剩余的气体即为烟气中的氮气和微量的一氧化碳。

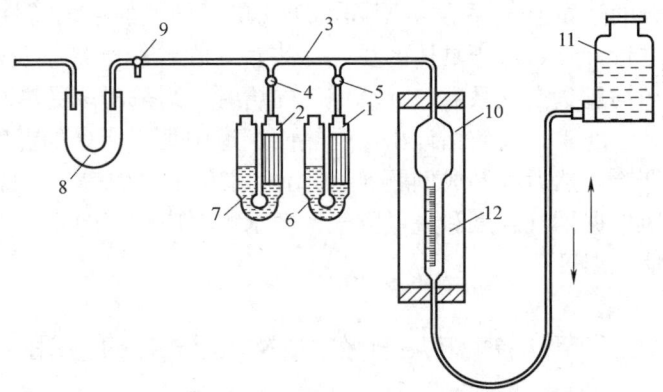

1、2—吸收剂瓶；3—梳形管；4、5—旋塞；6、7—缓冲瓶；
8—U 形过滤器；9—三通旋塞；10—量筒；11—水准瓶；12—盛水套筒。

图 3-1 奥氏烟气分析仪

需指出的是，焦性没食子酸的碱溶液除了能吸收氧气外，同时也能吸收二氧化碳和二氧化硫，所以在分析测定时吸收顺序不能颠倒，并且在整个测定过程中应保持温度和压力恒定。

由于含有水蒸气的烟气在被吸入烟气分析仪之后，在量筒中一直和水接触，所以烟气中的水蒸气为饱和水蒸气，即水蒸气和干烟气的体积比例是一定的。因此在选择性吸收过程中，随着烟气中某一成分被吸收，水蒸气也成比例地被凝结，即量筒上测到的数值是干烟气各组成气体的体积。如此，可由下式计算烟气各组成气体的体积分数：

$$r_{RO_2} = \frac{V_{CO_2} + V_{SO_2}}{V_{gy}} = \frac{V_{RO_2}}{V_{gy}} \quad \% \tag{3-44a}$$

$$r_{O_2} = \frac{V_{O_2}}{V_{gy}} \quad \% \tag{3-44b}$$

$$r_{CO} = \frac{V_{CO}}{V_{gy}} \quad \% \tag{3-44c}$$

$$r_{N_2} = \frac{V_{N_2}}{V_{gy}} \quad \% \tag{3-44d}$$

不完全燃烧时，烟气中干烟气的实际体积为：

$$V_{gy} = V_{RO_2} + V_{O_2} + V_{N_2} + V_{CO} \quad m^3/kg \tag{3-45}$$

通常在烟气分析仪中测得的是干烟气中各组成气体的体积分数，则有：

$$r_{RO_2} + r_{O_2} + r_{N_2} + r_{CO} = 100\% \tag{3-46}$$

根据烟气分析所得的结果和燃料的元素分析成分，可以计算锅炉的烟气量、烟气中一氧化碳的体积分数和过量空气系数。

## 二、烟气量的计算

将式（3-44a）及式（3-44c）相加，经整理后可得：

$$V_{gy} = \frac{V_{CO_2} + V_{SO_2} + V_{CO}}{r_{RO_2} + r_{CO}} \times 100 \quad m^3/kg \tag{3-47}$$

燃料中碳不完全燃烧时生成一氧化碳的化学反应方程式为：

$$2C + O_2 = 2CO$$

1kg 碳在不完全燃烧时，将生成 $1.866m^3$ 一氧化碳，这与 1kg 碳在完全燃烧时生成的二氧化碳体积相同。因此燃料中的碳不管是完全燃烧全部生成二氧化碳，还是不完全燃烧生成二氧化碳和一氧化碳，它们的体积是相同的，即

$$V_{CO_2} + V_{CO} = \frac{2 \times 22.4}{2 \times 12} \times \frac{C_{ar}}{100} = 0.01866 C_{ar} \quad m^3/kg \tag{3-48}$$

将式（3-13）和式（3-14）代入式（3-47）中，即得干烟气体积：

$$\begin{aligned} V_{gy} &= \frac{0.01866 C_{ar} + 0.007 S_{ar}}{r_{RO_2} + r_{CO}} \times 100 \\ &= \frac{1.866(C_{ar} + 0.375 S_{ar})}{r_{RO_2} + r_{CO}} \quad m^3/kg \end{aligned} \tag{3-49}$$

由于水蒸气体积 $V_{H_2O}$ 与燃烧完全与否无关，仍可按式（3-16）及式（3-24）进行计算。这样，燃料不完全燃烧时的实际烟气量可由下式计算：

$$V_y = V_{gy} + V_{H_2O} = \frac{1.866(C_{ar} + 0.375 S_{ar})}{r_{RO_2} + r_{CO}} + 0.111 H_{ar} + 0.0124 M_{ar} + 0.0161 \alpha V_k^0 + 1.24 G_{wh}$$

$$\tag{3-50}$$

## 三、不完全燃烧方程式（烟气中一氧化碳体积分数的计算）

利用奥氏烟气分析仪虽然也可测得一氧化碳体积占干烟气的百分数，但因一氧化碳一般很少，吸收剂氯化亚铜氨溶液又不甚稳定，很难测得精确。因此，国家标准《工业锅炉热工性能试验规程》GB/T 10180—2017 已取消这项测定。利用锅炉运行中测定烟气中的 $RO_2$ 和 $O_2$，也可以据此由计算间接求出。

由式（3-46）可知，在利用烟气分析仪精确地测得 $RO_2$ 和 $O_2$ 的体积分数后，如果能分析测定或计算出 $N_2$ 体积分数，则 $CO$ 体积分数即可求得。

如前所述，烟气中的氮气来源有两个，一是燃料自身含有的氮，二是燃料燃烧所需的空气中带来的氮。前者因量甚微，通常可略而不计；后者，其体积可由下式计算：

$$V_{N_2} = \frac{79}{100} V_k \quad m^3/kg \tag{3-51}$$

在实际空气中含有的氧气体积，如用符号 $V_{O_2}^k$ 来表示，则有

$$V_{O_2}^k = \frac{21}{100} V_k \quad m^3/kg \tag{3-52}$$

联立式（3-51）及式（3-52），可得：

$$V_{N_2} = \frac{79}{21} V_{O_2}^k \quad m^3/kg \tag{3-53}$$

燃料燃烧所需的实际空气量中的氧，除了分别消耗于碳、氢和硫的燃烧，剩余部分即为烟气中过量氧。如果分别以 $V_{O_2}^{RO_2}$，$V_{O_2}^{CO}$，$V_{O_2}^{H_2O}$ 来表示燃烧时生成三原子气体、一氧化碳、水蒸气所耗用的空气中的氧气体积，则有：

$$V_{O_2}^{k}=V_{O_2}^{RO_2}+V_{O_2}^{CO}+V_{O_2}^{H_2O}+V_{O_2} \quad m^3/kg \tag{3-54}$$

由碳、硫完全燃烧的反应方程式可知，所消耗的氧气与燃烧产物具有相同的体积，即

$$V_{O_2}^{RO_2}=V_{RO_2}$$

当碳不完全燃烧生成一氧化碳时，所消耗的氧气比完全燃烧时减少一半，其值等于生成物——一氧化碳体积的一半：

$$V_{O_2}^{CO}=0.5V_{CO}$$

由于烟气中的水蒸气包括燃料的水分、燃烧所需空气中带入的水分和燃料中的氢燃烧生成的水分，因此消耗于氢燃烧的氧气体积 $V_{O_2}^{H_2O}$ 不能直接用烟气中的水蒸气体积来表示，而应根据燃料中的 $H_{ar}$ 计算求得。但需指出的是，通常假定燃料中的 $O_{ar}$ 已全部与燃料中的氢相结合，化合为水。由氢的燃烧反应方程式可知，1.008 份氢需耗用 8 份氧，即 1kg 燃料中已有 $\frac{1.008}{8} \times \frac{O_{ar}}{100}=\frac{0.126O_{ar}}{100}$ kg 的氢被氧化，需要外界供给氧气而燃烧的氢仅 $\frac{H_{ar}-0.126O_{ar}}{100}$ kg，这部分氢为自由氢。已知 1kg 氢完全燃烧需消耗 $5.55m^3$ 的氧气，所以燃料中自由氢燃烧所需耗用的氧气体积 $V_{O_2}^{H_2O}$ 可由下式算出：

$$V_{O_2}^{H_2O}=\frac{8}{1.008}=\frac{H_{ar}-0.126O_{ar}}{100} \times \frac{1}{1.429}$$

$$=0.0555(H_{ar}-0.126O_{ar}) \quad m^3/kg$$

式中　1.429——氧在标准状态下的密度，$kg/m^3$。

将 $V_{O_2}^{RO_2}$、$V_{O_2}^{CO}$、$V_{O_2}^{H_2O}$ 的关系式代入式（3-54），可得：

$$V_{O_2}^{k}=V_{RO_2}+0.5V_{CO}+0.0555(H_{ar}-0.126O_{ar})+V_{O_2} \quad m^3/kg$$

将上式代入式（3-53）中，即可得到烟气中所含氮气体积的计算式：

$$V_{N_2}=\frac{79}{21}[V_{RO_2}+0.5V_{CO}+0.0555(H_{ar}-0.126O_{ar})+V_{O_2}] \quad m^3/kg$$

若在两边同乘以 $\frac{100}{V_{gy}}\%$，并将式（3-49）代入上式，则有：

$$r_{N_2}=\frac{79}{21}\left[r_{RO_2}+0.5r_{CO}+\frac{\dfrac{0.0555(H_{ar}-0.126O_{ar})}{1.866(C_{ar}+0.375S_{ar})} \times 100+r_{O_2}}{r_{RO_2}+r_{CO}}\right] \quad \%$$

而 $r_{N_2}=100-(r_{RO_2}+r_{O_2}+r_{CO})$，代入后经移项整理，则得：

$$21=r_{RO_2}+r_{O_2}+0.605r_{CO}+2.35\frac{H_{ar}-0.126O_{ar}}{C_{ar}+0.375S_{ar}}(r_{RO_2}+r_{CO}) \tag{3-55}$$

令

$$\beta=2.35\frac{H_{ar}-0.126O_{ar}}{C_{ar}+0.375S_{ar}}$$

代入后则有：

$$21 = r_{RO_2} + r_{O_2} + 0.605r_{CO} + \beta(r_{RO_2} + r_{CO})$$

在不完全燃烧时，如果烟气中的可燃气体仅有一氧化碳，则烟气中各组成气体之间的关系将满足此式，故称它为不完全燃烧方程式。

由不完全燃烧方程式可整理得出烟气中一氧化碳体积分数的计算式：

$$r_{CO} = \frac{(21 - \beta r_{RO_2}) - (r_{RO_2} + r_{O_2})}{0.605 + \beta} \quad \% \tag{3-56}$$

$\beta$ 是一个无量纲数，只与燃料的可燃成分有关，与燃料的水分、灰分无关，也不随应用基、分析基、干燥基及可燃基等变化，故称为燃料的特性系数。燃料中自由氢越多，其值越大，各种燃料的 $\beta$ 基本上变化不大，可查阅表 3-2。

各种燃料的特性系数 $\beta$ 和烟气中 $r_{RO_2}^{max}$ 表 3-2

| 燃料 | $\beta$ | $r_{RO_2}^{max}$ (%) | 燃料 | $\beta$ | $r_{RO_2}^{max}$ (%) |
|---|---|---|---|---|---|
| 无烟煤 | 0.05~0.1 | 19~20 | 褐煤 | 0.055~0.125 | 18.5~20 |
| 贫煤 | 0.1~0.135 | 18.5~19 | 重油 | 0.30 | 16 |
| 烟煤 | 0.09~0.15 | 18~19.5 | | | |

由式（3-56）可得出不完全燃烧时的 $r_{RO_2}$ 为：

$$r_{RO_2} = \frac{21 - [r_{O_2} + (0.605 + \beta)r_{CO}]}{1 + \beta} \quad \% \tag{3-57}$$

完全燃烧时，$r_{CO} = 0$，则上式变为：

$$r_{RO_2} = \frac{21 - r_{O_2}}{1 + \beta} \quad \% \tag{3-58}$$

或

$$(1 + \beta)r_{RO_2} + r_{O_2} = 21 \tag{3-59}$$

式（3-58）称为燃料完全燃烧方程式。当燃料完全燃烧时，其烟气组成应满足此方程。

在理论空气量下达到完全燃烧时，$r_{O_2} = 0$，$r_{CO} = 0$，则烟气中三原子气体体积分数达到最大值 $r_{RO_2}^{max}$，即

$$r_{RO_2}^{max} = \frac{21}{1 + \beta} \quad \% \tag{3-60}$$

由式（3-57）及式（3-58）可知，$r_{CO}$ 和 $r_{O_2}$ 增加，$r_{RO_2}$ 降低。当烟气中含有 CO 时，说明燃烧不完全。在燃烧正常时，一般不允许烟气中有明显的 CO 存在。

**四、过量空气系数的计算**

过量空气系数直接影响炉内燃烧的好坏以及热损失的大小，是一个重要的运行指标。因此常常需要根据烟气分析结果求出过量空气系数，以便及时对燃烧进行监督和调节。

根据过量空气系数定义式（2-40），可演变为以下形式：

$$\alpha = \frac{V_k}{V_k^0} = \frac{V_k}{V_k - \Delta V_k} = \frac{1}{1 - \frac{\Delta V_k}{V_k}} \tag{3-61}$$

式中 $\Delta V_k$——过量空气，即实际空气量 $V_k$ 和理论空气量 $V_k^0$ 之差，$m^3/kg$。

如前所述，干烟气中的氮气量 $V_{N_2}$ 可近似认为全部来自供燃料燃烧用的空气，因此实际空气量 $V_k$ 也可用干烟气中的氮气来表示，则有：

$$V_k = \frac{100}{79} V_{N_2} = \frac{100}{79} \times \frac{r_{N_2}}{100} V_{gy} = \frac{r_{N_2}}{79} V_{gy} \quad m^3/kg \tag{3-62}$$

若以 $\Delta r_{O_2}$ 表示完全燃烧时过量空气 $\Delta V_k$ 中的氧在烟气中的体积分数，即过量氧的体积分数，则过量空气可用下式计算：

$$\Delta V_k = \frac{100}{21} \Delta V_{O_2} = \frac{100}{21} \times \frac{\Delta r_{O_2}}{100} V_{gy} = \frac{\Delta r_{O_2}}{21} V_{gy} \quad m^3/kg \tag{3-63}$$

而完全燃烧时由烟气分析所测得的氧量 $O_2$ 即为过量氧的体积分数 $\Delta r_{O_2}$，则

$$\Delta V_k = \frac{r_{O_2}}{21} V_{gy} \quad m^3/kg \tag{3-64}$$

当完全燃烧时，$r_{CO} = 0$，$r_{N_2} = 100 - (r_{RO_2} + r_{O_2})$，并将式（3-62）及式（3-64）代入式（3-61），可得：

$$\alpha = \frac{1}{1 - \dfrac{\dfrac{r_{O_2}}{21} V_{gy}}{\dfrac{r_{N_2}}{79} V_{gy}}} = \frac{1}{1 - \dfrac{79}{21} \times \dfrac{r_{O_2}}{r_{N_2}}} = \frac{1}{1 - 3.76 \dfrac{r_{O_2}}{100 - (r_{RO_2} + r_{O_2})}} \tag{3-65}$$

在燃料不完全燃烧时，由烟气分析测得的 $r_{O_2}$ 包括过量空气中的氧和由于碳不完全燃烧未耗用的氧两部分；而碳不完全燃烧未耗用的氧为 $0.5r_{CO}$。因此，不完全燃烧时，烟气分析仪测得的 $r_{O_2}$ 中减去 $0.5r_{CO}$ 才是过量氧，即 $\Delta r_{O_2} = r_{O_2} - 0.5r_{CO}$，因此有：

$$\Delta V_k = \frac{r_{O_2} - 0.5r_{CO}}{21} V_{gy} \quad m^3/kg \tag{3-66}$$

而且 $r_{N_2} = 100 - [r_{RO_2} + r_{O_2} + r_{CO}]$

将其代入式（3-61），即可得到不完全燃烧时过量空气系数的计算式：

$$\alpha = \frac{1}{1 - \dfrac{\dfrac{r_{O_2} - 0.5r_{CO}}{21} V_{gy}}{\dfrac{100 - (r_{RO_2} + r_{O_2} + r_{CO})}{79} V_{gy}}} = \frac{1}{1 - 3.76 \dfrac{r_{O_2} - 0.5r_{CO}}{100 - (r_{RO_2} + r_{O_2} + r_{CO})}} \tag{3-67}$$

在锅炉实际运行中，一氧化碳的体积分数一般都不高，可视为完全燃烧，$r_{CO}=0$；而干烟气含有的氮气接近 79%，即 $r_{N_2}=79\%$，则 $\alpha$ 值可用下式近似计算：

$$\alpha=\frac{1}{1-\frac{79}{21}\times\frac{r_{O_2}}{r_{N_2}}}\approx\frac{1}{1-\frac{79}{21}\times\frac{r_{O_2}}{79}}=\frac{21}{21-r_{O_2}} \qquad (3\text{-}68a)$$

$$\alpha\approx\frac{21}{21-r_{O_2}}=\frac{\dfrac{21}{1+\beta}}{\dfrac{21-r_{O_2}}{1+\beta}}=\frac{r_{RO_2}^{\max}}{r_{RO_2}} \qquad (3\text{-}68b)$$

目前有的供热锅炉采用磁性氧量计或氧化锆氧量计来测定锅炉烟气中的过量氧，应用式（3-68a）可方便地计算出过量空气系数，可作为判断燃烧及运行工况好坏和进行通风调节的依据。

## 复习思考题

1. 燃料燃烧所需的理论空气量怎样计算？过量空气系数怎样计算？各计算公式的应用条件怎样？

2. 用于计算固、液体燃料燃烧时的过量空气系数的公式，是否也适用于气体燃料的燃烧计算？为什么？

3. 燃料燃烧生成的烟气中包含哪些成分？它们的体积怎样计算？

4. 同样 1kg 煤，在供应等量空气的条件下，在有气体不完全燃烧产物时，烟气中氧的体积比完全燃烧时是多了还是少了？相差多少？不完全燃烧与完全燃烧所生成的烟气体积是否相等？为什么？

5. 1kg 燃料完全燃烧时所需理论空气量和生成的理论烟气量，二者哪个数值大？为什么？

6. 为什么燃料燃烧计算中空气量按干空气来计算，而烟气量则要按湿空气来计算？

7. 奥氏烟气分析仪为什么分析所得的为干烟气成分，而不是湿烟气成分？为什么分析时顺序不能颠倒？为什么测定一氧化碳时一般测不准？

8. 为什么干烟气中各气体成分不论在完全燃烧还是不完全燃烧时都要满足一定的关系（即燃烧方程式）？为什么烟气分析中 $r_{RO_2}$、$r_{O_2}$ 和 $r_{CO}$ 之和要比 21% 小？

9. 烟道中烟气随着过量空气系数的增加，干烟气中 $r_{RO_2}$ 及 $r_{O_2}$ 是增加还是减小，为什么？为什么 $\beta$ 越大，$R_{RO_2}^{\max}$ 越小？

10. 一台锅炉燃用两种不同的燃料，在锅炉出口用奥氏烟气分析仪测得的 $RO_2$ 不相同，问 $RO_2$ 大的那种燃料的燃烧工况是否一定好些？

11. 燃料的特性系数 $\beta$ 的物理意义是什么？为什么 $\beta$ 越大，烟气分析中当一氧化碳的体积分数较小时，$r_{RO_2}$、$r_{O_2}$ 和 $r_{CO}$ 之和与 21% 的差就越大？

12. 怎样计算烟气的焓？当 $\alpha>1$ 时，烟焓中包含过量空气的焓，其值 $\Delta H=(\alpha-1)H_k^0=(\alpha-1)V_k^0(c\vartheta)_k$ kJ/kg，但从式（3-25a）看，这部分过量空气的焓应为 $1.0161(\alpha-1)V_k^0(c\vartheta)_k$，这到底是怎么一回事？

13. 绘制烟气的温焓表有什么用处？怎样绘制？

## 习　题

1. 一台 4t/h 的链条炉，运行中用奥氏烟气分析仪测得炉膛出口处 $r_{RO_2}=13.8\%$，$r_{O_2}=5.9\%$，$r_{CO}=0$；省煤器出口处 $r_{RO_2}=10.0\%$，$r_{O_2}=9.8\%$，$r_{CO}=0$。如果燃料特性系数 $\beta=0.1$，试校核烟气分析结果是否准确？炉膛和省煤器出口处的过量空气系数及这一段烟道的漏风系数有多大？

（烟气分析结果准确，炉膛出口 $\alpha_1''=1.39$、省煤器出口 $\alpha_1''=1.88$，烟道的漏风系数 $\Delta\alpha=0.49$）

2. SZL10-1.3-WⅡ型锅炉所用燃料成分为 $C_{ar}=59.6\%$，$H_{ar}=2.0\%$，$S_{ar}=0.5\%$，$O_{ar}=0.8\%$，$N_{ar}=0.8\%$，$A_{ar}=26.3\%$，$M_{ar}=10.0\%$，$V_{ar}=8.2\%$，$Q_{net,ar}=22190kJ/kg$。求燃料的理论空气量 $V_k^0$、理论烟气量 $V_y^0$ 以及在过量空气系数分别为 1.45 和 1.55 时的实际烟气量 $V_y$，并计算 $\alpha=1.45$ 时 300℃ 及 400℃ 烟气的焓和 $\alpha=1.55$ 时 200℃ 及 300℃ 烟气的焓。

（$V_k^0=5.82m^3/kg$，$V_y^0=6.16m^3/kg$；$\alpha=1.45$ 时，$V_y=8.82m^3/kg$；$\alpha=1.55$ 时，$V_y=9.41m^3/kg$；$\alpha=1.45$ 及 300℃ 时，$H_y=3688kJ/kg$；$\alpha=1.45$ 及 400℃ 时，$H_y=4983kJ/kg$；$\alpha=1.55$ 及 200℃ 时，$H_y=2581kJ/kg$；$\alpha=1.55$ 及 300℃ 时，$H_y=3922kJ/kg$）

# 第四章 锅炉的热平衡

锅炉的热平衡是计算锅炉热效率和分析影响锅炉热效率因素的基础。它是基于能量守恒和质量守恒的规律，研究在稳定工况下锅炉的输入热量和输出热量及各项热损失之间的平衡关系。目的在于掌握和弄清楚锅炉燃料的热量在锅炉中的利用情况，有多少被有效利用，有多少变成了热量损失；这些损失的热量体现在哪些方面以及产生的原因。通过热平衡不仅可以求出锅炉的热效率和燃料消耗量，更重要的是可以寻求提高锅炉热效率的途径。

热效率是锅炉的重要技术经济指标，它表明锅炉设备的完善程度和运行管理的水平。燃料是重要能源之一，提高锅炉热效率以节约燃料，是锅炉运行管理的一个重要方面。

为了全面评定锅炉的工作状况，必须对锅炉进行测试，这种测试称为锅炉的热平衡（或热效率）试验。通过测试进行分析概括，从而了解影响锅炉热效率的因素有哪些，得出较先进的运行经验数据，作为设计锅炉和改进锅炉运行的可靠依据。

## 第一节 锅炉热平衡的组成

锅炉生产蒸汽或热水的热量主要来源于燃料燃烧生成的热量。但是进入炉内的燃料由于种种原因不可能完全燃烧放热，而燃烧放出的热量也不会全部有效地利用于生产蒸汽或热水，其中必有一部分热量被损失掉。为了确定锅炉的热效率，就需要在锅炉正常稳定的运行工况下建立锅炉热量的收、支平衡关系，通常称为"热平衡"。

锅炉热平衡是以 1kg 固体燃料或液体燃料（气体燃料以 $1m^3$）为单位组成的。图 4-1 所示为对应 1kg 燃料输入锅炉的热量和锅炉有效利用热量及损失热量之间的关系。

对应 1kg 燃料的锅炉热平衡方程如下：

$$Q_r = Q_1 + Q_2 + Q_3 + Q_4 + Q_5 + Q_6 \qquad (4\text{-}1a)$$

式中　$Q_r$——锅炉的输入热量，kJ/kg；

$Q_1$——锅炉的输出热量，即锅炉有效利用热量，kJ/kg；

$Q_2$——排烟损失热量，即排出烟气所带走的热量，称为锅炉排烟热损失，kJ/kg；

$Q_3$——气体不完全燃烧损失热量，它是未燃烧完全的那部分可燃气体损失掉的热量，称为气体不完全燃烧热损失，kJ/kg；

$Q_4$——固体不完全燃烧损失热量，这是未燃烧完全的那部分固体燃料损失掉的热量，称为固体不完全燃烧热损失，kJ/kg；

$Q_5$——锅炉散热损失热量，由炉体和管道等热表面散热损失掉的热量，称为锅炉散热损失，kJ/kg；

$Q_6$——灰渣物理热损失热量，kJ/kg。

如果还有其他热量损失，也应考虑在热平衡方程中。

图 4-1 中预热空气用循环热量显示，是由于空气在预热器中接受的热量在炉膛中成为烟气的焓的一部分，随后在空气预热器中又由烟气放热给空气，如此循环，故在计算锅炉热量平衡时不予考虑。

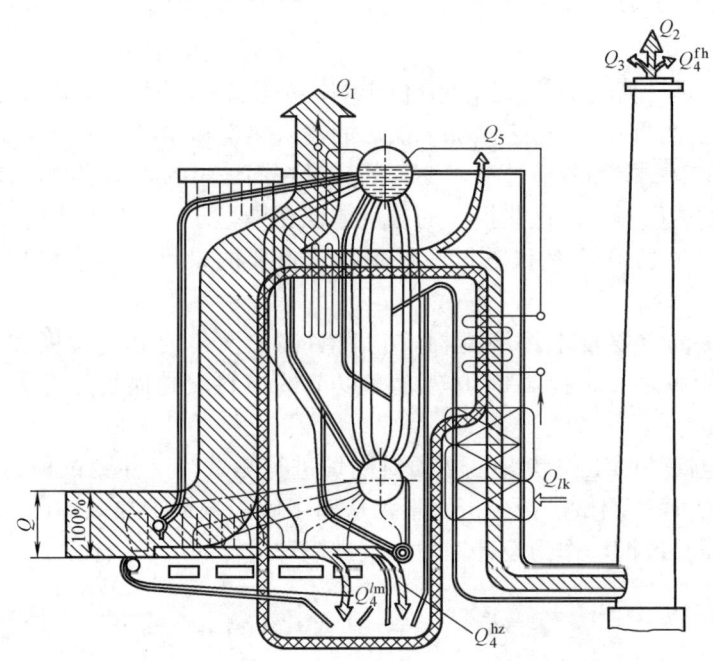

图 4-1　锅炉热平衡示意图

如果在式（4-1a）两边分别除以 $Q_r$，则锅炉热平衡方程就可以用占输入热量的百分数来表示，即

$$q_1+q_2+q_3+q_4+q_5+q_6=100 \quad \%　　　　　(4\text{-}1b)$$

式（4-1b）中各项 $q$ 分别表示有效利用热量和各项热损失百分数，如

$$q_1=\frac{Q_1}{Q_r}\times100\%　　　　　(4\text{-}2)$$

$$q_2=\frac{Q_2}{Q_r}\times100\%$$

······

锅炉效率

$$\eta_{gl}=q_1=100-(q_2+q_3+q_4+q_5+q_6) \quad \%　　　　　(4\text{-}3)$$

锅炉的输入热量 $Q_r$ 指由锅炉外部输入的热量，不包括在锅炉内循环的热量，它由以下各项组成：

$$Q_r=Q_{net,ar}+i_r+Q_{zq}+Q_{wl}　　　　　(4\text{-}4)$$

式中　$Q_{net,ar}$——燃料收到基的低位发热量，kJ/kg；

　　　$i_r$——燃料的物理显热，kJ/kg；

$Q_{zq}$——喷入锅炉的蒸汽带入的热量，kJ/kg；

$Q_{wl}$——用外来热源加热空气带入的热量，kJ/kg。

当燃料为煤时，其物理显热可按下式计算：

$$i_r = c_{ar}t_r \quad kJ/kg \tag{4-5}$$

式中 $c_{ar}$——收到基燃料的比热容，kJ/(kg·℃)；

$t_r$——燃料的温度，℃，如果燃料未经预热，$t_r$ 取 20℃。

对于固体燃料

$$c_{ar} = 4.187 \frac{M_{ar}}{100} + \frac{100 - M_{ar}}{100} c_d \quad kJ/(kg·℃) \tag{4-6}$$

式中 $M_{ar}$——收到基燃料的水分，%；

$c_d$——干燥基燃料的比热容，kJ/(kg·℃)。

对于固体燃料按下列数值取用：

无烟煤、贫煤，$c_d = 0.92$；

烟煤，$c_d = 1.09$；

褐煤，$c_d = 1.13$；

页岩，$c_d = 0.88$。

对于液体燃料（重油）

$$c_{ar} = 1.738 + 0.0025t_r \quad kJ/(kg·℃) \tag{4-7}$$

如果燃料未经预热，只有当 $M_{ar} \geqslant \dfrac{Q_{ar}}{628}$% 时，才考虑燃料的物理显热。

当用蒸汽雾化重油或蒸汽喷入锅炉时，还应计算蒸汽带入的热量 $Q_{zq}$，可按下式计算：

$$Q_{zq} = G_{zq}(h_{zq} - 2512) \quad kJ/kg \tag{4-8}$$

式中 $G_{zq}$——相应于 1kg 级燃料的蒸汽消耗量，kg/kg；

$h_{zq}$——喷入蒸汽的焓，kJ/kg；

2512——排烟中蒸汽的焓的近似值，kJ/kg。

当用锅炉范围以外的废气、废热等外来热源预热空气时，随空气进入锅炉的热量 $Q_{wl}$ 可按下式计算：

$$Q_{wl} = \beta'(H_{rk}^0 - H_{lk}^0) \quad kJ/kg \tag{4-9}$$

式中 $\beta'$——进入锅炉的空气量和理论空气量之比，如果没有空气预热器，$\beta'$ 可用 $\alpha_1'$ 代替；

$H_{rk}^0, H_{lk}^0$——分别表示在锅炉入口处理论热空气的焓和理论冷空气的焓，kJ/kg，冷空气温度一般取 20℃。

如果式（4-4）中 $i_r$ 可忽略不计，$Q_{zq} + Q_{wl}$ 为零时，则锅炉的输入热量等于燃料收到基的低位发热量，即

$$Q_r = Q_{net,ar}$$

# 第二节　锅炉热效率

锅炉热效率可用热平衡试验方法测定，测定方法有正平衡法和反平衡法两种❶，热平衡试验必须在锅炉稳定运行的工况下进行。

## 一、正平衡法

正平衡法按式（4-2）进行，锅炉效率为输出热量即有效利用热量占燃料输入锅炉热量的份额，即

$$\eta_{gl} = q_1 = \frac{Q_1}{Q_r} \times 100\%$$

对应于 1kg 燃料的有效利用热量 $Q_1$，可按下式计算：

$$Q_1 = \frac{Q_{gl}}{B} \quad kJ/kg \tag{4-10}$$

式中　$Q_{gl}$——锅炉每小时有效吸热量，kJ/h；

　　　$B$——每小时燃料消耗量，kg/h。

对于蒸汽锅炉，每小时有效吸热量 $Q_{gl}$ 按下式计算：

$$Q_{gl} = D(h_q - h_{gs}) \times 10^3 + D_{ps}(h_{ps} - h_{gs}) \times 10^3 \quad kJ/h \tag{4-11a}$$

式中　$D$——锅炉蒸发量，t/h，如果锅炉同时生产过热蒸汽和饱和蒸汽，则应分别计算；

　　　$h_q$——蒸汽的焓，kJ/kg；

　　　$h_{gs}$——锅炉给水的焓，kJ/kg；

　　　$h_{ps}$——排污水的焓，即锅炉工作压力下饱和水的焓，kJ/kg；

　　　$D_{ps}$——锅炉排污水量，t/h。

由于供热锅炉一般都是定期排污，为简化测定工作，在热平衡测试期间可不进行排污。

当锅炉生产饱和蒸汽时，蒸汽干度一般都小于 1（即湿度不等于零）。湿蒸汽的焓可按下式计算：

$$h_q = h'' - \frac{r\omega}{100} \quad kJ/kg$$

式中　$h''$——干饱和蒸汽的焓，kJ/kg；

　　　$r$——蒸汽的汽化潜热，kJ/kg；

　　　$\omega$——蒸汽的湿度，%，供热锅炉生产的饱和蒸汽通常都有 1%～5% 的湿度。

对于热水锅炉和油载体锅炉，每小时有效吸热量 $Q_{gl}$ 按下式计算：

$$Q_{gl} = G(h'' - h') \times 10^3 \tag{4-11b}$$

式中　$G$——热水锅炉循环水量或油载体锅炉循环油量，t/h；

　　　$h''，h'$——分别为热水锅炉进、出口水的焓或油载体锅炉进、出口油的焓，kJ/kg。

不难看出，供热锅炉用正平衡试验来测定效率时，只要测出燃料量 $B$、燃料收到基低

---

❶ 详见《工业锅炉热工性能试验规程》GB/T 10180—2017、《生活锅炉热效率及热工试验方法》GB/T 10820—2011 和《冷凝锅炉热工性能试验方法》NB/T 47066—2018。

位发热量 $Q_{\text{net,ar}}$、锅炉蒸发量 $D$ 以及蒸汽压力和温度，即可算出锅炉的热效率，是一种比较简便的常用方法。

对于电加热锅炉，输出蒸汽或热水时，只要测得其每小时的耗电量❶，同样可以很方便地算出锅炉热效率。

## 二、反平衡法

显然，正平衡法只能求得锅炉的热效率，它的不足是不能据此研究和分析影响锅炉热效率的因素，以寻求提高热效率的途径。因此，在实际试验过程中，往往测出锅炉的各项热损失，用式（4-3）来计算锅炉的热效率，这种方法称为反平衡法。

反平衡法测定热效率时，$q_2$，$q_3$，$q_4$，$q_5$ 及 $q_6$ 的测定计算，将分别在下面的各节中讨论。

国家标准规定，锅炉热效率测定应同时采用正平衡法和反平衡法，其值取两种方法测得的平均值。当锅炉额定蒸发量（额定热功率）大于或等于 20t/h（14MW），由于不易准确地测定燃料消耗量等原因，用正平衡法测定有困难时，可采用反平衡法测定锅炉热效率；但其试验燃料消耗量应按式（4-10）进行反算得出。式（4-10）中的锅炉热效率先行估取，当计算所得反平衡效率与估取值相差在 $\pm 2\%$ 范围内，计算结果有效。否则，应重新估取锅炉效率再行重复计算。手烧炉允许只用正平衡法测定锅炉热效率。

在设计一台新锅炉时，必须先根据同类型锅炉运行经验选定 $q_3$，$q_4$ 及 $q_5$，再根据选定的排烟温度和过量空气系数以及燃料的灰分，计算出 $q_2$ 及 $q_6$，然后求出锅炉热效率。

## 三、锅炉的毛效率及净效率

按式（4-3）所确定的锅炉热效率，是不扣除锅炉自用蒸汽和辅助设备耗用动力折算热量的效率，称为锅炉的毛效率。通常所说的锅炉效率，指的都是毛效率。

有时为了进一步分析及比较锅炉的经济性能，要用净效率 $\eta_{\text{j}}$ 表示。锅炉的净效率是在毛效率的基础上扣除锅炉自用汽和电能消耗后的效率，可按下式计算：

$$\eta_{\text{j}} = \eta_{\text{gl}} - \Delta\eta \quad \% \tag{4-12}$$

式中　$\Delta\eta$——由于自用汽（如汽动给水泵、预热给水和蒸汽引射二次风等用汽）和自用电能消耗（锅炉本身和辅助设备耗电量）所相当的锅炉效率降低值，可按下式计算：

$$\Delta\eta = \frac{D_{\text{zy}}(h_{\text{q}} - h_{\text{gs}}) \times 10^3 + 29300 N_{\text{zy}} b}{B Q_{\text{net,ar}}} \times 100\% \tag{4-13}$$

式中　$D_{\text{zy}}$——自用汽耗汽量，t/h；

　　　$N_{\text{zy}}$——自用电耗量，kWh/h；

　　　$b$——生产每度电的标准煤耗量，kg/kWh，可取该地区供电系统平均供电标准煤耗率，我国企业能量平衡计算中取 $b = 0.197$kg/kWh。

为了高效节能和绿色低碳发展，锅炉排烟末端装设冷凝器以进一步降低排烟温度的冷凝锅炉正在日趋增多。因此，锅炉热效率应加上冷凝器的热效率 $\eta_{\text{ln}}$，即锅炉热效率应为锅炉本体的热效率和冷凝器的热效率之和。

---

❶　1kWh 电的发热量折算值为 3600kJ。

冷凝器有效吸热量可按下式计算：

$$Q_{c,a}=D_{c,fw}(h_{c,iw}-h_{c,ow})$$

式中　$Q_{c,a}$——冷凝器（或余热利用装置）的有效吸热量，kJ/h；

　　　$D_{c,fw}$——冷凝器的给水流量，kg/h；

　　　$h_{c,iw}$——冷凝器进水的焓，kJ/kg；

　　　$h_{c,ow}$——冷凝器出水的焓，kJ/kg。

冷凝器的热效率可按下式求出：

$$\eta_{ln}=\frac{Q_{c,a}}{BQ_{net,ar}}\times100\%$$

对于运行正常的冷凝锅炉，有效降低排烟温度节约的显热和烟气中水蒸气冷凝被利用的潜热，综合热效率可提高8%～15%，大幅节省了燃料。

如前所述，锅炉热效率指的都是毛效率，包括锅炉设计效率、鉴定效率和热工测试效率。

锅炉设计效率主要用作考察设计计算依据和设计水平，是设计单位和制造厂家对用户的承诺。新产品开发或新安装锅炉投产以及技术改造完成后进行的鉴定效率，则用于评价锅炉产品是否达到设计水平或合同约定的要求，是否符合国家相关规程所规定的锅炉热效率目标值和限定值。

按《工业锅炉热工性能试验规程》GB/T 10180—2017 的规定测得的热工测试效率，则用于锅炉热平衡分析，对各项热损失的大小和原因进行分析，寻求减小这些热损失的方法及措施，以提高锅炉的热效率，节约燃料。

锅炉节能应从源头抓起，锅炉及其系统设计必须符合国家当前的节能、环保和安全技术规范。国家特种设备监管部门，综合考虑能效和大气污染物排放要求制定了相应规程❶。表4-1～表4-5所示为锅炉在额定工况下的热效率目标值和限定值，对于未在表中涵盖的锅炉，锅炉产品热效率测试结果应不低于设计值的要求。

层燃炉在额定工况下的热效率目标值和限定值　　　　　　　　　表 4-1

| 燃料品种 | | 燃料收到基低位发热量 $Q_{net,v,ar}$(kJ/kg) | 锅炉额定蒸发量≤20t/h 或额定热功率≤14MW | | 锅炉额定蒸发量＞20t/h 或额定热功率＞14MW | |
|---|---|---|---|---|---|---|
| | | | 热效率（%） | | | |
| | | | 目标值 | 限定值 | 目标值 | 限定值 |
| 烟煤 | Ⅱ | 17700≤$Q_{net,v,ar}$≤21000 | 85 | 80 | 86 | 81 |
| | Ⅲ | $Q_{net,v,ar}$＞21000 | 87 | 82 | 89 | 84 |
| 褐煤 | | $Q_{net,v,ar}$≥11500 | 85 | 80 | 87 | 82 |

注：1. 以Ⅰ类烟煤、贫煤和无烟煤等为燃料的锅炉热效率指标，按照本表中Ⅱ类的烟煤热效率指标执行。

　　2. 各燃料品种的干燥无灰基挥发分（$V_{daf}$）范围：烟煤，$V_{daf}$＞20%；贫煤，10%＜$V_{daf}$≤20%；Ⅱ类无烟煤，$V_{daf}$＜6.5%；Ⅲ类无烟煤，6.5%≤$V_{daf}$≤10%；褐煤，$V_{daf}$＞37%，下同。

---

❶ 详见《锅炉节能环保技术规程》TSG 91—2021。

**流化床炉在额定工况下的热效率目标值和限定值**　　　　表 4-2

| 燃料品种 | | 燃料收到基低位发热量$Q_{net,v,ar}$(kJ/kg) | 热效率(%) | |
|---|---|---|---|---|
| | | | 目标值 | 限定值 |
| 烟煤 | Ⅰ | $14400 \leqslant Q_{net,v,ar} < 17700$ | 87 | 82 |
| | Ⅱ | $17700 \leqslant Q_{net,v,ar} < 21000$ | 91 | 86 |
| | Ⅲ | $Q_{net,v,ar} \geqslant 21000$ | 92 | 88 |
| 褐煤 | | $Q_{net,v,ar} \geqslant 11500$ | 91 | 86 |

注：1. 以贫煤、无烟煤和水煤浆等为燃料的锅炉热效率指标，按照本表中褐煤的热效率指标执行。

　　2. 以劣质煤（主要组成为煤矸石、燃料收到基低位发热量$Q_{net,v,ar} < 11500$kJ/kg，且$A_{ar} > 40\%$）为燃料的锅炉热效率指标，限定值应当达到锅炉设计热效率，目标值按照本表中Ⅰ类烟煤的热效率目标值执行。

**煤粉炉在额定工况下的热效率目标值和限定值**　　　　表 4-3

| 燃料品种 | 燃料收到基低位发热量$Q_{net,v,ar}$(kJ/kg) | 热效率(%) | |
|---|---|---|---|
| | | 目标值 | 限定值 |
| 煤 | 按照燃料实际化验值 | 92 | 88 |

注：以水煤浆为燃料的煤粉炉的热效率指标，限定值应当达到锅炉设计热效率，目标值按照本表中热效率目标值执行。

**液体燃料锅炉、气体燃料锅炉在额定工况下的热效率目标值和限定值**　　　　表 4-4

| 燃料品种 | | 燃料收到基低位发热量$Q_{net,v,ar}$(kJ/kg) | 热效率(%) | |
|---|---|---|---|---|
| | | | 目标值 | 限定值 |
| 液体燃料 | 轻油 | 按照燃料实际化验值 | 96 | 90 |
| | 重油 | | | |
| 天然气（非冷凝锅炉） | | | 96 | 92 |
| 天然气（冷凝锅炉） | | | 103①（96②） | 98①（88②） |

① 为按照燃料收到基低位发热量计算的热效率，是指标值。

② 为按照燃料收到基高位发热量计算的热效率，是与基于低位发热量计算的热效率对应的参考值，非指标值。

注：1. 以轻油、重油以外的液体燃料为燃料的锅炉热效率指标，限定值应当达到锅炉设计热效率，目标值按照本表中液体燃料的热效率目标值执行。

　　2. 以天然气以外的气体燃料为燃料的锅炉热效率指标，限定值应当达到锅炉设计热效率，目标值按照本表中天然气燃料的热效率目标值执行。

**生物质锅炉在额定工况下的热效率目标值和限定值**　　　　表 4-5

| 燃料品种 | 燃料收到基低位发热量$Q_{net,v,ar}$(kJ/kg) | 锅炉额定蒸发量≤10t/h或者额定热功率≤7MW | | 锅炉额定蒸发量>10t/h或者额定热功率>7MW | |
|---|---|---|---|---|---|
| | | 热效率(%) | | | |
| | | 目标值 | 限定值 | 目标值 | 限定值 |
| 生物质 | 按照燃料实际化验值 | 88 | 83 | 91 | 86 |

注：以燃料收到基低位发热量$Q_{net,v,ar} < 8374$kJ/kg的生物质为燃料的热效率指标，限定值应当达到设计热效率，目标值按照本表中热效率目标值执行。

《工业锅炉能效限定值及能效等级》GB 24500—2020 对工业锅炉的热效率的限定值及其能效等级做出了规定。该标准适用于以煤、天然气、油、生物质燃料或以电为热源以及以水或有机热载体为介质的固定式锅炉，其压力范围为：

（1）额定蒸汽压力≥0.1MPa，且＜3.8MPa 的蒸汽锅炉；

（2）额定出水压力≥0.1MPa，且额定功率≥0.1MW 的热水锅炉；

（3）额定介质出口压力≥0.1MPa 的有机热载体锅炉。

工业锅炉能效限定值是指在标准测试条件下，额定工况下所允许的热效率的最低值。工业锅炉能效等级共分三级，能效最高为 1 级。在额定工业锅炉初始排放浓度要求的前提下，各等级工业锅炉在额定工况下的热效率应不低于限定值。对于层燃、流化床、生物质、室燃、煤粉以及以水为介质的工业锅炉和采用余热回收利用的有机热载体锅炉的热效率及能效都有相应的规定❶。

当仅为有机热载体锅炉换热时，锅炉热效率应不低于设计值。电热锅炉，在额定工况下的热效率应不低于 97％。

**四、热平衡试验的要求**

热平衡试验是锅炉一项最基本的热工特性试验。在锅炉新产品鉴定、锅炉运行调节和比较设备改进或检修前后的经济效果时，都需对锅炉进行热平衡试验。

试验锅炉的输入热量、有效吸入热量和各项热损失的构成如图 4-2 所示。

锅炉热平衡试验应在锅炉热工况稳定和燃烧调整到试验工况 1h 后开始。锅炉热工况稳定是指锅炉的主要热力参数在允许波动范围内，其平均值已不随时间变化的状态；热工况稳定所需时间（自冷态点开始）：一般规定砖墙锅壳式燃油、燃气锅炉不少于 1h，燃煤锅炉不少于 4h；轻型和重型炉墙锅炉分别不少于 8h 和 24h。

锅炉试验所使用的燃料应符合设计要求，并说明按工业锅炉用煤分类所属的类别。

锅炉试验期间除锅炉工况应保持稳定外，尚应符合下列规定：锅炉出力的最大允许波动不宜超过±10％，蒸汽锅炉的压力允许波动不得小于设计压力的 85％～95％；过热蒸汽温度的波动在设计温度±（20～30）℃之内，且每次试验实测的过热蒸汽的最大值与最小值之差不得大于 15℃；蒸汽锅炉的实际给水温度与设计值之差宜控制在－20～30℃之间；热水锅炉进、出口水温与设计值之差不宜超过±10℃，且试验时压力应保证出水温度比该压力下的饱和温度至少低 20℃。

此外，热平衡试验期间安全阀不得启跳、锅炉不得吹灰、不得定期排污，连续排污一般也应关闭。

在试验结束时，锅筒水位和煤斗煤位均应保持与试验开始时一致，如不一致应进行修正。试验期间给水量、过量空气系数、给煤量、炉排速度、煤层或流化床炉燃料层高度等也应基本相同。

**五、试验时间、次数和误差**

每次正式试验时间：燃用固体燃料的层燃炉、室燃炉和流化床炉应不少于 4h；燃用甘蔗渣、木柴、稻壳及其他固体燃料的层燃炉应不少于 6h；手烧炉排炉、下饲炉排炉应不少于 5h；燃油、燃气锅炉，应不少于 2h；电加热锅炉，不小于 1h。

---

❶ 详见《工业锅炉系统节能设计指南》GB/T 34912—2024。

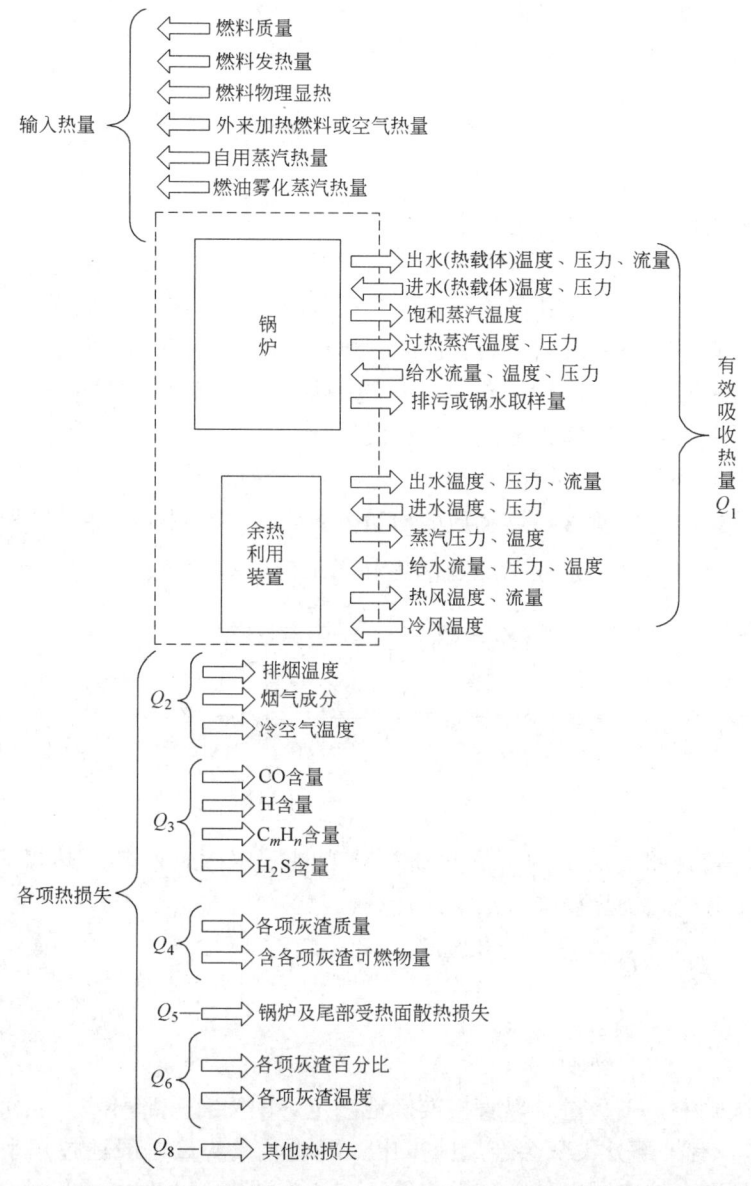

图 4-2  试验锅炉的输入热量、有效吸入热量和各项热损失的构成

锅炉的新产品定型试验，应在额定出力下进行两次，其他目的热平衡试验的次数由协商而定。对于流化床炉、水煤浆炉和煤粉炉，还应进行一次不大于 70% 额定出力下的燃烧稳定性试验，时间为 4h，并允许只测正平衡效率。当额定蒸发量（额定热功率）大于或等于 20t/h（14MW）时，可只测反平衡效率。

每次试验的实测出力应为额定出力的 97%～105%。当蒸汽和给水的实测参数与设计不一致时，锅炉的蒸发量应按规定折算，加以修正。

对热平衡试验，在精度上有一定的要求。《工业锅炉热工性能试验规程》GB/T 10180—2017 规定：当同时进行正、反平衡试验的，两种方法测得的锅炉热效率之差应不大于 5%；两种工况测得的正平衡或反平衡热效率之差应不大于 2%；燃油、燃气锅炉和电锅炉，无论采取何种测试方法进行试验，测得的热效率之差均应不大于1％。取两个试验工况结果的算术平均值作为锅炉热效率最终计算结果。

## 第三节　固体不完全燃烧热损失

### 一、固体不完全燃烧热损失的测定与计算

固体不完全燃烧热损失是由于进入炉膛的燃料中，有一部分没有参与燃烧或未燃尽而被排出炉外引起的热损失。论其实质，是包含在灰渣（包括灰渣、漏煤、烟道灰、飞灰以及溢流灰、冷灰渣等）中的未燃尽的碳造成的热量损失。对层燃炉而言，主要由灰渣、漏煤、烟道灰和飞灰四项组成。烟道灰是指从锅炉烟道中分离出来并能连续或定期排除的灰，常可将它与飞灰合并计算，统称飞灰热损失。

对于运行中的锅炉，分别收集每小时的灰渣、漏煤和飞灰的质量 $G_{hz}$、$G_{lm}$ 和 $G_{fh}$（kg/h），同时分析出它们所含可燃物质的质量分数 $C_{hz}$、$C_{lm}$ 和 $C_{fh}$（％）和可燃物的发热量 $Q_{hz}$、$Q_{lm}$ 和 $Q_{fh}$（kJ/kg），则灰渣、漏煤和飞灰损失 $Q_4^{hz}$、$Q_4^{lm}$、$Q_4^{fh}$ 分别为：

$$Q_4^{hz}=Q_{hz}\frac{C_{hz}G_{hz}}{100B}\quad \text{kJ/kg}$$

$$Q_4^{lm}=Q_{lm}\frac{C_{lm}G_{lm}}{100B}\quad \text{kJ/kg}$$

$$Q_4^{fh}=Q_{fh}\frac{C_{fh}G_{fh}}{100B}\quad \text{kJ/kg}$$

通常灰渣、漏煤和飞灰中的可燃物质被认为是固定碳，取其发热量为 32866kJ/kg，因此总的固体不完全燃烧热损失可按下式计算：

$$Q_4=Q_4^{hz}+Q_4^{lm}+Q_4^{fh}=\frac{32866}{100B}(G_{hz}C_{hz}+G_{lm}C_{lm}+G_{fh}C_{fh})\quad \text{kJ/kg}\qquad (4\text{-}14a)$$

$$q_4=\frac{Q_4}{Q_r}\times100\%=q_4^{hz}+q_4^{lm}+q_4^{fh}\qquad (4\text{-}14b)$$

在热平衡试验中，飞灰量难以直接准确地测定，因为有一部分飞灰会沉积在受热面和烟道内（烟灰），有一部分飞灰会经烟囱排出。因此，飞灰量一般通过灰平衡法求得。所谓灰平衡，就是进入炉内燃料的总灰量应等于灰渣、漏煤及飞灰中的灰量之和，即

$$\frac{BA_{ar}}{100}=G_{hz}\frac{100-C_{hz}}{100}+G_{lm}\frac{100-C_{lm}}{100}+G_{fh}\frac{100-C_{fh}}{100}\qquad (4\text{-}15a)$$

将上式两边分别乘以 $\dfrac{100}{BA_{ar}}$，则变为

$$1=\frac{G_{hz}(100-C_{hz})}{BA_{ar}}+\frac{G_{lm}(100-C_{lm})}{BA_{ar}}+\frac{G_{fh}(100-C_{fh})}{BA_{ar}}$$

将上式右边三项分别以 $a_{hz}$、$a_{lm}$ 及 $a_{fh}$ 表示，则

$$1=a_{hz}+a_{lm}+a_{fh}\qquad (4\text{-}15b)$$

式中　$a_{hz}$、$a_{lm}$、$a_{fh}$——分别表示灰渣、漏煤及飞灰中灰量占燃料总灰量的份额，即

$$a_{hz} = \frac{G_{hz}(100 - C_{hz})}{BA_{ar}} \tag{4-16a}$$

$$a_{lm} = \frac{G_{lm}(100 - C_{lm})}{BA_{ar}} \tag{4-16b}$$

$$a_{fh} = \frac{G_{fh}(100 - C_{fh})}{BA_{ar}} \tag{4-16c}$$

故

$$G_{hz} = \frac{a_{hz}BA_{ar}}{100 - C_{hz}} \tag{4-17a}$$

$$G_{lm} = \frac{a_{lm}BA_{ar}}{100 - C_{lm}} \tag{4-17b}$$

$$G_{fh} = \frac{a_{fh}BA_{ar}}{100 - C_{fh}} \tag{4-17c}$$

将式（4-17）代入式（4-14）中，则有：

$$Q_4 = \frac{32866A_{ar}}{100}\left(\frac{a_{hz}C_{hz}}{100 - C_{hz}} + \frac{a_{lm}C_{lm}}{100 - C_{lm}} + \frac{a_{fh}C_{fh}}{100 - C_{fh}}\right) \quad kJ/kg \tag{4-18a}$$

$$q_4 = \frac{32866A_{ar}}{100Q_r}\left(\frac{a_{hz}C_{hz}}{100 - C_{hz}} + \frac{a_{lm}C_{lm}}{100 - C_{lm}} + \frac{a_{fh}C_{fh}}{100 - C_{fh}}\right) \quad \% \tag{4-18b}$$

长期实践证明，对于同一类型的锅炉，燃料中灰量分配在灰渣、漏煤和飞灰中的份额变化是不大的，因此 $a_{fh}$ 一般可采用经验数据，如表 5-6～表 5-9 所示。当燃用焦结性烟煤、褐煤或泥煤时，$a_{fh}$ 的取值可低一点；燃用无烟煤时，则取值高一点。

在热平衡试验中，测定 $G_{hz}$、$G_{lm}$ 后可利用式（4-16a）及式（4-16b）求得 $a_{hz}$、$a_{lm}$，使用式（4-15b）可求得 $a_{fh}$，而 $C_{hz}$、$C_{lm}$ 及 $C_{fh}$ 由取样分析得到，最后由式（4-18b）计算 $q_4$。

当进行热平衡计算时，固体不完全燃烧热损失是按长期运行的经验数据来确定的，根据不同燃料特性及燃烧方式可按表 4-6 选取。

锅炉设计时 $q_3$、$q_4$ 的推荐值           表 4-6

| 燃烧方式 | | 燃烧种类 | | $q_3$（%） | $q_4$（%） |
|---|---|---|---|---|---|
| 层燃炉 | 手烧炉 | 褐煤 | | 2 | 10～15 |
| | | 烟煤 | | 5 | 10～15 |
| | | 无烟煤 | | 2 | 10～15 |
| | 链条炉排炉 | 褐煤 | | 0.5～2.0 | 8～12 |
| | | 烟煤 | I | 0.5～2.0 | 10～15 |
| | | | II | 0.5～2.0 | 8～12 |
| | | | III | | |
| | | 贫煤 | | 0.5～1.0 | 8～12 |
| | | 无烟煤 | | 0.5～1.0 | 10～15 |

| 燃烧方式 | | 燃烧种类 | | $q_3(\%)$ | $q_4(\%)$ |
|---|---|---|---|---|---|
| 层燃炉 | 往复炉排炉 | 褐煤 | | 0.5~2.0 | 7~10 |
| | | 烟煤 | Ⅰ | 0.5~2.0 | 9~12 |
| | | | Ⅱ | 0.5~2.0 | 7~10 |
| | | 贫煤 | | 0.5~1.0 | 7~10 |
| | | 无烟煤 | Ⅰ | 0.5~1.0 | 9~12 |
| | 抛煤机链条炉排炉 | 褐煤、烟煤、贫煤 | | 0.5~1.0 | 9~12 |
| | | 无烟煤 | Ⅲ | 0.5~1.0 | 10~15 |
| 室燃炉 | 固态排渣煤粉炉 | 烟煤 | | 0.5~1.0 | 6~8 |
| | | 褐煤 | | 0.5 | 3 |
| | 油炉 | | | 0.5 | 0 |
| | 天然气或焦炉煤气炉 | | | 0.5 | 0 |
| 流化床炉 | | 石煤、煤矸石 | Ⅰ | 0~1.0 | 21~27 |
| | | | Ⅱ | 0~1.5 | 18~25 |
| | | | Ⅲ | 0~1.5 | 15~21 |
| | | 褐煤 | | 0~1.5 | 5~12 |
| | | 烟煤 | Ⅰ | 0~1.5 | 12~17 |
| | | 无烟煤 | Ⅰ | 0~1.0 | 18~25 |

### 二、固体不完全燃烧热损失的影响因素

影响固体不完全燃烧热损失的因素有燃料特性、燃烧方式、炉膛结构及运行情况等。对于气体和液体燃料，在正常燃烧情况下可认为 $q_4=0$。

燃料特性对 $q_4$ 的影响：当燃用含灰分量高和灰分熔点低的煤时，它的固态可燃物被灰包裹，难以燃尽，灰渣损失大。当燃用挥发物少而焦结性强的煤时，燃烧过程主要集中在炉排上，燃烧层温度高，较易形成熔渣，阻碍通风，既加重司炉拨火的工作量，又增加灰渣损失。当燃用水分少、焦结性弱且细末多的煤时，特别是在提高燃烧强度而增强通风的情况下，飞灰损失就增加。

燃烧方式对 $q_4$ 的影响：不同燃烧方式下 $q_4$ 差别很大，如机械或风力抛煤机炉的飞灰损失就比链条炉大。煤粉炉没有漏煤损失，但它的飞灰损失却比层燃炉大得多。沸腾炉在燃用石煤或煤矸石时，飞灰损失将更大。

炉膛结构对 $q_4$ 的影响：层燃炉的炉拱、二次风❶以及炉排的大小、长短和通风孔隙的大小等对燃烧都有影响。如炉排的通风孔隙较大且燃用细末多的燃料时，漏煤损失就会有较大的增加。煤粉炉炉膛的高低、燃烧器布置的位置等也对燃烧有影响。如果炉膛尺寸过小，烟气在炉内的流程及停留时间过短，燃料来不及燃尽而被烟气带走，使飞灰损失增大。

---

❶ 二次风：在层燃炉中，习惯上将从炉排下送入的空气称为"一次风"，为加强扰动而从炉膛前、后墙喷入的空气称为"二次风"；在室燃炉中，随燃料进入的空气为"一次风"，为加强扰动和混合而喷入的空气称为"二次风"。

锅炉运行工况对 $q_4$ 的影响：运行时锅炉负荷增加，相应地穿过燃料层和炉膛的气流速度迅速增加，以致飞灰损失增大。此外，层燃炉运行时的煤层厚度、链条炉的炉排速度和风量分配，以及煤粉炉运行时的煤粉细度及配风操作等对 $q_4$ 也有影响。过量空气系数对 $q_4$ 也有影响，如果 $\alpha''_l$ 太低，$q_4$ 会增加；而随 $\alpha''_l$ 稍增，则 $q_4$ 会有所降低。

## 第四节　气体不完全燃烧热损失

### 一、气体不完全燃烧热损失的测定与计算

气体不完全燃烧热损失是由于烟气中残留诸如 CO、$H_2$、$CH_4$ 等可燃气体成分而未释放出燃烧热就随烟气排出所造成的热损失。

气体不完全燃烧的产物是 CO，$H_2$，$CH_4$ 等可燃气体，则其热损失应为烟气中各可燃气体体积与它们的体积发热量乘积的总和，即

$$Q_3 = (12501V_{CO} + 10793V_{H_2} + 35906V_{CH_4})\left(1 - \frac{q_4}{100}\right) \tag{4-19a}$$

$$= V_{gy}(126.36r_{CO} + 107.98r_{H_2} + 358.18r_{CH_4})\left(1 - \frac{q_4}{100}\right) \quad kJ/kg$$

$$q_3 = \frac{Q_3}{Q_r} \times 100\% \tag{4-19b}$$

式中　　$V_{CO}$、$V_{H_2}$、$V_{CH_4}$——1kg 燃料所产生的烟气中 CO、$H_2$ 及 $CH_4$ 的体积，$m^3/kg$；

12501、10793、35906——一氧化碳、氢及甲烷的单位体积发热量，$kJ/m^3$；

$V_{gy}$——1kg 燃料燃烧后生成的实际干烟气体积，$m^3/kg$；

$r_{CO}$、$r_{H_2}$、$r_{CH_4}$——干烟气中 CO，$H_2$，$CH_4$ 的体积分数，%，在热平衡试验中通过烟气分析仪测得。

式（4-19a）中乘以 $\left(1 - \frac{q_4}{100}\right)$ 是因为考虑到有固体不完全燃烧热损失 $q_4$ 存在，1kg 燃烧中有一部分燃料并没有参与燃烧及生成烟气，故应对所生成的干烟气体积进行修正。

实际上烟气中的 $H_2$，$CH_4$ 等气体很少，为了简化计算，可认为气体不完全燃烧产物只有 CO，如此 $Q_3$ 可按下式计算：

$$Q_3 = 125.01r_{CO}V_{gy}\left(1 - \frac{q_4}{100}\right)$$

将式（3-49）代入上式，得：

$$Q_3 = 233.3\frac{C_{ar} + 0.375S_{ar}}{r_{RO_2} + r_{CO}}r_{CO}\left(1 - \frac{q_4}{100}\right) \quad kJ/kg \tag{4-20a}$$

$$q_3 = \frac{233.3}{Q_r} \times \frac{C_{ar} + 0.375S_{ar}}{r_{RO_2} + r_{CO}}r_{CO}\left(1 - \frac{q_4}{100}\right) \quad \% \tag{4-20b}$$

在热平衡试验中用式（4-20b）计算 $q_3$，而 $r_{RO_2}$ 及 $r_{CO}$ 通过烟气分析求得。

如无燃料元素分析成分时，也可用下列经验公式计算：

$$q_3 = 3.2\alpha r_{CO} \quad \% \tag{4-21}$$

式中 $\alpha$, $r_{CO}$——在烟道同一测点取样测出的过量空气系数和CO的体积分数。

在进行热平衡计算时，$q_3$ 根据不同燃料及不同燃烧方式按表4-6选取。

**二、气体不完全燃烧热损失的影响因素**

气体不完全燃烧热损失的大小与锅炉结构、燃料特性、燃烧过程的组织以及运行操作水平等因素有关。

锅炉结构对 $q_3$ 的影响：炉膛高度不够或炉膛体积太小，烟气流程过短，使烟气中一些可燃气体未能燃尽而离开，使 $q_3$ 增大。炉膛内有死角或燃料在炉内停留时间过短，也会导致 $q_3$ 增大。当炉内水冷壁布置过多时，会使炉膛温度过低，不利于燃烧反应而增大 $q_3$。

燃料特性对 $q_3$ 的影响：一般含挥发分多的燃料，在其他条件相同时，$q_3$ 相对要大一些。

燃烧过程的组织对 $q_3$ 的影响：锅炉的过量空气系数、二次风的引入和分布以及炉内气流的混合与扰动等都影响 $q_3$ 的大小。如果过量空气系数 $\alpha''_1$ 过小，可燃气体因得不到充分的氧而未能燃尽，使 $q_3$ 增大；若 $\alpha''_1$ 过大，使炉膛温度下降，也会使 $q_3$ 增大。因此，应根据不同的燃料及燃烧方式选取合理的过量空气系数。

运行操作对 $q_3$ 的影响：层燃炉燃料层过厚，燃料层上部会形成还原区，一氧化碳等不完全燃烧产物增多，使 $q_3$ 增大。当负荷增加时，可燃气体在炉内停留的时间减少，也会使 $q_3$ 增大。

## 第五节　排烟热损失

**一、排烟热损失的测定和计算**

由于技术经济条件的限制，烟气离开锅炉排入大气时，烟气温度比进入锅炉的空气温度要高很多，排烟所带走的热量损失简称为排烟热损失。

排烟热损失按下式求得：

$$Q_2 = \left[H_{py} - \alpha_{py} V_k^0 (ct)_{lk}\right]\left(1 - \frac{q_4}{100}\right) \quad \text{kJ/kg} \tag{4-22a}$$

$$q_2 = \frac{Q_2}{Q_r} \times 100\% \tag{4-22b}$$

式中　$H_{py}$——排烟的焓，kJ/kg，由烟气离开锅炉最后一个受热面处的烟气温度 $\vartheta_{py}$ 和该处的过量空气系数 $\alpha_{py}$ 决定，热平衡试验时 $\vartheta_{py}$ 是测得的，设计计算时，$\vartheta_{py}$ 是选定的；

　　$\alpha_{py}$——排烟处的过量空气系数，锅炉设计计算时，$\alpha_{py}$ 是选定的，热平衡试验时，$\alpha_{py}$ 可由烟气分析仪测定气体成分，然后计算求得；

　　$V_k^0$——1kg 燃料完全燃烧时所需的理论空气量，m³/kg；

　　$(ct)_{lk}$——1m³ 干空气连同其带入的10g 水蒸气在温度为 $t$℃时的焓，其值可查表3-1中 $(c\vartheta)_k$ 项，kJ/m³。

　　$t_{lk}$——冷空气温度，一般可取 20～30℃。

由于固体不完全燃烧热损失的存在，对 1kg 燃料所生成的烟气体积需乘以 $\left(1-\dfrac{q_4}{100}\right)$ 的修正值。

在热平衡试验时，为了简化计算，也可用下列经验公式计算排烟热损失：

$$q_2 = (m+n\alpha_{py})\left(1-\frac{q_4}{100}\right)\frac{\vartheta_{py}-t_{lk}}{100} \quad \% \tag{4-23}$$

式中　$m$，$n$——计算系数，随燃料种类而异，可查表 4-7；

　　　　$\vartheta_{py}$，$t_{lk}$——排烟和冷空气温度，℃。

$m$ 和 $n$ 值　　　　　　　　　　　　　表 4-7

| 燃料种类 | 木柴 $W_{ar}\approx40\%$ | 烟煤 | 无烟煤、贫煤 | 油、气 |
|---|---|---|---|---|
| $m$ | 1.4 | 0.4 | 6.3 | 0.5 |
| $n$ | 3.8 | 3.6 | 3.5 | 3.15 |

通常排烟热损失是锅炉热损失中较大的一项，装有省煤器的水管锅炉，$q_2$ 为 6%～12%；不装省煤器时，$q_2$ 可高达 20% 以上。

**二、排烟热损失的影响因素**

影响排烟热损失的主要因素是排烟温度和排烟体积。

排烟温度越高，排烟热损失 $q_2$ 越大。一般排烟温度每提高 12～15℃，$q_2$ 增加 1%，所以应尽量设法降低排烟温度。因尾部受热面处于低温烟道，烟气与工质的传热温差小，传热较弱；若排烟温度降得过低，传热温差更小，换热所需金属受热面大大增加。此外，为了避免尾部受热面的腐蚀，排烟温度也不宜过低，但冷凝锅炉除外，超低排烟温度甚至低到 30～50℃。当燃用含硫量较高的燃料时，排烟温度应适当高一些。因此，必须根据燃料与金属耗量进行技术经济比较来合理确定排烟温度。近代大型电站锅炉的排烟温度为 110～160℃；供热锅炉的排烟温度应控制在 170℃ 以下[1]。对于运行中的锅炉，受热面积灰或结渣将使排烟温度升高。所以在运行时，应注意及时吹灰、打渣，设法保持受热面的清洁，以减小 $q_2$。

影响排烟体积大小的因素有炉膛出口过量空气系数 $\alpha_l''$，烟道各处的漏风量及燃料所含水分。如炉墙及烟道漏风严重，$\alpha_l''$ 大，不仅增大排烟体积，漏入烟道的冷空气还会使烟气温度降低，从而导致漏风点后的所有受热面的传热量减小，最终使排烟温度升高；燃料含水量大，则排烟体积就大，排烟损失就增加。为了减少排烟热损失，必须设法减少炉墙及烟道各处的漏风，在锅炉安装施工时应重视炉墙、烟道等的严密性。但应注意炉膛出口过量空气系数 $\alpha_l''$ 不仅与 $q_2$ 有关，还与 $q_3$，$q_4$ 有关。减小 $\alpha_l''$，$q_2$ 可以降低，但会引起 $q_3$，$q_4$ 增大。所以合理的 $\alpha_l''$（称为最佳过量空气系数）应使 $q_2$，$q_3$，$q_4$ 之和最小。

《锅炉节能环保技术规程》TSG 91—2021 规定锅炉排烟处的过量空气系数：层燃炉不大于 1.65，煤粉和流化床不大于 1.4，燃油燃气锅炉不大于 1.25；余热锅炉和垃圾焚烧锅炉，按实际情况优化设计，不作定量规定。

---

[1]　详见《锅炉节能环保技术规程》TSG 91—2021。

## 第六节　散 热 损 失

### 一、散热损失 $q_5$ 的计算

在锅炉运行中，锅炉炉墙、金属构架及锅炉范围的汽水管道、集箱和烟风道等的表面温度均比周围环境空气温度高，这样不可避免地会将部分热量散失于大气，形成了锅炉的散热损失。

散热损失的大小主要取决于锅炉散热表面积、表面温度及周围环境空气温度等因素，它与水冷壁和炉墙的结构、保温层的性能和厚度有关。

对于额定蒸发量（额定热功率）小于或等于 2t/h（1.4MW）的快装、组装锅炉，散热损失可按下式计算：

$$q_5 = \frac{1650F}{BQ_r} \times 100\% \tag{4-24}$$

式中　$F$——锅炉散热面积，$m^2$；

　1650——锅炉散热表面的散热强度，$kJ/(m^2 \cdot h)$；

　$B$——锅炉燃料消耗量，kg/h；

　$Q_r$——锅炉输入热量，kJ/kg。

对于额定蒸发量（额定热功率）大于 2t/h（1.4MW）的锅炉，散热损失 $q_5$ 可按表 4-8 和表 4-9 选取。

**蒸汽锅炉的散热损失$q_5$（单位：%）**　　　　　　　　　　　　表 4-8

| 额定蒸发量 $D$(t/h) | 4 | 6 | 10 | 15 | 20 | 35 | 65 |
|---|---|---|---|---|---|---|---|
| 有尾部受热面 | 2.9 | 2.4 | 1.7 | 1.5 | 1.3 | 1.0 | 0.8 |
| 没有尾部受热面 | 2.1 | 1.5 | — | — | — | — | — |

注：本表和表 4-9 的数据均引自《工业锅炉设计计算标准方法》. 北京：中国标准出版社，2003。

**热水锅炉的散热损失$q_5$（单位：%）**　　　　　　　　　　　　表 4-9

| 锅炉供热量(MW) | ≤2.8 | 4.2 | 7.0 | 10.5 | 14 | 29 | 46 |
|---|---|---|---|---|---|---|---|
| $q_5$ | 2.1 | 1.9 | 1.7 | 1.5 | 1.3 | 1.1 | 0.8 |

由于锅炉的散热损失要通过试验实测是相当困难的，所以通常是根据大量的经验数据而得，它直接与锅炉额定蒸发量有关。燃料消耗量与锅炉额定蒸发量大致呈比地增加。但由于锅炉外表面积并不随锅炉额定蒸发量的增大而成正比地增大，即对应于 1kg 燃料的炉墙外表面积反而变小了，所以散热损失随锅炉额定蒸发量的增大而降低。

当锅炉在非额定工况下运行时，由于锅炉外表面温度变化不大，即锅炉总的散热量变化不大。但对应于 1kg 燃料的相对散热量则有较大的变化，故当锅炉的实际蒸发量（或实际供热量）与额定蒸发量（或额定供热量）相差超过 25% 时，实际散热损失 $q_5$ 按下式计算：

$$q_5 = q_5' \frac{D'}{D} \tag{4-25}$$

$$q_5 = q_5' \frac{Q'}{Q} \tag{4-26}$$

式中  $q_5'$——额定蒸发量或额定供热量时的散热损失，%；按表 4-8 和表 4-9 查得；

$D'$，$D$——分别为锅炉额定蒸发量和实际蒸发量，kg/h；

$Q'$，$Q$——分别为锅炉额定供热量和实际供热量，MW。

影响散热损失大小的因素，主要是锅炉容量（即锅炉额定蒸发量或额定供热量）、锅炉负荷（即锅炉实际蒸发量或实际供热量）、锅炉外表面积、水冷壁和炉墙结构以及锅炉周围环境的空气温度等。如果水冷壁和炉墙结构等紧凑、严密，墙体、集箱、汽水管道和烟风道有良好的保温，环境空气温度高且流动缓慢，锅炉的散热损失就相对较小。

**二、保热系数**

在锅炉热力计算时需计及各段受热面烟道的散热损失。为了简化计算，假定锅炉各段烟道的烟温、烟道结构尺寸、烟道保温情况以及烟道所处周围环境等影响因素没有差别，各段受热面烟道散热损失的大小仅与该段烟道中烟气的散热量成正比；而各段烟道散热量的总和就等于整个锅炉机组的总散热量 $Q_5$。这样，在各段受热面计算中可引入一个保热系数 $\varphi$ 来考虑计及散热损失。

保热系数就是工质吸收的热量与烟气放出热量的比值，即表示在烟道中烟气放出的热量被该烟道中的受热面吸收的程度。

如果同时还假定各段烟道和整台锅炉的保热系数是相等的，这样保热系数 $\varphi$ 就可按整台锅炉求出：

$$\varphi = \frac{Q_1 + Q_{ky}}{Q_1 + Q_{ky} + Q_5} \tag{4-27a}$$

式中  $Q_{ky}$——空气预热器吸热量，kJ/kg。

当锅炉没有空气预热器或有空气预热器而其吸热量与锅炉有效利用热量 $Q_1$ 相比很小时，保热系数可按下式求得：

$$\varphi = \frac{Q_1}{Q_1 + Q_5} = \frac{\dfrac{Q_1}{Q_r}}{\dfrac{Q_1}{Q_r} + \dfrac{Q_5}{Q_r}} = \frac{\eta_{gl}}{\eta_{gl} + q_5} = 1 - \frac{q_5}{\eta_{gl} + q_5} \tag{4-27b}$$

式中  $\eta_{gl}$——锅炉热效率，%。

如该锅炉有空气预热器，保热系数也可按此近似取用。

## 第七节  灰渣物理热损失及其他热损失

**一、炉渣物理热损失**

炉渣物理热损失是由于锅炉中排出的炉渣及漏煤（温度一般都在 600～800℃）而造成的热损失。对于层燃炉或沸腾炉，这项损失较大，必须考虑。对于固态排渣煤粉炉，只有燃料中灰分相当多（$A_{zs,ar} \geqslant 10\%$）时，才予以考虑。

炉渣物理热损失按下式计算：

$$Q_6 = \left( a_{hz} \frac{100}{100-C_{hz}} + a_{lm} \frac{100}{100-C_{lm}} \right) + (c\vartheta)_{hz} \frac{A_{ar}}{100} \quad \text{kJ/kg} \tag{4-28a}$$

$$q_6 = \frac{Q_6}{Q_r} \times 100\% \tag{4-28b}$$

式中　$a_{hz}$、$a_{lm}$——灰渣及漏煤中灰分占燃料总灰分的份额；

$(c\vartheta)_{hz}$——灰渣的焓，kJ/kg，见表 3-1；

$\vartheta_{hz}$——灰渣温度，℃，固态排渣时 $\vartheta_{hz}=600$℃，流化床炉 $\vartheta_{hz}=800$℃。

灰渣物理热损失主要与燃料的含灰分量、灰渣中含可燃物量和灰渣温度有关，即 $q_6$ 的大小主要取决于炉渣的量和温度。燃料灰分高且燃烧不尽完善，炉渣量就多，$q_6$ 大；灰渣温度高，显然 $q_6$ 也大。

**二、其他热损失**

其他热损失中常见的有冷却热损失。它是由于锅炉的炉膛或其他部位的某些部件采用了水冷却，而此冷却水又未接入锅炉汽水循环系统，被它吸收了锅炉的一部分热量并带出炉外，从而造成了热量损失。

冷却热损失按下式计算：

$$q_6^{lq} = \frac{Q^{lq}}{Q_r} \times 100\% \tag{4-29a}$$

或

$$q_6^{lq} \approx \frac{417 \times 10^3 H_{lq}}{Q_{gl}} \times 100\% \tag{4-29b}$$

式中　$H_{lq}$——面向炉膛的水冷冷却面积，$m^2$；

$417 \times 10^3$——无测定数据时，近似取用的冷却强度，kJ/($m^2 \cdot$ h)；

$Q_{gl}$——锅炉总的有效吸热量，kJ/h，按式（4-11）计算。

锅炉如果存在此项热损失，通常将其并入灰渣物理热损失 $q_6$ 中。

# 第八节　燃料消耗量

锅炉燃料消耗量有两种表述方法，即实际燃料消耗量和计算燃料消耗量。

实际燃料消耗量是锅炉在运行中单位时间内实际耗用的燃料量，用符号 $B$ 表示，单位为 kg/h。它的计算式可由式（4-10）转换而得：

$$B = \frac{Q_{gl}}{Q_r \eta_{gl}} \quad \text{kg/h}$$

或

$$B = \frac{Q_{gl}}{Q_{net,ar} \eta_{gl}} \quad \text{kg/h} \tag{4-30}$$

对于锅炉容量等于或大于 20t/h 的燃煤锅炉，燃料消耗量难以测准，热平衡试验中通常是根据计算出的锅炉输入热量 $Q_r$、锅炉有效利用热 $Q_1$ 和经反平衡法求得的锅炉热效率 $\eta_{gl}$，由式（4-10）或式（4-30）求出锅炉的实际燃料消耗量 $B$。

计算燃料消耗量是扣除固体不完全燃烧热损失后的锅炉燃料消耗量，即炉内实际参与燃烧反应的燃料消耗量，用符号 $B_j$ 表示。它与锅炉实际燃料消耗量 $B$ 之间的关系为：

$$B_j = B\left(1 - \frac{q_4}{100}\right) \quad \text{kg/h} \tag{4-31}$$

式（4-31）表明，锅炉实际燃料消耗量中的 1kg 燃料入炉，只有 $\left(1 - \frac{q_4}{100}\right)$ 这部分燃料参与燃烧反应。所以，在锅炉热力计算中，燃料所需空气量和燃烧生成的烟气量均按计算燃料消耗量 $B_j$ 来计算。

两种燃料消耗量各有不同的使用场合。在燃料输运系统和制粉系统的设备计算中，则以锅炉的实际燃料消耗量为依据。

【例题 4-1】 一台 KZL4-1.3 型锅炉改炉后，经热平衡试验测定结果列于下表中，试求该炉热效率。

| 项目 | 符号 | 单位 | 数值 | 项目 | 符号 | 单位 | 数值 |
|---|---|---|---|---|---|---|---|
| 测定时间 | $T$ | h | 3.5 | 灰渣中可燃物体积分数 | $C_{hz}$ | % | 28.66 |
| 过热蒸汽温度 | $t_{gq}$ | ℃ | 197 | 漏煤中可燃物体积分数 | $C_{lm}$ | % | 59.42 |
| 蒸汽压力 | $P$ | MPa | 0.45 | 飞灰中可燃物体积分数 | $C_{fh}$ | % | 50.48 |
| 给水温度 | $t_{gs}$ | ℃ | 9 | 烟气中三原子气体体积分数 | $r_{RO_2}$ | % | 11.09 |
| 排烟温度 | $\vartheta_{py}$ | ℃ | 162 | 烟气中氧气体积分数 | $r_{O_2}$ | % | 8.07 |
| 冷空气温度 | $t_{lk}$ | ℃ | 20 | 燃料元素分析 | $C_{ar}$ | % | 59.26 |
| 给水量 | $Q$ | m³ | 12.775 | | $H_{ar}$ | % | 3.09 |
| 燃煤量 | $G$ | kg | 2173.5 | | $O_{ar}$ | % | 4.24 |
| 平均蒸发量 | $D$ | t/h | 3.65 | | $N_{ar}$ | % | 0.83 |
| 平均每小时燃煤量 | $B$ | kg/h | 621 | | $S_{ar}$ | % | 1.26 |
| 灰渣量 | | kg | 493.5 | | $A_{ar}$ | % | 20.80 |
| 漏煤量 | | kg | 23.1 | | $M_{ar}$ | % | 10.52 |
| 平均每小时灰渣量 | $G_{hz}$ | kg/h | 141 | 燃料收到基低位发热量 | $Q_{net,ar}$ | kJ/kg | 22538 |
| 平均每小时漏煤量 | $G_{lm}$ | kg/h | 6.6 | | | | |

【解】 列表计算如下：

| 项目 | 符号 | 单位 | 计算公式或数值来源 | 数值 |
|---|---|---|---|---|
| 过热蒸汽焓 | $h_{gq}$ | kJ/kg | 按 $P=0.45$MPa，$t_{gl}=197$℃查水蒸气性质表 | 2850 |
| 给水焓 | $h_{gs}$ | kJ/kg | 按 $P=0.45$MPa，$i_{gs}=9$℃查水蒸气性质表 | 38 |
| 锅炉正平衡效率 | $\eta_1$ | % | $\dfrac{D(h_{gl}-h_{gs})}{BQ_{net,ar}} \times 100 = \dfrac{3650 \times (2850-38)}{621 \times 22538} \times 100$ | 73.3 |
| 锅炉煤正比 | $\dfrac{D}{B}$ | kg/kg | $\dfrac{D}{B} = \dfrac{3650}{621}$ | 5.88 |
| 炉渣中灰量占燃料总灰量的份额 | $a_{hz}$ | | $\dfrac{G_{hz}(100-C_{hz})}{BA_{ar}} = \dfrac{141 \times (100-28.66)}{621 \times 20.8}$ | 0.779 |
| 漏煤中灰量占燃料总灰量的份额 | $a_{lm}$ | | $\dfrac{G_{lm}(100-C_{lm})}{BA_{ar}} = \dfrac{6.6 \times (100-59.42)}{621 \times 20.8}$ | 0.021 |
| 飞灰中灰量占燃料总灰量的份额 | $a_{fh}$ | | $1 - a_{hz} - a_{lm} = 1 - 0.779 - 0.021$ | 0.2 |

| 项目 | 符号 | 单位 | 计算公式或数值来源 | 数值 |
|---|---|---|---|---|
| 固体不完全燃烧热损失 | $q_4$ | % | $\dfrac{32700A_{ar}}{Q_{net,ar}}\left(\dfrac{\alpha_{hz}C_{hz}}{100-C_{hz}}+\dfrac{\alpha_{lm}C_{lm}}{100-C_{lm}}+\dfrac{\alpha_{fh}C_{fh}}{100-C_{fh}}\right)$ $=\dfrac{32700\times20.8}{22538}\times\left(\dfrac{0.779\times28.66}{100-28.66}+\right.$ $\left.\dfrac{0.021\times59.42}{100-59.42}+\dfrac{0.2\times50.48}{100-50.48}\right)$ | 16.52 |
| 燃料特性系数 | $\beta$ | | $2.35\dfrac{H_{ar}-0.126O_{ar}}{C_{ar}+0.375S_{ar}}=2.35\times\dfrac{3.09-0.126\times4.24}{59.26+0.375\times1.26}$ | 0.101 |
| 烟气中一氧化碳体积分数 | $r_{CO}$ | % | $\dfrac{[21-\beta r_{RO_2}]-[r_{RO_2}+r_{O_2}]}{0.605+\beta}=\dfrac{21-(1+0.101)\times11.09-8.07}{0.605+0.101}$ | 1.02 |
| 过量空气系数 | $\alpha_{py}$ | | $\dfrac{1}{1-3.76\dfrac{r_{O_2}-0.5r_{CO}}{100-[r_{RO_2}+r_{O_2}+r_{CO}]}}$ $=\dfrac{1}{1-3.76\dfrac{8.07-0.5\times1.02}{100-(11.09+8.07+1.02)}}$ | 1.55 |
| 燃料燃烧所需理论空气量 | $V_k^0$ | m³/kg | $0.0889(C_{ar}+0.375S_{ar})+0.265H_{ar}-0.0333O_{ar}$ $=0.0889\times(59.26+0.375\times1.26)$ $+0.265\times3.09-0.0333\times4.24$ | 5.99 |
| 烟气中三原子气体体积 | $V_{RO_2}$ | m³/kg | $0.01866(C_{ar}+0.375S_{ar})$ $=0.0889\times(59.26+0.375\times1.26)$ | 1.115 |
| 理论烟气中氮气体积 | $V_{N_2}^0$ | m³/kg | $0.79V_k^0+0.008N_{ar}=0.79\times5.99+0.008\times0.83$ | 4.74 |
| 理论烟气中水蒸气体积 | $V_{H_2O}^0$ | m³/kg | $0.111H_{ar}+0.0124M_{ar}+0.016V_k^0=0.111\times3.09$ $+0.0124\times10.42+0.0161\times5.99$ | 0.57 |
| 三原子气体的焓 | $(c\vartheta)_{RO_2}$ | kJ/m³ | $\vartheta_{py}=162℃$，查表3-1 | 286 |
| 氮气的焓 | $(c\vartheta)_{N_2}$ | kJ/m³ | $\vartheta_{py}=162℃$，查表3-1 | 211 |
| 水蒸气的焓 | $(c\vartheta)_{H_2O}$ | kJ/m³ | $\vartheta_{py}=162℃$，查表3-1 | 246 |
| 湿空气的焓 | $(c\vartheta)_k$ | kJ/m³ | $\vartheta_{py}=162℃$，查表3-1 | 215 |
| 冷空气的焓 | $(ct)_{lk}$ | kJ/m³ | $t_{lk}=20℃$ | 26 |
| 排烟的焓 | $H_{py}$ | kJ/kg | $V_{RO_2}(c\vartheta)_{RO_2}+V_{N_2}^0(c\vartheta)_{N_2}+V_{H_2O}^0(c\vartheta)_{H_2O}+(\alpha-1)V_k^0(c\vartheta)_k=1.115\times286+4.74\times211+0.57\times246+(1.55-1)\times5.99\times215$ | 2168 |
| 排烟热损失 | $q_2$ | % | $\dfrac{H_{py}-\alpha_{py}V_k^0(c\vartheta)_{lk}}{Q_{net,ar}}\left(1-\dfrac{q_4}{100}\right)\times100$ $=\dfrac{2168-1.55\times5.99\times26}{22538}\times\left(1-\dfrac{16.5}{100}\right)\times100$ | 7.14 |
| 气体不完全燃烧热损失 | $q_3$ | % | $\dfrac{233.3}{Q_{net,ar}}\times\dfrac{C_{ar}+0.375S_{ar}}{r_{RO_2}+r_{CO}}r_{CO}\left(1-\dfrac{q_4}{100}\right)\times100$ $=\dfrac{233.3}{22538}\times\dfrac{59.26+0.375\times1.26}{11.09+1.02}\times1.02\times\left(1-\dfrac{16.5}{100}\right)\times100$ | 4.40 |
| 散热损失 | $q_5$ | % | 查表4-8 | 2.9 |
| 灰渣焓 | $(c\vartheta)_{hz}$ | kJ/kg | 查表3-1，$\vartheta_{hz}=600℃$ | 560 |

| 项目 | 符号 | 单位 | 计算公式或数值来源 | 数值 |
|---|---|---|---|---|
| 灰渣物理热损失 | $q_6$ | % | $\left(\alpha_{hz}\dfrac{100}{100-C_{hz}}+\alpha_{lm}\dfrac{100}{100-C_{lm}}\right)(c\vartheta)_{hz}\times\dfrac{A_{ar}}{Q_{net,ar}}$ <br> $=\left(0.779\times\dfrac{100}{100-28.66}+0.021\times\dfrac{100}{100-59.42}\right)\times560\times\dfrac{20.80}{22538}$ | 0.59 |
| 锅炉反平衡效率 | $\eta_2$ | % | $100-(q_2+q_3+q_4+q_5+q_6)$ <br> $=100-(7.14+4.40+16.52+2.9+0.59)$ | 68.45 |
| 锅炉正、反平衡热效率绝对误差 | $\Delta\eta$ | % | $\eta_1-\eta_2=73.3-68.45=4.85<5$ | 4.85 |

【例题 4-2】 已知 SHL10-1.3/350 型锅炉的设计参数：锅炉蒸发量 $D=10$t/h，过热蒸汽压力 $P_{gq}=1.37$MPa，过热蒸汽温度 $t_{gq}=350℃$，给水温度 $t_{gs}=105℃$，冷空气温度 $t_{lk}=30℃$，锅炉排污率 $p=5\%$；燃料为山西阳泉一号煤，收到基低位发热量 $Q_{net,ar}=24626$kJ/kg，烟气温焓表见 [例题 3-1]，试求该锅炉的热效率、燃料消耗量及保热系数。

【解】 锅炉热平衡及燃料消耗量计算列于下表：

| 项目 | 符号 | 单位 | 计算公式或数值来源 | 数值 |
|---|---|---|---|---|
| 燃料低位发热量 | $Q_{net,ar}$ | kJ/kg | 给定 | 24626 |
| 排烟温度 | $\vartheta_{py}$ | ℃ | 先假定，后校核 | 170 |
| 排烟的焓 | $H_{py}$ | kJ/kg | 根据 $\vartheta_{py}$ 及 $\alpha_{py}=1.9$ 查烟气焓温表 | 2948 |
| 冷空气温度 | $t_{lk}$ | ℃ | 给定 | 30 |
| 冷空气的理论焓 | $H_{lk}^0$ | kJ/kg | $V_k^0(c\vartheta)_{lk}=6.48\times39.6$ | 257 |
| 固体不完全燃烧热损失 | $q_4$ | % | 由表 4-6 选取 | 16 |
| 气体不完全燃烧热损失 | $q_3$ | % | 由表 4-6 选取 | 0.5 |
| 散热损失 | $q_5$ | % | 由表 4-8 查得 | 1.7 |
| 排烟热损失 | $q_2$ | % | $\dfrac{H_{py}-\alpha_{py}I_{lk}^0}{Q_{net,ar}}\left(1-\dfrac{q_4}{100}\right)\times100=\dfrac{2948-1.9\times257}{24626}$ <br> $\left(1-\dfrac{16}{100}\right)\times100$ | 8.38 |
| 炉渣及漏煤比 | $\alpha_{hz}+\alpha_{lm}$ | | 取用 | 0.8 |
| 炉渣焓 | $(c\vartheta)_{hz}$ | kJ/kg | 查得，$\vartheta_{hz}=600℃$ | 560 |
| 炉渣物理热损失 | $q_6$ | % | $(\alpha_{hz}+\alpha_{lm})(c\vartheta)_{hz}\dfrac{A_{ar}}{Q_{net,ar}}=0.8\times560\times\dfrac{19.22}{24626}$ | 0.36 |
| 锅炉总的热损失 | $\sum q$ | % | $q_2+q_3+q_4+q_5+q_6=8.38+0.5+16+1.7+$ <br> $0.36$ | 27.03 |
| 锅炉热效率 | $\eta_{gl}$ | % | $100-\sum q=100-27.03$ | 72.97 |
| 过热蒸汽的焓 | $h_{gq}$ | kJ/kg | 按 $P=1.37$MPa，$t_{gq}=350℃$，查水蒸气性质表 | 3149 |
| 饱和水的焓 | $h_{ps}$ | kJ/kg | 按 $P=1.37$MPa，查水蒸气性质表 | 826 |
| 给水的焓 | $h_{gs}$ | kJ/kg | 按 $P=1.37$MPa，$t_{gs}=105℃$查水蒸气性质表 | 440 |
| 锅炉有效利用热量 | $Q_{gl}$ | kJ/h | $D(h_{gq}-h_{gs})\times10^3+pD(h_{ps}-h_{gs})\times10^3=10\times$ <br> $(3149-440)\times10^3+0.05\times10\times(826-440)\times10^3$ | 27283000 |

| 项目 | 符号 | 单位 | 计算公式或数值来源 | 数值 |
|---|---|---|---|---|
| 小时燃料消耗量 | $B$ | kg/h | $\dfrac{Q_{gl}}{Q_{net,ar}\eta_{gl}}\times100=\dfrac{27283000}{24626\times72.97}\times100$ | 1518 |
| 计算燃料消耗量 | $B_j$ | kg/h | $B\left(1-\dfrac{q_4}{100}\right)=1518\left(1-\dfrac{16}{100}\right)$ | 1275 |
| 保热系数 | $\varphi$ | | $1-\dfrac{q_5}{\eta+q_5}=1-\dfrac{1.7}{72.97+1.7}$ | 0.977 |

## 复习思考题

1. 什么叫锅炉热平衡？它是在什么条件下建立的？建立锅炉热平衡有何意义？

2. 锅炉的输入热量有哪些？支出热量有哪些？怎样计算？

3. 为什么大容量供热锅炉一般用反平衡方法测定锅炉热效率，而且比较准确？而小容量供热锅炉，为什么一般使用正平衡方法测定锅炉的热效率？

4. 为什么炉膛出口过量空气系数 $\alpha_1''$ 有一最佳值？如何决定？

5. 为什么在计算 $q_2$ 及 $q_3$ 的公式中要乘上 $\left(1-\dfrac{q_4}{100}\right)$？它的物理意义是什么？

6. 设计和改造锅炉时排烟温度如何选择？为什么小型供热锅炉排烟温度取得比大中型供热锅炉要高一些？

7. 在运行中减小锅炉炉墙漏风有什么意义？减小炉墙漏风对哪些热损失有影响？

8. 锅炉蒸发量改变对效率有什么影响？如何变化？

9. 用正平衡法测定锅炉热效率时，用容量法测定锅炉蒸发量，为什么在试验开始和结束时汽包中的水位和压力要保持一致？在层燃炉中为什么试验前后炉排上煤层厚度和燃烧工况应基本一致？

10. 层燃炉燃用较干的煤末时，司炉往往在煤末中掺入适量的水分，试分析对锅炉热效率及锅炉各项热损失会有什么影响？

11. 层燃炉漏煤及灰渣中含碳量较高，可以考虑回炉再烧，因而认为不应计入锅炉热损失，这种看法对不对？

12. 在锅炉运行中，如发现排烟温度增高，试分析其原因？怎样改进？

13. 锅炉烟道各处的过量空气系数不同，为了改善燃料燃烧，应监测、调节和控制何处的过量空气系数？为什么？

14. 何谓灰平衡？建立灰平衡的意义何在？

15. 从本书表 4-8 和表 4-9 可以看到，散热损失 $q_5$ 随锅炉容量的增大而变小，应怎样理解？

16. 锅炉的燃料消耗量和计算燃料消耗量有何区别？引用"计算燃料消耗量"的意义何在？

17. 为什么在计算锅炉热效率时不计入空气预热器的吸热量，而在计算保热系数时反而要计入空气预热器的吸热量？

18. 一般情况下供热锅炉热平衡中哪些热损失数值较大？如何减小这些热损失？

19. 冷凝锅炉的热效率为什么可以达到 100% 甚至超过 100%？它的超低排烟温度大约可低到什么程度？

## 习　题

1. 一台蒸发量 $D=4t/h$ 的锅炉，过热蒸汽绝对压力 $P=1.37MPa$，过热蒸汽温度 $t=350℃$ 及给水温度 $t_{gs}=50℃$。在没有装省煤器时测得 $q_2=15\%$，$B=950kg/h$，$Q_{net,ar}=18841kJ/kg$；加装省煤器后

测得 $q_2 = 8.5\%$，问装省煤器后每小时节煤量为多少？

（节煤量 $\Delta B = 77 \text{kg/h}$）

2. 由热工试验测得锅炉运行参数如下：饱和蒸汽绝对压力 $P = 0.93 \text{MPa}$，给水温度 $t = 45℃$，3.5h 内共用煤 1325kg，给水量 $D = 7530 \text{kg}$；试验期间汽动给水泵共用汽 220kg，送引风机等辅机共用电 35kWh。若试验期间不排污，试计算锅炉的毛效率及净效率。

（$\eta_{gl} = 68.15\%$，$\eta_j = 65.53\%$）

3. 某厂 SZP10-1.3 型锅炉燃用收到基灰分为 17.74%、低位发热量为 25539kJ/kg 的煤，每小时耗煤 1544kg，在运行中测得灰渣和漏煤总量为 213kg/h，其可燃物体积分数为 17.6%；飞灰可燃物体积分数 为 50.2%，试求固体不完全燃烧热损失 $q_4$。

（$q_4 = 11.31\%$）

4. 某链条炉热工试验测得数据如下：$C_{ar} = 55.5\%$，$H_{ar} = 3.72\%$，$S_{ar} = 0.99\%$，$O_{ar} = 10.38\%$，$N_{ar} = 0.98\%$，$A_{ar} = 18.43\%$，$M_{ar} = 10.0\%$，$Q_{net,ar} = 21353 \text{kJ/kg}$，炉膛出口的烟气成分 $r_{RO_2} = 11.4\%$，$r_{O_2} = 8.3\%$ 以及固体不完全燃烧热损失 $q_4 = 9.78\%$，试求气体不完全燃烧热损失 $q_3$。

（$q_3 = 0.98\%$）

5. 已知 SHL10-1.3-WⅡ 型锅炉燃煤元素成分：$C_{ar} = 59.6\%$，$H_{ar} = 2.0\%$，$S_{ar} = 0.5\%$，$O_{ar} = 0.8\%$，$N_{ar} = 0.8\%$，$A_{ar} = 26.3\%$，$M_{ar} = 10.0\%$，以及 $Q_{net,ar} = 22190 \text{kJ/kg}$ 和 $\alpha_{py} = 1.65$，$\vartheta_{py} = 160℃$，$t_{lk} = 30℃$，$q_4 = 7\%$，试计算该锅炉的排烟热损失 $q_2$。

（$q_2 = 7.55\%$）

6. 某链条锅炉参数和热平衡试验测得的数据列于表 4-10，试用正反热平衡方法求该锅炉的毛效率和 各项热损失。

**锅炉参数及热平衡试验数据**       **表 4-10**

| 序号 | 项目 | | 符号 | 单位 | 数据 | 序号 | 项目 | | 符号 | 单位 | 数据 |
|---|---|---|---|---|---|---|---|---|---|---|---|
| 1 | 蒸发量 | | $D$ | t/h | 36.5 | 12 | 漏煤 | 漏煤量 | $G_{lm}$ | t/h | 0.248 |
| 2 | 蒸汽绝对压力 | | $P$ | MPa | 2.55 | | | 可燃物体积 分数 | $C_{lm}$ | % | 16.4 |
| 3 | 过热蒸汽温度 | | $t_{gq}$ | ℃ | 400 | 13 | 飞灰中可燃物体积分数 | | $C_{fh}$ | % | 11.5 |
| 4 | 给水绝对压力 | | $P_{gs}$ | MPa | 2.94 | 14 | 燃料消耗量 | | $B$ | t/h | 4.96 |
| 5 | 给水温度 | | $t_{gs}$ | ℃ | 150 | 15 | 收到基低位发热量 | | $Q_{net,ar}$ | kJ/kg | 22391 |
| 6 | 排污量 | | $D_{pw}$ | t/h | 0 | 16 | 煤的元素 分析成分 | 碳 | $C_{ar}$ | % | 58.30 |
| 7 | 排烟温度 | | $\theta_{py}$ | ℃ | 150 | | | 氢 | $H_{ar}$ | % | 3.09 |
| 8 | 冷空气温度 | | $t_{lk}$ | ℃ | 25 | | | 硫 | $S_{ar}$ | % | 4.34 |
| 9 | 灰渣温度 | | $t_{fz}$ | ℃ | 600 | | | 氧 | $O_{ar}$ | % | 0.74 |
| 10 | 排烟 成分 | 三原子气体 | $r_{RO_2}$ | % | 12.2 | | | 氮 | $N_{ar}$ | % | 0.51 |
| | | 氧气 | $r_{O_2}$ | % | 6.9 | | | 灰分 | $A_{ar}$ | % | 27.90 |
| | | 一氧化碳 | $r_{CO}$ | % | 0.2 | | | 水分 | $M_{ar}$ | % | 5.12 |
| 11 | 灰渣 | 灰流量 | $G_{hz}$ | t/h | 1.19 | 17 | 散热损失 | | $q_5$ | % | 1.1 |
| | | 可燃物体积分数 | $C_{hz}$ | % | 8.8 | | | | | | |

（正平衡 $\eta_{gl} = 85.57\%$，反平衡 $\eta'_{gl} = 85.65\%$，$q_2 = 7.12\%$，$q_3 = 0.97\%$，$q_4 = 4.51\%$，$q_6 = 0.65\%$）

7. 某锅炉房有一台 QXL.200 型热水锅炉，无尾部受热面，经正反热平衡试验，在锅炉现场得到的 数据有：循环水量 118.9t/h，燃煤量 599.5kg/h，进水温度 58.6℃，出水温度 75.49℃，送风温度

16.7℃，灰渣量 177kg/h，漏煤量 24kg/h，以及排烟温度 246.7℃和排烟烟气成分，$r_{RO_2}=11.2\%$，$r_{O_2}=7.7\%$，$r_{CO}=0.1\%$。

同时，在实验室又得到如下分析数据：煤的成分 $M_{ar}=6.0\%$，$A_{ar}=31.2\%$，$V_{ar}=24.8\%$，$Q_{net,ar}=18405kJ/kg$，灰渣可燃物体积分数 $C_{hz}=8.13\%$，漏煤可燃物体积分数 $C_{lm}=45\%$，飞灰可燃物体积分数 $C_{fh}=44.1\%$。

试求该锅炉的产热量、排烟处的过量空气系数、固体不完全燃烧热损失、排烟热损失（用经验公式计算）、气体不完全燃烧热损失（用经验公式计算）、散热损失（查表）以及锅炉正反热平衡效率。

（$Q=8.418\times10^6kJ/h$，$\alpha_{py}=1.551$，$q_4=10.09\%$，$q_2=12.21\%$，$q_3=0.50\%$，$q_5=2.55\%$，$q_6=0.89\%$，正平衡 $\eta_{gl}=76.29\%$，反平衡 $\eta'_{gl}=73.76\%$）

8. 东北地区某供暖锅炉房有三台 QXW2.9-1/130/70-A 型热水锅炉，在额定供热量 $Q=2.9MW$ 下运行时，每小时耗煤 1791kg，经热量计测得燃煤的收到基低位发热量 $Q_{net,ar}=21512kJ/kg$，问这三台热水锅炉的平均热效率为多少？

（$\eta_{oi}=81.29\%$）

9. 某新建化工厂预订三台 DZS20-1.3-Y 型燃油锅炉，经与制造厂联系，得知它在正常运行时热效率不低于 93%，但汽水分离装置的分离效果较差，蒸汽带水率不低于 4.5%。锅炉给水温度为 55℃，排污率为 6%，三台锅炉全年在额定蒸发量和额定蒸汽参数下连续运行，问该厂锅炉房全年最少应计划购买多少吨重油？（重油 $Q_{net,ar}=41860kJ/kg$）

（$B=3858.90kg/h$，$G=33803.96t/a$）

# 第五章　燃　烧　设　备

汽锅和炉子是锅炉的两大基本组成部分。燃料在炉子中燃烧，燃烧放出的热量则被汽锅受热面吸收。一个放热，一个吸热。显而易见，放热是根本，是锅炉生产蒸汽或热水的基础。或者说，只有在燃料燃烧良好的前提下，研究汽锅受热面如何更好地吸热才有意义。

如前所述，燃烧是燃料中的可燃物质与氧进行的剧烈氧化反应，是一种复杂的物理化学过程。它既需要提供温度和浓度条件，又需要一定的时间和空间条件。炉子，作为锅炉的燃烧设备，为燃料的良好燃烧提供和创造这些物理、化学条件，使其将化学能最大限度地转化为热能；同时也应尽可能兼顾炉内辐射换热的要求。可见，燃烧设备的配置及其结构的完善程度，将直接影响锅炉运行的安全性、可靠性和经济性。

鉴于燃料有固体、液体和气体三大类别，燃烧特性差别很大；锅炉容量、参数又有大小高低之分，所以为适应和满足各种锅炉的需要，燃烧设备有着多种形式。按照燃烧方式的不同，它们可划分为如下四类：

层燃炉——燃料被层铺在炉排上进行燃烧的炉子，也叫火床炉。它是目前国内供热锅炉中采用得最多的一种燃烧设备，常用的有手烧炉、风力-机械抛煤机炉、链条炉排炉以及往复炉排炉和振动炉排炉等多种形式。

室燃炉——燃料随空气流进入炉室呈悬浮状燃烧的炉子，又名悬燃炉，如燃用煤粉的煤粉炉，燃用液体、气体燃料的燃油炉和燃气炉。

流化床炉——流化是一种介于层燃和室燃之间的燃烧方式，燃料在炉室中完全被空气流所"流化"，形成一种类似于液体沸腾状态燃烧的炉子，又名沸腾炉。它是目前能脱硫、脱氮和燃用几乎所有固体燃料的一种高效、低污染的清洁燃烧设备。

旋风炉——是一个以圆柱形旋风筒作为燃烧室的炉子，燃料随燃烧所需空气气流在筒体内高速旋转，较细的燃料在旋风筒内呈悬浮燃烧，而较粗的燃料则贴附在筒体壁上燃烧，最后灰渣呈熔化状态（液体）排除。

前已述及，我国是以煤为主要能源的国家，锅炉配置的燃烧设备主要是层燃炉和煤粉炉。对于余热锅炉重点在层燃炉，并以链条炉排炉作为代表形式；对于燃煤电站锅炉，容量大，通常配置煤粉炉。随着我国城市化进程的不断加快和高效节能、绿色低碳环保要求的提高，要减少化石能源消耗，积极稳妥推进散煤治理，提升终端用能低碳化；加快清洁能源替代进程，淘汰小型燃煤锅炉，大力推广应用燃气锅炉、生物质锅炉和电热锅炉等减污降碳设备以及推行集中供热、热电联供等方式，以节约能源和改善大气环境质量。

## 第一节　层　燃　炉

### 一、煤的燃烧过程

在燃烧技术中，把从氧和可燃物质的混合、扩散至发光放热的剧烈氧化反应完成的整个过程，称为燃烧过程。图 5-1 清晰地列示了煤粒的燃烧过程。

燃料的燃烧过程是一个非常复杂的物理化学过程，不可能用简单的公式来表示其微观特性。前文燃烧计算中所列举的燃烧反应方程式，只能从质量平衡的角度说明其总的结果。但为了便于分析研究，习惯上将煤的燃烧过程划分为如下三个阶段：

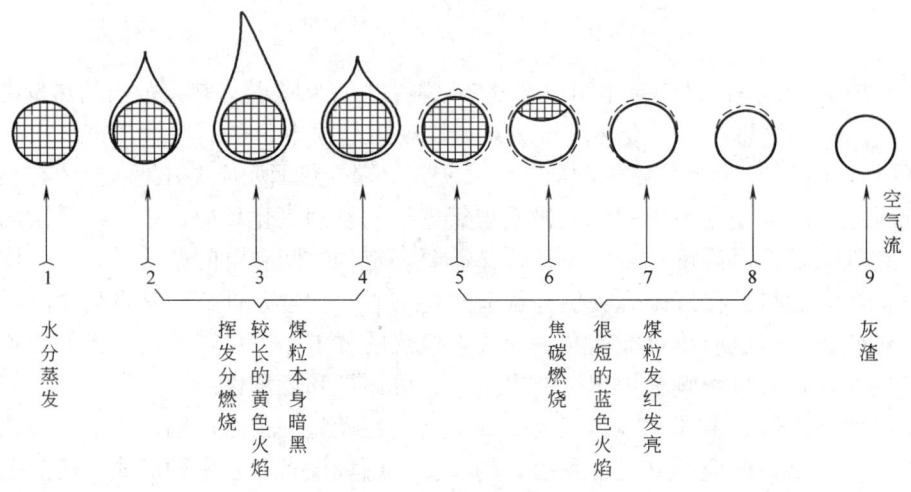

图 5-1　煤粒的燃烧过程

1. 着火前的热力准备阶段

煤进入炉内首先被加热、干燥，当其温度升至 100℃ 时，水分迅即汽化，直至完全烘干，接着释放出来，它的释放速度与煤的特性、加热温度和速度密切相关。当温度继续升高，煤中较难分解的碳氢化合物也析出、挥发后，剩下的就是碳和灰组成的固残余物，称为焦炭。

在这一阶段，炉子的中心任务是要及时为新入炉的煤提供足够的热量，使之迅速升温，尽快完成着火前的热力准备。对于层燃炉，煤的预热干燥热量主要来源于火焰、灼热的炉墙及灰渣等的热辐射、高温烟气的对流散热和与已燃燃料的接触传热。此外，炉子结构（如前、后拱的设置等）对加速新入炉煤的预热干燥也起着重要作用。

煤在炉子中预热干燥所需热量的大小和时间长短，与其特性、所含水分、炉内温度等多种因素有关。煤的水分越多，预热所需热量越多，干燥时间越长。挥发物越多，其开始逸出的温度越低；反之，挥发物开始逸出的温度就较高。显然，提高炉温或预热空气，有利于煤的预热干燥。

2. 挥发物与焦炭的燃烧阶段

如前所述，挥发物是由碳氢化合物、氢、一氧化碳等组成的可燃气态物质。它在燃料加热逸出的同时就开始氧化，只是氧化进程缓慢，既无火焰，也无光亮。当析出的挥发物达到一定温度和质量浓度时，马上着火燃烧，发光发热，在燃料颗粒外围形成一层火膜。此时放出的热量一部分被汽锅受热面吸收，另一部分则用来提高燃料自身温度，以致将它加热至赤红，为焦炭燃烧创造高温条件。所以，通常把挥发物着火温度粗略地看作燃料的着火温度。

一般来说，含挥发物多的燃料，着火温度较低；反之，着火温度较高。如褐煤在 350～

104

400℃就可着火燃烧，而无烟煤则需加热到 600～700℃ 才能着火燃烧。含挥发物多的燃料不仅容易着火，而且易燃烧完全。这是因为挥发物的大量析出会使固体颗粒中的孔隙增多，有利于氧气向里扩散，从而加速燃烧反应。

挥发分燃烧后期，火焰缩短，最后消失，表明挥发分已基本燃烧完毕。实验表明，从燃料干燥、挥发分释出到基本燃烧完毕所需的时间只占整个燃烧时间的 1/10。当挥发分基本燃烧完毕时，焦炭表面开始燃烧，发亮发热，同时焦炭温度逐渐上升，达到最大值 1000～1100℃。这时在炭粒周围有极短的蓝色火焰，它主要是一氧化碳的燃烧所形成的。在焦炭燃烧阶段仍有少量挥发物释出，但这时它对燃烧过程已不起重要作用了。一般认为，在煤的燃烧过程中，90％的时间在使焦炭燃尽。而且，煤中焦炭的量占煤总量的 55％～97％，焦炭的发热量占煤总发热量的 60％～95％。因此，从燃烧时间、燃烧数量和放出热量来看，在煤的燃烧过程中焦炭的燃烧都是主要的。

不难看出，挥发物和焦炭的燃烧是燃烧过程的主要阶段，其特点是燃烧反应剧烈，放出大量热能。因此，为使这一阶段燃烧完全和提高燃烧速度，除了保持炉内高温和一定空间外，更重要的是必须提供适量的空气，并使之与燃料有良好的混合接触，加快氧的扩散，以提高燃烧速度。

3. 灰渣形成阶段

这个阶段也叫燃尽阶段。事实上，焦炭一经燃烧，灰就随之形成，给焦炭披上一层薄薄的"灰衣"。随后，"灰衣"增厚，最后会因高温而变软或熔化，将焦炭紧紧包裹，空气中的氧很难扩散进入，以致燃尽过程进行得十分缓慢，甚至造成较大的固体不完全燃烧热损失。高灰分、低熔点的煤，情况更甚。如果灰熔点低，还常常会形成黏性渣而将炉排通风孔堵塞，使炉子工作环境恶化。

煤的燃尽阶段散热量不大，所需空气也很少。在层燃炉中，为了减少固体不完全燃烧热损失，此阶段应让灰渣在较高的温度条件下，延长在炉内停留的时间，并配以拨火等操作，击破"灰衣"，使灰渣中的可燃物质烧透燃尽。

综观煤燃烧的三个阶段，为使燃烧过程顺利进行和尽可能完善，必须根据燃料的特性，为它创造有利燃烧的必须条件：第一，保持一定的高温环境，以便能发生急剧的燃烧反应；第二，供应燃料在燃烧过程中所需的适量空气；第三，采取适当措施以保证空气与燃料能很好接触、混合，并提供燃烧反应所必需的时间和空间；第四，及时排出燃烧产物（烟气和灰渣）。

燃烧设备的任务就是为燃料的良好燃烧创造上述条件。针对不同燃料在燃烧过程中的特性，如挥发物低的无烟煤着火比较困难，含灰多、灰熔点低的某些烟煤难以燃尽等，应采取相应的燃烧方式、燃烧设备和炉内改善燃烧的措施，以使燃料尽可能烧好燃尽。

此外，燃烧设备本身还应充分考虑运行的安全可靠、结构简单合理、操作检修方便以及造价和运行费用低等方面的要求。

二、人工操作层燃炉

人工操作层燃炉也称手烧炉，是一种最古老、最简单的燃烧设备。它具有结构简单、操作方便、着火更稳定和燃料适应性广等优点，但它的加煤、拨火和除渣三项主要操作均由人力完成，劳动强度大，而且燃烧效率较低（50％～60％），还周期性地冒黑烟，污染环境。因此这种炉型目前国内已基本淘汰。

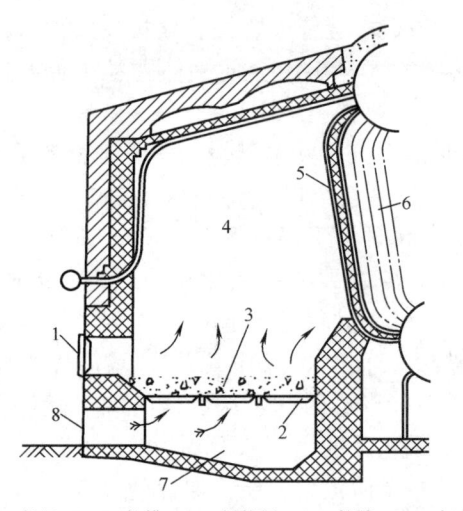

1—炉门；2—炉排；3—燃烧层；4—炉膛；5—水冷壁；
6—汽锅管束；7—灰坑；8—灰门。

图 5-2　手烧炉构造简图

手烧炉的构造简图如图 5-2 所示，煤由人工经炉门铺撒在炉排上形成燃料层，燃烧所需空气则经灰坑穿过炉排的通风孔隙进入炉内参与燃烧反应。燃烧形成的大块灰渣从炉门钩出，细屑碎末灰渣则漏落入灰坑，由灰门耙出。高温烟气经与布置在炉内的受热面辐射换热后，进入汽锅对流管束烟道。

手烧炉的燃烧过程是沿高度逐渐进行的，新煤加在灼热的焦炭层上，在上下两面受热的条件下预热、干燥，挥发物析出，迅速完成了燃烧的热力准备阶段，进而开始着火燃烧。

按燃料供应方式，手烧炉是典型的上饲式炉子，煤自上向下抛撒在灼热的焦炭层上，空气则自下而上与煤相遇。如此，新煤在炉内不但受上方炉膛空间的火焰、高温烟气和炉墙的热辐射，还受下方灼热燃烧层的烘烤加热，形成了十分有利的"双面引火"的着火条件，使新煤在热力准备阶段可以获得足够热量。正是这种双面引火的特点，使手烧炉的煤种适应性广，几乎可燃用任何品种的煤。

手烧炉的第二个特点是燃烧工况的周期性，这是由于它是间歇加煤，煤层厚度随时间变化所引起的。在煤进炉后，迅速被加热、干燥，紧接着挥发物大量析出而被点燃。这时需要大量空气，而实际有效参与燃烧的空气远远满足不了燃烧的需要。在严重缺氧的条件下，引起挥发物热分解而生成大量炭黑，炭黑原就难以燃烧而冒大量黑烟。这便是手烧炉每次投煤后，烟囱冒黑烟的原因。这不仅增大了不完全燃烧热损失，也严重地污染了环境。

如果能按照燃烧周期中所需空气量的变化，分阶段控制送入的空气量，燃烧情况将大为改善。要达到这一目的，减轻手烧炉燃烧周期性的影响，其一，要提高操作技术，使燃烧层厚度的变化尽可能小，如缩短投煤周期。其二，采用间断送二次风的措施，即只在加煤周期的前期向炉内引入二次风，加强炉内气流的扰动。其三，改进炉排结构，采用摇动炉排和双层炉排。摇动炉排控制手柄轻轻摇动几下，包裹在焦炭四周的灰分受振脱落，利于焦炭的燃尽。

双层炉排手烧炉的结构示意如图 5-3 所示，它设有上、下两层炉排和上、中、下三个炉门。上层炉排通常由直径为 51～76mm 的水管管排组成，俗称水冷炉排。下层

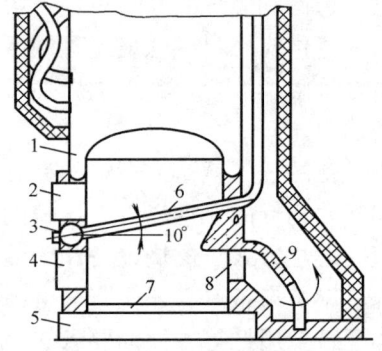

1—锅筒；2—上炉门；3—水冷炉排下集箱；4—中炉门；
5—下炉门（灰门）；6—水冷炉排（上炉排）；
7—下炉排；8—炉膛出口；9—烟气导向板。

图 5-3　双层炉排手烧炉结构示意图

炉排由铸铁制造，与一般手烧炉的固定炉排基本相同。

运行时，煤间歇地添加在上层炉排上，供应燃烧的空气也由上炉门进入，新煤受下面已燃煤层的加热得到预热、干燥，进而着火燃烧，火焰和高温烟气则向下流动，所以也叫逆向燃烧。煤的挥发分在通过上层炉排上的灼热炉层时，基本可以烧尽；即使有少量尚未燃尽的，在掠过高温炉膛和下层炉排上火红的焦炭层表面时仍能得以燃尽，从而消除了黑烟。

### 三、机械化层燃炉

加煤、拨火和除渣三项主要操作由机械代替人工操作的层燃炉，统称机械化层燃炉。它的形式有机械-风力抛煤机炉、链条炉排炉、往复炉排炉、振动炉排炉和下饲式炉等，其中以链条炉排炉在供热锅炉中应用最为广泛。

#### 1. 机械-风力抛煤机炉

抛煤机是一种机械化的给煤设备，早在19世纪末就有应用。这种炉子的加煤方式与手烧炉相仿，煤被撒落在灼热的燃烧层上，也具有"双面引火"的着火条件；煤层厚度和通风强弱则可以控制、调节，从而使燃烧过程进行得比较完善。

机械-风力抛煤机炉的结构示意如图5-4所示，主要由抛煤机、炉膛和炉排组成。机械-风力抛煤机是以机械力为主、风力为辅的机械抛煤设备。图5-5所示为机械-风力抛煤机的构造示意图。煤自煤斗下滑，经给煤机滑块的往复推进，顺调节板下落被抛煤转子的叶片抛撒于炉中，至此完成了机械抛煤的工作。辅助的风力抛煤，主要由播煤风槽斜面上的一排喷口喷出的气流完成。为防止炉内高温辐射，在转子外围的壳体中设有冷却风扇，冷却风从风口喷出，也起着部分拨煤作用，而侧面风管中喷出的气流很大程度上起着扰动混合作用。用于风力抛煤的空气来自炉排下的送风总管，约占总风量的20%。它们在完成风力抛煤的同时，也促成炉内可燃气体和悬浮的细屑燃料的进一步燃尽，起着二次风的作用。

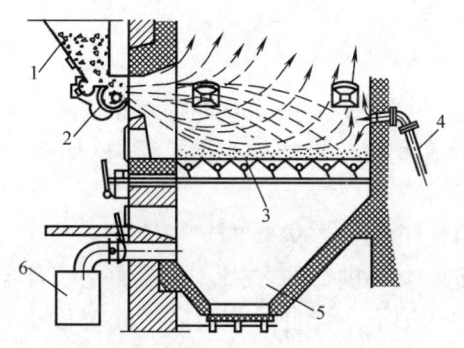

1—煤斗；2—抛煤机；3—摇动炉排；
4—飞灰回收再燃装置的导管；
5—风室与渣斗；6—总风道。

图5-4 机械-风力抛煤机炉结构示意图

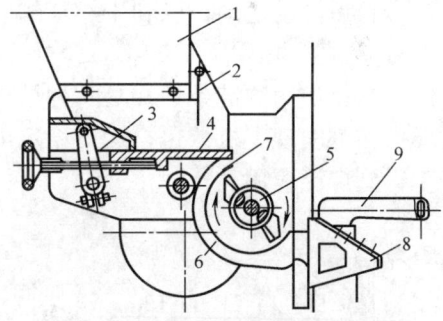

1—煤斗；2—落煤调节板；3—给煤机滑块；
4—抛煤距离调节板；5—抛煤转子及叶片；
6—冷却风扇；7—冷却风喷出口；
8—播煤风槽及喷口；9—侧风喷口。

图5-5 机械-风力抛煤机构造示意图

给煤量的调节主要通过改变给煤机滑块的往复频率或行程来实现。提高往复频率还可改善给煤的连续性和均匀性，减小燃烧脉动和炉膛负压的波动；加大滑块行程，有利于消除燃用湿煤时的粘结堵塞现象。抛煤的远与近，除改变转子转速外，还可通过抛煤距离调节板的伸、缩以改变转子叶片的出煤角度来控制，调节板向后缩进，煤就抛得较远，反之抛得近。

这种炉子配置机械-风力抛煤机的台数，根据锅炉容量决定，一般装设2~3台，每台抛煤机的工作宽度为900~1100mm。炉排通常采用摇动炉排，整个炉排以及炉排下的风室与渣斗，则按照抛煤机台数进行分区，每组炉排有独立传动机构，以便于分组清炉及除渣。

机械-风力抛煤机炉，因抛撒和风力的作用，使相当数量的煤末细屑在炉膛中飞扬，呈悬浮燃烧，所以也称"火炬-层燃炉"。因其着火条件较好，煤种适应范围广，从褐煤到无烟煤基本上都可燃用。为了保证在整个炉排上布煤均匀，抛煤机对煤的颗粒度有一定要求，对粒度变化也十分敏感。对于未经筛分的统煤，0~3mm的细末占比不应大于30%，最大煤块不宜超过30~40mm；应用基水分不宜超过15%，否则易粘结而影响给煤和抛煤工作的正常进行。机械-风力抛煤机炉常采用薄煤层燃烧，层厚一般仅50mm左右，其燃烧层温度较低，不会熔结渣块，并能较好地适应锅炉负荷的变化。

机械-风力抛煤机炉采用开式炉膛或有前拱的炉膛，炉内气流扰动混合情况较差，悬浮的煤粒细屑往往未及燃尽就飞离炉膛，造成较大的飞灰损失。这不仅降低锅炉运行的经济性，还会严重污染环境。这也正是机械-风力抛煤机炉目前在国内应用受到限制的重要原因之一。因此机械-风力抛煤机炉应设置二次风，以加强气流扰动和悬浮粒子与空气的混合，同时还可延长悬浮粒子的行程，使之更好地燃尽。二次风风量为总风量的10%~20%，煤末多、挥发分高的煤取大值，以二次风不破坏抛煤工作为原则。此外，机械-风力抛煤机炉炉排上煤粒分布也不均匀，细粒易堆积在前，粗粒堆积在后，使前、后端的燃尽程度不同，影响热效率的提高。

此型炉子的优点是煤种适应性广、负荷调节灵敏以及投资和金属耗量较低。

对于蒸发量较大的锅炉，也有配置机械-风力抛煤机和链条炉排相结合的燃烧设备。这样抛煤机借机械力将大颗粒的煤抛得较远并集中于炉后，采用炉排倒转（图6-10），即链条炉排自后向前运动，以利于燃料的燃烧与燃尽。

2. 链条炉排炉

链条炉排炉简称链条炉，是一种结构比较完善的层燃炉。由于它的加煤、清渣、除灰等主要操作都实现了机械化，运行稳定可靠，因此在我国，链条炉在供热锅炉和小型电站锅炉中得到广泛应用。

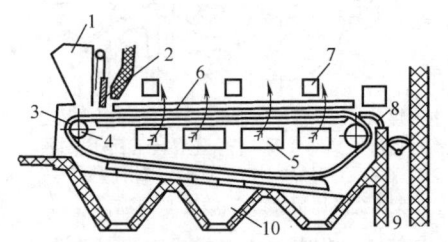

1—煤斗；2—煤闸门；3—炉排；4—主动链轮；
5—分区送风仓；6—防渣箱；7—看火孔及检查门；
8—除渣板（老鹰铁）；9—渣斗；10—灰斗。

图5-6 链条炉结构简图

（1）链条炉的构造

按照燃料供给的方式，链条炉是一种典型的前饲式炉子。煤自炉前向后由缓缓移动的链条炉排引入炉内，与空气气流交叉相遇。因此，无论在炉子结构上，还是在燃烧过程等方面，链条炉都有自己的特点。

图5-6为链条炉结构简图。煤靠自重由炉前煤斗落于链条炉排上，链条炉排则由主动链轮带动，由前向后徐徐运动；煤随之通过煤闸门被带入炉内，并逐渐依次完成预热干燥、挥发物析出、燃烧和燃尽等阶段，形成的灰渣最后由装置在炉排末端的除渣板铲入渣斗。

煤闸门可以上、下升降，用以调节所需煤层厚度。除渣板俗称老鹰铁，其作用是使灰渣在炉排上略有停滞，从而延长它在炉内停留的时间，以降低灰渣含碳量；同时也可减少炉排后端的漏风。煤闸门至除渣板的距离称为炉排有效长度，约占链条总长的40%；炉排有效长度与炉排宽度的乘积即为链条炉的燃烧面积，其余部分则为空行程，炉排在空行过程中得到冷却。在链条炉排的腹中框架里，设有几个能单独调节送风的风仓，燃烧所需的空气穿过炉排的通风孔隙进入燃烧层，参与燃烧反应。

在炉膛的两侧分别装置有纵向的防渣箱。它一半嵌入炉墙，另一半贴近运动着的炉排而敞露于炉膛。通常是以侧水冷壁下集箱兼作防渣箱。防渣箱的作用：一是保护炉墙不受高温燃烧层的侵蚀和磨损，二是防止侧墙粘结渣瘤，确保炉排上的煤横向均匀满布，避免炉排两侧严重漏风而影响正常燃烧。

（2）链条炉排的结构形式

链条炉排的结构形式有多种，目前我国供热锅炉常用的是鳞片式链条炉排和链带式链条炉排。

1）鳞片式链条炉排

图5-7所示为不漏煤型鳞片式链条炉排的结构图。链条炉排的整个炉排面就是由这样的很多组链条和炉排片组成。在炉排宽度方向有若干根平行设置的链条，链条上装有炉排片中间夹板或侧密封夹板，炉排片就嵌插在左右夹板之间，一片紧挨一片地前后交叠成鳞片状，以减少漏煤损失（一般仅0.15%～0.20%）。两片之间有一定的缝隙，作为空气进入燃烧层的通道，炉排的通风截面比约为6%。由于通风孔道略向前倾，有利于将炽热气流导向炉子前端以加速引火燃烧。

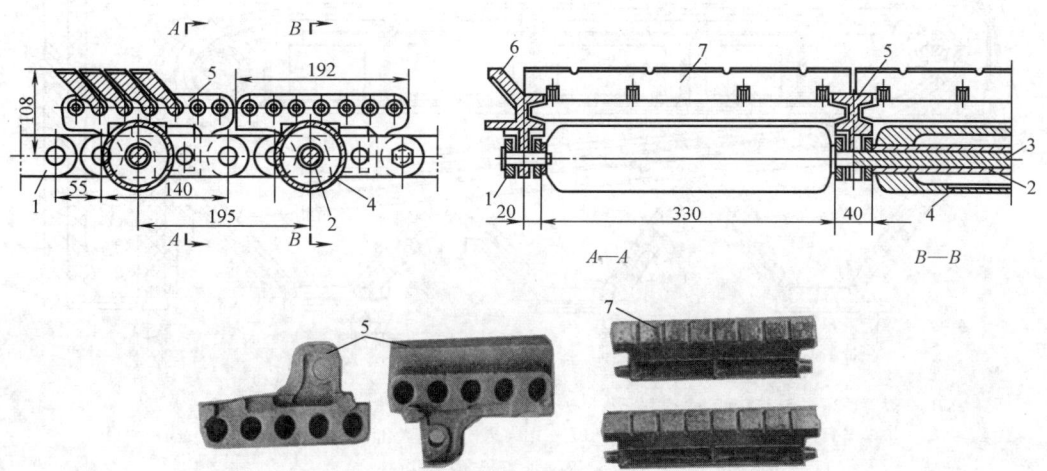

1—链条；2—节距套管；3—拉杆；4—铸铁滚筒；5—炉排中间夹板（手枪板）；
6—侧密封夹板（边夹板）；7—炉排片。

图5-7 不漏煤型鳞片式链条炉排结构

嵌插炉排片的夹板是用链销固定在承受拉力的链条上的。平行工作的各根链条，借拉杆依次串联，拉杆外的节距套管则用以保证各根链条平行相隔一定的距离。链条和炉排片通过套于节距套筒外的铸铁滚筒支挂在炉排支架上，并可沿支架的支承面滚动前进（图5-8）。当炉排行至尾部并转入空行程后，炉排片借自重一片片地顺序翻转过来，倒挂在夹板间，以卸除残留的灰渣、煤屑；在空行时逐渐被冷却。在支架的前、后端各有一轴；为使整个炉排工作面拉紧保持平整，在后轴与下导轨之间有一段下垂的炉排，其重力足以克服铸铁滚筒与炉排上部水平支架（上导轨）之间的摩擦阻力。前轴为主动轴，其上的链轮带动炉排运行；后轴为从动轴，轴上有光滑的大圆滚筒，可让链条自由滚滑而过。主动轴的一端通过一套变速装置与拖动的电动机相连，链条炉排速度一般为 2～20m/h，依燃料品种和负荷大小而异。

由于鳞片式炉排采用较细的圆钢将各组链条相串，组成柔性结构。因此它具有一个重要优点：当主动轴上几个链轮之间的齿形略有差异时，各链条可以自行调整，仍保持链节与链轮的良好啮合。此外，承受拉力的链条被置于炉排面之下，免受燃烧层的直接加热，从而使炉排运行更加安全可靠。再者，炉排片的装卸十分方便，甚至可在不停炉的情况下更换损坏的炉排片。

但是，此型炉排结构比较复杂，金属耗量和机械加工量较大。此外，它的刚性差，特别是炉排较宽时，容易发生成组炉排片脱落和卡住等事故。所以，鳞片式链条炉排的宽度不能太宽，一般不大于 4.5m。

鳞片式链条炉排（图 5-8），国内广泛配置于蒸发量为 10～75t/h 的蒸汽锅炉和供热量为 7～58MW 的热水锅炉。

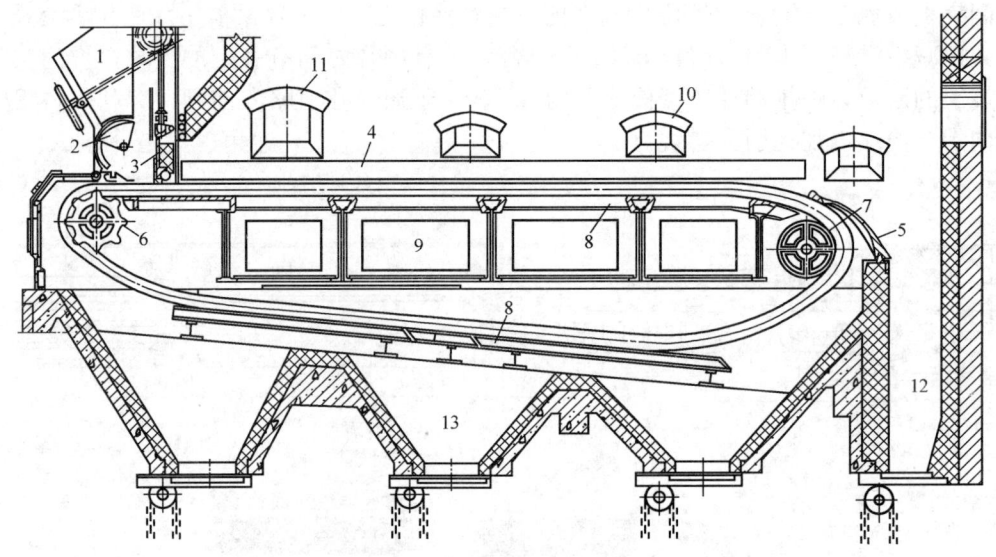

1—煤斗；2—扇形挡板；3—煤闸门；4—防渣箱；5—老鹰铁；6—主动链轮；7—从动轮；
8—炉排支架上、下导轨；9—送风仓；10—拨火孔；11—人孔门；12—渣斗；13—漏灰斗。

图 5-8　鳞片式链条炉排

2）链带式链条炉排

我国生产的快装链条锅炉，大多采用轻型链带式链条炉排。这种炉排的炉排片形状酷似链节（图 5-9），将这些"链节"串联成一个宽阔的环形链带，紧紧地缠绕在前、后轴轮上。

图 5-10 为国产快装锅炉上的轻型链带式链条炉排结构图。

轻型链带式链条炉排用若干圆钢将众多炉排片串联而成。在两侧和中间安插有由主动链环构成的链条，它直接与主动轴上的链轮相啮合。链轮转动时，通过两侧和中间的若干链条带动整个炉排自前向后运动。可见，主动链环承受着炉排运动时的拉力，所以它也称主动炉排片，而一般炉排片只受克服相当于自身运动阻力的拉力。此型炉排的通风截面比为 5.5%～12.0%。

轻型链带式链条炉排结构简单，制造加工较为方便，而且金属耗量远小于鳞片式链条炉排，$1m^2$ 有效炉排面的质量为 600～700kg，仅为鳞片式链条炉排的 2/3 左右。但此型炉排的主动链环受的拉力大，又在高温下工作，容易拉断；其余的一般炉排片厚度很薄，既受力又受热，运行中有时也会断裂。由于这种炉排用圆钢串接为一体，更换炉排片相当麻烦。此外，运行时间一长，此型炉排的通风缝隙会因磨损而变大，以致漏煤量也随之增大，影响锅炉运行的经济性。

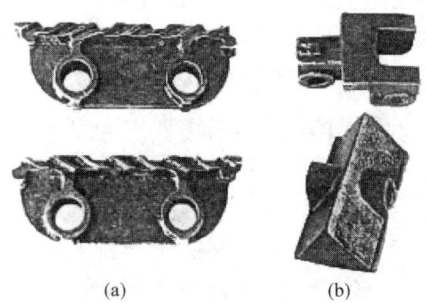

图 5-9　轻型链带式链条炉排片及主动链环
(a) 链带式链条炉排片；
(b) 主动链环（主动炉排片）

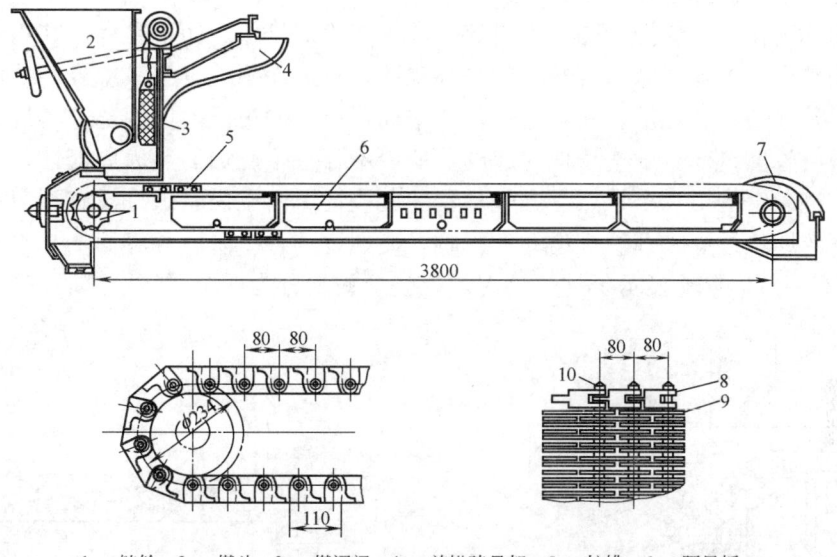

1—链轮；2—煤斗；3—煤闸门；4—前拱砖吊架；5—炉排；6—隔风板；
7—老鹰铁；8—主动链环；9—炉排片；10—圆钢。

图 5-10　轻型链带式链条炉排结构

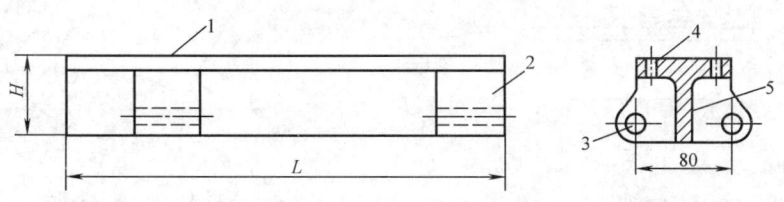

1—炉排片工作面；2—炉排片环脚；3—连接孔；4—通风孔；5—加强筋。

图 5-11　大块型炉排片结构

除了上述轻型链带式链条炉排以外，我国在小容量锅炉中也有采用大块型炉排片的链带式炉排。这种炉排片尺寸较大，用以取代原串联于两条主动链环之间的所有薄片型炉排片，其结构如图 5-11 所示。每块炉排片的工作面上均布有两排通风孔，孔形上小下大，以减少堵灰。上孔孔径为 6～8mm；背面则铸有加强筋，以加强机械强度和冷却性能。每块炉排片长度在 300～500mm 之间，常用的有 320mm，350mm 等几种。

大块型链带式链条炉排运行安全可靠，单位有效炉排面积的金属耗量比轻型链带式炉排还要少 1/4 左右。但它的自洁能力差，当通风孔内嵌有熔融灰渣时，难以脱落，以致可能引起燃烧的恶化。为此，在大块型链带式炉排的基础上又发展了活络芯型链带式链条炉排，其通风均匀、燃烧效率较高，且有较好的自洁能力，检修、拆换也较方便。

不论哪一种形式的链条炉排，在运行时炉排的运动部分和两侧的固定墙板之间均存在相对运动，其间必须有必要的间隙。间隙过大，空气会大量窜入炉内，影响燃料燃烧，使炉温降低，热损失增大；间隙过小，则可能因热膨胀而卡死炉排或加重炉排与两侧炉墙的摩擦，增大动力消耗。因此，必须在炉排两侧的间隙部位装设侧密封装置。鳞片式链条炉排采用了接触式侧密封装置（图 5-12），用石棉绳塞住与炉外相通的间隙，用密封薄板和密封搭板阻隔由风室穿向炉内的漏风。

（3）链条炉的燃烧过程

链条炉的工作与手烧炉不同，煤自煤斗滑落在冷炉排上，而不是铺撒在灼热的燃烧层上。进入炉子后，主要依靠来自炉膛的高温辐射，自上而下地着火、燃烧。显而易见，链条炉的着火条件不及手烧炉有利，是一种"单面引火"的炉子。但因整个燃烧过程的几个阶段是沿炉排长度自前至后连续地完成的，所以不存在手烧炉的热力周期性，使燃烧工况大为改善。链条炉的第二个特点是燃烧过程的区段性。由于煤与炉排没有相对运动，链条炉自上向下的燃烧过程受到炉排运动的影响，使燃烧的各个阶段分界面均与水平面呈一倾角。图 5-13（a）形象地显示了这一情况，燃烧层被划分为四个区域。

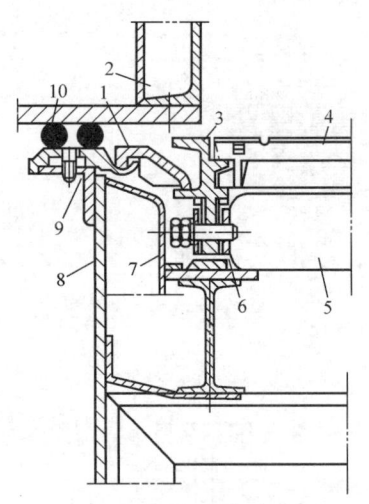

1—密封搭板；2—防焦箱；3—炉排边夹板；
4—炉排片；5—铸铁滚筒；6—链节；
7—密封薄板；8—炉排墙板；
9—固定板；10—石棉绳。

图 5-12　接触式侧密封装置

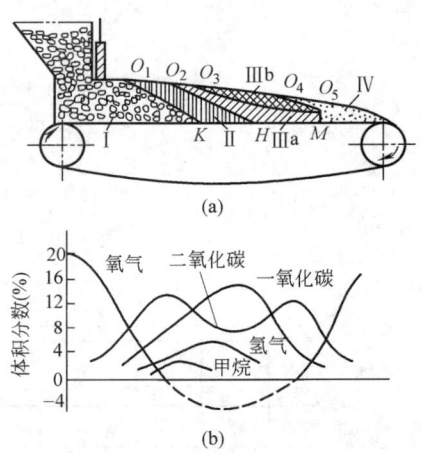

I — 新煤区；II — 挥发物析出、燃烧区；
IIIa — 焦炭燃烧氧化区；IIIb — 焦炭燃烧还原区；
IV — 灰渣形成区。

图 5-13　链条炉燃烧过程与烟气
成分变化规律示意图
（a）燃烧层分区；（b）烟气成分变化曲线

煤在新煤区中预热干燥，从 $O_1K$ 所示的斜面开始析出挥发物。不同品种的煤开始析出挥发物的温度不相同，但对给定的炉前应用煤来说，这个温度大致一定，所以 $O_1K$ 实际上代表着一个等温面。此等温面的倾斜程度取决于炉排运动速度和自上而下的燃烧传播速度。因为燃料层的导热性能很差，以致向下的燃烧传播速度仅为 $0.2\sim0.5m/h$，大约只有炉排速度的几十分之一。因此，燃烧热力准备阶段在炉排上占有相当长的区段。

煤在 $O_1K$ 至 $O_2H$ 区间内释放出全部挥发物。$O_1K$ 与 $O_2H$ 相距不远，这是因为挥发物沿 $O_1K$ 析出的同时，开始在层间空隙着火燃烧，燃烧层的温度急速上升，到挥发物释放殆尽的 $O_2H$，温度已达 $1100\sim1200℃$。

从 $O_2H$ 开始焦炭着火燃烧，温度上升至更高，燃烧进行得异常激烈，是煤的主要燃烧阶段。由于燃烧层厚度一般都超过氧化区的高度，因此焦炭燃烧区又可分焦炭燃烧氧化区和焦炭燃烧还原区。来自炉排下的空气中的氧气在焦炭燃烧氧化区中被迅速耗尽；燃烧产物中的二氧化碳和水蒸气上升至焦炭燃烧还原区，立即被灼热的焦炭还原，此处温度略低于焦炭燃烧氧化区。

最后是燃尽阶段，即灰渣形成区。链条炉是"单面引火"，最上层的煤首先被点燃，因此灰渣也先在表面形成。此外，因空气由下进入，最底层的煤燃尽得较快，较早形成了灰渣。可见，炉排末端焦炭的燃尽是夹在上、下灰渣层中的，这对多灰分煤更为不利，使 $O$ 点向后延伸，易造成较大的固体不完全燃烧热损失。

在链条炉中，煤的燃烧是沿炉排自前向后分阶段进行的，因此燃烧层的烟气各组成成分在炉排长度方向各不相同，其变化规律如图 5-13（b）所示。

在预热干燥阶段，基本不需要氧气，通过燃烧层进入的空气的含氧量几乎不变。自 $O_1$ 点开始，挥发物析出并着火燃烧，氧气的体积分数下降，燃烧生成的二氧化碳的体积分数随之增高。当进入焦炭燃烧区后，燃烧层温度很高，氧化层渐厚，以致来自炉排下的空气中的氧未穿越燃烧层就已全部被消耗殆尽，此时 $\alpha=1$，二氧化碳的体积分数出现了第一个峰值。从此开始了还原反应，一氧化碳逐渐增多，二氧化碳的体积分数则逐渐降低。其时，当燃烧产物中的水蒸气进入焦炭燃烧还原区也被炽热焦炭还原，氢气渐有增加。在严重缺氧的情况下，甚至连挥发物中的甲烷等可燃气体也无法燃尽。

当一氧化碳和氢气的体积分数达到最大值后，由于燃烧层部分燃尽成灰，焦炭燃烧还原层渐薄，这两个成分又逐渐下降。当还原区消失时，二氧化碳的体积分数又达到了一个新的高峰，此时焦炭燃烧氧化区还没有消失。此后，灰渣不断增多，焦灰层厚度越来越薄，所需氧气量也越来越少，最后在炉排末端，氧气的体积分数增大，几乎达到供入氧气的体积分数的 21%。

显而易见，当燃烧层中出现了还原反应，就表明供应的空气量不足以满足燃烧的需要，即 $\alpha<1$，如图 5-13（b）中氧气曲线的虚线所示区段；在焦炭燃烧还原区的前后两段，燃烧层上的气体中有过剩氧，表示 $\alpha>1$。

（4）煤的性质对链条炉燃烧的影响

链条炉是一种"单面引火"的炉子，着火条件差；燃烧层本身也无自行扰动的作用，因此，它的煤种适应范围较窄，对煤质的变化十分敏感，会直接影响它的工作和燃烧过程。

1）水分　煤的含水量过高，将延长煤的着火阶段，使 $O_1$ 点后移（图 5-13），即在炉排有限的长度上缩短了燃烧、燃尽阶段的工作长度，易造成较大的不完全燃烧热损失。然而，煤中的水分也不宜过少，特别是燃用细末较多的煤，应适当加些水分，以使细屑结团而不被吹飞和漏落。同时，由于水分蒸发还可使煤层疏松，增大孔隙率，促成空气和煤的良好接触，有利于燃烧完全。对于粘结性较强的煤，加少许水分能减弱焦结；对高挥发分的烟煤，适量掺水还可缓和挥发物析出速度，有利于挥发物的燃尽。但是水分终究要吸收热量，也会导致排烟损失的增加，因此应适度控制水分，一般以收到基水分 8%～10% 为宜。

2）灰分  煤的灰分高低，对链条炉的工作和燃烧也有较大影响。由燃烧过程的分析可知，链条炉中焦炭最后是夹在上、下灰渣之间燃尽的。灰分含量越大，这种裹挟作用越甚，增加了氧气向可燃物质扩散的阻力，焦炭燃尽越加困难，$O_5$ 点右移更甚，势必增大固体不完全燃烧热损失。灰分过低，会因形成的灰渣层过薄而使炉排过热，工作条件变差。若灰熔点较低，熔融的结渣还会堵塞炉排通风孔隙，恶化燃烧。为此，链条炉对燃料的灰分含量和灰熔点都有一定要求：干燥基灰分不宜大于 30%，灰的熔化温度最好能高于 1200℃。

3）挥发分  挥发分对燃烧过程的影响主要体现在煤着火的难易程度上。如挥发分含量低的贫煤和无烟煤，挥发物要在较高的温度下才会析出，着火困难，即 $O_1K$ 右移，燃烧及燃尽的时间相对缩短；而固定碳含量又很高，所以往往会使固体不完全燃烧热损失增大。对挥发分含量高的煤来说，着火容易，且易燃烧完全。但在炉膛容积热负荷较高时，气体不完全燃烧热损失将有所增大。如国内应用甚广的卧式快装锅炉，因炉膛低矮，在燃用高挥发分烟煤时，气体不完全燃烧热损明显增大。

4）粘结性  燃用粘结性强的煤，在高温下易在燃料层表面板结，通风严重受阻，不得不加强拨火操作，而使燃烧不够稳定。相反，燃用贫烟、无烟煤等弱粘结和不粘结的煤时，煤受热时易形成细屑碎末，吹飞和漏落甚多，燃烧的经济性变差。显然，在链条炉中燃用这两类煤都不理想，一般宜掺和混烧。

5）颗粒度  煤的颗粒度也直接关系炉子工作的好坏。当燃用未经筛分的统煤时，因颗粒度大小不一，碎屑细末会嵌填于块煤之间，使干燥阶段产生的水蒸气不容易散逸，延缓了着火和燃烧过程；同时，层间通风阻力很大，细末多的地方还易被风吹走而形成"火口"，破坏正常燃烧。颗粒度大小过于悬殊，还会引起在煤斗中的机械分离，粗粒大块跑边，细粒碎末居中，导致炉排两侧和中间燃烧层密实程度很不均匀，最终是两侧穿风早已燃尽，中间却是"火龙"一条，"红火"落入渣斗，使固体不完全燃烧损失大增。

（5）链条炉的燃烧调节

因燃烧层的层间温度很高，化学反应速度很快，燃烧速度主要取决于氧向焦炭的扩散速度和供给量，所以送风量的改变可灵敏地控制燃烧的强弱。加大风量，锅炉出力当即增大；反之，出力降低。因此，当锅炉负荷变动时，通常总是先调节风量，然后才改变给煤量，即使炉排速度与之匹配，协同跟踪负荷的变化。

煤层厚度借煤闸门人工调节，根据煤种、煤质以及颗粒度，一般控制在 100～150mm。粘结性烟煤宜薄，无烟煤的贫煤略厚，使燃烧层蓄热量大，有利于着火、燃尽；高挥发物煤层要薄而进给速度要快，以减少燃烧层上方气体成分在沿炉排长度方向的不均匀性，有利于可燃气体在炉膛内燃尽。反之，对高水分的劣煤，宜层厚而炉排速度放慢，这样既可保证前端着火稳定，又可减少未尽焦火排入渣斗。总之，煤层的合理厚度需由试验确定，确定后一般不宜变动，除非煤质（如水分、颗粒度等）变化很大，或锅炉负荷有大幅度改变时，才予以适当调整。

综上所述，链条炉在运行中的调节主要是指风量和给煤量的调节，使之合理配合，以保证燃烧工况的正常与稳定。在运行工况正常时，煤在进煤闸门后的 $0.2\sim0.3m$ 就应开始发火点燃，在除渣板前 $0.3\sim0.5m$ 应基本燃尽；燃烧层上的火焰呈麦黄色而匀密，燃烧层平整而无发黑或喷火穿孔的地方，烟囱排烟清淡略呈灰色。

（6）改善链条炉燃烧的措施

根据上述对燃烧过程和燃烧层上气体成分变化规律的分析，为改善链条炉的燃烧以提高燃烧的经济性，目前链条炉在空气供应、炉膛结构及炉内气流组织等方面采取了相应的技术措施，获得了很好的效果。

1）分区配风　如前所述，链条炉的燃烧过程是分区段的，沿炉排长度方向燃烧所需空气量各不相同。在煤的热力准备阶段，基本上不需要空气；在灰渣形成阶段，可燃物所剩无几，需要的空气也不多。空气需要量最大的区段在炉排中段挥发物和焦炭的燃烧区域。显而易见，如果对供给的空气不加以分配和控制，即统仓送风方式，如图 5-14 中 $ab$ 线所示，则必然会出现前、后两端空气过量很多，而中间主燃烧区段空气量严重不足，使得燃烧层上方有较多的未完全燃烧产物（一氧化碳、氢气和甲烷等可燃气体），结果是既增加不完全燃烧热损失，也增加排烟热损

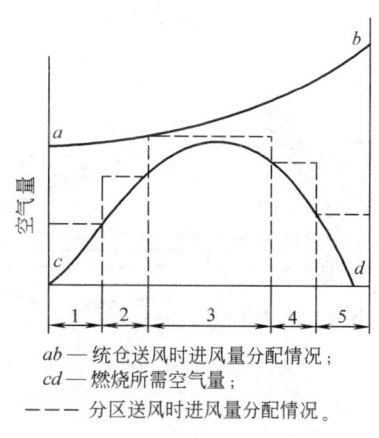

$ab$ —— 统仓送风时进风量分配情况；
$cd$ —— 燃烧所需空气量；
—— —— 分区送风时进风量分配情况。

图 5-14　链条炉空气分配情况

失。所以，为改善燃烧，消除这种弊病，配风系统必须优化。

国内链条炉配风的优化，采用"两端少、中间多"的分段配风方式，即把炉排下的统仓风室沿长度方向分成几段，互相隔开做成多个独立的小风室。每个小风室各自装设调节风门，可以按燃烧的实际需要调节和分配不同风量，如图 5-14 虚线所示。显然，分段越多，供给的空气量越符合煤的燃烧需要，只是配风结构会因此而过于复杂。所以，通常是将炉排下的风室分隔成 $4\sim6$ 个小风室。

运行实践表明，要切实做到按煤燃烧的需要配风并非易事，除小风室之间的隔离密封结构必须良好、有效外，对炉排宽度方向上的配风均匀性要特别予以重视。实验证明，小风室横向配风的均匀性与进风口尺寸、风室内空气的轴向气流动能和风室密封性等多种因素有关，其中以进风口尺寸的影响最为显著。风室内气流随进风口与风室的截面比的增大而更趋均匀。此外，对于单侧进风的链条炉，设置导风板或采用风室节流挡板装置，对改善炉排横向配风的均匀性也是有效的。对于炉排宽度较大的链条炉，则应采取双侧相对进风的方式。

采取分区配风后，炉子前后端的送风量可大幅度地调小，有效降低了炉膛中总的过量空气系数 $\alpha_1$，既保持了炉膛高温，又减少了排烟损失；在需氧最多的中段主燃烧区及时得到了更多的氧气补给。但需指出，增大中段风量，只能增强燃烧，而无法消除还原区的出现，燃烧产物中依然存在许多可燃气体。因此，如何使各燃烧区段上升的气体在炉膛空间中良好混合，保证其中所含可燃气体成分的燃尽，乃是改善链条炉燃烧的又一重要课

题。目前采取的措施是改变炉膛的形状，即在前、后炉墙下部砌筑凸向炉膛的炉拱和吹送高速的二次风。

2）炉拱　炉拱在链条炉中有着相当重要的作用。它不但可以改变自燃料层上升的气流方向，使可燃气体与空气得以良好混合，为可燃气体燃尽创造条件，还有加速新入炉煤着火燃烧的作用。

炉拱分前拱和后拱。前拱的主要作用是吸收燃烧火床面的辐射热和部分火焰辐射热，通过再辐射将热量传递到新燃料的着火区，加快着火的进程，故前拱又称为辐射拱。

后拱的主要作用是将拱区内的高温烟气及悬浮的炽热炭粒导向火床头部，以加速燃料的引燃过程。后拱增强了炉前、炉后各种成分气体的扰动与混合，使可燃气体及悬浮灰粒得到进一步的燃尽。后拱的另一个作用是对燃尽区的保温促燃，以降低灰渣的热损失。

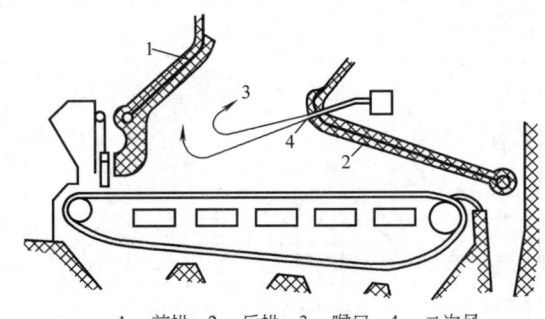

1— 前拱；2— 后拱；3— 喉口；4—二次风。

图 5-15　炉拱与喉口及二次风的关系

炉拱的具体形状、布置与燃料的种类和特性有关，应根据燃用煤种并参考表 5-1 确定。通常，前、后拱同时布设，各自伸入炉膛形成"喉口"，对炉内气体有强烈的扰动作用（图 5-15）。为了保证对炉排前端有较好热辐射条件，前拱一般应有足够的开敞度。某些老式链条炉中采用低而长的前拱，是不尽合理的。因为炉拱本身并不产生热量，它只是接受来自火焰和高温烟气的辐射热，并加以积蓄和再辐射，使之集中于刚进炉的新煤上，以加速着火。事实上，炉膛里充满三原子气体和水，它们都是不透明体，只要烟气层有足够的厚度，非但可以防止新煤层直接向水冷壁放热，而且高温的烟气层本身还能将热量辐射给它们。当前拱低长时，反而挡住了拱外空间高温烟气的热辐射，对新煤着火并不利。所以，容量较大的锅炉，在宽阔高大的炉膛空间里通常设置高而短的前拱，其目的主要是与后拱配合，造成一个扰动气流的"喉口"。前拱的长度，一般以保证喉口的烟速在 7～10m/s 为宜。

链条炉炉拱的基本尺寸　　　　　　　　　　表 5-1

| 序号 | 名称 | 符号 | 单位 | 煤种 | | | |
|---|---|---|---|---|---|---|---|
| | | | | 褐煤 | Ⅲ类烟煤 | Ⅱ类烟煤 | Ⅰ类烟煤、贫煤、无烟煤 |
| 1 | 前拱进口端水平段长度 | $L_0$ | mm | 150～250 | 250～300 | 200～250 | 100～250 |
| 2 | 前拱覆盖率 | $a_1$ | — | 0.25～0.30 | 0.20～0.25 | 0.25～0.30 | 0.30 |
| 3 | 前拱倾角 | $\alpha_1$ | ° | 60 | 60 | 45～50 | 40～45 |
| 4 | 后拱尾部高度 | $h_3$ | mm | 400～550 | 400～550 | 400～550 | 400～550 |
| 5 | 后拱覆盖率 | $a_2$ | — | 0.40～0.50 | 0.55～0.60 | 0.60～0.65 | 0.65～0.70 |
| 6 | 后拱倾角 | $\alpha_2$ | ° | 12～18 | 12～15 | 8～12 | 8～12 |
| 7 | 后拱出口端高度 | $h_2$ | mm | 0.8～1.2 | 0.9～1.3 | 0.9～1.3 | 0.9～1.3 |

注：1. 炉排有效长 $L$（mm）为前拱进口端水平段起点至除渣板（老鹰铁）和炉排接触处的垂直平面的距离。不设除渣板时，则为前拱进口端的水平起点至炉排后轮垂直中心线的距离。$L$ 值大者，$h_1$，$h_2$ 取大值。

2. 前拱进口端水平段距排面的高度 $h_0$，比煤层厚度高 50～80mm。

3. 对多灰或灰熔点低的煤，$h_3$ 取大值；对挥发分 $V_{daf}$ 低的煤 ，$h_3$ 取小值。

4. 对水分高的褐煤，$a_2$ 取大值，$a_1$ 及 $a_2$ 取小值；对难着火的煤，$a_2$ 取大值。

前拱下部紧靠煤闸门处的炉拱；称为引燃拱。引燃拱距炉排高仅 300～400mm，其作用除了再辐射引燃新进入炉内的煤外，还保护煤闸门不受高温而损坏。目前采用最多的为斜面式引燃拱，能有效且比较集中地将热量再辐射到新煤层上，引燃效果较好，如图 5-16 所示。

后拱，除了与前拱组成喉口外，还把炉排后端有较多过量氧的气体导向燃烧中心，以满足可燃气体在炉膛空间进一步燃烧的需要；同时，被导向前端的这部分炽热的烟气以及被它夹带的火红炭粒在气流转弯向上时分离下来，如"火雨"一般投落到刚进煤闸门的新煤上，十分有利于着火燃烧。因此，在燃用低挥发分的无烟煤时，因其着火温度较高，通常采用低而长的后拱（图 5-17），利用其"火雨"来改善着火条件；有时拱的覆盖长度甚至占炉排有效工作长度的一半以上，后拱倾角一般为 8°～12°。为了便于炉排检修，除渣板处的净高不宜小于 500mm。

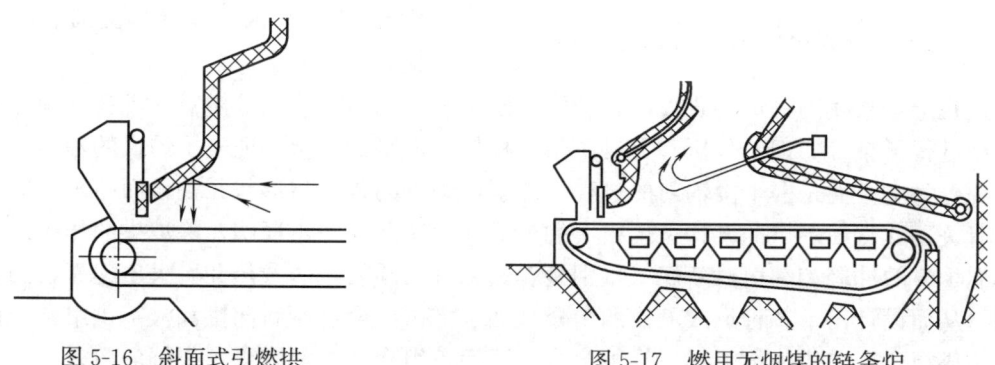

图 5-16 斜面式引燃拱　　　　　　　图 5-17 燃用无烟煤的链条炉

由后拱烟气出口端流出的烟气速度和方向对前拱区域的流体动力场有显著影响。当锅炉容量小于或等于 4t/h（2.8MW）时，后拱出口高度不宜低于 550mm；对于不易着火的煤，后拱出口段宜采用人字形后倾拱形，反倾角取 15°～18°，如图 5-18（b）所示；对于

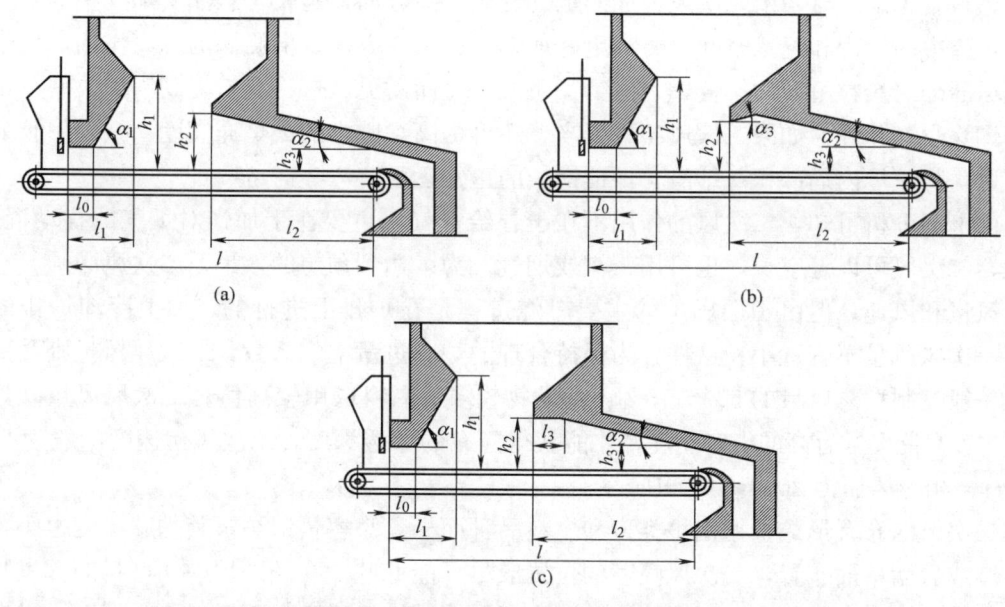

图 5-18 链条炉的炉拱形状与基本尺寸
（a）常规炉拱形状；（b）人字形反倾后拱；（c）水平出口段后拱

易着火的煤，后拱出口段也可采用水平布置，水平段长度 $l_3$ 取为（0.12～0.16）$l$，如图 5-18（c）所示。

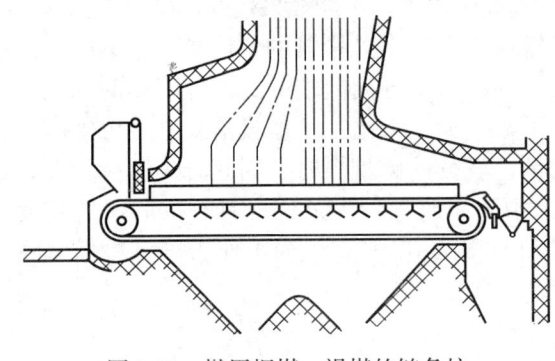

图 5-19　燃用烟煤、褐煤的链条炉

燃用烟煤和褐煤的链条炉（图 5-19），因这两种煤的挥发分都较高，着火并不困难，重要的是如何加强炉内气体的扰动混合，减少气体不完全燃烧损失。所以，一般采用高而短的前拱，后拱也不必太长，但所组成的喉口应有较大的扰动作用；也有在喉口处加设二次风的做法（即将一部分空气或蒸汽以高速送入炉内），以使炉内气体获得更强烈的扰动和混合。

近几十年来我国锅炉科研人员就炉拱对不同燃料的适应性、炉拱对新燃料的预热和着火作用进行了系统的理论分析和大量实验，积累了丰富的经验，证实了炉拱的辐射并非以镜面辐射为主，而是一个漫辐射的过程。因此，炉拱的辐射与形状无关，而与炉拱的投影面积有关。这就使炉拱的设计有了很大的灵活性。实践进一步证明，除炉拱的作用外，炉内高温烟气的冲刷和辐射对新煤（特别是着火困难的燃料）的预热和着火也起着相当大的作用，从而设计出了各种形式的拱的组合，如水平拱组合、倾斜前拱和人字拱组合、前后拱加中拱组合、前拱加倒弧形后拱组合，甚至活动组合等，都取得了很好的效果。

3）二次风　在链条炉中，除了砌筑炉拱外，还常常布设介质为空气或蒸汽的二次风，以进一步强化炉内气流的扰动和混合，从而防止结焦、降低气体不完全燃烧热损失和炉膛过量空气系数。此外，布置于后拱的二次风能将高温烟气引向炉前，以增补后拱作用，帮助新燃料着火。同时，由二次风造成的烟气旋涡，一方面，延长了悬浮于烟气中的细屑燃料在炉膛中的行程和逗留时间，使其更好地燃尽；另一方面，借旋涡的分离作用，把许多未燃尽的碎屑炭粒甩回炉排复燃，减少了飞灰。显而易见，这将有效提高锅炉效率，也利于消烟除尘。此外，如果二次风布置得当，还可提高炉膛内的火焰充满度，减少炉膛死角涡流区，防止炉内局部积灰结渣，保证锅炉的正常运行。

由上述分析可知，二次风的作用不在于补给空气，主要在于加强对烟气的扰动混合。因此，二次风可以是空气，也可用蒸汽或烟气。为了达到预想的效果，二次风必须具有一定的风量和风速。但由于层燃炉的主要燃烧过程是在炉排上进行的，加上冷却炉排的需要，一次风风量不宜过小；这样，为保持合理的炉膛过量空气系数，二次风风量则受到限制，一般控制在总风量的 5％～15％，挥发物较多的燃料取用较高值。二次风风量既然不能多，就只能要求有高的出口速度，才能获得应有的穿透深度。二次风初速度一般为 50～80m/s，相应风压为 2000～4000Pa。

二次风的布置形式根据锅炉类型和燃料品种而异。小容量锅炉，其炉膛深度也小，常取前墙或后墙单面布置，二次风喷嘴的位置应尽可能低些。在链条炉中，燃料的挥发物大部分从前端溢出，单面布置时以装在前墙为好，喷嘴轴线通常向下倾斜 10°～25°；对燃用无烟煤的链条炉，为了帮助着火，二次风宜装置在后拱鼻尖处。当采用前、后墙两面布置时，应尽可能利用前后喷嘴布置的高度差和不同喷射方向，避免互相干扰，使之造成一股强有力的切圆旋转气流，以提高二次风的效能。炉膛中的前后拱组成喉口时，二次风应布设在喉口处。喷嘴数及其间距应使二次风的扰动区尽可能地充满整个炉膛的横截面。对链条炉排，二次风风量为总风量的 5%～10%。

最后需要强调的是，上述设置分区送风、炉拱和二次风等改善燃烧工况的措施，不仅适用于链条炉，在其他类似燃烧过程的炉型中，也可因炉制宜，按燃料及燃烧的要求，恰当地采用上述全部措施或个别措施，以提高燃烧的经济性。

3. 往复推饲炉排炉

往复推饲炉排炉简称往复炉排炉或往复炉，由于它结构简单、制造方便、金属耗量低，又能燃用低质煤和具有较好的消烟效果，因此在对手烧炉进行机械化技术改造时曾被广泛采用，目前主要配置于蒸发量为 2～6t/h 的供热锅炉。

经过多年的研究和实践，往复炉排炉的炉排结构形式和种类有了较大的发展。按炉排布置，可分为倾斜式和水平式两种；按煤在炉排上运动方向，可分为顺行煤的运动方向与炉排倾斜方向相同和逆行两种；按炉排冷却方式，可分为风冷和水冷两种；按炉排动作情况又可分为间隔动作——可动炉排片与固定炉排片间隔布置和全部动作的两种。目前国内应用最广泛的是间隔动作、风冷、顺向的倾斜式往复炉排炉，其次为水平式往复炉排炉。

图 5-20 所示为倾斜式往复炉排炉结构简图。它的炉排由间隔布置的活动炉排片和固定炉排片组成。活动炉排片的尾部坐在活动框架上，其前端直接搭在相邻的固定炉排上。整个炉排面与水平面呈 15°～20°倾角，具有明显的台阶，既防止大煤粒向下自然滑落，又增加炉排的耙拨性能。活动框架与推拉杆相连，由直流电动机驱动的偏心轮带动，使活动炉排片作前后往复运动。活动炉排片的行程为 70～120mm，往复次数可在 1～5 次/min 范围内无级调节。炉排片的通风截面比为 7%～12%。

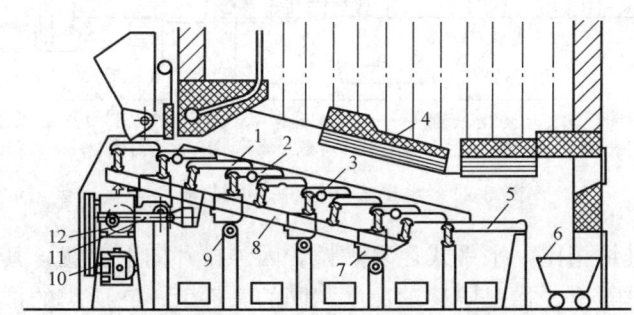

1—活动炉排；2—固定炉排；3—支撑棒；4—炉拱；5—燃尽炉排；6—渣斗；
7—固定梁；8—活动框架；9—滚轮；10—直流电动机；11—推拉杆；12—偏心轮。

图 5-20　倾斜式往复炉排炉结构简图

煤从煤斗加入，借活动炉排的往复推饲作用，由前向后缓缓移动，最后落在为了更好地燃尽灰渣而设置的一段平炉排燃尽炉排上，灰渣燃尽后排出炉外。

为改善空气的供需矛盾，在炉排下分隔几个独立的风室，以达到分区配风的目的。

往复炉排炉的燃烧过程与链条炉一样，煤的预热干燥、燃烧和燃尽等阶段的完成由前向后顺序进行。但链条炉的燃烧是"单面引火"，而往复炉排炉活动炉排对燃烧层进行不断耙动，能使在燃烧层表面已着火燃烧的"红火"被翻到煤的下层，使之成为底层着火的火源。同时还可改善燃烧层的透气性，捣碎焦块，使包裹在煤外的灰衣脱落，有利于煤的燃尽，也为加强燃烧创造了良好条件。往复炉排炉着火条件较好，使之有可能燃用有粘结性、多灰、难以着火的低质煤，比链条炉有较好的煤种适应性。

这种炉子的炉拱布设原则与链条炉相仿，既要较好地解决新煤的引燃着火问题，还要尽可能组织好炉排前端产生的可燃气体掠过中段高温燃烧区，以保证它们在离开炉膛之前燃尽烧透。往复炉排炉对燃烧层虽有良好的耙拨作用，但炉排头部不断与灼热的焦炭接触，又无冷却条件，较易被烧坏，而且难以发现和更换，漏煤也较严重。此外，因整个炉排斜置，炉排片又要作水平运动，侧密封较难处理，易引起漏风。再者，炉排面倾斜，炉体较高，这给旧炉改装和新炉组装都带来一定的困难。

水平式往复炉排炉的结构如图 5-21 所示。它是为了降低炉体高度，进一步加强炉排对煤的挤压和耙拨作用，在倾斜式往复炉排炉的基础上发展而来的一种燃烧设备。其工作原理与倾斜式往复炉排炉基本相同，只是炉排片略向上翘，倾角一般为 $12°\sim15°$，整个炉排的纵剖面呈锯齿形。当活动炉排向斜上方推动时，固定炉排上的煤受到挤压形成一个高峰，并向下一排活动炉排上跌落，上下煤层得到良好地掺混。当活动炉排后退时，其头部煤层向下塌陷，形成低谷，同时得以疏松。如此，在活动炉排的往复过程中，煤层时高时低，有规律、有节奏地蠕动前进，并依次完成燃烧过程的各个阶段。

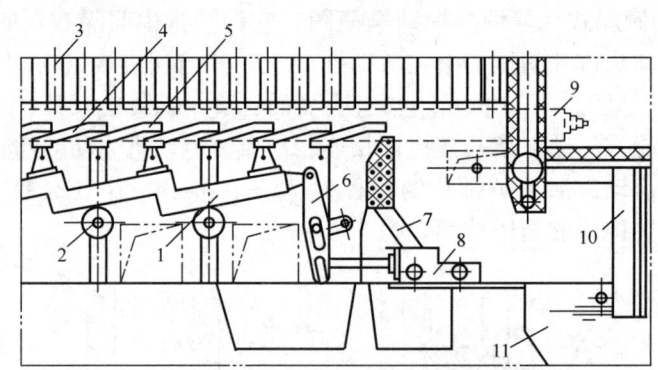

1—推拉杆；2—滚轮；3—侧水冷壁；4—活动炉排片；5—固定炉排片；6—摆动板；
7—固定燃尽炉排；8—活动燃尽炉排；9—侧水冷壁下集箱；10—密封板；11—水封渣坑。

图 5-21　水平式往复炉排炉结构

与倾斜式往复炉排炉相比，水平式往复炉排炉因炉排片向上斜置，其推煤的推力与煤下滑的方向相反。不难看出，在煤层移动速度相同的条件下，它所需的推力要比倾斜式往复炉排炉大，即它对煤层的耙拨和疏松作用要强烈一些。这一特点在煤的预热干燥和燃烧阶段对煤的着火和燃烧是有利的，可以提高燃烧强度，也适应焦结性较强和灰熔点较低的煤的燃烧。但在燃尽阶段，炉排的耙拨作用越强烈，反而使可燃物与灰渣混合得越好，使可燃物难于燃尽。因此，这种炉子通常在炉排煤面后部特设由固定和活动炉排片相间布置逆向（大翻动）组成的燃尽炉排，使之能堆积起足够厚的渣层，并使渣层内有较高温度，以利燃尽，且能方便地将收集的灰渣连续排出。

为了适应低质煤、工业废料及生活垃圾等燃烧的需要，国外生产有一种逆行倾斜式往复炉排炉，其炉排逆行工作原理如图 5-22 所示。这种往复炉排的行程很大，可达 260mm左右。

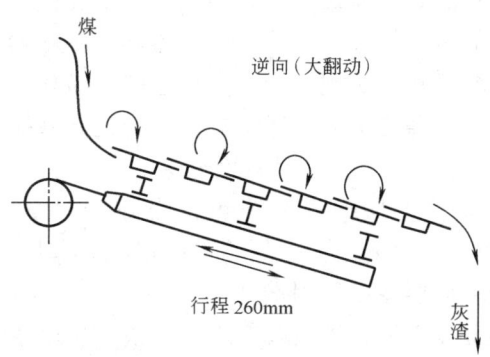

图 5-22　逆行倾斜式往复炉排逆行工作原理

由于逆行推动，煤层受到挤压和扰动强烈，以致煤在炉排上呈翻滚状态，燃烧效率较高，煤种适应性好，可燃用灰分高且易烧结或结渣的低质煤。但是，这种炉排仍有使炉排过热和烧坏的危险。逆行倾斜式往复炉排炉在国外已有系列产品，主要用于燃烧劣质褐煤。

4. 振动炉排炉

振动炉排炉是小容量锅炉采用的又一种结构简单、钢耗量和投资费用较低的燃烧设备。它的整个炉排面在交变惯性力的作用下产生振动，促使煤层在其上跳跃前进，从而实现了燃烧的机械化。

目前在供热锅炉上采用的振动炉排，主要有风冷固定支点和风冷活络支点两种形式。图 5-23 为风冷固定支点的振动炉排，由炉排片、弹簧板、下框架和激振器等部件组成。

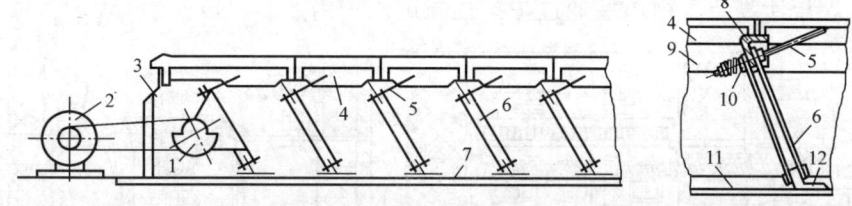

1—激振器（偏心块）；2—电动机；3—前密封；4—炉排片；5—拉杆；6—弹簧板；7—减振橡皮垫板；8—"7"形梁；9—侧梁；10—压簧；11—下框架；12—固定支座。

图 5-23　风冷固定支点的振动炉排

上框架是组成炉排面的长方形焊接框架，其前端横向焊有安置激振器的大梁，在整个长度上又横向焊接了一系列平行布置的"7"形梁。铸铁炉排片就搁置在"7"形梁上，并用拉杆钩住炉排片下的小孔，保证振动时炉排片不会脱落。

下框架由左右两块钢板和用以固定炉排墙板的型钢拼焊而成，并用地脚螺栓固定在炉排基础上。弹簧板分左右两列连接于上、下框架之间，它与水平面的倾角为 55°~70°，下端采用固定支点连接于下框架，上端与"7"形梁相接支撑着上框架。

在炉排前端装有激振器，它是振动炉排的振源，由轴承座、转轴、偏心块和皮带轮等组成。当偏心块在电动机的驱动下旋转时，便产生一个周期性变化而垂直于弹簧板的作用力，此力推动上框架和整个炉排面，使之进行与水平呈一夹角的往复振动。燃料在炉排面沿此夹角向上运动时，因紧贴炉排而被加速；当偏心块变向使炉排作反方向运动时，燃料借本身的惯性力以抛物线的运动轨迹脱离炉排面，落到一个新的位置。这样周而复始地使整个煤层向炉后运动，间断微跃，实现了加煤、除渣的机械化。

增加偏心块的转速，振幅随之增大，通常振动炉排选在共振（偏心块转动产生的工作频率与炉排本身的固有频率相同）的状态下工作。

根据实验资料，炉排工作的振动频率一般宜为 800～1400r/min，最佳振幅为 3～5mm，此时煤的运动速度约 100mm/s。一般隔 1min 左右振动一次，每次振动 1～3s，取决于锅炉负荷、炉排结构和煤层厚度等因素。

振动炉排炉也须采用分区送风、炉拱及二次风等措施。由于炉排的振动，煤层上下翻动，不易结块，拨火性较好，利于燃尽，煤种的适应性也比较广。但另一方面，振动时整个炉排类似一个筛子，漏煤量较大（约有 5%），细粒碎末易被烟气带走，造成较大的飞灰损失；振动的瞬间还会向外喷出烟和灰，严重污染操作环境。

5. 下饲式炉

下饲式炉因煤是由下而上送入炉内燃烧而得名（全称下饲燃料式炉），早在 20 世纪初就已出现。早年装在我国沿海城市的一些铸铁锅炉、船舶锅炉，有的就是配置下饲式炉。下饲式炉因设备简单，布置紧凑，实现了机械化燃烧，特别是具有良好的消烟除尘作用，受到普遍重视，在手烧炉技术改造中得到了一定程度的应用和推广。

下饲式炉的给煤设备有多种形式，目前国内常用的是螺旋给煤机和抽板顶升给煤机。图 5-24 所示为装置螺旋给煤机的下饲式炉，螺旋给煤机由饲煤槽、进煤螺杆和传动机构等组成。煤由煤斗下落被进煤螺杆推入饲煤槽，靠推挤作用自下向上移动，翻涌到两侧的固定炉排上。煤在向上的推进过程中，逐渐被加热、干燥，析出挥发物而着火燃烧，到达煤层表面时，已是灼热的焦炭；最后形成的灰渣被推挤到两侧可翻转的活动炉排上，定期卸于渣斗。燃烧所需空气由风室通过炉排孔隙进入炉内。

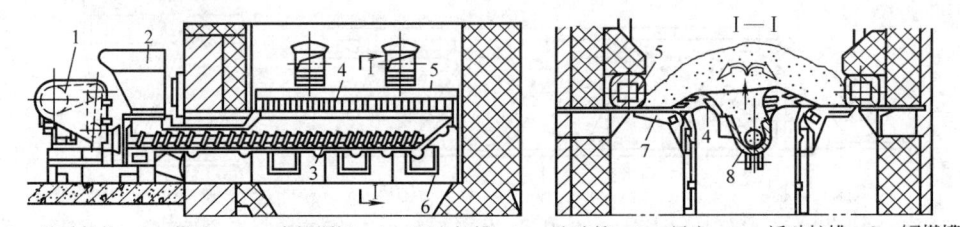

1—传动机构；2—煤斗；3—进煤螺杆；4—固定炉排；5—防渣箱；6—风室；7—活动炉排；8—饲煤槽。

图 5-24　装置螺旋给煤机的下饲式炉

下饲式炉中煤的着火热源是自上向下传递的，经预热干燥后，析出的挥发物与斜向送入的空气充分混合。这种预混形成的可燃气体混合物流经灼热焦炭层时，在焦炭颗粒的间隙中进行着火和强烈燃烧，其燃烧情况与无焰燃烧相似。挥发物燃烧放出的热量又进一步提高焦炭的温度，并使之汽化。所以，在下饲式炉中，由于挥发物在燃烧前就已与空气充分混合，并且挥发物在离开炉层时已基本燃尽，避免了冒黑烟的现象，烟气中的含尘量也明显降低。

在煤的持续推动下，灼热的焦炭向炉排两侧移动，与来自炉排下方的空气相遇。此时焦炭已经火红灼热，所以燃烧剧烈，并能达到较高的燃尽度。

不难看出，在下饲式炉的深度方向，燃烧过程是基本一致的；在其宽度方向，燃烧过程存在明显的区域性。当负荷稳定时，燃料层各区域保持相对稳定，如图 5-25 所示。而空气也是由各区域送入，有利于可燃物的烧透燃尽。

下饲式炉在煤的推饲过程中对煤层有一定的松动作用，不会形成严重烧结，可以燃用烧结性较强的煤。但对于灰熔点较低的煤，因灰也被挤送到了高温的表层，易结熔渣而阻碍通风，还会影响煤向两侧播散。再则，下饲式炉也为"单面引火"，着火条件不及手烧炉优越。

下饲式螺旋给煤机容易发生机械故障，减速传动机构和进煤螺杆的加工制造也较复杂。

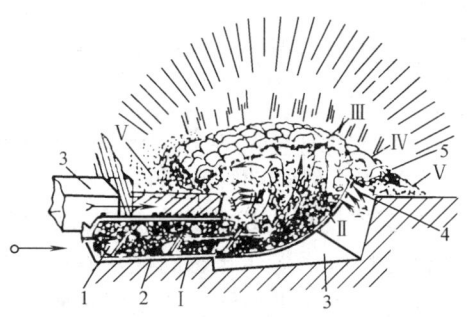

Ⅰ—新燃料区域；Ⅱ—挥发物析出并与空气混合区域；
Ⅲ—挥发物和焦炭燃烧区域；Ⅳ—焦炭燃烧区域；
Ⅴ—灰渣形成区域；
1—螺旋给煤机；2—饲煤槽；3—风道；
4—固定炉排；5—活动炉排。

图 5-25　下饲式炉的燃烧区域示意图

因此，20 世纪 70 年代末出现的另一种给煤机——抽板顶升给煤机，因结构简单、运行可靠，且同样具有良好的消烟作用而曾在小容量立式锅炉中得到应用。

# 第二节　煤　粉　炉

煤粉炉，和燃气炉及燃油炉，统称为室燃炉。与层燃炉相比，无论在炉子的结构上，还是燃料的燃烧方式上，室燃炉都有自己的特点。第一，它没有炉排，燃料随空气流进入炉内，燃料燃烧的各个阶段都是在悬浮状态下进行和完成的，其容量的提高不再受炉排面制造工艺和布置的限制。第二，燃料的燃烧反应面积很大，与空气混合良好，可以采用较小的过量空气系数，燃烧速度和效率比层燃炉高。第三，由于燃料在室燃炉中停留时间一般都很短，为保证燃烧充分，炉膛体积较大。第四，燃烧调节和运行、管理易于实现机械化和自动化。

## 一、煤粉燃烧的特点

煤粉炉是先把煤磨成煤粉，然后用空气将煤粉喷入炉膛内呈悬浮状燃烧的炉子。煤粉与空气的混合物进入炉膛受热后，先要把所含水分蒸发，接着挥发物被挥发、点燃。这就使煤粉点燃的条件不仅要求热源（高温燃烧产物）有一定的温度，还要求它必须有足够的热容量。不然，煤粉的着火就会发生困难，即使着火了也难以稳定燃烧。

为了保证煤粉燃烧的稳定性和持续性，煤粉炉通常采取以下技术措施：

1. 煤粉由空气携带进入炉内，输送煤粉的空气需经过空气预热器预热，预热空气的温度一般为 200～400℃。

2. 煤粉在磨制过程中也要用热空气或热烟气进行干燥，使煤粉在燃烧时其水分的体积分数不大于 1％，以利着火。

3. 携带煤粉进入炉内的空气，仅是煤粉燃烧所需空气量的一部分，占 10％～40％，称为一次风。其余的燃烧所需空气，在煤粉与一次风混合气流中的煤粉点燃后，分别通过燃烧器直接送入炉内。经由煤粉燃烧器混入的这部分空气，称为二次风；直接送入炉膛这部分空气，则称为三次风。

煤粉炉的一次风风量要控制得当，主要目的是减少煤粉点燃时所需的热量，利于着火。煤粉炉的一次风、二次风的含义与层燃炉不同，而三次风则与层燃炉的二次风概念相仿。

4. 组织喷出燃烧器后的煤粉气流，使之形成一个高温燃烧产物回流区，以改善和强化煤粉着火、燃烧的物理条件。

5. 提供一个容积足够大的炉膛和布置足够多的水冷壁。前者是因煤粉燃尽过程较长；后者是让炉内呈熔融状态的煤灰及时冷却、固化，以免在相遇炉墙、水冷壁和炉膛出口处受热面时结渣，影响锅炉的正常运行。

**二、煤粉的性质**

煤粉由大小不同、形状各异的微小颗粒组成，其最大粒径很少超过 $500\mu m$，绝大部分煤粉的粒径为 $20\sim60\mu m$。

**1. 煤粉的流动性**

刚研磨制备的煤粉干燥而疏松，其堆积密度为 $0.4\sim0.5t/m^3$。由于煤粉颗粒小，比表面积大，$50\mu m$ 的煤粉颗粒的比表面积可达 $90\sim100m^2/kg$。有极强的吸附空气能力；吸附了大量空气后的煤粉堆积角很小，具有很好的流动性。颗粒越细、煤粉越干，其流动性能越好，易于实现管道输送。如果制粉系统的管道和设备不严密，煤粉很容易从缝隙中外漏，造成环境污染。当煤粉水分较多时，潮湿的煤粉流动性变差，输送困难，且在容器（如粉仓）中易发生搭桥现象。

**2. 自燃与爆炸性**

在输送煤粉的管道中，若煤粉发生离析而沉积于管道，煤粉与空气长时间接触会发生氧化发热，使积粉层内温度升高，当温度达到着火温度后将导致自燃。

煤粉和空气的混合物在适当的浓度和温度下会发生爆炸。影响煤粉爆炸的因素有：挥发分含量、煤粉细度、煤粉质量浓度和温度等。一般情况下，颗粒越细、煤的挥发分含量越高、煤粉质量浓度越接近危险质量浓度（$1.2\sim2.0kg/m^3$）、氧量越高，引起爆炸的可能性越大。实践证明，干燥无灰基挥发分 $V_{daf}<10\%$ 或颗粒粒径 $\geqslant200\mu m$ 的煤粉，几乎不会发生爆炸；对于温度低于100℃、煤粉质量浓度高于或低于危险质量浓度和含氧体积分数不超过 $15\%\sim16\%$ 的煤粉，基本上也不存在爆炸的危险。

表 5-2 所列的是煤的 $V_{daf}$ 与煤粉的爆炸性的关系。

煤的 $V_{daf}$ 与煤粉的爆炸性的关系      表 5-2

| $V_{daf}(\%)$ | 爆炸性 | $V_{daf}(\%)$ | 爆炸性 |
|---|---|---|---|
| $\leqslant6.5$ | 极限爆炸 | $>25\sim35$ | 易爆炸 |
| $>6.5\sim10$ | 难爆炸 | $>35$ | 极易爆炸 |
| $>10\sim25$ | 中等爆炸性 | | |

**3. 堆积特性**

煤粉通常储存在煤粉仓中，自然压紧的煤粉堆积密度为 $0.7t/m^3$。如果煤粉在煤粉仓中与空气接触并吸附其水分，则容易粘结成块，造成系统供粉的中断，直接影响炉内燃烧的稳定性。因此，对于中间储仓式制粉系统，在系统设计时应考虑设置相应的有效吸潮装置。

### 三、煤粉细度及均匀性

#### 1. 煤粉细度

煤粉细度是衡量煤粉品质的重要特性指标。锅炉燃用的煤粉过粗或过细都是不经济的。

煤粉颗粒的大小用它能通过最小筛孔的尺寸来表征，称为煤粉粒子的直径。煤粉的细度通常用具有标准筛孔尺寸的筛子来测量。煤粉试样在标准筛孔边长为 $x$（$\mu m$）的筛子上过筛，筛上的剩余量（也称筛余量）占筛分前试验煤粉质量的百分数即为该煤粉的细度 $R_x$：

$$R_x = \frac{a}{a+b} \times 100\% \tag{5-1}$$

式中　$a$——筛上剩余的煤粉质量，g；

　　　$b$——通过筛孔的煤粉质量，g。

显而易见，对既定的标准筛来说，$R_x$ 越小，煤粉越细，反之则煤粉越粗。在对煤粉进行比较全面的筛分时，同时需要 4～5 个筛子进行筛分。

我国采用的筛子规格及煤粉细度的表示方法列于表 5-3。

我国采用的筛子规格及煤粉细度表示方法　　　　　表 5-3

| 筛号（每厘米长的孔数） | 6 | 8 | 12 | 30 | 40 | 60 | 70 | 80 | 100 |
|---|---|---|---|---|---|---|---|---|---|
| 孔径（筛孔的内边长，$\mu m$） | 1000 | 750 | 500 | 200 | 150 | 100 | 90 | 75 | 60 |
| 煤粉细度 | $R_{1000}$ | $R_{750}$ | $R_{500}$ | $R_{200}$ | $R_{150}$ | $R_{100}$ | $R_{90}$ | $R_{75}$ | $R_{60}$ |

我国煤粉炉常用 30 号和 70 号筛子，用它们测得的煤粉细度则分别以 $R_{200}$ 和 $R_{90}$ 表示。

锅炉燃用的煤粉，从燃烧角度考虑，煤粉磨得越细越有利，但制粉的电耗及费用必将增高。因此，合理的煤粉细度应经技术经济比较确定。不同的煤种，对煤粉细度的要求各不相同，比如挥发分较多的煤，因其着火和燃尽都较容易，煤粉就可磨得粗些；反之，则要求细些。在一般情况下，烟煤的 $R_{90}$ 控制在 25%～40%，褐煤的 $R_{90}=40\%～60\%$，而无烟煤的 $R_{90}=6\%～14\%$。

#### 2. 煤粉的均匀性

煤粉的颗粒特性，单由一个煤粉细度 $R_x$ 来表示是不够全面的，还应检验其均匀性。譬如，有甲、乙两种煤粉，其 $R_{90}$ 均为 30%，煤粉细度相同；但二者的 $R_{200}$ 不等，甲种煤粉为 20%，乙种煤粉为 10%，显然乙种煤粉的均匀性要优于甲种煤粉。

煤粉的均匀性对煤粉的质量有较大影响。煤粉越均匀，大颗粒煤粉越少，燃烧时固体不完全燃烧热损失越小；而煤粉细颗粒越多，则磨煤设备的电耗越高，金属磨损越大，影响制粉系统的经济性。煤粉均匀性与磨煤机、煤粉分离器的形式和运行工况等有关。

### 四、磨煤设备

磨煤机是煤粉制备系统的主要设备，它通过撞击、挤压、碾磨，将原煤磨制成煤粉并干燥到一定程度。磨煤机的种类很多，常用的有竖井式磨煤机、风扇式磨煤机（高速磨煤机，500～1500r/min）、中速磨煤机（50～300r/min）和筒式钢球磨煤机（低速磨煤机，16～25r/min）。供热锅炉因其容量不大，通常采用结构简单、电耗及金属耗量都较低的竖井式磨煤机或风扇式磨煤机；我国燃煤电站锅炉，目前广泛应用的是筒式钢球磨煤机和中速磨煤机。

1. 竖井式磨煤机

竖井式磨煤机是一种高速锤击式磨煤机，由外壳、转子和竖井组成（图 5-26）。经过预先除铁、破碎后的碎煤自进煤口送入，煤在锤子的高速打击和与外壳护甲板的撞击下变成煤粉，细粉被从两侧轴向进入的热空气携带经竖井由喷口喷入炉膛燃烧。竖井有一定高度，由于重力作用，粗粉被分离重新落回磨煤机，继续粉碎至所需的细度。当煤粉细度不符合要求时，还可通过改变挡板角度进行调节。为保证竖井的分离作用，对其截面积和高度均有一定要求。截面积取决于竖井中气流的速度，速度通常为 1.5～3.0m/s；竖井高度一般不低于 4m。

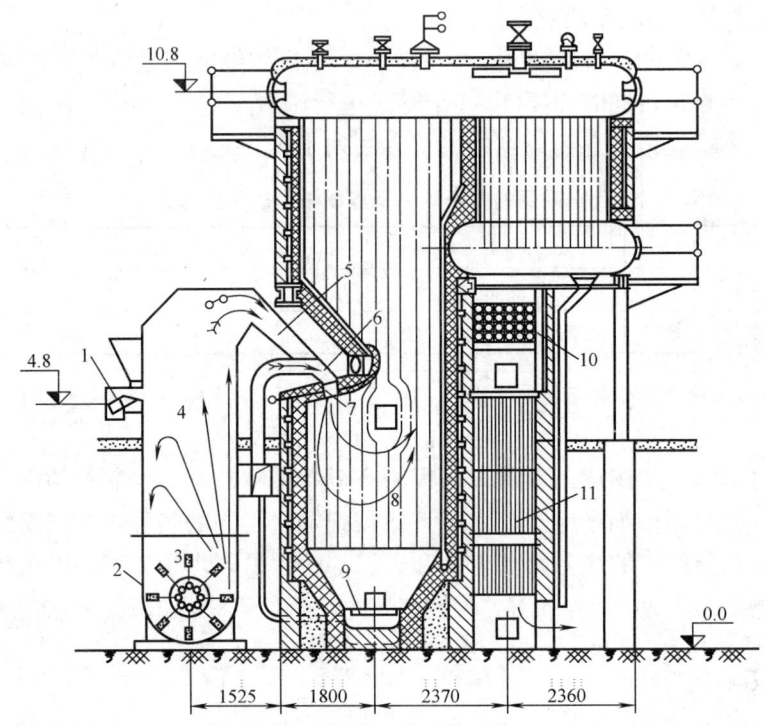

1—振动给煤机；2—竖井式磨煤机；3—磨煤机转子；4—竖井；5—煤粉与一次风；
6—二次风；7—煤粉喷口；8—炉膛；9—小炉排；10—省煤器；11—空气预热器。

图 5-26　装有竖井式磨煤机的 SZS10-1.3-W 型锅炉简图

气流在竖井和喷口中的流动阻力不大，可借助磨煤机转子高速旋转时产生的送风压力，省去了其他制粉系统中所必需的风机（排粉机）。同时，竖井式磨煤机的运行功率主要取决于磨煤量，其制粉电耗不会因负荷的降低而增大。此外，竖井既作为煤粉分离设备，又作为磨煤机和炉子的连接通道，结构简单而紧凑。

诚然，这种磨煤机的制粉细度较大，运行中锤子的磨损很快，如用白口铁锤头一般只能用一星期左右；即使采用耐磨钢或耐磨合金钢堆焊制造，使用寿命通常也不过 600h 左右。因此，它比较适用于磨合挥发物含量较高的燃料，如褐煤和较软的烟煤等。

2. 风扇式磨煤机

风扇式磨煤机的结构形式与风机相似，主要由叶轮、机体等部件组成，如图 5-27 所示。它与风机的不同之处是其叶轮上装有 8～12 块冲击板，在蜗壳内壁装有护板。冲击板和护板均用锰钢等耐磨钢材制成。风扇式磨煤机既起磨煤的作用，又起排粉的作用。其上方装有粗粉分离器，结构十分紧凑，简化了制粉系统。

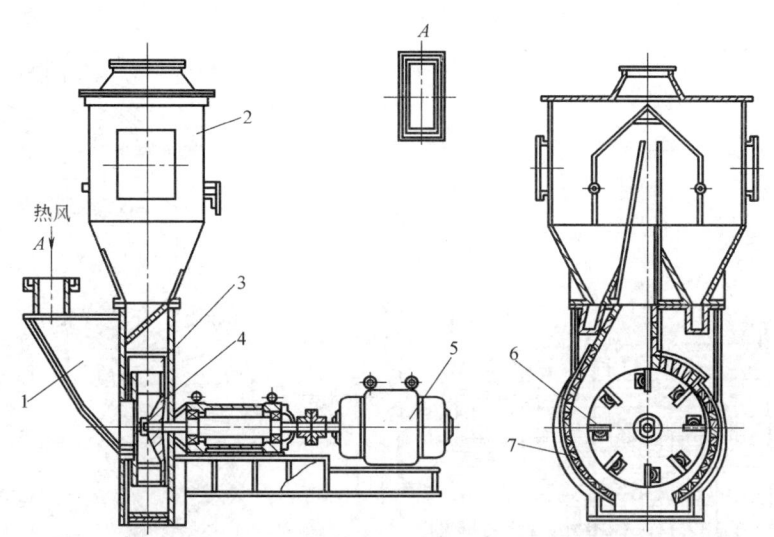

1—加煤斗；2—粗粉分离器；3—机体；4—叶轮；5—电动机；6—冲击板；7—护板。

图 5-27　风扇式磨煤机

原煤随着热风或高温烟气从风扇式磨煤机的轴向或纵向进入，被高速旋转的冲击板打击，抛到装设在内壁的护板上再次被打碎。依靠叶轮高速旋转产生的压力（1500～3500Pa），将大小不同的煤粉送往粗粉分离器，细度不合格的粗粉被分离，借自身重力回落到磨煤机内进行再次碾磨，细度合格的煤粉被直吹送至燃烧器，喷入炉内并与二次风强烈混合进行燃烧。

煤在风扇式磨煤机中大部分呈悬浮状态。若是碾磨湿煤，可以在进入磨煤机前装置干燥竖井进行辅助干燥。因此，风扇式磨煤机也适合研磨褐煤及高水分的烟煤。

采用高温烟气和热风作干燥剂使得干燥剂中含氧量降低，这有利于防止爆炸事故的发生。同时，烟气和热风混合物作为一次风进入炉膛，可以降低燃烧区的温度，防止炉内结渣和减少 $NO_x$ 的生成。值得提及的是，当原煤水分较大时，在不改变总风量的条件下，可以通过调节高温烟气和热风的比例来满足干燥煤的需要。风扇式磨煤机结构简单、紧凑，便于制造，初投资和电耗较低；可研磨水分较高的煤。但是，它的冲击板磨损严重，使用寿命短，需要频繁更换，运行的可靠性较差。

3. 筒式钢球磨煤机

筒式钢球磨煤机简称球磨机，分单进单出球磨机和双进双出球磨机两种。

（1）单进单出球磨机

图 5-28 所示为单进单出球磨机结构，它的磨煤部件是一个直径为 2～4m、长为 3～10m 的圆筒，筒内装有许多大小直径为 25～60mm 的钢球。圆筒自内到外共有 5 层：第一层内壁衬里为波浪形钢瓦锰钢护甲，其作用是增强抗磨性并把钢球带到一定高度；第二

层是绝热石棉层，起绝热作用；第三层是筒身，由 18～25mm 厚的钢板制作而成；第四层是隔声毛毡，其作用是隔离并吸收钢球撞击钢瓦产生的声音；第五层是薄钢板制成的外壳，其作用是保护和固定毛毡。圆筒两端各有一个端盖，其内衬有扇形锰钢钢瓦，端盖中部有空心轴颈，整个球磨机通过空心轴颈支撑在大轴承上。两个空心轴颈的端部各接一个倾斜 45° 的短管，其中一个是原煤与干燥剂的进口，另一个是气粉混合物的出口。

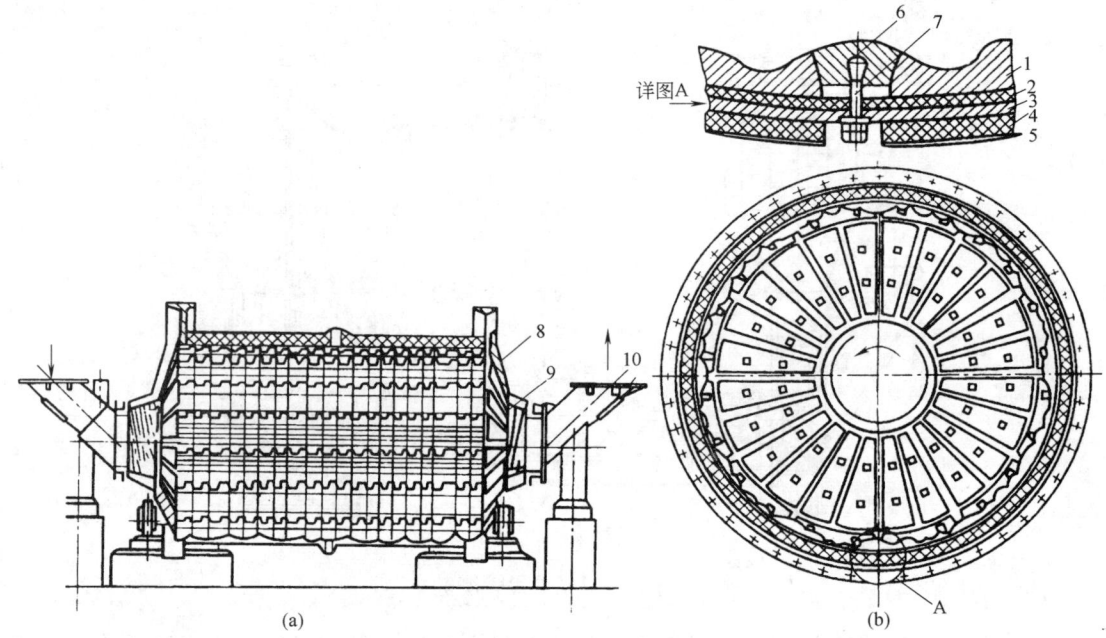

1—波浪形钢瓦锰钢护甲；2—绝热石棉层；3—筒身；4—隔声毛毡；5—薄钢板外壳；
6—螺栓；7—压紧用的楔形块；8—端盖；9—空心轴颈；10—煤粉出口。

图 5-28　单进单出球磨机结构
（a）纵剖面；（b）横剖面

　　单进单出球磨机由电动机驱动，经减速装置带动旋转，在离心力和摩擦力的作用下，锰钢护甲把煤和钢球一起提升到一定高度后，借重力自由下落，煤主要被下落的钢球撞碎，同时也受钢球与钢球、钢球与护甲之间的挤压、碾磨作用而磨制成煤粉。煤和热空气从球磨机的一端进入，磨制成煤粉后则被气流从另一端输出。热空气既输送煤粉，又起着干燥煤粉作用，所以常把进入球磨机的热空气称为干燥剂。显然，干燥剂流速越大，输出的煤粉量就越多，即球磨机的出力越大，煤粉也越粗；干燥剂气流在筒体内的速度一般控制在 1～3m/s。

　　单进单出球磨机的优点很多，最主要的是它的煤种适应性好，能磨诸如硬度大、磨损性强的煤、无烟煤和高灰分劣质煤等几乎任何煤种，且能获得其他类型磨煤机难以达到的煤粉细度；对煤中混入的木屑、铁件等杂质不敏感；还能在运行中补充钢球，工作可靠性高，运行维护比较方便。所以，它常被国内燃用无烟煤、贫煤和劣质煤的火力发电厂采用。它的缺点是设备庞大笨重、金属耗量大、制粉电耗高、运行时噪声大，特别是它的出力调节不灵敏，低负荷运行不经济。因此，经改进的双进双出球磨机逐渐在电厂中得到广泛应用。

（2）双进双出球磨机

它的结构和工作原理与单进单出球磨机基本相似（图 5-29），不同的是筒体两端的空心轴既是热风和原煤的进口，也是磨制好的煤粉和输送介质（热风）的出口，形成了"双进双出"的形式。由两端进入的热空气流在球磨机筒体中间部位对冲反向流动，磨制好的煤粉则从两空心轴的环状空间流出并进入煤粉分离器，形成两个相互对称、彼此独立的磨煤回路。这两个回路，既可同时工作，也可单独运行。

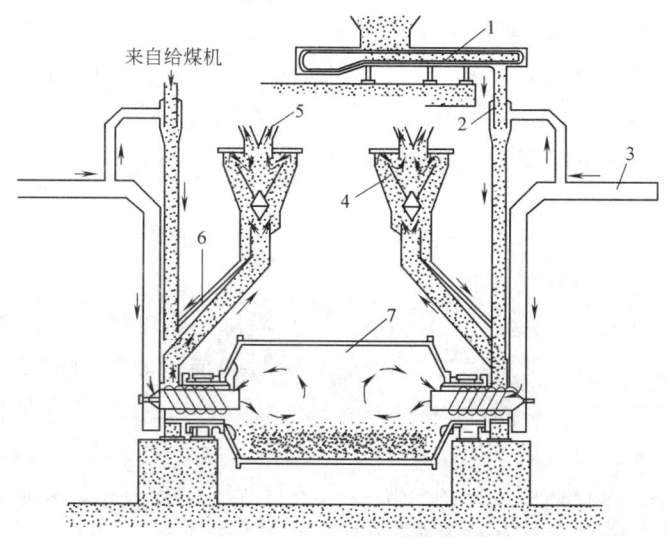

1—给煤机；2—混料箱；3—一次风入口；4—分离器；5—送往燃烧器；6—返粉管；7—球磨机筒体。

图 5-29  双进双出球磨机结构示意图

双进双出球磨机保持了单进单出球磨机煤种适应性广等优点，相比于单进单出球磨机可以增大通风量，提高煤粉细度和降低电耗；相比中速磨煤机，它运行可靠性高，特别是在磨制高灰分、高腐蚀性煤及要求煤粉更细时，具有独特的优势。

4. 中速磨煤机

（1）中速磨煤机的结构与工作过程

中速磨煤机的类型较多，主要有平盘磨煤机、碗式（RP）磨煤机、轮式（MPS）磨煤机和球环式（E）磨煤机四种，后三种是国内大型电站锅炉应用最多的。

中速磨煤机是利用碾磨部件在一定压力下作相对运动时所产生的挤压、碾磨作用将原煤粉碎制粉的一种磨煤设备。各种类型的中速磨煤机不仅工作原理相同，其结构和整体布局也基本类似。

中速磨煤机立式布置，沿高度方向自下向上大致可分为四个工作区间：电动机和变速器为驱动装置，磨盘和磨辊为碾磨机构，干燥分离空间和分离器为煤粉分离设备以及最上部的气粉分离装置。

尽管不同的中速磨煤机具体结构会有所差异，但工作过程是相同的，大体可分为以下三个阶段：

1）煤的碾磨  原煤从顶部中心落煤管进入具有相对运动的研磨组件——磨盘和磨辊（也称磨轮）之间，它们由传动装置驱动的主轴带动旋转，煤在压紧力的作用下被挤压、粉碎进而碾磨成煤粉。在磨碗或磨环上磨好的煤粉，在离心力和中心落煤的推挤下，煤粉自内向外运动被抛至磨碗或磨环周缘的风环室。

2）煤粉的干燥和分离　热风（干燥剂）进入风室后，磨碗或磨环一起旋转运动，经装有导向叶片或喷嘴组成的风环均匀进入煤粉碾磨区的外缘环状空间，并沿着原煤和煤粉移动的相反方向对它们进行干燥，煤粉在干燥分离空间干燥并进行初步分离，然后进入磨煤机上部的粗粉分离器分离。被分离出来的不合格的粗煤粉，在锥形分离器底部出来与原煤一起返回研磨区重新碾磨。

3）煤粉分配引出　合格的煤粉由空气流携带经由煤粉分配器引出，通过一次风风管送至炉膛，由相应的燃烧器送入炉内燃烧。

此外，原煤中夹带的难以碾磨的杂质如煤矸石、石块、硫铁矿石等（通常称为石子煤），在碾磨过程中也会被甩至风环处，但因风环中的风速不大，不可能将其带出而落入磨盘下方的石子煤箱，并定期在除渣系统中除去。

（2）中速磨煤机的类别

中速磨煤机转速一般为 50～300r/min，它有多种结构形式（图 5-30），但工作原理都是碾压破碎，并都以磨盘的形状来命名。

1）平盘磨煤机　它的旋转磨盘为圆形平盘，一般每台磨煤机上能装 2～3 个磨辊。辊子与平盘之间有约为 1.25mm 的间隙，以避免空转时磨损。磨盘由电动机带动旋转，磨辊则绕固定轴在磨盘上滚动。磨辊碾压煤的压力除自重外，主要靠加压弹簧的压力，也有采用液压—气动加载装置的。磨辊呈锥体形，转动轴线与平盘的夹角约为 15°。为了防止原煤在旋转平盘上未经碾磨就被甩到风环室，在平盘外缘设置有挡圈，此挡圈具有使平盘上保持适当煤层厚度的作用，从而提高碾磨效率。

2）碗式（RP）磨煤机　它因磨盘大多采用浅沿形或斜盘形的钢碗而得名，其磨辊通常也是锥体形，旋转轴线与水平面有一定角度，以使磨辊与磨盘的碗面相吻合。一个碗式（RP）磨煤机一般装有 3 个磨辊，各相隔 120°对称安装。磨辊与磨盘之间不直接接触，其间隙可根据运行工况调节。

对于主要靠挤压和碾磨作用制粉的中速磨煤机来说，碗式（RP）磨煤机的碾磨表面设计得较为合理，磨碗与磨辊之间的挤压和研磨表面受力均匀，且都处在最大正压力下工作。它的出力调节范围大，煤粉细度可以作线性调节。因两个碾磨部件不直接接触，可以空载启动，启动力小，运行安全平稳，而且噪声小，密封性能好；更换磨损件方便，停机时间也短。

3）轮式（MPS）磨煤机　它采用具有圆弧形凹槽滚道的磨盘，磨辊（磨轮）边缘也是圆弧形，它的磨辊尺寸较大，具有较大的碾磨表面积。三个磨辊也相隔 120°对称布置，在水平方向具有一定的自由度（10°～15°），可以摆动，还能自动调整碾磨位置。在碾磨的过程中，磨辊由磨盘摩擦力带动旋转。磨煤机的碾磨力来自磨辊、弹簧架和压力架的自重和弹簧的预压缩力——由装置在弹簧压盘上的液压加压系统来实施。

与其他几种中速磨煤机相比，轮式（MPS）磨煤机的优点是：磨辊外形凸出近于球形，滚动阻力小；磨辊尺寸大，原煤进入辊下的条件较好，为增大研制煤粉出力、改善磨损均匀性和降低单位电耗创造了有利条件；无上磨环，不存在上磨环磨损问题；占地面积小，有利于大型燃煤锅炉多台磨煤机的合理布置。

4）球环式（E）磨煤机　它由上、下磨环和夹在中间可以自由滚动的大钢球组成。它的名字是上磨环、钢球和下磨环三者结构的剖面图形与英文字母 E 相似而来。

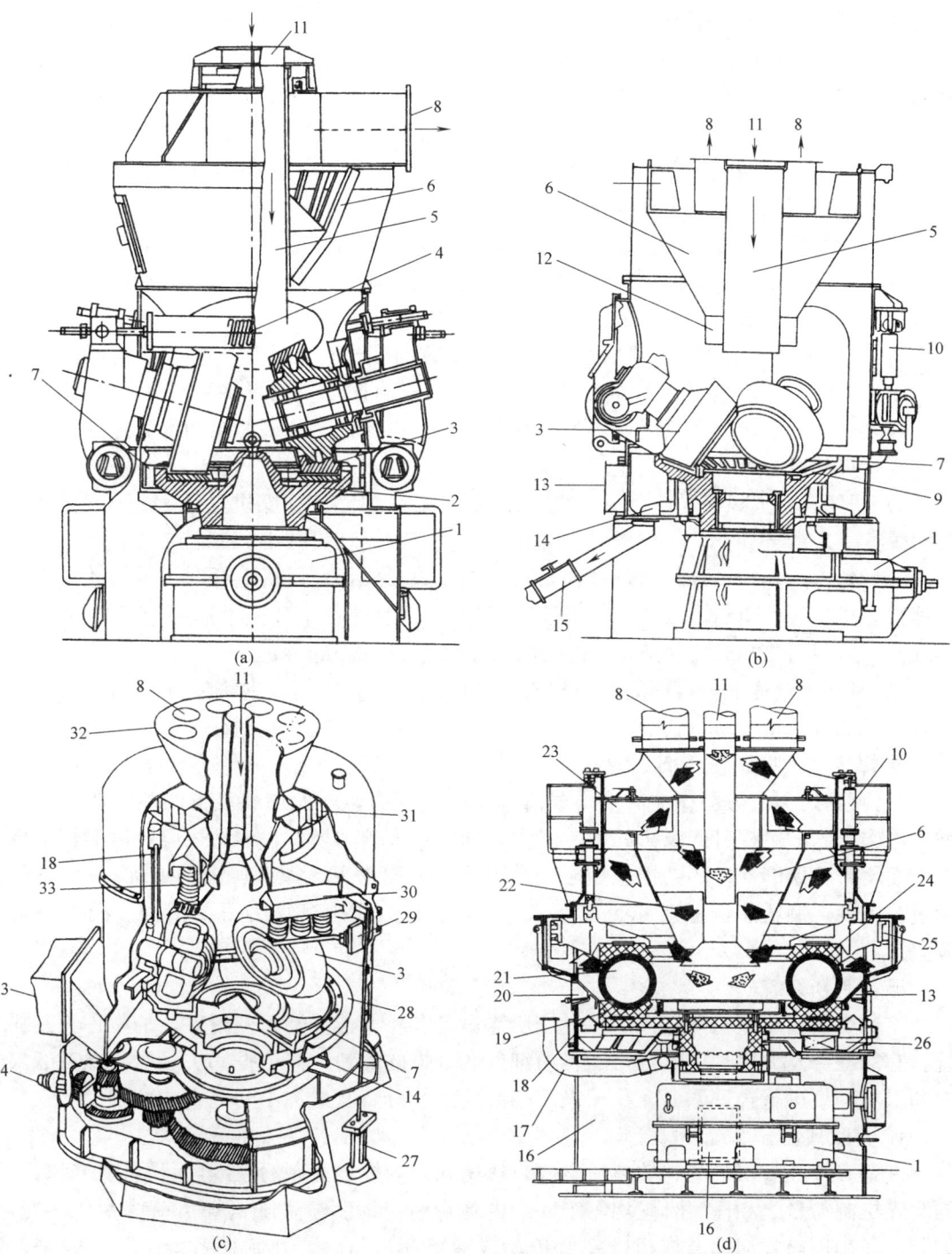

1—减速箱；2—磨盘；3—磨辊；4—加压弹簧；5—落煤管；6—分离器；7—风环；
8—气粉混合物出口；9—浅沿磨碗；10—加压缸；11—原煤入口；12—粗粉回粉管；13—热风进口；
14—杂物刮板；15—石子煤排放管；16—石子煤箱；17—密封气连接管；18—活门；19—下风环；20—安全门；
21—钢球；22—粗粉回粉斗；23—分离器可调叶片；24—上磨环；25—导杆；26—梨式刮刀；27—液压缸；
28—风环毂；29—下压盘；30—上压盘；31—分离器导叶；32—煤粉分配器；33—加压弹簧；34—传动轴。

图 5-30　中速磨煤机

（a）平盘磨煤机；（b）碗式（RP）磨煤机；（c）轮式（MPS）磨煤机；（d）球环式（E）磨煤机

此型磨煤机在上、下磨环之间放有 10 个左右直径为 200~500mm 的钢球，全部放入时几乎彼此靠着，间隙仅有 15~20mm。钢球在上、下磨环之间可以自由滚动，不断改变转动轴线位置。钢球在整个工作寿命中始终保持其圆度，以保证磨煤性能不变，使磨煤出力和煤粉细度不会因为钢球磨损而受影响。它的上磨环能上下移动，通过弹簧或液压气动加载装置对钢球施加一定的压力（碾磨力），并能在使用寿命周期内自动维持磨环上的压力为一个定值，从而保证了磨煤出力和煤粉细度的稳定。

与平盘和碗式磨煤机相比，此型磨煤机没有需要润滑、密封的磨辊，易于实现正压运行，且磨煤部件工作可靠；钢球磨损均匀，钢球金属利用率高；运行性能稳定。

（3）影响中速磨煤机工作的因素

1）原煤性质　中速磨煤机对煤的可磨性系数的变化较敏感，可磨系数越低，对磨煤机的出力影响越大。当原煤灰分大于 20％时，因机内循环量的增加而导致磨煤机出力下降。煤质硬或原煤水分多，磨制不易，煤粉细度难以保证。如果原煤的水分过多，还会导致磨辊处煤粘结，严重时将发生安全事故。

2）通风量　通风量的大小影响磨煤压力、煤粉细度、磨煤机电耗和石子煤排放量。在给煤量一定的条件下，风量增大，煤粉变粗，机内循环量减小，煤层变薄，磨煤机电耗下降；另外，风量增加导致风环风速增大，石子煤量减小，风机电耗增加。因此，为保证中速磨煤机的正常运行，需维持一定的风煤比，一般推荐 HP 型中速磨煤机的风煤比为 1.5kg/kg，球环式（E）中速磨煤机的风煤比为 1.8~2.2kg/kg。

3）风环气流速度　合理的风环气流速度应能保证合格的煤粉细度和磨煤出力，并减少石子煤的排放量。所以，需要通过风环间隙把风环气流速度控制在一定范围，如球环式（E）磨煤机通常控制在 70~90m/s。

4）碾磨压力　碾磨体上的平均载荷称为碾磨压力。增大加载装置的弹簧压缩量，即增大碾磨压力，可提升磨煤机的磨制能力，使其最大出力增加，但磨煤电耗因磨辊负载的增大而增大，碾磨部件的磨损也随之变得严重。显而易见，碾磨压力的增加有一个限度，越过该限度，制粉的经济性开始下降。所以，在运行中碾磨压力需要根据工况随时进行调整。

**五、制粉系统**

将原煤磨制成煤粉并送入炉膛燃烧所需设备和相关连接管道及附件，通常称为制粉系统。它的任务是为锅炉提供合格的煤粉细度和干燥的煤粉，并依据锅炉运行工况对磨煤出力和煤粉细度进行合理调节。我国采用的制粉系统分直吹式和中间储仓式两种。

1. 直吹式制粉系统

它是一种经磨煤机磨制的煤粉全部直接送入炉内燃烧的制粉系统。每台锅炉所有运行的磨煤机制粉量之和任何时候均等于锅炉的耗煤量，即制粉量随锅炉负荷的变化而变化。如此，如采用筒式钢球磨煤机，在低负荷或变负荷运行时，其制粉系统会很不经济。所以，直吹式制粉系统大多配用风扇式磨煤机和中速磨煤机。

（1）风扇式磨煤机直吹式制粉系统

风扇式磨煤机同时具有磨制煤粉、干燥、吸入干燥剂和输送煤粉等多种功能，煤粉粗分离器与磨煤机紧连为一体，是一种比其他磨煤机制粉系统简单的制粉系统，设备少、投资省。

根据原煤水分的不同，风扇式磨煤机制粉系统有一介质干燥和二介质干燥的两种制粉系统。当燃用烟煤和水分不高的褐煤时，大多采用一介质——热风干燥的直吹式系统，如图 5-31（a）所示。当燃用高水分褐煤时，往往采用二介质——热风和抽吸炉膛高温烟气混合干燥的直吹式系统，如图 5-31（b）所示。

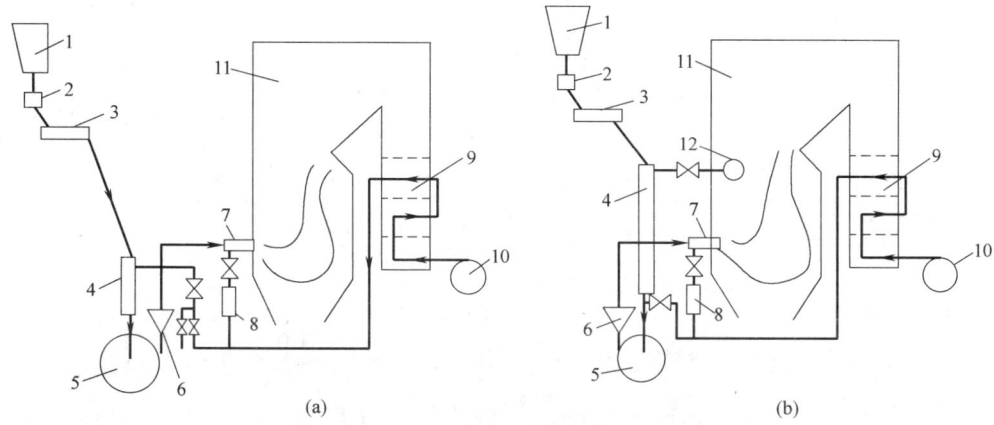

1—原煤仓；2—自动磅秤；3—给煤机；4—下行干燥管；5—磨煤机；6—煤粉分离器；7—燃烧器；
8—二次风箱；9—空气预热器；10—送风机；11—锅炉；12—抽烟口。

图 5-31　风扇式磨煤机直吹式制粉系统
（a）热风干燥；（b）热风-烟气干燥

此外，也有采用热风、炉内高温烟气和引风机前吸取低温烟气三介质作为干燥剂的直吹式制粉系统。这样，降低了干燥剂的含氧量，有利于防止高挥发分的煤粉发生爆炸事故；热风和烟气混合作为一次风，可降低炉膛燃烧区的温度水平，有利于减少 $NO_x$ 的生成和炉内结渣。当燃煤水分变化幅度大时，可以通过调节高、低温烟气的比例来满足煤粉干燥的需要，利于保持炉内燃烧工况的稳定。

（2）中速磨煤机直吹式制粉系统

根据磨煤机工作压力的不同，中速磨煤机直吹式制粉系统可以分为负压和正压两种制粉系统。

按制粉系统的工作流程，磨煤机在前，排粉机（一次风机）在后，因此整个系统处于负压状态工作，称为负压直吹式制粉系统。相反，如果排粉机置于磨煤机前，那么整个系统处于正压状态工作，即为正压直吹式制粉系统。

如图 5-32（a）所示，在负压系统中，锅炉燃烧所需的煤粉量全部经排粉机输送，排风机的叶片磨损十分严重，需要经常更换叶片，成本和维修费用高，更重要的是会影响排粉机的效率和出力，使系统的工作可靠性降低。但它也有优点，整个系统处于负压状态，煤粉不会向外喷泄，工作环境比较干净。

图 5-32（b）所示为带热一次风机的正压系统，通过排粉机的是洁净空气，不存在叶片的磨损问题，但该系统要求排粉机在高温下工作，运行可靠性较低。另外，磨煤机需采取良好的密封措施，即防止向外喷粉，影响环境卫生和设备安全。而且，这种正压系统中的排粉机输送的是高温空气，排粉机的工作效率和运行可靠性不甚理想。如将一次风机置于空气预热器前，形成带冷一次风机的正压系统［图 5-32（c）］，这样流过风机的介质为

冷空气，温度较低，大大提高了系统运行安全性。由于一次风机的风压比二次风机高得多，所以必须采用三分仓空气预热器，将一、二次风流通区域分开，因此使空气预热器结构变得复杂，造价提高。

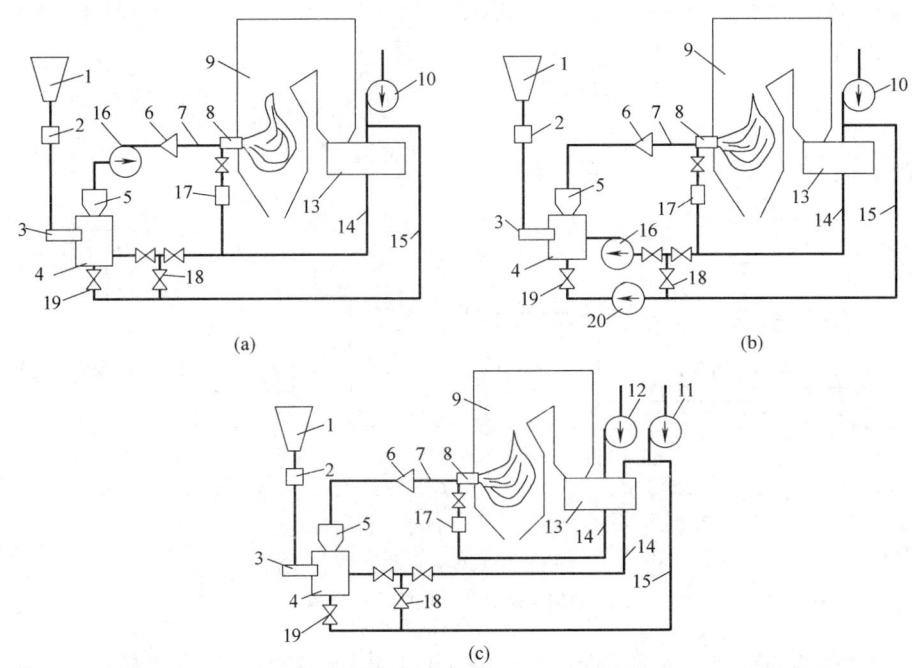

1—原煤仓；2—煤秤；3—给煤机；4—煤机；5—煤粉分离器；6—煤粉分配器；7—一次风管；8—燃烧器；
9—锅炉；10—送风机；11—一次风机；12—二次风机；13—空气预热器；14—热风道；
15—冷风道；16—排粉机；17—二次风门；18—调温冷风门；19—密封冷风门；20—密封风机。

图 5-32　中速磨煤机直吹式制粉系统
(a) 负压系统；(b) 正压系统（带热一次风机）；(c) 正压系统（带冷一次风机）

（3）双进双出球磨机直吹式制粉系统

图 5-33 是一个由两个相互对称、彼此独立的系统组合而成的制粉系统。下文以一侧的单个制粉系统为例，说明其工作过程。

原煤从原煤斗经刮板式给煤机送入混料箱，与进入混料箱的高温旁路风混合，在落煤管（也称溜煤管）中被旁路风预干燥。然后，借重力作用下落到球磨机两端中空轴底部，经由螺旋输送机送入球磨机筒内进行破碎、碾磨成煤粉；旁路风不经球磨机，直接进入粗粉分离器。

一次风机将空气送入空气预热器加热。一部分作为旁路风，另一部分作为干燥剂和来自一次风母管的冷空气（调温风）混合成适合的温度后分别从球磨机两端中心风管进入球磨机，这股风称为磨煤风（负荷风）。两路磨煤风在机内相对冲撞并对煤粉进行干燥，然后往回折返，携带煤粉从空心轴的环形通道离开球磨机筒体。

磨煤风携带已磨好的煤粉与混料箱来的旁路风混合，一同上行进入粗粉分离器。经分离器分离，不合格的粗粉经回料管与原煤混合送回球磨机重磨。合格的煤粉随气流向上经由煤粉分配器进入一次风管道，经燃烧器送入炉内燃烧。停机时，应用清洗风吹扫一次风管道和燃烧器。

与中速磨煤机直吹式制粉系统相比，双进双出球磨机直吹式制粉系统有诸多优点：

1）煤种适应性广　适用于磨制高灰分、强磨耗性的煤种以及挥发分低、要求煤粉细的无烟煤。

2）备用容量小　结构简单，故障事故少；在钢球磨损时无须停机即可更换，能保证系统正常供粉，不像中速磨煤机需 20％左右的备用容量。

3）响应锅炉负荷变化性能好　该系统是以调节磨煤机通风量的方法控制给粉量的，响应锅炉负荷变化的延迟时间极短。应用此型直吹式制粉系统的锅炉，负荷变化率可达 20％/min。

4）负荷调节范围大　两路制粉系统彼此独立，可以两路并用也可以只用一路，大大增加了系统的负荷调节范围。

5）煤粉细度稳定　煤粉细度稳定，不受负荷变化的影响。当负荷低时，煤粉在筒内停留时间长，磨制的煤粉更细，改善了煤粉气流着火和燃烧性能，以使锅炉能在更低的负荷下稳定运行。

6）具有较低的风煤比　即一次风的煤粉质量浓度高，有利于低挥发分煤的燃烧。

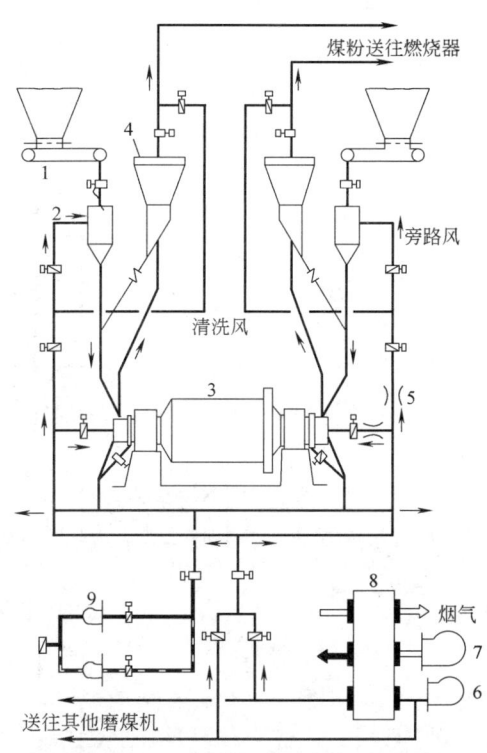

1—给煤机；2—混料箱；3—双进双出球磨机；
4—粗粉分离器；5—风量测量装置；
6—一次风机；7—二次风机。

图 5-33　双进双出球磨机
直吹式制粉系统

2. 中间储仓式制粉系统

如果说直吹式制粉系统是"现磨现用"，那么中间储仓式制粉系统是"先储后用"，即将磨制好的煤粉先储存在煤粉仓中，再根据锅炉燃烧的需要，通过给粉机把煤粉送入炉膛燃烧。这样，磨煤机的出力不受负荷变化的制约，可以始终保持在经济性出力的工况下运行。因此，此型制粉系统通常配用钢球磨煤机。

由于钢球磨煤机的轴颈密封性能不好，一般要求其进口维持 200Pa 的负压。根据此型制粉系统气粉分离和煤粉储存、转运、调节的需要，增加了煤粉仓、细粉分离器、给粉机、排粉机和螺旋输粉机等设备。

图 5-34 所示为单进单出球磨机中间储仓式制粉系统示意图。原煤和干燥用热风在下行干燥管相遇后一同进入球磨机，热空气一边干燥一边把磨制好的煤粉带出，气粉混合物经粗粉分离器分离，不合格的粗粉由回粉管送回球磨机重磨，合格的煤粉进入细粉分离器进行气粉分离，约有 90％的煤粉被分离出来进入煤粉仓储存，也可经螺旋输粉机转运到其他储粉仓储存，锅炉燃烧所需要的煤粉再从煤粉仓取用。根据锅炉负荷的需要，给粉机将煤粉仓中的煤粉送入一次风箱，然后经由燃烧器喷入炉内燃烧。

由细粉分离器上部出来的干燥剂（也称乏气）中还有约 10％的极细煤粉，可以直接作为一次风与煤粉仓中下落的煤粉混合后送入炉内燃烧，既节约燃料又避免污染环境。这

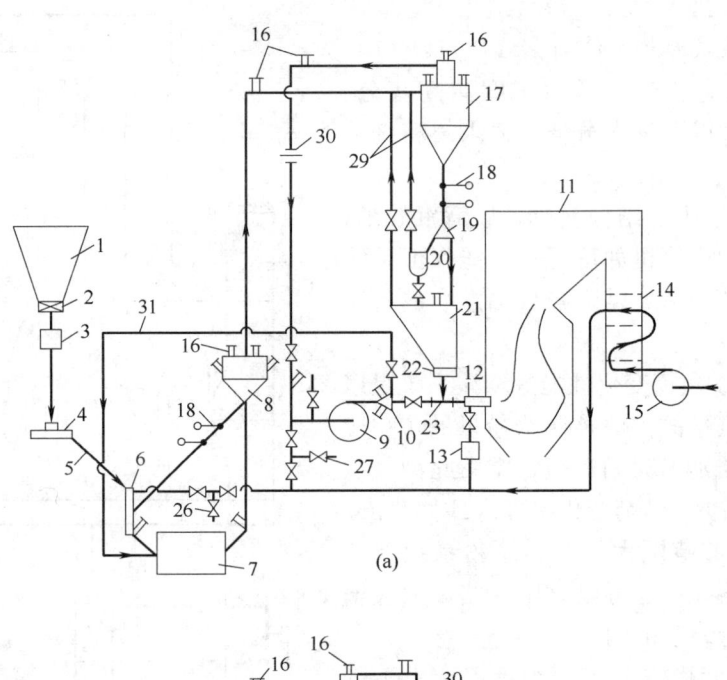

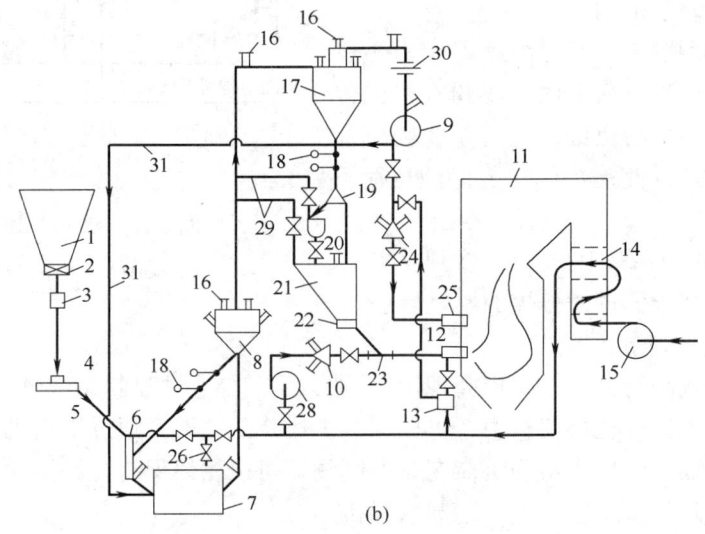

1—原煤仓；2—煤闸门；3—自动磅秤；4—给煤机；5—落煤管；6—下行干燥管；7—钢球磨煤机；
8—粗粉分离器；9—排粉机；10——次风箱；11—锅炉；12—主燃烧器；13—二次风箱；
14—空气预热器；15—送风机；16—防爆门；17—细粉分离器；18—锁气器；19—换向器；
20—螺旋输粉机；21—煤粉仓；22—给粉机；23—气粉混合器；24—乏气（三次风）风箱；
25—乏气喷嘴；26—冷风门；27—大气门；28——次风机；29—吸潮管；
30—干燥剂流量测量装置；31—再循环管。

图 5-34　单进单出球磨机中间储仓式制粉系统示意图
（a）乏气送粉系统；（b）热风送粉系统

种将乏气作为一次风输送煤粉进入炉膛燃烧的系统，称为乏气送粉系统，适用于原煤水分
较少和挥发分较多的煤种。

　　当燃用难烧的无烟煤、贫煤和劣质煤时，需用高温一次风来稳定着火燃烧，则可采用
图 5-34（b）所示的热风送粉系统；来自空气预热器的热空气作为一次风的输送介质，乏

气作为三次风将煤粉送入炉内燃烧。无论是乏气送粉系统，还是热风送粉系统，都在排粉机的抽吸作用下工作，均为负压系统。

在煤粉仓和螺旋输粉机上部装有吸潮管，利用排粉机形成的负压将潮气吸出，以免煤粉受潮结块。在排粉机出口与磨煤机进口之间，通常装设循环管，利用乏气再循环来协调磨煤风量、干燥通风量与一次风量（或三次风量）三者之间的关系，以保证制粉系统运行的稳定和安全经济。

3. 两种制粉系统的比较

（1）直吹式制粉系统简单，设备部件少，布置紧凑，耗钢量少，输粉管道短，初投资少，运行电耗较低，占地面积小。中间储仓式制粉系统复杂，耗钢量多，输粉管道长，系统中较大的负压造成漏风量较大；初投资多，运行费用高，而且煤粉易于沉积，易发生自燃和爆燃事故。

（2）直吹式制粉系统的出力受锅炉负荷变化影响，制粉系统的故障将直接影响锅炉的正常运行，供粉的可靠性较差；要求磨煤机的备用容量较大，负压系统的排粉机磨损严重。中间储仓式制粉系统供粉可靠，磨煤机可始终在满负荷、经济工况下运行，对锅炉运行的影响相对较小。

（3）当锅炉负荷变动时，中间储仓式制粉系统由煤粉仓储存煤粉，并可通过螺旋输粉机在相邻制粉系统间调节煤粉，只要调节给粉机就能适应需要，调节灵敏、方便；而直吹式制粉系统则需从改变给煤量开始，经整个系统才能达到改变煤粉量的目的，调节惯性较大。

（4）中间储仓式制粉系统还可采用热风送粉，大大改善了燃用无烟煤、贫煤和劣质煤时的着火条件；通过排粉机的煤粉相当部分是经细粉分离器分离后的剩余细粉，因此排粉机的磨损要比直吹式制粉系统轻得多。

（5）中间储仓式制粉系统煤种适应性广，能磨制包括无烟煤、高水分和高磨耗性的煤种，而且磨制的煤粉较细且细度稳定；另外，用给粉机调节给粉量，反应速度快，负荷跟随性好；中间储粉仓和其他储粉仓相互输送，提高了系统运行的可靠性。

**六、煤粉燃烧器**

煤粉燃烧器是煤粉炉的燃烧设备，其性能对燃烧的安全性、经济性、稳定性和环境保护等都有很大的影响。它的主要作用是：一是将煤粉和燃烧所需空气送入炉内；二是组织煤粉和空气及时、混合充分；三是保证煤粉进入炉膛后及时、稳定地着火，尽可能地充满整个炉膛，迅速、完全地燃尽。

煤粉燃烧器带有一次风和二次风，也有带三次风的。根据一、二次风气流的形状，煤粉燃烧器可分直流式和旋流式两类。

1. 直流式煤粉燃烧器

（1）直流式煤粉燃烧器的分类

直流式煤粉燃烧器喷出的一、二次风都是不旋转的直流射流，喷口一般为圆形或矩形，其射程较长，燃烧时火焰亦较长。在大型电站煤粉炉上，使用单一燃烧器组织燃烧时火焰难以充满整个炉膛，且火焰容易喷射到炉墙上造成该处结渣。现在通常是将几个直流燃烧器配合使用，可以布置在炉膛的前后墙、炉膛四角或炉膛顶部。应用最成功的是四角布置切圆燃烧方式如图 5-35 所示。

在炉膛的四个角分别布置多个（数量相等）同型号燃烧器，它们的中心线与一个以炉

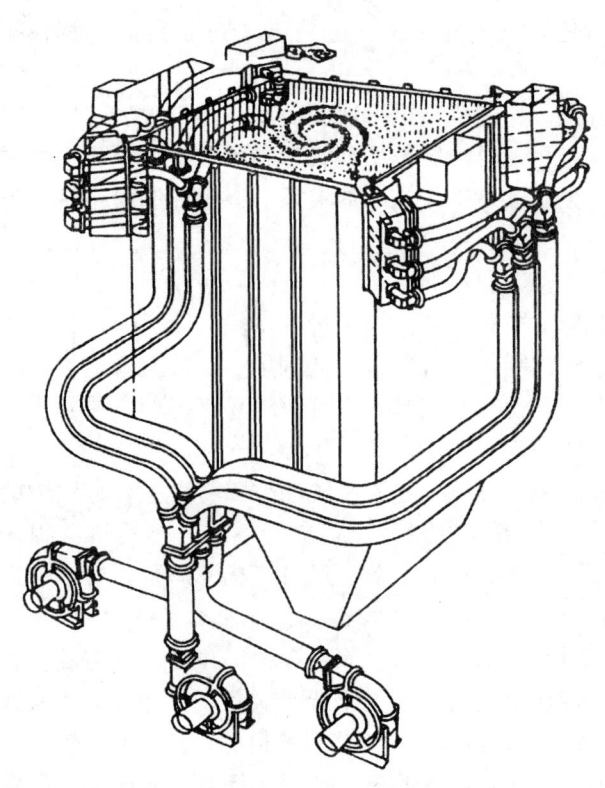

图 5-35 四角布置切圆燃烧方式

膛中心为圆心的假想圆相切。这样，从各个燃烧器喷出的气流在炉膛内相遇，从每一个角喷出的煤粉气流受到上游邻角近乎正交的正在剧烈燃烧的高温火焰的掺混加热，迅速达到着火温度，相互点燃，着火稳定。由于燃烧时在炉内形成旋转气流，火焰旋转上升，从而充满整个炉膛，并能对炉膛的各个墙面均匀加热。

根据一、二次风喷口搭配方式不同，直流煤粉燃烧器从结构上区分，有均等配风和分级配风两类。

1）均等配风直流式煤粉燃烧器　其结构特点通常是把一、二次风喷口交替间隔布置，间距根据挥发分高低有所不同，每个一次风喷口的上下或背火侧均等布置二次风喷口，形成均匀的搭配。相邻两个喷口的中心间距相对较小（图5-36）。一次风携带的煤粉比较容易着火，在一次风中煤粉着火后希望及时、迅速地和相邻二次风喷口射出的热空气混合。这样，在火焰根部不会因为缺乏空气而燃烧不完全，或导致燃烧速度下降。因而沿高度相间排列的二次风喷口的风量分配接近均匀。均等配风直流式煤粉燃烧器一般适用于挥发分较高的烟煤和褐煤，又称为烟煤、褐煤直流式煤粉燃烧器。

2）分级配风直流式煤粉燃烧器　这是一种将二次风分级、分阶段送入炉内的燃烧器。它适用于燃烧着火比较困难的煤——挥发分较低的无烟煤、贫煤和劣质煤，又名无烟煤直流式煤粉燃烧器。

这种燃烧器的特点是：几个一次风喷口集中布置在一起，一、二次风喷口中心间距较大，如图5-37所示。由于一次风中携带的煤粉着火比较困难，一、二次风的混合过早，会使火焰温度降低，着火不稳定。为了维持煤粉的稳定着火，宜推迟煤粉气流与二次风的混合，因此将二次风分先、后两批送入着火后的煤粉气流当中，这种配风方式称为分级配风。

分级配风的目的是按燃烧过程的各个阶段所需送入适量空气，以保证煤粉稳定着火和完全燃烧。

分级配风直流式煤粉燃烧器的一次风集中布置，使着火区保持较高的煤粉质量浓度，减少着火热；燃烧放热比较集中，使着火区保持高温燃烧状态，适用于难燃的煤种；煤粉气流刚性增强，不易偏斜贴墙；卷吸高温烟气的能力加强。但一次风集中布置也有一定问题：着火区煤粉高度集中，可能会造成着火区供氧不足，延缓燃烧进程；一次风喷嘴附近为高温区，喷嘴容易发生变形，使喷嘴出口附近气流速度分布不均，引起空气、煤粉分层现象。为了消除这种现象，有时将一次风分割成多股小射流，使气流扰动增强，提高着火的稳

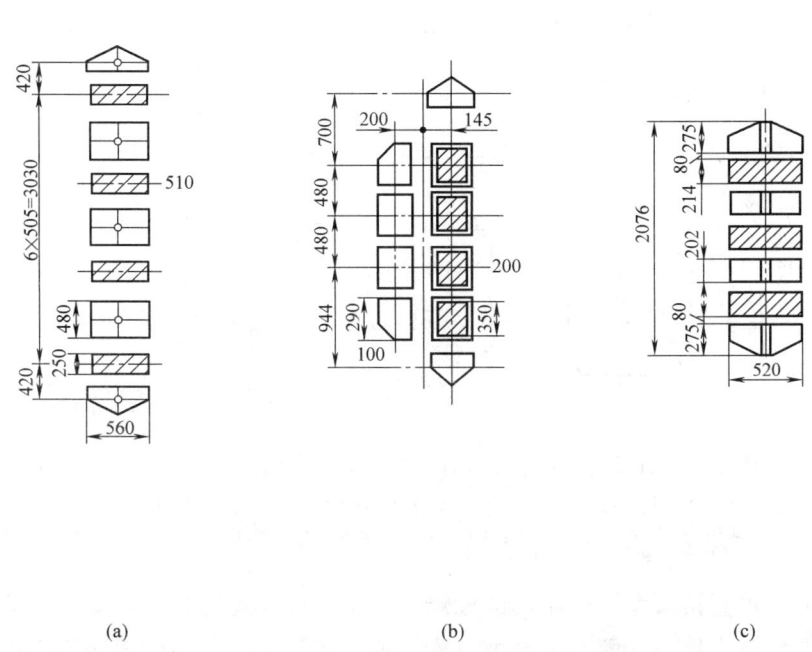
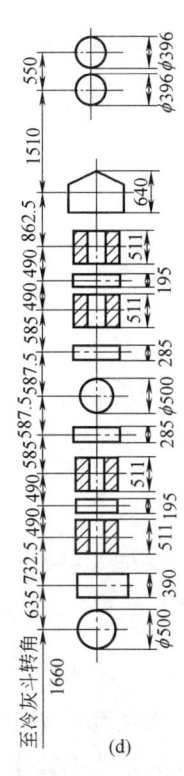

图 5-36 均等配风直流式煤粉燃烧器
(a) 适用烟煤;(b) 适用贫煤和烟煤;(c) 适用褐煤;(d) 适用大容量锅炉

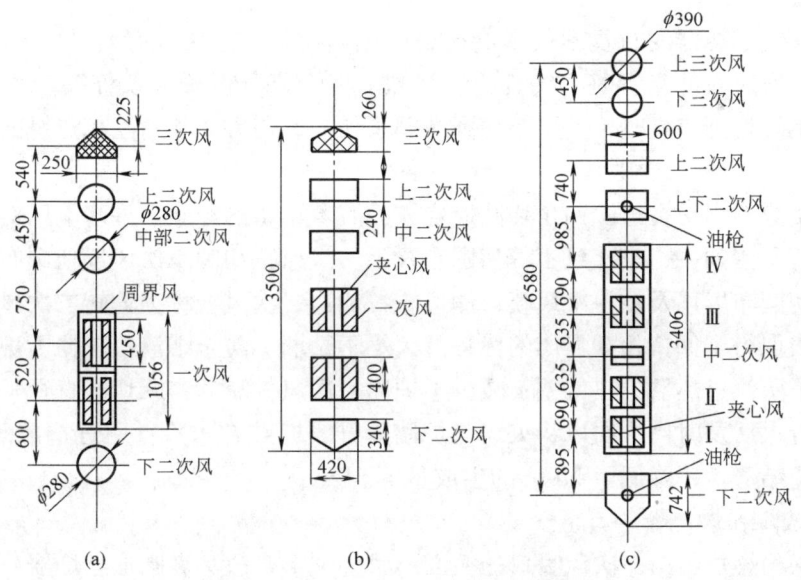

图 5-37 分级配风直流式煤粉燃烧器
(a) 适用无烟煤 (采用周界风);(b)、(c) 适用无烟煤 (采用夹心风)

定性;也有在一次风喷口上加装夹心风或周界风的,以达到有效冷却一次风喷口的目的。

(2) 直流式煤粉燃烧器的布置

直流式煤粉燃烧器一般布置在炉膛四角,如图 5-38 所示。煤粉气流在射出喷口时,虽然是直流射流，但当四股气流到达炉膛中心部位时，以切圆形式汇合，形成旋转燃烧火焰，同时在炉膛内形成一个自下而上的旋涡气流，这种燃烧方式称为四角切圆燃烧。

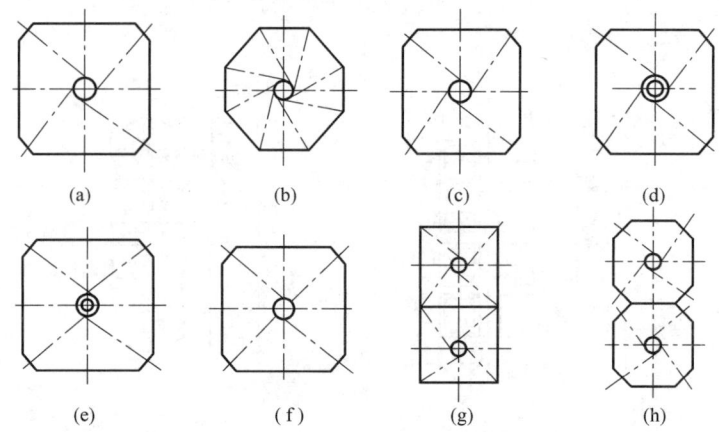

图 5-38　直流式煤粉燃烧器的布置方式

(a) 正四角；(b) 正八角；(c) 大切角正四角；(d) 同向大小双切圆；(e) 正反双切圆；
(f) 两角相切，两角对冲；(g) 双室炉膛切圆；(h) 大切角双室炉膛切圆

直流式煤粉燃烧器的布置直接关系到四角切圆燃烧的组织。比较理想的炉内气流流动状况是在炉膛中心形成的旋转火焰不偏斜、不贴墙、火焰的充满程度好、热负荷分布比较均匀。当然，要达到上述要求还与燃烧器的高宽比和切圆直径等因素有关，甚至还与炉膛的负压大小有关。

直流式煤粉燃烧器的布置不仅影响火焰的偏斜程度，还影响燃烧的稳定性和燃烧效率。例如，一次风对冲布置时，气流扰动强烈、混合好，但着火条件差，炉内气流不稳定；而上下不等切圆布置时，上层小切圆减弱了切向燃烧方式邻角互相点燃的作用，使着火条件变差。

我国电站煤粉锅炉在组织四角切圆燃烧方面有着丰富的经验，许多电厂对四角切圆燃烧方式还进行了诸如一、二次风不等切圆布置，一次风正切圆二次风反切圆布置，一次风对冲二次风切圆布置以及在一次风喷口侧边布置侧边二次风（称为偏转二次风）等技术改进，通过实践取得了保持相互点燃的优势及火焰不贴墙，防止结渣；减弱了炉膛出口残余旋转，减少了蒸汽过热器的热偏差；减少了炉内一次风气流的实际切圆直径，供煤粉不贴墙且在燃料着火后及时借二次风将火焰与炉墙隔开，以致在水冷壁附近造成氧化性气氛，既减轻水冷壁结渣，还降低了 $NO_x$ 的生成量等。

2. 旋流式煤粉燃烧器

旋流式煤粉燃烧器与一次风喷口的截面形状为圆形，故又名圆形燃烧器。其中可装置多种形式的旋流发生器（简称旋流器），它的一次风煤粉射流可以是直流射流，也可以是旋转射流，二次风则都是绕燃烧器轴线旋转的旋转射流。

根据旋流器的结构不同，旋流式煤粉燃烧器分为蜗壳式、轴向叶片式及切向叶片式三种。蜗壳式又分单蜗壳和双蜗壳两种。图 5-39 为单蜗壳旋流式煤粉燃烧器的结构图，它的一次风为直流，二次风通过蜗壳产生旋转。一次风出口装有一蘑菇形的扩流锥，它有助

于在锥后形成回流区，从而利于煤粉着火。这种燃烧器一次风阻力小，但前期混合不够强烈，适合于燃烧挥发分较低的煤种。

图 5-40 为双蜗壳旋流式煤粉燃烧器，一次风和二次风均经蜗壳旋流器产生旋转，二者的旋转方向相同。它的前期混合较为强烈，适于燃烧烟煤和褐煤，也可燃烧贫煤。但蜗壳燃烧器仅靠蜗壳入口处舌形挡板的开度调节旋流强度，其调节范围有限，对煤种变化的适应性较差，而且阻力大，因此大型锅炉中已很少采用。

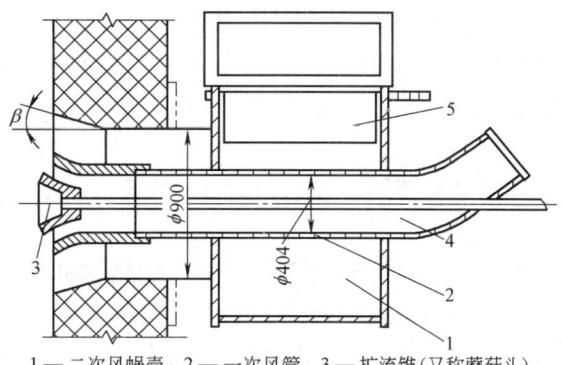

1——二次风蜗壳；2——一次风管；3——扩流锥(又称蘑菇头)；
4——煤粉均流挡块；5——二次风调节挡板。

图 5-39　单蜗壳旋流式煤粉燃烧器结构

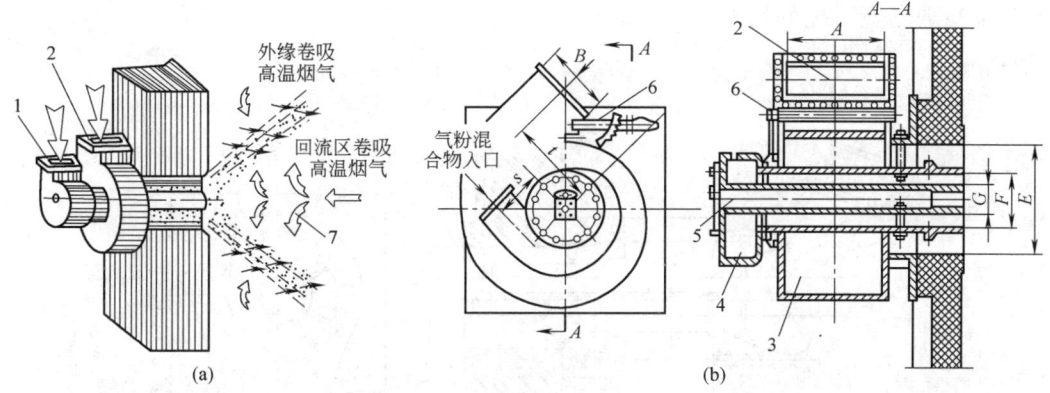

1——一次风；2——二次风；3——二次风蜗壳；4——一次风蜗壳；5——中心管；6——二次风舌形挡板；7——中心回流区。

图 5-40　双蜗壳旋流式煤粉燃烧器
（a）燃烧过程；（b）燃烧器结构

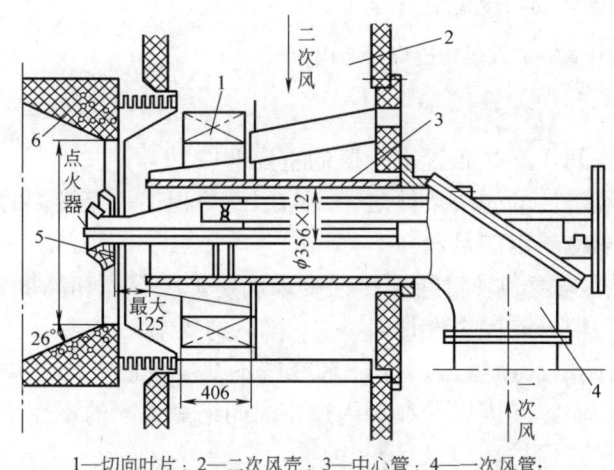

1——切向叶片；2——二次风壳；3——中心管；4——一次风管；
5——稳焰器；6——碹口。

图 5-41　切向叶片式旋流式煤粉燃烧器结构

叶片式旋流式煤粉燃烧器有切向叶片式和轴向叶片式两种。图 5-41 为切向叶片式旋流式煤粉燃烧器的结构图，其一次风气流为直流射流或弱旋转射流，二次风气流通过切向叶片旋流器产生旋转。切向叶片一般是可调的，改变叶片的倾角即可调节气流的旋转强度，从而调节中心回流区的形状和大小。当叶片开度调到最大时，旋转气流强度下降，中心回流区几乎不再存在，中心区的温度急剧下降。煤粉气流在一次风风口直径 2 倍的范围内难以着火。该燃烧器在一次风风口处装有一个稳焰器,锥角约 75°。部分一次风流经稳焰器后会产生弱旋转,并形成一个回流区卷吸锅炉膛高温烟气的稳定火焰,稳焰器的名字由此而来。一次风通过它产生的旋转流动有利于将煤粉气流引入二次风中,使煤粉分布均匀,有效改善了煤粉与空气的混合。

该型燃烧器的叶片倾角为 30°～45°,一、二次风的阻力不大,主要适于燃用挥发分小于 25% 的烟煤。

轴向叶片式旋流式煤粉燃烧器的结构如图 5-42 所示,它是一种利用轴向叶片绕气流产生旋转的燃烧器。燃烧器中心管可插点火油枪,中心管外是一次风环形通道。一次风煤粉气流为直流射流(叶片固定)或靠舌形挡板产生的弱旋转射流。二次风气流通过装在通道上的轴向可动叶轮产生旋转。叶轮上装有拉杆,通过拉杆调节叶轮前后位置。当叶轮向外拉时,会有部分二次风从叶轮外侧直流通过,这股直流与二次风和从叶轮轴向叶片流出的旋转的二次风混合在一起,使二次风旋转强度减弱。叶轮向外移动的距离越大,旋转强度越小。所以,此型燃烧器在运行中靠调节叶轮的位置即可改变二次风的旋转强度,从而达到调整锅炉燃烧工况的目的。

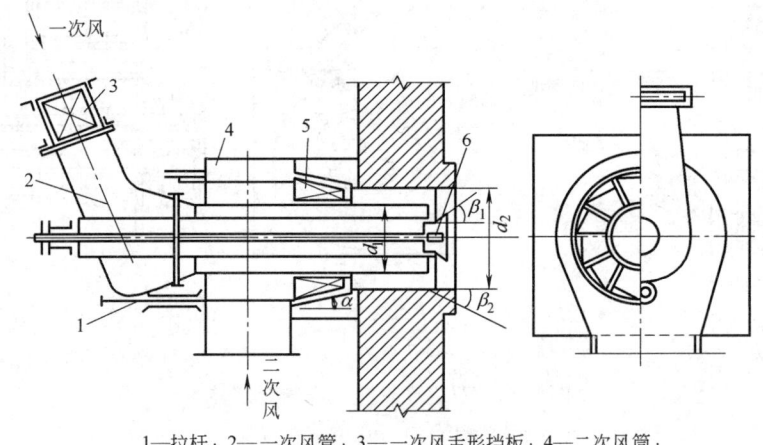

1—拉杆;2——一次风管;3——一次风舌形挡板;4—二次风筒;
5—二次风叶轮;6—油喷嘴。

图 5-42  轴向叶片式旋流式煤粉燃烧器结构

**七、炉膛结构**

煤粉炉的炉膛,既是供煤粉燃烧的空间,又是布置水冷壁的重要部件。

炉膛结构设计是锅炉运行安全性和经济性的先决条件之一。与层燃炉相比,煤粉炉的炉膛不仅体积大,还有着许多特殊的要求应予以满足:

1. 具有合适的热强度,按炉膛容积热强度和炉膛断面热强度来确定炉膛容积和高度,以满足煤粉空气流在炉内充分发展、均匀混合和完全燃烧时 $NO_x$ 排放的要求。

2. 具有良好的空气动力特性,避免火焰冲撞炉墙,保证水冷壁不结渣;使火焰在炉膛中有较好的充满程度,减少炉内停滞旋涡区和因煤粉在炉内逗留时间缩短引起的不完全燃烧热损失;尽可能减少污染物的生成量,保护环境。

3. 具有布置一定数量受热面的炉膛空间,将炉膛出口烟气温度降低到灰分软化温度以下,保证炉膛出口及其后面的受热面不结渣。

4. 具有对煤质和负荷变化有较宽的适应性和连续运行的可靠性。

5. 炉膛结构紧凑，金属及其他材料耗量少；便于制造、安装和维修。

煤粉炉按排渣方式分为固态排渣和液态排渣两种。除了燃用发热量较大、灰分不太多，且容易在固态排渣炉上结渣的低灰熔点的煤以及某些反应能力较低的无烟煤外，国内燃煤的电站锅炉一般采用固态排渣方式。

固态排渣煤粉炉的炉膛是一个由炉墙围成的立方体空间。大容量锅炉的炉顶都采用平炉顶结构，炉底是由前后墙水冷壁弯曲形成的倾斜冷灰斗。为了便于灰渣自动滑落，冷灰斗倾角应在 50°以上。炉膛上部空间悬挂屏式过热器，炉墙四壁布满了水冷壁。炉膛后上方为烟气出口，Ⅱ形布置的炉膛出口下方有部分后墙水冷壁弯曲而成的折焰角（俗称鼻子），大容量锅炉折焰角的深度为炉膛深度的 20%～30%。

现代大容量锅炉炉膛的高度远大于宽度和深度，其水平截面形状与燃烧器的布置方式有关。对于直流燃烧器四角切圆布置的锅炉，要求炉膛水平截面为正方形或接近正方形（宽深比小于或等于 1.2）；采用旋流燃烧器时，炉膛横截面呈长方形，其宽深比可按燃烧器的需要选定。在确定炉膛宽度时，应使炉膛宽度适应蒸汽过热器、再热器和尾部受热面布置的需要。同时，对于自然循环锅炉，炉膛宽度还应能满足与汽包长度相匹配的需要。

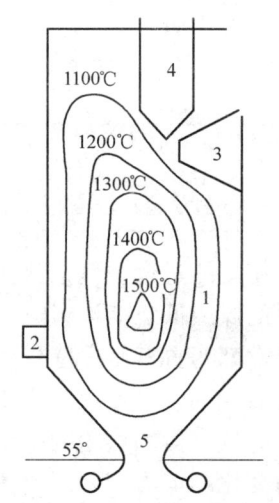

1—等温线；2—燃烧器；3—折焰角；
4—屏式过热器；5—冷灰斗。

图 5-43　固态排渣煤粉炉
炉膛温度分布图

在固态排渣煤粉炉的炉膛中，煤粉和空气在炉内强烈燃烧，火焰中心温度可达 1500℃（图 5-43），灰渣为液态。由于水冷壁的吸热，烟气温度逐渐降低，在水冷壁及炉膛出口处的烟气温度一般冷却至 1100℃左右，烟气中飞灰已冷凝成固态。冷灰斗的温度则更低，正常运行时一般不会发生结渣现象。燃烧生成的灰渣，80%～90%为飞灰，随烟气向上流动，经屏式过热器进入对流烟道，剩下 10%～20%的粗渣粒落入冷灰斗，由除渣设备处理后除去。

### 八、煤粉炉

煤粉炉的用煤被磨成煤粉后喷入炉内，与空气的接触面大大增加，这不仅改善了着火条件，也强化了燃烧，使煤粉炉的煤种适应范围较广，而且燃烧也较完全，锅炉热效率高达 90%以上。同时，煤粉燃烧的热惯性较小，燃烧调节方便，适应负荷变化快。因此它被广泛应用于中、大容量的锅炉，蒸发量从 10～20t/h 一直到 4000t/h 上下，甚至更大的容量。目前，我国电厂中的燃煤锅炉大多采用这种悬浮燃烧的方式；在供热锅炉中由于它需要配置磨煤设备，电耗大，系统也较为复杂，且不能低负荷运行和压火，以及飞灰多易污染环境等原因，应用受到一定限制。

煤粉炉可配置不同的磨煤机和燃烧器。图 5-26 为一配置竖井式磨煤机的锅炉，炉前并排布置有两台竖井式磨煤机，单机运行能力为额定负荷的 80%，振动给煤装置在竖井的前上方。炉膛高约 10m，中间呈腰形；煤粉喷口向下，在喷口两侧布置有二次风；煤粉燃烧火焰在炉膛中呈"U"形流动，行程较长，有利于燃尽。炉膛的底部设置了一个小炉排，既作点火装置，又作低负荷时的稳定火源。

煤粉炉燃烧所需的空气是分别送入炉内的，一次风与煤粉混合成煤粉气流由燃烧器喷入炉内，一次风温度越高越有利于着火，但必须保证制粉和输送的安全。一次风量不宜过大，否则将因煤粉气流的体积增大难以达到着火温度，而使着火延迟；一次风量过小则易形成煤粉沉积堵塞于一次风管内。通常，一次风量以能满足煤粉中挥发物燃烧的需要为度，即与燃煤的挥发物的体积分数成正比。煤粉气流着火的迟早，不仅与一次风风量有关，也与一次风风速有很大关系。二次风是单独送入炉内的，煤粉着火后与二次风混合，使燃烧继续下去。二次风送入的部位和时间要适当，过早送入等于加大一次风量，不利于着火；太迟送入又会使燃烧阶段缺氧而影响燃烧效率。此外，二次风的风速要比一次风大，以获得较强烈的搅拌和扰动。对于不同煤种，旋流式煤粉燃烧器的一、二次风风速的选用范围列于表5-4。

旋流式煤粉燃烧器的配风条件 表 5-4

| 名称 | 无烟煤 | 贫烟 | 烟煤 | 褐煤 |
|---|---|---|---|---|
| 一次风出口风速(m/s) | 14～16 | 16～20 | 20～27 | 25～30 |
| 二次风出口风速(m/s) | 18～22 | 20～25 | 23～25 | 25～37 |
| 一次风风量占总风量的百分数(%) | 15～20 | 20～25 | 25～40 | 40 |

煤粉炉的过量空气系数比层燃炉小，一般在炉膛出口处保持在 1.15～1.25。燃用挥发分低的煤或低负荷运行时，过量空气系数要大一些，其最佳值需通过试验确定。煤粉炉四壁通常都布置有水冷壁受热面，当锅炉负荷降低时，送进炉子的煤粉量减少，而水冷壁吸热量减少的幅度不大。因此，对应于 1kg 煤的水冷壁吸热量有所增加，这就使炉膛平均温度降低，影响煤粉的稳定着火。如果负荷继续降低，将会导致熄火。可见，煤粉炉适应负荷变化的能力较差，负荷调节范围通常只能在 70%～100% 的区间变化，谈不上有压火的可能性。这也是煤粉炉不太适用于供热锅炉的重要原因之一。

大型电站煤粉炉有多种炉型，有自然循环锅炉、强制循环锅炉、控制循环锅炉和直流锅炉等。随着研究的深入，自然循环的锅筒锅炉占据了主要地位。

**九、煤粉锅炉举例**

图 5-44 所示为一台哈尔滨锅炉厂生产的匹配 600MW 机组的亚临界强制循环煤粉锅炉，其蒸发量为 2008t/h，设计压力为 20.41MPa。锅炉整体呈 Ⅱ 形布置，通过自身支吊由钢架支承。炉膛四周为膜式水冷壁，由 1190 根直径为 51mm、壁厚为 5.59mm 的内螺片管构成。4 个直流摆动式燃烧器布置在炉膛四角，采用四角切圆燃烧。后墙上部的水冷壁向炉前延伸构成折焰角，前后墙底部的水冷壁向炉内延伸构成冷灰斗。该锅炉为固体排渣。

炉前 67.055m 标高处布置了汽包，汽包内部用 108 个轴向旋流汽水分离器以及波纹板分离器组成汽水分离装置。6 根大直径的下降管从汽包两端引出，与被称为下水包的大直径环形下联箱连接，并经下水包与所有水冷壁相通。锅炉采用控制循环的流动方式，3 台再循环泵连接于 6 根下降管的中部，以增加循环的推动力。

饱和蒸汽由汽包引出，经顶棚管受热面、包覆过热器受热面，又经过位于尾部烟道中的低温对流过热器后，流经位于炉顶区域的分隔屏过热器、后屏过热器和高温对流过热器，蒸汽温度达到 540℃ 送往汽轮发电机组发电。过热蒸汽的调温，一部分通过摆动式燃烧器喷嘴俯仰角的改变达到；另一部分由位于屏式过热器前的联箱通到上面的喷水减温器完成。

144

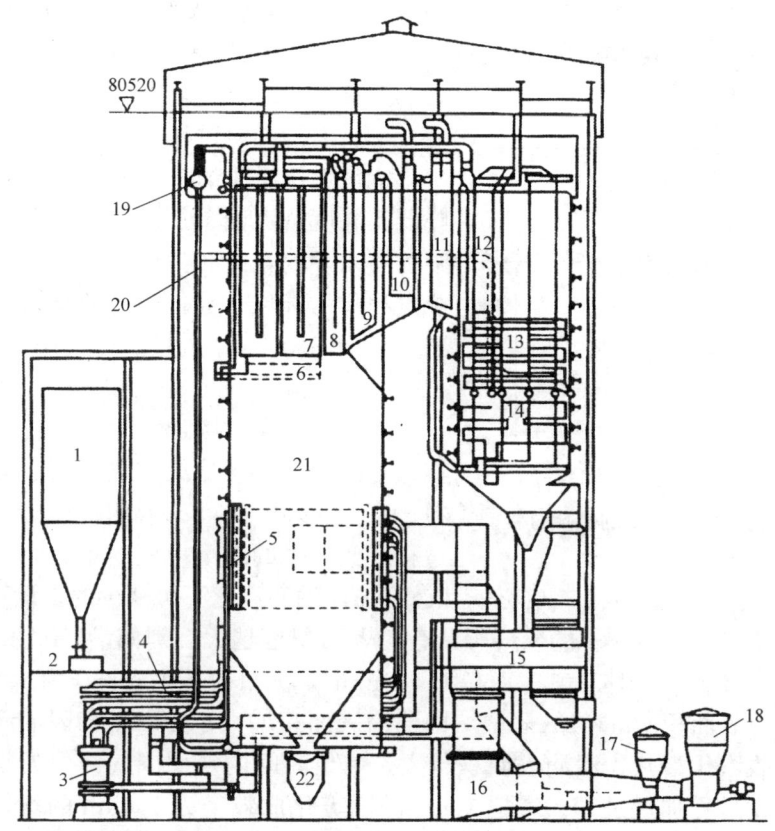

1—原煤斗；2—给煤机；3—磨煤机；4—一次风煤粉管道；5—燃烧器；6—墙式辐射再热器；
7—分隔屏过热器；8—后屏过热器；9—屏式过热器；10—高温对流再热器；11—高温对流过热器；
12—立式低温对流过热器；13—水平低温对流过热器；14—省煤器；15—空气预热器；
16—风道；17、18—送风机；19—汽包；20—下降管；21—炉膛；22—除渣装置。

图 5-44　HG-2008/20.41/540-M 型亚临界强制循环煤粉锅炉结构

　　燃烧器分 6 层，每层 4 个煤粉喷嘴与同一台磨煤机连接、供粉，启则同投，停则同停。以 2 台轴流式一次送风机和 2 台轴流式二次送风机、2 台离心式引风机和 2 台再生式空气预热器为主体，构成两个基本独立的烟风系统，通过烟风管路与挡板的交叉连接，既可以并列或单独运转，也可以完成各对应设备间的互换。顺烟气下行方向的锅炉尾部烟道内布置着低温对流过热器、省煤器以及空气预热器。空气预热器是一、二次风流道相互分隔的三分仓再生式空气预热器。烟气经烟气脱硫脱硝装置和除尘器后通过引风机及 240m 高的烟囱排入大气。

　　炉膛底部灰斗、磨煤机的石子煤、省煤器和除尘器落灰斗中的灰，一并由水力喷射输送到灰浆池，再通过灰浆泵送往灰场处理。

# 第三节　燃　油　炉

　　油作为一种液体燃料，有两类燃烧方式。一类为预蒸发型——燃料油先行蒸发为油蒸气，然后与空气按一定比例混合后进入燃烧室燃烧，如装有汽化器的汽油机，燃气轮机的燃烧室装有蒸发管。另一类为雾化型——燃料油被喷雾器（喷嘴）雾化为油的微小油粒在燃烧室内燃烧。这类燃烧方式在液体燃料燃烧技术中应用较多，燃油锅炉采用的就是这种燃烧方式。

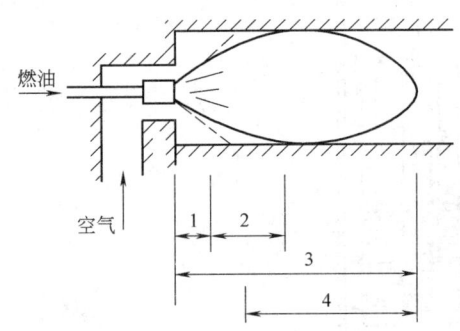

1—雾化；2—蒸发；3—混合；4—燃烧。

图5-45　雾化后的油雾炬的燃烧过程

## 一、油的燃烧过程

锅炉燃用重质油时，需要预先将重油加热以降低其黏度，由油泵加压送至炉前，然后通过油喷嘴喷入炉内，此时油已成极细的雾状油滴，这个过程称为雾化。雾化后的油雾炬的燃烧过程如图5-45所示。

1. 燃油的雾化

重油由油喷口喷出，首先进行雾化，通过喷雾器把液体燃料雾化成一股由微小油滴（或称油粒，直径为 $50\sim200\mu m$）组成的雾化气流，这一过程在比较短的距离内就结束。此后油的颗粒不再因雾化作用而变小，液体燃料的雾滴状态是加速油滴汽化不可缺少的。计算表明，雾滴越细则雾滴数越多，一定体积的燃料所具有的表面积也越大。例如，$1cm^3$ 的液体燃料相当于直径为 12.4mm 的球体，其表面积为 $483mm^2$，如果被雾化成直径为 $100\mu m$ 的油滴，则可产生油的总表面积为 $6\times10^4\ mm^2$，即油滴表面积增大了 124 倍。因油滴汽化时必须从周围气体吸收汽化潜热，油滴表面积越大，单位时间内从周围气体中吸收的热量也越多，从而使汽化过程加速进行。若把 $1cm^3$ 的油雾化成粒径为 $100\mu m$ 的均匀油滴群，则汽化所需时间可缩短为原来的 1/15400，这表明燃烧速度可以大大加快。

2. 汽化或蒸发

雾化以后，油粒即在燃烧室被加热，然后蒸发。油的沸点一般不高于 200℃，而着火温度往往高于它的沸点，因此在燃烧反应之前必然将液态燃料转变成为气态。油及其蒸气都是由碳氢化合物组成的，它们在高温下以分子状态与氧分子接触，发生燃烧反应。但若在与氧接触前便达到高温，则会因受热而发生分解，即发生热解现象。油蒸气热解会产生固体碳和氢气，这种固体碳称为碳黑。另外，尚未来得及蒸发的油粒本身，如果剧烈受热而达到较高温度，液体状态的油粒会发生裂化。裂化的结果是将产生一些较轻的分子，呈气体状态从油粒中飞溅出来；剩下的较重的分子可能呈固态，它们便是焦粒或沥青。

3. 混合过程

当空气流和油气流相接触时，就开始了油和空气的混合过程，包括液态油滴与空气的混合和燃油蒸气与空气的混合，其速度与油喷嘴的特性、进气方案与燃烧室内的混合扰动程度有关。扩散燃烧过程中，可以认为燃油从喷嘴喷出，在雾化的同时即进行油和空气的混合过程，混合要一直延续到火焰的末端，即与燃烧反应同时结束。

4. 燃烧过程

在含氧的高温介质中，油蒸气及热解、裂化产物等可燃物不断离开油滴表面向外扩散，氧分子不断向内扩散，二者混合充分且温度达到着火温度时，便开始着火燃烧，并产生火焰锋面。火焰锋面上所释放的热量又向油粒传递，使油粒继续经历受热、蒸发等过程。由于混合过程较长，所以是边混合边燃烧，形成了有一定长度的火焰。沿火焰长度，平均温度是逐渐升高的，而氧气的平均体积分数则是逐渐降低的。

由上可见，燃烧过程各个阶段是相互联系、相互制约的。在火焰中，各个阶段之间并不存在明显的界限，前三个过程是物理过程，后一个过程则是化学过程。从宏观角度看，这些过程的进行各有先后，但又相互影响，交错重叠。油的燃烧过程不仅包括混合物的均相燃烧，还包括对油粒表面的传热和传质过程。

**二、油的雾化**

液体燃料的雾化过程，在出喷嘴喷口不远处就基本完成。雾化后的细微油滴被加热、蒸发，并与空气混合，当此混合物的质量浓度达到一定值时，在高温条件下立即着火、燃烧。油的雾化质量无论对燃烧速度，还是对油的燃烧完全程度均起着至关重要的作用，雾化质量应看成油完全燃烧的先决条件。

良好的雾化质量，首要的应该是油雾化颗粒粒径小和雾化均匀度好。

影响油雾化颗粒粒径的因素很多，从雾化机理分析，油滴主要受内力和外力的影响。前者主要是液体燃料的黏性力及表面张力，在燃料种类一定的条件下，它们受温度控制。后者主要是油流或油滴的运动速度以及遇到的周围介质的阻力。它们与喷嘴结构、喷油压降、油的物理性质和雾化介质的物理性质密切相关。

1. 喷嘴结构

喷嘴结构对雾化质量影响很大。在喷嘴结构中，影响雾化质量的主要结构尺寸包括雾化剂的出口和油流出口断面、雾化剂与油流股的夹角、雾化剂和油流的旋转角度等。这些因素都影响着雾化剂对油流单位表面上作用力的大小，从而影响油颗粒平均粒径和油颗粒的分布。

2. 喷油压降

喷油压降（简称油压）决定着油的流出速度，提高喷嘴前后压差会提高喷油速度，增加喷油量。对离心式机械油喷嘴，油压越高，雾化越细，一般油压都在 2000kPa 左右或更高。油压增加，雾化锥角增大；但油压不宜过高，不然雾化锥角反而略有下降。

采用气体作雾化剂的油喷嘴，油压不宜太高。特别是对于低压雾化的油喷嘴，油压过高，油流的速度太快，油流会穿过雾化剂流，使油得不到良好的雾化。在实践中，燃油锅炉因油压过高，油火焰中会有一条"黑线"，这说明雾化质量不好。

3. 油的物理性质

油的物理性质主要是黏度及表面张力，其中以黏度的影响最大。提高温度可以降低油的黏度及表面张力，使油雾化得更细。以离心式机械喷嘴为例，在雾化初始阶段，黏度的影响起决定作用，因为油流所具有的切向和径向速度的大小对雾化质量起着关键作用。随着黏度的降低，燃料在旋流室中的旋流强度增大，雾化质量变好。在雾化中期，表面张力的影响将起主要作用，油膜将克服表面张力的作用而分裂成为许多纤丝和液滴。表面张力降低，分裂过程更容易进行，所形成的纤丝和液滴尺寸更小。在雾化后期，黏度和表面张力将同时起作用，因为这时已形成的液滴的进一步分裂取决于油的表面张力、黏性力、油滴惯性力和空气动力的相互作用。为了达到良好的雾化质量，油的黏度一般不高于（35～75）$\times 10^{-6} m^2/s$。

4. 雾化介质的物理性质

雾化介质的喷出速度、温度及流量对雾化质量都有影响。雾化介质的喷出速度越大，雾化介质与油流的相对速度越大，则油雾化得越细，所以高压喷嘴的雾化质量好于低压喷嘴。在低压喷嘴中，由于雾化剂的流速不大（一般不超过100m/s），需用较多的雾化剂。当雾化剂耗量太小（小于燃烧空气需要量的25%～30%）时，雾化质量急剧变差。由于高压油喷嘴的雾化剂速度很大，雾化剂单位耗量可以小些，一般仅为燃烧空气需要量的10%左右。

### 三、油喷嘴

燃烧器由油喷嘴（雾化器）和调风器组成。油喷嘴俗称喷嘴式油嘴，根据雾化方式和结构形式，可分为机械雾化油喷嘴、气体介质雾化油喷嘴和转杯式油喷嘴。

1. 机械雾化油喷嘴

（1）简单机械雾化油喷嘴

机械雾化油喷嘴利用液体燃料的压力达到雾化的目的，又称压力式油喷嘴。用于锅炉的油喷嘴油压一般为2～3.5MPa；用于燃气轮机的为5～8MPa；用于柴油机的，油压则需有15～30MPa。

图5-46所示为切向槽简单机械雾化油喷嘴的结构图，它主要由雾化片、旋流片、分流片等构成。由油管送来的具有一定压力的燃油，先经分流片上的进油孔汇合到环形均油槽中，再进入旋流片上的切向槽，切向流入旋流室，从而获得旋转运动，最后从雾化片上的喷孔喷出。由于油有很大的旋转功能，喷出喷孔时油不但被雾化，同时还形成一个具有一定雾化角的空心圆锥形雾化炬。雾化角一般为60°～100°，雾化后的油颗粒粒径不大于100μm。

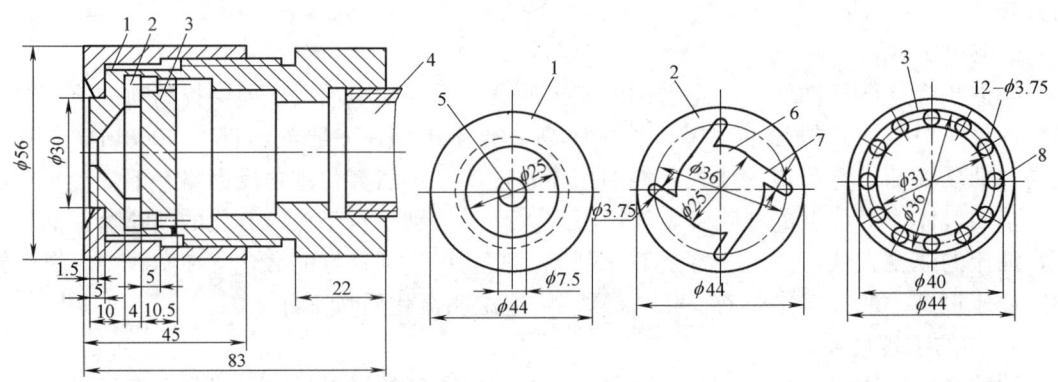

1—雾化片；2—旋流片；3—分流片；4—进油管；5—喷孔；6—旋转室；7—切向槽；8—进油孔。

图5-46　切向槽简单机械雾化油喷嘴结构

试验资料表明，机械雾化油喷嘴的雾化质量与燃料油的性质、油喷嘴结构特性和进油压力等因素有关。

燃料油的性质主要是指它的黏度。黏度增大，雾化质量下降，即雾化颗粒变粗。机械雾化要求油的黏度不大于3～4°E，所以通常将重油加热至110～130℃使用，以降低黏度，使其符合油喷嘴的雾化要求。油喷嘴结构特性，重要的是喷孔、旋流室和切向槽的尺寸，喷孔较小、旋流室直径较大和切向槽较长都有利于雾化质量的提高。

这种压力式油喷嘴主要靠油的高压把油雾化成细微的油粒，油的压力越高动能越大，喷出后紊流脉动越强烈，油雾化得越细，雾质量越好。压力式喷嘴的设计油压通常为

2.0～3.0MPa；对于大容量的电站锅炉，如国产的 1000t/h 直流锅炉，需用高达 6.0MPa 的油压才能保证其雾化质量（油粒平均粒径不大于 $100\mu m$）。当油压下降至 1.0～1.2MPa 时，油的雾化颗粒平均粒径迅速增大，雾化质量急剧下降。

简单机械雾化油喷嘴是依靠改变油压来调节其喷油量的。由于流量与压力的平方根成正比，当油压降至额定压力的一半时，喷油量才降低 30%；而油压的过度降低，雾化质量将显著下降。可见，此型油喷嘴的调节性能差，只适用于带基本负荷或负荷稳定的锅炉，其最大优点是系统简单。

（2）回油式机械雾化油喷嘴

对于负荷变动幅度较大的供热锅炉，常采用在油喷嘴中心设有回油管的回油式机械雾化油喷嘴，既可扩大调节幅度而又不影响雾化质量。这种油喷嘴的雾化原理与压力式油喷嘴基本相同，不同的是它的旋流室前、后有两个油的通道，一个喷向炉内，另一个则通过回油管和回油阀流回油箱。这样可以保持油喷嘴的油压基本恒定，喷油量则可由回油阀来控制，调节幅度为 3%～100%，特别适用于自动调节的锅炉。

回油式机械雾化油喷嘴是一种应用广泛的油喷嘴，分为集中大孔回油喷嘴和分散小孔回油喷嘴两类，如图 5-47 所示。它们主要是由雾化片、旋流片和分流片（或分油嘴）等组成。雾化片和旋流片的结构与简单机械雾化油喷嘴相同，只是分油嘴有所差别。对于集中大孔回油喷嘴，在旋流室背面，分油嘴的中心开有一个较大的孔作为回油孔；对于分散小孔回油喷嘴，在旋流室背面，分油嘴的某一圆周上开有几个小孔作为回油孔。

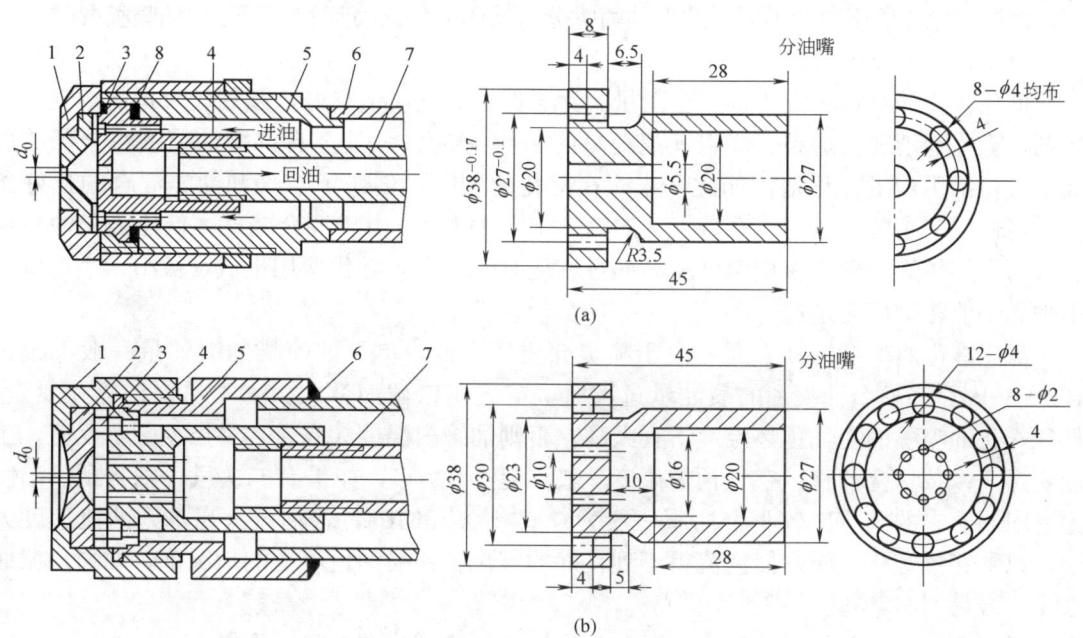

1—螺母；2—雾化片；3—旋流片；4—分油片（或分油嘴）；5—喷油座；6—进油管；7—回油管；8—密封圈。

图 5-47　回油式机械雾化油喷嘴

(a) 集中大孔回油喷嘴；(b) 分散小孔回油喷嘴

集中大孔回油喷嘴的孔径通常小于 10mm；分散小孔回油喷嘴的回油孔一般为 6～10 个，回油小孔直径为 2～3mm。回油总流道截面积为喷孔截面积的 1～1.5 倍，回油小孔所在节圆的直径为旋流片旋流室直径的 0.6～0.8 倍。

采用回油式机械雾化油喷嘴，通过旋流片的油一部分经雾化片喷入炉膛燃烧，另一部分则经回油管返回储油罐。实验表明，当进油压力不变时，总的进油量可以用改变回油量来调节，无论喷油量是多少，都可以保证出口雾化质量。实际上，当喷油量减少（低负荷）时，回油管阀门开大，总阻力系数减小，总进油量略有增加，旋流片的旋转更强烈，所以低负荷下的实际雾化质量反而有所提高。

回油式机械雾化油喷嘴的最大优点是负荷调节比较大。例如，用于锅炉和工业炉窑的负荷调节比可达 4，用于燃气轮机燃烧室的负荷调节比可高达 40～50。

回油式机械雾化油喷嘴虽然适用于负荷变化幅度大且变化频繁的锅炉，但它也存在一些缺点：油喷嘴工作特性受回油流道阻力特性变化的影响，即喷油量对回油流道的阻力变化很敏感；增加了油泵的能耗；用渣油时要预先加热，而回油送回储油罐时会使储油罐的温度升高，要防止自燃；不宜采用容易形成析碳的热裂化渣油，否则回油流道会被析碳堵塞；高负荷时，雾化锥角减小很多，容易把大量的油喷到缺氧的回流区，等等。

机械雾化油喷嘴应用广泛，适用于锅炉和回转窑等大型炉子，也适用于柴油机和燃气轮机燃烧室。但在它所采用的压力条件下，其雾化细度比其他类型的喷嘴要粗，火焰长，需要较大的燃烧空间。

2. 气体介质雾化油喷嘴

这种油喷嘴利用空气或蒸汽作为雾化介质，将其压力能转化为动能，使油流喷散成雾化炬。根据雾化介质压力的不同，此型油喷嘴分为低压雾化油喷嘴和高压雾化油喷嘴两类。

（1）低压雾化油喷嘴

低压雾化油喷嘴靠雾化剂产生动量。为了保证雾化质量良好，须用较大量的空气作雾化剂，雾化剂消耗量达到燃烧空气消耗量的 25%～50%，甚至有许多油喷嘴将全部的燃烧空气量都用作了雾化剂。如此一来，在雾化的同时，创造了空气和油雾混合的良好条件，可选用较小的过量空气系数（一般为 1.10～1.15）。由于混合较好，低压雾化油喷嘴生成的火焰较短，理论燃烧温度较高而且燃烧时噪声小，雾化费用也低，被中、小型供热锅炉和工业窑炉广为采用。

低压雾化油喷嘴的缺点是：由于喷雾介质压力低，单个油喷嘴的喷油量一般不超过 150～30kg，当单个油喷嘴的喷油量过大时，空气喷口截面就太大，不易保证雾化质量。低压雾化油喷嘴的空气预热温度不宜太高，否则油管内温度太高，容易产生裂解反应，生成炭黑，以致堵塞油管。空气预热温度一般不超过 300℃，如果有二次风，则其预热温度不受限制。它的调节比较小，油压一般为 0.02～0.15MPa，若油压太高，则油流速度太快，以致穿透雾化介质，使油流得不到良好的雾化。在喷油量不变的情况下，油喷口截面太小，容易引起堵塞。

低压雾化油喷嘴的形式很多，可分为直流式、旋流式和单级、多级等。

图 5-48 所示为单级直流式低压雾化油喷嘴，燃油从中心小孔（直流喷嘴）喷出，空气则从油孔四周的环缝喷出，二者构成同心射流。通过转动调节手轮带动偏心轮转动，可使油管外面的套管前后移动，套管前移时供油量变小，空气流出面积相应缩小，从而使空气量相应地发生变化。

在这种油喷嘴中，空气流和油流的夹角以及它们的相对速度对雾化与混合的质量影响

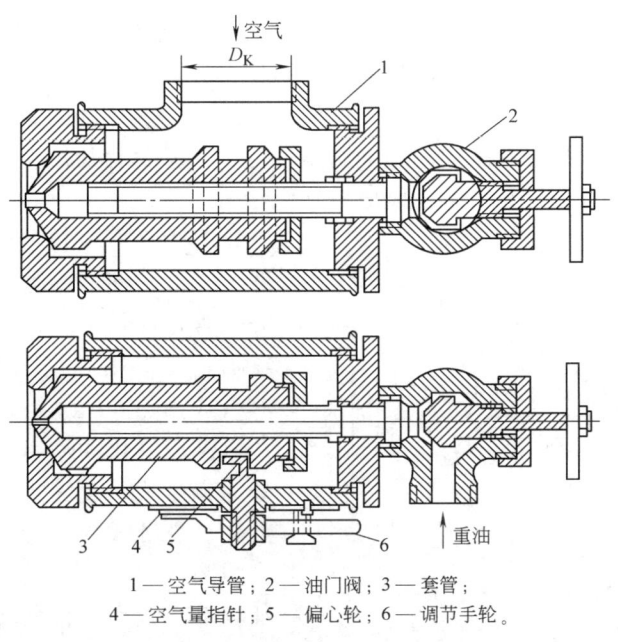

1—空气导管；2—油门阀；3—套管；
4—空气量指针；5—偏心轮；6—调节手轮。

图 5-48　单级直流式机械雾化油喷嘴

很大。若夹角大，相对速度大，则雾化颗粒较细，火焰较短；但夹角也不宜过大，一般不超过 50°。

图 5-49 所示为单级旋流式低压雾化油喷嘴，又称为"K"形油喷嘴。它的雾化气流是旋转的，有利于提高雾化质量和加速混合过程，它得到短而粗的火焰，所产生的回流区十分利于火焰稳定。此型油喷嘴的气流与油流有 70°～90° 的夹角，夹角大有利于改善雾化和混合过程；但夹角过大时，气流会脱离油流，影响雾化和混合效果。此外，叶片倾斜角度越大，喷头的阻力也随之增大而消耗气体的压力能，适合的旋转角度应由试验测定。

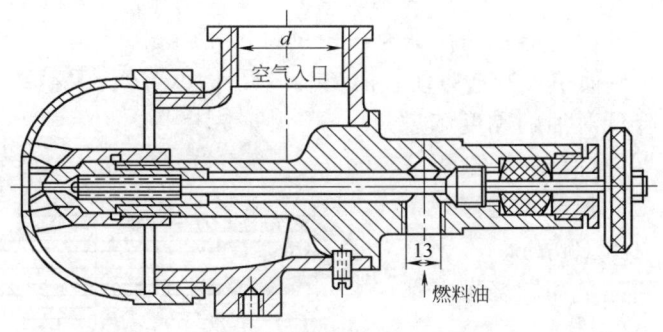

图 5-49　单级旋流式低压雾化油喷嘴

为了提高雾化和混合质量，可以采用多级喷嘴，例如，三级低压介质油喷嘴，它将雾化空气分成三级与油流相遇。为调节空气量，使油流量与空气量按比例变化，通过改变二次、三次雾化空气喷口截面大小即可达到预期效果。

（2）高压雾化油喷嘴

高压雾化油喷嘴一般用压缩空气（压力为 0.3～0.7MPa）或蒸汽（压力为 0.3～1.2MPa）作为雾化介质，也可以用氧气或高压煤气作为雾化介质。由于压力高，雾化介质喷出速度接近或超过音速，噪声较大，而且雾化介质用量少，仅占总流量的 2%～10%，因而油流雾化条件和空气与油流的混合条件都较差，形成的火焰较长，一般适用于大型锅炉。

采用蒸汽作雾化介质会降低理论燃烧温度，但由于蒸汽比压缩空气便宜，故仍被广泛应用，这时燃烧所需的全部空气由送风机单独供给。

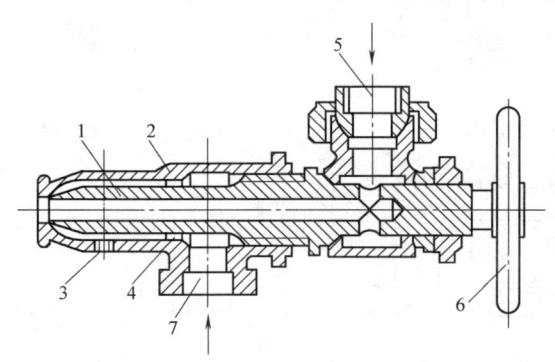

1—油管；2—蒸汽套管；3—定位螺丝；4—定爪；
5—燃油进口；6—调节手轮；7—蒸汽进口。

图 5-50　高压外混式蒸汽雾化直流油喷嘴

因为高压气体经油喷嘴绝热膨胀后，温度降低，使油的黏度增加，甚至析出水分，雾化质量下降，所以对于高压雾化油喷嘴，应采用温度为 200～300℃ 的过热蒸汽或预热的压缩空气作为雾化介质。

高压雾化油喷嘴同样有多种形式，可分为直流式、旋转式或单级、多级，或内混式、外混式等。

图 5-50 为高压外混式蒸汽雾化直流油喷嘴。它由两根同心蒸汽套管组成，内管通燃油，内、外管间的环形通道通蒸汽（也可通高压空气）。油喷口和雾化剂喷口基本上在一个断面上，雾化剂和燃油在喷口外相遇。雾化剂喷口呈收缩状，使雾化剂与油流有一定的夹角以加强雾化。油管的位置可转动手轮而前后移动，从而改变蒸汽出口截面来调节蒸汽流量，也可采用阀门来调节蒸汽和燃料油量。

这种油喷嘴要求的油压很低，甚至只要克服油管道阻力即可，有时甚至可以仅利用高位油箱的位差。对于 10～400kg/h 的蒸汽雾化油喷嘴，油压通常为 0.2～0.25MPa，蒸汽压力一般在 0.5MPa 以上。当雾化剂压力较高时，这种油喷嘴可以保证良好的雾化质量，但压力较低时（例如低于 0.3MPa）则雾化质量会变差。当用蒸汽时，雾化剂耗量为 0.4～0.6kg/kg；用压缩空气时，雾化剂耗量为 0.5～0.8Nm³/kg。

这种油喷嘴的结构简单，制造方便。由于喷口尺寸大，运行中不易堵塞，又由于气压高、能量大，可以降低对油的黏度和过滤的要求。此外，它具有较大的调节比，通常可到 5 以上。但缺点是雾化颗粒较粗，粒径一般大于 100μm；不完全燃烧热损失、雾化剂耗量和燃烧噪声都比较大。

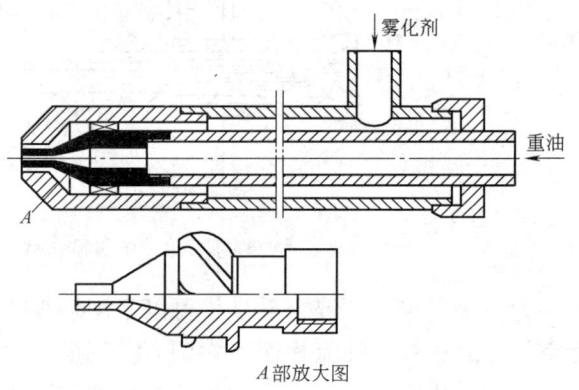

A 部放大图

图 5-51　高压外混式蒸汽雾化旋流油喷嘴

图 5-51 所示为高压外混式蒸汽雾化旋流油喷嘴，在其环形头部设有旋流片，使雾化空气旋转后从环隙喷出，加强了雾化与混合，可得到较短的火焰；它的调节比可达到 5。这种油喷嘴的一次风（雾化剂）用量约为燃烧所需理论空气量的 2.8%，其余的二次风则通过调风器送入。雾化蒸气耗量为 0.22kg/kg，压缩空气耗量为 0.28Nm³/kg。当雾化空气压力为

0.3MPa 时，进油压力应为 0.03MPa。

外混式油喷嘴的喷油口与雾化介质喷口基本在同一横截面上，油流与雾化介质在油喷嘴外相遇雾化，其工作特点是边雾化、边混合、边燃烧，火焰较长。由于油喷嘴暴露在工作空间，容易受到燃烧室的高温辐射，易积炭，造成堵塞。为防止油喷嘴积炭，将它放置于雾化管内部，油流与雾化介质在混合室内先雾化混合成油气乳状液，然后喷出混合室，进一步雾化成细滴，这种油喷嘴称为高压内混式油喷嘴（图 5-52）。

按雾化要求，混合室压力一般为 0.5～0.6MPa。油压相应接近于雾化介质压力，否则油流会被雾化介质流封住而喷不出来。为了改善雾化质量，还可以采用多喷口的油喷嘴。

为了充分发挥压力雾化和水蒸气雾化的优点，现在容量较大的锅炉已广泛采用联合雾化型油喷嘴，其代表形式为"Y"形油喷嘴，其结构如图 5-53 所示。这种油喷嘴中，油孔、气孔和混合孔呈"Y"形相交。燃油从外管进入油孔，蒸汽从内管进入气孔，二者在混合孔内相遇，经初步撞击，形成乳状油气混合物喷出。喷孔沿喷嘴中心线对称布置，一般采用 6 个、8 个或 10 个。

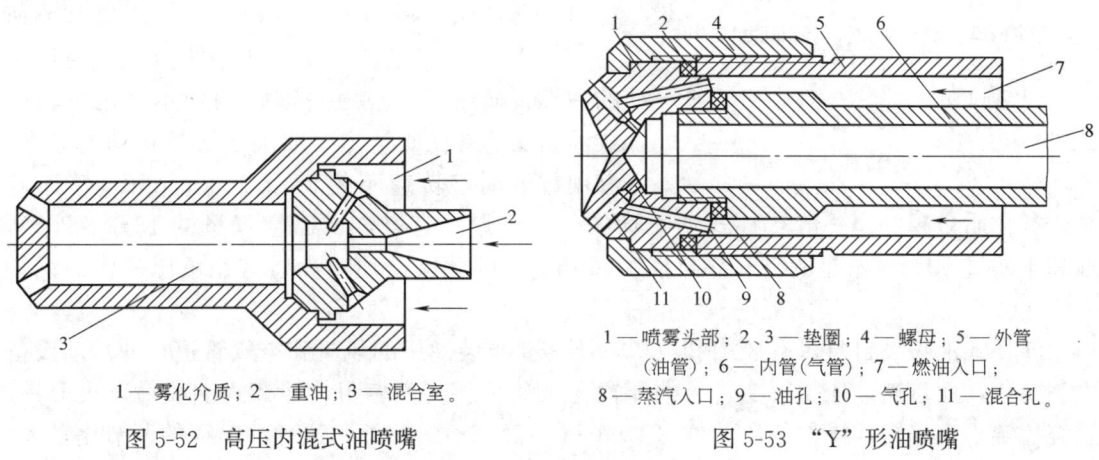

1—雾化介质；2—重油；3—混合室。

图 5-52　高压内混式油喷嘴

1—喷雾头部；2、3—垫圈；4—螺母；5—外管（油管）；6—内管（气管）；7—燃油入口；8—蒸汽入口；9—油孔；10—气孔；11—混合孔。

图 5-53　"Y"形油喷嘴

由于油、气是通过多个分散的细孔道混合的，所以油的雾化质量好，其油滴平均直径约为 50$\mu$m，这是该油喷嘴的主要优点。此外，它的调节比大，可达 6～10；在低负荷下其雾化锥角不变，喷孔加工光洁度对雾化质量影响不敏感；入口油压一般为 0.5～2.0MPa，入口水蒸气压力为 0.6～1.0MPa，蒸汽耗量为 0.14kg/kg，仅为普通蒸汽雾化油喷嘴的 1/4 左右。

在小容量供热锅炉上，也有采用空气作为雾化介质的油喷嘴，空气压力为 2～7kPa，经油喷嘴处的空气流速可高达 80m/s，能获得良好的雾化质量。

为了充分利用高压气体的能量，提高雾化和混合质量，还可以采用多级油喷嘴，它的一级雾化采用拉瓦尔喷管，雾化剂经过一定长度的扩张段才与燃油相遇，紧接着又有二级雾化。这样高压雾化剂在扩张段内由于绝热膨胀，速度大大提高，以致达到超音速，更加有利于雾化和混合。拉瓦尔管后的扩张收缩管可使油粒和速度的分布更加均匀。

这种拉瓦尔管式油喷嘴的雾化效果最好，但制造加工困难，能耗大；形体较大，安装部位受到限制，而且运行时有很大的噪声，需采取隔声措施。

相对于低压雾化油喷嘴，高压雾化油喷嘴有诸多优点：

（1）高压雾化油喷嘴的雾化介质用量小，对油管的加热影响不大，不会产生油裂化而堵塞油管，因此可以采用较高的蒸汽过热度及空气预热温度。

（2）单个高压雾化油喷嘴的容量（喷油量）大，大型喷嘴每小时喷油量可达几千千克。

（3）调节比大，一般为4～5，有的可高达10。

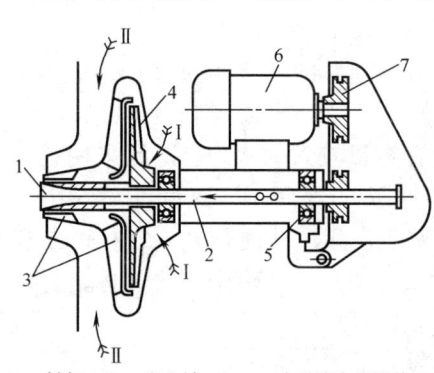

1—转杯；2—空心轴；3—一次风固定导流片；
4——一次风机叶轮（风扇）；
5—轴承；6—电动机；7—传动皮带轮；
Ⅰ——一次风；Ⅱ——二次风。

图5-54 转杯式油喷嘴

**3. 转杯式油喷嘴**

转杯式油喷嘴如图5-54所示，它由高速旋转的转杯和空心轴组成。空心轴上装置有一次风机的叶轮风扇，产生的风压可达2.5～7.5kPa。油通过空心轴进至转杯根部，由于高速旋转运动（3000～10000r/min），油沿转杯内壁向杯口方向流动，随着转杯直径的增大，内表面积也越来越大，迫使油膜越来越薄，在离心力的作用下甩离杯口时形成极薄的液膜或液丝，在一次风（风速为40～100m/s）的作用下，进一步雾化成更细小的油雾。显然，离心力是雾化的根本动力。转杯式油喷嘴的雾化质量主要取决于转杯转动的速度。燃用重油时，转速不得低于4000r/min，转速越高，雾化质量越好。一般转杯式油喷嘴的一次风量只有燃烧所需空气量的15%～20%，最高不超过50%。不足的空气靠自然吸风补给，因此这类油喷嘴适宜在负压操作的锅炉上应用。

转杯式油喷嘴自身带有风扇和电机，不需要再装专用的风机和空气管道，使炉前设备大为简化，而且送油压力不变，无须配置变压油泵。实践表明，转杯式油喷嘴点火容易，燃烧稳定，火焰短，操作油压较低（0.03～0.12MPa）。此外，这种油喷嘴的调节比较大，一般在5以上，当喷油量较小时雾化质量更好。由于油喷嘴的喷油口较大，对油的过滤要求不严格，且油压和油温的波动对雾化质量不甚敏感。这种油喷嘴的主要缺点是高速旋转机构结构复杂，比较笨重，运行时噪声较大。

转杯式油喷嘴多用于中小型供热锅炉，在热处理炉和某些熔化炉上也有一定应用。

保证燃油炉良好燃烧的决定条件是良好的雾化质量和合理配风，其关键设备是油燃烧器。油燃烧器主要由油喷嘴和调风器组成。

**四、调风器**

调风器也叫配风器，它的作用是为已经良好雾化的燃料油提供燃烧所需的空气，并使进入炉内的空气形成有利于燃烧的气流形状和速度分布，使油雾能与空气很好地混合，促成着火容易、火焰稳定和燃烧良好的运行工况。

**1. 调风器的性能要求**

前文已提及，油滴蒸发成的油气在高温（>700℃）、缺氧的情况下，会使碳氢化合物热分解生成炭黑粒子，造成不完全燃烧热损失。为此，调风器首先要使一部分空气和油雾预先混合，以避免产生热分解。这部分空气称为一次风，因需从油雾根部送入，又称为根部风，其风量为总风量的15%～30%，风速为25～40m/s。另外，为使油雾及时着火和燃烧稳定，调风器应能在燃烧器出口造成一个适当的高温烟气回流区，以提供着火所需的热量和稳定火焰。但回流区的尺寸和旋转气流强度不需要太大，因为油比煤粉更易着火和稳定燃烧。再者，油雾和空气混合要强烈。这是因为油的燃烧速度主要取决于氧的扩散速度，因此强化油雾和空气的混合是提高燃烧效率的关键，即调风器必须使二次风具有较高的流速，在燃烧器出口瞬间即与油雾混合，并组织气流有强烈的扰动，强化整个燃烧过程。此外，各燃烧器之间的油和空气的分布应均匀。

2. 调风器的形式与结构

按照调风器出口气流的流动工况，调风器可分旋流式、直流式和平流式。

（1）旋流式调风器

旋流式调风器的结构和旋流式煤粉燃烧器相似，一般也采用旋转叶片作为二次风旋流器，一次风叶轮安装在调风器出口，以形成稳定的中心回流区，该一次风叶轮称为稳焰器，旋流式调风器的坡口角度为 0～30°。

叶片型旋流式调风器分切向叶片型和轴向叶片型两种。

1）切向叶片型旋流式调风器　如图 5-55 所示，它可使一次风和二次风产生旋流。此型调风器的一次风一般进入直流通道，在通道的出口处中心位置装有一个扩散锥——稳焰器，其作用有两个：一是使一次风产生一定的扩散，在火焰根部形成一个高温回流区，以点燃油雾，稳定燃烧；二是利用其锥体面上开设的多条狭长缝隙和缝后的斜翅使气流旋转，旋转方向与主气流相同。

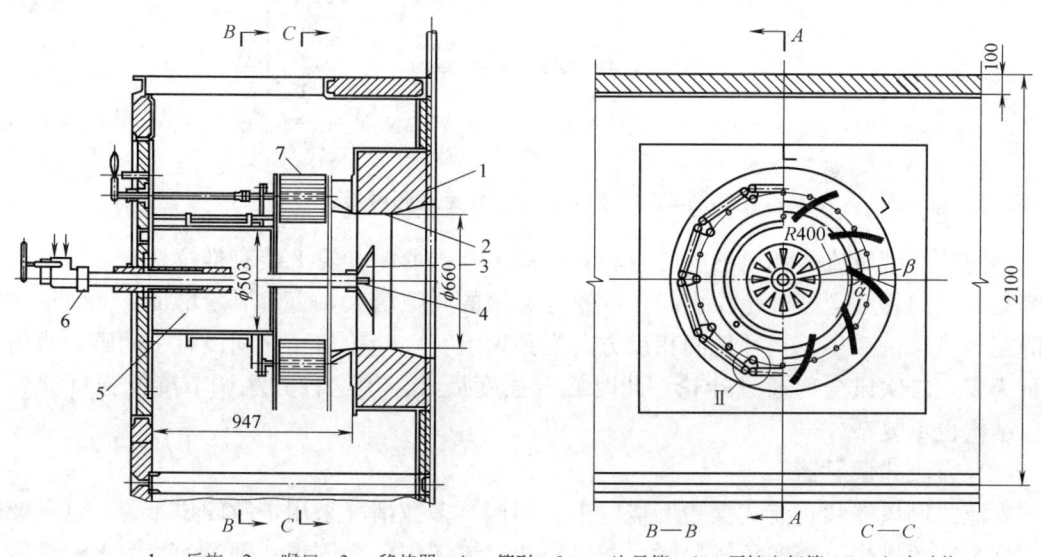

1—后旋；2—喉口；3—稳焰器；4—筒形；5—一次风箱；6—压缩空气管；7—切向叶片。

图 5-55　切向叶片型旋流式调风器

此型调风器的二次风通道采用切向叶片使气流旋转，切向叶片可以做成固定的或可调的两种。前者旋流强度一定；后者可以调节叶片和圆周切线的夹角，使旋流强度改变，但结构较为复杂。

叶片可调的调风器，当开度关小时，旋风强度和扩散角增大，中心回流区也随之加大。但是，旋流强度不宜过大，否则将会在油雾根部产生一个很强的高温回流，以致油雾一离开油喷嘴就处于高温、缺氧的环境中，使其热分解形成炭黑粒子，导致不完全燃烧热损失的增加。同时，旋流强度过大还会使回流区入口延伸，引起旋口内壁结焦。再者，旋流强度过大，气流衰减很快，后期混合和扰动差，使之难以在低过量空气系数下运行。在小型燃油锅炉上一般可以采用固定切向叶片型旋流式调风器，叶片倾角为 25°～35°（用煤粉时为 30°～45°），倾角增大，旋流强度也随之增大。

2）轴向叶片型旋流式调风器　如图 5-56 所示，它的一次风常采用直流，通过位于一次风管后的环形风口进入，经头部的稳焰器旋转喷入炉内，它的旋转强度可通过改变稳焰器的轴向位置来调节；二次风经二次风通道内设置的轴向叶片形成旋转气流。它的叶片与轴线平行布置，使叶片出口弯曲并与轴线有一夹角，夹角越大，气流旋转强度越强。

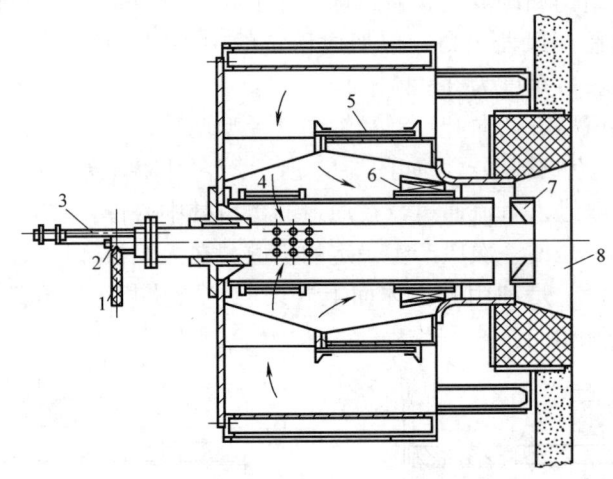

1—回油管；2—进油管；3—点火装置；4—空气；
5—风门；6—叶轮；7—稳焰器；8—碹口。

图 5-56　轴向叶片型旋流式调风器

轴向叶片型旋流式调风器的叶轮和套筒都为圆锥形，叶轮上装有推拉杆，可使叶轮相对套筒做轴向移动。当叶轮拉出时，叶轮与套筒的间隙增大，直流风量增加，同时通过叶轮的旋转风风量减小；当叶轮向相反方向推到顶点时，叶轮与套筒间没有了间隙，直流风风量为零，二次风全部通过叶轮，此时旋转强度最大。用这种方法调节旋流强度比较方便，结构也不复杂。

（2）直流式调风器

直流式调风器和直流式煤粉燃烧器十分相似，多数情况采用炉膛四角布置，这种燃烧方式称为四角燃烧。当四角燃烧时，调风器的气流切于一个假想切圆，使气流一入炉膛即产生旋转。此型调风器的一、二次风采取上、下交错布置，一次风风口内装有稳焰器，以便在出口形成一个小回流区，有利于火焰稳定和良好燃烧。

（3）平流式调风器

平流式调风器是一种能进行低氧燃烧的新型调风器，如图 5-57 所示。一、二次风共同进入一个筒内，一次风经由中心旋流叶片——稳焰器，二次风则由外侧直流通道进入。通过稳焰器进入的一次风为旋转气流，在出口处产生适于燃油着火的回流区，并使火焰稳定。直流二次风以 50～80m/s 的高速喷入炉膛，在离喷口较远处与未燃尽的可燃物气流

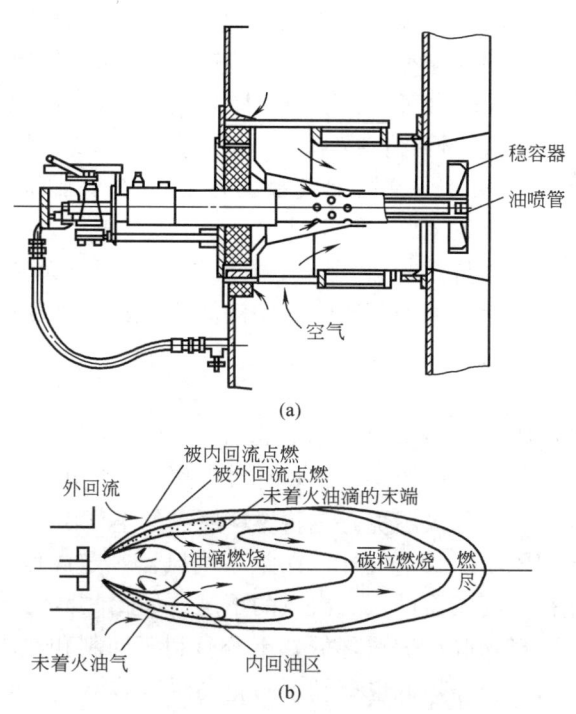

图 5-57　平流式调风器及火焰结构

（a）平流式调风器；（b）火焰结构

强烈混合，使燃烧后期的供氧充分。

平流式调风器按外筒筒体结构，又分直筒式平流调风器和文丘里管式平流调风器。研究表明，这两种调风器在燃烧方面并无明显的区别，只是文丘里管式平流调风器的筒体在沿流动方向先收缩后扩大，中间有一个喉口，出口处筒壁呈渐扩形，可以利用喉口作为孔板测定风量，只要测出入口处和喉口后的静压差，就能计算出流经喉部的风量。换言之，可以利用这个静压差作为控制、调节送入调风器风量的信号，更可贵的是这个信号要比用一般测速方法测得的信号强一倍以上，信号越强，越有利于准确测量风量，以实现低氧燃烧，从而提高锅炉效率和降低烟气中 $SO_2$、$NO_x$ 等污染物的排放。

平流式调风器除了用于燃油，也适合于气体燃料。

对于供热锅炉，为了保证燃烧器正常工作和炉内不结油焦，燃烧器中心和侧墙的距离不应小于 1.0～1.2m；燃烧器中心到炉底的距离和两个油喷嘴的中心距离都不宜小于1.0m。当油喷嘴的喷油量为 500～1000kg/h 时，炉膛深度不小于 4m；当油喷嘴的喷油量为 200～250kg/h 时，炉膛深度则不应小于 3m。

**五、改善燃油炉燃烧的措施**

对比燃煤炉，燃油炉的排烟中含灰量很少，污染环境的主要有害物是 $SO_2$ 和一部分 $SO_3$，以及 $NO_x$。如何抑制和减少它们的形成和产生，从根本上说还得从改善燃烧着手。

**1. 低氧燃烧**

在油的燃烧过程中，把过量空气量尽可能压低，即使过量空气系数 $\alpha$ 处于低值（1.03～1.05），同时注意保持炉内温度均匀，不产生局部过热现象，以及改善油雾与空气的混合，加强扰动使燃烧完全。这些技术措施可有效降低 $SO_2$ 和 $NO_x$ 在燃烧过程中的生成。

低氧燃烧可能增大锅炉的气体和固体不完全热损失；降低炉内温度水平也会影响燃烧效率。因此采取措施时，需要综合考虑，多方兼顾，譬如提高油的雾化质量、改善油气混合、改进燃烧器设计以及提高运行操作技术等。如果能像平流式调风器那样，采用自动调节设备监视和控制燃烧所需风量，过量空气系数为 1.05 时，燃烧效率可以保持在 95%以上。

为实现低氧燃烧，国内外许多燃油炉采用微正压（2000～3000Pa）炉膛，以有效防止炉外空气的渗入。目前，燃油炉是否实施和保持低氧燃烧已成为衡量燃油设备优劣和燃烧技术水平的重要标志之一。

2. 分级燃烧

分级燃烧就是将燃料燃烧分阶段来完成，以通过调节燃烧工况来降低 $NO_x$ 生成量。它包括低过量空气燃烧、空气分级燃烧、燃料分级燃烧和烟气再循环等技术。对于燃油锅炉，采用分级燃烧指的是空气分级燃烧，是将燃料所需的空气由不同设备和部位分级送入炉内的技术。通常，除调风器供给空气外，在距离调风器一定高度处再供给一部分空气，称为火焰上部风，以弥补经调风器送入二次风的不足。如此，不仅可以使火焰区扩大，也可以使炉温趋于均匀并适当降低。炉温降低，十分有利于抑制和减少 $NO_x$ 的生成，这是采取分级燃烧的主要目的。炉温降低也有利于防止高温区的结渣，但或多或少影响了燃烧效率的提高。

# 第四节　燃　气　炉

前文已述及，气体燃料是一种低污染优质清洁燃料，同时具有可以管道输送，点火、停炉操作简单以及便于调节，易于实现自动化、智能化管理和控制等优点。由于我国能源结构的调整、城镇化进程的不断加快和环保要求的提高，"煤改气""煤改电"和发展利用新能源等政策的大力推行，燃气、生物质和电加热锅炉日趋增多。据统计，我国燃气炉在过去 5 年中年均增长率高达 5%，未来还将持续快速增长。随着人工智能和物联网技术的发展和冷凝式、低氮设计理念的贯彻，我国燃气炉技术得到迅速发展，已形成了烟气外循环、烟气内循环、全预混表面燃烧、水冷预混燃烧等一系列高效节能、低氮燃烧技术。燃气锅炉热效率显著提升，设计热效率基本高于 96%；氮氧化物的排放量也大大降低，最低可达 $20mg/m^3$ 以下。全预混表面燃烧、水冷预混燃烧、高效冷凝等先进技术已产业化应用，部分厂商生产的锅炉结构设计和制造水平已不亚于国外企业。

## 一、气体燃料燃烧的基本概念

在气体燃料的燃烧中，由于燃料与氧化剂都属气态，所以它是一种均相燃烧。根据燃料与氧化剂是否预先混合，可把燃烧分为两类：一类为预混燃烧，其特点是燃料与氧化剂预先按一定比例均匀混合，形成可燃混合气后燃烧，其燃烧速度取决于化学反应速度，燃烧过程受化学动力因素控制。另一类为非预混燃烧，其特点是燃料与氧化剂在燃烧装置内边扩散混合边燃烧，其燃烧过程受到化学动力学因素与扩散混合因素的影响。如果燃烧过程主要受扩散混合因素控制，称为扩散燃烧；如果主要受化学动力学因素控制，则称为动力燃烧。

一般来说，燃料所需燃烧时间由两部分组成，即燃料与氧化剂混合所需时间 $\tau_{mix}$ 和燃料进行化学反应所需时间 $\tau_{che}$。如果不考虑这两种过程的重叠，则整个燃烧时间 $\tau$ 就是这两部分时间之和，即

$$\tau = \tau_{mix} + \tau_{che}$$

如果 $\tau_{mix} \ll \tau_{che}$，则 $\tau \approx \tau_{che}$，即燃烧过程受化学动力学因素控制，为动力燃烧工况。这是在预混与非预混燃烧中都可能出现的情况，这时燃烧速度将强烈地受到化学动力学因素控制，与可燃混合气的性质、温度、压力和质量浓度密切相关，而气流速度、气流流过的物体形状和尺寸等与扩散混合相关的因素，对燃烧速度并无显著影响。

反之，如果 $\tau_{mix} \gg \tau_{che}$，则 $\tau \approx \tau_{mix}$，即燃烧过程受扩散混合因素控制，为扩散燃烧工况。这时燃烧速度与化学动力学因素的关系不大，扩散混合因素对燃烧速度起主要作用。例如对非预混燃烧，当燃烧区温度高到足以使化学反应瞬间完成时，即处于扩散燃烧工况。

实际上，有些燃烧过程可能处于上述两种极端情况之间，这时 $\tau_{mix}$ 与 $\tau_{che}$ 相差不大，故燃烧过程同时要受到化学动力学因素与扩散混合因素的影响，这是一种最复杂的燃烧工况。

无论气体燃料还是液体燃料和固体燃料，在燃烧过程中，根据燃烧的现实条件都有可能出现动力燃烧和扩散燃烧，或处于二者之间的过渡燃烧。燃料的燃烧处于哪一种燃烧工况并不完全取决于是否与氧化剂预混，而取决于 $\tau_{che}$ 与 $\tau_{mix}$ 在整个燃烧时间中所占的比例，而且在一定条件下还会互相转换。

一般可采用一次风过量空气系数 $\alpha_1$ 来区分燃烧过程所属的区域（工况）。这里的 $\alpha_1$ 是指燃烧反应前预先与燃气混合的空气量与理论空气量之比。显然，在扩散燃烧区时，燃料与空气没有预先混合，$\alpha_1 = 0$；在动力燃料区时，燃料与燃烧所需的全部空气预先混合，$\alpha_1 \geqslant 1$；在动力-扩散燃烧区时，燃料区与部分空气预先混合，$0 < \alpha_1 < 1$。

**二、气体燃料的燃烧**

燃气炉启动时，要求燃气能迅速且可靠地点燃着火，燃烧工况一旦建立，则要求在炉膛空间保持稳定燃烧。从化学反应动力学角度讲，着火过程有两种反应机理。一种是热着火，可燃混合物因自身的氧化反应放热，或由于外部热源的加热，其温度不断升高，达到某一温度时着火，称为热自燃。另一种是化学链着火，称为链自燃。一般来说，在高温下，热自燃是着火的主要原因；而在低温下，链自燃是着火的主要原因。

从工程和应用角度讲，着火方式有自燃和点燃两类。自燃属于自发着火；点燃属于强迫着火，或称强燃，是指借助外部能源，如电火花、炽热固体表面等接近可燃混合物使其局部升温而着火。煤粉炉中的煤粉和空气的混合物着火、飞机和汽车发动机中汽油和空气的混合物着火，都是常见的点燃的例子。

根据上述特点，气体燃料的燃烧可作如下分类：

(1) 扩散燃烧——燃烧主要在扩散区进行；

(2) 完全预混式燃烧——燃烧主要在动力区进行；

(3) 部分预混式燃烧——燃烧在动力-扩散区进行。

1. 扩散燃烧

气体燃料进入炉膛前没有与空气预先混合，是分别送入炉膛后边混合边燃烧的，燃烧

速度低，火焰较长且明亮，有明显的轮廓，所以扩散燃烧有时也称为有焰燃烧。此时燃烧速度主要取决于燃气和空气混合速度，为实现完全燃烧则需要有较大的燃烧空间（炉膛）。为了减少气体不完全燃烧热损失，需要有较大的过量空气系数，一般在 1.15～1.25 之间。

采用扩散燃烧燃用碳氢化合物较多的燃气时，由于燃气在进入燃烧反应区之前及进行混合的同时，必然经受较长时间的加热（高温缺氧）和分解，火焰中容易生成较多的固体碳粒（碳黑）而冒黑烟，造成机械不完全燃烧热损失。但扩散燃烧使火焰黑度增大，辐射换热能力增强。由于燃气和空气在进入炉膛前不混合，是单一的燃气，在燃烧过程中火焰不会回窜到喷嘴的喷口内，燃烧器和燃气供应系统中不会发生回火和爆炸，火焰的稳定性较好。因此，可将燃气和空气分别预热到较高温度，这有利于提高炉内温度和热效率，也有利于使用低热值燃气获得较高的燃烧温度和充分利用废气余热。

由于具有以上的特点，扩散燃烧得到了广泛应用，特别是锅炉的燃料消耗量较大，或者需长而亮的火焰时。

**2. 完全预混式燃烧**

燃气和燃烧所需的全部空气在进入炉膛前已经均匀混合（$\alpha \geqslant 1$），瞬时完成燃烧过程的燃烧方法，称为完全预混式燃烧。因它的火焰很短，是透明状，没有明显轮廓，所以又称为无焰燃烧。此时燃烧速度取决于炉内温度。由于火焰短，炉膛的空间可以不大，容积热负荷较高，过量空气系数可以较小（一般为 1.05～1.10），因而炉膛温度高，几乎没有化学不完全燃烧热损失。

由于这种燃烧方式的燃烧速度快，燃气中的碳氢化合物来不及分解，火焰中形成的游离炭粒很少，因而火焰的黑度较小，火焰辐射能力较弱。在生产实践中，有时采用人为方法提高某一区域的燃气浓度，使之发生裂解形成发光火焰，或者喷入可以辐射连续光谱的重油或诸如煤粉、焦炭碎末和木炭粉的固体可燃粒子等，以提高火焰黑废，增强火焰的辐射能力。

与扩散燃烧不一样，由于燃气和空气在燃烧前已经混合均匀，所以有发生回火的危险，必须严格控制预热温度。对于喷嘴，要求燃气有足够的压力，以避免引起回火或引风量不足而造成燃烧不完全现象；燃气的热值越大，要求的燃气压力越高。

为保证完全预混式燃烧的完好进行，首先是燃气与空气在着火前应预先按化学当量比混合均匀，其次是要有稳定可靠的点火源。点火源通常是炽热的炉膛内壁、专门设置的火道、高温烟气形成的旋涡区或其他稳焰设施。

专门设置的火道对完全预混式燃烧过程的影响至关重要，它不仅能够提高燃烧的稳定性，增加燃烧强度，而且可以促成迅速燃尽。一般来说，燃气和空气混合物进入灼热发红的火道，瞬间着火燃烧。随着气流的扩大，在转角处会形成旋涡区，高温烟气在此旋转循环流动。如此，灼热的火道壁和高温的循环旋转烟气又成为继续燃烧的高温点热源。此刻，只见火红灼热的火道壁，几乎不见火焰。若火道足够长，火焰将充满火道的整个断面，燃烧稳定。显而易见，如果火道壁壁面温度不高，火道就失去了点燃可燃混合物的能力，所以燃气炉的燃烧室必须要有良好、可靠的保温措施。

实践表明，完全预混式燃烧的火焰传播速度快，火道的容积热负荷很高，可达 100～200MJ/（m³·h）或更高，并且能在很低的过量空气系数（1.05～1.10）下达到完全燃烧，几乎不存在气体不完全燃烧热损失。

160

燃烧器喷口之外的火焰缩回到燃烧器内部燃烧的现象，称为回火，是火焰传播速度高于混合气体流速的结果。为了防止回火现象发生，必须保证燃烧器中的流速不能过低，而且其出口截面上的气流速度分布要尽量均匀；有时也采取在燃烧器管口上加装水冷却套的措施来局部降低气流的温度，从而降低火焰传播速度，以避免回火。反之，如果预混可燃气体在燃烧器出口处流速过高，就容易发生火焰被吹熄的燃烧不稳定（脱火）现象，这也是需要注意和防止的。

### 3. 部分预混式燃烧

燃气与燃烧所需的一部分空气预先混合而进行的燃烧，称为部分预混式燃烧，也称大气式燃烧。此时，它的一次风过量空气系数在 0 和 1 之间。燃烧速度取决于化学反应强烈程度和火焰传播速度，与燃气和空气之间的扩散与混合速度无关。

根据燃气与空气混合物出口速度不同，可形成部分预混层流火焰和部分预混紊流火焰。

部分预混层流火焰结构由内焰、外焰及其外围不可见的高温区组成。首先，一次风中的氧与燃气中的可燃成分在内焰反应，称为还原火焰或预混火焰。处于外焰的是一氧化碳、氢及其中间产物，与周围空气发生氧化反应，称氧化火焰或扩散火焰。如果二次风和温度等其他条件满足要求，则在此区域完成燃烧并生成二氧化碳和水蒸气。

与层流火焰相比，部分预混紊流火焰长度明显缩短，而且顶部较圆，可见火焰厚度增加，火焰总表面积也相应增大。当紊流程度很大时，焰面将强烈扰动，气体各个质点飞离焰面，最后完全燃尽。这时，焰面变为由许多燃烧中心组成的燃烧层，其厚度取决于在该气流速度下质点燃尽所需的时间。

部分预混式燃烧的特点：由于燃烧前预混了部分空气，克服了扩散燃烧的某些缺点，提高了燃烧速度，降低不完全燃烧热损失。另外，当一次风过量空气系数适当时，这种燃烧方式有一定的燃烧稳定范围；随一次风过量空气系数的增大，燃烧稳定范围变小。

### 三、燃气燃烧器的分类与要求

对气体燃料燃烧过程影响最大的是燃烧器，它的结构和性能影响燃烧过程的完全程度和安全性，因此如何合理设计和选用燃烧器十分重要。

燃烧器因用途不同而种类繁多，对燃烧器的评价标准也因要求不同而异，是根据使用它的设备的各项要求来判定。一般来说，一个性能良好的燃烧器应能保证燃料（气）和空气进行充分混合，并应在规定的负荷变化范围内保证着火、燃烧稳定，既不脱火也不回火，还应保证在规定的负荷条件下有较高的燃烧效率。

### 1. 燃气燃烧器的分类

燃气燃烧器的类型很多，有多种分类方法，最常用的是按燃烧方式、空气供应方式和燃气压力进行分类。

（1）按燃烧方式分类

1）扩散燃烧器　燃烧所需的空气不预先与燃气进行混合，即一次风过量空气系数为零，从燃烧器喷口喷出的是单一气体燃料，燃气燃烧完全靠二次风供给。

2）完全预混式燃烧器　燃烧所需的空气全部与燃气预先进行混合，一次风过量空气系数为 1.05~1.15，燃烧过程中不需要二次风。

3）部分预混式燃烧器　燃烧所需的空气中部分与燃气预先进行混合，一次风过量空气系数一般在 0.2~0.8 范围内，在燃烧器喷口外再与燃烧所需的二次风逐步混合。

（2）按空气供应方式分类

1）引射式燃烧器　空气靠燃气高速射流吸入或燃气被空气射流吸入。

2）鼓风式燃烧器　用鼓风设备将空气送入燃烧系统。

3）自然引风式燃烧器　依靠炉膛中的负压将空气吸入燃烧系统。

（3）按燃气压力分类

1）低压燃烧器　燃气压力小于5000Pa。

2）高（中）压燃烧器　燃气压力在$5000\sim3\times10^5$Pa之间。

此外，还有诸如沉浸式燃烧器、高速燃烧器和低$NO_x$燃烧器等具有一些特殊功能的燃烧器。

2. 燃气燃烧器的要求

燃气燃烧器是用以组织燃气燃烧过程并将化学能转变为热能的装置，其性能优劣将直接影响燃气炉（窑）等设备工作的可靠性和安全性。因此，在设计或选用燃气燃烧器时，必须注意并要求其达到以下几点：

（1）满足加热设备所需的热量和燃烧热强度；在额定燃气压力下，燃气燃烧器能达到额定出力。

（2）符合加热工艺要求，要具有所需的火焰特性（火焰形状、尺寸，发光强度，燃烧温度）和炉内气氛特性（氧化性、还原性或中性）；与炉膛结构尺寸相匹配，同时应有良好的火焰充满度。

（3）燃烧稳定，在燃气压力、热值波动和负荷调节的正常范围内，不发生脱火和回火现象。

（4）燃烧效率高，热量得以充分利用，经济性好。

（5）燃气燃烧器应配备必要的自动调节和自动安全保护装置。

（6）燃烧完全，燃烧产物中的有害成分如$NO_x$和CO含量低，同时燃烧器工作时噪声小，环保。

诚然，燃气燃烧器工作的好坏，除了自身的结构和性能外，与它的安装和操作使用技术有关，有时还有人为因素的影响。

**四、常用的燃气燃烧器**

1. 扩散燃烧器

根据空气供应的方式不同，扩散燃烧器又分为自然引风式和强制鼓风式两种，前者多作为民用，后者多用于工业生产。

（1）自然引风式扩散燃烧器

家庭用的煤气灶是最典型、最简单的一种自然引风式扩散燃烧器。煤气从多个小孔喷出，点燃为多个小火炬，周围空气能很快地与单个小火炬的煤气混合，小火炬的长度比不分股的单股煤气要短得多，可在较小的燃烧空间尽可能燃烧完全。分股后即使个别小火炬熄火，还有被其他火炬点燃的可能。所以，分股燃烧的方法虽然简单，却大大提高了燃烧的经济性和可靠性。

用于燃气炉的燃烧器通常用钢管制作成矩形管排或体育场跑道形环管，其上开若干直径为$1.0\sim5$mm的小孔，孔间距取小管管径的$0.6\sim1.0$倍。这种燃烧器的燃气压力分布较均匀，火焰高度大体整齐一致，燃烧稳定。但它的燃烧速度低，热负荷小，所需炉膛体积大，无法满足容量较大锅炉的燃烧需要。

自然引风式扩散燃烧器也有做成圆形多链式和炉床式的，前者燃气进入套管之间的环形空间，在端头的若干个切向缝口流出燃烧；空气靠炉膛负压（20～60Pa）吸引，一半在内管进入，另一半通过外套管进入，各自均有空气调节装置。切向燃气缝口长度一般为5～10mm，宽度为2mm；燃气压力为10～30kPa。

图 5-58 所示为单管缝隙炉床式扩散燃烧器，由直管燃烧器和火管组成，适合小型燃煤炉改造为燃气炉时使用。它的直管管径一般为 40～100mm，火孔直径为 2～4mm，孔间距为火孔直径的 6～10 倍。火孔呈双排布置，燃用低压燃气时夹角可取 90°～120°。燃气燃烧所需空气由炉膛负压吸入，燃气经火孔喷出后与空气构成一定角度相遇，进行紊流扩散混合，在离开火孔 20～40mm 处着火，在 0.5～1.0m 区段强烈燃烧。由于燃气管嵌在耐火砖砌成的开口狭缝中，灼热的耐火砖既为燃气的点火源，又因储有大量热量使燃烧更加稳定。火道截面热强度可达 2.9～23MW/m²，火道最高温度可达 900～1200℃，过量空气系数为 1.1～1.3。

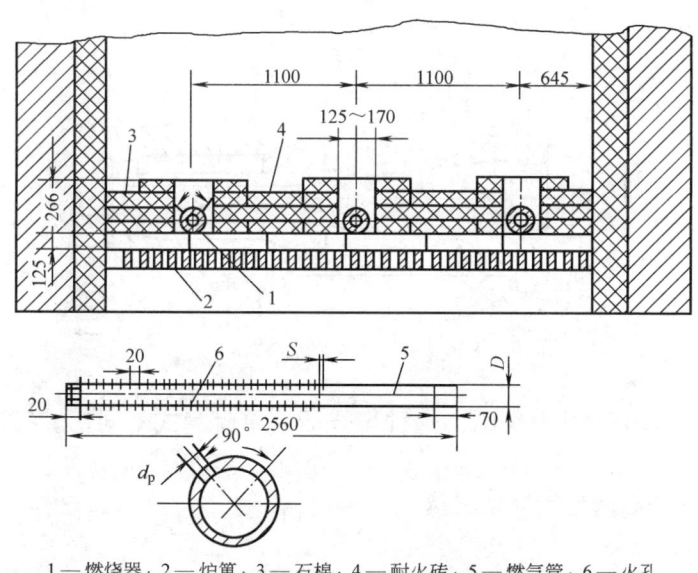

1—燃烧器；2—炉箅；3—石棉；4—耐火砖；5—燃气管；6—火孔。

图 5-58 单管缝隙炉床式扩散燃烧器

为了保证燃气燃烧所需的空气量，对于 2～10t/h 的锅炉，要求炉内负压不低于 20～30Pa；对于小型供暖和生活锅炉，则要求不低于 8Pa。

当燃用天然气时，火孔出口的最佳速度为 25～80m/s，空气流速为 2.5～8m/s。

（2）强制鼓风式扩散燃烧器

强制鼓风式扩散燃烧器是工业炉窑中常用的燃烧器，燃烧所需的空气与燃气没有预混，而是由鼓风机一次供给，在炉膛空间燃烧，点燃后形成拉长的扩散火焰。这样不仅因排除了回火的可能性，具有极大的负荷调节范围，空气和燃气的预热温度得以进一步提高，而且由于混合过程不在燃烧器内部进行，可使其尺寸大为缩小。此外，它可便捷地改换不同热值的燃气，甚至改燃气为燃油，而且在燃气热值和空气、燃气预热温度波动的情况下保持稳定地工作。

强制鼓风式扩散燃烧器有套管式、旋流式、平流式多种结构形式。

1）套管式　套管式燃烧器由大管和小管相套构成。通常燃气从布设在中间的一根或数根小管流出，空气则从大、小管的夹套中流出，燃气与空气在火道和炉膛边混合边燃烧。

图 5-59 所示为单套管式燃烧器的基本结构。它的特点是结构简单，制造容易，气流阻力小，所需燃气和空气的压力低（一般为 800～1500Pa），燃烧稳定且不会回火。它的缺点是燃气和空气的混合较差，热负荷不宜过大（否则火焰会很长），需要较大的燃烧空间和较大的过量空气系数。因此，单套管式燃烧器主要用于燃烧人工煤气的小型锅炉。在单套管式燃烧器前的管道中，燃气和空气的流速可分别为 10～15m/s 和 8～10m/s。燃气在燃烧器内部管道中的流速要略高一些，可取 20～25m/s；燃气出口流速则不宜大于 80～100m/s，空气出口流速为 40～60m/s。如此，燃烧器出口处可燃混合物流速可达 25～30m/s。

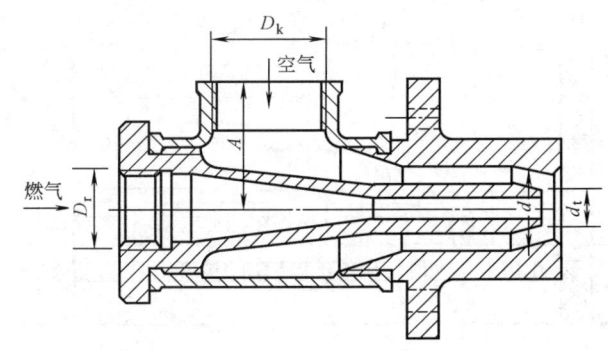

图 5-59　单套管式燃烧器的基本结构

图 5-60 所示为多套管式燃烧器。这种燃烧器与单套管式不同，燃气通过数根小管流出，空气从花板（多孔板）以较高速度流出，与燃气混合得较充分，改善了着火和燃烧条件，适合用于热值较高的燃气（如天然气）燃烧。

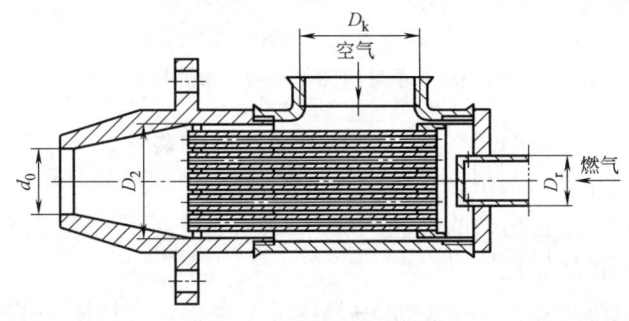

图 5-60　多套管式燃烧器

2）旋流式　旋流式燃烧器的结构特点是燃烧器本身带有旋流器，有中心供燃气轴向、切向叶片旋流式燃烧器和周边供燃气蜗壳旋流式燃烧器三种。图 5-61 所示为周边供燃气蜗壳旋流式燃烧器，它主要由蜗壳配风器和三层圆柱形套筒组成。空气切向进入蜗壳，形成旋转的中心送风，进入内圆筒后继续螺旋前进，其中一小部分空气从一排矩形孔进入外

164

环形夹套，直接从燃烧器头部喷出。燃气则进入内环形夹套，并从圆柱形内筒周边的 2～3 排小孔呈径向分成多股气流，高速喷入空气的旋流中，二者强烈混合后进入火道燃烧。燃气的压力，对于焦炉煤气为 1000Pa，对于天然气为 1500Pa；空气压力为 1000～1200Pa，过量空气系数约为 1.05。

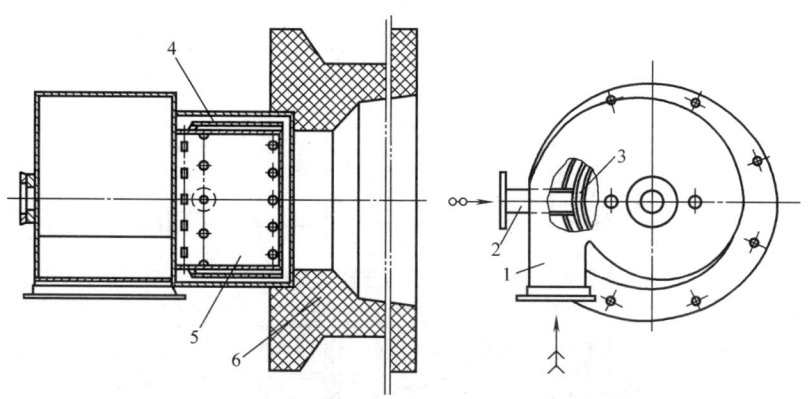

1—空气入口；2—天然气进口短管；3—夹套；
4—送风管的内套筒；5—冷空气室；6—火道。

图 5-61　周边供燃气蜗壳旋流式燃烧器

3）平流式　它是在直流套管式与旋流式燃烧器的基础上发展起来的较新的鼓风式燃烧器。在轴心装有直径不大的轴向叶片旋流器，以形成局部旋流稳定火焰，而大部分空气仍平行流动。平流式燃烧器能有效控制空气与燃气的混合比例，可在过量空气系数低于 1.05 的情况下实现完全燃烧。由于大部分空气无须旋转，故能量损失较少，节省电能。

图 5-62 为多枪平流式燃烧器，燃气从母管送入集气环，再分配到多根喷枪管内，从切向和径向两个方向由喷孔喷出，喷射速度高达 150～200m/s，形成旋转气流。空气流经导向叶片，有 13% 左右的空气通过出口中心叶轮（稳焰器）形成顺时针方向的旋转，其余空气以直流方式从叶轮与喷口间的环形通道中喷出，喷出口截面平均风速为 50～65m/s。燃气射流与空气流以正交方式流动，获得强烈混合。这种燃烧器燃用天然气的额定压力为 $6 \times 10^{-2}$MPa，流量为 1550m³/h，过量空气系数为 1.03，空气阻力为 800Pa。

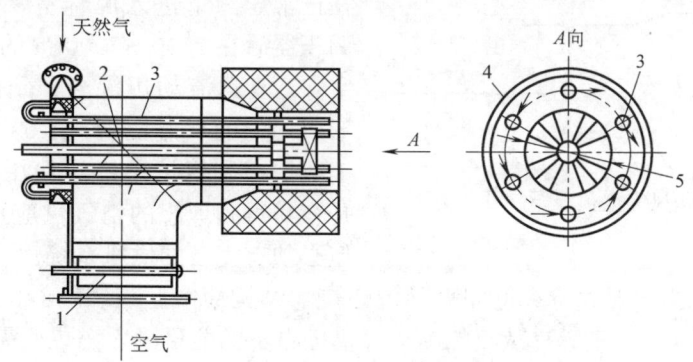

1—风门挡板；2—导向叶片；3—燃气喷枪；4—碹口；5—稳焰器。

图 5-62　多枪平流式燃烧器

图 5-63 为文丘里管平流式燃烧器，这种燃烧器的配风器为文丘里管，不仅可以降低空气阻力，还可利用其压差信号测定风速、风量，便于调节空气与燃气的比例，实现低氧燃烧。一般情况下文丘里管进口收缩角为 45°，出口扩角为 15°；进口直径等于出口直径，喉口直径为出口直径的 0.7~0.75 倍，稳焰器直径和与之对应的风口直径之比是一个重要的几何特征参数，一般取 0.6。

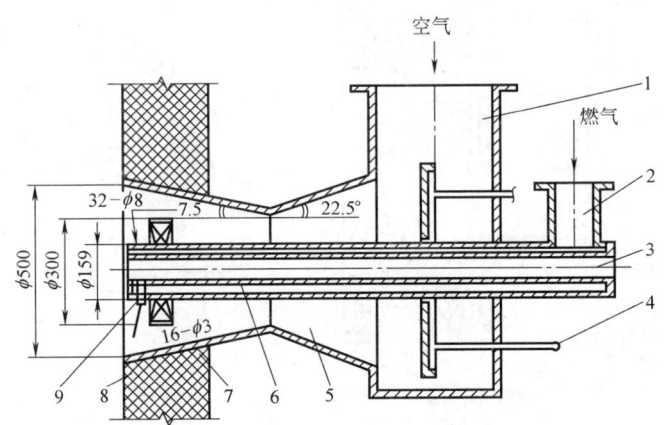

1—空气管；2—燃气管；3—观察孔；4—调风手柄；5—文丘里管配风器；
6—燃气分流器；7—稳焰器；8—炉墙；9—燃气喷孔。

图 5-63　文丘里管平流式燃烧器

### 2. 完全预混式燃烧器

完全预混式燃烧器是在燃烧之前燃气与空气实现全部预混，过量空气系数 $\alpha \geqslant 1$ 的燃烧器，包括混合室和烧头两大部分。前者用于燃气与空气的混合，后者用于组织可燃混合气的燃烧。燃气通常是在一定压力下送入混合室的，而空气可以通过风机供给，也可利用燃气的动能卷吸。

完全预混式燃烧器按燃气和空气的混合方式分为机械送风完全预混燃烧器和引射式完全预混燃烧器两种。

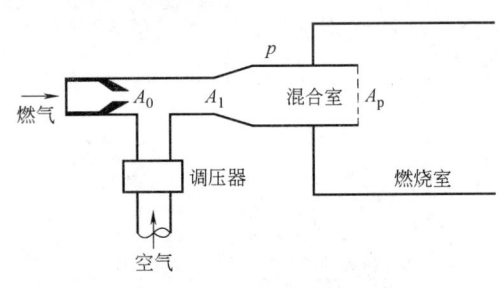

图 5-64　机械送风完全预混燃烧器示意图

图 5-64 为一机械送风完全预混燃烧器示意图。混合管为一简单的渐扩形圆筒，燃气在正常压力下进入混合室，空气由风机送入调压器后在 2500~7500Pa 的压力下送入混合室。二者边流动边混合，到混合管出口处已形成均匀的可燃混合气。这种燃烧器在大型工业炉窑和锅炉中广泛使用，其最大的优点是容易得到理想的空气供应量，且混合均匀，但必须有完备的供风系统。

图 5-65 所示为引射式单火道完全预混燃烧器结构简图。该燃烧器由引射器、喷头及火道等组成。高（中）压燃气从喷嘴喷出，借助自身的能量吸入燃烧所需的全部空气，并在引射器内进行混合。混合均匀的燃气和空气混合物经喷头进入火道，在灼热的火道壁面和高温回流烟气的稳焰作用下进行燃烧。这种燃烧器的过量空气系数一般为 1.05~1.10。

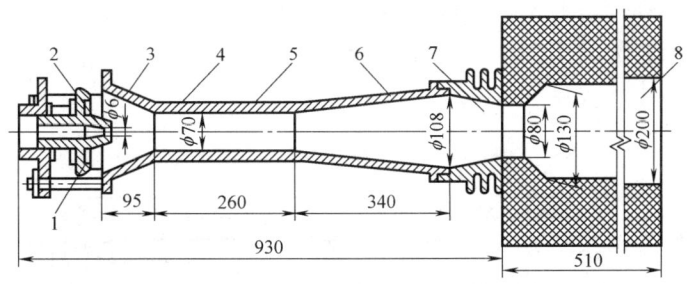

1—调风板；2—燃气喷嘴；3—吸气收缩段；4—引射器；5—混合管；6—扩压管；7—喷头；8—火道。

图 5-65　引射式单火道完全预混燃烧器结构简图

这种燃烧器可以在过量空气系数接近特定条件下实现完全燃烧并获得足够的高温，混合装置简单可靠、混合均匀、燃烧速度快、热强度大，容积热强度可高达 $29\sim58MW/m^3$ 或更高，因而可缩小燃烧室体积，不需要专门的空气供给设备，简化了炉子结构；设有火道，容易燃烧低热值燃气。但它要求保持稳定的燃气热值和密度，且要求燃气有较高的压力，一般都在 10000Pa 以上，有时需要加压站；燃烧器负荷调节比小，容易发生回火；对燃气发热量、预热温度和炉压等的波动比较敏感；特别是大容量燃烧器的外形尺寸很大，安装、操作不甚方便。

3. 引射式预混燃烧器

图 5-66 所示为引射式预混燃烧器，又称大气式预混燃烧器，由引射器和头部组成，其一次风过量空气系数满足 $0<\alpha<1$。燃气在一定压力下从喷嘴喷出，进入引射器的吸气收缩段，依靠本身的动量引射一部分空气进入管内。在引射器内，二者边流动边混合，然后由烧头头部的火孔流出而燃烧。这种燃烧器过量空气系数通常在 1.3～1.8 之间。

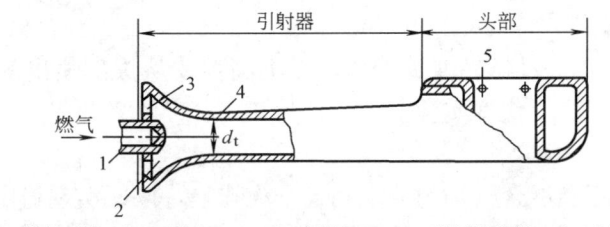

1—燃气喷嘴；2—调风口；3—一次风入口；4—引射器喉部；5—火孔。

图 5-66　引射式预混燃烧器

(1) 引射器

引射器有三个作用，一是用高动量的气体引射低动量的气体，并使二者均匀混合；二是在引射器末端形成足够大的剩余压力，使可燃混合气体流出火孔后仍具有一定的速度；三是输送一定的燃气量，以保证燃烧器具有预定的热负荷。

引射器由以下五部分组成：

1) 燃气喷嘴　它用来输送所要求的燃气，并将燃气的压力能变为动能，依靠引射作用引射一定的空气量。燃气喷嘴一般为收缩状，以增大燃气的喷射速度，提高引射一次风的能力。燃气喷嘴的出口结构有固定式和可调式两种，图 5-67 (a) 所示为固定式燃气喷嘴，其结构简单，阻力较小，引射空气性能较好，但出口截面不能调节，因此只能使用某种特定燃气，燃气性质发生变化时需要更换燃气喷嘴；图 5-67 (b) 所示为可调式燃气喷嘴，通过针形阀的移动，可改变燃气喷嘴的有效流通截面，故可以使用不同性质的燃气，但其结构复杂，阻力较大，引射空气性能也较差。

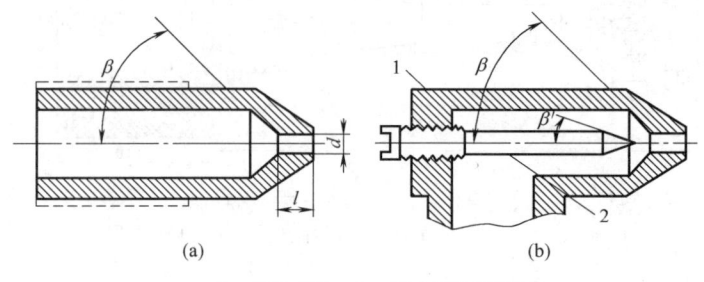

1—固定部件；2—活动部件(针形阀)。

图 5-67　燃气喷嘴

(a) 固定式；(b) 可调式

2）空气调节阀　它可以沿喷嘴轴线方向前后移动，或改变其开口与一次风吸入口的重合程度，用以改变空气的吸入量，以便根据燃烧过程的需要调节过量空气系数。

3）吸气收缩段　它的作用是减小空气进入时的阻力损失，通常做成流线形或锥形，吸气收缩段的进口截面积一般为出口截面积的 4～6 倍。一次风从吸气收缩管起始处进入，其开口面积一般为燃烧器火孔总面积的 1.25～2.25 倍。

4）混合段　在混合段，燃气和空气进行混合，采用渐缩管有利于截面上速度场的均匀分布，而不利于浓度场及温度场的均匀分布；采用渐扩管有利于截面上浓度场及温度场的均匀分布，而不利于速度场的均匀分布。因此常采用圆柱形混合管，使气流通过圆柱形混合管时，能得到较均匀的速度场。混合段的长度通常取其入口截面（即吸气段的出口截面）直径的 1～3 倍。

5）扩压段　它使部分动压转变为静压，以提高气体从头部喷出的工作压力，同时促使空气与燃料进一步混合。根据实验，扩张角为 6°～8°时效率最高。

（2）头部

头部即烧头，将可燃混合气均匀分配到各个火孔上，以便实现稳定与完全的燃烧。为此，要求混合气在头部各点的压力相等且二次风能均匀地到达每个火孔处。

引射式预混燃烧器的头部可做成单火孔式，也可做成多火孔式。单火孔式适用于要求火力集中和火孔强度较高的预混燃烧器，多用于小型供热锅炉和工业炉窑。

**五、改善燃气炉燃烧的措施**

锅炉燃用气体燃料，设备比较简单，操作方便。但与燃用重油时一样，在燃烧时如缺氧，将会热分解析出炭黑，造成不完全燃烧热损失，而且与一定量的空气混合时也具有爆炸性，操作管理上应有可靠的安全措施。

为了改善和强化燃气炉的燃烧，以提高炉膛的容积热负荷和降低不完全燃烧热损失，可以采取的技术措施主要有以下几项：

1. 改善气流相遇的条件

改善燃气和空气两股气流的相遇条件，目的是增大它们的接触面积。接触面积越大，反应面积越大，强化了燃烧。具体办法：可以把燃气和空气分成多股细流，让两股气流具有一定速度并交叉相遇；将一股气流（通常是燃气）穿过并淹没在另一股气流之中，等等。

2. 加强混合、扰动

气体燃料的燃烧是单相反应，着火和燃烧比固体燃料容易，但其燃烧速度和燃烧的完善程度与燃气和空气的混合好坏关系密切。混合得越好，燃烧越迅速、完全，火焰也短。所以，只要火焰的稳定性不被破坏，应尽量提高气流出口或燃烧室中的气流速度，甚至在入口处设置挡板等阻力大的障碍物，让其撞击、冲焰，增加气流的扰动，以加强混合。

3. 预热燃气和空气

提高燃气和空气的温度可以强化燃烧反应。因此应利用排烟的余热预热燃气和空气，从而提高燃烧温度和火焰的传播速度，使燃烧过程得以强化。

4. 旋转和循环气流

促使气流旋转可以加强扰动和混合。同时，在旋转气流的中心会形成一个回流区，它引导大量烟气回流、循环，既强化了混合，又延长了烟气在炉内的流动路线和逗留时间，从而减少了不完全燃烧热损失。

5. 烟气再循环

为了提高燃烧反应区的温度，可以将一部分高温烟气引向燃烧器，使之与未燃的或正在燃烧的可燃混合物混合，以提高燃烧强度。但需注意的是，再循环的烟气量不宜过大，不然会因惰性物质过多而稀释可燃混合物，反而使燃烧速度减缓，甚至缺氧热解，造成不完全燃烧热损失。

## 第五节　流化床炉

固体粒子经与气体或液体接触而转变为类似流体状态的过程，称为流化过程。湍流运动强烈的流化过程用于燃料燃烧，即为沸腾燃烧，其炉子称为沸腾炉或流化床炉。

流化理论最早应用于煤化工和冶金工业，例如用于煤的气化及干燥、煅烧和焙烧等生产工艺。流化理论用于燃烧始于 20 世纪 20 年代初的煤气发生炉，20 世纪 40 年代以后则主要在石油催化、裂化等石油化工和冶金工业中得到应用和发展。它作为一种新型燃烧技术应用于锅炉是在 20 世纪 60 年代。

由于全球范围能源紧缺和环境保护要求的日益提高，流化床炉不仅因其燃烧效率高、传热效果好以及结构简单、金属耗量低，而且它的燃料适应性广，几乎能燃用包括石煤、煤矸石、油页岩等劣质煤以及废料和生物质燃料在内的所有固体燃料，特别是它具低温燃烧有效抑制氮氧化物生成，在炉内添加诸如石灰石一类脱硫剂可以有 90％ 以上的脱硫效率，灰渣还可综合利用等优点，受到世界各国的普遍重视，得到了迅速的发展。除了早已广泛应用的鼓泡流化床炉，后又成功研制开发了新一代洁净环保型流化床炉——循环流化床炉。此项技术是目前公认的燃煤技术的重大创新，现已日臻成熟和完善，为流化床炉的发展目标——大型化提供了可靠的技术保证。

在我国，流化床炉的研制工作始于 20 世纪 60 年代初。当时我国称这种燃烧方式的炉子为沸腾炉，所取得的成果在世界上处于领先水平。当年研制它的目的主要是扩大煤种的适应范围，使之能有效地燃用石煤、煤矸石等高灰分的劣质燃料。经科研人员的多年不懈努力，循环流化床技术在我国取得了世界瞩目的成果。我国自主研发的世界首台 600MW 超临界循环流化床炉，于 2013 年在四川白马示范电站成功投入运行。现今，上海锅炉厂又自主设计了 700MW 超超临界压力循环流化床炉，这是目前全球容量最大、参数最高的循环流化床炉，具有示范意义，标志着我国在大容量、高参数循环流化床洁净燃烧技术方面走在了世界前列。

**一、流化床的基本原理**

固体燃料的流化床燃烧是介于层状燃烧和悬浮燃烧之间的一种燃烧方式。流化床燃烧的基本原理是床料在流化状态下进行燃烧，一般粗粒子在燃烧室下部燃烧，细粒子在燃烧室上部燃烧，被吹出燃烧室的细粒子采用各种分离器收集之后再送回床内循环燃烧。固体颗粒与流动着的流体混合后，能像液体那样自由流动的现象，称为流化。一般来讲，从起始流化到气力输送，气流速度将增大 10 倍（对粗颗粒）至 90 倍（对细颗粒）。由于流体介质及其流过床层速度的不同，以及固体颗粒性质、粒径的差异，会形成不同类型的流化状态。随着气流速度的增加，固体颗粒分别呈现固定、鼓泡流化、湍流流化、快速（循环）流化和气力输送状态。图 5-68 所示为不同气流速度下固体颗粒床层流形与床层膨胀率的变化。

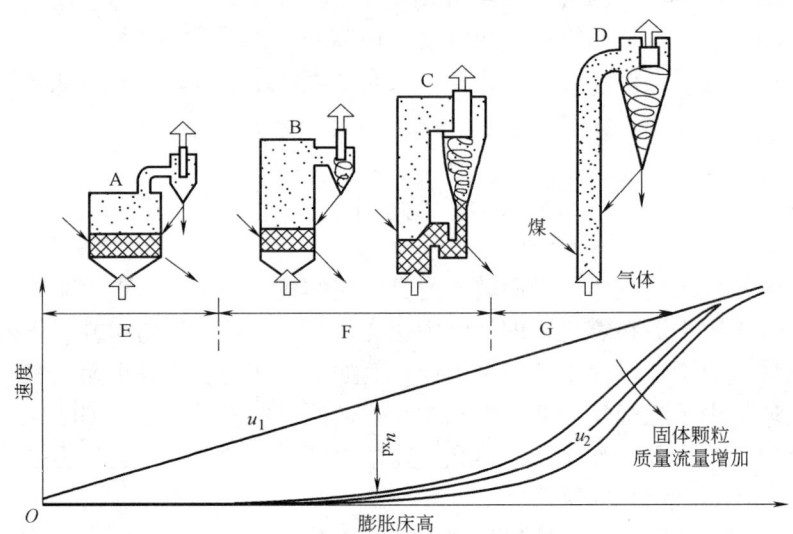

A—鼓泡流化床；B—湍流流化床；C—快速(循环)流化床；D—气力输送；
E—鼓泡流化床区；F—湍流流化床区；G—气力输送区；
$u_1$—平均气体流速；$u_2$—平均颗粒流速；$u_{xd}$—移动速度。

图 5-68　不同气流速度下固体颗粒床层流形与床层膨胀率的变化

**1. 固定床**

固体颗粒组成的床层静止于一个孔板（布风板）上，气体通过孔板上的小孔向上流过床层，当流速较低时，颗粒静止不动，流体只在颗粒之间的缝隙中通过，固体颗粒之间没有相对运动，这种床层称为固定床。在固定床内，固体颗粒的质量由炉排承载，如手烧炉和链条炉。

## 2. 鼓泡流化床

随着气流速度的增加，床层厚度虽然不变化，但阻力随气流速度的增大而增大。当气流速度继续增大，达到某一速度之后，床料开始被吹起。流速进一步增加，床层开始膨胀，并在一定高度范围内做上下翻滚运动，其高度随气流速度的增大而增高，此时颗粒间的距离变大，而颗粒间流速保持不变，故床层阻力不发生变化，这就是流化床的工作状态。使颗粒床层从静止状态转变为流化状态时的最低气流速度，称为临界流化速度 $u_{\mathrm{lj}}$。

床层进入流化状态后，由于流化介质的密度与固体密度相差很大，不能达到均匀流化，因此超过临界流化速度部分的气体不是均匀地从固体颗粒之间流过，而是形成气泡，并以气泡的形式携带固体床料。气泡起初较小，在上升过程中逐渐合并成大气泡上升到床层表面，最后气泡破裂逸出气体，这种现象称为鼓泡，并把以鼓泡方式运行的流化床称为鼓泡流化床。此时，由于床内的循环流动，空气与固体床料有强烈的扰动混合（与水被加热至沸腾时状态相似）。鼓泡流化床的空隙率约为 0.45。

## 3. 湍流流化床

当鼓泡流化床的气体流速增加时，气泡变大，气泡的合并和分裂更加频繁，当气体流速超过某一点时，压力波动开始减小，大的气泡开始消失。当气体流速继续增加至超过另一流速时，压力波动趋于平稳，进入湍流流化状态。

此时，湍流流化床中的大气泡被破碎成小的空隙，迅速穿过床层，而原有状态形成了线状或带状颗粒团，以很高的速度上下移动，各方穿透，大量颗粒被夹带到床层上部，使原悬浮段的质量浓度大大增加，气泡边界较为模糊或不规则。当气体流速增加时，气泡数迅速增加，气、固接触大大改善，混合强烈。湍流流化床的空隙率为 0.65～0.75。

## 4. 快速（循环）流化床

湍流流化状态进一步发展将进入快速流化状态。当气体流速增大到使床层空隙率达到 0.75～0.95 时，床层进一步膨胀，沿整个炉膛高度气、固两相混合物的密度分布趋于均匀，大量固体颗粒被气流携带出炉膛，必须在炉膛出口装置一个高效分离器将其携带的固体颗粒分离出来并送回炉内，以维持炉内床料总量不变的工作状态，于是就形成了快速流化床。

快速流化床与气、固物料分离装置和固体物料回送装置等组成了循环流化床。快速流化床不但气体流速高，固体物料处理量大，而且具有特别好的气、固接触条件和温度均匀性。近二三十年得到迅速发展起来的循环流化床燃烧技术，就是基于快速流化的原理。

## 5. 气力输送

如果气体流速继续增加，将有越来越多的固体颗粒被带出，同时伴随着床层空隙率的增加，气流与固体颗粒间的相对速度越来越小，以致难以维持稳定的燃烧。当床层空隙率为 1 时，气体流速超过所有颗粒的终端速度，这时所有的固体颗粒都被带出炉膛，气、固两相流动由流化状态进入气力输送状态。在悬浮稀相流中只有颗粒均匀向上运动，不存在颗粒的下降流动。因此，除加速区外，通过床层的压力梯度分布是均匀的。

### 二、流化床炉的形式与结构

流化床炉按流体动力特性可分为鼓泡流化床炉和循环流化床炉，按工作条件又可分为常压流化床炉和增压流化床炉。其中，前三类已得到工业应用，增压循环流化床炉正在应用示范阶段。增压循环流化床炉还可与燃气轮机组成高效、低污染的联合循环动力装置。

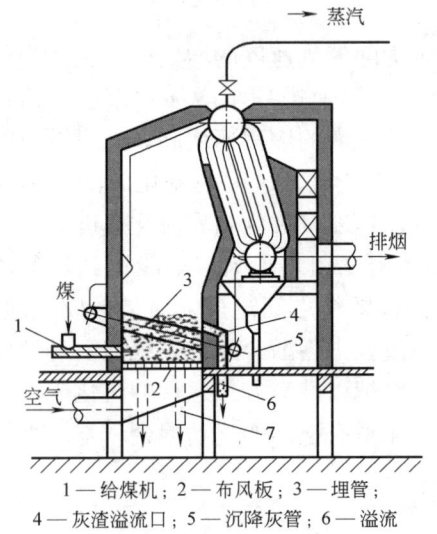

1—给煤机；2—布风板；3—埋管；
4—灰渣溢流口；5—沉降灰管；6—溢流
渣管；7—冷渣管。

图 5-69　鼓泡流化床炉示意图

### 1. 鼓泡流化床炉

图 5-69 所示为鼓泡流化床炉示意图，煤被破碎机破碎成粒径小于 10mm 的煤粒后，由炉前螺旋给煤机加入炉膛底部的布风板上，床层中的物料为炽热的灰渣粒子和煤粒，布风板上方布置有埋管受热面。燃烧用的空气自布风板下方高速送入，当空气流速达到临界流化速度时，位于布风板上的煤粒床层被气流托起，从而整个煤层呈类似流体的状态——临界流化状态。

气流速度再增大，床层中会发生大量鼓泡现象，床层搅动强烈但仍有明显的呈波动态的床层分界面。新加入的燃煤在质量比自身大数十倍的沸腾层中迅速着火燃烧。界面以上的炉膛空间称为悬浮段，它应有足够的高度和温度，以保证从床层表面飞出的细小颗粒能在悬浮段燃尽。燃尽的灰渣在与床层上界面高度相同处开设的溢流口或冷渣口排至炉外。这种流化床炉通常被称为鼓泡流化床炉，又称沸腾炉，其炉内气流速度一般为 $1.5\sim2.0\text{m/s}$。

鼓泡流化床燃烧法的突出优点是燃料适应性强和低污染排放。但是，也还存在一些技术问题，主要有：锅炉燃烧效率低，因燃料的颗粒分布为 $0\sim10\text{mm}$ 的宽筛分，使得未燃尽细粒的飞出量多，固体未完全燃烧热损失大，热效率一般只有 $60\%\sim70\%$；同时，由于飞灰量大，必须控制它对环境的污染；在向床内直接投加石灰石脱硫时，钙的利用率不高；埋管受热面因受固体颗粒的不停冲刷，管壁磨损比较严重。为了能充分发挥鼓泡流化床燃烧技术的优点，克服并解决其存在的问题，流化床燃烧技术已从鼓泡流化床燃烧发展到循环流化床燃烧，目前已成为新一代高效率、低污染的工业和电站燃煤锅炉的重要炉型。

### 2. 循环流化床炉

图 5-70 所示为循环流化床炉燃烧系统示意图。原煤经破碎机破碎成粒径小于 6mm 的煤粒，由给煤机从流化床燃烧室布风板上部加入，与此同时，用于燃烧且脱硫的脱硫剂——石灰石由石灰石仓加入炉膛，参与煤粒的燃烧反应。经过预热的一次风（流化风）由风室穿过布风板送入炉膛，使炉膛内的煤粒快速进入流化状态，在充满整个炉膛的惰性床料中燃烧，炉内温度因受脱硫最佳温度的限制，一般保持在 850℃左右。此后，随烟气携带的大量颗粒在旋风分离器❶中分离，一部分热炉料直接送回流化床燃烧，另一部分则送至冷灰床，经返料控制阀到外置式热交换器进行换热，冷却至 $400\sim600℃$后，通过回料装置送回炉膛循环燃烧。燃烧形成的灰渣经排渣口排至炉外。从旋风分离器出来的高温烟气，流经布置在尾部烟道中的蒸汽过热器、省煤器和空气预热器以及烟气净化装置——

---

❶　旋风分离器布置在炉膛出口，所处烟温约 800℃，称为高温分离；也有布置在蒸汽过热器后、省煤器之前的，所处烟温约 600℃，称为中温分离；还有布置在省煤器后、空气预热器前的，称为低温分离。后两种分离方式避免了旋风分离器在高温下工作，但蒸汽过热器磨损严重。

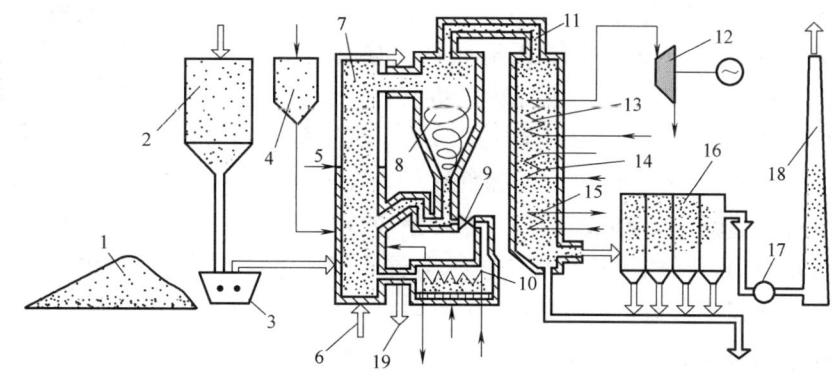

1—煤场；2—煤仓；3—破碎机；4—石灰石仓；5—二次风入口；6—布风板下部的空气入口　7—炉膛；
8—旋风分离器；9—返料控制阀；10—外置式换热器；11—锅炉尾部竖井烟道；12—汽轮发电机组；
13—蒸汽过热器；14—省煤器；15—空气预热器；16—布袋除尘器；17—引风机；18—烟囱；19—冷灰出口。

图 5-70　循环流化床炉燃烧系统示意图

布袋除尘器，最后由烟囱排出。循环流化床炉的流化速度一般为 4～8m/s。固体物料循环倍率（循环物料量/投煤量）因炉型的不同而相差较大：低倍率为 1～5，中倍率为 6～20，高倍率达 20～200。

外置式换热器中的被加热工质可以是水或蒸汽，吸热后仍送入锅炉的汽水系统。

表 5-5 列示了循环流化床炉与其他形式锅炉的比较。

**循环流化床炉与其他形式锅炉的比较**　　　　　　　　　表 5-5

| 锅炉形式 | 层燃炉 | 鼓泡流化床炉 | 循环流化床炉 | 煤粉炉 |
|---|---|---|---|---|
| 燃烧区高度(m) | 0.2 | 1～2 | 15～40 | 27～46 |
| 截面风速(m/s) | 1.2 | 1.5～2.5 | 4～6 | 4～6 |
| 过量空气系数 | 1.20～1.35 | 1.20～1.35 | 1.10～1.25 | 1.15～1.25 |
| 截面热负荷(MW/m²) | 0.5～1.5 | 0.5～1.5 | 3～5 | 4～6 |
| 给煤粒度(mm) | 6～32 | <6 | <8 | <0.1 |
| 负荷调节比 | 4:1 | 3:1 | 3:1 | 2:1 |
| 燃烧效率(%) | 85～90 | 90～96 | 95～99 | ≈99 |
| 炉内脱硫率(%) | 低 | 80～90 | 80～90 | 低 |

　　鼓泡流化床炉虽也可实现炉内脱硫，但脱硫剂的利用率低，脱硫效果差，脱硫率一般只有 30% 左右。循环流化床炉中加入石灰石等脱硫剂，因与煤一起在床内多次循环，接触时间长，脱硫剂利用率高，脱硫效果显著，即便在钙硫比较低（1.5 左右）的条件下，脱硫率也可获得 80% 以上。氮氧化物的生成主要与燃烧温度有关，燃烧温度越低，生成量越少。循环流化床炉采用分级送风和低温燃烧，炉温比煤粉炉低，仅 850℃ 左右，可有效抑制氮氧化物的产生和排放，达到环保标准的要求。

　　循环流化床炉在流化床内（密相区）通常不布置受热面，这就从根本上消除了磨损问题；稀相区虽然布置有受热面，但因其流速低、颗粒小，磨损并不严重。此外，循环流化床炉负荷调节范围宽、速度快，锅炉能稳定运行的最低负荷为 25% 左右，负荷调节速度可达每分钟 5% 的额定负荷。

除了上述在常压下燃烧运行的流化床炉外，由于流化床燃烧技术的发展，还有一种工作压力高于大气压的流化床——增压流化床。增压流化床炉排出的烟气温度为850～900℃，经气固分离或过滤后送至燃气轮机组发电，而锅炉产生的蒸汽则送到蒸汽轮机组发电。与常压流化床炉相比，它采用压气机鼓风，具有可用于深床、流化速度低（<1m/s）、燃烧效率高（>99％）、环境污染少（煤含硫量为2％时，脱硫率可达98％；以 $NO_2$ 为代表的氮氧化物排放量低于 $100mg/m^3$）、煤种适应性更广和单机功率大等特点。随着环境保护问题的日益突出，增压流化床燃烧技术与整体煤气化联合循环、低氮氧化物、燃烧及磁流体发电等高新技术一样，受到世界各国动力界的普遍重视，作为最有前途的一种清洁、高效燃烧方式而得到迅速的发展。

**三、流化床炉的特点**

1. 鼓泡流化床炉的特点

（1）燃料适应性广　煤在鼓泡流化床炉中呈流化态燃烧，料层温度一般较低，但因料层很厚，流化床犹如一个大的"蓄热池"，仅占料层颗粒总量5％左右的新燃料一进入流化床就被炽热料层所"吞没"，迅速着火燃烧。如此优越的着火条件，是目前其他燃烧设备都不能比的。因此，适合燃用几乎所有的劣质燃料，为利用以往认为是废物的石煤、煤矸石，以至生活垃圾、生物质燃料等，开辟了新路。

（2）燃烧反应强烈　鼓泡流化床中颗粒相对运动十分激烈，煤粒不仅着火迅速，而且和空气混合得也很好，过量空气系数在1.1时已可得到充分的氧气供应，燃烧反应速度极快，排热强度比层燃炉高1～3倍；流化床容积热强度为煤粉炉的10倍、链条炉的4～5倍。此外，煤粒在床中上下翻腾不止，大于0.5mm的粒子不易被气流吹出炉膛，在炉内停留时间较长，有利于燃尽。

（3）强化了传热　鼓泡流化床的床内温度相当均匀，沉浸在流化床中的受热面主要以接触方式传热，灼热的颗粒与管壁的碰撞十分强烈，而且固体粒子的热容量比气体大许多倍，强化了传热过程。再者，这种碰撞又把阻碍传热的管外灰污层刷净，热阻大为减小。所以，沉浸受热面有较高的传热系数，可达 $220～350W/(m^2 \cdot K)$，比其他类型锅炉的对流受热面高好几倍。

传热系数的高低主要与料层颗粒的平均尺寸、质量浓度、空截面气流速度、受热面布置情况和床内温度等因素有关。试验结果表明，传热系数与颗粒大小成反比，与空截面气流速度、床内温度成正比。料层的中部，料层颗粒的质量浓度和温度都较高，此处传热系数最大。

（4）有利于保护环境　采用炉内添加诸如石灰石一类脱硫剂的办法，可以实现燃烧过程中脱硫，降低了二氧化硫排放成本。由于采用分级送风和低温燃烧（炉内温度仅为850～900℃），能有效抑制氮氧化物的生成和减少排放，有利于环境保护。

此外，鼓泡流化床炉因密相区气固混合充分，可以减少给煤点，而且燃料供给系统比较简单。但是，鼓泡流化床炉的密相区必须布置埋管受热面以降低床温，埋管的磨损较为严重。而且，它的未燃尽细粒的排放量大，使固体不完全燃烧热损失增大，即便有的鼓泡流化床炉采用飞灰再循环，因其返回时温度较低，加之稀相区气固混合程度差，影响了燃烧反应速度和燃烧效率。另外，用石灰石脱硫时，石灰石在炉内停留时间短暂，脱硫效果并不理想。再则，鼓泡流化床炉的截面热负荷较低（表5-5），难以实现流化床的大型化。

174

## 2. 循环流化床炉的特点

循环流化床炉具有上述鼓泡流化床炉的优点，同时因自身的特点克服了鼓泡流化床固有的缺点，使之成为在保证高效燃烧的基础上能有效降低污染物排放的新型清洁燃烧设备。

在循环流化床炉中，大量的细灰参与了循环，使其流动、燃烧和传热等方面均与鼓泡流化床炉有较大区别。由于大量固体颗粒的循环，循环流化床炉沿床层高度方向温度分布趋于均匀，无须在密相区布设受热面——埋管，也就没有埋管磨损的问题。而且，它采用了将从炉膛飞出的固体粒子捕获、收集并使之循环的技术措施，既改善和加剧了气固混合，又依靠气固分离器和回送装置形成外部循环，有效延长了固体粒子在炉内的停留时间，为提高燃烧效率和脱硫剂的利用率创造了条件。如果根据燃料中含硫量确定添加石灰石、白云石等脱硫剂量，脱硫效率可达 90％ 或更高。

循环流化床炉负荷调节幅度一般为额定负荷的 30％～110％，即使在 30％ 额定负荷甚至更低的负荷情况下，循环流化床炉也能保持燃烧稳定，这一特点特别适用于调峰电厂或热负荷变化较大的热电厂。

循环流化床炉具有较高的燃烧强度，同时还因它在稀相区的固体粒子质量浓度高于鼓泡流化床炉，大幅度提高了稀相区受热面的传热，缩小了炉膛体积，提高了燃烧室的利用率，十分有利于循环流化床炉的大型化发展。

循环流化床炉燃烧温度低，灰渣不会软化和粘结，活性较好。另外，炉内加入石灰石后，灰渣成分也有变化，含有一定的 $CaSO_4$ 和未反应的 $CaO$，所以它的灰渣可加以综合利用，如用于制造水泥的掺和料或其他建筑材料的原料。

诚然，循环流化床炉也存在结构和系统较为复杂、投资及运行费用较高等缺点，但因它是一种高效、洁净环保型的新一代锅炉，且在发展成为大容量时具有明显的优势和巨大的商业潜力，受到世界各国重视。

### 四、循环流化床炉举例

图 5-71 为 DG-460/13.73/540-Ⅱ3 型锅炉整体布置图。该锅炉采用岛式露天布置，全钢架支吊结构，为超高压带中间再热、单汽包自然循环锅炉。

该型锅炉主要由一个膜式水冷壁炉膛、两台汽冷式旋风分离器和一个由汽冷包覆的尾部竖井三部分组成。锅炉布置有屏式受热面（6 片屏式过热器管屏、4 片屏式再热器管屏和 1 片水冷分隔墙），共设有 6 台给煤装置和 3 个石灰石给料口。给煤装置和石灰石给料口在锅炉前墙水冷壁下部收缩段沿宽度方向均匀布置。水冷风室在炉膛底部由水冷壁管弯制而成，在它的下方一次风道内布置高能点火装置。炉膛两侧分别设置两台多仓式流化床风-水联合式冷渣器。炉膛与尾部竖井之间布置有两台汽冷式旋风分离器，其下部各布置一台 J 形回料器。

尾部有包墙分隔，在锅炉深度方向形成双烟道结构，前烟道布置了两组低温再热器，后烟道从上到下依次布置有高温过热器、低温过热器；再向下，前后两个烟道合并成一个通道，在其中布置螺旋鳍片管式省煤器和卧式空气预热器。空气预热器采用光管制作，沿炉宽方向双进双出。蒸汽过热器系统中设有两级喷水降温装置，再热器系统中布置有事故喷水降温器和微喷减温器。

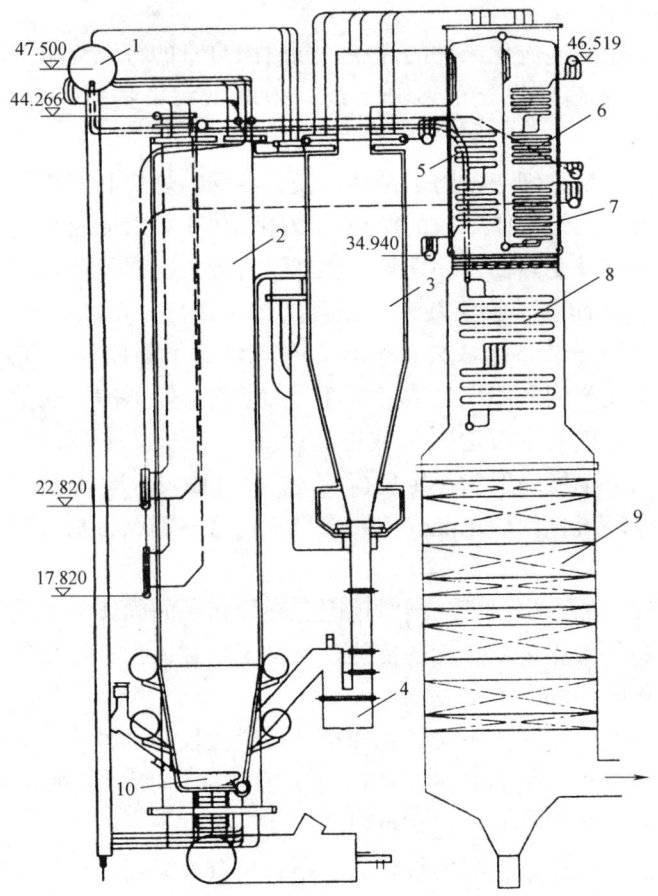

1—汽包;2—炉膛;3—旋风分离器;4—J形回料器;5—低温再热器;6—高温过热器;
7—低温过热器;8—省煤器;9—空气预热器;10—水冷风室。

图 5-71  DG-460/13.73/540-Ⅱ3 型锅炉整体布置图

## 第六节  燃烧设备的工作强度与选型

**一、燃烧设备的工作强度**

燃烧设备的工作强度主要有炉排热强度和炉室热强度两个指标,用以表征燃料在炉内燃烧的强烈程度。

对于层燃炉,煤主要集中在炉排上燃烧放热,其燃烧的强烈程度常用炉排可见热强度 $q_R$ 来表示,是指单位面积的炉排,在单位时间内所燃烧的煤的放热量,即

$$q_R = \frac{BQ_{net,ar}}{3600R} \quad kW/m^2 \tag{5-2}$$

式中  $B$——锅炉的燃料消耗量,kg/h;

  $Q_{net,ar}$——煤的收到基低位发热量,kJ/kg;

  $R$——炉排有效面积,m²。

虽然层燃炉中大部分煤在炉排上燃烧,但挥发物和一部分飞扬的细小煤粒是在炉膛空

176

间燃烧放热的。与炉排可见热强度相对应，习惯上用炉膛体积可见热强度 $q_v$ 来表示，即

$$q_v = \frac{BQ_{net,ar}}{3600V_1} \quad kW/m^3 \tag{5-3}$$

式中 $V_1$——炉膛体积，$m^3$。

对于既定形式的燃烧设备，在燃用某一种煤时，其炉排可见热强度 $q_R$ 和炉膛体积可见热强度 $q_v$，有一个合理的限值。过分提高炉排可见热强度，追求过小的炉排面积，势必会使煤层增厚和空气流经燃烧层的流速过高，导致不完全燃烧产物一氧化碳、飞灰和阻力的增加，使气体和固体不完全燃烧热损失增大。同样，过分提高炉膛体积可见热强度，会使烟气及其携带的可燃物在炉内的时间缩短，也导致不完全燃烧热损失增大。层燃炉的燃烧热强度之所以都冠以"可见"两字，这是因为在层燃炉中要分别测出燃料在炉排面上和炉膛体积中的燃烧放热量是困难的，所以在炉排和体积热强度中，都假定把燃料燃烧的全部放热量作为热强度计算的基础，引入了所谓"可见"的概念。在实际使用中，为了简化称呼，也可不提"可见"两字。

基于长期生产实践的经验和科学研究成果，不同层燃炉的工作强度和主要热工特性列于表 5-6。当燃用低质烟煤和无烟煤屑时，数据近于下限；当燃用不粘结、挥发分又高的优质烟煤和无烟煤时，则趋于上限数值。鼓泡流化床炉和循环流化床炉炉膛热工特性列于表 5-7 和表 5-8。

不同层燃炉的工作强度和主要热工特性     表 5-6

| 序号 | 参数 | 符号 | 单位 | 往复炉排 |  |  |  |  | 链条炉排 |  |  |  |  |  |  |  | 掘煤机机械炉排 |  |  |  |  |  |  | 振动炉 |
|---|---|---|---|---|---|---|---|---|---|---|---|---|---|---|---|---|---|---|---|---|---|---|---|---|
|  |  |  |  | 褐煤 | 烟煤 |  | 贫煤 | 无烟煤 | 褐煤 | 烟煤 |  |  | 贫煤 | 无烟煤 |  |  | 褐煤 | 烟煤 |  |  | 贫煤 | 无烟煤 |  |  |
|  |  |  |  |  | I类 | II类 |  | I类 |  | I类 | II类 | III类 |  | I类 | II类 | III类 |  | I类 | II类 | III类 |  | I类 | II类 |  |
| 1 | 炉排可见热强度 | $q_R$ | $kW/m^2$ | 600~850 | 760~930 |  |  | 580~810 | 600~850 | 700~1100 |  |  |  | 600~850 |  |  | 1060~1650 |  |  |  |  |  |  | 930~1170 |
| 2 | 炉膛体积可见热强度① | $q_v$ | $kW/m^3$ | 230~350 |  |  |  |  | 230~350 |  |  |  |  |  |  |  | 290~460 |  |  |  |  |  |  | 235~350 |
| 3 | 炉膛出口过量空气系数 | $\alpha_l''$ | — | 1.3~1.5 |  |  |  |  | 1.3~1.5 |  |  |  |  |  |  |  | 1.3~1.4 |  |  |  |  |  |  | 1.2~1.4 |
| 4 | 飞灰中燃料灰分份额 | $a_{fh}$ | — | 0.15~0.2 |  |  |  |  | 0.1~0.2 |  |  |  |  |  |  |  | 0.2~0.3 |  |  |  |  |  |  | 0.15~0.3 |
| 5 | 气体不完全燃烧热损失 | $q_3$ | % | 0.5~2.0 |  |  | 0.5~1.0 |  | 0.5~2.0 |  |  |  | 0.5~1.0 |  |  |  | 0.5~1.0 |  |  |  |  |  |  | 1.0~1.5 |
| 6 | 固体不完全燃烧热损失 | $q_4$ | % | 7~10 | 0~12 | 7~10 |  | 9~12 | 8~12 | 10~15 |  |  | 8~12 | 10~15 |  |  | 8~12 |  |  |  | 10~15 |  |  | 6~10 |
| 7 | 送风温度 | $t_k$ | ℃ | 常温 |  |  |  |  | 常温至200℃ |  |  |  |  |  |  |  | 常温至200℃ |  |  |  |  |  |  | 常温 |

① 按炉膛和燃尽室的体积之和计算。

注：1. 表中所列数据是根据锅炉代表煤种得到的。

    2. 燃料颗粒度应符合相应燃烧设备的要求。

鼓泡流化床炉炉膛热工特性

表 5-7

| 序号 | 参数 | 符号 | 单位 | 煤种 | | | | | | |
|---|---|---|---|---|---|---|---|---|---|---|
| | | | | Ⅰ类石煤或煤矸石 | Ⅱ类石煤或煤矸石 | Ⅲ类石煤或煤矸石 | Ⅰ类烟煤 | 褐煤 | Ⅰ类[①]无烟煤 | 贫煤 |
| 1 | 流化层过量空气系数 | $\alpha_1$ | — | 1.1～1.2 | | | 1.1～1.2 | 1.1～1.2 | 1.1～1.2 | 1.1～1.2 |
| 2 | 流化床燃烧份额 | $\delta$ | — | 0.85～0.95[②] | | | 0.75～0.85 | 0.7～0.8 | 0.95～1.0 | 0.8～0.9 |
| 3 | 气体不完全燃烧热损失 | $q_3$ | % | 0～1 | 0～1.5 | 0～1.5 | 0～1.5 | 0～1.5 | 0～1 | 0～1 |
| 4 | 固体不完全燃烧热损失 | $q_4$ | % | 21～27 | 18～25 | 15～21 | 12～17 | 5～12 | 18～25 | 15～20 |
| 5 | 飞灰中燃料灰分份额 | $a_{fh}$ | — | 0.25～0.35 | 0.25～0.40 | 0.40～0.52 | 0.4～0.5 | 0.5～0.6 | 0.4～0.5 | 0.4～0.5 |
| 6 | 飞灰中可燃物体积分数 | $C_{fh}$ | % | 8～13 | 10～19 | 11～19 | 15～20 | 10～20 | 20～40 | 15～20 |
| 7 | 布风板下风压 | $p$ | kPa | 7.3～8.7 | | | 6.7～8.7 | 6.7～8.0 | 6.0～8.7 | 6.7～8.7 |

① Ⅱ类无烟煤的计算特性参考Ⅰ类无烟煤数据确定。

② 发热量低或挥发分低的煤种取高值。

循环流化床炉炉膛热工特性

表 5-8

| 序号 | 参数 | 符号 | 单位 | 煤种 | | |
|---|---|---|---|---|---|---|
| | | | | 煤矸石 | 烟煤、褐煤 | 贫煤、无烟煤 |
| 1 | 炉膛过量空气系数 | $\alpha_2$ | — | 1.1～1.25 | 1.1～1.2 | 1.2～1.25 |
| 2 | 一次风量占总风量的百分率 | $x$ | % | 50～80 | 50～75 | 50～70 |
| 3 | 气体不完全燃烧热损失 | $q_3$ | % | 0～0.5 | 0～1 | 0～0.5 |
| 4 | 固体不完全燃烧热损失 | $q_4$ | % | 4～12 | 2～6 | 4～10 |
| 5 | 飞灰中燃料灰分份额 | $a_{fh}$ | % | 30～70 | 30～70 | 30～70 |
| 6 | 飞灰中可燃物体积分数 | $C_{fh}$ | % | <15 | <10 | <18 |
| 7 | 冷渣中可燃物体积分数 | $C_{hz}$ | % | <3 | <2 | <3 |

在设计或改造锅炉时，根据给定的参数（蒸发量、蒸汽压力或温度，以及燃料种类等），可先估算出燃料消耗量 $B$，然后参考表 5-6 中列出的数据，选定 $q_v$、$q_R$，利用式（5-2）、式（5-3）即可得出需要的炉排面积 $R$ 和炉膛体积 $V_1$。

有了必需的炉排面积，即可视具体情况选定炉子宽度和深度。对于手烧炉，考虑投煤、拨火、出渣等都由人工操作，所以深度不宜超过 2m；抛煤机炉，炉排长度不大于 3.5m，以免抛煤不均。链条炉排的长度，在满足煤的燃烧需要的同时，也尽可能选用符合制造要求的定型尺寸。

求得炉膛体积 $V_1$ 后，除以炉排面积 $R$，即可求出炉膛高度。对容量为 4～10t/h 的层燃炉，炉膛高度取 2.5～4.0m；容量在 20t/h 以上时，炉膛高度不低于 4m。链条炉一般都有前后拱，所以炉膛形状不是立方体，炉膛体积要仔细核算。

至于炉排有效面积和炉膛有效体积的计算，与锅炉本体热力计算（第八章）中有关规定相同。

对于室燃炉，其工作强度仅炉膛体积热强度一个，也就无须冠以"可见"了。

在室燃炉中，炉膛体积热强度的大小反映煤粉、油和气等通过炉膛的时间长短，如加大 $q_v$，意味着通过炉膛的时间缩短，燃料有可能因来不及燃尽而使不完全燃烧热损失增大。但是，假如 $q_v$ 取得太小，炉膛体积增大，增加了锅炉制造费用和散热损失。当然，首要的是保证燃烧过程的基本完成，以烧好烧尽为原则。但室燃炉单用炉膛体积热强度来表示，未能反映出炉膛的形状对燃烧的影响，如瘦长形炉膛的火炬充满情况比短胖形炉膛要好，死滞涡流区要小等。因此，对室燃炉还采用炉膛断面热强度 $q_F$ 来表征：

$$q_F = \frac{BQ_{net,ar}}{3600F} \quad kW/m^2 \tag{5-4}$$

式中　$F$——炉膛横截面面积，$m^2$。

如果 $q_F$ 增大，即炉膛横截面面积小，为保证一定的炉膛容积，炉膛就呈瘦长形。但 $q_F$ 过大，使燃烧器射程受到限制，容易在燃烧器区域结渣。

室燃炉的主要热工特性列于表 5-9，但需指出的是，室燃炉炉膛的几何尺寸（如宽、深等），与选用的燃烧器形式、数量以及布置方式等因素有密切关系，只有在满足燃烧器的基本要求后才可采用推荐的炉膛体积热强度和炉膛断面热强度来计算确定炉膛的体积和高度。

**室燃炉的热工特性**　　　　　　　　　　　　　　　　　　　　　表 5-9

| 热工特性 | 炉型 | | |
|---|---|---|---|
| | 煤粉炉 | 油炉 | 天然气炉 |
| $q_v(kW/m^3)$ | 140~235 | 290~465 | 350~465 |
| $q_F(kW/m^2)$ | 1860~2325 | | |
| $a_1''$ | 1.2 | 1.1 | 1.1 |
| $q_3(\%)$ | 0.5 | 0.5 | 0.5 |
| $q_4(\%)$ | 3~5 | ~0 | ~0 |
| $\alpha_{fh}$ | 0.85~0.95 | ~0 | ~0 |

**二、燃烧设备的选型**

燃烧设备的选型主要考虑燃料的物理化学特性（水分、灰分、挥发分、发热量、颗粒度和灰熔点等）、锅炉的蒸发量及负荷特性、环境保护的要求等，同时也必须考虑和兼顾它在制造、安装、运行、维护诸方面的耗钢、耗煤、耗电等技术经济指标。

对于不同容量的锅炉，可以参照表 5-10 对锅炉的燃烧设备进行选型。

**不同燃烧设备的容量适用范围**　　　　　　　　　　　　　　　表 5-10

| 燃烧设备 | 锅炉蒸发量(t/h)/供热量(MW) | | | | | | | | | |
|---|---|---|---|---|---|---|---|---|---|---|
| | 2/1.4 | 4/2.8 | 6/4.2 | 10/7 | 15/10.5 | 20/14 | 35/25 | 65/45 | 75/58 | 130 |
| 链条炉排炉 | | ▒▒▒▒▒ | ▒▒▒▒▒ | ▒▒▒▒▒ | ▒▒▒▒▒ | ▒▒▒▒▒ | ▒▒▒▒▒ | ▒▒▒▒▒ | | |

| 燃烧设备 | 锅炉蒸发量(t/h)/供热量(MW) | | | | | | | | | |
|---|---|---|---|---|---|---|---|---|---|---|
| | 2/1.4 | 4/2.8 | 6/4.2 | 10/7 | 15/10.5 | 20/14 | 35/25 | 65/45 | 75/58 | 130 |
| 往复炉排炉 | | | | | | | | | | |
| 抛煤机炉、机械炉排炉 | | | | | | | | | | |
| 鼓泡流化床炉 | | | | | | | | | | |
| 循环流化床炉 | | | | | | | | | | |

注："▦" 为不优先推荐范围，"▨" 为优先推荐范围。

鼓泡流化床炉主要适用于在层燃炉中不能燃烧或不能经济燃烧的煤种。考虑综合利用、环境保护等，特别适用于高灰分、高劣质燃料，也可适用其他煤种。

对于不同的煤种，可以参照表 5-11 对锅炉的燃烧设备进行选型。

**不同燃烧设备的煤种适应性** 表 5-11

| 燃烧设备 | 煤种 | | | | | | | | | | |
|---|---|---|---|---|---|---|---|---|---|---|---|
| | 石煤、矸石 | | | 无烟煤 | | | 褐煤 | 贫煤 | 烟煤 | | |
| | I | II | III | I | II | III | | | I | II | III |
| 链条炉排炉 | | | | √ | √ | √ | △ | √ | △ | √ | √ |
| 往复炉排炉 | | | | △ | | | √ | △ | √ | √ | |
| 抛煤机炉、机械炉排炉 | | | | | | △ | √ | √ | △ | √ | √ |
| 鼓泡流化床炉 | √ | √ | √ | △ | △ | | √ | | √ | √ | |
| 循环流化床炉 | √ | √ | √ | √ | √ | √ | √ | √ | √ | √ | |

注："√" 为优先推荐，"△" 为不优先推荐。

链条炉、往复炉排炉在燃用无烟煤及 $M_{ar}>20\%$ 或 $A_{ar}>30\%$，$Q_{net,ar}<17.7MJ/kg$ 的其他燃料时，必须采取改善着火及燃尽的相应技术措施，以保证良好的燃烧条件。

抛煤机炉不宜燃用外在水分高的燃料，以防止和避免抛煤机堵塞。燃料的外在水分不宜大于 12%。

为了保证煤层均匀，减少炉排漏煤和飞灰损失，取得良好的燃烧效果，所有的层燃炉对燃料颗粒度均有要求：最大煤块不超过 40mm，小于 6mm 的颗粒不超过 50%，小于 3mm 的细屑不超过 30%。

对于鼓泡流化床炉，目前多数情况下煤的颗粒度为 0～10mm，其中小于 0.5mm 的颗粒不宜超过 20%。对于褐煤，颗粒度范围可扩大到 0～13mm；根据具体条件和情况，也可以采用其他不同粒度的燃料。

## 复习思考题

1. 按组织燃烧过程的基本原理和特点，燃烧设备可分几类？不同燃烧方式的主要特点是什么？

2. 燃料的燃烧过程分哪几个阶段？为加速、改善燃烧，在不同的燃烧阶段应创造和保持什么条件？

3. 煤在手烧炉中燃烧的主要特性有哪些？为什么它经常冒黑烟？采取哪些措施可基本消除黑烟？

4. 在链条炉中，炉排上燃烧区域的划分及气体成分的变化规律如何？对这些问题的研究有何实际意义？

5. 链条炉、往复炉排炉和振动炉排炉为什么要分段送风？

6. 层燃炉为什么既要保证足够的炉排面积，又要保证一定的炉膛容积？

7. 在链条炉和往复炉排炉中，炉拱起什么作用？为什么煤种不同对炉拱的形状有不同的要求？

8. 燃用Ⅲ类烟煤的链条炉改烧Ⅱ类烟煤时，应在燃烧设备上采取哪些措施以保证煤燃烧得较好？

9. 为什么往复推饲炉排可使劣质烟煤及褐煤得到比较好的燃烧？在上返烟时，正常运行情况下，为什么往复推饲炉排可以比较好地消除烟囱冒黑烟的现象？

10. 为什么配备双层炉排手烧炉、下饲式燃烧机等燃烧设备的锅炉出口烟尘排放质量浓度比较低？为什么往复炉排炉的出口烟尘排放质量浓度较链条炉稍低？

11. 为什么煤粉炉对煤种的适用性比较广，但为什么煤粉炉对负荷调节波动幅度较大时适应性又很差？

12. 为什么机械—风力抛煤机炉宜于配倒转炉排？一般采取什么措施来解决机械—风力抛煤机炉的消烟除尘问题？

13. 燃料层中的氧化层厚度与哪些因素有关？为什么即使加大风量（风速），其氧化层厚度仍保持不变？

14. 燃料层的厚度如何确定？根据什么因素来调节？

15. 当锅炉负荷有急剧变化时，应如何进行燃烧调节？

16. 什么叫一次风和二次风？层燃炉和室燃炉中一、二次风的作用有何不同？

17. 怎样根据燃料特性、锅炉容量、锅炉运行时负荷变化和环境保护要求等来选用合适的燃烧设备？

18. 为什么锅炉在低负荷和超负荷运行时，都会使气体和固体不完全燃烧热损失增大、热效率降低？

19. 炉子的工作强度指标有哪几个？对层燃炉，为什么在炉排、炉膛热强度前面要冠以"可见"两字？对于室燃炉，为什么要引出炉膛断面热强度这一指标？

20. 影响煤粉燃烧的因素有哪些？

21. 什么是燃烧？什么是完全燃烧？什么是不完全燃烧？如何强化煤粉气流的着火、燃烧和燃尽三个过程？

22. 什么是燃烧速度？分析影响燃烧速度的因素。

23. 影响煤粉气流着火的主要因素及强化着火的措施有哪些？

24. 煤粉燃烧器的作用是什么？有哪几种类型？

25. 直流式煤粉燃烧器有哪两种？

26. 什么是四角切圆燃烧？如何确定切圆直径？切圆直径过大或者过小会有什么影响？

27. 旋流式煤粉燃烧器按其结构可分为哪两种？

28. 旋流式煤粉燃烧器的旋流射流有什么特性？

29. 煤粉炉按排渣方式可分为哪些形式？

30. 什么是结渣？结渣有哪些危害？

31. 锅炉结渣的原因是什么，如何防止？

32. 什么是煤粉的自燃性和爆炸性？如何防止煤粉系统的爆炸？

33. 什么是煤粉的细度？经济细度又是什么？

34. 什么是煤粉的可磨系数？

35. 磨煤机的作用是什么？按照转速的不同磨煤机可以分为哪几类？

36. 简述单进单出球磨机的工作原理？

37. 影响筒式钢球磨煤机出力的因素有哪些？和普通球磨机相比，双进双出球磨机有哪些优点？

38. 中速磨煤机有哪些形式？

39. 简述中速磨煤机的结构，它的工作原理是什么？

40. 哪些因素可能影响中速磨煤机的工作？中速磨煤机有哪些优缺点？

41. 风扇式磨煤机有哪些优缺点？

42. 如何选择磨煤机的类型？

43. 制粉系统的主要任务是什么？制粉系统由哪些主要辅助设备构成？

44. 直吹式制粉系统的工作有什么特点？

45. 中间储仓式制粉系统的工作原理是什么？

46. 直吹式和中间储仓式制粉系统各自的特点是什么？

47. 鼓泡流化床炉和循环流化床炉在结构上有何异同？

48. 循环流化床炉有什么优点？它的发展前景如何？

49. 对给定的循环流化床炉而言，是否可以燃用所有煤种？为什么？

50. 流态化、流化床、气固流态化、鼓泡流化床、循环流化床的含义是什么？

51. 返料装置的作用是什么？

52. 外置换热器的作用是什么？采用外置换热器有哪些优缺点？

53. 循环流化床炉采用"低温燃烧"方式的好处是什么？

54. 燃油锅炉常用的油喷嘴有哪几种形式，各有何优缺点？

55. 燃油锅炉调风器的作用是什么？如何评价其性能的优劣？

56. 燃油锅炉因油品和要求的不同，有几种供油系统，它们各有何特点？

57. 常用的燃气燃烧器有哪几种？试比较它们的优缺点和使用的场合。

58. 燃油、燃气锅炉有时也会冒黑烟，为什么？有哪些措施可以改善它们的燃烧？

## 习　　题

1. 有一台链条炉，蒸发量为 4t/h，饱和蒸汽压力为 1.37MPa（绝对压力），给水温度为 20℃，当燃用无烟煤块时要求锅炉效率为 75%，试确定这台锅炉所需炉排面积及炉膛容积。

（$q_R$＝800kW/m$^2$ 时，$R$＝5.01m$^2$；$q_v$＝300kW/m$^3$ 时，$V_1$＝13.36m$^3$）

2. 有一台旧式锅炉，炉排长 3m，宽 2.5m，炉膛高 5m，拟用它作为 4t/h 风力—机械抛煤机炉，每小时燃用 630kg 收到基低位发热量为 21939kJ/kg 的烟煤，试判断上述基本尺寸是否合适？若不合适应如何修改？

（$q_R$＝512kW/m$^2$，$q_v$＝102kW/m$^3$）

3. 某化纤厂有一台蒸发量为 10t/h 的燃煤锅炉，为改善大气环境质量，决定将它改造为燃油锅炉。经锅炉检验，改造后的锅炉允许最高工作压力为 1.0MPa。该厂计划供应的燃料为重油，其收到基低位发热量为 42050kJ/kg。改造设计时，取给水温度为 105℃，蒸汽湿度为 2.3%，热效率为 91%，并由有关资料查知，燃油锅炉的体积热强度 $q_v$＝380kW/m$^3$，试确定该燃油锅炉在蒸发量不变的条件下所需的炉膛体积。

（$V_1$＝18.41m$^3$）

# 第六章 供热锅炉

锅炉的出现和发展已有 200 多年的历史。其间，从低级到高级，由简单到复杂，随着社会生产力的发展，对锅炉容量、参数的要求不断提高，锅炉形式和锅炉技术得到了迅速发展。近一二十年来，由于地球气候变暖，保护环境已成为世界各国的重要关切和急切实施的目标。我国因此相继出台了诸如改变能源消费结构、淘汰小型燃煤锅炉等多项政策，工业锅炉在数量、容量、炉型和使用燃料等方面发生了较大变化。据统计，天然气的消费量猛增了 2 倍多；我国锅炉行业产品结构中燃气锅炉占比迅速增大，2022 年已达 38.5%；生物质锅炉和电热锅炉也随小型燃煤锅炉的淘汰而得到日益广泛的应用。

本章将简要叙述锅炉的发展过程与结构形式的演变，然后按蒸汽锅炉、热水锅炉和特种锅炉（生物质锅炉、太阳能锅炉、电热锅炉及核能锅炉等）分别介绍它们的典型形式和基本热工性能。

## 第一节 锅炉结构形式的演变

随着蒸汽机的发明，18 世纪末出现了工业用的圆筒形蒸汽锅炉。由于当时社会生产力的迅猛发展，蒸汽在工业上的用途日益广泛，不久就对锅炉提出了扩大容量和提高参数的要求。于是，在圆筒形蒸汽锅炉的基础上，从增加受热面入手，对锅炉进行了一系列的研究和技术变革，从而推动了锅炉的发展。图 6-1 形象地展示了蒸汽锅炉循着两个方向发展的过程和结构形式的演变。

第一个方向是在锅筒内部增加受热面，形成了烟管锅炉系列。起初，先在锅筒内增设一个火筒（也称炉胆），即单火筒锅炉❶，煤在火筒内燃烧放热；后增加为两个火筒——双火筒锅炉❷。为了进一步增大锅炉容量，后来又发展到用小直径的烟管取代火筒以增加受热面，形成了火筒烟管组合锅炉，烟管锅炉的燃烧室也由锅筒内部移至锅筒外侧。这类锅炉统称为烟管锅炉，其共同的特点是高温烟气在火筒或烟管内流动放热，低温工质——水则在火筒或烟管外侧吸热、升温和汽化。

显而易见，这类锅炉的炉膛一般都较矮小，炉膛四周又被作为辐射受热面的筒壁围住，炉内温度低，燃烧条件较差；而且，烟气纵向冲刷壁面，传热效果差，排烟温度很高，热效率低。此外，锅筒直径大，既不宜提高蒸汽压力，又增加耗钢量，蒸发量也受到了限制。诚然，这类锅炉也有一定优点，如结构简单，维修方便；水容积大，能较好地适应负荷变化；水质要求低等。因此，有的结构形式至今仍被广泛采用。

第二个方向是在锅筒外部发展受热面，形成水管锅炉系列。大约到了 19 世纪中叶，

---

❶ 俗称科尼茨（Cornish）锅炉。
❷ 俗称兰开夏（Lancashire）锅炉。

锅炉开始在锅筒外面增设几个直径较小的圆筒受热面。后来发现增加圆筒数量、减小圆筒直径,以至以钢管取代圆筒等做法有利于蒸汽参数的提高和传热的改善,最后终于出现了水管锅炉。它的特点是高温烟气在管外冲刷流动而放出热量,汽、水在管内流动而吸热和蒸发。

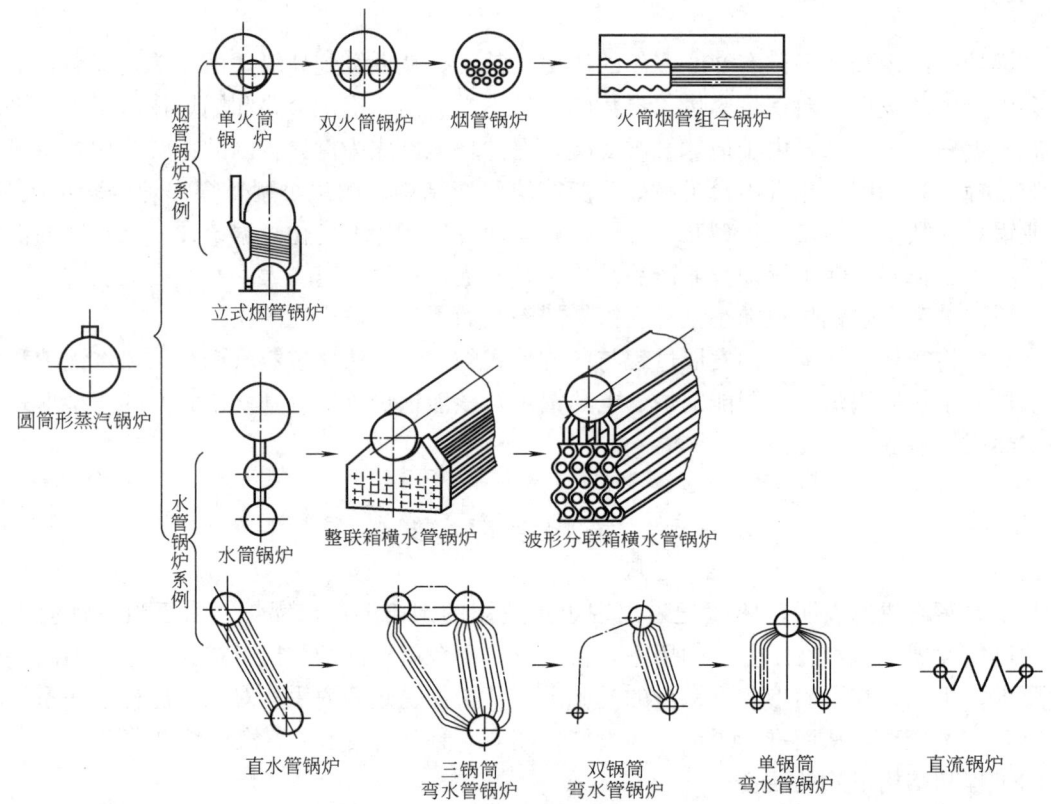

图 6-1 蒸汽锅炉形式的发展和演变示意图

水管锅炉的出现是锅炉发展的一大飞跃,它摆脱了火筒锅炉、烟管锅炉受热面尺寸的制约,无论在燃烧条件、传热效果和受热面的布置等方面都得到了根本性的改善,为提高锅炉的容量、参数和热效率创造了良好条件,金属耗量也大为下降。

早期出现的水管锅炉是整联箱横水管锅炉,后来改为波形分联箱结构,制造工艺复杂,金属耗量较大,这种水管锅炉已不再生产。

竖水管锅炉出现于 20 世纪初,最早采用的也是直水管结构。后来,发现弯水管的结构比直水管富有弹性,采用许多只锅筒做成多锅筒弯水管锅炉。此后,由于传热学的发展,对锅炉辐射换热规律有了进一步的认识,锅炉向着减少对流受热面、增大辐射受热面的方向发展。于是,演变成双锅筒、单锅筒弯水管锅炉,以至发展到现代的无锅筒锅炉——直流锅炉。与此同时,蒸汽过热器、省煤器及空气预热器受热面也相继被采用,使锅炉设备更趋完善。

在蒸汽锅炉发展的同时,由于城市建设的快速推进、节能环保和人民生活水平的提高,另一类用于直接生产热水的热水锅炉也得到较快的发展。此外,为利用生产过程中产生的数量相当可观的余热,余热锅炉应运而生,它作为余热回收利用设备受到世界各国的普遍重视。

纵观锅炉发展的历史,真正走上现代化道路才不过六七十年的时间。随着现代工业的发展和科学技术的进步,现代锅炉正朝着大容量、高参数方向发展。蒸发量为 2000t/h 左右的锅炉已相当普遍,1000MW 以上的巨型锅炉也早有多台投入运行;它们的蒸汽参数以亚临界和超临界居多。对于供热锅炉,国家大力推行燃煤锅炉综合整治,重点区域加快淘汰 35t/h 以下的燃煤锅炉,推进 65t/h 及以上燃煤锅炉实施高效、绿色低碳改造,进一步落实"煤改气""煤改电"等清洁能源替代工作。为了提高运行的经济性、高效低碳和保护环境,锅炉正趋向于简化结构、降低金属耗量;采用先进燃烧技术,提高热效率,节约能源。为确保锅炉运行的安全,又趋向于采用先进技术,进一步提高设备的机械化、自动化和智能化。

## 第二节 蒸 汽 锅 炉

蒸汽锅炉按其烟气与受热面的相对位置,分烟管锅炉、烟管水管组合锅炉和水管锅炉三类。烟管锅炉的特点是烟气在火筒和为数众多的烟管内流动换热;水管锅炉是水在管内流动,烟气在管外流动而进行换热;烟管水管组合锅炉则是二者兼而有之,是一种介于烟管锅炉和水管锅炉之间的锅炉。

**一、烟管锅炉**

烟管锅炉也称火管锅炉。目前,它广泛应用于蒸汽需要量不大的用户,以满足生产和生活的需要。

烟管锅炉按其锅筒放置方式,分立式和卧式两类。它们在结构上的共同特点是都有一个大直径的锅筒,其内部有火筒和为数众多的烟管。

1. 立式烟管锅炉

立式烟管锅炉有竖烟管和横烟管等多种形式。因它的受热面布置受到锅筒结构的限制,容量一般较小,蒸发量大多在 0.5t/h 以下,可以配置燃煤、燃油和燃气各种燃烧设备。

(1) 立式竖烟管锅炉

图 6-2 所示为配置燃油炉的立式竖烟管(套筒)锅炉❶。内筒——炉膛为辐射受热面,外筒外侧焊有许多肋片——对流受热面。内、外筒之间的两端用环形平封头围封,构

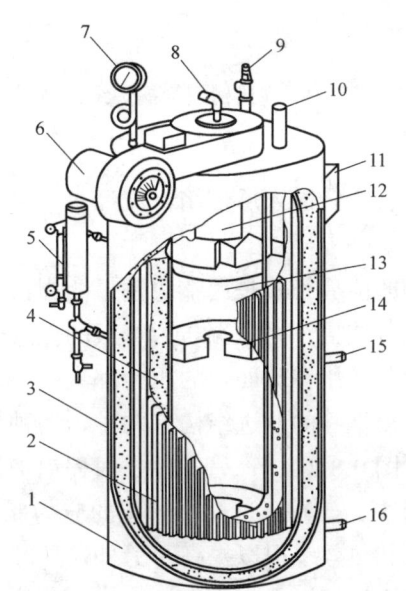

1—锅炉外壳;2—外筒;3—保温层(炉墙);
4—内筒;5—水位表;6—送风机;7—压力表;
8—进油管;9—安全阀;10—蒸汽管;11—烟气
出口;12—燃烧器;13—炉膛;14—滞留器;
15—进水管;16—排污管。

图 6-2 立式竖烟管锅炉

---

❶ 美国富尔顿公司生产,故称富尔顿锅炉。

成此型锅炉的汽、水空间——汽锅。燃烧器装置在上部，燃烧所需的空气由位于炉顶的送风机切向送入，燃烧产生的高温烟气在炉内强烈旋转并自上而下流至锅炉底部，然后向布置在底部的烟气出口折返进入由外筒和锅炉外壳内侧保温层（炉墙）之间的环形烟道向上，纵向冲刷带肋片的外筒受热面进行对流换热，最后烟气通过上部出口由烟囱排出。为了延长高温烟气在炉胆的逗留时间和提高火焰的充满度，此型锅炉的炉胆内还设置有环形火焰滞留器，以使燃烧充分和强化传热。

这种锅炉结构简单，制造方便；水容量相对其他立式烟管锅炉大，能适应负荷变化，且对水质要求不高，但烟气流程较短，排烟温度较高。为提高锅炉热效率，这种锅炉也有将外筒所带直形肋片改为螺旋形的，增加烟气扰动和延长烟气流程以改善传热。

（2）立式横烟管锅炉

图 6-3 所示为燃油燃气的立式横烟管锅炉的结构简图。

此型锅炉的封头和炉胆顶呈半球形，燃烧器布置在炉胆的一侧，燃料在半球形炉胆中燃烧。烟气经炉胆另

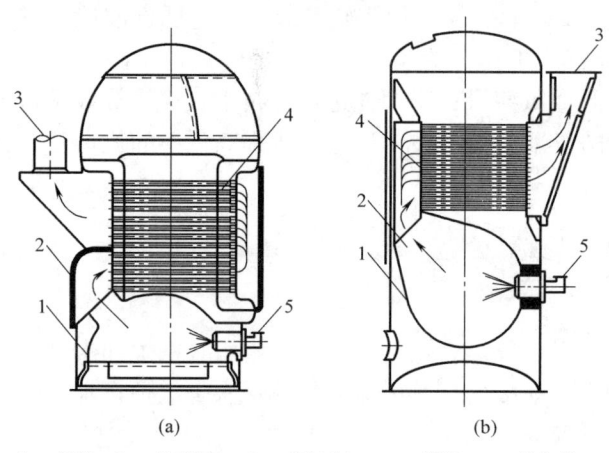

1—炉胆；2—转弯烟室；3—烟气出口；4—烟管；5—燃烧器。

图 6-3 立式横烟管锅炉结构简图

（a）三回程；（b）二回程

一侧的喉管折转进入后烟箱，流经水平横置的烟管管束，然后汇集于前烟箱，最后由烟囱排出。

锅炉的前后管板是用整块钢板四周扳边锻压制成的。锅炉炉膛出口的喉管一端与炉胆的扳边部分连接，另一端与后管板的扳边部分连接。炉胆为半球形，由于上面没有冲天管连接，因此作用在球面上的压力都集中在下脚圈上，通常呈 U 形或 S 形。

立式横烟管的改进结构有两种，一种是将单程横烟管改为两程横烟管，从而成为三回程锅炉 [图 6-3（a）]；另一种二回程锅炉是专门为燃油锅炉设计的，改半球形炉胆为球形炉胆 [图 6-3（b）]。这样，炉胆的应力状况最好，结构稳定；增大了辐射受热面，使锅炉蒸发量和热效率得以提高。另外，炉膛全部水冷，无须耐火砖砌筑，便于检修和维护。

此型锅炉压力一般为 1.0～1.7MPa，相应的锅炉蒸发量为 1.00～4.55t/h。

2. 卧式烟管锅炉

这类锅炉根据炉子所在位置，分炉子置于锅筒内的内燃式和炉子置于锅筒外的外燃式两种。目前国产的此型锅炉配置有链条炉、燃油炉和燃气炉等多种燃烧设备。图 6-4 所示为燃油燃气的干背式❶卧式烟管锅炉。

燃烧器装置在炉前，在卧置的锅筒内有一具有弹性的波纹形火筒（炉胆），锅筒左、

---

❶ 干背式是指回燃室不在锅壳内部，其后管板（后背）与烟气接触，即没有水夹层冷却。如果回燃室在锅壳内部，回燃室的后管板和锅壳之间存在水夹层，这种有水冷却后管板的称为湿背式。

右侧及火筒上部都布置了烟管；火筒和烟管都沉浸在锅筒内的水里，锅炉的上部约1/3空间是汽容积，火筒内壁是主要辐射受热面，而烟管为对流受热面。

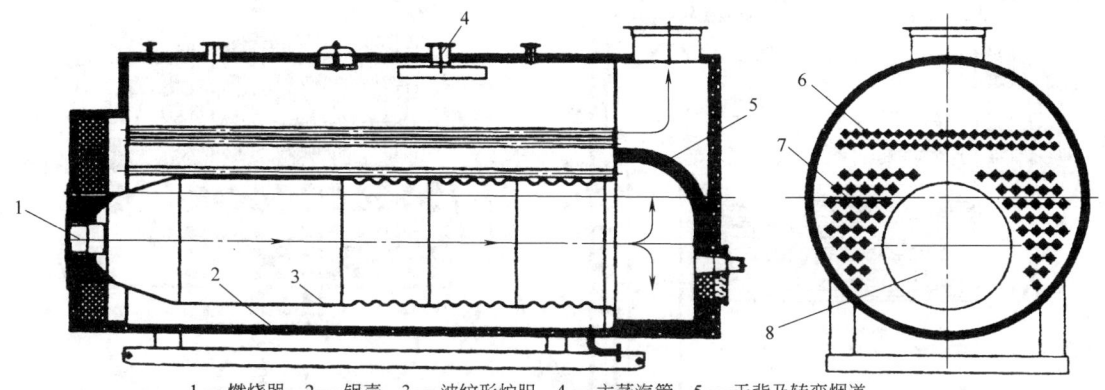

1—燃烧器；2—锅壳；3—波纹形炉胆；4—主蒸汽管；5—干背及转弯烟道；
6—第三回程烟管；7—第二回程烟管；8—炉膛。

图6-4　干背式卧式烟管锅炉

烟气在锅炉内呈三个回程流动，故也称三回程锅炉；燃烧后的烟气在火筒内向后流动，为烟气第一回程；烟气经后烟箱导入左、右侧烟管，向炉前流动，是第二回程。烟气至前烟箱汇集后，进入火筒上部的烟管向后流动，为第三回程；最后经省煤器由引风机排入烟囱。

这种锅炉的水容量较大，能适应负荷变化；对水质要求低。由于采用机械通风，流经烟管的烟速较高，强化了传热。此外，这种锅炉的本体、送风机及辅助装置等组装在底盘上整体出厂，结构紧凑，运输和安装较为方便。但是，卧式烟管锅炉烟管多而长，刚性大，烟管与管板的接口容易渗漏；烟管之间距离小，清除水垢困难；由于烟管水平设置，易积烟灰，妨碍传热；通风阻力大。

图6-5所示为一按燃油船要求设计的卧式烟管锅炉。它的油喷嘴布置在炉前，燃油燃烧后的高温烟气从火筒后端进入回燃室，折转向上进入数量众多的水平烟管，呈二回程流动。最后，流经空气预热器后离开锅炉。这种结构形式因受船用锅炉形状和空间的局限，在其他工业企业中应用受到一定的限制。

图6-6所示为一台与众不同的燃油锅炉。第一，同为三回程，但它的第二回程只是一根大直径钢管，仅作高温烟气由后返前的通道之用。第二，第三回程的对流管是将两根钢管套在一起经热挤压而成，里面的管子以其褶叠的纵向筋条构成的受热面是普通钢管构成的受热面的2.5倍，因此与相同容量的锅炉相比，其结构尺寸大为缩小。第三，它装置的燃烧器具有引导烟气再循环功能（布设在炉板内，不占地方），有效提高了燃烧效率，减少了污染物的排放。第四，此型供热锅炉（容量较大）是分体式的，燃烧室和对流受热面分别构建为上、下两个圆筒体，可以单独搬运，特别适合空间窄小的场地安装使用。此外，它有一个带菜单引导的自控、调节操作仪和炉顶行走平台。根据用户要求，还可提供带滑座的燃烧器，使供热锅炉的安装、维修以及燃烧器的调整十分方便。

**二、烟管水管组合锅炉**

烟管水管组合锅炉是在卧式外燃烟管锅炉的基础上发展起来的一种锅炉。图6-7所示

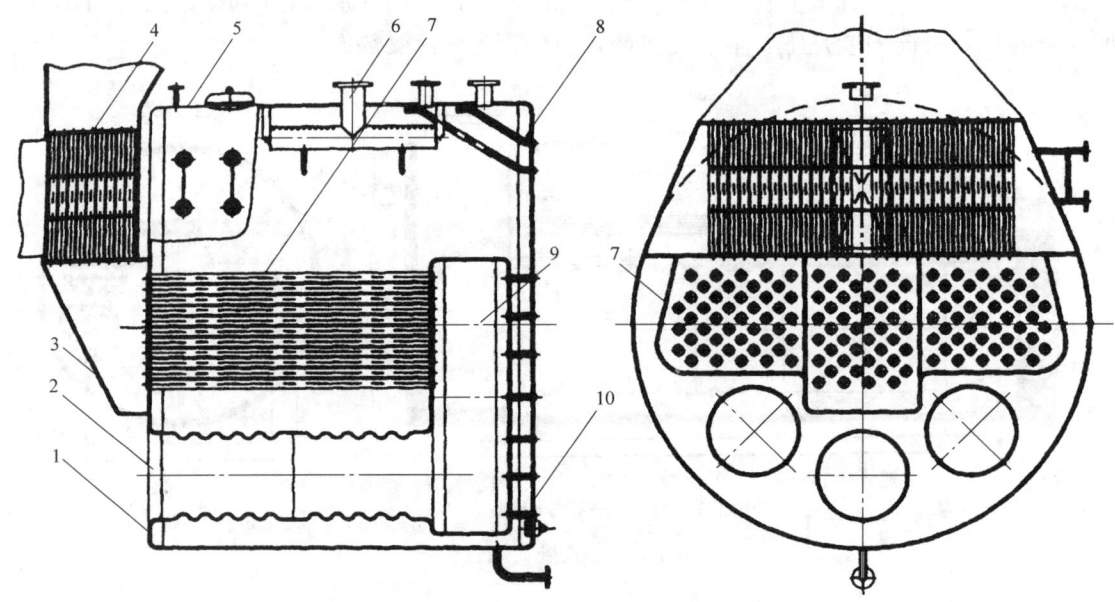

1—前管板；2—炉胆；3—前烟箱；4—空气预热器；5—锅壳；
6—主蒸汽管；7—烟管；8—斜拉杆；9—回燃室；10—后管板。

图 6-5　燃油船用卧式烟管锅炉

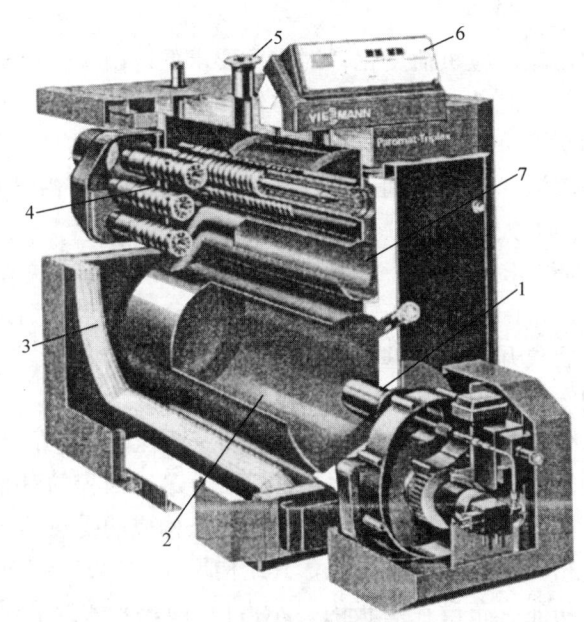

1—燃烧器；2—燃烧室(第一回程)；3—高效隔热层；4—带鳍片多层对流烟管(第三回程)；
5—主蒸汽管；6—调节装置操作仪；7—烟管(第二回程)。

图 6-6　三回程燃油锅炉

为一台燃用生物质燃料的单锅筒纵置式烟管水管组合锅炉，在锅筒外部增设左右两排水冷
壁管，上、下端分别连接于锅筒和集箱。左、右两侧集箱的前、后端分别接一根大口径下
降管，与水冷壁管一起组成了一个较为良好的水循环系统。

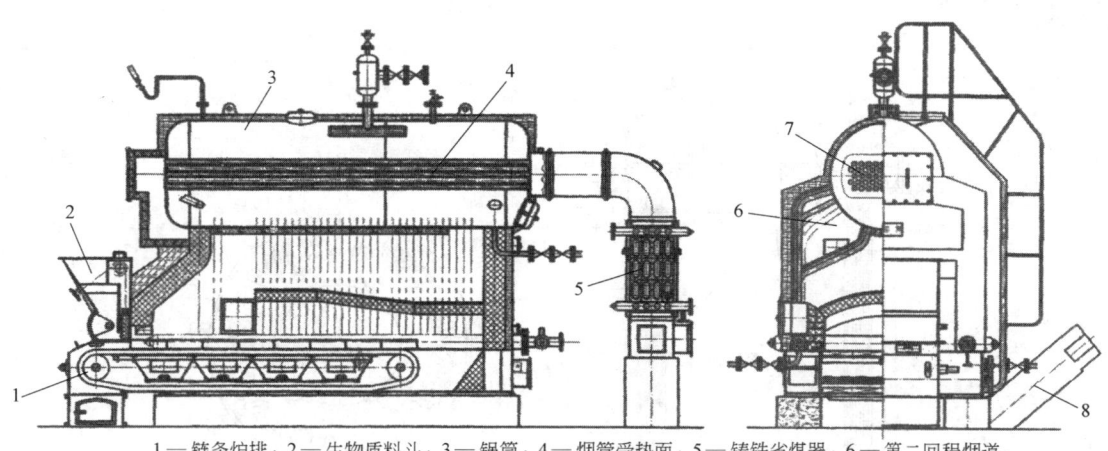

1—链条炉排；2—生物质料斗；3—锅筒；4—烟管受热面；5—铸铁省煤器；6—第二回程烟道；
7—第三回程烟道；8—出渣机。

图 6-7  烟管水管组合锅炉

锅炉本体在总体结构上采用锅筒纵置，水冷壁管和集箱左、右两侧对称布置。纵置锅筒的两翼由水管组成为烟气流动的第二回程烟道，第三回程烟道则由布置在锅筒内的众多烟管组成，尾部装有铸铁省煤器。

这台锅炉配置的燃烧设备为轻型链条炉排，分仓送风，炉排传动则采用双速多级调速装置。由于燃用的为生物质燃料，生物质燃料一般蓬松而多水分，因而炉膛里设置了低而长的后拱（炉排覆盖率大于 50%）及弧形前拱，以利于生物质燃料着火和燃烧稳定。锅筒底部设置炉底砖衬，使锅筒下腹筒壁避免炉内高温的直接辐射，从而提高了锅炉的安全性。

此外，它的烟管全部为螺纹钢管，对流过的烟气有强烈的扰动作用，不仅强化传热提高了锅炉热效率，也使烟管不易积灰，起到自清扫作用。

### 三、水管锅炉

水管锅炉的各项性能指标均明显优于烟管锅炉，与烟管锅炉相比，水管锅炉在结构上没有特大直径的锅筒，富有弹性的弯水管替代直烟管，不仅节约金属，也为提高容量和蒸汽参数创造了条件。在燃烧方面，可以根据燃用燃料的特性自如处置，从而改善了燃烧条件，使热效率有较大的提高。从传热学观点来看，可以尽量组织烟气对水管受热面作横向冲刷，传热系数比纵向冲刷的烟管要高。此外，因水管锅炉有良好的水循环，水质一般经严格处理，所以即便在受热面蒸发率很高的情况下，金属壁也不致过热而损坏。加上水管锅炉受热面的布置简便，清垢除灰等条件也比烟管锅炉好，因此它在近百年中得到了迅速发展。

水管锅炉形式繁多，构造各异。按锅筒数量有单锅筒和双锅筒之分；按锅筒放置形式又可分为立置式、纵置式、横置式、角管式等。下面就几种常用水管锅炉的结构和特点分别进行介绍。

1. 立置式水管锅炉

（1）自然循环锅炉

图 6-8 所示为一台由环形锅筒、环形下集箱和连接其间的直水管组成的立置式自然循

环燃气锅炉。

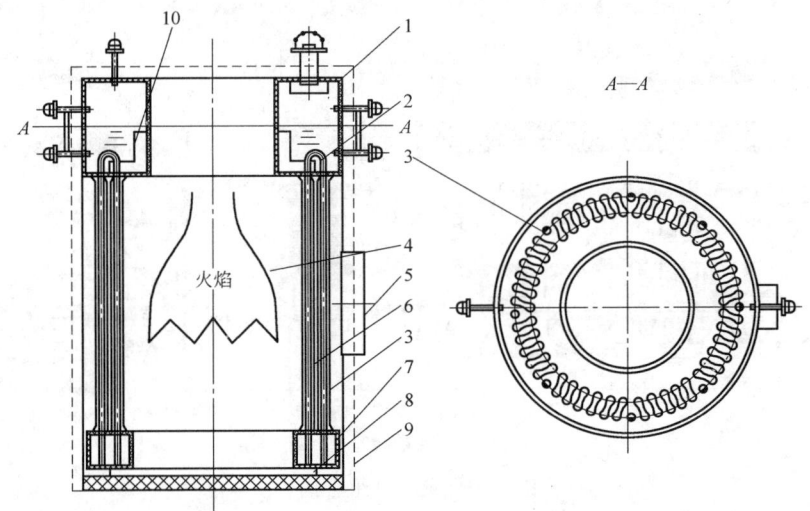

1—环形锅筒；2—U形螺纹烟管；3—外圈直水管；4—炉膛；5—烟气出口；
6—内圈直水管；7—下集箱；8—隔离圈及底座；9—外壳；10—水下挡板。

图 6-8　立置式水管锅炉

　　直水管（管径为 89mm）内外两圈沿环形锅筒（直径为 900mm/1750mm，净高为 620mm）、下集箱（直径为 1100mm/1700mm，净高为 220mm）相切布置，内圈直水管所包围的空间为炉膛，内外两圈之间竖直的"狭缝"为烟气的对流烟道。比较独特的是在这个"狭缝"烟道中还穿插布置密集众多的小管径（38mm）U 形螺纹烟管，在不增大锅炉体积的情况下，大幅度增大了受热面。为了提高热效率，节约能源，此型锅炉还在尾部设置有鳍片节能器和冷凝器且为串联，以回收烟气的冷凝潜热。

　　燃烧器置于炉顶，燃气由燃烧器喷出，在炉膛中燃烧放热，经与由内圈直管内侧管壁组成的辐射受热面换热后，烟气通过靠炉前侧的炉膛出口，分左右两路进入对流烟道并环绕向后流动，横向冲刷由内圆直外侧壁面、外圆直内侧壁面和 U 形螺纹烟管组成的对流受热面。最后，烟气在炉后汇合，流经节能器和冷凝器后，由烟囱排于大气。

　　锅炉的给水由下集箱进入，沿直水管向上，边流动边吸热，汽水混合物进入锅筒，蒸汽经汽水分离器分离后，通过主蒸汽阀送往用户。分离下来的水则通过下降管道流回下集箱，形成水的自然循环回路。

　　因锅炉炉膛水冷程度大，炉内温度较低，能抑制和减少 $NO_x$ 的形成，有利于环境保护；对流受热面因烟气横向冲刷，扰动剧烈，既强化了传热，又有清灰作用；而且结构简单、体积小、占地少，采用计算机全自动控制，操作十分方便。但由于它的水容量小，当外界负荷变化或间歇给水时，蒸汽压力变化较大；同时，对给水水质要求较高，除垢清垢较为困难。

　　（2）强制循环直流锅炉

　　强制循环直流锅炉是指给水在水泵压力作用下，依次通过加热、蒸发和蒸汽过热各个受热面，产生额定参数的蒸汽的锅炉。工况稳定时，强制循环直流锅炉的给水量等于蒸发量，循环倍率为 1。因此，对给水水质和参数控制以及锅炉安全的要求很高，这也是以往低参数小型锅炉不采用强制循环直流锅炉的原因所在。

图 6-9 所示为立式直流直水管锅炉，炉体为燃烧器顶置式，上、下集箱之间焊有 1～2 圈直水管作为锅炉受热面。燃料由燃烧器喷出，在内圈直水管组成的膜式水冷壁炉膛内燃烧，高温烟气经侧面出口进入内、外圈直水管之间进行横向冲刷对流换热，最后由烟囱排于大气。

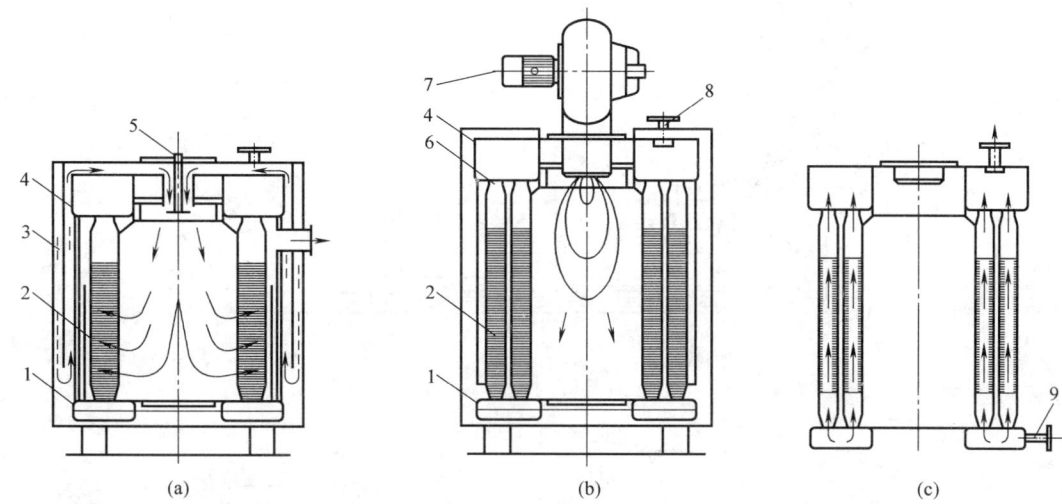

1—下集箱；2—直水管束；3—风道；4—上集箱；5—燃烧器；6—缩口；7—风机；8—主蒸汽管；9—进水管。

图 6-9　立式直流直水管锅炉

（a）单圈立式直水管锅炉；（b）双圈立式直水管锅炉；（c）双圈立式直水管锅炉水循环示意图

对于容量小的锅炉，可只装设一圈直水管，如图 6-9（a）所示；燃料在炉膛内燃烧后经下部微隙出口上行至烟囱，最后排入大气。容量较大的锅炉，布置有双圈直水管，如图 6-9（b）（c）所示，燃料在炉内燃烧，高温烟气经侧面出口进入内、外圈直水管之间进行横向冲刷换热后排至烟囱。如果有需要，也可以沿最外圈直水管进行第三回程的冲刷换热，具有较低的排烟温度和较高的热效率。

这种锅炉最早主要用于铁路机车供暖。原设计是由水泵从水管下端供水，水在水管中从预热段、蒸发段和蒸汽过热段沿管长一路贯流，在水管的另一端产生所需的蒸汽，所以在日本称之为贯流锅炉。

与自然循环锅炉相比，此型锅炉上、下集箱可以具有相同的容积，使锅炉的水位线不在上集箱，而在直水管上部，因此极有可能发生水位波动引起部件的热应力疲劳。锅炉给水从下集箱泵入，因没有自然循环锅炉那么大的蒸汽管间隙，要获得高品质的蒸汽，必须采取一些特殊的处理措施。

2. 纵置式水管锅炉

（1）单锅筒纵置式水管锅炉

图 6-10 所示为 DZD20-2.5/400-A 型抛煤机倒转链条炉排锅炉。锅筒位于炉膛的正上方，两组对流管束对称地设置于炉膛两侧，构成了"人"字形布置，所以也称人字形锅炉。炉内四壁均布置有水冷壁，前墙水冷壁的下降管直接由锅筒引下，后墙及两侧墙水冷壁的下降管则由对流管束的下集箱引出；而两侧水冷壁下集箱又兼作链条炉排的防渣箱。

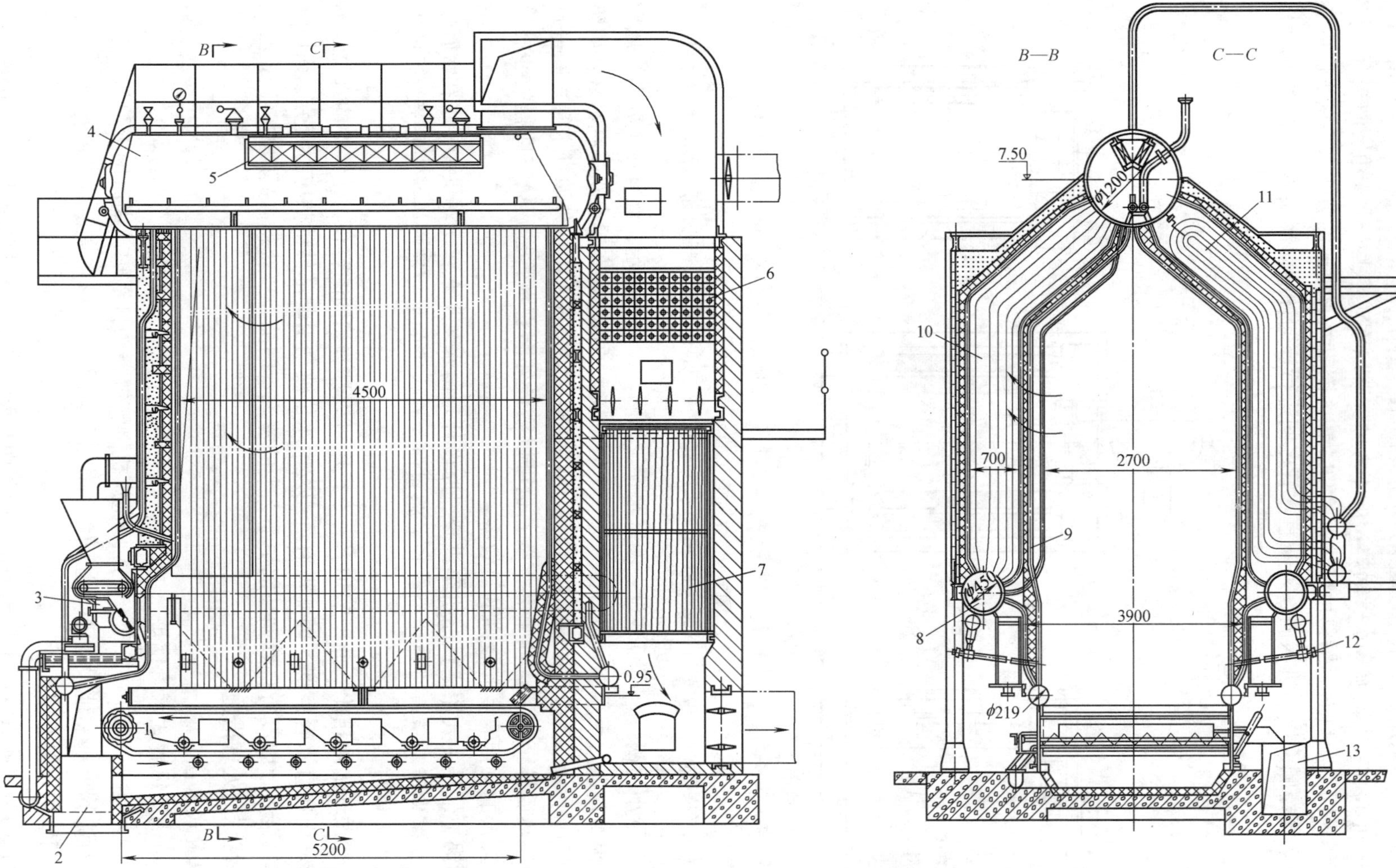

图 6-10  DZD20-2.5/400-A 型抛煤机倒转链条炉排锅炉

1—倒转链条炉排；2—灰渣槽；3—机械-风力抛煤机；4—锅筒；5—钢丝网汽水分离器；6—铸铁省煤器；7—空气预热器；8—对流管束下集箱；9—水冷壁管；10—对流管束；11—蒸汽过热器；12—飞灰回收再燃装置；13—风道。

192

为了保证有足够大的炉膛体积和流经对流管束的烟速，同时也便于运行时进行侧面观察和操作，设计制造成对流管束短、水冷壁管长的锅炉结构，对流管束下集箱的标高比炉排面高 1300mm；由于高温的炉膛被对流管束包围，两侧炉墙所接触的烟气温度较低，这不仅减少了散热损失，而且为配置较薄的轻质炉墙提供了可能。

此型锅炉配置了机械—风力抛煤机和倒转链条炉排，大部分新煤被抛向炉膛后部，并在此开始着火燃烧。随着链条炉排的前后移动，煤也逐渐烧尽，最后灰渣在锅炉前端落入灰渣斗。炉内高温烟气经靠近前墙左右两侧的狭长烟窗进入对流烟道，烟气由前向后流动，横向冲刷对流管束。蒸汽过热器布置在右侧前半部对流烟道中，吸收烟气的对流放热。在炉后的顶部，左右两侧的烟气汇合，折转 90°向下，依次流过铸铁省煤器和空气预热器，经除尘器后排入烟囱。

该锅炉采用了抛煤机，炉内不设置前、后拱，由于燃料在抛撒过程中就已受热焦化，因此燃料着火条件并没有明显变坏。相反，在抛煤机的风力作用下，部分细屑燃料悬浮于炉膛空间燃烧，从而可以提高炉排可见热强度，即可减缩炉排面积，但这种细屑的粒径较大，燃烧条件远不及煤粉炉优越，往往未及燃尽就飞离炉膛；在对流烟道底部虽设置了飞灰回收再燃装置，可把沉降于烟道里的含炭量较高的飞灰重新吹入炉内燃烧，但飞灰不完全燃烧热损失仍旧较大。因此，此型锅炉要求配置高效除尘装置，不然会对周围环境造成较为严重的烟尘污染。

（2）双锅筒纵置式水管锅炉

这种水管锅炉的产品形式颇多，按照锅炉与炉膛布置的相对位置不同，可分为"D"形和"O"形两种。

1）双锅筒纵置式"D"形水管锅炉

图 6-11 所示为燃油燃气的"D"形布置的双锅筒纵置式水管锅炉。锅炉的右侧为炉膛，炉膛周边布置有水冷壁辐射受热面，上、下锅筒之间的管束为对流受热面。在尾部垂直烟道里布置有一级、二级蒸汽过热器和省煤器；为了控制过热蒸汽的温度，在两级过热器之间设有温度调节器（或称减温器）。这种受热面的布置，既可降低过热器区段的烟气温度，又不致过热器管壁金属温度过高而避免高温腐蚀和结渣。由鳍片管组成的减温器安装在供燃烧用的空气通道中。来自一级蒸汽过热器的蒸汽经此减温器进入二级蒸汽过热器，再通过主蒸汽阀送出锅炉。旁通空气的风门挡板开关与空气通道的风门挡板开关之间装有简易的连锁机构，通过自动或手动调节两个风门挡板开度，可以达到控制蒸汽温度的目的。

此型锅炉的蒸发量为 13.6～118t/h，蒸汽压力可达 5.27MPa，过热蒸汽温度为 515℃。

2）双锅筒纵置式"O"形水管锅炉

此型锅炉上、下两个锅筒纵向布置，其间连接众多管束作为辐射和对流受热面。从正面看，居中的纵置双锅筒间的受热面管束形状近似于英文字母"O"，故称之为"O"形水管锅炉。

图 6-12 所示为燃油燃气的双锅筒纵置式"O"形水管锅炉结构简图。它的两侧布置与水管相切的膜式水冷壁，前、后墙由拉稀的水冷壁管作为支撑用耐火材料砌筑，前墙中心位置开有燃烧器喷口。

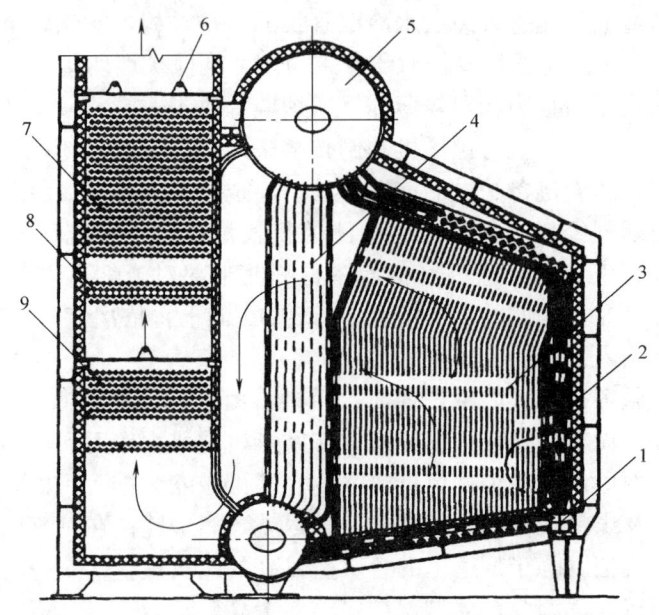

1—水冷壁下集箱；2—右侧墙水冷壁；3—前后墙水冷壁；4—对流蒸发管束；
5—锅筒；6—吹灰器；7—省煤器；8——级蒸汽过热器；9—二级蒸汽过热器。

图 6-11　双锅筒纵置式"D"形水管锅炉结构简图

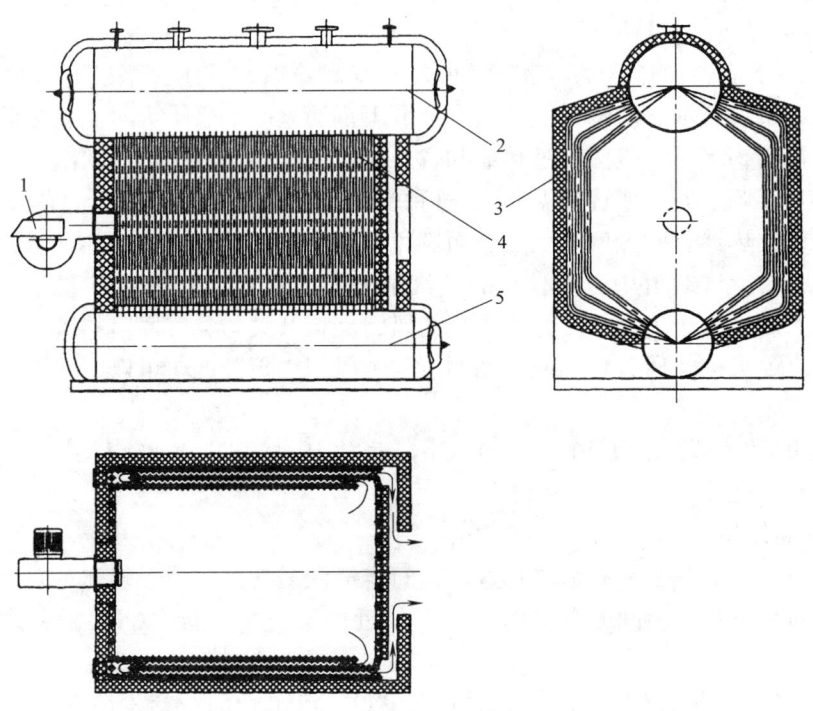

1—燃烧器；2—上锅筒；3—炉墙；4—蒸发管束；5—下锅筒。

图 6-12　双锅筒纵置式"O"形水管锅炉结构简图

这种形状的炉膛特别适应燃油燃气的火焰形状，从而使水冷壁能最有效地吸收火焰的高温辐射热。采用通过切向水管组成的水冷壁的目的是在单位体积内布置更多的受热面，以使锅炉结构更加紧凑。

烟气在炉膛后面对称分流进入两侧对流烟道，折转180°由后向前流经第一、二排水管之间的对流通道，至炉前以后又折转180°向后冲刷第二、三排水管之间的对流通道，与其受热面进行对流换热，最后经由烟道出口离开锅炉。

此型锅炉对流受热面结构布置形式有诸多优点：一是单位空间内能布设足够多的受热面，使锅炉结构更趋紧凑和可靠；二是烟气高速流过密排管束，对流换热系数较大；三是烟速高，冲刷效果好，烟气中的飞灰不会沉积于受热面而影响传热效果。此外，由于锅炉受热面对称布置，整台锅炉的受热面（水管只有3种规格）制造简便，更容易实现快装化和标准化制造。

3. 横置式水管锅炉

这种形式的水管锅炉国内产品很多，应用甚广，在第一章中介绍的 SHL 型锅炉（图 1-1）即为此型锅炉。在配置燃烧设备方面，它不限于层燃炉，也适宜配置室燃炉。

图 6-13 所示的 SHS20-2.5/400-A 型锅炉是这种锅炉的一种典型形式，它配置以煤粉炉。从烟气在锅炉内部的整个流程来看，锅炉本体被布置成"M"形，所以这种锅炉也称"M"形水管锅炉。

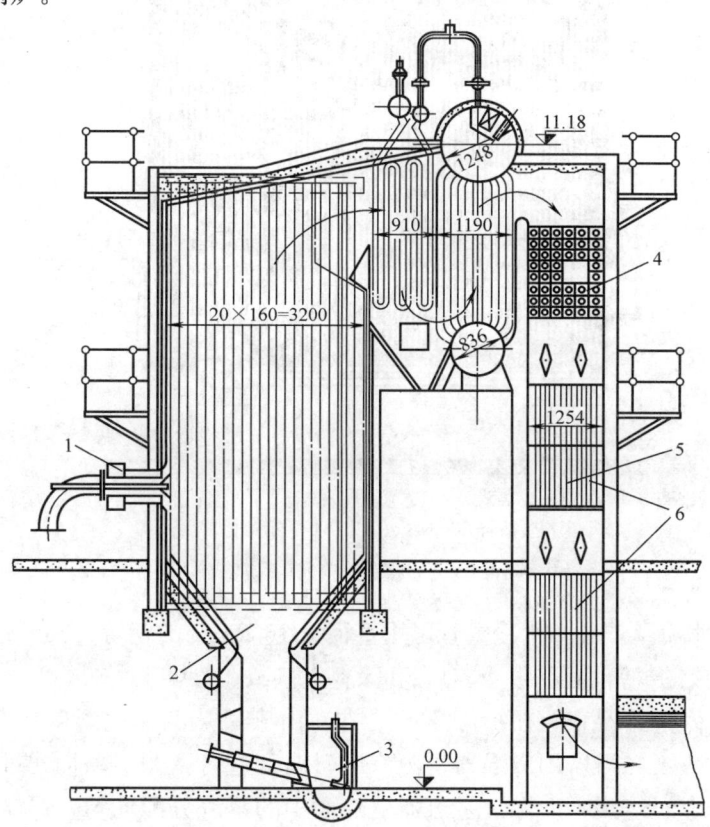

1—煤粉喷燃器；2—冷炉斗；3—水力冲渣器；4—蒸汽过热器；5—省煤器；6—空气预热器。

图 6-13　SHS20-2.5/400-A 型锅炉

这台锅炉的前墙上并排布置着两个煤粉喷燃器。炉膛内壁布满了水冷壁管（全水冷式），以充分利用辐射换热。水冷壁管被拉稀，形成防渣管。炉底由前、后墙水冷壁管延伸弯制成冷灰斗。

煤粉经喷燃器喷入炉膛燃烧。高温烟气穿过后墙上方的防渣管进入蒸汽过热器，折转后再冲刷对流管束。最后经钢管式省煤器、空气预热器离开锅炉本体。炉内烟气中的灰粒，经冷灰斗粒化后借自重滑落入渣室，用水力冲渣器除去。

"M"形水管锅炉配置煤粉炉是较合适的，因为煤粉呈悬浮燃烧需要有较大的炉膛空间，在采用"M"形布置时可不受对流管束的制约。当然，此型锅炉也适合燃油和燃气。

图6-14所示为燃油燃气的横置式水管锅炉结构简图。它采用双横汽包、密闭式炉膛、膜式水冷壁结构和标准形弯管的对流蒸发管束，微正压运行，不需要引风机。

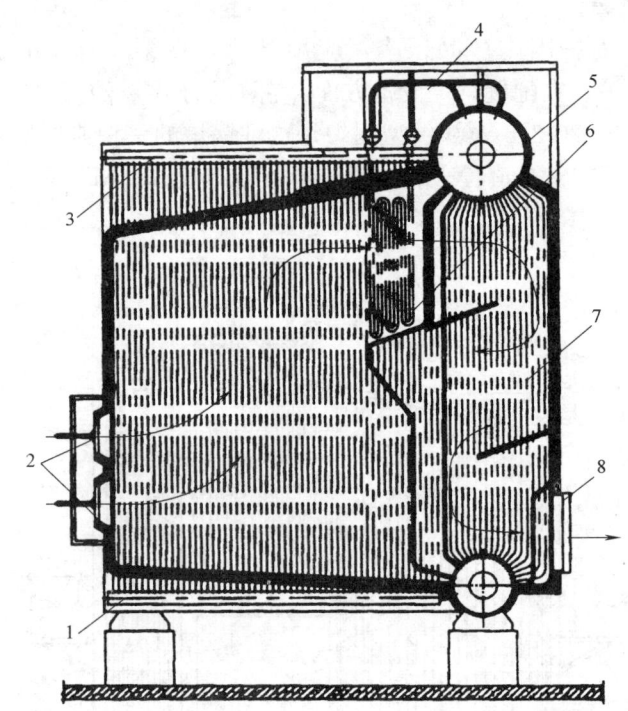

1—侧水冷壁下集箱；2—燃烧器；3—侧水冷壁上集箱；4—蒸汽引出管；5—上锅筒；
6—蒸汽过热器；7—对流管束；8—烟气出口。

图6-14　燃油燃气的横置式水管锅炉结构简图

此型锅炉为全水冷壁炉膛，水冷壁管采用直径为76.2mm的钢管，其节距为108.6mm；中间放置由扁钢组成的气密性管屏，隔热层和涂料直接敷在管屏上。

吊挂式蛇形蒸汽过热器布置在折焰角的上方。由于过热蒸汽的温度较高（440.6℃），它分成两级布置，两级之间采用减温器对蒸汽出口温度进行微调。吊挂式过热器管圈和大直径出口集箱采用中间连接，以保证过热器受热面中的蒸汽分配均匀。锅筒内装置有旋风分离器，饱和蒸汽经分离后送往过热器继续受热。

此型锅炉的蒸发量为45.4～454t/h，设计压力可达12.42MPa，过热蒸汽温度达541℃。

## 4. 角管式水管锅炉❶

角管式水管锅炉通常只设置一个锅筒，横置或纵置。它在锅炉四角布置 4 根大直径厚壁下降管，与锅筒、水冷壁、上下集箱、旗形对流受热面以及加强梁等组成框架式结构。它利用管路系统作为整台锅炉的骨架，由其承载锅炉的全部质量，所以也称管架式锅炉或无钢架锅炉。

图 6-15 所示为角管式水管锅炉的管路系统，在锅炉的四角由 4 根大直径下降管与集箱等组成锅炉承重的构架。4 根下降管的下端与锅炉受热面的所有下集箱连通，汽水混合物沿受热面上升进入上集箱，并在其中进行汽水的初步分离，蒸汽通过上集箱顶部的引导管进入集汽管，最后进入锅筒。分离出来的饱和水经前、后下降管再供给蒸发受热面（上升管）参加下一次循环。其他类型的水管锅炉的循环倍率很大，为 85～150，进入锅筒的汽水混合物流量相当可观，但角管式水管锅炉因其汽水混合物在上集箱中进行了初分离，使很大一部分饱和水不回到上锅筒，大大减少了锅筒的汽水分离负荷。在相同的分离空间和分离高度下，角管式水管锅炉的饱和蒸汽品质相比其他锅炉大为提高。由于减少了汽水混合物对锅筒内锅水的扰动，对保持锅炉水位的稳定十分有利。此外，饱和水的动能没有在锅筒内释放，直接进入下降管或再循环管再循环，增加了循环有效压力，对提高水循环安全性起到了积极作用。

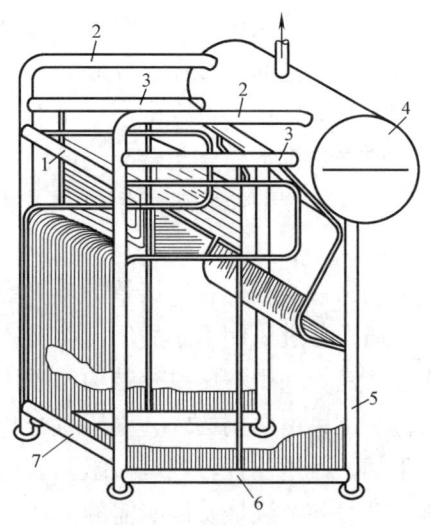

1—横上集箱；2—引导管；3—纵上集箱；
4—锅筒；5—下降管；6—纵下集箱；
7—横下集箱。

图 6-15　角管式水管锅炉的管路系统

此型锅炉的炉膛四周及中间隔墙采用膜式水冷壁全密封结构。膜式水冷壁通常用 $\phi60×4mm$ 的无缝钢管与 20mm 宽的扁钢焊接而成。在对流烟道中布置有旗形对流受热面，大量对流受热面管子自后烟道中膜式水冷壁管子引出，其组成形似一面面旗帜，旗形对流受热面的管子一般为 $\phi38×4mm$ 的无缝钢管。

显而易见，采用旗形对流受热面是角管式水管锅炉的又一结构特点。这种结构省了一只下锅筒，上锅筒也不必钻密集管孔，从而减薄了锅筒壁厚，降低了钢耗。同时，旗形对流受热面的管子与膜式水冷壁的管子的焊接条件大为改善，且使锅筒置于烟道之外成为可能，不受烟气冲刷。大量旗形对流受热面被封闭在膜式水冷壁烟道中，没有穿墙管，也就不存在漏风情况。旗形对流受热面的应用，既节约了钢材，改进了工艺，降低了制造成本，还有利于提高锅炉运行效率。

由于采用膜式水冷壁全封闭结构，炉墙不与火焰和高温烟气接触，使炉墙变得十分简单，只需在水冷壁外侧铺设一定厚度的轻质保温材料，外面再包以外护板，整台锅炉外形

---

❶　角管式水管锅炉是德国水动力专家 Vorkauf 于 1944 年发明的。为研究这种锅炉的特点，北京锅炉厂于 1975 年推出过一台 DZS35-3.8-y 型燃烧重油的角管式蒸汽锅炉；上海四方锅炉厂于 1985 年从丹麦沃伦能源公司引进链条炉排燃煤角管式蒸汽锅炉和热水锅炉，后因其独特的技术优势被国家列入工业锅炉更新替代产品之一。

美观整洁。轻质保温材料还可以随水冷壁一起胀缩，避免了重型锅炉炉墙处理不当时发生开裂漏风的现象，同时也为锅炉基础减轻了载荷。

角管式水管锅炉引进的链条炉排也是鳞片式炉排，但它具有自己的特点，与传统鳞片式炉排在结构上有着很大的不同。第一，它的炉排片比较高，冷却性能好，煤种适应能力强，可以燃用烟煤，也可以燃用无烟煤。第二，它的通风截面比较小，通风间隙分布均匀，风仓内的风压比传统鳞片式炉排的分段风室高 $100\sim200$Pa，保证了炉排送风的均匀性。第三，它的炉排片设计倾角为 $45°$，而传统鳞片式炉排片的倾角是 $60°$，有效地防止了漏煤，漏煤损失可降低一半以上。第四，它的炉排片制造精度高，装配间隙小，密封性好，能在炉排下建立起较高的风压，同时也减少了故障的发生。第五，这种炉排片极少发生掉片现象，即使发生个别炉排片掉落，也不必停止炉排运行，可方便地将备用炉排片换上。

我国目前运行着的链条炉排炉绝大部分采用分仓式进风结构，存在严重的配风不均匀性。通常是进风侧由于静压低而进风量少，使之燃烧不完全，而另一侧则风量过剩。角管式水管锅炉采用等压风仓结构，鳞片式炉排的炉排面下是一个大的等压风仓，实施统仓送风。一次风由两侧送入，等压风仓和炉排面之间布置若干组可调节的小调风门，外面有一个手柄，通过连杆可调节一组调节风门。通过调节这些小调风门的开度，即可控制煤随炉排移动时各个燃烧阶段所需的风量，做到合理配风。如此，既有利于控制过量空气系数，提高燃烧中心温度和燃烧效率，也有效减少了固体不完全燃烧热损失。

由于角管式水管锅炉独特的技术优势，特别是 DHL 系列的角管式水管锅炉已在我国得到广泛应用，形成了蒸汽锅炉和热水锅炉两大系列，并正向大容量方向发展。前者的容量已由 10t/h 发展到 220t/h；后者的容量从 7MW 发展到了目前的 160MW。

图 6-16 所示为燃油燃气的"D"形角管式水管锅炉结构简图。它的炉膛呈菱形，接近于正方截面，燃烧器布置在左侧墙上。右侧墙水冷壁将炉膛和对流烟道分隔开，在上部折转成水平折焰角，并在水平折焰角的上方布置蒸汽过热器。炉膛的出口由右侧墙水冷壁拉稀而成，其后布置了二级蒸汽过热器受热面，在尾部竖井中布置了省煤器和空气预热器受热面。

炉膛四周由光管和扁钢组成膜式水冷壁。从锅筒最下方接出一根下降管（角管），直接与右侧墙水冷壁下集箱和前、后墙水冷壁下集箱连接；左、右侧墙水冷壁共用一个下集箱，出口集箱则分成两路；直接通过蒸汽引出管进入锅筒。在前、后墙水冷壁上集箱进行蒸汽预分离后，通过上集箱本身和上部的蒸汽引出管进入锅筒，分离出的水通过布置在对流烟道右侧墙前、后角的下降管给前、后墙水冷壁和对流烟道右侧下集箱直接供水，对流烟道的右侧墙水冷壁下集箱和前、后墙水冷壁下集箱相连，上部上升管出口集箱与炉膛右侧墙出口集箱相连，通过蒸汽引出管直接引入锅筒。前墙下集箱和左侧墙下集箱通过小孔连接在一起，并与右侧两根角管以及预分离集箱、锅筒连接成一个刚性的自支承框架。

此型锅炉因其自身支承的缘故，有时也称其为无构架锅炉。它与相同容量的有构架锅炉相比，具有体积小，质量轻，省去大量金属结构件，现场安装周期短等优点。

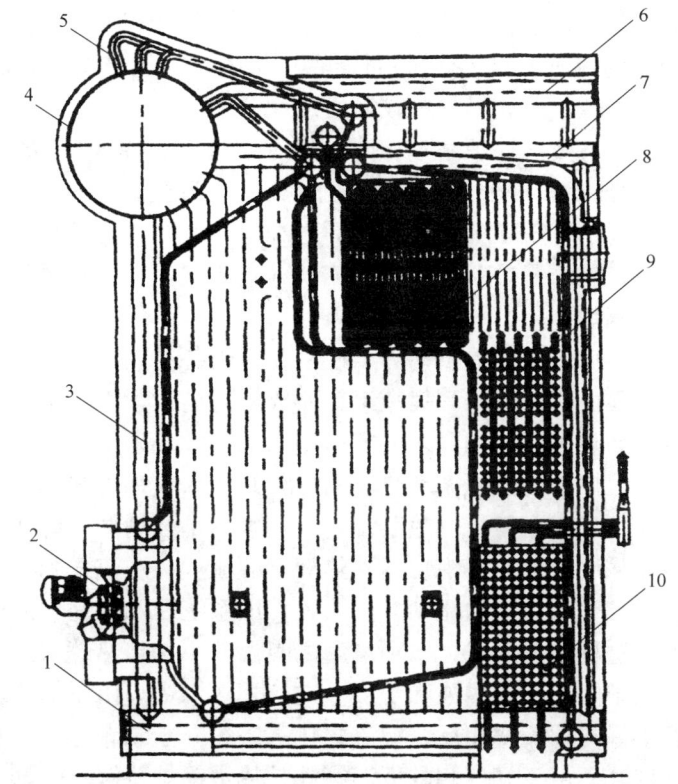

1—左侧下集箱；2—燃烧器；3—下降管；4—锅筒；5—饱和蒸汽出口；6—蒸汽引出管；
7—预分离集箱；8—蒸汽过热器；9—对流管束；10—省煤器。

图 6-16　燃油燃气的"D"形角管式水管锅炉结构简图

## 第三节　热水锅炉

在供暖工程中，热媒有热水和蒸汽两种。由于热水供暖比蒸汽供暖具有节约燃料、易于调温、运行安全和供暖房间温度波动小等优点，同时国家对热媒又作了政策性规定，要求大力发展热水供暖系统。因此，作为直接生产热水的设备——热水锅炉得到了迅速发展和广泛应用。

与蒸汽锅炉相比，热水锅炉的最大特点是锅内介质不发生相变，始终都是水。为防汽化，保证运行安全，其出口水温通常比工作压力下的饱和温度低 25℃左右。热水温变相对较低，热水管道散热损失少又没有蒸汽泄漏，排污也不频繁，整个热水供暖系统热量损失要少得多，比蒸汽供暖系统节约燃料 20%～30%。在供暖期间可连续供给温度不高的热水，室内温度稳定，卫生条件和舒适度好。

热水锅炉生产的热水所载带的只是显热，不存在蒸汽潜热。因此，热水的载热量要比蒸汽小很多，相应地其工质流量要比蒸汽大得多，一般要差 10 多倍。热水锅炉的进水管和受热面的工质流通截面都比蒸汽锅炉大。由于热水锅炉无须蒸发受热面和汽水分离装置，一般也不设置水位表，有的连锅筒也没有，结构比较简单。另外，热水锅炉传热温差大，受热面一般不结水垢，热阻小，传热情况良好，热效率高，既节约燃料，又节省钢材，耗钢量比同容量的蒸汽锅炉约可降低 30%。再则，热水锅炉对水质要求较低（但须除氧），一般不会发生因结垢而烧坏受热面的事故；受压元件工作温度较低，无须监视水位，热水锅炉的安全可靠性较好，操作也较简便。

热水锅炉的结构形式与蒸汽锅炉基本相同，也有烟管（锅壳式）、水管和烟管水管组合三类。按生产热水的温度，可分低温和高温两类，前者送出的热水温度一般不高于 95℃，后者出口水温则高于常压下的沸点温度，通常为 130℃，高的可达 180℃。如果按热水在锅内的流动方式，热水锅炉又可分强制流动（直流式）和自然循环两类。

**一、强制流动热水锅炉**

强制流动热水锅炉靠循环水泵提供动力，使水在锅炉各受热面中流动换热。这类锅炉通常不设置锅筒，受热面由多组管排和集箱组合而成，其结构紧凑，制造、安装方便，耗钢量少。我国早期生产的热水锅炉和国外大容量热水锅炉大多采用强制流动的方式。

此型热水锅炉以往习惯称为强制循环热水锅炉，其实水在锅内并非循环流动，而是作一次性通过的强制流动；只有在整个供热系统内，热水才是强制循环流动的。根据锅炉中水和烟气的相对流向，强制流动热水锅炉的受热面有顺流式、逆流式和混流式三种布置形式。顺流式热水锅炉中，水和烟气的流动方向一致，即系统回水由锅炉前端进入，热水在尾部受热面末端引出，这种布置形式，水和烟气之间温差小、传热效果差，但尾部受热面因内侧水温较高，有利于防止低温腐蚀和积灰。逆流式热水锅炉由尾部受热面进水，锅炉前端出水，其优缺点正好与顺流式相反。混流式热水锅炉介于二者之间，受热面布置既有顺流部分，又有逆流部分。由于烟气侧的低温腐蚀是热水锅炉待解决的严重问题之一，所以目前生产的强制流动热水锅炉一般为顺流式或混流式。

强制流动热水锅炉没有锅筒，水容积小，运行时水质比较差，如果设计不尽完善，会发生结垢、爆管等危及锅炉安全的事故。不进行详细研究就批量投产，其结果是热水锅炉事故率超过同容量的蒸汽锅炉。所以，对于强制流动热水锅炉，必须进行水动力计算，以保证锅炉受热面布置合理和运行安全可靠。设计时，要使每一回路的各平行并列管受热均匀，尽量减少由于受热不均而造成的热偏差。由于热水锅炉的集箱效应——沿集箱长度方向静压变化是造成平行并列管流量偏差的重要因素，因此要正确选择连接方式，如采用分散引入及分散引出系统等；尽可能加大集箱直径，必要时可在受热管子进口处加装节流圈，以减少并联管组各管子之间的流速和出口水温偏差。为避免在并联管组中水流量产生偏差，水冷壁不宜采用水作上升—下降两行程或更多行程的结构形式。此外，强制流动热水锅炉的流动阻力要适当，不同受热面的管内平均流速一般在表 6-1 所列数值范围内选取，锅炉总阻力大体控制在 0.1~0.15MPa 之间。

不同受热面的管内平均流速　　　　　　　　　　　　　表 6-1

| 受热面 | 平均流速（m/s） |
| --- | --- |
| 下降流动受热较弱的水冷壁 | 1.0~1.2 |
| 下降流动受热较强的水冷壁 | 1.5~1.6 |
| 上升流动的所有水冷壁 | 0.6~0.8 |
| 下降流动的对流受热面管 | 1.0~1.2 |
| 上升流动的对流受热面管 | 0.5~0.8 |

强制流动热水锅炉的受热面系统一般分串联和并联两种。串联布置时流速、流量易于控制，运行比较安全，但行程长，流动阻力较大。一些小容量热水锅炉常采用并联方式，但要注意水流量分配的均匀性，否则个别并列管中可能会发生汽化，从而影响锅炉的正常运行。

若运行中遇到突然停电、停泵，由于强制流动热水锅炉水容积小，其适应能力很差，极易由于炉子特别是层燃炉的热惰性使受热面管内的水汽化；同时，锅炉及供热管网的压力随停泵而降低，局部地区的供热管网也可能发生汽化而引起水击，危及设备的安全。因此，此型锅炉应有可靠的停电保护措施。

根据长期运行经验，强制流动热水锅炉的有效停电保护措施有向锅炉补水、设置放汽阀放汽、选用适当的管径和加快炉膛冷却等。停电时，可采用汽动水泵补水；对低压、低温热水锅炉，也可用自来水或高位水箱补水；对高压、高温热水锅炉，则可用压力罐或高位水塔补水，以降低锅内水温，减少产汽量。采用放汽阀放汽时，停电后待锅炉压力上升至一定值即开启安装在锅炉每一回路顶部的人工放汽阀或自动放汽阀，使锅炉压力保持在较低值，以便利用自来水等其他水源向锅炉补水。需要注意的是恢复供电后，要先开启补给水泵充水，同时通过放汽阀将余汽排尽，再启动循环水泵投入正常运行。适当选用受热面管子直径是为了突然停电后使管中水的速度降至接近于零，以利于管内的水自身形成自然对流来冷却管壁。水冷壁管内径一般要求不小于45mm，对流受热面管的内径则应不小于32mm。当遇上停电、停泵时，锅炉的送、引风机也停止工作。此时，应立即打开炉膛上的所有门孔、省煤器的旁通烟道等，以加速炉膛冷却。

1. 壁挂式强制流动热水锅炉

壁挂式强制流动热水锅炉是在家用热水器的基础上发展起来的，与家用热水器的主要区别在于它增加了水泵、换热器等部件，可以完成供暖和生活热水供应等多种功能，供热能力远远高于家用热水器。

图6-17所示为壁挂式强制流动热水锅炉的结构简图。它是集供暖和供生活热水两大功能于一体的全自动热水锅炉，主要由燃气燃烧、供暖和生活热水加热和自动控制与安全保护等几部分组成。

此型锅炉以天然气或液化石油气为燃

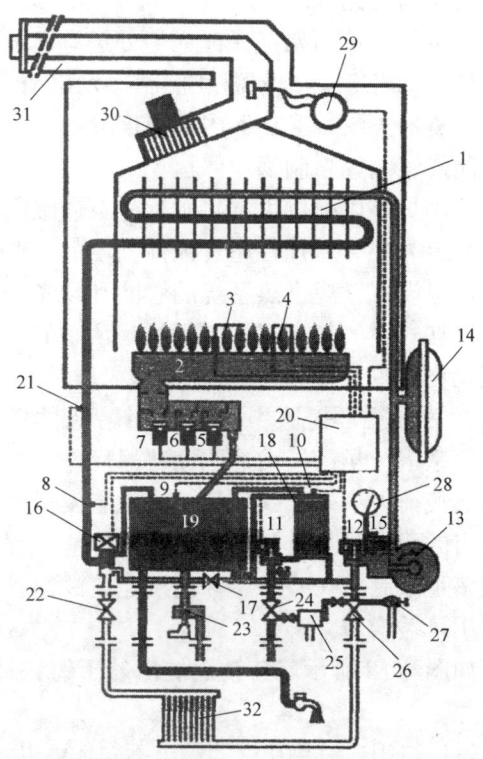

1—主换热器；2—燃烧器；3—火焰检测电极；4—点火电极；5、6、7—燃气电磁阀组；8—供暖水温传感器；9—生活水温度传感器；10—温度传感器；11、12—水流开关；13—循环泵；14—闭式膨胀罐；15—自动排气阀；16—三通阀；17—旁通阀；18—板式换热器；19—储水罐；20—控制器；21—过热保护装置；22—供暖水出口阀门；23—燃气进口阀门；24—冷水进口阀门；25—补水阀；26—供暖回水阀门；27—安全阀；28—压力表；29—风压开关；30—风机；31—平衡烟道；32—供暖用户。

图6-17　壁挂式强制流动热水锅炉结构简图

料，燃料经燃气调节阀送至燃烧器燃烧。燃烧所需空气全部从室外吸入，燃烧生成的高温烟气经与鳍片式主换热器换热后，由装设在顶部的引风机排于室外。主换热器为铜制复合式换热器，采用特殊结构和工艺，具有较好的传热性能和较长的使用寿命，且能减少水垢的形成，换热效率达到90%～95%。

锅炉内置高性能三级调速、自动排气的循环水泵，为供暖系统和生活用水提供循环动力，给水送至主换热器加热，热水进储水罐储存，再根据需要及时、快速地输送至用户。为了给供热系统提供膨胀空间，锅炉内置膨胀水箱。

壁挂式燃气热水锅炉一般为满足家庭热水和供暖的需要而配置，锅炉运行的安全特别重要。因此，它设有熄火、超压、缺水、限温、过热、防冻以及防止倒风等一系列自动控制和安全保护装置。水流开关向控制系统传输用户热水需求的信号，控制系统确定锅炉的工作状态，并根据水流的变化相应地调整燃烧，确保生活热水温度的恒定；水流开关要求的最小流量为2.5L/min。水压开关是保证系统运行最低压力的装置，正常情况下，当系统初始压力达到80～100kPa（0.8～1.0bar）时，水压开关才能测到信号，锅炉才能正常启动和运行，从而始终保证锅炉处于有压运行状态。当锅炉运行不正常导致热交换器内部温度超过88℃时，极限温度控制器发出指令，关闭燃气阀门，锅炉停止工作。万一极限温度控制器失灵，换热器内部温度继续上升，当超过100℃时，安全温度控制器启动，立即关闭燃气阀，强制锅炉停运。

该锅炉是以提供生活热水优先，兼顾供暖的壁挂式燃气热水锅炉。它结构紧凑，体积小，安装方便（悬挂在超过人体高度的墙壁上即可）；可以省去中间换热环节带来的能量损失，也没有常规供热系统的管网和设备的漏损与散热损失，提高了能源利用率。此外，家用壁挂式燃气热水锅炉燃用的是洁净的天然气或液化石油气，排放烟气中的二氧化硫和氮氧化物很少，有利于保护环境。

2. 强制循环铸铁热水锅炉（铸铁锅炉）

铸铁锅炉早已被发达国家普遍用作供暖和热水供应的热源设备。它的优点是用户可以根据热负荷大小确定锅片数量，散装发运和现场组装；铸铁比钢材价廉，制造成本低；其更突出的优点是具有很强的耐腐蚀性能。因此，随着城镇化建设的大力推进，锅炉房用地受到多重限制，一些多层和高层建筑的锅炉房位置移到了地下，燃气供热铸铁锅炉在我国的应用日益增多。

如图6-18所示，铸铁锅炉由若干铸铁铸成的"锅片"组装而成，犹如供暖用的铸铁散热片。

根据热用户对热功率的需求不同，可以将锅片按尺寸大小分为若干规格，可将不同数量同一规格的锅片"串联"出一系列热功率的锅炉。譬如，高×宽×深为450mm×640mm×160mm锅片，将5片、6片、7片、8片和9片分别串联组装就得到热功率为80～160kW的五种铸铁锅炉；而用800mm×1090mm×170mm规格的锅片，以数量9～18片组装，则可得热功率为530～1200kW的十种铸铁锅炉。所以，铸铁锅炉可以形成多种规格系列产品，满足不同热功率的需求。限于铸铁的强度低、铸件又不可太厚和锅片不可太多，铸铁锅炉热功率超过1.4MW的不多，且热水参数不能太高。根据相关规程规定，铸铁锅炉额定出口水温和水压不得超过120℃和0.7MPa。

考虑现场组装条件，为保证锅炉质量，对规格小的锅片由工厂组装，整体发运。于是

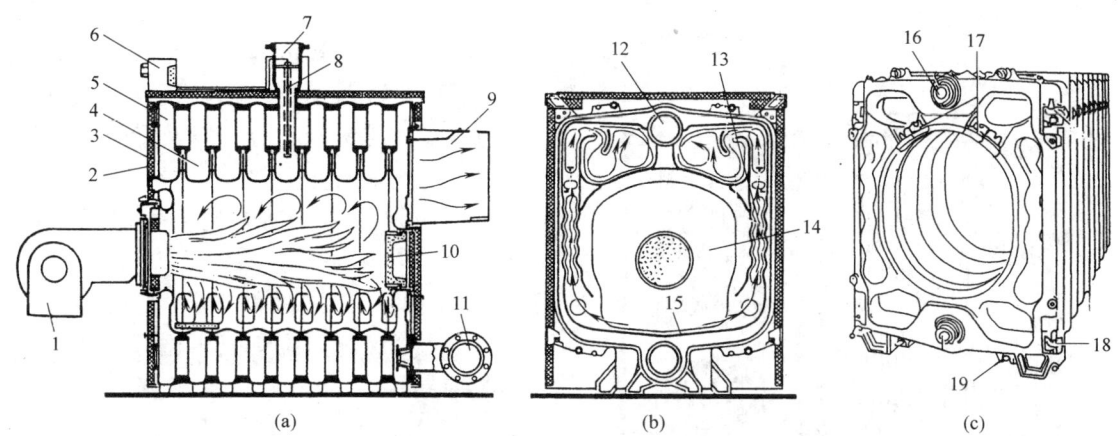

1—燃气或燃油燃烧器；2—锅炉外壳；3—保温层；4—中间组件；5—前组件；6—开关箱；7—热水出口；
8—温度调节器探头；9—烟气出口；10—耐火砖；11—回水进口；12—外螺纹接头；
13—局部受热面；14—炉膛；15—密封条；16—塞子；17—燃气挡算；18—锁链钩；19—地锚固定杆。

图 6-18　铸铁锅炉

(a) 横剖面；(b) 纵剖面；(c) 透视图

就出现了小型化的铸铁锅炉，通常将它称为"模块锅炉"，热功率小的仅为 100kW。对于总供热量较大的热用户，则采取"炉群"式设置，即一个锅炉房装几台、十几台模块锅炉。

不同厂家生产的此型锅炉的锅片形状和烟气流程不尽相同。容量较大的通常采用鼓风式燃烧器，而小容量模块锅炉则大多采用大气式燃烧器。由于大气式燃烧器无法进行强制通风吹扫，当装设在地下室时应采取必要的防爆措施。使用中，若锅炉出现裂缝引起渗漏，不允许采用像钢制锅炉那样的补焊方法进行修理。图 6-18 所示的铸铁锅炉，由于燃烧时抽力的需要，在燃烧室存在 5Pa 的负压，燃烧室设计与火焰的形态相匹配，能使燃气完全燃烧。如果烟囱抽力不够时，就需要正压燃烧，这种锅炉的尾部受热面阻力较大，必须由燃烧器的通风机将烟气压出锅炉，燃烧室的燃烧火焰约需维持 600Pa 的正压。由于该锅炉尾部设计的受热面逐渐变窄，烟气流速得以提高并形成湍流，强化了传热而使热功率增加，其最大热功率可达 1.4MPa。

3. U 形立式强制流动热水锅炉

U 形立式强制流动热水锅炉❶由炉膛、中间烟道和对流换热三部分组成，如图 6-19 所示。

此型热水锅炉采用立式布置，燃烧器顶置，锅炉结构紧凑，占地面积小。锅炉受热面采用了气密式膜式水冷壁炉膛和强化传热的烟火管对流受热面；巧妙地将水管、烟管各自的优势结合在一起，结构独特、新颖。同时，垂直布置的对流换热部分更加利于锅炉检修时清洗水的排放。U 形烟气流程与水流程呈逆流布置，增大了烟气与水的换热温压，降低了排烟温度，使锅炉的热效率得以提高。该锅炉受热面布置灵活，能够向大型化发展，其最大热功率可达 200MW。

---

❶　此型锅炉为芬兰诺维特公司设计，其额定功率为 1～120MW。

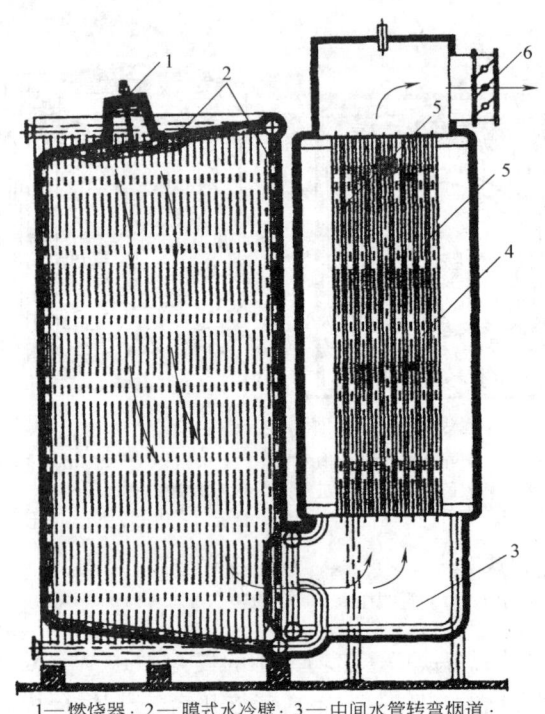

1—燃烧器；2—膜式水冷壁；3—中间水管转弯烟道；
4—烟管；5—水空间；6—烟气出口。

图6-19　U形立式强制流动热水锅炉

此型锅炉的炉膛温度场、受热面壁温和水动力根据计算流体力学与数值传热学的原理进行数值模拟，精确计算炉内每一点的温度、燃烧产物分布以及受热面壁温分布，以此来指导受热面布置，使各受热面受热均匀，延长锅炉使用寿命且节省钢材。

采用世界先进的低 $NO_x$ 燃烧器，利用最新的分级配风与烟气再循环技术，极大地抑制了燃料中的氮在燃烧过程中向 $NO_x$ 转变；同时，火焰形状和炉膛容积配合，充满度好，炉内温度场比较均匀，大炉膛结构降低了整个炉膛容积热负荷，使炉膛中的温度水平较低，抑制了助燃空气中的氮向 $NO_x$ 转变，其总的污染排放能够满足严格的欧洲排放标准。

炉膛采用膜式水冷壁，这样可以充分吸收来自火焰的辐射热，并且改善炉膛的密封性。同时，由于炉墙不直接受火焰辐射，因而采用敷管炉墙，炉墙质量大大降低。对流部分则采用烟火管结构，在烟管顶部的低烟温区布置扰流子，加强了烟气的紊流和扰动，破坏了热阻较大的边界层，强化了传热，在不布置省煤器的情况下，锅炉热效率也可达到93%。

该型热水锅炉的U形烟气流程与水流程呈逆流布置，锅炉给水依靠水泵压力一次流过锅炉的对流和辐射受热面，启动非常快，由于没有锅筒以及复杂的管路系统和支吊系统，简化了制造工艺，降低了锅炉质量，安装维修都比较方便。

此外，此型锅炉负荷调节范围大，精心选配的燃烧器与合理的辐射和对流受热面面积分配，使锅炉在20%～100%负荷之间都能稳定运行，并且输出参数合格的热水❶。

## 二、自然循环热水锅炉

自然循环热水锅炉，其锅内水的循环流动是主要靠下降管和上升管中的水温不同引起密度差异而造成的水柱重力差来驱动的。但因水的密度随温度的变化率不大，且锅内水的温升有限，与蒸汽锅炉的自然循环以水、汽的密度差为基础相比较，热水锅炉自然循环的驱动力——流动压头要小得多。因此，采用自然循环的热水锅炉，设计时与蒸汽锅炉考虑的问题有所不同，在循环倍率的概念上也有区别，要特别注意其水循环的可靠性。

在自然循环热水锅炉中，由下降管和上升管等组成的闭合系统称为回路。任何一台锅

---

❶　北京市双榆树热电厂已经安装了 3 台 116MW 的诺维特 NWTB 热水锅炉（QXS116—1.6/150/70—QT），供热面积为 250 万 $m^2$。运行实践表明锅炉是安全可靠的，达到了预期的设计目标，同时也为我国大容量热水锅炉和热水管网运行积累了丰富的经验。

炉，都是由若干回路组成的。根据理论和实践经验，要保证自然循环热水锅炉水循环的安全可靠，首先要合理设计循环回路，尽可能使回路结构简单。如水冷壁垂直布置，尽量直接引入锅筒，而不采用带上集箱的结构；水冷壁与对流受热面不宜共用一个下集箱；对于层燃炉，当采用前、后拱管时，应适当加大下降管和上升管的截面比，等等，其目的是有效降低循环回路的流动阻力。其次，要合理配置锅内装置，包括回水引入管、回水分配管、热水引出管、集水管、集水孔板和隔板装置等，便于组织锅内水的混合和分配，以降低下降管入口水温和使上升管出口水温均匀并增大欠热，防止上升管内产生过冷沸腾；同时，也可使热水在锅筒长度方向上较为均匀地引出。第三，要尽可能增大循环回路的高度和适当放大下降管和上升管的截面比（一般不小于 0.45），以提高循环流动压头，加快循环流动速度。

图 6-20 所示为一台卧式烟管自然循环热水锅炉，由主要受压元件锅壳、前后管板、炉胆、折烟室、折烟凸形封头和烟管等组成。

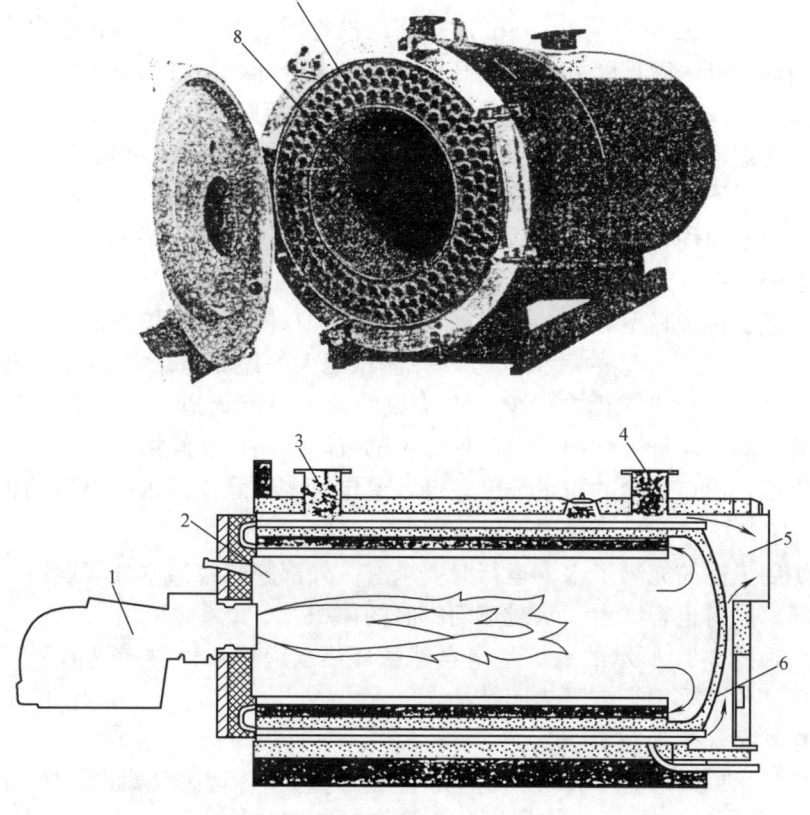

1— 燃烧器；2— 炉膛；3— 回(进)水口管；4— 热水出口管；
5— 烟气出口；6— 折烟凸形封头；7— 烟管；8— 炉胆。

图 6-20　卧式烟管自然循环热水锅炉

此型锅炉的锅壳前、后端外形不同，前端为平板封头，后端为凸形封头；而且，管板与锅壳、炉胆和折烟凸形封头之间均采用焊接连接，为全焊接结构。

燃烧器置于炉前，炉膛（炉胆）位于锅炉中心，作为对流受热面的众多烟管围绕炉胆四周布置。烟气流程设计也有三个，与一般三回程烟管锅炉不同的是，该型锅炉第二回程烟管直径要比第三回程的大，以适应烟气沿程因温降引起的体积变化，便于调整和控制烟气流速。

此型锅炉的回（进）水口设于前上方，出水口在热水温度较高的后端上方。低温回水进入锅炉后即被安装在入口处锅筒内的引射装置喷射，迅速提高温度，从而再次融入锅内的自然水循环中，继续均匀受热变成高温水，经由热水出口送往用户。

此型锅炉结构紧凑，受热面设计和布置合理，自动化程度高，运行安全可靠。其不足之处为全焊接结构，承受热胀冷缩等的力学性能较差。

图 6-21 所示为一款水管快装自然循环热水锅炉，其额定功率为 1.4MW，允许工作压力为 0.7MPa，供/回水温度为 95℃和 70℃，设计煤种为Ⅱ类烟煤。

这台锅炉采用单锅筒纵置式"A"形布置。锅筒居中，炉膛四周均布水冷壁，上端直接与锅筒相连，下端分别连接于前、左、右三个联箱，组成三个循环回路。锅炉的主要对流受热面分两组管束（两个循环回路）对称布置在炉膛两侧。

由图 6-21 可见，在直径为 900mm 的锅筒内设有回水引入管、隔板和集水孔板等锅内装置。纵向隔板将沿锅筒长度方向的上升管和下降管分开，使沿锅筒长度方向形成明显的冷水区（下降管区）和热水区（即上升管区）；横向隔板则将锅筒前端的下降管与上升管分开，在锅筒前端形成冷水区。如此，当回水经回水引入管进入锅筒时，可避免冷水短路，从而有效降低下降管入口水温，增大了循环流动压头。利用集水孔板的节流作用，使热水沿锅筒长度方向均匀引出，然后由热水引出管经集气罐将积聚和排除锅水加热时析出的气体送至锅外。

该锅炉配置链带式轻型炉排，采用栅板调节结构双侧配风。炉内设置前、后拱，其覆盖率达 76％左右；在长而矮的后拱上方设一体积庞大的燃尽室。高温烟气经烟窗进入燃尽室，从左侧烟气出口进入由左、前、右构成的槽形对流烟道，最后由右侧出口离开锅炉，经多管旋风除尘器排入烟囱。由于燃尽室的沉降作用，又经槽形对流烟道多次转弯的离心分离，该锅炉出口烟尘的质量浓度较低，鉴定时测得除尘器进、出口的折算烟尘质量浓度分别为 818.72mg/m$^3$、109.85mg/m$^3$。

此型锅炉因上锅筒充满了水，运行时要求有一外部膨胀容器（如膨胀罐）来实现对供热系统的定压，同时也容纳由于水受热而膨胀的体积。

不难看出，图 6-21 所示的锅炉是全自然循环热水锅炉，辐射受热面和对流受热面全部按自然循环工作，采用管束受热面结构。

### 三、半自然循环热水锅炉

自然循环热水锅炉的另一种形式是半自然循环型，即辐射受热面为自然循环，对流受热面则采用强制流动（直流）方式工作。对流受热面采用蛇形管结构，相当于蒸汽锅炉中的钢管省煤器。图 6-22 所示的 DHL14-1.25/130/80-AⅡ型热水锅炉是这类锅炉的一种典型形式。

锅炉为单锅筒横置式链条炉，受热面呈"Π"形布置，由自然循环的辐射受热面（水冷壁）和强制循环的对流受热面（钢管省煤器）叠加而成；尾部烟道设有管式空气预热器。

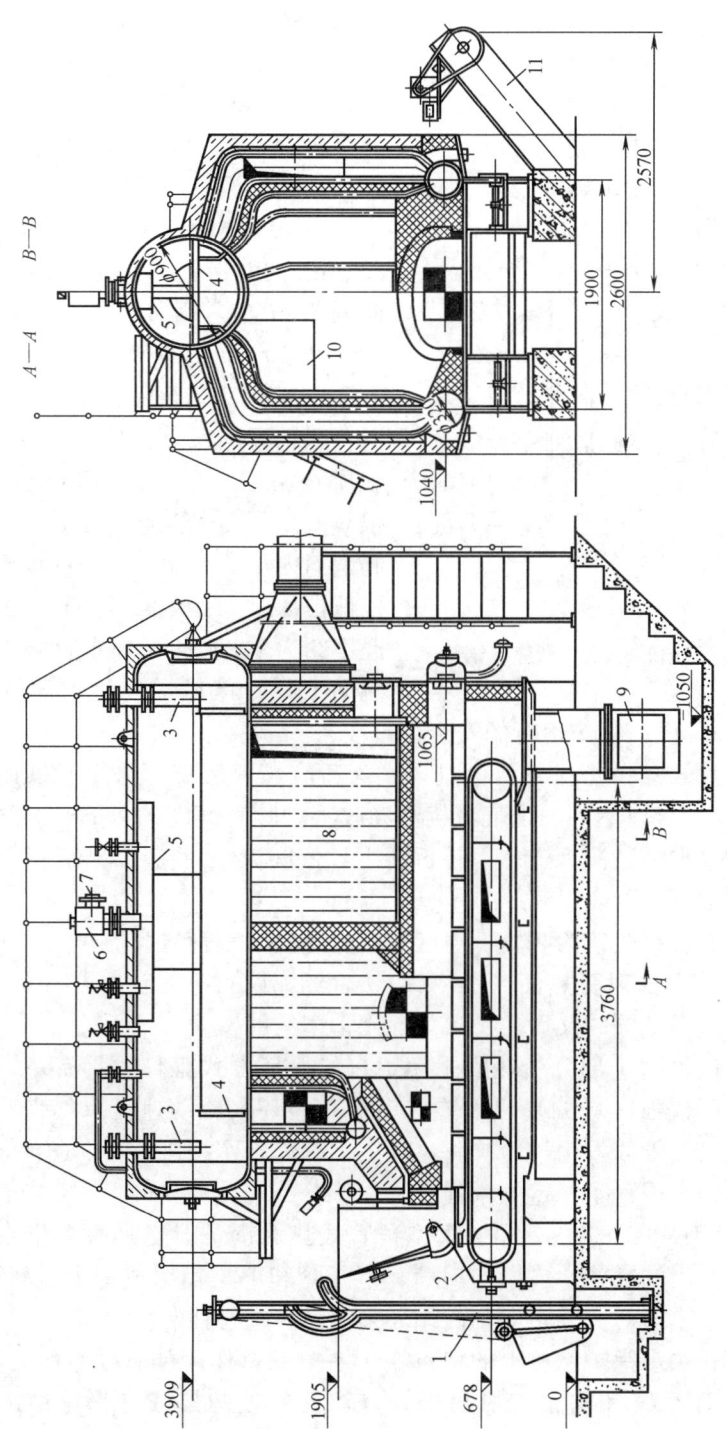

1—上煤装置；2—链条炉排；3—回水引入管；4—隔板；5—集水孔板；6—集气罐；

7—热水引出管；8—燃尽室；9—出渣口；10—烟窗；11—螺旋出渣机。

图 6-21 DZL1.4-0.7-95/70-AⅡ型水管快装自然循环热水锅炉

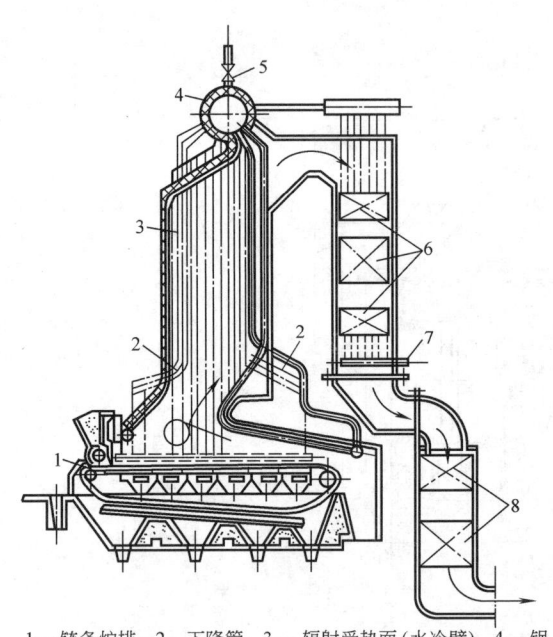

1—链条炉排；2—下降管；3—辐射受热面(水冷壁)；4—锅
筒；5—热水出口；6—对流受热面(钢管省煤器)；
7—回水入口；8—空气预热器。

图 6-22　DHL14-1.25/130/80-AⅡ型热水锅炉

炉排上部由 $\phi 51 \times 3mm$ 的水冷壁管组成约 $80m^3$ 的炉膛空间。水冷壁管上端全部直接胀接于锅筒；下端，前后和左右水冷壁管分别与规格为 $\phi 219 \times 10mm$ 和 $\phi 159 \times 7mm$ 的下集箱焊接。四周水冷壁通过 16 根 $\phi 108 \times 4mm$ 的下降管组成 6 组独立的水循环回路。

对流受热面（钢管省煤器）由 $\phi 38 \times 3.5mm$ 的蛇形钢管组成，沿烟道深度方向分组布置，横向节距为 80mm。运行时，循环水泵将约 240t/h 的循环水先送入第一组管束，经 $\phi 273 \times 16mm$ 的中间混合联箱再进入第二组管束，最后汇集于炉顶的 $\phi 273 \times 16mm$ 出口集箱，并通过 4 根 $\phi 108 \times 4mm$ 的连接管引入锅筒。为控制锅筒内水的流动，锅筒内设有隔板，以保证把从对流受热面（钢管省煤器）来的温度约为 $100℃$ 的循环水直接引入锅筒两端的下降管区域，强化炉内辐射受热面

（水冷壁）的自然循环，提高锅炉运行的安全可靠性。

燃烧设备采用鳞片式链条炉排，两侧进风。为适应燃料燃烧，采用了低而长的后拱（倾角为 $10°$），与前拱配合以达到加强气流扰动和改善炉膛充满度的目的。烟气在后上方沿炉膛宽度均匀地进入水平过渡烟道，再转折向下，依次流经对流受热面（钢管省煤器）和空气预热器后排向炉外。

燃用含硫量较高的燃料时，为防止低温区对流受热面（钢管省煤器）的腐蚀，热水锅炉也可采用回水先进炉内辐射受热面（水冷壁），后经锅筒再进对流受热面的流动方式，以提高尾部受热面的壁温，同时又可避免汽化、水击事故的发生。

总的来说，这类锅炉由于部分受热面采用了自然循环方式工作，具有一定的"自补偿"特性，处于热负荷较强区域的受热面能自动提高循环水流动速度以加强对管壁的冷却，从而可有效防止局部管段发生过冷沸腾，提高了锅炉工作的可靠性。此外，因水容积较大，其停电保护能力也得到了一定的增强。

图 6-23 所示为 DHL46-1.6/130/70-AⅢ型角管式热水锅炉，也是一台半自然循环热水锅炉。布设于炉膛四周的膜式水冷壁与锅筒、下降管和下集箱组成一个自然循环系统；布设于后烟道的若干组旗形对流受热面则由循环泵驱动，进行强制循环。

前已提及，角管式热水锅炉结构上的特点在于一个双重作用的管架系统，它把锅筒、下降管、集箱等水循环系统和构架支撑集于一身，无单独构架或悬吊，稳定性和抗震性好。

此型锅炉的本体由炉膛和后烟道组成，炉膛四周和中间分隔隔墙均采用膜式水冷壁，为全密封结构，几乎没有漏风，不用笨重的耐火和保温砖墙，大大降低了锅炉的质量。单

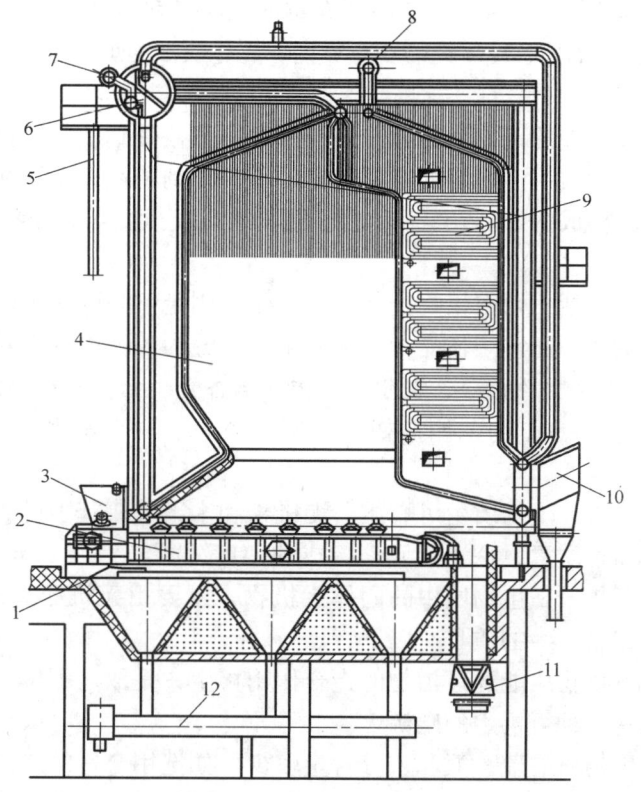

1—炉排；2—等压风仓；3—煤斗；4—炉膛；5—平台扶梯；6—锅筒；7—进水集箱；
8—出水集箱；9—旗形对流受热面；10—出口烟道；11—除渣装置；12—除灰装置。

图6-23　DHL46-1.6/130/70-AⅢ型角管式热水锅炉

锅筒设置在炉外，不受热；锅筒内设有隔板，以防止经由进水集箱送入的供热管网回水（70℃）与已加热的供水（130℃）掺混。由于采用大直径的下降管且垂直布置，水循环良好。

通道内布置旗形对流受热面，它是大量对流受热面管子，自竖直的"旗杆"及后烟道中膜式水冷壁管引出，组成像一面面旗帜的受热面。对流弯管与"旗杆"采用焊接连接，上、下接口之间的"旗杆"中设有节流孔板，以使水沿旗面方向流动，又不至于在"旗杆"中形成死区。旗式对流受热面的应用，不仅节约了钢材，改进和简化了制造工艺，降低了成本，也有利于提高锅炉的运行效率。

鳞片式炉排结构下设大等压风仓，已经预热的空气由两侧送入，由装置在等压风仓与炉排之间的若干组调节风门调节。这些调节风门沿炉排宽度方向的开度都一样，其进风量和风压都相同，燃烧特别均匀，有利于控制过量空气系数，既提高了燃烧中心温度和燃烧效率，也减少了固体不完全燃烧热损失。

# 第四节　特　种　锅　炉

顾名思义，特种锅炉是一类具有特殊功能、特殊用途，使用特殊燃料或者锅炉所使用的工质不是水而是其他流体的锅炉。它与常规锅炉相比，无论是结构形式、受热面布置，还是工作原理均有其独特的地方。本节所要介绍的这类特种锅炉包括生物质锅炉、余热锅炉、太阳能锅炉、真空锅炉、冷凝锅炉、垃圾锅炉、导热油锅炉、电热锅炉和核能锅炉等。

**一、生物质锅炉**

生物质作为一种重要的可再生能源，其开发利用日益受到社会的重视。以生物质为燃料的生物质锅炉是生物质清洁燃烧的重要热工设备，得到了快速发展和大力推广应用。根据我国锅炉行业产品构成统计，2022 年生物质锅炉占比已达 21.3％[1]。

1. 生物质的特点

广义的生物质是包括一切由植物光合作用转化和固定下来的太阳能，来源于植物、动物的有机物质和微生物。通常用作能量转化的生物质分为四大类：木材剩余物（木材、木炭、废弃木材和森林的剩余物等）、农业废弃物（稻谷壳、秸秆和动物的粪便等）、能源作物（特地用于能量生产的作物，如柳树、杨树、芦苇、甘蔗秆和木薯等）和城市固体垃圾。

从物理本质上分析，生物质由可燃质、无机物和水组成，其中可燃质主要的成分包括纤维素、半纤维素和木质素。从化学元素构成的角度分析，生物质包含碳、氢、氧、氮、硫及灰分和水分，而灰分是生物质中的固体无机物，主要由无机盐和氧化物组成。与煤、油、气等化石燃料相比，生物质具有以下特点：

（1）可再生性　生物质能通过植物的光合作用再生，是取之不尽、用之不竭的可再生能源，同时也是唯一一种可再生的碳源。

（2）环保性　生物质的硫、氮和灰分含量较少，如选用合适的燃烧方式，能使排放烟气中的二氧化硫、氮氧化物和灰渣等有害物降低，连释放的二氧化碳也会重新被植物吸收而参与地球的大自然循环，可实现二氧化碳零排放。同时，生物质用作供热和发电的燃料，还能够从根本上解决我国农村因燃烧大量废弃秸秆等造成的大气污染问题。

（3）易气化　生物质形成的年份远低于石油、煤炭等常规矿物能源，其挥发分的质量分数很高，大约是烟煤的 6 倍以上，易于气化，有利于着火和燃烧。

（4）密度小　生物质燃料质地软，密度小，含水多；品种类别多，性质差别大，且带有明显的季节性。

（5）资源丰富　生物质分布广，资源丰富，是仅次于煤炭、石油和天然气的世界第四大一次能源。它既是对传统一次能源的重要补充，又是未来能源结构中不可缺少的组成部分。它的商业化和规模化利用，对能源可持续发展有着深远的意义。

2. 生物质的利用转化

生物质的利用转化方法主要有热化学法、生物化学法和提取法三种。热化学法是指高温下将生物质转化为其他形式的能量，主要包括燃烧（生物质完全燃烧释放出热量）、气化（对生物质进行局部氧化而转化成气体燃料）、热解（单纯利用热使生物质中的有机物质等发生热分解，在常温下为液态或气态，并形成固态的焦炭）和液化（提取液化石油等）。生物化学法是指生物质在微生物的发酵作用下产生沼气、酒精等能源产品。提取法是利用物理方法从生物质中提取生物油。

从生产实践角度看，气化和燃烧是目前生物质利用转化的主要方式，将生物质作为燃

---

[1]　此项统计数据中，包含垃圾锅炉的占比（3.1％）。

料用于发电和供热。由于气化发电规模小，效率低，因此，生物质作为燃料供锅炉燃烧成为目前国内生物质转化利用的主要形式。

3. 生物质锅炉的形式

当今用于供热和发电的生物质锅炉，主要形式是层燃锅炉和流化床锅炉。层状燃烧是生物质燃料常见的燃烧方式，层燃锅炉的炉排主要有往复炉排、水冷振动炉排及链条炉排等，以前者最为适用。层燃锅炉与传统锅炉相比，炉膛空间较大，二次风布置合理，更有利于生物质燃料燃烧时瞬间析出的大量挥发分的充分燃烧。由于层燃锅炉的炉排面积较大，炉排运动速度和振动频率均可以随燃烧情况即时调整，使生物质在炉内有足够的停留时间进行完全燃烧。但层燃锅炉的炉内温度一般可达 1000℃ 以上，因生物质燃料的灰熔点较低，易形成结渣。同时，在燃烧过程中对锅炉配风的要求较高，如处置不当将会影响锅炉的燃烧效率。

采用层燃技术研制开发的生物质锅炉，结构简单、操作方便，投资和运行费用都相对较低。图 6-24 所示为一台采用"室燃＋层燃"燃烧方式的生物质（秸秆）锅炉。它的燃烧设备是在角管式锅炉炉排的基础上，结合生物质燃料燃烧特性而开发的鳞片式链条炉排，燃烧所需空气由统仓等压风室提供。为了保证空气对炉层有较强的穿透力以强化燃烧，等压风室的风压比传统炉排的风压高 100～200Pa。该锅炉的独特之处还在于它采用"室燃＋层燃"的燃烧方式，即燃料在炉前进料口由可调式二次风送入炉膛，在一次风的配合下，被粉碎的秸秆在炉内呈悬浮和半悬浮状燃烧，未燃尽的秸秆回落到炉排上继续燃烧。因此，它的炉膛高度设计得比传统锅炉要高，延长了燃料在炉内的停留时间，以保证生物质燃料的悬浮燃烧和层状燃烧。

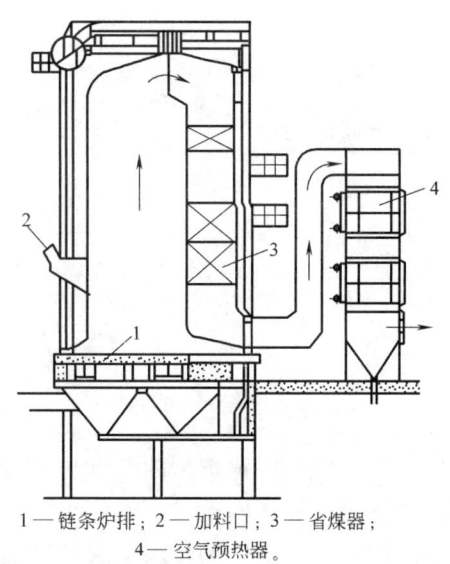

1—链条炉排；2—加料口；3—省煤器；
4—空气预热器。

图 6-24　生物质（秸秆）锅炉

图 6-25 所示为一台丹麦生产的蒸发量为 130t/h 的生物质锅炉，它配置的燃烧设备是倾斜布置的水冷振动炉排。经预先处理的生物质燃料，由燃料输送机运送到炉前储料仓，下落后通过螺旋给料机送入炉内振动炉排上。振动炉排为水冷，安装在炉前的振源（激振器）在电动机的驱动下产生一个周期性变化的力，推动炉排框架连同整个炉排一起进行与水平呈一个倾角的往复运动，生物质燃料在炉排上燃烧放热。燃烧后的灰渣落入渣斗，连同炉膛后面烟道里的渣灰一起由除渣设备运走。

生物质燃料的密度小，挥发分和水分多，它的炉膛设计得比传统锅炉要高大，以延长燃烧时间，保证生物质燃料的燃烧燃尽。燃烧生成的高温烟气掠过布置在炉膛上方的大屏蒸汽过热器和其后的后屏过热器、再热器以及尾部受热面——省煤器和空气预热器，最后烟气经脱硝除硫设备净化处理后由引风机排出。

用于发电的生物质锅炉，大多采用流化床燃烧方式，它与层燃的区别在于燃料呈颗粒状在流化床上进行燃烧和换热。生物质燃料含水量较大，采用流化床有利于生物质燃料的完全燃烧，可有效提高燃烧效率。流化床锅炉还可以采用砂子、高铝砖屑、燃煤炉渣等作流化介质，以形成蓄热量大、温度高的密相床层，为高水分、低热值的生物质燃料提供较为优越的着火条件，依靠床层内剧烈的传热传质过程以及燃料在炉内较长的逗留时间，生物质燃料可以得以充分燃烧。

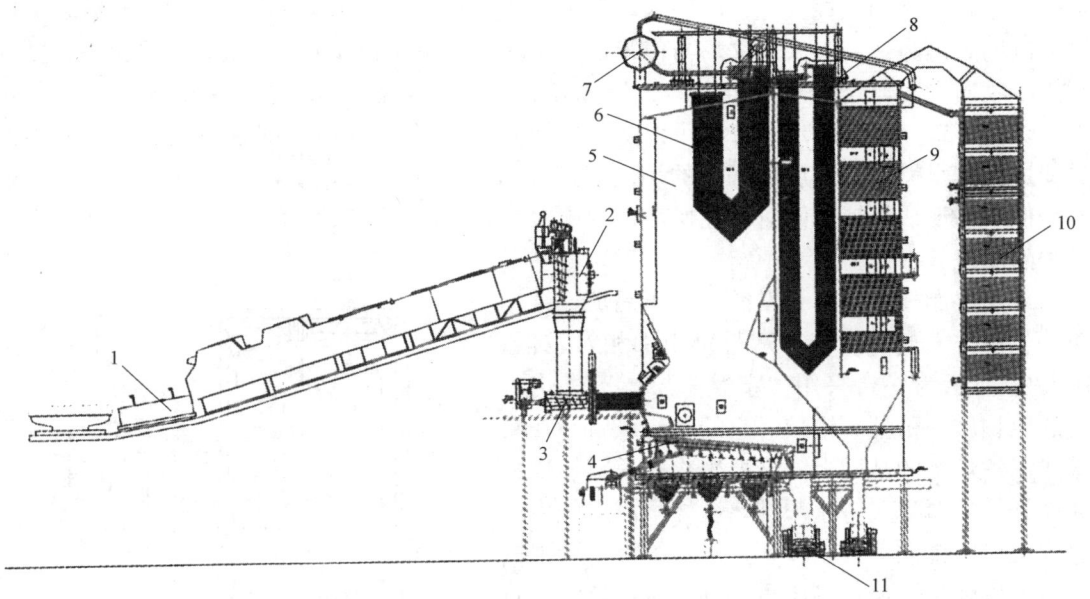

1—燃料输送机；2—储料仓；3—螺旋给料机；4—水冷振动炉排；5—炉膛；6—大屏蒸汽过热器；
7—汽包；8—后屏过热器；9—再热器；10—省煤器和空气预热器；11—除渣设备。

图 6-25　蒸发量为 130t/h 的生物质锅炉

此外，流化床锅炉炉内温度比常规锅炉低，通常维持在 850～900℃，加之伴随料层的扰动作用，炉床内不易结渣。再则，它属于低温燃烧，这样既有利于掺入诸如石灰石一类的脱硫剂与燃烧中的硫发生反应，达到最佳的脱硫效果；空气的分级送入可形成低温缺氧的燃烧环境，控制和减少氮氧化物的生成。

图 6-26 为一蒸发量为 120t/h 的高温高压循环流化床生物质锅炉。它为单锅筒，自然循环，平衡通风，采取炉内脱硫、脱硝，固态排渣。

生物质燃料从上料口至炉前设置了双路带式输送机，炉前给料采用双轴和无轴螺旋两级输送方式。生物质燃料入炉燃烧，高温烟气与炉膛内的水冷蒸发屏及布置在前上方的高温屏式过热器进行辐射换热，然后流经旋风分离器再从出口烟道进入尾部烟道，依次流经布置在尾部第一烟道内的低温屏式过热器和布置在第二烟道内的高、低温过热器；第一和第二烟道布置的包墙过热器均为膜式壁结构。烟气以对流换热方式流经省煤器和烟冷器（低温省煤器）后离开锅炉。

该锅炉的主燃料为林业废弃物，按比例掺烧一部分农作物秸秆和花生壳。由于秸秆燃料蓬松、碱金属、氯元素含量少及灰熔点低等特性，随着掺烧数量的不断增加，燃料输送系统工作的稳定性和受热面积灰、结焦成为此型锅炉安全可靠和长期稳定运行的重要制约因素。因此，做了以下改进：一是将入炉燃料分为 13～17 层进行配料和掺拌，并严格规定每层燃料的品种和数量，确保入炉燃料掺配均匀以及输入量和热值的稳定；二是加大给

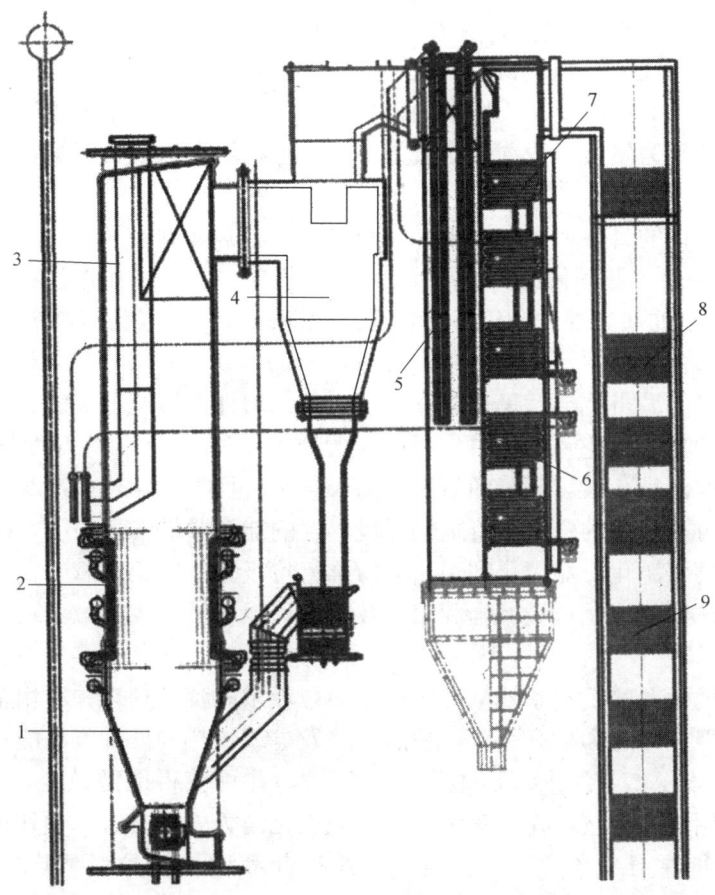

1—炉膛；2—水冷蒸发屏；3—高温屏式过热器；4—旋风分离器；5—低温屏式过热器；
6—高温过热器；7—低温过热器；8—省煤器；9—烟冷器（低温省煤器）。

图 6-26　蒸发量为 120t/h 的高温高压循环流化床生物质锅炉

料机出口箱体空间，增加燃料的流动性；三是将原设计的 H 形鳍片式受热面改为光管蛇形管受热面，并同时更换了第二烟道内的二级高温过热器材质；四是在锅炉受热面容易积灰、结焦的主要部位——高温省煤器、一级高温过热器、二级高温过热器和第一烟道包墙过热器增设燃气脉冲激波吹灰装置，从而稳定了锅炉运行工况，也减缓了受热面的结焦、腐蚀和磨损。

该生物质锅炉自 2016 年投运以来，经多次试验和技术改进，提升了秸秆掺烧量和设备稳定运行周期，已成为国内掺烧农作物秸秆比例超过 30％ 的持续、稳定运行的案例。

生物质燃烧技术和燃烧设备的研究开发最早始于北欧一些国家。美国和日本在 20 世纪 30 年代分别研制出螺旋压缩机、机械活塞式成型机及相应的燃烧设备。到了 20 世纪 90 年代，日本、美国和欧洲一些国家的生物质燃料锅炉已经定型，达到商业化应用程度，实现了规模化产业经营。从世界范围来看，新能源的主流是生物质能源，在欧洲国家，生物质能源在新能源中的比例已超过 60％，远远超过风能、太阳能等其他清洁能源。我国从 20 世纪 80 年代引进螺旋推进式秸秆成型机开始，生物质利用技术和燃烧设备的研发也已有四十多年的历史。特别是近十年来，我国各地出台了一系列鼓励生物质利用的政策，

2020年后，商用生物质锅炉实现突破性增长。生物质作为一种可再生的低碳能源，发展潜力不可小觑。近年发展起来的生物质燃烧炉、成型燃料锅炉、各类生物质气化炉、气化耦合大型燃煤发电锅炉等都有了实质性进展，并取得了丰硕成果。单说生物质发电，2006年以来在我国得到了大力发展，我国现已成为世界上生物质发电装机容量最多的国家。

**二、垃圾锅炉**

随着我国城市人口的日益增多，城市生活垃圾产量急剧增加。根据《中国生态环境》统计，2020年全国一般工业固体废弃物产量为36.8亿t，综合利用量为20.4亿t，处理量为9.2亿t。因此，如何处理和利用城市生活及工业垃圾，正成为当前迫切需要解决的重要课题之一。

目前，广泛应用的城市生活垃圾处理方法有三种：填埋、堆肥和焚烧。以往传统的填埋处理占了相当大的比例，它不仅要占用大量的土地，其渗滤液和挥发性气体还会对土壤、水源和空气造成污染，破坏环境和生态平衡。自20世纪70年代中期开始，人们逐渐认识到垃圾是一种可资利用的资源。特别是在世界性的能源紧缺的压力下，发达国家更加重视城市生活垃圾的资源化、能源化利用，大力推行垃圾分类收集，着力发展垃圾焚烧发电或供热、填埋气体回收以及垃圾综合利用等技术，形成了城市生活垃圾资源化产业，并得到了迅速发展。

鉴于能源和土地资源的日益紧缺，对城市生活垃圾采取焚烧处理并利用余热的方法倍受重视。与传统的卫生填埋和堆肥相比，垃圾焚烧发电或供热的处理方法能有效减少垃圾质量和80%以上的体积、节约填埋用地和减少污染，并可获得能源效益，实现无害化、减量化和资源化利用。焚烧技术作为一种有效的规模化垃圾处理方法，预计在相当长的时期内将是垃圾处理的主导技术之一。据统计，2022年我国生活垃圾焚烧发电新增装机257万kW，累计装机容量已达2385万kW；预计2025年、2035年垃圾焚烧发电处理量分别为2.6亿t、5.5亿t，装机分别为1.5万MW、2.2万MW，可形成6000亿元的现代化产业。

垃圾锅炉也称垃圾焚烧锅炉，它是根据生活垃圾的物状、成分和燃烧特性而设计的专用热工设备。目前城市生活垃圾焚烧锅炉主要有往复炉排锅炉和循环流化床锅炉两种形式。采用往复炉排为燃烧设备，主要考虑城市垃圾在加热、干燥过程中，当温度达到一定值时会软化变形、阻碍燃料层间的通风、恶化燃烧。而倾斜往复炉排在推动燃料向前运动的过程中有十分有效的自翻身拨火作用，且能使垃圾层均匀，燃烧稳定，也易于燃尽。而且，这种焚烧方式无须对入炉垃圾作严格的预处理，垃圾处理效率很高，是一种具有较好技术优势的城市垃圾焚烧处理设备。

图6-27是一台垃圾处理量为1000t/d的超高压往复炉排垃圾焚烧锅炉总体结构图。它的额定蒸发量为117.3t/h，额定蒸汽压力为13.5MPa，额定蒸汽温度为450℃，给水温度为150℃，排烟温度为190℃，锅炉热效率为83%；主要燃料为城市垃圾，其垃圾收到基低位发热量为7955kJ/kg。

该锅炉为单锅筒、自然循环、卧式"∏"形布置，由3个垂直膜式蒸发水冷壁通道、1个水平通道和1个U形尾部竖直钢制烟道组成。在第三通道内装设有6个膜式水冷壁屏扩展蒸发面；水平通道布置有低、中、高温蒸汽过热器、通道顶棚包墙管和水平通道两侧包墙管；在过热器之间装置三级喷水减温器；在U形尾部竖直烟道布置有省煤器。整台

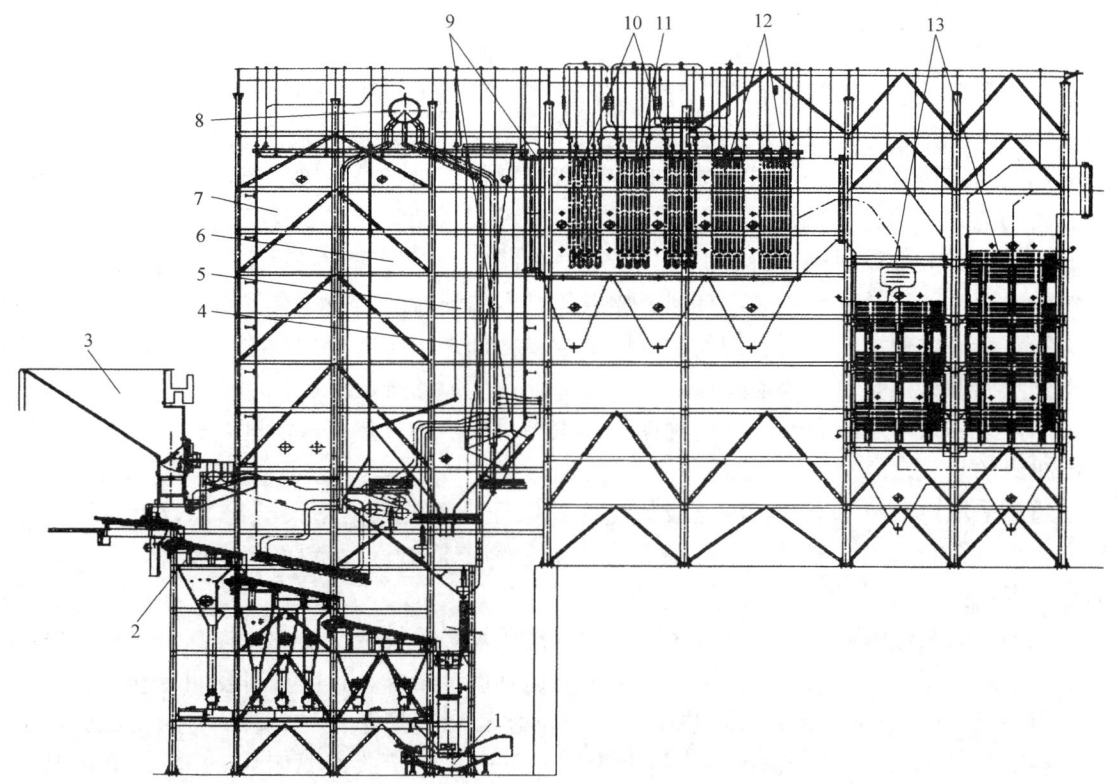

1—马丁除渣机；2—倾斜式往复炉排；3—料斗；4—膜式水冷屏；5—第三通道；6—第二通道；7—第一通道；
8—锅筒；9—顶棚和包墙管；10—中温过热器；11—高温过热器；12—低温过热器；13—省煤器。

图 6-27　超高压往复炉排垃圾焚烧锅炉总体结构图

锅炉采用全钢构架，锅筒、三通道和水平烟道均为悬吊结构，所有载荷由顶部承载梁承接，再传至钢柱上。

此型垃圾焚烧锅炉配置倾斜式往复炉排，采用三段式结构。燃料（垃圾）由料斗下落，由推饲给料机送进炉内燃烧，经三级往复炉排推动燃尽后，灰渣落入渣斗由马丁除渣机排出。燃烧生成的高温烟气经与第一通道（进口烟温为 1090℃）、第二通道（进口烟温为 888℃）和第三通道（进口烟温为 761℃）的膜式水冷壁进行辐射换热后，进入水平烟道冲刷低、中、高温过热器受热面进行对流换热，最后流经省煤器离开锅炉。

因垃圾焚烧锅炉的燃料为低热值垃圾，垃圾在炉内燃烧时，由于燃烧温度较低，燃尽所需时间长，燃烧不稳定，且不能充分燃尽。因此，为改善并保证低热值垃圾稳定燃烧及在烟道内充分燃尽，在锅炉第一通道 2/3 高度和第二、第三通道顶棚表面均敷设了耐火浇筑料，以便将一部分燃烧生成热储存其中，以保持炉膛有较稳定的燃烧温度场。考虑通道内敷设了耐火物料，3 个通道中的辐射蒸发受热面积不能满足蒸发吸热的需要，为此设置了适当的扩展蒸发受热面——在第三通道内布置 6 组膜式水冷屏受热面。

该锅炉采用集中下降管形式，将相似循环高度和相似表面热负荷回路进行合并，共组成 6 个循环回路。由于锅炉布置的辐射受热面较多，3 个通道水冷壁和 6 个膜式水冷屏的总受热面积达 $2570m^2$，管路的自然水循环动力和流速较小。为确保锅炉水循环的安全，采取了两项技术措施：一是采用了小管径（$\phi51\times7mm$）的管子，即在受热面积既定时，减小总流通截面积；二是提高循环高度（约 2m），即尽量沿高度方向布置受热面，以使各回路的水动力特性更趋安全。

此型垃圾焚烧锅炉的特点在于针对垃圾燃料热值较低，水分偏高的实际情况，采取了以下特殊措施：①装设空气预热器，提高一次风温度，以促使垃圾及时干燥、着火燃烧；②采用倾斜式往复炉排，在往复推动时使垃圾层整体在沿炉排三级下落位移过程中，经历强有力的搅拌松动、干燥、主燃烧、后燃烧等阶段，从而强化了燃烧；③第一、第二和第三通道采取部分敷设耐火物料的措施以维持炉内稳定的燃烧温度场；④高大的炉体使烟气在炉内停留时间延长（1～3s），有利于燃料的燃尽和消除烟气中的有害物质；⑤烟气在炉内流经三个高大通道，有利于捕集烟气中的尘粒，即相当于起着炉内除尘的作用，减轻了尾部受热面的磨损，也有效地降低了锅炉本体的烟尘原始排放浓度；⑥低、中、高温过热器中间设置三级喷水减温器，从而确保达到汽轮机要求的过热蒸汽温度，有利于提高汽轮发电机组的热效率。

通过采取以上技术措施，该垃圾焚烧锅炉保证垃圾的燃尽率大于 97％，生活垃圾热值在 4000～8000kJ/kg 范围内，可以不设置燃气燃油辅助燃烧装置而稳定燃烧，保证既定的蒸汽参数。

该型垃圾焚烧锅炉为国内首台大容量中温高压垃圾炉排焚烧锅炉，提高了垃圾焚烧系统的发电效率和能源利用率，各项性能指标均达到设计要求，且已获得发明专利。

图 6-28 为首台国产 90t/h 的循环流化床垃圾焚烧锅炉总体结构图。它于 2020 年投运，额定蒸发量为 90t/h，额定蒸汽压力为 9.81MPa，额定蒸汽温度为 510℃，给水温度为 215℃；设计燃料为造纸轻液、活泥等一般固体废物以及掺烧质量比不超过 20％的烟煤，设计热效率为 87.5％。

此型垃圾焚烧锅炉为单锅筒横置式，自然循环，烟气四回程，悬吊结构全钢架支撑布置。炉膛采用膜式水冷壁，炉膛出口布设蜗壳式汽冷旋风分离器，其后尾部设置三个烟气通道：第一通道不布置受热面，第二通道依次布置蒸发器、低温蒸汽过热器和高温省煤器；尾部竖井烟气通道布置了低温省煤器和空气预热器。该锅炉的特别之处：一是在低温省煤器上方预留高度为 3.5m 的布置 SCR 脱硝装置空间，二是中温和高温蒸汽过热器布置在旋风分离器下方的外置床内。

由于燃用燃料的热值较低，且炉膛为膜式水冷壁和第二、三烟道为水冷包墙结构，蒸发受热面较多，炉内受热面全部采用耐火物料加以包覆，以提高炉内温度场，利于稳定燃烧，同时也可减轻含氯烟气对水冷壁管的腐蚀。另外，因燃料中的纸渣、污泥的挥发分很高，特别是纸渣非常容易着火，且呈悬浮燃烧，致使炉膛上部温度高于床温。鉴于以往燃煤锅炉掺烧部分固体废弃物的运行经验，当给料口压力高时，会导致纸渣输送口堵料或烟气反窜，从而影响锅炉安全运行。因此，此型垃圾焚烧锅炉设计采用较低的水循环倍率（约 20），通过返料冷灰器排灰控制炉膛压差不超过 500Pa，设计炉膛容积热负荷为 122kW/m³。

由于这台锅炉的燃料中纸渣较多，纸渣中含有 1.66％的氯，燃烧生成的高温烟气含氯。为了避免受热面遭受含氯烟气的高温腐蚀，把中、高温蒸汽过热器布置在旋风分离器下方外置床的返料阀内。返料阀内全是高温返料灰，受热面全部沉浸其中，与腐蚀性烟气接触少，可降低高温腐蚀，且其传热系数较大，还可减少受热面面积，节省设备投资。

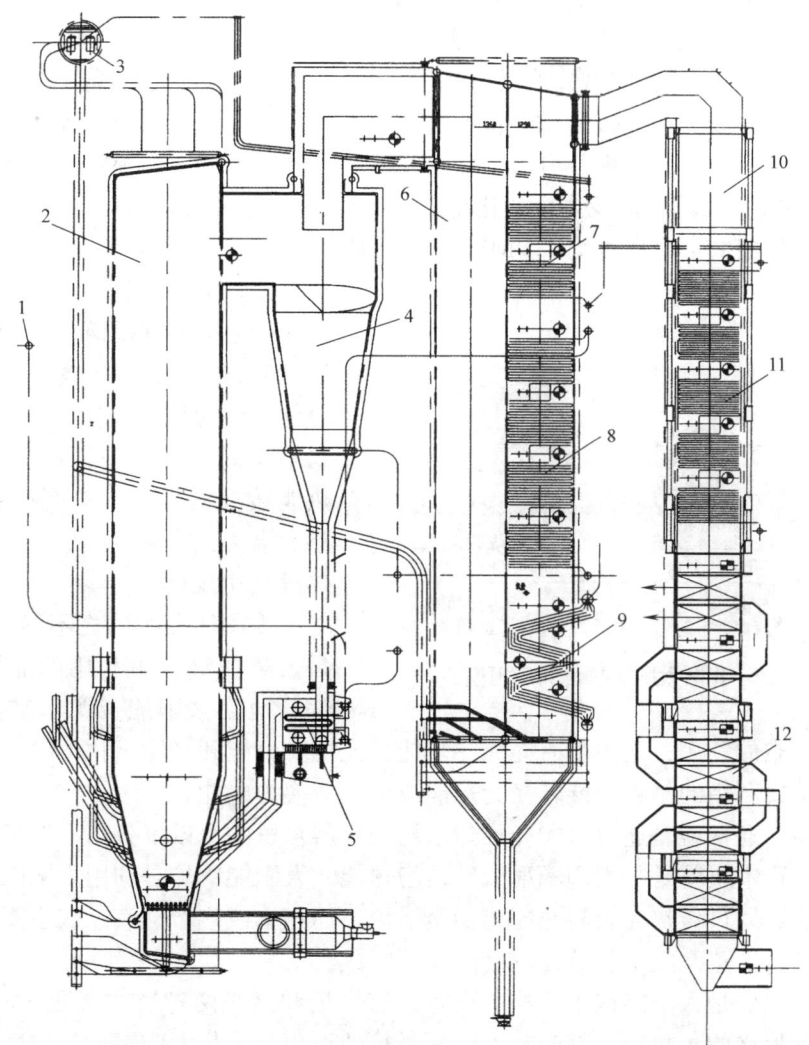

1—汇汽集箱；2—炉膛；3—锅筒；4—蜗壳式汽冷旋风分离器；5— 外置床（中、高温蒸汽过热器）；6—空烟道；
7— 高温省煤器；8—低温蒸汽过热器；9—蒸发器；10—预留SCR脱硝装置空间；11—低温省煤器；12—空气预热器。

图 6-28　首台国产 90t/h 的循环流化床垃圾焚烧锅炉总体结构图

此外，这台垃圾焚烧锅炉燃用纸渣一类的固体废弃物，入炉纸渣中不可避免地带有铁丝、铁钉等重质不可燃物，如不及时排除会堆积在炉内，导致布风板的流化质量变差，严重时会造成结焦，发生被迫停炉事故。为此，这台垃圾焚烧锅炉在设计时采用了专用的布风板结构，配置圆头风帽以免铁丝挂扎；采用较高的风帽出口风速（从 63.3m/s 提高到72.8m/s）以增加床料扰动，增加排渣口数量、扩大排渣口内径和提高放渣频率等，以使排渣顺畅，确保锅炉运行的安全可靠。

在我国，循环流化床燃烧技术自 20 世纪 80 年代起步，经过几十年的研究，现已掌握了整套设计理论和制造工艺。循环流化床炉作为一种高效、低污染的新型清洁燃烧设备，再加上它投资成本低，且国有化率高，在我国得到快速发展和广泛应用，已成为我国目前垃圾焚烧的主流设备之一。

我国第一座生活垃圾焚烧电厂建设于 1988 年，经历了产业化研发、装备国产化等阶段，单台锅炉垃圾处理量从 150t/d 发展到 1000t/d 以上。未来，垃圾焚烧发电规模仍将持续增长，预计 2035 年我国城镇垃圾清运量达 5.5 亿 t，日均垃圾焚烧处理量约 112 万 t，垃圾焚烧发电占垃圾清运总量的比例将超过 75％，装机容量将达 2200kW。目前，垃圾焚烧锅炉的蒸汽参数也已从中压中温（3.82MPa、450℃）达到了高压高温（5.2MPa、485℃及 7.9MPa、520℃）；我国商业化稳定运行着的、具有最高技术参数的垃圾焚烧锅炉是杭州锦江集团的蒸汽压力为 7.9MPa、蒸汽温度为 520℃的垃圾焚烧锅炉。

### 三、太阳能锅炉

随着全球能源需求的日益增长和环境问题的日趋严峻，寻求可持续、环保的能源解决方案至关重要。其中，太阳能锅炉作为一种利用太阳能进行热能转换的设备，具有广阔的应用前景和潜力。图 6-29 列示了我国太阳能热量利用规模。

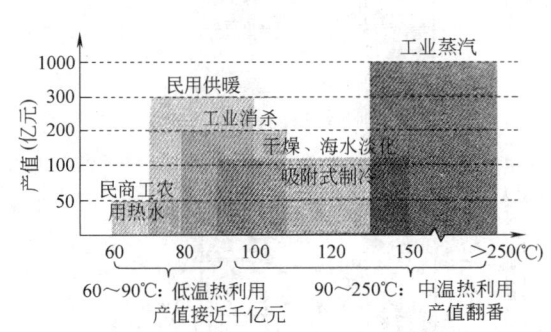

图 6-29　我国太阳能热量利用规模

太阳能资源取之不尽、用之不竭，是人类能够自由利用的能源。我国大部分地区太阳能资源丰富，开发利用的潜力巨大。它的利用方式主要有光能→热能、光能→电能和光能→化学能三种，在现代能源工程中主要利用的是将光能转换为热能或进而转换为电能。

光热转换，通常就是通过太阳光加热水箱（容器）里的水以资备用，这是光热转换最常见的形式，论本质就是将太阳辐射能转换为热能。太阳能锅炉是利用太阳能集热器吸收太阳的辐射热，通过传热介质将热能传输至锅炉，加热水或生产蒸汽。它主要由太阳能集热器、储能设备、蒸汽发生装置和辅助热源等组成。

太阳能集热器是太阳能锅炉的核心设备，有平板和聚光两种形式（图 6-30）。平板集热器是一种不聚光的集热器，其吸收太阳辐射热的面积与采集太阳辐射热的面积相等，主要用于太阳能热水供应、热水供暖和吸收式制冷等方面，所提供的水温较低，使用范围受限制。聚光真空管集热器将太阳光聚集在一个较小的吸热面上，散热损失小，吸热效率高，可以达到较高的温度。

按照太阳能采集方式，太阳能集热系统主要有槽式、塔式和碟式三种。太阳能槽式集热系统是利用抛物柱面槽式反射镜将太阳光聚焦到管状接收器上，将管内的传热工质加热或产生蒸汽；太阳能塔式集热系统是利用数量众多的定日镜，将太阳辐射热反射到置于高塔顶部的高温集热器上，可以收集 100MW 的辐射功率，产生 1100℃的高温，加热工质产生蒸汽或直接加热集热器中的水来产生过热蒸汽；太阳能碟式集热系统，则是利用曲面聚光反射镜，将入射太阳光聚集在焦点处，可在焦点处装设斯特林发动机直接发电。在这三种太阳能集热系统中，都有随太阳光线同步旋转的机构，时刻把太阳能聚集在锅炉聚热中心。目前，只有太阳能槽式集热系统实现了商业化，用于电力生产的太阳能电站容量为 10～1000MW，单机容量最高可达 80～100MW。

众所周知，太阳能并不是随时可用的，因天气变化和季节轮换的间歇性和不稳定性制

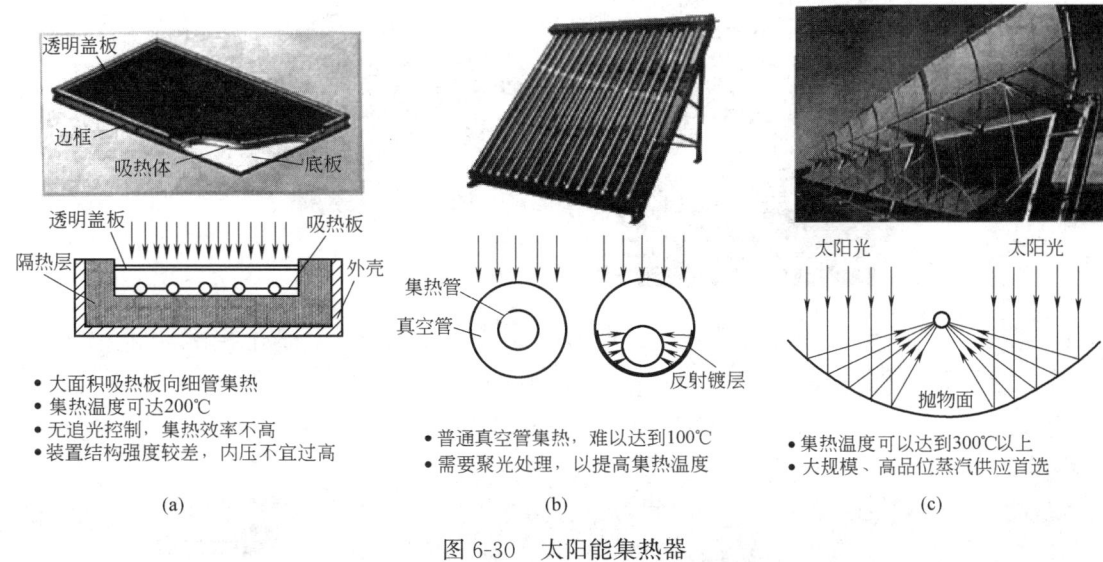

图 6-30　太阳能集热器

（a）平板集热器；（b）聚光真空管集热器；（c）槽式聚光集热器

约着它的大规模应用。因此，必须开发高效的太阳能储蓄技术，并在需要时释放出来，以保证它的连续和稳定供应。根据转化形式的不同，目前太阳能储蓄技术主要有热能储蓄、电能储蓄和化学能储蓄三种类型。热能储蓄，由太阳能集热器将太阳能转换成热能，并储存在诸如热水、熔融盐等储热介质中，在需要时通过热交换器将储存的热能释放出来，用于供暖、热水供应或生产蒸汽发电。电能储蓄，利用太阳能电池板将其转换电能，并通过储能电池或超级电容器等设备储存起来，需要时可以由逆变器将储存的电能转换为交流电供应用户。化学能储蓄，通过光化学反应将太阳能转换为化学能储存于化学物质中，例如利用光能水解技术制备氢气等。

太阳能锅炉采用的是热能储蓄。在一般应用技术条件下，廉价的显热储热装置是构建太阳能锅炉系统的首选。图 6-31（a）所示为显热储热装置，它主要利用材料显热进行热能储存，其能量密度相对较低，充、放热时工质温度变化较大，但成本低廉。对于供热系统的稳定性要求较高（如直接式蒸汽发生系统）、装置占地要求严苛的应用环境，通常选择能量密度较高、充放热时工质温度变化小的潜热储热装置，主要利用相变潜热进行热能储存［图 6-31（b）］，其能量密度是显热储热的 2 倍以上，充、放热时工质温度稳定。

蒸汽发生装置是太阳能锅炉的核心设备，实际上就是一个蒸汽发生器，如图 6-32 所示。它利用导热油、熔融盐等换热介质把水加热成热水或蒸汽，为用户提供热水和蒸汽或直接送往电厂用于发电。

图 6-33 所示为聚光型太阳能锅炉蒸汽生产系统图。换热介质导热油由油泵送往槽式聚光集热器吸收太阳辐射能，升温至较高温度后流经蒸汽发生器加热给水进而产出蒸汽，加热温度取决于集热方式。显热和潜热储热装置一般用于维持系统昼夜连续运行，规模不宜过大，不然系统投资会大幅度增加。考虑到阴雨天等太阳能不足以满足用热需要的情况，此型太阳能锅炉中设有辅助热源——电磁锅炉，太阳能时启动电磁锅炉以维持系统连续运行。

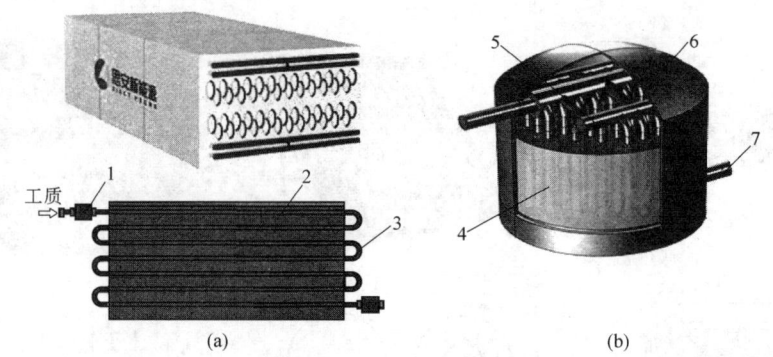

1—测控阀；2—固体显热储热模块；3—流道盘管；4—变相介质；5—工质入口；6—换热管网；7—工质出口。

图 6-31　太阳能储热装置

（a）显热储热装置；（b）潜热储热装置

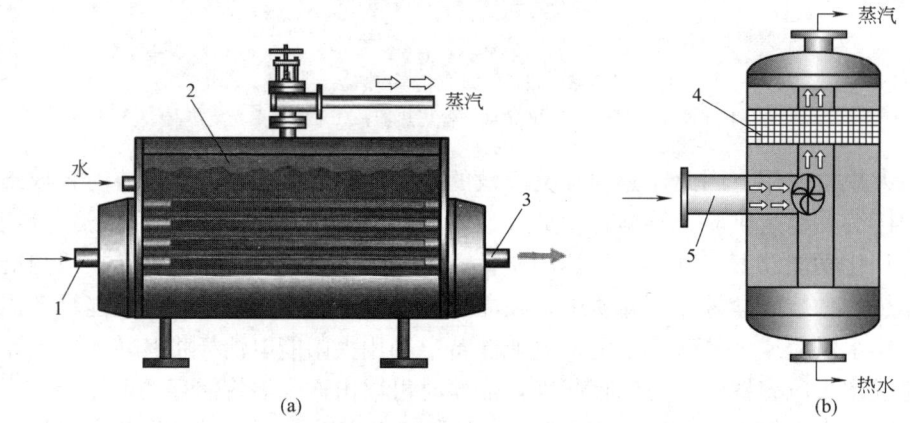

1—高温导热油入口；2—蒸汽发生器；3—低温导热油出口；4—汽液分离器；5—汽液两相入口。

图 6-32　蒸汽发生器与汽液分离器

（a）蒸汽发生器；（b）汽液分离器

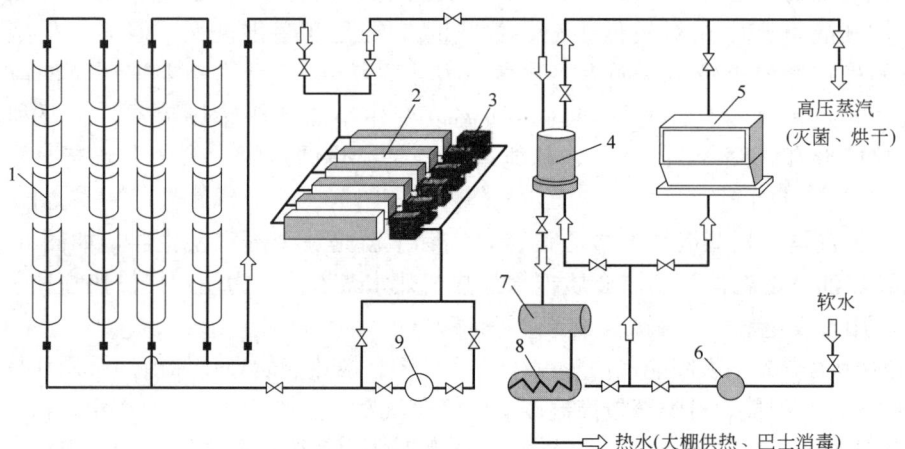

1—槽式聚光集热器（导热油工质）；2—显热储热阵列；3—潜热储热阵列；4—蒸汽发生器；
5—电磁锅炉；6—给水泵；7—油罐；8—换热器；9—油泵。

图 6-33　聚光型太阳能锅炉蒸汽生产系统图

与国外相比，我国将太阳能用于供热和发电起步较晚。但在节能、低碳和可再生能源等政策支持下，我国太阳能利用技术发展很快，不仅广泛用于生产工业蒸汽、民用供暖和热水供应，也用于日化产品和农业生产及灭菌等，更有原采用燃气锅炉的化工、造纸等企业，耦合太阳能锅炉生产蒸汽，补充原有设备供热的不足，节约能源，降低成本。

与传统锅炉相比，太阳能锅炉是无污染、可再生的绿色环保产品，应用场合多，适用范围广；经济实用，一次性投资，长期收益，投资回报率高，使用寿命一般在15年以上，且可全自动运行。可以相信，随着太阳能利用技术的不断进步和成本的降低，太阳能锅炉在我国能源领域将得到更加广泛的应用，为构建绿色、低碳和可持续的能源体系作出积极贡献。

**四、余热锅炉**

余热，是在一定经济技术条件下，在能源利用设备中没有被利用的能源，也就是多余、废弃的能源。它包括高温烟气余热、冷却介质余热、废气废水余热、化学反应余热、可燃废气废液和废料余热、高温产品和炉渣余热以及高压流体余热等。统计资料显示，钢铁、有色金属、化工、水泥、建材、石油石化、轻工、煤炭等行业余热总资源占其燃料消耗量的17%～67%，可资回收利用的余热资源约占余热总量的60%；预计到2026年我国余热资源均量将达到14.55亿吨标准煤，价值达2930亿元。

高温烟气余热量大，分布广，如在冶金、化工、建材、机械和电力等行业，各种冶炼炉、加热炉、内燃机和锅炉的排气排烟，有些工业炉窑的高温烟气余热量甚至高达炉窑本身燃料消耗量的30%～60%。高温烟气余热的温度高，数量多，回收量大，约为总余热资源的50%。

冷却介质余热，是工业生产中需要大量的冷却介质来保护高温生产设备产生的，常用冷却介质为水、空气和油。冷却介质一般温度较低，如电厂汽轮机的冷却水温度不超过25～30℃，因此余热回收利用相对困难，热泵是这类低温余热回收的首选设备。

废水废气余热也是诸如低品位蒸汽和冷凝水之类的低温余热资源，占余热总量的10%～16%。

化学反应余热，主要存在于化工行业，占余热资源总量的10%左右。其中，琉璃制造过程中利用焚烧炉产生的化学反应热，使炉内温度达到850～1000℃，采用余热锅炉生产蒸汽约可回收60%的余热。

可燃废气废液和废料余热是生产过程中排放的，其中含有可燃成分，这部分余热约占余热资源总量的8%。

高温产品和炉渣是经高温加热的产品或炉渣和废料，其温度很高，但又必须予以冷却才能使用。冷却时散发的这部分余热可资回收利用，约占余热总量的4%。

可见，在工业生产和加工过程中存在大量的余热资源，如何采用热力学原理和现代热工技术将它们加以有效利用，不仅可以减少能源的浪费，而且对降低生产成本和提高企业的经济效益有积极意义。图6-34列示了2020年我国余热资源的构成。

余热回收作为一种环保、经济、高效的能源再利用技术，广泛应用于各行各业，主要利用途径有余热直接利用、余热发电和余热综合利用三大方面，常用设备是余热锅炉、余热换热器、蒸汽喷射器和热泵。余热锅炉是目前余热利用的主要形式（设备），它可分为

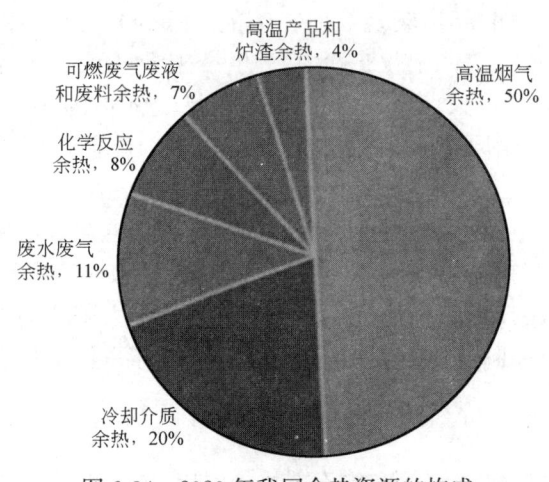

图 6-34　2020 年我国余热资源的构成

（饼图标注）
高温产品和炉渣余热，4%
可燃废气废液和废料余热，7%
化学反应余热，8%
废水废气余热，11%
冷却介质余热，20%
高温烟气余热，50%

电站余热锅炉和工业余热锅炉。相对于电站余热锅炉，工业余热锅炉运行环境恶劣，设计和制造工艺较为复杂，大多为非标产品。

余热资源的利用效率与其温度有关，一般来说温度越高，利用效率越高。根据余热资源温度的高低，可分为高温余热（＞500℃）、中温余热（200～500℃）和低温余热（＜200℃）。余热锅炉发电一般适用于高温余热，而热泵回收系统则适用于低温余热。

通过采用余热锅炉的余热回收技术，可以有效降低工矿企业的能耗，减少环境污染，对我国实现"双碳"目标意义重大。在能源紧缺和环保容量日益减少的当今，不仅在我国❶，即便是世界上工业发达国家，也都对余热的回收利用给予了极大重视。

按照物态，余热源可分固体余热（如刚从炉子排出的焦炭、水泥熟料和烧结矿料等）、液体余热（如高温冷却水、化工厂中用于调节反应温度的有机或无机介质和熔融金属或熔渣等）和气体余热（如加热炉烟道气、熔炼炉及反应炉排气以及化工厂工艺气体等）三大类。目前广为采用的方法就是装设余热锅炉。它既可利用高温烟气和可燃废气的余热，也可利用化学反应余热，甚至还可利用高温产品的余热。

余热锅炉一般由省煤器、蒸发器和蒸汽过热器等组成，少数为汽轮机供汽的余热锅炉还装有回热装置。除有特殊要求外，余热锅炉一般都不配置辅助燃烧设备。余热热源的温度差别也很大，低者仅 200～300℃，高者可达 1500℃以上，而且热源一般较为分散。

在运行条件上，余热锅炉也有它的特殊性，如有的余热载热体与燃料燃烧生成的烟气成分相差无几；有的则含有腐蚀性很强的物质，对受热面有腐蚀作用。又如，有色金属冶炼、玻璃、水泥等行业的高温尾气，携带大量的半熔融状态的粉尘或烟炱（如硫酸厂沸腾炉出口炉气含尘量达 200g/m³，石油裂解气中含有炭黑等微粒），通常需要配置较大空间的冷却室和完善的除尘设备，必须在结构上充分考虑粉尘的堵塞和冲刷磨损，以确保余热锅炉和辅助设备安全可靠地运行。此外，有的余热锅炉内外两侧均为高温高压的流体，对其密封性和材料的耐热性能均有较高要求。当余热锅炉的各个换热器分散在生产流程的各个部位时，应尽可能采用自动控制系统，以保证余热锅炉可靠而持久地运行。

对于某些余热锅炉，由于要对周围其他工厂、部门或地区连续供汽，或所利用的废气中含有可燃物质，通常设置辅助燃烧装置，其负荷可以在 0～100% 的范围内调节。

按照结构特点，余热锅炉可分为管壳式和烟道式两类。前者常用于石油化工生产中的余热回收，是一种特殊形式的管壳式换热器，主要利用高温流体（余热源）与冷却介质

---

❶　根据 2022 年我国锅炉行业产品构成统计，我国余热锅炉的占比为 7.4%。

（水）间接换热来生产蒸汽。烟道式余热锅炉与普通蒸汽锅炉的形式相近，高温烟气（或气体）冲刷余热锅炉管束进行换热而获得蒸汽。

　　按照水循环系统的工作特性，余热锅炉又可分自然循环式和强制循环式两类。图 6-35 所示为自然循环式水管余热锅炉，循环回路由上、下锅筒和锅筒之间的对流管束构成。烟气流过管束时，由于受热强弱不同，受热强的管内产生一部分蒸汽，汽水混合物的密度小，向上流动；受热弱的管内水的密度大，向下流动，由此形成自然循环。产生的蒸汽在上锅筒经分离后，送至蒸汽过热器进一步加热成为过热蒸汽送往用户。

　　图 6-36 所示是一台额定蒸发量为 20t/h、额定蒸汽压力为 1.25MPa 的钢铁冶炼炉余热锅炉❶。它采用自然循环的结构形式，由锅筒、膜式水冷壁、高温对流管束和低温对流管束等组成。考虑到余热源为钢铁冶炼炉，烟气温度高，含尘量大，此型锅炉采用高大炉膛布置的膜式水冷壁，第三烟道布置受热面，第二、第四烟道不布置受热面。如此，既有足够大的冷却空间；又由于烟气流通截面积大，烟气流速小，有利于烟气中尘粒的重力沉降，收尘效果显著。该余热锅炉的烟气进口温度为 550℃，烟气流量为 100000m³/h，从上部进入高大炉膛，在向下流动的同时与膜式水冷

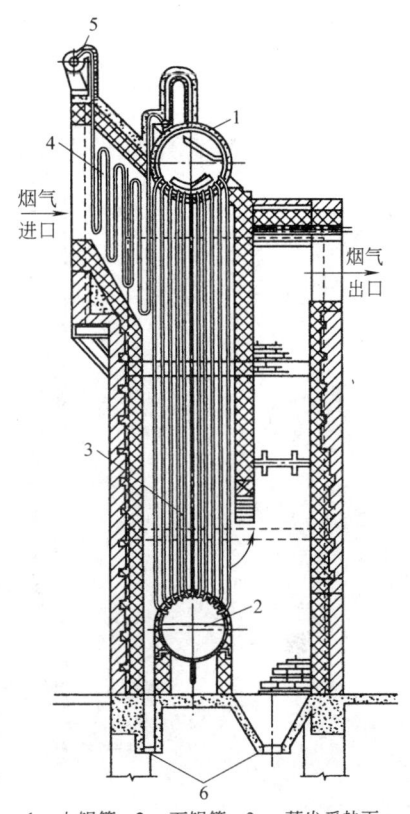

1—上锅筒；2—下锅筒；3—蒸发受热面；
4—蒸汽过热器；5—出口集箱；6—出灰口。

图 6-35　自然循环式水管余热锅炉

壁进行辐射换热，至底部折转向上流经第二烟道，在顶部转弯进入第三烟道，先后冲刷高温对流管束和低温对流管束进行对流换热，最后由下而上，进入第四烟道从上部烟气出口排出，此时烟气温度已降至 160℃。高温烟气进入炉内经多次折流往返，充分利用辐射和对流换热特性，有效提高了余热利用效率。高大的炉膛和宽阔的烟道，一方面满足了烟气携带尘粒的沉降，另一方面减少了烟尘对对流受热面的冲刷磨损。炉膛布置膜式水冷壁，基本杜绝了冷空气的进入和烟气的外泄，也为采用轻型保温炉墙提供了技术支持。

　　图 6-37 所示为一强制循环、与直烧蒸汽发生器相结合，用于船舶和工业设备上的余热锅炉——盘管式余热锅炉。它的受热面全部采用盘管，多层密布，结构紧凑，体积小。烟气由下而上流动；水则由水泵送入，自上而下强制循环，汽水混合物经汽水分离器分离，与直烧蒸汽发生器生产的蒸汽一并送往用户。此型余热锅炉利用的废气温度为 200～1700℃，可用于煅烧、玻璃、搪瓷和热处理等炉窑、固定式大型内燃机、船舶以及海上石油钻井平台。

　　图 6-38 所示为燃气—蒸汽联合循环发电汽水系统图。该联合循环发电机组由燃气轮

---

　　❶　本图由青岛东能锅炉有限公司提供。

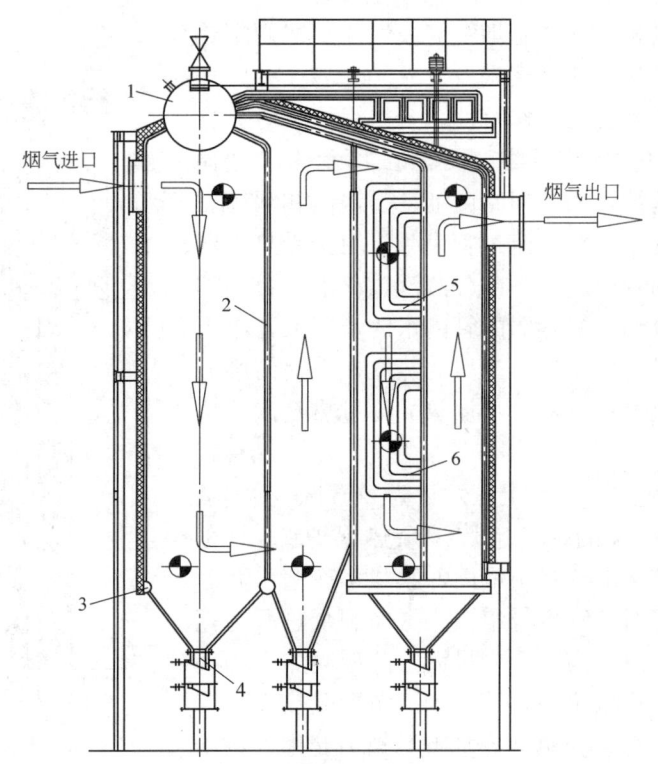

烟气进口

烟气出口

1—锅筒；2—膜式水冷壁；3—联箱；4—落灰口；5—高温对流管束；6—低温对流管束。

图 6-36　钢铁冶炼炉余热锅炉❶

机发电机组、余热锅炉和蒸汽轮机发电机组组成。其中，余热锅炉是系统中的重要设备之一。燃气在燃气轮机中作功后排出的烟气温度相当高，一般为 $400\sim600℃$，且流量非常大，因此通过余热锅炉将其热量回收生产蒸汽，再供蒸汽轮机发电或热电联产，可使整个系统的热效率大为提高，节约能源。

　　燃气—蒸汽联合循环发电是目前既能提高发电机组效率，又能满足环保要求最有效的清洁燃烧技术之一。燃气轮机加余热锅炉系统的发电效率可达 $55\%\sim60\%$，若采用热电联产形式，系统效率可达 $85\%\sim90\%$。

　　联合循环发电的余热锅炉按烟气侧的热源形式分为无辅助燃烧（无补燃）余热锅炉和有辅助燃烧（有补燃）余热锅炉两种。无补燃余热锅炉利用燃气轮机排烟的余热生产驱动蒸汽轮机的蒸汽，其容量和蒸汽参数取决于燃气轮机的排烟参数，而且蒸汽轮机不能单独运行。但这种余热锅炉结构简单，造价较低，适用于改造小容量蒸汽动力设备。如果将余热锅炉设计成双压或多压级的，可更有效地回收燃气轮机的排烟余热，特别是在燃用清洁燃料时，对余热锅炉的低温腐蚀少，从而可使余热锅炉的排烟温度降到 100℃ 左右，使发电设备具有更高的效率。

　　采用有补燃余热锅炉，除了回收燃气轮机排烟的余热外，还在炉内加装补燃装置——

---

❶　本图由青岛东能锅炉有限公司提供。

燃烧器，通过喷入一定数量的燃料（天然气或者轻柴油），使整个炉内烟气温度升高，一般余热锅炉受热面段烟气温度控制在 650～700℃，炉内无须布设辐射受热面。这种余热锅炉的蒸发量可比无补燃余热锅炉增大一倍以上，从而大大提高了蒸汽轮机的出力。

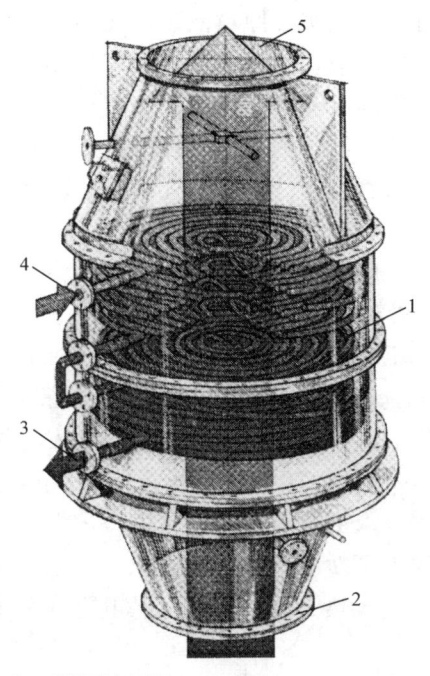

1—受热面（盘管）；2—废气入口；3—汽水混合物出口；4—水的入口；5—废气出口。

图 6-37　盘管式余热锅炉

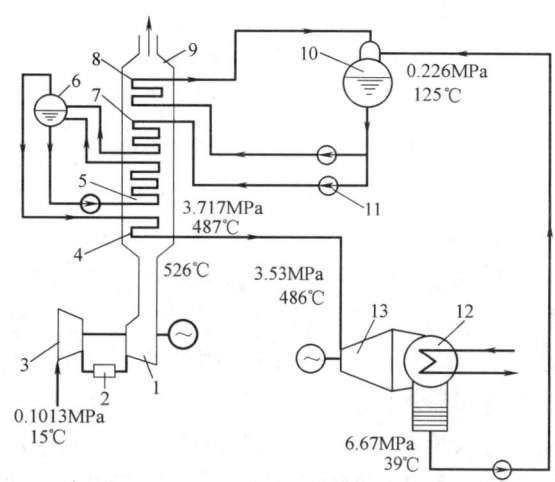

1—燃气轮机发电机组；2—燃烧室；3—压气机；4—高压过热器；5—高压蒸发器；6—锅筒；7—高压省煤器；8—低压蒸发器；9—余热锅炉；10—除氧器；11—给水泵；12—凝汽器；13—蒸汽轮机发电机组。

图 6-38　燃气—蒸汽联合循环发电汽水系统图

目前，我国在热电联产型燃气—蒸汽联合循环中常用的便是有补燃的余热锅炉，既节能又环保，应用和发展前景十分广阔。

从工业余热利用现状来看，高温余热回收技术已经在我国钢铁、水泥、冶金等行业广泛应用。但是还有大量低温工业余热尚未得到利用，低温余热回收技术尚处在发展阶段，导致这部分余热大多直接排向环境，造成巨大的能源浪费和热污染。因此，将原被遗弃的工业低温余热应用于溴化锂吸收式制冷来满足生产和生活的需要，无疑是提高能源利用率的一条有效途径，尤其是在不同季节需要交替供暖和制冷的企业，可优先考虑采用溴化锂吸收式制冷技术（热泵）回收低温余热。

目前，工业热泵主要应用于酿造、纺织、食品加工、木材、石油化工和冶金等领域，把原本废弃的低温余热加以有效利用。例如，在制药和化工企业中，洗涤、杀菌、蒸发浓缩或蒸馏、干燥等是生产工艺中的基本环节。液态产品的蒸发浓缩和蒸馏工艺过程需要很多热量，同时又产生高焓值的二次蒸汽。液态产品浓缩一般采用多效蒸发装置，为避免高温对品质的影响，还需要在减压下操作，能耗较大。利用热泵可以取代多效蒸发装置应用于浓缩过程，不仅可以节约能源，还能提高产品的品质。蒸馏过程不仅需要大量的热能使溶液中的挥发性组分汽化，又需要大量的冷凝水将已汽化的蒸汽液化，这一过程中蒸发热和液化（冷凝）热是近似相等的，利用热泵可以巧妙地完成热量的交换使用，既节约了能量，还可以节约大量的冷凝水。

225

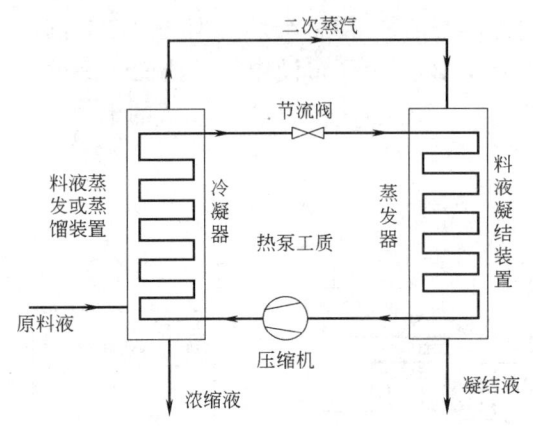

图 6-39　热泵蒸发浓缩和蒸馏原理图

热泵蒸发浓缩和蒸馏的原理如图 6-39 所示，在热泵蒸发器中循环的工质吸收二次蒸汽中的热能，经压缩机升温后到热泵冷凝器中冷凝放热，满足原料液蒸发或蒸馏过程的需要。原料液在冷凝器中吸收来自热泵的热量，其中的水分蒸发生成二次蒸汽，二次蒸汽进入蒸发器，为热泵循环提供热能，同时放热形成凝结水排出，达到浓缩和蒸馏的目的。

**五、电热锅炉**

电热锅炉是将电能转换为热能，把水加热至有压力的热水或蒸汽，或将有机载热体（导热油）加热到一定参数（温度、压力），向外输出具有额定能质的一种热工设备。世界上第一台电热锅炉于 1905 年诞生于欧洲，到 20 世纪五六十年代，电热锅炉已在发达国家普遍应用。电热锅炉在我国应用稍晚，到 20 世纪 80 年代中期才开始投入生产，用于供暖、空调和热水供应。随着我国高效节能、绿色低碳要求的日益提高和"煤改电"政策的持续推进以及电力调峰、蓄热供暖等措施的推行，加大了对电热锅炉的需求。

按结构形式，电热锅炉可分为立式和卧式两种；按电热元件的不同，有电阻式、电极式和电磁感应式三种。

电阻式电热锅炉利用电流通过电阻产生热量来加热锅水，以生产热水或蒸汽。目前国内采用最多的电阻式加热元件是电热管。它的绝缘要求高，冷态绝缘电阻大于等于 $10M\Omega$，热态泄漏电流小于等于 10mA/kW；能承受 50Hz、1500V 交流电压，1min 不被击穿。电热管单位表面积的功率为 $3\sim8W/cm^2$，一般较大容量的电热管做成多头形式，功率可达 30kW。它的优点是结构简单，对于纯电阻型的，其转换过程中没有能量损失。显而易见，电热管是该型电热锅炉的核心，它的性能将直接影响电热锅炉的运行可靠性和使用寿命。

电极式电热锅炉，电流从一个电极引入并通过锅水到另一个电极，锅水就相当于一个通电的电阻被加热或沸腾汽化产生蒸汽。调节电极沉浸在锅水中的深度，即可改变输入的电功率；当锅水水面低于电极时，输入的电功率为零，即电极没有电流通过，所以锅炉不会烧干锅。该技术的核心部件是电极，依据电极的外形、电压和相对位置，可分为电极板式、电极棒式、低电压电板（220V、380V）、高电压极（4.16kV、10kV、13.2kV）、固定电极和可调位电极等多种。

与电阻式电热锅炉相比，电极式电热锅炉有诸多优势：锅炉锅筒内设有众多电热管，使得锅炉体积大幅度减小；锅炉容量不再受电热管数量的限制；发热面积特别大，无论水容积多大，锅炉启动都十分迅速；锅筒内不再需要支撑和固定的电热管装置，结构简单，制造成本低，售价可降低约 1/3，有强大的市场竞争优势；电极不是发热元件，锅筒内不易结垢，锅炉运行安全性高，使用寿命也长；由于是以锅炉水作为导电介质，电极式锅炉对水质要求低，一般无须进行水的软化处理，节省了运行费用。

电极式锅炉分为浸没式和喷射式两种，国内主要以浸没式为主，可直接将高压电接入锅炉。目前，我国已投运的电极式热水锅炉的最大功率为 50MW，电极式蒸汽锅炉的蒸发量已达 70t/h。

电磁感应式电热锅炉利用电流流过带有铁芯的线圈产生交变磁场，在不同的材料中产生涡流电磁感应而发热来加热水或生产蒸汽。由于它存在感抗，转换中产生无功功率，一般只适用于小容量的电热锅炉。

我国自主研制的电磁感应式电热锅炉于 2004 年投入运行，属国内外首创，并逐步应用于建筑物供暖。该锅炉目前仍以 200～380V AC 电压供能为主，最大功率可达 1.4MW。

图 6-40 所示为一台电阻式相变换热的电热热水锅炉❶。锅炉本体主要由钢制壳体（锅筒）、电加热管、进水管、出水管、真空泵、防爆装置以及自动控制、检测仪表等组成。它利用水在低压（真空）下低温沸腾的原理，在电流通过电加热管时加热真空密闭腔内的热媒水，将电能转化为热能。这种锅炉采用电阻式管状电热元件加热，结构上易于叠加组合，控制灵活，更换方便。目前电热锅炉基本上都采用这种电阻式管状电热元件——电热管加热的电热锅炉。

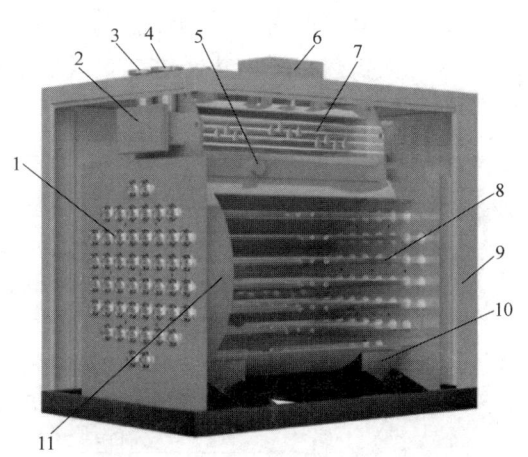

1—电热管接线端；2—换热器水室；3—进水接管；
4—出水接管；5—视镜；6—防爆装置；7—冷凝
换热管束；8—电热管束；9—外壳；
10—机架；11—筒体。

图 6-40　电阻式相变换热的电热热水锅炉❶

电热管加热的电热锅炉，其电气特点是锅水不带电；只有当锅炉电热管漏水或爆裂时，才会使锅水带电，称为漏电。另外，受电热管绝缘层绝缘程度的影响，也会存在一定的漏电电流。根据国家标准，电热锅炉的漏电电流应不大于 0.5mA。所以，电热锅炉电气线路上都应设置漏电保护装置，确保锅炉的运行安全。

电热管是电热锅炉的核心组件，它由金属管、电阻丝、填料、引出棒和连接固定座等组成。金属管采用不锈钢紫铜、铝及镍基合金钢管材，起导热和外壳保护作用；管材内填充高温无机 MgO 粉作为导热和绝缘材料，使用寿命一般超过 5000h，可保证电热锅炉运行 3 个供暖期，并耐硬水、酸和热冲击腐蚀。当前最为重要的课题是要尽快提高国产电热管的质量和使用寿命，使其寿命能接近或达到世界先进水平（8000～10000h），保证电热管使用 5 个以上供暖期，为开拓高质量的电热锅炉产品市场空间打下坚实的基础。

随着改革的深入和产业结构的调整，我国供电"峰谷"差的矛盾不断加深。因此，国家推行完善绿色转型价格政策，深化电力价格改革，研究建立健全新型储能价格形成机制，健全阶梯电价制度和分时电价政策，完善高耗能行业阶梯电价制度❷。目前峰谷电差价为 3∶1～4∶1。这为电热锅炉的应用和发展提供了有力的政策和技术经济支持，从而，

---

❶　本图由浙江力聚热能装备股份有限公司提供。
❷　详见《中共中央　国务院关于加快经济社会发展全面绿色转型的意见》（2024 年 7 月 31 日）。

蓄热式电热锅炉得到了大力推广和应用。

蓄热式电热锅炉分整体式和分散式两类。前者是将电热锅炉、蓄热器、蒸馏水生产装置等结合为一体。锅炉筒体下部插入电热管，上部为蒸汽空间，结构紧凑。利用蒸汽降压时自发产汽的原理，储存多余蒸汽或供应所储蒸汽。供热系统蓄水温度一般为180～200℃，蒸汽压力为1～1.4MPa。它体积小，蓄热能力大，特别适用于医院、学校、宾馆和制药企业等需要蒸汽、开水、蒸馏水及供暖等多种负荷的场所。

分散式蓄热式电热锅炉实际上是除锅炉本体外再装置一台蓄热器（图6-41）。当供电负荷处于低谷时段时，电热锅炉满负荷运行，此时将富余热能储存于蓄热器；当供电负荷增大并处于高峰时段时，自动控制电热锅炉低负荷运行或停止运行，由储存在蓄热器中的热水或蒸汽向供热系统供热。这样，既能起到削峰填谷的作用，又充分利用廉价的低谷电力，降低了运行费用，达到经济运行的目的。

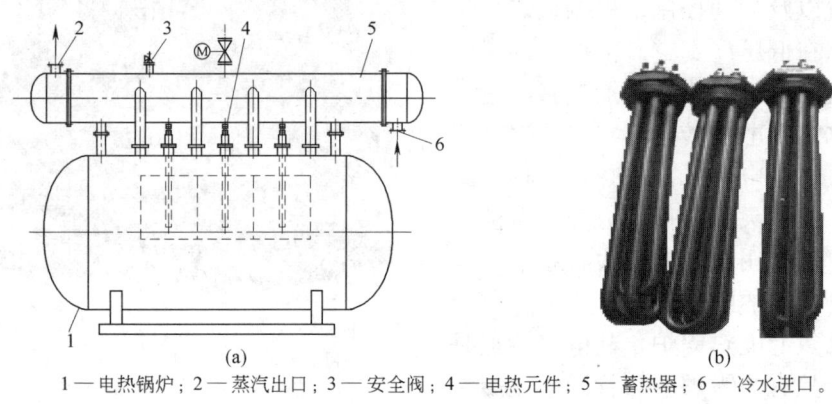

1—电热锅炉；2—蒸汽出口；3—安全阀；4—电热元件；5—蓄热器；6—冷水进口。

图6-41 分散式蓄热式电热锅炉示意图
（a）电热锅炉；（b）电热元件

图6-42所示为一大功率的高温固体蓄热式电热锅炉。它是按照夜间低谷电时长设计的，通电加热时间都是在夜间低谷电时段内完成热能存储。当出现诸如冬季极端天气或某一时段热超载工况等不可预见的情况时，可在低谷电时段外加热补热，以解决热能不足的问题，运行非常灵活。它的供电电源为10kV和380V两种规格（超过10kV需要单独设计），大型机组在用户现场安装，设计使用寿命为20年。

此型蓄热式电热锅炉的多级电加热单元，是由一种特殊合金制作、串并联组成的电加热组，利用电阻将电能转换为热能。固体蓄热池则是蓄热的主体，由特种蜂窝式氧化镁砖构建，用来吸收并存储电能转换而成的热能。氧化镁不导电，容量大，寿命为25年左右；蓄热温度可达800℃；耐高温，占地面积仅为水蓄热的1/7。耐高温的变频风机将循环空气送入高温蓄热池内，空气在池内与蜂窝式氧化镁砖（约800℃）进行热交换，升温后流经换热器与管内介质换热，放热后的低温空气再由风机送往蓄热池加热，如此周而复始地循环工作。换热器中的换热介质可以是水或有机热载体（导热油），也可以是空气。通过换热器热交换后，通常可以向热用户输出85℃的热水或300℃的蒸汽，或300℃的热油或400℃的热风。

电功率供给柜组（高、低压控制柜）是为整台蓄热式电热锅炉提供电能的设备。自动

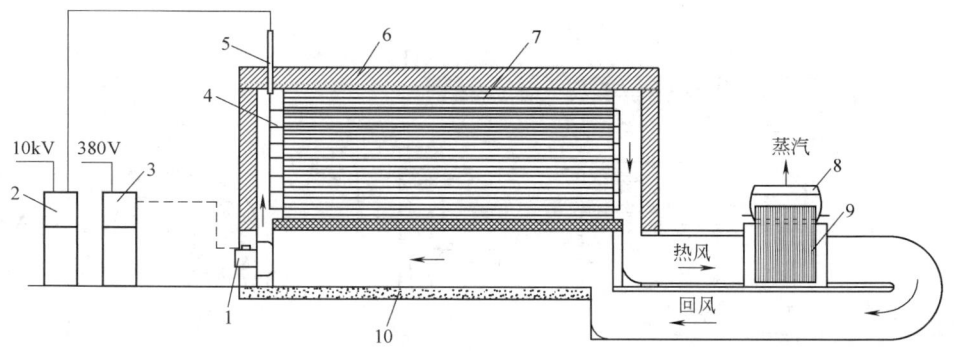

1—耐高温变频风机；2—高压控制柜；3—低压控制柜；4—电热元件；5—电源接线座；
6—隔热材料；7—固体蓄热材料（氧化镁砖）；8—锅筒；9—换热器；10—地面承重结构。

图 6-42　高温固体蓄热式电热锅炉

程序控制指令控制是整个蓄热系统的"心脏"，所有的程序指令都预先编好并存储在此柜内的芯片中。锅炉运行的所有参数，通过压力、温度、流量和湿度等传感器将数据传递给自动程序控制指令系统，据此对系统的各运行单元进行精确控制。

由于蓄热池和高温空气循环通道一直处于高温状态，需要与外界热绝缘，所以整台电热锅炉的多个部位必须做好有效的绝热保温，以减少散热损失。

与传统的燃煤、燃油和燃气锅炉相比较，电热锅炉的主要优点是结构简单，仅是装有电加热管的容器，即只有"锅"，没有"炉"——燃烧设备；最洁净，无任何烟尘和有害气体排放，对环境为"零"污染；热效率高，通常在95％以上；无噪声，没有鼓、引风机及燃烧器产生的噪声；没有较多的转动机械，维修费用和难度较低；运行安全可靠，具有超压、超温、超电流、短路、缺相和断水等多项自动保护功能，实现自动化运行，无人值守。但它也有缺点，首先，高品位电能转化为低品位热能；其次，初投资较高，涉及电网改造及设备配置等工程，且需要高品质的电热元件及控制系统；最后，运行费用目前还较高，虽然可充分利用廉价低谷电蓄热，但许多城市无低谷电优惠政策，推广使用受到一定的限制。

**六、真空锅炉**

真空锅炉是利用真空状态下水的沸腾汽化与冷凝过程，将燃料燃烧产生的热量间接加热供暖或生活所需热水的换热设备，全称为真空相变热水锅炉。

图 6-43 所示为真空相变三回程热水锅炉结构示意图。此型锅炉的汽锅密闭，由自动真空泵抽吸形成一个负压腔体。它分上、下两大部分，上半部分为蒸汽空间，也称负压蒸汽室，其内装有冷凝换热器；下半部分充注锅水，其结构与普通多回程烟管锅炉相似，由燃烧室和蒸发受热面管束组成。

锅炉运行时，燃气与空气预先按比例充分混合，然后经水冷管屏后由燃烧器喷入炉内燃烧，高温烟气经与水冷壁和对流管束换热后排于大气。锅水在真空状态下被加热至沸腾、汽化，产生相应压力下的饱和蒸汽。进入负压蒸汽室的蒸汽与冷凝换热器管束接触，由于冷凝换热器内的水温低，蒸汽即在其表面冷凝而放出汽化潜热，将热量间接地传递给被加热的水；热水则连续不断地送往用户，供供暖和生活使用。蒸汽冷凝形成的水滴跌落至下部的锅水中，重新被加热、汽化。锅水就这样不断地在锅内真空状态下进行着"加热→

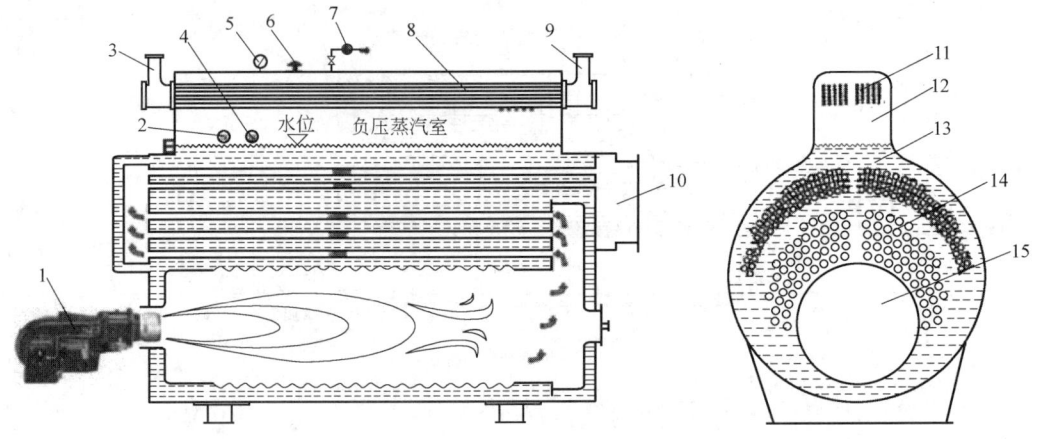

1—燃烧器；2—控制温度；3—冷（回）水进口；4—保险温度；5—数字控制器；
6—防爆阀；7—真空泵；8、11—冷凝换热器管束；9—热水出口；10—烟气出口；
12—负压蒸汽室；13—热媒水；14—烟管；15—炉膛。

图 6-43　真空相变三回程热水锅炉结构示意图❶

蒸发→冷凝→再加热"的循环工作（图 6-44）。

图 6-44　真空相变热水锅炉实体图❶

真空相变热水锅炉的正常工作温度在 90℃ 上下，相应的真空度为 31kPa。锅炉的锅水是预先经过软化、除盐、脱氧处理的净水，它在出厂前一次性充注完成，在封闭的锅内循环使用过程中不添加、不减少，在使用寿命内只用"一锅水"。也就是说，整台锅炉待加热的冷（回）水进入内置的冷凝换热器管束升温后直接送至用户（不进入锅内）；而锅炉本体中的热媒水封闭在锅内（不变的），其温度由温度控制装置控制在 60℃ 以上。这样，杜绝了传统锅炉受热面结垢和因回水温度过低而引起的腐蚀问题，因此正常使用寿命可达 20 年以上，比常规热水锅炉的寿命要高出一倍左右。

由于此型锅炉是在负压状态下运行的，没有爆炸危险，安全性极佳。即使冷凝换热器因外界压力产生泄漏或发生意外故障，保险温度、控制温度和真空压力等控制器及防爆装置可以确保锅炉运行的安全。由于它不属于压力容器，无须经压力容器规范的各种检查验证和操作人员的上岗资格审查；布设地点也不受限制，地下室、地面层、中楼层或屋顶处均可安装运行。

低压饱和蒸汽在负压蒸汽室里与冷凝换热器进行的是相变换热，传热系数远高于常规

---

❶　本图由浙江力聚热能装备股份有限公司提供。

套管式换热器中的水-水对流换热，换热性能好，有效提高了热效率，此型锅炉的热效率可高达90%以上。

需特别指出的是，该型锅炉采用的是水冷预混燃烧器（图6-45）。它在全预混燃烧的基础上，利用真空相变锅炉的热媒水冷却火焰，大大降低了火焰温度，从而可有效地抑制$NO_x$的生成，实现低氮排放（$< 30 mg/m^3$），保护环境。此项水冷预混专利技术采取在燃烧器管口上加装水冷却套的措施来局部降低气流的温度，从而降低火焰传播速度，以避免回火。它从原理和结构上解决了预混燃烧回火的风险，还彻底克服了常规预混表面燃烧发生的燃烧筒容易堵塞和过量空气系数过大的缺点。

此外，此型锅炉的负压蒸汽室两端是可拆卸的水室盖板结构，打开后可直接用毛刷清洗换热管，也可用化学方法清洗，维修保养方便。

真空相变热水锅炉由于特殊的结构形式，可一机多用。冷凝换热器回路可设计为单回路、双回路、三回路甚至五回路，同时提供多路及不同温差的热水：$\Delta t = 10℃$，进/出口温度为45℃/55℃或50℃/60℃（适用于地暖、中央空调供暖）；$\Delta t = 20℃$，进/出口温度为40℃/60℃（适用于生活热水）；$\Delta t = 25℃$，进/出口温度为50℃/75℃或70℃/95℃（适用于散热器供暖）。除了供应空调供暖、生活热水以及泳池、宾馆酒店等外，也可为各类工矿企业提供生产工艺所需的热水。

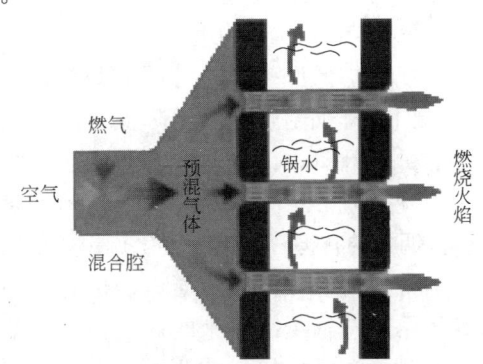

图6-45　水冷预混燃烧器结构示意图

此型锅炉可模块化设计，采用高性能换热组件，结构紧凑、机体小，便于运输和现场安装。它的额定供热量为0.35～7MW，标准承压为1.0MPa；额定排烟温度为110℃±10℃；热效率可达94%。

### 七、冷凝锅炉

在燃煤、燃油和燃气工业锅炉设计制造时，为了避免和防止锅炉尾部受热面腐蚀和堵灰，排烟温度一般不低于180℃，高者可达250℃。显然，烟气中的水蒸气是以气态形式随烟气排于大气的。高温烟气排放不但造成大量热能的浪费，同时还给尾部烟气净化处理带来困难，不利于环境保护。

随着科学技术的发展和高效节能及环保要求的日趋提高，人们反向思维，将锅炉的排烟温度降低到足够低的水平，让排烟中呈过热状态的水蒸气在换热面上冷凝而释放出汽化潜热。这种利用降低排烟温度获取显热和利用烟气中水蒸气冷凝放出汽化潜热的换热设备，称为冷凝锅炉❶。它有效降低了排烟热损失，锅炉的热效率得以大幅提高。

传统的供热锅炉的排烟温度为160～200℃，以燃料的低位发量为依据计算，锅炉热效率一般只能达到85%～90%。目前各种类型冷凝锅炉把排烟温度降到40～60℃，利用了烟气中水蒸气的汽化潜热，使热效率大幅提高，可达105%～111%。可见，在供暖和

---

❶　冷凝锅炉可定义为烟气中水蒸气连续凝结释放汽化潜热的锅炉。世界上首台冷凝锅炉于1979年诞生于荷兰。由于其明显的节能和环保效益，自20世纪80年代起在北美和欧洲各国得到迅速发展和广泛应用。

生活热水供应系统中使用冷凝锅炉，可大大减少燃料的消耗量。

蒸汽的冷凝形态分为膜状冷凝和珠状冷凝，如果冷凝液能较好地润湿冷凝表面且在其上形成液膜，则称为膜状冷凝；如果冷凝液不能较好地润湿冷凝表面，而是在凝结壁面上形成一个个小液滴，则称为珠状冷凝。研究表明，珠状冷凝比膜状冷凝更有利于燃气锅炉尾部烟气与冷却介质之间的换热。烟气中可利用的水蒸气冷凝热的多少，与燃料的种类、化学成分和排烟温度等因素有关。

燃料中以气体燃料（含氢量最多）燃烧时生成的烟气中水蒸气所占份额（15%～19%）最大，液体燃料（10%～12%）次之，固体燃料最少，即燃气、燃油锅炉的烟气中可资回收利用的汽化潜热最多。

以一台燃气锅炉为例，若锅炉给水或热网回水的温度为20℃，排烟温度降至30℃以下，烟气中80%以上的水蒸气被冷凝，释放出的汽化潜热约为3000kJ/m³；由于排烟温度比常规锅炉低许多，还可回收烟气的显热约1100kJ/m³，从而使锅炉热效率提高13%左右。如果排烟温度进一步降低，使烟气中的水蒸气全部冷凝放出汽化潜热，按燃料的低位发热量来计算，锅炉热效率可高达109%，节能效果十分显著。

冷凝锅炉除了节能效益外，烟气在冷凝过程中其气体组分被冷凝水吸收或发生化学反应，使得排烟中的有害气体（三氧化硫、氮氧化物）大为减少，对保护环境也具有重要意义。

与常规锅炉一样，冷凝锅炉也有多种分类方法。但由于冷凝锅炉最显著的特点是装有将烟气中水蒸气凝结下来的换热器，通常称之为冷凝换热器。按冷凝换热的方式，它可分直接接触式和间接接触式两类。

1. 直接接触式冷凝锅炉

直接接触式冷凝锅炉是指在加热过程中，冷却介质（通常为水）直接与烟气通过喷淋、浸没等方式接触，从而完成冷凝换热过程。直接接触式冷凝换热的优点在于消除了换热器壁面热阻，最大限度地强化换热过程；缺点是水与烟气直接接触，吸收烟气中的有害物质，会增加废水处理成本，倘若处理不当还会造成二次污染。

图6-46所示为直接接触式冷凝锅炉示意图。这台冷凝锅炉是为一些热效率低的供暖锅炉尾部余热利用装置而设计的。也就是说，在供暖季节，它利用供暖锅炉温度较高的排烟余热，实质上就是作为省煤器使用的。在非供暖季节，它可以燃烧燃气单独运行，供应热水。

这种热水锅炉对水进行两次加热，第一次加热在接触热质交换室中进行，水被其他供暖锅炉来的排烟和本锅炉燃气燃烧产生的高温烟气加热到40～45℃。然后进入锅炉下部的鼓泡水室，在那里由浸没

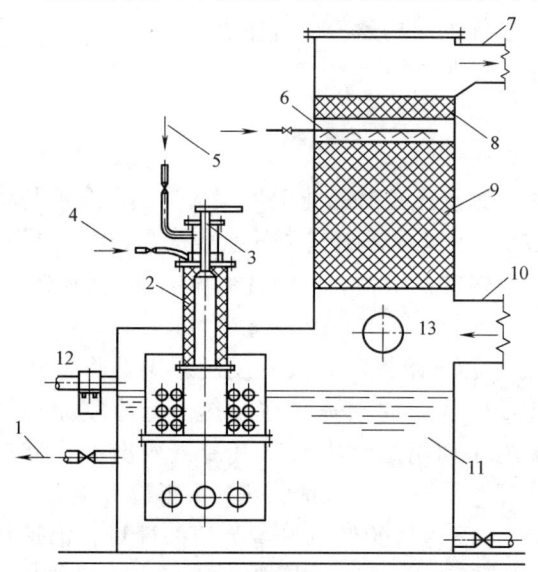

1—热水出口；2—浸没式燃烧器；3—电火花点火器；4—燃气入口；5—空气入口；6—配水器；7—排烟出口；8—汽水分离器；9—接触热质交换室；10—来自供暖锅炉尾部的烟气；11—鼓泡水室；12—水封溢流管；13—防爆门。

图6-46 直接接触式冷凝锅炉示意图

燃烧产生的热烟气进行第二次鼓泡加热,热水温度最高可达到85～90℃。为减少烟气带走的水滴,接触室上方出口处装置有汽水分离器。

为增加冷凝面积和提高冷凝效果,接触热质交换室用25mm×25mm×3mm的拉西瓷环作填料,层高为800mm。为防止鼓泡水室的水位过高,设有水封溢流管;另外装有防爆门,确保锅炉运行安全。

2. 间接接触式冷凝锅炉

间接接触式冷凝锅炉也称间壁式冷凝锅炉,按照其冷凝换热器的结构不同,可分为整体式冷凝锅炉和在常规锅炉尾部加装冷凝换热器的分离式冷凝锅炉两种。

(1) 整体式冷凝锅炉

整体式冷凝锅炉的特点是在锅炉内实现烟气中水蒸气的冷凝,是专门独立设计的受热面一体化的供热设备。它大多采用独特的燃烧技术,大大缩小了锅炉的炉膛容积和整体尺寸,结构紧凑,性能优异。

图6-47所示为整体式燃气热水冷凝锅炉,主要由燃烧器、辐射受热面和对流受热面等组成。它采用了无焰燃烧技术,燃气和空气在进入燃烧器之前按比例自动预混,充分混合后由耐高温不锈钢制成的网状喷嘴喷出,形成无焰燃烧,达到充分燃烧的效果,并因此缩小了燃烧室及锅炉的体积。此型燃烧器经过高达5万多次的启动试验,可获得1:5的调节范围,并能提供均衡的热输出,确保高效燃烧和低$NO_x$排放。

此型冷凝锅炉的对流受热面管子由两层金属构成:与水接触的受热面为不锈钢;与烟气接触的受热面为带有波纹的铝翅片,铝的传热系数是不锈钢的10倍,有更好的传热效果。采用铝翅片,使与烟气的换热面积增大了5倍,还因它的作用,烟气在管内形成高速烟气流动和涡流的界面层,进一步强化了传热。当烟气温度高达900℃时,周缘翅片的末端温度仍然很低。这是一项专利传热技术,可以使烟气流经受热面管时的温度迅速降低而进入冷凝状态。由图6-47可见,此型锅炉受热面管束垂直排列,产生的冷凝水不可能在受热面上滞留,而是向下流入不锈钢冷凝水收集器和排污系统。

当室内为地面布置的散热器供暖时,宜采用低温供水,回水管接至低温水回水口,锅炉冷凝效果更好;当室内为高温水供暖时,回水管接至高温水回水口。

图6-48所示为另外一种整体式燃气冷凝锅炉。它结构紧凑、效率高、易安装、保养维修简便,运行安全可靠。锅炉组装出厂时,经由厂方性能校验,可以保证高性能、无故障和长寿命地运行。

这台高性能燃气冷凝锅炉组装出厂,炉体用碳钢制造,换热器用不锈钢制造,配有控制仪表盘、显示器和安全控制装置。从图6-48可以看出,它有一个独特设计的燃烧器和热交换系统,可以充分利用热能和灵活地使用热水。另有一个独特的空气通道设计,可预热空气,当停止燃烧时可以自动阻止空气进入锅炉,以减少热损失;保温层采用高密度保温材料,可使散热损失控制在0.10%左右。最后需要指出的是,它的整体设计考虑得比较周全,主要组成部件都可以移出锅炉炉体进行维护检修,接管部分布置在锅炉后侧,需要例行检查维护部分则统一布置在锅炉前端。它组装出厂,现场安装工作量少,使安装费用降至最少;大修时,锅炉可以拆分为三大部分,可方便地在锅炉房内进行检修和重新组装。

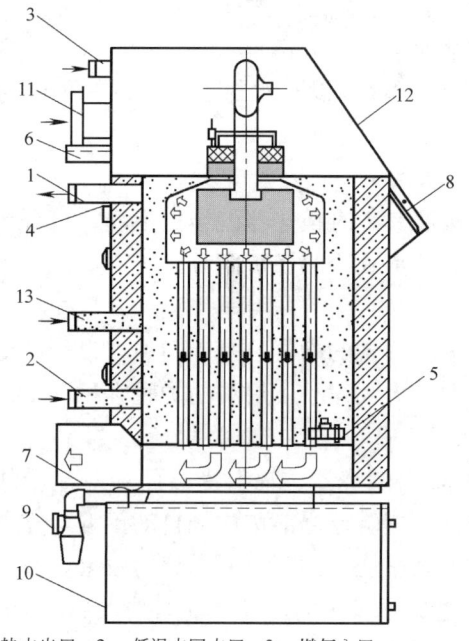

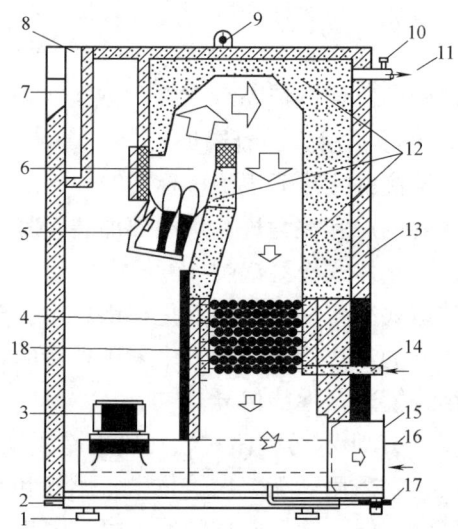

1—热水出口；2—低温水回水口；3—燃气入口；
4—电连接；5—排污管；6—安全阀；7—烟气出口；
8—控制盒；9—带水封的冷凝水排水口；10—可选
　　的带冷凝水浆的中和器；11—冷空气入口；
　　12—控制仪表盘；13—高温水回水口。

图 6-47　整体式燃气热水冷凝锅炉

1—防震器；2—燃气入口；3—风机（可调节位置）；
4—主冷凝换热器（可由前面移出）；5—燃烧器（可移出）；
6—燃烧室；7—控制仪表盘；8—供电；9—吊装耳；
10—水流开关；11—热水出口；12—热交换器内流动的水；
13—保温层；14—冷水入口；15—烟气出口；
16—冷空气进口；17—冷凝水排出（配有水封）；
18—第二冷凝换热器。

图 6-48　整体式燃气冷凝锅炉

## （2）分离式冷凝锅炉

从目前我国锅炉产品来看，较大容量的整体式冷凝锅炉不多，通常采用分离式结构，将烟气中水蒸气冷凝部分设置于锅炉外面，类似燃煤锅炉装设的省煤器，称为烟气冷凝热能回收装置。即在常规锅炉的尾部烟道里加装一个烟气冷凝热能回收装置，使之组成为分离式冷凝锅炉。它也可分直接接触换热型和间接接触换热型两类。

直接接触换热型冷凝锅炉与前述直接接触式冷凝锅炉相似，接触换热室与锅炉烟道相连，给水由配水管喷淋下落，在接触换热室与烟气逆向流动进行热质交换，热能回收率很高，同时能高效除尘和吸收诸如三氧化硫和氮氧化物等有害物质。但是此类锅炉热量回收的品质不高，热媒水具有酸性，使用受有限制。

间接接触换热型冷凝锅炉，从本质上讲就是在常规锅炉中装设了省煤器，所不同的是常规锅炉的省煤器只回收烟气显热，而间接接触换热型冷凝锅炉既回收显热，又回收烟气中水蒸气的潜热。

图 6-49 所示为一燃气热水锅炉上配置了间接式冷凝换热器（右侧）的间接接触换热型冷凝锅炉。虽说是分离式冷凝锅炉，国内目前生产的相当一部分是把分离式冷凝换热器和锅炉本体组装为一体，结构紧凑，便于组装出厂和运输。但从概念上讲，它仍属于分离式结构，冷凝换热器属于可选部件。当不选配装设间接接触式换热器时，实际上就是一台常规的热水锅炉。

1—锅炉本体；2—风机；3—混合器；4—燃气阀（进口）；5—安全阀；
6—烟气转向通道；7—冷凝换热器；8—底座；9—排烟出口。

图 6-49    间接接触换热型冷凝锅炉❶

无论配置何种烟气余热利用装置，都必须保证锅炉烟气系统正常运行，可以并排设置两个烟囱，一个用于排放高温烟气，另一个排放低温烟气；也可以合二为一仅装设一个烟囱。水循环回路需设置旁路，给水可直接进入锅炉，这样即使换热装置停止运行也不会影响锅炉正常工作。

此外，冷凝液的腐蚀性和低温烟气在排出过程中的冷凝情况要倍加注意，应采取有效的技术措施，以免对环境造成危害。冷凝液收集装置需进行防腐处理，并保证不流入锅炉。烟气出口温度不宜过低，并保持较低的相对湿度，使烟道内壁不发生冷凝现象，以避免烟道遭受腐蚀。

图 6-50 为另外一种分离式燃气燃油热水冷凝锅炉，型号为 WNS1.4-0.4/75/50-Q/y。它的本体结构与常规的三回程烟气锅炉基本相同，不同的是它的锅筒背负了一个冷凝换热器，其水容积通过三根大直径钢管与锅筒水容积连为一体。如此，布置在锅筒左上方的省煤器吸收尾部烟气的显热，加热了锅炉给水；冷凝换热器则吸收烟气中水蒸气的汽化潜热，可将排烟温度降至 60℃ 以下，提高了锅炉热效率，燃气燃油均可达到 95% 以上，节能效果显著。

此型冷凝锅炉的额定热功率为 1.4MW，额定工作压力为 1.25MPa；热水供水额定压力为 0.4MPa，供/回水温度为 75℃/50℃。

图 6-51 所示为分离式冷凝换热器和锅炉一体化的燃气冷凝锅炉示意图。燃气和供燃烧的空气预混后由燃烧器喷入炉内燃烧，高温烟气二回程流动，在波纹形火筒后端折返向上进入对流管束，然后流经布置在尾部烟道中的空气预热器和冷凝器受热面进行热质交换，最后由烟囱排出。燃烧所需的空气（20℃）由鼓风机送往空气预热器加热至 130℃，大约吸收 5.6% 的烟气显热后与燃气混合，由燃烧器喷入炉内燃烧。烟气中的水蒸气在冷

---

❶ 本图由浙江力聚热能装备股份有限公司提供。

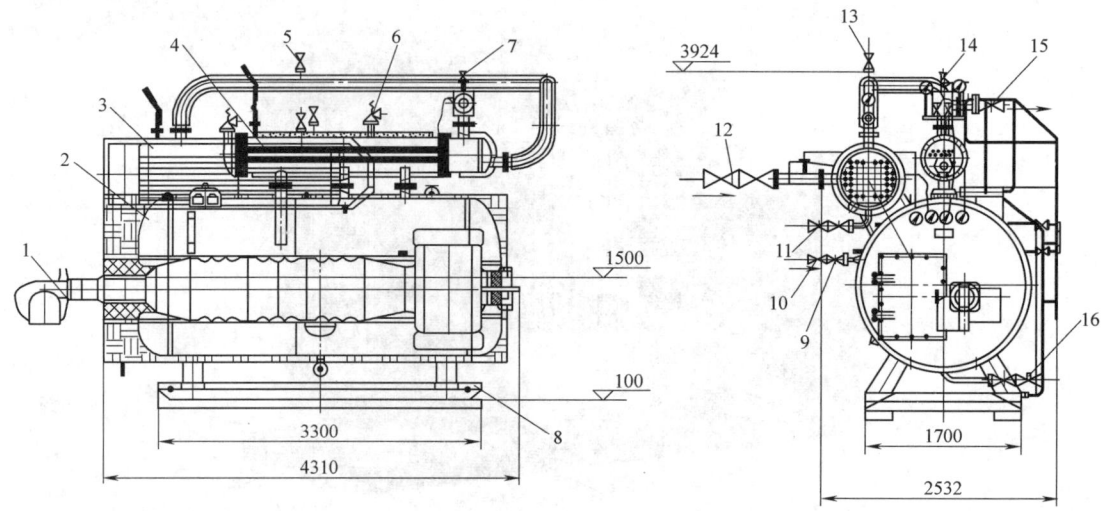

1—燃烧器；2—锅炉本体；3—省煤器；4—冷凝换热器；5—放气阀；6—安全阀；
7—放气阀；8—锅炉底座；9—给水阀；10—止回阀；11—排污阀；12—止回阀；
13、14—放气阀；15—热水出口阀；16—排污阀。

图 6-50  分离式燃气燃油热水冷凝锅炉

凝器中被冷却直至冷凝，释放出的汽化潜热提高锅炉热效率 7.8% 左右，至此排烟温度已降至 55℃，整台锅炉的热效率达到了 103.4%。

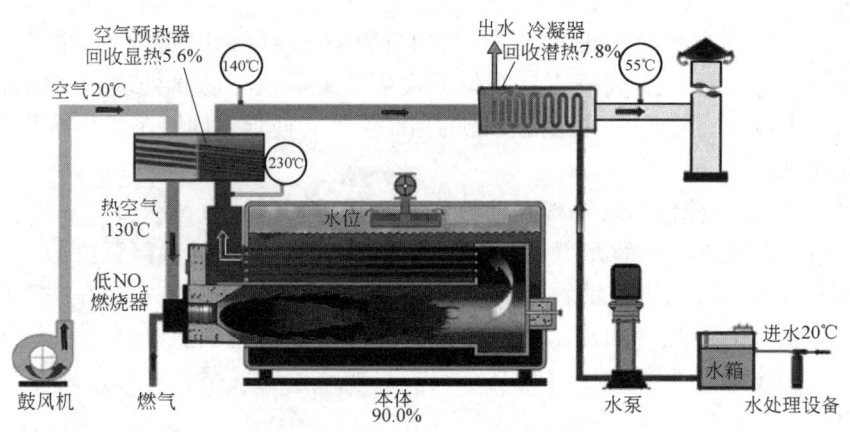

图 6-51  分离式冷凝换热器和锅炉一体化燃气冷凝锅炉示意图

图 6-52 所示是一台燃气超低氮分离式冷凝蒸汽锅炉❶。它采用高效率、低应力卧式湿背内燃烟气二回程结构，将大量低温受热面（冷凝换热器）布置在锅炉本体受压区外，加大蒸汽空间，提高蒸汽干度，降低锅炉热应力，避免了锅炉本体金属的低温腐蚀。此型锅炉将锅炉本体、空气预热器和冷凝换热器有机组合成一体机，还配置有先进的变频分体式超低氮燃烧器和智能控制系统，从而有效提高锅炉热效率。

---

❶  本产品为北京科诺锅炉有限公司生产。

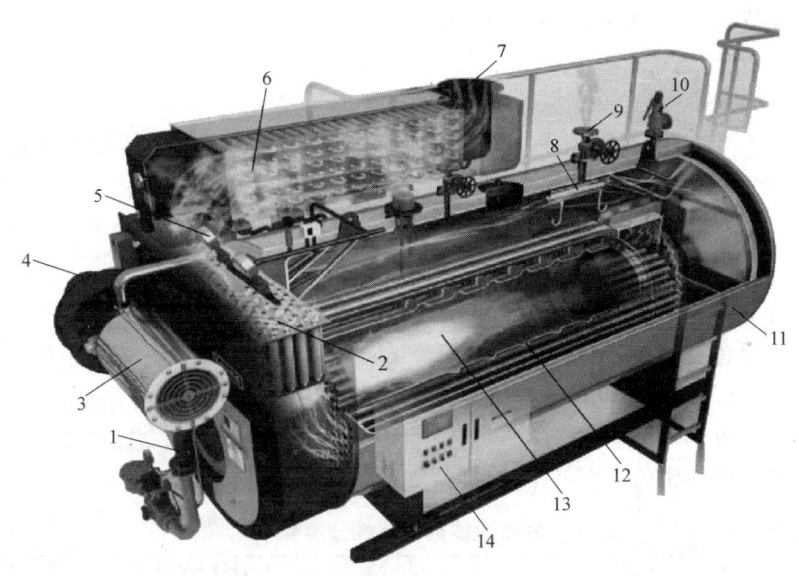

1—燃烧器；2—空气预热器；3—消声器；4—风机；5—压力表；6—冷凝换热器；
7—烟气出口；8—汽车分离装置；9—主蒸汽阀；10—安全阀；
11—锅筒；12—波纹形炉胆；13—炉膛；14—智能控制器

图 6-52  燃气超低氮分离式冷凝蒸汽锅炉

此型锅炉管路系统简单可靠，安装占地面积少，烟风通道简洁流畅。由于低温冷凝换热，最大限度回收烟气的显热和烟气中水蒸气冷凝的潜热，使锅炉的热效率提升到103%，并实现超低氮排放（≤30mg/m³）。

此型锅炉采用超大波纹炉胆，既增大了燃烧空间，使锅水受热均匀；又能降低火焰温度，有利于实现超低氮排放。分离式冷凝换热器设置在炉顶，与锅炉本体组成一体机，结构紧凑；冷凝换热受热面采用优质钢＋硅镁铝合金缠绕复合管，传热性能好，耐腐蚀性强。空气预热器装置在炉前上方，低温情况下可快速启动，空气和烟气呈双向强逆流流动，换热强烈，空气可被迅速加热，送往燃烧器，既利于燃气着火，又使燃烧完全，燃烧效率可达99.9%。

变频分体式超低氮燃烧器为意大利产品，它拥有燃烧三级分布、空气四级混合、预混合烟气内循环等多项燃烧专利技术，使燃气燃烧完全、稳定；独特的烟气循环技术的应用，使排烟中氮氧化物质量浓度≤30mg/m³。采用电子比例调节安全管理控制器和变频器，全程高精度调节，高、低负荷平滑过渡，可精准跟踪和适应热用户负荷变化情况。

此外，该锅炉还采用了高分辨率、高存储空间、大屏液晶显示触摸屏，以及高性能可编程控制器匹配，具有一键启停功能和高低水位/超压/超温报警等联锁安全防护功能，可实时记录锅炉运行工况。这些良好的人机对话功能，保证了全面监控和锅炉的经济安全运行。

总之，冷凝锅炉的冷凝换热段处于低温区，冷凝释放的汽化潜热属于低温热能，要加以利用，所需的换热面积要超过常规换热设备，投资费用较高；同时，冷凝液的露点腐蚀严重，也威胁着冷凝换热器和附件工作的安全。这也是以往传统燃油、燃气锅炉并没有对烟气中水蒸气的汽化潜热加以利用的主要原因。诚然，在目前全世界能源紧缺和环境保护的双重压力下，随着科学技术发展和高效燃烧技术、强化传热技术及耐腐蚀材料技术的不断进步，从高效节能和环境保护的急切需要考虑，这种采用冷凝换热的冷凝锅炉将会倍受重视，应用前景十分广阔。

**八、导热油锅炉**

导热油锅炉是一种新型特种锅炉，也称为有机热载体锅炉。它具有低压高温的工作特性，工作压力一般不高于1MPa，甚至是常压，而供热温度可达到液相340℃或汽相400℃。因此，近年来，这种以有机质或导热油为热载体的导热油锅炉在石油化工、纺织印染、橡胶制革和木材加工等行业得到了日益广泛的应用。

常规锅炉的工质是水，导热油锅炉的工质是导热油，又名有机载热体或热传导液，是用于间接传热的所有有机物质的统称。按其产品来源，导热油分矿物型和合成型两类。前者为石油精制过程某一馏程的产物，特点为黏度大，可使用寿命短，易结垢、结焦；后者是通过化学工艺合成的，成分相对单一，具有热稳定性好、使用温度范围大、寿命长及可再生等特点。按其热稳定性，导热油的划分如表6-2所示。

导热油按热稳定性分类❶ 表6-2

| 项目 | 质量标准 | | | | | | |
|---|---|---|---|---|---|---|---|
| | L-QB | | L-QC | | L-QD | | |
| 最高允许使用温度(℃) | 280 | 300 | 310 | 320 | 330 | 340 | 350 |
| 热稳定性(最高允许使用温度下加热)(h) | 720 | | | | 1000 | | |
| 外观 | 透明,无悬浮物和沉淀 | | | | | | |
| 不变质率(%) | ≤10 | | | | | | |

导热油锅炉是一种提供间接加热的直流式特种热工设备。按导热油在锅炉内工作的状态不同，分液相导热油锅炉和气相导热油锅炉两种。前者与热水锅炉相似，导热油在锅内被加热的过程中不发生相变，当加热到预定温度后仍呈液相被送往热用户，在管内以自身的显热与管外介质或物料进行换热，然后流回锅炉再次被加热，如此循环往复地工作。气相导热油锅炉则与蒸汽锅炉相似，导热油被加热后会汽化生成导热油蒸气，与外界换热时被冷凝而释放出汽化潜热，冷却后的导热油重回锅炉加热、汽化，周而复始地运行。由于液相闭路循环的换热系统不渗漏，热损小，节能效果显著和运行成本低等，因此应用最多的是液相导热油锅炉。

导热油具有较高的热容量和较低的黏度，在常压下它的初馏点比水的蒸发温度高出数倍，高温导热油至340℃仍不汽化，要是用常规锅炉使蒸汽达到相同的温度，其饱和蒸汽压力为14.93MPa，即可以大大降低高温加热系统的工作压力，可以用低压供热系统取代高温供热系统，从而降低设备和管道投资，并使供热系统运行的安全性与可靠性得到更好的保证。而且，它可以在更宽的温度范围内满足不同温度加热、冷却工艺的需要，或在同一个系统中用一种导热油同时实现高温加热和低温冷却的工艺要求，从而可以降低系统和操作的复杂性。

此外，导热油还具有优良的导热性能，其导热系数为0.09W/(m·℃)，是水蒸气的

---

❶ 详见《有机热载体》GB 23971—2009。

3.8倍，供热均匀，稳定性好。而且，导热油对普通钢设备和管道基本上无腐蚀作用，也无须采取类似蒸气供热系统的给水软化、除氧等复杂的处理措施，系统较为简单，降低了成本。

与蒸汽锅炉相比较，导热油锅炉液相循环加热，无冷凝排放热损失，供热系统的效率高，可节能34%～45%。因其水处理设备及系统可以简化或省略，可以代替水资源缺乏地区以水为介质的蒸汽锅炉。

另外，导热油锅炉能精确地调控温度，在锅炉和管路中的热载体（导热油）温度稳定，没有蒸汽锅炉中蒸汽温度波动较大的情况发生。

再者，作为热载体的导热油，无毒、无味，也无环境污染，使用寿命长。而且，此型锅炉投资小，易于制造，运行费用也低。因此，导热油锅炉现已广泛应用于需要高温的工农业生产领域。

导热油锅炉的燃料可以是煤、油、气，也可以是太阳能或电能，导热油由循环泵驱动强制液相循环，将其热能输送给用热设备，经间接换热降温后返回锅炉重新加热，是一种典型的直流式特种锅炉。它的结构形式、燃烧方式、受热面布置和传热过程与传统锅炉相同，也分立式和卧式两个大类。

图6-53所示为一卧式燃气导热油锅炉结构示意图。它的燃烧室由盘管相切连接的膜式水冷壁构成，盘管前部和前炉门连成一体进行绝热保温。燃气燃烧生成的高温烟气与水冷壁辐射换热后，流经由锅炉室外壁和对流受热面的内壁形成的第二烟道流程，再经由对流受热面外壁和炉墙内壁形成的第三烟道流程，然后折返向上转弯进入布置在燃烧室上方的空气预热器烟管管束，最后经后烟箱从上方出烟口排出。

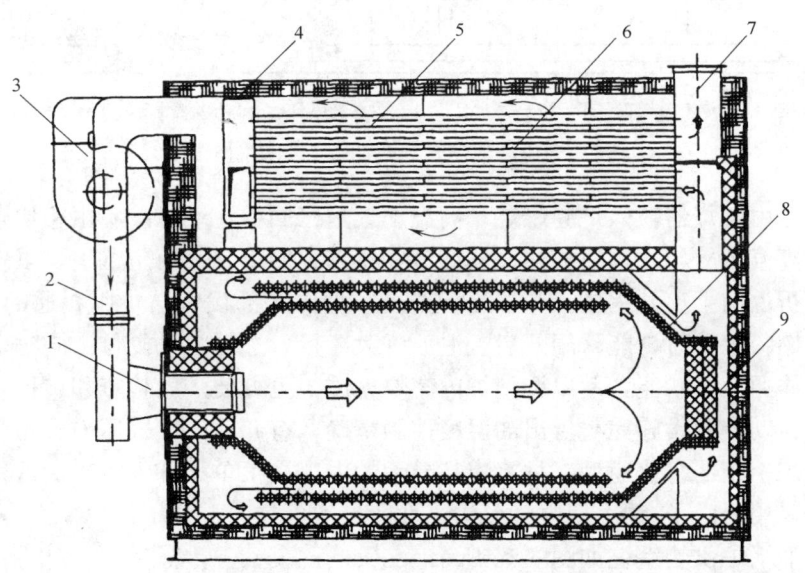

1—燃烧器；2—热风道；3—鼓风机；4—烟气转弯通道；5—烟管；6—空气预热器空气侧隔板；7—烟气出口；8—炉膛盘管受热面；9—堵头。

图6-53　卧式燃气导热油锅炉结构示意图

导热油从对流受热面的后部进入，然后流经燃烧室膜式水冷壁受热面，被加热到一定温度后进入循环系统向外供热。盘管内的导热油分别吸收辐射传热和对流传热，由导热油加热系统内设置的循环油泵提供动力，实现闭路强制循环。

此型导热油锅炉具有结构紧凑、占地面积小、材料省和造价低等优点。它的容量为 0.116~7MW，实际运行时，一般采用 240℃ 的回油温度和 280℃ 的出油温度，热效率可达 87%。需要注意的是，这种导热油锅炉因容量小，一旦发生停电，炉墙蓄热和炉膛内烟气余热会使各受热面继续吸热，有可能造成导热油温度持续升高而结焦，甚至发生爆管事故而酿成火灾。所以，一旦停电，必须马上打开放油阀门，关闭锅炉和循环系统的进出油阀，将高温导热油缓缓放入储油槽，让高位油槽中的冷油慢慢地进入锅炉，及时带走热量，确保锅炉的安全。

图 6-54 是一台燃油燃气导热油锅炉的结构图。它的炉膛由大直径盘管组成；炉体内、外螺旋盘管采用多头、小管径钢管制作，盘管的热膨胀性能好，应力小。另外，它的烟箱设计独特，炉盖采用整体结构，多级迷宫式密封；密封工艺和材料特制，压缩性好，能完全杜绝炉内烟气外泄。

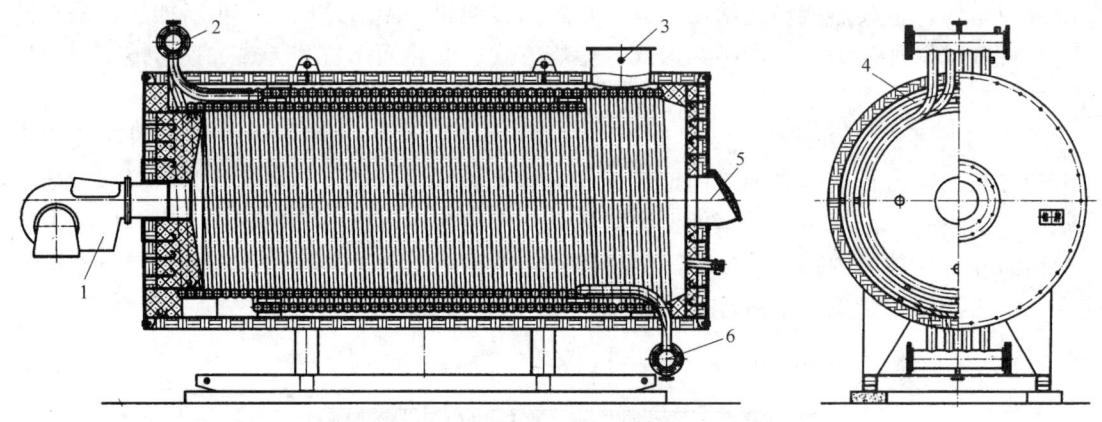

1—燃烧器；2—导热油出口联箱；3—烟气出口；4—盘管受热面；5—防爆装置；6—导热油进口联箱。

图 6-54　燃油燃气导热油锅炉结构图

燃油、燃气由燃烧器喷入炉膛燃烧，高温烟气呈三回程流动。炉膛由相切盘管构造为膜式水冷壁，高温烟气与之辐射换热，然后流经狭缝式的第二、第三烟道，以较高流速对流换热，最后折返向上离开锅炉。为了运行安全，炉体尾部设有与炉膛相通的防爆装置，万一炉内发生燃料爆燃时，能瞬间开启，泄放巨大能量，过后自动复位。同时，它还具有观火视镜和检修通道的功能，用以调整炉内燃烧火焰，也方便炉膛检查和维护。

此型锅炉自动控制设施完善，出油温度控制精确，有介质温度、压力及超烟温等多重控制保护。锅炉控制器有普通型、具有液晶显示的中英文菜单型和人机对话远程控制的触摸型三种，全采用西门子/德力西电气元体，性能灵敏可靠。

液相导热油锅炉供热系统如图 6-55 所示。

**九、核能锅炉**

核能在人类生产和生活中应用的主要形式是核能发电，它利用核裂变所释放的热能进行发电。核能发电的能量来自核反应堆中的核燃料——铀-235、钚-239 和铀-233 等重元素在中子作用下放出大量能量的过程。这种反应称为链式裂变反应，是实现核能发电的根本所在。

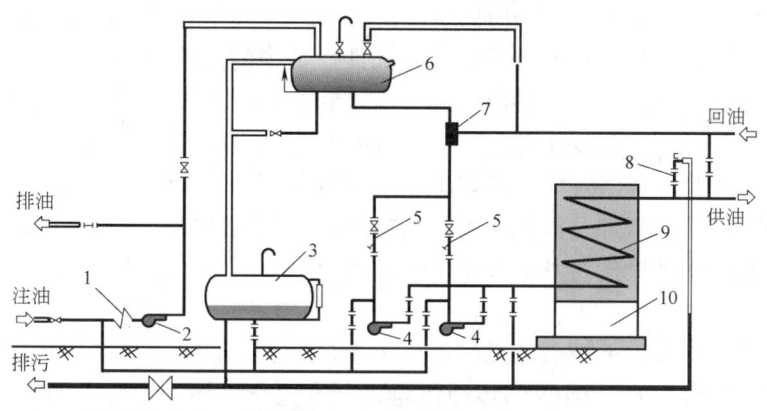

1—Y形油过滤器；2—齿轮注油泵；3—储油罐；4—循环油泵；5—油过滤器；
6—膨胀箱；7—油气分离；8—安全阀；9—锅炉受热面；10—导热油锅炉。

图 6-55  液相导热油锅炉供热系统

核电堆型种类很多，技术比较成熟且投入商业运行的主要有压水堆、沸水堆、重水堆、气冷堆、压力管式石墨沸水堆和快中子增值堆。目前，核电站中的压水堆和沸水堆的占比最大，它们都是核裂变反应堆。许多国家包括我国正在积极探索研制核聚变反应堆。核能是一种更加安全、清洁和经济的能源，且有可能实现能量的直接转换，具有极高的热效率，可以利用氘、氚等储量更大、分布更广的轻元素，放射性还降低了许多。

核能发电系统和设备与火力发电极其相似，只是以核反应堆和蒸汽发生器来代替火力发电的锅炉，以核裂变能代替矿物燃料的化学能。

核电厂由核岛（主要是核蒸汽供应系统）、常规岛（主要是汽轮发电机系统）和电站配套设施三大部分组成。图 6-56 所示为压水堆核电站发电原理和总体构成示意图。

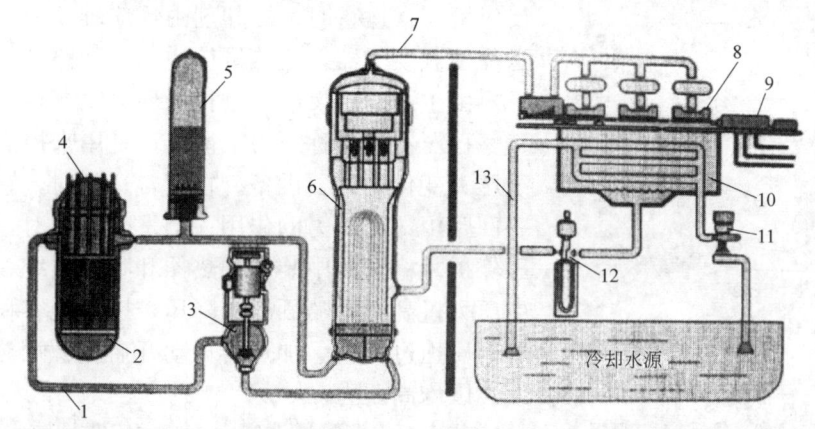

1—回路系统；2—核反应堆；3—主冷却剂泵；4—控制棒及驱动机构；5—稳压器；6—蒸汽发生器；
7—二回路系统；8—汽轮机；9—发电机；10—凝汽器；11—冷却泵；12—给水泵；13—循环水管。

图 6-56  压水堆核电站发电原理和总体构成示意图

核岛，实际上就是一台核能锅炉，利用核能生产蒸汽，主要由核反应堆、主冷却剂泵、稳压器、蒸汽发生器以及安全壳等组成。

核反应堆，又称原子反应堆，因其能承受高压，所以也叫反应堆压力容器。它通常为圆柱体，是放置堆芯和堆内构件，防止放射性外泄的高压设备，其寿命决定了核电站的寿命。

堆芯又称活性区，是压水反应堆的核心部件，可控的链式裂变反应在这里进行，同时它也是个强放射源。堆芯结构主要由核燃料组件和控制棒组件等组成。核燃料组件内的燃烧元件棒（铀-235）呈正方形排列，按一定间距垂直安放在堆芯的下栅栏板上。以某核电站 900MW 级压水堆为例，该堆芯共有 157 个横截面呈正方形的燃料组件，其中 53 个核燃料组件中插有控制棒组件。控制棒组件是控制参与核反应的中子数量，即是控制核反应功率的物件。它由驱动机构将其提升或插入来实现核电厂启动、负荷改变和停闭（停堆）等工况。

核燃料在堆芯内发生可控裂变反应产生大量的热能（相当于锅炉的炉子），由主冷却剂泵将冷却剂（通常为水）强制循环通过堆芯被加热至 327℃、15.5MPa 的高温、高压水，然后被送往蒸汽发生器（相当于锅炉的汽锅），流经装置其内的立式倒 U 形管束（也有直管和螺旋管的），通过管壁将热量传递给 U 管束外的二回路冷却水。释放热量后的主冷却剂又被主泵送回堆芯重新加热，再次送到蒸汽发生器。主冷却剂这样不断地在密闭的回路中循环流动，它被称为一回路。

一回路的压力，目前一般为 14.7～15.7MPa，通常以稳压器内蒸汽压力为准。一回路冷却剂进反应堆压力容器的温度一般为 280～300℃，出口温度为 310～330℃；进出口温升控制在 30～40℃。当单个环路的电功率为 300MW 时，一回路冷却剂流量可达 5000～24000t/h。

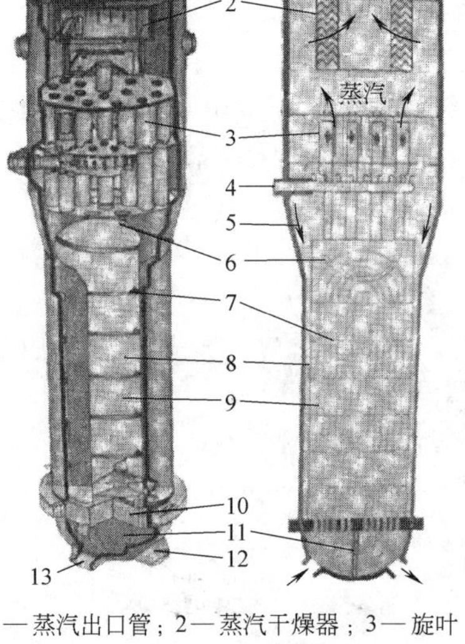

主冷却剂泵（主泵）是反应堆的"心脏"。在主系统充水时，利用主泵赶气；在开堆前，利用主泵循环升温，以达到开堆所需的温度（280℃）条件。在反应堆正常运行时，冷却剂由反应堆流出，经主管道送往蒸汽发生器，把热量传递给二回路侧的给水，然后再由主泵送回反应堆进行循环。

稳压器，又称压力平衡器，是用来控制反应堆系统压力变化的重要设备。在正常运行时，它起着保持一回路冷却剂压力的作用；当发生事故时，它提供超压保护。稳压器中装设加热器和喷淋系统，当反应堆中压力过高时，喷洒冷水降压，以避免容积沸腾；当堆内压力过低时，加热器自动开启电源加热，使水蒸发，以增高压力。

蒸汽发生器是核电厂一、二回路的枢纽（图 6-57）。它将反应堆产生的裂变热量通过冷却剂传递给二回路侧的给水，使其产生蒸汽[1]，为汽轮发电机组提供动力，将热能转化为电能。蒸汽发生器的另一作用是在一（放射性）、二回路之间构成防止

1—蒸汽出口管；2—蒸汽干燥器；3—旋叶式汽水分离器；4—给水管；5—水流；6—防振条；7—管束支撑板；8—管束围板；9—倒 U 形管束；10—管板；11—隔板；12—冷却剂出口；13—冷却剂入口。

图 6-57　蒸汽发生器结构

---

[1]　以某核电站其中的一个反应堆机组为例，在额定功率下，蒸汽发生器的出口蒸汽参数：压力为 6.71MPa、温度为 283℃。

放射性外泄的第二道防护屏障，倒U形管束是反应堆冷却剂压力边界的组成部分。

蒸汽发生器内二回路水为自然循环，其倒U形管束套筒将二回路分隔为上升通道和下降通道。下降通道内为低温给水与汽水分离器分离出来的饱和水的混合物；上升通道内为汽水混合物。凭借单相与两相液体的密度差导致套筒两侧产生压差，以驱动下降通道中的水不断流向上升通道。

从构造组成看，蒸汽发生器分预热段、蒸发段、过热段及汽水分离段几部分。蒸发段装有约5000根外径为19.05mm的传热管，重达50t；管束套筒下端用支承块支承，使套筒下端留有空隙，供下降通道的水进入管束区。汽水分离段布置有一级和二级分离器，前者为旋叶式，后者为六角形带钩波纹板分离器。

二回路汽水进入蒸汽发生器通过给水环形管分配，其中80%的给水流向热侧，20%的给水流向冷侧。为减轻蒸汽发生器的内部腐蚀，设有排污系统进行连续排污。

安全壳，即核反应堆厂房，是核电站的标志性建筑，核蒸汽供应系统的所有带强放射性的关键设备、阀门及管道全部装置其中。它用来控制和限制放射性物质从反应堆扩散出去。万一发生罕见的反应堆一回路水外泄事故，安全壳是防止裂变产物外逸的最后一道屏障。它能承受地震、飓风、飞机坠落等多种冲击，是核电站的"保护神"，一般为内衬钢的预应力混凝土厚壁容器。

由于核能发电不会造成大气污染和增加地球温室效应，而且核燃料能量密度❶大、体积小，运输与储存方便等，在全球范围内核能发电机容量日增。根据国际原子能机构2022年1月发布的数据，全球正在运行的核电机组有442个，总装机容量超过3.9亿kW，核电发电量占全球发电总量的16%。我国自1991年12月第一座核电站首次发电并网以来，核电发展迅速，是全球核电发展最快的国家之一。截至2022年底，我国共有49台核电机组在运行，总装机容量超过5100万kW。根据《中华人民共和国国民经济和社会发展第十四个五年规划和2035年远景目标纲要》，2025年，我国在运核电装机规模将达7000万kW，2030年将达1.2亿kW，核电占全国总发电量的8%。令人振奋的是我国四代核电技术领跑世界。国内目前研发的四代核能技术分两种，其一是高温气冷堆，采用惰性气体氦气进行冷却，它能充分吸收热量，不仅提高发电效率，而且安全性更高。目前世界上首座四代核电高温气冷堆在我国石岛湾核电站已成功投入商业运行。另一种是针基熔盐堆，以熔盐作为换热介质，用水量很少，适合缺水地区，而且运行过程不带压，出现事故时能自动停止核反应，安全性甚高。它在甘肃完成机组安装，并投入运行。

核能发电零碳排放，有助于实现"双碳"目标。在各种能源代替中，核能既是一种经济、安全和清洁能源，又可大规模替代化石燃料。因此，《"十四五"现代能源体系规划》中明确要大力发展新能源，因地制宜开发水电，积极安全有序发展核电，以缓解我国近、中期能源供应的不足，保障我国社会、环境和经济的可持续发展。

## 第五节　辅助受热面

锅炉本体中除汽锅和炉子两大基本组成部分外，还设有辅助受热面——蒸汽过热器、

---

❶　1g铀-235完全发生核裂变后释放出的能量相当于燃烧2.5t标准煤产生的能量。

省煤器和空气预热器。显然，各辅助受热面是根据具体情况，按实际需要选择增设的。对于供热锅炉，除了工业生产工艺有要求或热电联产，一般较少设置蒸汽过热器，而省煤器则已成为每个锅炉必不可少的高效、节能装置。对于中大型电站锅炉，为提高汽轮机中压缸入口的蒸汽温度，还设有蒸汽再热器，既可以进一步提高汽轮机的循环效率，又可将汽轮机末叶片的蒸汽湿度控制在允许范围内，有利于汽轮机的工作安全。

**一、蒸汽过热器**

蒸汽过热器是将饱和蒸汽加热成为具有一定温度的过热蒸汽的装置，同时在锅炉允许的负荷波动范围内及工况变化时保持过热蒸汽温度正常，通过运行调节保证出口蒸汽温度在允许波动范围内。

蒸汽过热器布置在炉膛上方和尾部竖直烟道中，是锅炉中工质温度最高的受热面，金属壁受热最强，过热蒸汽对管壁的冷却能力最弱。因此，对管材的要求很高，通常采用价格较高的合金钢，甚至是不锈钢；高压或以上的汽轮发电机组的蒸汽温度一般限定在500～565℃。

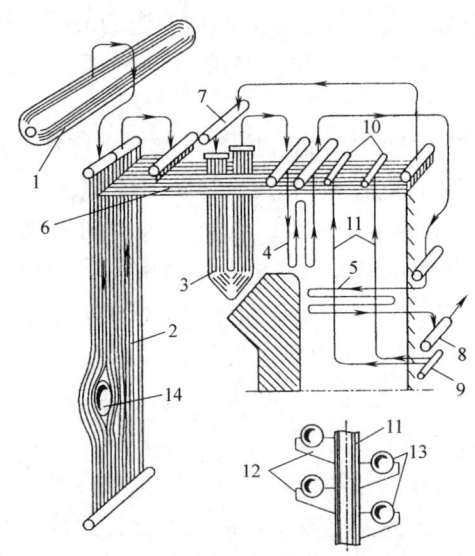

1—汽包；2—二行程墙式辐射式过热器；3—炉膛出口处屏式过热器；4—垂直对流过热器；5—水平对流过热器；6—顶棚过热器；7—喷水减温器；8—过热蒸汽出口联箱；9—悬吊管进口联箱；10—悬吊管出口联箱；11—过热器悬吊管；12—支撑搁条；13—水平过热器蛇形管；14—燃烧器。

图6-58 蒸汽过热器基本结构示意图

按照受热面的传热方式不同，蒸汽过热器分为对流式、辐射式和半辐射式三种类型。供热锅炉装置的都是对流式蒸汽过热器；高压的大型锅炉，大多采用辐射式、半辐射式与对流式多级布置的联合形式，其基本结构如图6-58所示。

**（一）对流式蒸汽过热器**

对流式蒸汽过热器布置在锅炉的对流烟道中，主要以对流传热方式吸收烟气热量。对流式蒸汽过热器一般采用蛇形管结构——由进、出口联箱连接众多并列蛇形管。蛇形管通常采用外径为32～63.5mm的无缝钢管，壁厚根据强度计算而定，一般为3～9mm。

根据蒸汽过热器管子的布置形式，对流式蒸汽过热器分立式和卧式两种。图6-59所示为立式对流式蒸汽过热器的结构简图。由蒸汽锅炉生产的饱和蒸汽引入蒸汽过热器进口联箱，然后分配至各并联蛇形管道受热升温至额定值，最后汇集于出口联箱，由主蒸汽管送出。

当烟气流过立式对流式蒸汽过热器时，不易积灰，而且支吊结构简单，仅需几个吊钩把蛇形管吊挂至炉顶构架钢梁上，还能自由膨胀收缩。其缺点是停炉后管内积水不易被排除，若长期停炉将造成管壁腐蚀；启动时，管内空气积滞，恶化传热，易使管子过热烧损。

卧式对流式蒸汽过热器的蛇形管水平放置，如图6-60所示，通常布置在尾部垂直烟道中。它易于疏水和排气，但容易积灰；而且蛇形管靠众多定位板支撑，支吊结构比较复杂。

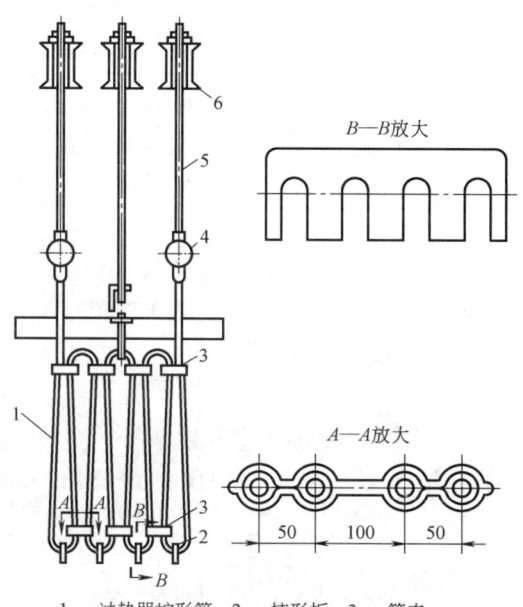

1—过热器蛇形管；2—梳形板；3—管夹；
4—过热器联箱；5—悬吊杆；6—构架钢梁。

图 6-59 立式对流式蒸汽过热器的结构简图

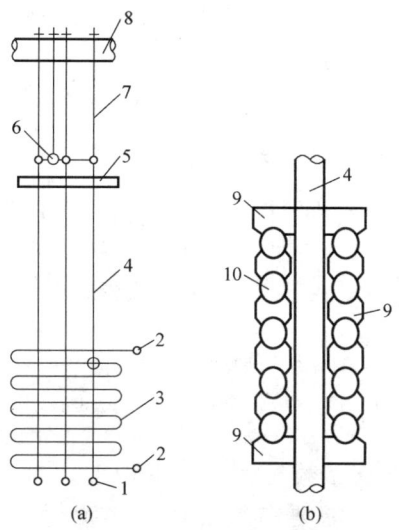

1—省煤器出口联箱；2—过热器进、出口联箱；
3—过热器蛇形管；4—省煤器悬吊管；5—炉顶；
6—悬吊管汇集联箱；7—悬吊杆；8—构架钢梁；
9—定位底板；10—过热蛇形管。

图 6-60 卧式对流式蒸汽过热器的布置
(a) 卧式对流过热器布置与支吊方式；
(b) 定位板支撑结构

按烟气和蒸汽的相对流动方向，对流式蒸汽过热器又可分顺流、逆流、双逆流和混合流四种布置方式（图 6-61）。顺流布置时，其管外烟气和管内蒸汽的流动方向相同，蒸汽的高温段处于烟气的低温区，管壁温度较低，管子工作条件好。但烟气和蒸汽的平均传热温差小，传热性能差，吸收同样的热量所需的受热面积大，金属耗量大且经济性差。电站锅炉位于水平烟道末端的高温蒸汽过热器常采用顺流布置。

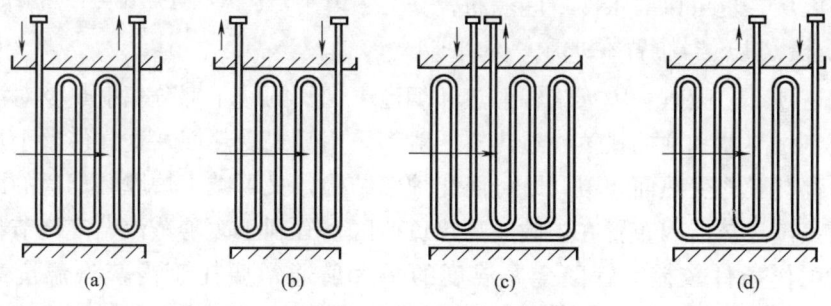

图 6-61 对流式蒸汽过热器形式
(a) 顺流；(b) 逆流；(c) 双逆流；(d) 混合流

逆流布置的对流式蒸汽过热器，管外烟气和管内蒸汽的流动方向相反，蒸汽的高温段处于烟气的高温区。管壁温度高，管子工作条件差，但传热温差大，传热效果好，节省钢材，经济性好。位于烟气温度较低区域的低温蒸汽过热器，通常采用逆流布置。

双逆流布置时，管壁温度和受热面大小介于顺流和逆流布置之间，既利用了逆流布置传热性能好的优点，又使蒸汽高温段避开了烟气的高温区，管子工作条件得到了较好的改善。

混合流布置方式，综合了顺流和逆流布置的优点，又避免了二者的缺陷。蒸汽的低温段采用逆流布置，高温段采用顺流布置，既能达到较好的传热效果，又使管子工作比较安全，因此应用较广。

根据对流式蒸汽过热器按从联箱引出的并列蛇形管重叠管圈数，又分单管圈、双管圈和多管圈等多种管束结构，如图 6-62 所示。

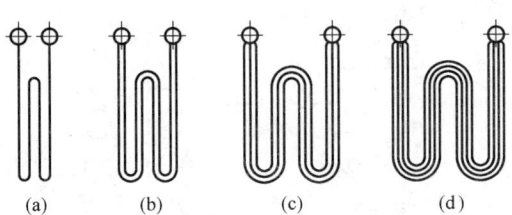

图 6-62　蛇形管多种管圈结构图

(a) 单管圈；(b) 双管圈；(c) 三管圈；(d) 四管圈

### （二）辐射式蒸汽过热器

在高参数、大容量锅炉中，为了在炉膛中布置足够多的受热面以降低炉膛出口烟气温度，需要布置辐射式蒸汽过热器。辐射式蒸汽过热器是布置在炉膛内以吸收炉内高温辐射换热为主的过热器，按其布置的位置不同分为屏式、墙式和顶棚式三种形式（图 6-63）。

屏式蒸汽过热器一般由 U 形或 W 形管屏和进、出口联箱组成。管屏相互平行地沿炉膛宽度方向悬挂在炉膛上部，进、出口联箱则布置在炉顶外部；整个管屏通过联箱悬挂在炉顶的承重钢梁上，可以向下自由胀缩。

墙式蒸汽过热器通常布置在水冷壁墙壁上，所以也称壁式蒸汽过热器。它可以集中布置在某一区域，也可以与水冷壁间隔布置。

顶棚式蒸汽过热器布置在炉膛、水平烟道和垂直烟道顶部，吸收炉膛火焰辐射热和烟道中烟气的一小部分辐射热及对流传热。

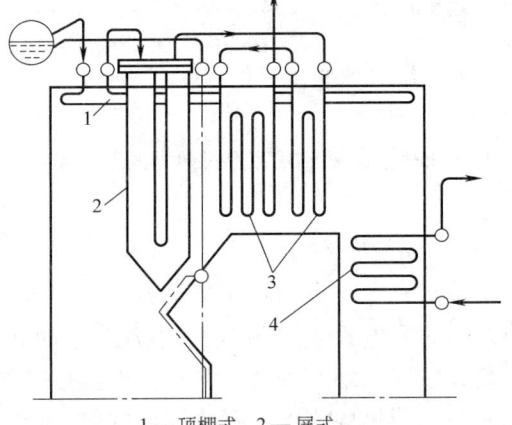

1—顶棚式；2—屏式；
3—对流式；4—再热器。

图 6-63　蒸汽过热器与再热器的布置

墙式蒸汽过热器和顶棚式蒸汽过热器一般都采用膜式受热面，这样使整个炉膛、炉顶的烟道周壁都被膜式受热面包覆，既可简化炉墙结构，又可减少炉膛和烟道的漏风。

辐射式蒸汽过热器因布置在炉膛的高热负荷区，有利于改善蒸汽温度调节特性和节约钢材。但其工作条件较差，管壁金属温度的最大值通常要比管内蒸汽温度高出 $100\sim120℃$；特别是在启动和低负荷时，因管内工质流量不大，问题尤为突出。因此，辐射式蒸汽过热器一般设在低温段，并采用较高的质量流量以改善工作条件。启动时，也须采取适当的冷却措施，以防蒸汽过热器管被烧坏。

### （三）半辐射式蒸汽过热器

大型锅炉的屏式蒸汽过热器有前屏、大屏和后屏三种。前两种布置在炉膛前部，屏间距离较大，主要吸收炉内高温烟气的辐射热。后者布置在炉膛的出口处，屏数多，屏间距离相对较小，既吸收炉内高温辐射热，又吸收烟气横向冲刷受热面时的对流热，所以称之为半辐射式蒸汽过热器。

布置在炉膛上部或炉膛出口处的半辐射式蒸汽过热器，既可减少蒸汽过热器受热面的金属耗量，又能有效降低进入对流受热面的烟气温度，防止密集布置的对流受热面结渣。利用屏式受热面吸收相当数量的辐射热，使它的辐射吸热比例增大，改善了过热蒸汽温度的调节特性。当锅炉采用四角布置燃烧器切圆燃烧方式时，由于炉内气流的旋转运动，在炉膛出口处会发生流动偏转、速度分布不均和烟温偏差，半辐射式蒸汽过热器对烟气流的偏转具有阻尼和导流作用。此外，它的横向节距大，减少了高温烟气中的飞灰粘结在管子上的机会。因此，半辐射式蒸汽过热器在现代大型锅炉中得到广泛应用。

但需指出的是，半辐射式蒸汽过热器的热负荷很高，其并列管的结构尺寸和受热条件差别较大，管间壁温有可能相差 $80\sim90℃$，往往成为锅炉安全运行的薄弱环节。因此，为了确保蒸汽过热器受热面的安全，必须采用较大的质量流速，一般推荐为 $700\sim1200kg/(m^2 \cdot s)$，同时对烟气流速也有要求，一般控制在 $5\sim6m/s$。

**二、省煤器**

省煤器是锅炉给水的预热设备，通常装置在锅炉尾部烟道，利用尾部烟气的热量加热锅炉给水。它是现代锅炉中不可缺少的用以节能的辅助受热面。

（一）省煤器的作用和分类

1. 省煤器的作用

大型锅炉装设省煤器吸收尾部烟道中低温烟气的热量；对于低参数的供热锅炉，可有效降低排烟温度，减少排烟热损失，从而提高锅炉热效率，节约燃料。同时，由于提高了给水温度，减少了锅筒壁面与冷水之间的温差而引起的热应力，改善了汽锅的工作条件，从而延长锅炉的使用寿命。

进入省煤器的给水温度一般都不高，仅 $30\sim50℃$，即便是采用大气式热力除氧的给水，水温虽已达 $105℃$ 左右，但省煤器中的平均水温仍然要比汽锅中饱和水的温度低几十度。在相同烟温下，装置省煤器比依靠增大蒸发受热面获得更大的传热温差。同时，省煤器中的水借水泵强制流动，使它布置得很紧凑，水流自下而上与烟气呈逆向流动，加之省煤器可采用鳍片式铸铁管或小直径钢管，传热系数也大。由于传热系数和温差的提高，当尾部排烟需降低相同的温度时，所需的省煤器受热面仅为蒸发受热面的一半左右，且单位受热面的价格也较低廉。所以，现在国内供热锅炉出厂时都随带省煤器；即使蒸发量小于 $1t/h$ 的锅炉，用户一般也常自行装置省煤器或余热水箱，以节约能源。

2. 省煤器的分类

按制造材料的不同，省煤器可分铸铁省煤器和钢管省煤器；按给水被预热的程度，则可分为沸腾式省煤器和非沸腾式省煤器。在供热锅炉中使用最普遍的是铸铁省煤器，它由一根根外侧带有方形鳍片的铸铁管通过 $180°$ 弯头串接而成，如图 6-64 和图 6-65 所示。水从最下层排管的一侧端头进入省煤器，水平来回流动至另一侧的最末一根，再进入上一层排管，如此自下向上流动受热后送入上锅筒。烟气则由上向下横向冲刷管簇，与水逆流换热。

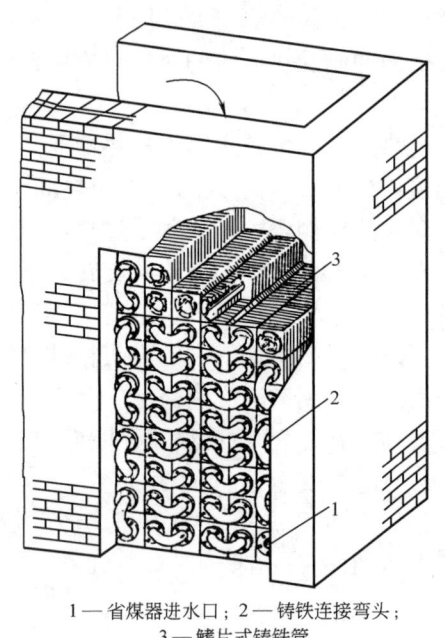

1—省煤器进水口；2—铸铁连接弯头；
3—鳍片式铸铁管。

图 6-64　铸铁省煤器安装组合简图

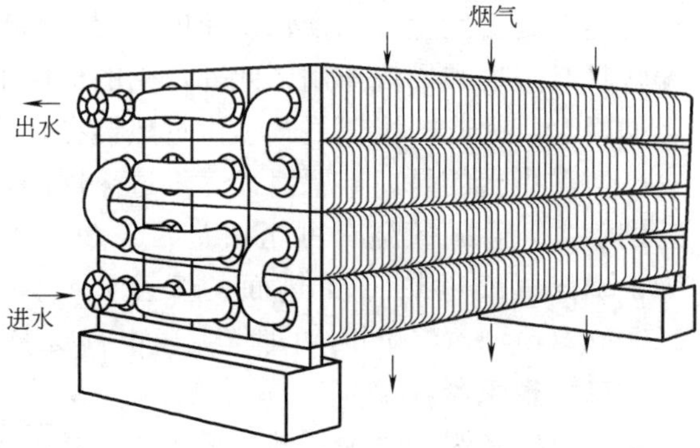

图 6-65　铸铁省煤器组

水在省煤器中受热的过程中，溶于水中的气体会析出形成气泡。为了能及时将气泡带出，非沸腾式省煤器中水流速度一般不得低于 0.3m/s；对于沸腾式省煤器，水流速度不宜低于 1m/s。当省煤器一路进水时，如果水流速度过大，可连接两个或更多的进水口，组成并联进水管路，将水流速度调整到合理值。流经省煤器的烟气速度，通常是在布置省煤器时通过选择合理的横向管排数和管长加以调整，一般为 8～11m/s，此速度已兼有一定的吹扫积灰能力。

铸铁省煤器因铸铁性脆，承受冲击能力差而只能用作非沸腾式省煤器，其出口水温至少应比相应压力下的饱和温度低 30℃，以保证工作的安全可靠。铸铁省煤器还由于铸造工艺的局限，管壁较厚，体积和质量都大，鳍片间容易积灰、堵灰而难以清除。此外，它的所有铸铁管全靠法兰弯头连接，不仅安装工作繁重，又易渗水漏水。但是，铸铁省煤器对管内水中溶解氧和管外烟气中的硫氧化物等腐蚀性气体有较好的抗蚀能力，对高速灰粒也有较强的耐磨性能，这是铸铁省煤器独具的优点。

为了保证、监督铸铁省煤器的安全运行，在其进口处应装置压力表、安全阀及温度计；在出口处应设安全阀、温度计及放气阀；在进、出口之间装设旁路管，如图 6-66 所示。进口安全阀能够减弱给水管路中可能发生的水击的影响；出口安全阀能在省煤器汽化、超压等运行不正常时泄压，以保护省煤器。放气阀则用以排除启动时省煤器中的大量空气。

铸铁省煤器不能承受高压，更不能承受冲击，因此只能用于低压运行的供热锅炉。钢管省煤器则不然，它可用于任何压力、任何容量的锅炉，而且体积小、质量轻，布置自由，价格也低廉。所以，现代中、大型锅炉装设的都是钢管省煤器，只是它的钢管容易受氧腐蚀，给水必须经除氧处理。

（二）钢管省煤器

钢管省煤器通常由外径为 28～51mm、壁厚为 3～5mm 的无缝钢管制作的并列蛇形管

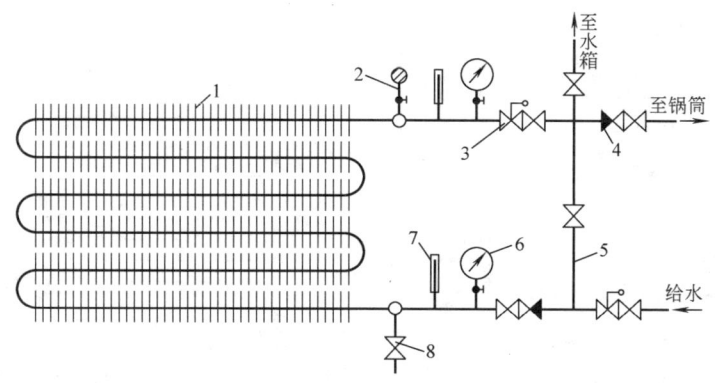

1—省煤器管；2—放气阀；3—安全阀；4—止回阀；
5—旁路管；6—压力表；7—温度计；8—排污阀。

图 6-66　铸铁省煤器附件及管路

组成（图 6-67）。上、下端分别与出口联箱和进口联箱连接，再经出水引出管直接与锅筒连接，中间不设置阀门。由于钢管的承压能力好，钢管省煤器可以用作沸腾式省煤器，但最大沸腾度应不超过 20%，否则流动阻力太大。

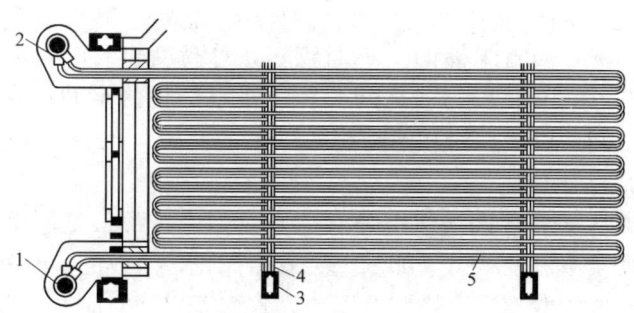

1—进口联箱；2—出口联箱；3—支撑梁；4—支架；5—蛇形管。

图 6-67　钢管省煤器

　　为了使省煤器结构紧凑，蛇形管的管间距应力求紧缩，错列布置时其纵向节距 $S_2$ 就是管子的弯曲半径，即减小节距 $S_2$ 就是减小管子的弯曲半径。显然，弯曲半径越小，外壁越厚，管壁强度降低越甚。所以，管子的弯曲半径一般不小于 $(1.2\sim2.0)d$，$d$ 为蛇形管的外径。它的横向节距 $S_1$，则受蛇形管支吊条件和堵灰情况限制，一般不小于 $(2\sim3)d$（图 6-68）。

　　为了增强传热并提高结构的紧凑性，钢管省煤器在管外采用扩展受热面，常见的有鳍片式（纵肋）、肋片式（环肋）和膜式等几种结构形式。蛇形管上焊接矩形鳍片的鳍片式钢管省煤器，在金属用量和通风耗电量相同的情况下，它的体积要比光管时的体积小 25%～30%，且传热量还有所增加；若采用轧制鳍片管，它的外形尺寸甚至可以缩小 40%～50%。

　　在蛇形管直管段加焊 2～3mm 厚的扁钢制成膜式钢管省煤器，具有与鳍片式钢管省煤器相同的优点，而且它们都因体积缩小，在烟道截面不变的条件下采用较大的横向节距，从而增大烟气的流通截面，降低了烟气流速，使磨损大为减轻。

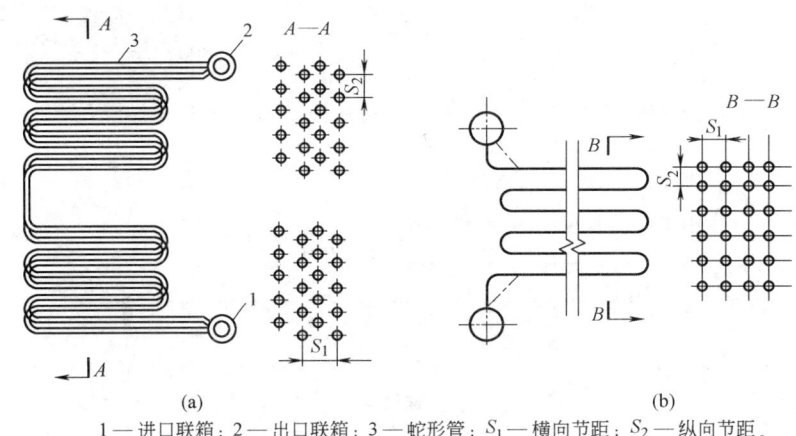

(a)　　　　　　　　　　　　(b)

1—进口联箱；2—出口联箱；3—蛇形管；$S_1$—横向节距；$S_2$—纵向节距。

图 6-68　钢管省煤器的结构

（a）错列布置；（b）顺列布置

管外带有横向肋片（环状或螺旋状）的肋片式钢管省煤器，热交换面积可增大 4～5 倍，体积小，节约钢材，但在含尘烟气中积灰严重，还不易清理，因此应装设有效的吹灰装置（如压缩空气）。

对于大型电站锅炉，当省煤器的受热面较多，总高度较高时，可将其拆分为几段设置，每段高度为 1.0～1.5m，段与段之间要留出足够的检修空间；省煤器与空气预热器之间，同样要留出空间，以便检修和清除积灰。

（三）省煤器的启动保护

锅炉启动时，即从锅炉升火到送出蒸汽这段时间内，常常是间歇进水。当停止进水时，省煤器中的水处于不流动状态，部分水会发生汽化，生成的蒸汽就附着在管壁上或结集在省煤器上段，造成管壁超温而烧坏。因此，省煤器启动时应进行保护，在省煤器入口与锅筒下部或下降管之间装设一根不受热的再循环管和一个再循环阀，使锅筒、再循环管、省煤器和除氧器之间形成自然循环回路。这样，在锅炉启动的整个过程中，连续流动的工质对省煤器进行冷却保护。当锅炉进水或正常运行时，关闭省煤器再循环阀，以避免给水经再循环管直接进入汽包，以致省煤器缺水引发事故。

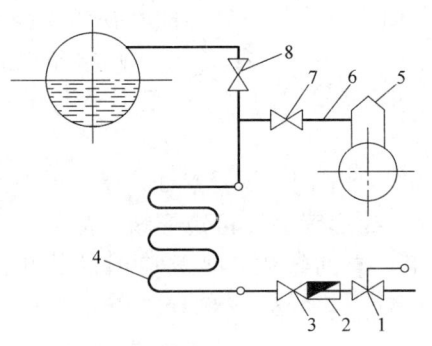

1—自动调节阀；2—止回阀；3—省煤器进口阀；
4—省煤器；5—除氧器；6—再循环管；
7—再循环阀；8—省煤器出口阀。

图 6-69　省煤器与除氧器之间的再循环管

现代大型电站锅炉，在启动过程中采用不间断连续小流量进水的方式，同样可以保证省煤器的安全。供热锅炉一般不设置再循环管，而是让烟气从旁通烟道绕过省煤器；也有在省煤器出口与除氧水箱或给水箱之间接一再循环管和再循环阀（图 6-69），当锅炉启动，汽锅内进水时，关闭省煤器出口阀门，开启再循环阀，让省煤器中的水流向除氧器或给水箱，实现对省煤器的保护。

三、空气预热器

空气预热器（简称空预器），是一种利用锅

炉尾部烟气的热量加热燃料燃烧所需空气的换热设备。

当锅炉给水采用热力除氧或锅炉房有相当数量的回水时，因给水温度较高而使省煤器的作用受到限制，单用省煤器难以将锅炉排烟温度降到节能要求的温度。此时设置空气预热器可以有效降低排烟温度，减少排烟热损失；同时提高燃烧所需空气的温度，改善燃料的着火和燃烧过程，从而降低各项不完全燃烧热损失、提高锅炉热效率。这对燃烧难以着火的煤，如多水分、多灰分以及低挥发分等类型的煤，作用更加明显。此外，由于排烟温度的降低，也改善了引风机的工作条件，可以降低引风机的电耗。

（一）空气预热器的分类

空气预热器按传热方式可分传热式和蓄热式（也称再生式）两类。传热式空气预热器，烟气和空气各有自己的通道，热量通过传热壁面连续地由烟气传给空气。在蓄热式空气预热器中，烟气和空气交替流经受热面，烟气流过时将热量传给受热面并积蓄起来，随后空气流过时，受热面将热量传给空气。传热式空气预热器有板式和管式两种，供热锅炉采用的都是传热式空气预热器中的管式空气预热器；中大型电站锅炉通常采用蓄热式空气预热器中的回转式空气预热器。

相比于管式空气预热器，回转式空气预热器的结构紧凑，布置灵活，占地面积少，金属耗量也低；在外界条件相同的情况下，由于它的受热面温度较高，较少发生低温腐蚀。其缺点是结构比较复杂，制造工艺要求高，运行维护和检修有一定难度；设备密封性差，漏风量大。

（二）管式空气预热器

管式空气预热器有立式和卧式之分。图 6-70 所示为一立式空气预热器，它是若干个由许多竖列的有缝薄壁钢管和管板组成的方形管箱结构。烟气在管内自上而下流动，空气则在管外作横向冲刷流动。如果空气需要作多次交叉流动，则可在管箱中间设置相应数量的中间管板作为间隔。

空气预热器常用管径为 40～51mm、壁厚为 1.2～1.5mm 的管子。从传热的角度来看，管径越小越好，但管径小易造成堵灰。管子采用错列布置，常用的管子节距比 $S_1/d=1.5～1.75$，$S_2/d=1.0～1.25$。对于一定的管径，$S_1$ 和 $S_2$ 越小，对传热越有利，结构也越紧凑。

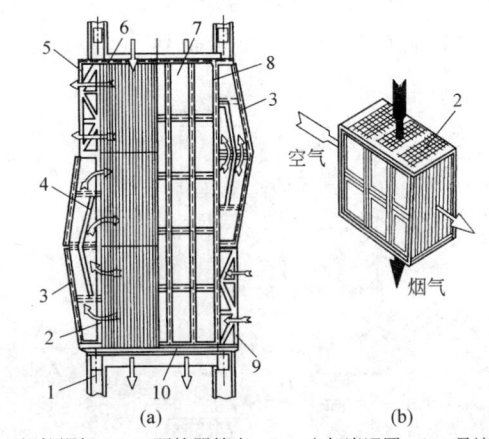

1—锅炉钢架；2—预热器管束；3—空气连通罩；4—导流板；
5—热风道连接法兰；6—上管板；7—预热器墙板；
8—膨胀节；9—冷风道连接法兰；10—下管板。

图 6-70　立式空气预热器
（a）纵剖面图；（b）管箱

当管径为 40mm 时，管箱高度应不高于 5m；当管径为 51mm 时，管箱高度应不大于 8m，以保证管箱的刚度并便于管内清理。

空气预热器的管子数量及管距取决于烟气流速。一般情况下，烟气流速为 10～14m/s，空气流速一般取烟气流速的 45%～55%。烟气流速过低，不利于传热，也易导致烟灰沉积；烟气流速过高，流动阻力增大，使通风设备电耗增加。为了使烟气对管壁的放热系数接近于管壁对空气的放热系数，以获得最大的传热系数，设计时烟气流速应尽可能调整到空气流速的 2 倍左右。

空气预热器的管箱通过下管板支承在空预器的框架上，框架再与锅炉构架相连。在运行时，管子直接受热，温度较高，其膨胀伸长量要比外壳大，而外壳则又比锅炉构架的伸长量大。因此，管板与外壳、外壳与锅炉构架之间必须装设由薄钢板制作的补偿器，又名膨胀节，以补偿部件间的不同伸缩，既允许各部件相对移动，又能有效防止漏风。

卧式空气预热器由水平管簇组成，空气在管内流动，烟气则在管外横向掠过；为使管外积灰便于清除，有时也可用水冲洗。

管式空气预热器结构简单，制造、安装和检修方便，工作可靠，漏风量小；其缺点是结构尺寸大、金属耗量多，空气进口处容易低温腐蚀，也给大型锅炉尾部受热面的布置带来困难。

（三）回转式空气预热器

回转式空气预热器是一种蓄热式空气预热器，因其结构紧凑，金属耗量少，质量较轻，为目前我国大多数大型电站锅炉采用的空气预热器。

回转式空气预热器可分受热面回转式和风罩回转式两种。图 6-71 所示为受热面回转式空气预热器，它的波形板受热面装设在可以旋转的圆筒形转子上，圆形筒体被径向钢板分隔成若干个扇形仓格，每个扇形仓格又被横向（周向）隔板分成多个梯形小室，并且其内装设由金属薄板制成的波形板组件。这些波形板组件即为回转式空气预热器的蓄热板。圆形（大型空气预热器常采用八角形）筒体的顶部和底部，上、下对应地被分隔成烟气流通区（与烟道相接）、空气流通区（与风道相接）和密封区三部分。波形板受热面小转子

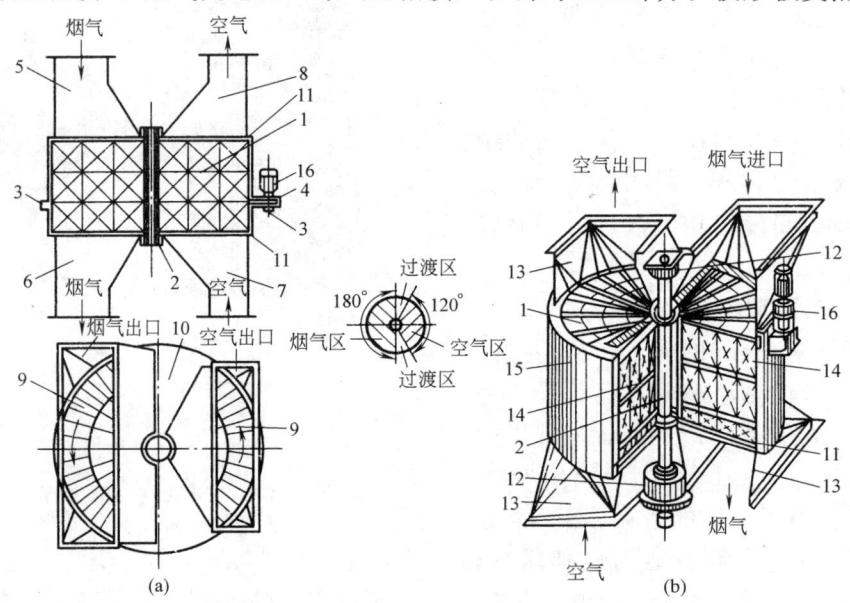

1—转子；2—轴；3—环形长齿条；4—主动齿轮；5—烟气入口；6—烟气出口；
7—空气入口；8—空气出口；9—径向隔板；10—过渡（密封）区；11—密封装置；
12—轴承；13—管道接头；14—受热面；15—外壳；16—电动机。

图 6-71 受热面回转式空气预热器
（a）剖面图；（b）立体示意图

由转动机构驱动，以 1～3r/min 的转速旋转。

回转式空气预热器利用烟气和空气交替流过波形板受热面将空气加热。当受热面转到烟气流通区时，烟气自上而下把蓄热的波形板受热面加热；当受热面转到空气流通区时，积蓄了热量的波形板受热面将热量传递给自下而上流动的空气。显而易见，转子每转一圈，就完成了一个热量的传递过程。

由于烟气的容积流量大于空气，回转式空气预热器中的烟气通道一般占总受热面的50％，空气通道约占 40％，其余部分为密封区，用以防止漏风。

与管式空气预热器相比，回转式空气预热器结构紧凑，外形尺寸小。在体积相同的条件下，回转式空气预热器可布置的受热面是管式空气预热器的 6～8 倍；而且运行时其受热面的壁温较高，腐蚀较轻。它的主要缺点是对密封要求高，不然漏风量大；另外，波形板间的流通间隙小，容易积灰、堵灰，必须装设吹灰设备，需经常进行吹扫清灰。

风罩回转式空气预热器由静子、上下烟区、上下风罩和传动机构等部件组成（图6-72）。静子实际就相当于回转式空气预热器中的转子，只不过它是固定的，所以叫静子，又名定子；转动的是上、下风罩，它与穿过静子中心的中心轴相连并同步旋转。风罩由下风罩外圈上所装的环形齿条带动，而齿条则通过小齿轮由电动机驱动。

上、下风罩里的空气通道是同心相对的"8"字形，将静子的圆形截面分为三部分：烟气流通区、空气流通区和过渡区（密封区）。冷空气经下部固定风道进入旋转的下风罩，下风罩将空气分成两股气流，自下而上流经静子受热面而被加热，受热后的热空气由旋转的上风罩汇集后流向固定的热风道被引出。烟气在风罩以外的区域也被分成两股，自上而下流经受热面静子，将其受热面加热。如此，风罩每旋转一圈，受热面静子中受热面就完成了两次加热和放热过程。

此型空气预热器的旋转风罩与受热面静子的端面装有可调节式密封装置，由膨胀节、密封框架和铸铁密封板等组成。通过调整吊杆的上下位置来调节密封板与静子端面的紧密程度，以保证良好的密封性能。

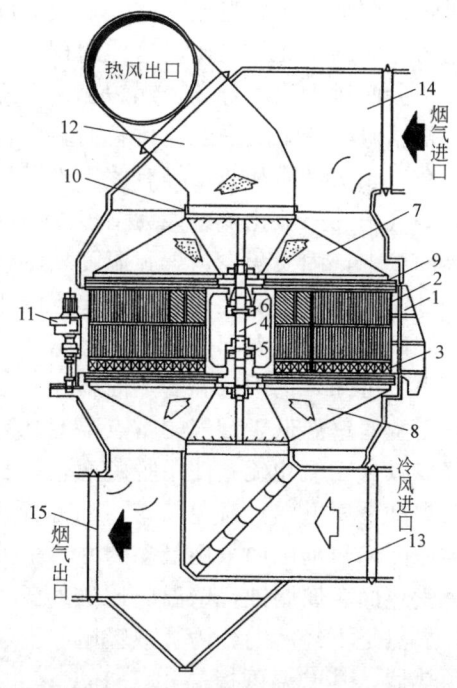

1—静子外壳；2—受热面静子；3—受热面冷端；
4—中心轴；5—推力轴承；6—轴承；7—上风罩；
8—下风罩；9—径向密封；10—环形密封；
11—传动装置；12—热风管道；13—冷风管道；
14—烟气进口管道；15—烟气出口管道。

图 6-72　风罩回转式空气预热器

### 四、尾部受热面烟气侧的腐蚀

当烟气进入尾部烟道时，因烟气温度降低可能使蒸汽凝结，也可能使蒸汽遇到低温受热面——省煤器和空预器的金属壁而冷凝。水蒸气在受热面上冷凝会引起氧腐蚀，硫酸蒸气的凝结液与金属接触则发生酸腐蚀，这两种腐蚀称为低温腐蚀。

低温腐蚀主要发生于空气预热器中的冷空气入口段。对于供热锅炉，由于给水温度一般都比较低，在省煤器中也会发生低温腐蚀。低温腐蚀的程度与燃料成分、燃烧方式、受热面布置以及工质参数等多种因素有关。

硫是燃料中的有害元素，燃烧时生成二氧化硫，其中有 $0.5\%\sim7.0\%$ 会进一步转化为三氧化硫。随着烟气的流动，三氧化硫又同烟气中的水蒸气结合生成硫酸蒸气，如果凝成酸液将对受热面产生严重腐蚀。可见，燃料的含硫量越高，引起金属腐蚀的可能性就越大。

水蒸气的露点温度随烟气中水蒸气体积分数的高低而变，但一般都不高，在 $30\sim60℃$ 之间。可是，当烟气中含有三氧化硫时，哪怕水蒸气体积分数仅为 $0.005\%$ 左右，它与水蒸气形成的硫酸蒸气的露点温度也会很高，甚至达 $150℃$ 左右。这样，当尾部受热面的壁温低于酸的露点温度时，硫酸蒸气就会凝结，引起这部分受热面金属的严重腐蚀，可能导致空气泄漏，大量空气经泄漏点短路进入烟气中，影响燃烧所需空气量，并使送、引风机负荷增加，增大电耗。此外，硫酸液还会与受热面上的积灰发生化学反应，形成以硫酸钙为基质的水泥状物质，这样的积灰呈硬结状，会堵住管子或管间通道，引风机阻力增大；还会使排烟温度升高，锅炉出力下降；严重时导致被迫停炉。

根据研究，烟气中三氧化硫的多少，不仅与燃料含硫量有关，还与燃烧温度、过量空气系数、飞灰性质和数量等有关。当燃烧温度高，过量空气系数大时，由于火焰中氧原子多，烟气中的三氧化硫就大为增多。而烟气中飞灰的粒子具有吸收三氧化硫的作用，所以在燃油炉中，因飞灰少，炉膛温度高，特别是当烟气中含有较多的钒氧化物时，它对二氧化硫继而氧化成三氧化硫的反应起有催化作用，这些都将使炉膛中生成的三氧化硫增多，致使尾部受热面低温部分发生严重腐蚀。

由上可知，锅炉低温受热面腐蚀的根本原因是烟气中存在三氧化硫气体，发生腐蚀的条件是金属壁温低于烟气的露点温度。因此，必须采取技术措施，如进行燃料脱硫，控制燃烧以减少三氧化硫；使用脱硫剂（如石灰石、白云石等）吸收或中和烟气中的三氧化硫以及提高金属壁温，避免结露，都可有效地减轻和防止低温腐蚀与堵灰，但由于技术和经济的原因，目前国内采用最多的办法是提高壁温，即相应提高排烟温度。严格地讲，如要避免受热面金属腐蚀，壁温应比酸的露点温度高出 $10℃$ 左右。这样，排烟温度将大为提高，显然是不经济的。为了减轻尾部受热面腐蚀，可采用回转式空气预热器，相比管式空气预热器，其壁温可提高 $10\sim15℃$；也可采用搪瓷、蜂窝陶瓷、玻璃管等耐腐蚀材料，以提高受热管壁的耐腐蚀性能。

在供热锅炉中，空气预热器最下端的金属壁温最低，此处烟气温度为排烟温度，入口空气温度是冷空气温度。由于排烟温度受经济性的制约不可随意提高，常采取把空气预热器进风口高置于炉顶的做法，或将空气预热器出口的一部分热风引进空气预热器入口与冷空气混合，使进风温度升高，从而提高金属壁温以减少腐蚀。此外，也有将空气预热器的最底下一节，即空气的第一通道与其他部分分开，便于受腐蚀后修补或更换。

## 第六节　锅炉安全附件

为了保障锅炉安全运行，预防和减少事故，保护人民生命和财产安全，根据《锅炉安全技术规程》TSG 11—2020，锅炉必须安装安全阀、压力测量装置、水（液）位测量装置、温度测量装置和排污、放水装置等安全附件以及安全保护装置和相关的仪表等。其中，安全阀、压力表和水位表是保证锅炉安全运行的基本附件，统称锅炉三大安全附件，也是操作人员进行正常操作的"耳目"。

## 一、安全阀

安全阀是一种自动泄压报警装置。当锅炉工作压力超过允许工作压力时，安全阀会自动开启，迅速泄放出足够多的蒸汽，同时发出声音报警，警告司炉人员，以便采取必要措施，降低锅炉压力。当锅炉压力下降到允许工作压力时，安全阀自动关闭，从而使锅炉在允许的工作压力范围内安全运行，防止锅炉因超压而引起爆炸。在热水锅炉上安装安全阀，当锅炉因汽化等原因引起超压时，能够起到泄压、报警作用。可见，安全阀选配得当、操作正确，可避免发生锅炉超压事故。

根据《锅炉安全技术规程》TSG 11—2020，每台锅炉至少应当装设两个安全阀（包括锅筒安全阀和蒸汽过热器安全阀）。对于额定蒸发量小于等于 0.5t/h 的蒸汽锅炉、额定蒸发量小于 4t/h 且装有可靠的超压联锁保护装置的蒸汽锅炉和额定热功率小于等于 2.8MW 的热水锅炉，可以只装设一个安全阀。此外，在蒸汽再热器出口、直流蒸汽锅炉过热器系统中两级间的连接管截止阀前以及多压力等级余热锅炉的每一压力等级的锅筒和蒸汽过热器上，也应当装设安全阀。

安全阀应当竖直安装，并且应当安装在锅筒、集箱的最高位置。为了不影响安全阀动作的准确性，在安全阀和锅筒之间或者安全阀与集箱之间，不应当装设阀门和取用蒸汽或热水的管路。当采用螺纹连接的弹簧安全阀时，安全阀应当与带有螺纹的短管相连接，而短管与锅筒或者集箱筒体的连接应当采用焊接结构。

安全阀有静重式、弹簧式、杠杆式和控制式（脉冲式、气动式、液压式和电磁式等）等多种形式。对于额定工作压力小于或等于 0.1MPa 的蒸汽锅炉，可以采用静重式安全阀或水封安全装置；热水锅炉上装设有水封安全装置的，可以不装设安全阀。但需注意的是，水封安全装置的水封管内径不得小于 25mm，其上不应装设阀门，且应当有防冻措施。

杠杆式安全阀和弹簧式安全阀是供热锅炉最为常用的。前者利用杠杆原理制作而成（图 6-73），它通过阀杆将重锤的重力作用在阀芯上，当锅炉蒸汽压力大于重锤重力和力臂的乘积时，阀芯就被顶起，蒸汽排出；反之，阀门关闭，排汽停止。此型安全阀的开启压力，可借移动重锤与阀芯的距离来调整。由于它结构简单，动作灵活准确，又易于调节，因此应用甚广，甚至连大型高压锅炉也常配置使用，但此型安全阀装设时需使杠杆保持水平。

弹簧式安全阀如图 6-74 所示，它是利用弹簧变形时产生的弹力通过阀杆作用在阀芯上而制成的安全阀，弹簧的弹力大小靠调节螺丝的松紧来加以调整。当锅炉蒸汽压力超过弹簧弹力时，弹簧即被压缩，阀杆上升而阀门开启，蒸汽迅即被排出。弹簧式安全阀结构紧凑，灵敏轻便，可在任意位置安装，能承受振动而不泄漏。但由于弹簧的弹性会随时间和温度的变化而改变，可靠性较差。

弹簧式安全阀按其阀芯在开启时的提升高度，又可分为全启式安全阀和微启式安全阀两种。如以 $d$ 表示安全阀的阀座内径，$h$ 为阀芯的提升高度，则 $h \geqslant \dfrac{d}{4}$ 的称为全启式，当 $h \leqslant \dfrac{d}{20}$ 时，称为微启式。

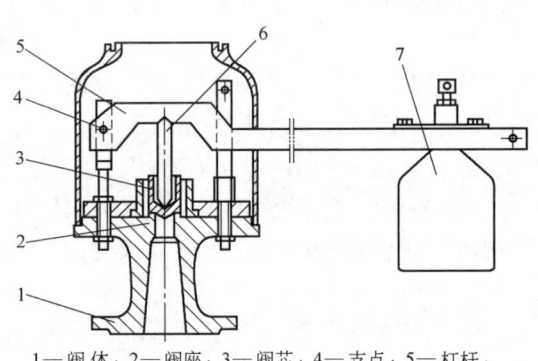

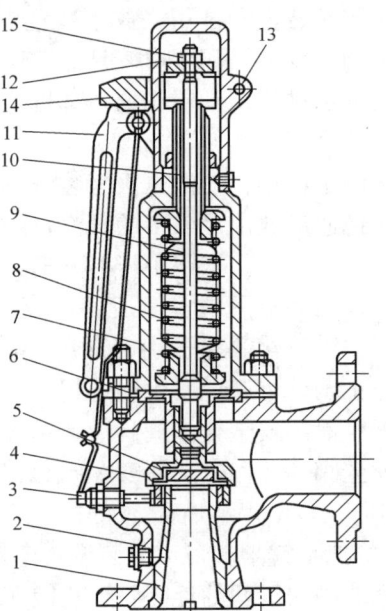

1—阀体；2—阀座；3—阀芯；4—支点；5—杠杆；
6—阀杆；7—重锤。

图 6-73　杠杆式安全阀

1—阀座；2—阀体；3—调节圈；4—反冲盘；
5—阀芯；6—导向套；7—阀盖；8—弹簧；
9—阀杆；10—调整螺杆；11—提升手柄；
12—阀帽；13—插销；14—叉柄；15—紧固螺母。

图 6-74　弹簧式安全阀

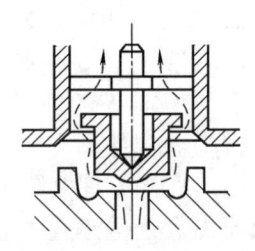

图 6-75　全启式安全阀
阀芯的开启

微启式安全阀的阀芯外径与阀座密封面外径一致或略大。当蒸汽流出时，阀芯受到向上的托力小，只升高 1.2～2.0mm；而全启式安全阀在其阀芯上有较大的阀盘，当蒸汽流出时，可产生的上托力较大，使阀芯升高较多，如图 6-75 所示。因此，全启式安全阀的启闭比较缓和，排汽量大，回座性好，适用气体介质的泄压；而微启式安全阀阀芯启闭动作快速，一般适合液体介质的泄压。所以，在应用上，蒸汽安全阀都采用全启式安全阀，省煤器或其他水管系统上则采用微启式安全阀。

蒸汽锅炉锅筒和过热器上安全阀的总排放量，应当大于额定蒸发量；对于电站锅炉，应大于锅炉最大连续蒸发量，并保证在锅筒（壳）和蒸汽过热器上所有安全阀开启后，锅筒（壳）内的蒸汽压力不得超过设计计算压力的 1.1 倍。蒸汽再热器安全阀的排放总量应当大于锅炉再热器的最大设计蒸汽流量。

蒸汽过热器和再热器出口处安全阀的排放量，应能保证在该排放量下蒸汽过热器和再热器有足够的冷却，不致将其烧损。

为了保证在安全阀排汽后锅炉压力不继续升高，蒸汽锅炉安全阀流道直径应当大于等于 20mm。排放量应当按《锅炉安全技术规程》TSG 11—2020 的计算方法进行计算确定。

对于热水锅炉安全阀的泄放能力，与蒸汽锅炉一样，应当满足所有安全阀开启后锅炉内的压力不超过设计压力的 1.1 倍。安全阀流道直径按照《锅炉安全技术规程》TSG 11—2020 的规定，在 20～50mm 之间选取。

蒸汽锅炉安全阀和热水锅炉安全阀的整定压力应分别按照表 6-3 和表 6-4 的规定进行。锅炉上有一个安全阀，按照表中较低的整定压力调整；对于有过热器的锅炉，过热器上的安全阀按照较低的整定压力调整，以保证过热器上的安全阀先开启；再热器上的安全阀最高整定压力应当不小于其计算压力。

安全阀启闭压力差一般应为整定压力的 4%～7%，最大不超过 10%。当整定压力小于 0.30MPa 时，最大启闭压力差为 0.03MPa。

**蒸汽锅炉安全阀整定压力**　　　　　　　　　　　　　　表 6-3

| 工作压力 $P$（MPa） | 安全阀整定压力（MPa） | |
|---|---|---|
| | 最低值 | 最高值 |
| $P \leqslant 0.8$ | $P + 0.03$ | $P + 0.05$ |
| $0.8 < P \leqslant 5.9$ | $1.04P$ | $1.06P$ |
| $P > 5.9$ | $1.05P$ | $1.08P$ |

注：$P$ 为锅炉工作压力，MPa。它是指安全阀装置地点的工作压力，对于控制安全阀是指控制源解除地点的工作压力。

**热水锅炉安全阀整定压力**　　　　　　　　　　　　　　表 6-4

| 最低值（MPa） | 最高值（MPa） |
|---|---|
| $1.1P$，但不小于 $P + 0.07$ | $1.12P$，但不小于 $P + 0.10$ |

注：$P$ 为锅炉工作压力，MPa。它是指安全阀装置地点的工作压力，对于控制安全阀是指控制源解除地点的工作压力。

为防止安全阀的阀芯与阀座粘连，应定期对安全阀做手动排放试验。试验时，锅筒内的压力应不小于安全阀开启压力的 75%。

此外，蒸汽锅炉安全阀应装设排汽管，且应当直通安全地点，以防止排汽伤人；同时要有足够的流通截面积，保证排汽畅通；还应将其固定，不应当有任何来自排汽管的外力施加到安全阀上。两个独立的安全阀的排汽管不应当相连。在安全阀排汽管的底部，应装有接到安全地点的疏水管，在疏水管上不应装设阀门。安全阀排汽管上如果装有消声器，其结构应当有足够的流通截面积和可靠的疏水装置。

热水锅炉安全阀应当装设排水管（如果采用杠杆式安全阀，应当增加阀芯两侧的排水装置），排水管要直通安全地点，其上不允许装设阀门，并且应有防冻措施。

在用锅炉的安全阀每年至少校验一次，校验一般在锅炉运行状态下进行。校验项目为整定压力、回座压力和密封性等。校验结果应当记入锅炉安全技术档案。

锅炉上的任一安全阀经校验后，应当加锁或铅封，校验后的安全阀在搬运或安装过程中，不能摔、砸和碰撞。

锅炉运行中安全阀应当定期进行排放试验，试验间隔一般不得大于一个小修间隔。运行中的锅炉安全阀不允许解列，严禁采用加重物、移动重锤位置或将阀芯卡死等手段提高安全阀的整定压力或者使安全阀失效，这样会危及锅炉的运行安全。

## 二、压力表

压力表是用以测量和显示锅炉汽、水系统工作压力的仪表。根据《锅炉安全技术规程》TSG 11—2020 的规定，蒸汽锅炉必须装有与锅筒蒸汽空间直接相通的压力表，以监视锅炉在允许的工作压力下安全运行。在给水管的调节阀前、可分式省煤器出口、过热器和主蒸汽阀之间，都应装设压力表。

对于热水锅炉，除锅筒以外，进水阀出口、出水阀进口、循环泵的进出口都应装设压力表。燃油锅炉、燃煤锅炉的点火油系统的油泵进口（回油）及出口，燃气锅炉、燃煤锅炉的点火气系统的气源进口及燃气阀组稳压阀（调压阀）后均应装设压力表，以监视其运行状况，便于调整，保证锅炉的正常安全运行。

锅炉常用的压力表为弹簧管式压力表，它构造简单、准确可靠，安装和使用也很方便。为了目视清晰，压力表的安装位置距操作平面不超过 2m 时，压力表的表盘直径应不小于 100mm。压力表的量程应根据工作压力选用，一般为工作压力的 1.5～3.0 倍，最好选用 2.0 倍。压力表的精度应不低于 2.5 级，对于 A 级锅炉，压力表精度应不低于 1.6 级。而且，压力表应装设在便于观察和吹洗的位置，并且应当防止受到高温、冰冻和振动的影响，同时保证有足够的照明亮度。

锅炉蒸汽空间设置的压力表应有存水弯管或者其他冷却蒸汽的措施；热水锅炉的压力表也应有缓冲弯管，弯管内径不应小于 10mm。压力表与弯管之间应装设三通阀，以便吹洗管路、卸换和校验压力表。

压力表的装置、校验和维护应符合国家计量部门的规定。压力表安装前应校验，并在刻度盘上划红线指示工作压力；压力表安装后每半年至少校验一次，校验后必须铅封，并注明下次校验的日期。

### 三、水位表

水位表是用以显示锅炉水位的一种安全附件。操作人员通过水位表监视锅炉水位，控制和调节锅炉进水，或调整和校验锅炉给水自控系统的工作，避免发生缺水和满水事故。

每台蒸汽锅炉的锅筒上至少应当装设两个彼此独立的直读式水位表。额定蒸发量小于或等于 0.5t/h 的锅炉、额定蒸发量小于或等于 2t/h 且装有一套可靠的水位示控装置的锅炉和装有两套各自独立的远程水位测量装置的锅炉、电热锅炉、有可靠壁温联锁保护装置的贯流式工业锅炉，可以只装设一个直读式水位表。多压力等级的余热锅炉，每个压力等级的锅筒应当装设两个彼此独立的直读式水位表。

常见的水位表有玻璃管和平板式两种。玻璃管水位表由汽、水连接管，汽、水旋塞，玻璃管及放水旋塞等部件组成。它结构简单，价格低廉，但容易破裂，因此必须加装安全防护罩，以免万一玻璃管破裂时汽水伤人。用于锅炉上的玻璃管水位表，玻璃管的公称直径有 15mm 和 20mm 两种。

平板式水位表由金属框盒、玻璃板、汽和水旋塞以及排水旋塞组成。玻璃板具有耐热、耐碱腐蚀的性能，而且在内外温差较大的情况下，能承受弯曲应力，加之在玻璃板观察区域的平面上又制作有几条纵向槽纹，形成加强筋肋，所以不易横向断裂，安全可靠，不需要装设防护罩。

由于锅炉水位正常与否直接影响着锅炉的安全运行，所以水位表上应醒目地刻画有最高和最低安全水位的标记。水位表的最高和最低水位，应严格遵守锅炉结构设计的规定，不得任意改动。

为了防止形成假水位，水位表和锅筒之间阀门的流通直径应不小于 8mm，汽、水连接管的内径不得小于 18mm。连接管长度大于 500mm 或有弯曲时，内径应适当放大，以保证水位表的灵敏、准确。对于汽连接管，应能自动向水位表疏水；水连接管则应朝锅筒方向倾斜，使之能自动向锅筒疏水，防止形成假水位。通常，在汽、水连接管上应装置阀门，正常运行时必须把阀门全开，以确保水位指示的可靠性。

水位表应安装在便于观察的地方，且要有良好的照明，易于检查和冲洗。当水位表距离操作面大于6m时，应加装远程显示装置或者水位视频监视系统，其信号应当各自独立。用远程显示装置监视水位的锅炉，控制室内应有两个可靠的远程水位显示装置，运行中还必须保证有一个直读式水位表正常工作。

锅炉运行时，水位表需经常冲洗，应有放水旋塞和接到安全地点的放水管，防止汽水烫人事故的发生。

#### 四、高低水位报警器

高低水位报警器是一种当锅内水位达到最高或最低允许限度时，能自动发出报警信号的装置。高低水位报警器的构造形式有多种，按照安装部位的不同，可分为装置于锅筒内的和装置于锅筒外的两类。但它们的工作原理都是利用浮体随锅内水位的升降变化自动发出报警信号，从而提醒操作人员注意水位的变化，及时采取有效措施，防止发生缺水和满水事故。

图6-76所示为装置于锅筒外的高低水位警报器，由筒体内的杠杆、竖杆、连杆、重锤、吊架、限位杆、针形阀和汽笛等部件组成。重锤Ⅰ被固定在左侧竖杆上，而重锤Ⅱ则被固定在右侧竖杆上；重锤Ⅰ、Ⅱ的体积相等，质量不同（重锤Ⅱ略大于重锤Ⅰ）。

当锅内水位处于正常水位时，重锤Ⅱ沉浸于水中，重锤Ⅰ悬于蒸汽中，杠杆保持平衡，针形阀处于关闭状态，汽笛无声响。当锅内水位上升到最高水位时，重锤Ⅰ浸入水中，受到水的浮力作用而将左侧竖杆向上堆，使杠杆左端上翘，从而打开针形阀，汽笛发出报警信号。当锅内水位下降至最低水位时，重锤Ⅱ露出水面，浮力减小，此刻重锤Ⅱ下沉而将右侧竖杆向下拉，杠杆右端下降，针形阀开启，使汽笛鸣响，发出报警信号。

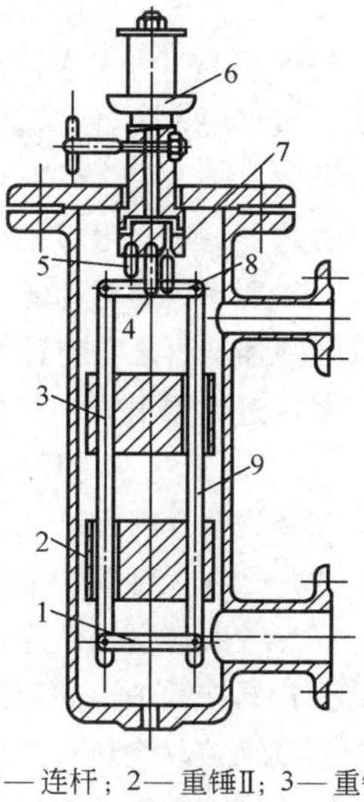

不难看到，这种报警器不论锅水达到最高水位还是最低水位，都由同一个汽笛发出报警信号，因此要求操作人员首先要认真检查和判别，严防误操作造成事故。

此外，还有电极式、浮球式和磁控式等水位报警器。电极式水位报警器利用水和蒸汽导电率不同的原理，以接触式电极为传感器，以集成电路放大器为控制器进行工作，其结构简单，成本低，适合在水质较好的锅炉中使用。浮球式水位报警器——浮球—水银开关水位传感器，它利用浮球随水位同步漂移，通过磁场的作用力，推动水银开关或其他形式的开关动作输出信号，达到报警和控制水位的目的。磁控式水位报警器利用磁敏元件为传感元件，将锅炉水位变换成开关电信号来显示和控制水位，它可输出0～10mA或4～20mA电信号，具有水位自动控制、高低水位报警、低水位联锁保护和排污指示等功能。

1—连杆；2—重锤Ⅱ；3—重锤Ⅰ；
4—吊架；5—限位杆；6—汽笛；
7—针形阀；8—杠杆；9—竖杆。

图6-76　装置于锅筒外的
高低水位报警器

#### 复习思考题

1. 从锅炉形式的发展来看，为什么要用水管锅炉来代替火管或烟管锅炉？但是为什么现在有些小型锅炉中仍采用了烟管或烟管水管组合形式?

2. 从锅炉形式的发展来看,为什么要从单火筒锅炉演变为烟火管锅炉? 为什么要从多锅筒水管锅炉演变为单锅筒或双锅筒水管锅炉?

3. 锅筒、集箱和管束在汽锅中各自起着什么作用?

4. 具有双锅筒的水管锅炉,锅筒的横放与纵放各有什么优缺点?

5. 水管锅炉"O"形、"D"形及"人"形布置中,燃烧室及对流受热面布置的相对位置有什么区别? 为什么现代锅炉大多采用"M"形布置?

6. 试述生物质锅炉、垃圾锅炉、余热锅炉、太阳能锅炉、电热锅炉、真空锅炉、冷凝锅炉、导热油锅炉和核能锅炉研制和设计生产的背景,它们各自在结构和性能上有何特点? 对节能减排的作用如何?

7. 从传热效果来看,对蒸汽过热器、锅炉管束、省煤器和空气预热器,应尽可能使烟气与工质呈逆向流动,但蒸汽过热器却很少采用纯逆流的布置形式,为什么?

8. 为什么组成蒸汽过热器的各组并联的蛇形管平面都采取与烟气流向相平行的布置形式?

9. 水冷壁、凝渣管及对流管束的结构、作用和传热方式有何异同?

10. 为什么锅炉受热面希望尽可能用小管径代替大管径?

11. 为什么希望将未饱和水预热的任务尽可能在省煤器中完成,而不希望在对流管束中完成?

12. 一般来说,装置省煤器来降低排烟温度是比较经济有效的,但在哪些情况下采用省煤器并不合适? 怎么办?

13. 省煤器的进、出口集箱上应装置哪些必不可少的仪表、附件? 各自起着什么作用?

14. 在布置省煤器时,通常采用什么办法来调整水速和烟速,使之符合规范? 进、出水温有何限制?

15. 过热器与再热器有什么作用? 按照受热面的传热方式分为哪几类?

16. 对流过热器根据烟气与管内蒸汽的相对流动方向可分为哪些形式? 锅炉中一般采用什么布置方式?

17. 简要说明立式和卧式过热器各有什么特点?

18. 为什么在大型锅炉中布置辐射式过热器?

19. 高参数大容量锅炉为什么采用组合式过热器?

20. 为什么在锅炉启动及停炉过程中要对蒸汽过热器及省煤器进行保护? 如何保护?

21. 蒸汽锅炉改烧热水应注意哪些问题? 应采取哪些措施?

22. 影响尾部受热面烟气侧腐蚀的主要因素有哪些? 为什么燃油炉要采用低氧燃烧?

23. 高压锅炉与低压锅炉在受热面的布置原则上有何不同? 为什么?

24. 为什么说热水锅炉要比蒸汽锅炉节能?

25. 强制循环热水锅炉与自然循环热水锅炉有哪些区别? 怎样选用?

26. 锅炉水位报警装置有哪几种? 它们各自的工作原理是什么?

27. 什么叫尾部受热面? 它包括哪几个设备?

28. 省煤器的作用是什么? 怎样分类?

29. 为了便于检修,对省煤器管组高度有什么限制?

30. 省煤器启动时为什么要采取保护措施? 有哪些保护措施?

31. 空气预热器有什么作用?

32. 空气预热器分为哪几类? 各有什么优缺点?

33. 回转式空气预热器的工作原理是什么?

34. 什么是低温腐蚀? 减轻低温腐蚀可以采取什么措施?

35. 什么是硫酸腐蚀? 硫酸腐蚀有哪些危害?

# 第七章　锅炉水循环及水汽分离

在自然循环蒸汽锅炉中，给水进入锅筒后按一定的循环路线流动。在流动过程中，水通过蒸发受热面被加热、汽化，产生蒸汽；而受热面——金属壁则靠水循环及时将高温烟气传递的热量带走，使壁温保持在金属的允许工作温度范围内，从而保证蒸发受热面能长期可靠地工作。但是，如果水循环组织不好，循环流动不良，即便是热水锅炉，也会发生种种事故。例如，当水冷壁正常的冷却水膜被破坏而直接与蒸汽接触时，管壁壁温会显著升高，当温度超过金属允许极限时，就有可能发生爆管事故。

由各蒸发受热面汇集于锅筒的汽水混合物，在锅筒的蒸汽空间中借重力或机械分离后，蒸汽被引出。如果汽水分离效果不佳，蒸汽将严重带水，导致蒸汽过热器内壁沉积盐垢，恶化传热以致过热而被烧损。对于饱和蒸汽锅炉，蒸汽带水过多也难以满足用户需要，还会引起供汽管网的水击和腐蚀。

可见，锅炉水循环组织得好坏、汽水分离装置性能的优劣都直接关系着锅炉安全和工作的可靠性。因此，对水循环的基本规律、汽水分离的原理以及影响因素应有所了解，以便在今后的专业实践中，指导锅炉的运行管理和技术改造工作。

## 第一节　锅炉的水循环

水和汽水混合物在锅炉蒸发受热面回路中的循环流动，称为锅炉的水循环。由于水的密度比汽水混合物大，利用这种密度差所产生的水和汽水混合物的循环流动，称为自然循环；借助水泵的压力使工质循环流动叫强制循环。在供热锅炉中，除热水锅炉外，蒸汽锅炉几乎都采用自然循环；对于大容量、高参数的电站锅炉，除了自然循环和强制循环外，还采用控制循环和直流的循环方式。

### 一、自然循环的基本概念

图7-1所示为蒸汽锅炉的蒸发受热面自然循环回路示意图，由锅筒、下降管、集箱和水冷壁（上升管）形成工质循环流动的封闭线路。下降管在炉外不受热，管内为饱和水或未饱和水，密度较大，而上升管在炉内受热，管内的水会被加热到饱和温度并产生一部分蒸汽。因此上升管中的汽水混合物的密度小于下降管中水的密度，在下集箱中心的两侧将产生液柱的压差，这个压差推动汽水混合物沿上升管向上流动进入锅筒，锅水

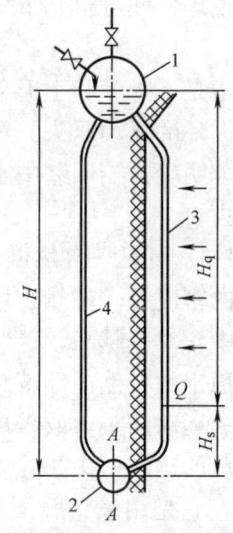

1—锅筒；2—下集箱；3—上升管；4—下降管。

图7-1　自然循环回路示意图

则沿下降管向下流动至下集箱，如此形成了水的自然循环。任何一台蒸汽锅炉的蒸发受热面都是由这样的若干个自然循环回路组成的。

由图 7-1 可见，在循环回路中，不同高度的工质，所受压力因水柱产生的压力的不同而不等。越靠近下集箱的上升管管段，工质压力超过锅筒中压力的值越大。也就是说，锅筒中的水即便是已达到相应压力下的饱和温度，当流进上升管的下端时，水温与该处压力下的饱和温度尚存在一个差值，需要继续受热才能达到沸点，即需要上升高度 $H_s$ 后才开始沸腾汽化。实际上，由锅筒进入下降管的水不一定达到饱和温度，即锅水尚具有一定的欠焓（或叫欠热），所以上升管下端 $H_s$ 这一区段加热水总是存在的。

上升管内的水在向上流动的过程中，一边受热一边减压，当到达汽化点 $Q$ 时，水温等于该点压力下的饱和温度，开始沸腾汽化。在 $Q$ 点以后，压力继续降低，汽化更强烈，工质中含汽量随上升流动越来越多。因此，$Q$ 点以后的 $H_q$，便是上升管的含汽区段，即汽水混合物区段。

如此，循环回路的总高度 $H$ 即为加热水区段 $H_s$ 和含汽区段 $H_q$ 之和：

$$H = H_s + H_q \tag{7-1}$$

在水循环稳定流动的状态下，作用于图 7-1 中集箱 $A$—$A$ 截面两边的力相等。假设此回路中没有装置汽水分离器，$H_s$ 区段加热水的密度和下降管中的水一样，都近似等于锅筒中蒸汽压力 $P_g$ 下的饱和水密度 $\rho'$，则 $A$—$A$ 截面两边作用力的表达式可写为：

$$P_g + (H_s + H_q)\rho' g - \Delta P_{xj} = P_g + H_s \rho' g + H_q \bar{\rho}_q g + \Delta P_{ss} \tag{7-2}$$

式中　　$P_g$——锅筒中蒸汽压力，Pa；

　　　　$\rho'$——下降管和加热水区段饱和水的密度，kg/m³；

　　　　$\bar{\rho}_q$——上升管含汽区段中汽水混合物的平均密度，kg/m³；

　　　　$g$——重力加速度，m/s²；

$\Delta P_{xj}$，$\Delta P_{ss}$——分别为下降管系统和上升管系统的流动阻力，Pa。

经移项整理，便可得到下式：

$$H_q g(\rho' - \bar{\rho}_q) = \Delta P_{xj} + \Delta P_{ss} \tag{7-3}$$

上式左边是下降管和上升管中工质密度差引起的压力差，也就是自然循环回路推动力，称为水循环的运动压头。等式的右边，恰好是循环回路的流动总阻力。这样，此式的物理意义十分明确：当回路中水循环处于稳定流动时，水循环的运动压头等于整个循环回路的流动阻力。

由式（7-3）可见，自然循环的运动压头取决于上升管中含汽区段的高度和饱和水与汽水混合物的密度差。显然，增大循环回路的高度，含汽区段高度也增加；上升管吸热越多，可使其中含汽率越高，这些都会使运动压头增高。当锅炉压力升高时，水、汽密度差减小，组织稳定的自然循环就趋于困难，所以高压锅炉总是设法提高循环回路的高度，以便获得必要的运动压头，或采用强制循环。

自然循环的运动压头扣除上升管系统阻力后的剩余部分，称为循环回路的有效压头，以 $P_{yx}$ 表示，它是用来克服下降管系统阻力的。在稳定流动工况下，有效压头应与下降管系统的阻力相等：

$$P_{yx} = H_q g(\rho' - \bar{\rho}_q) - \Delta P_{ss} = \Delta P_{xj} \tag{7-4}$$

自然循环回路的有效压头越大，用以克服下降管阻力的压头就越大，即工质循环的流速和水量越大，水循环越强烈，越安全可靠。

**二、水循环的可靠性指标**

**1. 循环流速**

锅炉水循环的可靠性是指要求所有受热的上升管都毫无例外地保证得到足够的冷却。具体地说，必须保证上升管管内有连续的水膜冲刷管壁，并保持一定的循环流速，以防止管壁超温和结盐。

循环流速，通常指的是循环回路中水进入上升管时的流速，用符号 $w_0$ 表示，其计算公式为：

$$w_0 = \frac{G}{3600 \rho' f_{ss}} \quad \text{m/s} \tag{7-5}$$

式中　$G$——进入上升管的水流量，即循环水质量流量，kg/h；

　　　$\rho'$——水进入上升管时的密度，近似取锅炉压力下的饱和水密度，kg/m$^3$；

　　　$f_{ss}$——循环回路上升管总截面积，m$^2$。

循环流速的大小直接反映管内流动的水将管外传入的热量和管内产生的蒸汽泡带走的能力。循环流速越大，工质放热系数越大，带走的热量越多，管壁的冷却条件越好，管壁就不会超温。所以，循环流速是用以判断锅炉水循环可靠性的重要指标之一。

对于供热锅炉，由于工作压力低，汽、水的密度差大，对自然循环是有利的。水冷壁的循环流速一般为 0.4～2m/s，锅炉对流管束的循环流速为 0.2～1.5m/s。

**2. 循环倍率**

由循环流速的定义可知，它是按进入上升管的水流量 $G$ 进行计算的。但是，对于热负荷不同的上升管，即使循环流速相同，由于管内产汽量不同，在其出口处的汽水混合物中水的流量也不相同。上升管的热负荷越大，产汽量越多，出口处的水量就越少，以致在管壁上有可能无法维持连续的水膜；另外，产汽量越多，汽水混合物的流速越大，也有可能在高速汽水流的冲刷下将水膜撕碎，从而使传热恶化，导致管壁超温。因此，为了保证在上升管中有足够的水来冷却管壁，在每一循环回路中由下降管进入上升管的水流量 $G$ 常常是几倍、甚至上百倍地大于同一时间内在上升管中产生的蒸汽量 $D$。二者之比，称为循环回路的循环倍率，这是另一个用以说明水循环可靠性的重要指标，常用符号 $K$ 表示，其表达式为：

$$K = \frac{G}{D} \tag{7-6}$$

不难看出，循环倍率 $K$ 的倒数即为上升管的含汽率，或汽水混合物的干度，以 $x$ 表示，则有

$$x = \frac{D}{G} = \frac{1}{K} \tag{7-7}$$

循环倍率是锅炉水循环的一个非常重要的特性参数，它的物理意义是单位质量的水在此循环回路中全部变成蒸汽，需循环流动的次数。循环倍率 $K$ 越大，干度 $x$ 越小，上升管出口处汽水混合物中水的份额越大，冷却条件越好，水循环越安全。

由于水的汽化潜热是随压力的升高而降低的，在上升管受热情况相同的条件下，压力

越高，$K$ 越小。蒸发量大的锅炉，上升管受热长度一般都较长或者上升管的热负荷较高，则 $K$ 也较小。由于供热锅炉的压力和容量都较小，上升管热负荷也不高，所以其循环倍率 $K$ 一般都很大，在 50～200 内变动，无须多虑循环倍率过低的问题。对于某些燃油燃气供热锅炉和电站锅炉所采用的双面曝光水冷壁回路，因其热负荷很大，应当注意不使该回路的 $K$ 过小。增大循环倍率的措施通常是加大该回路的下降管总截面积和使上升管受热长度与直径之比不宜过大。

对于自然循环的热水锅炉，其受热面"循环倍率"的含义与自然循环的蒸汽锅炉不同。它是指受热面在吸热量和锅炉的循环水流量及供、回水温度相同的工作条件下，按自然循环工作时通过受热面的流量与按直流工作时通过受热面的流量之比。对一台热水锅炉来说，它有若干个自然循环回路，并且有着相同的供、回水温度，但是它们各自的吸热量和温升是不同的。所以，自然循环热水锅炉的全炉循环倍率应为各回路循环倍率按吸热量比例的加权平均值。

如前所述，蒸汽锅炉的自然循环回路中，循环倍率都大于 1。但在热水锅炉中，不管是回路循环倍率，还是全炉循环倍率，有可能大于 1，也有可能小于 1。这是热水锅炉自然循环的特点之一。如图 7-2 所示的半自然循环热水锅炉，因有大量的自然循环对流（管束）受热面，其全炉循环倍率大于 1，对流（管束）受热面的循环倍率也大于 1，而水冷壁循环倍率则可能大于 1，也可能小于 1。

3. 循环回路的特性曲线

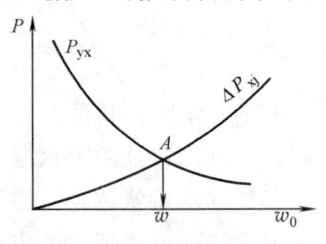

图 7-2 半自然循环热水
锅炉水循环特性曲线

图 7-2 所示的水循环回路的特性曲线，表示在一定的热负荷下，有效压头 $P_{yx}$、阻力 $\Delta P_{xj}$ 和流量（或相应的循环流速）之间的关系。

对于结构已定的循环回路，下降管系统的阻力是水循环流速 $w_0$ 的函数。$w_0$ 增大，$\Delta P_{xj}$ 也增大。对上升管而言，在一定热负荷下，增大 $w_0$，使管内含汽率减小，上升管含汽区段中汽水混合物的平均密度 $\bar{\rho}_q$ 增大。这样，用于克服下降管阻力的有效压头 $P_{yx}$ 下降。只有在 $P_{yx}$ 与 $\Delta P_{xj}$ 之间取得平衡时，即两曲线的交点 $A$ 才是水循环的工作点。这与通风系统中风机性能曲线与管路特性曲线相交而得出工作点的原理一样。在水循环回路工作点处可得出实际的循环流速 $w$，可用于与一般的推荐值对照，并对水循环工作的可靠性进行校核，以检查个别管子有无可能发生水循环故障。

**三、影响自然循环推动力的因素**

由水动力学基本方程式可知，自然循环推动力的影响因素主要有锅炉的工作压力、上升管（水冷壁）的热负荷、循环回路的高度和阻力，它们直接影响着锅炉水循环回路的工作特性。

1. 锅炉的工作压力

锅炉的工作压力升高，饱和水和饱和蒸汽的温度随之升高，而汽、水密度差减小，自然循环推动力减弱。锅炉的工作压力越低，汽、水密度差越大，运动压头越大，可供克服循环回路阻力的能力越大。自然循环回路的结构特性和热负荷不变时，锅炉的工作压力低会使循环流速加快，有利于受热面冷却和运行安全。对于供热锅炉，其工作压力一般不大于 2MPa，属于低压锅炉，其汽、水密度差较大，对自然循环回路的正常工作是有利的。

2. 上升管（水冷壁）的热负荷

上升管（水冷壁）的热负荷是指上升管受热面的受热强弱。上升管受热面受热程度越高，即热负荷越大，上升管中工质的含汽量越多，工质的平均密度越小，下降管与上升管之间的工质密度差越大，驱动自然循环流动的运动压头越大，上升管中的循环流量越多，上升管被冷却的程度越好。这不是说上升管的热负荷越大越好，当超过一定限度后，上升管管壁的冷却反而会恶化。这是因为循环回路上升管外侧热流密度增大时，汽水混合物的密度进一步减小，上升管中汽水混合物流动阻力就会增大，当流动阻力增大到大于或略大于回路的运动压头时，循环流速会降低，循环特性变为强制流动，不利于自然循环中上升管工作的安全。但因自然循环锅炉具有上升管热负荷越大，其循环流量也越大的自补偿特性，所以通常水冷壁管仍能得到良好的冷却和保护，运行是安全可靠的。对于供热锅炉，布设于炉膛的水冷壁的最高热负荷可达 $180kW/m^2$。

3. 循环回路的高度

循环回路的高度对自然循环推动力的影响，可以由式（7-3）看到，公式左边是自然循环回路的推动力——运动压头，循回路的高度 $H_q$ 越大，运动压头越大，越有利于循环流动。因此，为了保证自然循环锅炉工作的可靠性，要求循环回路有足够的高度。根据计算和运行的实际经验，对于工作压力为 0.8MPa 和 1.3MPa 的蒸汽锅炉，其水冷壁高度分别不应低于 2.0m 和 3.5m。如果炉膛高度受到制约，不能满足锅炉水循环的要求时，则必须另想办法，采取行之有效的技术措施予以补救，以保证锅炉的运行安全。

4. 循环回路的阻力

自然循环锅炉的回路阻力，包括上升管系统的阻力和下降管系统的阻力两部分，其大小取决于循环回路管道的结构特性和管内工质流动的速度（流量）。回路管道的结构特性，指的是管道长度、弯头和管径等，一旦结构确定，则各部分的阻力系数也就确定。阻力系数越大，循环回路的阻力越大。另外，管内工质的流速（流量）越大，循环回路的阻力也越大。对于上升管，由于工质处于汽水两相状态，它的阻力大小还与汽水两相流体的分布有关。总的来说，供热锅炉上升管受热强度不是很高，管内工质的含汽率较低，汽水两相流体对回路阻力的影响通常都是在结构设计中予以考虑。由式（7-4）可以看出，要增大循环回路的有效压头，则应设法减小上升管的阻力，以增大克服下降管阻力的能力。如此，在热负荷一定的条件下，工质在循环回路中的流速和流量越大，锅炉的水循环越强烈和安全。

**四、自然循环锅炉的水循环故障**

自然循环的动力源于循环回路的运动压头。当循环回路高度一定时，锅炉压力越低，运动压头越大，越有利于自然水循环。供热锅炉压力并不高，理论上应该容易保证良好的水循环。但在实际运行中，常见发生水循环故障的案例。除上升管产生循环停滞、倒流和汽水分层之外，还有下降管带汽，它们都会严重影响锅炉的安全和正常运行。因而有必要对这些主要故障产生的原因进行分析，然后针对实际情况找出防止和消除这些故障的方法。

1. 循环停滞和倒流

一个循环回路，如水冷壁受热面，它总是由并联的许多根上升管和几根下降管连接于锅筒和集箱而工作的。在同一循环回路中，每根上升管的受热强度并不相同，有时甚至相差悬殊。这种受热的不均匀性，主要是由于炉膛和燃烧设备的结构特性、管外挂渣积灰和管子受热段的长短不一等原因造成的。很明显，如果个别上升管的受热情况非常不好，则会因受热微弱产生的有效运动压头不足以克服公共下降管的阻力，以致可能使该上升管的循环流速趋近于零，这种现象称为循环停滞。

在停滞管中仍会产生蒸汽，但管内产生的汽泡在水中缓缓地向上浮动，热量的传递主要靠导热，即便该上升管热负荷较低，还是有可能因热量不能及时被带走使管壁超温；若该上升管恰好处于高温烟气区段，管子就有被烧坏的危险。另外，由于停滞管中水的不断蒸发而进水量很少，长期停滞时锅水含盐量增大，将造成管壁结垢和腐蚀。

发生循环停滞的上升管如果接于锅筒的蒸汽空间，水将停留在上升管的某一部位，水面以上全为蒸汽，形成如图 7-3 所示的自由水面。在自由水面以上的管段中仅有蒸汽在缓缓流动，其冷却情况很差，易引起管壁过热而烧坏；同时又因水面微微波动，水面附近这段管子的壁温也随之波动，产生温差应力，易沉积盐垢，同样可能引起管子的损坏。

由图 7-3 可见，即便是没有发生循环停滞的上升管，当它连接于锅筒的汽空间时，对自然循环也是不利的。在上升管高出锅内水位的高度 $h$ 的区段中，其内仍是汽水混合物，而与此管段相对应的所谓"下降管"段内的工质不是水，而是锅筒水面以上空间中的饱和蒸汽。因此在 $h$ 区段内产生的流动压头是一负值，相当于上升管中增加了一个阻力。所以，上升管或水冷壁上集箱的汽水引出管要尽可能地接于锅筒的水空间；如果必须在汽空间引入时，也应尽量降低 $h$，以减少对水循环的不利影响。

显然，当上升管接入锅筒水空间时，即使发生循环停滞现象也不会出现稳定的自由水面。这时，上升管中仍产生蒸汽，水从上升管的上端或下端流入以满足蒸发的需要。

如果接入锅筒水空间的某根上升管受热极差，其运动压头小于公共下降管阻力时，将会发生循环倒流现象。由式（7-4）可以看出，只有当上升管的流动阻力为负值时才能达到平衡，即表示水的流向颠倒，该上升管变成了一根受热的下降管。此时，如果倒流速度较大，上升管中产生的汽泡将向下流动，这不会发生危险；但是，如果倒流速度较小时，汽泡会停滞积聚，在管内形成"汽塞"，会导致管子烧损。在供热锅炉中，有时水冷壁管由上集箱汇集，再用汽水引出管引入锅筒（图 7-4）。在此情况下，不论引出管引入锅筒的汽空间还是水空间，受热极差的上升管在上、下集箱之间都有可能发生循环停滞或倒流现象。

为防止循环的停滞和倒流，常采用加大下降管和引出管截面积的办法，以减少循环回路的阻力。诚然，要从根本上消除这一弊病，只有设法减少或避免并联的各上升管受热的不均匀性。

2. 汽水分层

在水平或微倾斜的上升管段，由于水、汽的密度不同，水倾向于在下部空间流，汽则倾向于在上部空间流，当流速很低时，汽、水会分开，出现一个分界面，即汽水分层。汽水分层的程度取决于流动工况，是否会造成危害则要看该管段的受热情况。当汽水分层管段受热时，会引起管壁上、下温差应力和汽、水交界面的交变应力，并破坏保护层，造成管壁腐蚀；管壁上部会结盐垢，使热阻变大，壁温升高。所以在布置锅炉炉膛的顶棚管、前后拱上的水冷壁以及燃气、燃油锅炉的冷炉底受热面时，需特别注意，尽可能避免布置倾角小于 15° 的蒸发管。

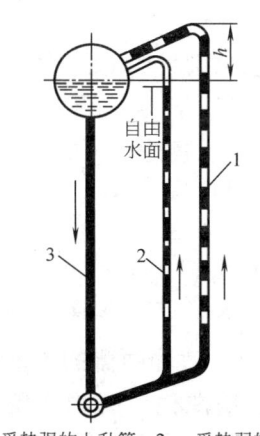

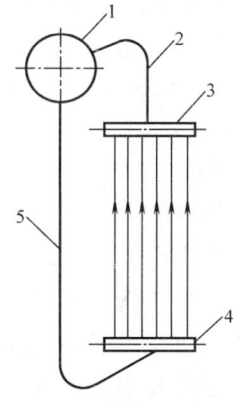

1—受热强的上升管；2—受热弱的上升管；
3—下降管。

图 7-3 自由水面

1—锅筒；2—汽水引出管；3—水冷壁上集箱；
4—水冷壁下集箱；5—下降管。

图 7-4 带上、下集箱的水冷壁示意图

发生汽水分层的可能性随着蒸汽压力的升高和蒸发部分管子直径的增大而增加。据研究，供热锅炉的压力不高，只要循环流速不低于 0.6～0.8m/s，就不会产生汽水分层现象。为进一步提高锅炉工作的可靠性，管子与水平线之间倾角不宜小于 15°。但对此必须针对实际情况作具体分析，如管子上端（出口端）受高温，则要求倾斜角更大；反之，如燃用低质煤时，炉子后拱的管子倾角有时仅 8°～10°，但因后拱水冷壁管外包有耐火泥或耐火砖衬，受热较弱，又处于含汽量较少的管段，所以还是允许的。在链条炉中，两侧的防渣箱是水平布置的，但要尽量避免流动死角。下降管最好由防渣箱两端引入，假若一端实在不便布置下降管时，那么此端也应由上升管引出；而水冷壁管则须由防渣箱的顶部引出。

3. 下降管带汽

锅炉中的锅水虽都处于或接近饱和状态，但由于水静压的作用，进入下降管的水一般不会沸腾汽化，即在工况正常时，下降管入口的水不会汽化而使下降管带汽。但如果下降管入口阻力较大，产生压降，水则可能汽化造成下降管带汽，从而使其平均体积流量增大，阻力增加，对水循环不利。

造成下降管带汽的另一个原因是下降管管口距锅筒水面太近，下降管入口水面形成旋涡漏斗而将蒸汽吸入下降管。这样，一方面进入下降管的实际水流量减少，即循环流量降低；另一方面，由于下降管内出现汽水两相流动，工质密度减小，使下降管侧重力压差降低，且流动阻力也增大，使下降管压差下降。两方面的因素都会导致水循环安全裕度降低。因此，下降管应尽量接于锅筒底部或保证下降管管口上方有一定的水位高度；在下降管入口处加装格栅或十字板，可以有效破坏旋涡漏斗的形成。

对于高参数锅炉，因其下降管中的流速很高，且通常又是采用大直径集中下降管，形成下降管带汽的可能性更大。

此外，下降管受热较强、上升管出口和下降管入口之间的距离太近而又无良好的隔离装置等情况，也会引起下降管带汽。不难看出，无论何种原因引起的下降管带汽，所造成的后果都是相同的。下降管带汽不仅使自身阻力增大，也使循环回路的运动压头降低，减弱了水的循环流动，从而增大了出现循环停滞、倒流和自由水面等不正常流动现象的可能性。

267

### 五、自然循环回路的合理布置

通过上述对产生水循环故障原因的分析，在布置自然循环锅炉水循环回路时，应以改善各上升管受热均匀性，提高循环回路运动压力，降低上升管、下降管和汽水引出管阻力以及防止汽水分层等为原则，采取相应的措施，以保证循环流动良好、可靠。显然，这些都与锅炉结构和运行条件有关。

1. 循环回路的布置

上升管的受热不均匀是造成水循环故障的根本原因。因此，在布置循环回路时，并联管子的总长度、受热管段长度、受热负荷以及几何形状等应尽可能地近似，即应按受热情况划分循环回路，譬如，图 1-1 所示的链条炉，其前、后和两侧的水冷壁的几何形状和受热强度等都有明显差别，所以设计时一般将热工特性相近的水冷壁管分别组成独立的循环回路，且每个循环回路都设置独立的下降管和汽水引出管，以提高水循环的可靠性。

如前所述，自然循环运动压头与循环回路的高度及汽、水密度差成正比。锅炉的工作压力越高，汽、水密度差越小，则要求有较高的循环回路高度。对于供热锅炉，压力不高，如压力 $P < 0.8MPa$，要求循环回路高度不低于 $2 \sim 3m$；$P \geqslant 0.8MPa$ 的锅炉，则要求循环回路高度为 $4 \sim 6m$。但对于诸如快装锅炉等高度受到结构限制的锅炉，就应设法降低循环回路的阻力，包括选用阻力较低的汽水分离装置等，以保证正常的水循环。

2. 上升管的布置

为了避免产生自由水面和下降管带汽，上升管或来自水冷壁上集箱的汽水引出管，都应尽可能地在锅筒水空间接入，且需注意与下降管入口保持必要距离，或装设隔板进行有效隔离。如果上升管和上集箱汽水引出管在锅筒蒸汽空间引入，也应尽量降低此管段最高点与水位间的距离。

上升管和上集箱汽水引出管不宜有过多或急剧转弯的弯头。汽水引出管可采用内径为 $80 \sim 150mm$ 的管子，其截面积，供热锅炉一般控制在上升管截面积的 35% 左右，使之阻力不致过大。

循环回路中的各上升管，一般都不宜有水平布置的管段；上升管受热段的倾斜部分，其倾角不宜小于 15°。

上升管管径一般需根据水质、水循环的可靠性、管子强度及金属耗量等多种因素来确定。管径小，可以增大上升管单位流通截面蒸发量，即管内含汽率增大，使循环回路的运动压头升高，对水循环有利。当然，管径过小也是不合理的，不仅阻力增大，对水质要求也将提高。不同压力和容量的锅炉，水冷壁管径有一定的推荐值，供热锅炉常用直径 51mm、壁厚 2.5mm、直径 63.5、壁厚 3mm 和直径 70mm、壁厚 3mm 等几种。

对于热水锅炉，自然循环流动压头小，除上述要求外，水冷壁宜采用垂直上升结构，循环回路应尽量采用简单回路；水冷壁与对流受热面不宜共用一个下集箱，以防热负荷相差过大造成水循环故障；上升管内径应不小于 44mm。当锅炉采用上集箱结构时，为减少引出管阻力，管径应尽量取大一些，长度尽量短，弯头数应少；上集箱的连接管与上升管截面比应大于 0.8。

3. 下降管的布置

减少下降管阻力是良好水循环的重要保证因素之一。为此，下降管应采用较大管径，同时在结构上要特别注重它的合理布置。

下降管的形状要力求简单，不设中间集箱，不用不同管径的管段串接，也不允许有水平管段和锐角弯头。每一独立回路的下降管数量要少，但不宜少于两根，以防配水不均和偶然堵塞的事故。

下降管应尽可能由上锅筒的底部引出；下降管入口与锅筒最低水位间要保持足够的高度，一般不低于下降管管径的4倍。下降管管口与上升管或汽水引出管之间应保持一定距离，或用隔板隔开，以防蒸汽被下降管吸入。

下降管和上升管与下集箱连接时，应与上升管之间有一接近90°的夹角，且二者的轴线应不相重合（图7-5），以使上升管供水比较均匀。同样，下集箱的管也不应与任何一根上升管在同一轴线上，否则排污时，正对排污管孔的上升管会发生缺水现象而烧损。在结构上也可采取在排污管孔上方设置一隔板的措施。

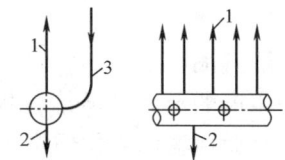

1—上升管；2—排污管；3—下降管。

图7-5　下降管和上升管与下集箱的连接

下降管不宜受热，一般多置于炉外；但应包扎绝热材料，以减少散热损失，同时不使回路的加热水区段增长过多。

下降管管径一般选用80～140mm，其截面积，一般不应小于上升管截面积的25%～30%。

对于自然循环的热水锅炉，不宜采用集中下降管，以免水力偏差引起水量分配不均。下降管与上升管的截面比，根据循环高度的不同可由表7-1选取。

热水锅炉下降管与上升管的截面比　　　　　　　　　　　　　　　　表7-1

| 循环高度（m） | >2 | >4 | >5 | >10 |
|---|---|---|---|---|
| 截面比 | 0.65 | 0.6 | 0.55 | 0.45 |

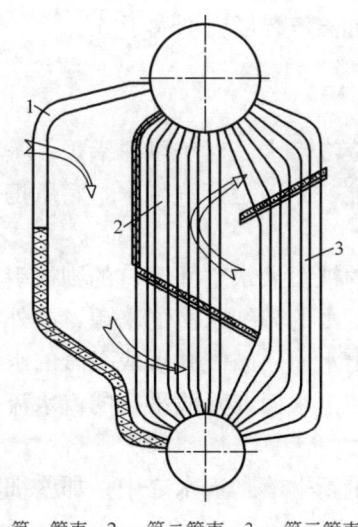

1—第一管束；2—第二管束；3—第三管束。

图7-6　SHL10-1.3/350型锅炉
的对流管束布置简图

**4. 供热锅炉对流管束的水循环分析**

图7-6所示为SHL10-1.3/350型锅炉的对流管束布置简图，现以此为例来分析供热锅炉对流管束的水循环。

供热锅炉的对流管束，同一回路的并联上升管的吸热不均匀性一般都比较大。如图7-6中的第一管束，因处于炉膛出口，受热最强，第二管束次之，第三管束受热最弱。因此，在对流管束的水循环回路中，第一、第二管束基本上是上升管，第三管束是下降管。但在同一管束中，各排管子的吸热强度也存在差异。第二管束的后几排及第三管束的前几排的循环工况是变化的。如在高负荷运行时，炉子出口烟气温度较高，第二、第三管束所受的热负荷就大，第三管束的前几排管子可能会变成上升管。

反之，在低负荷运行时，第二管束的后几排管子会变成下降管，甚至个别管子会出现循环停滞。因此，布置循环回路时，循环工况有变化的管子应与上锅筒的水空间相接，并尽可能接近锅筒底部，以免倒流时带进蒸汽；同时，将这几排管子尽可能布置于烟温不高的区域，尤其是管子的上部宜置于烟气流程的末尾，以免在产生短时间的循环停滞时烧损管子，并尽量减少这几排管子的弯头，以减少流动阻力。

# 第二节　蒸汽品质及其影响因素

## 一、蒸汽品质

锅炉生产的蒸汽必须符合规定的压力和温度，同时其中的杂质也不能超过一定的限值。蒸汽品质一般用单位质量蒸汽中所含杂质的数量来衡量，其单位为 $\mu g/kg$ 或 $mg/kg$，它反映了蒸汽的洁净程度。

蒸汽中的杂质包括气体杂质和非气体杂质两部分。前者主要有氧、氮、二氧化碳和氨气等，它们将对金属具有腐蚀作用。后者是蒸汽中所含的主要杂质，包括各种盐类、碱类及氧化物，其中占比最大的是盐类物质。因此，通常用蒸汽含盐量的大小来表示蒸汽的洁净程度。

蒸汽中的含盐量主要是因为蒸汽带水，高压蒸汽也能直接溶解某些盐类，当超过一定量时，会严重影响用汽设备的运行安全。譬如，饱和蒸汽中的盐会在蒸汽过热器中沉积，影响蒸汽流动和恶化传热，致使蒸汽过热器管壁超温而烧损。过热蒸汽中的盐会沉积在输汽管道、导致阀门上，使流动阻力增大，导致阀门关闭不严和动作失灵；盐类沉积在汽轮机中，会改变叶片线形，影响其出力和效率，以至酿成重大事故。

供热锅炉对蒸汽品质的要求比电站锅炉低得多，但为了保证满足用户的基本要求，对蒸汽中的带水量还是有一定的规定，即以饱和蒸汽湿度作为供热锅炉的蒸汽品质指标。对于装设蒸汽过热器的锅炉，饱和蒸汽湿度应不大于 1%；对无蒸汽过热器的锅炉，饱和蒸汽湿度应不大于 3%；对于无蒸汽过热器的锅壳式锅炉，饱和蒸汽湿度应不大于 5%。

## 二、蒸汽带水的原因及其影响因素

### 1. 蒸汽带水的原因

由锅筒引出的蒸汽中含有微细水滴的现象，称为蒸汽带水。对于供热锅炉，蒸汽品质的好坏主要取决于蒸汽带水的多少。因为蒸汽含盐的唯一原因是蒸汽带水，它所携带的微细水滴是含盐量很高的锅水。

如前所述，由上升管进入锅筒的汽水混合物，有的被引入水空间，有的则被引入蒸汽空间。它们在进入时，一般都具有较高的流速。蒸汽带水的微细水滴的来源，不外乎以下几方面：当上升管引入锅筒水空间时，蒸汽泡上升逸出水面，破裂并形成飞溅的水滴；当上升管引入锅筒汽空间时，向锅筒中心汇集的汽水流冲击水面或几股平行的汽水流互相撞击而形成水滴；锅筒水位的波动、振荡也会激起水滴。

这些水滴，如颗粒较大，由于自身重力的作用而重新下落到锅水之中；那些细小水滴则被具有一定流速的引出蒸汽带走，造成蒸汽带水。

### 2. 影响蒸汽带水的因素

影响蒸汽带水的因素是很复杂的，但主要因素是锅炉负荷、蒸汽压力、蒸汽空间高度和锅水含盐量。

为了便于分析，可先分析水滴在蒸汽空间中的受力情况。

球形水滴向下坠落的力 $G$ 等于重力与浮力之差：

$$G = \frac{1}{6}\pi d^3 g(\rho' - \rho'') \quad N \qquad (7-8)$$

具有速度 $w$ 的蒸汽流对球形水滴的提升力 $F$ 为：

$$F = \frac{\zeta w^2}{2}\rho'' \times \frac{\pi d^2}{4}$$

$$= \frac{\pi}{8}\zeta w^2 \rho'' d^2 \quad N \qquad (7-9)$$

当这两个力相等时，水滴即可被此蒸汽流托住。所以，卷起、托住水滴所需的最小流速为：

$$w = 2\sqrt{\frac{g(\rho' - \rho'')d}{3\zeta\rho''}} \quad m/s \qquad (7-10)$$

式中    $\rho'$、$\rho''$——锅炉工作压力下的饱和水和饱和蒸汽的密度，$kg/m^3$；

$d$——球形水滴的直径，m；

$\zeta$——球形水滴在汽流中的流动阻力系数。

由式（7-10）可见，水滴的直径越小，带出水滴所需蒸汽流速度也越小；锅炉工作压力升高，水与汽的密度差减小，同样的流速可带出更大直径的水滴；如增大蒸汽流速度，则蒸汽带水的能力也随之增大。

（1）锅炉负荷的影响

在锅炉运行中，其负荷不是十分平稳的。当负荷增大时，产汽量增加，进入锅筒的汽水混合物动能增大，从而导致蒸汽在锅筒内上升速度增大，能带动的向上运动的水滴增多。同时，水空间的含汽量增加，使锅筒水位增高，相应降低了蒸汽空间的高度，致使蒸汽带水量增多。另外，锅炉负荷的增加也使锅筒蒸汽空间的蒸汽流速增大，蒸汽携带的水滴增多。

锅筒蒸汽空间的蒸汽平均上升速度也代表着蒸汽携带水滴的能力，通常可用蒸汽穿过蒸发面的折算流量来表示，即蒸发面负荷 $R_s$：

$$R_s = \frac{Dv''}{F} \quad m^3/(m^2 \cdot h) \qquad (7-11)$$

式中    $D$——通过锅筒蒸发面的蒸汽流量，$kg/h$；

$v''$——饱和蒸汽比容，$m^3/kg$；

$F$——锅筒蒸发面积，取锅筒高水位处的水面面积，$m^2$。

一般取 $R_s = 400 \sim 1200 m^3/(m^2 \cdot h)$。对于供热锅炉，$R_s$ 值在该范围内基本都能满足要求。但在锅炉改造时，如利用原有的锅筒提高蒸发量，则应再核算锅筒蒸汽空间的容积负荷 $R_V$：

$$R_V = \frac{Dv''}{V} \quad m^3/(m^3 \cdot h) \qquad (7-12)$$

式中    $V$——锅筒蒸汽空间的体积，$m^3$。

蒸汽空间的容积负荷 $R_V$ 表示蒸汽在锅筒汽空间逗留时间的倒数。显而易见，$R_V$ 越小，蒸汽逗留时间越长，这样蒸汽中的水滴有更多的机会重新落回到水空间。

蒸发面负荷和蒸汽空间的容积负荷大，说明锅筒尺寸相对较小，汽水分离条件变坏；相反，则说明锅筒尺寸相对较大，也是不经济的。合理的 $R_V$ 可按表 7-2 所列的推荐值选取。当锅筒内无汽水分离设备或只有匀汽设备时，$R_V$ 应取表中较小值；当汽水混合物由水空间引入时，$R_V$ 也取较小值。如果校验的结果在锅炉工作压力下超出表 7-2 的推荐值，则应设法进一步改进汽水分离装置，或者运行时，在保证安全的前提下，适当降低水位。

$R_V$ 推荐值

表 7-2

| 锅炉工作压力（MPa） | 0.4 | 0.7 | 1.0 | 1.3 | 1.6 | 2.5 |
|---|---|---|---|---|---|---|
| $R_V[\mathrm{m}^3/(\mathrm{m}^3 \cdot \mathrm{h})]$ | 630～1310 | 610～1280 | 610～1250 | 580～1200 | 570～1150 | 540～1080 |

（2）蒸汽压力的影响

锅炉工作压力升高时，由于汽、水密度差减小等原因，使汽水重力分离作用减弱。由式（7-10）也可以看出，此时既定直径的水滴只要较低的汽流速度便可被携带出，使蒸汽更容易带水。另外，汽压高，饱和水温也高，水分子的热运动加强，相互间的引力减小，水更容易被打碎而形成细微水滴，增大蒸汽带水量。因此，当锅炉工作压力升高时，$R_V$ 降低（表 7-2）。

但需指出的是，降低锅炉工作压力对汽水重力分离有利的说法，是以蒸汽流速相同为前提的。当锅炉降压运行而仍保持原来的蒸发量时，尽管由于汽、水密度差增大有利于汽水重力分离，但由于降压后使蒸汽比容增大而使锅筒内的蒸汽流速提高，又不利于水滴分离。对于运行中的锅炉，当压力骤降时，锅水会急剧沸腾，因锅水的储热能力会产生一定量的附加蒸汽，从而使穿出蒸发面的蒸汽量增多，蒸汽空间的汽流速度加快，其结果是使蒸汽大量带水，造成蒸汽品质的恶化。

（3）蒸汽空间高度的影响

蒸汽空间高度指的是锅筒水位面到蒸汽引出管口的垂直高度。锅筒中水位的高低影响蒸汽空间高度，因而也将影响蒸汽带水量。

由式（7-10）可知，当蒸汽流速一定时，仅能带动相应大小的水滴，至于更大的水滴，当借初始动能飞溅到一定高度后，会因自重而重新落回水中。如果蒸汽空间高度太低，水滴可能飞溅到蒸汽引出管口附近，未来得及沉降就被汽流携带而出，使蒸汽带水增多。但大颗粒水滴的飞溅高度是有限度的，当蒸汽空间超过一定高度后，对水滴的重力分离作用不再有明显影响，蒸汽湿度降低甚微而趋于平稳。所以，蒸汽空间高度过大也是不必要的，否则会增大锅筒的金属耗量和制造成本。

为了保证有足够的蒸汽空间高度，通常锅筒的正常水位应在锅筒中心线以下 100～200mm，其波动范围为 ±（50～75)mm。当然，严格地说锅炉的最高允许水位应用热化学试验确定。对于供热锅炉，蒸汽空间高度可取 0.4～0.6m，蒸汽流速低的，此高度可选用较小值。

（4）锅水含盐量的影响

给水进入锅炉后，因不断循环汽化，使锅水浓缩，其含盐量逐渐增大。当含盐量在一定范围内继续增大时，蒸汽湿度基本保持不变，但蒸汽的含盐量因锅水含盐量的增大而增大。

随着锅水含盐量的增大，水的表面张力减小而黏度增加，生成的汽泡变小、液膜强度增大，且不易合并成大汽泡。汽泡越小，相对于水的速度减慢，以致使锅筒水空间中的含汽率增大，促使水位升高，蒸汽空间高度减小。与此同时，汽泡间液体的黏度增大，沿汽泡表面水层流动的摩擦力也随之增大，浮至水面的汽泡不易破裂，需在水面停留一段时间待水膜变薄后才破裂。如此，水面上就形成"泡沫层"，也使蒸汽空间高度减小，二者的结果都将使蒸汽带水量增加，严重污染蒸汽，使蒸汽品质下降。

锅水含盐量如果再增大，泡沫层可能会充满蒸汽空间，此时汽、水将同时被吸入蒸汽引出管，蒸汽大量带水。这种现象称为汽水共腾，是运行锅炉的事故之一，是不允许发生的。

另外，锅水含盐量越大，其表面张力越大，汽泡只有在液膜很薄时破裂；液膜越薄，破裂时生成的水滴越细，则更容易被蒸汽带出，使蒸汽湿度增大。此外，锅水含盐量高时，即使是同样的蒸汽湿度，蒸汽带出的盐量也增多，这对有蒸汽过热器的锅炉特别不利。所以，锅炉水质标准中对各种锅炉的锅水含盐量作了严格的规定。

图 7-7 为锅水含盐量与蒸汽湿度的关系。最初二者呈水平直线关系，蒸汽湿度不变，仅蒸汽含盐随锅水含盐量的增大而增加。但当锅水含盐量增大到某一数值时，蒸汽湿度急剧上升。锅水的这一含盐量称为临界含盐量。图 7-7 中表示了不同负荷时的两条曲线，随着锅炉负荷的提高，水空间的含汽率增高，水位胀起更甚，因而使锅水临界含盐量降低。对具体锅炉来说，临界含盐量应通过热化学试验来确定，而实际的允许锅水含盐量则要比临界含盐量低得多。要控制锅水含盐量，除了对给水水质有所要求外，一般采用加强锅炉排污的方法。

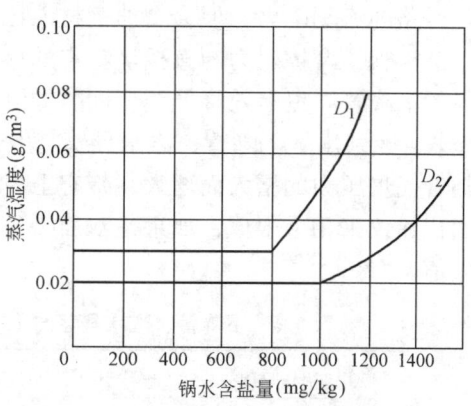

图 7-7　锅水含盐量与蒸汽湿度的关系（$D_1 > D_2$）

尽管影响蒸汽带水的原因很多，但锅水含盐量的影响是主要的，它是使蒸汽品质变坏的主要原因。

**三、提高循环安全性的措施**

水冷壁是自然循环组织结构中受热最强的蒸发受热面，也是容易发生故障的受热面。如何提高和确保包括水冷壁在内的水循环工作的安全性，是锅炉设计和运行管理的一项重要工作。

1. 减少并联管子的受热不均

一台锅炉有多个循环回路，每个循环回路又由许多并联的上升管组成，因其在炉内所处部位不同，受热强度会有所不同。因此，在组成每个循环回路时，应使水冷壁管的结构和受热情况尽可能相近，以减小并列水冷壁管的受热不均。对于横截面为矩形的炉膛，可采取四角不布置水冷壁管的方式，或将炉膛切角成为八角炉膛布置以改善四角水冷壁管受热不均。如果采用平炉顶结构，两侧墙水冷壁管受热区段趋于相近；燃烧器布置均匀合理，使炉内温度场分布均匀；燃烧器孔和看火孔结构的合理布置等都将有利于减少水冷壁管受热不均。

对于大型锅炉，炉内整面炉墙的水冷壁组成一个循环回路，各并联管的受热是很不均匀的。把它们组成多个（一般3~8个）循环回路，如各自有下降管、导管和上、下集箱，受热不均的状态则会大大改善。

锅炉运行工况与水循环的安全密切相关。合理组织炉内燃烧工况、防止火焰偏斜、保持燃烧稳定、提高火焰在炉膛的充满度、避免管外积灰结渣以及维持锅炉压力和蒸汽温度的稳定等，均可减小并列水冷壁管的受热不均。

2. 降低水循环回路的流动阻力

降低水循环回路的流动阻力，即增加上升管内工质流动的推动力，可提高循环回路的循环流速和循环倍率，有利于水冷壁管的运行安全。采用大口径管子、减少管子长度和弯头，均是减小流动阻力有效的技术措施。

在确定一个循环回路的流速截面时，一个重要的指标是循环回路的下降管或汽水导管的总截面与上升管总截面之比（简称截面比），它增大可降低管内一定的流速，从而减小循环回路的流动阻力，但会增加钢材消耗量和制造成本。

基于管子摩擦阻力与直径呈一定的反比关系，对于大容量、高参数锅炉，大多采用大直径的下降管，以有效降低循环回路的流动阻力。

表7-3列出了下降管、汽水导管与上升管之间的截面比的设计推荐值，这两个截面比都随着锅炉压力的增大而增大。带有上集箱和汽水导管系统的流动阻力比较大，下降管的截面比建议采用上限值；如果是双面曝光的水冷壁，因受辐射热强度很大，截面比则应取较大值。

下降管、汽水导管与上升管之间的截面比的设计推荐值　　　　　　　　表7-3

| 汽包压力(MPa) | 4~6 | 10~12 | 14~16 | 17~19 |
|---|---|---|---|---|
| 蒸发量(t/h) | 35~240 | 160~420 | 400~670 | ≥800 |
| 分散下降管与上升管的截面比 | 0.2~0.35 | 0.35~0.45 | 0.5~0.6 | 0.6~0.7 |
| 集中大直径下降管与上升管的截面比 | 0.2~0.3 | 0.3~0.5 | 0.4~0.5 | 0.5~0.6 |
| 汽水导管与上升管的截面比 | 0.35~0.45 | 0.4~0.5 | 0.5~0.7 | 0.6~0.8 |
| 下降管入口流速(m/s) | ≤3 | ≤3.5 | ≤3.5 | ≤4 |

当发生下降管带汽或水在下降管中汽化的故障时，循环回路的运动压头减小，均会破坏正常的水循环。因此，应尽量避免锅炉运行中突然降压而可能引起下降管中水的汽化，即为保证水循环的正常、安全，即使锅炉运行中需要降压操作，其降压速度建议加以严格控制。

3. 适当的上升管高度、管径和流动阻力

从自然循环的动力原理角度看，上升管高度越大越有利于循环。但是，上升管过高，其出口的含汽率也会过高而导致传热恶化，还有可能使循环倍率降至临界值以下，丧失循环回路的自补偿能力。

采用较小直径的上升管，既可节省钢材，也可提高上升管内工质的含汽率以增大循环的运动压头；但过高的含汽率对传热是不利的，上升管直径应经技术经济比较后确定。水冷壁管内径一般为30~60mm，其壁厚取决于工作压力和所用的钢材。

尽管上升管流动阻力增大会使循环流速变慢和循环倍率降低，不利回路的循环流动；但流动阻力过小，则上升管内工质的流量随流动压头的变化过于敏感，容易使受热弱的上升管发生循环停滞和倒流故障。所以，上升管的流动阻力也并不是像下降管和汽水导管那样越低越好。表7-4列出了我国锅炉行业的水冷壁管设计推荐值。

水冷壁管设计推荐值  表 7-4

| 汽包压力（MPa） | | 4～6 | 10～12 | 14～16 | 17～19 |
|---|---|---|---|---|---|
| 锅炉蒸发量（t/h） | | 35～240 | 160～420 | 400～670 | ≥850 |
| 水冷壁高度（m） | | 10～21 | 20～40 | 25～45 | 30～55 |
| 水冷壁管子内径（mm） | | 36～54 | 35～50 | 34～48 | 40～60 |
| 水冷壁单位面积的蒸汽负荷 [t/(m²·h)] | 燃油 | 60～200 | 250～400 | 420～550 | 650～800 |
| | 燃煤 | 75～250 | 320～480 | 520～680 | 750～900 |
| 循环流速 (m/s) | 直接引入气泡 | 0.5～1 | 1～1.5 | 1～1.5 | 1.5～2.5 |
| | 有上集箱 | 0.4～0.8 | 0.7～1.2 | 1～1.5 | 1.5～2.5 |
| | 双面曝光 | — | 1～1.5 | 1.5～2 | 2.5～3.5 |
| | 蒸发管束 | 0.4～0.7 | 0.5～1 | — | — |

# 第三节　汽水分离装置

从锅水的汽化过程及水循环中可以清楚地知道，各蒸发受热面产生的蒸汽是以汽水混合物的形态连续汇集于锅筒的。要引出蒸汽，尚需要有一个使蒸汽和水彼此分离的过程，锅筒中的蒸汽空间及汽水分离装置就是为此目的而设置的。

汽水分离装置的任务就是使饱和蒸汽中带的水有效地分离出来，提高蒸汽干度，以保证锅炉运行的可靠和满足用户的需要。

**一、汽水分离装置的设计原则**

根据对蒸汽带水的原因及其影响因素的分析，汽水分离装置的设计应考虑以下一些原则：

（1）应尽可能避免锅筒蒸发面和蒸汽空间的局部负荷增高，使蒸汽均匀地穿出水面和引出。

（2）应能有效削弱进入锅筒的汽水混合物的动能，缓和它对水面的冲击。

（3）使汽水混合物具有急转多折的流动路线，以充分利用离心和惯性的分离作用。此外，应注意及时把分离下来的水引导走，以免再次被蒸汽携带。

（4）创造大量的水膜表面积，以粘附更多的水滴，等等。

同时，在设计汽水分离装置时，也应保证水循环工况良好，其阻力不能过大，并应考虑便于制造、安装和检修。

**二、汽水分离装置**

汽水分离装置的形式很多，按其分离原理可分为自然分离和机械分离两类。自然分离是利用汽、水的密度差，在重力作用下使汽、水得以分离；机械分离则是依靠惯性力、离心力和附着力等使水从蒸汽中分离出来。按其工作过程，汽水分离又可分一次分离（粗分离）和二次分离（细分离）。一次分离器的任务是削弱进入汽锅的汽水混合物的动能，并将蒸汽和水进行初步分离；二次分离器的作用是将蒸汽中携带的细小水滴分离出来，使蒸汽从汽锅的上部均匀送出。实际上，汽包内的汽水分离过程是综合上述几种原理进行的，以期获得更好的分离效果。

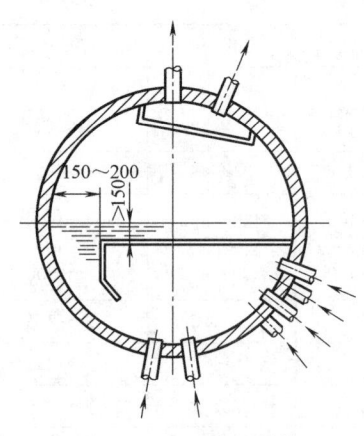

图 7-8　水下孔板结构

在汽水分离器的多种形式中，常用的一次分离器有水下孔板、进口挡板、旋风分离器和蜗壳式分离器等；用于二次分离的有波形板分离器和匀汽孔板等。

### 1. 水下孔板

蒸汽锅炉的上升管或汽水引出管，一般都尽可能地引接于锅筒的水空间。为使蒸发面上各处的蒸汽发生量分配得均匀一些，常采用在水面以下装设开有许多孔的孔板（图 7-8）。当蒸汽上升时，水下孔板使蒸汽流受到一定的阻力，以减缓其上升速度，并在孔板下形成稳定的汽垫，有效削弱了汽水混合物的动能。这样，蒸汽就可比较均匀地通过孔板，锅筒中水面也较平稳，从而减少了飞溅的水滴细沫。但蒸汽穿孔的流速也不宜过大，否则阻力太大，会形成过厚的汽垫，容易引起下降管带汽。水下孔板除能均匀分布蒸汽外，还可以减小水位的胀高，使蒸汽空间高度受到较少的影响。

水下孔板通常用 3～4mm 的钢板制成，其上均布直径为 8～12mm 的小孔，小孔的中心距为小孔孔径的 1.2～2.0 倍，孔径过小易于堵塞；孔径过大，在低负荷、孔数少时，又易使蒸汽上升、分布不匀。在供热锅炉中，通过孔板的蒸汽流速可按工作压力的不同，在 3.3～8.7m/s 之间选取；压力低的锅炉取较大值。

水下孔板一般应水平装置于锅筒最低水位下 100mm 处，以保证在最低水位时仍能起到均匀蒸发面负荷的作用。水下孔板的长度不宜小于锅筒直段长度的 2/3，应尽量使引入水空间的蒸汽全部通过水下孔板。同时，孔板与筒壁之间应留有 150～200mm 的间隙，以便给水能畅快地流下。为防止蒸汽短路，在孔板边缘加装高为 100～150mm 的水封挡板。而给水则均匀地在孔板上面送入，既有利于破沫又保证了对蒸汽的冲洗作用。

### 2. 进口挡板

进口挡板通常用 3～5mm 的钢板制作，装设于汽水混合物被引入锅筒的进口处（图 7-9），以形成水膜和削弱汽水流的动能；蒸汽在流经挡板间隙时因急剧转弯，可从汽流中分离出部分水滴，起到汽水的粗分离作用。

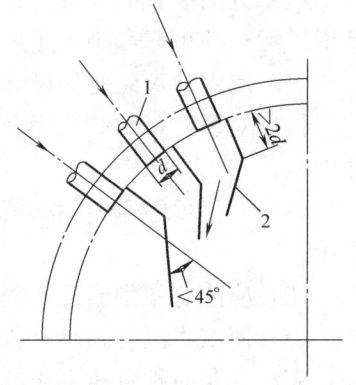

1—汽水混合物入口；
2—直线形弹回挡板。

图 7-9　进口挡板

汽水混合物的引入速度不宜过大，否则易把水膜冲碎成细小水滴，对分离不利。为降低抵达挡板时的流速，挡板与管口之间应保持有不小于 2 倍引入管管径的距离。两挡板间应有合适的空隙截面，以使此处蒸汽速度保持在 1.1～3.0m/s 之间。此外，挡板与汽水流动方向的夹角应小于 45°，以平稳地消除动能；从挡板处流出的汽流速度应保持在 1.0～1.5m/s，以防止沿挡板流下的水膜再次被汽流冲破而造成水滴飞溅。

3. 旋风分离器

旋风分离器是综合利用离心分离、重力分离和水膜分离原理进行汽水分离的，一般由筒体、筒底和波形板顶帽等部位组成，广泛用于中、大型的锅炉。装置在汽包内的旋风分离器称为内置式旋风分离器，装置在汽包外的旋风分离器，称为外置式旋风分离器，其中前者最为常见。

图 7-10 所示为柱形立式旋风分离器，由筒体、筒底、波形板分离器、水溢流环和导向叶片等组成。此型分离器由 2～3mm 钢板卷制而成，直径一般为 260～360mm。

汽水混合物经连接罩切向进入分离器，入口速度为 5.5～8m/s，沿筒体内壁旋转流动，借离心力的作用使汽、水得以分离。分离出来的水沿筒壁向下流动，经筒底导向叶片进入汽包的水空间；分离出来的蒸汽在旋风筒中旋转向上，在通过顶部的波形板分离器时，湿蒸汽再次得以分离，然后进入汽包的汽空间，完成汽水分离工作。此外，旋风分离器还具有消除汽水混合物动能，防止形成泡沫，保持水室平静和减少水空间含汽等作用。

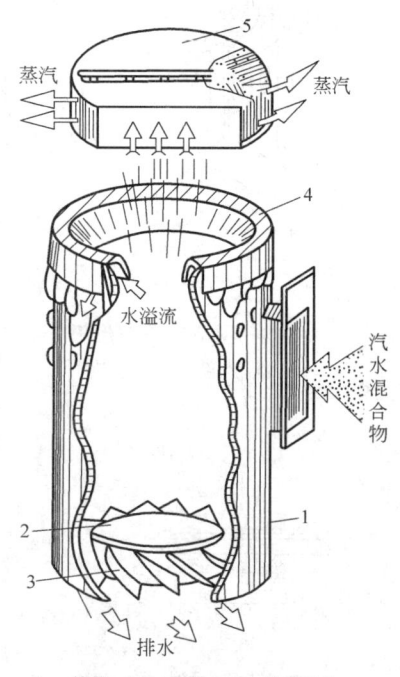

1—筒体；2—底板；3—导向叶片；
4—溢流环；5—波形板分离器。

图 7-10　柱形立式旋风分离器

由于汽水混合物在筒体内快速旋转，筒体内的水面呈漏斗状，紧贴筒壁有一层薄薄的水膜。为防止上升汽水将这层水膜撕破而增大带水量，在分离器上部设置了一个溢流环。溢流环与筒体之间的间隙既要保证水膜的顺畅溢出，又要防止蒸汽由此窜漏。

为了防止筒内的水向下流入水空间时带汽，筒底设置底板和导向叶片。后者沿底板四周倾斜布置，倾斜方向与水流旋转方向一致，使水能平静地流入汽包的水空间。在旋风分离器下部有下降管时，为防止底部排水中携带蒸汽进入下降管，可在筒体底部装置单独或合用的托斗。

由波形板构造的圆形分离器，引导蒸汽流动方向与水膜流动方向垂直，使蒸汽流出时速度均匀，同时还可利用水膜的附着力进一步将蒸汽中的水滴分离出来。两个相邻分离器的最小距离应不小于 50mm，以免汽流对冲剧烈，影响汽水分离效果。

立式旋风分离器除了这种柱形结构外，还有卧式、导流式、涡轮式和螺旋臂式等多种形式。

4. 波形板分离器

波形板分离器又称百叶窗分离器，这是一种应用广泛的二次分离器，如图 7-11 所示。

波形板分离器由多块厚 1～3mm 的钢板相间（板间距为 10mm）排列组成，被装置在汽包的顶部。蒸汽从一次分离组件出来，低速流经波形板的曲折通道，在转向时的离心力作用下，将蒸汽携带的细小水滴甩向波形板形成水膜，水膜向下流至波形板下沿，当积聚

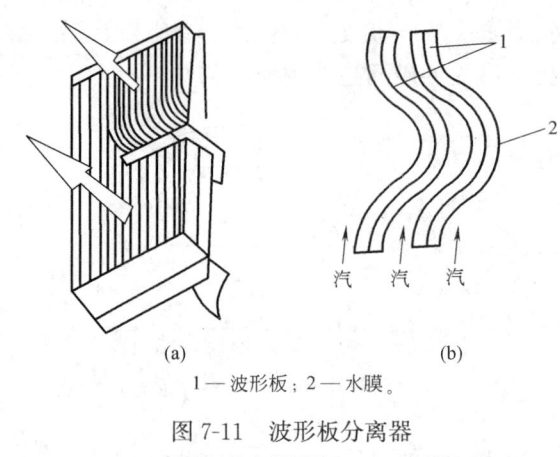

1—波形板；2—水膜。

图 7-11 波形板分离器

(a) 波形板分离器结构；(b) 波形板

成一定大小的水滴后，使汽水分离，水重回汽包的水空间。设计时，蒸汽通过波形板的流速不宜过大，不然会撕破水膜致使蒸汽再次带水。

波形板分离器有水平式和立式两种（图 7-12）。在水平式布置的波形板分离器中，蒸汽和水膜流动方向一致，分离器的总长度应大于汽包直段长度的 2/3；立式布置时，蒸汽和水膜是垂直交叉流的，在底部装设疏水盘和疏水管，疏水管一直延伸至汽包最低水位以下，便于分离出来的水进入汽包的水空间 [图 7-12 (c)]。

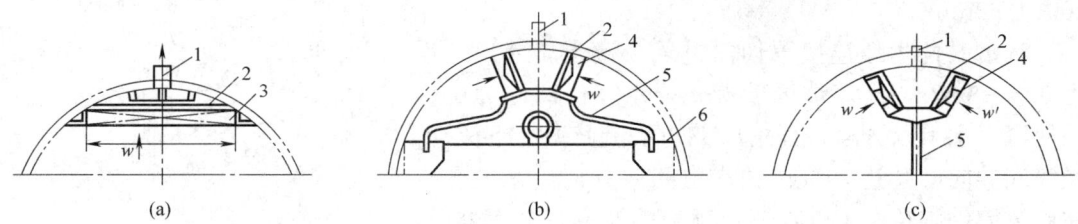

1—饱和蒸汽引出管；2—匀汽孔板；3—水平式分离器；4—立式分离器；5—疏水管；6—清洗水溢水斗。

图 7-12 波形板分离器的布置方式

(a) 水平式；(b) 立式（疏水管引入清洗水溢水斗）；(c) 立式（疏水管引入汽包水空间）

波形板分离器内蒸汽流速不宜过大，以防止蒸汽气流撕破水膜而造成二次带水，降低分离效果。

5. 匀汽孔板

匀汽孔板（图 7-13）与水下孔板的工作原理相似，是借小孔的节流作用使饱和蒸汽沿汽包长度和宽度方向均匀上升，防止局部蒸汽负荷集中，它能有效利用蒸汽空间，利于重力分离。通常孔板均匀开孔，孔径可取 6～10mm，空间间距不宜大于 60mm。蒸汽穿过小孔的流速应控制在 13～27m/s 之间，超高压锅炉蒸汽流速一般为 4～6m/h。

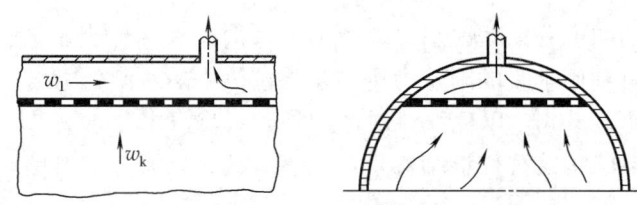

图 7-13 匀汽孔板

为了提高锅筒蒸汽空间的重力分离效果，孔板尽可能安装得高些，以增加蒸汽空间的有效分离高度。但是，另一方面要兼顾孔板顶上空间的纵向蒸汽流速，使之不宜过大，一般应控制在低于蒸汽穿孔流速的一半，即 $w_1 < 1/2 \, w_k$。若锅筒顶部的蒸汽引出管数量不多，为使锅筒蒸汽空间负荷分配均匀，可采用不均匀开孔的孔板，即在远离蒸汽引出管的

278

部位多开孔，靠近蒸汽引出管的部位则少开孔。

匀汽孔板应与波形板分离器配合使用，蒸汽先经波形板分离器再经过匀汽孔板。为获得较好分离效果，波形板分离器的上沿与匀汽孔板之间应保持一定距离，一般取 30～40mm。

6. 钢丝网分离器

钢丝网分离器是由一层或数层钢丝网和拉网钢板间隔排列而成的一种分离器（图 7-14）。这种分离器与汽流的接触面积很大，汽流中水滴易于吸附在钢丝网上，以达到汽水分离的目的。通过钢丝网分离器的截面速度可取 1.0～1.5m/s。这种分离器结构简单，阻力较小。在无除氧设备的小型锅炉上，钢丝网宜用不锈钢丝制成，否则腐蚀较快，氧化物又易堵住网孔。

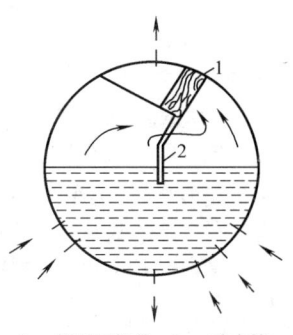

1— 钢丝网组件；2— 疏水管。

图 7-14　钢丝网分离器

此外，也有利用许多小瓷环来替代钢丝网的，同样是利用大量接触面积的附着作用，达到汽水分离的目的。

长期以来，供热锅炉锅内装置的设计无统一的计算方法和数据。随着供热锅炉的需求量增多，集中式供热、分布式供热以及热电联产等供热方式的变化和快速发展，对供热锅炉的蒸汽品质提出了一定的要求，为此我国制定了供热锅炉锅内装置设计导则，对不同类型锅炉生产的饱和蒸汽质量作了明确规定。

根据运行实践和一些测试数据可知，若采用水下孔板加匀汽孔板，饱和蒸汽湿度可达到 0.5%～1.0%，能满足装有蒸汽过热器锅炉的标准要求；对于无蒸汽过热器的水管锅炉，如采用水下孔板，其湿度一般不大于 1.5%～2.0%。

## 复习思考题

1. 什么叫锅炉的水循环？通常分几种？水循环的良好与否为什么对锅炉安全运行有重大意义？

2. 自然循环是怎样形成的？什么是自然水循环的流动压头？是怎么产生的？水循环的流动压头与循环回路的有效流动压头有无区别？怎样计算？

3. 为什么说循环倍率和循环流速是锅炉水循环的重要特性指标？它们的大小取决于什么？对锅炉工作有何影响？

4. 自然循环蒸汽锅炉哪些受热面中的工质作自然循环流动？哪些受热面中的工质作强制循环流动？

5. 单锅筒或双锅筒的自然循环蒸汽锅炉中锅筒起什么作用？为什么上锅筒直径一般不小于 900mm？

6. 自然循环蒸汽锅炉中水冷壁及对流管束中哪些管子是上升管？哪些管子是下降管？为保证水循环的可靠，下降管与上升管的截面比一般控制在什么范围？

7. 常见的水循环故障有哪些？自然循环蒸汽锅炉中水循环发生故障时，为什么一般是受热弱的上升管容易烧坏或过热而不是受热强的上升管？

8. 自然循环锅炉为什么会发生循环停滞和倒流？结构上可采取哪些防止措施？

9. 汽水分层是如何形成的？怎样防止汽水分层？

10. 锅炉下降管带汽的主要原因有哪些？防止下降管带汽可采取哪些措施？

11. 每个水循环回路要有数根单独的下降管，而不是若干个水循环回路共用数根下降管；而且，下降管一般不宜受热，却必须保温，这是为什么？

12. 具有过热器的蒸汽锅炉可以在过热器中将从锅筒出来的含有水分的湿蒸汽烘干过热，为什么还要在锅筒中设置汽水分离器，汽水分离的要求反而比生产饱和蒸汽的锅炉更严格、更高？

13. 蒸汽带水的原因是什么，带水的多少主要受哪些因素影响？

14. 供热锅炉中常用的汽水分离装置有哪几种？它们的结构和分离原理怎样？有无办法进一步提高它们的汽水分离效果呢？

15. 蒸汽空间的容积负荷为什么随蒸汽压力的升高而下降，而蒸发面负荷却随蒸汽压力的升高而升高呢？锅炉蒸发量不变而降压运行时，锅筒出口蒸汽湿度是升高还是降低？为什么？

16. 现代锅炉在结构上采取了哪些措施来保证水循环工作的可靠性？

17. 在自然循环蒸汽锅炉中，水循环发生故障时有人说受热强的上升管管壁最容易过热或烧坏，对不对？为什么？

18. 什么是蒸汽品质？蒸汽被污染的原因有哪些？

19. 蒸汽净化的方法有哪些？水蒸气溶解携带有什么特点？

20. 目前我国电厂锅炉采用的汽水分离装置有哪些？它们的结构和工作原理是什么？

21. 蒸汽清洗装置的任务是什么？

22. 蒸发设备主要包括哪些部件？它们的作用是什么？水冷壁有几种形式？大型锅炉的水冷壁主要采用什么形式？为什么？自然循环是怎样形成的？

23. 自然循环锅炉为什么会发生循环停滞和倒流？结构上可采取哪些防止措施？汽水分层是如何形成的？怎样防止汽水分层？

24. 防止发生沸腾传热恶化的措施有哪些？

25. 强制循环锅炉有哪几种基本形式？

26. 与自然循环锅炉比较，强制循环锅炉有哪些特点？

27. 简述控制循环锅筒锅炉的适用范围。

28. 简述低循环倍率锅炉的工作原理。

29. 简述直流锅炉的工作原理。

30. 直流锅炉有哪些特点？

# 第八章　锅炉本体的热力计算

锅炉本体的热力计算是在燃料燃烧计算和锅炉热平衡计算的基础上进行的，其目的是确定锅炉各受热面与燃烧产物和工质参数之间的关系。根据锅炉各种受热面的传热特点，锅炉本体的热力计算分炉膛水冷壁的辐射换热计算和炉膛出口之后的对流受热面的对流换热计算两大部分。按热力计算的方法，可分为设计计算和校核计算，二者的计算方法基本相同，其区别在于计算任务和所需求的数据不同。在实际工程中，大多为校核计算。

设计计算的任务是根据给定的锅炉容量、参数和燃料特性来确定锅炉炉膛尺寸和各个对流受热面面积，并确定锅炉的燃料消耗量、锅炉热效率、各受热面交界处的温度和焓，以及各受热面的吸热量和介质速度等参数，为后续选择辅助设备和进行空气动力计算、水动力计算、管壁温度计算及强度计算等提供原始资料。

校核计算的任务是在给定锅炉负荷和燃料特性的前提下，按锅炉各部件已有的结构和尺寸，确定各个受热面交界处的水温、汽温、空气和烟气温度、锅炉效率、燃料消耗量以及空气和烟气的流量和流速。

在校核计算时，各处温度是未知的，需要先假定，然后用渐近法（渐次逼近法）确定。

本专业学习锅炉本体的热力计算，主要是为了在锅炉燃用的燃料与锅炉原设计的燃料有较大改变时，核定炉膛出口烟气温度、各对流受热面出口烟气温度以及过热器出口蒸汽温度等。此外，为提高原有锅炉的出力或提高锅炉的热效率，有时需要对它进行技术改造或加装冷凝器等尾部受热面，热力计算则是锅炉技术改造的依据；为选择和合理配置锅炉通风装置，需对锅炉进行空气动力计算，而热力计算是空气动力计算的基础。

## 第一节　炉膛传热过程及计算

由于影响炉膛传热过程的因素很多，到目前为止还不能直接用理论分析方法来进行炉膛传热计算。较实用的是半经验法，即运用相似理论分析，并通过大量试验综合得出半经验公式。它假定：传热过程与燃烧过程分开，在必须考虑燃烧工况影响时，引入经验系数修正；对流传热忽略不计；火焰和烟气的辐射传热量按某一平均温度计算。此法简便，并大致反映了炉内传热的基本规律，是目前工程中炉膛传热计算的主要方法。随后，再用渐进法进行炉膛与省煤器之间各受热面（如过热器等）的计算，并确定各受热面后的烟气温度。

## 第二节　对流受热面的传热计算

锅炉对流受热面是指以对流换热为主的对流蒸汽过热器、锅炉管束、省煤器、空气预热器等。在这些受热面中，高温烟气主要以对流的方式进行放热，所以称为对流受热面。

由于烟气中含有三原子气体及飞灰，它们具有一定的辐射能力，因此除对流放热外，还要考虑烟气的辐射放热。此外，对于布置在炉膛出口处的对流受热面，还需考虑来自炉膛的辐射热量。

## 第三节　对流放热系数

由传热学得知，在受迫流动的情况下，放热的准则（努谢尔特数）关系式为 $Nu = f(Re, Pr)$。根据相似原理，通过大量试验研究，可以得到不同冲刷换热条件下准则关系式，从而可以求出相应的对流放热系数 $\alpha_d$。

影响 $\alpha_d$ 的因素很多，有受热面的定形尺寸 $d$、介质的流速 $w$ 及其物理性质诸如导热系数 $\lambda$、黏性系数 $\mu$、密度 $\rho$、定压比热容 $c_p$ 等。

## 第四节　辐射放热系数

在本章第二节中曾提到过辐射放热，特别是对锅炉管束、过热器等受热面，在热力计算中必须考虑高温烟气的辐射影响。辐射换热量与烟气温度及管壁温度的四次方之差成正比，而对流换热量则与温差的一次方成正比，因此要合并计算时，就需要把辐射换热量计算到对流换热中去。

## 第五节　平均温差

在对流受热面的传热计算中，除了需要确定传热系数以外，还须确定传热温差。由于换热介质沿受热面有着温度变化，因此它们之间的温差是不等的，在实际计算中需要确定平均温差。由传热学可知，平均温差与受热面两侧介质的相对流向有关。

## 第六节　对流受热面传热计算方法提要

对流受热面的传热计算通常也是采用校核计算的方法，即已知受热面的结构特性、工质的入口温度（对过热器、省煤器等）、计算燃料消耗量、烟气入口温度、漏风系数和漏风的焓等，需要确定的是受热面的传热量和烟气、工质的出口温度。

对流受热面的传热计算（校核计算），一般可按如下步骤进行：

1. 先假定受热面的烟气出口温度 $\vartheta_1''$，并由焓温表查得出口烟气的焓 $H_1''$，然后按烟气侧的热平衡方程式算出烟气放热量 $Q_{rp}$。

2. 按工质侧的热平衡方程式求得出口工质的焓 $h''$，并由水蒸气表查得相应出口温度 $t''$（对过热器）。

3. 求得烟气平均温度 $\vartheta$ 和工质平均温度 $t$，以及烟气平均流速和工质平均流速 $w$。

4. 按本章第三节所述方法确定对流放热系数。

5. 按本章第四节所述方法确定辐射放热系数。

6. 确定烟气侧的换热系数 $\alpha_1$，并在需要时求取工质侧的换热系数 $\alpha_2$。

7. 根据不同情况按本章第二节选取有效系数 $\psi$。

8. 按本章第二节所述方法确定传热系数 $K$。

9. 按烟气和工质进出口温度 $\vartheta'$、$\vartheta''$、$t'$、$t''$以及它们的相对流向，确定平均温差 $\Delta t$。

10. 按传热方程式求得受热面的传热量 $Q_{cr}$。

11. 检验某受热面的烟气出口温度的原假定是否合理，按烟气放热量 $Q_{rp}$ 和传热量 $Q_{cr}$ 的误差百分数来判定。

有关锅炉本体的热力计算的详细内容见本书的配套资源，可识别下方二维码查看。

锅炉本体的热力计算

# 第九章 锅炉设备的通风计算

锅炉设备的通风计算，实际上就是锅炉的烟、风阻力计算，其目的在于确定锅炉烟、风系统的全压降，为选择送、引风机提供可靠依据。锅炉烟、风系统各部分介质流量、温度以及流通截面等相关数据，均依据锅炉额定负荷下的热力计算数据确定。

我国工业锅炉烟、风阻力计算一直沿用苏联的计算方法，具有系统、完整的优点，与美国、德国等国家锅炉厂商所使用的锅炉烟、风阻力计算方法在原理上是相同的。所以，到目前为止，我国工业锅炉仍然采用苏联 1977 年版《锅炉设备动力计算（标准方法）》体系，仅结合了国内引进和消化吸收国外工业锅炉先进技术过程中的经验和教训，以及自主开发和设计的技术成果，从实用性的角度对其作了必要简化，删去其中有关大容量电站锅炉的部分内容，补充和更新了部分内容。

## 第一节 通风的作用和方式

锅炉在运行时，必须连续地向锅炉供入燃烧所需要的空气，并将生成的烟气不断引出，这一过程被称为锅炉的通风过程。通风一旦停止，锅炉就将停止运行；通风不足会使燃烧强度减弱，烟气温度和流速也相应降低，锅炉出力下降。因此，通风是锅炉的"呼吸"器官，也是调整锅炉出力的手段。只有合理地设计通风系统和选用通风设备，才能保证锅炉的燃烧和传热过程正常进行。

根据锅炉类型和容量，不同的锅炉采用的通风方式是不相同的，可以是自然通风，也可以是机械通风。

对于小型无尾部受热面的锅炉，如立式火管锅炉，烟气阻力不大，通常采用自然通风，即仅利用烟囱中热烟气和外界冷空气的密度差来克服烟、风通道的流动阻力。

对于设置尾部受热面和除尘装置的小型锅炉，或较大容量的供热锅炉，因烟、风通道的流动阻力较大，必须采用机械通风，即借助风机所产生的压头克服烟、风通道的流动阻力。

目前采用的机械通风方式有以下三种。

**一、负压通风**

除利用烟囱外，还在烟囱前装设引风机用于克服烟、风道的全部阻力。这种通风方式对小容量，烟、风道的阻力不太大的锅炉较为适用。如果烟、风道的阻力很大，采用这种通风方式必然在炉膛或烟、风道中造成较高的负压，从而使漏风量增加，降低锅炉热效率。

**二、平衡通风**

在锅炉烟、风系统中同时装设送风机和引风机。从风道吸入口到进入炉膛（包括空气预热器、燃烧设备和燃料层）的全部风道阻力都由送风机克服；而从炉膛出口到烟囱出口（包括炉膛出口负压、锅炉防渣管以后的各部分受热面和除尘设备）的全部烟道阻力则由

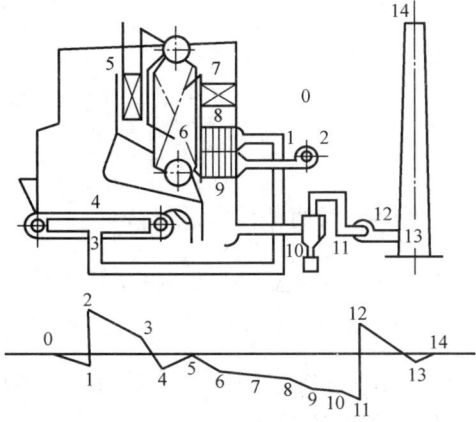

图 9-1  平衡通风时烟、风道的风压分布图

引风机来克服。这种通风方式既能有效地送入空气，又使锅炉的炉膛及全部烟道都在负压下运行，锅炉房的安全及卫生条件较好。与负压通风相比，锅炉的漏风量也较小。目前在供热锅炉中，大多采用平衡通风。图 9-1 所示为锅炉采用平衡通风时烟、风道的风压分布图。

### 三、正压通风

在锅炉烟、风系统中只装设送风机，利用其压头克服全部烟风道的阻力。这时锅炉的炉膛和全部烟道都在正压下工作，因而炉墙和门孔皆需严格密封，以防火焰和高温烟气外泄伤人。这种通风方式提高了炉膛燃烧热强度，使同等容量的锅炉体积较小。由于消除了锅炉炉膛、烟道的漏风，提高了锅炉的热效率。

锅炉通风一般采用平衡通风和微正压通风。

## 第二节  通风计算的原理和基本方法

### 一、通风计算原理

根据流体力学可知，当空气或烟气在风道或烟道中从第一截面流向第二截面（图 9-2）时，其流动能量方程（即伯努利方程）可表示为：

$$P_1 + \frac{\rho w_1^2}{2} + \rho g Z_1 = P_2 + \frac{\rho w_2^2}{2} + \rho g Z_2 + \Delta h_{sl}$$

即

$$P_2 - P_1 + \frac{\rho(w_2^2 - w_1^2)}{2} + \rho g(Z_2 - Z_1) + \Delta h_{sl} = 0 \tag{9-1}$$

式中  $P_1$，$P_2$——相对于截面 1，2 处的绝对压力，Pa；

$Z_1$，$Z_2$——相对于截面 1，2 处的海拔高度或离某一基准面的高度，m；

$\rho$——截面 1，2 处的介质平均密度，kg/m³；

$w_1$，$w_2$——相对于截面 1，2 处的介质流速，m/s；

$\Delta h_{sl}$——两截面之间介质的流动阻力，Pa。

在任一截面处介质的绝对压力 $P$ 等于其表压力 $h_z$ 和大气压力 $b$ 之和，即

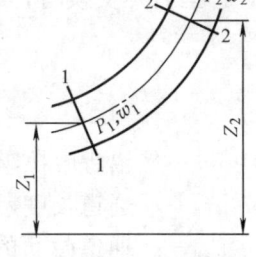

图 9-2  烟、风道简图

$$P = h_z + b = h_z + (b_0 - \rho_k g Z)  \text{Pa} \tag{9-2}$$

式中  $b_0$——海平面的大气压力，Pa；

$\rho_k$——空气密度，kg/m³。

如果烟道为负压，则该截面绝对压力等于大气压力减去其真空度 $s$，即

$$P = b - s = (b_0 - \rho_k g Z) - s \quad \text{Pa} \tag{9-3}$$

由式（9-2）可得两个截面的压力差：

$$P_1 - P_2 = (h_{Z_1} - h_{Z_2}) + (b_1 - b_2) = (h_{Z_1} - h_{Z_2}) + \rho_k g (Z_2 - Z_1) \quad \text{Pa} \tag{9-4}$$

由式（9-3）可得：

$$P_1 - P_2 = (s_2 - s_1) + \rho_k g (Z_2 - Z_1) \quad \text{Pa} \tag{9-5}$$

将式（9-4）、式（9-5）分别代入式（9-1）中，可得任意两截面的总压降：

$$\Delta H = h_{Z_1} - h_{Z_2} = \Delta h_{sl} + \frac{\rho(w_2^2 - w_1^2)}{2} - (\rho_k - \rho) g (Z_2 - Z_1) = \Delta h_{sl} + \Delta h_{sd} - h_{zs} \quad \text{Pa} \tag{9-6}$$

或
$$\Delta H = s_2 - s_1 = \Delta h_{sl} + \Delta h_{sd} - h_{zs} \quad \text{Pa} \tag{9-7}$$

式中　$\Delta h_{sd}$——由于介质速度变化而引起的压头损失，称速度损失，Pa；

　　　　$h_{zs}$——由于介质密度变化而产生的流动压头，通常叫自生通风力（自生风），Pa。

速度损失 $\Delta h_{sd}$ 是由于通道截面变化或介质温度变化而引起的。通常把通道截面变化归之于局部阻力损失，而在速度损失中仅考虑由于温度变化而引起的损失。但在实际中，由于该项数值很小，在锅炉通风计算中常常予以忽略。

由于烟道（包括热风道）中的介质密度 $\rho$ 总是小于空气密度 $\rho_k$，这种密度差所产生的流动压头即为锅炉自生通风力。自生通风力 $h_{zs}$ 可由下式求得：

$$h_{zs} = (\rho_k - \rho) g (Z_2 - Z_1) \quad \text{Pa} \tag{9-8}$$

在气流上升的烟、风道中，自生通风力是正值，可以用来克服流动阻力，有助于气流流动；相反，在气流下降的烟、风道中，自生通风力是负值，因而要消耗外界压头，阻碍气流的流动。显然，在水平烟、风道中，自生通风力等于零。

**二、阻力计算**

在平衡通风方式下，锅炉烟、风通道系统的阻力，按空气通道和烟气通道分别计算。

在锅炉通风计算中，烟、风通道阻力分为沿程摩擦阻力和局部阻力。纵向冲刷管束的阻力包含在沿程摩擦阻力的计算中，横向冲刷受热面管束的阻力另行计算。

1. 通道沿程摩擦阻力的计算

摩擦阻力是气流在通过等截面的直通道（包括纵向冲刷管束）时产生的。在一般情况下，即当有热交换时，摩擦阻力按下式计算：

$$\Delta h_{mc} = \lambda \frac{l}{d_{dl}} \frac{\rho w^2}{2} \left( \frac{2}{\sqrt{\frac{T_b}{T}} + 1} \right)^2 \quad \text{Pa} \tag{9-9}$$

式中　$\lambda$——沿程摩擦阻力系数，根据通道类型按表 9-1 选取；

　　　　$l$——通道长度，m；

　　　　$d_{dl}$——通道截面的当量直径，对于圆形通道取为直径，m；非圆形通道，可按式（8-56）计算（该公式详见本书配套资源）；

　　　　$w$——气流的速度，m/s；

　　　　$\rho$——气体的密度，kg/m³；

　$T$，$T_b$——分别表示气流及管壁的平均温度，K。

若介质温度变化不大或没有变化时，式（9-9）可简化为：

$$\Delta h_{mc} = \lambda \frac{l}{d_{dl}} \frac{\rho w^2}{2} \quad \text{Pa} \tag{9-10}$$

式（9-9）中括号的平方值为非等温修正值。在锅炉设备通风计算中只有管式空气预热器需要修正，而其差值也不超过 10%。因此在计算一般锅炉的区段阻力时，可不考虑对热交换影响的修正，按式（9-10）计算。

摩擦阻力系数 $\lambda$ 与雷诺数 $Re$ 和管壁的相对粗糙度 $K/d_{dl}$（$d_{dl}$ 见第八章）有关。

对于管式空气预热器，其 $d_{dl}=20\sim60$mm，当温度 $t \le 300$℃，流速 $w=5\sim30$m/s 以及 $t > 300$℃和流速不超过 45m/s 时，$\lambda$ 可按以下近似公式计算：

$$\lambda = 0.335 \left(\frac{K}{d_{dl}}\right)^{0.17} Re^{-0.14} \tag{9-11}$$

纵向冲刷管束的摩擦阻力系数不但与 $Re$ 及管子粗糙度有关，还与管束中管子的相对节距有关。由于阻力不大，可按管束的当量直径由图 9-3 查得。

在计算锅炉的烟、风道阻力时，由于摩擦阻力在通道总阻力中所占的份额不大，可近似地取 $\lambda$ 为常数，而与 $Re$ 数无关，其数值见表 9-1。

沿程摩擦阻力系数 $\lambda$ 表 9-1

| 通道类型 | $\lambda$ |
|---|---|
| 纵向冲刷光滑管束 | 0.03 |
| 无耐火衬的钢制烟、风道 | 0.02 |
| 有耐火衬的钢制烟、风道，砖或混凝土制烟道 | |
| $d_{dl} \ge 0.9$m | 0.03 |
| $d_{dl} < 0.9$m | 0.04 |
| 砖砌和钢筋混凝土烟囱 | 0.05 |
| 金属烟囱： | |
| $d_2 \ge 2$m | 0.015 |
| $d_2 < 2$m | 0.02 |

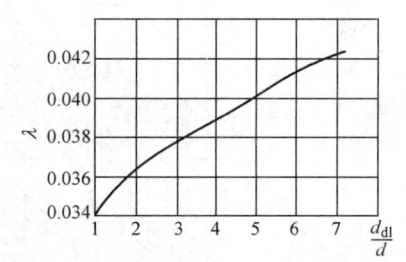

图 9-3 纵向冲刷管束的摩擦阻力系数

在计算摩擦阻力时，动压头为：

$$h_d = \frac{\rho w^2}{2} \quad \text{Pa} \tag{9-12}$$

可由图 9-4 查得。

在计算管式空气预热器的烟气侧摩擦阻力时，已将式（9-10）及式（9-11）绘制成了线算图（图 9-5），并按下式计算：

$$\Delta h_{mc} = \Delta h_{mc}^i cl \quad \text{Pa} \tag{9-13}$$

式中 $\Delta h_{mc}^i$——单位长度的摩擦阻力，Pa/m；

$\quad\quad c$——修正系数；

$\quad\quad l$——管长，m。

图 9-5 中，$k$ 为管子的粗糙度。

需要注意的是，在阻力计算时，所有的线算图都是按标准大气压下的干空气绘制的，因此，按线算图计算所得的阻力值还需要进行修正，详见本章第三节内容。

2. 横向冲刷管束阻力的计算

当介质气流横向冲刷锅炉受热面管束（包括悬吊式蒸汽过热器、蒸发管束和省煤器）时，其流动阻力均用下式计算：

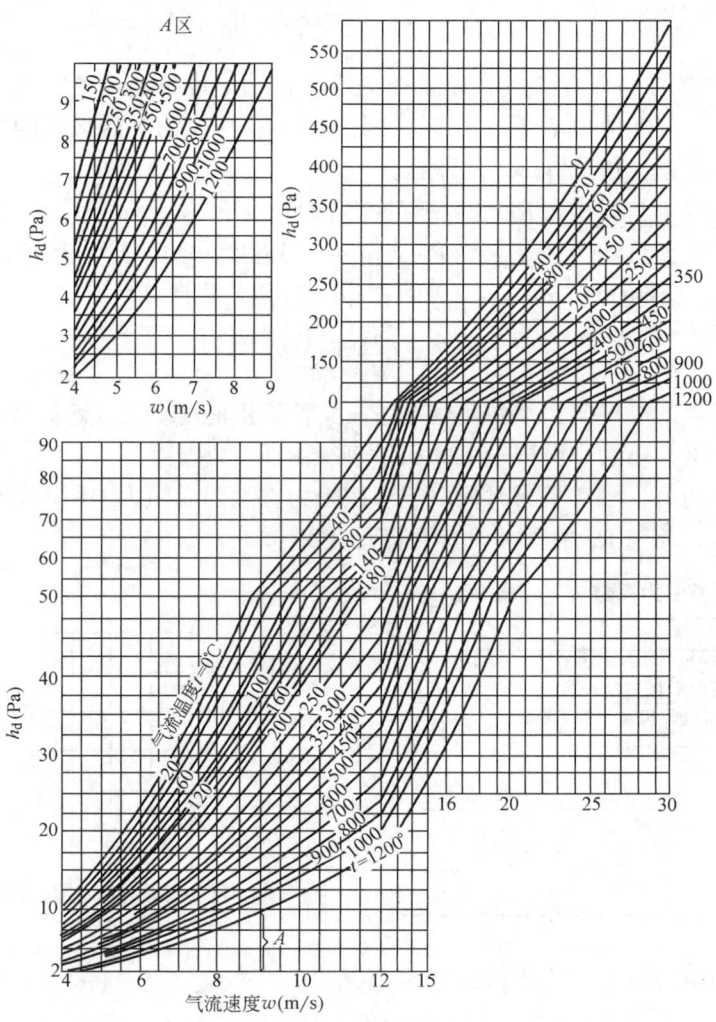

图 9-4 标准大气压（101325Pa）下空气的动压头

注：换算公式：$h_{d_2} = h_{d_1} \left( \dfrac{w_2}{w_1} \right)^2$ Pa。

$$\Delta h_{hx} = \zeta \frac{\rho w^2}{2} \quad \text{Pa} \tag{9-14}$$

式中的 $\zeta$ 为阻力系数，其值与管束的结构形式、沿介质流动方向的管子排数和雷诺数 $Re$ 等有关。介质进入和流出管束时由于截面收缩和扩大所引起的压头损失也计入其中，不再另行计算。动压头可由图 9-4 查得，气流速度是按管子轴向平面处烟道的有效截面来确定的。

（1）顺列管束阻力系数

顺列管束排列形式如图 9-6 所示。图中，$Z_2$ 为沿气流方向（即管束深度方向）的管子排数；$S_1$、$S_2$ 为管束的横向、纵向管距，m；$d$ 为管子外径，m。管束的阻力与 $\dfrac{S_1}{d}$、$\dfrac{S_2}{d}$、$\psi = \dfrac{S_1-d}{S_2-d}$ 以及雷诺数 $Re$ 有关。

288

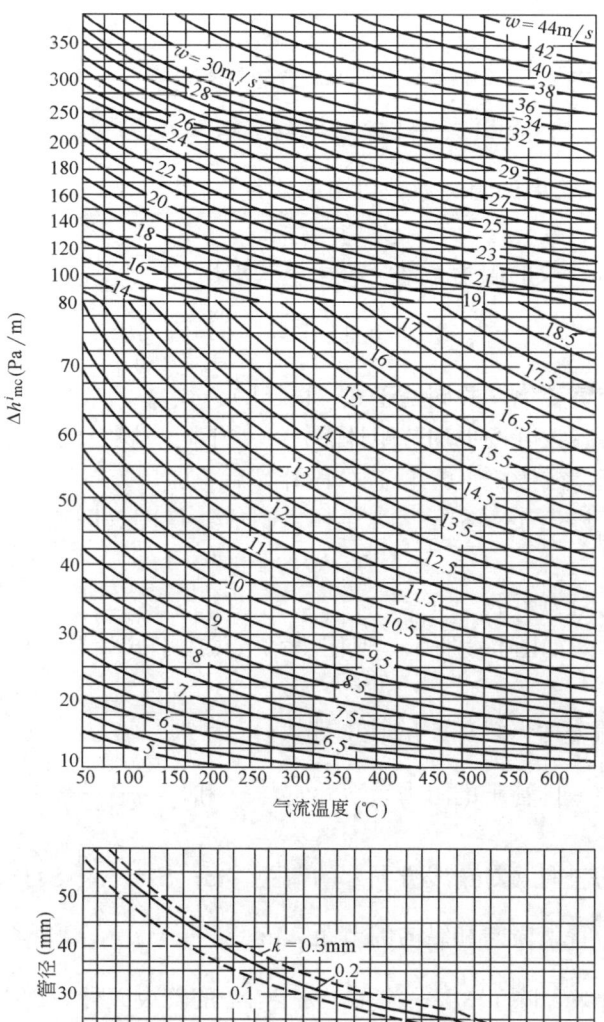

图 9-5　纵向冲刷空气预热器时的摩擦阻力

注：$\Delta h_{mc} = \Delta h_{mc}^{i} cl$　Pa；换算公式：$\Delta h_{mc_2} = \Delta h_{mc_1} \left(\dfrac{w_2}{w_1}\right)^{1.20}$。

当 $\dfrac{S_1}{d} \leqslant \dfrac{S_2}{d}$ 或当 $\dfrac{S_1}{d} > \dfrac{S_2}{d}$ 且 $1 < \psi \leqslant 8$ 时，管束的阻力系数可由下式计算：

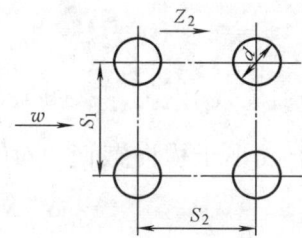

$$\zeta = \zeta_i Z_2 \tag{9-15a}$$

式中　$\zeta_i$——每一排管束的阻力系数。

每一排管束的阻力系数按下列情况计算：

1）当 $\dfrac{S_1}{d} \leqslant \dfrac{S_2}{d}$，且 $0.06 \leqslant \psi \leqslant 1$ 时

图 9-6　顺列管束排列形式

$$\zeta_i = 2\left(\dfrac{S_1}{d} - 1\right)^{-0.5} \cdot Re^{-0.2} \tag{9-15b}$$

2) 当 $\dfrac{S_1}{d} > \dfrac{S_2}{d}$ 时

当 $1 < \psi \leqslant 8$ 时，有：

$$\zeta_i = 0.38 \left( \frac{S_1}{d} - 1 \right)^{-0.5} \cdot (\psi - 0.94)^{-0.59} \cdot Re^{\frac{-0.2}{\psi^2}} \qquad (9\text{-}15\text{c})$$

当 $8 < \psi \leqslant 15$ 时，管束的阻力系数可由下式计算：

$$\zeta = \zeta_{it}' Z_2 \qquad (9\text{-}16\text{a})$$

式中 $\zeta_{it}'$——每一排管束的阻力系数，可由下式求出：

$$\zeta_{it}' = 0.118 \left( \frac{S_1}{d} - 1 \right)^{-0.5} \qquad (9\text{-}16\text{b})$$

若管束中节距交替变化，并同处于式（9-15b）、式（9-15c）和式（9-16b）某一规定范围时，管束的阻力系数可按平均节距计算；不处于同一规定范围时，则按各部分管束阻力系数加权平均计算，或按式（9-15a）分段计算后叠加。

为了计算简便，将式（9-15）、式（9-16）制成线算图（图 9-7），可直接查得阻力系数及有关修正值。

（2）错列管束的阻力系数

错列管束排列形式如图 9-8 所示，其阻力系数可用下式计算：

$$\zeta = \zeta_i (Z_2 + 1) \qquad (9\text{-}17)$$

式中 $Z_2$——沿气流方向（纵向）的管束排数；

$\zeta_i$——管束中一排管子的阻力系数，它与 $\dfrac{S_1}{d}$ 和 $\varphi = \dfrac{S_1 - d}{S_2' - d}$ 以及 $Re$ 数有关；

$S_2'$——管束的斜向（对角线方向）的节距，m；$S_2' = \sqrt{\dfrac{1}{4} S_1^2 + S_2^2}$；

$S_1$，$S_2$——分别为管束横向和纵向的节距，m。

对于所有错列管束，除了 $3 < \dfrac{S_1}{d} \leqslant 10$，$\varphi > 1.7$ 的管束以外，$\zeta_i$ 按下式确定：

$$\zeta_i = c_s Re^{-0.27} \qquad (9\text{-}18\text{a})$$

式中 $c_s$——错列管束的形状系数，与 $\dfrac{S_1}{d}$ 及 $\varphi = \dfrac{S_1 - d}{S_2' - d}$ 有关，其中：

当 $0.1 \leqslant \varphi \leqslant 1.7$ 时，对于 $\dfrac{S_1}{d} \geqslant 1.44$ 的管束，有：

$$c_s = 3.2 + 0.66(1.7 - \varphi)^{1.5} \qquad (9\text{-}18\text{b})$$

对于 $\dfrac{S_1}{d} < 1.44$ 的管束，有：

$$c_s = 3.2 + 0.66(1.7 - \varphi)^{1.5} + \frac{1.44 - \dfrac{S_1}{d}}{0.11} \left[ 0.8 + 0.2(1.7 - \varphi)^{1.5} \right] \qquad (9\text{-}18\text{c})$$

当 $1.7 < \varphi \leqslant 6.5$ 时，为密布管束，即斜向截面几乎等于或小于横向截面。对于 $1.44 \leqslant \dfrac{S_1}{d} \leqslant 3.0$ 的管束，有：

$$c_s = 0.44(\varphi + 1)^2 \qquad (9\text{-}18\text{d})$$

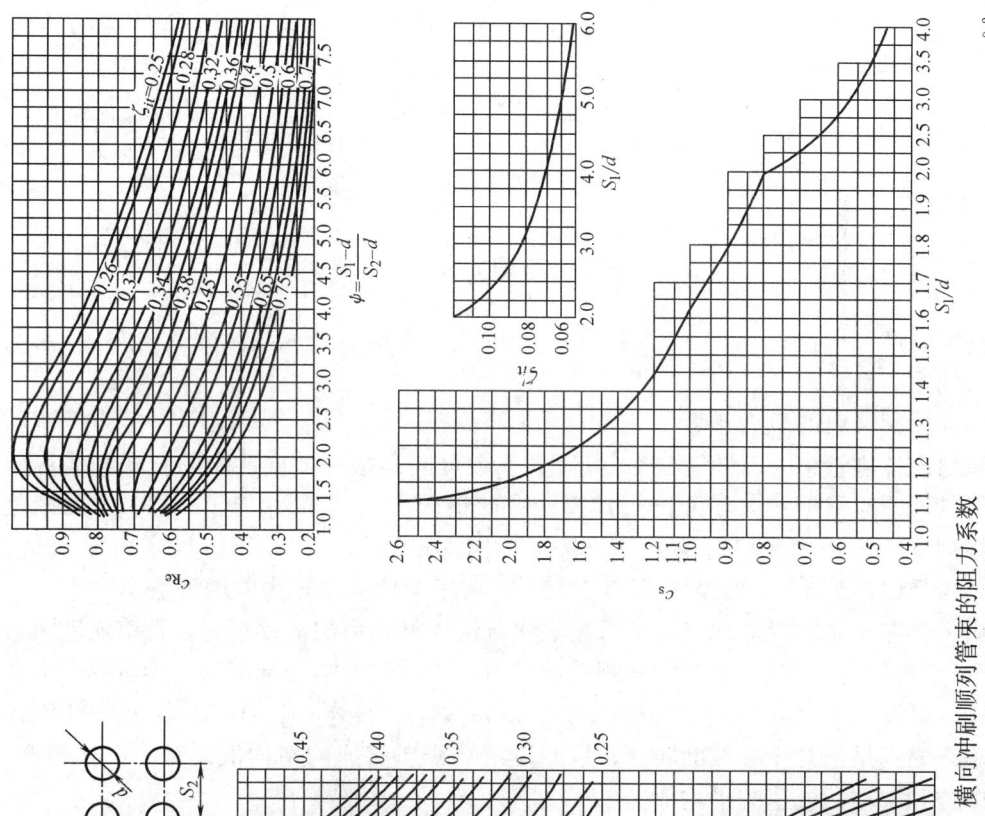

图 9-7　横向冲刷顺列管束的阻力系数

注：当 $\dfrac{S_1}{d} \leqslant \dfrac{S_2}{d}$ 时，$\zeta = \zeta_1\, Z_2 = c_s \zeta_{it} Z_2$，换算公式 $\zeta_2 = \zeta_1 \left(\dfrac{w_2}{w_1}\right)^{-0.2}$；当 $\dfrac{S_1}{d} > \dfrac{S_2}{d}$ 且 $1 < \psi \leqslant 8$ 时，$\zeta = \zeta_1\, Z_2 = c_s\, c_{Re} \zeta_{it} Z_2$，换算公式 $\zeta_2 = \zeta_1 \left(\dfrac{w_2}{w_1}\right)^{-\frac{0.2}{\psi^2}}$；

当 $\dfrac{S_1}{d} > \dfrac{S_2}{d}$ 且 $8 < \psi \leqslant 15$ 时，$\zeta = \zeta_{it}'\, Z_2$。式中，$c_s$、$c_{Re}$ 为管距及雷诺数的修正系数。

291

对于 $\dfrac{S_1}{d} < 1.44$ 的管束，有：

$$c_s = \left[ 0.44 + \left( 1.44 - \dfrac{S_1}{d} \right) \right] (\varphi + 1)^2 \qquad (9\text{-}18e)$$

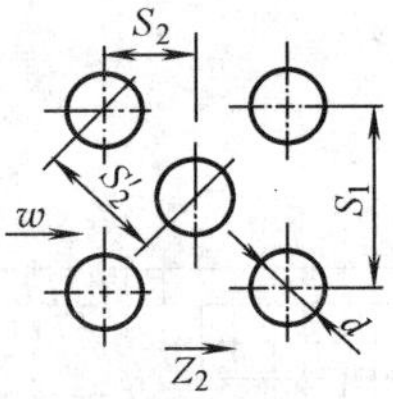

单排管束的阻力为：

$$\Delta h_c^i = \zeta_i \dfrac{w^2 \rho}{2} \quad \text{Pa/排}$$

图 9-8　错列管束
排列形式

当 $\varphi > 1.7$ 和 $3.0 < \dfrac{S_1}{d} \leqslant 10$ 时，有：

$$\zeta'_{it} = 1.83 \left( \dfrac{S_1}{d} \right)^{-1.46} \qquad (9\text{-}19)$$

为了计算方便，根据式（9-14）、式（9-18）和式（9-19）制成线算图（图 9-9）来确定错列管束的阻力系数。

（3）斜向冲刷管束的阻力系数

当气流斜向冲刷管束时（图 9-10），其阻力系数可同样按纯横向冲刷的公式和线算图来计算，但其流速应根据斜向截面进行计算。在此情况下，如果冲刷角 $\beta \leqslant 75°$，无论是顺列还是错列管束的斜向冲刷阻力，都先按纯横向冲刷计算，流动阻力均应增加 10%，即对其结果再乘以系数 1.1；如果冲刷角 $\beta > 75°$，可不考虑流动阻力的增加值。

当管束内存在介质转弯流动时，可采用简化方法计算管束的流动阻力。管束流动阻力包括两部分：一是不计入转弯影响的冲刷管束阻力，二是转弯的局部阻力。后者的阻力系数为：对 180° 转弯，$\zeta = 2.0$；对 90° 转弯，$\zeta = 1.0$；对 45° 转弯，$\zeta = 0.5$。转弯中气流计算速度的确定原则是：对于变截面转弯，取始、末端介质流速的平均值；对于 180° 转弯，取始端、中位和末端的流速的平均值。

（4）方形鳍片管横向冲刷管束

常用的方形鳍片铸铁省煤器的阻力系数，可采用如下简化的近似公式：

$$\zeta = 0.5 Z_2 \qquad (9\text{-}20)$$

式中，$Z_2$ 为沿气流方向方形鳍片铸铁省煤器的管排数。利用上式计算时，$\zeta$ 中已包括了积灰修正系数 $k = 1.2$。

3. 通道局部阻力的计算

当气流通过截面或方向变化的通道时产生的阻力称为局部阻力。由于这种阻力总是在一定长度的通道段上发生，因而也同时有沿程摩擦阻力，二者应分别计算。对于所有局部阻力，无论是否存在热交换，都按下式计算：

$$\Delta h_{jb} = \zeta \dfrac{\rho w^2}{2} \quad \text{Pa} \qquad (9\text{-}21)$$

式中　$\dfrac{\rho w^2}{2}$——动压头，可按指定截面中的流速和气流温度由图 9-4 查得；

$\zeta$——局部阻力系数，由通道截面变化、方向变化等具体条件来确定。

由于锅炉烟、风通道中介质的流动已进入紊流自模化区，局部阻力系数与雷诺数无关，可由通道部件的形状而定。在锅炉中造成局部阻力的情况有以下几种：

（1）通道截面改变引起的局部阻力的计算

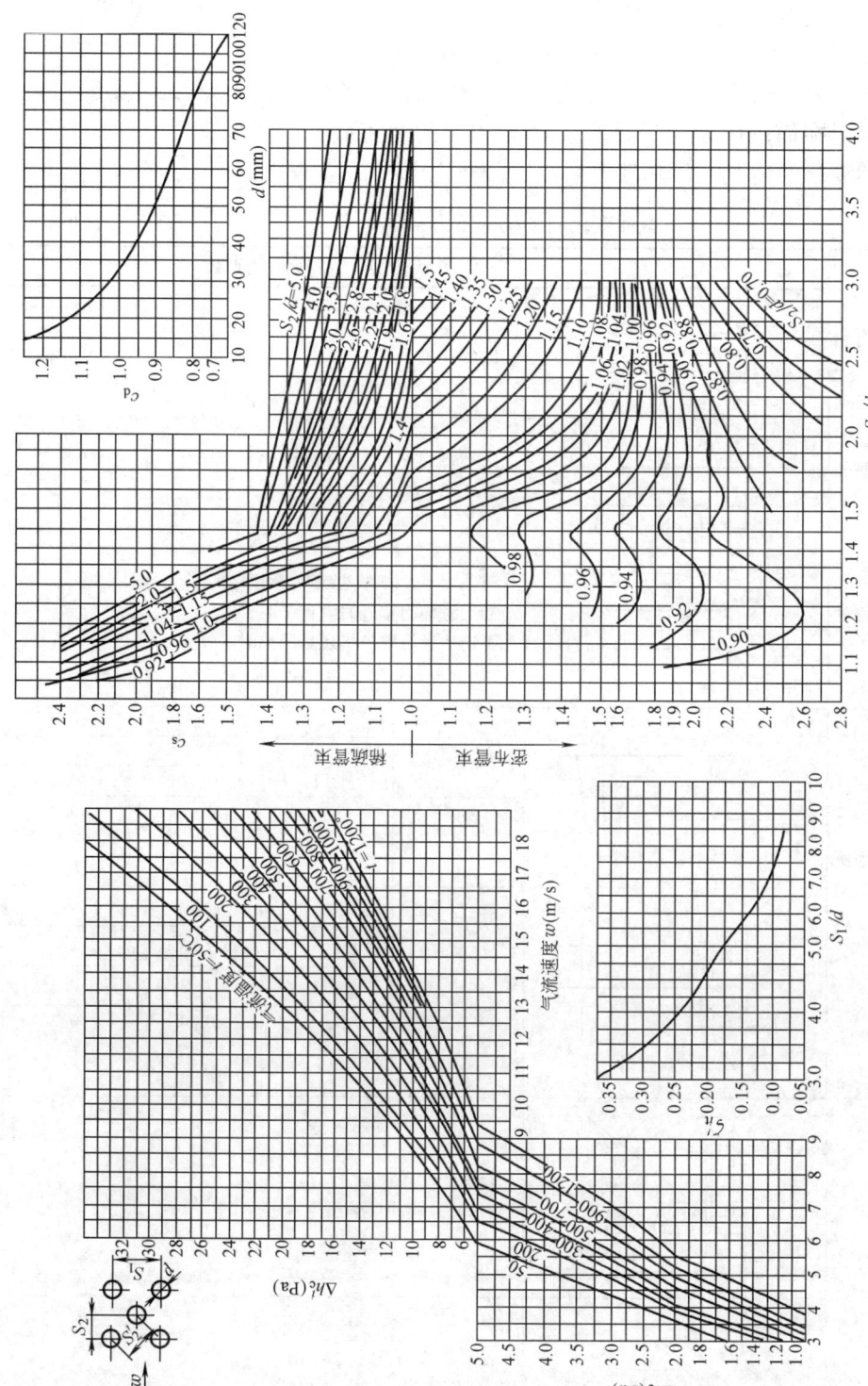

图 9-9　横向冲刷错列管束的阻力系数

注：当 $0.1 \leqslant \varphi \leqslant 1.7$ 或 $1.7 < \varphi \leqslant 6.5$ 时，$\Delta h_c = \Delta h_c^i (Z_2 + 1) = c_s c_d \Delta h_{ct}^i (Z_2 + 1)$；换算公式：$\Delta h_2 = \Delta h_1 \left( \dfrac{w_2}{w_1} \right)^{1.73}$ ；

当 $\varphi > 1.7$ 且 $3.0 < \dfrac{S_1}{d} \leqslant 10$ 时，$\Delta h_c = \zeta_{it}' \dfrac{w^2}{2} \rho (Z_2 + 1)$。式中，$c_d$ 为管子直径修正系数；$\Delta h_{ct}^i$ 为在图上查得的错列单排管束的阻力。

293

在计算这种局部阻力时，阻力系数都是对应某一截面的流速而定的（一般是按小的截面），当对应于另一截面的流速时阻力系数应按下式换算：

$$\zeta_2 = \zeta_1(F_2/F_1)^2 = \zeta_1(w_1/w_2)^2 \qquad (9\text{-}22)$$

表 9-2 中列出了一部分由于截面变化而引起的局部阻力的阻力系数，同时在简图中表明了计算流速时相应的通道截面。在截面突然变化的情况下，其阻力系数按截面比由图 9-11 查得。

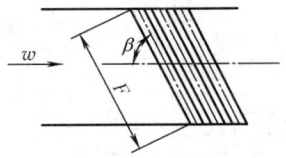

图 9-10　斜向冲刷管束

截面变化时的局部阻力系数　　　　　　　　　　　　　　　表 9-2

| 序号 | 名　称 | 简　图 | 局部阻力系数 | | |
|---|---|---|---|---|---|
| 1 | 端部与壁面相平的通道入口 | （简图）$w \rightarrow$ | $\zeta = 0.5$ | | |
| 2 | 端部伸出壁外的通道入口 | （简图）$\delta$, $w \rightarrow$, $d$, $a$ | 当 $\delta/d \approx 0$ 时，$a/d \geqslant 0.2$，$\zeta = 1.0$；$0.05 < a/d < 0.2$，$\zeta = 0.85$；当 $\delta/d \geqslant 0.04$ 时，$\zeta = 0.5$ | | |
| 3 | 边缘为圆角的通道入口 | （简图）$r$, $w \rightarrow$, $d$ | 当 $r/d = 0.05$ 和边缘与壁相平时，$\zeta = 0.25$；当边缘伸出壁外时，$\zeta = 0.4$；不论边缘与壁齐平还是凸出时，$r/d = 0.1$，$\zeta = 0.12$；$r/d = 0.2$，$\zeta = 0$ | | |

| 序号 | 名　称 | 简　图 | | $\alpha$ | $\zeta$ | | |
|---|---|---|---|---|---|---|---|
| | | | | | $l/d$ | | |
| | | | | | 0.1 | 0.2 | 0.3 |
| 4 | 进入端部为圆锥形管的通道；对矩形截面的 $\zeta$ 按较大的 $\alpha$ 来确定 | （简图 $\alpha$, $w \rightarrow$, $d$, $l$）端部与壁面相平 | | 30° | 0.25 | | 0.2 |
| | | | | 50° | 0.2 | | 0.15 |
| | | | | 90° | 0.25 | | 0.2 |

| | | 简图 | | $\alpha$ | $\zeta$ | | |
|---|---|---|---|---|---|---|---|
| | | | | | $l/d$ | | |
| | | | | | 0.1 | 0.2 | 0.3 |
| | | （简图 $\alpha$, $w \rightarrow$, $d$, $l$）端部伸出壁外 | | 30° | 0.55 | 0.35 | 0.2 |
| | | | | 50° | 0.45 | 0.22 | 0.15 |
| | | | | 90° | 0.41 | 0.22 | 0.18 |

| 序号 | 名　称 | 简　图 | 局部阻力系数 |
|---|---|---|---|
| 5 | 吸气孔的连接管 | （简图）$R2.15$, $R0.5$, $90°$, $120°$, $1.0$, $1.4$, $2.12$, $0.128$ | 没有调节挡板时，$\zeta = 0.2$；有调节挡板时，$\zeta = 0.3$ |
| | | （简图）$2.12$, $R0.5$, $45°$, $90°$, $1.0$ | 没有调节挡板时，$\zeta = 0.1$；有调节挡板时，$\zeta = 0.2$ |

| 序号 | 名 称 | 简 图 | 局部阻力系数 | |
|---|---|---|---|---|
| 6 | 在罩下面的通道入口 | | $\zeta\approx0.5$ | $\zeta$ 仅适用于图示的伞形罩,该罩是最好的一种式样 |
| 7 | 在罩下面的通道出口 | | $\zeta\approx0.65$ | |
| 8 | 通道出口(烟囱除外) | | $\zeta=1.1$;当在出口前装有收缩管$(l\geqslant20d_{dl})$时,$\zeta=1.0$ | |
| 9 | 通过栅格或孔板(锐缘孔口)的通道进口 | | $\zeta=\left[1.707\left(\dfrac{F}{F_1}\right)-1\right]^2$ | |
| 10 | 带一个(第一个)侧孔口(锐缘孔口)的通道进口 | | 当 $\dfrac{F_1}{F}\leqslant0.4$ 时,$\zeta=2.5\left(\dfrac{F}{F_1}\right)^2$;<br>当 $\dfrac{F_1}{F}>0.4$ 时,$\zeta=2.26\left(\dfrac{F}{F_1}\right)^2$ | $F_1$ 为侧孔口总面积 |
| 11 | 带两个对面孔口通道进口 | | 当 $\dfrac{F_1}{F}\leqslant0.7$ 时,$\zeta\approx3.0\left(\dfrac{F}{F_1}\right)^2$ | |
| 12 | 带栅格或孔板(锐缘孔口)的通道进口 | | $\zeta=\left(\dfrac{F}{F_1}+0.707\dfrac{F}{F_1}\sqrt{1-\dfrac{F_1}{F}}\right)^2$ | |
| 13 | 带一个(最后的)侧孔口的通道出口 | | 当 $\dfrac{F_1}{F}\leqslant0.7$ 时,$\zeta\approx2.6\left(\dfrac{F}{F_1}\right)^2$ | $F_1$ 为孔口的总面积 |
| 14 | 带两个对面孔口的通道出口 | | 当 $\dfrac{F_1}{F}\leqslant0.6$ 时,$\zeta\approx2.9\left(\dfrac{F}{F_1}\right)^2$ | |
| 15 | 通道内的栅格或孔板(锐缘孔口) | | $\zeta=\left(\dfrac{F}{F_1}-1+0.707\dfrac{F}{F_1}\sqrt{1-\dfrac{F_1}{F}}\right)^2$ | |
| 16 | 全开的插板门,转动的挡板门 | | $\zeta=0.1$ | |
| 17 | 在直通道中的渐缩管 | | 当 $\alpha<20°$ 时,$\zeta=0$;<br>当 $\alpha=20°\sim60°$ 时,$\zeta=0.1$;<br>当 $\alpha>60°$ 时,$\zeta$ 按图 9-11 中截面突然收缩时确定:<br>$\tan\dfrac{\alpha}{2}=\dfrac{d_1-d_2}{2l}$;当收缩管为矩形截面并两侧收缩时,$d$ 应采用具有较大收缩角处的尺寸 | |

扩散管一般分圆锥形扩散管、平面扩散管和棱锥形扩散管，其阻力系数总是对应于进口截面上的速度。这三种扩散管的局部阻力系数均可按下式计算：

$$\zeta_{ks}=\varphi_{ks}\zeta_{jk} \tag{9-23}$$

式中　$\zeta_{jk}$——扩散管按突扩求得的局部阻力系数，根据扩散管的截面比查图 9-11 求得；

　　　$\varphi_{ks}$——扩散系数，查图 9-12。

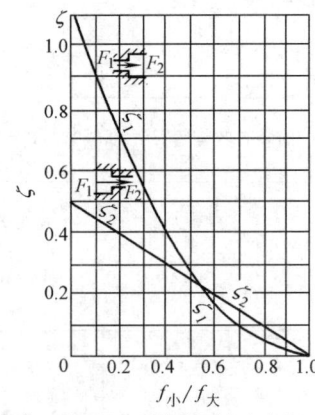

$\zeta_1$—出口阻力系数（截面由小变大）；
$\zeta_2$—进口阻力系数（截面由大变小）；

$$\Delta h_1=\zeta_1\dfrac{\rho w_1^2}{2}\ \ \text{Pa}；\ \ \Delta h_2=\zeta_2\dfrac{\rho w_2^2}{2}\ \ \text{Pa}。$$

图 9-11　截面突然变化时的局部阻力系数

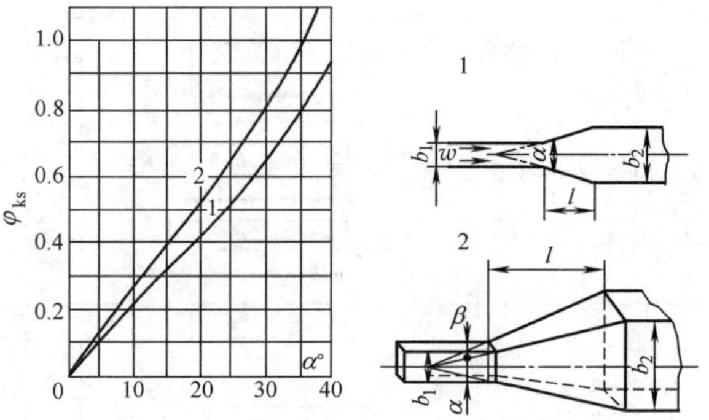

1—圆锥形和平面扩散管；2—棱锥形扩散管；

$$\tan\dfrac{\alpha}{2}=\dfrac{b_2-b_1}{2l}；\quad \zeta_{ks}=\varphi_{ks}\zeta_{jk}。$$

图 9-12　在直管道中扩散管的扩散系数

扩散角 $\alpha$ 用下述方法计算：

1）对棱锥形扩散管，用边界上的扩散角计算：在两侧扩散角不同时，按较大的角计算。

2）天圆地方或地圆天方的扩散管在计算扩散角时，以 $2\sqrt{\dfrac{F}{\pi}}$ 代替边长，其中 $F$ 为方截面的面积，$\varphi_{ks}$ 按图 9-12 中曲线 2 确定。

风机出口扩散管的局部阻力系数按图 9-13 确定。

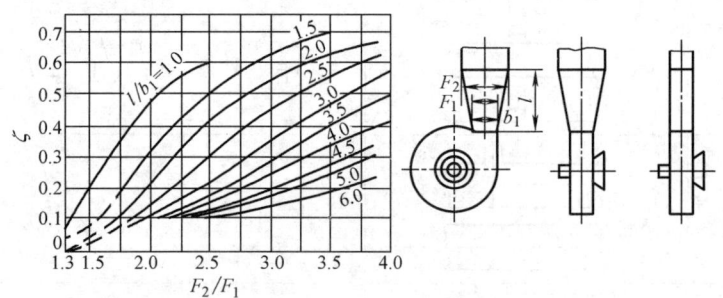

图 9-13　风机出口扩散管的局部阻力系数

（2）转弯阻力的计算
通道中所有转弯的阻力系数均按下式进行计算：

$$\zeta=k_\Delta\zeta_{zy}BC \tag{9-24}$$

式中　$\zeta_{zy}$——转弯的原始阻力系数，取决于转弯形状和相对曲率半径；

　　　$k_\Delta$——考虑管壁粗糙度影响的系数，对一般粗糙度的风道和锅炉烟道，缓转弯的 $k_\Delta$ 平均值取 1.3，急转弯的取 1.2；缓转弯和有圆曲边的急转弯的 $k_\Delta\zeta_{zy}$ 值也可由图 9-14 确定；对于没有圆曲边的急转弯，$k_\Delta\zeta_{zy}=1.4$；

　　　$B$——与弯头角度 $\alpha$ 有关的系数，按图 9-14（c）确定；当转弯角为 90°时，$B=1$；

　　　$C$——考虑弯头截面形状的系数，按图 9-14（d）确定，当截面为圆形或正方形时，$C=1$。

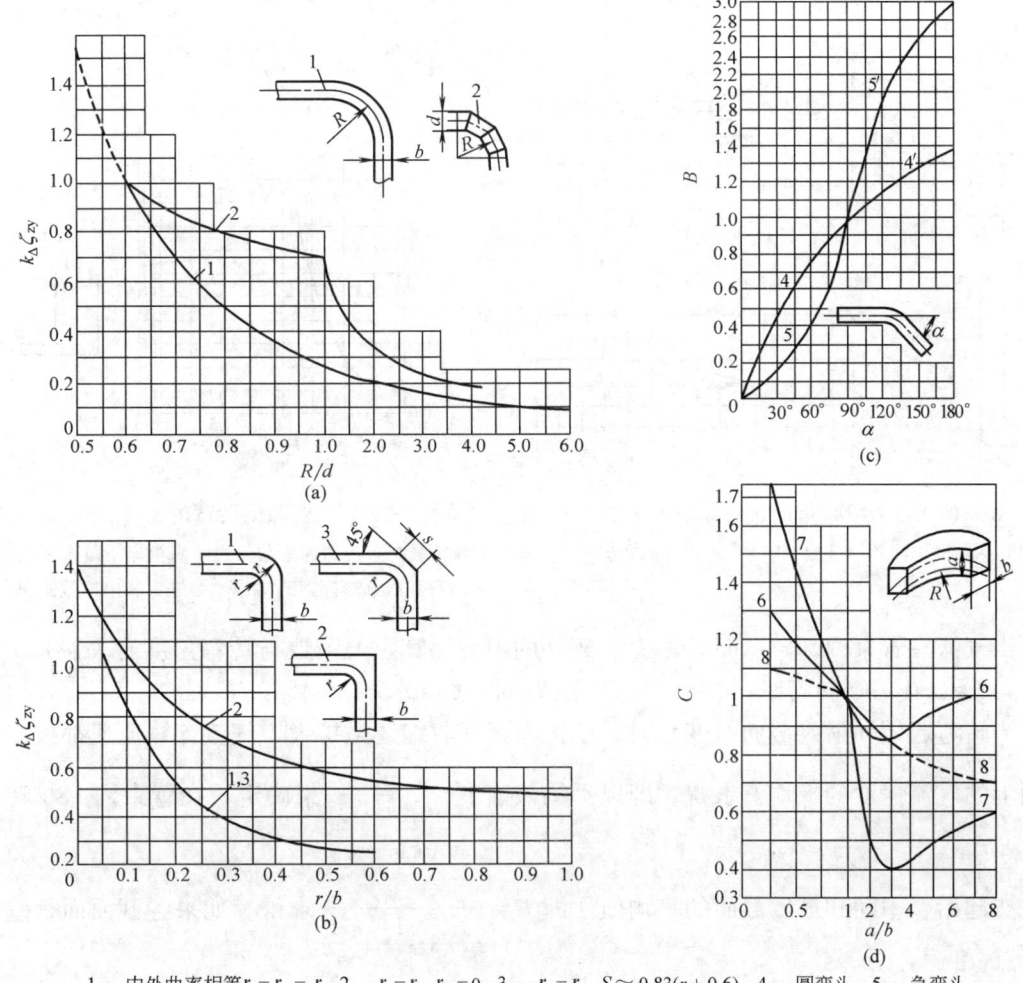

1—内外曲率相等 $r_n=r_w=r$；2—$r_n=r_j$，$r_w=0$；3—$r_n=r$，$S\approx0.83(r+0.6)$；4—圆弯头；5—急弯头；
6—$\dfrac{R}{b}\leqslant2$ 的矩形截面与圆弯头；7—$\dfrac{R}{b}>2$ 的矩形截面弯头；8—急弯头。

图 9-14　转弯阻力系数 $k_\Delta\zeta_{zy}$ 及修正系数 $B$、$C$

（a）圆弯头与拼接弯头；（b）转角圆化的急弯头；（c）系数 $B$；（d）系数 $C$

　　弯头的截面不变化时，查图 9-14（a）、图 9-14（b）。两个 90°弯头串联布置时，与单独两个弯头的阻力之和不同。两个串联的 90°弯头总的阻力系数与单独弯头阻力系数之和的比值可查图 9-15，其中单个弯头的阻力系数 $\zeta_{90}$ 可按图 9-14（b）、图 9-14（d）来确定。

　　截面变化的急弯头查图 9-16，计算阻力时，取小截面中的流速计算动压头。由于扩散转弯之后的气流很不均匀，因此，在弯头后没有稳定段或直段长度小于管道出口截面当量直径的 3 倍时，均应将图 9-16 或式（9-24）求得的阻力系数乘以 1.8。

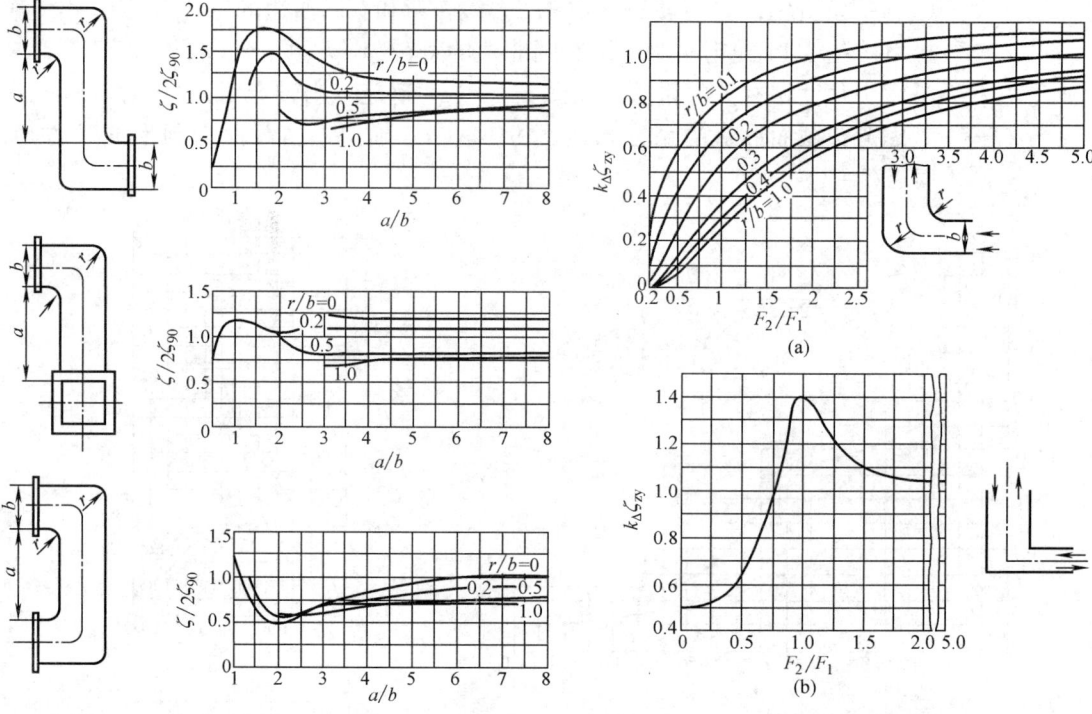

图 9-15　弯头串联布置的局部阻力系数
注：$\zeta_{90}$ 可按图 9-14（b）、图 9-14（d）来确定。

图 9-16　变截面转弯的 $k_\Delta \zeta_{zy}$ 值
（a）圆形转弯，内边曲率与外边曲率相等，即 $r_n = r_w$ 时；
（b）直角急转弯，$F_1$ 和 $F_2$ 为进口和出口截面积

当气流在管束内部转弯时，将引起额外的阻力，其阻力系数与转弯角度有关。180°转弯时，$\zeta = 2.0$；90°转弯时，$\zeta = 1.0$；45°转弯时，$\zeta = 0.5$。

当转弯起始和最终截面有变化时，不论是截面收缩还是扩大，气流计算流速都按二者截面上的气流速度的平均值求得，即以平均截面 $F = \dfrac{2}{\dfrac{1}{F_1} + \dfrac{1}{F_2}}$ 来确定，在管束内 180°转弯时，按起始、中间和最后截面的平均值，即 $F = \dfrac{3}{\dfrac{1}{F_1} + \dfrac{1}{F_2} + \dfrac{1}{F_3}}$ 求得。如果各截面面积差别不超过 25%，则 $F$ 可采用算术平均值。

（3）三通的阻力计算

三通按几何形状可分为对称三通和不对称三通；按气流流动方向可分为集流三通与分流三通。

三通的局部阻力系数是按其类型、支管角度以及各管道的截面比和流量比来确定的，因此对各类三通的阻力系数都有各自的计算图表，详见《工业锅炉设计计算标准方法》❶。

<hr>

❶　《工业锅炉设计计算标准方法》编委会编. 工业锅炉设计计算标准方法［M］. 北京：中国标准出版社，2003。

# 第三节　烟道的阻力计算

烟道的阻力按照锅炉的额定负荷进行计算。在阻力计算前，热力计算应先完成。因为阻力计算时所需要的一些主要原始数据——各段烟道的烟气流速、烟气温度、烟道的有效截面积和其他结构特性均需由热力计算求得。

在计算各段烟道阻力时，其中的流速、温度等均取平均值。平衡通风时，烟道内的压力可以大气压力作为计算压力。

在烟道阻力计算时，所使用的各种线算图都是按标准大气压时的干空气绘制的。因此，凡利用线算图求得烟道各部分总阻力以后，必须再以烟气密度、气流中灰分质量浓度和烟气压力等因素进行换算和修正。

由于计算公式和线算图并未考虑在实际工作时存在的受热面积灰因素，因此在烟道各部分的计算中都要引入一个修正系数 $k$，其值按表 9-3 选用。

修正系数 $k$　　　　　　　　　　　　　　　　　　表 9-3

| 受　热　面 | $k$ | 受　热　面 | $k$ |
|---|---|---|---|
| 1. 锅炉管束 | | 4. 铸铁省煤器 | |
| 　(1)烟气在水平方向转弯的小型锅炉 | 1.0 | 　(1)标准鳍片式 | 1.2 |
| 　(2)同上，在第一管束前面有燃尽室 | 1.15 | 　(2)非标准鳍片式省煤器：有定期吹灰 | 1.4 |
| 2. 蛇形管束(水平烟道中) | 1.2 | 　　　　　　　　　　　　　　不吹灰 | 1.8 |
| 3. 过热器及光管省煤器(对流竖井中) | | 5. 管式空气预热器 | |
| 　(1)固体燃料(积灰层致密) | 1.2 | 　(1)烟气侧 | 1.1 |
| 　(2)液体燃料(重油) | 1.2 | 　(2)空气侧 | 1.05 |
| 　(3)气体燃料 | 1.0 | | |

计算烟道阻力的顺序是从炉膛开始的，沿烟气流动方向，依次计算各部分烟道的阻力，然后再计算各部分烟道的自生风，由此即可求得烟道的全压降。

下面按烟气流程的顺序，分述每一受热面烟道阻力计算时应考虑和注意的问题。

## 一、防渣管和蒸汽过热器的阻力计算

防渣管和蒸汽过热器都由小直径（一般不大于 60mm）管子组成。防渣管由炉膛后墙水冷壁管在烟气出口烟窗处拉稀而成，当排数在两排以下，且烟速小于 15m/s 时，其阻力可以略而不计；当排数或烟速超过上述数值时，则按横向冲刷计算阻力。

组成蒸汽过热器的蛇形管束，其弯管区段按横向冲刷方式计算阻力。布置在对流竖井中的蛇形管束，其悬吊管和垂直引出管受到烟气横向冲刷时，它的阻力按烟室中平均烟温和流速进行计算，计算管排数取沿流程总排数的一半。悬吊引出管沿烟气流程纵向布置时，不计入阻力。

当蛇形管处于烟气 90°转弯部位时，其阻力计算原则为：按管束进口流通截面烟速和总排数计算其横向冲刷阻力；按管束进口流通截面烟速和管束高（长）度的一半计算其纵向冲刷阻力；按管束进口截面烟速计算 90°转弯阻力；管束总阻力为三者之和。

蛇形管束受热面积灰因素影响，同样由修正系数 $k$（表 9-3）来计算。

## 二、锅炉管束

锅炉管束的阻力一般由横向冲刷管束阻力或纵向冲刷管束阻力以及管束内部转弯阻力

组成。它的计算方法如前节所述，计算后再乘以按受热面布置情况由表 9-3 选取的修正系数 $k$。

值得注意的是，当混合冲刷管束时，既有横向冲刷也有纵向冲刷，如图 9-17（a）所示。在这种情况下可按烟气流动的假想中线进行计算，即计算横向冲刷的每个区段时仅考虑管排数的一半，而计算纵向冲刷时需取两个横向冲刷区段的假想中线之间的距离作为管子长度。如图 9-17（b）所示，当有横向隔板时，计算可以这样考虑：隔板隔到之处的管排数按横向冲刷计算；未被隔到的管排数的一半也按横向冲刷计算，而计算纵向冲刷部分时则需取两个横向冲刷区段的假想中线之间的距离作为管子长度。

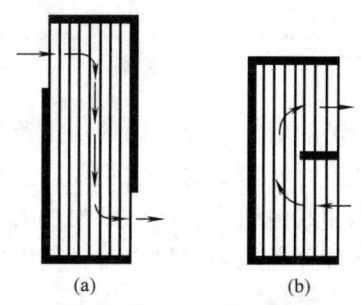

图 9-17　混合冲刷管束
（a）混合冲刷管束；（b）带有横向隔板的管束

当气流横向冲刷时，如果部分是顺列管束，部分是错列管束，则应分别计算它们的阻力，然后相加。对于交界处的一排管子则计入前面的计算中。

### 三、省煤器

对光管省煤器（蛇形管）的阻力计算，与蒸汽过热器阻力计算的方法相同。对于铸铁省煤器可按近似简化公式［式（9-20）］计算。

### 四、管式空气预热器

管式空气预热器中烟气通常在管内流动，因此管式空气预热器的烟气阻力是由管内的摩擦阻力和管子进口及出口的局部阻力组成。计算公式如下：

$$\Delta h = \Delta h_{mc} + \Delta h_{jb} = \Delta h_{mc} + (\zeta' + \zeta'')\frac{\rho w^2}{2} \quad \text{Pa} \tag{9-25}$$

式中　$\Delta h_{mc}$——沿程摩擦阻力，Pa，可由图 9-5 查出；

　　$\dfrac{\rho w^2}{2}$——气流动压头，根据气流在管内的平均烟速和烟温由图 9-4 查得；

　　$\zeta'$，$\zeta''$——进口和出口的局部阻力系数，根据管子有效总截面积与空气预热器前后的烟道有效截面比按图 9-11 确定。

式（9-25）的计算结果也需再乘以积灰影响的修正系数 $k$（表 9-3）。

### 五、烟道

烟道的阻力计算，从锅炉尾部受热面到除尘器的烟道阻力按锅炉热力计算的排烟温度和排烟量计算；从除尘器到引风机及引风机后的烟道则按引风机处的烟气温度和烟气量计算。引风机处的烟气量为：

$$V_{yf} = B_j(V_{py} + \Delta \alpha V_k^0)\frac{\vartheta_{yf} + 273}{273} \quad \text{m}^3/\text{h} \tag{9-26}$$

引风机处的烟气温度为：

$$\vartheta_{yf} = \frac{\alpha_{py}\vartheta_{py} + \Delta \alpha t_{lk}}{\alpha_{py} + \Delta \alpha} \quad \text{℃} \tag{9-27}$$

式中　$V_{py}$——在尾部受热面后的排烟容积，$\text{m}^3/\text{kg}$；

　　$\Delta \alpha$——尾部受热面后烟道中的漏风系数；对砖烟道，每 10m $\Delta \alpha = 0.05$；对钢烟道，每 10m $\Delta \alpha = 0.01$；对旋风除尘器，$\Delta \alpha = 0.05$；对电除尘器，$\Delta \alpha = 0.1$；

$\vartheta_{yf}$——引风机处的烟气温度，℃；

$\alpha_{py}$，$\vartheta_{py}$——排烟（尾部受热面后）的过量空气系数及其温度，℃；

$t_{lk}$——冷空气温度，℃。

在确定烟、风道尺寸时，流速可按表9-4选取。对于较长的水平烟道，为防止积灰，在额定负荷下的烟气流速不宜低于7～8m/s，烟道的高度与宽度之比通常取1.2：1。

### 1. 烟道的摩擦阻力

锅炉烟道通常截面较大而且长度较短，即相对长度 $l/d_1$ 较小，因而摩擦阻力也较小。烟道的总阻力主要按局部阻力来确定。因此，机械通风时，摩擦阻力计算可以进行一些简化。

**常用烟、风道流速选用表 表 9-4**

| 材料 | 风速(m/s) | 烟速(m/s) |
|---|---|---|
| 砖或混凝土制 | 4～8 | 6～8 |
| 金属制 | 10～15 | 10～15 |

当烟气流速小于25m/s时，可对最长的等截面烟道计算单位长度摩擦阻力，乘以烟道的总长度；或取两个这样的等截面，分别计算后相加，求得这一烟道总的摩擦阻力。

### 2. 烟道的局部阻力

烟道的局部阻力是由转弯、分支、变截面及插板（挡板门）而引起的。在机械通风时，某些局部阻力的计算也可简化。

对局部阻力系数 $\zeta<0.1$，并在该计算区段上不多于2个局部阻力时，则在机械通风方式下这种局部阻力可以不考虑。当 $\zeta<0.1$，且有3个或更多的局部阻力时，则对于烟速不同的各区段都取 $\zeta=0.05$，并可取通道中任一截面的流速计算。

当烟道中截面突然变化不大于 $15\%\left(\dfrac{F_x}{F_d}\geqslant 0.85\right)$ 时，局部阻力可以不予计算。对截面平缓增大而不超过30%时的扩散管 $\left(\dfrac{F_2}{F_1}\leqslant 1.3\right)$，以及在收缩角 $\alpha\leqslant 45°$ 下任何截面比的平缓收缩管，其局部阻力也可以不予计算。

### 六、除尘器

除尘器的阻力损失与除尘器的形式和结构有关。常用的干式旋风除尘器，其阻力损失为500～800Pa；离心式水膜除尘器的阻力损失为400～600Pa。各类除尘器的阻力计算详见《工业锅炉设计计算标准方法》，近似的阻力数值也可从产品性能说明书或设计手册查得。

### 七、烟囱

在烟囱的阻力计算前，必须先确定烟囱的高度和进、出口直径，为阻力计算提供数据，具体方法详见本章第五节。

烟囱的阻力由沿程摩擦阻力和出口局部阻力组成。

（1）具有固定壁面倾斜度的烟囱的沿程摩擦阻力可按下式计算：

$$\Delta h_{mc}=\frac{\lambda}{8i}\frac{\rho w_2^2}{2}\quad \text{Pa} \tag{9-28}$$

式中 $\lambda$——摩擦阻力系数，按表9-1选取；

$w_2$——烟囱出口处的烟气流速，m/s；

$i$——烟囱的壁面倾斜度，通常为 $i=0.02\sim 0.03$。

（2）烟囱的出口局部阻力按下式计算：

$$\Delta h_{jb}=\zeta\frac{\rho w_2^2}{2}\quad \text{Pa} \tag{9-29}$$

式中 $\zeta$——烟囱出口阻力系数，取 1.1。

圆柱形烟囱的阻力按式（9-9）计算。

对于变截面烟囱的阻力，可按各区段的烟囱倾斜度和进、出口截面的烟气流速进行计算。

**八、计算出烟道总阻力后的换算和修正**

由于在用线算图计算阻力时是以干空气作为介质的，因此应该把计算所得的阻力换算成烟气的阻力。换算的方法是将干空气的密度换算成烟气的密度，即将全部烟道的总阻力乘以 $M_\rho = \dfrac{\rho_y^0}{1.293}$，其中 $\rho_y^0$ 为在标准大气压下、0℃时的烟气密度。

当烟气中的含灰量较大，即 $\alpha_{fh} A_{zs} > 6$ 时，在除尘器前需考虑灰分质量浓度的影响，在除尘器后则不予考虑。

飞灰的质量浓度 $\mu$ 按下式计算：

$$\mu = \frac{A^y \alpha_{fh}}{100 \rho_y^0 V_{y,pj}} \quad \text{kg/kg} \tag{9-30}$$

式中 $V_{y,pj}$——从炉膛出口到除尘器间平均过量空气系数下烟气的容积，$\text{m}^3/\text{kg}$；

$\alpha_{fh}$——飞灰中的灰量占燃料总灰量的份额，见表 4-4～表 4-6；

$\rho_y^0$——在标准状态下烟气的密度，$\text{kg/m}^3$，$\rho_y^0 = \dfrac{1 - 0.01 A^y + 1.306 \alpha_{pj} V_k^0}{V^y}$。

由于烟气阻力与烟气流速的平方和密度的一次方成正比，如烟气流速用质量流量表示，则 $w = \dfrac{G_y}{\rho} \cdot \dfrac{1}{F}$，这样，阻力就与 $\rho$ 的一次方成反比，而 $\rho$ 与大气压力成正比，故阻力与大气压的一次方成反比。因此，烟气压力的修正（不包括自生风）可对全部烟道总阻力乘以 $\dfrac{101325}{b_y}$。对于工作在平衡通风下的锅炉，烟道总阻力大于 3000Pa，$b_y$ 按下式确定：

$$b_y = \left( b - \frac{\Sigma \Delta h}{2} \right) \quad \text{Pa}$$

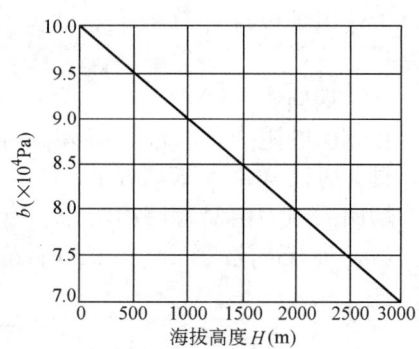

式中 $b_y$——烟气的平均压力，其值为当地平均大气压 $b$ 减去烟道总阻力的一半；

$b$——当地平均大气压力，Pa，根据海拔高度 $H$ 由图 9-18 查得。

在一般锅炉中，如果 $\Sigma \Delta h \leqslant 3000$Pa，则可取 $b_y = b_0$。如果海拔高度不超过 200m，则 $b = 101325$Pa。

图 9-18 平均大气压力与海拔高度的关系

由此可得烟道总阻力的计算公式为：

$$\Delta H_{sl}^y = [\Sigma \Delta h_1 (1 + \mu) + \Sigma \Delta h_2] \times \frac{\rho_y^0}{1.293} \frac{101325}{b_y} \quad \text{Pa} \tag{9-31}$$

式中 $\Delta H_{sl}^y$——修正后的烟道总阻力，Pa；

$\Sigma \Delta h_1$——从炉膛出口到除尘器的总阻力，Pa；

$\Sigma \Delta h_2$——除尘器以后的总阻力，Pa。

**九、自生风的计算**

锅炉各段烟道的自生风 $h_{zs}$，包括机械引风的烟囱在内，可由式（9-8）得出。

如周围空气温度为 20℃，$\rho_k = 1.2 \text{kg/m}^3$，则烟道的自生风可按下式计算：

$$h_{zs}^y = \pm Hg \left( 1.2 - \rho_y^0 \frac{273}{273 + \vartheta_y} \right) \quad \text{Pa} \tag{9-32}$$

式中　$H$——所计算烟道初、终截面之间的垂直高度差，m；

$\quad\quad\vartheta_y$——烟气温度，℃。

式（9-33）中，烟气向上流动时取正号，向下流动时取负号。

在机械通风时，由于烟道总的阻力大大超过自生风，因而计算时可以简化。如对 M 形布置的锅炉，其后部竖井烟道可按总高度和平均烟温进行计算；从尾部受热面出口到引风机出口以及从引风机出口到烟囱出口的两段烟道都按引风机处的烟温作为计算温度。把各段烟道和烟囱的自生风相加即得到总的自生风：

$$H_{zs}^y = \Sigma h_{zs}^y \quad \text{Pa} \tag{9-33}$$

**十、烟道的总压降**

根据以上计算可得出锅炉烟道的总压降：

$$\Delta H_y = h_1'' + \Delta H_{sl}^y - H_{zs}^y \quad \text{Pa} \tag{9-34}$$

式中　$h_1''$——平衡通风时炉膛出口处必须保持的负压，一般采用 $h_1'' = 20 \text{Pa}$。

# 第四节　风道的阻力计算

风道的阻力计算与烟道阻力计算的原则相同，也是在锅炉的额定负荷下进行的，所用的原始数据（如空气温度、空气预热器中空气的有效截面和空气流速等）都取自热力计算。计算也是在标准大气压下分区段进行，最后再进行风道总阻力的压力修正。风道的自生风同样是单独进行计算的。

锅炉风道的阻力包括冷风道、空气预热器、热风道和燃烧设备等区段的阻力。

（1）冷风道的阻力计算

计算冷风道阻力时，送风机吸入冷空气的流量按下式计算：

$$V_{lk} = B_j V_k^0 (\alpha_1'' - \Delta \alpha_1 - \Delta \alpha_{rl} + \Delta \alpha_{ky}) \frac{273 + t_{lk}}{273} \quad \text{m}^3/\text{h} \tag{9-35}$$

式中　$t_{lk}$——冷空气温度，从锅炉房内吸入冷空气时，可取为 30℃；

$\quad\quad\alpha_1''$——炉膛出口处的过量空气系数；

$\quad\quad\Delta \alpha_1$——炉膛的漏风系数；

$\quad\quad\Delta \alpha_{rl}$——燃料制备系统的漏风系数，对于煤粉炉即为制粉系统的漏风系数，对于风播给煤的层燃炉即为风播用风折算漏风系数，对沸腾炉则为负压给煤或底饲给煤的折算漏风系数；

$\Delta \alpha_{ky}$——空气预热器中空气漏入烟道的漏风系数，一般取 0.05。

风道的阻力主要取决于局部阻力，当冷空气流速小于 10m/s 时，摩擦阻力可不计算；当冷空气流速为 10～20m/s 时，可预先计算 1～2 段最长的等截面上的单位长度摩擦阻力，然后乘以风道总长度即得风道的总摩擦阻力。阻力系数 $\lambda$ 可由表 9-1 查得。计算局部阻力的方法与烟道相同。

（2）空气预热器风侧的阻力计算

在管式空气预热器中，空气通常是横向流过错列管束，并在管束外的连接风管中转弯。因此，横向冲刷管束的阻力可按图 9-9 进行计算。对于连接风道的局部阻力，当 $a < 0.5h$（图 9-19）时，按一个 180°转弯计算，取 $\zeta = 3.5$。此时，计算流速按连接风道进口、出口和中间截面面积的平均值来确定，即：

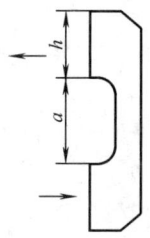

图 9-19 空气预热器的连接风道

$$F = \frac{3}{\dfrac{1}{F_1} + \dfrac{1}{F_2} + \dfrac{1}{F_3}}$$

当 $a \geqslant 0.5h$ 时，按两个 90°转弯计算，取 $\zeta = 0.9$，则有：

$$F = \frac{2}{\dfrac{1}{F_1} + \dfrac{1}{F_2}}$$

管式空气预热器的阻力计算中，对以上结果尚需乘以修正系数 $k = 1.05$。

（3）热风道的阻力计算

热风道的阻力计算方法与冷风道相同，热空气的流量为：

$$V_{rk} = B_j V_k^0 (\alpha_1 - \Delta \alpha_1) \frac{273 + t_{rk}}{273} \quad m^3/h \tag{9-36}$$

式中 $t_{rk}$——热空气温度，℃，取自热力计算。

（4）燃烧设备的阻力计算

燃烧设备的阻力可分为以下两种情况考虑：

1）室燃炉燃烧时，燃烧器喷射二次风的阻力（其中包括出口速度损失在内），可按出口流速 $w_2$ 由下式计算：

$$\Delta h = \zeta \frac{\rho w_2^2}{2} \quad Pa \tag{9-37}$$

式中 $\zeta$——燃烧器局部阻力系数，可参阅有关资料确定。

2）层燃炉燃烧时，通过炉排和煤层的阻力取决于炉子形式和燃料层厚度，链条炉排为 800～1000Pa，往复炉排为 600Pa。

（5）风道总阻力的计算

各部分阻力的总和即为风道的总阻力，如当地海拔超过 200m，则需计入大气压力的修正，即：

$$\Delta H_{sl}^k = \Sigma \Delta h \frac{101325}{b_k} \quad Pa \tag{9-38}$$

式中 $b_k$——风道中空气的平均压力，当 $\Sigma \Delta h > 3000Pa$ 时，$b_k = b + \dfrac{\Sigma \Delta h}{2}$；

$b$——当地平均大气压力，如果 $\Sigma\Delta h \leqslant 3000\text{Pa}$，可取 $b_k=b$。

（6）风道的自生风计算

锅炉风道的自生风也按式（9-8）进行计算，当大气温度为 20℃时，其计算公式为：

$$h_{zs}^k = \pm Hg(1.2-\rho_k) = \pm Hg\left(1.2-\frac{1.293\times273}{273+t_k}\right)$$

$$= \pm Hg\left(1.2-\frac{352}{273+t_k}\right) \quad \text{Pa} \tag{9-39}$$

式中　$H$——计算段进口和出口截面的高度差，m；

　　　$t_k$——空气温度，℃。

在锅炉风道中，仅对两个区段进行自生风计算：第一段为空气预热器，其计算高度等于冷空气进口和热空气出口的标高差；第二段为全部热风道，其计算高度等于空气预热器出口到炉室入口（即燃烧器的轴心或炉排面）的标高差。

如此，风道的总自生风为：

$$H_{zs}^k = \Sigma h_{zs}^k \quad \text{Pa} \tag{9-40}$$

（7）风道的全压降

显而易见，锅炉风道的全压降为：

$$\Delta H^k = \Delta H_{sl}^k - H_{zs}^k - h_1' \quad \text{Pa} \tag{9-41}$$

式中　$h_1'$——空气进口处炉膛真空度，Pa，其值可用以下近似公式求得：

$$h_1' = h_1'' + 0.95Hg$$

式中，$h_1''$——烟道计算中炉膛出口处的真空度，一般 $h_1''=20\text{Pa}$；

　　　$H$——由空气进口到炉膛出口中心间的垂直距离，m。

## 第五节　烟囱的计算

### 一、自然通风时烟囱高度的计算

采用自然通风的小型锅炉，锅炉灰坑的一端与大气相连，而锅炉烟道出口与烟囱相连，如图 9-20 所示。由于外界冷空气和烟囱内热烟气的密度差使烟囱产生引力，即烟囱的自生风，计算公式如下：

$$h_{zs}^{yz} = H_{yz}g(\rho_k-\rho_y)$$

$$= H_{yz}g\left(\rho_k^0\frac{273}{273+t_k}-\rho_y^0\frac{273}{273+\vartheta_{yz}}\right) \quad \text{Pa} \tag{9-42}$$

式中　$H_{yz}$——烟囱高度，m；

　　　$\rho_k^0$、$\rho_y^0$——在标准状态下空气和烟气的密度，kg/m³，$\rho_k^0=1.293\text{kg/m}^3$，$\rho_y^0\approx1.34\text{kg/m}^3$；

　　　$\rho_k$——大气压力下空气的密度，kg/m³，

$$\rho_k = \frac{352}{273+t_k};$$

Ⅰ—Ⅰ— 烟囱出口平面；$H_k$— 烟囱出口水平面以下的外界空气柱高度；$H_{yz}$— 烟囱内热烟气柱高度。

图 9-20　烟囱工作示意图

$\rho_y$——烟囱内烟气平均密度，$kg/m^3$；

$\vartheta_{yz}$——烟囱内烟气平均温度，℃，见式（9-50）。

自然通风时，烟道的全部阻力均靠烟囱的自生风克服，此时烟囱的高度必须满足下式要求：

$$h_{zs}^{yz}\frac{b}{101325}-\Delta h_{yz}\frac{\rho_y^0}{1.293}\frac{101325}{b}\geqslant1.2\Delta H_y' \tag{9-43}$$

式中　$h_{zs}^{yz}$——烟囱的自生风，Pa，见式（9-42）；

　　　$\Delta h_{yz}$——烟囱的总阻力，Pa，包括摩擦阻力和出口局部阻力，可分别按式（9-28）和式（9-29）计算；

　　　$\Delta H_y'$——锅炉烟道总阻力，Pa，其中不包括烟囱本身的自生风和烟囱的总阻力；

　　　1.2——储备系数。

式（9-43）中第一项为自生风，它与密度 $\rho$ 的一次方成正比，而 $\rho$ 与大气压力成正比，故自生风与大气压力 $b$ 成正比，因此乘以 $b/101325$ 的修正系数。

由式（9-42）和式（9-43）可得到烟囱高度：

$$H_{yz}=\frac{1.2\Delta H_y'+\Delta h_{yz}\dfrac{\rho_y^0}{1.293}\dfrac{101325}{b}}{g\left(\rho_k-\rho_y^0\dfrac{273}{273+\vartheta_{yz}}\right)\dfrac{b}{101325}}\quad \text{m} \tag{9-44}$$

采用自然通风且全年运行的锅炉房，应分别以冬、夏季室外温度相应最大蒸发量为基础来计算烟囱高度，取较大值；对于专供供暖的锅炉房，则应分别以供暖室外计算温度和供暖期结束时的室外温度和相应的最大蒸发量为基础计算烟囱高度，并取较大值。

自然通风情况下在计算烟囱中烟气平均温度时必须考虑烟气在烟道和烟囱内的温降。

（1）烟气在烟道中的温降，当烟道有良好的保温时可不考虑；当烟道没有良好保温时，按下式计算：

$$\Delta\vartheta'=\frac{Q_{lq}}{V_{yf}c/3600}\quad ℃ \tag{9-45}$$

式中　$\Delta\vartheta'$——烟气在烟道中的温降，℃；

　　　$Q_{lq}$——烟道自然冷却散热损失，kW；

　　　$c$——烟气的平均比热容，一般可取 $c=1.352\sim1.356kJ/(m^3\cdot℃)$。

$$Q_{lq}=q_{yd}F\quad \text{kW} \tag{9-46}$$

式中　$q_{yd}$——烟道单位面积的散热损失，对于室内不保温的烟道，$q_{yd}=1.163kW/m^2$，对于室外不保温烟道，$q_{yd}=1.512kW/m^2$；

　　　$F$——烟道散热面积，$m^2$。

（2）烟气在烟囱中的温降按下式计算：

$$\Delta\vartheta''=H_{yz}\Delta\vartheta\quad ℃ \tag{9-47}$$

式中　$\Delta\vartheta''$——烟气在烟囱中的温降，℃；

　　　$\Delta\vartheta$——烟气在烟囱内单位高度的温降，℃/m，可以用以下近似公式确定：

$$\Delta\vartheta=\frac{A}{\sqrt{D}}\quad ℃/m \tag{9-48}$$

式中　$D$——合用同一烟囱的所有同时运行的锅炉的额定蒸发量之和，t/h；

$A$——修正系数，按表 9-5 选用。

估算时，单位长度烟道或烟囱的温降可采用下列数值：砖砌烟道及烟囱约 0.5℃/m，铁皮烟道及烟囱约 2℃/m；

（3）烟囱出口烟气温度按下式计算：

$$\vartheta_2 = \vartheta_{py} - \Delta\vartheta' - \Delta\vartheta'' \quad ℃ \quad (9-49)$$

式中　$\vartheta_2$——烟囱出口烟气温度，℃；

$\vartheta_{py}$——锅炉排烟温度，℃，按热力计算或锅炉厂提供的数据选用；

$\Delta\vartheta'$，$\Delta\vartheta''$——烟气在烟道、烟囱内的温降，℃。

**修正系数 $A$** 　　　　表 9-5

| 修正系数 | 烟囱种类 | | | |
|---|---|---|---|---|
| | 铁烟囱（无衬） | 铁烟囱（有衬） | 砖烟囱平均壁厚≤0.5m | 砖烟囱平均壁厚>0.5m |
| $A$ | 2 | 0.8 | 0.4 | 0.2 |

（4）烟囱中烟气平均温度按下式计算：

$$\vartheta_{yz} = \frac{\vartheta_2 + (\vartheta_{py} - \Delta\vartheta')}{2} \quad ℃ \quad (9-50)$$

### 二、机械通风时烟囱高度的确定

机械通风时，烟、风道阻力由送、引风机克服。因此，烟囱的主要作用不是用来产生引力，而是将烟气排放到足够高的高空，使之符合环境保护的要求。

每个新建燃煤锅炉房只能设一个烟囱，烟囱高度应根据锅炉房装机总容量❶，按表 9-6 的规定执行；燃油、燃气锅炉的烟囱不得低于 8m，锅炉烟囱的具体高度应按批复的环境影响评价文件确定。

**燃煤锅炉房烟囱最低允许高度** 　　　　表 9-6

| 锅炉房装机总容量 | MW | <0.7 | 0.7~<1.4 | 1.4~<2.8 | 2.8~<7 | 7~<14 | ≥14 |
|---|---|---|---|---|---|---|---|
| | t/h | <1 | 1~<2 | 2~<4 | 4~<10 | 10~<20 | ≥20 |
| 烟囱最低允许高度 | m | 20 | 25 | 30 | 35 | 40 | 45 |

新建锅炉房的烟囱周围 200m 距离内有建筑物时，其烟囱应高出最高建筑物 3m 以上。

为简化计算，烟气在烟囱中的冷却可不考虑，即按引风机处的烟温来进行计算。

### 三、烟囱高度确定的原则

在自然通风和机械通风时，烟囱的高度都应根据排出烟气中所含的有害物质——二氧化硫、二氧化氮、飞灰等的扩散条件来确定，使附近的环境处于允许的污染程度之下。因此，烟囱高度的确定，应符合现行国家标准《大气污染物综合排放标准》GB 16297、《工业企业设计卫生标准》GBZ 1、《锅炉大气污染物排放标准》GB 13271 和《环境空气质量标准》GB 3095 等的规定。

### 四、烟囱直径的计算

烟囱直径（出口内径 $d_2$）可按下式计算：

$$d_2 = \sqrt{\frac{B_j n V_y (\vartheta_2 + 273)}{3600 \times 273 \times 0.785 \times w_2}} = 0.0188 \sqrt{\frac{V_{yz}}{w_2}} \quad m \quad (9-51)$$

式中　$V_{yz}$——通过烟囱的总烟气量，m³/h；

---

❶ 详见《锅炉大气污染物排放标准》GB 13271—2014。

$n$——利用同一烟囱的同时运行的锅炉台数；

$w_2$——烟囱出口烟气流速，m/s，按表 9-7 选用。

**烟囱出口烟气流速　　表 9-7**

| 通风方式 | 烟气流速（m/s） | |
|---|---|---|
| | 全负荷 | 最小负荷 |
| 机械通风 | 10～20 | 4～5 |
| 自然通风 | 6～10 | 2.5～3 |

注：1. 选用流速时应根据锅炉房扩建的可能性取适当数值，一般不宜取上限。

2. 应注意烟囱出口烟气流速在最小负荷时不宜小于 2.5m/s，以免冷空气倒灌。

设计时应根据冬、夏季负荷分别计算。如果负荷相差悬殊，则应首先满足冬季负荷要求。

烟囱底部（进口）直径 $d_1$ 为：

$$d_1 = d_2 + 2iH_{yz} \quad \text{m} \qquad (9\text{-}52)$$

式中　$i$——烟囱锥度，通常取 0.02～0.03。

# 第六节　风机的选型和烟、风道布置

## 一、送、引风机选型原则

选用的送风机和引风机应能在既定的工作条件下满足锅炉全负荷运行时对烟、风流量和压头的需要。为了安全起见，在选择送、引风机时应考虑有一定的余量，送、引风机性能余量系数列于表 9-8 中。

送、引风机的选择，首先应按风机的比转数 $n_s$ 选定风机形式，然后根据锅炉烟、风系统的设计流量和设计压头，按风机制造厂提供的相应形式的风机系列参数或性能曲线来确定所选风机的规格。

**送、引风机性能余量系数　　表 9-8**

| 设备或工况 | 余量系数 | |
|---|---|---|
| | 风量余量系数 $\beta_1$ | 压头余量系数 $\beta_2$ |
| 送风机 | 1.1 | 1.2 |
| 引风机 | 1.1 | 1.2 |
| 带尖峰负荷时 | 1.03 | 1.05 |

## 二、风机选型参数的确定

送、引风机的比转数 $n_s$，可按下式计算：

$$n_s = 0.092n \frac{Q^{0.5}}{\left(\dfrac{1.2}{\rho}p\right)^{0.75}} \qquad (9\text{-}53)$$

式中　$n$——风机转速，r/min，可预先确定；

　　　$Q$——风机的设计流量，$m^3/h$；

　　　$\rho$——工作介质的密度，$kg/m^3$；

　　　$p$——风机的设计压头，Pa。

风机的设计计算流量 $Q_j$，按下式计算：

$$Q_j = \beta_1 \frac{V}{Z} \frac{1.01325 \times 10^5}{b_0 \pm \beta_2 H'} \quad m^3/h \qquad (9\text{-}54)$$

式中　$V$——锅炉额定负荷下的介质（空气或烟气）流量，$m^3/h$，分别按式（9-35）和式（9-26）计算；

　　　$Z$——并列运行的风机台数，台；

　　　$b_0$——当地的大气压力，Pa；

　　　$H'$——风机入口截面处的负压，Pa；

　　　$\beta_1$，$\beta_2$——分别为风机风量和压头的余量系数，由表 9-8 选取。

风机的设计计算全压降 $H_j$，则可由下式计算：

$$H_j = \beta_2' \Delta H \tag{9-55}$$

式中　$\Delta H$——风机全压，Pa，对于平衡通风方式，分别为送风机和引风机的计算全压降 $\Delta H^k$ 和 $\Delta H_{sl}^y$，分别按式（9-41）和式（9-31）确定；

　　　$\beta_2'$——将计算全压降修正为生产厂的介质设计状态时的修正系数。

$$\beta_2' = \frac{1.293}{\rho_0} \frac{273+t}{273+t_k} \frac{1.01325 \times 10^5}{b_0 \pm \beta_2 H'} \tag{9-56}$$

式中　$\rho_0$——输送介质在标准状态下的密度，$kg/m^3$；

　　　$t$——风机入口介质温度，℃；

　　　$t_k$——风机生产厂设计取用的入口介质温度，即编制风机特性曲线取用的介质温度，℃；

　　　$H'$——风机入口静压，Pa。

式（9-56）是对于空气、绝热指数 $K=1.4$ 时给出的，对于烟气也采用这一修正式。而在全压 $p < 3000Pa$ 时，则式（9-58）中的 $\psi$ 采用 1.0。

风机特性曲线是在风机入口截面上绝对压力为 $1.01325 \times 10^5 Pa$、输送空气的温度为设计温度时按风机全压绘制的。风机的功率，可按风机性能曲线或下式确定：

$$N = \frac{Q_j H_j \psi}{3600 g \eta} \quad kW \tag{9-57}$$

式中　$Q_j$——风机的设计计算流量，$m^3/h$；

　　　$H_j$——风机的设计计算全压，Pa；

　　　$g$——重力加速度，$m/s^2$；

　　　$\eta$——风机效率，%；

　　　$\psi$——风机中的介质压缩系数，即

$$\psi = 1 - 0.36 \frac{H_j}{H'} \tag{9-58}$$

锅炉设备烟、风道的阻力特性，在 $Q\text{-}H$ 坐标系中为二次抛物线，即对应于某一通风工况的 $H_i$，$Q_i$：

$$H_i = H_{jc} + (H_j - H_{jc}) \left( \frac{Q_i}{Q_j} \right)^2 \tag{9-59}$$

其中，$H_{jc}$ 为烟、风系统在零流量时的基础阻力（Pa），为燃烧器前应予维持的风压和自生风等之和。

烟、风道特性曲线与导向器全开时风机特性曲线的交点，即为风机运行中最大出力工况点。

锅炉所用风机的选择，应使工况点落在风机最高效率的 90% 以上区域。选择离心式风机时，计算工况应尽可能接近导向器全开的风机特性；选择轴流风机时，计算工况相应于最高效率工况再开大 10°～15°导向器开度，以保证低负荷时风机仍能在高效区运行。

**三、选择风机和烟、风道布置的一般要求**

1. 锅炉的送风机、引风机宜单炉配置。当需要集中配置时，每台锅炉的烟、风道与总烟、风道连接处，应设置密封性好的烟、风道闸门。

2. 单炉配置风机时，层燃炉风量的富余量宜为 10%，风压的富余量宜为 20%。

3. 集中配置风机时，送风机和引风机均不应少于 2 台，其中各有一台备用，并应使风机能并联运行，并联运行后风机的风量和风压富余量和单炉配置时相同。

4. 应选用高效、节能和低噪声风机。

5. 应使风机常年运行中处于较高的效率范围。

6. 锅炉烟、风道设计应符合下列要求：

（1）应使烟、风道平直且气密性好，附件少且阻力小；

（2）几台锅炉共用一个烟囱或烟道时，宜使每台锅炉的通风力均衡；

（3）宜采用地上烟道，并应在适当的位置设置清扫烟道的人孔；

（4）应考虑烟道和热风道热膨胀的影响；

（5）应设置必要的测点，并满足测试仪表及测点的技术要求。

【例题 9-1】 计算 SHL10-13/350 型锅炉中第二管束及空气预热器的烟气阻力。

【解】 1. 第二管束的阻力

| 序号 | 名 称 | 符号 | 单位 | 计算公式或数值来源 | 数值 |
|---|---|---|---|---|---|
| 1 | 烟气平均体积 | $V_y$ | m³/kg | 热力计算 | 11.46 |
| 2 | 烟道有效截面积 | $F$ | m² | 热力计算 | 1.707 |
| 3 | 烟气进口温度 | $\vartheta'$ | ℃ | 热力计算 | 775 |
| 4 | 烟气出口温度 | $\vartheta''$ | ℃ | 热力计算 | 335 |
| 5 | 烟气平均温度 | $\vartheta_{pj}$ | ℃ | $\dfrac{\vartheta'+\vartheta''}{2}=\dfrac{775+335}{2}$ | 555 |
| 6 | 烟气平均速度 | $w_y$ | m/s | $\dfrac{B_j V_y(\vartheta_{pj}+273)}{3600\times F\times273}=\dfrac{1275\times11.46\times(555+273)}{3600\times1.707\times273}$ | 7.22 |
| 7 | 管子外径 | $d_w$ | mm | 几何尺寸 | 51 |
| 8 | 管子排列方式 | | | 横向冲刷顺列 | |
| 9 | 管子排数 | $Z_2$ | 排 | 三个回程 3×16 | 48 |
| 10 | 横向相对节距 | $\dfrac{S_1}{d}$ | | $\dfrac{120}{51}$ | 2.35 |
| 11 | 纵向相对节距 | $\dfrac{S_2}{d}$ | | $\dfrac{120}{51}$ | 2.35 |
| 12 | 比值 | $\psi$ | | $\dfrac{S_1-d}{S_2-d}=\dfrac{120-51}{120-51}$ | 1 |
| 13 | 单排管子的阻力系数 | $\zeta_{it}$ | | 查图 9-7 | 0.474 |
| 14 | 管束的管距修正系数 | $c_s$ | | 查图 9-7 | 0.68 |
| 15 | 横向冲刷阻力系数 | $\zeta$ | | $\because\dfrac{S_1}{d}=\dfrac{S_2}{d}$ $\therefore c_s\zeta_{it}Z_2=0.68\times0.474\times48$ | 15.47 |
| 16 | 动压头 | $h_d$ | Pa | 查图 9-4 | 11.27 |
| 17 | 横向冲刷阻力 | $\Delta h_{hx}$ | Pa | $\zeta h_d=15.47\times11.27$ | 174.35 |
| 18 | 转弯阻力系数 | $\zeta$ | | 6 个 90°转弯：6×1.0 | 6 |
| 19 | 转弯阻力 | $\Delta h_{sy}$ | Pa | $\zeta h_d=6\times11.27$ | 67.62 |
| 20 | 积灰修正系数 | $k$ | | 查表 9-3 | 0.9 |
| 21 | 第二管束阻力（指在 760mmHg 下，以干空气为介质时的阻力） | $\Delta h_{1l}$ | Pa | $k(\Delta h_{hx}+\Delta h_{sy})=0.9(174.35+67.62)$ | 217.77 |

### 2. 空气预热器的阻力

| 序号 | 名　　　称 | 符号 | 单位 | 计算公式或数值来源 | 数值 |
|---|---|---|---|---|---|
| 1 | 烟气平均体积 | $V_y$ | $m^3/kg$ | 热力计算 | 12.62 |
| 2 | 烟道有效截面积 | $F$ | $m^2$ | 热力计算 | 0.629 |
| 3 | 烟气进口温度 | $\vartheta'$ | ℃ | 热力计算 | 257 |
| 4 | 烟气出口温度 | $\vartheta''$ | ℃ | 热力计算 | 169 |
| 5 | 烟气平均温度 | $\vartheta_{pj}$ | ℃ | $\dfrac{\vartheta'+\vartheta''}{2}=\dfrac{257+169}{2}$ | 213 |
| 6 | 烟气平均速度 | $w_y$ | m/s | $\dfrac{B_j V_y(\vartheta_{pj}+273)}{3600\times F\times 273}=\dfrac{1275\times 12.62\times(213+273)}{3600\times 0.629\times 273}$ | 12.6 |
| 7 | 管子内径 | $d_n$ | mm | | 67 |
| 8 | 冲刷长度 | $l$ | m | 几何尺寸 | 2.4 |
| 9 | 每米长度的摩擦阻力 | $\Delta h_{mcl}$ | Pa | 查图 9-5 | 56.84 |
| 10 | 修正系数 | $c$ | | 查图 9-5 | 1 |
| 11 | 积灰修正系数 | $k$ | | 查表 9-3 | 1.1 |
| 12 | 空气预热器摩擦阻力 | $\Delta h_{mc}$ | Pa | $1.1\times 56.84\times 1\times 2.4$ | 150.06 |
| 13 | 空气预热器进出口烟道断面 | $F'$ | $m^2$ | $a\times b=1.2\times 1.8$ | 2.16 |
| 14 | 管子有效截面与烟道面积之比 $\dfrac{F}{F'}$ | | | $\dfrac{m\,\dfrac{\pi}{4}d_n^2}{a\times b}=\dfrac{0.629}{2.16}$ | 0.292 |
| 15 | 烟气进口局部阻力系数 | $\zeta_2$ | | 查图 9-11 | 0.35 |
| 16 | 烟气出口局部阻力系数 | $\zeta_1$ | | 查图 9-11 | 0.55 |
| 17 | 动压头 | $h_d$ | Pa | 查图 9-4 | 58.8 |
| 18 | 空气预热器进、出口局部阻力 | $\Delta h_{jb}$ | Pa | $(\zeta_2+\zeta_1)h_d=(0.35+0.55)\times 58.8$ | 52.92 |
| 19 | 空气预热器阻力（指在标准状态下，以干空气为介质时的阻力） | $\Delta h_{cr}$ | Pa | $\Delta h_{mc}+\Delta h_{jb}=150.06+52.92$ | 202.98 |

### 复习思考题

1. 锅炉通风的任务是什么？通风方式有哪几种？它们各有什么优缺点？适用于什么场合？

2. 为什么在平衡通风中既需要又可能保持炉膛负压为 20～50Pa？除平衡通风外，什么样的通风系统也有可能使炉膛负压接近上述合适的数值？

3. 什么是烟、风道的摩擦阻力？什么是局部阻力？什么是管束阻力？它们是怎样计算的？

4. 什么叫自生风？自生风的正负号如何确定？在水平烟道中有没有自生风？

5. 在机械通风及自然通风的锅炉中烟囱各起什么作用？烟囱的高度是根据什么原则来确定的？

6. 为什么在计算烟、风道阻力及烟囱阻力后要对大气压、烟气重度及烟气含尘量进行修正？为什么在计算烟囱自生通风力中要对大气压力进行修正？为什么将烟风道总阻力作为选择送引风机的风压时要对大气压力、风温及介质重度进行修正？

7. 管式空气预热器连接风道的两个转弯，什么情况下按两个 90°转弯来计算？什么情况下只能按一个 180°转弯来计算？为什么？而计算流速所取用的截面为什么按调和数列的中项来计算？

8. 在计算出烟风道的全压降后，如何确定选择送、引风机的流量和压头？怎样选用送、引风机和配用的电动机？

# 习　题

1. 烟气横向冲刷顺排光管锅炉管束，管子外径为 51mm，横向管距为 120mm，纵向管距为 110mm，纵向管子总排数为 48，烟气平均流速为 6.2m/s，烟气平均温度为 550℃，试求烟气横向冲刷对流管束的阻力（不必对烟气密度、大气压力及烟气含尘质量浓度进行修正）。

（$\Delta h = 87.7$Pa）

2. 烟气横向冲刷错排光管组成的凝渣管，管子外径为 51mm，横向管距为 190mm，纵向管距为 210mm，纵向管排数为 2 排，烟气平均流速为 7.08m/s，烟气平均温度为 977℃，试求烟气横向冲刷凝渣管的阻力（不必对烟气密度、大气压力及烟气含尘质量浓度进行修正）。

（$\Delta h = 10.3$Pa）

3. 管式空气预热器管子外径为 40mm，内径为 37mm，管壁绝对粗糙度为 0.2mm，管长为 2.265m，烟气在管内流动，烟气平均流速为 10.9m/s，烟气平均温度为 199℃，求管式空气预热器烟气侧的沿程摩擦阻力（不必对烟气密度、大气压力及烟气含尘质量浓度进行修正）。

（$\Delta h = 43.6$Pa）

4. 方形鳍片铸铁省煤器管子外径为 76mm，横向管距为 150mm，纵向管距为 150mm，纵向管排数为 4 排，鳍片节距为 25mm，鳍片平均厚度为 4.5mm，鳍片高度为 37mm，每根管子有鳍片 75 片，每根管子受热面面积为 2.95m$^2$，烟气平均流速为 8.51m/s，烟气平均温度为 285℃，求烟气横向冲刷铸铁省煤器的阻力（不必对烟气密度、大气压力及烟气含尘质量浓度进行修正）。

（$\Delta h = 29.2$Pa）

5. 某锅炉房装有 3 台 4t/h 的锅炉，每台锅炉计算耗煤量 $B_j = 717$kg/h，排烟温度 $\vartheta_{py} = 200$℃，排烟处烟气容积 $V_y = 10.33$m$^3$/kg，锅炉本体及烟道总阻力约为 343Pa，冷空气温度为 25℃，当地大气压为 1.025bar。若此锅炉房已有一个高度为 35m、上口直径为 1.5m 的砖烟囱（$i = 0.02$），试核算此烟囱能否满足锅炉克服烟气侧阻力的需要（计算时不考虑烟气在烟道及烟囱中的温降，也不考虑烟道及烟囱的漏风），并按锅炉房总蒸发量来核算此烟囱高度是否符合环保要求？

（$h_{zs}^{yz} = 143$Pa，$1.2\Delta H_y' + \Delta h_{yz} = 431$Pa，故烟囱不能满足克服烟气侧阻力的需要，需装设引风机。$D = 12$t/h，环保要求烟囱高度为 40m，故烟囱高度不能满足环保要求）

6. 某工厂有 3 台 2t/h 的蒸汽锅炉，锅炉本体及烟道总阻力为 127Pa，每台锅炉计算耗煤量为 291kg/h，排烟温度为 180℃，排烟处烟气容积为 11.40m$^3$/kg，冷空气温度为 25℃，当地大气压为 1.0106bar。若 3 台锅炉合用一个砖烟囱进行自然通风，试确定烟囱高度及上下口直径大小（计算时不考虑烟气在烟道及烟囱中的温降，也不考虑在烟道及烟囱中的漏风，且烟囱坡度 $i = 0.02$，烟囱出口烟气流速为 6m/s）。

（$d_2 = 1$m，$d_1 = 3$m，$H_{yz} = 50$m）

# 第十章　供热锅炉水处理

供热锅炉生产蒸汽或热水以供应生产用汽和生活用热。由于用户用热方式不同和供热系统的复杂性等原因，往往使送出的蒸汽大部分不能回收，热水亦有损失，需要一定量的补给水。在锅炉房用的各种水源，如天然水（江湖水、海水和地下水）以及由水厂供应的生活用水（自来水），由于其中含有杂质，必须经过处理后才能作为锅炉给水，否则会严重影响锅炉的安全、经济运行。因此，锅炉房必须设置合适的水处理设备以保证锅炉给水质量，这是锅炉房工艺设计中的一项重要工作。

锅炉给水处理，按处理工艺和方法的不同，分进入锅炉前预先处理和进入锅炉后直接在锅内处理两大类。通常，前者称为锅外水处理，如离子交换、石灰和膜分离处理等；后者称为锅内水处理，如锅内加药（钠盐）等处理。

## 第一节　水中杂质和锅炉水质标准

### 一、锅炉用水术语和定义

《工业锅炉水质》GB/T 1576—2018 规定了工业锅炉运行时给水、锅水、蒸汽回水以及补给水的水质要求。根据锅炉汽水系统中的水质差别，通常把它分为以下几类。

1. 原水

原水是指锅炉补给水的水源水——未经任何净化处理的天然水和自来水，是工业锅炉用水的水源。天然水包括地表水和地下水，这种水又称生水。

地表水是存在于地壳表面的水，诸如由雨水、雪水和泉水汇聚而成的江河、湖泊、水库和海洋等中的水。这类水中的悬浮物和溶解盐类等受自然环境影响和季节不同的变化较大，比如在春、夏的丰水季节，因雨水径流对土壤的冲刷，会使水中的悬浮物剧增；又因雨水的稀释作用让水中的含盐量减少，到了枯水季节，则情况相反。

地下水是指埋藏在地表以下各种形式的重力水，它由雨水和地表水通过地层的渗透形成。由于土壤和砂砾的过滤作用，除去了大部分悬浮物和菌类等，因与大气和外界环境隔绝，水体不易受到污染，水质好，水量也稳定，是农业、工矿企业和城市的重要水源之一。对于锅炉用水来说，因地下水会流经各种矿层，其含盐量要高于地表水。

自来水是天然水经自来水厂净化处理后的水，是工业锅炉用水的主要来源。由于自来水厂采用常规处理工艺，包括混合、反应、沉淀、过滤和消毒等几个过程，自来水中的悬浮物、有机物和碱度都已明显减少；最后往水里加氯气经反应后把水输送到用户，即水样检验合格，已经达到饮用水标准。

2. 软化水

原水经锅炉水处理设备处理，除掉了全部或大部分钙、镁离子后的水。

### 3. 除盐水

利用各种水处理工艺，除去悬浮物、胶体和阴、阳离子等水中杂质后所得的成品水。

### 4. 补给水

用来补充锅炉及供热系统汽、水损耗掉的水。通常，经锅炉处理工艺处理的软化水或除盐水，就是锅炉的补给水。

### 5. 蒸汽锅炉回水

蒸汽锅炉产生的蒸汽做功或热交换冷凝返回到锅炉给水中的水（冷凝水），也称生产回水。如果供热系统清洁，且没有外界杂质掺入，它的水质近于蒸馏水。生产回水水质好、温度高，应加强管理，力免污染，最大限度地加以利用，以提高热能利用率，节约燃料。

### 6. 给水

直接进入锅炉的水，通常由补给水、回水和疏水提供。

### 7. 锅水

锅炉运行时，存在于锅炉中吸收热量产生蒸汽或热水的水。对于蒸汽锅炉，除了下降管中的水以外，其他受热面里的水几乎都处于汽水混合状态。

### 8. 排污水

锅炉运行中，锅水不断蒸发、浓缩，锅水的含盐量随之增加，当锅水水质指标超过锅水标准值时，需要排放掉一部分锅水，同时补充入新的锅水。排放掉的这部分锅水，称为排污水。锅炉排污水量的大小取决于给水水质和锅水水质的变化，给水的碱度及含盐量越大，锅炉的排污水量越大。

## 二、水中的杂质

自然界中没有纯净水，不论地表水还是地下水。由于水本身是一种很好的溶剂，天然水在大自然循环过程中，无时不与大气土壤和岩石等接触，所以任何水都或多或少含有各种杂质。加之，工业废水、生活污水以及农田肥料和杀虫剂等排入水体，使天然水中的杂质更加复杂。天然水中的这些杂质，按其颗粒大小可分成三类：颗粒最大的称为悬浮物；其次是胶体；颗粒最小的是离子和分子，称为溶解物。

### 1. 悬浮物

悬浮物，即粗分散杂质，它们主要是砂子、黏土以及动植物的腐败物质或油。在水流动时呈悬浮状态，不溶于水，其颗粒直径大于 $0.1\mu m$，通过滤纸可以被分离出来。在水静止时，粒径大的颗粒会自行沉淀，粒径小的则悬浮在水中，分布不均，外观浑浊。锅炉给水中的悬浮物会在锅筒、集箱和管子的拐弯处沉淀，影响传热和锅水循环。

### 2. 胶体

胶体是水中很小的微粒，粒径在 $0.1\sim0.001\mu m$ 之间，是某些低分子和离子的集合体，胶体颗粒的表面通常带有电荷，通过滤纸不能分离出来。它们主要是元素铁（Fe）、铝（Al）、硅（Si）和铬（Cr）等的化合物及一些有机物，在水中不能相互黏合，能长期保持分散状态，不能借重力自行沉淀。天然水中的有机胶体多半是由动植物腐烂和分解生成的腐殖质，是使水体产生色、臭、味的主要原因。胶体进入锅内，会在受热面上结垢或形成泥渣，有机胶体则会引起锅水产生泡沫，浓缩到一定程度时产生汽水共腾现象。

### 3. 溶解物

天然水中的溶解物，其颗粒粒径在 $0.01\mu m$ 以下，主要是可溶于水而成为阴、阳离子的电解质，它们是钙、镁、钾和钠等盐类，大多以离子状态存在。离子是由于水溶解了某些矿物质而带入的，例如钙离子（$Ca^{2+}$）主要来自地层中石灰石（$CaCO_3$）和石膏（$CaSO_4 \cdot 2H_2O$）的水溶解，镁离子（$Mg^{2+}$）是白云石（$MgCO_3 \cdot CaCO_3$）受含有二氧化碳的水溶解而来的。金属原子都形成水中的阳离子，而酸根则形成阴离子。

此外，天然水中还溶解有气体杂质，主要有氧和二氧化碳，前者的来源是由于水中溶解了大气中的氧，后者主要是水或泥土中的有机物分解和氧化的产物。

溶解物在水中分布均匀，且十分稳定，外观透明，只有通过电子显微镜才可看见。

### 三、水中杂质的危害

天然水中的悬浮物和胶体杂质一般在自来水厂里经过混凝和过滤处理，大部分是可被清除的。但自来水依然不能用作锅炉给水。不然，它溶解所含的诸如钙、镁盐类和氧、二氧化碳等气体进入锅炉，将对锅炉的安全、经济运行带来严重的危害。

1. 结垢

水中溶解的盐类（主要是钙、镁盐类），在加热过程中，由于溶解度随温度的升高而降低，使锅水成为某些盐类的饱和溶液，从而产生固相沉淀，粘附在锅炉受热面的内壁成为水垢，如 $CaSO_4$、$CaCO_3$ 和 $Mg(OH)_2$。

水垢的导热性能很差，它的存在使受热面的传热情况显著变坏，从而使锅炉的排烟温度升高，降低了锅炉的出力和效率。根据试验，在汽锅内壁附着 1mm 厚的水垢，就要多消耗燃料 10% 左右；与此同时，受热面的壁温大为升高，引起金属的过热而使其机械强度降低，以致可能导致管子局部变形、鼓包，甚至引起爆管等严重事故。

图 10-1 和图 10-2 分别列示了锅炉结垢厚度与燃料消耗增加和锅炉受热面壁温的关系。

锅炉水管内壁结垢后，使管内流通截面减小，水循环的流动阻力增大，影响循环回路正常工作；结垢严重时甚至会堵塞水管，导致管子烧损。

消除水垢不仅需要耗费较大的人力、物力，还会使受热面受到损伤，降低锅炉的使用寿命。

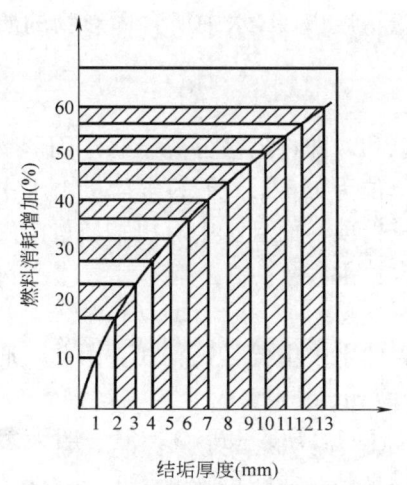

图 10-1  锅炉结垢厚度与燃料消耗增加的关系

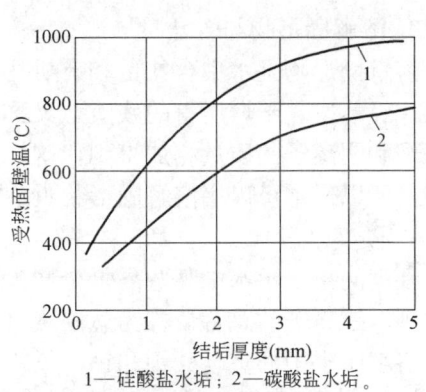

1—硅酸盐水垢；2—碳酸盐水垢。

图 10-2  锅炉结垢厚度与受热面壁温的关系

## 2. 腐蚀金属

当水中含有溶解氧和二氧化碳，或 pH 小于 7 的酸性水，或水中氯化物较多时，都会对锅炉的给水管道、锅筒、水冷壁和对流管束以及省煤器等受热面产生或加剧化学腐蚀。锅炉的给水和锅水又都是电解质（酸、碱、盐的水溶液），金属在电解质中会产生电化学腐蚀作用。这两种腐蚀均为局部腐蚀，即在金属表面产生溃伤性或点状腐蚀，俗称起麻点。腐蚀到一定阶段，常会形成穿孔，酿成锅炉事故。如果锅水碱性过高，则易产生苛性脆化，严重时会使锅炉发生爆炸事故。对于热水锅炉，因其循环水量大，锅炉腐蚀问题更为严重。

## 3. 汽水共腾

汽锅中的水，随着不断蒸发，其所含的悬浮物、油脂及盐分等的质量浓度会有所增加。当其质量浓度达到某一限度时，锅水的蒸发面上便会产生大量泡沫并形成汽水共腾现象。此时，锅水及其所含的盐分随蒸汽大量逸出，严重影响蒸汽品质；同时还会造成蒸汽过热器及蒸汽管道中积盐及结垢。蒸汽过热器结垢后会使管壁温度升高很多，以致烧损管壁。

此外，发生汽水共腾时，锅筒内汽、水面不分，使锅炉的水位计水位不清，甚至根本无法看出水位，影响锅炉的安全运行。

由此可见，供热锅炉水处理密切关系着锅炉运行的安全性和经济性。它的主要任务是：降低水中钙、镁盐类的量（俗称软化），防止锅内结垢；减少水中的溶解气体（俗称除氧），以减轻对锅炉受热面的腐蚀。

## 四、水质指标

水质指标表示水中所含有杂质的种类和质量浓度，用以判断水质的优劣。通常，它被分为两类：一类是反映水中某种杂质质量浓度和成分的，如溶解氧、磷酸根、氯离子和钙离子等；另一类是为了技术上需要人为拟定的，用以表征水质某一方面特性的技术指标，也称综合指标，如温度、碱度和溶解固形物等。

## 1. 悬浮固形物

悬浮固形物是水通过滤纸后被分离出来的不溶于水的固体混合物，经干燥至恒重称量而得。悬浮物质量浓度越大，水就越浑浊。它的质量浓度以 1L 水中所含固形物的质量来表示，即 mg/L。

## 2. 溶解固形物与含盐量

溶解固形物是水中含盐量和有机物质量浓度的总和，即将已被分离出悬浮固形物后的滤液，经蒸发、干燥所得的残渣，又称干燥余量，单位为 mg/L。水的含盐量由水中全部阳离子和阴离子的质量相加得到，这样进行全分析较繁琐，而且水中有机物质量浓度一般很小，所以通常可以用溶解固形物近似地表示水的含盐量。

## 3. 硬度（$H$）

硬度间接表示水中某些高价金属离子的含量，天然水中主要是钙、镁。因此，通常把水中钙、镁离子的总含量称为总硬度（$H$），其单位为 mmol/L。

溶解于水中的重碳酸钙和钙、镁的碳酸盐称为碳酸盐硬度（$H_T$）。但一般天然水中钙、镁的碳酸盐硬度很小，所以可将碳酸盐硬度看作是钙、镁的重碳酸盐。

重碳酸钙、镁在水加热至沸腾后能转变为沉淀物析出，即：

$$Ca(HCO_3)_2 \xrightarrow{\triangle} CaCO_3 \downarrow + H_2O + CO_2 \uparrow$$

$$Mg(HCO_3)_2 \xrightarrow{\triangle} MgCO_3 + H_2O + CO_2 \uparrow$$

$$MgCO_3 + H_2O \xrightarrow{\triangle} Mg(OH)_2 \downarrow + CO_2 \uparrow$$

所以又称为暂时硬度。由于水中尚溶解少量的 $CaCO_3$，故暂时硬度近似于碳酸盐硬度，或粗略地认为二者是相等的。

水的总硬度和碳酸盐硬度之差就是非碳酸盐硬度（$H_{FT}$），如氯化钙 $CaCl_2$、氯化镁 $MgCl_2$、硫酸钙 $CaSO_4$ 和硫酸镁 $MgSO_4$ 等，这些盐类在加热至沸腾时不会立即沉淀，只有在水不断蒸发后使水中所含的量超过饱和极限时才会沉淀析出，所以它们又叫永久硬度，它近似于非碳酸盐硬度（$H_{FT}$）。

因此，总硬度＝暂时硬度＋永久硬度＝碳酸盐硬度＋非碳酸盐硬度，即：

$$H = H_T + H_{FT}$$

4. 碱度（$A$）

碱度是指水中能与强酸（HCl 或 $H_2SO_4$）发生中和作用的所有碱性物质（弱酸盐类的质量浓度），例如氢氧根（$OH^-$）、碳酸盐（$CO_3^{2-}$）、重碳酸盐（$HCO_3^-$）、磷酸盐（$PO_4^{3-}$）以及其他一些弱酸盐类（诸如硅酸盐、亚硫酸盐、腐殖酸盐）和氨等。在天然水中，碱度主要由重碳酸盐和碳酸盐组成，当采用锅内水处理（添加磷酸盐）时，锅水中还会有 $PO_4^{3-}$ 等碱性物质。碱度的单位用 mmol/L 表示。

水中所含的各种硬度和碱度，它们之间有内在的联系和制约。例如，水中不可能同时存在氢氧根碱度和重碳酸盐碱度，因为二者会发生反应，即：

$$OH^- + HCO_3^- \longrightarrow CO_3^{2-} + H_2O$$

水中暂时硬度都是钙、镁离子与 $CO_3^{2-}$ 及 $HCO_3^-$ 形成的盐类，也都是属于水中的碱度。另外，当水中含有钠盐碱度时，不会存在非碳酸盐硬度（永久硬度），因为二者会发生反应，如

$$Na_2CO_3 + CaSO_4 = CaCO_3 \downarrow + Na_2SO_4$$

所以钠盐碱度被称为负硬度。

如此，水中碱度和硬度的关系可归结为表 10-1 所示的三种情况。

硬度与碱度的关系 表 10-1

| 分析结果 | 硬度 | | |
|---|---|---|---|
| | $H_T$ | $H_{FT}$ | 负硬度 |
| $H > A$ | $A$ | $H - A$ | 0 |
| $H = A$ | $A$ | 0 | 0 |
| $H < A$ | $H$ | 0 | $A - H$ |

5. 相对碱度

相对碱度指锅水中游离的 NaOH 和溶解固形物的比例。所谓游离 NaOH 是指水中氢氧根碱度折算成 NaOH。相对碱度是为防止锅炉在有缝隙部位并存在应力时发生苛性脆化而规定的一项技术指标，国家标准规定，锅水的相对碱度不得大于 0.2。但对于全部采

用焊接制造的锅炉，一般不会发生苛性脆化，所以可以不考虑此限值。

6. pH

pH 是表示水的酸碱性指标。当 pH＝7 时，水呈中性；当 pH＜7 时，水呈酸性；当 pH＞7 时，水则呈碱性。

天然水的 pH 一般为 6～8.5。呈酸性的水对给水管道和设备的金属具有腐蚀性，因此，锅炉给水要求 pH＞7，标准规定锅炉给水的 pH 为 10～12。

标准中规定锅炉锅水 pH 范围，一是防结垢，二是防腐蚀，而主要目的是防腐蚀。当锅水维持一定的 pH 和碱度时，可以使结垢物质不结垢而形成水渣，从而达到良好的防垢效果。由于锅水处在高温状态，如果锅水 pH 低于 9.5 或大于 13，锅炉金属表面的保护膜会因溶解而遭到破坏，从而使金属腐蚀加剧。在不用软水作为锅炉补给水时，锅水的 pH 在 10～12 范围内较为合适。

7. 溶解氧

溶解氧表示水中游离氧的质量浓度，单位为 mg/L 或 μg/L。

溶解氧会造成给水管道和锅炉本体的腐蚀，所以对锅炉给水的含氧量必须加以控制。氧腐蚀的程度是随锅炉参数的提高和容量的增大而加剧的。所以，标准规定：1.6MPa＜$P$＜3.8MPa 的锅炉、额定蒸发量≥10t/h 的锅炉以及供汽轮机用汽的锅炉，给水应除氧；额定蒸发量小于 10t/h 的锅炉，如果发现有局部氧腐蚀的也应采取除氧措施。给水溶解氧标准要求为不大于 0.05mg/L。

对于热水锅炉，虽然锅炉参数不高，但因补给水量大，带入锅内的溶解氧也多，标准规定额定功率大于或等于 7.0MW 的热水锅炉应除氧；额定功率小于 7.0MW 的锅炉，如果发现氧腐蚀，则也需采取除氧、提高 pH 或加缓蚀剂等防腐措施。标准规定：热水锅炉补给水和锅水的溶解氧分别为不大于 0.10mg/L 和不大于 0.50mg/L。

8. 亚硫酸根（$SO_3^{2-}$）

给水中的溶解氧可用化学方法除去，常用的化学药剂为亚硫酸钠。给水中亚硫酸钠相对于水中氧的过剩量越大，反应速度也越快，反应则越完全。但亚硫酸根（$SO_3^{2-}$）剩余量过大时，不仅会增大药剂的用量，而且增加了锅水的含盐量。所以，标准规定锅水中的亚硫酸根（$SO_3^{2-}$）质量浓度为一项控制指标，根据锅炉蒸汽压力的不同控制在 5～30mg/L。

9. 磷酸根（$PO_4^{3-}$）

为消除锅炉给水带入锅炉的残留硬度，或为了防止汽锅内壁的腐蚀，采用锅内加药（磷酸盐）水处理。锅内加磷酸盐处理供水中残留的 $Ca^{2+}$，$Mg^{2+}$ 形成磷酸盐水渣，并使锅炉金属表面生成磷酸铁保护膜，以达到防垢和防腐蚀的目的。

由于纯碱水解率与锅炉压力有关，锅炉压力越高，它的水解率越大。因此，对于工作压力较高的锅炉，当采用锅内水处理时不宜投放纯碱，而应投放磷酸盐。所以，锅水的磷酸根质量浓度也为一项锅内水处理的控制指标，额定蒸汽压力小于等于 2.5MPa 的锅炉，应控制在 10～30mg/L；热功率小于等于 4.2MW 的热水锅炉采用锅内水处理时，磷酸根质量浓度不应超过 10～50mg/L。

10. 含油量

含油量表示水中所含有的油脂的质量浓度，单位为 mg/L。

天然水一般不含油，可是蒸汽的凝结水或给水在使用过程中有可能混入一些油类。锅水中如有含油及碱类等物质，则在水位表面容易形成泡沫层，使蒸汽带水量增加，影响蒸汽品质，也会在锅内形成导热系数很小的带油质的水垢。另外，在温度较高的受热面上，由于油质的分解，还会转变成导热性能很差的油质水垢。所以，锅炉给水和热水锅炉的锅水的含油量应加以控制，不得大于 2.0mg/L。

### 五、供热锅炉的水质标准

不同容量、参数的锅炉，按其不同工作条件、水处理技术水平和运行经验，规定了不同锅炉给水和锅水水质指标。现行国家标准规定，额定蒸汽压力小于等于 3.8MPa、采用锅外水处理的自然循环蒸汽锅炉和汽水两用锅炉的水质应符合表 10-2 的规定。

采用锅外水处理的自然循环蒸汽锅炉和汽水两用锅炉水质　　　表 10-2

| 水样 | 额定蒸汽压力（MPa） | | $P \leqslant 1.0$ | | $1.0 < P \leqslant 1.6$ | | $1.6 < P \leqslant 2.5$ | | $2.5 < P < 3.8$ | |
|---|---|---|---|---|---|---|---|---|---|---|
| | 补给水类型 | | 软化水 | 除盐水 | 软化水 | 除盐水 | 软化水 | 除盐水 | 软化水 | 除盐水 |
| 给水 | 浊度（FTU） | | $\leqslant 5.0$ | | | | | | | |
| | 硬度（mmol/L） | | $\leqslant 0.03$ | | | | | | $\leqslant 5 \times 10^3$ | |
| | pH（25℃） | | 7.0～10.5 | 8.5～10.5 | 7.0～10.5 | 8.5～10.5 | 7.0～10.5 | 8.5～10.5 | 7.0～10.5 | 8.5～10.5 |
| | 电导率（25℃）（$\mu$S/cm） | | | $\leqslant 5.5 \times 10^2$ | $\leqslant 1.1 \times 10^2$ | $\leqslant 5.5 \times 10^2$ | $\leqslant 1.0 \times 10^2$ | $\leqslant 3.5 \times 10^2$ | $\leqslant 80.0$ | |
| | 溶解氧[①]（mg/L） | | $\leqslant 0.10$ | | | | $\leqslant 0.05$ | | | |
| | 油（mg/L） | | $\leqslant 2.0$ | | | | | | | |
| | 铁（mg/L） | | $\leqslant 0.30$ | | | | | | $\leqslant 0.10$ | |
| 锅水 | 全碱度[①]（mmol/L） | 无过热器 | 4.0～26.0 | $\leqslant 26.0$ | 4.0～24.0 | $\leqslant 24.0$ | 4.0～16.0 | $\leqslant 16.0$ | $\leqslant 12.0$ | |
| | | 有过热器 | $\leqslant 14.0$ | | | | $\leqslant 12.0$ | | | |
| | 酚酞碱度（mmol/L） | 无过热器 | 2.0～18.0 | $\leqslant 18.0$ | 2.0～16.0 | $\leqslant 16.0$ | 2.0～12.0 | $\leqslant 12.0$ | $\leqslant 10.0$ | |
| | | 有过热器 | $\leqslant 10.0$ | | | | | | | |
| | pH（25℃） | | 10.0～12.0 | | | | | | 9.0～12.0 | 9.0～11.0 |
| | 电导率（25℃）（$\mu$S/cm） | 无过热器 | $\leqslant 6.4 \times 10^3$ | | $\leqslant 5.6 \times 10^3$ | | $\leqslant 4.8 \times 10^3$ | | $\leqslant 4.0 \times 10^3$ | |
| | | 有过热器 | | | $\leqslant 4.8 \times 10^3$ | | $\leqslant 4.0 \times 10^3$ | | $\leqslant 3.2 \times 10^3$ | |
| | 溶解固形物（mg/L） | 无过热器 | $\leqslant 4.0 \times 10^3$ | | $\leqslant 3.5 \times 10^3$ | | $\leqslant 3.0 \times 10^3$ | | $\leqslant 2.5 \times 10^3$ | |
| | | 有过热器 | | | $\leqslant 3.0 \times 10^3$ | | $\leqslant 2.5 \times 10^3$ | | $\leqslant 2.0 \times 10^3$ | |
| | 硫酸根（mg/L） | | 10～30 | | | | 5～20 | | | |
| | 亚硫酸根（mg/L） | | 10～30 | | | | 5～10 | | | |
| | 相对碱度 | | $< 0.2$ | | | | | | | |

注：1. 对于额定蒸发量小于或等于 4t/h，且额定蒸汽压力小于或等于 1.0MPa 的锅炉，电导率和溶解固形物指标可执行表 10-3。

　　2. 额定蒸汽压力小于或等于 2.5MPa 的蒸汽锅炉，补给水采用除盐处理，且给水电导率小于 10$\mu$S/cm 的，可控制锅水 pH（25℃）下限不低于 9.0、磷酸根下限不低于 5mg/L。

① 对于供汽轮机用汽的锅炉，给水溶解氧应小于或等于 0.05mg/L；对蒸汽质量要求不高，并且无过热器的锅炉，锅水全碱度上限值可适当放宽，但放宽后锅水的 pH（25℃）不应超过上限。

额定蒸发量小于等于 4t/h，并且额定蒸汽压力小于等于 1.0MPa 的自然循环蒸汽锅炉和汽水两用锅炉，可以采用单纯锅内加药、部分软化或天然碱度法等水处理方式，但应保证受热面平均结垢厚度不大于 0.5mm/a，其给水水质应符合表 10-3 的规定。采用加药处理的锅炉，其加药后的汽、水质量不得影响生活。

**采用锅内水处理的自然循环蒸汽锅炉和汽水两用锅炉水质** 表 10-3

| 水样 | 项目 | 标准值 |
|---|---|---|
| 给水 | 浊度（FTU） | ≤20.0 |
| | 硬度（mmol/L） | ≤4 |
| | pH（25℃） | 7.0～10.5 |
| | 油（mg/L） | ≤2.0 |
| | 铁（mg/L） | ≤0.30 |
| 锅水 | 全碱度（mmol/L） | 8.0～26.0 |
| | 酚酞碱度（mmol/L） | 6.0～18.0 |
| | pH（25℃） | 10.0～12.0 |
| | 电导率（25℃）（$\mu$S/cm） | ≤8.0×10³ |
| | 溶解固形物（mg/L） | ≤5.0×10³ |
| | 磷酸根（mg/L） | 10～50 |

对于贯流和直流蒸汽锅炉的给水和锅水，其水质应符合表 10-4 的规定。贯流蒸汽锅炉汽水分离器中返回到下集箱的疏水量，应保证锅水水质符合表 10-4 的规定；直流蒸汽锅炉汽水分离器中返回除氧水箱的疏水量，应保证给水水质符合表 10-4 的规定。

**贯流和直流蒸汽锅炉水质** 表 10-4

| 水样 | 锅炉类型 | 贯流蒸汽锅炉 | | | 直流蒸汽锅炉 | | |
|---|---|---|---|---|---|---|---|
| | 额定蒸汽压力（MPa） | $P\leqslant1.0$ | $1.0<P\leqslant2.5$ | $2.5<P<3.8$ | $P\leqslant1.0$ | $1.0<P\leqslant2.5$ | $2.5<P<3.8$ |
| | 补给水类型 | 软化或除盐水 | | | 软化或除盐水 | | |
| 给水 | 浊度（FTU） | ≤5.0 | | | | | |
| | 硬度（mmol/L） | ≤0.03 | | ≤5×10² | ≤0.03 | | ≤5×10³ |
| | pH（25℃） | 7.0～9.0 | | | 10.0～12.0 | | 9.0～12.0 |
| | 溶解氧（mg/L） | ≤0.50 | | | ≤0.50 | | |
| | 油（mg/L） | ≤2.0 | | | ≤2.0 | | |
| | 铁（mg/L） | ≤0.30 | | ≤0.10 | | | |
| | 全碱度（mmol/L） | | | 4.0～16.0 | 4.0～12.0 | ≤12.0 | |
| | 酚酞碱度（mmol/L） | | | 2.0～12.0 | 2.0～10.0 | ≤10.0 | |
| | 电导率（25℃）（$\mu$S/cm） | ≤4.5×10² | ≤4.0×10² | ≤3.0×10² | ≤5.6×10³ | ≤4.8×10³ | ≤4.0×10³ |
| | 溶解固形物（mg/L） | | | | ≤3.5×10³ | ≤3.0×10³ | ≤2.5×10³ |
| | 硫酸根（mg/L） | | | | 10～50 | | 5～30 |
| | 亚硫酸根（mg/L） | | | | 10～50 | 10～30 | 10～20 |

| 水样 | 锅炉类型 | 贯流蒸汽锅炉 | | | 直流蒸汽锅炉 | | |
|---|---|---|---|---|---|---|---|
| | 额定蒸汽压力(MPa) | $P \leqslant 1.0$ | $1.0 < P \leqslant 2.5$ | $2.5 < P < 3.8$ | $P \leqslant 1.0$ | $1.0 < P \leqslant 2.5$ | $2.5 < P < 3.8$ |
| | 补给水类型 | 软化或除盐水 | | | 软化或除盐水 | | |
| 锅水 | 全碱度[h](mmol/L) | 2.0~16.0 | 2.0~12.0 | $\leqslant 12.0$ | | | |
| | 酚酞碱度(mmol/L) | 1.6~12.0 | 1.6~10.0 | $\leqslant 10.0$ | | | |
| | pH(25℃) | 10.0~12.0 | | | | | |
| | 电导率(25℃)($\mu$S/cm) | $\leqslant 4.8 \times 10^3$ | $\leqslant 4.0 \times 10^3$ | $\leqslant 3.2 \times 10^3$ | | | |
| | 溶解固形物(mg/L) | $\leqslant 3.0 \times 10^3$ | $\leqslant 2.5 \times 10^3$ | $\leqslant 2.0 \times 10^3$ | | | |
| | 磷酸根(mg/L) | 10~50 | | 10~20 | | | |
| | 亚硫酸根(mg/L) | 10~50 | 10~30 | 10~20 | | | |

注：1. 直流蒸汽锅炉给水取样点可设定在除氧热水箱出口处。

2. 直流蒸汽锅炉给水溶解氧小于等于 0.05mg/L 的给水 pH 下限可放宽至 9.0。

3. 补给水采用除盐处理，且电导率小于 10$\mu$S/cm 时，贯流蒸汽锅炉的锅水和额定蒸汽压力不大于 2.5MPa 的直流蒸汽锅炉给水也可控制 pH（25℃）下限不低于 9.0、磷酸根下限不低于 5mg/L。

蒸汽锅炉回水水质宜符合表 10-5 的规定。如果回水用作锅炉给水，应当保证给水水质符合现行国家标准的规定。考虑到系统中的水有可能受到外界介质污染，运行过程中应注意防范，并增加必要的检测项目。

**蒸汽锅炉回水水质** 表 10-5

| 硬度(mmol/L) | | 铁(mg/L) | | 铜(mg/L) | | 油(mg/L) |
|---|---|---|---|---|---|---|
| 标准值 | 期望值 | 标准值 | 期望值 | 标准值 | 期望值 | 标准值 |
| $\leqslant 0.06$ | $\leqslant 0.03$ | $\leqslant 0.06$ | $\leqslant 0.03$ | $\leqslant 0.10$ | $\leqslant 0.050$ | $\leqslant 2.0$ |

注：回水系统中不含铜材质的，可以不测铜。

热水锅炉补给水和锅水水质应符合表 10-6 的规定。对于有锅筒（壳），且额定功率小于等于 4.2MW 的承压和常压热水锅炉，可采用单纯锅内加药、部分软化和天然碱度法等水处理，但应保证受热面平均结垢速率不大于 0.5mm/a。采用加药处理的锅炉，加药后的水质不得影响生产和生活使用。

**热水锅炉水质** 表 10-6

| 水样 | | 额定功率(MW) | |
|---|---|---|---|
| | | $\leqslant 4.2$ | 不限 |
| | | 锅内水处理 | 锅外水处理 |
| 补给水 | 硬度(mmol/L) | $\leqslant 6$[①] | $\leqslant 0.6$ |
| | pH(25℃) | 7.0~11.0 | |
| | 浊度(FTU) | $\leqslant 20.0$ | $\leqslant 5.0$ |
| | 铁(mg/L) | $\leqslant 0.30$ | |
| | 溶解氧(mg/L) | $\leqslant 0.10$ | |
| 锅水 | pH(25℃) | 9.0~12.0 | |
| | 磷酸根(mg/L) | 10~50 | 5~50 |
| | 铁(mg/L) | $\leqslant 0.50$ | |
| | 油(mg/L) | $\leqslant 2.0$ | |
| | 酚酞碱度(mmol/L) | $\geqslant 2.0$ | |
| | 溶解氧(mg/L) | $\leqslant 0.50$ | |

① 使用与结垢物质作用后不生成固体不溶物的阻垢剂，补给水硬度可放宽至小于或等于 8.0mmol/L。

余热锅炉的水质指标，应符合同类型、同参数锅炉的要求。

补给水水质应根据锅炉类型、参数、回水利用率、排放率和原水水质，来选择补给水的处理方法，其选定的补给水处理方法应保证给水水质符合现行国家标准《工业锅炉水质》GB/T 1576 规定。

水质指标中硬度、碱度的单位现采用 mmol/L。它以一价离子作为基本单元，对于二价离子（或分子）均以其 1/2 作为基本单元；如硬度单位是以 $\frac{1}{2}Ca^{2+}$ 和 $\frac{1}{2}Mg^{2+}$ 为基本单元的毫摩尔/升（mmol/L）；碱度是指每升水所能接受氢离子物质的量，基本单元为 $H^+$，这样用 mmol/L 表示浓度时，在数值上与过去习惯用的 mge/L（毫克当量/升）表示法相符。

由于历史原因，也有采用德国度（°G）和 ppm 的。德国度是指 1L 水含有硬度或碱度的物质总量相当于 10mgCaO 时，称它为 1°G。对 1/2CaO 的摩尔质量为 28，故 1L 水中 10mgCaO 相当于 10/23＝0.357mmol/L，即 1°G＝0.357mmol/L。

ppm 是指一百万份溶液中，含有一份某种物质，就称含有这种物质为 1ppm（即百万份单位，其中"份"均按质量计算）。在锅炉水分析中，为了便于计算，水中的杂质都折算为碳酸钙（$CaCO_3$），同时把水的密度视为 1。因此，1ppm 就是等于 $1 \times 10^6$ mg 水溶液（也就是 1L 水）中有 1mgCaCO_3。1°G 是 1L 水溶液中有 10mgCaO，氧化钙的当量为 28，而碳酸钙的当量为 50.1，故

$$1°G＝10 \times 50.1/28＝17.9ppm$$

即硬、碱度 1mmol/L＝50.1ppm。

# 第二节　钠离子交换软化

在水处理工艺中，为了除去水中离子状态的杂质，目前广泛采用的是离子交换法。

对于供热锅炉用水，离子交换处理的目的是使水得到软化，即要求降低原水（或称生水，即未经软化的水）中的硬度和碱度，以符合锅炉用水的水质标准。通常采用的是阳离子交换法。

## 一、离子交换剂

阳离子型的离子交换剂由阳离子和复合阴离子根两部分组成，其中复合阴离子根是一种不溶于水的高分子化合物。在进行离子交换反应时，此交换剂的复合阴离子根属于稳定的组成部分，而阳离子则能和水中的钙、镁等离子互相置换。

钙离子（$Ca^{2+}$）和镁离子（$Mg^{2+}$）是水中形成硬度的物质。如果离子交换剂具有如钠离子（$Na^+$）等不会形成硬度的阳离子，与水中的 $Ca^{2+}$ 和 $Mg^{2+}$ 进行交换反应，水中的 $Ca^{2+}$ 和 $Mg^{2+}$ 被吸附在交换剂上，交换剂就转变成 Ca，Mg 型，这样水中的 $Ca^{2+}$ 和 $Mg^{2+}$ 就被除去，交换剂上原有的 $Na^+$ 转入水中，原水就由硬水变成了软水。当交换剂转变为 Ca，Mg 型后，则可以用钠盐溶液还原，将它再变成 Na 型交换剂重新使用。

具有离子交换作用的物质，称为离子交换剂。普遍用于水处理的有磺化煤和人工合成的离子交换树脂。磺化煤因其交换容量小和化学稳定性差，同时机械强度弱，易碎，所以现已被合成树脂所替代。

合成树脂是用化学合成法制成的，称为合成离子交换树脂。它们都是一些高分子的化合物，内部具有较多孔隙，交换能力强，同时其机械强度和工作稳定性都比较好。

离子交换树脂根据交换基因的性质不同，可分为两大类。一类是能与溶液中阳离子进行交换反应的树脂，称为阳离子交换树脂，可电离的反离子是氢离子及金属离子；另一类是能与溶液中的阴离子进行交换反应的树脂，称为阴离子交换脂，可电离的反离子是氢氧根离子和酸根离子。

离子交换树脂是一种高分子电离质，它们在溶液中都能发生电离。常用的阳离子交换水处理，有钠离子、氢离子和铵离子交换等方法，进行软化和除碱。通常以 R 表示离子交换剂中的复合阴离子根，分别以 NaR 表示为钠离子交换剂，HR 表示为氢离子交换剂等。

### 二、钠离子交换软化原理

对供热锅炉用水，钠离子交换软化处理的原理如下：

与原水中碳酸盐硬度作用时：

$$2NaR + Ca(HCO_3)_2 = CaR_2 + 2NaHCO_3$$
$$2NaR + Mg(HCO_3)_2 = MgR_2 + 2NaHCO_3$$

与非碳酸盐硬度作用时：

$$2NaR + CaSO_4 = CaR_2 + Na_2SO_4$$
$$2NaR + CaCl_2 = CaR_2 + 2NaCl$$
$$2NaR + MgSO_4 = MgR_2 + Na_2SO_4$$
$$2NaR + MgCl_2 = MgR_2 + 2NaCl$$

由上述反应式可见：

（1）经钠离子交换后，水中的钙、镁盐类都变成了钠盐，因此，除去了水中的硬度。

（2）原水中的重碳酸盐碱度（暂时硬度）均转变为钠盐碱度（$NaHCO_3$），所以，钠离子交换只能软化水，但不能除碱，即经钠离子交换前后水的碱度保持不变。这是钠离子交换法最主要的缺点。

（3）由于 $Na^+$ 的当量值要比 $Ca^{2+}$，$Mg^{2+}$ 的当量值大，故经钠离子交换后，水中含盐量稍有增加。

经过钠离子交换后的软水，还残留少量硬度，一般为 0.03～0.1mmol/L。

钠离子交换剂运行一段时间以后，交换剂上的钠离子已大部分转为钙、镁型，以致出水硬度增高。如果将出水硬度达到软化水保证的硬度上限定为交换剂失效，按此时计算出 $1m^3$ 湿态离子交换剂的软化能力，称为工作交换能力 $E_g$，单位是 $mol/m^3$ 或 mmol/L。

失效后的钠离子交换剂要用 5%～8% 的食盐（NaCl）溶液进行还原（也称再生），即再用钠离子 $Na^+$ 把交换剂中的钙离子 $Ca^{2+}$、镁离子 $Mg^{2+}$ 置换出来，即：

$$CaR_2 + 2NaCl = 2NaR + CaCl_2$$
$$MgR_2 + 2NaCl = 2NaR + MgCl_2$$

由上可见，还原 1mol 钙、镁硬度需要 2molNaCl，即 117gNaCl。但在实际使用时，所需的 NaCl 常为此理论量的 1.2～1.7 倍才能使其还原完全，供热锅炉一般取 140～200g/mol。

### 三、离子交换器的运行过程

**1. 交换带的形成**

在装有钠型树脂的离子交换器中，自上而下地通过含有 $Ca^{2+}$ 的水时，树脂层变化可分为以下三个阶段。

（1）运行初期阶段

溶液一接触树脂，就开始发生离子交换反应。随着水的流动，溶液的组成和树脂的组成不断发生改变，即越往树脂上层 $Ca^{2+}$ 质量浓度越大；水越往下流 $Ca^{2+}$ 质量浓度越小。当水流至一定深度时，离子交换反应达到平衡，树脂及溶液中反离子质量浓度就不再改变了。这时，从树脂上层交换反应开始至下层交换平衡为止，形成了一定高度的离子交换反应区域，称为交换带。树脂层交换带的形成和移动过程如图 10-3 所示。

（2）运行中期阶段

随着离子交换反应继续进行，离子交换带逐渐向离子交换器下部移动。这样在离子交换器内的树脂层就形成了三个区域（图 10-4）：交换带以上的树脂层，都被 $Ca^{2+}$ 所饱和，已失去了交换能力，所以称为"失效层"；交换带以下的树脂层，与水保持交换平衡状态，可以看作无离子交换反应，称为"未交换层"；在离子交换器内，真正起着交换反应的仅仅是交换带，故称它为"工作层"。

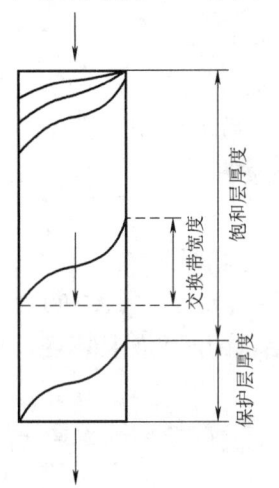

图 10-3　树脂层交换带的形成和移动过程

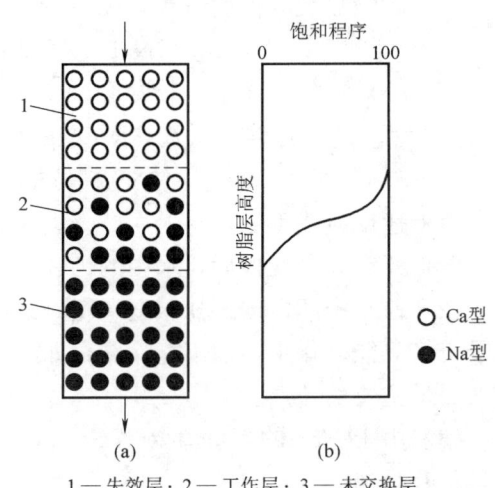

1—失效层；2—工作层；3—未交换层。

图 10-4　离子交换器内树脂状态示意图
（a）树脂状态；（b）树脂饱和曲线

（3）运行末期阶段

在离子交换器正常运行条件下，工作层的厚度基本保持不变，而失效层不断增大，未交换层不断缩小，当交换带的下端到达树脂层的底部时，$Ca^{2+}$ 开始漏泄。如果继续运行，出水中的 $Ca^{2+}$ 质量浓度逐渐增加，当树脂层中交换带完全消失时，出水的 $Ca^{2+}$ 质量浓度与进水相等，离子交换器内的树脂全部处于失效状态。

在实际操作中，工作层降到离子交换器底部，微量 $Ca^{2+}$ 开始穿透时，经检测发现后就可及时停止工作，避免出水水质的突然恶化，所以此时的工作层又称为保护层。

**2. 水质变化曲线**

综上所述，离子交换器的运行过程经历了交换带的形成、移动及消失三个阶段。

图 10-5 所示为离子交换器出水水质变化曲线。$A$ 点至 $B$ 点是离子交换器运行的初期和中期阶段出水水质，水中的 $Ca^{2+}$ 质量浓度几乎接近于零，且水质稳定；$B$ 点是 $Ca^{2+}$ 的穿透点，此时即达到交换运行的终点；如果继续通水运行，水中的 $Ca^{2+}$ 质量浓度很快增加，直至与进水中 $Ca^{2+}$ 质量浓度相等。所以线段 $BC$ 为离子交换器运行末期水质变化曲线，由 $B$ 点至 $F$ 点的距离称为运行曲线的"拖尾"，它间接反映了交换带的宽度。图中 $ABDE$ 的面积相当于离子交换器内树脂的工作交换总容量；如果实际运行时离子交换器内树脂的工作交换容量面积为 $AB'D'E$，那么它与面积 $ABDE$ 之比即为离子交换器树脂的利用率。

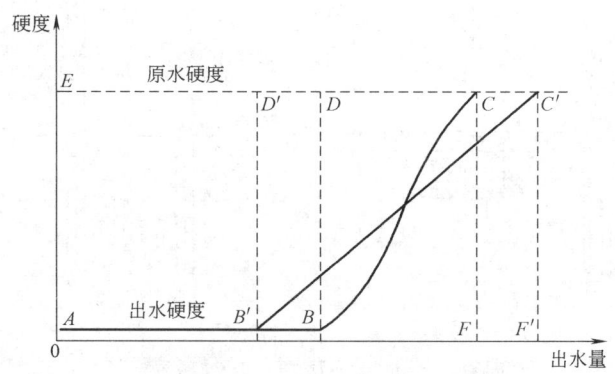

图 10-5　离子交换器出水水质变化曲线

交换带的宽度是评价离子交换器运行效果的重要指标。交换带越宽，$Ca^{2+}$ 穿透越早，曲线拖尾越长（图 10-5 中 $B'C'$），树脂的工作交换容量越低。

**四、固定床钠离子交换**

固定床离子交换通常是使原水由上而下不断地通过交换剂层而完成反应过程，其离子交换剂层是固定不动的。

离子交换器的运行一般分为四个步骤：交换（软化）、反洗、还原（又称再生）和正洗，由此组成交换器的一个运行周期。

根据树脂失效后再生方法，固定床离子交换可分静态再生和动态再生两类。静态再生是指离子交换器内用再生液浸泡树脂，使之恢复到原来工作状态的再生方法，它又可分体内再生和体外再生两种。动态再生可分顺流、逆流和对流等，再生液和处理水的流向一致的称为顺流再生；流向相反的称逆流再生；再生流从上下两端同时进入，从中排管流出的称为对流再生。

1. 顺流再生钠离子交换

（1）离子交换器及盐水制备

1）离子交换器构造

顺流再生离子交换器构造如图 10-6 所示。原水由一根粗管（进水管）引至装置在顶部的分配漏斗，从中喷出后均匀下落，通过交换剂层后被软化，软水流经砂层后在离子交换器底部由泄水装置的集水管排出。泄水装置性能的优劣直接影响离子交换器中水流分配的均匀性，它在安装后用水泥浇灌固定。

还原时，还原溶液——盐水由安装在环形管上的喷嘴喷出，同样由上而下流经交换剂

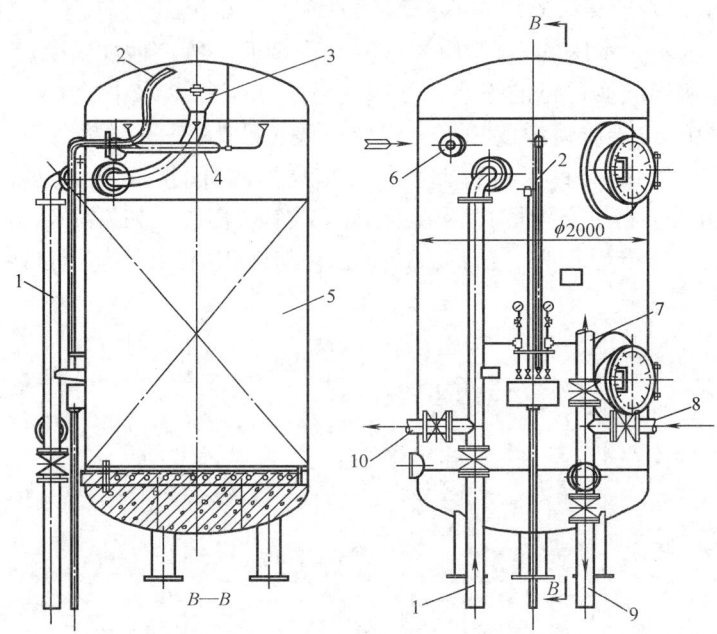

1—进水管；2—排空气管；3—分配漏斗；4—环形管；5—交换剂层；6—还原液进口；
7—软水管；8—冲洗进水管；9、10—排水管。

图 10-6　顺流再生离子交换器构造

层和砂层，最后由安装有很多伞形塑料泄水水帽（其上开设很多缝隙或小孔）的泄水装置的集水管排出。显而易见，顺流再生离子交换指的就是再生时还原液流动方向与软化时原水流动方向一致。

为了排除空气，在离子交换器顶部设有排空气管。当用离子交换树脂作为交换剂时，离子交换器内壁必须有内衬，以防止树脂被铁"中毒"和缸体腐蚀。

水的分配漏斗最大截面积应为离子交换器截面积的 2‰~4‰；漏斗上口至离子交换器封头顶的距离为 100~150mm。环形管中心圆的直径为离子交换器直径的 1/2~2/3，孔径为 10~20mm，盐水流出速度为 1~1.5m/s。

离子交换器常用的规格有 $\phi500$、$\phi750$、$\phi1000$、$\phi1200$、$\phi1500$ 及 $\phi2000$；离子交换器高度有 1.5m、2m 及 2.5m 等多种规格。

2）盐水的制备

在供热锅炉房，一般采用盐溶解池（箱）制备盐水。盐溶解池由混凝土制成，其间由上部带有小孔的隔板分隔成两部分（约 3/5 与 2/5），制备用盐和水加至较大的空间，盐水则经由隔板上部的小孔流入较小空间里，再由盐液泵输出流经过滤器后供离子交换器还原时使用。

较大容量的锅炉房，通常设置贮盐池，食盐加入池水中湿贮存。饱和的浓盐水引至浓盐水箱，再由盐液泵抽送经过滤器进入配制箱加水稀释至所需质量分数，最后仍由同一盐液泵送往离子交换器使用。

（2）顺流再生离子交换器的运行

前已提及，离子交换器在运行中有四个过程，即软化、反洗、还原和正洗。

326

1）软化　经清洗合格后的离子交换器即可投入交换运行——软化。应按原水水质、交换剂的性质，选用合适的水流速度。如要除去的离子质量浓度越大（即原水硬度越高），则流速应控制得越小。

用树脂作为交换剂时，因其交换反应较快，水流速度一般为 15～20m/h。

软化时出水硬度均低于水质标准规定的高限值，当出水硬度达到水质标准规定的高限值时就应停止运行。如果继续运行，出水的硬度便会超标，即不符合锅炉给水水质标准。诚然，此时交换剂的上层交换剂（树脂）已经失效，而下层交换剂并不会完全丧失软化能力。

2）反洗　当离子交换器失效后，就需进行反洗，即使一定压力的水流自下而上地通过交换剂层。由于在软化过程中交换剂层可能被冲积成实块，因此反洗可松动交换剂层，并将残留在其中的杂质污泥一并除去，使以后还原时盐液易渗入层中并与交换剂颗粒的表面充分接触。反洗强度一般为 3～5L/(s·m²)（相当于空罐流速 11～18m/h）；反洗时间为 10～15min。

3）还原（又称再生）　再生的目的就是使离子交换剂恢复软化能力，使树脂能在较长时间内反复使用。采用顺流再生时，盐液从离子交换器上部进入，通过交换剂层后由下部排出，其流向与离子交换运行时的流向相同。这种再生方式的优点是装置简单和操作方便，但缺点是再生效果不理想。因为新配制的盐液（$Na^+$ 质量浓度高）首先接触到的是上部完全失效的交换剂，使这一部分交换剂得到很好的再生。随着盐液继续往下流动，其中所含的 $Ca^{2+}$，$Mg^{2+}$ 离子渐渐增多，由于离子交换反应是可逆反应，这将使还原反应有向反方向进行的趋势，故称这些离子为反离子。反离子质量浓度的增大，会影响交换剂的还原，越在下面的交换剂，再生的程度就越差。如要提高它们的再生程度，就得增大盐液的消耗量。

此外，再生效果还与还原反应和流速有关。在实际运行中，待处理水质（硬度）往往是一定的（变化不大），只有根据再生液质量浓度调整流速，以此来改变 $Mg^{2+}$ 离子供给，即硬度大的水，再生液流速调整得慢些，反之，流速就加快。

4）正洗　正洗的目的是清除残余的再生液和再生时的生成物。顺流再生时正洗水是由离子交换器上进下出。正洗水用软水，原水硬度不大的也可用原水，直至出水符合锅炉给水水质要求。钠离子交换器的正洗速度为 6～8m/h，正洗时间为 30～40min。为了减少离子交换器的自身用水量和再生时的耗盐量，通常正洗过程的后期阶段，将含有盐分的正洗水送往反洗水箱储存，以供下次反洗使用。

2. 逆流再生钠离子交换

为了克服顺流再生时离子交换器底层部分交换剂再生能力差的缺陷，可改用逆流再生，即盐液从离子交换器下部进入，从上部排出，其流向与软化时相反。图 10-7 所示为逆流再生离子交换器的结构简图。

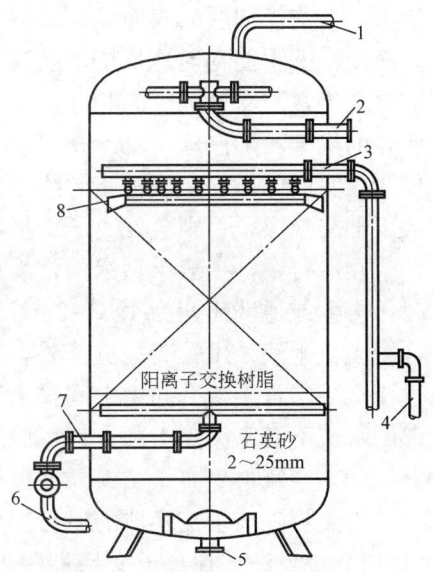

1—空气管；2—进水管；3—中间排水（排再生液）装置；4—小反洗进水管；5—正洗出水管；6—进再生液管；7—出水管；8—压层树脂。

图 10-7　逆流再生离子
交换器结构简图

(1) 逆流再生的特点

1) 逆流再生时，因盐液下进上出，离子交换器底部的交换剂总是和新鲜的盐液（含有较多的 $Na^+$）接触，能够达到较高的再生程度。

2) 上部的交换剂再生程度始终低于下部，这种分布正好与顺流再生时相反，有利于离子交换反应。软化时，水中钙、镁离子的质量浓度随着水流向下越来越小，而越向下交换剂的再生程度越高，能使交换反应持续进行，使出水的暂时硬度降低，提高水质。

3) 含反离子（$Ca^{2+}$，$Mg^{2+}$）较多的盐液与上层失效程度较大的交换剂接触，由于离子平衡关系，它仍能起到较好的再生作用，盐液被充分利用，耗盐量要比顺流再生少 $20\%\sim40\%$。

4) 再生程度最差的上层交换剂，因它先与钙、镁离子最多的原水接触，仍能进行离子交换，使这部分交换剂也得到充分利用，即逆流再生可以用较少的再生剂取得较高的再生程度，再生剂的利用率大于顺流再生；顺流再生时再生剂的利用率为 $0.35\sim0.40$，逆流再生时为 $0.75\sim0.85$。

5) 还原剂利用率高，废液量少而质量浓度低，使小反洗和正洗的耗水量大为减少，可节水 50% 左右。

不难看出，逆流再生离子的上述特点，是以离子交换器内各层交换剂相对位置不变为前提的。所以，对再生液的流速必须加以控制，一旦流速过高就会和反洗时一样使交换剂层产生扰动。这种交换剂层上下层次被打乱的现象，通常称为"乱层现象"。如果发生了乱层现象，逆流再生的所有优点便不复存在。

为了防止乱层现象，逆流再生离子交换器在结构和运行上都有一些相应的措施。在结构上，在交换剂层的表面部分设有分布均匀的中间排水装置（图 10-7），使向上流动的再生液或冲洗水能均匀地从排水装置中排走，而不使交换剂层扰动。另外，在位于中间排水装置之上，与交换剂层面相接处，添加一层厚 150~200mm 的压实层。压实层采用比树脂轻的聚苯乙烯白球（25~30 目）或直接用离子交换树脂作为压实层。应该指出的是，作为压实层的离子交换树脂始终是处于失效状态的，因此，在运行时需防止这部分树脂进入下部交换层，否则会使离子交换器出水水质降低。

在运行中，一般小型锅炉常采用低流速的逆流再生方法来防止乱层。以树脂为交换剂时，再生或逆洗流速为 1.6~2m/h。

当再生液采用较高的流速时，则应从离子交换器上部送入压缩空气（称顶压），它穿过压实层与再生液一起由中间排水装置排出。这样，由于离子交换器上部的压力增大，下部的水流不会窜流到上部，就可以防止交换剂乱层，但需要添加空气压缩机等设备。

(2) 逆流再生离子交换器的运行

逆流再生离子交换器的运行操作与顺流再生时有所不同，通常按以下步骤进行：

1) 小反洗　在离子交换器失效并停止运行后，首先将反洗水从中间排水装置引入，从离子交换器顶部排出，以冲去运行时积聚在压实层表面及中间排水装置上的污物。小反洗水速控制在 12m/h 以下，以出口水中无外逸的树脂为度。小反洗至出水清澈为止。

2) 排水　小反洗结束，待压实层的颗粒下降后，开启空气阀和再生液出口阀，放掉中间排水装置上部的水。

3）顶压　当采用压缩空气顶压防止乱层时，可从离子交换器顶部送入压缩空气，气压维持在 0.03～0.05MPa。

4）进再生液　有顶压时，可将再生液以 5～6m/h 的流速从离子交换器下部送入，随同适量的空气从中间排水装置排出。无顶压时，采用低流速送入再生液。

5）逆流冲洗　当再生液进完后，在有顶压的情况下，将逆流水从离子交换器下部送入，进行逆流冲洗；逆流水的流速仍保持 5～6m/h，并应采用质量较好的水，不然会影响底部交换剂的再生程度。逆流冲洗的时间一般为 30～40min。无顶压时，冲洗速度与低流速再生时相同。

6）小正洗　停止逆流冲洗和顶压，从顶部进水，由中间排水装置放水，以清洗渗入压实层中及压实层上部的再生液。小正洗时间为 10min 左右。

7）正洗　最后，用水由上而下进行正洗，正洗流速为 15～20m/h，直至出水符合锅炉给水水质标准。

一般逆流再生离子交换器在运行 20 个周期后，要进行一次大反洗，反洗流速为 18～20m/h，时间为 15～20min，以除去交换剂层中的污物和破碎的交换剂颗粒。大反洗从底部进水，废水由离子交换器顶部的排水阀放掉。由于大反洗松动了整个交换剂层，所以大反洗后第一次再生时，再生剂耗量应加大 0.5～1.0 倍。

由上可见，逆流再生离子交换器的操作步骤较多，而且在逆流再生的冲洗过程中通常用软水，故需要耗用相当数量的软水。再则，逆流再生离子交换器的结构也较复杂。为了改进逆流再生交换，又研制出一种称为负压逆流再生的方法，即在中间排水装置处设置水封装置。当离子交换器上部排水及再生时，使之在中间排管上下形成负压区。如此，再生液流经负压区时就易于被吸入中间排管而迅即送出，可以不需要用压缩空气或水顶压，有效提高了再生液逆流速度且不会"乱层"。

**五、钠离子交换系统**

最简单的系统是单级钠离子交换系统（图 10-8），当原水硬度小于 8mmol/L 时，经单级钠离子交换后，可作为锅炉给水。

当生水硬度大于 8mmol/L 时，单级钠离子交换后的残余硬度较高，往往不能满足锅炉给水要求，因此建议采用双级钠离子交换系统（图 10-9）。此系统在运行中可以适当降低一级钠离子交换器的出水标准，而使二级钠离子交换器出水水质达到锅炉给水水质要求。由于二级钠离子交换器进水中要除去的离子的质量浓度很低，故交换剂层的高度可较小，通常为 1.5m 左右；在运行时可采用较高的流速，一般可达 35～40m/h，但是对其中交换剂的再生程度要求较高。

采用双级钠离子交换系统，可以节省耗盐量。通常一级钠离子交换器耗盐量为 100～110g/mol，二级钠离子交换器耗盐量为 250～350g/mol。二级钠离子交换器的耗盐量虽然大些，但由于其运行周期长，再生次数较少，而且还可以利用它的废盐液去再生一级钠离子交换器，所以总的耗盐量还是比单级钠离子交换系统要少一些。

**【例题 10-1】** 某厂锅炉房设置两台 SHL10-1.3/350 型锅炉，凝结水回收率 $K=30\%$，锅炉排污率 $P=5\%$；原水总硬度 $H=7.8mmol/L$，从表 10-2 中查得，锅炉给水允许硬度 $H'=0.03mmol/L$，现选用钠离子交换软化设备，采用强酸阳离子交换树脂和顺流再生，试计算离子交换器的运行数据。

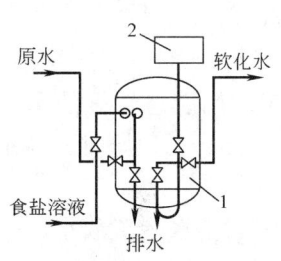

原水　　软化水

食盐溶液

排水

1—钠离子交换器；2—反洗水箱。

图 10-8　单级钠离子交换系统

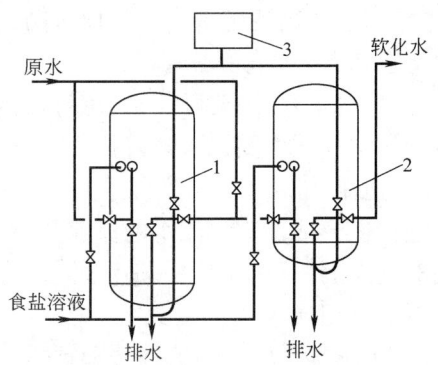

原水　　　　　软化水

食盐溶液

排水　　　　排水

1——一级钠离子交换器；2——二级钠离子交换器；
3——反洗水箱。

图 10-9　双级钠离子交换系统

**【解】**

| 序号 | 名称 | 符号 | 单位 | 计算公式或依据 | 数值 | 备注 |
|---|---|---|---|---|---|---|
| 1 | 总的软化水量 | $D_Z$ | t/h | $\begin{aligned}D_Z&=D(1-K+P)\\&=20(1-0.3+0.05)\end{aligned}$ | 15 | |
| 2 | 水流速度 | $v$ | m/h | 对阳离子交换树脂 | 20 | |
| 3 | 总的软化面积 | $F$ | m² | $F=D_Z/v=15/20$ | 0.75 | |
| 4 | 实际软化面积 | $F'$ | m² | 选用 $\phi1000$ 离子交换器 | 0.785 | |
| 5 | 实际水流速度 | $v'$ | m/h | $v'=D_Z/F'=15/0.785$ | 19.11 | |
| 6 | 交换剂的工作能力 | $E_g$ | mol/m³ | 参考有关资料 | 1000 | |
| 7 | 交换剂层高度 | $h$ | m | 根据设备 | 1.6 | |
| 8 | 交换剂装载量 | $V_R$ | m³ | $V_R=F'h=0.785\times1.6$ | 1.26 | |
| 9 | 干树脂重量 | $gR$ | t | $\begin{aligned}gR&=V_R\rho_x(1-q_s)=1.26\times\\&0.8\times(1-0.5)\end{aligned}$ | 0.504 | $\rho_s$—树脂密度，$\rho_s=0.6\sim0.85$kg/m³；$q_s$—树脂含水率，一般 $q_s=0.5$ |
| 10 | 离子交换器的软化能力 | $E_0$ | mol | $E_0=V_RE_g=1.26\times1000$ | 1260 | |
| 11 | 反洗、还原及正洗所需总的时间 | $t_x$ | h | $t_x=t_1+t_2+t_3=\dfrac{15}{60}+\dfrac{30}{60}+\dfrac{40}{60}$ | 1.42 | $t_1$—反洗时间,取为 15min；$t_2$—还原时间,取为 30min；$t_3$—正洗时间,取为 40min |
| 12 | 水质变更系数 | $k$ | — | 一般取 1.25 | 1.25 | |
| 13 | 离子交换器正洗单位耗水量 | $q_1$ | m³/m³ | 5～8 | 6.5 | |
| 14 | 离子交换器运行时的最小交换时间 | $t$ | h | $\begin{aligned}t&=\dfrac{(E_g-0.5q_1H)V_R}{D_ZHk}\\&=\dfrac{(1000-0.5\times6.5\times7.8)\times1.26}{15\times7.8\times1.25}\end{aligned}$ | 8.4 | 0.5—正洗过程中交换剂工作能力的减少率 |
| 15 | 再生时食盐单耗量 | $b$ | g/mol | 140～200 | 170 | |
| 16 | 每次还原的耗盐量 | $B$ | kg | $\begin{aligned}B&=bE_0/1000\varphi=170\times\\&1260/(1000\times0.95)\end{aligned}$ | 225 | $\varphi$—盐纯度,取 0.95 |
| 17 | 还原液浓度 | $a$ | | 5%～8% | 8% | |
| 18 | 配制盐液用水量 | $G_Z$ | t | $B/1000a=\dfrac{225}{1000\times0.08}$ | 2.8 | |

| 序号 | 名称 | 符号 | 单位 | 计算公式或依据 | 数值 | 备注 |
|---|---|---|---|---|---|---|
| 19 | 反洗水速 | $v_1$ | m/h | $v_1 = 18 \sim 24$ | 21 | |
| 20 | 反洗水量 | $G_f$ | t | $G_f = v_1 F' \dfrac{t_1}{60} = 21 \times 0.785 \times \dfrac{15}{60}$ | 4.12 | |
| 21 | 正洗水速 | $v_z$ | m/h | | 7 | |
| 22 | 正洗水耗 | $G_z$ | t | $G_z = v_1 F' \dfrac{40}{60} = 21 \times$ $0.785 \times 40/60$ | 3.66 | |

# 第三节　混床离子交换

混床离子交换是指先将阴、阳两种离子交换树脂经充分混合，装置于同一个离子交换器内，同时进行阴、阳离子交换的一种水处理方法，简称混床，常用于纯水的制备。由于阴离子树脂的密度比阳离子树脂小，所以在混床内装填位置，阴离子树脂在上，阳离子树脂在下。混床一般选用凝胶型强酸性阳离子交换树脂和强碱性阴离子交换树脂，与大孔型强酸性阳离子交换树脂和强碱性阴离子交换树脂配套使用。根据生产实践，混床中阴、阳离子树脂的配比受各种因素对树脂工作周期的影响，主要是由出水质量和周期制水量两方面决定。阴、阳离子树脂的配比应按等物质的量来选择，以便使阴、阳离子树脂几乎同时失效，如此获得树脂的最大利用率。一般情况下，阴、阳离子树脂装填比例为（2~3）：1。

## 一、混床离子交换原理

混床离子交换投入运行前将阴、阳离子树脂均匀混合装于离子交换器内，实质上是由无数阴、阳离子树脂交错排列的多级复床，水通过混床就能形成许多级阴、阳离子交换过程，而且阴、阳离子交换反应几乎是同时交错进行的。这样，经 H 型交换所产生的 $H^+$ 和经 OH 型交换所产生的 $OH^-$ 都不可能得以积累，它们马上互相中和生成了 $H_2O$，基本上就消除了反离子的影响，使交换进行得十分彻底，出水的水质很好。混床中的树脂失效后，应先将两种树脂分离，然后分别进行再生和清洗，而后再将阴、阳离子树脂混合均匀，重新投入运行。

按树脂再生方式，混床分体内同步再生式和体外再生式两种。体内同步再生式混床，整个再生过程均在床内进行，再生时树脂不移出离子交换器，即阳、阴离子树脂同时在筒体内再生。这种方法所需附属设备少，操作简便，再生时间短，自用水耗少，因此在生产中被广泛采用。

## 二、混床离子交换器结构

图 10-10 为混床离子交换器结构示意图，其本体是一个圆柱形压力容器，外形与固定床离子交换器相仿。离子交换器上部有进水和进碱装置，用以分别保证待处理水和再生碱液均匀分布在交换树脂层上，中部有中间排液装置，设置在离子交换层和压脂层的分界面处，用来排泄再生废液和冲洗液以及引进反洗水；下部有排水装置（多孔板上装设滤水帽或用石英砂垫层）、进酸装置和压缩空气进口（图 10-11）。

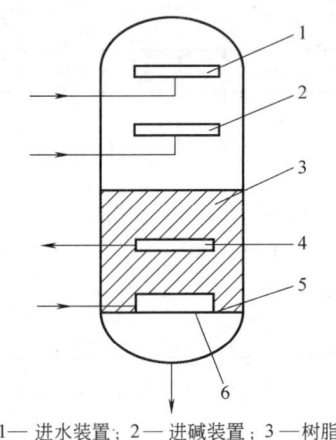

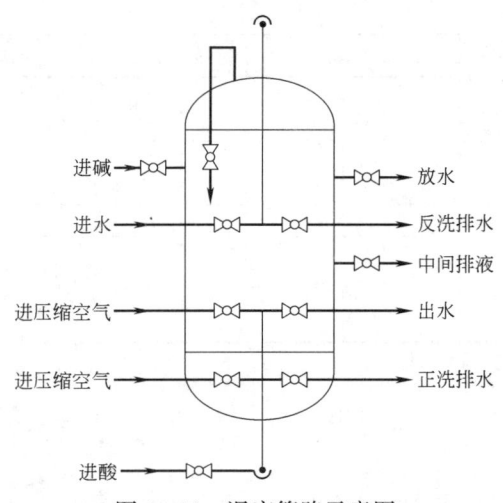

1— 进水装置；2—进碱装置；3—树脂层；
4—中间排液装置；5—排水装置；
6—进酸装置。

图 10-10　混床离子交换器结构示意图　　　　图 10-11　混床管路示意图

为装卸树脂，在筒体上部设有树脂加入口，下部近多孔板处设有树脂卸出口。此外，混床筒体上还设置有三个视镜：上视镜，观察反洗时树脂膨胀的情况；中视镜，观察再生时床内水位；下视镜，观察分层时阴、阳离子树脂的分层情况。

**三、混床离子交换的运行操作**

1. 反洗分层

反洗分层是混床离子交换操作中的关键步骤，其作用有两个：一是洗去碎树脂和淤积在床层内的悬浮物；二是将失效的阴、阳离子树脂分开，以便分别通入再生液。在电站锅炉的水处理中，目前都采用水力筛分法将阴、阳离子树脂进行分层。这种方法是借助反洗的水力使树脂悬浮起来，当达到一定的膨胀率时利用阴、阳离子树脂的密度差，达到两种树脂分层的目的。因阴离子树脂密度比阳离子树脂小，分层后它置于阳离子树脂之上，只要控制得当，在阴、阳离子树脂之间会形成一个明显的分界面。

在反洗开始时，反洗水速宜小，待树脂松动后逐渐增速到 10m/h 左右，使整个树脂层膨胀率控制在 50%～70%，维持 10～15min，通常即可达到较理想的分层效果。实践表明，反洗分层效果的好坏，除了与阴、阳离子树脂的湿真密度差和反洗水流速有关，还与树脂失效程度有关，树脂失效程度大的容易分层，反之难以良好分离。这是树脂在吸附不同离子后引起的密度不同和沉降速度不同所导致的。

分层的好坏，对混床离子交换的再生效果有较大影响。分层不好，位于中部排液水管附近的树脂因受"交叉"污染，将影响混床出水质量。同时，阴、阳离子树脂的劣化，树脂"抱团"及两种树脂的粒度差异等均会影响混床分层的效果。

2. 再生

阴、阳离子树脂分离（分层）后接着是再生，再生操作又有两步法和同时再生法之分。两步法是指再生时酸、碱再生液不同时进入离子交换器，而是分别进入。这又分为碱液同时流过阴、阳离子树脂两步法和酸、碱先后分别流过阴、阳离子树脂的两步法。在大型水处理装置中，一般采用后一种方法进行再生。

在反洗分层后，进水至树脂层面上约 10mm 处，碱液经上部进碱装置进入再生树脂，废液则从阴、阳离子树脂分界处由中间排液装置排出。接着按同样流程清洗阴离子树脂，直到排水的 $OH^-$ 浓度降到 0.5mmol/L 以下。在此操作过程中，也可以用少量的水自下而上通过阳离子树脂，以减轻碱液对阳离子树脂的污染。而后，酸液由下部注进酸装置进入再生阳离子树脂，废液由中间排液装置排出。同样，为防止酸液进入已再生好的阴离子树脂中，仍需继续由上部通入小流量的水清洗阴离子树脂。阳离子树脂的清洗与阴离子树脂清洗一样，直到排水酸度降到 0.5mmol/L 以下。最后，进行整体正洗——上部进水下部排水；正洗时水流速度要快，时间为 10～20min，直到出水电导率小于 1.5μS/cm。为了提高正洗效果，在正洗过程中可以进行一次 2～3min 的短时间反洗，以清除死角残渣。

同时再生法，由上而下同时通入酸、碱液进行再生，接着进清洗水，分别流经阴、阳离子树脂层后由中间排液装置排出。需要注意的是，采用同时再生法时，如果酸液进完而碱液未进完，仍应从下部以同样的流速进入清洗水，以防碱液串入下部污染已经再生好的阳离子树脂。

3. 阴、阳离子树脂的混合

经再生和清洗后的树脂，在投入运行前必须将其充分混合，通常采用从底部通入经除油等净化处理后的压缩空气进行搅拌混合。压缩空气压力一般为 100～150kPa，体积流量为 2.0～3.0m³/(m²·s)，搅拌混合时间视混脂效果而定，一般为 0.5～10min。为获得较好的混合效果，混合前应先把离子交换器中的水面下降至树脂层表面之上 100～150mm 处。

为了防止树脂在沉降过程中又重新分离，除了必须继续通入适当的压缩空气和保持一定的时间外，还需保持有足够大的排水速度，逼迫树脂快速降落。若在树脂沉降时采用上部进水，则有利树脂加速沉降，可以有效防止树脂的重新分离。

4. 正洗

混合好的树脂以 10～15m/h 的流速通水进行正洗，正洗终点以排水电导率小于 0.2μS/cm 为宜。在正洗初期，排出的水较为浑浊，可将其排入地沟，待排水变清后可回收利用。正洗这一步，要控制水位不低于树脂层，以避免树脂层进气；排水要迅速，保证树脂能迅速沉降，避免阴、阳离子重新分层。

5. 运行

混床的启动与固定床相同。启动时要迅速进水，可以采用比固定床更大的流速，凝胶型树脂通常可取 40～60m/h，大孔型树脂甚至可高于 100m/h。混床投运正常制水后，要注意出水水质的变化，运行失效标准通常按规定的失效水质标准控制，也可按预定的运行时间或制水水量来控制。

**四、混床离子交换的特点**

1. 出水水质优良，pH 接近中性。对于强酸强碱性树脂组成的混床，出水残留质量浓度可达到小于 1.0mg/L，电导率在 0.2μS/cm 以下。

2. 出水水质稳定。当进水水质或组分、运行流速等运行条件短暂时间内有变化时，对混床出水水质的影响不大。

3. 间断运行对出水水质影响小。当混床停止制水运行再启动投运时，初时出水水质会有所下降，但恢复到正常运行所需时间很短，仅需 3～5min。

4. 终点明显。混床运行到末期，出水的电导率的变化（上升）很快，有利监督控制。

混床离子交换的缺点也很明显：树脂交换容量利用率低，损耗率大；再生过程操作复杂，且需要花费较长时间；为保证出水水质，通常需要投入较多的再生剂。

# 第四节　浮动床及流动床离子交换

固定床离子交换设备运行可靠，使用历史悠久，但仍存在一定缺点。首先，固定床离子交换器的体积庞大，而容积利用率低，仅 60% 左右。针对此问题，研发出了浮动床离子交换法。其次，固定床离子交换器的运行是不连续的，在运行周期中有一段较长时间不能供水。针对此缺陷，又发展了连续式的离子交换方法——移动床和流动床离子交换，前者对自控要求高，应用不及后者普遍。

## 一、浮动床离子交换的工作原理

浮动床离子交换运行和再生时的水流方向恰好与固定床的逆流再生运行相反，即软化过程中，水流方向自下而上，水流将树脂层托起，故称浮床。失效后，交换剂先行落下，称为落床。再生时，再生液自上而下。因此，它与逆流再生离子交换一样，具有出水水质好和耗盐量低等优点。

在浮动床离子交换器内，树脂要装满。上部自由空间的高度不得大于 100mm，以免下部树脂窜动；容积利用率可达 95% 以上；树脂层高度大，因此可提高软化时的水速（40~50m/h），是通常固定床交换器的 2 倍左右。这不仅增大了单位容积的出水量，也延长了运行周期，降低了投资。浮动床设备构造和运行操作都比逆流再生固定床简单方便，不易引起树脂乱层，无须中间排液和顶压等。

由于浮动床离子交换器内充满了树脂，没有反洗空间。因而当浮动床运行 10~15 个周期后，树脂层内积聚的悬浮杂质和树脂细屑影响其正常运行。此时，要将树脂引至罐体外，用压缩空气和水进行擦洗，为此需增设一套专门的装置。

浮动床离子交换与逆流再生离子交换一样，要防止乱层，特别要注意浮床、落床和流速控制。离子交换一旦达到终点，离子漏过的速度增长很快，务必加强监督并及早掌控失效终点。配制再生液和清洗的用水应采用软水，不然出水水质将得不到保证，耗盐量也会增大。此外，为了延长运行周期，对原水悬浮物质量浓度也有要求，不得超过 2mg/L；对树脂强度要求也高。正是这些附加条件，制约了浮动床离子交换在供热锅炉房中的应用。

## 二、流动床离子交换的原理及特点

浮动床离子交换有浮床、落床等周期性动作，制水过程不完全是连续的。而流动床离子交换使离子交换过程完全连续，即做到连续送水、制水、树脂连续性再生和送脂。它具有树脂装载量小、水质好、设备简单和操作方便等特点。流动床离子交换的主要设备为交换塔和再生清洗塔，并配有再生液制备槽和再生液泵等。如图 10-12 所示，整个工艺流程分为软化、再生和清洗三个部分。

1. 软化流程

软化在交换塔内进行。交换塔通常由三块塔板分隔成四个区间，每块塔板上设有浮球装置及若干个过水单元。工作时，原水从交换塔底部送入后沿交换塔均匀上升，穿过塔板上的过水单元，与从塔顶送入并通过浮球装置逐层下落的树脂进行逆流、悬浮状离子交换，原水被软化后经塔顶溢流槽排出；饱和（失效）树脂最后落入塔底并被送至再生塔顶部。

塔板中央的浮球装置，运行时浮球被上升水流顶起，使树脂从上而下沿塔板逐级下落；而停止运行时，浮球会下落，关闭锥孔，防止树脂漏落而乱层。每个过水单元有5～6个水孔，孔的上方装有盖板，能防止运行和停运时树脂穿过水孔下落。

2. 再生流程

饱和树脂的再生过程在再生清洗塔的上段进行。交换塔底部的饱和树脂借树脂喷射器送至再生清洗塔顶部，然后从上而下，经过再生清洗塔上段的回流斗、贮存斗后进入再生段，与自下而上的再生液相遇进行逆流再生，逐步恢复交换能力。再生液由再生段底部进入，沿再生段向上流动，与饱和树脂交换后变成废液，通过贮存斗上部的废液管排出。废液通过贮存斗时，还可充分利用其残余的再生能力，因此贮存斗作为预再生段，从而降低了再生液的消耗量。

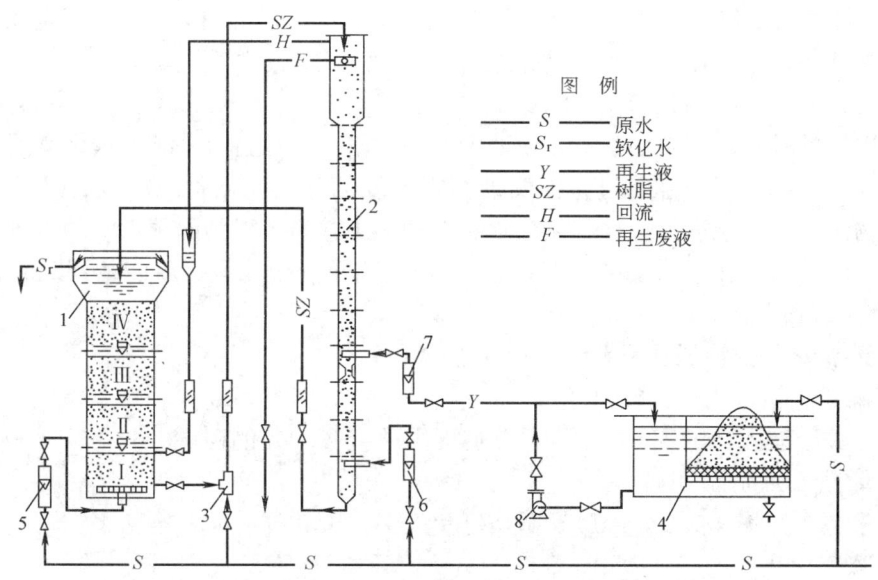

| 图　例 | |
|---|---|
| —— S —— | 原水 |
| —— S_r —— | 软化水 |
| —— Y —— | 再生液 |
| —— SZ —— | 树脂 |
| —— H —— | 回流 |
| —— F —— | 再生废液 |

1—交换塔；2—再生清洗塔；3—树脂喷射器；4—再生液制备槽；5—原水流量计；
6—清洗水流量计；7—再生液流量计；8—再生液泵。

图 10-12　流动床离子交换工艺流程

3. 清洗流程

再生后树脂的清洗过程在再生清洗塔的下段进行。树脂通过再生段得到再生以后，下落至清洗段，与自下而上的清洗水逆向接触，洗去再生产物和残留再生液，进入清洗段的下面，被水压送至交换塔顶部。清洗水从清洗段进入后，分成两股水流：一股向上流动，作清洗用，向上流入再生清洗段后就充当再生液的稀释液；另一股向下流动，作为输送再生树脂的介质。

以上各个过程均连续稳定地进行。原水、再生液及清洗水的流量通过流量计调节；树脂循环量取决于原水流量及其水质，可用树脂喷射器控制，当树脂喷射器输送的树脂过多时，树脂可从回流斗溢出，自行返回交换塔底部。

与固定床离子交换相比，流动床离子交换有很多优点：装置都是敞开式的，不承受压力，从而可用塑料制作，设备简单，加工容易；不需自控装置即可连续稳定地运行。由于树脂的还原是逆流再生的，还原液耗量较低，出水质量较高。因此，流动床离子交换在中小型锅炉房以及电厂、铁路、轻工、化工等部门大量被采用，应用前景广阔。

# 第五节　离子交换除碱

钠离子交换的缺点是只能使原水软化，而不能除去水中的碱度。为了保持锅水的水质标准，即使其碱度符合规定，一是采取排污稀释，这将直接影响锅炉运行的经济性，特别是原水碱度较高时更甚；二是锅炉给水除碱。

给水除碱就是采取技术措施来降低经钠离子交换处理后的水中的碱度。对于低压供热锅炉，常用的除碱方法有中和法和沉淀法等。中和法中最为简单的是加酸中和法。另外，普遍采用的是氢-钠离子交换法、铵-钠离子交换法和部分钠离子交换法、部分氢离子交换法。其中除加酸中和法只除碱，不起软化作用外，其余的离子交换法，既除碱，同时也软化给水。

加酸中和法，通常加入软水的是硫酸，其化学反应式为：

$$2NaHCO_3 + H_2SO_4 = Na_2SO_4 + 2CO_2\uparrow + 2H_2O$$

但需把握的是必须控制加酸量，使处理后的软水中仍保持有一定的残余碱度（一般为 $0.3\sim0.5mmol/L$），避免加酸过量而腐蚀给水系统的管道及设备。加酸后会增加水中的溶解固形物。此外，还需配置除二氧化碳装置和热力除氧，以消除蒸汽中的二氧化碳，减轻回水管道的腐蚀。如采用氢-钠、铵-钠及部分钠离子交换系统，就能达到既软化水又降低碱度和含盐量的目的。

## 一、氢-钠离子交换原理及系统

1. 氢离子交换转化、除碱原理

如果用酸溶液去还原离子交换剂，例如用 $1\%\sim2.0\%$ 的硫酸（$H_2SO_4$）作还原剂，则变成氢离子交换剂（HR）：

$$CaR_2 + H_2SO_4 = 2HR + CaSO_4$$
$$MgR_2 + H_2SO_4 = 2HR + MgSO_4$$

原水流经氢离子交换剂后，水中的钙、镁离子可被氢离子置换。

对于碳酸盐硬度：

$$2HR + Ca(HCO_3)_2 = CaR_2 + 2H_2O + 2CO_2\uparrow$$
$$2HR + Mg(HCO_3)_2 = MgR_2 + 2H_2O + 2CO_2\uparrow$$

对于非碳酸盐硬度：

$$2HR + CaSO_4 = CaR_2 + H_2SO_4$$
$$2HR + CaCl_2 = CaR_2 + 2HCl$$
$$2HR + MgSO_4 = MgR_2 + H_2SO_4$$
$$2HR + MgCl_2 = MgR_2 + 2HCl$$

由以上离子交换反应式可见：

（1）水中的碳酸盐硬度转变成水和二氧化碳，所以在消除硬度的同时也降低了水的碱度和盐分，其除盐、除碱的量与原水中碳酸盐硬度的当量数相等。

（2）离子交换后，非碳酸盐硬度转变为游离酸，产生的酸量与原水中非碳酸盐硬度的当量数相等。

由于形成酸性水，因此氢离子交换器及其管道要有防腐措施，而且处理后的水也不能直接进入锅炉。通常必须与钠离子交换联合使用，称为氢-钠离子交换，使氢离子交换后产生的游离酸与经钠离子交换后生成的碱相互中和，从而达到除碱目的，即：

$$H_2SO_4 + 2NaHCO_3 = Na_2SO_4 + 2H_2O + 2CO_2$$

$$HCl + NaHCO_3 = NaCl + H_2O + CO_2$$

失效的氢离子交换剂还原时，如使用硫酸，酸的质量分数通常取 2% 左右；使用盐酸时，盐酸的质量分数以不超过 5% 为宜。酸的实际耗量一般为理论耗量的 1.6～2.0 倍。

2. 氢-钠离子交换系统

氢-钠离子交换系统有三种形式：并联、串联和综合式。

（1）并联氢-钠离子交换系统（简称并联系统）如图 10-13 所示，同时有两个离子交换器进行工作。原水的一部分（$a_{Na^+}$）从钠离子交换器流过，其余部分（$1-a_{Na^+}$）从氢离子交换器流过。两部分软水混合后进入二氧化碳除气器，将水中生成的二氧化碳排除。所谓除气器，是将鼓入的空气流与处理的水充分接触，水中二氧化碳会扩散至二氧化碳分压力很小的空气里而被带走。软水存于给水箱由水泵送走。

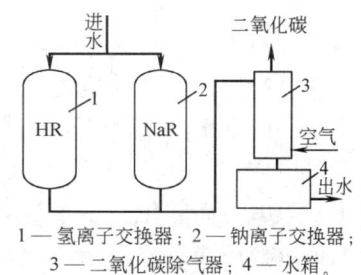

1—氢离子交换器；2—钠离子交换器；
3—二氧化碳除气器；4—水箱。

图 10-13　并联氢-钠离子交换系统

流经氢离子交换器及钠离子交换器的水量，根据生水的碳酸盐硬度及非碳酸盐硬度而定。按理论计算，应使经氢离子交换产生的酸与经钠离子交换产生的碱度恰好完全中和。但实际上，为了避免混合后出现酸性水，计算水量分配时总是让混合后的软水仍带一点碱度。此碱度称为残留碱度，通常控制在 0.3～0.5mmol/L。

设：$H$ 为进水总硬度（mmol/L），$A$ 为进水总碱度（mmol/L）；$[Cl^-]$ 和 $[SO_4^{2-}]$ 为进水中氯离子和硫酸根离子总浓度（mmol/L）；$A_c$ 为中和后水的残留碱度（mmol/L）。

当 $H > A$ 时，

$$a_{Na^+} + H_T - (1 - a_{Na^+})H_{FT} = A_c$$

$$a_{Na^+} = \frac{H_{FT} + A_c}{H_T + H_{FT}}$$

当原水的 $H = A$（无永久硬度）时，则经氢离子交换后生成的酸，其当量值应与原水的 $[Cl^-]$ 和 $[SO_4^{2-}]$ 当量相等，而不是 $H_{FT}$，此时有：

$$a_{Na^+} = \frac{[Cl^-] + [SO_4^{2-}] + A_c}{H_T + [Cl^-] + [SO_4^{2-}]}$$

若原水的 $H < A$，此时，无永久硬度，有钠盐碱度，则经钠离子交换后软水中的碱度将不是 $H_T$，而是 $A$，此时有：

$$a_{Na^+} = \frac{[Cl^-] + [SO_4^{2-}] + A_c}{A + [Cl^-] + [SO_4^{2-}]}$$

（2）串联氢-钠离子交换系统（简称串联系统）如图 10-14 所示，一部分原水（$1-a_{Na^+}$）经氢离子交换器，其软水（酸性水）再与未经软化的其余部分原水混合。此时，经氢离子交换产生的酸度和原水中的碱度发生中和反应，反应后产生的二氧化碳则由二氧

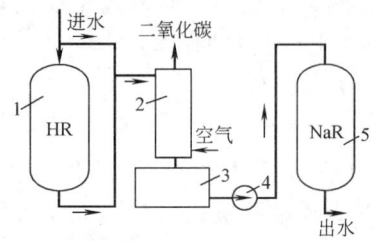

1—氢离子交换器；2—二氧化碳除气器；
3—水箱；4—泵；5—钠离子交换器。

图 10-14　串联氢-钠离子交换系统

化碳除气器除去，除去二氧化碳的水经过水箱进入钠离子交换器。

在这个系统中，应在钠离子交换器之前设置除气器，否则二氧化碳形成碳酸后再流经钠离子交换器会产生 $NaHCO_3$，结果使出水碱度重新增高，即

$$H_2CO_3 + NaR = NaHCO_3 + HR$$

此外，在串联系统中，对氢离子交换器常以"不足量酸"的方法进行还原，即当其失效后，仅用理论量的酸去还原。这样，由于酸量不足只能使交换剂的上层变成 H 型，而下层的交换剂仍为 Ca，Mg 型，称为缓冲层。当全部原水（不再另分一路与离子交换器出水混合）流经上层交换剂时，其中非碳酸盐硬度就会产生一定量的强酸。但是水经过下层时，水中强酸的 $H^+$ 又和 $Ca^{2+}$，$Mg^{2+}$ 进行交换。所以生水流过离子交换器后只降低了其中的碳酸盐硬度，而非碳酸盐硬度基本不变。"不足量酸"法可以节省还原用酸和防止出酸性水。由于不足量酸还原的氢离子交换主要用于除碱，而软化并不彻底，故这种交换总是与钠离子交换串联使用。必须指出的是，不足量酸还原只适用于磺化煤交换剂和弱酸性阳离子交换树脂，不能用于强酸性树脂，因为要使 Ca，Mg 型的强酸性树脂得到还原，酸的质量分数要高，而通过此缓冲层的水中酸的质量分数尚不足以使 Ca，Mg 型饱和的强酸性树脂还原，因此使出水仍为酸性水。

这种串联系统，原水的分配比例的计算方法与并联系统相同。

（3）综合式氢-钠离子交换系统如图 10-15 所示，离子交换器的交换剂上氢-钠离子交换部分为 H 型，下面部分为 Na 型。这样的交换剂层，是用下述方法来实现的，即交换剂先用一定量的酸液还原，然后再用食盐还原。食盐溶液流经上层氢离子交换剂层时，因 $H^+$ 比 $Na^+$ 的活性大，$H^+$ 并不会被置换出来。

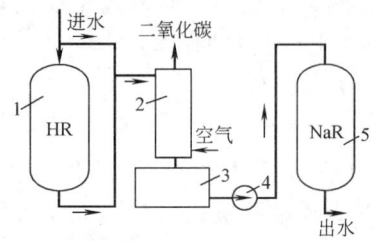

图 10-15　综合式
氢-钠离子交换系统

综合式氢-钠离子交换器中，氢离子交换层（HR）与钠离子交换层（NaR）高度的比例，与并联氢-钠离子系统计算水量分配比例的方法相同。同时可按求出的高度比例来计算再生剂的用量。

比较并联和串联两种系统可以看出，其不同点是在并联系统中只有一部分原水进入钠离子交换器，而在串联系统中，全部原水最后都要通过钠离子交换器。所以从设备投资来说，串联系统投资较高。但从运行来看，并联系统需要严格控制水量比例。加强化学监督，才能避免氢、钠离子交换器的混合水呈酸性。而在串联系统中，即使经氢离子交换的水和原水的混合水带有些酸性，但由于还要经过钠离子交换器。最后就不会出酸性水，因而可靠性较好。

**二、铵-钠离子交换原理及系统**

1. 铵离子交换软化原理

铵-钠离子交换与氢-钠离子交换原理一样，所不同的只是铵离子交换不是用酸还原，而是采用铵盐，同样可以达到既软化又除碱的目的。

铵盐，常用的是氯化铵。当用氯化铵溶液为还原剂时，就使之成为铵离子交换剂

$NH_4R$，即：

$$CaR_2 + 2NH_4Cl = 2NH_4R + CaCl_2$$

$$MgR_2 + 2NH_4Cl = 2NH_4R + MgCl_2$$

铵离子交换剂与水中的碳酸盐硬度作用时：

$$2NH_4R + Ca(HCO_3)_2 = CaR_2 + 2NH_4HCO_3$$

$$2NH_4R + Mg(HCO_3)_2 = MgR_2 + 2NH_4HCO_3$$

重碳酸铵（$NH_4HCO_3$）在汽锅中受热以后分解：

$$NH_4HCO_3 \xrightarrow{\triangle} NH_3\uparrow + CO_2\uparrow + H_2O$$

与氢离子交换一样，既软化了碳酸盐硬度，又消除了碱度，同时也有除盐的作用。

对于水中的非碳酸盐硬度：

$$2NH_4R + CaSO_4 = CaR_2 + (NH_4)_2SO_4$$

$$2NH_4R + CaCl_2 = CaR_2 + 2NH_4Cl$$

$$2NH_4R + MgSO_4 = MgR_2 + (NH_4)_2SO_4$$

$$2NH_4R + MgCl_2 = MgR_2 + 2NH_4Cl$$

软化水中所含的铵盐不具有酸性反应，对锅炉及管道没有腐蚀作用。

硫酸铵及氧化铵在汽锅中受热分解而形成酸：

$$(NH_4)_2SO_4 \xrightarrow{\triangle} 2NH_3\uparrow + H_2SO_4$$

$$NH_4Cl \xrightarrow{\triangle} NH_3\uparrow + HCl$$

由此可见，在铵离子交换中，非碳酸盐硬度软化后，也生成"潜在"的酸。这对锅炉安全运行有危害，因此，单独的铵离子交换处理是不适宜的，一般常与钠离子交换并联使用。这样，铵盐受热分解所生成的酸与钠离子交换后 $NaHCO_3$ 加热分解所生成的碱可以进行中和，既消除了酸，又降低了锅水中的相对碱度。

铵-钠离子交换与氢-钠离子交换在工作原理及所产生的效果上都相同，所不同的是：一是铵离子交换的除碱及除盐效果，必须在软水受热后才呈现；二是铵离子交换处理的水受热后会产生氨气，在有氧的条件下对铜制设备及附件有腐蚀作用。

铵离子交换采用（$NH_4)_2SO_4$ 作还原剂时，质量分数为 2.5%～3%；以 $NH_4Cl$ 为还原剂时，其质量分数不受限制。

2. 铵-钠离子交换系统

同氢-钠离子交换系统一样，铵-钠离子交换系统也有并联和混合式两种。一般不用串联，这是由于 $NH_4^+$ 和 $Na^+$ 的活性相近，串联时水中的 $NH_4^+$ 会被 $Na^+$ 部分置换而达不到除碱的效果。

经铵离子交换的水，在未受热前不会分解生成二氧化碳，故并联铵-钠离子交换系统不需要设置二氧化碳除气器。并联铵-钠离子交换系统水量分配的计算与氢-钠离子交换系统完全相同，软化水的残留碱度可降低到 0.2～0.3mmol/L，故适用于原水碱度较高的地区。

当原水中碳酸盐硬度与总硬度的比值大于 0.8，且允许软水残碱超过 0.5～1.0mmol/L 时，可采用综合式铵-钠离子交换系统，软水中的氨及二氧化碳应经大气式热力除氧器去除。

### 三、部分钠离子交换原理及系统

所谓部分钠离子交换法，是只让一部分原水进入钠离子交换器进行软化，另一部分原

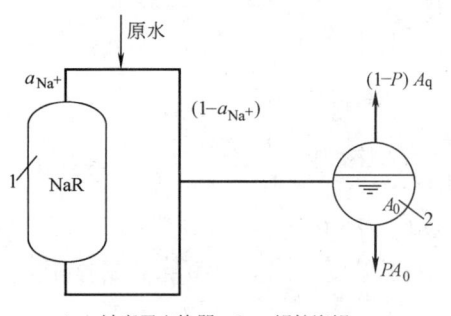

1—钠离子交换器；2—锅炉汽锅。

图 10-16　部分钠离子交换过程示意图

水则直接进入给水箱送往锅炉汽锅（图 10-16）。经钠离子交换的那部分原水中的碳酸盐硬度变成了 $NaHCO_3$，进入汽锅后会因受热分解和水解，成为 $Na_2CO_3$ 和 $NaOH$。利用它们与另一部分进入汽锅的原水中非碳酸盐硬度反应，除去了部分永久硬度和碱度，生成 $CaCO_3$ 和 $Mg(OH)_2$，可随锅炉排污被排出锅外。因此，这是一种锅外和锅内相结合的水处理方法，达到了除硬、除碱的双重目的。此外，这种方法降低了钠离子交换器的负荷，可以紧缩交换设备的容量。不足的是软化不彻底，尤其是当原水的永久硬度与总硬度之比小于 0.5 时，软化效果更差，所以它只适宜用于小型锅炉。

用碱平衡式可以计算通过钠离子交换原水的份额 $a_{Na^+}$，即经钠离子交换后软水中的碱量与未经软化的那部分水中非碳酸盐硬度在锅内反应后，其剩余碱量和排污碱量、蒸汽带走的碱量相平衡，可写成：

$$a_{Na^+} A - (1 - a_{Na^+})(H - A) = PA_0 + (1 - P)A_q$$

式中　$H$——原水总硬度，mmol/L；

　　　$A$——原水碱度，mmol/L；

　　　$A_0$——锅水碱度，mmol/L；

　　　$A_q$——蒸汽碱度，mmol/L；

　　　$P$——锅炉排污率，%。

如忽略蒸汽碱度，可得：

$$a_{Na^+} = \frac{H - A + PA_0}{H}$$

### 四、部分氢离子交换原理

如果原水中碱度大于硬度，即所谓负硬度水，可采用部分氢离子交换法。部分氢离子交换使一部分原水经氢离子交换得以软化和除碱，同时会生成游离酸。另一部分原水不处理，直接与经氢离子交换后的那部分水混合，这部分原水中的碱度被游离酸中和，而硬度依旧，没有被软化。也就是说，部分氢离子交换法所得的混合水的硬度显著降低或被清除，而它的硬度则达不到锅外水处理的水质要求。在交换过程中生成的二氧化碳，需经二氧化碳除气器排除。为保持混合水中有一定的残余碱度，必须控制混合水的碱度略大于硬度。如此，混合水中的硬度全为碳酸盐硬度，进入汽锅后会自行分解、软化。

## 第六节　石灰-纯碱水处理

锅炉水处理以离子交换技术为主，但也有的供热锅炉采用石灰水来软化除碱。这是一种水的沉淀软化，即把溶于水中的钙、镁盐类转变成难溶于水的化合物，在水中沉淀后加

以除去。最常用的是石灰及石灰-纯碱法。

**一、石灰及石灰-纯碱法软化原理**

1. 石灰软化处理

石灰软化处理时，先将生石灰 $CaO$ 溶于水中，成为熟石灰 $Ca(OH)_2$，即石灰乳。在原水中加入石灰乳，则可发生如下反应：

消除水中的暂时硬度：

$$Ca(HCO_3)_2 + Ca(OH)_2 = 2CaCO_3 \downarrow + 2H_2O$$

$$Mg(HCO_3)_2 + 2Ca(OH)_2 = 2CaCO_3 \downarrow + Mg(OH)_2 \downarrow + 2H_2O$$

镁盐永久硬度变为钙盐永久硬度：

$$MgCl_2 + Ca(OH)_2 = Mg(OH)_2 \downarrow + CaCl_2$$

$$MgSO_4 + Ca(OH)_2 = Mg(OH)_2 \downarrow + CaSO_4$$

水中的二氧化碳形成碳酸钙沉淀：

$$CO_2 + Ca(OH)_2 = CaCO_3 \downarrow + H_2O$$

从反应结果看，石灰处理后，水中暂时硬度被除去，永久硬度未变（镁盐永久硬度变成钙盐永久硬度）。这样，它起到了局部除碱及除盐的作用，其除碱及除盐的量则与暂时硬度的当量相等。

石灰的软化效果还与反应后生成沉淀物的结晶速度有关。水中的胶体物质有阻碍结晶的作用，所以在软化的同时常加凝聚剂进行凝聚，以消除胶体物质。常用的凝聚剂有硫酸亚铁。

水中铁离子的存在也要消耗石灰，其反应式为：

$$2Fe^{3+} + 3Ca(OH)_2 = 2Fe(OH)_3 + 3Ca^{2+}$$

石灰处理时，如保持处理后有一定石灰过剩量，每吨原水的加药量可由下式计算：

$$G_1 = \frac{56}{E_1}(H_T + H_{Mg} + CO_2 + 1.5Fe + K + 0.2) \quad g/t$$

式中　56——$CaO$ 的分子量；

　$G_1$——生石灰（工业产品）消耗量，g/t；

　$H_T$——原水中重碳酸盐硬度，mmol/L；

　$H_{Mg}$——原水中镁硬度，mmol/L；

　$CO_2$——原水中游离的二氧化碳浓度，mmol/L；

　Fe——原水中含铁量，mmol/L；

　0.2——石灰过剩量，mmol/L；

　$K$——水中凝聚剂的加药量，一般取 0.13mmol/L；

　$E_1$——工业石灰的纯度，一般为 50%～80%。

2. 石灰-纯碱联合

单用石灰软化，只能消除暂时硬度，故常用石灰与纯碱（即碳酸钠）联合处理。加入纯碱的作用是去除永久硬度，特别是经石灰作用后的钙盐永久硬度，反应式如下：

消除水中的永久硬度：

$$CaSO_4 + Na_2CO_3 = CaCO_3 \downarrow + Na_2SO_4$$

$$CaCl_2 + Na_2CO_3 = CaCO_3 \downarrow + 2NaCl$$

$$MgSO_4 + Na_2CO_3 = MgCO_3 + Na_2SO_4$$
$$MgCl_2 + Na_2CO_3 = MgCO_3 + 2NaCl$$

碳酸镁与熟石灰作用后可被去除：
$$MgCO_3 + Ca(OH)_2 = CaCO_3 \downarrow + Mg(OH)_2 \downarrow$$

消除水中的部分暂时硬度：
$$Ca(HCO_3)_2 + Na_2CO_3 = CaCO_3 \downarrow + 2NaHCO_3$$
$$Mg(HCO_3)_2 + Na_2CO_3 + H_2O = Mg(OH)_2 \downarrow + 2NaHCO_3 + CO_2$$

每吨原水的纯碱消耗量，可由下式计算：
$$G_2 = \frac{106}{E_2}(H_{FT} + 0.7) \quad g/t$$

式中    106——$Na_2CO_3$ 的分子量；

$G_2$——纯碱消耗量，g/t；

$H_{FT}$——原水中非碳酸盐硬度，mmol/L；

0.7——纯碱的过剩量，mmol/L；

$E_2$——纯碱的纯度，一般为 95%。

石灰-纯碱处理后的软水，由于反应沉淀物碳酸钙有一定的溶解度，残留硬度随水温的升高而降低。水温为 70~80℃时，残留硬度为 0.35~0.15mmol/L；水温为 90~100℃时，则为 0.1~0.05mmol/L。

### 二、沉淀软化系统

对于容量较小的供热锅炉房常可用图 10-17 所示的简易沉淀软化系统。药剂（石灰和纯碱）和原水在混合器中作用后生成沉淀，并流入沉淀池中使泥渣沉降，由于泥渣沉淀得可能不彻底，再将水流过自然压力式过滤池进行过滤，然后进入水箱，此即为软化水。

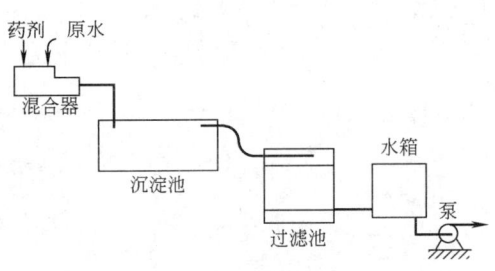

图 10-17    简易沉淀软化系统

在补给水量较多的供热锅炉房中可采用脉冲式石灰软化系统（图 10-18）。

石灰乳是将生石灰加到石灰乳池的筛板上用水冲化而成。制备好的石灰乳（质量分数为 5% 左右）由石灰乳喷射器引射入石灰乳箱后直接加入中心管的下端。

原水与凝聚剂（硫酸亚铁饱和溶液）分别进入虹吸式脉冲器，并在中心管装置中与送入的石灰乳进行强烈的混合、反应，使生成的 $CaCO_3$，$Mg(OH)_2$ 沉淀物呈絮状泥渣；借助脉冲器的工作，水流经中心管装置进入澄清池时呈周期性的脉冲，使澄清池中的泥渣层时而膨胀时而收缩，保持泥渣层有比较均匀的质量浓度并呈悬浮状态。因而增加了新老泥渣碰撞接触机会，以老泥渣为结晶核心，形成粗大的泥渣后，有利于澄清和过滤。

经石灰软化并经悬浮渣层澄清后的水，上升至清水层，通过集水槽进入过滤池被进一步过滤，然后流入中间水池，此时水的浑浊度小于 5mg/L，碳酸盐硬度被去除了 2/3~3/4，最后用清水泵送至钠离子交换器进行第二级软化处理。

清水层的高度一般为 1.2~2m；水在澄清池停留的时间控制在 45~60min；水通过过

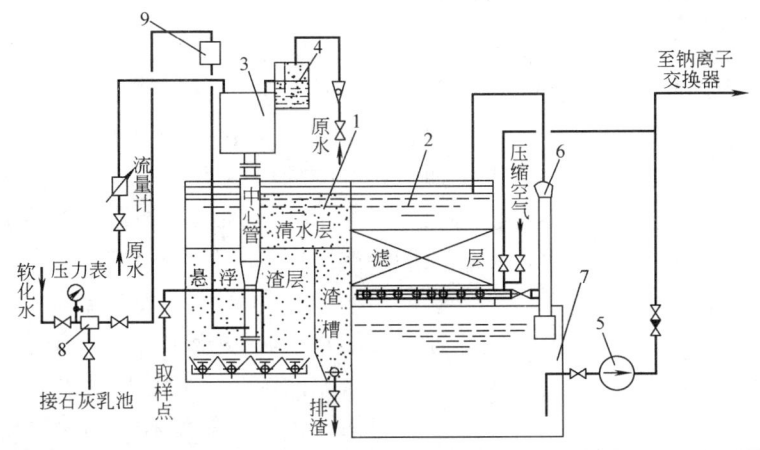

1—澄清池；2—过滤池；3—脉冲器；4—硫酸亚铁饱和溶液罐；5—清水泵；6—虹吸器；
7—中间水池；8—石灰乳喷射器；9—石灰乳箱。

图 10-18　脉冲式石灰软化系统

滤池的流速为 6～8m/s。可用废的磺化煤作为滤料，澄清池悬浮渣层中"老化"的泥渣进入渣槽后可定期排出。

常用的脉冲器利用虹吸原理，能定期将水送入澄清池，脉冲周期一般为 30～60s。

脉冲式石灰水处理与钠离子交换器联合使用，对暂时硬度较高的原水有较好的效果，有除碱及除盐的作用，还可降低锅炉排污量，减少热损失；能节约食盐用量，降低运行费用。但它的系统比一般离子交换方法复杂，初投资和占地面积较大。此外，石灰系统的卫生条件较差，对化验及化学监督的要求较高，运行中还会出现设备本身的结垢及堵塞现象。所以，它一般适用于中大容量且负荷比较稳定的供热锅炉房。

# 第七节　膜分离水处理

膜分离技术从 20 世纪 60 年代以来就在水处理中得到日趋广泛的应用。一些有机薄膜具有半渗透性质，对于水中的杂质（盐类）可按预定要求进行选择性传输。如此，有可能应用薄膜减少水中杂质，从而提高水质。

电渗析、反渗透、纳滤、超滤、微滤及渗析等技术称为膜分离技术。它的机理可简单地理解为水中杂质先溶解于膜中，然后在外力的推动下扩散而通过它，即利用特定膜的透过性能，达到分离水中离子或分子以及某些微粒的目的。

膜能使溶剂（水）透过的现象称为渗透，膜能使溶质透过的现象称为渗析。膜分离技术凭借的外力——推动力可以是膜两侧的压力差、电位差和质量浓度差等。该技术的关键是分离膜，品种繁多。不同的膜，其性质、功能和分离原理各不相同。

膜分离技术的应用范围广泛。在水处理方面它既可用于自来水净化、海水和苦咸水淡化，也可用于电子、医药、食品等行业的纯水制备和回收工业废水中有用的物质等。目前在供热锅炉水处理上采用的膜分离技术主要是电渗析和反渗透两种。

## 一、电渗析水处理

最早使用的膜是一种离子交换膜，其分离技术称为电渗析。电渗析水处理是一种电化学除盐方法。它在直流电场的作用下，利用阴、阳离子交换膜对溶液中阴、阳离子的选择透过性，将溶液中溶质和水进行分离。

电渗析设备由阳膜、阴膜交替组成的许多水槽组成，并在两边设有通直流电的极板。

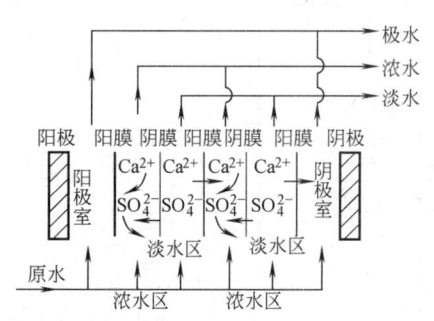

图 10-19　电渗析原理

对应一定的原水含盐量、水流速度和设备结构，通以相应的极限电流。电场作用下，水中盐类的阴、阳离子，分别向阳、阴两极移动。由于阳膜只能渗透阳离子，阴膜只允许通过阴离子。结果就使各槽中水的含盐量发生变化，使水槽相间隔地形成淡水槽和浓盐水槽。把淡水汇集引出，即得除盐水，而浓盐水则汇总排出（图 10-19）。

电渗析中电极对的数量称为"级"，将具有同一水流方向并联的膜对称为"段"。段数越多，原水所经流程越长，除盐效果越好。单段除盐率一般为 60%～75%，两段以上可达 75%～95%。

电渗析水处理不仅除盐，同时也达到了除硬、除碱的目的。但仅靠电渗析处理尚不能达到锅炉给水水质指标要求，通常作为预处理或与钠离子交换联合使用。对某些沿海城市，在每年海水倒灌期间，采用电渗析预处理除盐是一种有效方法。

电渗析和离子交换相结合的除盐技术，是在电渗析的给水室中填充以 $H^+$ 型阳离子树脂和 $OH^-$ 型阴离子树脂，类似于混床。这些树脂的再生，不是按传统工艺用酸、碱再生，而是在直流电的作用下，使水分解出 $H^+$ 和 $OH^-$ 进行连续再生。树脂是离子的导体，工作状态是连续稳定的，树脂的存在可以大大提高离子的迁移速度。显而易见，此项除盐技术不仅简化了水处理设备，出水连续，水质稳定，而且没有废酸和废碱的排放，有利于保护环境。

**二、反渗透水处理**

1. 反渗透原理及膜的特性

渗透，是一种自然发生的物理现象。把一个盛水的容器用一种特殊性能的膜隔开，该膜只允许水透过而不容许溶质透过，此膜称为半透膜。在膜的一侧注入稀溶液，而在膜的另一侧注入浓溶液，并把它们处于相同水平面放置在大气压力下，便可发现：稀溶液一侧的液面逐渐下降，而浓溶液一侧液面则逐渐升高。这表明容器中的水在自发地通过半透膜注入浓溶液中去，这种现象被称为渗透。经过一段时间后，两侧液面会各自停留在某一高度，这时浓溶液和稀溶液的液面高度差，称为渗透压，如图 10-20（b）中的 $H$ 所示。渗透压的大小与溶液的质量浓度成正比，可以通过直接测定阻止溶液透过膜流动所需施加的压力得出。

溶液通过半透膜的渗透是一个可逆过程，渗透的推动力是膜两侧溶液的质量浓度差。渗透开始时，稀溶液中溶剂

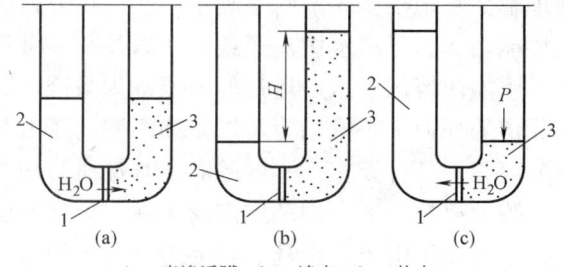

1—半渗透膜；2—淡水；3—盐水。

图 10-20　反渗透原理

（a）渗透；（b）渗透平衡；（c）反渗透

向浓溶液方向的渗透速度大于浓溶液侧的溶剂渗透速度，因此稀溶液的液面不断下降；浓溶液侧的液面则不断上升。在整个渗透过程中，因两侧溶剂量的变化，即稀溶液逐渐被浓缩，浓溶液逐渐被稀释，膜两侧的质量浓度差随之减小；加之，膜两侧溶液液面变化使压力差逐渐增大。如此，当压力差所产生的推动力与质量浓度差所产生的推动力相等时，膜两侧溶剂的渗透速度也就相等，此时渗透达到平衡状态［图 10-20（b）］。

此时，如果在浓溶液一侧的液面上施加压力 $P$，且大于 $H$，那么浓溶液一侧的溶剂向稀溶液方向的渗透速度便会大于稀溶液一侧向浓溶液一侧的渗透速度，其结果是浓溶液一侧液面下降，稀溶液一侧液面升高。这种在外加压力作用下，浓溶液中的溶剂通过半透膜向稀溶液中渗透的现象，称为反渗透。达到反渗透所需的外加压力 $P$，称为反渗透压，如图 10-20（c）所示。

由上文可见，在渗透和反渗透过程中，溶剂迁移的推动力有两个：浓、稀溶液的质量浓度差和压力差。前者是渗透的主要推动力，后者是反渗透的主要推动力。因此，半透膜两侧的质量浓度差越大，要达到反渗透的目的所需外加压力就越大。为了不致需要很高的压力来克服这种反方向的质量浓度差作用，采用反渗透水处理的原水，其溶剂的质量浓度不宜过高。

锅炉水处理（除盐）的原理就是在含有盐分的水（原水）侧施加比渗透压高的压力，使渗透向相反方向进行，把原水中的水分子渗透到另一侧变成洁净水，从而达到除去水中盐分和杂质的目的。

膜分离的驱动力除了膜两侧的压力差外，也可以利用膜两侧的电位差或质量浓度差（表 10-7），这种膜分离方法可在室温、无相变条件下进行，具有广泛的适用性。

主要膜分离种类和功能      表 10-7

| 种类 | 膜的功能 | 分离驱动力 | 透过物质 | 被截留物质 |
|---|---|---|---|---|
| 微滤 | 多孔膜、溶液的微滤、脱微粒子 | 压力差 | 水、溶剂、溶解物 | 悬浮物、细菌类、微粒子 |
| 超滤 | 脱除溶液中的胶体、各类大分子 | 压力差 | 溶剂、离子和小分子 | 蛋白质、各类酶、细菌、病毒、乳胶、微粒子 |
| 反渗透和纳滤 | 脱除溶液中的盐类及低分子物 | 压力差 | 水、溶剂 | 无机盐、糖类、氨基酸、BOD、COD 等 |
| 渗析 | 脱除溶液中的盐类及低分子物 | 质量浓度差 | 离子、低分子物、酸、碱 | 无机盐、尿素、尿酸、糖类、复基酸 |
| 电渗析 | 脱除溶液中的离子 | 电位差 | 离子 | 无机、有机离子 |
| 渗透汽化 | 溶液中的低分子及溶剂间的分离 | 压力差、质量浓度差 | 蒸汽 | 液体、无机盐、乙醇溶液 |
| 气体分离 | 气体、气体与蒸汽分离 | 质量浓度差 | 易透过气体 | 不易透过气体 |

反渗透膜一般用高分子材料制作，其表面微孔的直径在 $0.5 \sim 10nm$ 之间，其透过性与膜本身的化学结构有关。反渗透膜有非对称膜和复合膜两类。目前用于水处理的主要有醋酸纤维素膜（CA 膜）和芳香族聚酰胺膜（PA 膜）两大类。前者是一种厚度约为 $100\mu m$ 的薄膜，表面光滑，不带电荷，可减少污染物沉淀，耐氯离子氧化能力强，但除盐率较低；后者有一层薄的脱盐表层和细孔众多的衬底，可以有效除去盐类和极性有机化合物，但其水透率低。为改进它的这种性能，通常将膜制成中空纤维型，以增大其表面

积，即使在碱性溶液中，其性能也十分稳定，可保持高脱盐率。所以，它是目前锅炉给水除盐常用的反渗透膜。

2. 反渗透系统

反渗透系统由反渗透装置及其预处理和后处理三部分组成。

（1）反渗透装置

反渗透装置是反渗透系统的核心组成部分，它有框架式、管式、卷式和中空纤维式等多种类型。

框架式反渗透装置由众多的多孔隔板组合而成，每块隔板两面装有微孔支撑板和反渗透膜。在施加的压力作用下，透过膜的除盐淡水在隔板内汇聚并引出。

管式反渗透装置分内压和外压两种。前者是把膜嵌镶在管子的内壁上，含盐水在压力作用下在管内流动，透过膜的淡化水则通过管壁上的小孔向外流出；后者，反渗透膜置于管子外壁，被处理成的淡化水由管内引出。

卷式反渗透装置的结构相当于一张大而长的平片状膜将一个由多孔的支撑材料制作的平片的每一侧都覆盖起来，然后把长的边及一个端头用粘条将其密封形成信封状的"膜袋"。膜袋的开口一端则密封连接到用来接纳处理好的成品——淡水的打有小孔的管子上。配置若干这种膜袋，膜袋与膜袋之间再铺上一层隔网，最后将这种多层材料（膜/多孔支撑材料/膜/料液隔网）卷绕在中心淡水收集管上，便形成了一个卷式反渗透组件（图10-21）。将卷好的卷式组件（一般是3～6个组件串联连接）装在一个承压容器中，就成为完整的卷式反渗透装置。

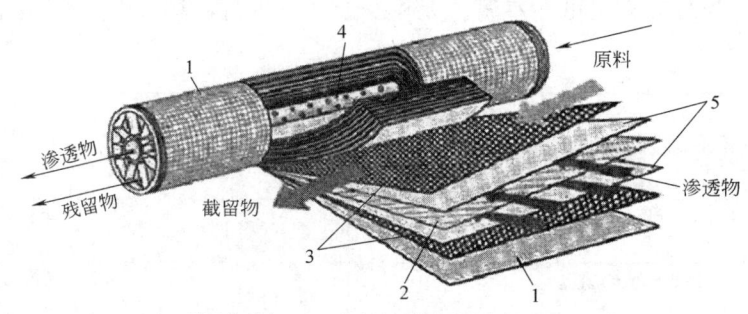

1—膜组件外壳；2—多孔渗透物（淡水）侧间隔网；
3—膜原料侧间隔网；4—中心渗透物集管；5—反渗透膜。

图10-21　卷式反渗透组件

卷式反渗透组件的单位体积中膜的表面积比率大，压力导管设计简单，结构紧凑，安装和更换方便。但它不适合用于含悬浮固体的原水，原水流动路线较短，且压力消耗大，再循环浓缩困难。

中空纤维式反渗透装置用纯中空纤维素作为反渗透膜，通常由外径为 $50\mu m$、内径为 $25\mu m$ 的芳香族聚酰胺纤维或将中空纤维弯曲成 U 形管束（几百万根），用特殊环氧树脂将开口端粘结管板，装入圆柱形的承压容器中。纤维管与环氧管板如同一个小型的热交换的管板与管束。一个透水的进水分配管沿管束轴向穿过，进水由此管引入，并通过中空纤维管束轴向流出。淡水透过纤维管壁而被收集在总管中，浓水则从围绕中空纤维管束外缘处被收集后排走（图10-22）。

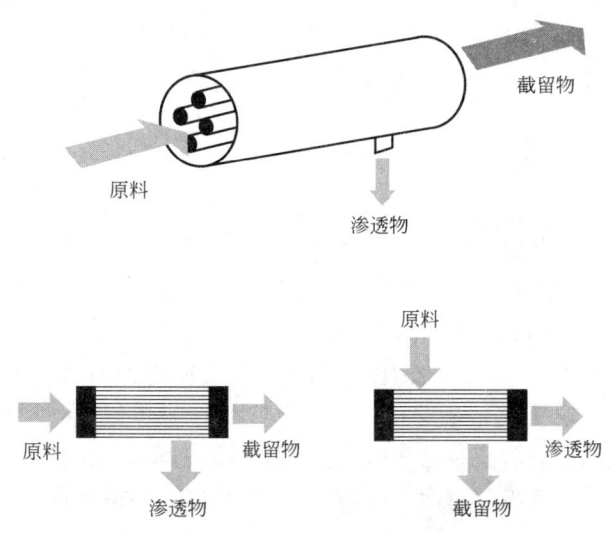

图 10-22　中空纤维式反渗透装置示意图

中空纤维式反渗透装置单位体积中膜的表面积比率大，一般可达到 $16000\sim30000m^2/m^3$，组件可以小型化；它的膜不需要支撑材料衬托，中空纤维自身具有承压能力而不会破裂。它的主要缺点是膜表面去污十分困难，待处理的液体必须经过严格的预处理；中空纤维膜一旦破损，将无法更换。

（2）反渗透预处理

各种原水中均含有一定的悬浮物和溶解性物质。在反渗透过程中，由于进水的体积在减少，悬浮颗粒和溶解性物质的质量浓度在逐渐增大。悬浮颗粒会沉积在膜上，堵塞进水流道，增大压力降；当难溶盐类超过其饱和极限时，则会从浓水中沉淀，在膜的表面结垢；降低反渗透膜的流通量，增大运行压力，并导致水质下降。这种膜面上形成沉积层的现象，即为膜污染，使反渗透系统的性能恶化。因此，需要在原水进入反渗透系统之前进行预处理，去除悬浮物、溶解性有机物、过量难溶盐分及其他对交换膜有害的物质，其目的是改善进水水质，使之达到标准规定的指标，以保证反渗透装置有效和安全经济运行。

预处理一般可分为传统预处理方法和膜法预处理。传统预处理方法包括絮凝、沉淀、多介质过滤和活性炭过滤等。随着高分子分离膜技术的发展，微滤（膜孔径为 $0.02\sim0.2\mu m$）和超滤（膜孔径为 $0.001\sim0.02\mu m$）等膜法技术也应用于预处理。

预处理的目的是防止结垢、防止胶体污染、防止微生物污染、防止有机物污染和防止膜劣化及油、脂污染等。

1）防止结垢

原水中最常见的难溶的盐类有 $CaCO_3$、$CaSO_4$、$BaSO_4$、$SrSO_4$、$CaF_2$ 和 $SiO_2$ 等，在膜表面析出固体沉淀即为结垢，防止结垢的方法是保证难溶性盐类的质量浓度不超过饱和界限。具体可采用下列措施中的一项或几项：添加阻垢剂，对于无机盐结垢，如对硫酸盐常用六偏磷酸钠（SHMP），浓水中质量浓度一般控制在 $20\sim40mg/L$，根据回水率调节；将进水软化，采用离子交换法除去多价的金属离子，也可以采用絮凝、沉淀、过滤和化学软化等方法对水进行软化处理；加盐酸或硫酸之类的酸，以降低 pH 和碳酸氢盐/碳酸盐的量，加酸时必须与进水混合均匀；降低淡水回收率，脱盐处理中一般控制在 50%～80%，以避免过高的回收率而面临结垢和急速的污染风险。

2）防止胶体污染

胶体是像黏土一样很难自然沉淀的微粒，粒径在 1nm～1μm 之间。它在水中通常带负电，因此胶体粒子间由于静电斥力作用，不会发生聚合。防止胶体污染，通常采用絮凝、介质过滤、活性炭和微滤/超滤等方法。在原水中加入絮凝剂中和胶体微粒表面的电荷，使得胶体粒子间的斥力减弱，导致容易聚集而将其除去。介质过滤可以有效去除进水中的悬浮物，降低浊度和污泥密度指数（SDI）。它分缓速过滤和急速过滤两类，选择滤速时根据原水水质的不同可以有所变化，如地下水胶体含悬浮物量少，可选用较高的滤速，对于污染较严重的地表水，滤速则不能太高。活性炭可以吸附溶解性有机物以及游离氯和臭氧等氧化剂，它在预处理中已被广泛采用。微滤/超滤用于预处理，几乎可以完全去除不溶解的物质，明显降低了胶体和有机物、微生物的污染负荷，并可使反渗透装置的水通量提高 10%～20%，有利于系统容量的扩大；由于胶体污染减少，反渗透系统的清洗频率明显降低。

此外，为了防止给水管道和中间水箱进入污染物，通过预处理的水在进入反渗透装置前通常会设置孔径为 5μm 左右的保安过滤器。它是膜和高压泵的保护装置，是最后一道预处理。再者，进水还要进行除铁除锰，铁比锰更容易污染反渗透装置。所以，在进入反渗透装置前要对原水进行氧化，使 $Fe^{2+}$ 转变为 $Fe^{3+}$，然后使用过滤器去除。

3）防止微生物污染

原水中的微生物会在反渗透膜表面沉降、凝结，形成一层生物膜。当此生物膜达到并超过一定厚度时，便会对膜产生污染，致使原水侧通道阻力增加，系统运行的压力随之降低，从而导致系统的脱盐率下降。因此，需要采用药品进行杀菌消毒。目前用于预处理的杀菌消毒药品主要有：氯——效果好，易于实施和管理而被广泛应用；二氧化氯——物理、化学性质不稳定，无法贮存，通常是在现场通过反应生成 $ClO^-$ 直接使用；氯胺——氨水和氯的混合物，是一种非氧化性杀菌剂，但使用时要注意，膜的耐氯胺能力会在低 pH、高温和有过度金属存在时明显下降。此外，也有采用臭氧和紫外线进行杀菌消毒的。

4）防止有机物污染

原水中有机物的成分最为复杂，主要来源于天然腐殖有机物和工业废弃物污染形成的有机物。有机物污染反渗透膜时，往往会非常牢固地吸附在膜表面，难以清洗除去。当原水的有机物质量浓度（TOC）达到 5mg/L 时，就必须采取去除措施。一般来说，应尽量在絮凝、澄清和氧化等预处理工艺过程中将大部分有机污染物去除或分解软化，如仍无法满足进水水质要求，则可以采取通过活性炭过滤器、有机物清扫器或超滤设备予以进一步去除，以最终满足反渗透系统的进水水质要求。

5）防止膜劣化及油、脂污染

膜劣化主要是受物理或化学作用发生不可逆的细微构造或分子构造变化——损伤，导致膜的性能下降。当反渗透膜有损伤时，通常可采用膜制造厂提供的修复液进行修补。

原水中油和脂的存在均会使反渗透膜在运行过程中发生化学降解，并引起膜性能的退化。同时，油、脂的附着容易引起其他污染物在膜表面滞留，引起膜的其他污染。所以，当进水中的油和脂的质量浓度在 0.1mg/L 以上时，应根据具体情况选择油水分离器、化学凝聚、活性炭吸附过滤或超滤膜分离等工艺予以去除。

(3) 反渗透后处理

经由反渗透装置处理后的水，如水质仍达不到水质指标的要求，则需要进一步进行处理，这就是反渗透后处理或称精处理。反渗透后处理的内容、形式和深度主要取决于水的用途。如饮用水，常需要严格的消毒灭菌，或减轻腐蚀，保护输送管道；锅炉给水，主要除盐，除盐率可达 95％。对于高压和超高压锅炉，要求给水完全除盐，即需要进一步除盐（含除硬度及除硅）和调节 pH。

锅炉给水除盐后处理，基本上有两种系统。其一为混床（离子交换法），这是传统的系统，主要设备是混床，也可采用阴、阳离子交换复床。在处理过程中，常用氨水调节 pH。其二为 EDI 系统，也称连续电除盐系统。它科学地将电渗析技术和离子交换技术融为一体，通过阴、阳离子膜对阴、阳离子的透过作用以及离子交换树脂对水中离子的交换作用，在电场的作用下实现水中离子的定向迁移，从而达到深度净化除盐的目的。同时，通过水的电解产生的氢离子和氢氧根离子对装填在离子交换器中的树脂进行连续再生。由此可见，EDI 系统制水过程中是无需用酸、碱化学药品进行再生的，即可以连续电除盐制备出高品质超纯水。这种后处理系统具有技术先进、结构紧凑和操作简便的特点，它的出水水质佳且水质十分稳定。

目前，应用反渗透技术的关键是研制价格便宜、性能优良，且能长期承压无损的反渗透膜。我国自 21 世纪开始掌握自主反渗透膜生产技术。膜分离技术因其独特的性能，已广泛应用于电力、电子、化工、医药、食品和科学实验等领域，应用前景十分广阔。

# 第八节　锅内水处理

当锅炉水质指标维持在某一个特定值的范围内，锅水中的钙、镁盐类会在深处达到饱和状态而形成另一种沉淀——水渣沉淀。锅内水处理，就是通过向锅炉给水投加一定数量的软水剂（防垢剂），使锅炉给水中的结垢物质转变为水渣，然后通过排污将水渣排出，从而达到减垢或防止水垢形成和防腐蚀的目的。这种水处理方法主要是在锅内进行，所以称为锅内水处理。它是小型低压锅炉常用的一种水处理方法，也用于中、高压锅炉作锅外水处理后的补充处理，即锅内校正处理。但必须对锅炉的结垢、腐蚀和水质加强监督，认真做好排污和清洗工作。

锅内加药水处理的药剂，常用的为钠盐〔氢氧化钠（火碱）、碳酸钠（纯碱）和磷酸三钠〕，也有投加柞木、烟秸、橡椀烤胶和石墨的。

## 一、钠盐法

钠盐法，俗称加碱法，其原理与石灰-纯碱法类似。纯碱进入汽锅后水解，使锅水中 pH 提高到 10.5 以上，并保持锅水中过剩的 $CO_3^{2-}$。原水中碳酸盐硬度在锅内自身受热分解，在碱环境中生成疏松的碳酸钙随排污排出。水中非碳酸盐硬度可与 $Na_2CO_3$ 解离生成的 $CO_3^{2-}$ 和水解生成的 $OH^-$ 结合，分别反应生成碳酸钙和氢氧化镁的水渣排出锅外。锅水中 $Ca^{2+}$ 质量浓度的降低，就会减少 $CaSO_4$，$CaSiO_3$ 等硬垢的产生。但由于锅水中压力不同，碳酸钠部分水解成氢氧化钠，当锅炉压力超过 1.5MPa，$Na_2CO_3$ 的水解程度很高，就不能保持一定的 $CO_3^{2-}$ 质量浓度。此时，锅内加碱采用磷酸三钠以代替碳酸钠和氢氧化钠的作用，其反应式如下（以钙硬度为例）：

$$3Ca(HCO_3)_2 + 2Na_3PO_4 = Ca_3(PO_4)_2 \downarrow + 3Na_2CO_3 + 3CO_2 \uparrow + 3H_2O$$

$$3CaSO_4 + 2Na_3PO_4 = Ca_3(PO_4)_2 \downarrow + 3Na_2SO_4$$

$$3CaCl_2 + 2Na_3PO_4 = Ca_3(PO_4)_2 \downarrow + 6NaCl$$

所形成的磷酸盐能增加泥渣的流动性，容易随排污水排出，不致附着在金属表面上变成二次水垢。此外，在汽锅金属内表面上，磷酸盐会形成保护膜，能防止腐蚀。

磷酸钠的加药量可按反应式计算，并保持一定的过剩量，用磷酸根（$PO_4^{3-}$）质量浓度来表征。

加药时可将碱加入给水系统中，随给水直接进入汽锅，或先将碱在溶碱罐中溶解，并加热至 70～80℃ 后再压入汽锅。前者操作简便，后者的反应效果较好。

此外，采用加碱法水处理后，必须切实做好排污工作，不然会产生汽水共腾或堵塞排污阀等事故。

磷酸三钠的价格比碳酸钠高，所以在小容量低压锅炉中它通常与其他防垢剂配合使用或制成复合防垢剂使用。

**二、有机胶法**

国内常用的橡椀栲胶、柞木、烟秸都属于有机胶体之类。柞木中含有单宁、磷酸化物及醋酸化物；烟秸中除含尼古丁外，也有单宁、磷酸盐、有机酸等。单宁就是有机胶，磷酸化物、醋酸化物都能除硬度。它们的加药量是根据运行经验而定的。

有机胶溶于水呈胶体状态，进入汽锅后有如下作用：

（1）单宁能与水中 $Ca^{2+}$，$Mg^{2+}$ 生成络合物，阻止锅水中的钙、镁离子形成水垢；同时，单宁有凝聚作用，使沉淀物形成水渣。

（2）单宁在汽锅金属表面生成单宁酸铁保护膜，使金属表面与形成水垢的盐类之间的静电吸引作用减弱或消失，抑制盐类在金属表面的积聚。

（3）单宁容易氧化，尤其在碱性锅水中，更易吸氧，减少氧对金属锅壁的腐蚀。

**三、复合防垢剂**

前已述及，在实际使用中，往往将磷酸三钠、氢氧化钠、碳酸钠及栲胶配合使用，组成复合防垢剂。表 10-8 所示为我国铁道机车锅炉水处理通常使用的复合防垢剂。

我国铁道机车锅炉水处理常用的复合防垢剂（单位：g/t）　　　　　表 10-8

| 药剂种类 | 给水硬度（mmol/L） | | | |
|---|---|---|---|---|
| | ＜1.8 | 1.8～3.6 | 3.6～5.4 | 5.4～7.0 |
| 磷酸三钠 | 10 | 15 | 20 | 25 |
| 氢氧化钠 | 10 | 20 | 30 | 10 |
| 碳酸钠 | 30 | 30～60 | 60～90 | 90～120 |
| 栲胶 | 5 | 5 | 5 | 5 |

国内铁路、化工等部门采用的新型阻垢剂大多为有机物，主要有腐殖酸钠、有机磷酸盐和聚羧酸盐等。此外，在某些地区也有采用石墨法水处理的，它利用石墨粉末吸附原理来减少二次水垢的形成。

除了上述锅内加药水处理以外，还有一种锅内水处理叫物理水处理。

物理水处理是防垢、阻垢的另一类方法，其特点是不用添加任何药剂来参与化学反应而达到清除原水中硬度或改变水中盐类的结垢性质。

物理水处理的方法有热力软化法、磁化法和高频水性改变法等。

热力软化法是指在锅筒内装设锅内热力软化装置，利用水受热后重碳酸盐分解而将其清除。用这种方法处理，锅内会有沉淀，也仅能消除重碳酸盐硬度，而且还有二氧化碳产生，现已很少采用。

物理水处理是不用加药产生化学反应的方法，而是采用物理方法来达到消除水中硬度或改变水中硬度盐类的结垢性质。常用的物理水处理方法有磁化法和高频水性改变法两种。

磁化法是指将原水流经磁场后，使水中钙、镁盐类在锅内不会生成坚硬水垢，而成松散泥渣，能随排污排出。

关于磁化法处理的原理，也有不少说法，至今未有统一结论。其中较多的说法是：水中钙、镁离子受磁场作用后，破坏了它们与其他离子之间静电吸引的状态，而导致其结晶条件的改变。

外磁式磁水器具有体积小、质量轻，单件或多件组合使用，可适用于不同管径管道等优点，而且使用时不需停产就可安装。由于它安装在管道外部，水中杂质及管道铁锈等导磁物质都不会影响磁水器的正常工作。

使用磁水器时，必须加强锅炉排污，控制磁水器中的水速，给水要均匀连续地送入锅炉。

高频水性改变法与磁化法水处理的原理相同，只是使原水流经高频电场。

# 第九节　锅炉金属的腐蚀

锅炉金属的腐蚀包括锅炉给水系统的腐蚀和锅炉本体的腐蚀两方面，对于小容量低压锅炉，蒸汽系统的腐蚀比较少见。

金属腐蚀可以是整体的，也可以是局部的；可以是均匀的，也可以是不均匀的。均匀腐蚀是大致以同一腐蚀速度进行腐蚀，金属厚度的减薄程度大致相同。不均匀腐蚀则不同，有的地方金属变薄的速度比另一些地方快得多，常常会形成局部凹坑，严重危害锅炉运行的安全。

## 一、锅炉金属的腐蚀原理

金属表面与其周围介质发生化学或电化学作用而遭到破坏的现象称为腐蚀。在化学腐蚀过程中是没有电流产生的，是纯粹的化学反应；在电化学腐蚀过程中则有电流产生。

在汽锅内，由于存在氧气和二氧化碳而产生的气体腐蚀是一种化学腐蚀，其化学反应如下：

$$Fe + 2H_2O = Fe(OH)_2 + H_2$$
$$2H_2 + O_2 = 2H_2O$$
$$4Fe(OH)_2 + O_2 + 2H_2O = 4Fe(OH)_3 \downarrow$$

$Fe(OH)_2$ 会附于金属表面，呈紧密的保护膜，但它是不稳定的；而三价铁的氢氧化

物 $Fe(OH)_3$ 则是沉淀物，会使金属表面继续腐蚀。

当水中同时存在二氧化碳时，会与水中的二价铁氢氧化物反应并生成重碳酸铁，即：

$$Fe(OH)_2 + 2CO_2 = Fe(HCO_3)_2$$

重碳酸铁与水中的氧继续反应，又形成三价铁的氢氧化物沉淀，即：

$$4Fe(HCO_3)_2 + 2H_2O + O_2 = 4Fe(OH)_3 \downarrow + 8CO_2$$

游离出来的二氧化碳又会重新与 $Fe(OH)_2$ 化合，使腐蚀持续进行，直至水中的氧气消耗殆尽。

此外，锅炉的给水和锅水都是电介质，而锅炉的金属壁不可能都是纯铁，总会带有杂质，在纯铁与杂质界面之间就会产生电位差。在纯铁部分放出电子成为阳极，铁离子就会不断溶到电介质的锅水中去；金属壁的杂质部分就成为阴极，其得到电子会与锅水中的离子（如 $H^+$）结合而不断除去（图 10-23）。

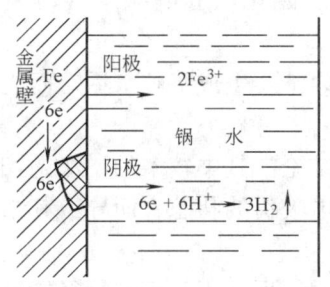

图 10-23　锅炉电化学腐蚀

如果腐蚀产物铁离子 $Fe^{3+}$ 聚积在阳极，或电子聚集在阴极不能扩散而堆积起来，则使两极之间的电位差减小，电流强度降低，会导致腐蚀过程减慢或停止。这种现象称为"极化"；反之，如果消除极化现象就称"去极化"，使腐蚀过程加快进行。

水的 pH、溶解气体（氧和二氧化碳）和碱度都会改变极化现象，从而影响腐蚀过程。

如果水的 pH 小于 7 时，水中有较多的氢离子 $H^+$，它对阴极有"去极化"作用，称阴极去极化剂，即：

$$2H^+ + 2e = H_2 \uparrow$$

另外，pH＜7（呈酸性）的水，会使金属的氧化保护层溶解，使腐蚀加快。

水中的溶解氧也是阴极去极化剂，即：

$$O_2 + 4e + 2H_2O = 4OH^-$$

水中游离的二氧化碳，部分形成碳酸在水中电离，生成阴极去极化剂——氢离子，即：

$$H_2CO_3 \rightleftharpoons H^+ + HCO_3^-$$

锅水中游离的氢氧化钠是阳极去极化剂，即：

$$Fe^{3+} + 3OH^- = Fe(OH)_3 \downarrow$$

由上可见，为了避免或减轻锅炉金属的电化学腐蚀，必须控制水的 pH，并采取措施，除去水中溶解气体（氧和二氧化碳）和保持锅水具有一定碱度。

除了上述金属化学成分不纯所引起的电化学腐蚀外，金属金相组织不匀、局部变形及内应力的存在，均会形成电位差而发生电化学腐蚀。

**二、苛性脆化的抑制**

苛性脆化是锅炉金属晶粒之间的电化学腐蚀，它是由于金属构件在局部高应力作用下使晶粒和晶粒边缘形成具有电位差的腐蚀电池。此时，金属的晶粒边缘成为阳极而受到腐蚀。呈碱性的锅水中游离的氢氧化钠是阳极去极化剂，因而会使腐蚀沿着晶间发展。这种腐蚀容易发生的部位是锅筒的铆钉头及胀管口，在腐蚀初期不易被发现，但其发展速度较快，会导致汽锅开裂而爆炸，造成严重事故。

防止苛性脆化的方法，除了在制造工艺上将铆接、胀接改为焊接，及消除锅炉制造安装时的内应力外，还应从化学监督方面加以考虑，控制锅水中的相对碱度。

所谓相对碱度，是指锅水中游离的 NaOH 与溶解固形物的比值。锅水中盐类质量浓度的相对增加，它能在金属晶粒间隙中将晶粒边缘遮蔽，或因锅水在其间蒸发干涸，析出的盐分填塞晶间隙缝，使腐蚀停止。

给水进入汽锅后，随着锅水的不断汽化，使碱度和盐类质量浓度逐渐增大，但二者浓缩的倍数基本相同。因此，锅水相对碱度也可由给水的相对碱度来计算。

在锅炉运行时，为控制一定的锅水品质，必须定期或连续地排出一小部分浓缩的锅水（俗称排污）而补充给水，使锅水被"冲淡"。应该指出的是，锅炉排污只能降低锅水碱度和含盐量，而不能降低锅水中的相对碱度。所以，只有对原水进行除碱或增加锅水的含盐量才能达到降低锅水相对碱度的目的。

原水除碱方法在本章第四节中已作了介绍；要增加锅水中含盐量，可在锅内加入磷酸三钠、硝酸盐和硫酸盐等。

# 第十节　给　水　除　氧

如前所述，水中溶解氧、二氧化碳气体对锅炉金属壁面会产生化学和电化学腐蚀，因此必须采取除气措施，特别是溶解氧，它是锅炉腐蚀的重要原因之一。

锅炉给水除氧的方法，根据其原理可分物理除氧、化学除氧、理化除氧和电化学除氧等。其中，物理除氧包括热力除氧和真空除氧；化学除氧包括钢屑除氧、亚硫酸钠除氧、联氨除氧、海绵铁除氧、有机药剂除氧和树脂除氧；理化除氧有解吸除氧；电化学除氧有电解除氧等。

## 一、热力除氧

气体在液体中的溶解度，与液体的温度和这种气体在液面上的分压力有关。从气体溶解定律（亨利定律）可知，任何气体在水中的溶解度与此气体在水界面上的分压力成正比。在敞开的设备中将水加热，水温升高，会使汽水界面上的水蒸气分压力增大，其他气体的分压力降低，致使其他气体在水中的溶解度降低。当水温达到沸点时，水界面上的水蒸气分压力和外界压力相等，其他气体的分压力都趋于零，水就不再具有溶解气体的能力。

热力除氧就是把水加热到沸点，氧气在水中的溶解度急剧下降直至为零，从而将其除去的一种方法。热力除氧不仅除去水中的溶解氧，而且同时除去其他溶解气体（如二氧化碳等）。软水中残余的碳酸盐碱度也会在热力除氧器加热时发生分解反应生成二氧化碳而逸出，使水中碱度有所降低。

供热锅炉给水热力除氧大多采用大气式热力除氧器，即除氧器内的压力较低，一般为 0.02MPa（表压力）。在此压力下，水的饱和温度为 102～104℃。压力略高于大气压的目的是便于使除氧后的气体排出除氧器，且不会使外界空气倒吸入除氧器内。为防止超压，设置了水封式安全阀。

热力除氧器的结构从整体上可分为两部分，上部为脱气塔（俗称除氧头），下部是贮水箱，其系统如图 10-24 所示。

脱气塔内要完成软水的加热和除气两个过程。将水分散成细微水流或微细水滴，增大汽水界面面积，以利于水的加热和气体的解析。此外，要设法维持足够的沸腾时间并及时排出从水中分离出来的气体。

目前推荐使用的是大气式喷雾热力除氧器，如图 10-25 所示。软水经喷嘴雾化，呈微粒向上喷洒，与塔顶上进汽管进入的蒸汽相遇，达到一次加热和除气的目的；当水往下落时，又与填料层相接触（以 Ω 形填料效果最佳），水在填料表面呈水膜状态，蒸汽向上流动，在填料层中与水膜接触，进行二次除氧，从而使软水中含氧量降至 $7\mu g/L$ 以下。

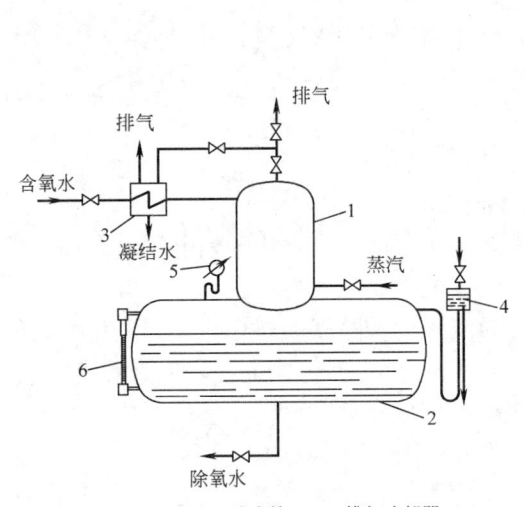

1—脱气塔；2—贮水箱；3—排气冷却器；
4—安全水封；5—压力表；6—水位表。

图 10-24　热力除氧器结构图

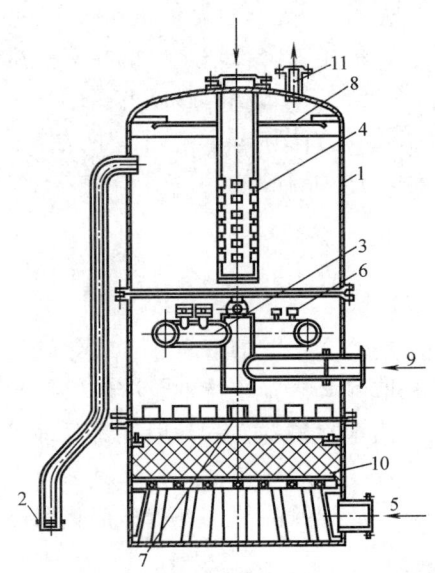

1—壳体；2—接安全阀；3—配水管；4—上进汽管；
5—下进汽管；6—喷嘴；7—淋水盘；8—挡水板；
9—进水管；10—Ω 形填料；11—排气管。

图 10-25　大气式喷雾热力除氧器

贮水箱储存一定量的给水，其容积通常为 0.5～1.5h 的锅炉给水量。为了提高除氧效果，贮水箱底部装有再沸腾用的蒸汽管，蒸汽从细孔喷出。使贮水箱中的水处于饱和温度，残剩气体能继续逸出，为此水箱水位不宜过高，以留有一定的散气空间。

另外，为回收从除氧器脱气塔顶部随气体一起排出的蒸汽热量，还设置了排汽冷却器。

在除氧器运行中应采用自动调节装置，控制汽量与水量的比例，以保证水的加热沸腾和除氧。

大气式喷雾热力除氧器的进水不需预热，除氧效果好，能适应负荷和水温的较大变化，而且结构简单，便于维修。

**二、真空除氧**

真空除氧与热力除氧的原理相似，所不同的是它利用低温水在真空状态下达到沸腾，使气体溶解度接近于零，从而达到除氧和减少锅炉房自用蒸汽的目的。

除氧器的真空可借蒸汽喷射泵、水喷射泵或水封式真空泵来实现。当除氧器内真空度保持在 80kPa，而相应的水温为 60℃时，水的溶解氧含量可降至 0.05mg/L，达到供热锅炉给水标准。

真空除氧的关键是控制水温和所需的真空度。一般应使水温高于除氧器内压力下的饱和温度 3～5℃，唯有如此才能保证有效除氧。另外，整个系统应严密不漏气，管道尽可能采用焊接，法兰间用胶垫为好，以保持良好的密封性能。真空除氧器在运行时，除氧水箱内的水位波动会影响到真空度的变化，为此还要控制除氧水箱的水位，以保持真空度稳定。

与大气式喷雾热力除氧相比，真空除氧不耗用蒸汽；锅炉给水温度低，便于充分利用省煤器，降低锅炉排烟温度。但它也与热力除氧一样，需要考虑给水泵的气蚀问题，为此除氧水箱必须放在较高的位置，这给小型锅炉房的布置带来一定的困难。

### 三、解吸除氧

解吸除氧是将不含氧或含氧极少的无害气体（如氮气、二氧化碳等）与要除氧的软水强烈混合，由于不含氧气体中的氧分压力为零，软水中的氧扩散到无氧气体中去，从而降低软水的含氧量，以达到除氧的目的。

解吸除氧装置如图 10-26 所示。水泵以 0.4～0.5MPa 的压力将软水送至水喷射器，靠后者的引射作用把由反应器来的气体（氮气＋二氧化碳）吸入，并与水强烈混合。此时，溶解于水中的氧开始向气体中扩散，并经扩散器和水气混合管进入解吸器（除气筒），在其中进行气和水的分离；挡板用以改善分离过程，减少水分的携带。含氧气体（氮气＋二氧化碳＋氧气）经解吸器通往单独设置的电加热的反应器。反应器内盛有催化脱氧剂，反应器内的温度为

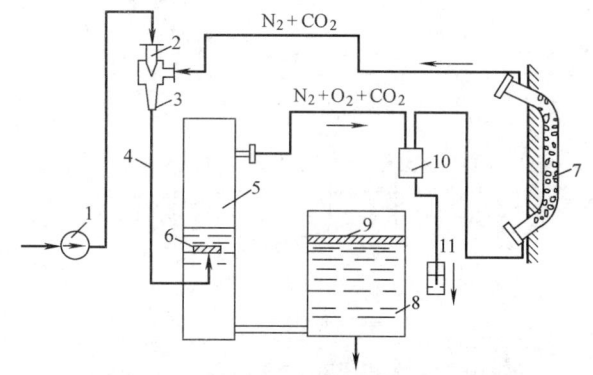

1—水泵；2—水喷射器；3—扩散器；4—水气混合管；
5—解吸器；6—挡板；7—反应器；8—给水箱；
9—浮板；10—水分离器；11—水封箱。

图 10-26　解吸除氧装置

250℃，在此温度下，含氧气体与催化脱氧剂相遇并发生反应，生成二氧化碳，从反应器出来的是不含氧气体，它被水喷射器吸走循环使用。如此周而复始地进行上述的除氧过程。

除氧后的水由解吸器流入给水箱；为减少水与空气的接触，给水箱内放有浮板，将整个水箱内的水面盖住，或采用蒸汽封住水面。气体通向反应器的管路上装有水分离器，它可将气体带出的水滴分离出来，并经水封箱排掉。

解吸除氧装置简单，设备耗钢量少，成本低。每消耗 1kg 木炭能除去水中氧气 520g，对处理水量为 10t/h 的装置，每昼夜仅消耗 7～8kg 木炭，因而运行费用低。除氧后给水温度低，锅炉省煤器效用大。

影响解吸除氧效果的因素很多，例如，反应器周围温度、木炭含水量、负荷变化、水压、水温、解吸器水位波动等，若调整不好，会影响除氧效果。

### 四、化学除氧

常用的化学除氧有钢屑除氧、海绵铁除氧和亚硫酸钠除氧等。

1. 钢屑除氧

钢屑除氧用的是切削下不久的钢屑，先用碱液漂洗去油污，经热水冲洗干净后再用硫酸溶液处理，使其表面容易氧化。处理后的钢屑装入钢屑除氧器中，并将其压紧密实。

钢屑除氧是使含有溶解氧的水流经钢屑过滤器，钢屑与氧反应，生成氧化铁，达到水被除氧的目的，其反应式为：

$$3Fe + 2O_2 = Fe_3O_4$$

水温越高，反应速度越快，除氧效果越好，水与钢屑接触时间越长，反应效果越佳。水和钢屑接触所需接触时间又与水温有关，见图 10-27。

根据运行经验，除氧水温为 70～80℃ 时，水和钢屑接触所需接触时间为 3～5min。在进水含氧量为 3～5mg/L 时，钢屑除氧器中水流速度一般为 15～25m/h。

钢屑的压紧程度也影响着除氧效果，压得越紧，与氧接触得越好，但水流阻力增加，钢屑装填密度一般为 $1000～1200kg/m^3$，在上述水流速度范围内，水流阻力为 2～20kPa。

钢屑除氧器如图 10-28 所示，一般布置在给水泵的吸入侧，适用于小型锅炉。

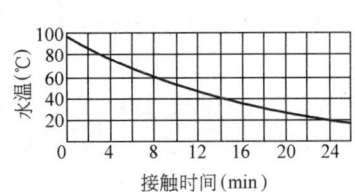

图 10-27 水和钢屑所需的接触时间与水温的关系

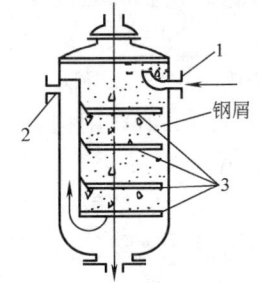

1—进水口；2—出水口；3—有孔隔板。

图 10-28 钢屑除氧器

钢屑除氧器设备简单，运行费用低。但水温过低或氢氧根浓度过高，钢屑表面因有钾、钠盐存在而钝化，都会使除氧效果降低，同时更换钢屑的劳动强度也较大。一般情况下钢屑除氧可使水中含氧量降为 0.1～0.2mg/L。

2. 海绵铁除氧

海绵铁为原生矿直接还原所得的一种除氧剂。它有若干个粒度级别，粒度范围为 0.5～15mm，松装密度为 $2.0～2.6t/m^3$，其成分主要是铁，海绵状多孔的结构所能提供的比表面积是普通钢屑的 5 万～10 万倍，高达 $80m^2/g$ 以上。它不仅为水中溶解氧提供了极大的反应空间，而且活性很高，极易与水中氧发生氧化反应，从而保证出水溶解氧质量浓度低于 0.05mg/L，其化学反应式为：

$$2Fe + 2H_2O + O_2 = 2Fe(OH)_2$$

$Fe(OH)_2$ 吸附在海绵铁颗粒上，但它在含氧水中是不稳定的，进而将被氧化为 $Fe^{3+}$ 的化合物，反应式为：

$$4Fe(OH)_2 + 2H_2O + O_2 = 4Fe(OH)_3$$

除氧反应物 $Fe(OH)_2$，$Fe(OH)_3$ 为不溶于水的黄绿色絮状沉淀，当它随水流流经海绵铁颗粒滤层时会被截留下来，其积累到一定程度时，用一定强度的反洗水即可将它冲洗干净（约5min），恢复到初始的除氧能力。

海绵铁除氧，海绵铁的消耗量很小，根据处理的水量和水质的不同，一般3～6个月补充一次即可。经海绵铁除氧后的水中会增加少量的铁离子，一般为0.2～5.0mg/L。它符合热水锅炉的给水水质要求，但对于蒸汽锅炉或对给水铁离子有严格要求的用户，则需加装除铁装置，去除水中的铁离子，以保证锅炉给水的水质。为了提高除氧效果，运行程序通常是先软化，后除氧。

海绵铁除氧器首次装料前，应先注入约1/2容积的软水或除盐水，然后再装入海绵铁，以防止空气进入滤层和滤料碎末进入出水系统。装入海绵铁后，应进行反洗至排水变清，再经正洗至出水水质合格后方可转入制水（除氧运行）。当滤层高度低于0.8m时，应补充海绵铁至1m，正常情况下，一般连续运行3～6个月即需补充一次。填充海绵铁时，应停止除氧器运行；填补后要进行反洗，以冲洗掉新填补进的滤料中的碎末。除氧水管道和除氧水箱应采取密闭隔氧措施，防止与空气接触。

与热力除氧、真空除氧相比，海绵铁除氧的技术特点为：可在常温下实现除氧，进水不需要加热，节约能源；安装位置无特殊要求，可以低位布置，工艺简单，降低了建筑高度，节约基建投资；系统可以随时启动供水，且除氧效果稳定可靠，出水中溶解氧质量浓度小于或等于0.05mg/L，符合低压供热锅炉水质标准。此外，它可以实施自动化操作，依据运行时间和工作压降自动进行反洗，及时的反冲清洗消除了除氧剂结团，降低水耗，使设备始终处于良好的运行工况。若设备采用双罐结构或单罐双腔结构，则可以做到连续产水；如果进水压力足够，即使在反洗时也无须中断供水，使后续系统的工作更加稳定可靠。

3. 亚硫酸钠除氧

药剂除氧是向给水中加药，使其与水中溶解氧化合成无腐蚀性物质，以达到给水除氧的目的。常用的药剂为亚硫酸钠（$Na_2SO_3$），它是白色或无色晶体，是一种较强的还原剂。亚硫酸钠与水中溶解氧发生的氧化还原反应如下：

$$2Na_2SO_3 + O_2 = 2Na_2SO_4$$

加药量可根据反应式计算，每除1g氧需耗无水亚硫酸钠8g；如用含结晶水的亚硫酸钠，则需16g。实用上，处理每吨水的加药量要比理论耗量多3～4g。在使用时，将$Na_2SO_3$配制成2%～10%的溶液，用活塞泵打入给水管道的吸入侧或直接滴入给水箱中。

亚硫酸钠除氧反应时间的长短取决于水温，通常要求水温保持在40℃以上，不然反应速度缓慢且出水达不到水质标准。若在亚硫酸钠中加入少量催化剂，如硫酸铜、硫酸锰和氯化钴等，可明显提高除氧反应速度，即便常温下运行，除氧水的含氧量也可达到标准规定的要求。

亚硫酸钠易于氧化，长期与空气接触会氧化为硫酸钠而丧失除氧能力。因此对它必须妥善保管，以免变质失效。另外，这种除氧方法只适用于低中压锅炉，当锅炉工作压力大于6MPa时，亚硫酸钠就会分解为$SO_2$和$H_2S$，就没有任何除氧能力了。

反应时间的长短取决于水温，在水温为40℃时，反应时间约3min；水温为60℃时为2min。

亚硫酸钠除氧法装置简单，操作方便，适用于小型锅炉，尤其对闭式循环系统的热水锅炉、补充水量不大时，用亚硫酸钠除氧比较合适。

4. 电化学除氧

电化学除氧是利用电解原理，人为地在除氧器中使一种金属（常用的是铝）发生电化学腐蚀，当水流经除氧器时将水中溶解的氧消耗殆尽，以达到除氧的目的。

这种除氧器的外壳呈方形，其内装有很多交错平行的阴、阳极板。阴极为铁板，与直流电源负极相连；阳极为铝板，与正极相接。接通直流电源后，电化学除氧器即可投入工作，处理的水的温度以 70℃ 左右为最佳，不宜低于 40℃。

电化学除氧器虽结构简单，操作方便，但铝板电极易形成片状沉淀物，阻碍水流通过，而且除氧器自身也易腐蚀和变形。

**五、树脂除氧**

上述除氧方法基于化学和物理化学原理，自 20 世纪 60 年代以来，发达国家致力于研究开发树脂除氧技术，除了某些特殊场合保留热力除氧（如电厂）和真空除氧（如海水除氧）外，化学除氧采用氧化还原树脂，物理化学除氧则采用膜分离除氧。

1. 氧化还原树脂除氧

氧化还原树脂又名电子交换树脂，它是一种带有能与周围活性物质进行电子交换，发生氧化还原反应的树脂。当软化水或脱盐水流经氧化还原树脂层时，水中的氧与树脂上的活性氢发生化学反应生成水而放出氮气，除去了水中的溶解氧。通过树脂层的水流速度，一般控制在 15m/h 左右。当除氧系统运行一段时间后，氧化还原树脂上提供活性氢的铜肼配位功能团的活性，此时可以使用水合肼再生。在再生过程中，树脂中的 $Cu^{2+}$ 会被氧化为 $CuO$，导致树脂中的 $Cu^{2+}$ 损失，其结果是使氧化还原树脂的活性降低，严重时甚至会丧失活性。所以，在氧化还原树脂工作一段时间（一般为 16h）后，需要定期加入定量的硫酸铜溶液，增补树脂中的 $Cu^{2+}$，以恢复氧化还原树脂的活性。

氧化还原树脂除氧技术对工作温度没有特殊要求，它可以在常温条件下除氧，如此就不消耗热量和动力，不泄压；无自耗水，可零排放，是一项节能减排的先进技术。尤为可贵的是除氧效果好，除氧水中的残留氧的质量分数最低可达到 $2×10^{-9}$。此外，氧化还原树脂除氧操作简单，不带进任何杂质，对运行设备没有任何副作用，且除氧成本十分低，适用于纯水、软化水及除盐水的除氧。

2. 催化树脂除氧

催化树脂又称触媒型树脂，是以有坚实骨架结构的强碱型阴离子交换树脂为载体，再将贵金属——钯（Pa）粒子牢固地覆盖在表面，成为有催化性能的树脂。在有溶解氧的水中充入比把溶解氧完全反应略微过量的氢气后，将含有溶解氢和溶解氧的水通往催化树脂反应罐，在金属钯的吸附和催化下发生如下反应：

$$O_2 + 2H_2 \xrightarrow{Pa} 2H_2O$$

从而将水中的溶解氧除去，且并无其他任何杂质产生。

催化树脂除氧时，运行流速很高，一般为氧化还原树脂的 2～4 倍，因此此型除氧器罐体很小，占地面积小且无须高位布置。只要有良好完善的加氧装置，不需要其他操作，运行简单。已知原水中溶解氧一般在 8mg/L 以下，最多也不超过 14mg/L，按质量计算氧和氢的当量比为 8:1，所以加氢量很小，加氢的费用很低，其运行费用只有真空除氧的 20%～30%。

催化树脂除氧在常温下运行，不需用蒸汽，因而应用范围很广，既可用于蒸汽锅炉除氧，也可用于热水锅炉除氧。即使在低温、不同含盐量的水质条件下，充氢溶氧水只要在催化树脂层中滞留 30s，即可取得满意的除氧效果。在国外，催化树脂除氧技术早已在核电站、核潜艇及航空母舰的核动力设备上用于水的除氧。

3. 膜分离除氧

膜分离除氧是一种物理化学除氧的方法。它的除氧原理是根据中空纤维膜具有良好的疏水性和透气性，用数以万计的中空纤维管制作成一个膜组件，可使膜管内外形成彼此隔离的空间。当组件中膜管的一侧空间通水，另一侧空间抽空时，由于渗透压的作用，水中所含的溶解氧便从水侧透过膜管皮层向真空侧扩散，穿透出的氧气不断被真空泵抽出。

膜分离除氧技术可在常温下实施，运行方式灵活；除氧费用低，效果好，且可实现全自动运行。另外，它对厂房、设备基础和安装等均无特殊要求。

# 第十一节　锅炉排污及排污率计算

在锅炉运行中，给水带入锅炉的杂质很少被蒸汽带出，绝大部分留在锅水里。随着锅水的浓缩，当其中的含盐量或含硅量超过水质标准的规定值时，必须进行排污——从锅内不断地排除含盐量较高的锅水和沉淀的水渣，同时补充入相同数量含盐量低且清洁的给水，以减缓或防止水垢生成，避免锅内产生泡沫或汽水共腾，影响蒸汽品质和锅炉的正常运行。

## 一、锅炉排污

锅炉排污的方式有连续排污和定期排污两种。

连续排污是排除锅水中的盐分杂质。由于上锅筒蒸发面附近的盐分质量浓度较高，所以连续排污管就设置在低水位下面，习惯上也称表面排污。为了减少因排污而损失的锅水和热量，《锅炉安全技术规程》TSG 11—2020 规定，总蒸发量大于或等于 10t/h 的锅炉房应当配置连续排污扩容器或排污水热交换器。排污水进入扩容器，因压力的骤降而蒸发，这部分由排污水汽化而产生的蒸汽被送往大气式热力除氧器加热待除氧的软水；剩下的排污水则通过表面式热交换器加热给水，冷却后的排污水排至地沟。

定期排污又叫间歇排污或底部排污，主要是排除锅水中的水渣——松散状的沉淀物，同时也可以排除盐分杂质。所以，定期排污管装设在下锅筒的底部或下集箱的底部。在每一根定期排污管上都必须装有两个排污阀。排污时，先慢慢开启紧靠锅炉的阀门，称为慢开阀；然后再开启离锅炉较远的快开阀，瞬时排污。排污结束时，注意要先关快开阀，后关慢开阀，以保护慢开阀不致损坏，更换快开阀而不必停炉。排污阀的公称通径一般为 20～65mm；卧式锅炉锅壳上的排污阀的公称通径不得小于 40mm。

锅炉排污方式和排污量是根据锅水水质来确定的，并按照水质的变化进行调整。蒸汽锅炉定期排污时，宜在低负荷时进行，同时严格监视锅炉水位和压力的变化；排污时间间隔则依据运行工况及水质化验报告确定。

## 二、锅炉排污率的计算

锅炉给水的品质直接关系到排污量的大小。给水的碱度及含盐量越大，排污量越多。

锅炉排污量的大小通常以排污率来表示，即排污水量占锅炉蒸发量的百分数。若锅炉没有回水，根据含碱量的平衡关系，排污率可由下式推演而得：

$$(D+D_{ps})A_{gs}=D_{ps}A_g+DA_q$$

式中　$D$——锅炉的蒸发量，t/h；

$D_{ps}$——锅炉的排污水量，t/h；

$A_g$——锅水允许的碱度，mmol/L；

$A_q$——蒸汽的碱度，mmol/L；

$A_{gs}$——给水的碱度，mmol/L。

因蒸汽中的含碱量极小，通常可以忽略（即认为$A_q \approx 0$）。如此，按碱度计算的排污率$P_1$为：

$$P_1 = \frac{D_{ps}}{D} \times 100\% = \frac{A_{gs}}{A_g - A_{gs}} \times 100\%$$

同样，排污率也可按含盐量的平衡关系式来计算，即：

$$P_2 = \frac{S_{gs}}{S_g - S_{gs}} \times 100\%$$

式中　$P_2$——按含盐量计算的排污率，%；

$S_{gs}$——给水的含盐量，mg/L；

$S_g$——锅水的含盐量，mg/L。

如果$A_g$（$S_g$）用锅炉水质标准中规定的锅水允许最高碱度（含盐量）的数值代入，便可求得为保持锅炉锅水的水质标准所对应的排污率。如此，分别求出$P_1$和$P_2$后，取其中较大值作为运行操作的依据。以软化水为补给水或单纯采用锅内加药处理的供热锅炉的排污率应不大于10%；以除盐水为补给水的，不大于2%。电站锅炉正常排污率：以除盐水为补给水的凝汽式锅炉不大于1%，供热式锅炉不大于2%；以软化水为补给水的供热式锅炉不大于5%。若超过这一较经济的排污率，则应改进水处理工艺或另选水处理方法，以提高锅炉给水水质，降低排污率。

在供热系统中应尽可能将凝结水回收送回锅炉房，既可减少热损失，节约能源，又可降低锅炉房给水处理的费用。当有凝结水返回锅炉房作为给水时，给水的水质如以含盐量表示，则为：

$$S_{gs} = S_b a_b + S_n a_n$$

式中　$S_b$——补给水的含盐量，mg/L；

$S_n$——凝结水的含盐量，mg/L；

$a_b$，$a_n$——补给水及凝结水所占总给水量的份额，即$a_b + a_n = 1$。

如果凝结水含盐量很少而被忽略时，则给水含盐量$S_{gs} = S_b a_b$，代入排污率计算公式后得：

$$P_2' = \frac{S_b a_b}{S_g - S_b a_b} \times 100\%$$

从节能降碳角度，这里必须提及：由于定期排污是周期性的，余热利用的价值较小，一般将它引入排污降温池后再排入下水道；但连续排污水是连续排放的，它的热量相当可观，必须采取措施加以利用。

### 复习思考题

1. 水中含有哪些杂质？如果含有杂质的水用作锅炉给水，将对锅炉工作带来什么危害？

2. 常用的水质指标有哪几个？它们的含义及单位是什么？

3. 锅炉水处理的任务是什么？供热锅炉房中常用的水处理方法有哪些？它们各自有何特点？各适用

于什么水质的处理?

4. 水中钠盐碱度和永久硬度能否同时存在? 为什么总碱度大于或等于总硬度时水中必无永久硬度? 为什么总硬度大于或等于总碱度时水中必无钠盐碱度?

5. 为什么水中氢氧根碱度及重碳酸根碱度不能同时存在?

6. 溶解固形物、灼烧余量及含盐量有无区别? 它们之间有什么内在联系?

7. 为什么锅炉给水要求 pH 大于 7, 而锅水的 pH 则控制得更高, 通常在 10～12 呢?

8. 为什么氢离子交换软化或铵离子交换软化不能单独使用, 而必须与钠离子交换软化联合使用?

9. 在并联的氢-钠离子交换系统中, 流经氢、钠离子交换器的水量分配怎样计算?

10. 为什么氢离子交换软化设备要防腐? 为什么铵离子交换软化设备不要防腐? 为什么混合式氢-钠离子交换软化水中残留碱度最大?

11. 为什么采用双级钠离子交换或逆流再生单级钠离子交换既可以降低盐耗, 又可以提高软化质量?

12. 经石灰处理以后, 水的碱度是否发生变化? 发生什么变化? 石灰处理是否可以降低锅水的相对碱度? 为什么?

13. 何谓膜分离水处理? 它基于什么原理? 有何特点?

14. 哪些水处理系统可以降低含盐量?

15. 固定床、移动床、流动床及浮动床离子交换设备的本质区别是什么?

16. 苛性脆化产生的条件有哪些? 供热锅炉防止苛性脆化的主要措施是什么? 锅炉排污能否防止苛性脆化?

17. 锅炉连续排污及定期排污的作用是什么? 在锅炉的什么部位进行? 为什么?

18. 锅炉排污量怎样计算? 怎样选定? 如果计算出来的排污量超过 10%, 这说明什么问题? 怎样才能降低排污量?

19. 排污率的大小与哪些因素有关?

20. 供热锅炉房中常用的除氧方法有哪些? 它们各有什么特点? 适用于什么场合?

21. 热水锅炉对给水水质的要求与蒸汽锅炉是否相同? 热水锅炉的水处理应着重解决什么问题? 有哪些行之有效的方法?

## 习　题

1. 某厂锅炉房某日水质化验数据如下: 总碱度为 3.9mmol/L, 总硬度为 7.7°G, 求此水的暂时硬度、永久硬度或负硬度为多少?

(暂时硬度为 2.75mmol/L=7.7°G, 永久硬度为 0, 负硬度 1.15mmol/L=3.2°G)

2. 试将某厂锅炉房锅水标准的碱度及氯根换算成 mmol/L 及 ppm, 碱度为 25～60°G, 氯根为 300mg/L。

(碱度 8.93～21.43mmol/L=447.5～1074ppm, 氯根为 8.45mmol/L=423ppm)

3. 原水的碳酸盐硬度为 5.97mmol/L, 钙离子质量浓度为 73.8mg/L, 镁离子质量浓度为 38.9mg/L, 试计算其永久硬度为多少?

(永久硬度为 2.55°G)

4. 某厂锅炉房原水分析数据如下:

(1) 阳离子总计为 155.332mg/L, 其中: $K^+ + Na^+$ 为 146.906mg/L, $Ca^{2+}$ 为 5.251mg/L, $Mg^{2+}$ 为 1.775mg/L, $NH_4^+$ 为 1.200mg/L, $Fe^{3+}$ 为 0.200mg/L。

(2) 阴离子总计为 353.042mg/L, 其中: $Cl^-$ 为 26.483mg/L, $SO_4^{2-}$ 为 82.133mg/L, $HCO_3^-$ 为 219.661mg/L, $CO_3^{2-}$ 为 24.364mg/L, $NO_2^-$ 为 0.001mg/L, $NO_3^-$ 为 0.400mg/L。

总硬度为 1.142°G, 总碱度为 4.412mmol/L, 溶解氧为 8.894mg/L, 可溶性二氧化碳为 14.000mg/

L，pH＝8.85。试求其相对碱度，并说明是否需要除碱。

（相对碱度为 0.347＞0.2，需要除碱）

5. 若锅水碱度基本保持 14mmol/L，软水碱度为 1.6mmol/L，凝结水回收率为 40%，此锅炉的排污率为多少？

（排污率为 7.74%）

6. SHL10-1.3/350 型锅炉采用连续排污，锅水标准碱度为 701.4ppm 以下，生水软化不除碱，软水碱度为 4.56mmol/L；生水软化除碱，软水碱度为 1.17mmol/L，若此厂给水中软水占 50%，问生水除碱与不除碱时，锅炉排污率各为多少？

（生水不除碱时，排污率为 19.45%；生水除碱时，排污率为 4.36%）

7. 由某厂 SZD10-1.3 型锅炉的给水水质化验可知，$HCO_3^-$ 为 195mg/L，$CO_3^{2-}$ 为 11.2mg/L，阴阳离子总和为 400mg/L，试判断给水是否需要除碱？

（按含盐量计算，排污率为 12.9%；按碱度计算，排污率为 21.73%，故需要除碱）

8. 某厂锅炉房具有两台 SZS10-1.3-WⅡ型锅炉，凝结水回收率为 40%，锅炉排污率为 5%，生水总硬度为 10.0mmol/L，锅炉给水的允许硬度为 0.03mmol/L，选用顺流再生单级钠离子交换软化设备，采用 732 号树脂作为交换剂，试计算连续工作时间、还原一次盐耗量及用水量。

（连续工作时间为 7.5h；再生时食盐单耗量取 130g/ge 时，还原一次盐耗量为 172kg；每一周期用水量为 11.3t；采用 $\phi$1000 交换器，交换剂层高度为 1.6m）

9. 某厂锅炉房设置两台 SHL20-1.3/350 型锅炉，凝结水回收率为 20%。生水水质分析如下：$Ca^{2+}$ 为 72mg/L，$Mg^{2+}$ 为 24.0mg/L，$Na^+$ 为 27.6mg/L，$Cl^-$ 为 49.7mgL，$SO_4^{2-}$ 为 96mg/L，酚酞碱度为 0.2mmol/L，甲基橙碱度（总碱度）为 3.4mmol/L，含盐量 464.3mg/L。

试求：（1）生水中 $OH^-$、$CO_3^{2-}$、$HCO_3^-$ 的碱度，分别以 mmol/L、°G、mg/L 为单位表示之。

（2）生水中暂时硬度 $H_T$、永久硬度 $H_{FT}$ 和负硬度的大小，分别以 mmol/L、°G、ppm 为单位表示之。

（3）用并联氢-钠离子交换软化，控制残余碱度 $A_c$＝0.5mmol/L，试求分别进氢、钠离子交换器水量的份额 $a_{H^+}$、$a_{Na^+}$。

（4）假定并联氢-钠离子交换软化后残余碱度全部为 $HCO_3^-$，锅水允许含盐量 $S_g$＝3000mg/L，锅水允许碱度 $A_g$＝14mmol/L，求锅炉排污率。

（5）若改用单级钠离子交换软化，求锅炉排污率，以排污率说明是否允许采用单级钠离子交换软化。

（$A_{OH^-}$＝0，$A_{CO_3^{2-}}$＝0.4mmol/L＝1.12°G＝12mg/L，$A_{HCO_3^-}$＝3mmol/L＝8.4°G＝183mg/L；$H$＝5.6mmol/L＝15.68°G＝281ppm，$H_T$＝3.4mmol/L＝9.52°G＝170ppm，$H_{FT}$＝2.2mmol/L＝6.16°G＝111ppm，负硬度＝0；$a_{H^+}$＝0.518，$a_{Na^+}$＝0.482；并联氢-钠离子交换软化，按碱度计算 $P_1$＝2.94%，按含盐量计算 $P_2$＝7.63%，单级钠离子交换软化，按碱度计算 $P_1$＝24.11%，按含盐量计算 $P_2$＝215.28%，排污率偏高，不宜采用单级钠离子交换软化）

10. 如第 6 题中的锅炉有 3 台，在生水除碱情况下运行。3 台锅炉为了回收连续排污水热量及减少工质损失，合用一个连续排污扩容器，排污扩容器在 0.1MPa（表压）下工作，锅炉连续排污，水进排污扩容器的绝对压力为 1.47MPa，排污管道热损失系数为 0.98，排污扩容器出口二次蒸汽干度为 97%，排污扩容器容积富余系数取 1.5，单位容积蒸汽分离强度取 500m³/(m³·h)，问排污扩容器能回收多少工质及热量，并选择一个合适的排污扩容器。

（回收二次蒸汽量 $D_q$＝196.9kg/h，回收热量 $Q$＝0.519×$10^6$kJ/h，选用容积 $V$＝0.75m³ 的 $\phi$670 型连续排污扩容器一台）

# 第十一章　锅炉燃料供应及除灰渣

　　燃煤输运和灰渣排除系统是燃煤锅炉房的重要组成部分。它工作的可靠程度直接关系着锅炉房的安全运行。同时，这一系统机械化程度的高低，还关系着锅炉房的基建投资、用地面积、工人劳动强度和操作条件以及环境卫生等一系列技术经济问题。因此，设计时必须给予足够重视，应根据锅炉形式、锅炉房的耗煤量和灰渣量以及场地条件等因素综合考虑，来选择和确定运煤、除灰渣系统及其设备。

　　输运、储存燃油系统是燃油锅炉房的重要组成部分，它应能适应燃油的理化特性，保证锅炉的正常运行。

　　供应、调压燃气系统则是燃气锅炉房的重要组成部分，其设计是否合理，既关系燃气锅炉安全运行的可靠性，对供气系统及相关设备的投资和运行经济性也有重要影响。

## 第一节　锅炉房运煤和除灰渣系统

### 一、运煤系统

　　供热锅炉房燃用的煤，一般是由火车、汽车或船舶运来，然后用人工或机械的方法将它卸到锅炉房的储煤场，再通过各种运煤机械把煤运送到锅炉房。运煤系统从卸煤开始，经煤场整理、输送、破碎、筛选、磁选和计量，直至将煤输送到炉前煤仓供锅炉燃用。

　　图 11-1 所示为供热锅炉房典型运煤系统示意图。

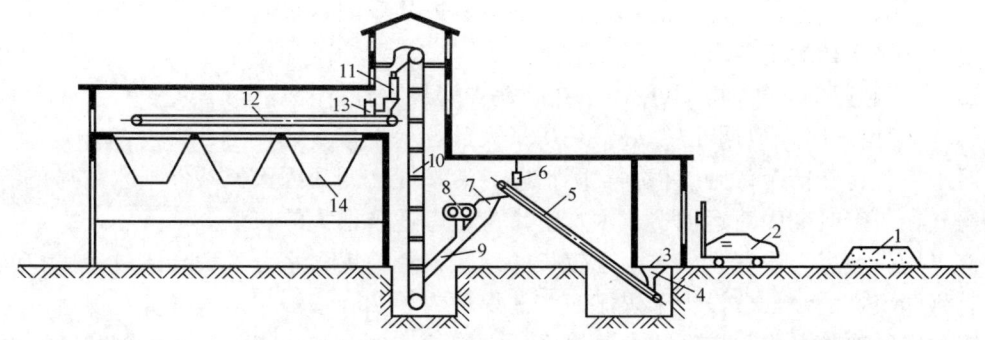

1—储煤场；2—铲车；3—栅格；4—低位受煤斗；5—斜胶带输送机；6—悬吊式磁铁分离器；7—振动筛；8—碎煤机；9—落煤管；10—多斗式提升机；11—落煤管；12—平胶带输送机；13—皮带秤；14—炉前煤斗。

图 11-1　锅炉房典型运煤系统示意图

　　室外储煤场中的煤由铲斗车运送到低位受煤斗，再由斜胶带（俗称皮带）输送机将磁选后的煤送入碎煤机，然后通过多斗提升机提升至锅炉房运煤层，最后由平胶带输送机将煤卸入炉前煤斗，皮带秤设置在平胶带输送机前端，用以计算输煤量。

　　此处尚需提及的是储煤场中煤的堆放高度一定要加以限制，堆放过高会影响煤堆中热量散发，极端情况下会引起自燃。对于不同类别的煤种，其自燃条件各不相同，煤堆的限制高度有所不同。采用机械化堆煤的储煤场，其堆煤高度则不得超过表 11-1 的规定值。

机械化储煤场堆煤高度 表 11-1

| 机械名称 | 煤堆高度（m） | 机械名称 | 煤堆高度（m） |
|---|---|---|---|
| 移动式皮带输送机 | ≤5 | 桥式抓斗起重机 | 5～7 |
| 堆煤式输送机 | 5～6 | 人工 | <2 |
| 铲车 | 2～3 | | |

1. 储煤场

为保障锅炉房安全运行，缓和由外运进煤量与锅炉房燃煤量之间的不平衡，锅炉房储煤场必须储备一定量的煤。这样，即使来煤短期中断，仍能保证供给锅炉维持正常运行。

（1）储煤场的形式

储煤场一般分露天煤场和覆盖煤场（也称干煤棚，包括储仓）两种。堆煤的几何形状大多为条形，通常由堆煤机、桥式抓斗起重机、移动式皮带输送机和装载机作为存取设备。对于小容量锅炉房，目前仍由人工操作，劳动强度大，卫生条件也差。

当锅炉房有燃用多煤种混煤要求时，储煤场需提供一定的场地，并配备混煤的机械设备。有自燃性的煤堆，应有压实、洒水或其他防止自燃的措施。

为保证常年正常工作，储煤场的地面应根据装卸方式进行处理，并应有排水坡度和排水措施；受煤沟则应有可靠的防水和排水措施。

（2）储煤量的确定

储煤场的储煤量不能仅仅依据锅炉房每台锅炉燃煤量的大小，更重要的还需根据锅炉房所在地区的天气条件、煤源的远近、交通运输方式等因素来确定。当收集资料不够完整时，也可参照设计规范要求：

1）火车和船舶运煤时，取用 10～25d 锅炉房最大计算耗煤量；

2）汽车运煤时，取用 5～10d 锅炉房最大计算耗煤量。

对于一些特殊情况，则应根据实际情况灵活掌握，例如因天气条件（冰雪封路、航道冻结等）在一定时期内对运输造成困难时，可考虑适当增大储煤量。

储煤场一般露天设置，但在雨季较长的地区，考虑煤含水分过大会造成运输和燃烧困难，宜将储煤场的一部分设为干煤棚，其储煤量为 3～5d 锅炉房最大计算耗煤量。

锅炉房一般都设集中煤仓或炉前煤仓，它们的储量应按运煤的工作班制和运煤设备检修所需的时间确定。

采用集中煤仓时：

1）一班运煤工作制为 16～18h 锅炉房额定耗煤量；

2）两班运煤工作制为 8～10h 锅炉房额定耗煤量。

采用炉前煤仓时：

1）一班运煤工作制为 16～20h 锅炉房额定耗煤量；

2）两班运煤工作制为 10～12h 锅炉房额定耗煤量；

3）三班运煤工作制为 1～6h 锅炉房额定耗煤量。

煤仓的内壁应光滑耐磨，壁面倾角不宜小于 60°，相邻壁夹角应做成圆弧形。煤仓出口的下部宜设置圆形双曲线金属小煤斗，以防止堵煤。落煤管（也称溜煤管）应做成圆形，并适当加大其倾角。

落煤管的断面积一般可按下式计算：

$$F = \frac{Q}{36000 v \phi} \quad \text{m}^2 \tag{11-1}$$

式中　$Q$——煤的输送量，$\text{m}^3/\text{h}$；

　　　$v$——煤在落煤管中的流动速度，一般可取 2m/s；

　　　$\phi$——充满系数，一般取 0.3～0.35。

（3）储煤场面积的计算

当储煤量确定后，储煤场的面积主要取决于煤堆的高度。除易自燃的煤对煤堆高度有特殊要求外，一般采用表 11-1 的数据。

储煤场面积可用下式估算：

$$F = \frac{BTMN}{H \rho \varphi} \quad \text{m}^2 \tag{11-2}$$

式中　$B$——锅炉的平均小时最大耗煤量，$\text{t/h}$；

　　　$T$——锅炉每昼夜运行时间，h；

　　　$M$——煤的储备天数，d；

　　　$N$——考虑煤堆过道占用面积的系数，一般取 1.5～1.6；

　　　$H$——煤堆高度，m；

　　　$\rho$——煤的堆积密度，$\text{t/m}^3$；

　　　$\varphi$——堆角系数，一般取 0.6～0.8。

2. 煤的制备

当燃煤的粒度过大不符合锅炉燃烧要求时，运煤系统中应设置破碎装置将煤块破碎。通常情况下，颚式破碎机用于煤的粗碎和中碎；双齿辊破碎机用于对颗粒度要求不高和易于破碎的煤块，如层燃炉；锤式破碎机和反击式破碎机则用于要求将煤破碎成较细小颗粒的情况，如煤粉炉。

采用机械破碎时，在破碎前应将煤进行筛选，以减轻碎煤装置的负荷。常用的筛选装置有固定筛、摆动筛和振动筛。固定筛结构简单、制造容易、造价低，常用来分离较大的煤块；摆动筛和振动筛常用于分离较小的煤块。

当锅炉的给煤装置、燃料加工和燃烧设备有要求时，尚应将煤进行磁选，以避免煤中夹带的碎铁损坏或卡住设备。常用的磁选装置有悬挂式电磁分离器和电磁皮带轮两种。悬挂式电磁分离器是挂在运输机上方的一种静止去铁器，但是被吸附在悬挂式电磁分离器上的含铁杂物，需定期由人工进行清理；当输送机上煤堆积很厚时则较难吸出铁件。电磁皮带轮是一种旋转式去铁器，借直流电磁铁产生磁场自动分离输送带上所运送的煤中的含铁杂物，它通常作为胶带输送机的主动轮。如果要求必须严格除去铁件时，可将悬挂式电磁分离器与电磁皮带轮一起使用。

为了调节或控制给煤量及使给煤均匀，常在运煤系统中设置给煤机，常用的有圆盘给煤机、螺旋给煤机和电振给煤机等。

在生产中为了加强经济管理，在上煤系统中还常设煤的称量设备。汽车、手推车进煤时，可采用地磅；胶带运输机上煤时，常采用皮带秤。

3. 运煤设备

前已提及，锅炉房运煤系统是从卸煤开始的，锅炉燃用的煤由运煤设备经提升机水平运输，从储煤场送达炉前煤仓。储煤场卸煤及转运设备的设置，应根据锅炉房的耗煤量大小、地形和来煤运输方式确定。对于火车和船舶运煤，采用机械化方式卸煤；对于汽车运煤，则采用自卸汽车或人工卸煤。从储煤场到锅炉房和锅炉内部的运煤，设计规范规定应按运煤量大小来确定运煤方式。对耗煤量不大（额定耗煤量小于 4t/h）的锅炉房，可选用系统简单和投资少的电动捯链（俗称电动葫芦）吊煤罐和简易小翻斗上煤的运煤系统；耗煤量较大（额定耗煤量为 1~6t/h，单台锅炉额定耗煤量为 6~10t/h）的锅炉房，可选用单斗提升机、埋刮板输送机或多斗提升机的运煤系统；耗煤量大的锅炉房，采用机械化设备连续运煤，如皮带输送机上煤系统，运煤量可达 7~100t/h。但在占地面积受到限制时，也可用多斗提升机和埋刮板输送机代替。在地下水位较高的地区，要避免选用地下工程较大的运煤系统。

（1）电动捯链吊煤罐

电动捯链吊煤罐是一种同时能承担水平运输和垂直运输的简易的间歇运煤设备。它与推煤小车、吊煤罐组成的上煤系统如图 11-2 所示；电动捯链的构造见图 11-3。

供热锅炉房常用的电动捯链起重量一般为 0.5~1t，提升高度为 6~12m，提升速度为 8m/min，水平移动速度为 20m/min。

吊煤罐有方形、圆形及钟罩式等形式，均为开底式。

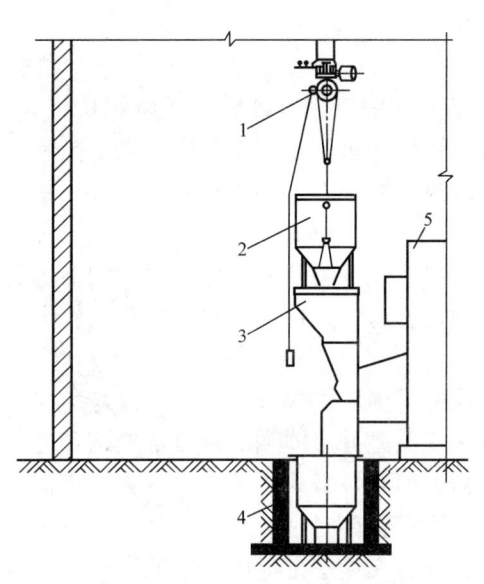

1—电动捯链；2—吊煤罐；3—煤斗；4—地坑；5—锅炉。

图 11-2 电动捯链吊煤罐系统布置图

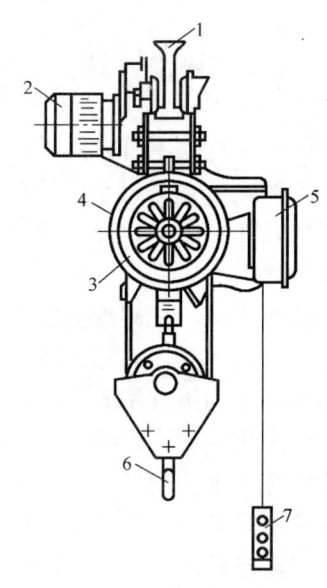

1—工字形滑轨；2—水平行走用的电动机；3—提升用的电动机；4—卷筒；5—控制箱；6—吊钩；7—按钮。

图 11-3 电动捯链的构造

这种运煤设备每小时运煤量为 2～6t，一般适用于额定耗煤量在 4t/h 以下的锅炉房。

（2）单斗提升机

由卷扬机拖动单个煤斗，并能使其沿着钢轨作倾斜、垂直及水平方向运煤的设备称为单斗提升机。

这种上煤装置最简单的结构形式为翻斗上煤装置（图 11-4）。在作垂直提升使用时，需在运煤层上加一水平运输机械，如皮带输送机或埋刮板输送机；也可在垂直提升后延伸一水平段，在运煤层上进行水平运煤（图 11-5），将煤分卸于各台锅炉的煤斗。

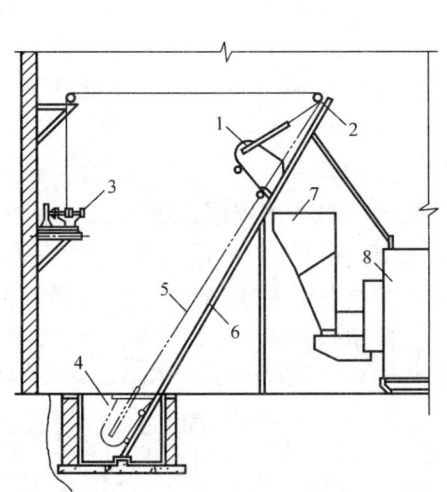

1—单斗；2—滑轮；3—卷扬机；4—地坑；
5—钢丝绳；6—滑轮；7—锅炉煤斗；8—锅炉。

图 11-4　倾斜型单斗（翻斗）提升机

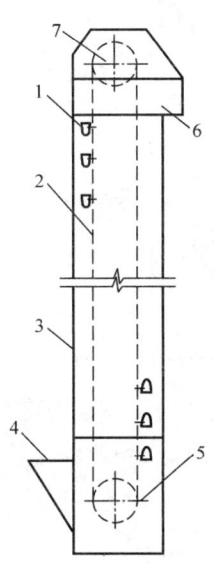

1—料斗；2—胶带；3—外壳；
4—加料口；5—下滚筒和拉紧装置；
6—卸料口；7—传动滚筒。

图 11-5　垂直型单斗提升机

单斗提升机的单斗容量一般为 0.2～0.8t，提升速度为 0.25～0.3m/s。此类上煤系统运煤量一般为 3～12t/h，大多用于额定耗煤量在 6t/h 以下的锅炉房。

单斗提升机的输送量可按下式估算：

$$Q = 3600 \frac{\phi i \gamma}{\dfrac{2H}{v} + t_0} \quad \text{t} \tag{11-3}$$

式中　$\phi$——料斗的充满系数，可取 0.9；

　　　$i$——料斗的容积，$m^3$；

　　　$\gamma$——煤的堆积容量，$t/m^3$；

　　　$H$——提升高度，m；

　　　$v$——料斗的运行速度，m/s；

　　　$t_0$——装卸及控制所耗时间，s；在自动装卸料和全自动控制的情况下，$t_0 = 15s$；在自动装卸料和半自动控制的情况下，$t_0 = 25s$；在人工装料及半自动控制的情况下，$t_0 = 70s$。

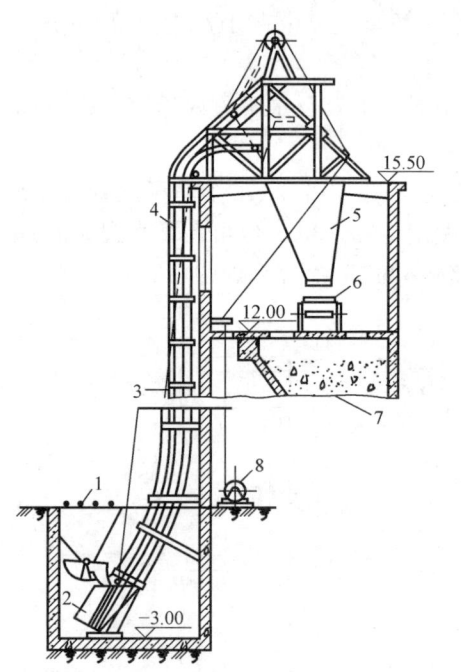

1—进口栅格；2—提升斗；3—钢丝绳；4—滑轨；
5—中间储煤斗；6—水平胶带运输机；
7—炉前大煤斗；8—卷扬机。

图 11-6　多斗提升机

（3）多斗提升机

多斗提升机（图 11-6）是一种只能作垂直提升的运煤设备，在锅炉房区域占地较小且运煤层较高时，尤为适用。为了使多斗提升机能正常运行，煤块必须经过破碎，并能保持均匀进煤。此外，进煤不能过湿，以免造成卸煤困难。

多斗提升机容易磨损，设备的维修工作量较大，一般适用于额定耗煤量在 2t/h 以上的锅炉房，并常与皮带输送机联合组成运煤系统。

煤斗牵引形式有皮带（D）型、链条（HL）型和板链（PL）型三种，锅炉房常用 D 型。D 型多斗提升机的输送量为 2.5～53t/h，提升高度为 4～30m。

多斗提升机占地面积小，当锅炉的装料层较高而锅炉房又较窄时，可以用此设备。但应注意，这种提升机机械强度低，不适宜输送大块的煤。多斗提升机维护检修比较复杂，容易磨损，金属耗量大，设备费用较高。

采用多斗提升机运煤应有不小于连续 8h 的检修时间。当不能满足其检修时间时，应设置备用设备。

（4）埋刮板输送机

埋刮板输送机（图 11-7）是一种连续运输设备，既能作水平运输，也可垂直提升，还能多点给煤，多点卸煤。因其装有密封的金属壳体，可避免灰尘飞扬，有利于改善操作条件和环境卫生。

国内常用的有水平（SM）型、垂直（CM，包括倾斜型）型和垂直水平（ZM）型三种，机槽宽度一般为 160mm、200mm、250mm、320mm、400mm。在输送粉煤时，运行速度为 0.16～0.2m/s；输送碎煤时，运行速度一般为 0.20～0.25m/s；运煤量为 10～50t/h。

埋刮板输送机水平运输最大长度一般为 30m，垂直提升高度不超过 20m，上煤时要求煤粒度不超过 20mm。这种输送机的结构简单，设备小巧，在锅炉房内占地面积很小。一般适用于耗煤量在 3t/h 以上的锅炉房。

埋刮板输送机有定型产品，不同形式的埋刮板输送机的输送能力不同，可由产品样本查得。

（5）皮带输送机

皮带输送机是锅炉房常用的连续运煤设备，运输能力高，运行可靠，噪声小。但它受到倾斜角度的限制，如果要将煤提升一定高度，必须加长运输距离，占地面积较大。

皮带输送机由输送皮带、传动滚筒、改向滚筒、上下托辊、拉紧装置、清扫装置和卸料装置等组成（图 11-8）。TD 型固定式皮带输送机为通用型设备，它可以作水平或倾斜

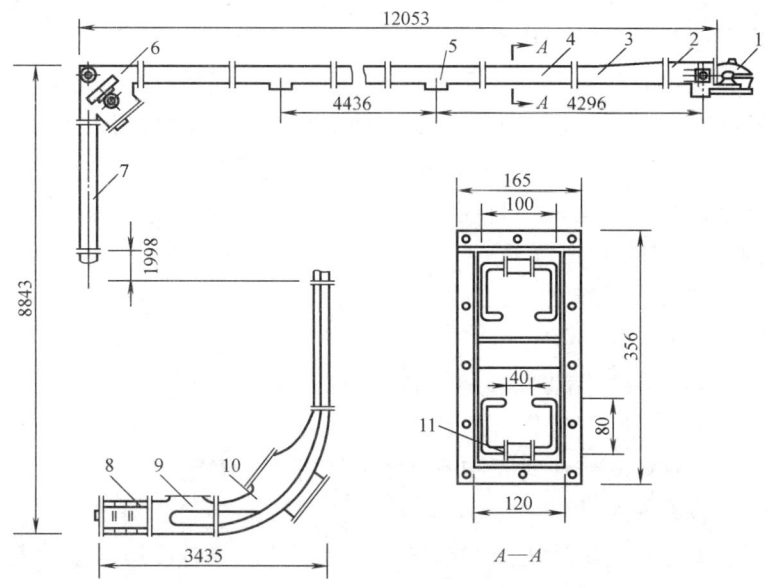

1—传动部分；2—头部；3—水平过渡段；4—水平标准段；5—卸料口；6—上回转段；
7—垂直段；8—尾部；9—加料段；10—弯曲段；11—链及埋刮板 。

图 11-7　埋刮板输送机

运输。在倾斜向上运输时，皮带倾角不宜大于 18°，但输送破碎或选后的煤时，最大倾角可达 20°。固定式皮带输送机的带宽有 500mm、650mm、800mm 三种，皮带速度为 0.8~1.25m/s，运煤量为 7~100t/h。一般适用于耗煤量为 4~5t/h 以上的锅炉房。

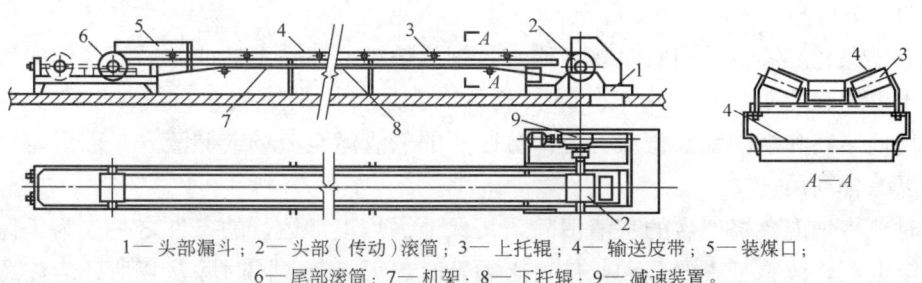

1—头部漏斗；2—头部（传动）滚筒；3—上托辊；4—输送皮带；5—装煤口；
6—尾部滚筒；7—机架；8—下托辊；9—减速装置。

图 11-8　皮带输送机装配示意图

　　根据托辊形状的不同，皮带可构成"平型"和"槽型"两种。槽型托辊可防止物料向外撒落，增加皮带输送能力。对倾斜布置的输送机，当倾斜角度大于或小于 6°时分别采用槽型和平型断面。犁式卸料器处一般用平型托辊。在相同条件下，"槽型"的输煤量接近于"平型"的一倍。此外，也可采用特制的皮带，如花纹皮带，即在皮带面上有突出的条状或点状花纹，允许的最大倾斜角可增加 10°左右。

　　在锅炉房储煤场卸煤或转运煤堆时，可采用移动式皮带输送机。它的底部装有滚轮，可随意移动，带宽有 400mm 和 500mm 两种，输送长度为 10~20m，最大输送高度为 3.5m，胶带速度为 1~1.25m/s，最大倾斜度为 20°。

除了上述几种运煤设备外，在储煤场中，作为煤的装卸、转堆及储煤场至锅炉房之间的运输设备，还有抓斗起重机、斗式铲车和推土机等。

抓斗起重机有龙门抓斗起重机、桥式抓斗起重机、铁路转台抓斗起重机等多种。除用于卸煤，将煤堆高和转堆外，还用于将煤卸入地上煤斗或地下煤坑内的转运。抓斗起重机的起重量为 $3\sim5t$，抓斗容量为 $0.7\sim1.5m^3$，提升高度在 6m 以上。一般适用于耗煤量在 6t/h 以上的煤和灰渣装卸、运输综合使用的锅炉房。

斗式铲车的铲斗容量一般为 $1\sim1.7m^3$，提升高度为 2.5m 左右，运行速度为 $30\sim100m/min$。斗式铲车配上移动式皮带输送机，就能更方便地用于煤的堆高和转卸或作一定距离的运输。

4. 运煤系统的运煤量与储煤场转运设备

锅炉房运煤系统单位时间运煤量的计算，应按锅炉房昼夜最大计算耗煤量、扩建时增加的煤量、运煤系统昼夜的作业时间和不平衡系数等因素确定。

运煤系统中应装设煤的计量装置。

从储煤场到锅炉房和锅炉房内部的运煤，设计规范规定应按运煤量的大小采用不同的运煤方式：

(1) 锅炉房运煤量小于 1t/h 时，采用人工装卸和手推车运煤；

(2) 锅炉房运煤量为 $1\sim6t/h$ 时，采用间歇机械化设备装卸和间歇或连续机械化设备运煤；

(3) 锅炉房运煤量大于 6t/h 时，采用间歇或连续机械化设备装卸和运煤，如斗式铲车、移动皮带输送机、桥式抓斗起重机和门式抓斗起重机等。

**二、除灰渣系统**

燃煤锅炉房应设置固体废弃物收集场地。固体废弃物包括灰渣和烟气脱硫脱氮装置的副产品两部分。

灰渣是煤经过燃烧后的残余物。通常，把从炉排上清除出的或炉后渣斗中的残余物称为渣，飞出炉膛的残余物称为灰。除灰渣系统就是将从锅炉渣仓、灰斗、除尘器、省煤器、空气预热器和烟囱底部积灰等各部分收集的灰渣运至渣场或储渣仓，然后定期将它运走或加以综合利用。

及时地将炉内燃烧产生的灰渣清除，是保证锅炉正常运行的条件之一。为了保证除灰工人安全生产，改善工人的劳动条件，必须及时熄灭红灰，同时除灰场所还应注意良好的通风，尽量减少灰尘、蒸汽和有害气体对环境的污染。

图 11-9、图 11-10 分别为电站锅炉湿式除灰系统和干式除灰系统。

脱硫装置的副产品要回收和综合利用，以减少废弃物的产生和排放。对于不能回收的，应集中安全填埋处理，并达到相应的填埋污染物控制标准。脱氮催化剂的主要成分 $V_2O_5$ 是剧毒物质，所以要严格分类回收和处理。

1. 锅炉房除灰渣的方式

锅炉房除灰渣系统应根据灰渣量、灰渣特性、输送距离、地势、气象和运输等条件确定。不同锅炉类型和不同规模的锅炉房，除灰渣的方式也各有不同，常用的除灰渣方式分为人工除灰渣和机械化除灰渣两种，对规模较大的锅炉房都采用机械化除灰渣方式。

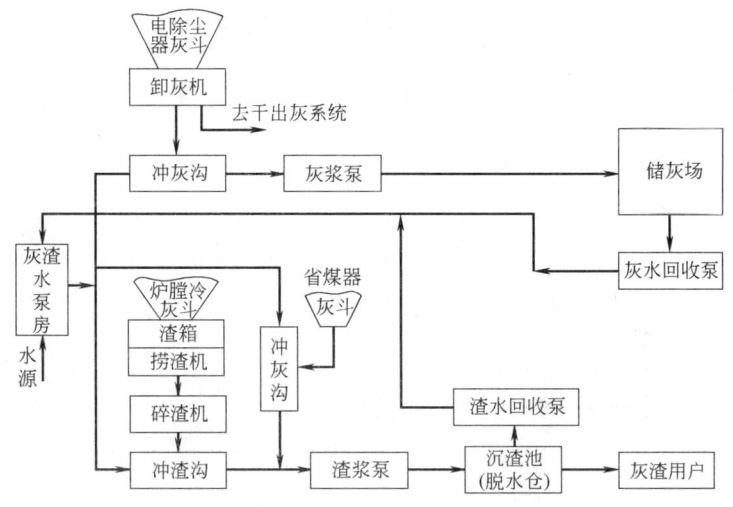

图 11-9　电站锅炉湿式除灰系统

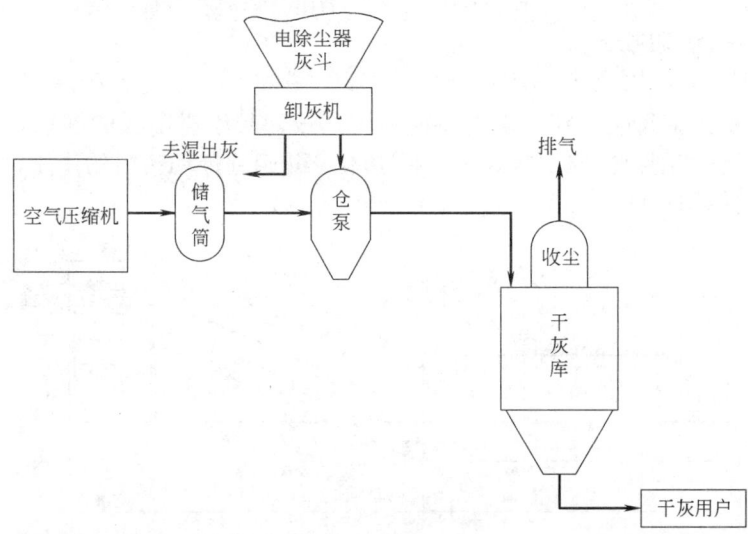

图 11-10　电站锅炉干式除灰系统

（1）人工除灰渣

人工除灰渣仅适用于小容量锅炉。由于灰渣温度高，灰尘飞扬，故应先用水浇湿，然后再由人工从灰渣室铲入小车，推到灰渣场进行处理。

（2）机械化除灰渣

采用机械化除灰渣系统时，炽热的灰渣必须先用水冷却，大块灰渣还得适当破碎后才能进入除渣装置。通常，锅炉灰渣落入锅炉灰渣斗，经诸如马丁除渣机、斜轮式除渣机碎渣后，再由输送设备如皮带输送机、水封刮链输送机、水力除灰渣设备等运送至灰渣场。

对于大型燃煤电厂，输送灰渣的方式主要是水力和气力，即以水和空气作为介质和动力，将它们通过管道（沟）输送至指定地点。表 11-2 列出了几种典型的集中除灰渣和输送方式。

| 系统 | 除灰、除渣方式 | 灰渣输送方式 | |
|---|---|---|---|
| 除渣系统 | 连续除渣 | 渣浆输送或卡车、皮带输送机等机械输送 | |
| | 定期除渣 | | |
| 除灰系统 | 水力除灰 | 灰浆输送 | 低浓度输送 |
| | | | 高浓度输送 |
| | 气力除灰 | 气力输送 | 正压输送 |
| | | | 负压输送 |
| | | | 空气斜槽-气力提升泵 脉冲气力栓流 |
| | | 气力-水力联合输送 | |

**2. 除灰渣设备**

作为物料，煤与灰渣在运输上是有共性的，因此，前述的一些机械运煤设备，一般也可以用来转运灰渣。下面介绍几种供热锅炉房常用的机械除灰渣设备。

（1）刮板输送机除渣装置

刮板输送机一般由链（单链或双链）、刮板、灰槽、驱动装置及尾部拉紧装置组成，见图 11-11。在链条上每隔一定的距离固定一块刮板，灰渣靠刮板的推动，沿着灰槽而被输送。也有的把链和刮板做成框链式的，框链本身既起到推动物料的作用，又起到牵引链的作用。框链的结构见图 11-12。

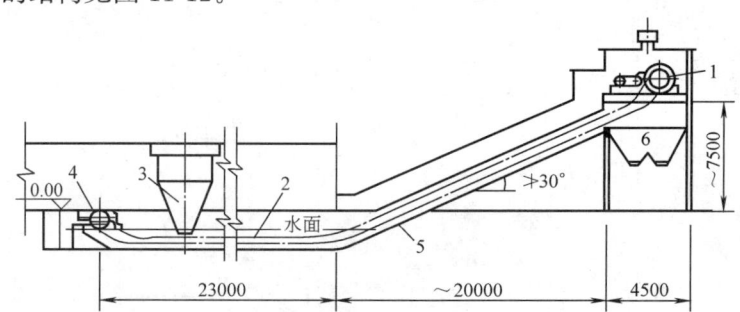

1—驱动装置；2—链条；3—锅炉灰渣出口；4—尾部拉紧装置；5—灰槽；6—灰渣斗。

图 11-11　湿式框链刮板输送机

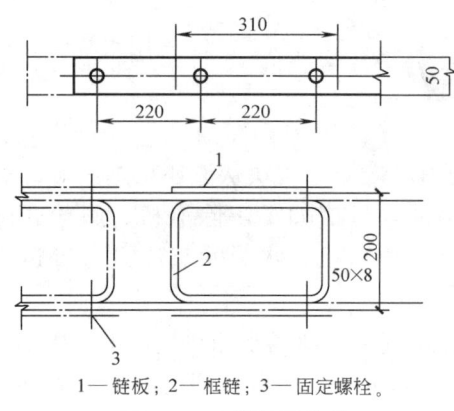

1—链板；2—框链；3—固定螺栓。

图 11-12　框链的结构

采用刮板输送机时，通常将灰落入存有水的灰槽中，刮板机埋于灰槽的水中。刮板机既可以水平运输又可以倾斜输送，运行速度一般为 2～3m/min，倾斜角一般不大于 30°。

（2）螺旋出渣机

螺旋出渣机由驱动装置、出渣口、螺旋机本体、进渣口等组成，见图 11-13。螺旋出渣机可作水平或倾斜方向运输，倾斜角不大于 20°。螺旋直径一般采用 200mm、250mm，300mm，转速一般为 30～75r/min，由于其有效流通断面较小，炉渣的平均块度宜小于 60mm。螺旋出渣机一般适用于蒸发量不超过 2～4t/h 的链条炉排炉除灰，出渣量为 0.8～1.5t/h。

（3）马丁式出渣机

马丁式出渣机工作时，电动机通过齿轮减速器带动凸轮转动，然后通过连杆拉动杠杆，借棘轮使齿轮内转而带动轧辊转动以破碎灰渣，同时又使推灰板往复运动而将渣推出灰槽外（图 11-14）。为了使热渣冷却，在灰槽内保持一定水位的循环水。此外，挡板伸入水封，以防漏风。马丁式出渣机一般用于蒸发量在 6.5t/h 以上的链条炉或其他连续出渣的锅炉。

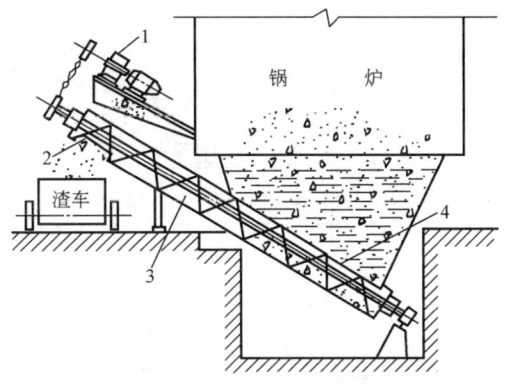

1—驱动装置；2—出渣口；3—螺旋机本体；4—进渣口。

图 11-13　螺旋出渣机装置示意图

（4）斜轮式出渣机

斜轮式出渣机工作时，电动机通过减速器带动主轴及出渣轮转动，灰渣由落渣管落至有水封的出渣槽中，靠斜置的出渣轮的不停转动而将灰渣排出（图 11-15）。斜轮式出渣机的转速比马丁式出渣机低，磨损小，但由于该设备无碎渣装置，故不适用于强结渣性煤种。一般用于蒸发量为 10～20t/h 的链条炉。

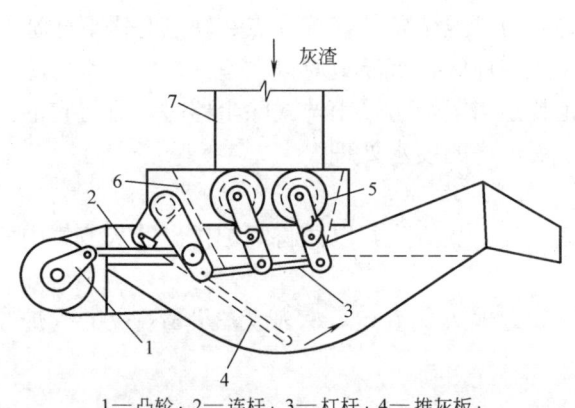

1—凸轮；2—连杆；3—杠杆；4—推灰板；
5—带动滚筒的齿轮；6—水封挡板；7—落渣管。

图 11-14　马丁式出渣机

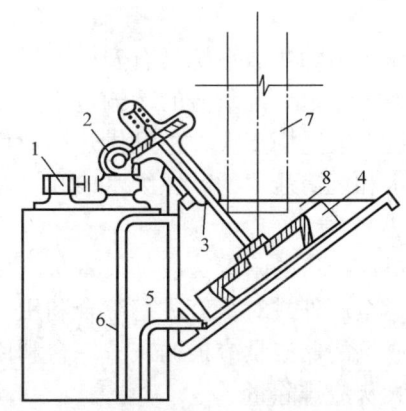

1—电动机；2—减速器；3—主轴；4—出渣轮；
5—供水管；6—溢水管；7—落渣管；8—出渣口。

图 11-15　斜轮式出渣机

（5）低压水力除灰渣

图 11-16 所示为一个有沉淀池的低压水力除灰渣系统。从锅炉排出的灰渣和湿式除尘器收集的细灰，分别由喷嘴喷出的水流冲往沉渣池和沉灰池。再由桥式抓斗起重机抓放入汽车运走。冲渣和冲灰的水经沉淀、过滤后循环使用。

在设计时，冲渣和冲灰水的质量比分别为 1∶（20～25）和 1∶（10～15）。冲渣水压一般为 0.3～0.5MPa。循环水泵应尽可能邻近清水池布置，以减少阻力损失。当循环水泵采用地上布置时，为了可靠地吸水，可在水泵吸入侧设置一个真空吸水罐。冲渣沟和冲灰沟宜用铸石镶板作为衬板，以达到耐磨和防腐蚀目的。渣沟和灰沟的镶板半径分别为

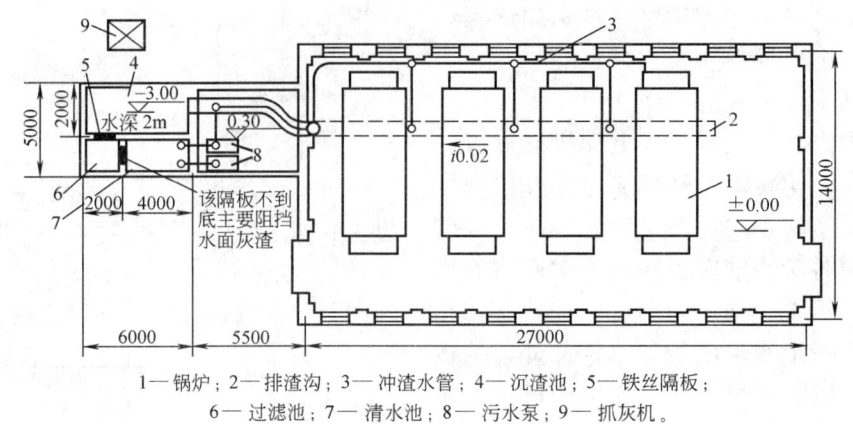

1—锅炉；2—排渣沟；3—冲渣水管；4—沉渣池；5—铁丝隔板；
6—过滤池；7—清水池；8—污水泵；9—抓灰机。

图 11-16　低压水力除灰渣系统示意图

150mm 和 125mm，坡度分别为 1.5％～2.0％和 1％～1.5％，在布置时应力求短而直，若要拐弯，弯曲半径应不小于 2m。

激流喷嘴之间的间距一般为 10～20m；在灰渣沟的转弯处也应设激流喷嘴。激流喷嘴一般宜安装在离渣沟和灰沟镶板底面 300mm 的高度处，其中心线应与沟道中心线相吻合并与沟底成 10°左右的倾角。当冲水水压为 0.5MPa 时，喷嘴直径为 12mm、14mm、16mm。

低压水力除灰渣系统具有安全可靠、节省人力、卫生条件好等优点；缺点是需要建造较庞大的沉淀池，湿灰渣的运输也不方便。在严寒地区，沉淀池应设在室内。低压水力除灰渣系统一般适用于大、中型供热锅炉房，尤其是当锅炉房采用湿式除尘器时，可将它的含酸废水和沉渣池中的碱性废水中和，有利于锅炉房的废水处理。

3. 灰渣场

燃煤锅炉房的附近一般都设有灰渣场或室外集中灰渣斗，以便将锅炉排出的灰渣集中起来转运至厂外或对灰渣进行综合利用。

灰渣场的储渣量应根据灰渣综合利用情况和运输方式确定，一般为 3～5 昼夜的锅炉房的最大灰渣排除量。

锅炉房每小时最大灰渣量可近似按下式计算：

$$C = B\left(\frac{A_{ar}}{100} + \frac{q_4 Q_{net,ar}}{100 \times 32886}\right) \quad t/h \tag{11-4}$$

式中　$B$——锅炉的平均或最大耗煤量，t/h；

$A_{ar}$——煤的收到基灰分，％；

$q_4$——固体不完全燃烧热损失，％；

$Q_{net,ar}$——煤的收到基低位发热量，kJ/kg；

32886——碳的发热量，kJ/kg。

锅炉运行时，部分灰渣会被烟气带走，锅炉下部排出的灰渣量仅占总灰渣量的一定比例，与锅炉的燃烧方式有关，可采用下列数值：层燃炉一般为 70％～85％，抛煤机炉为 60％～75％，流化床炉为 40％～75％。

当采用室外集中灰渣斗时，一般不设置灰渣场。灰渣斗的设计应符合下列要求：

374

1）灰渣斗的总储量宜为 1～2 昼夜的锅炉房最大灰渣排除量。

2）每个灰渣斗的储量不应大于 60m³；灰渣斗的侧壁倾角不应小于 60°；其出口尺寸不应小于 0.6m×0.6m。

3）寒冷地区的灰渣斗应有排水和防冻措施。

4）灰渣斗的排出口与地面或轨道表面的净空高度，应根据运输设备和操作要求确定，用汽车运渣时不小于 2.1m，用火车运渣时不小于 3.5m。

灰渣场与煤场一样，一般位于锅炉房发展端的一侧，并应考虑装车和运输方便。按照防火要求，灰堆距煤堆和锅炉房之间的距离，一般不宜小于 10m。

考虑环境卫生要求，灰渣场与煤场一样，应设置在厂区常年主导风向的下风侧。

## 第二节　锅炉房燃油供应系统

燃油锅炉燃用的燃料油，除了由输油管道直接输送外，一般是由火车、汽车油罐车或油轮运抵锅炉房油库的。燃油锅炉的燃油供应系统，指的是运抵后燃料油的储存、处理，直至送到锅炉油燃烧器的所有设备及其管道系统，包括储油罐、日用油箱、油的过滤和加热装置、卸油和供油油泵等。

**一、燃油供应系统总则**

1. 燃油锅炉房储油总容量应根据油品的运输方式确定：火车或船舶运输的，为 20～30d 的锅炉房最大计算耗油量；汽车油罐车运输的，为 5～10d 的锅炉房最大计算耗油量；油管输送的，为 3～5d 的锅炉房最大计算耗油量。

2. 当工矿企业设置有总油库时，锅炉房燃用的油品应统一由总油库输配。

3. 因为燃油是易燃品，要特别注意防火安全，包括锅炉房内设置的日用油箱允许的最大容量、室外油罐与建筑物的间距等均须严格按照消防标准的规定执行。地上、半地下储油罐或储油罐组应构筑防火堤；轻油储罐和重油储罐不应布置在同一防火堤内。

4. 油泵房至储油罐之间的管道地沟，应有防止油品流散和火灾蔓延的隔绝措施。输油管道宜在地上敷设；如采用地沟敷设时，地沟与建筑物、外墙连接处应填沙或耐火材料，确保隔断。

5. 在轻油罐设置的场所，应设有防止轻油流失的设施。对于重油储油罐以及输送重油的管道全程应设有加热装置，以保证油路畅通。输油系统中的输油泵和装置在油管上的过滤器，都需设置备用，确保系统正常运行。

**二、燃油供应系统**

燃用不同的燃料油，因油品特性的不同，其供油系统的组成也有所不同。具体地说，燃油供应系统可分轻油和重油两种不同的供油系统。

1. 轻油供油系统

轻油一般仅需油罐、日用油箱和输油泵，它无须进行加热，省去了一整套加热设备，供油系统比较简单。由图 11-17 可见，轻油由汽车油罐车靠自流下卸到地下储油罐后，由供油泵升压并通过输油管道送至设置在锅炉房内的日用油箱。日用油箱通常置于高位，轻油借自重流至燃烧器，经燃烧器内部的油泵加压后，一部分通过喷嘴喷入炉膛燃烧，另一部分则返回日用油箱。

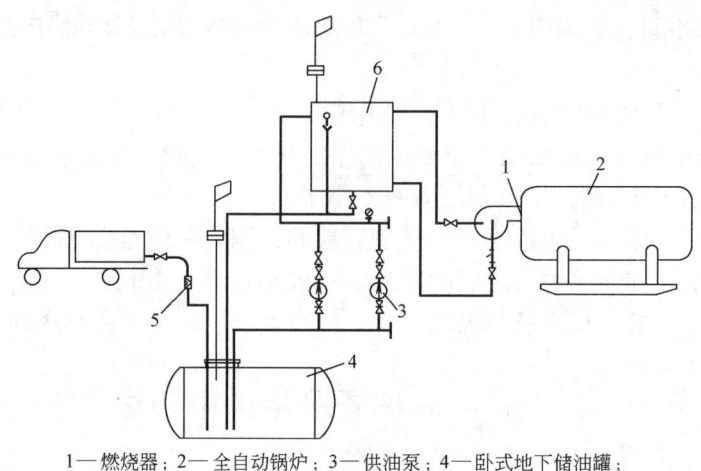

1—燃烧器；2—全自动锅炉；3—供油泵；4—卧式地下储油罐；
5—卸油口（带滤网）；6—日用油箱。

图 11-17 轻油供油系统

## 2. 重油供油系统

对于重油供油系统（图 11-18），因重油黏度大，必须对其预热降黏，与轻油供油系统相比，需增设几套加热装置和过滤器。通常，卸油罐和储油罐中设置蒸汽加热装置；在日用油箱中设置蒸汽加热装置和电加热装置；在锅炉冷炉点火启动时，由于没有蒸汽面，采用电加热，当锅炉点火成功并产生蒸汽后立即切换为蒸汽加热。

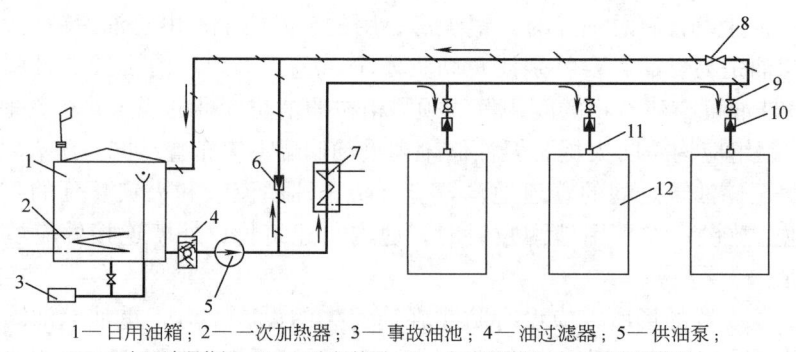

1—日用油箱；2—一次加热器；3—事故油池；4—油过滤器；5—供油泵；
6—一次回油调节阀；7—二次加热器；8—自动调节阀；9—辅助调节阀；
10—止回阀；11—燃烧器；12—锅炉。

图 11-18 重油供油系统

对黏度高的重油，除装置在日用油箱中的一次加热器将油加热到供油工作所要求的适宜黏度对应的温度外，重油被供油泵送至炉前加热器——二次加热器再次加热，以满足锅炉油喷嘴雾化的需要。如此，经二次加热的重油主要供锅炉燃用，另外一部分则沿循环回油管路流回日用油箱。由于回油温度很高，有时可达 130～140℃，随高温油不断回流，日用油箱中重油温度将逐渐升高。为了防止油温超过供油泵所允许的最高工作温度，以及因油温过高而发生重油溢出，在二次加热前需装接一次回油管路，通过装置其上的一次回油调节阀，适时调节供油量，以控制高温油的回油量。

供油系统中，常采用双母管供油，单母管回油。在回油母管上设有自动调节阀，在每个燃烧器的支管上装有针形阀作为辅助调节阀和止回阀。辅助调节阀用以调节供锅炉燃烧的油量和油压，止回阀则用以防止燃油倒流。

对大型锅炉房的供油系统，外运来的燃料油由输油泵送至储油罐后，需要进行沉淀水分（脱水）和分离机械杂质处理。此外，还有一种带有轻油点火系统的供油系统，即利用轻油不需加热即可供燃烧器雾化燃烧的特性，为燃用重油的锅炉房配置了轻油燃烧的辅助系统，供冷炉点火启动之用。这种供油系统比单纯燃用轻油或重油的系统复杂，操作要求也高，特别在轻油切换为重油时，很容易造成熄火。切换后，一定要注意保持重油油温和适当调节风量，以使燃烧稳定和正常运行。

**三、供油系统与设备**

燃油锅炉供油系统主要由室外储油罐、日用油箱、紧急泄油罐、输油泵和输油管道等组成。

随着科学技术的进步，供油系统实现自动化操作，且应具备卸油计量、储油罐和日用油箱液位显示，低油位启动泵、高油位停泵及低油位的声光报警、事故状态油泵自动切换并设有声光报警等功能。

1. 储油罐

储油罐分金属和非金属、立式和卧式以及地上、地下和半地下等多种结构和布置形式。燃油锅炉储油罐的总容量应根据当地供油条件、运输方式及用户要求来确定，如用汽车油罐车运输时，可按 5～10d 的锅炉房最大计算耗油量考虑，其装液系数可取 0.8～0.85。为了节约用地，大多采用地下卧式圆柱形储油罐，其安装形式有地下罐室和直接埋地两种。前者总体安装造价高，占地面积大，且罐室因管件等泄漏容易积聚挥发出的油气，存在火灾爆炸的风险，但维修方便，使用寿命较长；直接埋地式储油罐总体安装造价低，比较安全，油罐万一意外着火也易控制和扑救，但要采取方便检修和防腐措施，故一般推荐采用直埋式储油罐。

对于储存重油的储油罐，不应少于 2 个。为了便于输送，如是黏度较大的重油，应在罐内设置加热装置，但加热的油温应比当地大气压下水的沸点低 5℃，且比油的闪点低10℃，取二者中的较低值。

室外储油罐罐体一般采用 6～8mm 厚的钢板焊制。出油管与进油管的连接，应采用快速接头。进油管应向下伸至距罐底 0.2m 处，出油管管口距罐底不宜小于 0.15m；罐侧底部的排污管上应有快速排污阀；罐体外表面则需加强防腐处理，以延长使用寿命。

当室外储油罐埋设在地下水位线以下时，应将油罐基座固定在油罐基础上，基础质量应大于空罐时的质量，以防止进水时储油罐向上浮起。而且，室外储油罐应靠近油泵房布置。

除了装接有进、出油管外，储油罐还应设有通气管、溢流管、排污管、呼吸阀、人孔和油位计等。对于地上布置的大型储油罐，应设置直扶梯和远距离液位显示、检测、报警和控制设备。

2. 日用油箱

日用油箱通常与油泵一起布置在专门设置的油箱间内，轻油日用油箱的容量应不超过1m³。它为闭式，其上应装置有进油管、出油管、回油管、溢流管、排污管和通气管等管座。出油管应高于箱底 0.1m；出油管和回油管的管径相同，一般应与输油泵的进、出口管径相匹配。通气管上则应设置阻火器（防止火焰和空气一起经呼吸阀或安全阀进入油箱）和防雨设施。油箱液位显示不可选用易损坏、漏油的玻璃管式液位计，推荐采用UHC型磁翻转双色液位计，可自动控制输油泵的启动和关停，即当油位降至低位时自动启泵，油位升至高位时自动停泵。通常，日用油箱的最低油位应高于锅炉燃烧器进油口0.5～1.5m。

为了防范意外事故发生，室内日用油箱应装设紧急排放管，以便将油排放到置于室外的紧急泄油罐。室外紧急泄油罐一般采用地下卧式直埋，其容量不得小于日用油箱，且标高要低于日用油箱。对于设置在地下室的燃油锅炉房，可在日用油箱的下面设置事故油箱，放在耐火极限不低于三级的单间内，开设外开式甲级防火门，有时还需用黄沙埋没。

3. 输油泵

输油泵一般为齿轮泵或螺杆泵，其作用是将室外储油罐中的油通过输油管送达日用油箱。输油泵的选用，一要根据油品性质和计算流量，二要考虑有足够扬程，克服系统阻力——供油系统的压力降和油位差、燃烧前所需的油压和适当的富余量之和。输油泵配置不应小于2台，其中一台备用；单台输油泵的容量不应小于锅炉最大小时耗油量的1.1倍。

在输油泵进口母管上应设置油过滤器2台，其中1台备用。对于离心泵、蒸汽往复泵，油过滤器的滤网网孔一般为8～12目/cm；齿轮泵和螺杆泵的网孔为16～32目/cm。滤网流通面积应为其进口截面积的8～10倍。

4. 输油管道

输油管道采用无缝钢管或不锈钢管焊接连接，凡与设备、附件连接处，可采用法兰连接，便于安装、拆卸和检修。

输油管道布置时，要尽量减少拐弯，特别要注意避免集气弯、积污弯和形成死油管段，同时还应避免U形管，防止蒸汽吹扫操作之后在此聚集凝结水而无法排除。

输油管道应采用坡度≥0.3%的顺坡敷设，但接入燃烧器的重油管道不宜坡向燃烧器。柴油管道的坡度不应小于0.3%，重油管道的坡度不应小于0.4%；直埋式储油罐的进、出油管和通气管应以≥0.2%的坡度坡向油罐。此外，在输油管道的最高处要装设放气阀，最低处装设排污阀，并通过管道引向污油池。

装置在储油罐和日用油箱顶部的通气管，管径不得小于50mm，排气出口不应靠近或朝向有火星散发的部位，并须接至室外，高于屋脊10m。

## 第三节　锅炉房燃气供应系统

燃气锅炉房的燃气供应系统宜采用低压（<5kPa）和中压（5～150kPa）系统，不宜采用高压（0.3～0.8MPa）系统。它一般由燃气调压系统、供气管道进口装置、锅炉房内的燃气配管系统和吹扫、放散管道以及计量设备与附件等组成。

1. 燃气调压系统

供应燃气锅炉使用的燃气，应根据燃烧器的设计要求保持一定的压力，以保证燃气安全稳定地燃烧。在一般情况下，由城市燃气管网供给的燃气直接供锅炉使用，往往压力偏高或压力波动过大。当压力偏高时，会引起脱火，同时有很大的噪声；如果燃气压力波动过大，则会引起回火或脱火，甚至引发锅炉爆炸事故。因此，供给锅炉燃用的燃气，应设置调压装置。调压装置（站）宜设置在单独的建（构）筑物内。当自然条件和周围环境许可时，可设置在围护露天场地上，但不宜设置在地下建（构）筑物内。

供应锅炉房的燃气进口压力，是经由调压站调压完成的。调压站由主设备——调压器、燃气过滤装置和其他辅助设备组成。它是对燃气供应系统进行降压和稳压的重要设施。

燃气调压系统，按调压器的数量和布置形式可分为单路调压系统和多路调压系统；如果按燃气在系统内的降压次数，又可分为一级调压系统和二级调压系统。但它们的工艺流程基本是相同的。

通常由气源或城市燃气管网来的燃气，先经过一个装设在调压站外的气源总切断阀，然后进入调压站。在调压站内，燃气要先经油水分离器和过滤器，清除其中所携带的水分、油分及其他杂质，再通过调压器降压，使送入锅炉房的燃气压力达到锅炉燃烧设备正常运行所需的工作压力。

2. 供气管道进口装置

经调压站调压后，通过一根引入管进入锅炉房。常年不间断运行的锅炉房或有特殊要求时，应敷设两根引入管进行供气，此时每根引入管的供气能力（流量）应按锅炉房最大计算耗气量的 75% 来设计。根据实践经验，当调压装置后的燃气压力大于 0.3MPa，且调压比又比较大时，往往会产生很大的噪声。因此，设计时常在调压装置与锅炉房之间敷设一段 10～15m 长的地埋管道，以减弱或消除噪声沿管道传入锅炉房。

在锅炉房引入管的进口处，应在安全和便于操作的地点装设总快速切断阀。阀前（按燃气流动方向）安装一放散管，并在放散管上装设燃气取样口；阀后安装一吹扫管接头（图 11-19）。

3. 锅炉房内的燃气配管系统

锅炉房的燃气配管系统是指燃气引入管总快速切断阀至锅炉燃烧器之间的所有管道系统，包括阀门、仪表和附件等。锅炉房内燃气管道不应穿过易燃或易爆品仓库、配电室、变电室、电缆沟、风道、烟道和易使管道腐蚀的场所。

为了保证燃气锅炉运行的安全可靠，燃气配管系统设计时要满足能承载最高使用压力的要求，施工时则要保证配管系统中阀门及附件的每个接头严实密封，防止燃气泄漏伤人和发生爆炸事故。

设计时，还应考虑燃气配管系统中管路的拆卸和检修的方便；管道和附件不得布设在高温或有危险的地方。燃气配管系统中使用的阀门应选用明杆阀或阀杆带有刻度的阀门，以便操作人员识别阀门开、关状态。

当锅炉房安装的锅炉台数较多时，供气干管可按实际需要装设阀门将其分隔成数段，每段供应 2～3 台锅炉。在通往每台锅炉的支管上均应装置关闭阀和快速切断阀、流量表及压力表。在每个燃烧器前的配气支管上，应装设手动关闭阀，阀后串联装设两个电磁阀，在两阀之间设置放散管。

燃气管道宜采用无缝钢管，管道与设备、仪表等宜采用法兰连接。

4. 吹扫、放散管道

当燃气锅炉停止运行进行检修时，为保障检修工作的安全，需要将管道内的残留燃气吹扫干净；当检修完工后或在较长时间停运后重新投入运行时，也需要先进行吹扫，以防止燃气与空气混合物进入炉内，可能引起爆炸。由此可见，燃气锅炉房的供气管道系统中布设吹扫、放散管道，是一项保障锅炉房工作安全的重要技术措施。

吹扫点，即吹扫管的接点应设置在锅炉房引入管的总关闭阀后和在燃气管道系统能用阀门隔断的管道上需分段吹扫的适当地点。燃气锅炉房的吹扫方案，通常根据实际条件确定，可以设置专用吹扫管道，用氮气、二氧化碳等惰性气体或蒸汽吹扫；也可以不设专用吹扫管道，仅在燃气管道的适当位置装设吹扫点，锅炉停运检修时，采用压缩空气吹扫，系统恢复运行之前则直接用燃气进行吹扫。

放散管是燃气系统中专门为在特殊情况下排放气体的管子。在锅炉房引入管总关闭阀前、燃气干管的末端、管道和设备的最高点、燃烧器两只串联切断阀之间的管段上以及其他需要考虑放散的部位都应设置放散管。

对于安装有多台锅炉的锅炉房，放散管可单台或多锅炉集中设置（图 11-19）。放散管引至室外，其排出口应高出锅炉房屋脊 2m 以上，与门窗的距离不得小于 3.5m，以避免放散出去的气体被吸入锅炉房或通风装置内。

放散管的直径应能保证在一定时间内排除一定量的气体，它与管道系统的吹扫时间和吹扫管段的容积有关。通常按吹扫时间为 15～30min、排气量为吹扫管段容积的 10～20 倍作为放散管直径的计算依据。锅炉房燃气系统放散管直径，一般可从表 11-3 所列数据中选定。

燃气管道直径与放散管直径的关系　　　　　　　　　　　　　表 11-3

| 燃气管道直径(mm) | 20～50 | 65～80 | 100 | 125～150 | 200～250 | 300～350 |
|---|---|---|---|---|---|---|
| 放散管直径(mm) | 25 | 32 | 40 | 50 | 65 | 80 |

### 5. 计量设备与附件

燃气锅炉的燃烧器，其运行压力一般比较高，流量计主要选用罗茨表和涡轮流量计。选型前需要确定燃烧器的最大与最小用气量，了解设备运行状况及规律。选型时应考虑锅炉的运行方式、燃烧器是否有大火、小火两种运行方式以及计量表制造厂给出的选型要求。罗茨表和涡轮流量计一般都按工况流量选型，计算时必须要考虑最高压力、最低温度、最小设备流量和最低压力、最高温度及最大设备流量两种极端情况。

为了确保锅炉房特别是设在地下的锅炉房安全用气，应设置高性能、高灵敏度的可燃气体报警系统。报警器的探测器（传感元件）有热线型半导体式、半导体式及电位电解式等，应根据识别气体的具体情况选用。报警主机应壁挂或盘装在非爆炸场所的消防中心、值班室等有专人值守的地方，并应避免强电、磁场和热源的影响和干扰。

燃气报警系统必须与燃气快速切断阀和强制排风设备联锁。当发生意外事故燃气报警装置发出报警时，能迅速关闭快速切断阀并启动强制排风设施，以及时、快速地排除险情，确保供气和锅炉房的安全。

### 6. 锅炉常用燃气供应系统

燃气锅炉房燃气供应系统，常用的有手动控制和强制鼓风两种供气系统。

（1）手动控制燃气供应系统

对于小型燃气锅炉房，燃气供应系统比较简单，一般采用手动控制。燃气由外部管网直接或经调压装置调压后由引入管输入锅炉房。在管道入口装置总快速切断阀，阀前和阀后分别设置放散管和吹扫管。

安装有多台锅炉的锅炉房，供气干管至每台锅炉的供气支管上应安装一个关闭阀，阀后串接切断阀和调节阀，两阀之间装设放散管。供锅炉启动用的点火管，通常接自切断阀之前的供气支管。

图 11-19 所示为小型燃气锅炉房常用的手动控制燃气供应系统示意图。

(2) 强制鼓风燃气供应系统

我国燃气事业尤其是天然气事业取得飞速进步，国内外燃气燃烧技术与设备持续不断发展。目前我国燃气锅炉的自动化程度日见提高，实现了程序控制，供气系统都在不同程度上实施了自动切断、自动调节和自动报警。

图 11-20 所示为强制鼓风燃气供应系统示意图。它装设有自力式

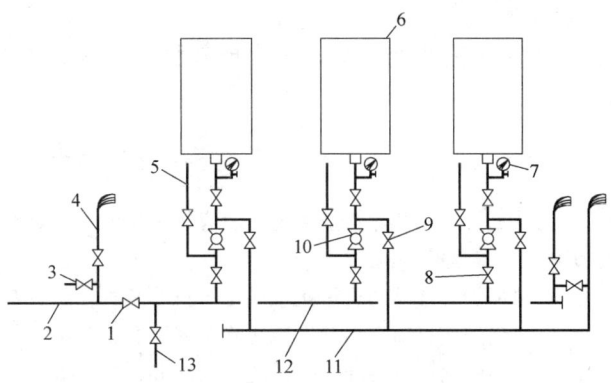

1—燃气入口总切断阀；2—燃气引入管；3—取样口；4—放散管；
5—点火管；6—锅炉；7—压力表；8—关闭阀；9—切断阀；
10—调节阀；11—放散母管；12—供气干管；13—吹扫管接头。

图 11-19　手动控制燃气供应系统示意图

压力调节阀和流量调节阀，以保持燃气进口压力和流量的稳定。在燃烧器前配管系统上装有安全切断电磁阀，它与鼓风机、锅炉熄火保护装置、燃气和空气压力监测仪表等联锁动作。当鼓风机、引风机因停电或发生机械故障、燃气或空气压力出现异常以及炉膛熄火等情况发生时，能迅速切断气源，避免事故扩大。

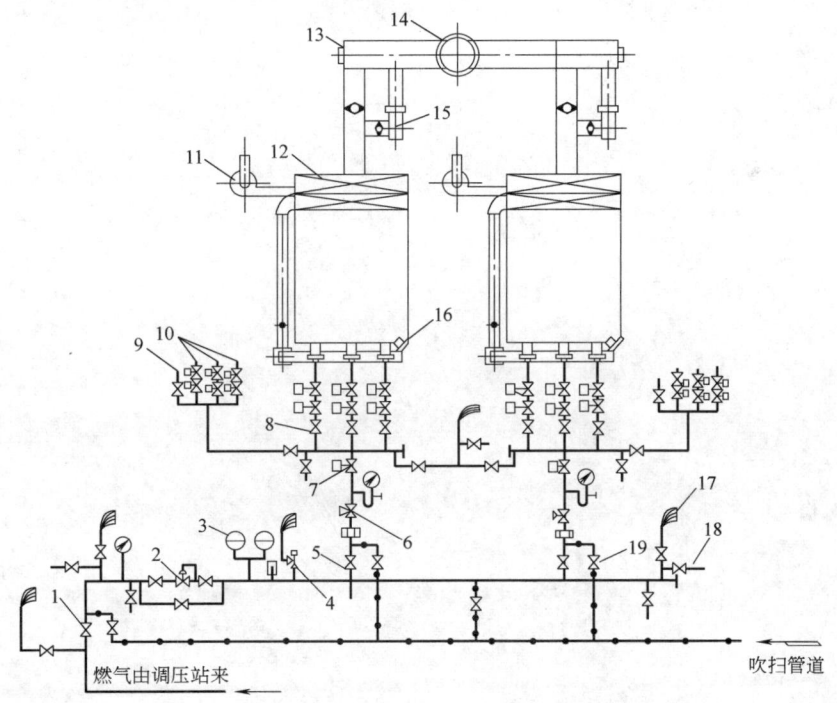

1—总关闭阀；2—自力式压力调节阀；3—压力上下限开关；4—安全阀；5—手动切断阀；6—流量调节阀；
7—安全切断电磁阀；8—手动阀；9—手动点火阀；10—自动点火电磁阀；11—鼓风机；12—空气预热器；
13—防爆门；14—烟囱；15—引风机；16—火焰监测装置；17—放散管；18—取样短管；19—吹扫阀。

图 11-20　强制鼓风燃气供应系统示意图

强制鼓风燃气供应系统能在较低的压力下工作，因装有机械鼓风设备、调节方便，可以在较大范围内改变负荷，燃烧比较稳定，因此它在大中型供暖和工业锅炉房中得到广泛应用。

## 复习思考题

1. 为什么说运煤和除灰渣系统是燃煤锅炉房的一个重要组成部分？它设计得好坏为什么将直接关系到锅炉能否安全运行？

2. 供热锅炉房常见的机械化运煤系统有哪几种？各自有什么特点？适用范围如何？

3. 供热锅炉房目前常用的机械化除灰系统有哪几种？各有什么优缺点？

4. 试述燃油锅炉房燃油供应系统的组成和设计原则。

5. 燃油供应系统中有哪些主要设备？它们各自的作用是什么？

6. 燃气锅炉房的燃气供应系统由哪几部分组成？它们各自的作用是什么？

# 第十二章　锅炉烟气净化

　　人类活动、工农业生产和交通运输会排出大量的颗粒物、二氧化硫、氮化物和氟化物等有害物质，严重污染了自然生态环境，以致直接危害、威胁人类健康乃至生命。所以，它被列为全球性十大问题之一。

　　锅炉燃料，主要是固体燃料——煤。我国是世界上为数不多的以煤为主要能源的国家，"目前各类锅炉年消耗能源约 20 亿吨标准煤，碳排放量约占全国碳排放总量 40%，锅炉是我国能耗量最大、碳排放量最多的耗能设备。"❶根据《中国生态环境》统计年报的数据，2023 年我国排放颗粒物 498.4 万吨，二氧化硫 238.0 万吨，氮氧化物 957.8 万吨以及挥发性有机物 651.5 万吨，我国在取得经济高速发展的同时，也承受着巨大的资源和环境保护的压力。

　　为了有效控制大气污染，保护环境，国家制定了《中华人民共和国大气污染防治法》和《中华人民共和国环境保护法》等相关法律，锅炉排出的烟气应符合国家环保要求的排放标准❷。根据现有的技术条件，目前防治锅炉烟气污染的途径主要是改进燃烧设备、采用高效低碳燃烧技术和装置除尘、脱硫脱氮设备。从根本上说，锅炉烟气的净化，应依靠技术进步，大力推广和应用清洁燃料和清洁燃烧技术。从发展趋势上看，锅炉烟气净化将向多功能、低能耗、智能化（实现远程控制、自动调节和故障报警功能）、绿色化（采用可降解的生物技术、新型吸附剂等绿色技术）和可持续（结合可再生能源，如利用生物质能、余热和太阳能等）方向发展，实现环保与经济效益的双赢。在能源低碳转型方面，我国在"十四五"时期，要求单位国内生产总值（GDP）二氧化碳排放五年累计下降 18%。

　　本章主要介绍燃煤锅炉除尘设备的形式、性能特点和选择原则，以及烟气脱硫、脱氮技术的原理和方法。

## 第一节　锅炉大气污染物与排放标准

　　我国能源结构以煤为主，20 世纪 70 年代到现在污染物排放都在急剧上升。因此我国大力推进生态文明建设，对大气污染的防治和监管力度在不断强化，对锅炉，特别是燃煤锅炉的大气污染物必须严加控制，务必采取卓有成效的防治措施，以利于我国社会经济的可持续发展。

**一、燃烧造成的大气污染**

1. 大气污染物与分类

---

❶　引自国家发展改革委、市场监管总局、工业和信息化部、生态环境部、国家能源局印发的《锅炉绿色低碳高质量发展行动方案》（2023 年 11 月 29 日）。

❷　我国保护大气环境的标准主要有《环境空气质量标准》GB 3095、《大气污染物综合排放标准》GB 16297 和《锅炉大气污染物排放标准》GB 13271 等。

大气污染，通常是指由于人类活动和自然过程引起某种物质进入大气，呈现出足够的质量浓度，达到足够的时间，并因此而危害了人体健康、舒适感和环境的现象。人类活动不仅包括诸如燃料燃烧、工业生产和交通运输等生产活动，还包括做饭、取暖等生活活动。自然过程则包括火山爆发、山林火灾、海啸、土壤和岩石的风化以及大气圈内空气的运动等。一般来说，大气的自净作用可以使自然过程造成的大气污染自动消除，因此，可以说大气污染主要是人类活动造成的。

凡能引起大气污染的物质，统称为大气污染物。它们的种类很多，按其存在状态可概括分为气溶胶状态污染物和气体状态污染物。前者有粉尘、飞灰、黑烟和雾等，其粒径为 $0.002\sim100\mu m$；若按粒子的粒径大小，又可分为总悬浮颗粒物（绝大多数在 $100\mu m$ 以下，其中多数在 $10\mu m$ 以下）、飘尘（$<10\mu m$）和降尘（$>10\mu m$）。后者是分子状态存在的污染物，常见的有五类，即以 $SO_2$ 为主的含硫化合物、以 $NO$ 和 $NO_2$ 为主的含氮化合物、碳的氧化物（$CO$、$CO_2$）、碳氢化合物（$C_mH_n$）以及卤素化合物（$HCl$ 和 $HF$）。这些直接从污染源排入大气的污染物，称一次污染物；一次污染物在大气中受日照或互相作用、经化学或光化学反应形成的新的污染物，称为二次污染物（表 12-1），其毒性比一次污染物还强。

**大气中常见气体污染物的分类**　　　　　　　　　　　　表 12-1

| 污染物 | 一次污染物 | 二次污染物 |
|---|---|---|
| 含硫化合物 | $SO_2$、$H_2S$ | $SO_2$、$H_2SO_4$、硫酸盐 |
| 含氮化合物 | $NO_2$、$NO$、$NH_3$ | $NO_2$、$HNO_3$、硝酸盐 |
| 碳的氧化物 | $CO$、$CO_2$ | 无 |
| 碳氢化合物 | C1-C6 化合物 | 醛、酮、过氧化乙酰硝酸酯 |
| 卤素及其化合物 | $HF$、$HCl$、$Cl_2$ | 无 |

### 2. 燃烧造成的大气污染

人类活动，特别是随着人类经济活动和现代工业的迅猛发展，在大量消耗能源的同时，也将大量的废气、烟尘等有害物质排入大气，严重影响了大气环境质量，表 12-2 列示了几年前全世界每年向大气排放的主要污染物的估计值。我国也曾对烟尘、$SO_2$、$NO_2$ 和 $CO$ 四种污染物的来源作过统计分析，燃料燃烧产生的大气污染物约占全部污染物的 $70\%$，工业生产过程和汽车尾气等产生的约占 $30\%$。据 2021 年数据，我国一次能源消费中，煤炭占比为 $57\%$，天然气、水电、核电、风电和再生能源等的占比仅有 $25.9\%$；我国燃煤发电 5.81 万亿 kWh，占我国发电总量的 $73\%$，占全球燃煤发电总量的 $52.2\%$。由此可见，污染物的大部分来自燃料的燃烧，以燃煤锅炉排放的占比最大。

**全世界每年向大气排放的污染物❶**　　　　　　　　　　表 12-2

| 污染物 | 污染物来源 | 数量（$\times10^9$t） |
|---|---|---|
| 烟尘 | 燃烧装置 | 1.00 |
| $SO_2$ | 燃烧装置、有色冶炼废气 | 1.46 |
| $CO$ | 燃烧装置、汽车尾气 | 2.20 |
| $NO_2$ | 燃烧装置、汽车尾气 | 0.53 |

---

❶ 《2024 年全球碳收支》报告显示，2024 年全球 $CO_2$ 排放量达到 416 亿吨，其中来自化石燃料燃烧产生的占 374 亿吨。

| 污染物 | 污染物来源 | 数量($\times 10^9 t$) |
|---|---|---|
| 碳氢化合物 | 燃烧装置、汽车尾气、化工设备废气 | 0.88 |
| $H_2S$ | 化工设备废气 | 0.03 |
| $NH_3$ | 化工设备废气 | 0.04 |

表 12-3 列示了燃煤锅炉、燃油锅炉和燃气锅炉产生的大气污染物数量，燃煤锅炉产生的大气污染物远远高于燃油、燃气锅炉。因此，《"十四五"现代能源体系规划》要求："为实现能源绿色低碳转型，一方面要增加非化石能源供应，另一方面要减少化石能源消费，积极稳妥推进散煤治理，提升终端用能低碳化、电气化水平"。这是减少污染物产生的根本性的有效途径。

各种锅炉产生污染物的数量　　　　　表 12-3

| 炉型 | 燃料品种 | 烟尘 | $SO_2$ | $NO_x$ | CO | $C_m H_n$ |
|---|---|---|---|---|---|---|
| 链条炉 | 煤炭③ | 2.5A① | 19S② | 7.5 | 1 | 0.5 |
| 抛煤机炉 | | 6.5A | 19S | 7.5 | 1 | 0.5 |
| 煤粉炉 | | 8A | 19S | 9 | 0.5 | 0.15 |
| 燃油炉 | 重油④ | 2.75 | 19.2S | 9.6 | 0.5 | 0.35 |
| | 重柴油 | 1.8 | 17.2S | 9.6 | 0.5 | 0.35 |
| 燃气炉 | 天然气⑤ | 80~240 | 20.9 | 1920~2680 | 272 | 48 |
| | 液化气(丙烷) | 0.20 | 0.01 | 1.35 | 0.18 | 0.036 |

① A 为燃料的灰分，%；

② S 为燃料的含硫量，%；

③ 燃煤锅炉产生的污染物，单位为 g/kg 煤；

④ 燃油锅炉产生的污染物，单位为 g/L 油；

⑤ 燃气锅炉产生的污染物，单位为 g/10000$m^3$ 天然气或 g/L 液化气；表中 $SO_2$ 还需乘以硫/100$m^3$ 天然气，$NO_x$ 数值还需乘以 $0.15e^{-0.0189L}$，其中 $L$ 为锅炉负荷的百分数。

### 3. 锅炉烟尘和有害气体的危害

烟尘和有害气体主要通过呼吸道吸入人体。大于 $10\mu m$ 的颗粒物可以被鼻毛留住，沉积在鼻咽区内；而小于 $10\mu m$ 的颗粒物却可侵蚀肺泡和气管，且沉积肺部时间可长达数年之久，引起肺部组织的纤维化病变，导致呼吸道、肺心、心血管疾病和肺癌等。这说明颗粒物直径越小，沉入呼吸系统越深，$PM_{2.5}$ 即细颗粒物，也称可入肺颗粒物，粒径≤$2.5\mu m$，对人体健康的危害更加严重。

$SO_2$ 对人的危害，主要是刺激呼吸道和眼睛，当其质量浓度达到 $20mg/m^3$ 时使人咽喉痛、咳嗽，眼睛流泪。$SO_2$ 会形成酸雨引起土壤和水体酸化，影响动植物和水生生物出生，甚至会使森林枯萎和鱼类绝迹。$NO_x$ 在阳光照射下生成光学烟雾，刺激人的眼睛、喉咙，伴有头痛、呼吸困难和心悸等；CO 能与血红蛋白结合，使输血功能下降。

烟尘是水蒸气凝聚的核心，大气被烟尘污染和静稳天气等影响，极易形成大范围雾霾，使人的视程缩短，能见度降低，导致交通事故的频发。大气中飘浮的烟尘，还会影响纺织、印染、食品、造纸、油漆以及电子、仪表等工业产品的质量。

对环境气候的影响，主要是 $CO_2$ 引起的。$CO_2$ 吸收地面辐射，烟尘等颗粒物散射阳光，可使地面温度上升或下降，细微颗粒物可降低见光度，增加云量和降水量，雾的出现频率增加并延长持续时间。

对锅炉本身而言，含尘烟气还将引起受热面和引风机的磨损等。

**二、锅炉大气污染物排放标准**

锅炉排烟中的烟尘由两部分组成：一部分是煤烟即炭黑，它是煤受热分解解析出的一些微小炭粒，在炉膛中不能完全燃烧，其粒径大小为 $0.05 \sim 1.0 \mu m$，排烟中游离的炭黑多时即形成黑烟。另一部分是"尘"，尘是高温烟气带出的飞灰和一部分未燃尽的焦炭细粒，其颗粒大小由 $1 \mu m$ 到 $100 \mu m$（或更大）不等。其中，飘尘能长期漂浮于大气，降尘则在大气中受重力作用而易于沉降。

锅炉烟气的含尘量，通常是以 $1 m^3$ 烟气中含有的烟尘质量来表示，称为烟尘质量浓度，单位为 $mg/m^3$ 或 $g/m^3$。锅炉烟气出口处或进入净化装置前的烟尘排放质量浓度，称为锅炉烟尘初始质量浓度。它与燃料种类与特性、燃烧方式、燃烧室结构及运行操作技术等多种因素有关。锅炉烟气经净化装置处理后的烟尘排放质量浓度，即排入烟囱时的烟尘质量浓度，称为锅炉烟尘排放质量浓度，它与烟气净化装置的效率有关。

为了减轻锅炉烟尘造成的危害，首先应改进燃烧设备和燃烧技术，进行合理的燃烧调节，使挥发物在炉膛中充分燃烧，以达到消烟效果，并尽量设法减少飞灰逸出，降低锅炉的初始质量浓度；其次是在锅炉尾部，通常是在引风机前设置除尘器，使锅炉排出烟气含尘量符合排放标准。

为了保护环境，提高大气环境质量，我国不但有《环境空气质量标准》GB 3095 和《大气污染物综合排放标准》GB 16297 等标准，而且对以燃煤、燃油和燃气为燃料的单台出力 75t/h 及以下的蒸汽锅炉、各种容量的热水锅炉和有机热载体锅炉以及各种容量的层燃炉、抛煤机炉，专门制定了《锅炉大气污染物排放标准》GB 13271—2014。该标准规定了锅炉烟气中颗粒物、二氧化硫、氮氧化物、汞及其他化合物的最高允许排放限值和烟气黑度限值，见表 12-4 和表 12-5。

在用锅炉大气污染物排放限值　　　　　　表 12-4

| 污染物 | 限值($mg/m^3$) | | | 污染物排放监控位置 |
| --- | --- | --- | --- | --- |
| | 燃煤锅炉 | 燃油锅炉 | 燃气锅炉 | |
| 颗粒物 | 80 | 60 | 30 | 烟囱或烟道 |
| 二氧化硫 | 400<br>550[①] | 300 | 100 | |
| 氮氧化物 | 400 | 400 | 400 | |
| 汞及其化合物 | 0.05 | — | — | |
| 烟气黑度<br>（林格曼黑度,级） | ≤1 | | | 烟囱排放口 |

① 位于广西壮族自治区、重庆市、四川省和贵州省的锅炉执行该限值。

新建锅炉大气污染物排放限值　　　　　　表 12-5

| 污染物 | 限值($mg/m^3$) | | | 污染物排放监控位置 |
| --- | --- | --- | --- | --- |
| | 燃煤锅炉 | 燃油锅炉 | 燃气锅炉 | |
| 颗粒物 | 50 | 30 | 20 | 烟囱或烟道 |
| 二氧化硫 | 300 | 200 | 50 | |

| 污染物项目 | 限值(mg/m³) | | | 污染物排放监控位置 |
|---|---|---|---|---|
| | 燃煤锅炉 | 燃油锅炉 | 燃气锅炉 | |
| 氮氧化物 | 300 | 250 | 200 | 烟囱或烟道 |
| 汞及其化合物 | 0.05 | — | — | |
| 烟气黑度<br>(林格曼黑度,级) | ≤1 | | | 烟囱排放口 |

对于使用型煤、水煤浆、煤矸石、石油焦、生物质成型燃料等的锅炉,参照现行国家标准《锅炉大气污染物排放标准》GB 13271中燃煤锅炉的烟气污染物排放限值。

根据环境保护的要求,在国土开发密度高,环境承载能力开始减弱,或大气环境容量小、生态环境脆弱,容易发生严重大气污染问题而需要严格控制大气污染物排放的地区(重点地区)的锅炉,执行表12-6规定的大气污染物排放限值。

重点地区新建锅炉大气污染物排放限值　　　　　　　　表12-6

| 污染物 | 限值(mg/m³) | | | 污染物排放监控位置 |
|---|---|---|---|---|
| | 燃煤锅炉 | 燃油锅炉 | 燃气锅炉 | |
| 颗粒物 | 30 | 30 | 20 | |
| 二氧化硫 | 200 | 100 | 50 | 烟囱或烟道 |
| 氮氧化物 | 200 | 200 | 150 | |
| 汞及其化合物 | 0.05 | | | |
| 烟气黑度<br>(林格曼黑度,级) | ≤1 | | | 烟囱排放口 |

在任何情况下,锅炉使用单位均应遵守大气污染物排放限值要求,采取必要措施保证污染防治设施的正常运行。各级环保部门在对锅炉使用单位进行监督检查时,可以现场即时采样或监测的结果,作为判断排污行为是否符合排放标准以及实施相关环境保护管理措施的依据。

《中华人民共和国大气污染防治法》明确指出,有关部门应根据《锅炉大气污染物排放标准》,在锅炉产品质量标准中规定相应的要求,达不到规定要求的锅炉,不得制造、销售或者进口。所以,可以说标准规定的排放限值是保护环境免受污染的底线。事实上,很多省份的地方标准严于国家锅炉污染物排放标准,如北京,当年为了实现申奥时关于能源和环境保护方面的承诺,就是如此。同时,它还采取提高二氧化硫、烟尘的排放收费标准,增加氮氧化物排放的收费指标等行政管理措施,并大力推广清洁燃烧技术、洁净煤技术和热泵等先进技术,切实改善大气环境质量。

## 第二节　锅炉烟气除尘

锅炉烟气中含有的烟尘,由烟和尘两部分组成。烟呈黑色,也叫黑烟,是燃料燃烧时其挥发分在缺氧的条件下热分解生成的。它实际上是一些极难燃烧的炭黑微粒,粒径极小(0.05~1.00μm),采用常规除尘器是无法将它除去的。所以,黑烟的消除必须从燃烧入手，即改善燃烧，包括改进燃烧设备、提高燃烧技术以及进行科学、合理的燃烧调节等，以完善燃料的燃烧过程。这样，既可减少黑烟的形成，因燃烧完全又可节约燃料，这是目前消除黑烟的根本措施。

尘是燃料燃烧后生成的，它们是烟气携带的灰粒和部分未燃尽的焦炭细粒。对于它们，除了同样应注意改善燃烧，使燃料在炉内充分燃烧，减少烟气中可燃物以降低总的飞灰量外，还必须装置与锅炉相匹配的除尘器，而除尘器的性能和效率是锅炉减少对周围环境造成危害的关键所在。

**一、锅炉除尘器分类**

从 20 世纪 70 年代以来，为了保护大气环境，减少大气污染物，我国在锅炉除尘器机理的研究和产品的开发方面取得了很大的成就。锅炉除尘器已由过去单一的干式旋风除尘器发展到目前的多种类型的除尘器，对保护环境、改善大气质量起到了重要作用。

锅炉除尘器分类的方式很多，习惯上按其工作原理的不同划分，主要有机械力除尘、湿式除尘、过滤式除尘和电除尘四大类。

机械力除尘是依靠烟气中含尘的重力、惯性力、离心力等作为除尘动力，如重力沉降室、惯性除尘器和旋风除尘器。

湿式除尘主要以水作为除尘的介质，利用水膜粘住或吸附烟气中的灰粒，通过水的洗涤、冲刷将其分离除去，如麻石（花岗石）水膜除尘器。

过滤式除尘利用滤网过滤将烟气中的灰粒除去，如布袋除尘器、颗粒层除尘器。

电除尘借用高压电力作为捕尘动力，如静电除尘器等。

**二、除尘器的主要参数与性能**

对于燃煤锅炉，除尘器的除尘效率和烟气的阻力是评价除尘器性能优劣的主要参数。另外，不同类型的除尘器相比较时，其钢耗量、一次性投资和运行维护费用等，也可作为辅助评价项目。

1. 除尘器效率

除尘器效率是含尘烟气流经除尘器被捕集除去的粉尘量占进入除尘器的含尘烟气所携带的粉尘总量的百分数，常用符号 $\eta$ 表示：

$$\eta = \frac{G_1}{G_0} \times 100\% \tag{12-1}$$

式中　$G_1$——被捕集除去的粉尘量，kg；

$G_0$——进入除尘器的粉尘总量，kg。

在实际监测中，$G_1$ 和 $G_0$ 不易测量，因此常采用除尘器进、出口烟气含尘质量浓度来计算，即：

$$\eta = \frac{G_j - G_c}{G_j} \times 100\% \tag{12-2}$$

式中　$G_j$——除尘器进口的烟气含尘质量浓度，mg/m³；

$G_c$——除尘器出口的烟气含尘质量浓度，mg/m³。

对于机械力除尘器，除尘效率与尘粒的粒径有关。粒径越大，除尘效率越高，当粒径大到某一值时，其除尘效率可达 100%，此时的尘粒粒径称为全分离粒径或临界粒径；若除尘效率为 50%，此时相对应的尘粒粒径则称为半分离粒径或分割粒径。分割粒径越小，说明该除尘器的分离性能越好。因此，对于此型除尘器性能好坏的评定，采用分割粒径比临界粒径更方便。

在实际工程中，通常将除尘效率在50%～80%的称为低效除尘器，如机械力除尘器中的重力沉降室、惯性除尘器；效率在80%～95%的为中效除尘器，如低效湿式除尘器、颗粒层除尘器；效率在95%以上的，则为高效除尘器，如电除尘器、过滤式除尘器等。

2. 除尘器的烟气阻力

除尘器的烟气阻力，即为烟气流过除尘器的压力损失，它的大小直接关系到引风机的压头和能耗。在除尘效率一定的条件下，阻力大，则引风机所需提供的压头就高，耗电量也大。因此，除尘器阻力是衡量除尘器性能和运行费用的重要指标之一。通常把除尘器阻力小于500Pa的除尘器称为低阻除尘器；500～2000Pa为中阻除尘器；大于2000Pa的为高阻除尘器。

3. 除尘器的性能

锅炉常用的除尘器性能比较如表12-7所示。

**锅炉除尘器性能比较** 表12-7

| 序号 | 类型 | 除尘设备形式 | 有效捕集粒径(mm) | 阻力(Pa) | 除尘效率(%) | 设备费用 | 运行费用 |
|---|---|---|---|---|---|---|---|
| 1 | 机械力除尘器 | 重力除尘器 | >50 | 50～150 | 40～60 | 少 | 少 |
| | | 惯性除尘器 | >20 | 100～500 | 50～70 | 少 | 少 |
| | | 旋风除尘器 | >10 | 400～1300 | 70～92 | 少 | 中 |
| | | 多管旋风除尘器 | >5 | 800～1500 | 80～95 | 中 | 中 |
| 2 | 湿式除尘器 | 喷淋除尘器 | >5 | 100～300 | 75～95 | 中 | 中 |
| | | 文丘里水膜除尘器 | >5 | 500～1000 | 90～99.9 | 中 | 高 |
| | | 水膜除尘器 | >5 | 500～1500 | 85～99 | 中 | 较高 |
| 3 | 过滤式除尘器 | 颗粒层除尘器 | >0.5 | 8700～2000 | 85～99 | 较高 | 较高 |
| | | 袋式除尘器 | >0.3 | 400～1500 | 98～99.9 | 高 | 高 |
| 4 | 电除尘器 | 干式静电除尘器 | 0.01～100 | 100～200 | 98～99.9 | 高 | 少 |
| | | 湿式静电除尘器 | 0.01～100 | 100～200 | 98～99.9 | 高 | 少 |

### 三、机械力除尘器

机械力除尘器的特点是结构简单，造价低，能处理大流量、高质量浓度的含颗粒（固体或液体）气体，其缺点是净化效率不太高。这类除尘器的种类很多，其代表性的产品为旋风除尘器。

1. 旋风除尘器

旋风除尘器又称旋风分离器，它是利用含尘气流做旋转运动，从而使灰粒在离心力作用下从含尘气流中分离出来的一种设备。图12-1所示为旋风除尘器的工作原理示意图。含尘气流高速（20m/s）切向进入除尘器外壳和排气管之间的环形空间，形成一股旋转气流沿内壁呈螺旋形向下，朝锥体流动，通常称此为外旋气流。这时，悬浮在其中的尘粒在离心力作用下被甩到筒壁，与壁面接触便失去了径向惯性力而借重力沿壁面下落，进入灰斗。旋转下降的外旋气体到达锥体时因圆锥形的收缩而向除尘器中心靠拢。根据"旋转矩"恒定原理，当气流到达锥体某一位置时，因气流旋转和引风机的抽吸在旋风筒中心产生的负压作用下，使运动到筒体底部的烟气改变流向进入筒体中部，形成向上的内旋气流。最后，净化后的气体从除尘器顶部的烟气出口管排出。

旋风除尘器结构简单紧凑，没有易损部件，造价低，占地面积小，维修方便，且能耐高温（>400℃）和承受一定压力。另外，对密度较大的粉尘有较高的捕集能力，也不受入口含尘质量浓度限制，对腐蚀性含尘气体同样可以捕集回收再利用。所以它的适用范围很广，在化工、冶金、电力、建材和燃煤锅炉上普遍应用，是消除粉尘污染的一种重要设备。

旋风除尘器的种类很多，按含尘气流入口方式分为切向进口、轴向进口、螺旋面进口和渐开线（蜗壳）进口等多种；按气流状态分为直流式、平流式和回流式三种；按结构形式分为单筒型、双筒型和多筒型三种；按清灰方式分为干式清灰和湿式清灰两种。

下面根据旋风除尘器的结构布置方式，简要介绍几种典型形式。

（1）立式旋风除尘器

图 12-2 所示为立式旋风除尘器，本体由烟气进口管、直通型旁室、反射屏、直筒形锥体及烟气排出口等组成。

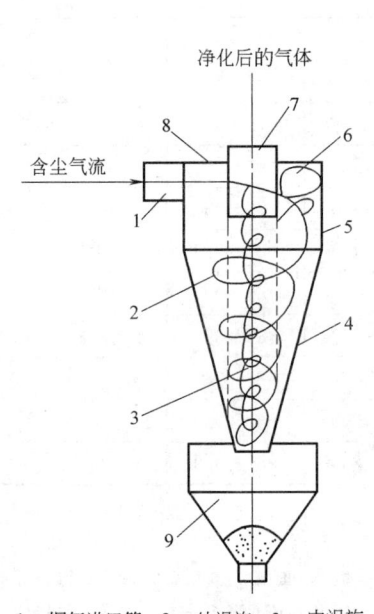

1—烟气进口管；2—外涡旋；3—内涡旋；4—锥体；
5—筒体；6—上涡旋；7—烟气出口管；8—顶板；9—灰斗。

图 12-1　旋风除尘器工作原理示意图

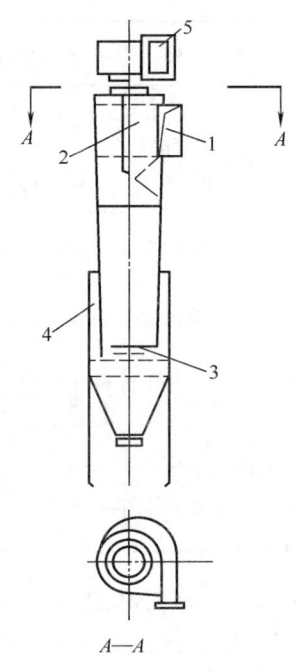

1—烟气进口管；2—直通型旁室；3—反射屏；
4—直筒形锥体；5—烟气排出口。

图 12-2　立式旋风除尘器

考虑到切向进入除尘器的含尘气流会在除尘器顶部形成上灰环，从而可能在排气管入口处与已被净化的烟气的上旋气流混合，形成"返混"而降低除尘效率，故采用了直通型旁室，将上灰环的含灰气流经旁室引向筒体的锥体部分，灰粒则下落至灰斗。

为消除下灰环的形成，同时为减轻锥体部分的磨损和粗颗粒粉尘的反弹现象，采用了接近直筒形的锥体结构。

另外，在直筒形锥体的落灰端设有双层平板形反射屏，下层平板中心开设一圆孔，目的在于防止灰尘的二次飞扬。立式旋风除尘器结构简单，体积小，除尘效率较高，适用于中小型锅炉烟气除尘。

（2）卧式旋风除尘器

图 12-3 所示为卧式旋风除尘器结构，其特点是筒体呈卧式，降低了高度，便于与锅炉出口烟道衔接。此外，在净化烟气排出口上装设了芯管减阻器，作用是借气流的导向减少气流流向变化时的局部阻力。

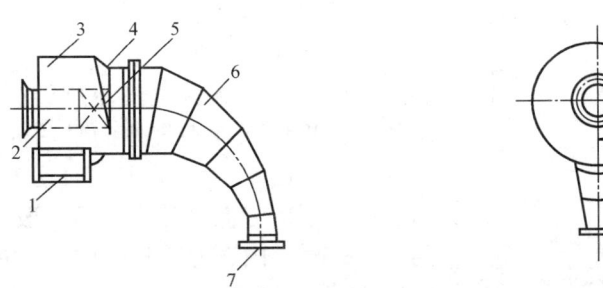

1—烟气进口；2—排气芯管；3—进气蜗壳；4—锥形底板；5—芯管减阻器；6—牛角形锥体；7—排灰口。

图 12-3　卧式旋风除尘器结构

（3）双旋风除尘器

图 12-4 所示为双旋风除尘器结构示意图，它由大旋风蜗壳和小旋风分离器组合而成，前者能使烟气含尘获得浓缩，后者则让烟尘进行分离。大、小旋风分离器下均设有灰斗。

含尘气流切向进入大旋风蜗壳，随着旋转角的增大，尘粒被逐渐浓缩到蜗壳的边缘上。当气流旋转到 270°处，最边缘上占 $15\%\sim20\%$ 的含尘浓缩气流进入小旋风分离器进行烟尘分离。未进入小旋风分离器的内层气流，一部分进入平旋蜗壳，在大旋风筒内继续旋转分离；另一部分通过芯管与筒壁之间的间隙与新进入除尘器的气流汇合形成二次回流，以增加细颗粒粉尘被捕集的机会。这两部分气流净化后沿高度方向经导流叶片进入大旋风芯管，并与小旋风分离器的排气在芯管内汇合后一同向下排出除尘器。灰尘则分别收集在大、小旋风筒下部的灰斗中。

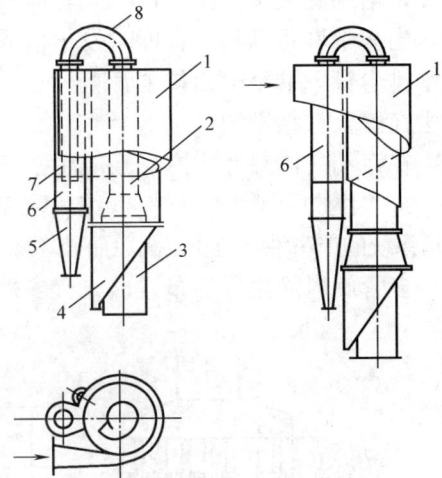

1—大旋风蜗壳；2—大旋风芯管；
3—排气管；4—斜灰斗；5—小旋风灰斗；
6—小旋风壳体；7—小旋风芯管；
8—排气连通管。

图 12-4　双旋风除尘器结构示意图

双旋风除尘器的烟气阻力略低，占地面积较小，烟管布置方便，但对微粒烟尘的捕捉能力稍差。

（4）多管旋风除尘器

在旋风除尘器中，灰粒的沉降速度与旋风除尘器的半径成反比。由此可见，小直径的旋风除尘器可提高除尘效率。为此，发展了为数众多的小直径旋风除尘器（称旋风子）并联组成一体，并共用进气室和排气室以及灰斗的多管旋风除尘器（简称多管除尘器）。多管旋风除尘器中每个旋风子应大小适中，数量适中，内径不宜太小，若内径太小则容易堵塞。

多管旋风除尘器的特点是：多个旋风子并联使用，在处理相同风量下除尘效率更高；节约安装占地面积；多管旋风除尘器比单个旋风除尘器并联使用的除尘装置压力损失小。

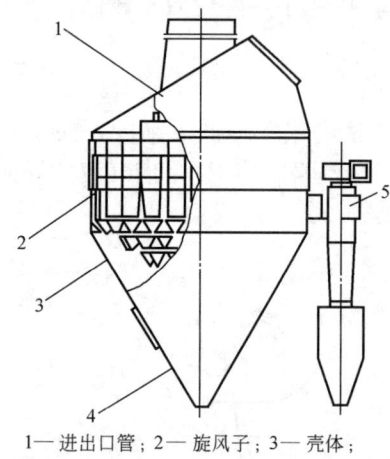

1—进出口管；2—旋风子；3—壳体；
4—灰斗；5—抽风小旋风。

图 12-5　多管旋风除尘器

如图 12-5 所示，多管旋风除尘器由进出口管、旋风子、壳体、灰斗和抽风小旋风等组成。该除尘器加装了一个抽风小旋风，使灰斗始终保持一定的负压，有利于各旋风子配风均匀，从而保证除尘器有较高的除尘效率。

此型除尘器中的各个旋风子一般采用轴向进入，利用导向叶片强制含尘气流旋转运动。这样，在相同的压力损失下处理气体的量约为相同尺寸切向进入的旋风子的 1～2 倍，且气体分布更易均匀。轴向进入旋风子的导向叶片入口角一般小于 90°，出口角为 30°～50°，内、外筒直径比大于 0.7，内、外筒长度比为 0.6～0.8。

由于多个旋风子共用一个灰斗，容易产生气体倒流，所以有的多管除尘器被分隔成几部分，各有一个相互隔开的灰斗；在气体流量变动的情况下，可以切断一部分旋风子，不影响正常运行。

灰斗内通常要储存一部分灰尘，实现料封，以防止排尘装置漏气。为了避免灰尘堆积过高，堵塞旋风子的排尘口，灰斗应有足够的容量，并及时放灰；或者在灰斗内装设料位计，当灰尘堆积到某一程度时发出信号，指令排尘装置把灰尘排走。灰斗内的料位一般应低于排尘管下端至少为排尘管直径 2～3 倍的距离，灰斗壁面倾斜角应大于安息角，以免灰尘在壁上粘结堆积。

在旋风除尘器的使用中，还应注意控制烟气的进口速度，一般宜为 12～20m/s，最大不超过 25m/s；因为过分增大烟气速度，效率提高并不明显，而阻力将大大增加。同时，应保持除尘器管道系统的严密性，防止因漏风而破坏除尘器内的负压工作状态，使除尘器效率急剧下降。

多管旋风除尘器的布置形式有多种，图 12-6 列示了三种布置形式。

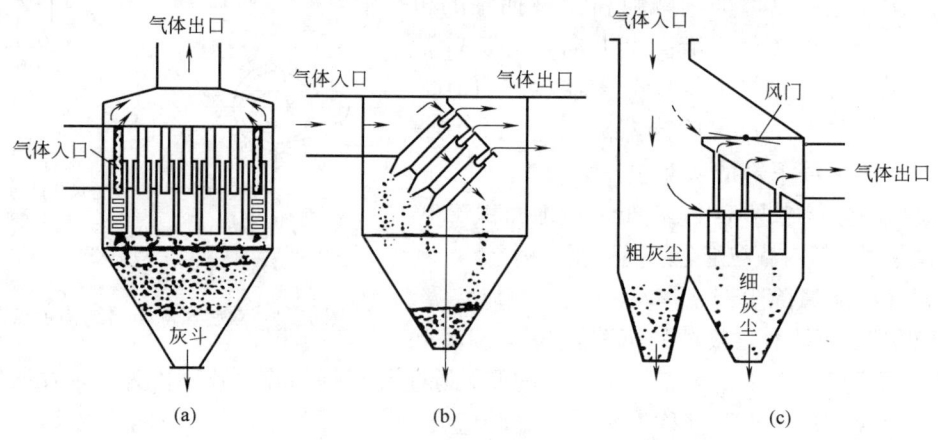

图 12-6　多管除尘器的布置形式
（a）旋风子垂直布置；（b）旋风子倾斜布置；（c）有预除尘作用

2. 影响旋风除尘器的因素

（1）进口烟气流速

旋风除尘器进口烟气流速与除尘效率关系密切。当其进口烟气流速增大时，所含尘粒受到的离心力增大，旋风除尘器的分割粒径减小，除尘效率提高。然而，当进口烟气流速过大时，引起除尘器内的尘粒反弹、返混和尘粒碰撞被粉碎等，反而影响收尘效率的继续提高。同时，由于旋风除尘器的阻力与进口烟气流速的平方成正比，当进口烟气流速达到一定值后，如再增大流速，则旋风除尘器的阻力会急剧增大，而除尘效率却提高甚微。因此，对于旋风除尘器，应根据其特点、烟气和尘粒特性以及使用条件等因素综合考虑，确定合适的进口烟气流速。

（2）尘粒粒径与密度

由于尘粒所受离心力与粒径的三次方成正比，大粒径尘粒要比小粒径尘粒容易被捕集除去。而旋风除尘器的除尘效率又是随尘粒密度的增大而提高的，所以烟气中密度小的尘粒难于分离，除尘效率较低。

（3）烟气温度和黏度

烟气的黏度随温度的升高而增大，分割粒径又与黏度的平方根成正比，因此旋风除尘器的除尘效率随烟气温度或黏度的增加而降低。

（4）除尘器的结构尺寸

在相同的烟气切向速度条件下，旋风除尘器的筒体直径越小，尘粒所受到的离心力越大，除尘效率越高。筒体高度的变化对其除尘效率的影响不明显，但适当增加除尘器锥体高度，除尘器效率会有所提高。

（5）除尘器下部的气密性

旋风除尘器内部的静压由外壁向中心逐渐降低，即使在正压下运行，除尘器的锥体部也有可能形成负压状态。如果此处气密性差，甚至漏入空气，则会将已沉落灰斗的细微粒又重新被携带飞走，使除尘效率明显下降。实践经验表明，当漏风量达到处理烟气量的15%时，该旋风除尘器的除尘效率几乎降为零。

（6）进、出口形式

旋风除尘器的进口形式有轴向进口、切向进口、螺旋面进口和渐开线（蜗壳）进口等多种（图12-7）。切向进口为应用最多的一种进口形式，其制造简单、外形尺寸也紧凑。螺旋面进口有利于气流向下做倾斜的螺旋运动，同时也可避免相邻两螺旋圈的气流互相干扰。渐开线（蜗壳）进口会使进入筒体的气流宽度逐渐变窄，可减少气流对筒体内气流的撞击和干扰，使颗粒向外壁转动的距离减小，且加大了进口气流和排气管的距离，可减少气流的短路机会，有利于提高除尘效率。

含尘气流轴向进入，可以最大限度地避免旋转气流之间的干扰而提高除尘效率。轴向进口形式常用于多管旋风除尘器和平流式旋风除尘器。

常用排气管分下端收缩式和直角式两种，前者常用于分离较细粉尘的旋风除尘器。排气管直径越小，除尘效率越高，但阻力损失也越大，反之亦然。

3. 锅炉配用的旋风除尘器及性能

旋风除尘器的使用已有上百年历史，随着科技的进步与发展，它在不断改进和创新的

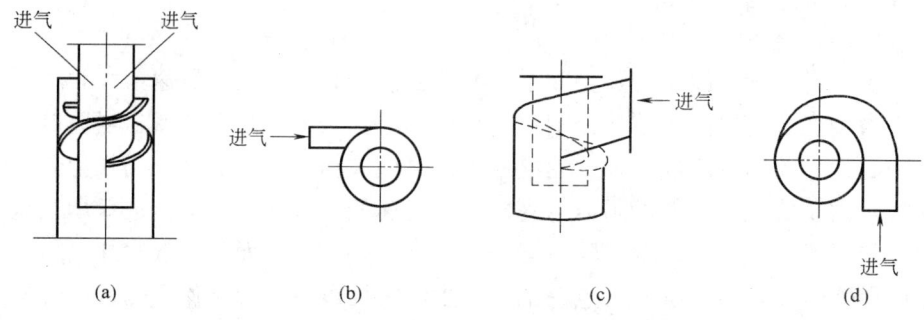

图 12-7　旋风除尘器的进口形式

(a) 轴向进口；(b) 切向进口；(c) 螺旋面进口；(d) 渐开线（蜗壳）进口

过程中，为了更好地适应不同场合形成了多个系列和类型。表 12-8 所示为燃煤锅炉配用的各种旋风除尘器及其性能参数。

燃煤锅炉配用的旋风除尘器及其性能参数　　　　　　　　表 12-8

| 分类 | 名称 | 处理风量($m^3/h$) | 阻力(Pa) | 备注 |
|---|---|---|---|---|
| 普通旋风除尘器 | DF 型旋风除尘器 | 100~17250 | | 配锅炉用 |
| | XCF 型旋风除尘器 | 150~9840 | 550~1670 | |
| | XP 型旋风除尘器 | 370~14630 | 880~2160 | |
| | XM 型木工旋风除尘器 | 1915~27710 | 160~350 | |
| | XLG 型旋风除尘器 | 1600~6250 | 350~550 | |
| | XZT 型长锥体形旋风除尘器 | 790~5700 | 750~1470 | |
| | SJD/G 型旋风除尘器 | 3300~12000 | 640~700 | |
| | SND/G 型旋风除尘器 | 1850~11000 | 790 | |
| 异型旋风除尘器 | SLP/A、B 型旋风除尘器 | 750~104980 | | 配锅炉用 |
| | XLK 型扩散式旋风除尘器 | 94~9200 | 1000 | |
| | SG 型旋风除尘器 | 2000~12000 | | |
| | XZY 型消烟除尘器 | 189~3750 | 40.4~190 | |
| | XNX 型旋风除尘器 | 600~8380 | 550~1670 | |
| | HF 型脱硫除尘器 | 6000~170000 | 600~1200 | |
| | XZS 型旋风除尘器 | 600~3000 | 25.8 | |
| 双旋风除尘器 | XSW 型卧式双级涡旋除尘器 | 600~60000 | 500~600 | 配锅炉用 |
| | CR 型双级涡旋除尘器 | 2200~30000 | 550~950 | |
| | XPX 型下排烟式旋风除尘器 | 3000~15000 | | |
| | XS 型双旋风除尘器 | 3000~58000 | 600~650 | |

| 分类 | 名称 | 处理风量(m³/h) | 阻力(Pa) | 备注 |
|------|------|------|------|------|
| 组合式旋风除尘器 | SLG 型多管除尘器 | 19100~99800 | | 配锅炉用 |
| | XZZ 型旋风除尘器 | 900~60000 | 430~870 | |
| | XLT/A 型旋风除尘器 | 935~6775 | 1000 | |
| | xWD 型卧式多管除尘器 | 9100~68250 | 800~920 | |
| | XD 型多管除尘器 | 1500~105000 | 900~1000 | |
| | FOS 型复合多管除尘器 | 6000~170000 | | |
| | XCZ 型组合旋风除尘器 | 28000~78000 | 780~980 | |
| | XCY 型组合旋风除尘器 | 18000~90000 | 700~10000 | |
| | XGG 型多管除尘器 | 6000~52500 | 700~1000 | |
| | DX 型斜插多管除尘器 | 4000~60000 | 800~900 | |

### 四、湿式除尘器

#### 1. 湿式除尘器的工作原理与类别

湿式除尘器又名水除尘器或洗涤型除尘器。它是一种利用水（或其他液体）与含尘烟气相互接触，并伴随热、质交换，经洗涤将尘粒从烟气中分离出来的设备。

在湿式除尘器中，含尘烟气与水接触的方法有两种，一种是与预先分散（雾状成水膜）的水接触；另一种是烟气冲击水面时鼓泡，形成细微水滴或水膜。对于直径大于 $1\mu m$ 的尘粒，它与水滴的碰撞效率取决于尘粒的惯性。当烟气与水滴有相对运动时，由于水滴的环绕气膜作用，在气体接近水滴时，气体流线将绕过水滴而改变方向，变直线为曲线；粒径和密度大的尘粒会力图保持原来的流线而与水滴相撞，相撞后凝聚，使大颗粒被水带走。显而易见，与含尘烟气的接触面积越大，水滴越多，水滴直径越小，碰撞凝聚效率越高，尘粒的密度、粒径以及相对速度越大，碰撞凝聚效率也越高。而气体的黏性、水滴直径和水的表面张力越大，碰撞凝聚效果则越差。

当烟气中含有冷凝性物质时（主要是水分），由于含尘烟气经过洗涤，其温度可能降到凝点以下，使冷凝物质的尘粒核心凝结，并覆盖于表面。当处理干燥烟气（尤其是含疏水性粉尘）时，可预先加湿含尘气体，从而提高净化效率。

与干式旋风除尘器相比较，湿式除尘器具有结构简单、设备投资少、除尘效率较高（能够除掉烟气中大于 $0.1\mu m$ 的尘粒）、在除尘过程中具有净化有害气体的作用等特点，非常适合于高温、高湿和非纤维粉尘的处理。不足的是它要消耗一定量的水（或其他液体），除尘后的水需经后续设备进行处理，以防止二次污染；易受碱性气体腐蚀，要有防腐措施。此外，如果是黏性的粉尘，易发生设备堵塞和挂灰现象；在寒冷地区，还需要采取防冻措施。

目前，我国应用于不同行业、不同场合的湿式除尘器种类不少，通常按其结构形式和除尘机理可归纳为以下几类：水膜式除尘器，如旋风水膜除尘器、麻石水膜除尘器；喷射湿式除尘器，如文丘里除尘器、喷射式除尘器；板式除尘器，如旋流板式除尘器、漏孔板式除尘器；冲激式除尘器，如冲激水浴式除尘器、自激式除尘器等和填料式除尘器，如填料式除尘器、沸球式除尘器等。

2. 几种湿式除尘器

(1) 麻石水膜除尘器

麻石水膜除尘器又名花岗石水膜除尘器，图 12-8 所示为麻石文丘里水膜除尘器结构示意图。此型除尘器由文丘里管、主筒体、上部溢水槽、下部溢水口、立柱芯和烟气进、出烟道等组成。

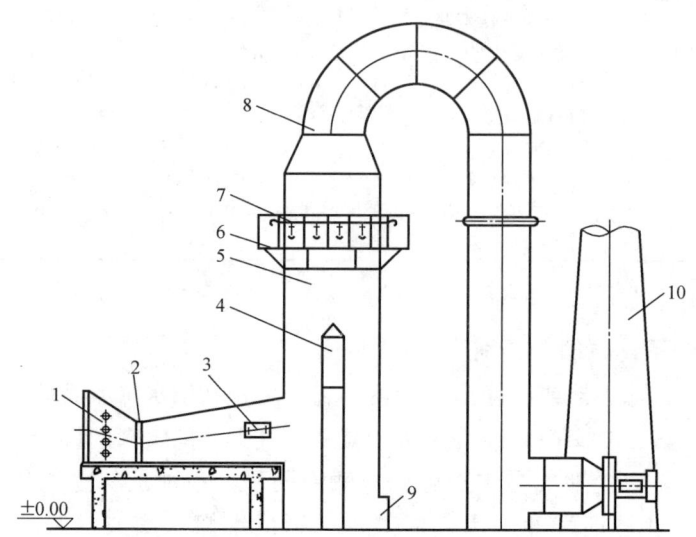

1—烟气进口；2—文丘里管和进水喷管；3—入孔门；4—立柱芯；5—捕尘器（主筒体）；6—上部溢水槽；
7—环形供水管；8—烟气出口；9—下部溢水口；10—烟囱。

图 12-8 麻石文丘里水膜除尘器结构示意图

含尘烟气经进口烟道进入文丘里管，水则在喉部被喷入。烟气高速运动将水雾化成细微水滴，从而湿润了烟气中的粉尘。因此粉尘质量增大，随气流切向进入主筒体时随离心分离甩向筒壁。另一股水由筒体上部溢流槽沿筒体内壁形成 3~4mm 厚的均匀水膜自上而下流动。与经文丘里管切向进入筒体的烟气发生碰撞摩擦，尘粒随水流进入除尘器底部从溢水口排出。筒体底部放置有水封槽，防止烟气从底部溢出；还设有清理孔，可以进行筒体底部清理。除尘后的废水从底部的溢流口进入沉淀池，经过中和处理后的水再进行循环使用，以节省用水。

净化后的烟气经过主筒体上部的锥体进行脱水处理，然后进入筒体再次进行沉降和分离脱水，烟气最后经副筒体下部的出口烟道由引风机送往烟囱排出。此型除尘器的除尘效率在 98% 以上，脱硫效率也有 65%~87%（循环水 pH 为 9~12）。近年建设的集中供热锅炉房（单台锅炉容量大于或等于 7MW）普遍选用该型除尘器。

需要注意的是，锅炉正常运行时，除尘器严禁终止供水；废水要加以处理循环利用，并在循环水池里添加适量的碱或石灰中和，以免水泵和管道被腐蚀。显然，对于有大量碱性废水的工矿企业，诸如造纸厂、印染厂和纺织厂则可利用废碱水去中和酸性废水，将可取得较好的环保和经济效益。

(2) 浮球塔式水膜除尘器

浮球塔式水膜除尘器由筒体、栅板、轻质浮球和喷嘴等组成。筒体内下方装有栅板，其上放置一定数量的轻质小球，球层上方有喷嘴将水雾化喷淋到小球的表面，其上又有一层小球和喷嘴，最上方为脱水器。筒体是浮球组成的浮球塔的基本架构，由内衬防腐材料的碳钢或耐蚀玻璃钢制作。非金属材料的栅板起着支撑轻质小球的作用，栅板上开孔直径一般为小球直径的2/3，开孔率为$0.4\sim0.6m^2/m^2$，这样阻力不大，还能保证填料具有一定的持水性。

浮球塔所用小球，通常用轻质塑料（聚乙烯或聚丙烯）空心球，它具有耐磨、耐蚀和耐一定温度，其密度为$0.2\sim0.6g/m^3$，直径为$20\sim40mm$。浮球层的最小静止层厚一般取浮球直径的$5\sim8$倍；如果层厚不足，容易发生"沟流"现象，即局部小球会被冲开而形成一道沟使气流短路。反之，浮球层层厚过大，则小球不易浮动，会发生堵塞。通常情况下，浮球塔内设置$1\sim3$层栅板和浮球层，层厚取小球直径的$8\sim12$倍。浮球塔内浮球层数主要根据除尘的要求来确定，层数多，除尘效率高，但其气流流动阻力增大而增加电耗。

在含尘烟气通过浮球塔时，以一定流速冲击浮球层，驱使小球开始浮动、旋转、互相碰撞，加上洗涤液（水）的作用在小球表面形成气液混合物。含尘烟气在小球缝隙中转弯穿行，尘粒在与小球碰撞接触时被球面水层捕集；从浮球层流出来的烟气再经一个喷淋段，残余尘粒被进一步捕集。

浮球塔式水膜除尘器就是这样一种利用强大的离心力把烟气中的尘粒甩向水膜壁，然后沿侧壁向下流动而将烟尘除去的装置。但对于微小颗粒的烟尘，因其惯性力小难以除去。所以，实际应用时常与其他除尘器联合工作。

（3）文丘里除尘器

文丘里除尘器主要由文丘里管（包括收缩管、喉管和扩散管三部分）和旋风分离器组合而成（图12-9）。它的除尘过程可分为雾化、凝聚和除尘三个阶段。前两个阶段在文丘里管内进行，后一阶段在旋风分离器内进行。

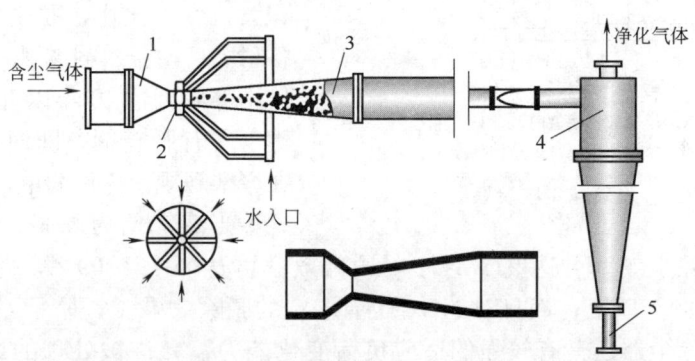

1—收缩管；2—喉管；3—扩散管；4—旋风分离器；5—出灰口。

图12-9　文丘里水膜除尘器结构

含尘烟气通过收缩管时，因横断面积逐渐缩小，流速沿管逐渐增大。水（或其他液体）从8个小孔以高速进入喉管，气液两相间的相对速度很大，液滴与高速气流撞击而雾化；烟气中尘粒在与液滴接触时被湿润。气流在进入扩散管后，因横断面积扩大，流速逐渐减小，尘粒相互粘合，颗粒增大下落而除去。携带残留烟尘的气流，最后进入旋风分离器做旋转运动，借助离心力，水和湿润的尘粒被甩至旋风分离器的内壁并向下从出灰口排出。净化了的烟气则通过旋风分离器的中心管的上方排出除尘器。

文丘里除尘器有多种形式：按断面形状，分为圆形和方形两种；按喉管直径的可调节性，分为可调和固定两类；按供水方式，分径向内喷、径向外喷、轴向喷水和溢流供水四种。它适用于去除粒径为 $0.1\sim100\mu m$ 的尘粒，除尘效率为 $80\%\sim99\%$，压力损失范围在 $1.0\sim9.0kPa$。因它对高温气体的降温效果良好，被广泛用于高温烟气的除尘和降温，也能用作气体吸收器。

**五、脱硫除尘一体化除尘器**

图 12-10 所示为脱硫除尘联合装置，它是一种应用于锅炉烟气湿法脱硫除尘一体化的除尘器。

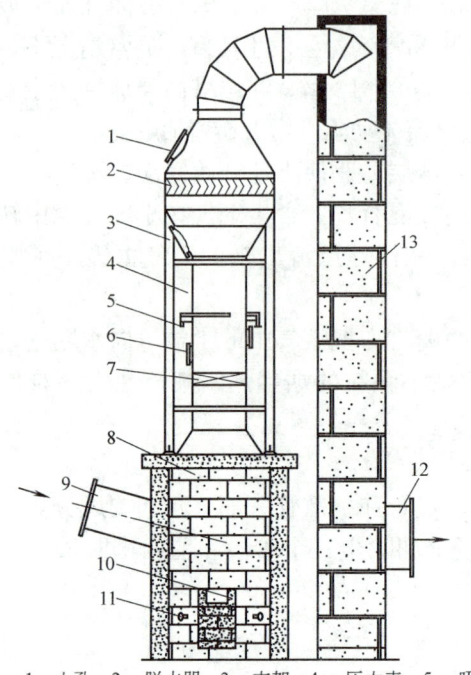

1—人孔；2—脱水器；3—支架；4—压力表；5—吸收剂入口；6—观察口；7—净化器；8—均气室(麻石)；9—待处理烟气入口；10—溢流口；11—冲洗管；12—净化后烟气出口；13—下降烟道。

图 12-10　脱硫除尘联合装置

脱硫除尘器基于气、液、固之间的三相紊流掺混的传质机理，使含尘烟气与吸收液充分混合而将烟气净化。烟气脱硫除尘的工艺流程是：锅炉烟气从脱硫除尘器的下端进入，均布后以一定角度进入净化室，形成旋转上升的紊流气流与上端向下流动的吸收液相遇，向下流的溶液被烟气高速、多向、反复旋切，变得越来越细，气、液充分混合形成一稳定的乳化液层并逐渐增厚以至液层重力与烟气气动力达到平衡，最早形成的液层被新的液层所取代而掉落，从而使烟气脱硫、除尘而得到净化。

此型除尘器的特点是液气接触表面积大，液气比小，脱硫除尘效率高；设备耐磨、耐温、耐腐蚀；没有运动部件，使用寿命可达 10 年以上；没有喷嘴，适用于所有脱硫剂，即便是石灰乳也不存在堵塞问题；操作简单，维护也方便。

当液气比为 $0.3\sim1.0L/m^3$ 时，此型脱硫除尘器的除尘效率可达 94% 以上，脱硫效率可达 $80\%\sim99\%$，即使不加脱硫剂，脱硫效率也可达 30% 以上；而且对 $NO_x$ 也有一定的脱除效果。

此外，此型除尘器还具有较强的适应负荷变化能力，允许被处理的烟气量有 30% 的波动。

图 12-11 所示为锅炉烟气脱硫除尘系统工艺流程图。

**六、过滤式除尘器**

**1. 过滤式除尘器的结构和工作原理**

过滤可定义为借助多孔介质将气溶胶粒子从气流中分离的过程。过滤式除尘器，也称滤式除尘器，是一种使含尘烟气通过过滤层或滤料，使烟气中的尘粒被阻截下来而实现烟气净化的设备。

过滤式除尘器主要有两类：一类是利用不同粒径的玻璃纤维、砾石、沙等固体颗粒组成的固定床层作为过滤介质的内部过滤器，如颗粒层除尘器。另一类是利用纤维编织物作为过滤介质的表面过滤器，如袋式除尘器。这是锅炉烟气除尘中常用的一种除尘器。

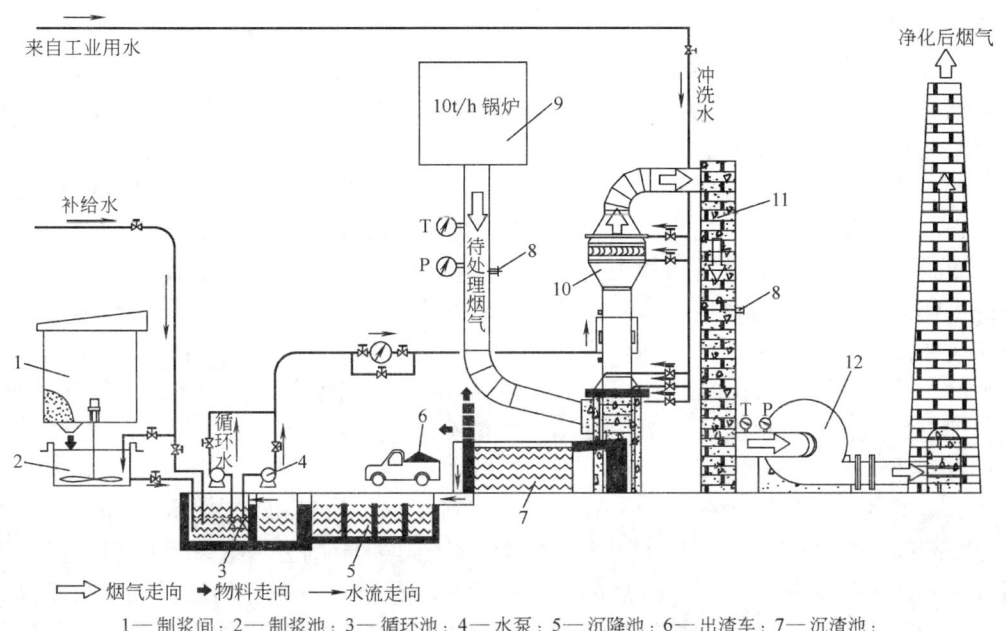

1—制浆间；2—制浆池；3—循环池；4—水泵；5—沉降池；6—出渣车；7—沉渣池；

8—检测孔；9—锅炉；10—脱硫除尘器；11—下降烟道；12—引风机。

图 12-11　锅炉烟气脱硫除尘系统工艺流程图

图 12-12 所示为偏心轮振动清灰的过滤式除尘器的结构与工作原理示意图。含尘烟气从除尘器筒体的下方进入圆筒形滤袋，在通过滤袋的孔隙时烟尘被捕集在滤料上。烟尘因截留、慢性碰撞、静电和扩散等作用，在滤袋表面形成尘粒层，常被称为粉尘初层。粉尘初层形成后，它成为这种袋式除尘器的过滤层，提高了除尘效率。随着粉尘在滤袋上的积聚，滤袋两侧的压力差逐渐增大，会把已经在滤料上的细小粉尘挤压过去，致使除尘效率降低。当压力过高时，会使除尘系统的处理烟气量显著下降，因此除尘器阻力达到一定值后，必须及时清灰。

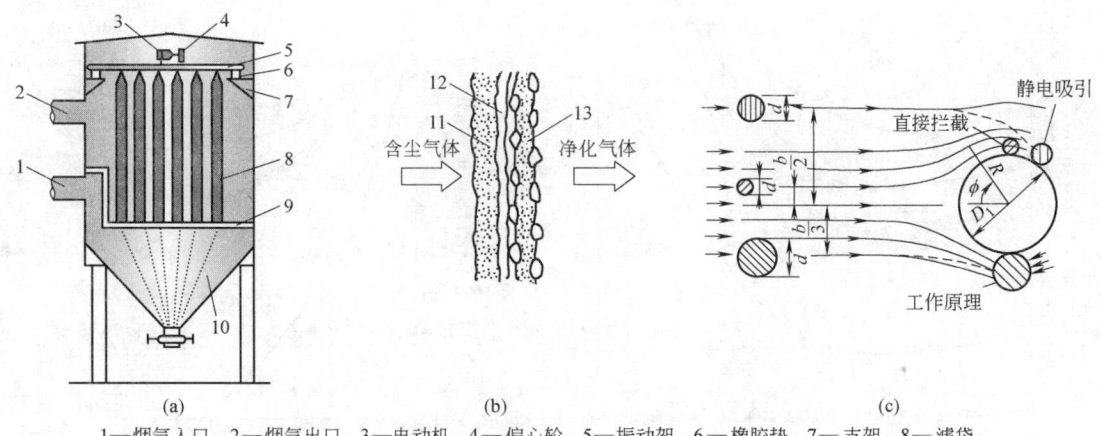

1—烟气入口；2—烟气出口；3—电动机；4—偏心轮；5—振动架；6—橡胶垫；7—支架；8—滤袋；

9—花板；10—灰斗；11—集尘层；12—初层；13—滤布。

图 12-12　偏心轮振动清灰的过滤式除尘器的结构与工作原理示意图

（a）结构；（b）工作过程；（c）工作原理

沉积在滤料上的粉尘，可以采用机械振打、逆气流清灰或脉冲喷吹清灰等多种方式将其从滤料表面振动脱落于灰斗。但需注意的是，清灰时不可破坏粉尘初层。

过滤式除尘器的主要优点是除尘效率高，可永久保持粉尘质量浓度在 $50mg/m^3$ 以下，对细微尘粒除尘效率可达 99％以上；适应性强，对各种性质的粉尘，如高比电阻或高质量浓度粉尘等都有很高的除尘效率；除尘器内部结构简单，操作方便，占地面积小，自动化程度高，对除尘系统所有设备均可设有实时报警功能，对操作人员技术要求较低，且劳动强度也不大。此外，捕集的干尘粒便于回收，没有水污染和污泥处理问题。

过滤式除尘器的缺点是压力损失大，整体阻力在 800～1500Pa，受温度的限制，高温滤料的工作温度一般不得超过 260℃；用于净化含油雾、水雾及粘结性强的粉尘时，对滤料有相应要求；用于有爆炸危险或带火花的含尘气体，需要采取防爆措施；用于处理相对湿度高的含尘气体，需要采取保湿措施（特别是冬季），以免因结露而造成"糊袋"现象；用于处理有腐蚀性的气体时，则需要选用适当的耐腐蚀滤料。

2. 影响除尘效率的因素

影响过滤式除尘器除尘效率的因素主要有运行工况、粒径和滤料结构及粉尘厚度等。

（1）运行工况　图 12-13 所示为同种滤料在不同工况下的分级效率。由图可见，清洁滤料（布）的除尘效率最低，积尘后的滤料除尘效率最高；清灰后的滤料除尘效率又有所降低。从中不难发现，过滤式除尘器起主要除尘作用的是滤料表面的积尘层，滤料仅仅起形成粉尘初始积尘层和支撑骨架的作用。所以，每次清灰操作时，均需注意保留初始积尘层（粉尘初层），以避免引起除尘效率的下降。

（2）粒径　对于粒径在 $0.2～0.4\mu m$ 之间的尘粒，它们处于拦截作用的下限和扩散作用的上限，是属于最难捕集的。因此，过滤式除尘器的滤料需进行后处理和覆膜，以使其捕集微细尘粒的效率得到显著的提高。

（3）滤料结构及粉尘厚度　图 12-14 列示了不同滤料结构的除尘效率与粉尘负荷的关

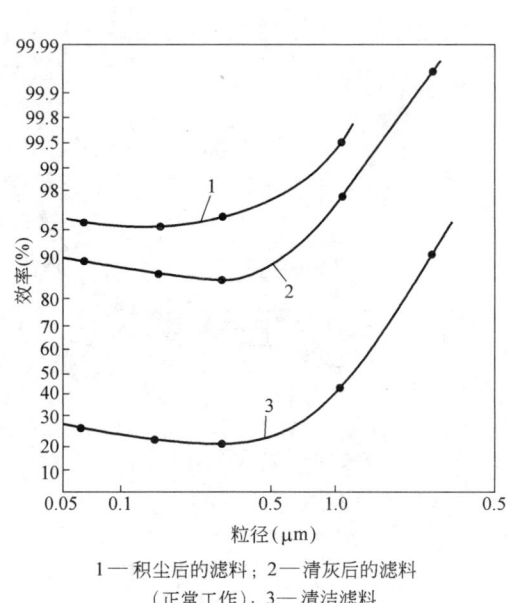

1—积尘后的滤料；2—清灰后的滤料
（正常工作）；3—清洁滤料。

图 12-13　同种滤料在不同工况下的分级效率

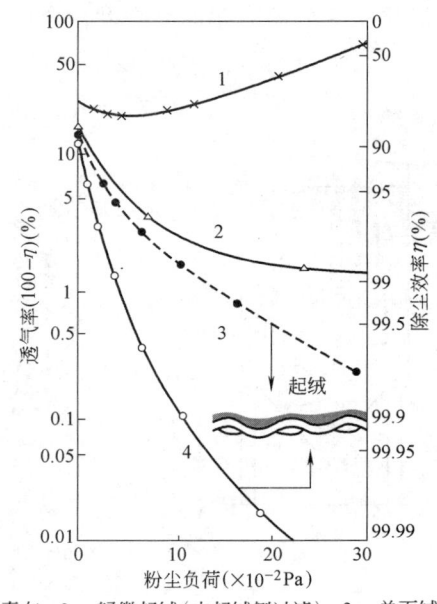

1—素布；2—轻微起绒（由起绒侧过滤）；3—单面绒布
（由起绒侧过滤）；4—单面绒布（由不起绒侧过滤）。

图 12-14　不同滤料结构的除尘效率与
粉尘负荷的关系

系。此处所说的粉尘负荷，指的是 $1m^2$ 滤料面积上沉积的粉尘重量（单位为 $N/m^2$ 或 Pa）。显然，粉尘负荷越大，过滤式除尘器的除尘效率越高。具体地说，绒布和针刺毡与素布相比，前者除尘效率要高；长绒与短绒相比，同样是前者的除尘效率高。

### 七、电除尘器

1. 电除尘器的工作原理

电除尘器是利用电力分离作用，使悬浮于烟气中的尘粒带电，并在电场的驱动下作定向运动，从而将尘粒从烟气中分离出来。图 12-15 所示为管式静电除尘器的结构示意图，它主要由外管、内管、内放电极、外放电极、拉杆绝缘子、降灰环和灰斗等组成。

电除尘器的内放电极是线状电极，接电源负极，称电晕极；外放电极是管板状电极，接电源正极，称集电极，两极之间形成电场。当电压升高到一定值时，电晕极表面发生电晕放电，大量电子从电晕极周围不断逸出，撞击极间气体分子使之电离，产生的负离子在电场作用下向集电极运动，导致悬浮于烟气中的尘粒带电，并到达集电极而失去

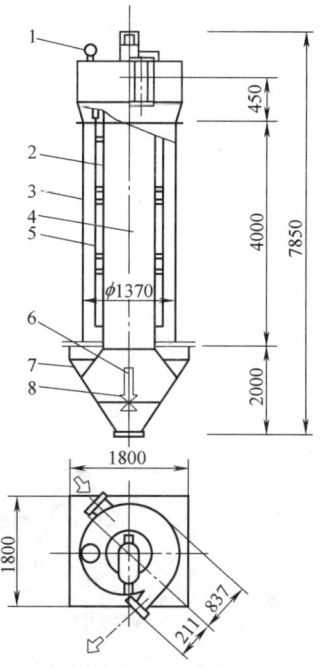

1—振打装置；2—内管；3—外管；
4—内放电极；5—外放电极；
6—拉杆绝缘子；7—灰斗；8—降灰环。

图 12-15　管式静电除尘器的
结构示意图

电荷，最后沉积在集电板上，经振打装置将积灰振落于灰斗，由清灰机构定期清理运走，净化了的烟气可直接排于大气。图 12-16 所示为静电除尘器工作原理示意图。

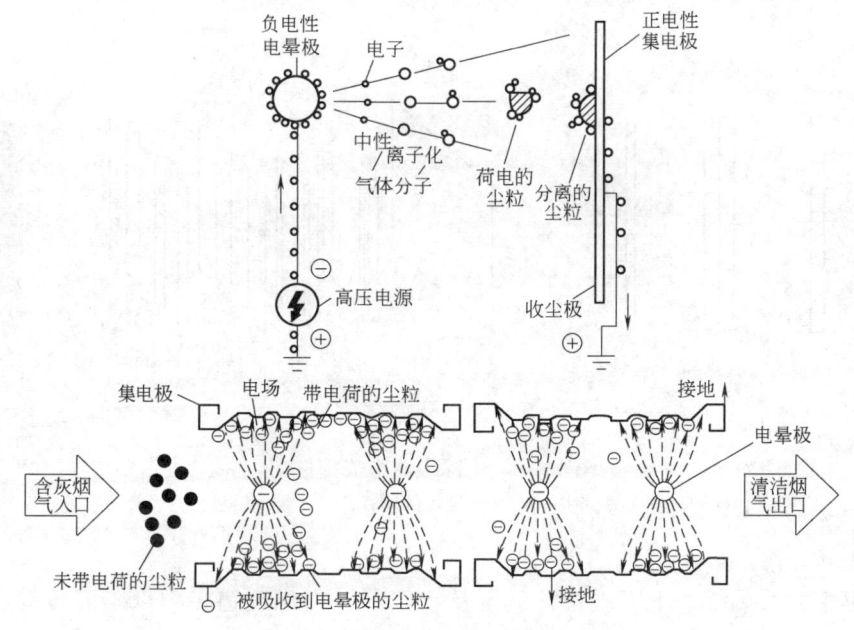

图 12-16　静电除尘器工作原理示意图

2. 电除尘器的结构

电除尘器主要是由本体、高压电源和低压电源及其控制系统以及辅助设备组成，具体部件包括壳体、阳极系统、阴极系统、保温箱、振打装置、灰斗和排输灰设备等。图 12-17 和图 12-18 所示为一电站锅炉配置的电除尘器结构图和电除尘器组成部件图。

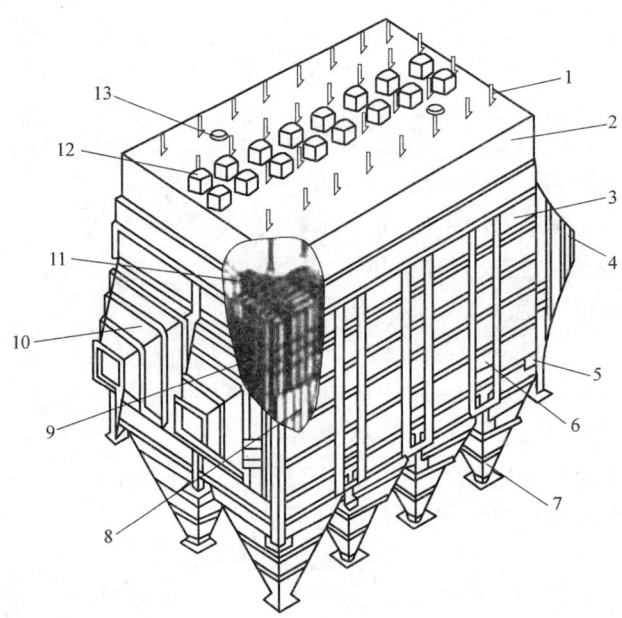

1—电磁锤振打器；2—保温箱；3—壳体；4—出口喇叭；5—振打装置；6—双层人孔门；7—灰斗；8—阳极系统；9—气流均布装置；10—进口喇叭；11—阴极系统；12—高压进线；13—顶部检修孔。

图 12-17　电除尘器结构图

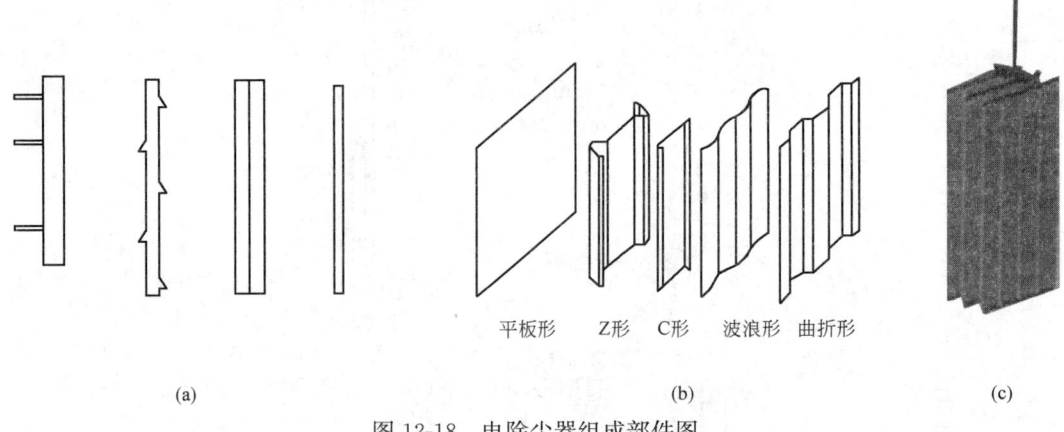

平板形　Z形　C形　波浪形　曲折形

(a)　　　　　　　　　　　　　　　(b)　　　　　　　　(c)

图 12-18　电除尘器组成部件图

(a) 电晕极形式；(b) 集电 (收尘) 极板的形式；(c) 集电极板板排及悬吊装置

(1) 壳体

壳体由主柱、墙板、上下端板、顶板及承压件、内部走道、内部阻流板等部件构成。一般采用刚性框架结构，其底座设计为"滑动底座"，各构件受热变形时能在设定方向自由膨胀滑动。壳体的腔体内装置阴、阳极系统，实际上就是电除尘器高压电场的工作室，除要有足够的强度外，还需有良好的密封性能。

（2）阳极系统（集电极系统）

阳极系统是电除尘器中最为关键的部件，由集电极排、防摆装置及顶部电磁振打机构等组成，每排极板由4~5块板构成。捕捉分离了的尘粒在振打力的作用下，将聚集其上的呈片状的尘粒剥离脱落于灰斗。

阳极系统采用顶部电流锤振打，由计算机操控，可对电极的振打强度、振打间隔、振打周期进行实时调节。一般每个振打器控制3~4排阳极板排。

（3）阴极系统（电晕极系统）

阴极系统由阴极框架、阴极吊架、阴极振打及防摆装置等构成。阴极框架上有两根主桅杆和若干根横管，布置着若干根阴极线与阳极板对应（每块阳极板对应两根阴极线）。阴极系统中的极线采用芒针尖端放电的形式增加放电效果，且在正常运行中电晕电压低，不易粘灰和断线，更为有效地保证了电晕的产生，使尘粒容易荷电。

（4）保温箱

若阴极系统的支承绝缘子周围温度过低，其表面可能结露而导致除尘器无法正常运行。所以，在支承绝缘子附近需装设加热设备，外加保温箱以保持一定温度。保温箱内的温度，通常控制在烟气露点温度以上20~30℃，由内设的恒温控制器控制。

（5）振打装置

阴、阳极系统均配备振打清灰装置，一般采用顶部电磁锤振打的方式。顶部振打器需使电极获得足够大的加速度，且在整排阳极板和整排阴极板框架上的加速度都能够充分地被传递，使极板、极线上每点的振打加速度均大于尘粒从极板上脱落所需的最小振打加速度，既满足清灰要求又不产生尘粒的二次飞扬。

（6）灰斗和排输灰设备

锥形灰斗是电除尘器钢结构中的主要受力部件。在我国多次发生的多次事故中，归根到底都是由灰斗引起的。一台大型电除尘器的灰斗，质量可达数十吨。

一般每个机械电场设置1~2个灰斗，其内设置阻流板，以防止气流短路。根据用户需要，灰斗可采用蒸汽或电加热，其上还安装有振动器和料位监测装置。

为保证卸灰顺畅，灰斗侧壁与水平面夹角一般不小于60°，内角做成圆弧形；外侧设置打击板和捅灰孔；灰斗的出口尺寸一般不小于400mm×400mm。为避免烟气受潮结块或搭桥造成堵灰，灰斗壁板下部设置加热装置。

输灰方式有干输灰和水力冲灰两种。排输灰设备的选用取决于电除尘器的规模，力求运行可靠、维护和管理方便，同时应避免输送过程中粉尘的外逸和飞扬。

3. 电除尘器的分类

（1）按电极清灰方式分类

按电极清灰方式不同，电除尘器分干式和湿式，以及雾状粒子电捕集器和半湿式电除尘器等几种。

1）干式电除尘器　它是在干燥状态下捕集烟气中的烟尘，借助机械振打力将聚积在除尘极板上的灰清除。这种除尘器设计时要考虑防止和避免振打清灰过程中尘粒的二次飞扬。

干式电除尘器是现在大多工矿企业采用的一种除尘方式。

2）湿式电除尘器　这是一种采用水喷淋或其他方法在极板表面形成一层水膜，将沉积在除尘器上的烟尘和水一起流至除尘器下部排出的除尘器。它虽然不会使烟尘二次飞扬，但要防范极板清灰排出的水的二次污染。

3）雾状粒子电捕集器　它可捕集硫酸雾和油雾一类的液滴，捕集后呈液态向下流至底部排出。实际上，它也属于湿式电除尘器。

4）半湿式电除尘器　高温烟气经两个干式电除尘器，再经湿式电除尘器后由烟囱排至室外，是取干式和湿式电除尘器的优点的一种除尘器。湿式除尘器的洗涤水可以循环使用，排出的湿浆，经浓缩池由泥浆泵送至干燥机烘干，然后将烘干的粉尘送到干式电除尘器的灰斗排除。

（2）按气体流动方向分类

1）立式电除尘器　气体自上向下垂直流经除尘器，它适合用于气体流量小，除尘效率要求不高，粉尘性质易于捕集且安装场地较为狭窄的场合。

2）卧式电除尘器　气体沿水平方向流动的电除尘器，与立式电除尘器相比，它在气流方向可分设多个电场，根据除尘器内的工作状态，各电场可分别施加不同的电压，捕集不同粒度的粉尘，利于回收有价值的粉料（如有色、稀有金属等）。根据用户所要达到的除尘效率不同，它可任意延长电场长度；在处理大流量的烟气时，比立式电除尘器更易保证气流沿电场断面的均匀分布。它的缺点是占地面积大，旧厂扩建或既有除尘器改造时，往往会受到场地限制。

（3）按结构形式分类

按结构形式，电除尘器可分管式和板式两种。管式电除尘器由一根或一组呈圆形、方形或六角形的管子组成，其电晕线安装在管子中心，含尘气体则从上而下流过，管子直径一般为200～300mm，长度为3～5m。

板式电除尘器通常由若干块轧制成不同截面的平板组成，这样既增强了极板的刚性强度，又可减少粉尘的二次飞扬。它的电晕极装置在每排集电极（收尘极）板构成的通道中间。

（4）按电晕极和集电极的配置分类

按电晕极和集电极的配置不同，分单区电除尘器和双区电除尘器两种。电晕极和集电极装于一个区域内的，称单区电除尘器。它的粉尘荷电和捕集在同一区域内完成，是目前广为采用的一种形式。电晕极和集电极板分别安装在两个区域内，称为双区电除尘器。前区安装电晕极，粉尘在此区域内荷电，为电离区；后区装置集电极捕集粉尘，为收尘区。也就是说，它的粉尘电离荷电和捕集是在两个不同区域内完成的，其优点是可以有效防止反电晕现象。这种双区电除尘器通常用于空调的空气净化。

4. 电除尘器的性能特点

（1）除尘效率高

设计合理的电除尘器除尘效率可达99%以上，能捕集1μm以下的细微尘粒；但从经济技术角度考虑，通常应控制在一个合理的除尘效率范围。

（2）处理烟气量大

处理烟气量可达$10^5 \sim 10^6 \mathrm{m}^3/\mathrm{h}$，对不同粒径的烟尘有分类捕集的功能，且可用于高温（可处理350℃甚至500℃以上的烟气）、高压、高湿（相对湿度可达100%）的场合，能连续运行，并易实现自动化。

（3）阻力损失小

烟气通过电除尘器的压强一般不大于200Pa。这是因为电除尘器中使气体和悬浮颗粒分离的力作用于悬浮尘粒本身，而其他除尘器分离的力作用于全部气体。

（4）日常运行费用低

电除尘器的运动部件少，在正常情况下维护工作量不大，可长期连续安全运行。

电除尘器的主要缺点有：

（1）设备庞大，占地面积大；耗钢量大；需高压变电和整流设备；通常高压供电设备的输出峰值电压为70～100kV，故一次性投资费用高。

（2）要求较高的制造、安装和管理技术水平。

（3）对煤种变化较为敏感，除尘效率受粉尘比电阻影响大，若不采取一定措施，除尘效率将受到影响。

（4）对初始质量浓度大于30mg/m³的含尘气体，需要设置预处理装置。

（5）不具备离线检修功能，一旦设备发生故障，只能停炉检修。

**八、两种除尘器性能的对比**

目前我国环保相关的法律法规和监管日趋严格，在选择除尘技术时，应充分考虑经济性、可靠性、适用性和社会性等多个方面。除尘器的选择要综合考虑当地条件、燃烧煤种特性、排放标准和需要达到的除尘效率等多种因素。国内广泛应用的除尘器为过滤式（布袋）除尘器和电除尘器，现对它们的技术性能和在各行业应用的实际情况做一个比较，便于应用时参考。

1. 除尘效率

过滤式除尘器的除尘效率高于电除尘器，对重金属粒子及亚微米级尘粒尤其。过滤式除尘器的除尘效率通常可达99.99%以上，几乎可以实现零排放；烟尘排放质量浓度能稳定低于50mg/m³，甚至可达到10mg/m³以下。

电除尘器的除尘效率可达到99.9%以上，但它对粉尘的比电阻比较敏感，除尘效率不稳定，投运之初较为高效，经过一段时间运行后会出现芒刺（电极）线尖端结球、振打不彻底等现象，导致除尘效率明显下降，难以实现达标排放。

2. 入口烟尘质量浓度

入口烟尘质量浓度的变化对过滤式除尘器只会引起过滤负荷变化，导致清灰频率的变化（自动调节）。烟尘质量浓度高，滤袋上的积灰速度快，相应的清灰频率高，反之清灰频率低，对排放质量浓度不会引起太大的变化。

对电除尘器，入口烟气质量浓度变化直接影响粉尘的荷电量，也就影响除尘效率，最终造成排放质量浓度的变化。粉尘质量浓度过高，易引起电除尘器的电晕闭塞现象，极大降低了除尘效率。

3. 送、引风机风量

风量的变化直接引起过滤式除尘器的过滤风速变化；风量变大，阻力变大，风机出力增大，反之风机出力减小，对除尘效率基本没有影响。

对于电除尘器，除尘效率随风量变化较为明显。电场风速的提高，粉尘在电场中的驻留时间缩短、二次扬尘加剧，除尘效率明显降低，反之除尘效率增大。

4. 烟气温度

过滤式除尘器受烟气入口温度影响较大，直接影响其使用寿命和运行效果。烟气温度太低，将发生结露，有可能会引起"糊袋"及壳体腐蚀；烟气温度过高，超过滤料承受温度时会造成"烧袋"而损坏滤袋。但如果烟气温度变化在滤料的承受温度范围内，除尘效率不受影响。

5. 烟气物化成分（或锅炉煤种）

烟气中含有对滤料有腐蚀破坏作用的成分会影响滤料使用寿命，但对过滤式除尘器的除尘效率没有影响。

烟气成分变化直接引起粉尘的比电阻变化，对电除尘器的除尘效率影响很大。比如，烟气中硫氧化物质量浓度越高，粉尘的比电阻越低，粉尘越容易被捕集，除尘效率就会高。此外，如果烟气中含有如硅、铝、钾和钠等成分，它们的质量浓度变化也将会引起其除尘效率的变化。

6. 气流分布

对于过滤式除尘器，气流分布与除尘效率没有直接关系。但内部气流分布还是要尽量均匀，偏差太大则会造成局部负荷不均而导致局部附袋，影响滤袋使用寿命。

电除尘器对气流分布均匀与否非常敏感，直接影响其除尘效率。气流分布的均方根指数是评价电除尘器性能优劣的重要指标之一。

7. 投资与维护

在排放质量浓度均达到环保标准要求的条件下，过滤式除尘器的初期投资比电除尘器高 20%～30%。过滤式除尘器的风机能耗大，清灰能耗小；其维护费用主要是滤袋更换，费用较低。电除尘器风机电耗小，电场能耗大，其维护费用主要是阴、阳极板和振打锤的更换，费用很高，但更换频率不高，一般 6～8 年更换一次。

对比下来，两种除尘器各有利弊，对烟气排放质量来说，过滤式除尘器具有更大优势，但滤袋使用寿命较短。两种除尘器单独使用均有不足，如排放标准要求严格，采用二者复合技术是一个好的选择。

**九、除尘器选择与烟气特性**

供热锅炉烟尘的特性因锅炉类型、燃料种类、燃烧方式和操作条件等不同而有很大的区别，因此首先必须掌握除尘烟气的特性。其次，各种除尘器都有自己的特点和适用范围，要充分了解各种除尘器的技术经济性能。这两方面都是选择除尘器的重要依据。此外，在选择除尘器时，还应从烟气特性方面考虑以下问题。

1. 烟气量

每台除尘器都有其相应的设计额定负荷（烟气量，$m^3/h$）。当实际负荷与设计额定负荷有出入时，将引起除尘效率的变化。例如，对旋风除尘器，当实际负荷低于设计额定负荷的 70% 时，由于进入除尘器的进口流速降低，除尘效率将显著下降。

供热锅炉在运行中烟气量随负荷而变化。锅炉高负荷运行时，烟气量增加，低负荷运行时，烟气量减少。运行时排烟处的过量空气也直接与锅炉的烟气量有关，在选定除尘量时应考虑这个因素。

2. 排烟的含尘量

锅炉排烟的含尘量是决定除尘器形式的又一重要指标。不同形式的除尘器，对于锅炉排烟含尘量具有不同的适应性。例如双旋风除尘器，当初始含尘质量浓度为 $0.1\sim10g/m^3$ 时，除尘效率基本上平稳地保持较理想数值，而当质量浓度高于 $15g/m^3$ 时，除尘效率显著下降。

锅炉排烟的含尘量与锅炉燃用的燃料、炉型和运行情况有关。如燃煤的灰分越多，煤粒越细，产生的飞灰就越多，排烟的含尘量也越大。锅炉运行时负荷的高低也会影响排烟的含尘量，负荷高时，排烟的含尘量较大；负荷低时，排烟的含尘量较小。

降低锅炉出口的初始含尘质量浓度，要从改进燃烧装置与合理组织燃烧过程着手。在选用除尘器时，应尽可能使锅炉排烟的实际含尘质量浓度与除尘器最高效率下的理想进口含尘质量浓度相符合。

3. 烟尘的分散度

锅炉排烟中的飞灰由大小不同的颗粒组成。把灰尘颗粒按一定的直径范围（如<$5\mu m$，$5\sim10\mu m$……）分组，各组质量占烟尘总量的百分数称为它的分散度。不同形式的除尘器，对不同粒径的尘粒具有不同的除尘效果，由图 12-19 可知，烟尘粒径在 $10\mu m$ 以上，离心式除尘器有较好的除尘效率，而当 $10\mu m$ 以下的尘粒占大部分时，则湿式或静电除尘器的效果就显著下降了。

另外，对同一类型除尘器而言，因尘粒大小不同，其相应的除尘效率也不一样。在某种工况下，除尘器对烟气中不同粒径的效率称为除尘器的分级效率，图 12-20 为 XS 型旋风除尘器分级效率曲线。

分级效率曲线是除尘器性能的另一项重要技术指标。通常用分级效率为 50% 的粒径 $d_{c50}$ 来表示除尘器对不同尘径的捕集能力。一般说来，除尘器总效率高，其 $d_{c50}$ 就小。由图 12-20 可知，XS 型旋风除尘器的 $d_{c50}$ 为 $13\mu m$ 左右，不同的除尘器其 $d_{c50}$ 是不同的。

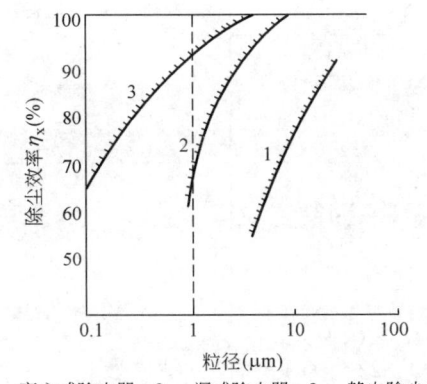

1—离心式除尘器；2—湿式除尘器；3—静电除尘器。

图 12-19　不同除尘器在不同
粉尘粒径下的除尘效率

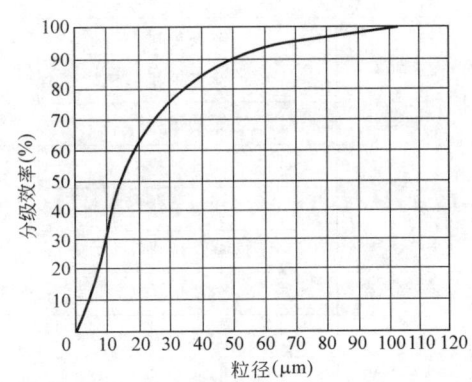

图 12-20　XS 型旋风除尘器分级效率曲线

锅炉的燃烧方式不同，排出烟尘的分散度也不相同（表 12-9）。此外，烟尘的分散度还与燃料的粒度、锅炉的负荷波动情况有关。

**不同燃烧方式下烟尘分散度（单位：%）**  表12-9

| 粒径（μm） | 锅炉类型 | | | | | | |
|---|---|---|---|---|---|---|---|
| | 手烧炉（自然引风） | 手烧炉（机械引风） | 往复炉（机械引风） | 链条炉排炉 | 抛煤机炉 | 煤粉炉 | 流化床炉 |
| ＜5 | 1.2 | 1.3 | 4.2 | 3.1 | 1.5 | 6.4 | 1.3 |
| 5～10 | 4.6 | 7.6 | 8.9 | 5.4 | 3.6 | 13.9 | 7.9 |
| 10～20 | 14.0 | 6.65 | 12.4 | 11.3 | 8.5 | 22.9 | 13.8 |
| 20～30 | 10.6 | 8.2 | 10.6 | 8.8 | 8.1 | 15.3 | 11.2 |
| 30～47 | 16.9 | 7.5 | 13.8 | 11.7 | 11.2 | 16.4 | 15.4 |
| 47～60 | 9.1 | 15.6 | 6.7 | 6.9 | 7.0 | 6.4 | 10.6 |
| 60～74 | 7.4 | 3.2 | 7.0 | 6.3 | 6.1 | 5.3 | 11.2 |
| ＞74 | 36.2 | 50.0 | 36.4 | 46.5 | 54.0 | 13.4 | 28.6 |

注：表中数据为锅炉负荷为85%～100%时的烟尘平均分散度。

除尘器的总效率只是一个相对指标，它与锅炉排烟的含尘量和烟尘分散度密切相关。因此，严格地说，应当用分级效率来表示除尘器效率的高低。

在选用除尘器时，除尘器的阻力也是一个重要因素。表12-10所示为不同容量的供热锅炉推荐选配的除尘器。

**不同容量的供热锅炉推荐选配的除尘器**  表12-10

| 锅炉额定蒸发量（t/h） | 锅炉燃烧方式 | | 干式除尘器型号 | 湿式除尘器 |
|---|---|---|---|---|
| ＜1 | 手烧炉 | 自然引风 | XZS、XZY、XDP | 水浴式麻石水膜除尘器、除尘与脱硫一体化装置 |
| | | 机械引风 | XZZ、SG | |
| | 下饲式 | | | |
| | 链条炉排 | | | |
| | 往复炉排 | | | |
| 1 | 链条炉排 | | XND-1、XPX-1、XS-1、XZD-1、XZZ-1、SG-1 | |
| | 往复炉排 | | | |
| | 振动炉排 | | | |
| 2 | 链条炉排 | | XND-2、XPX-2、XS-2、XZD-2、XZZ-2、SG-2 | |
| | 往复炉排 | | | |
| | 振动炉排 | | | |
| 4 | 链条炉排 | | XND-4、XPX-4、XS-4、XZD-4、XZZ-4、SG-4 | 水浴式麻石水膜除尘器、除尘与脱硫一体化装置 |
| | 往复炉排 | | | |
| | 振动炉排 | | | |
| 6 | 链条炉排 | | XS-6、XZD-6、双级涡旋（改进型）-6 | |
| | 往复炉排 | | | |
| | 抛煤机炉 | | XCX-6、XWD-6、二级除尘 | |
| | 沸腾炉、煤粉炉 | | 二级除尘 | |

| 锅炉额定蒸发量(t/h) | 锅炉燃烧方式 | 干式除尘器型号 | 湿式除尘器 |
|---|---|---|---|
| 10 | 链条炉排 | XS-10、XZD-10、双级涡旋（改进型）-10 | 麻石文丘里水膜除尘器、除尘与脱硫一体化装置 |
| | 往复炉排 | | |
| | 抛煤机炉 | XCX-10、XWD-10、二级除尘 | |
| | 沸腾炉、煤粉炉 | 二级除尘 | |
| 20 | 链条炉排 | XCX-20、XS-20、XWD-20、XZD-20、双级涡旋（改进型）-20 | |
| | 抛煤机炉 | XCX-20、XWD-20、二级除尘 | |
| | 沸腾炉、煤粉炉 | 二级除尘 | |
| ≥35 | 链条炉排 | 麻石文丘里水膜除尘器、静电除尘器、布袋除尘器、除尘与脱硫一体化装置 | |
| | 抛煤机炉 | | |
| | 沸腾炉、煤粉炉 | | |

注：对环保要求高的特殊地区，不排除用户要求使用二级除尘或湿式除尘、袋式除尘的可能。

# 第三节　锅炉烟气脱硫

大气中的 $SO_2$ 主要是由煤、石油、天然气等化石燃料的燃烧和生产工艺过程中采用含硫原料所产生的。目前我国燃煤产生的 $SO_2$ 的排放量占 $SO_2$ 排放总量的 90％以上，其中供热锅炉的 $SO_2$ 排放量又占四成左右。由此可见，控制和减少供热锅炉 $SO_2$ 的排放量对防治我国大气污染和保护环境的意义十分重要。

**一、控制和减少 $SO_2$ 排放的途径**

就供热锅炉而言，控制和减少 $SO_2$ 排放量有三个途径，即燃料燃烧前脱硫、燃烧过程中固硫和燃烧后脱硫。

1. 燃烧前脱硫

燃烧前脱硫是指燃烧之前对煤进行净化，将煤中的硫分除去。这是治本，即源头治理，是最为有效的。具体地说，就是改变燃料结构和对高硫燃料进行净化（包括物理、化学、生物脱硫及煤的气化和液化等）。

（1）改变燃料结构

改变锅炉燃料结构，燃用无硫或低硫燃料是减少 $SO_2$ 排放量的有效措施。但这与国家能源政策和燃料价格等因素有关。由于我国大气污染严重，因此，国家于 2018 年印发了《打赢蓝天保卫战三年行动计划》，全国不再新建 10t/h 及以下的燃煤锅炉，并加快淘汰 35t/h 以下的燃煤锅炉；推行煤转气、煤转电方案。优质、高效、清洁的气体燃料取代煤作为锅炉燃料的趋势发展迅速，2022 年我国锅炉行业产品构成中，燃气锅炉占比已达 38.5％。

（2）提高煤炭洗选率

煤炭通过洗选，可以收到脱硫、除灰而提高煤质的综合效益。我国的煤炭中含硫量大于 3％的高硫煤约占 30％，高硫煤中的硫化物主要是 $FeS_2$，经洗选，原煤含硫量可降低

$40\% \sim 70\%$。目前，我国煤炭洗选率很低，仅占两成左右，最高的日本的煤炭洗选率达$98\%$以上。

（3）进行煤炭精加工

对煤炭进行精加工，指的是将煤气化或液化，在加工过程中脱硫；通常对它加氢脱硫，在催化剂的作用下，氢与硫会形成硫化氢而除去。

（4）采用水煤浆

水煤浆是由煤粉加水和添加剂按一定比例制成的固、液两相的煤基流体燃料，在制备过程中同时加入石灰石或其他固硫剂，也被称为"环保型水煤浆"，它不仅有较好的流动性、可管道输送、易于储存、可雾化燃烧，还有燃烧效率高、燃烧稳定的优点；而且它在燃烧过程中也有脱硫作用。

2. 燃烧过程中固硫

燃烧过程中固硫，主要是在煤中添加一些吸收剂（固硫剂），在煤燃烧的过程中，产生的$SO_2$等含硫物就被固定在煤渣中。这样既可明显减少$SO_2$的排放量，又可减少烟尘的排放量。

（1）型煤固硫

型煤固硫技术，在防治大气污染和原工业型煤技术的基础上发展而来。它是将一定粒度的不同品种的粉煤按照一定比例配煤，经混合后与已被处理过的固硫剂再次混合，然后由挤压机械压制成为型煤。按化学形态型煤固硫剂可分为钙系、钠系及其他三类。常用的钙系固硫剂有$CaO$、$MgO$、$Ca(OH)_2$、$Mg(OH)_2$等，钠系固硫剂有$NaOH$、$KOH$等，其他还有利用废料作固硫剂，如碱性造纸黑液及电石渣等。固硫剂的添加量，根据燃煤含硫量的多少计算确定。

钙系固硫剂在燃烧过程中的主要反应有：

固硫剂的热解反应

$$CaCO_3 = CaO + CO_2$$
$$Ca(OH)_2 = CaO + H_2O$$

固硫合成反应

$$CaO + SO_2 = CaSO_3$$
$$Ca(OH)_2 + SO_2 = CaSO_3 + H_2O$$

中间产物的氧化反应

$$2CaSO_3 + O_2 = 2CaSO_4$$

固硫剂的热解反应式表明，石灰石和白云石需要先进行热分解生成$CaO$才能有效固硫，由其煅烧温度可知，用于$850 \sim 950℃$温度范围内的循环流化床锅炉内脱硫最为合适。若单独用于型煤固硫，因石灰石热分解吸热作用是有助于抑制燃烧温度的，如此高温固硫性能会有所改善和提高。

型煤固硫的效果主要与钙硫比（Ca/S）、粉煤粒度及反应温度有关。一般Ca/S越大，粉煤粒度越小，固硫效果越好。供热锅炉燃用固硫型煤，$SO_2$的排放量可减少$40\% \sim 75\%$，烟尘排放量可减少$50\% \sim 95\%$，烟气黑度可降到低于1/2林格曼级。

（2）炉内加钙固硫

炉内加钙固硫技术是直接将固硫剂加入锅炉炉内而不是和煤混合压制成型煤。加入的固硫剂可以是粉状的，也可以是浆状的，加入的部位也可有所不同。

显然，炉内加钙固硫和型煤固硫的原理是相同的，但这种固硫效率并不高，一般为30%~40%。究其原因是固硫产物如$CaSO_3$和$CaSO_4$在高温条件下会分解释放出$SO_2$，所以，这种固硫技术适合于炉温较低的场合，如民用炉灶和工业循环流化床炉。若用于供热锅炉，层燃炉层中总存在高温和弱还原性气氛的旺火时段，分解反应使固硫效果下降，最终不能达到理想效果。

（3）循环流化床炉内燃烧固硫

利用这种方式固硫，是将循环流化床普遍使用的廉价固硫剂——石灰石和燃煤粉碎成相同粒度送入炉内燃烧，借流化床温度在800~900℃范围的条件，石灰石受热分解释放出$CO_2$，形成多孔的$CaO$，与$SO_2$反应生成硫酸钙进入灰渣中，达到固硫的目的。通常情况下，当流化床流化速度一定时，固硫率随钙硫比（Ca/S）的增大而增大；当Ca/S一定时，固硫率随流化速度的降低而升高。

由于循环流化床燃烧技术为低温燃烧，可有效抑制氮氧化物生成，在炉内添加诸如石灰石一类的脱硫剂，可以有90%以上的脱硫效率，灰渣还可综合利用，而且其煤种适应性广，几乎能适用任何固体燃料燃烧，受到世界各国的普遍重视和广泛应用。但需指出的是，如果燃用煤的含硫量很高，经流化床炉内燃烧固硫仍不能达标时，则必须与除尘装置一起进行烟气脱硫，以确保$SO_2$排放达到环保要求。

3. 燃烧后脱硫

燃料燃烧后脱硫，即烟气脱硫。选择使用投资及运行费用低、技术先进、装置性能可靠、运行稳定的烟气脱硫方法是我国防治$SO_2$污染的有效途径。目前已经有几十种烟气脱硫方法实现了工业化。按脱硫后产物的处置方式不同，燃烧后脱硫分为抛弃法和回收法两类。抛弃法是将固硫剂与$SO_2$反应物——固体残渣抛弃，其设备较为简单，投资和运行费用低，但易引起二次污染。回收法则相反，可变废为宝，将固硫剂与$SO_2$反应产物如$CaSO_4$（石膏）、S（硫）等有用物质回收利用，工艺流程为闭路循环，可防止二次污染，但只有烟气中$SO_2$含量较高时采用此法才有经济价值。烟气脱硫技术是目前控制$SO_2$排放的主要手段。

按燃烧后脱硫产物的物相，又可分湿法烟气脱硫、半干法烟气脱硫和干法烟气脱硫三类。

**二、湿法烟气脱硫**

湿法烟气脱硫在脱硫装置中进行，其脱硫过程为气液反应，反应温度一般都低于露点温度。此法脱硫反应速度快，脱硫效率高，根据所选用的脱硫剂不同，形成多种脱硫工艺过程。目前，国内常用的湿法烟气脱硫方法主要有石灰/石灰石法、双碱法、氧化镁法和氨法等。

1. 石灰/石灰石法

此法是用石灰或石灰石母液吸收烟气中的二氧化硫，其脱硫反应生成物为亚硫酸钙或硫酸钙，净化后的烟气可以达到排放标准。由于自然界中存在大量石灰石，易得且价廉；技术成熟，运行安全可靠；而且脱硫反应生成物容易处理或可回收利用，因此石灰/石灰石法是烟气脱硫应用最广的一种方式。

（1）化学原理

石灰/石灰石湿法烟气脱硫分吸收和氧化两个过程，其主要化学反应如下：

SO$_2$ 溶解

$$SO_2（气）\longrightarrow SO_2（液）$$
$$SO_2（液）+H_2O=HSO_3^-+H^+$$
$$HSO_3^-=H^++SO_3^{2-}$$

石灰溶解

$$CaO+H_2O=Ca(OH)_2$$
$$Ca(OH)_2=Ca^{2+}+2OH^-$$

石灰石溶解

$$CaCO_3（固）\longrightarrow CaCO_3（液）$$
$$CaCO_3（液）\longrightarrow Ca^{2+}+CO_3^{2-}$$

吸收溶解的 SO$_2$

$$Ca^{2+}+SO_3^{2-}=CaSO_3（液）$$
$$CaSO_3（液）+\frac{1}{2}H_2O=CaSO_3\cdot\frac{1}{2}H_2O$$

氧化

$$HSO_3^-+\frac{1}{2}O_2=H^++SO_4^{2-}$$
$$Ca^{2+}+SO_4^{2-}=CaSO_4（液）$$
$$CaSO_4（液）+2H_2O=CaSO_4\cdot2H_2O（固）$$

由上述反应式可见，石灰/石灰石湿法烟气脱硫是在气、液、固三相之间完成的，是气相 SO$_2$ 及固相 CaO 或 CaCO$_3$ 在溶液中的溶解扩散过程，实际过程相当复杂。在脱硫系统正常运行时，要求固相的溶解扩散速度大于气相的吸收速度，而气相传质则在整个脱硫反应过程中起着控制作用。

（2）工艺流程

石灰/石灰石湿法脱硫工艺流程如图 12-21 所示，锅炉烟气经除尘器除尘后由引风机送入吸收塔，它自下而上与上方喷淋而下的石灰/石灰石母液逆流接触进行脱硫反应，从而将烟气中的 SO$_2$ 除去。脱硫后的烟气温度低于露点温度，所以一般都需经过烟气再加热器加热升温，然后从烟囱排出。

石灰/石灰石母液由专设的吸收剂制备系统制备。通过输入泵从吸收浆液储槽中汲取，源源不断地送往吸收塔。吸收了 SO$_2$ 的浆液聚集于吸收塔底部浆液池中，借鼓风机强制向其鼓入空气，使 CaSO$_3$ 氧化为 CaSO$_4$。氧化后的浆液经离心分离，上层的清液送往废水处理系统，固体则经由链带式过滤机压滤成固体石膏。

（3）脱硫效果的影响因素

影响石灰/石灰石湿法烟气脱硫效果的因素主要有浆液的 pH、吸收温度、脱硫剂粒度、液气比以及钙硫比等。

石灰/石灰石浆液的 pH 对 SO$_2$ 的吸收效果影响甚大。新鲜浆液吸收 SO$_2$ 后，pH 会迅速下降；当 pH 低于 4 时，浆液几乎不再有吸收 SO$_2$ 的能力。而且，浆液的 pH 过低会对设备和管道有较强的腐蚀作用。所以，石灰/石灰石湿法烟气脱硫对浆液的 pH 要加以控制，采用石灰浆液的，其 pH 应控制在 5～6；采用石灰石浆液的，pH 应控制在 6～7。采用石灰石浆液吸收 SO$_2$ 时，若 pH 大于 7，将会发生吸收 CO$_2$ 的反应而降低石灰石的利用率。

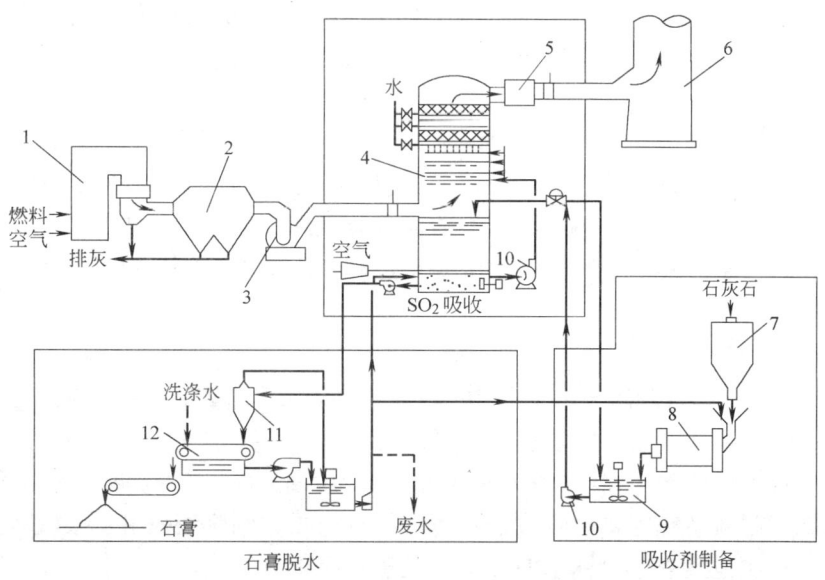

水

空气

SO₂ 吸收

石灰石

燃料
空气

排灰

洗涤水

石膏

石膏脱水

废水

吸收剂制备

1—锅炉；2—除尘器；3—引风机；4—吸收塔；5—烟气再加热器；6—烟囱；7—贮仓；
8—球磨机；9—吸收浆液储槽；10—输液泵；11—水力分离器；12—链带式过滤机。

图 12-21　石灰/石灰石湿法烟气脱硫工艺流程

根据 $SO_2$ 吸收过程的气液平衡可知，$SO_2$ 的吸收效果与温度有关，吸收温度越低越有利于 $SO_2$ 的吸收。

脱硫剂——石灰石粒度越小，单位质量的反应表面积越大，脱硫率和石灰石的利用率越高，石灰石粒度一般控制在 200～300 目。

石灰/石灰石湿法烟气脱硫装置的液气比增大时，其吸收过程的推动力随之增大，这有利于 $SO_2$ 的吸收。但当液气比超过一定数值后，$SO_2$ 吸收率将不再明显增高。一般来说，Ca/S 增大，脱硫效率提高，Ca/S=1.1 时，可达 90%～95%。

在整套石灰/石灰石湿法烟气脱硫装置中，亚硫酸钙的氧化速度不仅与料浆的 pH 有关，还与送入空气量、空气压力和温度有关。

（4）技术特点

1）烟气脱硫反应是在气、液、固三相之间进行和完成的，整个脱硫过程在吸收塔中受喷淋洗涤，吸收反应温度均低于露点温度，有利于 $SO_2$ 的吸收，脱硫效率高，一般大于 95%，最高可达到 98%。

2）燃料适用范围广，它适用于燃烧煤、重油及石油焦等燃料的锅炉烟气处理；燃料含硫量变化的适应性强，燃料含硫量高达 8% 的烟气也能有效处理。

3）脱硫装置能较好地适应负荷变化，可以在 15%～100% 负荷变化范围内稳定有效地运行。

4）吸收剂利用率高，Ca/S 可低至 1.02～1.03；脱硫产物纯度高，可生产纯度高于 95% 的商品级石膏。

由于石灰/石灰石湿法烟气脱硫的突出优点，现广泛应用于国内外火力发电厂的烟气脱硫。对于供热锅炉，因其容量普遍不大，烟气脱硫工艺一般采用自然氧化法，即在自然条件下让脱硫产物亚硫酸钙氧化为硫酸钙，然后与灰渣一起清除。正是由于脱硫系统的不尽完善，浆液中的 $CaSO_4$、$CaSO_3$ 及 $Ca(HCO_3)_2$ 等很容易达到饱和或过饱和，从而发生管道、设备结垢和堵塞现象，以致使石灰/石灰石湿法烟气脱硫技术在供热锅炉中的推广应用受到一定的限制。

2. 双碱法

石灰/石灰石湿法烟气脱硫采用的是钙基脱硫剂，脱硫后的产物为 $CaSO_3$ 或 $CaSO_4$，因其溶解度较小，极易形成过饱和结晶，造成吸收塔和管道结垢和堵塞，不但影响脱硫系统的正常工作，严重时甚至会影响锅炉的安全运行。为了克服这一缺点，双碱法烟气脱硫技术应运而生。

（1）脱硫原理与系统

双碱（钠钙）法烟气脱硫技术是利用 NaOH 或 $Na_2CO_3$ 溶液（第一碱）作为启动脱硫剂，将配制好的 NaOH 溶液直接泵入吸收塔喷淋洗涤，脱除烟气中的 $SO_2$，然后脱硫产物经脱硫剂——石灰石或石灰（第二碱）再生池还原为 NaOH 再送往吸收塔内循环使用。

双碱法烟气脱硫系统主要由吸收剂制备与补充、吸收剂浆液喷淋、吸收塔内雾滴与烟气接触混合、再生池浆液还原钠基碱和石膏处理五个部分组成。

（2）反应方程式

双碱法与石灰/石灰石法等其他湿法烟气脱硫的反应机理类似，主要反应是烟气中的 $SO_2$ 先溶解于吸收液中，然后离解成 $H^+$ 和 $HSO_3^-$，再使用 NaOH 或 $Na_2CO_3$ 溶液吸收烟气所携带来的 $SO_2$，生成 $HSO_3^-$、$SO_3^{2-}$ 与 $SO_4^{2-}$。

吸收反应式为：

$$Na_2CO_3 + SO_2 = Na_2SO_3 + CO_2 \uparrow$$
$$2NaOH + SO_2 = Na_2SO_3 + H_2O$$
$$Na_2SO_3 + SO_2 + H_2O = 2NaHSO_3$$

其中，第一式为启动阶段 $Na_2CO_3$ 溶液吸收 $SO_2$ 的反应；第二式为再生液 pH 较高（pH>9）时，溶液吸收 $SO_2$ 的主反应；第三式为溶液 pH 较低（pH=5～9）时的主反应。

再生过程的反应方程式为：

$$Ca(OH)_2 + Na_2SO_3 = 2NaOH + CaSO_3$$

$$Ca(OH)_2 + 2NaHSO_3 = Na_2SO_3 + CaSO_3 \cdot \frac{1}{2}H_2O + \frac{3}{2}H_2O$$

理论上说，用石灰再生反应完全，而用石灰石再生反应不完全。将再生过程生成的亚硫酸钙氧化，可制得石膏。

氧化反应式为：

$$2CaSO_3 \cdot \frac{1}{2}H_2O + O_2 + 3H_2O = 2CaSO_4 \cdot 2H_2O$$

（3）技术特点

与石灰/石灰石湿法烟气脱硫相比，双碱法具有以下特点：

1）用 NaOH 脱硫，循环水基本上是 NaOH 的水溶液，在循环过程中对水泵、管道和设备均无腐蚀和堵塞现象，便于设备运行和保养。

2）吸收剂的再生和脱硫残渣的沉淀在吸收塔外进行，避免了塔内的堵塞和磨损，既提高了运行的可靠性，又降低了操作、维护费用。同时，有条件采用高效的板式塔或填料塔来代替空塔，既可使其结构更加紧凑，又可提高脱硫效率。

3）钠基吸收液吸收烟气中的 $SO_2$ 速度快，可以用较小的液气比达到较高的脱硫效率，一般达 90％以上；当采用脱硫除尘一体化装置时，还可有效提高石灰的利用率。

4）$Na_2SO_3$ 氧化后的生成物 $Na_2SO_4$ 较难再生，所以脱硫系统运行过程中需不断补充 NaOH 或 $Na_2CO_3$，增加了碱的消耗量。此外，由于 $Na_2SO_4$ 的存在，也使石膏的质量有所下降。

3. 氧化镁法

（1）脱硫原理

氧化镁湿法烟气脱除硫早在 20 世纪 40 年代就已应用于造纸制浆工艺。氧化镁湿法烟气脱硫是以氧化镁 MgO 为原料，经熟化生成氢氧化镁 $Mg(OH)_2$ 作为脱硫剂的一种先进、高效和经济的脱硫技术。来自锅炉除尘器后的烟气，在吸收塔内与自上而下喷淋的吸收浆液逆向接触混合，烟气中的 $SO_2$ 与浆液中的 $Mg(OH)_2$ 发生化学反应，从而被吸收除去，最终的反应产物为 $MgSO_3$ 和 $MgSO_4$ 的混合物。当采用强制氧化工艺处理时，最终反应生成物则为 $MgSO_4$ 溶液，经脱水干燥后为硫酸镁晶体。

氧化镁湿法烟气脱硫的主要化学反应为：

熟化反应

$$MgO + H_2O = Mg(OH)_2$$

吸收反应

$$SO_2 + H_2O = H_2SO_3$$
$$SO_3 + H_2O = H_2SO_4$$

中和反应

$$Mg(OH)_2 + H_2SO_3 = MgSO_3 + 2H_2O$$
$$Mg(OH)_2 + H_2SO_4 = MgSO_4 + 2H_2O$$

氧化反应

$$2MgSO_3 + O_2 = 2MgSO_4$$

结晶反应

$$MgSO_3 + 3H_2O = MgSO_3 \cdot 3H_2O$$
$$MgSO_4 + 7H_2O = MgSO_4 \cdot 7H_2O$$

（2）脱硫工艺过程

锅炉（或窑炉）的烟气经除尘后由引风机送入浓缩塔、吸收塔，吸收塔一般为逆流喷淋空塔结构，集吸收、氧化功能于一体。它的上部为 $SO_2$ 吸收区，下部则为氧化区，烟气在塔内与循环吸收浆液逆向流动。脱硫系统一般装置 3～4 台浆液循环泵，每台泵对应供应一层雾化喷淋层。当负荷较小时，可停运一二层喷淋层，此时系统仍能保持较高的液气比，达到所要求的脱硫效果。吸收区的上方设有二级除雾器，以避免烟气中游离水分过多，除雾器出口烟气中的游离水分通常可以控制在 $75mg/m^3$ 以内，符合相关的技术要求。

吸收了 $SO_2$ 后的浆液被送入循环氧化区，亚硫酸镁在其中被鼓入的空气氧化成为硫酸镁晶体。为维持系统的正常连续运行，专设的吸收剂制备装置不间断地向吸收氧化系统供应新鲜的氢氧化镁浆液，用于补充被消耗掉的氢氧化镁，并使吸收浆液保持一定的pH。脱硫反应生成物的质量分数增大到一定值时，需将其排至装设在吸收塔前的浓缩塔，在其中浓缩后送往脱硫副产品系统，最后经过脱水处理形成硫酸镁晶体。

（3）技术特点

1）脱硫效率高。脱硫的反应强度主要取决于脱硫剂碱金属离子的溶解碱性，溶解碱性越高，吸收反应越强。与石灰/石灰石湿法烟气脱硫相比，镁离子的溶解碱性要高出数百倍，而且 MgO 的分子量比 $CaCO_3$ 和 CaO 都要小。所以，在其他条件相同的情况下，氧化镁湿法烟气脱硫的效率要比石灰/石灰石法高，一般情况下可达 95%～98%。

2）运行安全可靠。脱硫生成物的溶解度较高，其固体悬浮物为松散晶体，不易沉积，不会发生设备和管道结垢和堵塞现象。同时，pH 控制在 6.0～6.5 之间，设备腐蚀问题也得到了一定程度的解决。总的来说，氧化镁湿法烟气脱硫系统运行安全可靠，保养维修也较为方便。

3）设备投资费用少。由于氧化镁湿法烟气脱硫的反应活性和强度高，其吸收塔的高度比石灰/石灰石法低 1/3。另外，它的循环流量、系统的整体规模以及设备的功率均相对较小，因此整个脱硫系统的投资费用可比石灰/石灰石法低 10%～20%。

4）运行费用低。烟气脱硫系统的运行费用主要由脱硫剂费用和水、电、汽费用两部分构成。虽然氧化镁的价格要高于氧化钙，但是脱除同样量的 $SO_2$，氧化镁的耗量仅为氧化钙的 40%；水、电、汽等动力的消耗，与脱硫工况的液汽比关系甚大，石灰/石灰石法的液汽比一般在 $15L/m^3$ 以上，而氧化镁法则在 $7L/m^3$ 以下，选择氧化镁法能节省很大一部分费用。

5）脱硫副产品可循环利用。利用氧化镁法的脱硫副产品亚硫酸镁制造硫酸并回收氧化镁，是一项技术成熟的工艺，美国等国家已经研究多年并成功应用于火力发电厂的烟气脱硫。该工艺不仅大大降低了烟气脱硫的运行成本，还可以实现循环经济模式，值得提倡和推广。

4. 氨法

氨法脱硫是利用氨水将烟气中的 $SO_2$ 吸收除去，是一种古老而成熟的脱硫工艺。氨法脱硫工艺主要有氨-酸法、氨-亚硫酸氢法、氨-硫酸铵法和氨-石膏法等多种。不同的氨法工艺，其区别仅在于从吸收溶液中除去 $SO_2$ 的方法，不同的方法可获得不同的产品，解析出的 $SO_2$ 可以用于制造硫酸或液体二氧化硫，处理后的溶液可用作化肥。下面仅就氨-酸法的化学原理、脱硫后洗涤液的处理及技术特点予以简述。

（1）化学原理

氨法脱硫工艺利用氨液吸收烟气中的 $SO_2$ 生成亚硫酸铵溶液，并在富氧条件下将它氧化为硫酸铵溶液，其主要化学反应为：

吸收过程

$$NH_3 + H_2O + SO_2 = NH_4HSO_3$$

$$2NH_3 + H_2O + SO_2 = (NH_4)_2SO_3$$

$$(NH_4)_2SO_3 + H_2O + SO_2 = 2NH_4HSO_3$$

随着吸收进程的持续，溶液中的 $NH_4HSO_3$ 会逐渐增多，而它没有吸收 $SO_2$ 的能力，因此应及时给系统补充氨水，以维持吸收所需质量分数。

氧化过程

$$2NH_4HSO_3 + O_2 = 2NH_4HSO_4$$

$$NH_4HSO_4 + NH_3 = (NH_4)_2SO_4$$

（2）脱硫后洗涤液的处理

通过氧化过程可以得到质量分数为 30% 的硫酸铵溶液。它可以直接作为液体铵肥使用，或将其加热蒸发、过滤干燥加工成颗粒状、晶体或块状的硫酸铵固体化肥。此外，由于亚硫酸为弱酸，如采用酸化法向排出的洗涤液中加入诸如硫酸、硝酸和磷酸等强酸，可分别生产出硫酸铵、硝酸铵和磷酸铵等复合化肥。

（3）技术特点

1）完全资源化。氨回收技术可将回收的二氧化硫、氨全部转化为化肥，不产生任何废水、废气和废渣，没有二次污染。这是一项将污染物全部资源化，符合循环经济要求的脱硫技术。

2）经济价值高。氨法烟气脱硫装置的运行过程，实际上是硫酸铵的生产过程。1t 氨液可吸收脱除 2t 二氧化硫，生产成 4t 硫酸铵，可见脱硫副产品可获得较好的经济效益。

3）运行电耗低。利用氨法脱硫的高活性，它的液汽比要低于常规湿法烟气脱硫技术，吸收塔的阻力仅为 850Pa 左右，包括烟道、蒸汽加热器等在内脱硫装置的总阻力也仅在 1250Pa 左右。因此，当锅炉引风机尚有潜力可资利用时，无须新配增压风机；即使引风机没有潜力，也可适当进行风机改造或增设一台小压头的风机即可。氨法烟气脱硫装置运行电耗较常规脱硫装置节约 50% 以上。另外，系统的循环泵功率可降低 70%。

4）操作控制简便。由于氨法烟气脱硫的脱硫剂和脱硫生成物均为易溶性物质，在装置内工作的脱硫液为清澄溶液，不积垢、无磨损，更容易实现脱硫过程的自动控制，运行操作简便。

5）既脱硫又脱硝。氨法在烟气脱硫的同时，对 $NO_x$ 也有很好的脱除效果。另外，在脱硫过程中形成的亚硫酸铵对 $NO_x$ 还具有还原作用。所以，氨法既脱硫又脱硝，有实测数据表明，$NO_x$ 脱除率达 20% 左右。

5. 湿法烟气脱硫的脱硫剂选择

湿法烟气脱硫是一个化学吸收过程，脱硫效果的好坏主要取决于脱硫剂性能的优劣，所以脱硫剂的选择至关重要。在选择脱硫剂时，一般应遵循以下基本原则：对 $SO_2$ 吸收能力强；挥发性低，容易再生；资源丰富，价格低廉，尽可能就地取材；便于处理和操作，最好能形成有经济价值的脱硫副产品；化学稳定性好，无毒无害，不产生二次污染。

随着烟气脱硫技术的进步，目前我国生产的脱硫剂品种多达数十种。表 12-11 为烟气脱硫常用脱硫剂及其主要性能。

| 名称 | 主要性能 |
| --- | --- |
| 氧化钙 CaO | 生石灰的主要成分,白色晶体或粉末,在空气中渐渐吸收 $CO_2$ 而形成 $CaCO_3$,易溶于酸,难溶于水,但能与水化合生成 $Ca(OH)_2$ |
| 碳酸钙 $CaCO_3$ | 石灰石的主要成分,白色晶体或粉末,溶于酸而放出 $CO_2$,极难溶于水,在以 $CO_2$ 和 CaO 的水中溶解而成碳酸钙,加热至 850℃左右分解成 CaO 和 $CO_2$ |
| 氢氧化钙 $Ca(OH)_2$ | 白色粉末,吸湿性很强,放置于空气中渐渐吸收 $CO_2$ 而形成 $CaCO_3$,难溶于水,具有中强碱性,有腐蚀作用 |
| 碳酸钠 $Na_2CO_3$ | 又称纯碱,无水碳酸钠是白色粉末或纯粒固体,易溶于水,溶液呈强碱性,在空气中吸收水分、$CO_2$ |
| 氢氧化钠 NaOH | 又称烧碱,无色透明晶体,固碱吸湿性很强,易溶于水,溶液呈强碱性,腐蚀性强,易从空气中吸收 $CO_2$ 而形成 $Na_2CO_3$ |
| 氢氧化钾 KOH | 白色半透明晶体,易溶于水,溶液呈强碱性,从空气中吸收 $CO_2$ 生成 $K_2CO_3$ |
| 氨 $NH_3$ | 无色,有强烈刺激性,易溶于水 |
| 氢氧化铵 $NH_4OH$ | 氨水溶液,密度随含氨量的增加而降低,最浓的氨水质量分数为 35.2%。氨易从氨水中挥发 |
| 碳酸氢铵 $NH_4HCO_3$ | 白色晶体,能溶于水,吸湿性和挥发性强,夏热(35℃以上)或接触空气时,易分解成 $NH_3$、$CO_2$ 和 $H_2O$ |
| 氧化镁 MgO | 白色粉末,难溶于水,碱性,能溶于酸和铵盐溶液,易吸收空气中的 $CO_2$ 和水分,生成碱或碳酸盐 |
| 氢氧化镁 $Mg(OH)_2$ | 白色粉末,碱性,不溶于水,易吸收 $CO_2$,350℃时分解成 MgO |

### 三、半干法烟气脱硫

#### 1. 工作原理

半干法烟气脱硫,实为一种旋转喷雾干燥法脱硫技术。它利用喷雾干燥原理,将吸收剂 [$Ca(OH)_2$ 或 $CaCO_3$] 预先制备成浆液送入吸收塔,经旋转喷雾为雾粒与烟气中的 $SO_2$ 发生化学反应;与此同时,120～160℃的烟气将热量传递给吸收剂,使之不断蒸发、干燥,在吸收塔内脱硫反应后形成固体反应物(粉尘状态),一部分在吸收塔下锥体出口排出,另一部分随脱硫后的烟气进入除尘器被捕集,其中一部分颗粒再循环被送往浆液制备系统,剩余部分则作为灰渣被去除。

#### 2. 工艺流程

旋转喷雾干燥法脱硫工艺流程包括吸收剂的浆液制备、吸收剂浆液雾化、雾粒与烟气的接触混合、浆液蒸发与 $SO_2$ 反应吸收和废渣排除。除了浆液制备和灰渣排除,其他均在旋转喷雾干燥吸收塔内进行和完成。图 12-22 所示为旋转喷雾干燥法脱硫工艺流程图。

安装于吸收塔顶部的离心喷雾器具有很高的转速,在离心力的作用下吸收剂浆液被雾化为均匀的雾粒,雾粒直径不小于 $100\mu m$。如此,这些具有极大表面积的分散微粒与烟气接触,就发生了剧烈的热交换和脱硫化学反应,迅即将大部分水分蒸发,形成尚含有很少水分的固体灰渣。由于吸收剂微粒没有完全干燥,它在吸收塔之后的烟道和除尘器仍可继续发生一定程度的吸收 $SO_2$ 的化学反应。

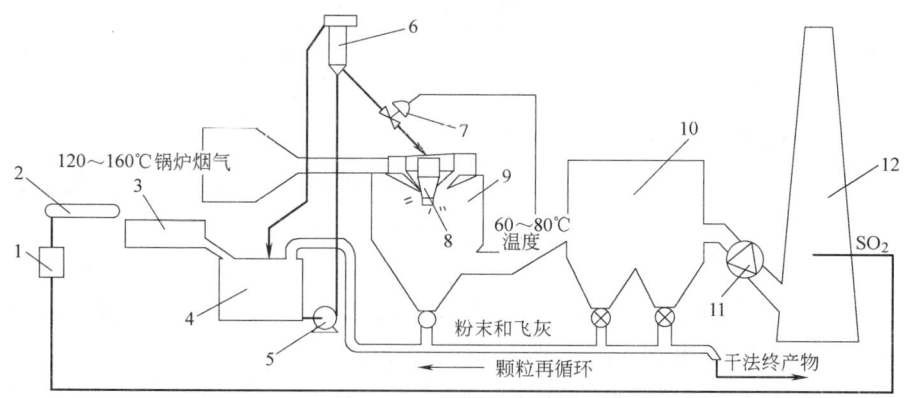

1—石灰供给比例调节器　2—石灰螺旋输送机；3—熟化槽；4—浆液供给槽；5—浆液泵；6—高位浆液仓；
7—调节控制器；8—高速旋转雾化器；9—吸收塔；10—除尘器；11—引风机；12—烟囱。

图 12-22　旋转喷雾干燥法烟气脱硫工艺流程图

旋转喷雾干燥法脱硫的化学反应式为：

$$SO_2 + H_2O = H_2SO_3$$
$$Ca(OH)_2 + H_2SO_3 = CaSO_3 + 2H_2O$$
$$2CaSO_3 + O_2 = 2CaSO_4$$

最后形成的固体产物是亚硫酸钙、硫酸钙、飞灰和未经反应的氧化钙。经脱硫和除尘后的洁净烟气由引风机送入烟囱排于大气。

3. 主要设备

（1）吸收剂浆液制备装置

来自石灰储仓的粉状石灰由螺旋输送机送入熟化槽消化，并制成高质量分数的浆液，然后送往浆液供给槽稀释至 20% 左右的石灰乳，经过滤后由浆泵送到高位浆液仓储存待用。

（2）吸收塔

石灰浆液在吸收塔中雾化，并与烟气中的 $SO_2$ 反应，液滴干燥后生成能自由流动的粉状固体亚硫酸钙、硫酸钙及飞灰。吸收塔的结构尺寸与诸如吸收剂特性、雾化器类型、烟气量及所含 $SO_2$ 量等多种因素相关。设计和安装时要求具有较好的密封保温性能，以防止漏风、散热而引起腐蚀，并应在颗粒到达吸收塔壁之前已基本干燥，避免在筒体内壁面上沉积。

（3）雾化器

目前国内常用的雾化器有两种，即喷雾型雾化器和旋转离心雾化器。前者也称空气-浆液两相雾化器，它的雾化能量由压力为 490～630kPa 的压缩空气提供，空气压力越高，雾化粒子越细。它的优点是可以平行安装，切换方便，各喷嘴可独立运行，并能在线维护。但在采用再循环系统时，要求被高速浆液摩擦的筒体表面具有较高的耐磨性能。

旋转离心雾化器由旋转盘或雾化轮将浆液离心分裂成微小液粒。当吸收剂为硫酸钠时，一般采用旋转盘进行雾化；当吸收剂为石灰浆液时，则常采用耐磨的旋转轮，其转速为 10000～20000r/min，浆液雾化液滴的粒径为 20～200μm。

旋转离心雾化器雾化液滴的粒径与浆液流量的关系不大，所以它具有较好的调节能力，所产生的雾化区域也比喷雾型雾化器宽，即雾化锥角大，高径比通常为0.7～0.9，雾化液体量可高达100g/s，一般一个吸收塔只需装设一个旋转离心雾化器，其雾化轮直径为200～400mm，线速度为175～250m/s。

4. 影响脱硫效率的主要因素

旋转喷雾干燥法烟气脱硫效果的影响因素主要有钙硫比、吸收塔出口烟气温度和灰渣再循环。

（1）钙硫比

旋转喷雾干燥法的脱硫效率是随着钙硫比的增加而提高的，最后趋于平稳。在脱硫系统运行中，当钙硫比小于1，即所提供的吸收剂份额不足以使烟气中的 $SO_2$ 完全反应时，吸收剂 $[Ca(OH)_2]$ 的喷入量将起控制作用，脱除 $SO_2$ 的量随喷入吸收剂量的增加几乎呈正比地增加；当钙硫比大于1，即喷入的吸收剂过量时，进料率、含固率、黏度及反应生成物量也随之增大，这有碍于 $SO_2$ 的脱除反应，脱硫效率的提高逐渐减缓，最后趋于饱和。因此，不同系统的脱硫系统都有合适的钙硫比范围，在此范围内运行，运行费用较低。

（2）吸收塔出口烟气温度

在脱硫系统的其他条件相同或接近时，吸收塔出口烟气温度越低，说明喷入浆液的含水量越大，从而使其蒸发率降低而延长了 $SO_2$ 脱除反应时间，有利于 $SO_2$ 的吸收。此外，雾滴的干燥速度还与烟气中水蒸气分压力有关，当水蒸气分压力接近相同温度下的饱和蒸汽压力时，将会大大延长吸收 $SO_2$ 的时间，使其脱硫效率有明显提高。

（3）灰渣再循环

在喷雾干燥吸收塔和除尘器底部收集的灰中，尚残存有相当数量的吸收剂，因此在吸收剂浆液中掺入一部分灰渣，即灰渣再循环，可进一步提高吸收剂的利用率。同时，也改善了传热传质条件，有利于雾粒干燥，从而减少吸收塔壁面结垢现象的发生。

最后需要说明的是，半干法烟气脱硫除了上述典型的旋转喷雾干燥法，还有半干半湿法、粉末-颗粒喷动床半干法及烟道喷射半干法烟气脱硫等多种，其工作原理、工艺流程以及优缺点，可查阅相关资料和书籍。

**四、干法烟气脱硫**

干法烟气脱硫指的是用干态的粉状或粒状的吸收剂、吸附剂或催化剂将烟气中所含 $SO_2$ 脱除的净化技术。最常用的脱硫剂为石灰石粉、活性炭，以 $SO_2$ 为载体的 $V_2O_5$、$K_2SO_4$ 等催化剂。

与常规湿法烟气脱硫相比，干法烟气脱硫的优点是无污水和废酸排出，设备腐蚀小，不易发生结垢和堵塞，烟气在净化过程中无明显降温，净化后烟温高，无须设置再加热器即可直接送入烟囱排放扩散；投资费用较低，占地小，适于烟气脱硫改造，较宽的脱硫率范围使其具有较强的适应性，能满足不同类型锅炉烟气脱硫的需要；易于国产化，运行可靠，便于应用和维护管理。但它的吸收剂利用率较低，用于高硫煤时经济性差；飞灰与脱硫反应物相混不利于综合利用。

1. 烟气循环流化床脱硫

烟气循环流化床脱硫技术有多种工艺，此处介绍的是单台可配锅炉容量为5～30MW的回流式烟气循环流化床脱硫。它具有干法烟气脱硫的许多优点：投资少，占地面积不大及流程简单等，而且可以在钙硫比很低的情况下达到与湿法烟气脱硫相近的脱硫效率，吸收剂选用范围也广，如消石灰、生石灰及焦炭等。

（1）工艺流程

回流式烟气循环流化床脱硫系统主要由吸收剂制备设备、吸收塔、吸收剂再循环系统、除尘器以及控制设备等组成，其工艺流程如图 12-23 所示。

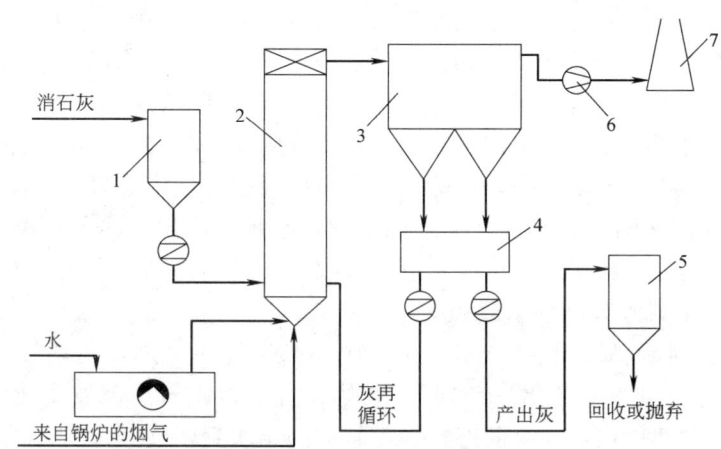

1—消石灰仓；2—回流式循环流化床（吸收塔）；3—布袋/电除尘器；4—中间仓（灰斗）；
5—灰库；6—引风机；7—烟囱。

图 12-23　回流式烟气循环流化床脱硫工艺流程

来自锅炉的烟气从除尘器前或除尘器后引入吸收塔。通常在吸收塔底部装设一文丘里装置将烟气加速，使之与粒度很细的吸收剂相混合，吸收剂与烟气中的 $SO_2$ 发生反应生成 $CaSO_3$。携带有大量脱硫反应产物（固体颗粒）的烟气从吸收塔排出而进入除尘器。在吸收剂再循环的除尘器中，将烟气所携带的大部分颗粒分离出来，其中一部分脱硫灰经过中间仓返回吸收塔再循环利用。

从底部进入吸收塔的烟气和吸收剂颗粒在向上运动时，会有相当一部分烟气产生回流，形成很强的内部湍流，从而增强了烟气和吸收剂的接触并延长了吸收反应时间，极大地改善了脱硫条件，使吸收剂的利用率和脱硫效率得以显著提高。此外，由于吸收塔内产生回流，使得吸收塔出口烟气的含尘量大为下降，减轻了除尘器的负荷。

回流式烟气循环流化床脱硫，烟气在吸收塔底部进入时需喷入一定量的水，一是为了降低烟气温度，二是增加烟气中水分的含量。这是提高脱硫效率的关键。

（2）工艺特点

1）回流式烟气循环流化床脱硫装置操作简便，要求空间小，其吸收塔直径仅为相同容量喷雾干燥吸收塔的 1/2 左右。

2）没有喷浆系统及喷嘴，只需喷入水或蒸汽。

3）与常规循环流化床及喷雾干燥吸收塔相比，吸收剂的耗量有极大地降低。

4）运行的灵活性高，可适应不同 $SO_2$ 含量的烟气及负荷变化要求。

5）结构简单，吸收剂耗量少，维修养护工作量不大，投资和运行费用较低（约为石灰/石灰石法的 60%）。

6）占地面积小，适合新机组，特别适合中、小型锅炉的烟气脱硫改造。

（3）影响脱硫效率的因素

烟气循环流化床脱硫效率的影响因素主要有床层温度、钙硫比、脱硫剂粒度和反应活性等。

循环流化床作为脱硫反应器（吸收塔）的最大优点是可以通过喷水将床温控制在最佳的反应温度，以达到最好的气固之间的紊流混合，并不断击碎反应生成物外壳而暴露出未反应的吸收剂新表面；同时，通过固体物料的多次循环，使脱硫剂具有很长的停留时间，因此大大提高了脱硫剂的钙利用率和吸收反应塔的脱硫效率。所以，烟气循环流化床脱硫系统能够处理高硫煤的脱硫，当钙硫比为 1.3～1.5 时，脱硫效率可达 90％以上。

烟气循环流化床脱硫的钙硫比和床内固气比或固体颗粒质量浓度是保证脱硫系统良好运行的重要参数。在系统运行中，钙硫比大小根据吸收反应塔进口烟气流量及烟气中所含原始 $SO_2$ 质量分数来调节消石灰（吸收剂）的供给量。床内所需的固气比通过调节分离器和除尘器下所集的飞灰排量，以控制返回吸收反应塔的再循环干灰量来实现。

2. 烟气荷电干式吸收剂喷射脱硫

传统的干式吸收剂喷射脱硫技术在烟气中喷入碱性吸收剂，与烟气中的 $SO_2$ 发生化学反应，生成反应产物——硫酸盐或亚硫酸盐。由于固体与气体发生化学反应的速度有限，反应时间一般都很长，而且固态粉粒常常容易结块聚团使其反应表面积大为缩小，所以传统的干式吸收剂喷射脱硫的效率较低，一般在 20％以下。

烟气荷电干式吸收剂喷射脱硫是一种使吸收剂颗粒带静电荷参与脱硫反应的技术。该脱硫系统主要由吸收剂喷射装置、吸收剂供给装置、$SO_2$ 检测仪和计算机控制等组成。

荷电干式脱硫的吸收剂高速流过喷射装置产生的高压静电电晕充电区，使其获得强大的静电荷（通常为负电荷）。如此，经由喷管喷射到烟气中的吸收剂颗粒，因均带同性电荷而相互排斥，很快在烟气中扩散，呈均匀的悬浮状态，以使每个吸收剂粒子的表面积充分裸露无遗，极大地增加了与烟气中 $SO_2$ 的反应机会，脱硫效率得到显著提高。与此同时，荷电的吸收剂粒子活性也大为提高，缩短了与 $SO_2$ 的吸收反应时间，一般仅需约 2s 即可完成化学反应，从而有效提高了 $SO_2$ 的去除率。

另外，烟气荷电干式吸收剂喷射脱硫对亚微米级颗粒的清除效果也很好。因为带荷电的吸收剂粒子有将这些微粒吸附到自己表面的能力，进而形成较大颗粒，从而使烟气中尘粒的平均粒径增大，相应地提高了除尘器清除亚微米级颗粒的效率。

3. 烟气固相吸附-再生脱硫

利用吸附原理脱除锅炉烟气中 $SO_2$ 的常用吸附剂有多种，如活性炭、分子筛和硅胶等。按照吸附设备的形式不同，分固定床和移动床两种；根据吸附剂再生方式和目的不同，又有多种多样的吸附工艺流程。下面仅介绍一种应用较多的活性炭加氨的吸附-再生脱硫。

（1）吸附脱硫原理

活性炭是一种多孔径的碳化物，有极丰富的孔隙构造，具有良好的吸附特性，其比表面积达 $1000m^2/g$ 之多。它的吸附作用由物理及化学的吸附力构成。

活性炭脱硫反应过程可分为三个步骤：①$SO_2$、$O_2$ 及 $H_2O$ 从烟气中扩散到活性炭颗粒表面；②从表面继续向颗粒内部微（细）孔中扩散，直至表面吸附部位；③在表面吸附部位被吸附、催化氧化及硫酸化。

当烟气中没有氧和水蒸气存在时，用活性炭吸附 $SO_2$ 仅为物理吸附，吸附量较小；当烟气中有氧和水蒸气存在时，在物理吸附的过程中还发生化学吸附。这是因为活性炭表面具有催化作用，使吸附的 $SO_2$ 被烟气中的 $O_2$ 氧化为 $SO_3$，$SO_3$ 再与水蒸气反应生成硫酸，此时吸附量大大增加。

烟气中加入氨气，大部分与硫酸反应生成硫酸铵，其余部分未反应的氨还可以与 $NO_x$ 反应生成 $N_2$。

活性炭加氨的吸附烟气脱硫化学反应为：

$$2SO_2 + O_2 + 2H_2O = 2H_2SO_4$$
$$NH_3 + H_2SO_4 = NH_4HSO_4$$
$$4NH_3 + 4NO + O_2 = 4N_2 + 6H_2O$$

此法的脱硫率可达到 95%，脱硝率为 50%～80%。

（2）活性炭洗涤再生

活性炭吸附 $SO_2$ 后，在其表面形成的硫酸会渗透扩散入活性炭的微孔中，使其吸附 $SO_2$ 的能力下降。因此，必须将存在于微孔中的硫酸清除，使活性炭再生，重获吸附活性。活性炭再生的方法有两种，即洗涤再生和加热再生，其中洗涤再生较简单、经济。

洗涤再生利用水来洗涤活性炭床层，使存在于微孔内的酸液不断地排出，从而恢复活性炭的吸附能力。由于在脱硫反应过程中形成于活性炭微孔中的稀硫酸几乎全部以离子态存在，而活性炭的吸附是具有选择性的，它对这些离子的吸附能力很弱，所以利用水洗涤造成的浓度差扩散即可使活性炭得到再生。

（3）固定床吸附脱硫工艺流程

活性炭吸附脱硫工艺流程有固定床和移动床之分，图 12-24 所示为活性炭固定床吸附脱硫的典型工艺流程。

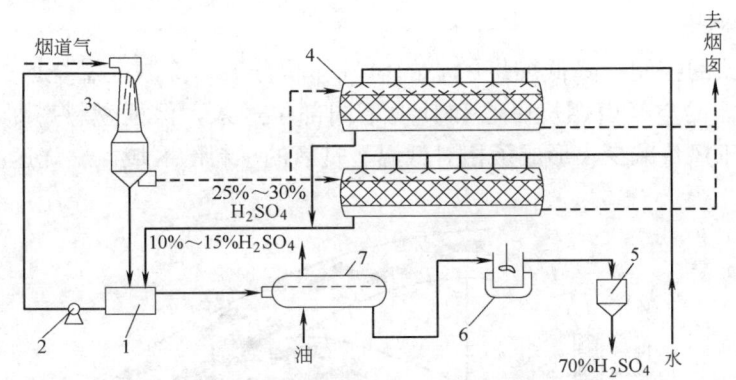

1—再循环液槽；2—泵；3—文丘里洗涤器；4—吸收塔；5—过滤器；6—冷却器；7—碳酸浓缩器。

图 12-24　活性炭固定床吸附脱硫的典型工艺流程

为了保证和改善活性炭的吸附反应条件，来自锅炉的烟气先经文丘里洗涤器除尘，使其含尘量降至 $0.01\sim0.02g/m^3$ 后再送入活性炭吸附塔，$SO_2$ 被活性炭吸附而生成硫酸。吸附塔可以并联或串联运行，并联时脱硫效率约为 80%，串联时可达 90% 左右。当各个吸收塔吸附 $SO_2$ 达到饱和后，轮流进行洗涤再生——从吸附塔顶部连续喷水洗涤活性炭表面的硫酸，使其脱附再生，并生成质量分数为 $10\%\sim15\%$ 的硫酸溶液，流入再循环液槽。稀硫酸溶液在再循环液槽与文丘里洗涤器之间循环，不断洗涤并吸收流经文丘里洗涤器的烟气中的 $SO_2$，使硫酸溶液的质量分数逐渐增高至 $25\%\sim30\%$。脱硫净化后的烟气，通常要经加热使其温度高于露点温度 $10℃$ 以上，由引风机送入烟囱排于大气。

活性炭洗涤再生过程的用水量一般为活性炭质量的 4 倍，洗涤时间为 10h，可得到质量分数为 $10\%\sim20\%$ 的硫酸，再经硫酸浓缩器浓缩至质量分数为 $70\%$ 的硫酸，可作为商品供应用户。

## 第四节  锅炉烟气脱氮

氮氧化物（$NO_x$）是 $N_2O$、$NO$、$NO_2$、$N_2O_3$、$N_2O_4$ 和 $N_2O_5$ 的总称。存在于空气中的主要是 $N_2O$、$NO$ 和 $NO_2$，其中 $NO$ 和 $NO_2$ 主要来自燃料燃烧，$NO$ 在 $NO_x$ 的组成中占 $90\%\sim95\%$。当它排入大气后，经光化学作用被氧化为 $NO_2$，它不但是形成酸雨的主要因素，也是环境空气的主要污染物。因此，烟气脱氮后排放是改善大气质量和保护环境的重要手段。

与烟气脱硫一样，首先应通过改进燃烧方式和生产工艺脱氮，从源头上减少和抑制 $NO_x$ 的产生，如采用低 $NO_x$ 燃烧技术；其次，尾端治理，即采取各种先进、经济的技术手段进行烟气脱氮（或称烟气脱硝），这是目前 $NO_x$ 控制措施中最重要的方法。

### 一、低 $NO_x$ 燃烧技术

尽管对氮氧化物形成机理的说法不一，但以下几点是共识的：燃料含氮量越多、燃烧时供氧越充足、燃烧时温度越高、燃料在高温区停留的时间越长以及锅炉负荷越大、燃料量越大，$NO_x$ 生成的机会和量就越多。本着这些原则，目前常采用以下几种低 $NO_x$ 燃烧技术，以期有效减少 $NO_x$ 的生成。

1. 空气分级燃烧

通过送风方式的控制，降低燃烧中心的氧气体积分数，抑制主燃烧区 $NO_x$ 的形成。燃料完全燃烧所需的空气由燃烧中心和其他不同部位送入，保证燃料燃尽（图 12-25）。在主燃烧区，由于风量减少，形成了相对低温、贫氧的燃料的区域，燃烧速度减慢，且燃

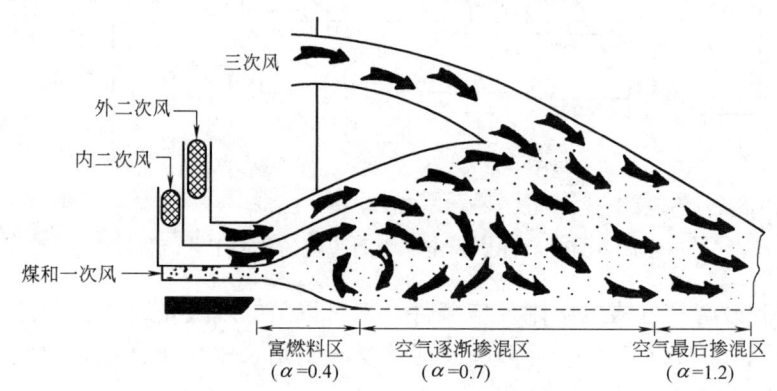

图 12-25  空气分级燃烧示意图

料中的氮大部分分解为 HCN、HN、CN 和 CH 等，使 $NO_x$ 分解，有效抑制了 $NO_x$ 的生成。

当空气垂直方向分级时，常用的方法是将部分二次风移到燃烧器上部，并适当拉开距离，从而使下部主燃烧区的过量空气减少，提高煤粉质量分数，使其处于缺氧燃烧状态。由于上部二次风的送入，会进一步使燃料燃尽。垂直空气分级，可使 $NO_x$ 的生成量降低 30%。

如果水平空气分级，使部分二次风射流偏向炉膛，远离燃烧中心，延迟煤粉与空气的混合，这样就减少了火焰中心的氧量，从而减少 $NO_x$ 的生成，而且还可避免水冷壁附近形成还原性气氛，使水冷壁的高温腐蚀大为减弱。

采用空气分级燃烧法，既有效减少了 $NO_x$ 的生成，又保证了较高的锅炉效率。但需注意的是，必须合理设置分段送风的位置和配风的比例。若风量分配不当，将会造成锅炉燃料燃烧的固体和气体不完全燃烧热损失增大，严重时还会引起受热面结渣，影响换热效果。

2. 燃料分级燃烧

除了组织沿锅炉炉膛高度和水平方向的空气分级燃烧以外，燃料分级燃烧是另一种降低燃煤锅炉 $NO_x$ 排放的燃烧技术。燃料分级燃烧是指供锅炉燃烧的燃料分两段供给的燃烧方式，又称再燃烧技术。它的特点是将炉膛沿高度方向分为下、中、上三个区域（图 12-26），即主燃区、再燃区和燃尽区。在主燃区送入全部燃料的 80%～85%，采用常规的低过量空气系数（$\alpha \leqslant 1.2$）燃烧，是氧化性或还原性气氛；在再燃区把余下的 15%～20% 的燃料全部送入，此处不供空气，使其形成很强的还原性气氛（$\alpha = 0.8 \sim 0.9$），新生成的碳氢原子团与主燃区生成的 $NO_x$ 反应而还原为 $N_2$；在燃尽区，送入二次风维持正常的过量空气系数（$\alpha = 1.1$），使得再燃燃料燃烧完全。在燃尽区送入的这部分空气，也被称为燃尽风。燃尽过程中虽然会重新生成少量 NO，但总体来看，采用燃料分级燃烧技术之后，煤粉炉最终 $NO_x$ 排放量会大大降低。

若采用天然气或超细煤粉作为再燃燃料，不仅可以减少未完全燃烧热损失，而且降低 $NO_x$ 的效果更好，脱除率可达到 70%。燃料分级燃烧（再燃）与还原 $NO_x$ 技术是诸多降低 $NO_x$ 的技术中最为有效的技术之一。

3. 烟气再循环

烟气再循环法是抽吸部分烟气，直接送入炉膛或与一、二次风混合后通过燃烧器进入炉膛。这样由于炉内烟气量的增多，使燃烧温度下降；同时，送入空气中的含氧量降低，呈低氧状态；引入再循环的这部分烟气中含有不少惰性气体，起到抑制反应速度的作用。以上三方面的原因，导致 $NO_x$ 的生成量减少。对于燃煤锅炉和燃气锅炉，$NO_x$ 的降低率可分别达到 20% 和 50%。

炉外烟气再循环固然可以有效降低 $NO_x$ 的生成与排放，但由于风机不能承受高温，需将烟气冷却后再进再循环风机或添置耐高温的再循环风机；对燃烧器而言，出口速度的增大，有时会引起脱火和燃烧的不稳定；对于锅炉受热面，烟速增大，烟气阻力也随之增大。因此，再循环的烟气量必须加以控制，不得过大，一般再循环烟气量占总烟气量的比例（再循环率）不得超过 30%。为了保证燃烧的稳定，大型燃烧设备的再循环率通常控制在 15%～20%，$NO_x$ 排放量可降低 25% 左右。

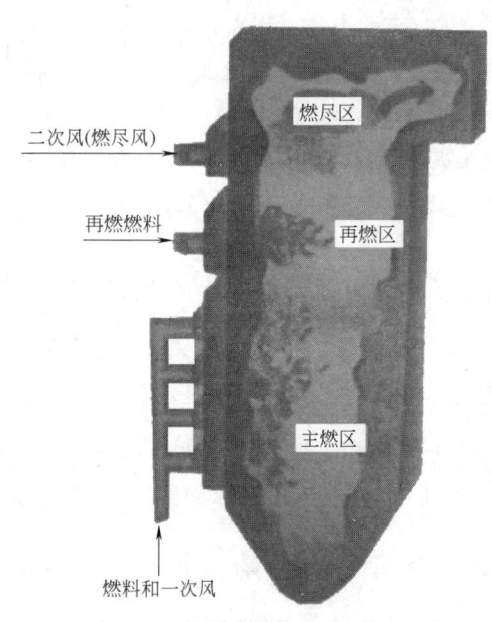
图 12-26　燃料分级燃烧原理示意图

二次风(燃尽风)

再燃燃料

燃料和一次风

燃尽区

再燃区

主燃区

烟气再循环法降低 $NO_x$ 排放的效果与烟气再循环率有关，它随烟气再循环率的增大而提高，并且燃烧温度越高，烟气再循环率对减少 $NO_x$ 生成的作用越显著。如果烟气再循环法与空气分级燃烧法同时采用，$NO_x$ 的排放量可降低 50% 以上。

### 4. 浓淡燃烧

浓淡燃烧是将锅炉的一次风分成浓淡两股煤粉气流，利用浓煤粉气流着火稳定性好的特点来提高燃烧器的着火稳燃能力，且浓煤粉气流呈富燃料燃烧，挥发分析出速度快，造成挥发分析出区缺氧，使已生成的 $NO_x$ 还原为 $N_2$。淡煤粉气流为贫燃料燃烧，会生成一部分燃料型 $NO_x$，但由于温度不高，它所占的份额不多。

浓淡两股煤粉气流通常均偏离各自的燃烧最佳化学当量比，这样既确保了燃烧初期的高温还原性火焰不致过早地与二次风接触，使火焰内的 $NO_x$ 还原反应得以充分进行，有效抑制和减少了 $NO_x$ 的排放；同时，挥发分的快速着火，既可使火焰温度能维持在较高的水平，又防止了不必要的燃烧延缓，从而保证煤粉颗粒的燃尽，提高了燃烧效率。

### 5. 低氧燃烧

氮氧化物是燃料中的氮与空气中的氧在燃烧过程中形成的。减少或抑制它的生成，主要途径一是降低燃烧温度，二是在保证燃料正常燃烧的条件下，减少燃料周围的氧。低氧燃烧实质上是一种燃料燃烧供氧控制技术。

为了实现低氧燃烧，可以采取多种方式来降低燃烧区和整个炉膛的氧。其中采用低过量空气系数是最为简单的低氧燃烧技术，它使燃料的燃烧过程在尽可能接近理论空气量的条件下进行，由于燃烧中过量氧的减少，从而实现了低氧燃烧。过量空气系数对 $NO_x$ 生成量的影响很大，低氧燃烧 $NO_x$ 生成量少，一般将过量空气系数控制在 1.02~1.05。

实现低氧燃烧，必须准确控制燃料与空气的分配，使燃料和空气混合均匀。如果过量空气系数过小，即炉内氧气体积分数过低，则会使 CO 体积分数剧增，从而增大固体和气体不完全燃烧热损失。采用低氧燃烧技术可使 $NO_x$ 排放量降低 15%~20%。

图 12-27 所示为燃用煤气的新型低氧燃烧器结构图。它将收缩—扩张结构用于燃烧器的空气通道。在势能不变的情况下，供应燃烧所需的空气经过缩放通道的喉部时压力向动能转化，故在此形成负压区。由于喉部有与炉膛相通的通道，所以空气通过这个缩放通道就能卷吸大量烟气。如此，可以使喷嘴喷出的压缩空气与被诱导的烟气充分混合，从而保证供给燃烧的空气在燃烧之前就被稀释到低氧状态。

与传统的燃烧器相比，低氧燃烧器能在喉部形成负压，增大了烟气再循环率；卷吸的烟气能与空气充分混合，较大幅度地降低了燃烧区及整个炉膛中的含氧量，实现了低氧燃烧；卷吸的烟气再次预热了空气，温度更为均匀，使燃烧更加稳定。更为重要的是，低氧

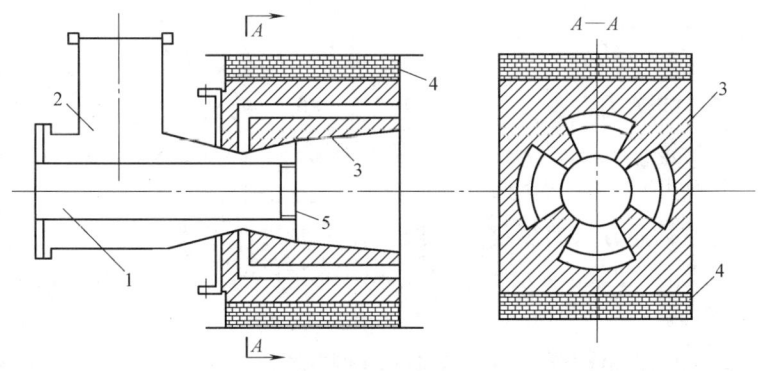

1—煤气通道；2—空气通道；3—烧嘴砖；4—炉墙；5—煤气喷嘴。

图 12-27 燃用煤气的新型低氧燃烧器结构图

燃烧器的应用有效降低了整个炉膛中氧和氮的质量分数，同时也降低了火焰中心的最高温度，扩大了火焰体积，使得 $NO_x$ 的生成量大为减少，有利于环境保护。

6. 低 $NO_x$ 燃烧技术要点

上述各种旨在有效降低 $NO_x$ 生成和排放的燃烧技术，其技术要点和存在的问题列于表 12-12。

**低 $NO_x$ 燃烧技术要点及存在的问题**　　　　　　　　　表 12-12

| 燃烧方法 | | 技术要点 | 存在的问题 |
|---|---|---|---|
| 空气分级燃烧 | | 燃烧器的空气为燃烧所需空气的 85%，其余空气通过布置在燃烧器上部的喷口送入炉内，使燃烧分阶段完成从而降低 $NO_x$ 的生成量 | 二段空气量过大会使不完全燃烧损失增大，一般二段空气量为空气量总量的 15%～20%。煤粉炉由于还原性气氛易结渣或引起腐蚀 |
| 燃料分级燃烧 | | 将 80%～85% 的燃料送入主燃区，在 $\alpha \geq 1$ 的条件下燃烧；其余 15%～20% 的燃料在主燃烧器上部送入再燃区，在 $\alpha < 1$ 的条件下形成还原性气氛，将主燃区生成的 $NO_x$ 还原为 $N_2$，可减少近 80% 的 $NO_x$ | 为减少不完全燃烧热损失，需补充空气对再燃区的烟气进行三段燃烧 |
| 排烟再循环 | | 让一部分温度较低的烟气与燃烧用空气混合，增大烟气体积和降低氧气的分压力，使燃烧温度降低从而降低 $NO_x$ 的生成量 | 由于受燃烧稳定性的限制，一般再循环烟气率为 15%～20%。投资和运行费较高，占地面积大 |
| 浓淡燃烧 | | 装有两个或两个以上燃烧器的锅炉，部分燃烧器供给所需空气量的 85%，其余部分供给较多的空气，由于均偏离理论空气当量比，$NO_x$ 生成量降低 | 局部产生还原性气氛 |
| 低氧燃烧器 | 混合促进型 | 改善燃料与空气的混合，缩短在高温区的停留时间，同时可降低氧气剩余量 | 需要精心设计 |
| | 自身再循环型 | 利用空气抽力，将部分炉内烟气引入燃烧器，进行再循环 | 燃烧器结构复杂 |

## 二、烟气脱氮技术

氮氧化物的生成速度和生成量主要与燃烧火焰中的最高温度、氧和氮的体积分数及气体在高温区的停留时间等因素有关，其中以温度的影响最大。但降低燃料燃烧温度、改进燃烧方式，包括采用各种低 $NO_x$ 燃烧技术等措施，烟气中的 $NO_x$ 也仅能减少一半左右。剩下的另一半 $NO_x$ 则必须要依靠烟气脱氮技术予以除去。

供热锅炉烟气脱氮的方法有多种，按照其作用原理，主要分为催化还原、吸收和吸附三类；按照工作介质的不同，可分干法和湿法两类。目前，干法烟气脱氮占主流地位。

### 1. 干法烟气脱氮

干法烟气脱氮是用还原剂在有催化剂存在的情况下，将 $NO_x$ 还原为 $N_2$ 和 $H_2O$。干法烟气脱氮包括采用催化剂来促使 $NO_x$ 还原反应的选择性催化还原法、非选择性催化还原法、选择性非催化还原法、活性炭/焦吸附法、等离子法和同时脱硫脱氮法等，许多新的方法也正在研发之中。

在催化剂的作用下，利用还原剂将烟气中的 $NO_x$ 还原为 $N_2$ 的脱氮方法，按还原剂是否与废气中的 $O_2$ 发生反应，分为非选择性催化还原法和选择性催化还原法。前者含 $NO_x$ 的烟气在一定温度和催化剂的作用下与还原剂发生反应，将其中的 NO 和 $NO_2$ 还原为 $N_2$，同时还原剂还与烟气中的 $O_2$ 反应生成 $H_2O$ 或 $CO_2$；后者则除了脱氮，不与 $O_2$ 发生反应。

### (1) 选择性催化还原烟气脱氮（SCR）

SCR 催化剂是 SCR 系统的核心，其作用是控制反应速度，加快需要的反应发生，抑制不需要的副反应发生。选择性催化还原法的催化剂使用活性物质，主要是过渡金属元素（氧化物），如 $V_2O_5$、$WO_3$、$MoO_3$ 等，载体为 $TiO_2$。催化剂一般在 $300\sim420℃$ 时脱氮效率高，选择性好，抗毒性强，运行可靠。

可用于脱氮的还原剂很多，如 $H_2$、CO、烃类和 $NH_3$ 等，其中用得最多的是 $NH_3$。

当用 $NH_3$ 作为脱氮的还原剂时，在催化剂的作用下，$NH_3$ 会和 $NO_x$ 及烟气中的少量 $O_2$ 发生还原反应，其化学反应式为：

$$4NH_3 + 4NO + O_2 \Longrightarrow 4N_2 + 6H_2O$$
$$4NH_3 + 2NO_2 + O_2 \Longrightarrow 3N_2 + 6H_2O$$

在反应过程中，$NH_3$ 可以选择性地和 $NO_x$ 反应生成 $N_2$ 和 $H_2O$，而不是被 $O_2$ 氧化。因此，这种还原反应称为具有"选择性"的脱氮反应，脱氮率最高可达 80% 以上。

选择性催化还原脱氮系统主要由液氨储罐、空气混合器、喷射器、催化反应器、氨传感器和控制器等组成。由液氨储罐来的氨液蒸发为氨气，在空气混合器中按比例与空气混合被配制成一定质量分数的 $NH_3$，由喷射器均匀地送入催化剂还原反应器（图 12-28），在此与流经反应器的锅炉烟气进行还原脱氮反应，除去 $NO_x$，生成氮和水。进入空气混合器的空气量，由安装在催化还原反应器烟气出口处（脱氮反应末端）的氨传感器测量烟气中剩余氨气的质量分数，并将其传输给控制器进行分析计算确定，从而保证输入催化还原反应器中的氨气质量分数符合要求。

烟气为非清洁气体，气流中含有尘粒、水雾和二氧化硫，因此脱氮前要求先除尘和脱硫。另外，脱氮催化剂的选择，要考虑它应具有一定的活性温度范围，保证锅炉负荷变化时也有较高的脱氮能力；对烟气中的二氧化硫不敏感，氧化作用小，以防止在催化作用下生成亚硫酸盐，使其"中毒"；能经得起烟气中固体颗粒物的撞击摩擦。选择性催化还原烟气脱氮技术中常用的催化剂是钛、铝等金属氧化物，其为活性物质，固定在板状或蜂窝状的反应器元件表面上。

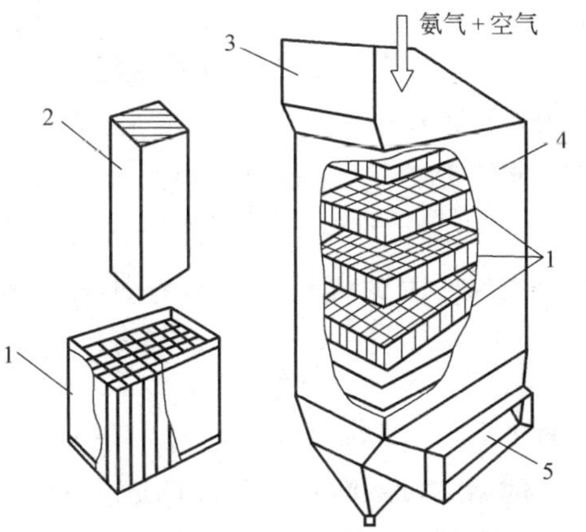

SCR烟气脱氮效果的好坏，其影响因素主要是反应温度和催化剂的特性。不同的催化剂对应的最佳反应温度不同，一般最佳反应温度范围为250～400℃。

SCR目前已成为世界上应用最多、最为成熟且最有成效的一种烟气脱氮技术，它对电站锅炉烟气$NO_x$控制效果十分明显，占地小，易于操作。同时，SCR消耗$NH_3$和催化剂，也存在运行费用高、设备投资大的缺点。

1—反应器组件；2—反应器元件；3—烟气进口；
4—催化还原反应器；5—烟气出口。

图 12-28　催化反应器结构图

（2）选择性非催化还原烟气脱氮（SNCR）

选择性催化还原烟气脱氮所消耗的催化剂费用，约占系统初投资的40%，运行成本高，且很大程度上受催化剂寿命影响。选择性非催化还原烟气脱氮技术是一种不用催化剂、在850～1100℃温度范围内还原$NO_x$的方法，常用的还原剂是氨或尿素。

此项干法烟气脱氮技术是将还原剂喷入炉内温度为850～1100℃的区域（炉膛或蒸汽过热之后，见图12-29），还原剂被迅即热分解为$NH_3$，并与烟气中的$NO_x$进行还原反应，生成$N_2$和$H_2O$。该方法以炉膛为反应器，可通过对锅炉进行改造实现。

在炉内850～1100℃这一狭窄的温度选择区（也称温度窗口）内，在没有催化剂作用的情况下，氨和尿素等氨基还原剂有选择性地还原烟气中的$NO_x$，它基本上不与烟气中的$O_2$反应，主要化学反应式为：

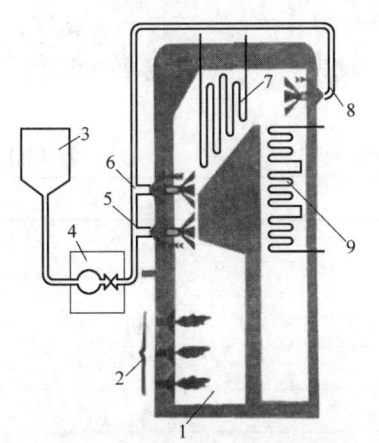

1—锅炉；2—燃烧器；3—氨或尿素储槽；
4—计量组件；5—喷射点1；6—喷射点2；
7—蒸汽过热器；8—喷射点3；9—省煤器。

图 12-29　选择性非催化还原工艺布置图

当还原剂为氨时

$$4NH_3 + 4NO + O_2 = 4N_2 + 6H_2O$$

$$8NH_3 + 6NO_2 = 7N_2 + 12H_2O$$

当还原剂为尿素时

$$(NH_2)_2CO = NH_3 + HNCO$$

$$HNCO + H_2O = NH_3 + CO_2$$

SNCR的$NO_x$脱除效率主要取决于反应温度、$NH_3$与$NO_x$的摩尔比（化学当量比）、混合程度和反应时间等，其中至关重要的是反应温度。还原剂在炉膛喷入点的选择（图 12-29），其实就是反应温度窗口的选择，是 SNCR 还原 $NO_x$ 效率高低的关键。研究表明，SNCR 的最佳反应温度是 950℃。若还原反应温度过低，由于停留时间的限制，会使反应不充分，不仅造成 $NO_x$ 的还原率较低，还会因未参与反应的 $NH_3$ 的增加而造成 $NH_3$ 的泄漏，遇到 $SO_2$ 会生成亚硫酸铵和硫酸铵，容易发生空气预热器的堵塞和腐蚀现象。当反应温度过高时，$NH_3$ 则容易被氧化：

$$4NH_3 + 5O_2 = 4NO + 6H_2O$$

抵消了 $NH_3$ 的脱氮效果。

根据运行实践，SNCR 的脱氮效率一般为 25%～35%，且大多用作低 $NO_x$ 燃烧技术后的二次处理。

SNCR 的反应物储存和操作系统与 SCR 相似，一般在脱氮效率要求不高的场合使用，其特点是：不需要改变现有锅炉的辅助设备，只需增加氨和尿素储槽、氨和尿素喷射装置及其喷口即可；系统结构比较简单，运行中无须价格昂贵的催化剂，投资和运行费用比 SCR 低；烟气阻力小，对锅炉正常运行的影响不大；占地小，氨和尿素储槽体积不大，可以设置在锅炉钢架之上而不须额外占地。但 SNCR 的脱氮效率低，特别是对燃油锅炉；对反应温度要求严格，反应温度过高或过低都会降低脱氮效果；气相反应难以保证充分的混合，氨液消耗量大，$NH_3$ 与 $NO_x$ 的摩尔比高；氨的泄漏量较大，不仅污染大气，还会与 $SO_2$ 反应生成亚硫酸铵和硫酸铵，容易使空气预热器堵塞，增大烟气系统的阻力。

表 12-13 所示为 SCR 和 SNCR 的比较。

SCR 与 SNCR 的比较　　　　　　　　　　　　　　表 12-13

| 工艺名称 | SCR | SNCR |
|---|---|---|
| $NO_x$ 脱除效率(%) | 70～90 | 30～80 |
| 操作温度(℃) | 200～500 | 800～1000 |
| $NH_3$ 与 $NO_3$ 的摩尔比 | 0.4～1.0 | 0.8～2.5 |
| 氨泄漏量($\mu L/L$) | ＜5 | 5～20 |
| 总投资 | 高 | 低 |
| 操作成本 | 中等 | 中等 |

为了综合利用 SNCR 和 SCR 两种脱氮技术的优点，可在一个烟气脱氮系统中使用 SNCR/SCR 联合工艺（图 12-30）。它把 SNCR 的还原剂喷入炉膛脱氮技术与 SCR 利用逸出氨进行催化还原反应结合起来，从而进一步提高脱除 $NO_x$ 的效果。换言之，SNCR/SCR 联合工艺就是将 SNCR 的低费用与 SCR 的高效脱氮率及低氨逸出率进行了有效结合。该联合工艺早在 20 世纪 70 年代在日本一个燃油装置上进行了试验，结果表明，NO 的脱除率由 30%～40% 提高到 50%～60%，氨的逸出量由 5～25$\mu L/L$ 下降到不大于 5$\mu L/L$。

2. 湿法烟气脱氮

由于锅炉烟气中氮氧化物的绝大部分是 NO，它基本上不与水及碱作用，在水中的溶解度很低。因此，湿法烟气脱氮不能简单地采用洗涤的办法，而是必须先将 NO 氧化为

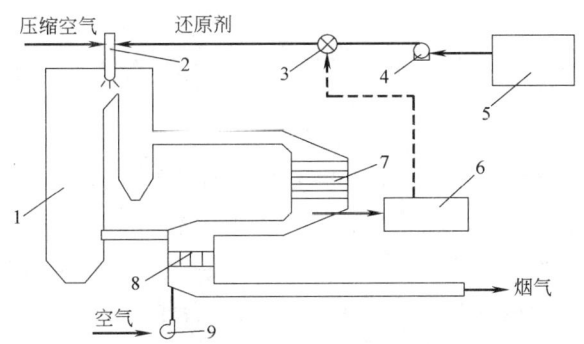

1—锅炉；2—喷射器；3—控制器；4—泵；5—氨或尿素储槽；6—NO$_x$检测传感器；
7—催化反应器；8—空气加热器；9—风机。

图 12-30　SNCR/SCR 联合工艺脱氮流程

NO$_2$，然后用水或碱性溶液吸收。目前，湿法烟气脱氮主要有氧化吸收法、还原吸收法和络合吸收法等。

（1）氧化吸收法

锅炉烟气中的 NO 不可能全部被氧化为 NO$_2$。研究表明，吸收等分子的 NO 和 NO$_2$ 比单独吸收 NO$_2$ 更容易、吸收反应的速度更快，究其原因是 NO+NO$_2$ 生成的 N$_2$O$_3$ 溶解度较大，与 H$_2$O 可迅即生成亚硝酸 HNO$_2$，而 HNO$_2$ 的溶解度更高。所以，为了提高吸收 NO$_x$ 的效率，通常需要把烟气中的 NO 氧化到 NO$_2$ 与 NO 之比等于 1.0～1.3。

在低体积分数下，NO 的氧化速度非常缓慢。因此 NO 的氧化速度对氧化吸收法烟气脱氮的速度起着决定性作用，需要使用催化剂来加速氧化或用氧化剂直接氧化。氧化剂有气相和液相之分，气相氧化剂有 O$_2$，O$_3$，Cl 和 ClO$_2$ 等；液相氧化剂有 HNO$_3$，KMnO$_4$，NaClO$_2$ 和 H$_2$O$_2$ 等。以 NO 和 H$_2$O$_2$ 为例，它们在水溶液中将发生如下反应：

$$2NO+3H_2O_2=2HNO_3+2H_2O$$

这个反应为快速不可逆反应。通过这一反应，不溶于水的 NO 被氧化成为硝酸，从而实现了 NO 的脱除和回收。

氧化吸收法的实际应用受制于氧化剂的成本。在气相氧化剂中，O$_3$ 和 ClO$_2$ 的活性很高，均可在 1s 内将 NO 氧化为 NO$_2$，但 O$_3$ 的价格昂贵；ClO$_2$ 的价格较低，但会产生大量氯化物，给后处理工艺带来困难。在液相氧化剂中，硝酸的成本较低，目前国内硝酸氧化-碱液吸收工艺流程已有实际应用，其他方法均因氧化剂成本和运行费用过高而未能得到广泛应用。

（2）还原吸收法

还原吸收法有气相还原和液相还原之分。前者为先气相还原，后液相吸收，如氨-碱溶液吸收法：先将氨喷入烟气中进行气相还原，再让烟气流经吸收塔被碱溶液洗涤而吸收，未反应的 NO$_2$ 与碱溶液反应生成硝酸盐和亚硝酸盐，可作农业生产的肥料。

液相还原吸收是利用液相还原剂将烟气中的 NO$_x$ 还原为 N$_2$，然后再吸收。常用的还原剂有亚硫酸盐、硫代硫酸盐、硫化物和尿素水溶液等。需要指出的是，液相还原剂与 NO 反应生成的是 N$_2$O，而不是直接还原为 N$_2$，而且还原反应速度较慢。所以，液相还原吸收法必须预先将 NO 氧化为 $NO_2$ 或 $N_2O_3$。烟气中 $NO_2$ 的还原吸收率是随着它的氧化速度的提高而增大的。为了有效提高其吸收率，也有采用加入添加剂以起催化促效作用，脱氮效率可达 $40\%\sim60\%$。

（3）络合吸收法

前已提及，燃煤锅炉烟气中的 $NO_x$ 绝大部分成分是 NO，占比在 $90\%$ 以上，它在水中的溶解度很低，使得气-液传质的阻力大为增加。络合吸收法是 20 世纪 80 年代发展起来的一种同时脱硫脱氮的新工艺，它利用液相络合物吸收剂直接与 NO 反应，增大其在水中的溶解度，使 NO 易于从气相转入液相，特别适合于主要含 NO 的燃煤锅炉烟气的处理。根据实验研究的结果，用于燃煤锅炉烟气处理的 NO 脱除率高达 $90\%$ 左右。

目前提供研究用的络合吸收剂主要有 $FeSO_4$，$Fe(II)$-DETA 及 $Co(NH_3)_6$ 等。它们除了脱氮，还有同时脱硫的作用。如硫酸亚铁络合物吸收剂可以作为添加剂直接加入石灰/石灰石法烟气脱硫的浆液中，此时仅需对原有的脱硫装置略加改造，即可实现同时脱除锅炉烟气中的 $SO_2$ 和 $NO_x$，既简便又节约设备投资的费用。

与干法烟气脱氮相比，湿法烟气脱氮具有工艺设备简单、操作温度低、能耗少和运行费用低等优点，在治理大气污染中具有很大的发展潜力，其中络合吸收法将会是我国湿法烟气脱氮技术的重要一翼。

最后需要强调的是，上述烟气脱硫脱氮技术均在燃料燃烧产生烟气之后实施，是消极、被动的。积极主动的做法应该是变中途或终端（烟气）治理为源头（燃料）治理，大力推广使用优质低硫煤或者经洗选的煤——降低硫分和灰分，并采取诸如循环流化床燃烧技术、整体式煤气化联合循环（LGCC）技术等洁净燃烧技术和燃煤污染控制技术，包括脱硫、脱氮和低 $NO_x$ 燃烧等。面对大气污染严重的现实，除了大力推广煤炭的清洁生产和清洁利用以外，更为重要的是必须狠抓能源结构调整，实现能源绿色低碳转型和经济发展模式的重大转变，切实执行高效节能、绿色低碳政策，实施 $SO_2$ 和 $NO_x$ 排放的总量控制。同时，进一步完善和健全现行法律法规，以保证和促进能源利用过程中的环境保护工作落到实处。

## 复习思考题

1. 平常所说的锅炉消烟除尘的含义是什么？怎样才能有效减轻锅炉烟尘造成的危害？

2. 锅炉常用的除尘装置从基本原理上分为几类？为什么在实际运行中除尘效率都达不到设计要求？

3. 旋风除尘器的工作原理是什么？它在结构上有何特点？

4. 电除尘器的基本工作原理是什么？它由哪些部件构成？

5. 电除尘器与其他类型除尘器相比有哪些优、缺点？

6. 电除尘器可分为哪些类型？

7. 一般说来，湿式除尘装置的除尘效果比较好，但为什么不能随便采用？

8. 我国对供热锅炉性能（热经济性、环保、蒸汽品质等）的考核有哪些国家标准？

9. 从哪几方面采取措施以确保供热锅炉符合《中华人民共和国环境保护法》的要求？每一方面的作用是什么？

10. 大气物污染物有哪些？是怎样产生的？各自有何危害？

11. 在锅炉大气污染物排放标准中，为什么对不同锅炉类别、不同地区和不同时段规定有不同的排放限值？

12. 除了《锅炉大气污染物排放标准》，我国有关环境保护的法规和标准还有哪些？你对它们了解了多少？

13. 锅炉为什么要控制二氧化硫的排放？它有何危害？

14. 试述燃料燃烧前和燃烧中的脱硫技术原理、措施和技术要点。

15. 湿法烟气脱硫有哪些优、缺点？湿法烟气脱硫技术有哪几种？它们各自的原理和工艺流程有何不同？

16. 什么是半干法烟气脱硫？它的工作原理是什么？主要设备有哪些？影响其脱硫效率的因素有哪些？

17. 什么是干法烟气脱硫？常用的方法有哪几种？

18. 干法烟气脱硫有哪些优、缺点？干法烟气脱硫常用的脱硫剂有哪些？它们各自与烟气中的 $SO_2$ 起什么反应？

19. $NO_x$ 是哪些氮氧化物的总称？其中哪几种对大气质量的危害较大？它们主要来自哪儿？

20. 什么是低 $NO_x$ 燃烧？常用的有哪几种方法？各自脱氮的原理是什么？

21. 为了控制燃烧过程中 $NO_x$ 的生成量，可采取哪些低 $NO_x$ 燃烧技术？

22. 干法烟气脱氮有哪几种？各自有何特点？

23. 湿法烟气脱氮有哪几种？各自有何特点？

24. 常用的烟气脱氮的还原剂有哪几种？怎样与 $NO_2$ 反应生成无毒无害的 $N_2$？

25. 烟气脱硝技术有几种方法？各有什么优、缺点？

26. 选择性催化还原烟气脱氮（SCR）的原理、流程是什么？它的主要影响因素有哪些？

27. 选择性催化还原烟气脱氮（SCR）、选择性非催化还原烟气脱氮（SNCR）和 SNCR/SCR 联合工艺各有什么优缺点？

28. 什么是终端治理和源头治理？对锅炉而言，如何变消极被动的终端治理为积极主动的防治？具体的办法和措施有哪些？

# 第十三章　锅炉房设计及汽水系统

锅炉房设计必须贯彻国家的有关方针政策，使之达到节约能源、保护环境、安全生产、技术先进、经济合理和确保质量的要求。所以，锅炉房设计应首先从城市（地区）或企业的整体规划和热力规划着手，确定锅炉房供热范围、规划大小、发展容量及锅炉房位置设计原则。

锅炉房设计除应遵守现行国家标准《锅炉房设计标准》GB 50041 外，尚应遵循国家现行的有关法规和标准的规定，如《锅炉安全技术规程》TSG 11、《锅炉大气污染物排放标准》GB 13271、《建筑设计防火规范》GB 50016 等。

在前述各章中，已对锅炉房工艺设计中涉及的有关内容，如锅炉通风、水处理、燃料供应及除灰渣以及烟气除尘与脱硫脱氮等作了必要的介绍。本章将重点阐述锅炉房工艺设计的原则和方法、锅炉房布置和锅炉房的汽水系统。

## 第一节　锅炉房设计原则和方法

锅炉房是供热源，是工业企业的重要组成部分。工业锅炉房设计正确、合理与否，直接关系整个工程能否早日建成投产，以及投产后能否获得预期经济效益，甚至还将影响人民生活。因此，必须认真做好锅炉房的设计工作，以便对发展社会经济、节能减排和保护环境起到应有的积极作用。

### 一、锅炉房设计的一般原则

众所周知，一个正确的设计，必须符合党和国家的方针政策，这也是鉴别、评价设计质量的重要条件。对于工业锅炉房设计，除了必须贯彻有关基本建设的方针政策外，首要的是严格执行我国的能源发展战略和绿色低碳的环保政策。为保证我国经济的可持续发展，在锅炉房设计中必须注重并切实贯彻能源"节约优先"和环境"保护优先"的方针；大力发展区域供热和热电联产，使能量按品位高低得以合理利用，实现能源绿色低碳转型。我国是以煤为主要能源的国家，在今后若干年内供热锅炉的燃料仍将以煤为主，但随着我国城市建设的需要和环境保护要求的提高，燃气、燃油的锅炉日益增多，因此必须重视并认真做好以气、油为燃料的锅炉房设计工作。

一个正确的设计，必须严格遵守安全规程；充分注意废热、余热的利用；采取有效措施减轻废气、废水、废渣和噪声对环境的影响，排出的有害物和噪声应符合有关标准规范的规定，而且污染防治工程应和主体工程同时设计。努力改善劳动条件和积极采用成熟可靠、行之有效的先进科学技术，力求使设计做到切合实际、技术先进、经济合理、安全可靠和保护环境。

同样，一个合理的供热锅炉房设计，应根据批准的城市（地区）或企业总体规划和供热规划进行，做到远近结合，以近期为主，并适当为将来生产发展留有扩建余地，以节约资金和材料，更好地实现投资的经济效益。对扩建和改建的锅炉房设计，应深入现场，调查并取得原有建筑、工艺设备、管道的原始资料。本着节约的原则，在合理的条件下充分挖掘潜力，尽可能利用原有建筑物、构筑物、设备和管线，并应与原有生活系统、设备布置、建筑物和构筑物相协调。

通常，当一个企业（单位）所需的热负荷不能由区域热电站、区域锅炉房或附近其他单位锅炉房供热时，且不具备热电联产的条件时，才应设置锅炉房。

符合下述三种情况之一，可设计区域锅炉房：当居住区和公用建筑设施的供暖和生活热负荷不属热电站的供应范围时；当用户的生产、供暖通风和生活热负荷较小，负荷不稳定，年使用时长较低，或由于场地、资金等原因，不具备热电联产条件时；当根据城市供热规划和用户先期用热要求，需要过渡性供热，以后可作为热电站的调峰或备用热源时。

### 二、锅炉房设计程序和方法

锅炉房的整体设计包括工艺设计、建筑设计、结构设计和自动控制及仪表设计等方面。本专业所从事的设计工作是锅炉房的工艺设计，而且通常也仅限于工厂、企业为供应生产、供暖及生活用热而设置的工业锅炉房。可见，一个完整的锅炉房设计，不可能由一个人完成，必须依靠总体规划、建筑结构、给水排水、供暖通风、供电和自动控制及测量仪表等各专业的密切配合、通力协作，是集体智慧的结晶。

锅炉房工艺设计，可按初步设计、技术设计和施工设计三个阶段进行，也可仅按扩大初步设计和技术施工设计两个阶段进行，这主要取决于工程的规模和重要性、技术复杂程度以及设计和施工部门的技术力量。由于技术的进步、设计施工经验的不断积累，现在一般趋向按初步设计和施工设计两个阶段进行。为了加快设计进度，提高设计质量，在技术复杂的建设项目初步设计过程中，可把主要的技术方案报请有关部门进行中间研究。

初步设计应根据批准的设计计划任务书和可靠的设计基础资料进行。设计基础资料主要有燃料资料、水质资料、热负荷资料、气象地质水文资料、电力和供水资料、设备材料资料和工厂企业的总平面布置图及地形图等。锅炉房初步设计的内容包括：

（1）热负荷计算、锅炉选型及台数的确定；

（2）供热系统、热源参数及热力管道系统的确定；

（3）供水及凝结回水系统的确定；

（4）锅炉给水的处理方案及系统的确定；

（5）锅炉排污及热回收系统的确定；

（6）烟气净化措施及烟囱高度的确定；

（7）燃料消耗量、卸装设施、储存量及储煤场和输送方式的确定；

（8）干灰渣量、灰渣的利用方式、渣场及除灰方式的确定；

（9）综合消耗指标（水、电、汽及燃料消耗）；

（10）图纸包括设备平面布置图、热力系统图和水处理系统图；表格包括设备表、主要材料估算表以及经济概算表，并按此编制订货清单。

初步设计经有关主管部门批准后，即可进行施工设计。这一阶段的设计工作主要是绘制施工图，故又名施工图设计。

经验表明，工业锅炉房工艺设计一般可按如下程序进行：

（1）调查研究，熟悉生产工艺，了解生产、供暖通风和生活对供热介质的种类、参数和负荷的要求。

（2）尽可能详细、全面地搜集与工程设计有关的各项基础资料。

（3）拟订设计方案，进行技术经济分析比较，选定可行的最佳方案。

（4）在方案既定、设备落实的基础上，进行设计计算及绘制施工图。

## 第二节　锅炉房容量及锅炉选择

### 一、锅炉容量和台数的确定

锅炉房设计容量宜根据热负荷曲线或热平衡系统图，并计入管道热损失、锅炉房自用热量和可供利用的余热进行计算确定。当缺少热负荷曲线或热平衡系统图时，热负荷可按生产、供暖通风和生活热水小时最大耗热量，并分别计入同时使用系数确定。

当用户的热负荷变动较大且较频繁，或呈周期性变化时，在经济合理的原则下，宜设置蓄热器。设有蒸汽蓄热器的锅炉房，其设计容量应按平衡后的热负荷进行计算确定。

锅炉容量和台数的确定，应根据设计热负荷经技术经济比较后得出，并应符合所有运行锅炉在额定蒸发量或热功率时能满足锅炉房最大设计热负荷的要求；应保证锅炉房在较高或较低热负荷运行工况下能安全运行，同时使锅炉台数、额定蒸发量或热功率、锅炉效率和其他运行性能均能有效地适应热负荷变化，且应考虑全年热负荷低峰期锅炉的运行工况。

锅炉房的锅炉总台数：新建锅炉房，不宜超过5台；扩建和改建锅炉房，不宜超过7台；非独立锅炉房，则不宜超过4台。当锅炉房中1台额定蒸发量或热功率最大的锅炉检修时，其余锅炉应满足连续生产用热所需的最低热负荷，即供暖通风、空调和生活用热所需的最低热负荷。

### 二、锅炉供热介质和参数的选择

锅炉供热介质的选择，应根据供热方式、介质的需要量和供热系统等确定。供暖通空调和生活用热的锅炉，宜以热水为供热介质；供生产用汽为主的锅炉，应以蒸汽作为供热介质；同时供生产用汽及暖通空调和生活用热的锅炉，经技术经济比较后，可选用蒸汽、热水或蒸汽和热水作为供热介质。

锅炉供热参数的选择应能满足用户用热参数（压力和温度）和合理用热的要求。但在选择锅炉时，不宜使锅炉的额定出口压力和温度与用户使用的压力和温度相差过大，以免造成投资高、热效率低等情况。热水热力网设计供水温度、回水温度应根据工程具体条件，并综合锅炉房、电网、热力站、热用户二次供热系统等因素，进行技术经济比较后确定。当在采用蓄热器时，可适当提高锅炉的参数等级。另外，在有条件时，尽量做到从高参数到低参数热能的分级利用，这也是合理用热、节约能源的一种有效方法。

### 三、锅炉的选择

在选定锅炉供热介质和参数后，应根据用户的要求和特点选择锅炉型号，并确定锅炉的台数。

锅炉的选择，一般还应综合考虑下列要求：

（1）应能有效地燃烧所采用的燃料；

（2）应有较高的热效率，并应使锅炉的出力、台数和其他性能适应热负荷变化；

（3）应有利于保护环境；

（4）应能降低基建投资和运行管理费用；

（5）应选用机械化、自动化程度高的锅炉；

（6）锅炉结构应与该地区抗震设防烈度相适应；

（7）对燃气、燃油锅炉，还应符合全自动运行要求和具有可靠的燃烧安全保护装置；

（8）宜选用容量和燃烧设备相同的锅炉，当选用不同容量和不同类型的锅炉时，其容量和类型不宜超过两种。

# 第三节　锅炉房布置

锅炉房布置，通常是指锅炉房与所在区域内其他建（构）筑物以及堆场之间的相对位置、锅炉房的建筑形式及其内部各使用场地、房间的布局和锅炉房设备及管道的工艺布置三个方面。锅炉房布置是锅炉房设计中最关键的一项工作，布置得合理与否，对整个锅炉房的基建投资、占地面积、能源消耗以及运行的安全性和经济性有重要影响。因此，在设计时应慎重对待，尽可能周密地综合考虑各方面的因素，提出合理、经济的方案。

**一、锅炉房的区域布置**

一个工厂或一个企业（单位），锅炉房在总平面上的位置至关重要。设计时，一般会同总图、工艺等有关专业人员和建设单位共同研究、提出方案，从占地面积、运输条件、室外管网、环境保护和维修运行等多个角度进行综合分析比较后确定。

一般来说，锅炉房靠近热负荷比较集中的地区，并应使引出热力管道和室外管网的布置在技术、经济上合理，其所在位置应与所服务的主体项目相协调；邻近运输干线，便于燃料储运和灰渣排除；如已有煤气站，铸、锻车间等，则通常与之毗邻。所以，锅炉房的区域布置，首先要协调锅炉房与邻近建（构）筑物和堆场之间的相对位置，然后进行锅炉房所属设施，如储煤场、输煤设备、渣场、渣塔、除尘等烟气净化装置、烟道、烟囱、排污降温池、凝结水回收池、盐库（或盐液池）和供热管沟等的合理布置。对于采用水力冲渣的锅炉房，通常还有渣沟、沉渣池、灰浆泵房等；对于燃油锅炉房，则有油罐区、日用油箱、油泵房和输油管线；对于燃气锅炉房则有调压站、增压设备、过滤装置和输气管线等。锅炉房区域布置的基本原则是：遵守有关规范、符合工艺流程、便于运输和维护管理；在占地面积不致过大和实用的前提下，力求布局整齐、外形美观。

锅炉房的位置应有利于减少烟尘和有害气体对居住区和主要环境保护区的影响，全年运行的锅炉房宜位于总体最小频率风向的上风侧，季节性运行的锅炉房宜位于该季节最大风向的下风侧，并应符合环境影响评价报告提出的各项要求。

锅炉房应有利于自然通风和采光，其朝向，即司炉操作端应尽量避免朝西（位于炎热地区的锅炉房尤应注意），加强自然通风以改善劳动条件。司炉操作端或锅炉房辅助间通常面临厂区干道，以便人员出入和美观。对于易造成环境污染的除尘装置、烟囱、沉渣池以及排污降温池等设施，一般布置在锅炉房后侧。

储煤场、渣场按惯例都布置在锅炉房发展端一侧，但应使煤堆与锅炉房之间保持一定距离，以满足防火要求。灰堆与煤堆之间、灰堆与锅炉房之间，其间距一般不应小于 10m。

锅炉房区域布置应尽量缩短流程和管线，如将凝结水回收池、盐液池布置在室外，应靠近辅助间一侧设置，以便就近将凝结水送往软化水箱、将盐液送往离子交换器再生。

区域锅炉房位置的选择，除应符合和满足上述条件外，还应根据城市总体规划、区域供热规划以及交通和环保等因素确定。

锅炉房宜为独立建筑物。

当锅炉房与其他建筑物相连或在其内部时，不应贴邻人员密集场所和重要部门的上一层或下一层，以及主要通道、疏散口的两侧，应设置在首层或地下室一层靠建筑物外墙部位。住宅建筑物内，不宜设置锅炉房。

### 二、锅炉房的建筑

独立锅炉房区域内的各建（构）筑物的平面布置和空间组合，应紧凑合理，功能分区明确，建筑物简洁协调，满足工艺流程顺畅、安全运行、方便运输、便于安装和检修的要求。

容量较大的锅炉房，其内一般分锅炉间、辅助间、风机间及运煤廊等。锅炉间安装锅炉，是锅炉房的主体部分；辅助间主要承担给水处理任务，其中除了水处理间、泵房和化验室外，通常还布置有控制室、检修间、仓库、办公室和一些生活设施（如更衣室、浴室及厕所等），它们随锅炉房规模、所在地区和布置方案等具体情况的不同而异，根据实际需要取舍。

单台蒸汽锅炉额定蒸发量为 1～25t/h 或单台热水锅炉额定功率为 0.7～17.5MW 的锅炉房，其辅助间和生活间宜贴邻锅炉间固定端一侧布置；单台蒸汽锅炉额定蒸发量为 35～75t/h 或单台热水锅炉额定功率为 29～174MW 的锅炉房，其辅助间和生活间可贴近锅炉间或单独布置。辅助间通常都与锅炉轴线平行布置，或左或右，主要根据锅炉房在总平面上的位置、区域布置及机械化运煤系统的出入方向而定。若辅助间在左，则运煤出入口在右，相对而设，其根本的出发点是便于锅炉房扩建，这样对原有设备的运行影响较小，又不致拆毁辅助间建筑。所以，布置辅助间的一端称为固定端，另一端则称为扩建端或发展端。

锅炉房集中仪表控制室宜布置在便于人员现场操作的位置，选择朝向较好的部位；锅炉房宜设置修理间、仪表校验间、化验室等辅助间。化验室应布置在采光较好、噪声和振动影响较小处，并使取样操作方便。

锅炉房出入口不应少于 2 个，当炉前走道总长不大于 12m 且面积不大于 200㎡时，其出入口可只设 1 个。锅炉间人员出入口，应有一个直通室外。分层布置的锅炉房，各层人员出入口不应少于 2 个；楼层上的人员出入口应有直接通往地面的安全楼梯。

锅炉通向室外的门应向外开启，锅炉房内的工作间或生活间直通锅炉房的门，则应向锅炉间内开启。

为隔离噪声和节约基建投资，大多数锅炉房将送、引风机布置在后端室外，或露天，或另设简易房屋。对于小容量的锅炉房，由于锅炉间本身结构简单，又是单层建筑，所以常常把送、引风机连同水泵和水处理等设备均布置在锅炉间内，以便于操作和管理。

运煤廊位于锅炉房前端、储煤斗之上，以便运煤并将煤卸于储煤斗。

锅炉房的建筑形式，一般分单层和双层两种。对于单台容量不大于 4t/h 的锅炉，其锅炉房均采用单层建筑形式；为了充分利用空间，辅助间则可以按双层设计。对于单台容量在 6t/h 以上的锅炉，由于除渣出灰的需要和便于布置尾部受热面——省煤器和空气预热器，通常布置在双层建筑中，前端设运煤廊，尾部设风机间；辅助间或左或右，分 2 层或 3 层设置。当采用大气式热力除氧时，除氧器均布置在三层，以便获得较高的灌注头，防止给水泵吸入口汽蚀和保证正常供水。

对于炎热地区的锅炉房，不论单层还是双层建筑，均可采用半敞开的形式——取消上半截外墙，另设雨篷，或在前墙开设大门、外设阳台，以利热气流外逸，加强自然通风。

### 三、锅炉房工艺布置

锅炉房工艺布置，应力求工艺流程合理、系统简单、管路顺畅、用材节约，以达到设备安装和检修方便、运行操作安全可靠和锅炉房面积及空间使用合理的目的。

如此，在进行锅炉房工艺布置时，首先要考虑将来运行的安全可靠和操作的方便灵活。如锅炉房内主要设备的布置，除应保证正常运行时操作的方便外，还要创造在处理事故时易于接近的条件；管道穿过通道时，与地坪的净距不应小于 2m，并应满足起吊设备操作高度的要求；在锅筒、省煤器及其他发热部位的上方，当不需要操作和运行时，其净空高度可缩小为 0.7m；蒸汽和水管尽可能不布置在电气设备附近，等等。

其次，设备的布置应尽量顺其工艺流程，使蒸汽、给水、空气、烟气等介质和燃料、灰渣等物料的流程简短、畅通，减少流动阻力和动力消耗，便于运输。

第三，布置时要为安装、检修创造良好的条件。如布置快装锅炉，应有更新整装锅炉时能顺利通过的通道，并为清扫烟箱、火管留有足够的空间；为检修链条炉排留有宽敞的炉前场地；锅炉后部通道的距离应根据后箱能否旋转开启确定。在质量较大的附属设备顶部，应具有手动捯链等起吊设备的条件，在风机间、水处理间和除氧间等房间的相应位置也应预埋起吊钩环。

第四，应注重改善劳动、卫生条件，尽量减少环境污染。在布置风机、除尘器时，为减少噪声、散热和灰尘对操作人员的危害和影响周围环境，宜设置密闭小室，如风机间与锅炉间隔离；为防止出灰渣时尘埃飞扬，应设置除灰小室和淋水胶管。

第五，要重视和落实安全设施，保证安全生产，防止重大事故发生。如在燃油、燃气和煤粉锅炉的后部烟道上，均应装设防爆门。防爆门的位置应有利于泄压，当爆炸气体有可能危及操作人员时，防爆门上应装设泄压导向管。再如，地震设防烈度为 6～9 度时，锅炉房的建（构）筑物以及管道设计，应采取抗震措施。

第六，在建筑结构上，工艺布置时应尽量参照建筑模数和其他有关规定，以降低土建费用，缩短施工工期，使建筑面积和空间既能发挥最大效能，结构紧凑实用，又有良好的自然采光和通风条件。如采用允许的最低限度的建筑物高度，尽量减少建筑物层数以及将庞大沉重和需防震的设备布置在底层地面或装置在较低的标高上，等等。

第七，锅炉房布置时，还应根据生产规模的近、远期规划，留有扩建的余地；设备选择和布置，应有一次设计分期建设的可能。如辅助间设于固定端，另一端使其能自由发展（扩建）而不影响或少影响主要设备及管道的工作；当发展端的外墙拆除时，应不影响锅炉房的整体结构。当锅炉房内要设置不同类型的锅炉时，为了扩建方便，应把容量较大的锅炉布置在发展端一侧。

此外，当锅炉采用露天布置时，测量控制仪表和管道阀门附件应按露天气候条件因地制宜地采取有效的防雨、防风、防冻、防腐蚀和减少热损失的措施；应设置司炉操作室，并将锅炉水位、锅炉压力等测量控制仪表集中设置在操作室内。如北方因气候寒冷要以防冻为主；南方多雨潮湿，则应以防雨为主；沿海和大风地区，应着重考虑防风。经验表明，锅炉房的风机、水泵、水箱、除氧装置、加热装置、蓄热器、除尘设备和水处理软化装置等采用露天布置后，只要防护措施落实可靠，又考虑了操作和检修的必要条件，安全运行是有保障的。

锅炉房内各设备的位置和它们之间的距离以及各靠近墙的设备与墙壁之间的距离，应根据能保持最低限度的通行、操作和检修的条件确定。锅炉房设备布置时应考虑的一些基本尺寸，具体可查阅有关规范和设备手册。

对于连接设备的各种管道的布置，主要取决于设备的位置。布置时，管道应尽量沿柱子和墙敷设，且大管在内、小管在外；保温管道在内、非保温管在外。这样，既便于安装、支撑和检修，又整齐美观。但管道与管道，管道与梁、柱、墙和设备之间要留出一定的距离，以满足焊接、仪表、附件和保温结构等的施工安装、运行、检修和热胀冷缩的要求。

在布置管道时，还应尽量避免遮挡室内采光、妨碍门窗的启闭和运行人员的通行或设备的运送。此外，管道敷设应有一定坡度（不小于 0.002），以便放气、放水。对于蒸汽管道，坡向与介质流向一致；水管坡向可与介质流向一致或相反。

在布置热力（蒸汽和热水）管道时，还须注意热膨胀的补偿问题。通常是尽量利用管道的 L 形及 Z 形管段对热伸长作自然补偿；不能满足要求时，则应另设各种类型的伸缩器加以补偿。

## 第四节　锅炉房设计与有关专业的协作关系

锅炉房工艺设计虽然是锅炉房整体设计的主要组成部分，但它的完成还有赖于其他有关专业的密切配合和通力协作。因此，在进行工艺设计时，必须加强横向联系，协调各有关专业的关系。既要对有关专业提出切实的技术要求，也要主动向他们提交完整的设计资料，以加快设计进度，保证和提高设计质量。本节对与锅炉房工艺设计关系密切、业务交往较多的土建、给水排水、供暖通风、电气及自控仪表等专业的协作关系，作简要说明，以便读者建立初步的认识。

**一、与土建专业的协作关系**

1. 对土建专业的技术要求

在各有关专业中，土建专业与锅炉房工艺设计的关系最为密切。锅炉房工艺设计对土建专业的技术要求，除了前面已经提出的，还可从防火、安全、安装、运行和建筑结构等方面提出。

（1）锅炉间属于丁类生产厂房。锅炉房额定蒸发量大于 4t/h 时，锅炉间建筑的耐火等级不应低于二级；额定蒸发量小于或等于 4t/h 时，锅炉间建筑的耐火等级不应低于三级。对于燃油锅炉房，油箱间、油泵房和油加热器间均属丙类生产厂房，其建筑的耐火等级不应低于二级。当上述房间布置在锅炉房辅助间内时，则应设防火墙与其他房间隔开。

（2）锅炉房应有安全可靠的出入口，每层至少有两个，分别设置在相对的两侧，并设置安全疏散楼梯直达各层操作点。如附近有通向消防安全梯的太平门，或锅炉房是炉前总宽度不超过12m的单层建筑，可只设一个出入口。

（3）锅炉房通向室外的门应向外开启；锅炉房辅助间直接通向锅炉间的门，则应向锅炉间开启。

（4）锅炉间外墙的开窗面积，应满足通风、泄压和采光的要求。锅炉房和其他建筑物相邻时，其相邻的墙应为防火墙。

（5）锅炉房应预留最大搬运件的安装孔洞，安装孔洞可与门窗结合考虑。

（6）辅助间各层宜有专用楼梯通向运转层，辅助间两层标高应与运转层的标高相同。

（7）锅炉基础应做成整体；当采用楼层布置锅炉时，锅炉基础与楼板接缝处，应采取能适应沉降的连接措施。

（8）当锅炉房内安装有振动炉排炉等振动较大的设备时，应采取相应的防振措施。

（9）锅炉间运转层楼板的荷载，应根据工艺设备安装及检修、负荷要求等综合考虑确定。

（10）钢筋混凝土储煤斗内壁的表面应光滑耐磨，内壁的交接处宜做成圆角，并应根据要求设置有盖的人孔和爬梯，在敞口处应设置栅栏等防护设施。

（11）钢筋混凝土烟囱和砖砌烟道的混凝土底板等表面设计计算温度高于100℃的部位，应采取隔热措施。

（12）锅炉房的地坪，至少应高于室外地面150mm。如有地下构筑物（如风道、烟道），则应有可靠的防止地面水和地下水浸入的措施。地下室的地面应具有向集水坑倾斜的坡度。

此外，干煤棚挡煤墙上部的敞开部分应有挡雨措施，但不应妨碍起重机通过；运煤系统的建筑物内壁不应存积煤灰，运煤栈桥的通道应有防滑措施或设置踏步等，都是要求土建专业配合协作的内容。总之，要"因炉制宜"，根据具体情况一一提出，经多次沟通研究，最后取得合理的方案。

2. 向土建专业提交的协作资料

锅炉房工艺设计专业应向土建专业提交的协作资料，主要有以下几方面的内容：

（1）锅炉房设备布置的平、剖面图（附设备表），并标出锅炉房出入口的位置和门的宽度、高度及开启方向。

（2）设备基础图。图中需要标示出定位尺寸及与土建的关系尺寸，且应尽可能绘制成一张平面总图。

（3）支承结构的预埋件及预留孔洞图。

（4）荷载表。

（5）烟囱与烟道位置及尺寸。

（6）人员编制表。

**二、与电气及自控仪表专业的协作关系**

1. 对电气及自控仪表专业的技术要求

电力是锅炉房的动力之源。锅炉房一旦停电，其直接后果是中断供热，由此将打乱正常的生产秩序，造成减产、废品以至重大事故。而自控仪表，通过测量锅炉设备运行中的一些参数，可连续监视和控制生产过程，保证锅炉安全、经济地运行。因此，电气及自控仪表专业在锅炉房设计中占有重要地位，必须与之密切配合。对该专业的具体要求有：

（1）对突然中断供汽将引起大量废品、大幅度减产和损坏生产设备等事故，造成重大经济损失的锅炉房，应由两个回路的电源供电。对供电无特殊要求的锅炉房，供电负荷级别和供电方式，应根据工艺要求、锅炉容量、热负荷的重要性和环境特征等因素，按现行国家标准《供配电系统设计规范》GB 50052 的有关规定执行。

（2）电机、启动控制设备、灯具和导线形式，应与锅炉房各个不同的建（构）筑物的环境分类相适应。

燃气调压间、燃油泵房、煤粉制备间、碎煤机间和运煤走廊等有爆炸和火灾危险场所的等级划分，必须符合现行国家标准《爆炸危险环境电力装置设计规范》GB 50058 的有关规定。

（3）蒸汽锅炉额定蒸发量大于或等于 6t/h、热水锅炉额定功率大于或等于 4.2MW 的锅炉房，宜在锅炉房内设置低压配电室。当有 6kV 或 10kV 高压用电设备时，宜设置高压配电室。蒸汽锅炉额定蒸发量小于或等于 4t/h、热水锅炉额定功率小于或等于 2.8MW 的锅炉房，且锅炉台数较少时，可不设置低压配电室。

（4）锅炉房的配电，宜采用放射为主的方式。当有数台锅炉机组时，宜以锅炉机组为单元分组配电。

（5）蒸汽锅炉额定蒸发量小于或等于 4t/h、热水锅炉额定功率小于或等于 2.8MW，锅炉的控制屏或控制箱宜采用与锅炉成套的设备，并宜装设在炉前或便于操作的地方。

（6）锅炉机组采用集中控制时，在远离操作屏的电动机旁，宜设置事故停机按钮。运煤胶带宜每隔 20m 设置一个事故停机按钮。

（7）燃煤锅炉间属于多灰尘的环境，宜采用防尘保护型的电气设备。

（8）采用集中控制的锅炉房，送、引风机及水泵等设备须安装两套控制开关，一套安装于集中控制屏，另一套在设备附近安装。

（9）锅炉房热力和其他管道布置繁多，电力线路不宜采用裸线或绝缘线明敷，应采用金属管或电缆布线，且不宜沿锅炉、烟道、热水箱和其他载热体的表面敷设。当必须沿载热体表面敷设时，应采取可靠的隔热措施。电缆不得在储煤场下通过。

（10）锅炉水位表、锅炉压力表、仪表控制屏和其他照度要求较高的部位，均应设置局部照明。

在装有锅炉水位表、锅炉压力表、给水泵等地点，以及其他主要操作地点和通道，宜设置事故照明。事故照明的电源根据锅炉房的容量、生产用热的重要性和锅炉房附近供电设施的设置情况等确定。

（11）锅炉房照明装置电源的电压，应根据工作场所和危险性确定。如用于地下凝结水箱间、出灰渣地点和安装热水箱、锅炉本体、金属平台等设备和构筑物的危险场所的灯具，电压不得超过 36V，且应有防止触电的措施；手提灯的电压不应超过 36V。在上述危险场所的狭窄地段和接触良好接地的金属面（如在锅炉内）工作时，所用的手提灯电压不应超过 12V。12V、36V 的电源插座应与 110V、220V 的电源插座加以区别。

（12）烟囱上装设的飞行标志障碍灯，应根据锅炉所在地航空部门的要求确定。障碍灯应为红色，装设在烟囱顶端，且不应少于 2 盏，并应考虑日后维修的方便。

（13）烟囱应装置避雷针，当利用铁爬梯作为引下线时，必须有可靠的连接。燃气放散管的顶部或其附近应设置避雷针，其针尖高出管顶应不小于 3m，并使其保护范围高出管顶不应小于 1m。燃油锅炉房储存重油和柴油的油罐，应有可靠的防雷措施。如为金属油罐且壁厚不小于 4mm 时，可不装设避雷针，但必须接地，接地点不应少于 2 处。

（14）锅炉房应装设必需的热工仪表。

（15）锅炉房设置的工艺信号、自动控制和远距离控制系统，应经济实用、安全可靠，能确保锅炉安全运行、提高热效率和节约能源。

2. 向电气及自控仪表专业提交的协作资料

在锅炉房设计过程中应向电气及自控仪表专业提交的协作资料，大致有以下几方面的内容：

（1）锅炉房设备布置的平、剖面图，图上需标明动力设备的电动机位置，另附设备表。

（2）锅炉房管道系统图，应注明热工控制、测量仪表、测点位置，并附热工仪表装置表。

（3）用电设备表，内容包括电动机型号、规格、台数，并注明"备用"或"常用"。

（4）照明、自动控制、信号及通信联系的具体要求。

**三、与给水排水专业的协作关系**

1. 对给水排水专业的技术要求

水是锅炉供热的介质，锅炉房设备的冷却、化验及生活也都离不开水，而排水、废水和污水又无一不通过下水道排泄。可见锅炉房工艺设计与给水排水专业的关系也十分密切。与其相关的内容和技术要求主要有：

（1）供热锅炉房一般以城市自来水为水源；如果工厂企业有自用水源，锅炉房用水亦可取自自用水源。如有空气压缩站或其他车间的冷却排水可资利用时，须注意检验其污染程度，含油量超过给水标准的，应进行除油处理。

（2）锅炉房的给水一般采用 1 根进水管。但对供热有特殊要求的锅炉或中断给水造成停炉将引起生产的重大损失时，应采用 2 根进水管，且应自室外环形给水管网的不同管段接入，或分别从不同水源的管网中接入。锅炉房入口水压应满足水处理系统的需要，一般不应低于 0.2～0.3MPa，否则应设置原水加压泵。

当采用 1 根进水管时，应设置为排除故障期间用水的水箱或水池，其总容量包括水箱、软化或除盐水箱、除氧水箱和中间水箱等容量，并不应小于 2h 锅炉房计算用水量。

（3）锅炉间建筑为一、二级耐火等级时，可不设置室内消防给水。锅炉房的运煤层、输煤栈桥宜设置室内消防给水。

锅炉房内燃油及燃气的丙类及甲类生产房间，应设置泡沫、蒸汽等灭火装置，并宜设置室内消防给水。

（4）储煤场应设置洒水和消除煤堆自燃用的给水点；灰渣场应设置浇灰水管。

（5）储存酸碱设备处，应有人身和地面沾溅后的简易冲洗措施。

（6）锅炉房主机及辅机的冷却水，宜重复利用于炉渣熄火和水力冲灰渣的补充水。当锅炉房冷却用水量大于或等于 8m³/h 时，应采用经济的冷却循环系统。

（7）锅炉房的高温排水（如排污水、分汽缸凝结水等），应将水温降至 40℃ 以下才可排入室外排水系统；一般可先排至排污降温池，经降温后排放。

（8）湿法除尘的废水、水力除灰渣的废水、水处理间等处排出的酸碱废水以及燃油系统中储存装置排出的废水，应采取有效的处理措施，使之符合相关现行标准的要求方可排入下水道。

（9）储煤场和灰渣场应根据场地条件，采取防止积水的措施。

2. 向给水排水专业提交的协作资料

同样，锅炉房工艺设计人员也应向给水排水专业提交协作资料，它们包括：

（1）锅炉房平、剖面图，并附设备表。

（2）锅炉房小时最大耗水量、小时平均耗水量和昼夜耗水量，包括消防用水。

（3）锅炉房最大排水量。

（4）锅炉房进水管入口和排水管出口位置、管径及标高。

（5）上水水质及进口水压等。

**四、与供暖通风专业的协作关系**

1. 对供暖通风专业的技术要求

（1）锅炉房工作地点夏季空气温度的确定，应根据设备散热的大小，按有关现行国家标准、工业企业设计卫生标准中的有关规定执行。

（2）锅炉间、凝结水箱间、水泵间和油泵间等房间的余热宜采用有组织的自然通风排除。当自然通风不能满足要求时，应设置机械通风。

（3）锅炉操作区等经常有人工作的地点，在热辐射强度大于或等于 $350\mathrm{W/m^2}$ 的地点，应设置局部送风。

（4）设置集中供暖的锅炉房，各生产房间工作时间的冬季室内温度，一般应不低于 16℃；在非生产时间的冬季室内温度宜为 5℃。

（5）设在其他建筑物内的燃气锅炉间，应有换气次数不小于 $3\mathrm{h^{-1}}$ 的通风。换气量中不包括锅炉燃烧用的空气量。安装在有爆炸危险的房间内的通风装置应具有防爆性能。

（6）燃气调压间等有爆炸危险的房间，应有换气次数不小于 $3\mathrm{h^{-1}}$ 的通风。当自然通风不能满足要求时，应机械通风，采用换气次数不小于 $8\mathrm{h^{-1}}$ 的事故通风装置，通风装置还应有防爆措施。

（7）燃油泵房和储存闪点小于或等于 45℃的易燃油品的地下油库，除采用自然通风外，燃油泵房应有换气次数为 $10\mathrm{h^{-1}}$ 的机械通风装置；油库应有换气次数为 $6\mathrm{h^{-1}}$ 的机械通风装置。这两处的机械通风装置均应防爆。换气次数可按房间高度为 4m 来计算。

对于设置在地上的易燃油泵房，当建筑物外墙下部设有百叶窗、花格墙等对外常开孔口时，可不设置机械通风装置。

（8）运煤系统的转运处、破碎筛选处和锅炉干式机械出灰渣处等产生粉尘的设备和地点，应有防止粉尘扩散的封闭设施和设置局部通风除尘装置。

2. 向供暖通风专业提交的协作资料

（1）锅炉房平、剖面图，并附设备表。

（2）冬夏季锅炉运行台数、锅炉表面散热量及附属设备表面散热量。

（3）电动机台数、功率、备用或常用风机及一次风风机、二次风风机的总吸风量（室内布置）等。

对总图专业的技术要求，主要体现在锅炉房位置的选择和采取集中或分散建设方案的确定等方面。应提供的资料有：锅炉房建筑面积及平面图；烟囱及烟道的种类及与锅炉房的关系尺寸；锅炉房年耗煤量及供暖期月耗煤量（或耗油量和耗气量）；锅炉房年灰渣量及供暖期月灰渣量；煤、灰渣或重油的储存量及储存时间；室外蒸汽管道的敷设方法及路线以及锅炉房的人员编制等。

## 第五节  蒸汽锅炉房的汽水系统

设计蒸汽锅炉房时，为了确定锅炉房的汽、水工作流程，应绘制汽水系统图。它能表示锅炉房内的汽水设备，以及与这些设备连接的各种管路系统和系统中配置的各类阀门、计量和控制仪表。同时，应标明设备编号、工质流向、管径及壁厚和图例等。

确定汽水系统时应保证系统运行的安全性和调节的可能性，如为了在调节锅炉进水量时锅炉给水泵能正常运行，在其连接管路上设有再循环旁路。再如，考虑在锅炉运行条件下更换阀门的可能性，在每台锅炉的主蒸汽管上设有两个截止阀。同时要注意运行的经济性，如凝结水回收和排污水的废热利用等。

汽水系统图是锅炉房内汽水设备和管道布置的依据。图面布置宜尽可能与实际布置一致，以便于使用。但有时为了对管路系统表示清楚，允许对各汽水设备的尺寸比例和相对位置作局部修改，例如缩小、放大、转向和移动等。

汽水系统一般包括给水、蒸汽和排污三个系统。

**一、给水系统**

给水系统包括给水箱、给水管道、锅炉给水泵（以下简称给水泵）、凝结水箱和凝结水泵等。

1. 给水管道

由给水箱或除氧水箱到给水泵的一段管道称为给水泵进水管；由给水泵到锅炉的一段管道称为锅炉给水管。这两段管道组成给水管道。

蒸汽锅炉房的锅炉给水母管应采用单母管；对常年不间断供汽的锅炉房和给水泵不能并联运行的锅炉房，锅炉给水母管宜采用双母管或采用单元制（即一泵对一炉，另加一台公共备用泵）锅炉给水系统，使给水管道及其附件随时都可以检修。给水泵进水母管由于水压较低，一般应采用单母管；对常年不间断供汽，且除氧水箱大于或等于 2 台时，则宜采用分段的单母管。当其中一段管道出现事故时，另一段仍可保证正常供水。

在锅炉的每一个进水口上都应装置截止阀及止回阀。止回阀和截止阀串联，并装于截止阀的前方（水先流经止回阀）。省煤器进口应设安全阀，出口处需设放气阀。非沸腾式省煤器应设给水不经省煤器直通锅筒的旁路管道。

每台锅炉给水管上应装设自动和手动给水调节装置。额定蒸发量小于或等于 4t/h 的锅炉可装设位式给水自动调节装置；大于或等于 6t/h 的锅炉宜装设连续给水自动调节装置。手动给水调节装置宜设置在便于司炉操作的地点。

离心式给水泵出口必须设止回阀，以便于水泵的启动。离心式给水泵在低负荷下运行时会导致泵内水汽化而断水，为防止这类情况出现，可在给水泵出口和止回阀之间再接出一根再循环管，使有足够的水量通过水泵，不进锅炉的多余水量通过再循环管上的节流孔板降压后再返回到给水箱或除氧水箱中。

给水管道的直径是根据管内的推荐流速确定的，给水管道内的推荐流速见表 13-1。

给水管道内的推荐流速 表 13-1

| 管道种类 | 活塞式水泵 | | 离心式水泵 | | 给水母管 |
|---|---|---|---|---|---|
| | 进水管 | 出水管 | 进水管 | 出水管 | |
| 流速(m/s) | 0.75～1.0 | 1.5～2.0 | 1.0～2.0 | 2.0～2.5 | 1.5～3.0 |

2. 给水泵

常用的给水泵有电动（离心式）给水泵、汽动（往复式）给水泵和蒸汽注水器等。

离心式给水泵容量较大，能连续均匀给水。根据离心式给水泵的性能曲线，在提高泵的出力时会使泵的压头减小，此时给水管道的阻力却增大。因此在选用时应以最大出力和对应于这个最大出力下的压头为准。在正常负荷下工作时，多余的压力可借阀门的节流来消除。

一些小容量锅炉常选用旋涡式给水泵，这种泵流量小、扬程高，但比离心式给水泵效率低。

汽动给水泵只能往复间歇地工作，出水量不均匀，需要耗用蒸汽，可作为停电时的备用泵。

给水泵的台数应适应锅炉房全年热负荷变化的要求，以利于经济运行。给水泵应有备用，以便在检修时启动备用给水泵保证锅炉房正常供汽。当最大一台给水泵停止运行时，其余给水泵的总流量应能满足所有运行锅炉在额定蒸发量时所需给水量的 110%。给水量包括锅炉蒸发量和排污量。当锅炉房设有降温装置或蓄热器时，给水泵的流量尚应计入其用水量。

当给水泵的特性允许并联运行时，可采用同一给水母管；不然，则应采用不同的给水母管。

非一级电力负荷的锅炉房，在停电后可能造成锅炉事故时，应采用汽动给水泵为事故备用泵；汽动给水泵的流量应为所有运行锅炉在额定蒸发量时所需给水量的 20%～40%。具有一级电力负荷的锅炉房可不设置事故备用汽动给水泵。

采用汽动给水泵为电动给水泵的工作备用泵时，应设置单独的给水母管；汽动给水泵的流量不应小于最大一台电动给水泵的流量；当其流量为所有运行锅炉在额定蒸发量所需给水量的 20%～40%时，不应再设置事故备用泵。

给水泵的扬程应根据锅炉锅筒在实际的使用压力下安全阀的开启压力、省煤器和给水系统的压力损失、给水系统的水位差并计入 10%的富余量来确定。

采用特殊锅炉给水泵或加装增压泵时，热力除氧水箱宜低位布置，其高度应按设备要求确定。

当单台蒸汽锅炉额定蒸发量大于或等于 35t/h、额定出口蒸汽压力大于或等于 2.50MPa（表压）、热负荷较为连续而稳定，且给水泵的排汽可利用时，宜采用工业汽轮机驱动的给水泵作为工作用给水泵，电动给水泵作为工作备用泵。

3. 凝结水泵、软化或除盐水泵和中间水泵

这三种水泵一般设有 2 台，其中 1 台备用。当任何一台水泵停止运行时，其余水泵的总流量应满足系统水量的要求。有条件时，凝结水泵和软化或除盐水泵可合用 1 台备用

泵。中间水泵输送有腐蚀性的水时，应选用耐腐蚀泵。

凝结水泵的扬程应按凝结水系统的压力损失、泵站至凝结水箱的提升高度和凝结水箱的压力进行计算。

4. 给水箱、凝结水箱、软化水箱和中间水箱

锅炉房宜设置 1 个给水箱或 1 个匹配有除氧器的除氧水箱；常年不间断供热的锅炉房或容量大的锅炉房应设置 2 个给水箱。给水箱或除氧水箱的总有效容量宜为所有运行锅炉在额定蒸发量时 20～60min 的所需给水量。小容量锅炉房以软化水箱作为给水箱时要适当放大有效容量。

凝结水箱宜设 1 个，锅炉房常年不间断供热时，宜选用 2 个或 1 个中间带隔板分为两格的凝结水箱。它的总有效容量宜按 20～40min 的凝结水回收量确定。

软化或除盐水箱的总有效容量，应根据水处理的设计出力和运行方式确定。当设有再生备用软化设备时，软化或除盐水箱的总有效容量宜为 30～60min 的软化或除盐水消耗量。

中间水箱总有效容量宜为水处理设备设计出力的 15～30min 储水量，其内壁应采取防腐蚀措施。

锅炉房水箱应注意防腐，水温高于 50℃时，水箱应采取保温措施。

5. 给水箱的高度

给水箱或除氧水箱的布置高度，应使给水泵有足够的灌注头或称正水头（即水箱最低液面与给水泵进口中心线的高差）。对水泵而言，这段高差给予液体一定的能量，使液体在克服吸水管道和泵内部的压力降（称汽蚀余量）后在增压前的压力仍高于汽化压力，以避免水泵进口叶轮处发生汽化而中断给水。给水泵的灌注头不应小于给水泵进水口处水的汽化压力与给水箱的工作压力之差、给水泵的汽蚀余量、给水泵进水管的压力损失和 3～5kPa 的富余量的代数和。

汽蚀余量是水泵的重要性能之一，随水泵型号的不同而异，其数值一般由制造厂提供或根据泵的允许吸上真空度经过计算求得。富余量是考虑热力除氧压力瞬变或因其他因素引起的压力变化。

二、蒸汽系统

每台蒸汽锅炉一般都设有主蒸汽管和副蒸汽管。自锅炉向用户供汽的这段蒸汽管称为主蒸汽管；用于锅炉本身吹灰、汽动给水泵供汽的蒸汽管称为副蒸汽管。主蒸汽管、副蒸汽管及设在其上的设备、阀门和附件等组成蒸汽系统。

为了安全，在锅炉主蒸汽管上应安装两个阀门，其中一个应紧靠锅炉汽包或过热器出口，另一个应装在靠近蒸汽母管处或分汽缸上。这是考虑锅炉停运检修时，其中一个阀门失灵另一个还可关闭，避免母管或分汽缸中的蒸汽倒流。

锅炉房内连接相同参数锅炉的蒸汽管，宜采用单母管；常年不间断供热的锅炉房宜采用双母管，以便某一母管出现事故或检修时，另一母管仍可保证供汽。当锅炉房内设有分汽缸时，每台锅炉的主蒸汽管可分别接至分汽缸。

在蒸汽管道的最高点处需装放空气阀，以便在管道水压试验时排除空气。蒸汽管道应有坡度，在低处应装疏水器或放水阀，以排除沿途形成的凝结水。

锅炉本体、除氧器上的放汽管和安全阀排汽管应独立接至室外，避免排汽时污染室内

环境，影响运行操作。两个独立安全阀的排汽管不应相连，以避免串汽，易于识别超压排汽点。

分汽缸的设置应按用汽需要和管理方便的原则进行。对民用锅炉房及采用多管供汽的工业锅炉房或区域锅炉房，宜设置分汽缸；对采用单管向外供热的锅炉房，则不宜设置分汽缸。

分汽缸可根据蒸汽压力、流量、连接管的直径及数量等进行设计。分汽缸直径一般可按蒸汽通过分汽缸的流速不超过 20～25m/s 计算。蒸汽进入分汽缸后，由于流速突然降低将分离出水滴。因此，在分汽缸下面应装疏水管和疏水器，以排除分离和凝结的水。分汽缸宜布置在操作层的固定端；分汽缸前应留有足够的操作位置；靠墙布置时，与墙的距离应考虑接出阀门及检修的方便。

### 三、排污系统

锅炉排污分定期排污和连续排污两种。每台锅炉宜采用独立的定期排污管道，并分别接至排污扩容器或排污降温池。当几台锅炉合用排污母管时，在每台锅炉接至排污母管的干管上必须装设切断阀，在切断阀前应装设止回阀。

每台蒸汽锅炉的连续排污管道，宜分别接至排污扩容器。在锅炉出口的连续排污管上，应装设节流阀。在锅炉出口和连续排污扩容器进口处，应各装设一个切断阀。2～4台锅炉宜合设一个连续扩容器，其上应装设安全阀。

由于定期排污是周期性的，余热的利用价值较小，一般将它引入排污降温池与冷水混合后再排入下水道。连续排污水连续排放，它的热量应尽量加以利用。一般是将各台锅炉的连续排污管道分别引入排污扩容器中降压至 0.12～0.2MPa（表压），形成的二次蒸汽可引入热力除氧器或给水箱中对给水进行加热，或者用于加热生活用水。排污扩容器中的饱和水可引入水-水热交换器中，或通过软水箱中的蛇形盘管，以加热软化水。连续排污扩容器如图 13-1 所示。

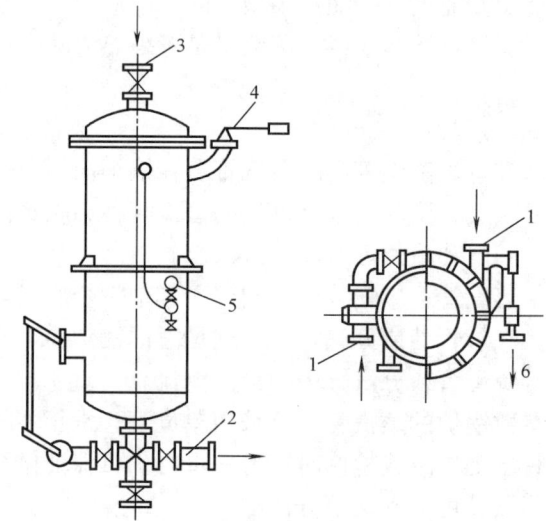

1—排污水进口；2—排污水出口；3—二次蒸汽出口；
4—安全阀；5—压力表；6—放气管。

图 13-1　连续排污扩容器

在排污扩容器中，由于压力降低而汽化所形成的蒸汽量可按下式计算：

$$D_q = \frac{D_{ps}(h'\eta - h_1')}{(h_1'' - h_1')x} \quad kg/h \tag{13-1}$$

式中    $D_q$——二次蒸汽量，kg/h；

$D_{ps}$——连续排污水量，kg/h；

$h'$——锅炉饱和水的焓，kJ/kg；

$\eta$——排污管热损失系数，一般取 0.98；

$h_1', h_1''$——扩容器压力下饱和水和饱和蒸汽的焓，kJ/kg；

$x$——二次蒸汽干度，一般取 0.97。

排污扩容器的容积按下式决定：

$$V = \frac{KD_q v}{R_v} \quad m^3 \tag{13-2}$$

式中    $K$——容积富余系数，一般取 1.3～1.5；

$v$——二次蒸汽的比容，$m^3/kg$；

$R_v$——扩容器中，单位容积的蒸汽分离强度，$m^3/(m^3 \cdot h)$，一般在 400～1000$m^3/(m^3 \cdot h)$ 的范围内。

## 第六节    热水锅炉房的热力系统

热水锅炉与蒸汽锅炉的最大区别是锅内工质不发生相变，始终保持单相的水，水温低于饱和温度。为了确保安全和经济运行，热水锅炉和以热水锅炉为热源的整个供热系统，最为重要的是运行过程中要防止锅水汽化，特别是突然停电时炉内温度很高，锅水停止循环流动，温度达到饱和进而汽化，还容易产生水击，损坏管道和设备。另外，供热系统的回水温度较低，低温受热面的壁面容易凝水，发生低温腐蚀和堵灰。再者，供热系统的热力管道与热用户直接连接，要防止管网被污染而将污垢、铁锈和油脂杂质等带入锅炉。

因此，对于由热水锅炉、供热管道、回水管道及其配置设备所组成的热水供应系统，国家现行标准都给出了具体的要求和规定。

1. 除了用锅炉自生蒸汽定压的热水系统外，在其他定压方式的热水系统中，热水锅炉在运行时的出口压力不应小于最高供水温度加 20℃对应的饱和压力，以防止锅炉发生汽化的危险。

2. 热水锅炉应有防止或减轻因热水系统的循环水泵突然停运后造成锅水汽化和水击的措施。

因停电使循环水泵停运后，为了防止热水锅炉汽化，可向锅内加自来水，并在锅炉出水管的放汽管上缓慢排出汽和水，直到消除炉膛余热为止；也可自备发电机组带动循环水泵，或启动内燃机带动的备用循环水泵。

当循环水泵突然停运后，由于出水管中流体流动突然受阻，使水泵进水管中水压骤然增高，产生水击。为此，应在循环水泵进水母管之间装设带有止回阀的旁通管作为泄压管；旁通管截面面积宜不小于母管的1/2。回水管中压力升高时，止回阀开启，循环水从旁路通过，从而减少了水击的力量。此外，在进水母管上应装设安全阀和除污器，安全阀应安装在除污器出水一侧；当采用气体加压膨胀水箱时，其连通管宜接在循环水泵进口母管上。

3. 采用中央质-量调节时，循环水泵的选择应符合下列要求：

（1）循环水泵的流量应根据锅炉进出水的设计温差、各用户的耗热量和管网损失等确定。在锅炉出口管段与循环水泵进口管段之间装设旁通管时，尚应计入流经旁通管的循环水量。

（2）循环水泵的扬程不应小于下列各项之和：

1）热水锅炉房或热交换站中设备及其管道的压力降；

2）供热管网供、回水干管的压力降；

3）最不利的用户内部系统的压力降。

（3）循环水泵不应少于2台，当其中1台停止运行时，其余水泵的总流量应满足最大循环水量的需要。

（4）并联运行的循环水泵，应选择性能曲线比较平缓的泵型，而且宜相同或近似，这样即使由于系统水力工况变化而使循环水泵的流量有较大波动时，水泵的压头变化小，运行效率高。

4. 热水管网采取分阶段改变流量调节时，循环水泵不宜小于3台，其流量、扬程不宜相同。这种运行方式把整个供暖期按室外温度高低分为若干阶段，当室外温度较高时开启小流量的泵，当室外温度较低时开启大流量的泵，可大幅度节约循环水泵耗电量。

5. 热水系统的小时泄漏量，由系统规模、供水温度等条件确定，宜不小于系统水容量的1%。

6. 补给水泵的选择应符合下列要求：

（1）补给水泵的总流量应等于热水系统正常补给水量和事故补给水量之和，并宜为正常补给水量的4～5倍。一般按热水系统（包括锅炉、管道和用热设备）实际总水容量的4%～5%计算。

（2）补给水泵的扬程不应小于补水点压力（一般按水压图确定）加30～50kPa的富余量。

（3）补给水泵不宜少于2台，其中1台备用，备用水泵应自动投入运行。

7. 恒压装置的加压介质宜采用氮气或蒸汽，不宜采用空气作为与高温水接触的加压介质，以免对供热系统的管道、设备产生严重的氧腐蚀。

8. 采用氮气、蒸汽加压膨胀水箱作恒压装置时，恒压点无论接在循环水泵进口端还是接在出口端，循环水泵运行时，应使系统不汽化；恒压点设在循环水泵进口端，循环水泵停止运行时，宜使系统不汽化。

9. 供热系统的恒压点设在循环水泵进口端时，其补水点位置也宜设在循环水泵进口一侧。它的优点是：压力波动较小，当循环水泵停止运行时，整个供热系统将处于较低的压力之下；当用电动水泵定压时，扬程较小，耗电量少；当用气体压力箱定压时，水箱所承受的压力较低。

10. 热水系统采用补水泵作恒压装置，当引入锅炉房的给水压力高于热水系统静压线，在循环水泵停止运行时，宜采用给水保持热水系统静压。采用间歇补水的热水系统，补水泵停止运行期间压力降低时应保证系统不发生汽化。由于系统不具备吸收水容积膨胀的能力，系统中应设泄压装置，泄压排水宜排入补水箱。

11. 采用高位膨胀水箱作恒压装置时，为了降低水箱的安装高度，恒压点宜设在循环水泵进口母管上；为防止热水系统停运时产生倒空，致使系统吸入空气，水箱的最低水位应高于热水系统最高点 1m 以上，并宜使循环水泵停运时系统内不汽化。高位膨胀水箱与热水系统的连接管上不应装设阀门。设置在露天的高位膨胀水箱及其管道应有防冻措施。

12. 运行时用补水箱作恒压装置的热水系统，补水箱安装高度的最低极限，应以系统运行时不汽化为原则；补水箱与系统连接管道上应装设止回阀，以防止系统停运时补水箱冒水和系统倒空。同时，必须在系统中装设泄压装置；在系统停运时，可采用补水泵或压力较高的自来水建立静压，以防止系统倒空或汽化。

13. 当热水系统采用锅炉自生蒸汽定压时，在上锅筒引出饱和水的干管上应设置混水器。进混水器的降温水在运行中不应中断。

14. 如果几台热水锅炉并联运行时，每台锅炉的进水管上均应装设调节装置。具有并联环路的热水锅炉，在各并联环路上应装水量调节阀，各环路出水温度偏差不应超过 10℃。锅炉出水管应装设压力表和切断阀。

15. 热水系统内水容量小于或等于 500m³ 时，定压补水装置应采用隔膜式气压水罐；定压补水点设在循环水泵的进水母管上。

## 第七节　锅炉房布置及汽水系统举例

锅炉房总蒸发量为 30t/h，内设 3 台锅炉（表 13-2），其中 1 台缓建。储煤场采用铲车运煤，由铲车将煤送入受煤斗，经斜置皮带运输机提升送至筛选、破碎设备，再由单斗滑轨输煤机提升到顶部煤仓。煤仓的煤最后落于运煤小车，经自动磅秤计量后沿设置在炉前煤斗顶部的轨道送往各台锅炉。灰渣由水平皮带运输机送到锅炉房西侧墙外，再由与之垂直设置的另一条斜置皮带运输机自南向北送入单斗提升机。每台锅炉尾部设置一台 DG10 型除尘器。烟气中分离除下的烟灰，则通过埋刮板运输机自东向西与皮带运输机送来的锅炉灰渣一同送到单斗提升机，提升后倒入渣塔灰仓，最后定期由卡车运走。水处理设备为 2 台 φ2000 的钠离子交换器和热力除氧器。给水设备采用 2 台电动给水泵和 1 台汽动给水泵作为事故备用泵。送风机布置在室内；引风机采用露天布置。

锅炉房辅助间为 3 层布置。一层有化验室、水处理间、水泵值班室、凝结水箱、备品库、运煤值班室；二层有办公室、更衣室、浴室及厕所、控制室等；三层有除氧器及连续排污扩容器等。

图 13-2、图 13-3 及图 13-4 为 3 台 SHL10-1.3-A 型锅炉的锅炉房布置图，其中图 13-2 为底层平面图，图 13-3 为 +4.00 标高平面及区域图，图 13-4 为剖面图。

图 13-5 为该锅炉房的汽水系统图。

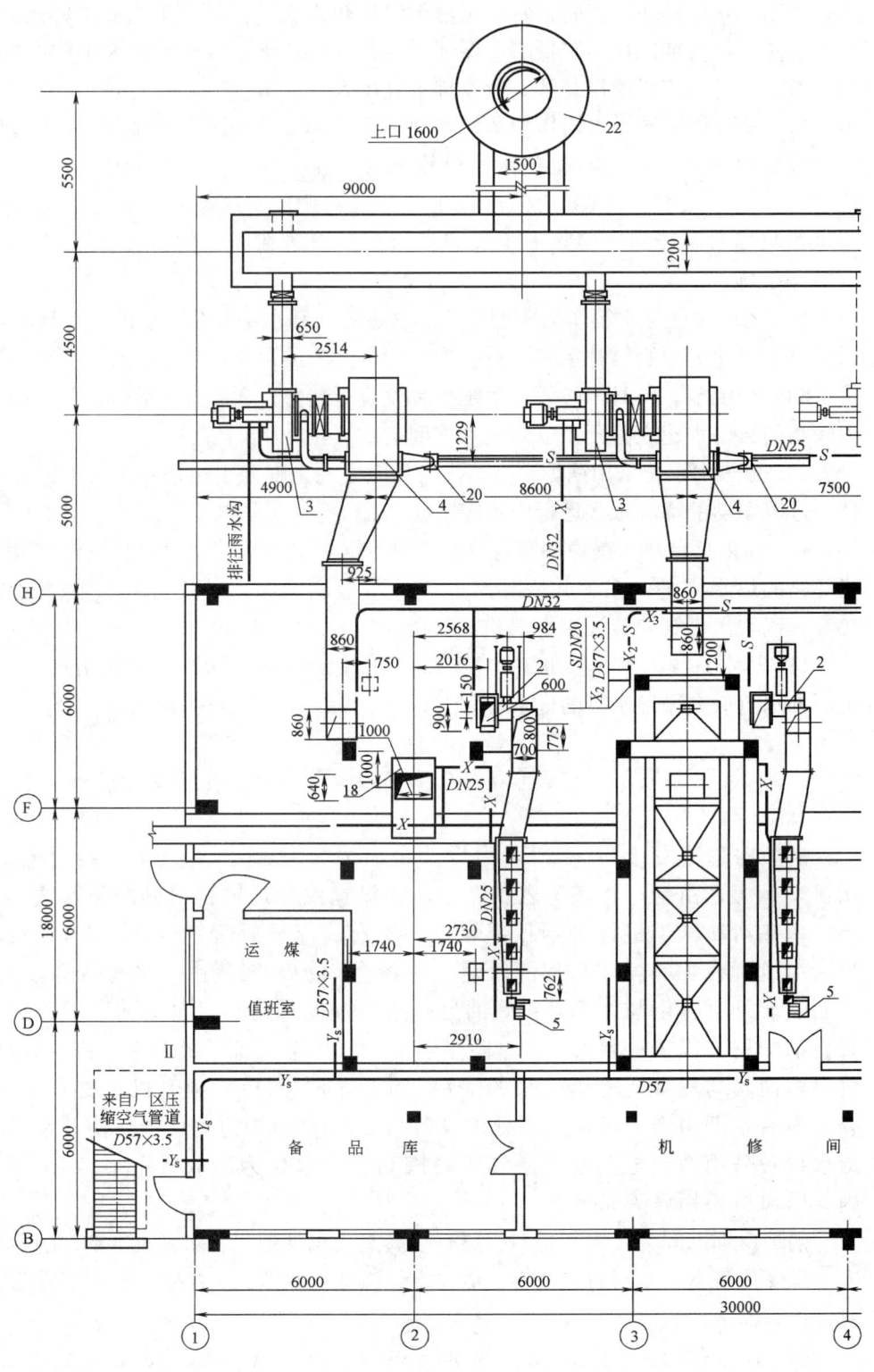

上口 1600
22
9000
1500
5500
1200
650
2514
4500
1229
DN25    S
5000    4900    3    4    20    8600    3    4    20    7500
排往雨水沟
DN32
925
H
DN32
860    X₃    S
2568    984    X₂-S
2016    SDN20    D57×3.5
750    150    2    X₂    D57×3.5    860    S
6000    900    600    2    1200    S
860    800    775
1000    700
640    18    1000    X    X    X
F    DN25    X
X
DN25
1740    2730    X    X
运 煤    1740
18000    6000    值班室    762
D57×3.5    5    5
D    Yₛ    2910    Yₛ    D57    Yₛ
II
来自厂区压    Yₛ    Yₛ
6000    缩空气管道    备 品 库    机 修 间
D57×3.5    Yₛ
B
6000    6000    6000
30000
1    2    3    4

图 13-2  锅炉房

452

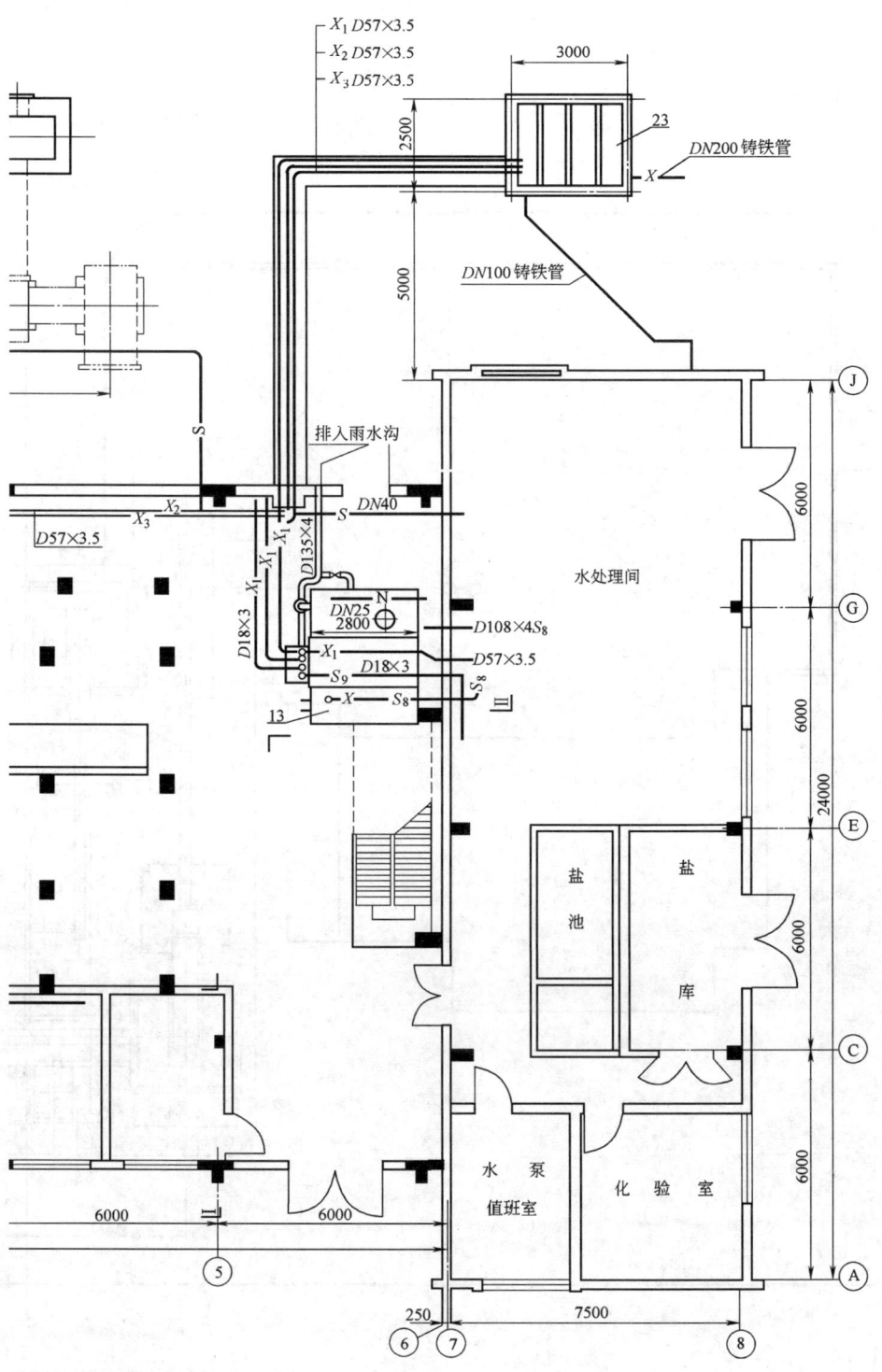

底层平面图

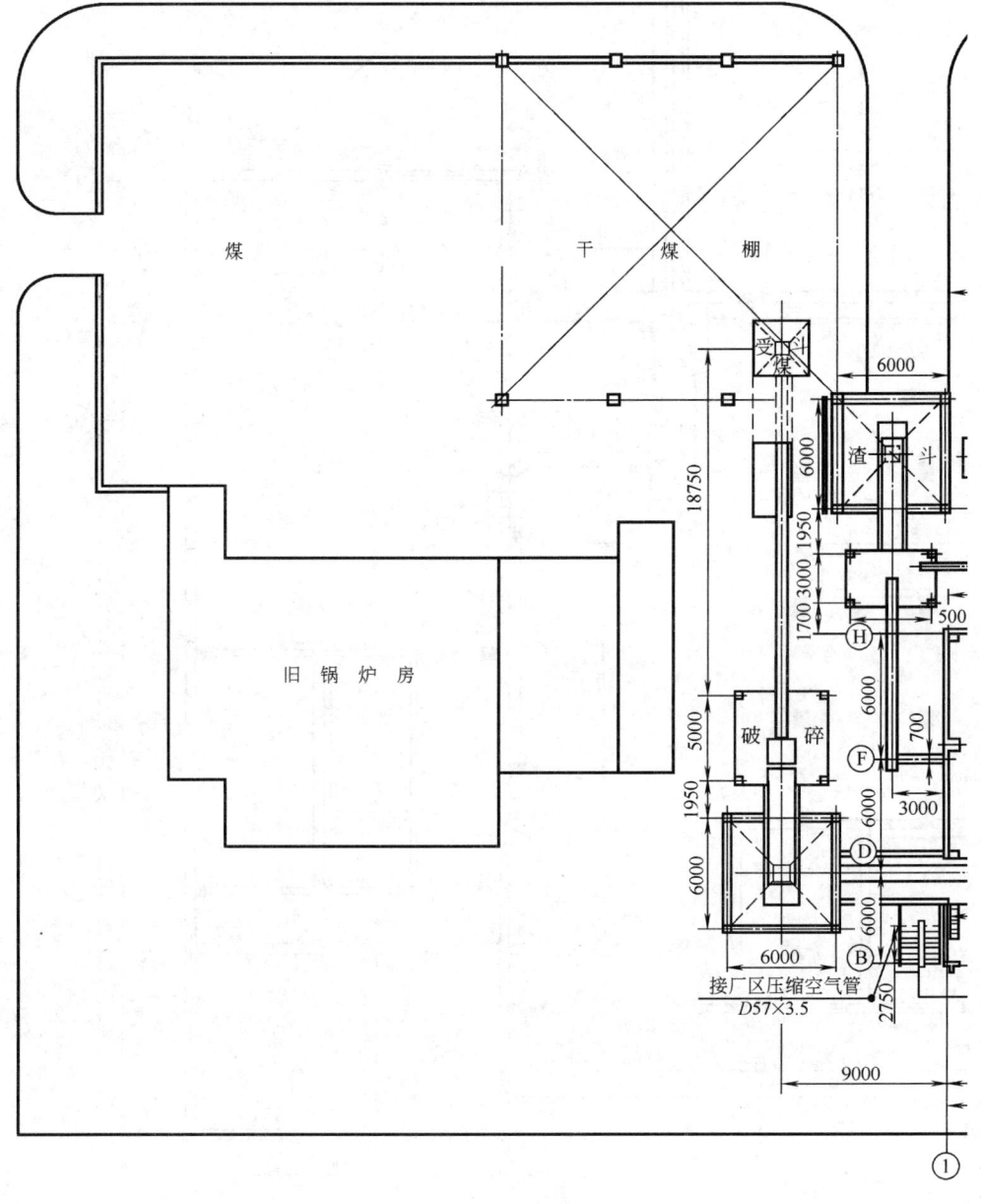

煤 干 煤 棚

受 煤 斗

渣 斗

旧 锅 炉 房

破 碎

6000

18750

1700 3000 1950

H

6000

500

5000

6000

700

F

1950

3000

6000

D

6000

接厂区压缩空气管
D57×3.5

B

2750

9000

①

图 13-3　锅炉房＋4.00 标高

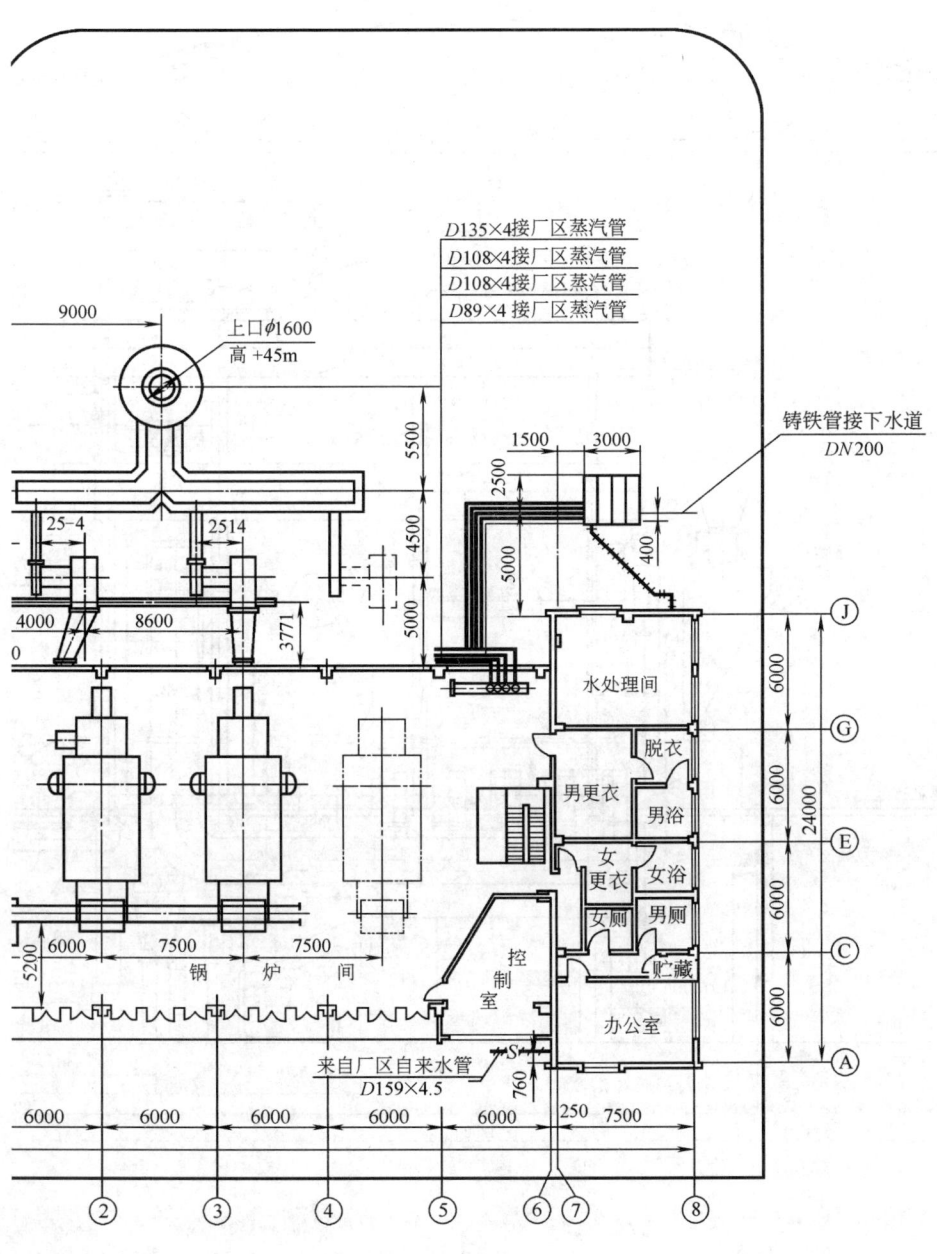

平面及区域图

455

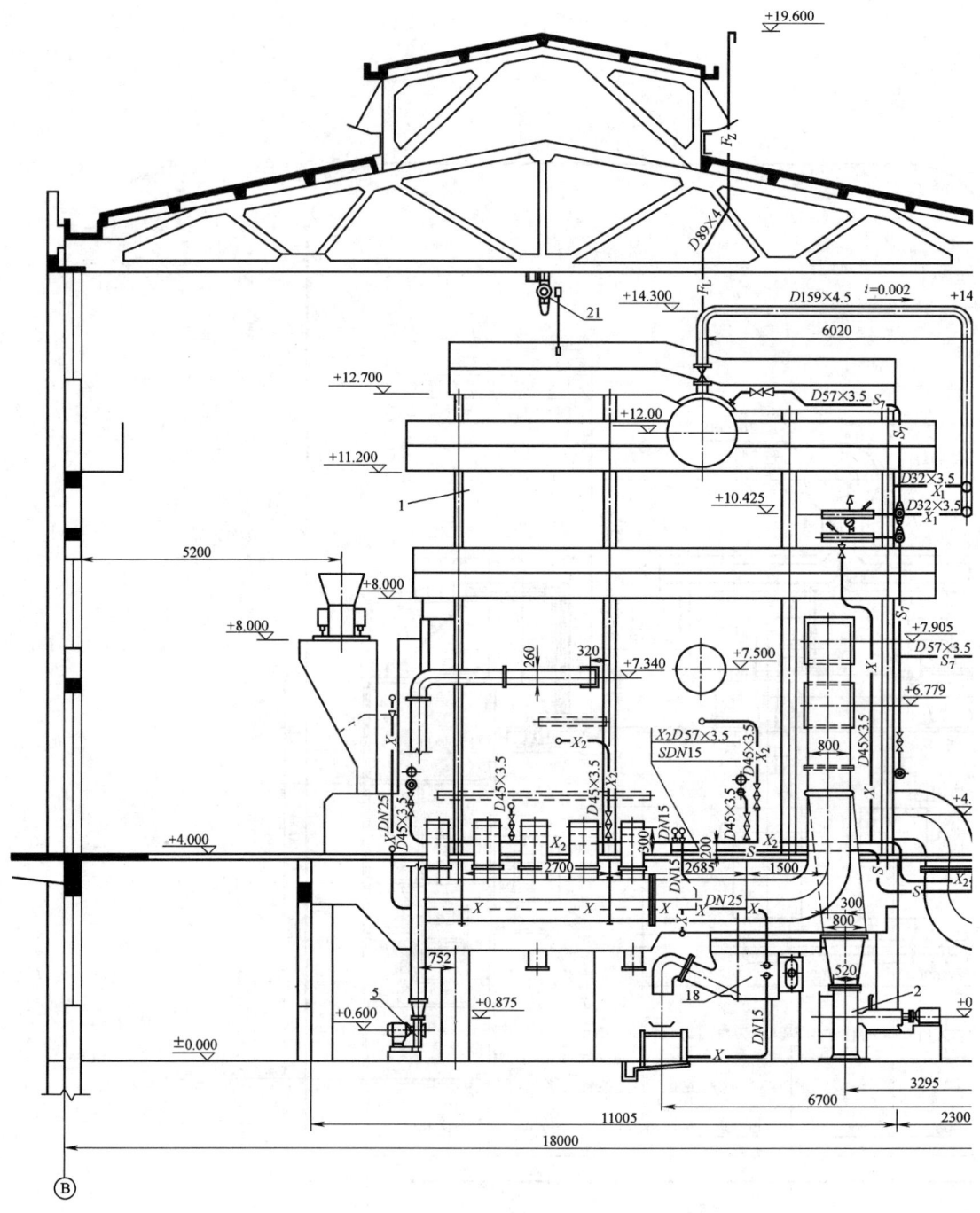

图 13-4　锅炉

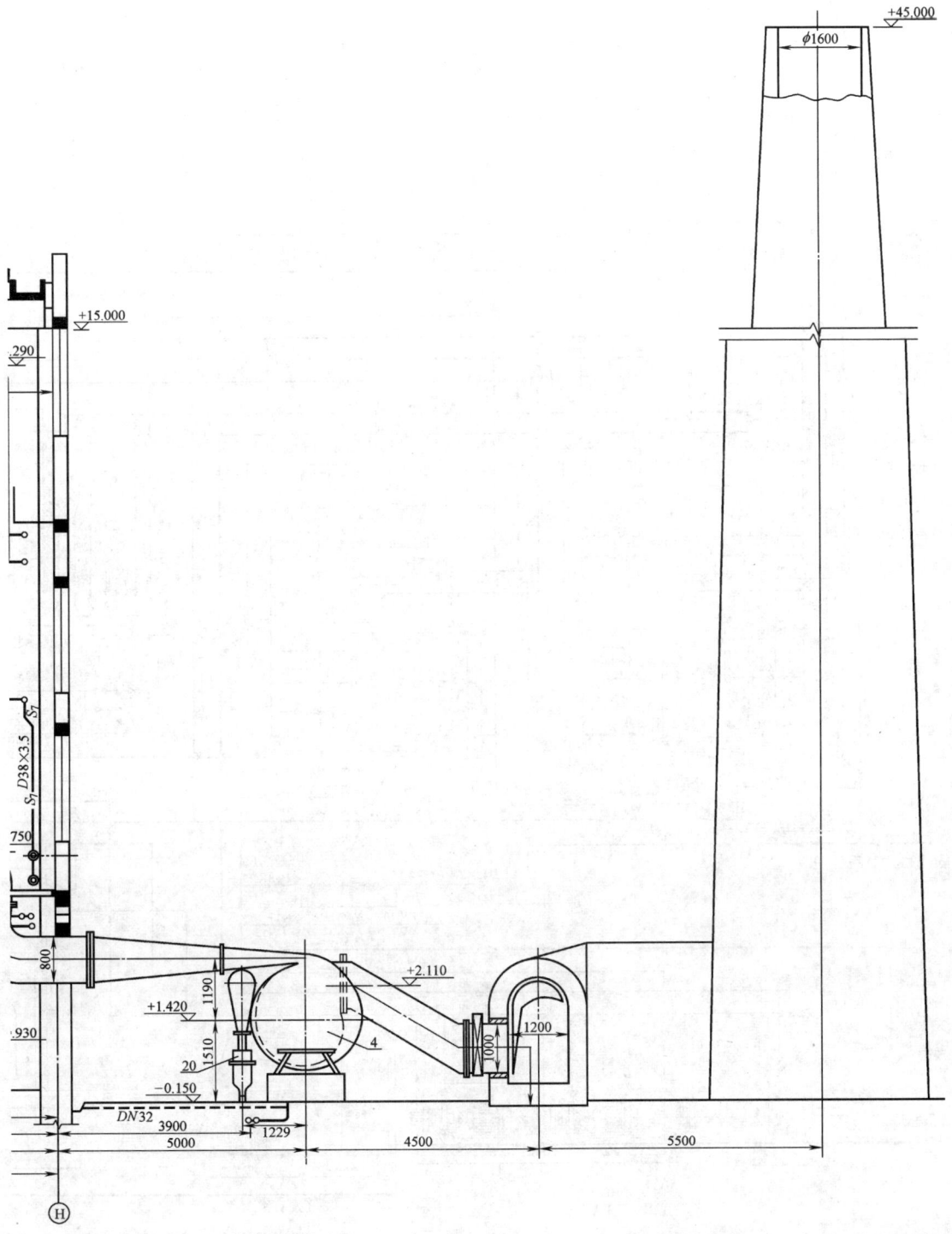

+45.000

φ1600

+15.000

290

$S_7$

$D38\times3.5$

$S_7$

750

800

+2.110

1190

+1.420

1510

20

4

1000

1200

−0.150

930

DN32

3900

1229

5000

4500

5500

H

房剖面图

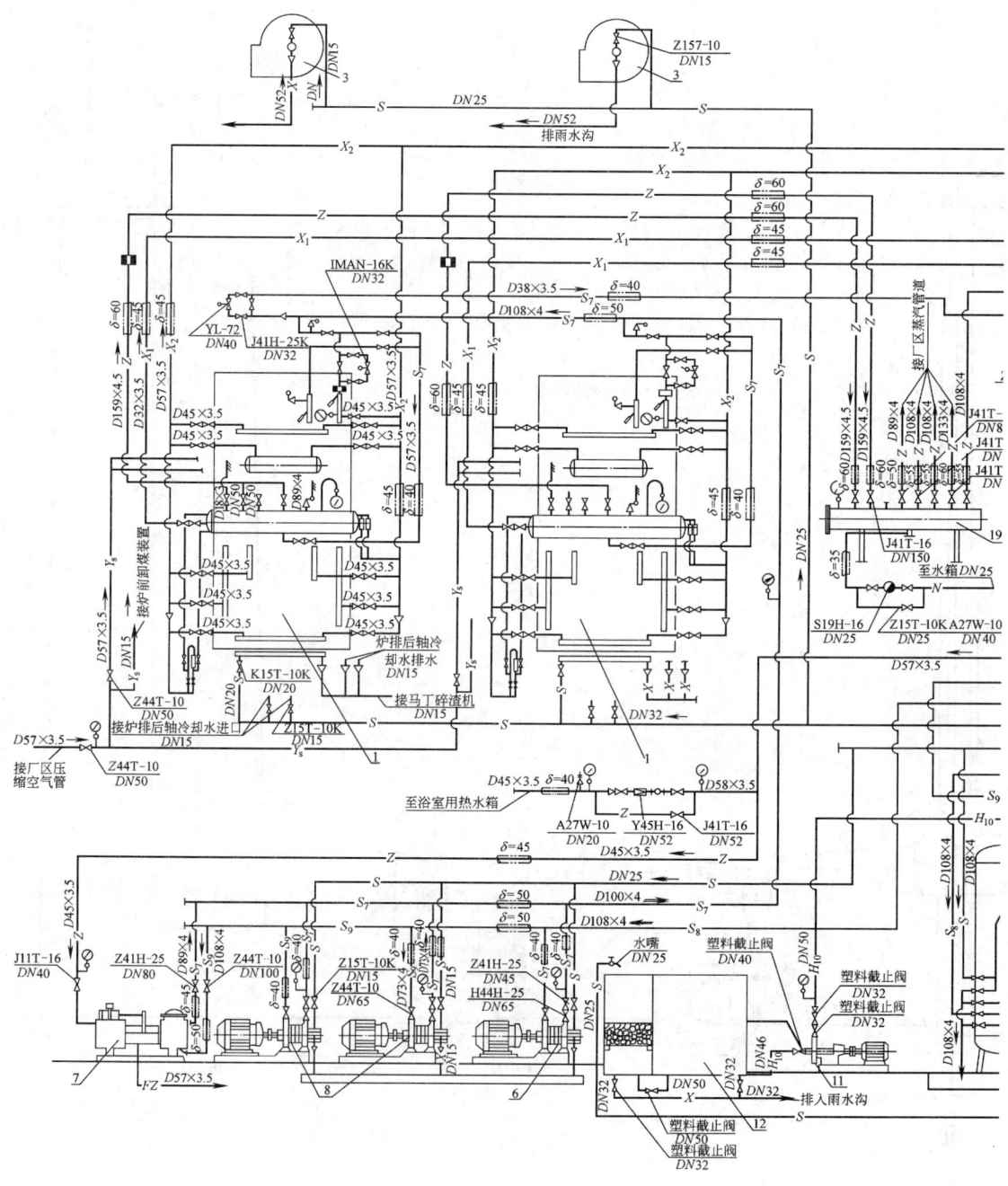

图 13-5　锅炉房

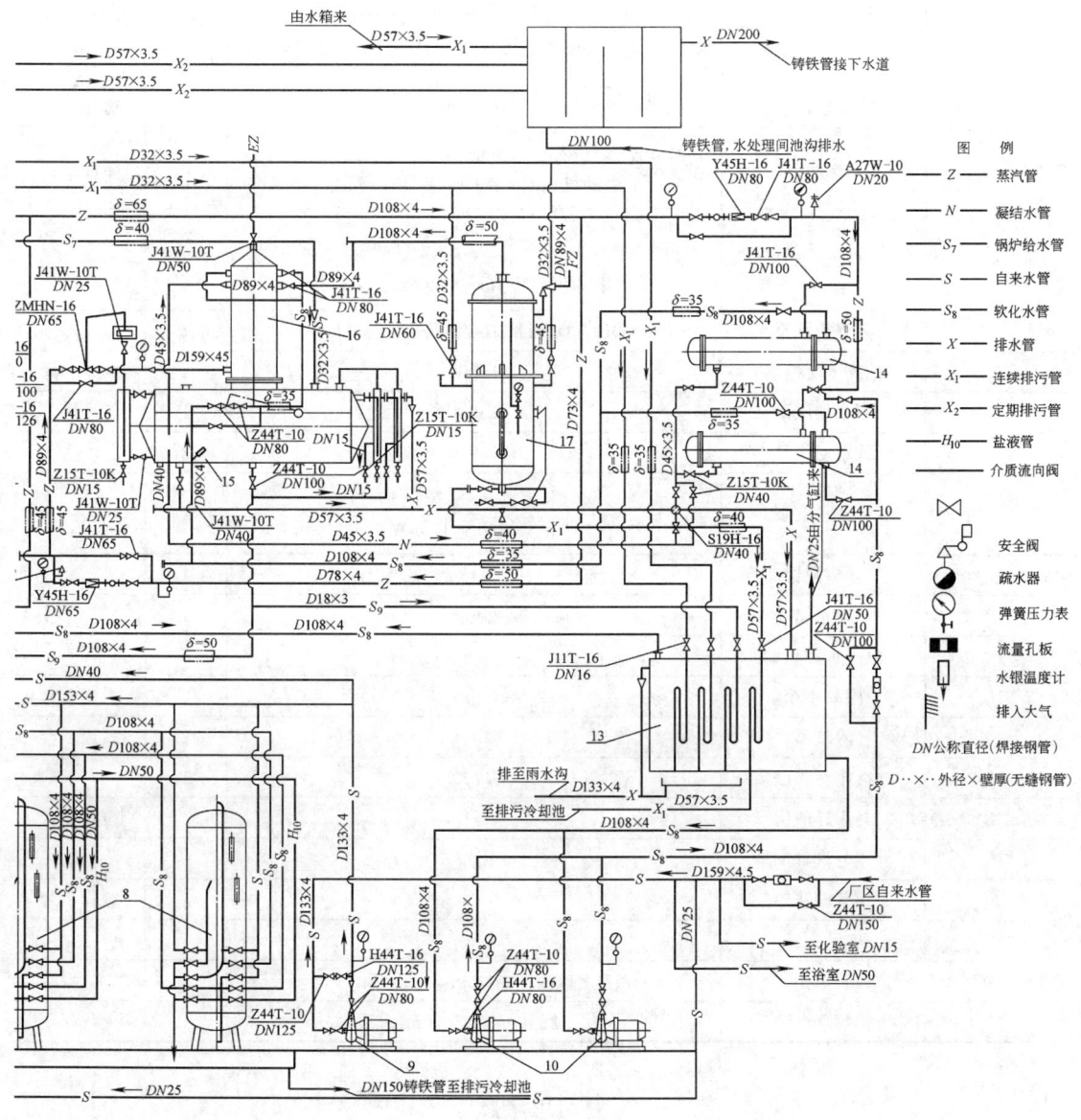

汽水系统图

| 图 13-2～<br>图 13-5 中序号 | 名称 | 规格型号 | 数量 | 备注 |
|---|---|---|---|---|
| 1 | 锅炉 | SHL10-1.3-A 型,蒸发量 10t/h,压力 1.3MPa | 3 | 缓建 1 台 |
| 2 | 送风机 | G4-73-11,No8D,左 90°,风量 21100m³/h,<br>风压 2090Pa,电动机型号 JO$_3$-160M-4,<br>功率 18.5kW,转速 1450r/min | 3 | 缓建 1 台 |
| 3 | 引风机 | Y4-73-11,No10D,左 180°,风量 33100m³/h,<br>风压 2050Pa,电动机型号 JQ$_3$-180$_2$M-4,<br>功率 30kW,转速 1450r/min | 3 | 缓建 1 台 |
| 4 | 除尘器 | DG10 型 | 3 | 缓建 1 台 |
| 5 | 二次风机 | 9-27-101,No4,右 90°,风量 1790m³/h,风压 4020Pa,<br>电动机功率 4kW,转速 2900r/min | 3 | 缓建 1 台 |
| 6 | 自动给水泵 | $2\frac{1}{2}$GC-6×6 型,流量 15～20m³/h,扬程 1620kPa,<br>电动机型号 JO$_2$-71,功率 22kW | 3 | |
| 7 | 蒸汽给水泵 | QB-7 型,流量 16t/h,扬程 1750kPa | 1 | |
| 8 | 钠离子交换器 | φ2000 | 2 | |
| 9 | 原水加压泵 | 3BL-9A 型 | 1 | |
| 10 | 软水加压泵 | 3BL-9A 型 | 2 | |
| 11 | 塑料盐液泵 | 102-2 型,流量 6t/h,扬程 196kPa,<br>电动机功率 1.5kW | 1 | |
| 12 | 盐溶液池 | — | 1 | |
| 13 | 软水箱 | 20m³ | 1 | |
| 14 | 汽—水加热器 | | 2 | |
| 15 | 除氧水箱 | 15m³ | 2 | 缓建 1 台 |
| 16 | 除氧器 | 25t/h | 2 | 缓建 1 台 |
| 17 | 连续排污膨胀器 | φ700 | 1 | |
| 18 | 马丁碎渣机 | | 3 | 缓建 1 台 |
| 19 | 分汽缸 | φ426×7 | 1 | |
| 20 | 锁气储灰斗 | — | 3 | 缓建 1 台 |
| 21 | 电动捯链 | | 1 | |
| 22 | 砖烟囱 | 上口内径 160mm,高度 45m | 1 | |
| 23 | 排污降温池 | 2500mm×3000mm | 1 | |

## 复习思考题

1. 锅炉房设计应遵循的基本原则有哪些? 按怎样的程序和方法进行设计?

2. 选择锅炉型号及台数的基本原则是什么? 如何才能进行正确的选择?

3. 选择锅炉房位置时，应综合考虑哪些基本因素？

4. 锅炉房建筑有什么特殊要求？怎样更好地与土建专业协调配合？

5. 锅炉房的热力系统图有什么用处？它是怎样绘制而成的？

6. 给水管道设计为什么有单、双母管之分？各适用于什么场合？

7. 锅炉房中装置有几台同容量、同型号的锅炉，怎样确定给水泵的台数和容量？给水泵的扬程又根据什么来选择？

8. 锅炉房中给水箱的容积怎样确定？主要依据是什么？

9. 锅炉有定期排污和连续排污之分，怎样利用排污水的热量？

10. 锅炉房设备布置的基本原则有哪些？主要依据是什么？

11. 为什么锅炉房的外门必须向外开？而锅炉房内的生活间、水处理间和其他内部房间的门又为什么必须向锅炉间开启呢？

# 附录一 锅炉实验指示书

锅炉课程安排有以下四个实验：

## 一、煤的工业分析

煤的工业分析，是煤质分析中最基本也是最为重要的一种定量分析。具体地说，它是测定煤的水分、灰分、挥发分和固定碳的质量分数。从广义上讲，煤的工业分析还包括煤的发热量、硫分、焦渣特性以及灰的熔点的测定，它为锅炉的设计、改造、运行和试验研究提供必要的原始数据。

## 二、煤的发热量测定

发热量是煤的重要特性之一。在锅炉设计和改造工作中，发热量是组织锅炉热平衡、计算燃烧物料平衡等各种参数和设备选择的重要依据。在锅炉运行管理中，发热量也是指导合理配煤、掌握燃烧、计算煤耗量等的重要指标。

## 三、烟 气 分 析

烟气分析，指的是对烟气中各主要组成成分，即三原子气体 $RO_2$（$CO_2$ 及 $SO_2$）、氧气 $O_2$、一氧化碳 $CO$ 和氮气 $N_2$ 的分析测定。根据烟气成分的分析结果，可以鉴别炉内的燃烧完全程度和炉膛、烟道等部位的漏风情况，进而采取有效技术措施，以提高锅炉运行的经济性。同时，根据分析结果还可以确定过量空气系数，为计算排烟热损失和气体不完全燃烧热损失提供重要依据。

## 四、锅炉的热工性能试验

锅炉的热工性能试验是了解和掌握锅炉及锅炉房设备的性能、完善程度、运行工况和运行管理水平的重要手段。它可为最佳运行工况的确定、新装锅炉的验收、锅炉改造的鉴定、科学研究以及与此有关的节能工作等提供必需的技术数据。

锅炉实验指示书的详细内容见本书配套资源，可识别下方二维码查看。

锅炉实验指示书

# 附录二　锅炉课程设计指导书<sup>❶</sup>

## 一、课程设计（作业）任务书

### （一）目的

课程设计（作业）是"锅炉及锅炉房设备"课程的主要教学环节之一。通过课程设计（作业）了解锅炉房工艺设计内容、程序和基本原则；学习设计计算方法和步骤；提高运算和制图能力。同时，通过设计（作业）巩固所学的理论知识和实际知识，并学习运用这些知识解决工程问题。

### （二）设计题目

根据具体情况，由各校自行拟定。

### （三）原始资料

1. **热负荷**　包括生产热负荷（最大和平均）、供暖热负荷、通风热负荷和生活热负荷等各类热负荷的大小（最大值和平均值）、要求参数、回水率和回水温度。有条件的应给出同期使用系数或具有代表性的日负荷曲线。若对供热系统有特殊要求，也应予以说明。

2. **燃料**　使用燃料的种类、产地和运输方式，燃料的元素成分和水分、灰分、挥发分等工业分析。

3. **水源**　水源类别，供水压力和温度，水质分析资料，包括悬浮物、溶解固形物、永久硬度、总硬度、总碱度和 pH。

4. **气象资料**　供暖期室外供暖、通风计算温度，供暖期室外平均温度，供暖期总日数；夏季室外通风计算温度；冬季和夏季的主导风向和大气压力。

5. **其他资料**　工厂生产班制，最高地下水位，供热范围，凝结水返回方式和地下回水室标高，以及热水供暖系统的加热设备、循环水泵和定压装置等。

### （四）设计（作业）内容和要求

1. 锅炉型号及台数选择

（1）热负荷计算

计算平均负荷及年负荷，确定锅炉房计算负荷。对于具有季节性负荷的锅炉房，应分别计算出供暖期和非供暖期的计算负荷和平均负荷。

（2）锅炉型号及台数的选择

根据计算热负荷的大小、负荷特点、参数和燃料种类等选择锅炉型号和台数，并进行必要的分析比较。

---

❶　引自《锅炉习题实验及课程设计（第二版）》，中国建筑工业出版社，1990. 这部分内容由西安建筑科技大学傅裕仁教授执笔。

2. 水处理设备选择

（1）水处理设备生产能力的确定。

（2）确定软化方法，并选择设备型号和台数，计算药剂消耗量。

（3）确定除氧方法及其设备选择计算。

（4）计算锅炉排污量，并拟定排污系统和热回收方案。

3. 给水设备和主要管道的选择与计算

（1）确定给水系统，并拟定系统草图。

（2）选择给水泵和给水箱。

（3）选择回水泵和回水箱。

（4）选择其他泵类和水箱。

（5）计算并选定给水母管和蒸汽母管管径；使用分汽缸时，确定分汽缸直径*。

（6）选择主要阀门*。

4. 送引风系统设计

（1）计算锅炉送风量和排烟（引风）量。

（2）确定烟风管道断面尺寸。

（3）确定送引风管道系统及其布置。

（4）计算烟道和风道阻力*。

（5）确定烟囱高度，并计算烟囱的断面、引力和阻力*。

（6）核对锅炉配套的风机性能，如锅炉没有配套风机，或配套风机不能使用，则另行选择*。

5. 运煤除灰方法的选择

（1）计算锅炉房平均小时最大耗煤量、最大昼夜耗煤量及其相应的灰渣量。

（2）计算储煤场面积。

（3）确定运煤除灰方式及其系统组成。

（4）确定灰渣场面积或灰渣斗容积。

当锅炉房燃用其他燃料时，确定相应的储运方法及其系统组成，并作有关计算。

6. 锅炉房工艺布置

（1）锅炉房设备布置。

（2）烟风管道和主要汽水管道布置。

（3）绘制布置简图。

7. 编写设计说明书

说明书按设计程序编写，包括方案确定、设计计算、设备选择和设计简图等全部内容；计算部分可用表格形式。

8. 图纸要求*

（1）热力系统图一张（1号或2号图纸）。

图中应附有图例，并标出设备编号及选定的管径，管子断开处和流向不易判定处应标明介质流向。

---

凡带 * 号的内容，不要求在课程作业中进行。

（2）布置图两张（1号或2号图纸）。

布置图包括锅炉房平面布置图和主要剖面图。

设备及附件以外形或代号表示，设备注明编号，并附有明细表。

烟、风管道按比例绘制，从锅炉至分汽缸的蒸汽管道和给水母管应绘出。

运煤除灰方法应予以表示。

锅炉房建筑图的绘制可以简化，但应表明建筑外形和主要结构形式，并定出门窗和楼梯位置以及锅炉间所有门的开启方向。建筑图应标注柱距、跨度、分隔间等主要尺寸和屋架下弦标高。

图中还应有方位标志（指北针）。

# 二、课程设计（作业）指导书

本指导书系根据任务书的要求，提出课程设计（作业）进行的程序、完成各项设计任务的方法、要求和应达到的设计深度；同时对设计计算中应考虑的原则、计算方法、一般采用的方案、系统和设备作了说明；设计中使用的主要数据和应注意的问题也作了必要的介绍。对于在课程中已学习过的原理和计算方法，不再复述。设计所需主要图纸资料可统一提供、一般资料可参阅有关标准、规范、规程和手册。

**（一）锅炉型号和台数的选择**

1. 热负荷计算

热负荷计算的目的是求出锅炉房的计算热负荷、平均热负荷和全年热负荷，作为锅炉设备选择的依据。

（1）计算热负荷　锅炉房最大计算热负荷 $Q_{max}$ 是选择锅炉的主要依据，可根据各项原始热负荷、同时使用系数、锅炉房自耗热量和管网热损失系数由下式求得：

$$Q_{max}=K_0(K_1Q_1+K_2Q_2+K_3Q_3+K_4Q_4)+\frac{Q_5t}{h} \quad t/h❶ \qquad (附2-1)$$

式中　$Q_1$，$Q_2$，$Q_3$，$Q_4$——分别为供暖、通风、生产和生活最大热负荷，t/h，由设计资料提供；

$Q_5$——锅炉房除氧用热负荷，t/h，根据除氧方法及除氧器进出水的焓计算确定；

$K_1$，$K_2$，$K_3$，$K_4$——分别为供暖、通风、生产和生活负荷同时使用系数；

$K_0$——锅炉房自耗热量和管网热损失系数。

锅炉房自耗热量包括锅炉房供暖、浴室、锅炉吹灰、设备散热、介质漏失和热力除氧器的排汽损失等，这部分热量占输出负荷的 2%～3%。汽动给水泵耗热量大，但正常运行时使用电动给水泵，所以汽动给水泵耗热量一般可不考虑。

热网热损失包括散热和介质漏失，与输送介质的种类、热网敷设方式、保温完善程度和管理水平有关，一般为输送负荷的 10%～15%。

如有余热可以利用，则应在式（附2-1）中扣除。

---

❶　对于热水锅炉，热负荷单位为 MW。

设计资料给出（由生产工艺设计提供）的生产用热是各生产设备的铭牌耗热量之和；生活用热对于厂区是指浴室、开水房、食堂等方面耗热量，对于有热水设施的住宅，则主要是热水供应用热。由于用热设备不一定同时启用，而且使用中各设备的最大热负荷也不一定同时出现，因此，需要计入同时使用系数，这可使选用的锅炉既能满足实际负荷的要求，又不致容量过大。

供暖、通风热负荷由相关的设计提供。如果无法取得，也可按建筑物体积或面积的热指标计算确定。供暖、通风热负荷中，通常包括热水供应用热；对于蒸汽锅炉房，应将此项耗热量换算成耗汽量。

(2) 平均热负荷　供暖、通风平均热负荷 $Q_i^{pj}$ 根据供暖期室外平均温度计算：

$$Q_i^{pj} = \frac{t_n - t_{pj}}{t_n - t_w} Q_i \quad \text{t/h} \qquad (\text{附 2-2})$$

式中　$Q_i$——供暖或通风平均热负荷，t/h；

$t_n$——供暖房间室内设计温度，℃；

$t_w$——供暖期供暖或通风室外计算温度，℃；

$t_{pj}$——供暖期室外平均温度，℃。

生产和生活平均热负荷在设计题目中给出，通常是年平均负荷。如果是日平均负荷，它将随季节变化，因为生产原料、空气和水的温度以及设备的散热损失时有变化。

对有季节性负荷（供暖、通风和制冷负荷）的锅炉房，其最大计算热负荷和平均热负荷均应按供暖期和非供暖期分别计算得出。

平均热负荷表明热负荷的均衡性，设备选择时应考虑这一因素，例如变负荷对设备运行经济性和安全性的影响。

(3) 全年热负荷　这是计算全年燃料消耗量的依据，也是技术经济比较的一个依据。全年热负荷 $D_0$ 可根据平均热负荷和全年使用小时数按下式计算：

$$D_0 = K_0 (D_1 + D_2 + D_3 + D_4) \left(1 + \frac{Q_5}{Q_{max}}\right) \quad \text{t/a} \qquad (\text{附 2-3})$$

式中　$D_1$、$D_2$、$D_3$、$D_4$——分别为供暖、通风、生产和生活的全年热负荷，t/a；

$Q_5/Q_{max}$——除氧用热系数，符号意义同式（附 2-1）。

供暖、通风、生产和生活的全年热负荷 $D_1$、$D_2$、$D_3$ 及 $D_4$，分别可用以下公式计算求得：

$$D_1 = 8n_1 [SQ_1^{pj} + (3-S)Q_1^f] \quad \text{t/a} \qquad (\text{附 2-4})$$

$$D_2 = 8n_2 SQ_2^{pj} \quad \text{t/a} \qquad (\text{附 2-5})$$

$$D_3 = 8n_3 SQ_3^{pj} \quad \text{t/a} \qquad (\text{附 2-6})$$

$$D_4 = 8n_4 SQ_4^{pj} \quad \text{t/a} \qquad (\text{附 2-7})$$

式中　$n_1$、$n_2$、$n_3$——分别为供暖、通风天数和全年工作天数，d；

$S$——每昼夜工作班数；

$Q_1^{pj}$，$Q_2^{pj}$，$Q_3^{pj}$，$Q_4^{pj}$——分别为供暖、通风、生产及生活用热的平均热负荷，t/h；

$Q_1^f$——非工作班时保温用热负荷，t/h，可按室内设计温度 $t_n = 5℃$ 代入式（附 2-2）计算得出。

最后，将计算结果汇总于热负荷表中，热负荷表应按供暖期和非供暖期，分别列出生产、供暖、通风、生活和整个锅炉房的计算热负荷、平均热负荷。

2. 锅炉型号和台数选择

锅炉型号和台数根据锅炉房热负荷、介质、参数和燃料种类等因素选择，并应考虑技术经济方面的合理性，使锅炉房在冬、夏季均能达到经济可靠运行。

（1）锅炉型号　根据计算热负荷的大小和燃料特性确定锅炉型号，并考虑负荷变化和锅炉房发展的需要。

选用锅炉的总容量必须满足计算负荷的要求，即选用锅炉的额定容量之和不应小于锅炉房计算热负荷，以保证用汽的需要。但也不应使选用的锅炉总容量超过计算负荷太多而造成浪费。锅炉容量还应适应锅炉房负荷变化的需要，特别是某些季节性锅炉房，要避免锅炉长期在低负荷下运行。

对于近期热负荷将有较大增长的锅炉房，可选择较大容量的锅炉，使发展建设后的锅炉台数不致过多。

锅炉的介质和参数，应满足用户要求。同时，还应考虑输送过程中温度和压力的损失。

锅炉房中宜选用相同型号的锅炉，以便于布置、运行和检修。若需要选用不同型号的锅炉，一般不超过两种。

（2）锅炉台数　确定锅炉台数时，应考虑对负荷变化和意外事故的适应性，建设和运行的经济性。

一般来说，单机容量较大的锅炉效率较高，锅炉房占地面积小，运行人员少，经济性好；但台数不宜过少，不然适应负荷变化的能力和备用性就差。《锅炉房设计标准》GB 50041—2020 规定：当锅炉房内最大一台锅炉检修时，其余锅炉应能满足工艺连续生产所需的热负荷和供暖、通风及生活用热所允许的最低热负荷。锅炉房的锅炉台数一般不宜少于 2 台；当选用一台锅炉能满足热负荷和检修需要时，也可只装置一台。对于新建锅炉房，锅炉台数不宜超过 5 台；扩建和改建时，最多不宜超过 7 台。国外有关文献认为，新建锅炉房内装设锅炉的最佳台数为 3 台。

（3）燃烧设备　选用的锅炉燃烧设备应能适应所使用的燃料、便于燃烧调节和满足环境保护的要求。

当使用的燃料和锅炉的设计燃料不符时，可能出现燃烧困难，特别是燃料的挥发分和发热量低于设计燃料时，锅炉效率和蒸发量都将不能保证。

工业锅炉房负荷不稳定，燃烧设备应便于调节。大周期、厚煤层燃烧的炉子难以适应负荷调节要求，煤粉炉调节幅度则相当有限。

蒸发量小于 1t/h 的小型锅炉虽然可采用手烧炉，但难以解决冒黑烟问题。各种机械化层燃炉和"反烧"的小型锅炉，正常运行时烟气黑度均可满足排放标准。但抛煤机炉、沸腾炉和煤粉炉的烟气含尘量相当高，用于环境要求高的地方，除尘费用很高。

（4）备用锅炉　运行的锅炉每两年应进行一次停炉内外部检验，新锅炉运行的头两年及实际运行时间超过 10 年的锅炉，每年应进行一次内外部检验。在上述计划检修或临时事故停炉时，允许减少供汽的锅炉房可不设备用锅炉；减少供热可能导致人身事故和重大经济损失时，应设置备用锅炉。

（5）方案分析　设计中可能出现几个可供选择的方案，设计者应分析各方案特点，对安全性和经济性等方面进行比较，提出自己的见解，确定选用方案。

### （二）水处理设备的选择及计算

锅炉房用水一般来自城市或厂区供水管网，水质已经过一定的处理。锅炉房水处理的任务通常是软化和除氧，某些情况下也需要除碱或部分除盐。

#### 1. 确定水处理设备生产能力

锅炉补给水应经软化处理，而除氧设备应处理全部锅炉给水。因为凝结水中杂质很少，但输送过程中可能接触空气而使之含氧。

锅炉补给水量是指锅炉给水量与合格的凝结水回收量之差。锅炉给水量包括蒸发量、排污量，并应考虑设备和管道漏损。

水处理设备生产能力 $G$ 由锅炉补给水量、热水管网补给水量、水处理设备自耗软水量和工艺生产所需软水量确定：

$$G = 1.2(G_{gl}^b + G_{rw}^b + G_{zh} + G_{gy}) \quad t/h \qquad （附 2-8）$$

式中　$G_{gl}^b$——锅炉补给水量，t/h；

$\quad G_{rw}^b$——热水管网补给水量，t/h；

$\quad G_{zh}$——水处理设备自耗软水量，t/h；

$\quad G_{gy}$——工艺生产所需软水量，t/h；

$\quad 1.2$——余量系数。

锅炉补给水量：

$$G_{gl}^b = \left(1 + \frac{\beta + P_{pw}}{100}\right)D - G_n \quad t/h \qquad （附 2-9）$$

式中　$D$——锅炉房额定蒸发量，t/h；

$\quad G_n$——合格的凝结水回收量，t/h；

$\quad \beta$——设备和管道漏损，%，可取 0.5%；

$\quad P_{pw}$——锅炉排污率，%。

在得出锅炉补给水量之前，无法确定锅炉排污率，为此，可预先估算或在 2%～10% 之间选取，如与最终确定的排污率相差不大（≤3%），不必重算，否则，以计算得出的排污率重新计算。

热水管网的热水可以是热水锅炉生产，或换热器生产，后者尚未有专门的水质标准，可按热水锅炉水质标准执行。但如果利用锅炉排污水作为闭式热网的补充水，则热网补给水的总硬度应不大于 0.05mmol/L，开式热网不得补入锅炉排污水。

热水管网补给水量应由供热设计提供，如无法得到，可按热网循环水量的 2% 计算。但应说明，当前热水管网实际漏水量普遍偏大，因而在厂区供热设计中往往采用较大的数值——4%。

水处理设备自耗软水一般用于逆流再生工艺的逆流冲洗过程，其流量可按预选的离子交换器直径估算：

$$G_{zh} = wF\rho \quad t/h \qquad （附 2-10）$$

式中　$w$——逆流冲洗速度，m/h，低流速再生时可取 2m/h，有顶压时可取 5m/h；

$\quad F$——交换器截面积，$m^2$；

$\quad \rho$——水的密度，$t/m^3$，常温水 $\rho \approx 1t/m^3$。

工艺生产所需软水量由有关部门提供；课程设计提供的资料中未指明时可不考虑。

2. 确定水的软化方法

锅炉用水应进行软化处理，碱度高的水有时需要进行除碱处理。通常可根据锅水相对碱度和按碱度计算的锅炉排污率来确定是否进行除碱处理。

采用锅外化学处理时，补给水、给水、锅水中碱度与溶解固形物的冲淡或浓缩可认为是同比例的，因此，锅水相对碱度可按下式计算。

$$锅水相对碱度 = \frac{\varphi A_{gl}^{b}}{S_{gl}^{b}} \qquad (附 2\text{-}11)$$

式中　$A_{gl}^{b}$——锅炉补给水碱度，mmol/L；

　　　$S_{gl}^{b}$——锅炉补给水溶解固形物，mg/L；

　　　$\varphi$——碳酸钠（$Na_2CO_3$）在锅内分解为氢氧化钠（NaOH）的分解率，见附表 2-1。

**$Na_2CO_3$ 在不同锅炉工作压力下的分解率**　　　　　附表 2-1

| 锅炉工作压力(MPa) | 0.49 | 0.98 | 1.47 | 1.96 | 2.45 |
|---|---|---|---|---|---|
| 分解率(%) | 10 | 40 | 60 | 70 | 80 |

在采用亚硫酸钠除氧时，溶解固形物中还应计入相应值。

根据《工业锅炉水质》GB/T 1576—2018 规定，锅水相对碱度应小于 0.2，若不符合规定，应考虑除碱处理。

限制锅炉排污率主要是为了节约能源，相关规范规定，锅炉给水处理的优级标准为排污率不超过 5%，良级标准为排污率不超过 10%，如排污率超过 10%，便属"差"的等级。

设计规范规定，锅炉蒸汽压力小于或等于 1.6MPa 时，排污率不应大于 10%，压力大于 1.6MPa 时，则排污率不应大于 5%。排污率超过上述规定时，应有技术经济依据。否则，若排污率是按碱度确定的，应采取给水除碱措施；若排污率是按溶解固形物确定的，则应考虑除盐措施。

水的软化方法一般采用离子交换法，其效果稳定，易于控制。当需要除碱时，一般考虑氢-钠离子交换法。石灰预处理系统较复杂，操作要求也较高，处理水量较小的场合不宜采用。氨-钠离子交换法处理的水使蒸汽带氨，对于黄铜或其他铜合金设备有受氨腐蚀的危险时或用汽部门不允许蒸汽含氨时，不宜采用。

3. 软化设备选择计算

采用离子交换法处理时，根据处理水量计算确定交换器的型号、台数、工作周期，以及再生剂耗量和自耗水量，并确定再生溶液制备方法，选定相应设备。当采用其他方法处理时，应进行主要设备选择计算和药剂消耗量计算。

离子交换器的处理水量按运行流速计算，采用磺化煤为交换剂时，运行流速一般为 10~20m/h，采用离子交换树脂时一般为 15~25m/h；硬度较高的原水取用较小的流速。

离子交换器的台数一般不少于两台，每昼夜再生次数为 1~2 次。

离子交换工艺通常采用固定床逆流再生，以节省再生剂；但对于硬度较低的原水（<2mmol/L），也可采用顺流再生，设备简单，操作方便。

离子交换剂可采用离子交换树脂，其交换容量为 800~1000mol/m³。

钠离子交换法的再生剂为食盐，再生液的制备一般用溶盐池，其体积通常为一次再生用量；如离子交换器台数较多，需要两台同时再生时，可按两次再生用量计算。

稀盐溶液池的体积 $V_1$ 按下式计算：

$$V_1 = \frac{1.2B}{10C_y\rho_y} \quad m^3 \tag{附 2-12}$$

式中　$B$——一次再生用盐量，kg；

　　$C_y$——盐溶液质量分数，%，一般取用 4%～8%；

　　$\rho_y$——盐溶液密度，t/m³，见附表 2-2。

**盐溶液的密度**　　　　　　　　　　　　　　　　　　　　附表 2-2

| 质量分数(%) | 4 | 6 | 8 | 10 | 26 |
|---|---|---|---|---|---|
| 密度(t/m³) | 1.0268 | 1.0413 | 1.0559 | 1.0707 | 1.1972 |

再生用盐量较小时，再生用盐可以干储存，用盐量较大时可用湿储存，以改善操作条件。储盐池（浓盐溶液池）体积 $V_2$ 由下式计算：

$$V_2 = \frac{1.2nA}{\rho} \quad m^3 \tag{附 2-13}$$

式中　$A$——每昼夜用盐量，t；

　　$n$——储盐天数，d，一般取 10～15d；

　　$\rho$——盐的视密度，t/m³，可取 0.86t/m³。

根据计算得出的盐池体积确定盐池外形尺寸，外形尺寸的确定应考虑布置和操作的便利。

采用盐池制备盐溶液时，要设过滤装置，除去盐液所含杂质，以保证交换剂不受污染。当过滤层设在盐池内时，应有水力冲洗设施；如果这样做有困难，可选用盐过滤器。

一次再生耗盐量按下式计算：

$$B = \frac{E_0Fhb}{1000\varphi_y} \quad kg \tag{附 2-14}$$

式中　$E_0$——交换剂工作交换容量，mol/m³；

　　$F$——交换器截面面积，m²；

　　$h$——交换剂层高度，m；

　　$\varphi_y$——盐的纯度，与盐的等级有关，计算中可取 0.96～0.98；

　　$b$——再生剂单耗，g/mol，001 型树脂为 120～150g/mol（顺流）、80～100g/mol（逆流）。

离子交换器再生过程的自耗软水和清水量，根据各操作过程控制流速和所需时间计算，逆流再生交换器的大反洗周期需根据交换剂的工作交换容量和水的阻力变化情况确定。

对于耗盐量较大的还原系统，还应考虑降低搬运和加盐操作的劳动强度。

离子交换除碱、浮动床和流动床等其他水处理工艺的设计计算可参考有关手册和资料。

4. 除氧设备选择计算

国家标准《工业锅炉水质》GB/T 1576—2018 规定，额定蒸发量大于等于10t/h的蒸汽锅炉给水和供水温度大于95℃的热水锅炉的循环水要进行除氧处理。除氧方法常用热力除氧、真空除氧和化学药剂除氧，其他除氧方法使用不多。

热力除氧是使用最广泛的一种除氧方法，其工作可靠、效果稳定，出水含氧量小于或等于 0.05mg/L。热力除氧器由制造厂成套供应，当前产品出力有 6t/h、10t/h、20t/h、40t/h、70t/h 等，配套水箱体积约为半小时除氧水量。大气式热力除氧器的工作压力为 0.02MPa，工作温度为 104～105℃，进汽压力为 0.1～0.3MPa，进水压力为 0.15～0.2MPa；对于喷雾式除氧器，进水温度为不低于 40℃。

热力除氧器的耗汽量按下式计算：

$$D_q = \frac{G(h_2 - h_1)}{(h_q - h_2)\eta} + D_y \quad \text{kg/h} \qquad (\text{附 } 2\text{-}15)$$

式中　$G$——除氧水量，kg/h；

　　　$h_1$——除氧器进水的焓，kJ/kg；

　　　$h_2$——除氧器出水的焓，kJ/kg；

　　　$h_q$——进除氧器蒸汽的焓，kJ/kg；

　　　$\eta$——除氧器热效率，一般取 0.96～0.98；

　　　$D_y$——余汽量，kg/h，可按每吨除氧水 1～3kg 计算。

真空除氧器的工作原理与热力除氧器相同，真空由蒸汽喷射器或水喷射器产生。除氧器由制造厂成套供应，配套水箱体积约为半小时的除氧水量。真空除氧器可对 40～60℃ 的水进行除氧，出水含氧量小于或等于 0.05mg/L。

真空除氧器可用于蒸汽锅炉房，也适用于没有蒸汽的热水锅炉房的补给水除氧。但由于除氧器在 0.08～0.096MPa 的真空度下工作，对系统的严密性要求很高，否则将影响除氧效果。

热力除氧和真空除氧都要求除氧器和除氧水箱有较大的安装高度，以保证除氧器后的水泵能正常工作。

容量较小的锅炉房也可采用加化学药剂除氧，药剂通常用亚硫酸钠。加药方式可用加药泵在省煤器前加入，也可在给水管路上安装孔板，利用孔板前后的压差来加药。

纯度为 100% 的亚硫酸钠加入量 $G_y$ 可由下式计算：

$$G_y = \frac{G(15.8C + 3.2P_{pw}S_0)}{1000} \quad \text{kg/h} \qquad (\text{附 } 2\text{-}16)$$

式中　$G$——除氧水量，kg/h；

　　　$C$——给水含氧量，mg/L；

　　　$P_{pw}$——锅炉排污率（用小数表示）；

　　　$S_0$——锅水中 $SO_3^{2-}$ 过剩量，mg/L，水质标准规定为 10～40mg/L；

　　　3.2——亚硫酸钠与 $SO_3^{2-}$ 的换算系数。

给水含氧量可用给水温度下的饱和含氧量（附表 2-3）计算。实际运行中，可按实际含氧量和锅水中亚硫酸根过剩量来调整加药量。

**水面压力为标准大气压时不同水温下的饱和含氧量**　　　　附表 2-3

| 水温（℃） | 10 | 20 | 30 | 40 | 50 | 60 | 70 | 80 | 90 | 100 |
|---|---|---|---|---|---|---|---|---|---|---|
| 含氧量（mg/L） | 11.2 | 9.1 | 7.5 | 6.4 | 5.5 | 4.7 | 3.8 | 2.8 | 1.6 | 0 |

5. 计算锅炉排污量和确定排污系统

锅炉排污量按碱度和溶解固形物分别计算，以较大值控制排污率。

锅炉排污率按本书第十章第十一节中的相关公式计算，但应注意补给水与给水的区别、给水碱度和溶解固形物的计算方法。

对有连续排污的锅炉，应考虑连续排污水热量的利用。如果采用连续排污膨胀器，应经计算选定其型号。排污膨胀器的二次蒸汽量和膨胀器体积的计算见本书第十三章第五节。

膨胀器后的高温排水，也可通过换热器加热软化水以利用其热量，但对换热器的选择计算没有要求。

额定蒸发量大于或等于 1t/h 的锅炉应有锅水取样装置。取样冷却器一般每台锅炉单独设置，以免窜水影响水样的代表性。

如采用热力除氧器，也应有除氧水取样冷却器。

所有排污水都应进入排污减温池，待排污水冷却至 40℃ 以下再排入下水道。

**(三) 给水设备和主要管道的选择计算**

给水设备是指锅炉房给水系统中的各种水泵和水箱，它与锅炉的安全运行有着密切的关系。锅炉给水的中断可能引起重大事故，因此设计中应使给水设备能可靠、有效地满足锅炉给水的需要。

1. 确定给水系统

给水系统由给水设备、连接管道和附件等组成。当具有除氧水箱时，为保证除氧器的正常运行，应同时设置凝结水箱或软水箱。当没有除氧水箱时，凝结水箱可以与给水箱合设或分设。如有低压蒸汽（≤0.07MPa）自流回水进入锅炉房时，凝结水箱设于地下，而给水箱则分设于地上。因为地下室远离锅炉操作面，操作不便；且地下室采光、通风条件差，排水也不便，还存在受水淹的可能。对于其他凝结水回收系统（压力回水），凝结水箱可布置在地上，与给水箱合设。

给水泵可以集中设置，通过母管向各台锅炉供水；也可以每台锅炉单独配置，但备用给水泵仍应与每台锅炉的给水管道连接，以确保供水。单独配置给水泵时，便于调节，对没有自动给水调节器的锅炉比较适宜。集中给水时，其系统可以简化，所配备的水泵数量也可以减少。

2. 给水泵的选择

（1）给水泵的容量和台数　给水泵的流量应满足所有运行锅炉在额定蒸发量时给水量的 1.1 倍的要求；如果锅炉房设有减温减压装置，还应计入其用水量。由于工业锅炉房负荷一般都不均衡，特别是有季节性负荷的锅炉房负荷变化更大，因此给水泵的容量和台数还应适应全年负荷变化的要求，并应设置备用泵。例如，当非供暖期负荷很低时，可考虑设置低负荷时专用的给水泵，使水泵处于正常调节范围内工作，提高运行的可靠性和经济性。但给水泵台数不宜过多，以免使系统和运行复杂化。

（2）备用给水泵　设置备用给水泵是为保证在停电、正常检修和发生机械故障等情况下，锅炉仍能得到安全、可靠供水。为此，相关设计规范和规程都明确规定：锅炉房应设置备用给水泵，当任何一台给水泵停止运行时，其余给水泵的总流量应满足所有锅炉总额定蒸发量的 1.1 倍给水量的要求。因此，任何一个锅炉房内给水泵至少设置两台；如果只有两台，则每台给水泵的流量必须满足给水量的 1.1 倍的要求。

采用电动给水泵为主要给水设备时，宜采用汽动给水泵为事故备用泵，其流量可按所有运行锅炉在额定蒸发量时所需给水量的 20％～40％ 来确定。这是因为在停电时，辅机不能运行，锅炉已无法正常燃烧和供汽。当汽动给水泵作为主要备用泵，且给水管路为双母管时，它的流量则不得小于最大一台电动给水泵的流量；若为单母管给水时，因往复式汽动泵和离心式电动泵不能并联运行，汽动给水泵的流量应按锅炉房所有锅炉在额定蒸发量时给水量的 1.1 倍来确定。

对于额定蒸发量等于 1t/h、额定出口蒸汽压力小于或等于 0.7MPa 的锅炉，可各自采用注水器作为备用给水装置。

为了保证给水泵安全、正常工作，所选择的给水泵还应能适应最高给水温度的要求。

(3) 给水泵的扬程　给水泵的扬程可按下式计算：

$$H = 1000(P + \Delta P) + H_1 + H_2 + H_3 + H_4 \quad \text{kPa} \tag{附 2-17}$$

式中　$P$——锅炉工作压力，MPa；

$\Delta P$——安全阀较高的初始开启压力与工作压力的差值，MPa，当锅炉额定蒸汽压力小于 1.27MPa 时，$\Delta P = 0.04$MPa，当锅炉额定蒸汽压力为 1.27～3.82MPa 时，$\Delta P = 0.06$MPa；

$H_1$——省煤器的阻力，kPa；

$H_2$——给水管道的阻力，kPa；

$H_3$——给水箱最低水位与锅炉水位间液位压差，kPa；

$H_4$——附加压力，50～100kPa。

对于压力较低的锅炉，给水泵的扬程也可用下式近似计算：

$$H = 1000P + 100～200 \quad \text{kPa} \tag{附 2-18}$$

3. 给水箱的选择

(1) 给水箱的容积和数量　给水箱的作用有两个：一是作为软化水和凝结水与锅炉给水流量之间的缓冲，二是给水的储备。给水箱进水与出水之间的不平衡程度与多种因素有关，如锅炉房容量、负荷的均衡性、软化和凝结水设备特点及其运行方式等。容量较大的锅炉房，波动相对较小。给水储备是保证锅炉安全运行所必需的，其要求与锅炉房容量有关。所以，给水箱的容量主要根据锅炉房的容量确定，一般给水箱的总有效容量为所有运行锅炉在额定蒸发量时 20～40min 的给水量。对于小容量的锅炉房，给水箱的有效容量可适当增大。

给水箱可只设置一个，但常年不间断供热的锅炉房应设置两个，或者选用有隔板的方形给水箱。

采用热力除氧和真空除氧时，除氧器和给水箱由制造厂配套供应，开式（常压）给水箱可按标准图选用，选用时应注意有隔板的水箱与无隔板的水箱的外形尺寸和标准图号的区别。

(2) 给水箱的安装高度　给水泵输送温度较高的给水，要求给水箱有一定的安装高度，使给水泵有足够的灌注头，以免发生汽蚀和影响正常给水。

给水箱的安装高度（给水箱最低水位至给水泵轴线的标高差）应不小于下式计算的给水泵最小灌注高度 $H_{gs}^{min}$。

$$H_{gs}^{min} = \frac{P_{bh} - P_{gs} + \sum \Delta h + H_f}{\rho g} + h_y \quad m \tag{附 2-19}$$

式中 $P_{bh}$——使用温度下水的饱和压力，Pa；

$P_{gs}$——给水箱液面压力，Pa；

$\sum \Delta h$——吸水管道阻力，Pa；

$H_f$——富余量，Pa，可取 3000～5000Pa；

$\rho$——使用温度下水的密度，$kg/m^3$；

$g$——重力加速度，$m/s^2$；

$h_y$——水泵的允许汽蚀余量，m。

若计算结果为负值，是指最大吸水高度。

水泵的允许汽蚀余量由泵样本给出。但有时样本上给出的是允许吸水高度，此时可用下式换算：

$$\Delta h_y = \frac{P_a - P_{bh}}{\rho g} + \frac{w_1^2}{2g} - H' \quad m \tag{附 2-20}$$

式中 $P_a$——当地大气压力，Pa；

$w_1$——水泵吸入口处流速，m/s；

$H'$——使用条件下水泵的允许吸水高度，m。

水泵样本上给出的允许吸水高度 $H'$ 是按标准工况给出的，即在标准大气压下抽送常温（20℃）水时的数值，使用条件与此不相同时，需按下式修正：

$$H'_s = \frac{P_a}{\rho g} - 10.33 - \left( \frac{P_{bh}}{\rho g} - 0.24 \right) + H_s \tag{附 2-21}$$

$$\approx \frac{P_n - P_{bl}}{\rho g} + H_s - 10 \quad m$$

根据给水泵的允许吸水高度，也可直接计算其最小灌注高度：

$$H_{gs}^{min} = \frac{P_a - P_{gs} + \sum h + H_f}{\rho g} + \frac{w_1^2}{2g} - H'_s \quad m \tag{附 2-22}$$

式中符号意义与前述各式相同。

当给水温度不高时，即使给水泵允许吸水，通常也把其布置在水箱最低水位以下，使水泵处于自灌水条件下，以便于运行。

4. 凝结水箱和凝结水泵的选择

常年供汽的锅炉房，凝结水箱一般采用 2 个，季节性锅炉房可只采用 1 个。水箱的总容量可为 20～40min 的最大小时凝结水量。水箱外形尺寸可按标准图选用。

由于凝结水温度较高，为了保证凝结水泵的正常工作，减小凝结水箱和凝结水泵之间的安装高度差，可将部分或全部锅炉补给水通入凝结水箱，降低水温，也减少蒸发。此时凝结水箱的总容积也应相应加大。

凝结水泵采用离心式电动泵，一般为 2 台，其中 1 台备用。凝结水泵的流量应不小于最大小时凝结水回收量的 1.2 倍；当全部锅炉补给水进入凝结水箱时，凝结水泵流量应为所有运行锅炉额定蒸发量时所需给水量的 1.1 倍。

凝结水泵的扬程 $H_n$ 可按下式计算：

$$H_n = P_{zy} + H_1 + H_2 + H_3 \quad kPa \qquad (附 2\text{-}23)$$

式中　$P_{zy}$——除氧器要求的进水压力，kPa；

　　　$H_1$——管道阻力，kPa；

　　　$H_2$——凝结水箱最低水位与给水箱或除氧器入口处标高差相应压力，kPa；

　　　$H_3$——附加压力，可取 50kPa。

5. 其他水泵和水箱的选择

（1）原水加压泵　当进入锅炉房的原水（生水、清水）压力不能满足水处理设备和其他用水设备的要求时，应设置原水加压泵，但一般不设备用。

原水加压泵的扬程一般不低于 200～300kPa，应视用水设备的要求而定。其流量应考虑水处理设备的处理水流量及自耗水流量、煤和灰渣作业用水流量、锅炉辅机冷却水流量、湿法除尘水流量以及取样、化验室和生活设施用水流量等要求，可根据实际需要参考有关手册耗水量资料计算决定。

（2）地下室排水泵　凝结水箱和凝结水泵布置在地下室时，因地下室的积水无法直接排入下水道，有时下水道发生堵塞还会发生污水倒灌，因此应设置排水泵，但通常情况不设置备用泵。

设备正常情况下漏水量极少，排水泵的流量主要考虑设备溢流水量、设备清洗及事故排水量。

（3）软化水箱　设有软化水箱或其他中间水箱时，根据水箱在系统中的作用和要求确定其容积，并根据需要设置相应的水泵。

6. 热水锅炉房系统设备的选择

采用热水锅炉的锅炉房，应进行循环水泵、补给水泵、补给水箱等设备的选择。选择计算方法参阅本书第十三章第六节。

循环水泵与锅炉的连接方式可采用集中式供水的循环系统，也可采用每台锅炉配备单独循环泵的单元式循环系统。前一种系统比较简单，后一种系统便于运行和调节，对大型热水锅炉更为有利。

热水锅炉房的循环系统与设备的选择应保证热水锅炉安全运行和便于调节。

热水锅炉，特别是强制循环热水锅炉，应保证锅炉的最小循环水量，以满足受热面管内最小流速的要求；同时，通过锅炉的循环水量也不能过分增加，以免压力损失增加太多。

系统回水从锅炉尾部进入的热水锅炉，当回水温度较低时容易引起锅炉低温受热面的腐蚀和积灰，当燃料含硫量高时更为严重，为此，根据具体条件确定进锅炉的最低水温。

为解决上述问题，对于单泵循环系统，可在循环泵进口的回水管与锅炉出口的供水管之间装设旁通管及调节阀；对于双泵循环系统，在锅炉进出口之间加装锅炉循环泵（再循环泵），并在系统循环泵出口的回水管与锅炉出口的供水管之间装设旁通管及调节阀。再循环泵及旁通管的流量可根据水平衡和热平衡的原理进行计算。

再循环泵流量：

$$G_{zx} = \frac{G_{gl}(h'_{gl} - h''_{rw})}{(h''_{gl} - h''_{rw})} \quad t/h \qquad (附 2\text{-}24)$$

式中 $G_{gl}$——锅炉循环水流量，t/h;

$h'_{gl}$、$h''_{ql}$——锅炉进、出口处循环水的焓，kJ/kg;

$h''_{rw}$——从热网返回的循环水的焓，kJ/kg。

通过旁通管的水流量：

$$G_{pr} = \frac{G_{rw}(h''_{gl}-h'_{rw})}{(h''_{gl}-h''_{rw})} \quad \text{t/h} \tag{附 2-25}$$

式中 $h'_{rw}$——进入热网的循环水的焓，kJ/kg;

$G_{rw}$——热网循环水流量，t/h。

采用双泵循环系统可以按照锅炉要求，以不变的进口或出口温度运行，而热网则根据自身调节的需要确定供水和回水温度。

7. 主要管道和阀门的选择

(1) 主要管道 要求选定的主要管道是从给水箱至锅炉的给水管道和从锅炉至分汽缸（不设置分汽缸时，至主要用汽设备或锅炉房出口）的蒸汽管道。

管道直径根据输送的介质按推荐流速（附表 4-7）计算，然后选择管道规格（附表 4-8）。当输送介质压力大于 1MPa，温度高于 200℃ 时，应采用无缝钢管；不超过上述范围时，可采用无缝钢管或水煤气输送管。采用丝扣连接时，只限于水煤气输送管。

给水管道一般采用单管，常年不间断供热的锅炉房应采用双母管，且每条管道的流量都是额定蒸发量时的给水量。

锅炉至分汽缸的蒸汽管道，可以每台锅炉直接接至分汽缸，也可以通过蒸汽母管与分汽缸连接。前者多用于小型锅炉，操作比较方便。

《锅炉安全技术规程》TSG 11—2020 规定：连接锅炉和蒸汽母管的每根蒸汽管上，应装设两个蒸汽闸阀或截止阀，闸阀之间或截止阀之间应装有通向大气的疏水管和阀门，其内径不得小于 18mm。靠近蒸汽母管安装的阀门，如果是就地手动式的，应接近锅炉平台，或设置专用操作平台。

多管供汽时采用分汽缸。根据压力容器设计规定的要求，分汽缸的直径应按最大接管的直径确定，即筒体开孔最大直径应不超过筒体内径的一半。分汽缸两端均采用椭球形封头，分汽缸由专业厂家制造。

分汽缸长度取决于接管的多少，相邻管间距应符合结构强度要求和便于阀门的安装及检修，附表 2-4 所列数据可供参考。

分汽缸接管间距　　　　　　　　　　　　　　　　　　　　　　　　附表 2-4

| 相邻管管径(mm) | 25 | 32 | 40 | 50 | 65 | 80 | 100 | 125 | 150 | 200 |
|---|---|---|---|---|---|---|---|---|---|---|
| 两相邻管中心间距(mm) | 220 | 250 | 270 | 290 | 310 | 330 | 360 | 390 | 420 | 500 |

(2) 主要阀门 课程设计中要求选择给水系统和蒸汽系统管道上的阀门，确定其型号，并以阀门型号表示法表示。

闸阀作关断用，适于全开全闭的场合。闸阀的介质流动阻力较小，但密封面的检修困难。对于汽、水等非腐蚀性介质，可用暗杆式的，常用于水泵进口、水箱进出口、自来水管道和公称直径大于 200mm 的管道等。

截止阀作关断用，适于全开全闭的操作场合。截止阀的介质流动阻力较大，阀体长度也较大，但密封面的检修较闸阀方便些。常用于水泵出口、分汽缸、水处理设备等场合，产品公称直径通常不超过200mm。

节流阀用于介质节流，但没有调节特性，介质流动阻力大。如果用截止阀或闸阀代替节流阀，则失去关断作用。

止回阀用于要求单向流动的场合，其结构形式有升降式和旋启式两种。升降式垂直瓣止回阀应安装在垂直管道上，而升降式水平瓣止回阀宜安装在水平管道上，这类产品的公称直径一般不超过200mm。旋启式止回阀宜安装在水平管道或各种大型管道上。

在不可分式省煤器入口、可分式省煤器入口和通向锅筒的给水管道上、离心式泵的出口处都应装止回阀和截止阀，而且水流先通过止回阀。

底阀也是一种止回阀，装在液位低于泵时泵的吸入管端。

旋塞阀是快速启闭的阀门，其阀芯在高温下易变形，限用于以水为介质的场合。锅炉房各种液位计、水位表和压力表管上常用旋塞阀。

对于腐蚀性介质，应根据使用条件选用隔膜阀或塑料阀。

安全阀的结构、使用和计算方法见本书第六章第六节。

疏水阀用于排出凝结水，其形式较多，可按样本选择。样本上的排水量一般是有一定过冷度的饱和水连续排水量，实际选用时应计入选择倍率。锅炉房内换热器、蒸汽管和分汽缸的疏水阀选择倍率一般不小于3。

**（四）送、引风系统的设计**

根据工业锅炉产品技术条件的规定，送风机、引风机和除尘器都在"工业锅炉成套供应范围"之内，应由锅炉厂配套供应，如实际条件没有特别要求，不必变更。课程设计（作业）中对送、引风系统的要求主要是确定送、引风连接系统，确定风、烟管道和烟囱尺寸，进行设备和管道布置。如有实际需要，还应核对配套风机性能。

关于锅炉热效率、排烟温度、锅炉本体烟风阻力和锅炉本体各烟道的过量空气系数，均引用锅炉厂产品计算书中的数据。

1. 计算送风量和排烟量

根据使用燃料的成分计算得出燃料耗量、送风量和排烟量。计算按本书第四章和第九章的有关公式进行。

计算中的过量空气系数：除尘器为0.1～0.15，钢制烟道每10m长为0.01，砖烟道每10m长为0.05。

2. 确定送、引风管道系统及其初步布置

确定管道系统应首先确定锅炉、送风机、引风机、除尘器和烟囱的初步布置，确定各设备进出口空间位置，标出接口尺寸。然后确定连接管道的布置及所采用的部件，如进风口、吸入风箱、变径管、弯头和三通等。最后绘出布置简图。

送风机的吸入端常布置吸风管，以便在锅炉顶部空间吸入热空气，同时也考虑在寒冷季节从室外进风的吸气口。小型锅炉送风机通常就地吸风。

如果在距风机进口小于3～4倍直径处转弯，为了避免较大的压力损失，应装设吸入风箱。

当管道截面或形状变化时，应设置变径管，其中心角不应过大，以免增加压力损失。

采用的管道部件应有良好的空气动力性能。转弯处不宜采用锐角弯头，弯头应有合理的曲率半径。交汇或分流处尽量避免正交直角三通和四通，必要时可设置导流板。

《锅炉安全技术规程》TSG 11—2020规定，几台锅炉共用一个总烟道时，在每台锅炉的支烟道内应装设烟道挡板。

烟囱与烟道连接的部位，应使各台锅炉的阻力尽量均衡，还应考虑可能扩建的情况。

进行初步布置是为了确定管道系统，以便进行计算。当最后布置与此有出入时，一般不必修改计算，前后变动通常只影响管道长度，对系统阻力影响不大。

3. 确定风道和烟道断面尺寸

风道和烟道一般由2~4mm钢板焊接而成，可以是圆形或矩形，常与设备接口一致。室外部分也可采用砖烟道。

风道和烟道断面尺寸按推荐流速（表9-4）计算。

烟道设计应考虑清除积灰的方便。接至烟囱的砖烟道断面尺寸一般与烟囱的烟道口一致，支烟道也应有合理的尺寸。烟道上应设置清灰口。

烟囱标准图中的烟道出灰孔均为600mm×800mm。

4. 确定烟囱高度和直径

采用机械通风时，烟囱高度按《锅炉大气污染物排放标准》GB 13271—2014选定，见表9-6；附表2-5列示了烟囱标准图中的烟道口尺寸。采用自然通风时，烟囱高度应满足克服烟气系统阻力的要求。

烟囱标准图中烟道口尺寸                                        附表2-5

| 烟囱出口内直径(m) | 0.8 | 1.0 | 1.2 | 1.4 | 1.7 | 2.0 |
|---|---|---|---|---|---|---|
| 烟道口宽度(m) | 0.6 | 0.8 | 1.0 | 1.2 | 1.4 | 1.6 |
| 烟道口高度(m) | 1.1 | 1.5 | 1.7 | 2.0 | 2.5 | 2.8 |

新建锅炉房在烟囱周围半径200m的距离内有建筑物时，烟囱高度一般应高出建筑物3m以上。

烟囱出口内直径按出口推荐流速（表9-7）计算。确定出口内直径时还应核对最小负荷时的流速，以免冷风倒灌。

烟囱外直径由结构设计决定。砖烟囱顶部壁厚一般为240mm，有内衬时为410mm。底部外直径由烟囱高度和外壁坡度决定，外壁坡度一般采用2.5%。底部内直径与设计条件有关，如烟囱高度为40~50m，排烟温度为250℃，风压为500Pa时，烟囱底部总壁厚为780mm。

5. 核对风机性能

当锅炉使用条件与设计条件有较大变化或有其他需要时，核对锅炉厂配套的送、引风机性能。

计算风道和烟道阻力时，应先绘制供计算用的系统简图，注明管段长度、断面尺寸、曲率半径等。然后按本书第九章的有关公式和图表进行计算。

除尘器的阻力可按产品说明书选取。

计算出送风和引风系统总阻力后，得出要求的风机压头和流量，核对锅炉厂配套的风机的性能是否满足要求。如果需要更换风机，应选出风机型号。

### （五）运煤除灰方法的选择

运煤除灰系统是燃煤锅炉房的一个重要组成部分，它关系到锅炉房的安全经济运行。但根据教学要求，在课程设计（作业）中只进行以下几项的选择计算。

**1. 计算锅炉房的耗煤量和灰渣量**

为了运煤除灰设备选择计算的需要，应分别计算锅炉房平均小时最大耗煤量、最大昼夜耗煤量、全年耗煤量及其相应的灰渣量。

平均小时最大耗煤量 $B_{pj}^{max}$ 是出现在最大负荷季节时的平均小时耗煤量，由下式计算：

$$B_{pj}^{max} = \frac{K_0 D_{pj}(h_q - h_{gs}) + D_{pw}(h_{pw} - h_{gs})}{Q_r \eta} \quad t/h \qquad （附 2-26）$$

式中　$K_0$——锅炉房自耗热量、管网热损失和除氧用热系数；

　　　$D_{pj}$——生产和生活平均热负荷、供暖和通风最大热负荷之和，t/h；

　　　$h_q$——锅炉工作压力下蒸汽的焓，kJ/kg；

　　　$h_{gs}$——给水的焓，kJ/kg；

　　　$D_{pw}$——锅炉排污量，t/h；

　　　$h_{pw}$——排污水的焓，kJ/kg；

　　　$Q_r$——锅炉输入热量，kJ/kg；

　　　$\eta$——锅炉的运行效率（用小数表示）。

运行测试和热平衡统计资料表明，锅炉的运行效率比设计效率要低 10%～15%。在锅炉房设计中无法得出运行效率，但在设备选择计算时应考虑这一因素。

最大昼夜耗煤量 $B_{zy}^{max}$ 与生产班制有关：

$$B_{zy}^{max} = 8SB_{pj}^{max} + 8(3-S)B_f \quad t/d \qquad （附 2-27）$$

式中　$S$——生产班次；

　　　$B_{pj}^{max}$——平均小时最大耗煤量，t/h；

　　　$B_f$——非工作班时耗煤量，t/h，非工作班的热负荷见式（附 2-4）说明。

全年耗煤量按式（附 2-3）得出的全年热负荷计算，计算公式与式（附 2-26）相同，也可用该式得出单位热负荷的耗煤量计算。

平均小时最大耗煤量、最大昼夜耗煤量和全年耗煤量对应的灰渣量，可用式（11-4）计算。由此得出的灰渣量中，随锅炉除渣设备排出的部分，抛煤机炉为 60%～75%，其他层燃炉为 70%～85%；其飞灰部分由除尘器捕集；烟道灰部分数量不多，且有的锅炉烟道灰也进入锅炉除渣设备而排除。

**2. 确定储煤场面积**

燃料的厂外运输，不管是火车、汽车还是船舶，都可能因天气、调度、燃料源等各种条件影响而短时中断。另外，锅炉房燃料用量与车船运输能力也不平衡，因此应设置储煤场，以保证锅炉的燃料供应。储煤场的面积，根据煤源远近、运输方法及其可靠性等因素按式（11-2）计算确定。

**3. 确定灰渣场面积**

锅炉房排出的灰渣暂时堆放在灰渣场，一般由汽车运出。灰渣场面积的计算公式也可用与式（11-2）相同的形式。储渣量一般为锅炉房 3~5d 的最大昼夜灰渣量。如果除尘器为干式排灰，则排灰全部进入灰渣场。灰渣的视密度可取 0.6~0.9t/m³，渣堆高度应便于卸渣。

当采用灰渣斗储渣时，可不设灰渣场。灰渣斗的容积应计算确定，储渣量一般为 1~2d 的最大昼夜灰渣量。灰渣斗排出口与地面的净距，采用汽车运渣时不小于 2.6m。

4. 确定运煤除灰渣方式

（1）运煤除灰渣系统的输送量　运煤系统的输送量按下式计算：

$$G = \frac{24B_{\mathrm{pj}}^{\max}K}{t} \quad \mathrm{t/h} \tag{附 2-28}$$

式中　$B_{\mathrm{pj}}^{\max}$——平均小时最大耗煤量，t/h，当锅炉房需扩建时，计入相应耗煤量；

　　　$K$——运输不平衡系数，可取 1.1~1.2；

　　　$t$——运煤系统工作时间，h，一班制工作时，$t > 7\mathrm{h}$；两班制工作时，$t > 14\mathrm{h}$；三班制工作时，$t > 20\mathrm{h}$。

对于没有炉前储煤斗的小型锅炉，锅炉厂配备的锅炉煤斗容积很小，例如蒸发量为 4t/h 的锅炉，约为 20min 额定蒸发量时的耗煤量，因此，式（附 2-28）中 $B_{\mathrm{pj}}^{\max}$ 应代以额定蒸发量时的耗煤量。

锅炉排渣一般都是连续的，因此，除灰渣系统的输送量一般应按运行锅炉额定蒸发量时的排渣量计算，并计入运输不平衡系数（可取 1.1~1.2）。

（2）确定运煤除灰渣方式　运煤和除灰渣方式较多，系统与设备的选择计算涉及的知识面较宽，也需要较多的实践经验。在课程设计中只根据运输量、燃烧设备要求、场地条件等因素确定运煤除灰渣方式及其系统组成。所有设备的选择计算均不作要求。

对于蒸发量不超过 4t/h 的锅炉，运煤除灰渣一般均采用较简单的机械，单台配套。例如卷扬翻斗上煤装置、摇臂翻斗上煤装置、电动捯链上煤装置、螺旋式出渣机、刮板式出渣机等，可按厂家图纸或动力设施图集选用。

对于容量较大的锅炉，运煤可采用带式输送机、斗式提升机、埋刮板输送机等设备。所有运煤系统均应装设煤的计量装置。容量较大的锅炉的运煤系统中，根据燃烧设备的要求设置破碎、磁选和筛选设备。

运煤系统通常为单路运输，不设置备用设备。集中运煤系统一般为两班工作制，但应设置炉前储煤斗，其容积和尺寸的确定见本书第十一章第一节。

常用的除灰出渣设备有马丁式除渣机或圆盘出渣机、带式输送机、链条除渣机以及水力除灰等。对于单层布置的锅炉房，除灰渣系统宜与单台锅炉配置，以免布置在地下的除灰渣设备发生故障时影响整个锅炉房的运行。

（六）锅炉房工艺布置[1]

锅炉房工艺布置的内容包括各种工艺设备及管道、燃料储运和水、烟、灰渣排放设施的布置；作为课程设计，还应提出锅炉房区域内的建筑物和构筑物的布置方案。锅炉房布置应使各种设备工作安全可靠、运行管理和安装检修便利；同时还应节省用地用材，提高建设和运行的经济性。

---

[1]　详见《锅炉房设计标准》GB 50041—2020。

设计说明书中应对锅炉房布置方案作必要的说明，并附以布置简图。

1. 锅炉房建筑

锅炉房的建筑物和烟囱、水池等构筑物由土建专业设计，但锅炉工艺设计人员应根据工艺过程的需要，提出基本形式、主要控制尺寸和有关要求。在本课程设计中，锅炉房建筑形式和主要控制尺寸除题目给定外，均由设计者自行确定。

(1) 锅炉房的组成

锅炉房包括设置锅炉的锅炉间，设置给水、水处理、送引风、运煤除灰等辅助设备的辅助间，化验室以及值班室、更衣室、浴室和厕所等生活用房。容量较大的锅炉房（通常是指 10～60t/h 锅炉的锅炉房），还包括变配电用房、仪表操作间、机修间和办公用房。

布置锅炉和辅助设备的建筑根据设备特点按实际需要设置，化验室和上述生活用房一般均应设置。课程设计中，化验室和生活用房的面积可参考附表 2-6 推荐的数值。

生活间面积推荐值

附表 2-6

| 锅炉房规模<br>(t/h) | | 办公室 | 值班、休息室 | 化验室 | 更衣室 | 浴室 | | 厕所<br>数量 |
| --- | --- | --- | --- | --- | --- | --- | --- | --- |
| | | | | | | 淋浴器数量 | 浴池数量 | |
| 8～16 | | — | 3.3m×4.5m | 3.3m×4.5m | — | 2 | | 1 |
| 20～60 | 男 | 3.6m×6m | 3.6m×6m | 3.9m×6m | 3.6m×4.6m | 2 | 1 | 1 |
| | 女 | | | | | 1 | | 1 |

当锅炉房作为一个车间进行管理时，还应配备办公室、日常检修用的机修间和材料备品储藏间等用房。

当蒸汽锅炉房供热水时，换热设备、热水循环泵和补给泵等设备一般也统一布置在锅炉房内。

(2) 锅炉房建筑安全要求

锅炉属于有爆炸危险的承压设备，锅炉房的设计必须严格执行国家有关规定。

《锅炉安全技术规程》TSG 11—2020 规定：锅炉一般应装在单独建造的锅炉房内，不得设置在人口密集的楼房内或与其贴邻。锅炉房若设置在主体建筑以外的附属建筑物内，或与住宅、生产厂房相连时，对锅炉的压力和蒸发量都有极严格的限制。

锅炉房应为一、二级耐火等级的建筑，但总额定蒸发量不超过 4t/h 的燃煤锅炉房可采用三级耐火等级建筑❶。

锅炉房与相邻建筑物之间应留有防火间距，具体要求与建筑物的耐火等级有关。露天或半露天煤场与锅炉房或相邻建筑物之间的防火间距，当煤场总储量为 100～5000t 时，对一、二级耐火等级的建筑物为 6m，三级为 8m；当总储量超过 5000t 时，上述间距各加大 2m。

出于安全方面的考虑，锅炉房应采用轻型屋顶，门的数量和开向也有要求，参阅本书第十三章第三节。

锅炉房地面应平整无台阶。为防止积水，底层地面应高于室外地面。设备布置在地下室时，应有可靠的排水设施。

---

❶ 建筑物的耐火等级分为四级。耐火等级为一、二级的建筑物，除二级的吊顶为难燃烧体外，其他构件均为非燃烧体。三级建筑物，吊顶和隔墙为难燃烧体，屋顶承重构件为燃烧体，其余构件均为非燃烧体。

（3）锅炉房建筑布置形式

锅炉房设备可作室内布置或露天布置。露天布置节省土建投资，排尘排热条件好，但设备防护条件要求高，操作条件较差。课程设计中一般不考虑露天布置方案。但气候和环境条件允许时，除尘器、送风机、引风机、水箱等辅助设备可以作露天布置。

锅炉房作单层布置还是双层布置，主要取决于锅炉产品设计、燃烧设备和受热面布置方式。当前，额定蒸发量不超过 4t/h 的燃煤锅炉、燃油燃气锅炉，一般作单层布置；额定蒸发量大于或等于 6t/h 的燃煤锅炉，一般作双层布置。单层布置时节省土建投资，操作比较方便；但占地较大，除渣设备布置在地下，工作可靠性和检修条件较差。

新建锅炉房一般均应留有扩建的可能性。因此，布置给水设备、水处理设备和换热设备的辅助间和化验间、生活用房常设置于锅炉房的一端，这一端称为固定端，另一端作为扩建端。辅助间根据锅炉房的规模和需要，可以单层、双层或三层布置。机械化运煤除渣设备由固定端进出，以免扩建时影响原有锅炉的运行，减少设备的拆装工作。

锅炉房内的仪表控制室、化验室、生活用房、变配电用房、运煤通廊等应分隔布置，而且仪表控制室应设置在操作层，化验室布置在采光好、噪声和振动影响小的部位。水处理设备、给水设备、换热器、送风机、引风机等辅助设备，原则上可以不分隔，与锅炉布置在同一房间内。但目前国内采用高速风机，噪声大，通常把风机隔开布置。由于运行管理方面的原因，锅炉设备难以保持完好状态，负压锅炉在运行中常出现正压，锅炉间灰尘较多，因此，辅助间常与锅炉间隔开布置。

除尘器和引风机根据流程布置在锅炉间的后面。单层布置的锅炉房，为了降低锅炉间的噪声，送风机也往往和引风机一起布置在风机间内。风机间一般紧贴锅炉间后墙，也可在除尘器后作单独的风机间，而除尘器则露天布置。

锅炉的工作面应有较好的朝向，并避免太阳西晒。

排污减温池、水处理药剂库、各类箱罐一般设置在锅炉房的后面。

锅炉房设有地下凝结水箱时，应尽量采用半地下建筑，以便于采光和通风。

锅炉房的建筑布置应满足工艺布置的要求，而工艺布置也要考虑建筑设计的合理性。锅炉房的柱距、跨度和层高等主要尺寸应尽量符合建筑统一模数制。对于装配式或部分装配式钢筋混凝土结构，当跨度小于或等于 18m 时，跨度采用 3m 的倍数；当跨度大于 18m 时，采用 6m 的倍数，厂房柱距则采用 6m 或其倍数。自地面至柱顶的高度或层高应为 300mm 的倍数，屋面坡度一般采用 1：5 或 1：10。门窗洞口采用 300mm 的倍数。

2. 锅炉房设备布置

（1）一般原则

锅炉房内各种设备的布置应保证其工作安全可靠、运行管理和安装检修便利；设备的位置应符合工艺流程，以便于操作和缩短管线。此外，设备布置还应能合理利用建筑面积和空间，以减少土建投资和占地面积。

需要经常进行操作或监视的设备，操作部位前应留有足够的操作面；设备需要接管的部位，应留有安装管道及其附件的位置；各设备都应有通道通达，以便于运行中检查设备运转情况和安装检修时设备及部件的搬运。

设备的上方应根据操作、通行或吊装的需要留出空间。为了便于安装和检修设备，50kg 以上的部件或附件，可设置吊装设备或预设悬挂装置。吊装设备可根据需要选用手动或电动的梁式起重机、悬挂式起重机或单轨行车。

为了做好设备布置工作，设计者必须了解设备的操作过程，以及这一过程和安装检修对场地空间的要求。在进行设备布置时，应先查明各设备的外形尺寸、基础外形、接管部位等。

（2）锅炉布置

锅炉的布置方法和布置尺寸与锅炉容量、燃烧设备和受热面结构等因素有关。如容量较大的锅炉通常采用双层布置，底层作为出渣层，同时亦可布置风机等辅助设备和其他用房；燃煤锅炉都有运煤除渣、拨火清灰等操作；不同的受热面结构，对其清灰和清理烟道灰也有不同要求。

锅炉的炉前是主要操作面，锅炉前端至锅炉房前墙的净距离要考虑操作条件，储煤斗或运煤设备的布置，小型锅炉人工运煤的要求，以及炉排的检修、烟管的清灰等要求。这一净距离一般不小于 4～5m。

锅炉两侧墙之间或与建筑墙之间，通常布置有平台扶梯、各种管道，有时还有送风机和除渣设备。机械炉排一般都在炉侧设置拨火门，有时炉排的漏煤和烟道灰也从炉侧清除。拨火操作要求炉墙与侧墙之间净距大于拨火深度（炉排宽度与炉墙厚度之和）1.5m以上，清除漏煤和烟道灰的操作要求也与此相仿。出渣机设置于炉侧时，侧墙间净距还应便于运渣车通行。如炉侧无操作要求，仅作为通道，则对 1～4t/h 的锅炉通道净距不应小于 0.8m，对 6～20t/h 的锅炉通道净距不应小于 1.5m。

根据锅炉的实际条件，按上述要求即可确定炉侧间距，从而确定两台锅炉中心线间距。对于设置炉前储煤斗的锅炉房，炉子中心线至相邻两建筑纵向轴线（通常即煤斗框架轴线）等距，以便于储煤斗和溜煤管的装设。

锅炉后端至锅炉间后墙的间距，如锅炉后部设有打渣孔或其他装置，则应满足其相应操作要求。如仅作为通道，则其净距要求与炉侧相同。

锅炉最高操作平台至屋架之间的净高应大于或等于 2m，如为木屋架则应大于或等于 3m。

单层布置的锅炉房，除渣设备布置在地坑或地槽内。若采用集中除渣系统，储渣斗一般布置在锅炉房固定端一侧；若各台锅炉分别设置储渣斗，可设在锅炉房的前部或后部。

除渣设备工作条件差，易出故障，布置时应考虑有较好的工作和检修条件，而且应尽量满足在故障时改为人工出渣的可能性。

为便于安装和检修时的物件搬运，双层布置的锅炉房或单台锅炉额定蒸发量大于或等于 10t/h 的锅炉房，在锅炉上方应设置起吊能力为 0.5～1t 的起吊装置，在穿越楼板处应开设吊装孔。吊装设备常采用电动捯链或手动单轨行车。

设备最大运输部件不能通过门洞或窗洞搬运时，应设有预留安装孔。对于框架结构的建筑物，不必指定预留安装孔位置。

（3）辅助设备布置

引风机的位置由除尘器和管道的连接要求确定。风机间内应有通道，其宽度应满足安装和检修时风机部件搬运的要求。风机间应根据实际条件设置起吊装置或留有吊装空间。风机轴线标高应满足出口法兰装拆的要求。风机出口水平引出时，出口距墙或距总烟道的尺寸应考虑风机、出口渐扩管与烟闸安装的需要。

除尘器一般露天布置，小型锅炉的除尘器也可布置在室内。除尘器的进口标高除考虑本体高度外，还应考虑下部排灰或储灰装置及运灰车的高度。干式排灰时，布置除尘器的区域要有运灰车通行的通道。

水处理设备一般布置在辅助间内，需要时也可单独布置在独立的建筑物内。离子交换器一般靠内墙布置，以免影响采光。离子交换器之间，以及与墙或其他设备之间的距离应满足配管的要求，侧面有操作时还应满足操作要求。

离子交换器通常布置在底层，并与溶盐池、盐泵和盐液过滤器按工艺流程合理地布置在一起。离子交换器高度较大，当上方设有楼层时，如果需要，可以抽掉顶部的部分楼板，或把这部分楼板抬高至所需高度，以满足离子交换器布置的需要。具有筒体法兰的离子交换器，其上方空间应有吊装条件或设置悬挂装置。

热力除氧器和除氧水箱布置在满足灌注头要求的楼层上，一般为三层，其上方应有足够的空间满足吊装要求。同时，在起重机能接近的外墙上预留安装孔。

开式钢板水箱放置在支座上，支座间距在标准图上有规定，支座高度应考虑配管的需要，但不小于300mm。水箱顶部应有一定空间，满足配管、阀门操作和人孔使用条件。水箱的正面除考虑管道和阀门安装的需要以外，还应留有通道。其他各边如无接管和安装扶梯的需要，则不必留通道。

采用加药除氧器时，根据加药方式把加药器布置在便于操作的地方。

小型锅炉给水箱和给水泵应布置在司炉便于看管的地方。如果给水箱和给水泵没有布置在同一房间，给水泵房间内应有指示给水箱水位的信号装置和控制进给水箱软水量的阀门。

泵的泵端靠墙布置时，泵端基础与墙之间的距离应考虑吸水总管、进水阀和连接短管安装的需要。泵基础之间的通道一般不小于700mm，大型泵还应加大，以满足安装检修时搬运的需要，当场地不足时，也可把同型号的两台泵布置在同一基础上。

从水箱出口至给水泵进口的吸水管段不应高于水箱最低水位，以保证安全给水。

泵的底座边缘至基础边缘的距离一般不小于100mm，地脚螺栓中心至泵基础边缘距离一般不小于150mm，基础一般高出地面120～150mm（包括不小于25mm的找平层）。

水泵间的上方应有安装、检修时搬运与吊装条件，大型水泵的泵房可设置起吊装置。

3. 风、烟管道和主要汽水管道布置

各种管道及其附件的布置都应使其工作安全可靠、操作和安装检修便利。布置时应注意以下要求：

（1）管道布置应符合流程要求，使管道具有最小的长度。

（2）分期建设或具有扩建可能的锅炉房，管道布置应适应扩建要求，使扩建时管道改造工作量最小。

（3）管道布置应便于装设支架，一般沿墙柱敷设，但不应影响设备操作和通行，避免影响采光和门窗启闭。

（4）管道离墙柱或地面的距离应便于安装和检修，如焊接、保温、法兰的装卸等。

（5）输送热介质的管道应考虑温度变化时的伸缩，并尽可能采用自然转弯进行补偿。

（6）管道应有一定坡度，以便排汽放水。汽管坡向应与介质流向一致。汽管、水管最低点和可能积聚凝结水处设放水阀或疏水阀，水管最高点设放汽阀。

（7）主要通道的地面上不应敷设管道，通道上方的管道最低表面距地应不小于 2m。

（8）风道和烟道可作地上或地下布置。地上布置时易于检查和检修，烟道也便于清灰。地下布置时应有防水以及检查和排除积水的措施。

（9）露天布置的送、引风机，如考虑利用移动式起重机吊装，地面上不应设置管道，此时的管道通常架空布置，管底距地面一般为 5m，地下水位低时也可作地下布置。

管道附件应根据其工作特点、操作要求和安装检修条件进行合理布置。

管道上的阀门应设置在便于操作的部位，尽量利用地面和设备平台等便于接近的地方进行操作。否则，大口径阀门（$D_g \geqslant 150mm$）应设置专用平台。

分汽缸一般设在锅炉间固定端。当接管较多且需要分别装设流量计时，也可设在专用房间内。

分汽缸接管上的阀门应设置在便于操作的高度上；分汽缸与墙的距离要便于阀门的安装和拆卸。

各种流量计应根据所选形式，在其前后应接有为保证计量精度所需长度的直管管段。

**（七）制图要求**

课程设计应完成热力系统图 1 张，设备布置图 2 张，图幅为 1 号或 2 号图纸。课程作业只需完成相应的简图。

1. 热力系统图

热力系统图应绘制全部热力设备、连接管道、阀门及附件，并标明管径和设备编号，附上图例。

设备按规定的图形符号绘制。对于锅炉、省煤器、水处理设备等主要设备和标准中未包括的设备，按常用图形符号表示。常用图形符号通常是设备接管图的展开图。管道以规定代号表示，管道附件以有关标准规定的图形符号和管道附件的规定代号表示。对于标准中没有规定的管道与附件，可采用常用表示方法或参考标准中的表示方法自行决定，但应在图例中标明。

管道直径可只标注课程设计中要求计算管径的给水管道和蒸汽管道。无缝钢管用外径和壁厚表示，例如 $D133 \times 4$；水煤气输送管（焊接钢管、黑铁管）可用公称直径表示，例如 $DN20$。

热力系统图的图面布置应匀称，线条清晰。在图面的上部通常是锅炉和热力除氧器，下部是水处理设备、换热器和水泵，最下面是排污排水设施。进出锅炉房的各种管道应放在周边的明显部位。图中设备接管部位和管道节点相对位置应与实际接管相符，不可任意调换。管道断开处或流向不易判明的管段，应标出介质流向，必要时加文字说明。

当锅炉房设备较多时，热力系统图也可按工艺系统分成几部分，例如水处理系统、热水加热系统、锅炉排污系统等可作为独立的系统来绘制。

各设备需要连接管道的所有对外接口，包括只有排水或排汽接管的接口，在系统图上都应表示清楚，但设备内部管道和附件可不表示。

拟定热力系统图时应考虑运行的可靠性、调度的灵活性、部分设备切出检修的可能性以及建设和运行的经济性等，一般应注意以下几个方面：

（1）给水系统、蒸汽系统、热水锅炉循环水系统的连接方式应根据锅炉和锅炉房特点合理选择。

（2）可能超压造成事故的设备应有符合国家有关规程的安全保护装置；在系统设计中也应遵守有关规程对系统设计的要求，如锅炉安全阀的排出管应接至安全处，省煤器安全阀的排出管不应与排污管相接；开式水箱均应有通向大气的排气管，排气管一般接至室外，其上不得装设阀门；凝结水箱或温度较高的给水箱，应采用水封式溢流管；每台锅炉应有独立的排污及放水系统；几台锅炉若合用一个总排污管，则须有妥善的安全措施；锅炉的排污阀（或放水阀）和排污管（或放水管），不允许用螺纹连接，等等。

（3）同类设备建立横向联系，以达到互为备用的目的，并应使任一台设备能从系统中切出检修或投入运行。如各台给水泵、给水箱和循环泵，各自之间应有横向连接管道和相应的阀门。

（4）设备的纵向联系应保证主要设备的工作，次要设备建立旁通。如初级加热器、减压阀和疏水阀等应有旁通管道和阀门，在这些设备故障或检修时，不致使主要设备停止工作。疏水阀的旁通还在系统暖管和设备启动时作手动排水用。疏水阀的前后装设冲洗阀和检查阀，以便冲洗管道和检查疏水阀工作情况。

（5）为使各设备有从系统中切出检修的可能性，设备进出口处应有关断阀，并有放空设备的放水阀。

（6）尽量减少在主管道上连接支管道，且应在靠近主管道的支管道上装关断阀，以免任一支管道上的设备和管道附件的事故或检修而影响整个系统的工作。

（7）应尽量简化系统，减少管道和附件，以节省建设费用；系统连接方式应尽量减少设备的动力消耗，如锅炉房内的设备凝结水应直接进入除氧器。

2. 设备布置图

布置图中应包括各种设备和主要管道，相关的建筑物和构筑物也应绘出。各种设备和管道必须有定位尺寸，建筑物应标注主要尺寸，如柱距或开间、跨度、屋架下弦标高等。

制图方法可根据图纸类别执行不同的制图标准。对于建筑物、构筑物、设备布置图，执行建筑制图标准；对于非标准设备和其他机械部件图，可执行机械制图标准；对于锅炉产品图样，可执行锅炉制图标准。

制图时以工艺部分为重点。对于工艺设备和管道，根据需要可采用粗、中或细线绘制。对于建筑物和构筑物，一般用细线绘制，且图形可以简化，以标明建筑结构形式、门窗洞口和楼梯位置等与工艺设计有关部分为度，但《锅炉安全技术规程》TSG 11—2020规定的通向锅炉间的门的开向应画出。

设备图形一般以外形表示。锅炉图形中一般还应画出锅筒、尾部受热面（独立布置时）、炉排调速箱和煤斗，必要时绘出平台、扶梯和设计中增加的连接平台。风机图形中应包括机壳、电动机和基础外形。水泵图形中应表示出基础外形、水泵和电动机位置。水箱、分汽缸等保温设备，可按未保温时的尺寸绘制，但布置尺寸的确定应考虑保温层的存在。钢筋混凝土溶盐池等池类用双线表示。

汽、水管道一般用单线表示。风、烟管道按比例绘制。金属风、烟管道与设备的接口以及弯头、变径管等部件应表示连接法兰。砖烟道用双线表示，壁厚应由土建设计确定，课程设计中可按一砖半绘制。

图中设备和管道应标出定位尺寸。至建筑物一侧的尺寸界线，应考虑施工的需要与方便，主要设备可取建筑轴线，次要设备和管道可取墙柱表面或建筑轴线。设备定位尺寸有纵向和横向两个尺寸。外形对称的设备可取中心线作为定位线，其余情况根据设备特点确定。锅炉通常以纵向中线或锅筒或主要集箱中心线、前墙（柱）或后墙（柱）的尺寸定位。风机的定位线则为轴线和机壳中线，除尘器为筒体或筒体和进口中心线，泵为轴线和基础端面线或出口中心线，矩形水箱、水池常用边线。

平面图中的地面和地坑等处标注标高，剖面图中的高度常以标高标注。

剖面线的选取应能表达多数设备的布置情况。剖面图中一般应绘出锅炉、运煤除渣设备、送风机、引风机、除尘器和烟囱，并标出锅筒中心线、除尘器进口中线、风机轴线、管道中心线，以及烟囱出口、各层地面和屋架下表面等部位的标高。

建筑图应有定位轴线及其编号。定位轴线与墙、柱和楼板的关系根据有关标准确定，课程设计中也可参考例图确定。各定位轴线间距都应标注，剖面图中也应标注。

设备布置图中的设备均应标注设备编号。设备明细表可放在设备平面布置图中。

平面布置图上应绘制指北针。

3. 图标

图标绘在图纸右下角，图标形式可根据各院校情况确定，下面给出的格式供参考。

| （院校名） | | （设计名称） | | | 课程设计 |
|---|---|---|---|---|---|
| 班级 | | （图名） | 图号 | | |
| 姓名 | | | 比例 | | |
| 指导教师 | | | 日期 | | |

4. 制图要求

设计图纸用计算机软件绘制（使用合适的软件和工具绘图，如 AutoCAD、MAT-LAB、Microsoft Visio 等），并执行制图标准的规定。设备布置图采用比例以 1：50 为宜，如有困难，可改用其他比例。

图纸幅面一般采用基本幅面，如有必要，1～3 号图纸的长度或宽度都可加长，加长部分应为基本幅面相应边长的 1/8 及其倍数。

制图和设计计算一样，都应独立完成。对图纸中工艺部分的布置方法、图形和尺寸要弄清其作用、根据和意图。

图面要整洁，图形应清晰可读，线条粗细适中，所有图形都应有标题和必要的说明，包括图例、坐标轴标签、单位等。

**（八）设计说明书的编制**

1. 设计说明书中应说明设备、系统、方案的选择依据、理由和结论，设计计算公式、公式中各符号的意义和数据，以及计算结果。论述时必须结合自己的设计题目，表明自己的观点，切忌泛谈一般设计方法。

2. 设计说明书要求条理清楚，标题编排合理。计算部分也可以用表格形式，但表中必须包括公式、符号、数据和结果，且序号符合计算顺序。

简图可以用铅笔绘制，不要求有严格的比例，但线条和字迹必须清楚。

3. 设计说明书应装订成册，并有封面、目录和页次。

4. 设计说明书可在设计过程中分阶段交给指导教师审阅。

5. 设计完成后，对设计中出现的问题，如前后设备和数据的更改，已发现但来不及修改的各种问题，以及有必要说明的其他事项，可在说明书最后的结束语中说明。

### （九）学时分配

由于各院校课程设计安排情况不一，各有特色，各部分设计内容的学时分配也难以统一。对于集中安排设计（两周）和作业（一周）的院校，附表 2-7 可供参考。

课程设计（作业）学时分配　　　　　　　　　　　　　　　　附表 2-7

| 设计(作业)内容 | 设计学时 | 作业学时 | 设计(作业)内容 | 设计学时 | 作业学时 |
|---|---|---|---|---|---|
| 热负荷计算和锅炉选择 | 4 | 4 | 制图:系统图 | 12 | |
| 水处理设备选择 | 8 | 6 | 平面布置图 | 18 | |
| 给水设备和主要管道选择 | 4 | 2 | 剖面图 | 7 | |
| 送引风系统设计 | 6 | 4 | 设计说明书整理 | 5 | 4 |
| 运煤除灰方式选择 | 4 | 2 | | | |
| 锅炉房布置及绘制简图 | 12 | 18 | 总计 | 80 | 40 |

# 附录三 工业锅炉房工艺设计工程实例

六台 116MW 燃气热水锅炉房工艺设计

1. 设计概况

本工程为西安市某热力调峰供热站项目，安装有 6 台热功率为 116MW 的燃气热水锅炉。锅炉采用浙江力聚热能装备股份有限公司生产的超低氮微压相变热水锅炉，并配套烟气余热深度回收及消白装置。每台 116MW 锅炉由 4 台超低氮微压相变热水机组和 4 台超低氮溴化锂吸收式热泵组成。溴化锂吸收式热泵是以天然气为驱动热源、溴化锂溶液为制冷剂的制冷设备，进行烟气的余热深度回收。

2. 原始资料

(1) 热负荷：$Q = 693.04$MW。

(2) 燃料资料：天然气低位发热量为 34.74MJ/Nm$^3$。

(3) 水质资料：生产用水为市政自来水。

3. 热负荷计算及锅炉机组选择

(1) 全厂热负荷计算

$$Q_{max} = K_0 K_1 Q$$

式中　　$Q_{max}$——最大计算热负荷，MW；

　　　　$K_0$——管网散热损失系数，取 1.05；

　　　　$K_1$——供暖用热同时使用系数，取 1；

计算上述各项系数后，锅炉房最大计算容量为：

$$Q_{max} = K_0 K_1 Q = 1.05 \times 1 \times 693.04 = 727.7 \quad MW$$

(2) 锅炉机组的选择

根据锅炉房的计算容量、所需热水技术参数和供应燃料品种，本项目拟采用容量（热功率）为 116MW 的超低氮微压相变锅炉，共 6 台。每台锅炉由 4 台超低氮微压相变热水机组和 4 台超低氮溴化锂吸收式热泵组成。锅炉采用超低氮燃烧器技术，NO$_x$ 排放量低于 30mg/m$^3$；热水系统的供/回水温度为 110℃/50℃。

116MW 超低氮微压相变锅炉的主要技术参数如下：

额定热功率：116MW；

额定出水压力：1.6MPa；

供/回水温度：110℃/50℃；

锅炉燃料：天然气；

风机功率：132kW；

燃料耗量：14092Nm$^3$/h。

4. 给水及水处理设备的选择

(1) 锅炉循环水量的计算

$$G = \frac{3.6kQ}{c\Delta t} \quad \text{t/h}$$

式中　$Q$——锅炉额定热负荷，kW；

　　　$k$——管网散热损失系数，取 1.05；

　　　$c$——管网热水的平均比热容，kJ/(kg·℃)；

　　　$\Delta t$——热水供回水温差，℃；

锅炉房循环水量为：

$$G = \frac{3.6kQ}{c\Delta t} = \frac{3.6 \times 1.05 \times 6 \times 116000}{4.18 \times (110-50)} = 12569.76 \quad \text{t/h}$$

（2）循环水泵扬程的计算（见下表）

| 阻力 | 项目 | 单位 | 数值 | 数据来源 |
|---|---|---|---|---|
| $H_1$ | 远期外网阻力 | m | 50 | 外部提供 |
| $H_2$ | 锅炉 | m | 10 | 外部提供 |
| $H_3$ | 厂内管网 | m | 5 | 计算 |
| $H_4$ | 锅炉房内管道 | m | 5 | 计算 |
| $H_5$ | 单台锅炉流量计 | m | 3 | 取值 |
| $H_6$ | 总管流量计 | m | 3 | 取值 |
| $H_7$ | 除污器 | m | 4 | 取值 |
| $H_8$ | 预留富余压头 | m | 5 | 取值 |

$$H \geqslant \sum H_i = 50+10+5+5+3+3+4+5 = 85(\text{m}) = 0.85(\text{MPa})$$

（3）循环水泵的选择

热网设计总循环流量为 11902.53m³/h，选用 4 台循环水泵（变频，3 用 1 备）。

循环水泵技术参数：流量为 0～4300m³/h；扬程为 0.85MPa；转速为 2900r/min；电机功率为 1250kW；数量为 4 台（变频，3 用 1 备）。

5. 定压及水处理设备的选择

（1）定压装置及补水泵的选择

热水系统的补水量一般根据系统的正常补水量和事故补水量确定，并且为正常补水量的 4～5 倍。系统的小时泄漏量宜为系统总的水容量的 1%。热网补水定压系统采用补水泵变频自动定压方式，补水率按 1% 计算，补水量约为 120m³/h。补水泵扬程根据外网定压压力选择，本项目外网定压压力为 0.4MPa。

补水泵技术参数如下：流量 $Q = 140$m³/h；扬程 $H = 0.45$MPa；配用电机容量 $N = 22$kW；数量为 3 台（变频，1 用 2 备）。

（2）软化水设备及软化水箱的选择

根据自来水水质资料，选用全自动软水器一台，其出水量为 120m³/h。经软化后出水硬度小于或等于 0.6mmol/L，作为一次热网补给水，以满足《工业锅炉水质》GB/T 1576—2018 规定的热水锅炉补给水的水质要求。

全自动软化水装置的技术参数：软水流量为 120m³/h；出水硬度小于或等于 0.6mmol/L；选用 105m³ 不锈钢水箱 1 个。

（3）除氧系统

软化水进入三位一体除氧器，经过真空、电化学除氧后，水中溶解的氧气不断逸出，进而使水中含氧量不断降低，出水含氧量小于或等于 0.1mg/L，作为一次热网补给水，符合现行国家标准《工业锅炉水质》GB/T 1576 规定的热水锅炉补给水的水质要求。

三位一体除氧器的技术参数：处理水量为 60m³/h；出水含氧量小于或等于 0.1mg/L；选用 105m³ 不锈钢水箱 1 个。

6. 水汽系统主要管道管径的确定

（1）锅炉房循环水进出水总管管径

总流量可由下式计算：

$$G = \frac{0.86kQ}{c\Delta t} = \frac{0.86 \times 1.05 \times 6 \times 116000}{1 \times 50} = 12569.76 \quad m^3/h$$

若取管内流速为 3m/s，则循环水管内径可由下式计算：

$$d_0 = 18.8\sqrt{\frac{G}{v}} = 18.8\sqrt{\frac{12569.76}{3}} = 1216.9 \quad mm$$

式中　$d_0$——循环水管内径，mm；

　　　$G$——工作状态下的体积流量，m³/h；

　　　$v$——工作状态下的流速，m/s；

循环水进出总管规格取 1200mm（管径）×14mm（壁厚）。

（2）水泵至锅炉循环水管管径

水泵为 3 台并联运行，每台水泵的流量为 3967m³/h，若取管内流速为 1.5m/s，则每台泵的循环水管管径可由下式计算：

$$d_0 = 18.8\sqrt{\frac{G}{v}} = 18.8\sqrt{\frac{3967}{1.5}} = 721 \quad mm$$

水泵至锅炉循环水管规格取 720mm（管径）×11mm（壁厚）。

7. 燃气及排烟系统

（1）燃气及天然气泄漏报警装置

锅炉间与锅炉基础层设置事故通风，换气次数为 $12h^{-1}$。天然气泄漏时，泄漏报警系统发出信号，自动启动通风设备。其他生产辅助建筑采用机械通风。

（2）烟囱

本项目每台 116MW 超低氮微压相变锅炉配置 4 套相对独立的烟风系统，每台锅炉设置有 4 台鼓风机，4 个烟囱。每个烟囱上口直径为 1200mm，距离地面高度为 35m（依据环评报告）。

鼓风机经地下风道从进风消声道吸入冷空气后进入锅炉与天然气混合，燃烧产生的高温烟气流经锅炉节能器，加热热网回水后排出时的烟气温度为 65℃。之后进入烟气冷凝器再一次进行换热，排烟温度进一步降低到 25℃。在深度回收烟气余热的同时，烟气中析出大量的冷凝水。为消除冒白烟现象，锅炉尾部装有消白再热器，最后烟气以 60℃排出。

8. 热工控制和仪表测量

锅炉由其自身的控制柜进行控制，能显示锅炉运行时水的压力、温度及燃气压力等参数，具有全自动运行功能，如具有火焰自动调节、炉自动吹扫和火焰、风压自动检测功能以及出水压力自动检测功能；循环水温度超过设定值后的自动待机和温度降低后的自动启动等功能。具有多项安全联锁功能，如水泵、风机过载；点火失败、异常火、风机无风、燃气压力过低或过高、排烟温度过高、循环水断水等故障联锁保护功能；循环水温度超过（低于）设定值后的自动待机（自动启动）等功能，以确保锅炉的安全正常运行。

9. 锅炉房的布置

锅炉主厂房南北跨距 127.75m，东西跨距 52.275m。东侧主要为燃气计量间、地源热泵及换热设备间、热网循环水泵间、水处理间、检修车库、配电室。局部地下一层为综合水泵房。

锅炉间的主要尺寸：柱距为 7.0m、5.1m；净空高度为 17.3m；锅炉间长度为 127.75m；锅炉间宽度为 29.2m；锅炉中心距为 20.4m。

10. 技术经济指标（见下表）

| 序号 | 主要指标 | 单位 | 数值 |
|---|---|---|---|
| 1 | 锅炉规格×台数 | MW×台数 | 116×6 |
| 2 | 热泵容量×台数 | MW×台数 | 5.6×4×6 |
| 3 | 厂区占地面积 | $m^2$ | 19506 |
| 4 | 绿化面积 | $m^2$ | 3902 |
| 5 | 总建筑面积 | $m^2$ | 11500.28 |
| 6 | 供热负荷 | MW | 693.04 |
| 7 | 小时最大燃料耗量 | $Nm^3/h$ | 84552 |
| 8 | 年耗燃料量 | $m^3/a$ | 13740.80×$10^4$ |
| 9 | 用电设备安装容量 | kW | 10569 |
| 10 | 10kV 设备计算有功功率 | kW | 3000 |
| 11 | 0.4kV 设备计算有功功率 | kW | 4205 |
| 12 | 日用水量 | t/d | 3466.1 |
| 13 | 小时最大用水量 | t/h | 274.76 |
| 14 | 日排水量 | t/d | 70.18 |
| 15 | 年最大外供热量（热水） | GJ | 4535397.89 |
| 16 | 人员编制 | 人 | 50 |
| 17 | 工程总投资 | 万元 | 31013.47 |

11. 锅炉房主要设备表（见下表）

| 序号 | 名称 | 规格型号 | 单位 | 数量 |
|---|---|---|---|---|
| 1 | 燃气热水锅炉 | $Q$＝116MW（锅炉），$PN$1.6MPa，总耗电量 728kW，110℃/50℃，锅炉本体设计热效率 95% | 台 | 6 |

| 序号 | 名称 | 规格型号 | 单位 | 数量 |
|---|---|---|---|---|
| 1-1 | 热泵 | $Q=5.6$MW(单台热泵制热量)，$N=13$kW | 台 | 24 |
| 1-2 | 鼓风机 | $Q=41000$Nm³/h，$H=6700$Pa，$N=132$kW | 台 | 24 |
| 1-3 | 冷凝器循环泵 | $Q=400$m³/h，$H=0.208$MPa，$N=37$kW | 台 | 24 |
| 1-4 | 烟气消白加热器 | 总换热面积100m²，循环水管径$DN80$ | 台 | 24 |
| 2 | 循环水泵 | $Q=4300$m³/h，$H=0.85$MPa，$N=1250$kW(10kV) | 台 | 4 |
| 3 | 螺旋除污器 | $DN900$，$PN1.6$ | 台 | 2 |
| 4 | 补水泵 | $Q=140$m³/h，$H=0.45$MPa，$N=22$kW | 台 | 3 |
| 5 | 全自动软化水设备 | $Q=120$t/h(两罐)，$N=9$kW | 套 | 1 |
| 5-1 | 树脂罐 | $Q=120$t/h(两罐)，$\phi2600$ | 个 | 2 |
| 5-2 | 盐箱 | $\phi2400$ | 个 | 1 |
| 5-3 | 再生水泵 | $Q=30$m³/h，$P=0.24$MPa，$N=4$kW | 台 | 2 |
| 6 | 软化水箱 | 装配式SMC水箱，$V=105$m³，<br>7110mm×5110mm×3180mm($H$) | 台 | 1 |
| 7 | 三位一体除氧器 | $Q=60$t/h(两罐)，$N=55$kW | 套 | 2 |
| 8 | 除氧水箱 | 装配式SMC水箱，$V=105$m³，<br>7110mm×5110mm×3180mm($H$)，<br>水箱内部安装密封气囊 | 台 | 1 |
| 9 | 防爆电动捯链 | $W=2$t，$H=20$m，$N=3.4$kW | 个 | 2 |
| 10 | 电动捯链 | $W=10$t，$H=10$m，$N=16.1$kW | 个 | 1 |
| 1111 | | $W=2$t，$H=10$m，$N=3.4$kW | 个 | 1 |

12. 锅炉房工艺设计图

(1) 六台116MW燃气热水锅炉房工艺设计热力系统图（附图3-1）；

(2) 六台116MW燃气热水锅炉房工艺设计平面布置（附图3-2）；

(3) 六台116MW燃气热水锅炉房工艺设计A-A剖面图（附图3-3）；

(4) 116MW燃气热水锅炉房烟风系统图（附图3-4）。

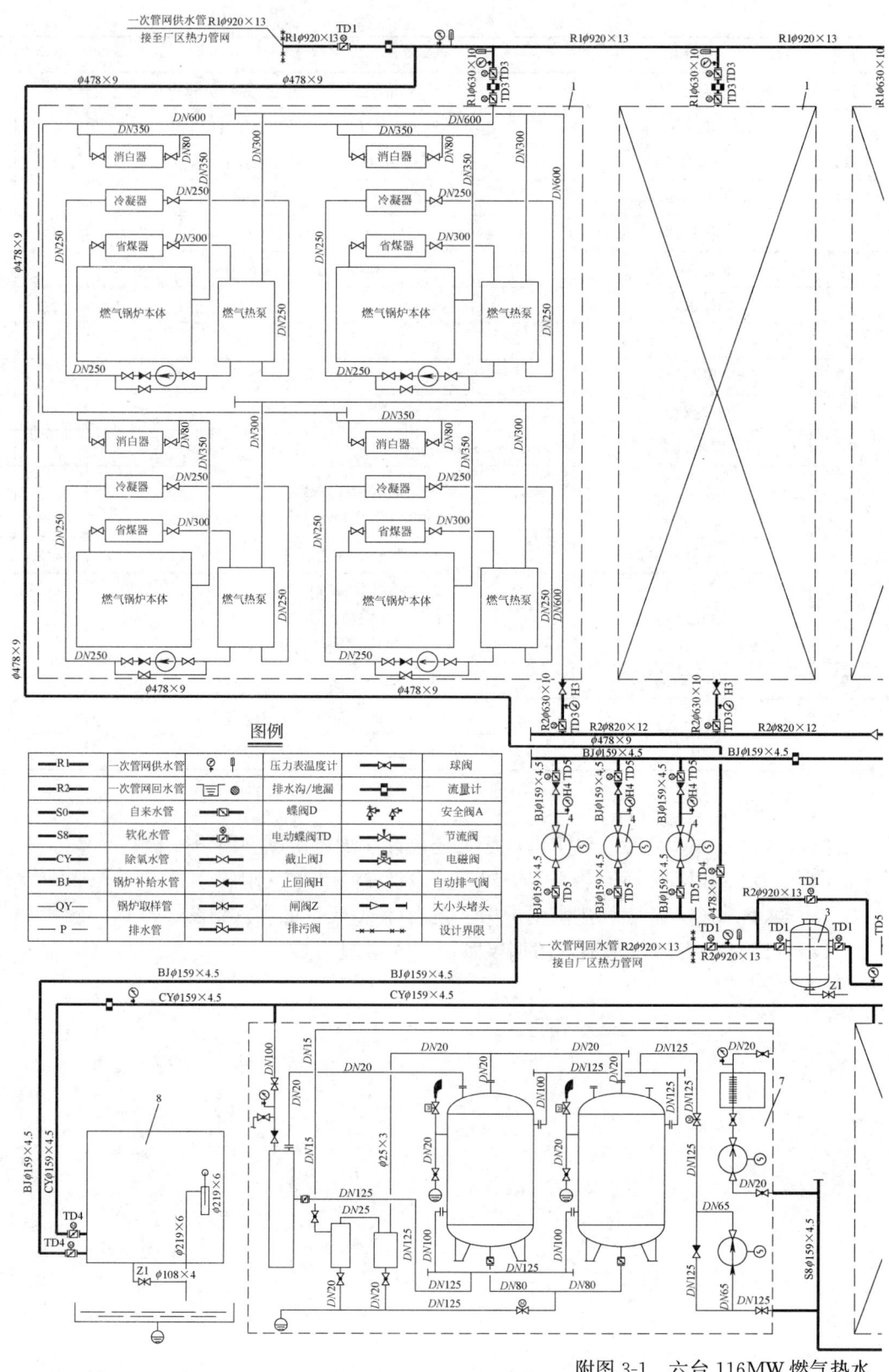

附图 3-1　六台 116MW 燃气热水

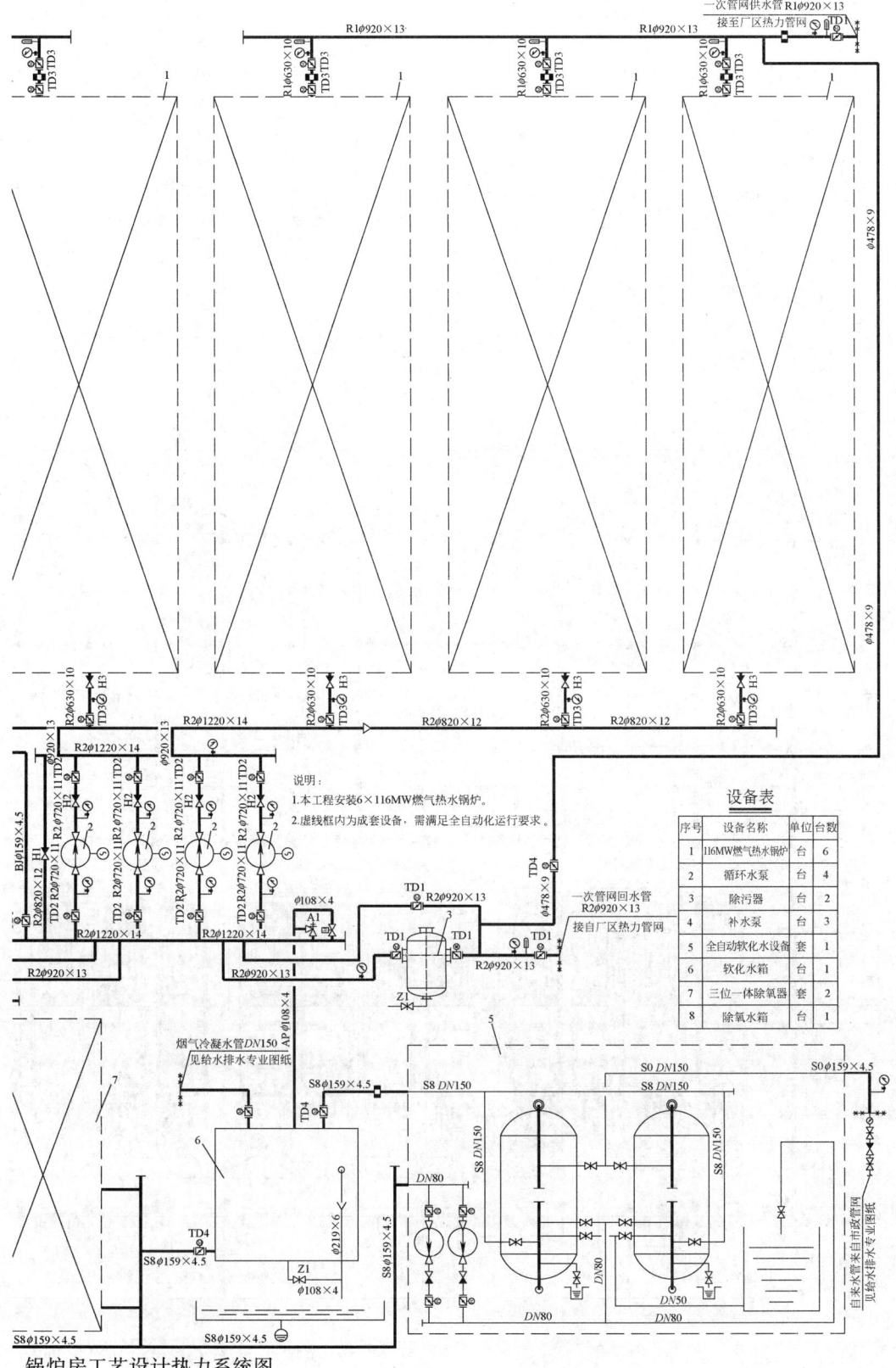

## 设备表

| 序号 | 设备名称 | 单位 | 台数 |
|---|---|---|---|
| 1 | 116MW燃气热水锅炉 | 台 | 6 |
| 2 | 循环水泵 | 台 | 4 |
| 3 | 除污器 | 台 | 2 |
| 4 | 补水泵 | 台 | 3 |
| 5 | 全自动软化水设备 | 套 | 1 |
| 6 | 软化水箱 | 台 | 1 |
| 7 | 三位一体除氧器 | 套 | 2 |
| 8 | 除氧水箱 | 台 | 1 |

说明:
1.本工程安装6×116MW燃气热水锅炉。
2.虚线框内为成套设备,需满足全自动化运行要求。

锅炉房工艺设计热力系统图

| 序号 | 名称 | 规格型号 | 单位 | 数量 | 备注 | 序号 | 名称 | 规格型号 |
|---|---|---|---|---|---|---|---|---|
| 1 | 燃气热水锅炉 | $Q$=116MW(锅炉)、$PN$1.6MPa、总耗电量728kW 110℃/50℃锅炉本体设计热效率95% | 台 | 6 | 配套燃气热泵及辅机等设备 | 2 | 循环水泵 | $Q$=4300m³/h, $H$=0.85MPa, $N$=12 |
| | | | | | | 3 | 螺旋除污器 | $DN$900, $PN$1.6 |
| 1-1 | 热泵 | $Q$=5.6MW(单台热泵制热量), $N$=13kW | 台 | 24 | 厂家配套 | 4 | 补水泵 | $Q$=140m³/h, $H$=0.45MPa, $N$= |
| 1-2 | 鼓风机 | $Q$=41000Nm³/h, $H$=6700Pa, $N$=132kW | 台 | 24 | 厂家配套 | 5 | 全自动软化水设备 | $Q$=120t/h(两罐), $N$=9kW |
| 1-3 | 冷凝器循环泵 | $Q$=400m³/h, $H$=0.208MPa, $N$=37kW | 台 | 24 | 厂家配套 | 5-1 | 树脂罐 | $Q$=120t/h(两罐), $\phi$2600 |
| 1-4 | 烟气消白加热器 | 总换热面积100m², 循环水管径$DN$80 | 台 | 24 | 厂家配套 | 5-2 | 盐箱 | $\phi$2400 |

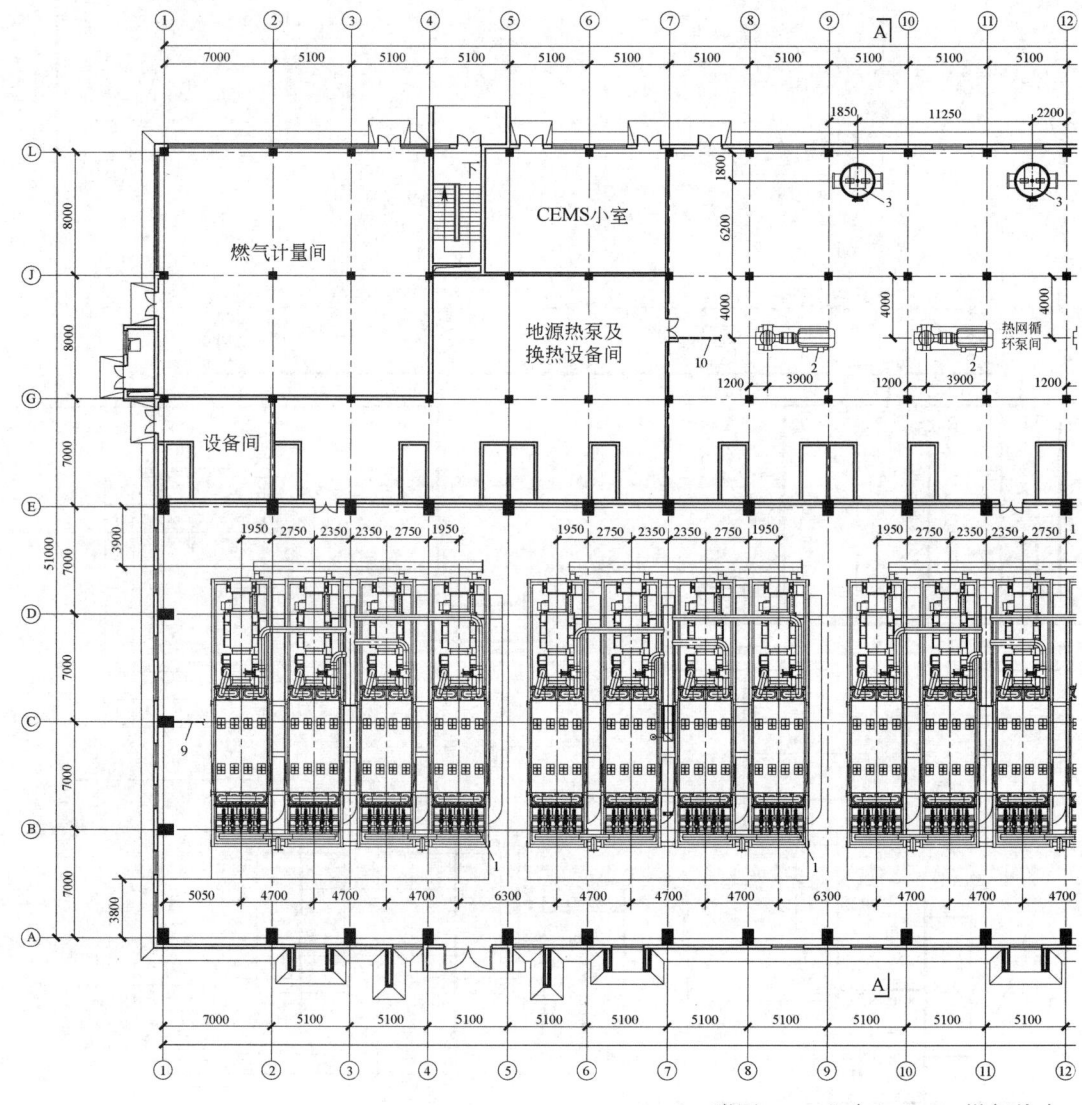

附图 3-2 六台 116MW 燃气热水

## 主 要 设 备 表

| | 单位 | 数量 | 备注 | 序号 | 名称 | 规格型号 | 单位 | 数量 | 备注 |
|---|---|---|---|---|---|---|---|---|---|
| 50kW、10kV | 台 | 4 | 变频,3用1备 | 5-3 | 再生水泵 | $Q=30m^3/h,P=0.24MPa,N=4kW$ | 台 | 2 | 一用一备 |
| | 台 | 2 | | 6 | 软化水箱 | 装配式SMC水箱<br>$V=105m^3,7110mm×5110mm×3180mm(H)$ | 台 | 1 | |
| 22kW | 台 | 3 | 变频,1用2备 | 7 | 三位一体除氧器 | $Q=60t/h$(两罐),$N=55kW$ | 套 | 2 | |
| | 套 | 1 | | 8 | 除氧水箱 | 装配式SMC水箱(带气囊)<br>$V=105m^3,7110mm×5110mm×3180mm(H)$ | 台 | 1 | |
| | 个 | 2 | 一用一备 | 9 | 防爆电动捯链 | $W=2t,H=20m,N=3.4kW$ | 个 | 2 | 锅炉间 |
| | 个 | 1 | | 10 | 电动捯链 | $W=10t,H=10m,N=16.1kW$ | 个 | 1 | 水泵间 |
| | | | | 11 | 电动捯链 | $W=2t,H=10m,N=3.4kW$ | 个 | 1 | 水处理间 |

北

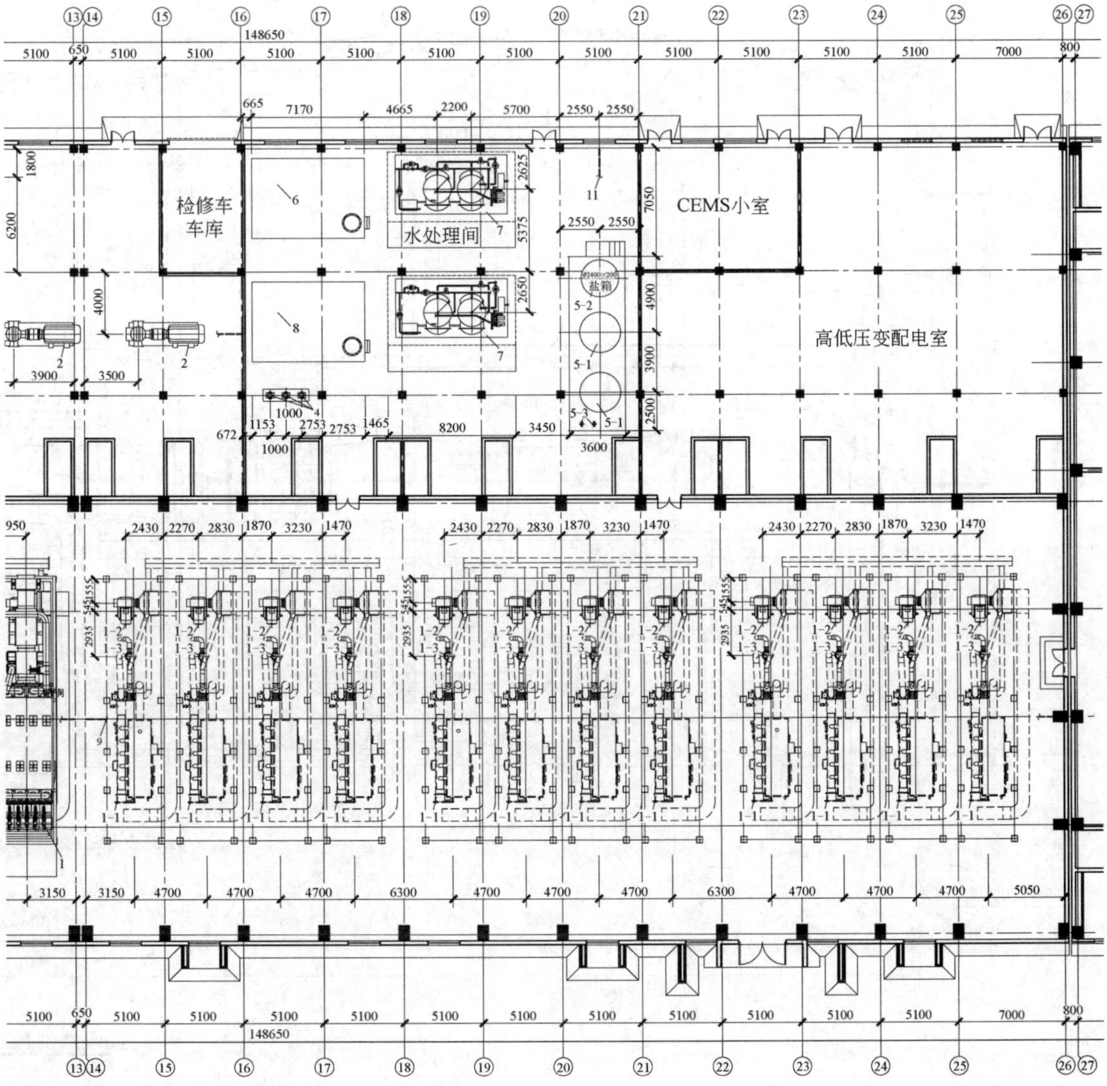

锅炉房工艺设计平面布置图

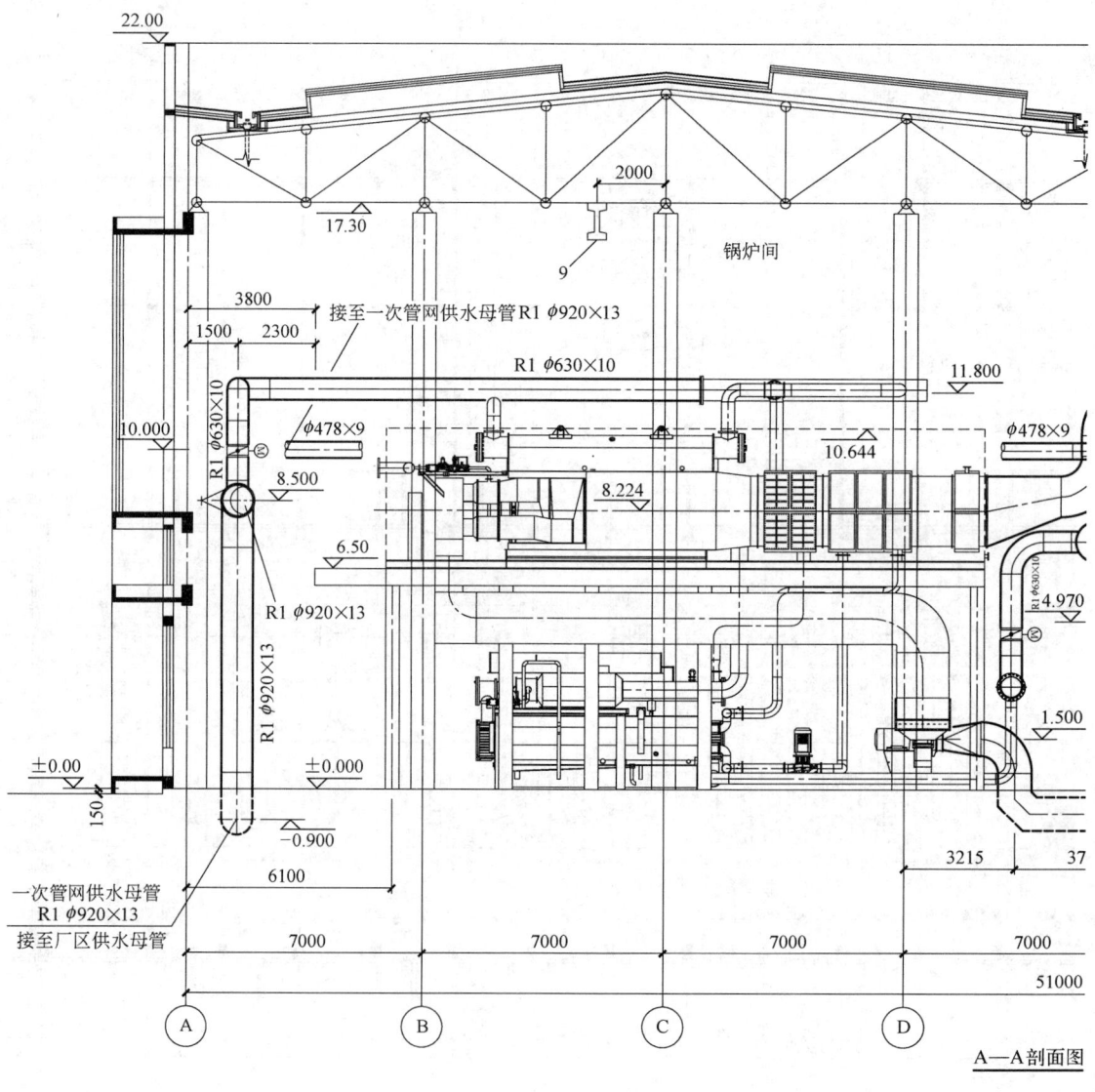

A—A剖面图

附图 3-3 六台 116MW 燃气

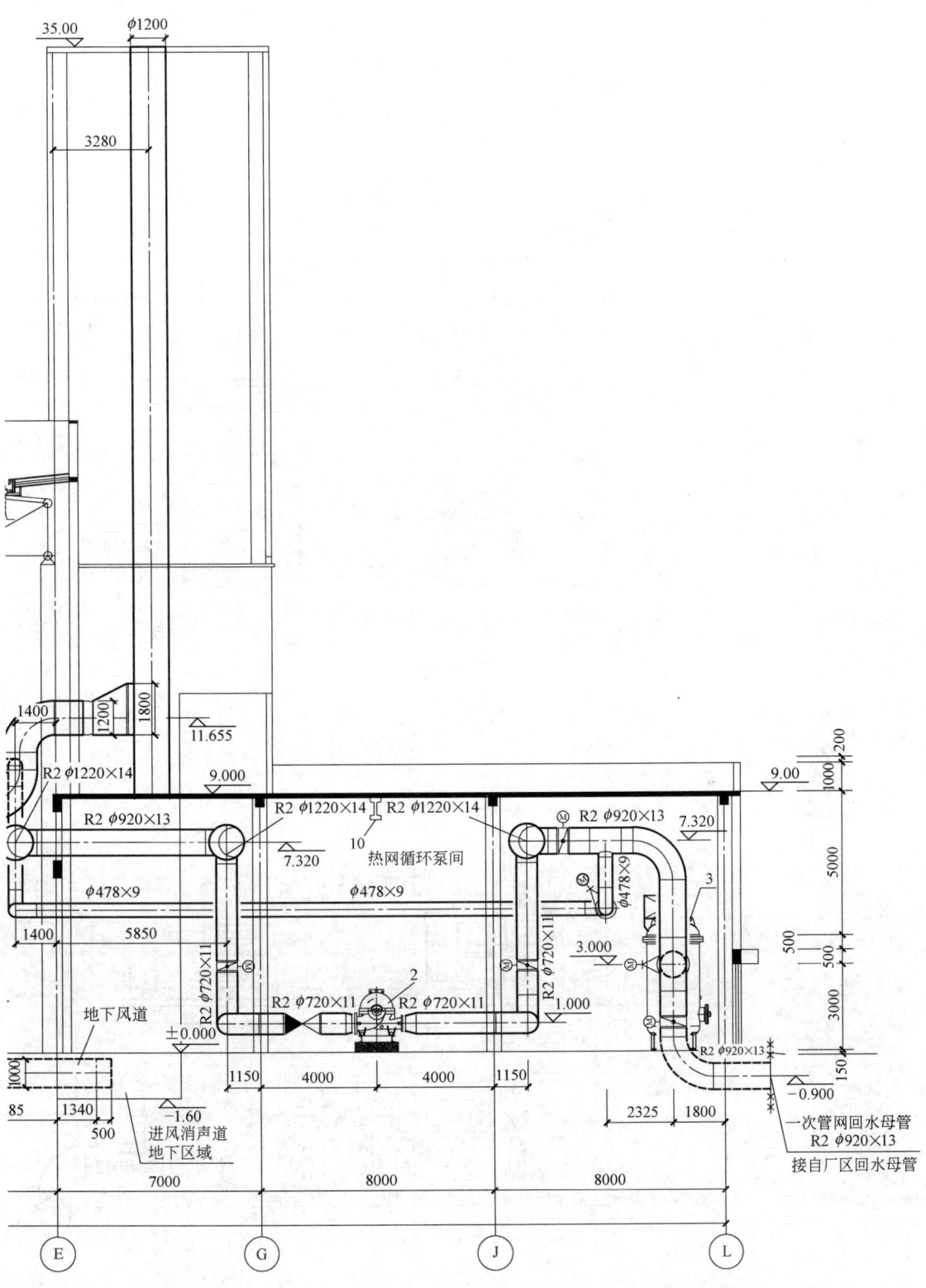

热水锅炉房工艺设计

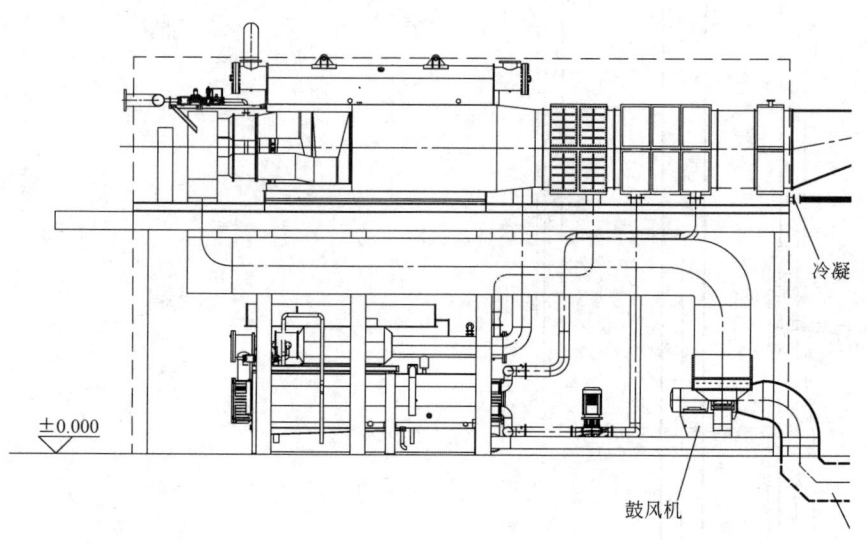

冷凝

鼓风机

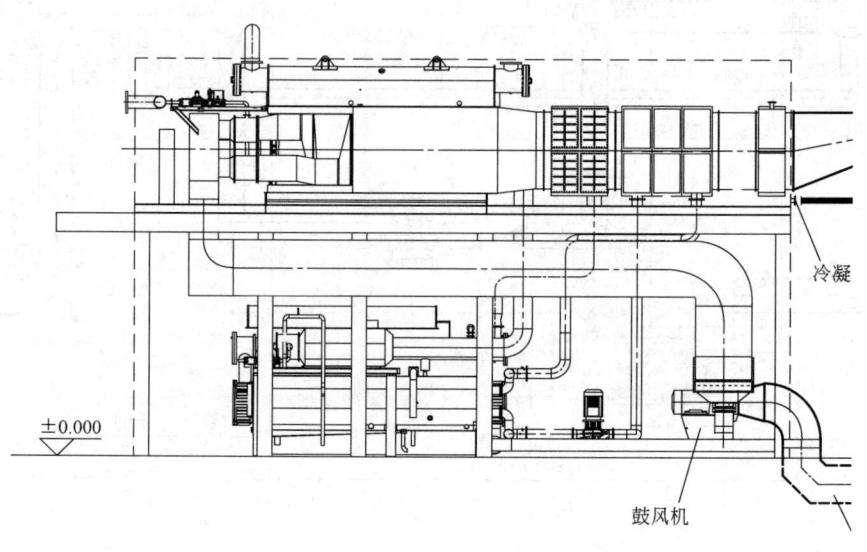

冷凝

鼓风机

附图 3-4 116MW 燃气

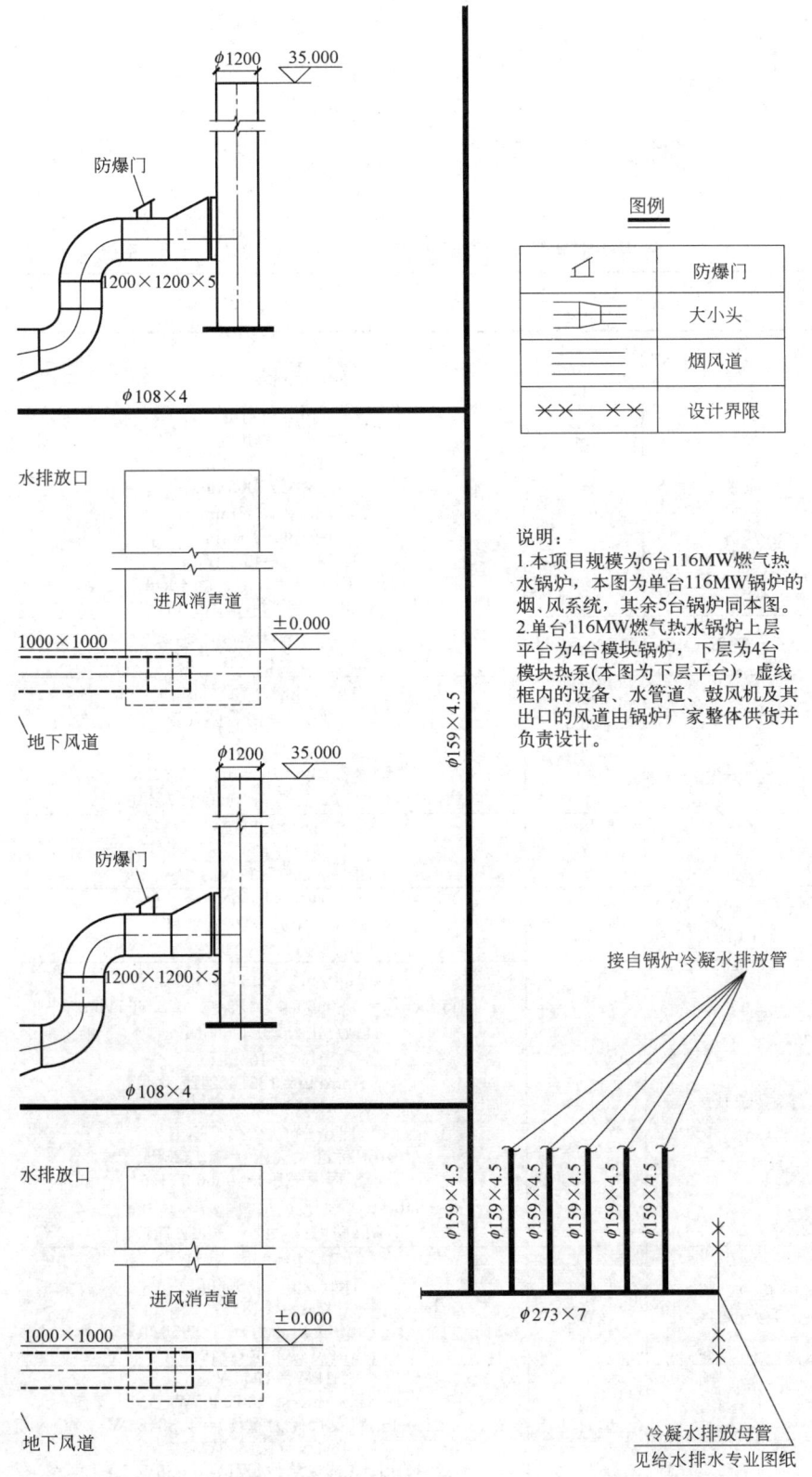

图例

| | |
|---|---|
| | 防爆门 |
| | 大小头 |
| | 烟风道 |
| ××    ×× | 设计界限 |

说明：
1.本项目规模为6台116MW燃气热水锅炉，本图为单台116MW锅炉的烟、风系统，其余5台锅炉同本图。
2.单台116MW燃气热水锅炉上层平台为4台模块锅炉，下层为4台模块热泵(本图为下层平台)，虚线框内的设备、水管道、鼓风机及其出口的风道由锅炉厂家整体供货并负责设计。

接自锅炉冷凝水排放管

冷凝水排放母管
见给水排水专业图纸

热水锅炉房烟风系统图

# 附录四　附　　表

| 序号 | 量的名称 | 法定单位 | | 换算及常用英制单位 |
|---|---|---|---|---|
| | | 名称 | 符号 | |
| 1 | 时间 | 秒<br>分<br>(小)时 | s<br>min<br>h | $1min=60s$<br>$1h=60min=3600s$ |
| 2 | 长度 | 米<br>分米<br>厘米<br>毫米<br>微米<br>纳米<br>千米、公里 | m<br>dm<br>cm<br>mm<br>$\mu$m<br>nm<br>km | $1dm=1/10m$<br>$1cm=1/100m$<br>$1mm=1/1000m$<br>$1\mu m=1/1000mm$<br>$1nm=10^{-6}mm$<br>1 公里$=1000m$<br>$1in(英寸)=25.4mm$<br>$1ft(英尺)=12in=30.48cm$<br>$1yd(码)=3ft=0.9144m$ |
| 3 | 面积 | 平方米 | $m^2$ | $1ft^2=0.0929m^2$<br>$1in^2=6.4516\times10^{-5}m^2$ |
| 4 | 体积<br>容积 | 立方米<br>升<br>立方厘米 | $m^3$<br>L<br>$cm^3$ | $1L=1dm^3=10^{-3}m^3$<br>$1cm^3=10^{-3}L$<br>$1cc=1cm^3=10^{-3}L$<br>$1ft^3=2.832\times10^{-2}m=28.32L$<br>$1im^3=1.6387\times10^{-5}m^3=1.6387\times10^{-2}L$ |
| 5 | 质量 | 千克<br>吨<br>克 | kg<br>t<br>g | $1t=1000kg$<br>$1g=1/1000kg$<br>$1lb(磅)=0.45359237kg$ |
| 6 | 力<br>重力 | 牛(顿)<br>千牛(顿) | N<br>kN | $1kN=1000N$<br>$1kgf(公斤力)=9.8065N$<br>$1lbf(磅力)=4.448222N$ |
| 7 | 压力<br>压强<br>应力 | 帕(斯卡) | Pa | $1kgf/m^2=9.80665Pa$<br>$1kgf/cm^2=9.80665\times10^4Pa=0.0980665MPa$<br>$1kgf/mm^2=9.80665MPa$<br>$1bar=10^5Pa$<br>$1mmHg=133.3224Pa$<br>$1mmH_2O=9.80665Pa$<br>$1Torr=133.3224Pa$<br>$1atm(标准大气压)=101325Pa$<br>$1ar(工程大气压)=98066.5Pa$<br>$1lbf/ft^2(磅力/英尺^2)=47.8803Pa$<br>$1lbf/ft^2(磅力/英寸^2)=6894.757Pa$ |
| 8 | 能<br>功<br>热 | 焦(耳)<br>千瓦小时 | J<br>kWh | $1kW\cdot h=3.6\times10^5J$<br>$1kgf\cdot m=9.80665J$<br>$1cal=4.1868J$<br>$1ft\cdot lbf(英尺磅力)=1.35582J$<br>$1Btu(英热单位)=1055J$ |
| 9 | 功率 | 瓦特<br>千瓦 | W<br>kW | $1kW=1000W$<br>$1kgf\cdot m/s=9.80665W$<br>$1ft\cdot lbf/s(英尺磅力每秒)=1.35582W$<br>$1cal/s=4.1868W$<br>$1Btu/s(英热单位每秒)=1055W$ |

续表

| 序号 | 量的名称 | 法定单位 名称 | 符号 | 换算及常用英制单位 |
|---|---|---|---|---|
| 10 | 速度 | 米每秒 | m/s | 1in/s=0.0254m/s<br>1ft/s=0.3048m/s |
| 11 | 加速度 | 米每二次方秒 | m/s² | 1g_a(标准重力加速度)=9.80665m/s² |
| 12 | 流量 | 立方米每小时<br>升每分 | m³/h<br>L/min | 1L/min=0.06000m²/h<br>1kgf(千克力)=9.80665N<br>1lbf(磅力)=4.448222N |
| 13 | 温度 | 开(尔文)<br>摄氏度<br>华氏度 | K<br>℃<br>℉ | 0℃=273.15K<br>5/9(℉−32)=℃<br>Δ1℉=0.555556K |
| 14 | 密度 | 千克每立方米 | kg/m³ | 1lb/ft³(磅每立方英尺)=16.01kg/m³ |
| 15 | 发热量 | 焦耳每千克 | J/kg | 1kcal/kg=4187J/kg<br>1Btu/lb(英热单位每磅)=2326.13J/kg |
| 16 | 容积热强度 | 瓦特每立方米 | W/m³ | 1kcal/(m³·h)=1.163W/m³<br>1Btu/(ft·h)=10.347W/m³ |
| 17 | 面积热强度 | 瓦特每平方米 | W/m² | 1kcal/(m²·h)=1.163W/m³<br>1Btu/(ft·h)=3.154W/m³ |
| 18 | 比热 | 焦耳每千克开(尔文) | J/(kg·K) | 1kcal/(kg·℃)=4187J/(kg·K)<br>1Btu/(1b·℉)=1kcal/(kg·℃)<br>=4187J/(kg·K) |
| 19 | 浓度 | 克每升<br>毫克每升<br>毫克每立方米 | g/L<br>mg/L<br>mg/m³ | 1g/L=1kg/m³ |
| 20 | 传热系数 | 焦耳每平方米开(尔文) | W/(m²·K) | 1kcal/(m²·h·℃)=1.163W/(m²·K)<br>1Btu/(ft²·h·℉)=4.882kcal/(m²·h·℃)<br>=5.678W/(m²·K) |
| 21 | 热导率(导热系数) | 瓦特每米开(尔文) | W/(m·K) | 1kcal/(m²·h·℃)=1.163W/(m²·K)<br>1Btu/(ft²·h·℉)=1.488kcal/(m²·h·℃)<br>=1.7307W/(m²·K) |

注：来源于《工业锅炉热工性能试验规程》GB/T 10180—2017。

**常用气体的有关量值**　　　　　　　　　　　　附表4-2

| 名称 | 分子式 | 密度(kg/m³) | 沸点(℃) | 低位发热值(MJ/m³) |
|---|---|---|---|---|
| 甲烷 | CH₄ | 0.7168 | −161.50 | 35.773 |
| 乙烷 | C₂H₆ | 1.3570 | −88.60 | 63.669 |
| 乙烯 | C₂H₄ | 1.2610 | −103.50 | 58.989 |
| 乙炔 | C₂H₂ | 1.1709 | −83.60 | 55.983 |
| 丙烷 | C₃H₈ | 2.0200 | −42.60 | 91.121 |
| 丙烯 | C₃H₆ | 1.9140 | −47.00 | 85.894 |
| 丁烷 | C₄H₁₀ | 2.7030 | 0.50 | 118.498 |
| 异丁烷 | C₄H₁₀ | 2.6680 | −10.20 | 117.921 |
| 丁烯 | C₄H₈ | 2.5000 | −6.00 | 113.367 |
| 戊烷 | C₅H₁₂ | 3.4570 | 36.10 | 145.896 |
| 硫化氢 | H₂S | 1.5390 | −60.40 | 23.354 |
| 氢 | H₂ | 0.0899 | −252.78 | 10.784 |
| 一氧化碳 | CO | 1.2500 | −191.50 | 12.636 |
| 二氧化碳 | CO₂ | 1.9768 | −78.48 | — |
| 二氧化硫 | SO₂ | 2.9263 | −10.00 | — |
| 水蒸气 | H₂O | 0.8040 | 100.00 | — |
| 氧气 | O₂ | 1.4290 | −182.97 | — |
| 氮气 | N₂ | 1.2505 | −195.81 | — |
| 空气(干) | | 1.2928 | −193.00 | — |
| 一氧化氮 | NO | 1.3402 | −152.00 | — |
| 一氧化二氮 | N₂O | 1.9780 | −88.70 | — |

注：来源于《工业锅炉热工性能试验规程》GB/T 10180—2017。

## 饱和水与水蒸气热力性质表（按压力排列）[1][2]

附表 4-3

| $p$ (bar) | $t$ (℃) | $v'$ (m³/kg) | $v''$ (m³/kg) | $p''$ (kg/m³) | $h'$ (kJ/kg) | $h''$ (kJ/kg) | $r$ (kJ/kg) | $s'$ [kJ/(kg·K)] | $s''$ [kJ/(kg·K)] |
|---|---|---|---|---|---|---|---|---|---|
| 0.10 | 45.833 | 0.0010102 | 14.67 | 0.06814 | 191.83 | 2584.8 | 2392.9 | 0.6493 | 8.1511 |
| 0.20 | 60.086 | 0.0010172 | 7.660 | 0.1307 | 251.45 | 2609.9 | 2358.4 | 0.8321 | 7.9094 |
| 0.40 | 75.886 | 0.0010265 | 3.993 | 0.2504 | 317.65 | 2636.9 | 2319.2 | 1.0261 | 7.6709 |
| 0.60 | 85.954 | 0.0010333 | 2.732 | 0.3661 | 359.93 | 2653.6 | 2293.6 | 1.1454 | 7.5327 |
| 0.80 | 93.512 | 0.0010387 | 2.087 | 0.4792 | 391.72 | 2665.8 | 2274.0 | 1.2330 | 7.4352 |
| 1.0 | 99.632 | 0.0010434 | 1.694 | 0.5904 | 417.51 | 2675.4 | 2257.9 | 1.3027 | 7.3598 |
| 2.0 | 120.23 | 0.0010608 | 0.8854 | 1.129 | 504.70 | 2706.3 | 2201.6 | 1.5301 | 7.1268 |
| 3.0 | 133.54 | 0.0010735 | 0.6065 | 1.651 | 561.43 | 2724.7 | 2163.2 | 1.6716 | 6.9909 |
| 4.0 | 143.62 | 0.0010839 | 0.4622 | 2.163 | 604.67 | 2737.6 | 2133.0 | 1.7764 | 6.8943 |
| 5.0 | 151.84 | 0.0010928 | 0.3747 | 2.669 | 640.12 | 2747.5 | 2107.4 | 1.8604 | 6.8192 |
| 6.0 | 158.84 | 0.0011009 | 0.3155 | 3.170 | 670.42 | 2755.5 | 2085.0 | 1.9308 | 6.7575 |
| 7.0 | 164.96 | 0.0011082 | 0.2727 | 3.667 | 697.06 | 2762.0 | 2064.9 | 1.9918 | 6.7052 |
| 8.0 | 170.41 | 0.0011150 | 0.2403 | 4.162 | 720.94 | 2767.5 | 2046.5 | 2.0457 | 6.6596 |
| 9.0 | 175.36 | 0.0011213 | 0.2148 | 4.655 | 742.64 | 2772.1 | 2029.5 | 2.0941 | 6.6192 |
| 10.0 | 179.88 | 0.0011274 | 0.1943 | 5.147 | 762.61 | 2776.2 | 2013.6 | 2.1382 | 6.5828 |
| 11.0 | 184.07 | 0.0011331 | 0.1774 | 5.637 | 781.13 | 2779.7 | 1998.5 | 2.1786 | 6.5497 |
| 12.0 | 187.96 | 0.0011386 | 0.1632 | 6.127 | 798.43 | 2782.7 | 1984.3 | 2.2161 | 6.5194 |
| 13.0 | 191.61 | 0.0011438 | 0.1511 | 6.617 | 814.70 | 2785.4 | 1970.7 | 2.2510 | 6.4913 |
| 14.0 | 195.04 | 0.0011489 | 0.1407 | 7.106 | 830.08 | 2787.8 | 1957.7 | 2.2837 | 6.4651 |
| 15.0 | 198.29 | 0.0011539 | 0.1317 | 7.596 | 844.67 | 2789.9 | 1945.2 | 2.3145 | 6.4406 |
| 16.0 | 201.37 | 0.0011586 | 0.1237 | 8.085 | 858.56 | 2791.7 | 1933.2 | 2.3436 | 6.4175 |
| 17.0 | 204.31 | 0.0011633 | 0.1166 | 8.575 | 871.84 | 2793.4 | 1921.5 | 2.3713 | 6.3957 |
| 18.0 | 207.11 | 0.0011678 | 0.1103 | 9.065 | 884.58 | 2794.8 | 1910.3 | 2.3976 | 6.3751 |
| 19.0 | 209.80 | 0.0011723 | 0.1047 | 9.555 | 896.81 | 2796.1 | 1899.3 | 2.4228 | 6.3554 |
| 20.0 | 212.37 | 0.0011766 | 0.09954 | 10.05 | 908.59 | 2797.2 | 1888.6 | 2.4469 | 6.3367 |
| 21.0 | 214.85 | 0.0011809 | 0.09489 | 10.54 | 919.96 | 2798.2 | 1878.2 | 2.4700 | 6.3187 |
| 22.0 | 217.24 | 0.0011850 | 0.09065 | 11.03 | 930.95 | 2799.1 | 1868.1 | 2.4922 | 6.3015 |
| 23.0 | 219.55 | 0.0011892 | 0.08677 | 11.52 | 941.60 | 2799.8 | 1858.2 | 2.5136 | 6.2849 |
| 24.0 | 221.78 | 0.0011932 | 0.08320 | 12.02 | 951.93 | 2800.4 | 1848.5 | 2.5343 | 6.2690 |
| 25.0 | 223.94 | 0.0011972 | 0.07991 | 12.51 | 961.96 | 2800.9 | 1839.0 | 2.5543 | 6.2536 |
| 26.0 | 226.04 | 0.0012011 | 0.07686 | 13.01 | 971.72 | 2801.4 | 1829.6 | 2.5736 | 6.2387 |
| 27.0 | 228.07 | 0.0012050 | 0.07402 | 13.51 | 981.22 | 2801.7 | 1820.5 | 2.5924 | 6.2244 |
| 28.0 | 230.05 | 0.0012088 | 0.07139 | 14.01 | 990.48 | 2802.0 | 1811.5 | 2.6106 | 6.2104 |

[1] 摘自 E. 斯米特，V. 格里古尔著. 国际单位制的水和水蒸气性质 [M]. 赵兆颐译. 北京：水利电力出版社，1983，下表同。

[2] 临界常数：压力 221.20bar，温度 374.15℃，比容 0.00317m³/kg，焓 2107.4kJ/kg，比熵 4.4429kJ/(kg·K)。

| p (bar) | | t（℃） | | | | | | | | | |
|---|---|---|---|---|---|---|---|---|---|---|---|
| | | 240 | 260 | 280 | 300 | 320 | 340 | 360 | 380 | 400 | 420 |
| 8.0 | v | 0.2869 | 0.2995 | 0.3119 | 0.3241 | 0.3363 | 0.3483 | 0.3603 | 0.3723 | 0.3842 | 0.3960 |
| | h | 2928.6 | 2972.1 | 3014.9 | 3057.3 | 3099.4 | 3141.4 | 3183.4 | 3225.4 | 3267.5 | 3309.7 |
| | s | 6.9976 | 7.0807 | 7.1595 | 7.2348 | 7.3070 | 7.3767 | 7.4441 | 7.5094 | 7.5729 | 7.6347 |
| 9.0 | v | 0.2539 | 0.2653 | 0.2764 | 0.2874 | 0.2983 | 0.3090 | 0.3197 | 0.3304 | 0.3410 | 0.3516 |
| | h | 2924.6 | 2968.7 | 3012.0 | 3054.7 | 3097.1 | 3139.4 | 3181.6 | 3223.7 | 3266.0 | 3308.3 |
| | s | 6.9373 | 7.0215 | 7.1012 | 7.1771 | 7.2499 | 7.3199 | 7.3876 | 7.4532 | 7.5169 | 7.5788 |
| 10.0 | v | 0.2276 | 0.2379 | 0.2480 | 0.2580 | 0.2678 | 0.2776 | 0.2873 | 0.2969 | 0.3065 | 0.3160 |
| | h | 2920.6 | 2965.2 | 3009.0 | 3052.1 | 3094.9 | 3137.4 | 3179.7 | 3222.0 | 3264.4 | 3306.9 |
| | s | 6.8825 | 6.9680 | 7.0485 | 7.1251 | 7.1984 | 7.2689 | 7.3368 | 7.4027 | 7.4665 | 7.5287 |
| 11.0 | v | 0.2060 | 0.2155 | 0.2248 | 0.2339 | 0.2429 | 0.2518 | 0.2607 | 0.2695 | 0.2782 | 0.2870 |
| | h | 2916.4 | 2961.8 | 3006.0 | 3049.6 | 3092.6 | 3135.3 | 3177.9 | 3220.3 | 3262.9 | 3305.4 |
| | s | 6.8323 | 6.9109 | 7.0005 | 7.0778 | 7.1516 | 7.2224 | 7.2907 | 7.3568 | 7.4209 | 7.4832 |
| 12.0 | v | 0.1879 | 0.1968 | 0.2054 | 0.2139 | 0.2222 | 0.2304 | 0.2386 | 0.2467 | 0.2547 | 0.2627 |
| | h | 2912.2 | 2958.2 | 3003.0 | 3046.9 | 3090.3 | 3133.2 | 3176.0 | 3218.7 | 3261.3 | 3304.0 |
| | s | 6.7858 | 6.8738 | 6.9562 | 7.0342 | 7.1085 | 7.1798 | 7.2484 | 7.3147 | 7.3790 | 7.4415 |
| 13.0 | v | 0.1727 | 0.1810 | 0.1890 | 0.1969 | 0.2046 | 0.2123 | 0.2198 | 0.2273 | 0.2348 | 0.2422 |
| | h | 2908.0 | 2954.7 | 3000.0 | 3044.3 | 3088.0 | 3131.2 | 3174.1 | 3217.0 | 3259.7 | 3302.5 |
| | s | 6.7424 | 6.8316 | 6.9151 | 6.9938 | 7.0687 | 7.1404 | 7.2093 | 7.2759 | 7.3404 | 7.4031 |
| 14.0 | v | 0.1596 | 0.1674 | 0.1749 | 0.1823 | 0.1896 | 0.1967 | 0.2038 | 0.2108 | 0.2177 | 0.2246 |
| | h | 2903.6 | 2251.0 | 2996.9 | 3041.6 | 3085.6 | 3129.1 | 3172.3 | 3215.3 | 3258.2 | 3301.1 |
| | s | 6.7016 | 6.7922 | 6.8766 | 6.9561 | 7.0315 | 7.1036 | 7.1729 | 7.2398 | 7.3045 | 7.3673 |
| 15.0 | v | 0.1483 | 0.1556 | 0.1628 | 0.1697 | 0.1765 | 0.1832 | 0.1898 | 0.1964 | 0.2029 | 0.2094 |
| | h | 2899.2 | 2947.3 | 2993.7 | 3038.9 | 3083.3 | 3127.0 | 3170.4 | 3213.5 | 3256.6 | 3299.7 |
| | s | 6.6630 | 6.7550 | 6.8405 | 6.9207 | 6.9967 | 7.0693 | 7.1389 | 7.2060 | 7.2709 | 7.3340 |
| 16.0 | v | 0.1383 | 0.1453 | 0.1521 | 0.1587 | 0.1651 | 0.1714 | 0.1777 | 0.1838 | 0.1900 | 0.1961 |
| | h | 2894.7 | 2943.6 | 2990.6 | 3036.2 | 3080.9 | 3124.9 | 3168.5 | 3211.8 | 3255.0 | 3298.2 |
| | s | 6.6263 | 6.7198 | 6.8063 | 6.8873 | 6.9639 | 7.0369 | 7.1069 | 7.1743 | 7.2394 | 7.3026 |
| 24.0 | v | 0.08839 | 0.09367 | 0.09863 | 0.10336 | 0.10793 | 0.11237 | 0.11672 | 0.12100 | 0.12522 | 0.12940 |
| | h | 2855.7 | 2911.6 | 2963.8. | 3013.4 | 3061.1 | 3107.5 | 3153.0 | 3197.8 | 3242.3 | 3286.5 |
| | s | 6.3788 | 6.4857 | 6.5818 | 6.6699 | 6.7517 | 6.8286 | 6.9016 | 6.9714 | 7.0384 | 7.1031 |
| 25.0 | v | 0.08436 | 0.08951 | 0.09433 | 0.09893 | 0.10335 | 0.10764 | 0.11184 | 0.11597 | 0.12004 | 0.12407 |
| | h | 2850.5 | 2907.4 | 2960.3 | 3010.4 | 3058.6 | 3105.3 | 3151.0 | 3196.1 | 3240.7 | 3285.0 |
| | s | 6.3517 | 6.4605 | 6.5580 | 6.6470 | 6.7296 | 6.8071 | 6.8804 | 6.9505 | 7.0178 | 7.0827 |
| 26.0 | v | 0.08064 | 0.08567 | 0.09037 | 0.09483 | 0.09912 | 0.10328 | 0.10734 | 0.11133 | 0.11526 | 0.11914 |
| | h | 2845.2 | 2903.0 | 2956.7 | 3007.4 | 3056.0 | 3103.0 | 3149.0 | 3194.3 | 3239.0 | 3283.5 |
| | s | 6.3253 | 6.4360 | 6.5348 | 6.6249 | 6.7082 | 6.7862 | 6.8600 | 6.9304 | 6.9979 | 7.0630 |
| 27.0 | v | 0.07718 | 0.08211 | 0.08670 | 0.09104 | 0.09520 | 0.09923 | 0.10317 | 0.10703 | 0.11083 | 0.11458 |
| | h | 2839.7 | 2898.7 | 2953.1 | 3004.4 | 3053.4 | 3100.8 | 3147.0 | 3192.5 | 3237.4 | 3282.0 |
| | s | 6.2993 | 6.4120 | 6.5123 | 6.6034 | 6.6874 | 6.7660 | 6.8402 | 6.9109 | 6.9787 | 7.0440 |
| 28.0 | v | 0.07397 | 0.07644 | 0.08328 | 0.08751 | 0.09156 | 0.09548 | 0.09929 | 0.10303 | 0.10671 | 0.11035 |
| | h | 2834.2 | 2894.2 | 2949.5 | 3001.3 | 3050.8 | 3098.5 | 3145.0 | 3190.7 | 3235.8 | 3280.5 |
| | s | 6.2738 | 6.3886 | 6.4903 | 6.5824 | 6.6672 | 6.7464 | 6.8210 | 6.8921 | 6.9601 | 7.0256 |

❶ 表中 v，h 和 s 的单位同附表 4-2。

| $t$(℃) | | $p$(bar) | | | | | | |
|---|---|---|---|---|---|---|---|---|
| | | 1 | 5 | 10 | 20 | 30 | 40 | 50 |
| 0 | $v$ | 0.0010002 | 0.0010000 | 0.0009997 | 0.0009992 | 0.0009987 | 0.0009982 | 0.0009977 |
| | $h$ | 0.1 | 0.5 | 1.0 | 2.0 | 3.0 | 4.0 | 5.1 |
| 20 | $v$ | 0.0010017 | 0.0010015 | 0.0010013 | 0.00010008 | 0.0010004 | 0.0009999 | 0.0009995 |
| | $h$ | 84.0 | 84.3 | 84.8 | 85.7 | 86.7 | 87.6 | 88.6 |
| 40 | $v$ | 0.0010078 | 0.0010076 | 0.0010074 | 0.0010069 | 0.0010065 | 0.0010060 | 0.0010056 |
| | $h$ | 167.5 | 167.9 | 168.3 | 169.2 | 170.1 | 171.0 | 171.9 |
| 60 | $v$ | 0.0010171 | 0.0010169 | 0.0010167 | 0.0010162 | 0.0010158 | 0.0010153 | 0.0010149 |
| | $h$ | 251.2 | 251.5 | 251.9 | 252.7 | 253.6 | 254.4 | 255.3 |
| 80 | $v$ | 0.0010292 | 0.0010290 | 0.0010287 | 0.0010282 | 0.0010278 | 0.0010273 | 0.0010268 |
| | $h$ | 335.0 | 335.3 | 335.7 | 336.5 | 337.3 | 338.1 | 338.8 |
| 100 | $v$ | 1.696 | 0.0010435 | 0.0010432 | 0.0010427 | 0.0010422 | 0.0010417 | 0.0010412 |
| | $h$ | 2676.2 | 419.4 | 419.7 | 420.5 | 421.2 | 422.0 | 422.7 |
| 120 | $v$ | 1.793 | 0.0010605 | 0.0010602 | 0.0010596 | 0.0010590 | 0.0010584 | 0.0010579 |
| | $h$ | 2716.5 | 503.9 | 504.3 | 505.0 | 505.7 | 506.4 | 507.1 |
| 140 | $v$ | 1.889 | 0.0010800 | 0.0010796 | 0.0010790 | 0.0010783 | 0.0010777 | 0.0010771 |
| | $h$ | 2756.4 | 589.2 | 589.5 | 590.2 | 590.8 | 591.5 | 592.1 |
| 160 | $v$ | 1.984 | 0.3835 | 0.0011019 | 0.0011012 | 0.0011005 | 0.0010997 | 0.0010990 |
| | $h$ | 2796.2 | 2766.4 | 675.7 | 676.3 | 676.9 | 677.5 | 678.1 |
| 180 | $v$ | 2.078 | 0.4045 | 0.1944 | 0.0011267 | 0.0011258 | 0.0011249 | 0.0011241 |
| | $h$ | 2835.8 | 2811.4 | 2776.5 | 763.6 | 764.1 | 764.2 | 765.2 |
| 200 | $v$ | 2.172 | 0.4250 | 0.2059 | 0.0011560 | 0.0011550 | 0.0011540 | 0.0011530 |
| | $h$ | 2875.4 | 2855.1 | 2826.8 | 852.6 | 853.0 | 853.4 | 853.8 |

| 代号 | 名称 | 代号 | 名称 | 代号 | 名称 |
|---|---|---|---|---|---|
| S | 上水管(不分类型的) | $XH_8$ | 循环冷水管(自流) | $R_6$ | 供暖温水回水管 |
| $S_1$ | 生产上水管 | $XH_9$ | 循环冷水管(压力) | $N_1$ | 凝结水管 |
| $S_2$ | 生活上水管 | $H_{10}$ | 盐液管 | $Y_1$ | 原油管 |
| $S_8$ | 软化水管 | R | 热水管(不分类型的) | $Y_6$ | 柴油管 |
| $S_9$ | 冲洗水管 | $R_1$ | 生产热水管(循环自流) | $Y_9$ | 重油管 |
| X | 下水管(不分类型的) | $R_2$ | 生产热水管(循环压力) | $YS_1$ | 压缩空气管 |
| $X_1$ | 生产下水管(自流) | $R_3$ | 生活热水管 | $YS_2$ | 加热压缩空气管 |
| $X_3$ | 生活下水管(自流) | $R_4$ | 热水回水管 | Z | 蒸汽管(不分类型的) |
| $X_{11}$ | 地下排水管 | $R_5$ | 供暖温水送水管 | $ZK_1$ | 高压真空管 |
| $X_{12}$ | 排水暗沟 | $N_2$ | 凝结回水管(自流) | $ZK_2$ | 低压真空管 |
| $X_{13}$ | 排水明沟 | $N_3$ | 凝结回水管(压力) | | |

❶ 为了区别各类管道，在画图时管线中间须注明规定代号。

### 蒸汽、水及压缩空气管道推荐流速

附表 4-7

| 工作介质 | 管道种类 | 流速(m/s) | 工作介质 | 管道种类 | 流速(m/s) |
|---|---|---|---|---|---|
| 过热蒸汽 | $D_g>200$ | 40~60 | 锅炉给水 | 水泵吸水管 | 0.5~1.0 |
|  | $D_g=200~100$ | 30~50 |  | 离心泵出水管 | 2~3 |
|  | $D_g<100$ | 20~40 |  | 往复泵出水管 | 1~3 |
| 饱和蒸汽 | $D_g>200$ | 30~40 |  | 给水总管 | 1.5~3 |
|  | $D_g=200~100$ | 25~35 | 凝结水 | 凝结水泵吸水管 | 0.5~1.0 |
|  | $D_g<100$ | 15~30 |  | 凝结水泵出水管 | 1~2 |
| 二次蒸汽 | 利用的二次蒸汽管 | 15~30 |  | 自流凝结水管 | <0.5 |
|  | 不利用的二次蒸汽管 | 60 | 上水 | 上水管、冲洗水管(压力) | 1.5~3 |
| 废汽 | 利用的锻锤废汽管 | 20~40 |  | 软化水管、反洗水管(压力) | 1.5~3 |
|  | 不利用的锻锤废汽管 | 60 |  | 反洗水管(自流)、溢流水管 | 0.5~1 |
| 乏汽 | 从压力容器中排出 | 80 | 盐液 | 盐液管 | 1~2 |
|  | 从无压力容器中排出 | 15~30 | 冷却水 | 冷水管 | 1.5~2.5 |
|  | 从安全阀排出 | 200~400 |  | 热水管(压力式) | 1~1.5 |
| 热网循环水 | 供回水管(外网) | 0.5~3 | 压缩空气 | $P<1MPa$(表压) | 8~12 |

### 常用钢管规格及质量表

附表 4-8

| 无缝钢管(热轧) | | | | | | 镀锌焊接钢管(普通) | | | | |
|---|---|---|---|---|---|---|---|---|---|---|
| 外径(mm) | 壁厚(mm) | 理论质量(kg/m) | 外径(mm) | 壁厚(mm) | 理论质量(kg/m) | 公称直径(mm) | 公称直径(in) | 外径(mm) | 壁厚(mm) | 理论质量(kg/m) |
| 32 | 3 | 2.15 | 89 | 4 | 8.38 | 15 | 1½ | 21.3 | 2.75 | 1.26 |
| 38 | 3 | 2.59 | 108 | 4 | 10.26 | 20 | ¾ | 26.8 | 2.75 | 1.63 |
| 45 | 3 | 3.11 |  | 5 | 12.70 | 25 | 1 | 33.5 | 3.25 | 2.42 |
| 50 | 3 | 3.48 | 133 | 4.5 | 14.26 | 32 | 1¼ | 42.3 | 3.25 | 3.13 |
|  | 3.5 | 4.01 | 159 | 4.5 | 17.15 | 40 | 1½ | 48.0 | 3.50 | 3.84 |
| 57 | 3 | 4.00 |  | 6.0 | 22.64 | 50 | 2 | 60.0 | 3.50 | 4.88 |
|  | 3.5 | 4.62 | 219 | 6 | 31.52 | 65 | 2½ | 75.5 | 3.75 | 6.64 |
| 63.5 | 3.5 | 5.18 |  | 8 | 41.63 | 80 | 3 | 88.5 | 4.00 | 8.34 |
|  | 4 | 5.87 | 273 | 8 | 52.28 | 100 | 4 | 114.0 | 4.00 | 10.85 |
| 76 | 3.5 | 6.26 |  | 10 | 64.86 | 125 | 5 | 140.0 | 4.50 | 15.04 |
|  | 4 | 7.10 | 325 | 10 | 77.68 | 150 | 6 | 165.0 | 4.50 | 17.81 |

### 工业锅炉设计用代表性煤种的理论空气量和燃烧产物体积 (单位：m³/kg)

附表 4-9

| 类别 | | 产地 | $V^0$ | $V^0_{RO_2}$ | $V^0_{NO_2}$ | $V^0_{H_2O}$ | $V^0_g$ |
|---|---|---|---|---|---|---|---|
| 石煤、煤矸石 | Ⅰ类 | 湖南株洲煤矸石 | 1.505 | 0.287 | 1.191 | 0.278 | 1.756 |
|  | Ⅱ类 | 安徽淮北煤矸石 | 1.854 | 0.369 | 1.468 | 0.236 | 2.072 |
|  | Ⅲ类 | 浙江安仁石煤 | 2.685 | 0.548 | 2.144 | 0.163 | 2.856 |
| 褐煤 |  | 黑龙江扎赉诺尔 | 43.75 | 3.362 | 0.649 | 2.660 | 0.743 |
|  |  | 广西右江 | 49.50 | 3.613 | 0.660 | 2.861 | 0.627 |
|  |  | 龙口 | 49.53 | 3.724 | 0.686 | 2.950 | 0.645 |

| 类别 | | 产地 | $V^0$ | $V^0_{RO_2}$ | $V^0_{NO_2}$ | $V^0_{H_2O}$ | $V^0_g$ |
|---|---|---|---|---|---|---|---|
| 无烟煤 | Ⅰ类 | 京西安家滩 | 5.025 | 1.027 | 3.972 | 0.267 | 5.266 |
| | | 四川芙蓉 | 5.120 | 0.984 | 4.050 | 0.393 | 5.426 |
| | Ⅱ类 | 福建天湖山 | 6.893 | 1.385 | 5.446 | 0.365 | 7.196 |
| | | 峰峰 | 6.964 | 1.413 | 5.508 | 0.277 | 7.197 |
| | Ⅲ类 | 山西阳泉 | 6.447 | 1.229 | 5.101 | 0.496 | 6.825 |
| | | 焦作 | 6.275 | 1.214 | 4.965 | 0.447 | 6.626 |
| 贫煤 | | 山东淄博 | 14.64 | 5.879 | 1.099 | 4.653 | 0.465 |
| | | 西峪 | 16.14 | 6.438 | 1.197 | 5.094 | 0.510 |
| | | 林东 | 14.75 | 6.779 | 1.252 | 5.361 | 0.538 |
| 烟煤 | Ⅰ类 | 吉林通化 | 3.857 | 0.722 | 3.051 | 0.432 | 4.205 |
| | | 南票 | 4.550 | 0.844 | 3.602 | 0.571 | 5.017 |
| | | 开滦 | 4.449 | 0.813 | 3.520 | 0.483 | 4.817 |
| | Ⅱ类 | 安徽淮北 | 4.909 | 0.907 | 3.885 | 0.515 | 5.307 |
| | | 新汶 | 4.948 | 0.906 | 3.916 | 0.530 | 5.352 |
| | | 霍山 | 5.808 | 1.051 | 4.601 | 0.578 | 6.230 |
| | Ⅲ类 | 辽宁抚顺 | 5.999 | 1.045 | 4.748 | 0.797 | 6.590 |
| | | 肥城 | 6.040 | 1.098 | 4.780 | 0.638 | 6.516 |
| | | 水城 | 5.873 | 1.066 | 4.647 | 0.575 | 6.288 |

注：在 $\alpha=1$，0℃和 101.325kPa 下。

# 参 考 文 献

[1] 同济大学，湖南大学，重庆建筑工程学院. 锅炉及锅炉房设备 [M]. 2 版. 北京：中国建筑工业出版社，1986.
[2] 同济大学，等. 锅炉习题实验及课程设计 [M]. 2 版. 北京：中国建筑工业出版社，1990.
[3] 《工业锅炉设计计算方法》编委会. 工业锅炉设计计算方法 [M]. 北京：中国标准出版社，2005.
[4] C. N. 莫强. 锅炉设备空气动力计算（标准方法）[M]. 3 版. 杨文学，徐希平，等，译. 北京：电力工业出版社，1981.
[5] 周强泰. 锅炉原理 [M]. 3 版. 北京：中国电力出版社，2013.
[6] 冯俊凯，沈幼庭，杨瑞昌. 锅炉原理及计算 [M]. 3 版. 北京：科学出版社，2003.
[7] 赵钦新，李卫东，惠世恩，等. 燃油燃气锅炉结构设计及图册 [M]. 西安：西安交通大学出版社，2002.
[8] 胡荫平. 电站锅炉手册 [M]. 北京：中国电力出版社，2005.
[9] 同济大学，重庆大学，哈尔滨工业大学，等. 燃气燃烧与应用 [M]. 4 版. 北京：中国建筑工业出版社，2011.
[10] 姜正候. 燃气工程技术手册 [M]. 上海：同济大学出版社，1993.
[11] 杨肖曦. 工程燃烧原理 [M]. 北京：中国石油大学出版社，2013.
[12] 徐旭常，吕俊复，张海. 燃烧理论与燃烧设备 [M]. 2 版. 北京：科学出版社，2012.
[13] 刘海力. 生物质锅炉技术 [M]. 北京：中国水利水电出版社，2019.
[14] 车得福. 冷凝式锅炉及其系统 [M]. 北京：机械工业出版社，2002.
[15] 杨建华. 循环流化床锅炉设备及运行 [M]. 4 版. 北京：中国电力出版社，2019.
[16] 林宗虎，徐通模. 实用锅炉手册 [M]. 2 版. 北京：化学工业出版社，2009.
[17] 樊泉桂. 锅炉原理 [M]. 2 版. 北京：中国电力出版社，2014.
[18] 郭全. 燃气壁挂锅炉及其应用技术 [M]. 北京：中国建筑工业出版社，2008.
[19] 周菊华. 火电厂燃煤机组脱硫脱硝技术 [M]. 北京：中国电力出版社，2010.
[20] 国家环境保护总局科技标准司. 燃煤锅炉除尘脱硫设施运行与管理 [M]. 北京：北京出版社，2007.
[21] 李英. 高压往复炉排垃圾焚烧锅炉的研发 [J]. 工业锅炉，2022 (1)：29-33.
[22] 陆晓熠，秦卫东，段国生，等. 90t/h 循环流化床固废焚烧锅炉调试运行及优化 [J]. 工业锅炉，2022 (4)：34-38.
[23] 张兵涛，仝伟峰，班允鹏. 工业硅矿热炉烟气余热的综合利用 [J]. 铁合金，2017，48 (6)：42-44.
[24] 徐承美，谢英柏，弓学敏. 燃煤锅炉烟气余热利用途径分析 [J]. 热能动力工程，2020，35 (8)：7.
[25] 清华大学热能工程系动力机械与工程研究所，深圳南山热电股份有限公司. 燃气轮机与燃气—蒸汽联合循环装置 [M]. 北京：中国电力出版社，2007.
[26] 陆亚俊. 建筑冷热源 [M]. 2 版. 北京：中国建筑工业出版社，2015.
[27] 张昌. 热泵技术与应用 [M]. 3 版. 北京：机械工业出版社，2020.
[28] 解鲁生. 锅炉水处理原理与实践 [M]. 2 版. 北京：中国建筑工业出版社，2005.
[29] 许兴炜. 工业锅炉水处理技术 [M]. 北京：中国劳动社会保障出版社，2008.
[30] 王军，武俊海，常冰. 冷热源工程课程设计 [M]. 北京：机械工业出版社，2012.
[31] 赵伶伶，周强泰. 锅炉课程设计 [M]. 北京：中国电力出版社，2013.
[32] 北京市锅炉供暖节能中心. 供热系统锅炉房煤改气实用技术指南 [M]. 北京：中国纺织出版社，2014.
[33] 赵玉莲，崔艳华，黄建荣. 电站锅炉设备及运行 [M]. 北京：中国电力出版社，2012.
[34] 汤延庆，孙迪. 锅炉及锅炉房设备施工 [M]. 哈尔滨：哈尔滨工业大学出版社，2011.
[35] 哈尔滨普华燃烧技术开发中心. 大型煤粉锅炉燃烧设备性能设计方法 [M]. 哈尔滨：哈尔滨工业大学出版社，2002.
[36] 姜锡伦，屈卫东. 锅炉设备及运行 [M]. 3 版. 北京：中国电力出版社，2019.
[37] 樊泉桂. 超超临界及亚临界参数锅炉 [M]. 北京：中国电力出版社，2007.
[38] 李之光，张仲敏. 常压与变相热水锅炉原理及设计 [M]. 北京：中国质检出版社，中国标准出版社，2017.
[39] 郭迎利，何方. 电厂锅炉设备及运行 [M]. 北京：中国电力出版社，2010.

［40］ 叶江明. 电厂锅炉原理及设备［M］. 4 版. 北京：中国电力出版社，2017.

［41］ BLOKH A G. Heat Transfer in Furnaces of Steam Boilers［M］. Lenigrad：Energy Atomic press，1984.

［42］ STEPHEN R，TURNS. An Introduction to Combustion［M］. New York：Me Graw-Hill Inc，1996.

［43］ ROBERT S，JOHN R H. Thermal Radiation Heat Transfer［M］. 2 ed. New York：McGraw-Hill Inc，1981.

［44］ 姚根金. 常压热水锅炉房的设计［J］. 工业锅炉，2002（5）：43-46.

［45］ 孙兴国，闫晓，许为疆，等. 电加热常压热水锅炉及其设计［J］. 工业锅炉，2000（1）：6-8.

［46］ 张海元. 进口垃圾焚烧炉机械振打清灰装置安装与调试［J］. 工业锅炉，2012（2）：48-49.

［47］ 李泽. 燃气脉冲吹灰器在工业中的应用［D］. 大连：大连理工大学，2009.

［48］ 袁辉煌. 某 660MW 火电机组 SCR 烟气脱硝系统结构优化和模拟研究［D］. 南昌：南昌大学，2019.